H.-R. Langguth, R. Voigt †

Hydrogeologische Methoden

Unter Mitarbeit von H. D. Spangenberg
und Beiträgen von F. Enzmann, G. Houben, A. Musolff, B. Toussaint
und Ch. Treskatis

Springer-Verlag Berlin Heidelberg GmbH

H.-R. Langguth
R. Voigt †

Hydrogeologische Methoden

2. überarbeitete und erweiterte Auflage

Mit 304 Abbildungen

 Springer

PROF. DR. H.-R. LANGGUTH
RWTH AACHEN
TEMPLERGRABEN 55
52056 AACHEN

E-mail: langguth@rwth-aachen.de

DR. RUDOLF VOIGT †

Die Autoren dieses Buches verzichten auf ihre Honoraranteile zugunsten des Preises "Hydrogeologie", der alle 2 Jahre von der Fachsektion Hydrogeologie in der Deutschen Geologischen Gesellschaft für eine sehr gute Diplomarbeit vergeben wird. Der Preis wird als Sondervermögen von der Gesellschaft der „Freunde und Förderer der Rheinisch-Westfälischen Technischen Hochschule Aachen e.V." (www.prorwth.de) betreut.

ISBN 978-3-642-62225-0   ISBN 978-3-642-18655-4 (eBook)
DOI 10.1007/978-3-642-18655-4

Bibliografische Information Der Deutschen Bibliothek
Die Deutsche Bibliothek verzeichnet diese Publikation in der Deutschen Nationalbibliografie; detaillierte bibliografische Daten sind im Internet über <http://dnb.ddb.de> abrufbar.

springer.de

© Springer-Verlag Berlin Heidelberg 2004
Ursprünglich erschienen bei Springer-Verlag Berlin Heidelberg New York 2004
Softcover reprint of the hardcover 2nd edition 2004

Satz: Reproduktionsfertige Vorlage der Autoren
Umschlaggestaltung: E. Kirchner, Heidelberg
Gedruckt auf säurefreiem Papier   32/2132 5 4 3 2 1 0

Vorwort zur 2. Auflage

Es sind 24 Jahre seit dem Erscheinen der „Hydrogeologischen Methoden" vergangen. Im Jahre 1980 war unser Buch gewissermaßen ein „einsamer Leuchtturm am Rande der Grundwassermeere". Es war in allen wissenschaftlichen Instituten, Behörden und insbesondere Ingenieurbüros zu finden; denn es hatte überraschend eine erfreuliche Aufnahme und Resonanz mit vielen Rückfragen und Anregungen, auch aus dem Ausland, gefunden.

Noch im letzten Jahr sagte ein slowenischer Kollege begeistert in gebrochenem Deutsch, als wir ihm vorgestellt wurden: "Was, Sie sind *der* von Langguth/Voigt? Seit mehr als 20 Jahren benutze ich Ihr Buch...".

Inzwischen sind zahlreiche Lehr- und Handbücher für Hydrogeologen auf dem Markt. Die Hydrogeologie wurde zu einer selbständigen Wissenschaft mit breitgefächertem Sachwissen, neuen Anwendungsgebieten mit eigenen System- und Modellvorstellungen sowie gesellschaftlicher Anerkennung. Keine Kollegin und kein Kollege könnten das Fachgebiet heute allein überblicken und beherrschen.

Bewusst haben wir uns daher angesichts der Fülle der hydrogeologischen Forschungs- und Arbeitsgebiete auf praxisnahe Stoffe und Themen beschränkt. Wieder richtet sich unser Buch an Studierende, Geologen und Hydrogeologen, Praktiker in Ämtern, Ingenieurbüros und Wassergewinnungsbetrieben, auf dem Grundwassersektor arbeitende Hydrologen und Bauingenieure.

Auf Anregung des Springer-Verlags entschlossen wir uns 1988 zu einer Überarbeitung. Es war insbesondere Rudolf Voigt, der energisch und zielstrebig die 2. Auflage konzipierte und große Teile des neuen Manuskriptes erarbeitete. Für uns alle unfassbar verstarb er nach kurzer Krankheit im November 1999.

Seitdem haben wir das Manuskript weiter überarbeitet und ergänzt. Für neue Kapitel konnten wir kompetente Fachkollegen gewinnen, deren Beiträge soweit wie möglich an Konzept und Stil der ersten Auflage angepasst wurden:

Kapitel

5	Dr. G. Houben	Hydrogeochemie für die Praxis
6	Dr. F. Enzmann	Transport von Wasserinhaltsstoffen
7	Prof. Dr. B. Toussaint	Kontamination des Grundwassers
8	Prof. Dr. B. Toussaint	Sanierung von Grundwasserschäden
9	Prof. Dr. B. Toussaint	Grundwassermonitoring
10	Prof. Dr. Ch. Treskatis	Brunnenbau
12	Dr. G. Houben	Brunnenalterung, Brunnenregenerierung
13	Dipl.-Geol. A. Musolff	Wasserbilanz

Von vielen Seiten wurde uns Rat und Unterstützung zuteil. Stellvertretend für manche andere möchten wir nennen:

Lehrstuhl für Ingenieurgeologie und Hydrogeologie an der RWTH Aachen (Professores Azzam, Schetelig und Peiffer),

ahu Wasser Boden Geomatik Aachen,
Rheinische Braunkohlen AG,
Stolberger Wasserwerks-Gesellschaft AG Stolberg (Rhld.),
Pleuger Worthington Hamburg,
KSB Frankenthal,
Bieske & Partner Lohmar,
ERM Neu-Isenburg.

Absolventen und frühere Mitarbeiter des Lehrgebietes Hydrogeologie an der RWTH Aachen sowie Kollegen aus anderen Instituten und der hydrogeologischen Praxis möchten wir für sachliche und technische Tipps herzlich danken, insbesondere

Frau Dr. A. Herch, Karlstein; Frau Prof. Dr. I. Stober, Freiburg im Breisgau; Dr. M. Hoffmann, Bergheim; Dr. Ch. Bauer, Karlsruhe; Dr.-Ing. P. Rix, Aachen.

Sehr verbunden sind wir:

- Hans-Jörg Schüer, Aachen, der die neuen Abbildungen ausdrucksvoll zeichnete
- Frau Anneliese Thie, Aachen, für laufende Korrekturen, Layout und Endredaktion
- Frauke und Jeanne Langguth, Aachen/Berlin, sowie Dr. Robert Voigt, Heidelberg, für Korrekturlesen, fachliche und stilistische Hinweise
- Dr. Frieder Enzmann, Mainz, für seine Unermüdlichkeit bei der Herstellung des Zentraldokumentes und der pdf-Dateien

Ein Wort des Dankes gebührt Herrn Dr. Engel vom Springer-Verlag für sein geduldiges Warten auf die Fertigstellung des Manuskripts.

Die Literatur ist etwa bis zum Ende des 20. Jahrhunderts berücksichtigt worden. Die Kapitel 7, 8, 9 und 12 haben eigene Literaturverzeichnisse erhalten.

Aachen, Bad Rodach und Stolberg (Rhld.) im Dezember 2003

Robert Langguth   Hans-Dieter Spangenberg

Inhaltsverzeichnis

1 Größen und Einheiten in der Hydrogeologie

1.1 Allgemeines

In der Hydrogeologie werden abgeleitete Größen und Einheiten zur physikalischen und chemischen Kennzeichnung des Wassers und zur Beschreibung der Aquiferparameter benutzt, die sich in der Regel mit physikalischen Größen verbinden lassen. Da es auf internationaler Ebene auch heute noch kein für alle Naturwissenschaften verbindliches Einheitensystem gibt, werden in der Praxis für ein und denselben Parameter unterschiedliche Einheiten gebraucht. Deshalb wird in diesem Buch ein Kapitel über Dimensionen, Größen und Einheiten vorangestellt.

In Deutschland wie in Europa ist seit 1978 das Internationale Einheitensystem SI (Système International d'Unités) verbindlich. Es wurde im Jahr 1960 durch die 11. Generalkonferenz für Maß und Gewicht (CGPM) als *praktisches Einheitensystem* beschlossen (Anonym 1977). In ihm werden drei Klassen von SI-Einheiten unterschieden, die eine kohärente Gesamtheit bilden:

– Basiseinheiten
– abgeleitete Einheiten
– ergänzende Einheiten

Basiseinheiten sind hinsichtlich ihrer Definition voneinander unabhängig.

Abgeleitete Einheiten werden durch Kombination von Basiseinheiten gemäß gewählten algebraischen Beziehungen, die zugehörige Größen verknüpfen, gebildet (vgl. auch Abschn. 1.5.2).

Einige dieser als Funktion der Basiseinheiten gebildeten algebraischen Ausdrücke können selbst durch besondere Namen und Einheitenzeichen ersetzt werden. Sie dürfen ihrerseits wieder für die Bildung weiterer abgeleiteter Einheiten benutzt werden.

Ergänzende Einheiten sind solche Einheiten, über die noch nicht entschieden ist, ob es sich bei ihnen um Basiseinheiten oder um abgeleitete Einheiten handelt.

Dezimale Vielfache und Teile der SI-Einheiten sind ebenfalls festgelegt. Sie werden durch die SI-Vorsätze (Präfixe) gekennzeichnet (vgl. Tabelle 1.5).

Das SI ist in Deutschland wie in Europa auch die gesetzliche Grundlage für DIN- und ISO-Normen. Basisgrößen und Basiseinheiten des SI sind in DIN 1301 definiert. Alle seit 1978 erfolgten Neubearbeitungen von DIN-Normen bauen auf dem SI auf bzw. werden es noch berücksichtigen. Wichtig für die Hydrogeologie sind beispielsweise die DIN 4021, 4049, 4188, 4924.

Vor allem in der deutschen Fachliteratur wird gelegentlich anstelle des Begriffs Einheit auch der Terminus Dimension benutzt. Dies ist inkorrekt. Als *Dimension* bezeichnet man *Basisgrößen* wie

- Länge (L)
- Masse (M)
- Zeit (T),

die im SI durch die Einheiten

- Meter (m)
- Kilogramm (kg)
- Sekunde (s)

bzw. daraus abgeleitete Einheiten definiert werden.

Speziell im amerikanischen Schrifttum werden aber anstelle von SI-Einheiten häufig noch traditionelle, zudem numerisch inkonsistente Einheiten verwendet, deren Bedeutung dem Neuling oft rätselhaft vorkommt.

So lautet etwa die amerikanische Einheit für die Durchlässigkeit ‚gallons per day and square foot'. Sie ist dimensionell identisch mit der äquivalenten SI-Einheit ms^{-1}. Bei Umrechnungen abgeleiteter Einheiten aus einem System ins andere beginnt man daher zweckmäßigerweise mit einer Kontrolle der jeweiligen Dimension. Die Abschnitte 1.3 und 1.5 beschäftigen sich speziell mit dieser Problematik.

Die meisten hydrogeologischen Fach- und Lehrbücher enthalten meist am Schluss Anhänge mit Maßeinheiten und Umrechnungstabellen: Es sei insbesondere auf Driscoll (1986), Freeze u. Cherry (1979), Kruseman u. De Ridder (1991) sowie Weast (1978) verwiesen.

Für die Hydrodynamik wichtige Angaben über Messgrößen und Maßeinheiten enthalten ferner Standardwerke wie Jonys (1972) sowie Strahler u. Strahler (1973) sowie das Tabellenwerk von Anderson (1993).

Nachstehend werden zunächst die Basisgrößen und -einheiten des SI aufgeführt. Danach folgen die abgeleiteten Größen und ihre Einheiten, besonders die für die Hydrogeologie wichtigen. Ein Abschnitt beschäftigt sich speziell mit den Techniken von Umrechnungen.

Für allgemeine Angaben betreffend das SI sowie physikalische Größen und ihre Einheiten sei auf die preiswerten Ausgaben von Haeder u. Gaertner (1971), Bender u. Pippig (1973), Baehr (1974) sowie Anonym (1977) verwiesen. Als Standardwerke zum Nachschlagen seien Landolt-Boernstein (1923 ff; 1952 ff) sowie nochmals Weast (1978) genannt.

1.2 Basisgrößen und Basiseinheiten des SI

Die Basisgrößen (Dimensionen) des SI sind nach Anonym (1977) und DIN 1301:

Basisgrößen	Einheit	
Länge	Meter	m
Masse	Kilogramm	kg
Zeit	Sekunde	s
elektrische Stromstärke	Ampere	A
Temperatur thermodynamische Temperatur	Kelvin	K
Stoffmenge	Mol	mol
Lichtstärke	Candela	cd

Ihre Definitionen sind

- 1 *Meter* ist das 1 650 763,73 fache der Wellenlänge der von Atomen des Nuklids ^{86}Kr beim Übergang vom Zustand $5d_5$ zum Zustand $2p_{10}$ ausgesandten, sich im Vakuum ausbreitenden Strahlung.

- 1 *Kilogramm* ist die Masse des Internationalen Kilogrammprototyps.

- 1 Sekunde ist das 9 192 631 770 fache der Periodendauer der dem Übergang zwischen den beiden Hyperfeinstrukturniveaus des Grundzustandes von Atomen des Nuklids ^{133}Cs entsprechenden Strahlung.

- 1 *Ampere* ist die Stärke eines zeitlich unveränderlichen elektrischen Stroms, der, durch zwei im Vakuum parallel im Abstand von 1m zueinander angeordnete, geradlinige, unendlich lange Leiter von vernachlässigbar kleinem, kreisförmigem Querschnitt fließend, zwischen diesen Leitern je 1 m Leiterlänge elektrodynamisch die Kraft $2 \cdot 10^{-7}$ Newton hervorrufen würde.

- 1 *Kelvin* ist der 273,16te Teil der thermodynamischen Temperatur des Tripelpunktes des Wassers.

- 1 *Mol* ist die Stoffmenge eines Systems bestimmter Zusammensetzung, das aus ebenso vielen Teilchen besteht, wie Atome in (12/1000) kg des Nuklids ^{12}C enthalten sind. Bei Benutzung des Mol müssen die Teilchen spezifiziert werden. Es können Atome, Moleküle, Ionen, Elektronen sowie andere Teilchen oder Gruppen solcher Teilchen genau angegebener Zusammensetzung sein.

- 1 *Candela* ist die Lichtstärke, mit der (1/600 000) m^2 der Oberfläche eines Schwarzen Strahlers bei der Temperatur des beim Druck von 101 325 Nm^{-2} erstarrenden Platins senkrecht zu seiner Oberfläche leuchtet.

1.3 Abgeleitete, in der Hydrogeologie wichtige SI-Einheiten

Die für die Hydrogeologie notwendigen abgeleiteten Einheiten werden im Folgenden in Tabellen zusammengefasst wiedergegeben. Es wurde bewusst Wert auf Vollständigkeit gelegt, auch wenn nicht alle Einheiten in den weiteren Kapiteln wieder vorkommen.

Tabelle 1.1 enthält die geometrischen, kinematischen und mechanischen Einheiten, Tabelle 1.2 einige thermodynamische Einheiten, Tabelle 1.3 elektrische Einheiten. In Abb. 1.4 sind viskosimetrische und radiologische Einheiten zusammengestellt.

In den Tabellen sind zunächst Name oder Benennung der Einheit, dann das Einheitenzeichen, der algebraischer Ausdruck, durch den sie im SI-System angegeben wird, sowie die Dimension angegeben. Kenntnis der letzteren ist vor allem dann zwingend, wenn aus einem in das andere Maßsystem umgerechnet werden muss.

Dabei stehen symbolisch für die Basisgrößen die Dimensionen:

L	für Länge
M	für Masse
T	für Zeit
Θ	für Temperatur
I	für Stromstärke
J	für Lichtstärke

Definitionsgemäß ist die Dimension einer Größenart der Ausdruck, der die betrachtete Größe als Potenzprodukt der Basisgrößen mit dem Zahlenfaktor 1 darstellt (Bender u. Pippig 1973; vgl. auch Abschn. 1.5.2). Sie ist somit *systemneutral*.

Zum Beispiel wird die Kraft im SI durch den algebraischen Ausdruck $kgms^{-2}$ beschrieben. Ihre Dimension lautet entsprechend MLT^{-2}. Als Formelzeichen für die Dimension einer Größenart x wird in Anlehnung an Bender u. Pippig (1973) in diesem Buch durchgehend die Notation dim (x) benutzt. Daher

$$\dim (\text{Kraft}) = MLT^{-2}$$

Die Einheitenzeichen abgeleiteter Einheiten dürfen in unterschiedlicher Form als Produkte bzw. Quotienten geschrieben werden (Anonym 1977), also

N·m oder Nm
m/s oder m·s^{-1} oder ms^{-1}

Mit Ausnahme von Konzentrationseinheiten werden in diesem Buch Notationen wie Nm und ms^{-1} verwandt. Des besseren Verständnisses halber erfolgt oft auch die Angabe der Dimension.

Notwendig sind in diesem Zusammenhang noch einige Bemerkungen zu Wortverbindungen mit den Wörtern Konstante, Koeffizient, Faktor und Grad sowie zu dem Gebrauch der Wörter „bezogen", „spezifisch", „relativ" und „reduziert".

- Wortverbindungen mit *-faktor* oder *-beiwert* bezeichnen Verhältnisgrößen, mit denen eine Größe multipliziert werden muss, um ihre Abweichung von einer Ausgangsgröße zu berücksichtigen.

- Wortverbindungen mit *-grad* bezeichnen Verhältnisgrößen, deren Optimalwert höchstens 1 (100 %) ist.

- *Konstante* ist in erster Linie die Bezeichnung für unveränderliche universelle physikalische Konstanten (z.B. allgemeine Gaskonstante) oder solche Größen, die bei definierten Bedingungen eines Systems konstant sind.

- *Koeffizient* bezeichnet eine Größe, die den Einfluss einer Stoffeigenschaft oder eines physikalischen Systems auf einen physikalischen Zusammenhang kennzeichnet.

- *Bezogen* heißen Größen, die der Quotient aus zwei Ausgangsgrößen sind. Der begriffliche Schwerpunkt liegt dabei bei der im Zähler stehenden Größe. Die im Nenner stehende Größe heißt *Bezugsgröße*.

- *Spezifisch* werden bezogene Größen genannt, wenn die Bezugsgröße eine geometrische Größe (Länge, Fläche, Volumen) oder die Masse ist. Beispiel: spezifisches Volumen, spezifischer Speicherkoeffizient.

- *Reduziert* ist eine Größe, wenn ihr Wert auf vereinbarte Bedingungen umgerechnet oder umgewertet worden ist (z.B. reduzierter Luftdruck).

- Das Wort *relativ* wird zur Bezeichnung von Verhältnisgrößen angewendet, bei denen die im Nenner stehende Größe eine festgelegte Bezugsgröße ist.

Streng genommen dürfte bei der Durchlässigkeit K (vgl. Gln. 1.8 und 1.9) nur von einem Durchlässigkeitsbeiwert bzw. -faktor gesprochen werden und nicht wie auch üblich von einem Durchlässigkeitskoeffizienten. Denn die stoffliche Eigenschaft des porösen Mediums, permeabel zu sein für Fluide (Gase und Flüssigkeiten), wird durch die Größe „spezifische Permeabilität" mit dem Einheitenzeichen k beschrieben (vgl. Abschn. 2.3.4 sowie Gl. 1.10). Nur diese spezifische Permeabilität kann also mit Permeabilitätskoeffizient bezeichnet werden.

Der in der deutschen Literatur üblicherweise angegebene Durchlässigkeitsbeiwert k_f (Koehne 1948) ist dagegen nur ein konkreter Zahlenwert für die Größe K, und zwar in einem bestimmten Aquifer für ein gegebenes schwach mineralisiertes Wasser von 10 °C, somit

$$k_f = K_{10\,°C}, \text{ mineralarmes Wasser}$$

Die dezimalen Teile und Vielfachen der Einheiten des SI werden durch Vorsätze (Präfixe) und Vorsatzzeichen gekennzeichnet. Eine Übersicht dazu bietet Tabelle 1.5.

Tabelle 1.1. Abgeleitete geometrische, kinematische und mechanische Größen des SI

Größe	Einheitenname	Einheiten-zeichen		ausgedrückt in SI-Einheiten	dim (x)
Fläche	Quadratmeter	A		m^2	L^2
Volumen	Kubikmeter	V		m^3	L^3
Volumenstrom	Kubikmeter pro Sekunde	Q		m^3s^{-1}	L^3T^{-1}
Dichte	Kilogramm pro Kubikmeter	ρ		kgm^{-3}	ML^{-3}
Frequenz	Hertz	Hz		s^{-1}	T^{-1}
Wellenzahl	Eins je Meter	σ		m^{-1}	L^{-1}
Wellenlänge		λ	$1/\sigma$	m	L
Geschwindigkeit	Meter pro Sekunde	v		ms^{-1}	LT^{-1}
Beschleunigung	Meter pro Sekunde hoch zwei	b		ms^{-2}	LT^{-2}
Kraft	Newton	N		$kgms^{-2}$	MLT^{-2}
Druck	Pascal	Pa	Nm^{-2}	$kgm^{-1}s^{-2}$	$ML^{-1}T^{-2}$
mechanische Arbeit, Energie	Joule	J	Nm	kgm^2s^{-2}	ML^2T^{-2}
Leistung	Watt	W	Js^{-1}	kgm^2s^{-3}	ML^2T^{-3}
Oberflächen-spannung	Newton pro Meter	A	Nm^{-1}	$kgms^{-2}m^{-1}$	MT^{-2}
Elastizitätsmodul	Newton pro Quadratmeter	E	Nm^{-2}	$kgm^{-1}s^{-2}$	$ML^{-1}T^{-2}$
Wichte, spezifisches Gewicht	Newton pro Kubikmeter	γ	Nm^{-3}	$kgm^{-2}s^{-2}$	$ML^{-2}T^{-2}$

Tabelle 1.2. Abgeleitete thermodynamische Größen des SI

Größe	Einheitenname	Einheiten-zeichen	ausgedrückt in SI-Einheiten	dim (x)
Wärmemenge	Joule	J Nm = Ws	kgm^2s^{-2}	ML^2T^{-2}
spezifische Wärme-menge	Joule in Kilogramm	q $J\,kg^{-1}$	m^2s^{-2}	L^2T^{-2}
spezifische Wärme-kapazität	Joule pro Kilogramm mal Kelvin	$J\,kg^{-1}K^{-1}$	$m^2s^{-2}K^{-1}$	$L^2T^{-2}\Theta^{-1}$
Wärmeleitfähigkeit	Watt pro Meter-Kelvin	$WK^{-1}m^{-1}$	$mkgs^{-3}K^{-1}$	$LMT^{-3}\Theta^{-1}$
Wärmestrom	Watt	W	kgm^2s^{-3}	L^2MT^{-3}
Temperatur-leitfähigkeit	Quadratmeter pro Sekunde		m^2s^{-1}	L^2T^{-1}
Celsiustemperatur	Grad	$°C$	K	Θ

Tabelle 1.3. Abgeleitete elektrische Größen des SI

Größe	Einheiten-name	Einheitenzeichen	ausgedrückt in SI-Einheiten	dim (x)
elektrische Spannung	Volt	V $A\Omega$ WA^{-1}	$kgm^2s^{-3}A{-1}$	$ML^2T^{-3}I^{-1}$
elektrischer Wider-stand	Ohm	Ω VA^{-1} WA^{-2}	$kgm^2s^{-3}A^{-2}$	$ML^2T^{-3}I^{-2}$
spezifischer elektri-scher Widerstand	Ohmmeter	$\Omega\,m$	$kgm^3s^{-3}A^{-2}$	$ML^3T^{-3}I^{-2}$
elektrischer Leitwert	Siemens	S Ω^{-1}	$kg^{-1}m^{-2}s^3A^2$	$M^{-1}L^{-2}T^3I^2$
elektrische Leitfähig-keit	Siemens pro Meter	Sm^{-1}	$kg^{-1}m^{-3}s^3A^2$	$M^{-1}L^{-3}T^3I^2$

Tabelle 1.4. Abgeleitete viskosimetrische und radiologische Größen des SI

Größe	Einheitenname	Einheiten-zeichen	ausgedrückt in SI-Einheiten	dim (x)
dynamische Viskosität	Pascalsekunde	μ Pas	$kgm^{-1}s^{-1}$	$ML^{-1}T^{-1}$
kinematische Viskosität	Quadratmeter pro Sekunde	ν	m^2s^{-1}	L^2T^{-1}
Aktivität einer radio-aktiven Substanz	reziproke Sekunde		s^{-1}	T^{-1}

Tabelle 1.5. Vorsätze und Vorsatzzeichen für dezimale Teile und Vielfache.
Verändert nach DIN 1301 und Anonym (1977).

Faktor	Vorsatz	Vorsatz-zeichen	Beispiele zur Benutzung der Vorsätze und Zeichen	
			Einheit mit Vorsatz	Einheitenzeichen mit Vorsatzzeichen
10^{18}	Exa	E		
10^{15}	Peta	P		
10^{12}	Tera	T	Terawatt	TW
10^{9}	Giga	G	Gigakubikmeter	Gm^3
10^{6}	Mega	M	Megapascal	MPa
10^{3}	Kilo	k	Kilometer	km
10^{2}	Hekto	h	Hektoliter	$hl \propto 10^{-1}\,m^3$
10^{1}	Deka	da	Dekadarcy	da darcy
10^{-1}	Dezi	d	Dezimeter	$dm \propto m^{-1}$
10^{-2}	Zenti	c	Zentimeter	$cm \propto m^{-2}$
10^{-3}	Milli	m	Milligramm	$mg \propto \mu$
10^{-6}	Mikro	μ	Mikrosiemens	$\mu S \propto 10^{-6}\,S$
10^{-9}	Nano	n	Nanogramm	$ng \propto pkg$
10^{-12}	Piko	p	Picocurie	pC
10^{-15}	Femto	f	Femtoquadratmeter	$fm^2 \propto$ ca. 1 mdarcy
10^{-18}	Atto	a		

1.4 Spezielle Einheiten in der Hydrogeologie

1.4.1 Eigenschaften des Wassers

In diesem Abschnitt werden für hydrogeologische Berechnungen notwendige Einheiten sowie deren wichtigste numerischen Werte genannt: Die Zahlenangaben entstammen fast durchweg den Nachschlagewerken von Landolt-Boernstein (1923 ff; 1952 ff), Weast (1978) sowie Lohman et al. (1972). Für die Ableitungen der im Folgenden nicht näher definierten Größen sei auf die einschlägigen Lehrbücher der Physik verwiesen.

Die wesentlichen Eigenschaften der Grundwasserleiter werden ausführlich in den Kapiteln 2 und 3 beschrieben.

Dynamische Viskosität (Zähigkeit)

Symbol für Wasser: meist μ

Einheit: $kgs^{-1}m^{-1}$ = Pas (Pascal-Sekunden) = $Nm^{-2}s$

$\dim(\mu) = ML^{-1}T^{-1}$

Als Richtwert gilt für 20 °C:

$$1\,\mu = 1\ \text{Centipoise} \cong 10^{-3}\ \text{Pas}$$

Zahlenwerte für μ finden sich in Tabelle 1.6. Die Abb. 1.1 enthält eine graphische Darstellung der Beziehung $\mu = f(\Theta)$.

Tabelle 1.6. Werte der dynamischen Viskosität μ von Wasser bei verschiedenen Temperaturen in Pas = Poiseuille (PI)

μ	°C					
	0	10	20	30	40	50
10^{-3} Pas	1,7938	1,3097	1,0087	0,8004	0,6536	0,5492

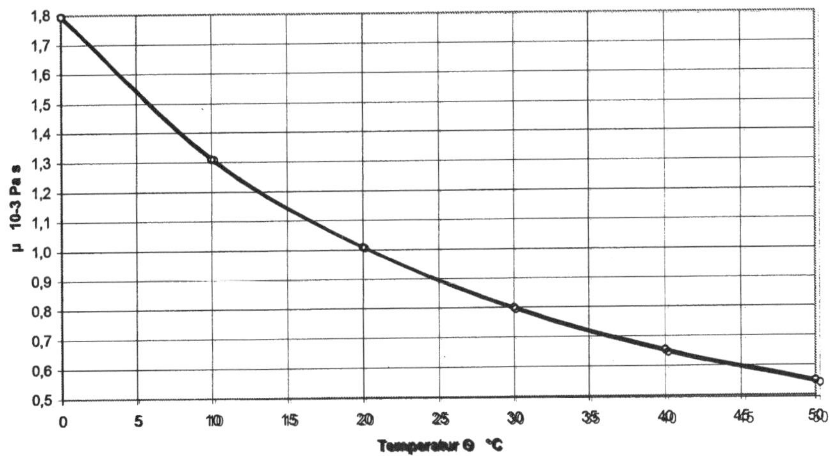

Abb. 1.1. Darstellung der Abhängigkeit der dynamischen Viskosität µ von reinem Wasser von der Temperatur Θ

Kinematische Viskosität (Zähigkeit)
Symbol für Wasser: v
Einheit: m^2s^{-1}
$\dim (v) = L^2T^{-1}$

Die kinematische Viskosität ist der Quotient aus der dynamischen Viskosität μ

und der Dichte ρ, d.h. $v = \dfrac{\mu}{\rho}$. Die alte Einheit Stokes entspricht 10^{-4} m^2s^{-1} bzw.

1 m^2s^{-1} hat 10^4 Stokes.

Eine graphische Darstellung der Temperaturabhängigkeit der kinematischen Viskosität findet sich in Abb. 1.2, Zahlenwerte für v finden sich in Tabelle 1.7.

Tabelle 1.7. Werte der kinematischen Viskosität v von Wasser bei verschiedenen Temperaturen

v	°C						
	0	5	10	20	30	40	50
10^{-6} m^2s^{-1}	1,7941	1,519	1,3101	1,0105	0,8039	0,6587	0,5558

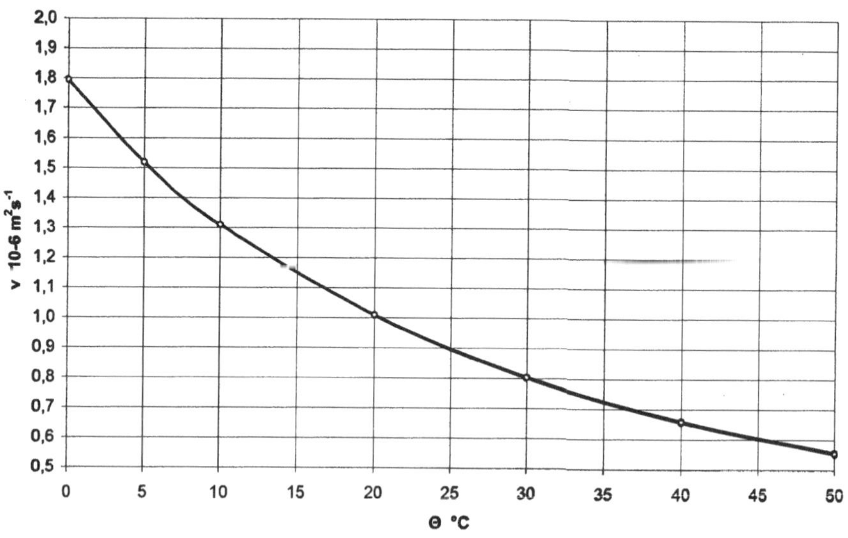

Abb. 1.2. Darstellung der Abhängigkeit der kinematischen Viskosität v von reinem Wasser von der Temperatur Θ

Dichte (spezifische Masse, Volumenmasse, Raumdichte)

Symbol: ρ

Einheit: kgm^{-3}

$\dim(\rho) = ML^{-3}$

Die Werte der Tabelle 1.8 gelten für nichtmineralisiertes Wasser, können aber mit guter Genauigkeit auch für schwach mineralisierte Wässer, d.h. süße Grundwässer, angesetzt werden (vgl. Abb. 1.3).

Tabelle 1.8. Dichte ρ des gasfreien Wassers bei verschiedenen Temperaturen

Temperatur	°C	0	3,98	5	10	20	30	40
ρ	10^2 kgm^{-3}	9,998	10,0	9,999	9,997	9,982	9,956	9,922

Temperatur	°C	50	60	70	80	90	100
ρ	10^2 kgm^{-3}	9,881	9,832	9,778	9,718	9,653	9,584

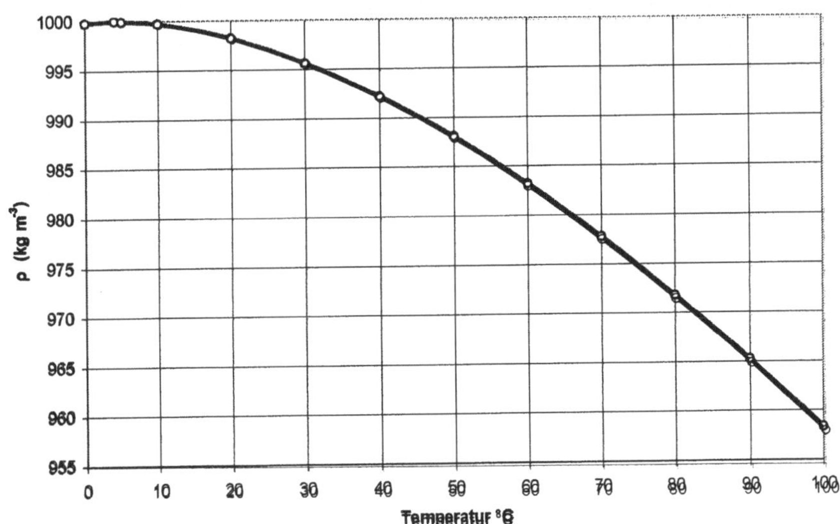

Abb. 1.3. Darstellung der Abhängigkeit der Dichte von gas- und mineralfreiem Wasser von der Temperatur im Bereich von 0 bis 100 °C

Wichte, spezifisches Gewicht

Symbol für Wasser: γ

Einheit: Nm^{-3}

$\dim(\gamma) = ML^{-2}T^{-2}$

Die Wichte ist das Produkt aus Dichte und Erdbeschleunigung

$$\gamma = \rho \cdot g \qquad (1.1)$$

Bei Berechnungen, z.B. der Durchlässigkeit für Wasser

$$K = k \cdot \frac{\gamma}{\mu} = k \cdot \frac{\rho \cdot g}{\mu} \quad (Gl. 1.5)$$

ist beim Ansatz von ρ jeweils die Temperatur sowie bei der Erdbeschleunigung g der entsprechende Wert der geographischen Breite zu berücksichtigen (Abb. 1.4).

Für 51° N ist beispielsweise g = 9,81159 ms^{-2}. Für die Stadt Aachen mit einer geographischen Breite von 50° 45′ N ergibt sich durch Interpolation der Werte von Weast (1978):

$$g_{50°45'} = 9,81037 \ ms^{-2}$$

$$\gamma = 9,81159 \cdot 9,997 \cdot 10^{2} = 9807,0557 \ Nm^{-3}$$

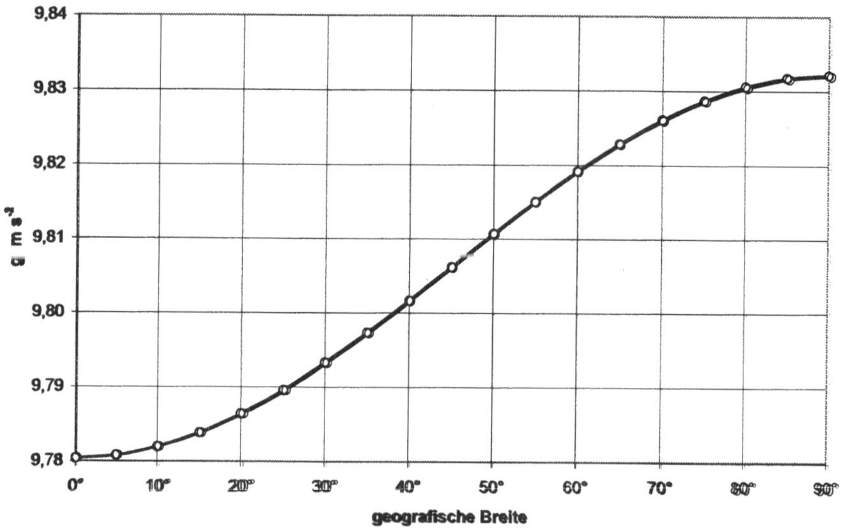

Abb. 1.4. Werte der Erdbeschleunigung g in ms^{-2} für geographische Breiten vom Äquator bis zum Pol. Nach der Formel des U.S. Coast and Geodetic Survey (Weast 1978)

Da die meisten oberflächennahen Grundwässer in Mitteleuropa eine Temperatur um 10 °C besitzen (= mittlere Lufttemperatur), ist

$$\gamma = 9,81159 \cdot 9,997 \cdot 10^2 = 9807,0557 \ \text{Nm}^{-3}$$

Für die Aachener Thermalwässer mit einer Temperatur von bis zu 70 °C und einer bei dieser Temperatur gemessenen Dichte von $1,008 \cdot 10^3$ kgm^{-3} errechnet sich dagegen

$$\gamma = 9,81037 \cdot 1,008 \cdot 10^{-3} = 9960,09 \ \text{Nm}^{-3}$$

Für viele überschlägige Berechnungen reicht es allerdings aus, für γ einen Standardwert anzusetzen, d.h. $\gamma = 10^4$ Nm^{-3}.

Oberflächenspannung des Wassers
   Symbol: A
   Einheit: Nm^{-1}
   dim $(A) = \text{MT}^{-2}$

Die Oberflächenspannung ist der Quotient aus der Arbeit ΔW, die zur Vergrößerung der freien Oberfläche einer Flüssigkeit nötig ist, und der Größe dieses Flächenzuwachses ΔF

$$A = \frac{\Delta W}{\Delta F} \tag{1.2}$$

Die Werte sind temperaturabhängig (Tabelle 1.9).

Tabelle 1.9. Werte der Oberflächenspannung A des Wassers bei verschiedenen Temperaturen

A	°C										
	0	5	10	20	30	40	50	60	70	80	100
Nm$^{-1} \cdot 10^{-2}$	7,56	7,49	7,422	7,275	7,118	6,956	6,791	6,618	6,44	6,26	5,89

Koeffizient der Kompressibilität (Zusammendrückbarkeit) des Wassers
   Symbol: β
   Einheit: Pa^{-1} oder m^{2}N^{-1}
   dim $(\beta) = \text{M}^{-1}\text{LT}^2$

Die Kompressibilität des Wassers bezeichnet dessen Eigenschaft, unter Einwirkung von Druckkräften sein Volumen zu ändern. Im Allgemeinen steht Wasser im Porenraum unter isotropem Druck. In diesem Falle spricht man auch von kubischer Kompressibilität. Die isotherme Kompressibilität β ist definiert als die auf das vorhandene Volumen bezogene Volumenänderung je Einheit Druckänderung bei konstanter Temperatur:

$$\beta = -\frac{1}{V} \cdot \left(\frac{\Delta V}{\Delta p} \right)$$

(1.3)

mit V = Volumen   und p = statischer Druck

Das negative Vorzeichen drückt die Volumenänderung bei steigendem Druck aus. Der reziproke Wert von β heißt *Elastizitätsmodul* oder Kompressionsmodul.

Normalerweise wird in der allgemeinen Strömungslehre (Hydrodynamik) die Kompressibilität unberücksichtigt gelassen, da Flüssigkeiten selbst unter Einwirkung hoher Drücke nur eine geringe Volumenänderung erfahren. Die Volumenminderung das Wassers beträgt nämlich bei 0 °C für je 1 at Druck (= 98066,5 Pa) nur etwa 0,005 % des ursprünglichen Volumens. Deshalb wird Wasser wie alle tropfbaren Flüssigkeiten auch als inkompressibel betrachtet. Die Kompressibilität nimmt mit steigendem Druck ab und mit steigender Temperatur zu. Größere Abweichungen ergeben sich erst bei Drücken über 10^9 Nm^{-2}.

In der Aquifermechanik spielt der Koeffizient der Kompressibilität aber bei der Beurteilung der elastischen Eigenschaften der gespannten Aquifere und damit der Größenordnung der jeweiligen Speicherkoeffizienten S eine bedeutende Rolle (vgl. Abschn. 3.2).

Werte für β finden sich in Tabelle 1.10 sowie als Diagramm auf Abb. 1.5.

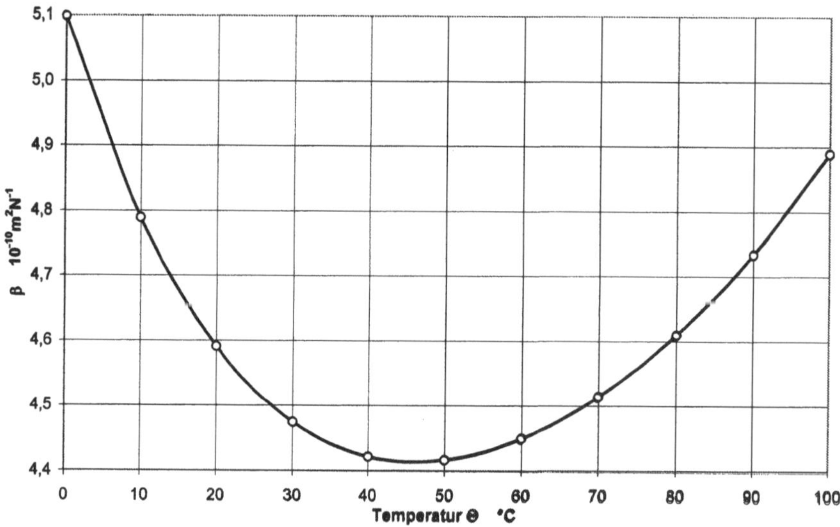

Abb. 1.5. Isotrope Kompressibilität β von Wasser in Abhängigkeit von der Temperatur

Tabelle 1.10. Werte des Koeffizienten β der isothermen Kompressibilität des Wassers bei Normaldruck ($1{,}013 \cdot 10^5$ Nm^{-2} = 1 atm) und für geringe Druckvariationen

β	°C										
	0	10	20	30	40	50	60	70	80	90	100
m^{2}N^{-1}·10^{-10}	5,098	4,789	4,591	4,475	4,422	4,417	4,450	4,515	4,610	4,734	4,89

1.4.2 Eigenschaften des Aquifers

In diesem Abschnitt werden Aquiferparameter wie Durchlässigkeit, Transmissivität, Porosität und Speicherkoeffizient nur insofern beschrieben, als man sie etwa für die im Abschn. 1.5 demonstrierten Umrechnungen in verschiedene Einheitensysteme benötigt. Auf ihre Bedeutung für die Hydromechanik wird detailliert in den Kapiteln 2 und 3 eingegangen.

Durchlässigkeit für Wasser; Durchlässigkeitsbeiwert
Symbol: K
Einheit: m^{3}s^{-1}m^{-2} = ms^{-1}
dim $(K) = $ L^{3}T^{-1}L$^{-2} = $ LT^{-1}

Einerseits ist K definiert als Proportionalitätsfaktor aus dem Gesetz von Darcy (vgl. Abschn. 2.1.1):

$$K = \frac{Q}{F} \cdot \frac{\Delta l}{\Delta h} = \frac{Q}{F \cdot I} \qquad (1.4)$$

mit
Q = Durchflussrate (m^{3}s^{-1})
F = durchströmte Fläche (m^2)
I = hydraulischer Gradient (dimensionslos)

Andererseits ergibt sich seine physikalische Bedeutung aus

$$K = k \cdot \frac{\gamma_{Wasser}}{\mu_{Wasser}} \qquad (1.5)$$

mit
k = spezifische Permeabilität (Gl. 1.6)
γ = Wichte (Gl. 1.1)
μ = dynamische Viskosität (Tabelle 1.6 bzw. Abb. 1.1)

Im Ausland werden für die Durchlässigkeit häufig andere Einheiten gebraucht. Tabelle 1.11 gibt die Umrechnungsfaktoren wieder.

Tabelle 1.11. Faktoren für die Umrechnung des Durchlässigkeitsbeiwertes K in verschiedenen Einheitensystemen

Größe x	Zeichen	Faktor zur Umrechnung der Größe x in				
		ms^{-1}	cms^{-1}	$ls^{-1}m^{-2}$	fts^{-1}	US gal/ day-sq ft
1 Meter pro Sekunde	ms^{-1}	1	10^2	10^3	3,28	$2,1205 \cdot 10^6$
1 Zentimeter pro Sekunde	cms^{-1}	10^{-2}	1	10	$3,28 \cdot 10^{-2}$	$2,1205 \cdot 10^4$
1 Liter pro Sekunde und Quadrat-meter	$1 \, s^{-1}m^{-2}$	10^{-3}	10^{-1}	1	$3,28 \cdot 10^{-3}$	$2,1205 \cdot 10^3$
1 Fuß pro Sekunde	fts^{-1}	$3,05 \cdot 10^{-1}$	$3,05 \cdot 10^{1}$	$3,05 \cdot 10^2$	1	$6,4633 \cdot 10^5$
1 US gallon per day and square foot	US gal/ day-sq ft	$4,716 \cdot 10^{-7}$	$4,716 \cdot 10^{-5}$	$4,716 \cdot 10^{-4}$	$2,5472 \cdot 10^{-6}$	1

Koeffizient der spezifischen Permeabilität
Symbol: k
Einheit: m^2
$\dim (k) = L^2$

Der Koeffizient der spezifischen Permeabilität wurde primär durch die Einheit „darcy" definiert (vgl. Abschn. 2.3.4). Im nicht mehr gültigen CGS-System ist die entsprechende Einheit das „perm" $= 1 \, cm^2$. 1 darcy ist dabei definiert als $9,87 \cdot 10^{-9}$ perm bzw. cm^2 (vgl. auch Lohman 1972).

Nach Gln. 1.4 und 1.5 ist

$$k = \frac{\mu}{\gamma} \cdot \frac{Q}{F \cdot I}$$

(1.6)

Entsprechend leitet sich $\dim (k)$ ab aus

$\dim (Q) = \quad L^3T^{-1}$
$\dim (\mu) = \quad ML^{-1}T^{-1}$
$\dim (\gamma) = \quad ML^{-2}T^{-2}$
$\dim (F) = \quad L^2$
$\dim (I) = \quad 1$
$\dim (k) = \quad (L^3T^{-1}ML^{-1}T^{-1})/(ML^{-2}T^{-2}L^2) = L^2$

k besitzt also die Dimension einer Fläche: Der Permeabilitätskoeffizient k wird besonders bei Berechnungen in der Erdölindustrie benutzt. Umrechnungsfaktoren sind in Tabelle 1.12 zusammengestellt.

Tabelle 1.12. Umrechnungsfaktoren für den Koeffizienten der spezifischen Permeabilität k in verschiedenen Einheiten

Größe x	Zeichen	Faktor zur Umrechnung der Größe x in			
		m^2	cm^2 = perm	darcy	ft^2
1 Quadratmeter	m^2	1	10^4	$1{,}013 \cdot 10^{12}$	$1{,}07 \cdot 10^1$
1 Quadratzenti-meter = 1 perm	cm^2	10^{-4}	1	$1{,}01 \cdot 10^8$	$1{,}07 \cdot 10^{-3}$
1 darcy	darcy	$9{,}87 \cdot 10^{-13}$	$9{,}87 \cdot 10^{-9}$	1	$1{,}06 \cdot 10^{-11}$
1 square foot	ft^2	$9{,}29 \cdot 10^{-2}$	$9{,}29 \cdot 10^2$	$9{,}43 \cdot 10^{10}$	1

Transmissivität
    Symbol: T
    Einheit: $m^2 s^{-1}$
    dim (T): $L^2 T^{-1}$

Die Transmissivität ist das Produkt aus Durchlässigkeitsbeiwert K und wassererfüllter Mächtigkeit m des Aquifers (vgl auch Abschn. 2.5).

$$T = K \cdot m \tag{1.7}$$

Wie bei der Durchlässigkeit sind in der internationalen Literatur unterschiedliche Einheiten für die Transmissivität gebräuchlich (Tabelle 1.13).

Porosität
    Symbol: n
    Einheit: $m^3 m^{-3} = 1$
    dimensionslos

Die Porosität ist definiert als

$$n = \frac{V_H}{V} \tag{1.8}$$

mit
    V_H = Hohlraumvolumen des Gesteins (Fraktion oder Prozent)
    V = Gesamtvolumen des Gesteins (Fraktion oder Prozent)

Porosität und Nutzporosität werden detailliert im Abschn. 3.3 dargestellt.

Tabelle 1.13. Faktoren für die Umrechnung der Transmissivität T in verschiedene Einheiten

Größe x	Zeichen	Faktor zur Umrechnung der Größe x in				
		m^2s^{-1}	cm^2s^{-1}	$ls^{-1}m^{-1}$	ft^2s^{-1}	gal/day+ft US
1 Quadratmeter pro Sekunde	m^2s^{-1}	1	10^4	10^3	$1{,}07{\cdot}10^1$	$6{,}9576{\cdot}10^6$
1 Quadratzentimeter pro Sekunde	cm^2s^{-1}	10^{-4}	1	10^{-1}	$1{,}07{\cdot}10^{-3}$	$6{,}9576{\cdot}10^2$
1 Liter pro Sekunde und Meter	$ls^{-1}m^{-1}$	10^{-3}	10	1	$1{,}07{\cdot}10^{-2}$	$6{,}9576{\cdot}10^3$
1 square-foot per Second	ft^2s^{-1}	$9{,}29{\cdot}10^{-2}$	$9{,}29{\cdot}10^2$	$9{,}29{\cdot}10^1$	1	$6{,}4599{\cdot}10^5$
1 US gallon per day and foot	US gal/ day-ft	$1{,}437{\cdot}10^{-7}$	$1{,}437{\cdot}10^{-3}$	$1{,}437{\cdot}10^{-4}$	$1{,}548{\cdot}10^{-6}$	1

Speicherkoeffizient
Symbol: S
Einheit: $m^3m^{-3} = 1$
dimensionslos

Aus der in Abschn. 3.2.3 abgeleiteten Gleichung

$$S = n \cdot \gamma \cdot m \cdot \left(\beta + \frac{\alpha}{n} \right) \tag{1.9}$$

mit

n = Porosität (dimensionslos)
γ = Wichte des Wassers (vgl. Abschn. 1.4.1)
m = wassererfüllte Mächtigkeit des Aquifers (m)
β = Kompressibilität des Wassers (vgl. Abschn. 1.4.1)
α = vertikale Kompressibilität des Aquifer-Korngerüstes (vgl. Abschn. 3.4)

ergibt sich die Dimensionsgleichung

$$\dim (S) = ML^{-2}T^{-2}LLM^{-1}T^2 = 1$$

Hydraulischer Gradient (Standrohrspiegel-Gefälle)
Symbol: I
Einheit: m m^{-1} = 1
dimensionslos

Definitionsgemäß ist der hydraulische Gradient die Spiegeldifferenz Δh über eine Fließstrecke Δl des Grundwassers.

$$I = \frac{\Delta h}{\Delta l} \qquad (1.10)$$

Bei den meisten Berechnungen in der Praxis ist es zulässig, den wahren Fließweg l durch seine Projektion auf die Horizontale x zu ersetzen. Es gilt folglich

$$I = \frac{\Delta h}{\Delta l} \approx \frac{\Delta h}{\Delta x}$$

mit

$\Delta x =$ horizontale Projektion des Fließweges Δl
$\Delta l =$ Spiegeldifferenz über Δx

Bei geneigtem oder stark gekrümmtem Verlauf der Stromlinien und damit gekrümmter Lage der Potentialflächen (Abschn. 5.2 in Langguth u. Voigt 1980) muss der wahre Fließweg l aus dem Neigungswinkel der Wasserfäden oder bei gleichbleibender Grundwassermächtigkeit aus dem Einfallswinkel α des Grundwasserleiters berechnet werden. Es gilt dann

$$I = \frac{\Delta h}{\Delta l} = \frac{\Delta h}{\Delta x / \sin \alpha} = \frac{\Delta h \cdot \sin \alpha}{\Delta x} \qquad (1.11)$$

1.5 Umrechnung von einer Einheit in eine andere

Umrechnungen wie z.B. Meter in Millimeter sind jedermann aus dem täglichen Leben vertraut und bereiten meist keine Schwierigkeiten, vor allem dann nicht, wenn ein „glatter" Umrechnungsfaktor zwischen den Einheiten besteht.

Es existieren jedoch oft komplizierte Zusammenhänge, so dass der Wechsel aus einer in eine andere Einheit Anlass zu erheblichen Rechenfehlern sein kann. Daher gibt es Anweisungen zum Umrechnen von Einheiten, Rechnen mit Zahlenwertgleichungen und Größen etc., die in zusammengefasster Form z.B. bei Baehr (1974) nachzulesen sind. Derartige Anweisungen werden auch bei der Aufstellung von Konversionstabellen und Umrechnungslisten angewendet.

1.5.1 Wechsel der Einheit

Zur Angabe von Zeitintervallen finden die Einheiten Jahr (a), Tag (d), Stunde (h), Minute (min) und Sekunde (s) Verwendung.

Es gilt die Einheitengleichung

$$1\ a = 365\ d = 8\ 760\ h = 525\ 600\ \text{min} = 31\ 536\ 000\ s$$

Soll die Zeit z = 2 Tage = 2 d in Sekunden umgerechnet werden, so kann dies auf zweierlei Art geschehen.

1. Möglichkeit: Man multipliziert die gegebene Größe mit einem Quotienten, dessen Zähler die neue, gesuchte Einheit ist und in dessen Nenner ein Vielfaches der alten Einheit steht, das genau gleich der neuen Einheit ist. Dieser Quotient muss den Wert 1 besitzen, d.h., er lässt die Größe unverändert.

Im vorliegenden Falle ist die alte Einheit d und die neue Einheit s. Die Einheitengleichung lautet jetzt

$$1\ d = 86400\ s$$

und der Quotient ist

$$\frac{1\ s}{1/86400\ s} = 1$$

Man erhält

$$z = 2\ d = 2\ d \cdot \frac{1}{(1/86400)\ d}\ s = 2 \cdot 86400\ \frac{d}{d}\ s = 172800\ s$$

2. Möglichkeit: Man multipliziert die gegebene Größe mit einem Quotienten, dessen Nenner die alte Einheit ist und in dessen Zähler ein solches Vielfaches der neuen Einheit steht, das genau der alten Einheit ist.

Der Quotient hat den Wert 1 und lässt die Größe unverändert. So lautet der Quotient für die Umrechnung in Sekunden jetzt, da 86 400 s = 1 d

$$\frac{86400\ s}{1\ d} = 1$$

Daraus ergibt sich

$$z = 2\ d \cdot \frac{86400\ s}{1\ d} = 2 \cdot 86400\ \frac{d}{d}\ s = 172800\ s$$

Die vorstehende Regel ist bewusst anhand eines einfachen Falles erläutert worden und erscheint deshalb unnötig umständlich. An den folgenden Beispielen, wo mehrere Einheiten gleichzeitig umgerechnet werden müssen, erweist sie sich jedoch als sichere Rechenanweisung.

Beispiel 1

Die alte, aber in der Literatur noch zu findende Druckeinheit 10 000 kpcm^{-2} ist in die gültige Nm^{-2} umzurechnen.

Da der neue Wert aus einem Produkt unterschiedlicher Einheiten besteht, sind zunächst zwei Quotienten zu bilden, bei denen hier der Zähler für die neue gesuchte Einheit gewählt wird.

In Tabellenwerken (Weast 1978) findet man 1 kp = 9,8065 N. Demzufolge

$$Q_1 = \frac{9,80665\ N}{1\ kp} = 1$$

Da 1 m^2 = 10 000 cm^2, gilt weiterhin

$$\frac{1\ m^2}{10^4\ cm^2} = 1$$

Für das Produkt ist aber die Form m^{-2} nötig:

$$Q_2 = \frac{1\ m^{-2}}{10^{-4}\ cm^{-2}} = 1$$

Der gesuchte Wert WK ergibt sich also zu

$$WK = 10000\ kp\,cm^{-2} \cdot Q_1 \cdot Q_2$$

$$WK = 10000\ kp\,cm^{-2} \cdot \frac{9,80665\ N}{1\ kp} \cdot \frac{1\ m^{-2}}{10^{-4}\ cm^{-2}}$$

$$WK = 10^4\ \frac{kp}{kp} \cdot \frac{cm^{-2}}{cm^{-2}} \cdot \frac{9,80665\ Nm^{-2}}{10^{-4}}$$

und schließlich

$$WK = 9,80665 \cdot 10^8\ Nm^{-2}$$

Beispiel 2

Die in den USA für die Transmissivität T übliche Einheit US gallons per day and foot (US gal/day-ft) soll in die SI-Einheit m^{2}s^{-1} umgerechnet werden. Für beide identisch ist die Dimensionsgleichung

$$\dim(T) = L^3 T^{-1} L^{-1} = L^2 T^{-1}$$

Zur Umrechnung bildet man drei Quotienten, wobei die neuen Einheiten jedes Mal im Zähler stehen. Somit gilt

$$1)\quad 1\ US\ gal = 3{,}785\ l = 3{,}785 \cdot 10^{-3}\ m^3$$

$$\text{mit dem Quotienten } \quad Q_1 = \frac{3{,}785 \cdot 10^{-3} \, m^3}{1 \, US \, gal} = 1$$

2) $\quad 1 \, foot = 1 \, ft = 3{,}048 \cdot 10^{-1} \, m$

$$\text{mit dem Quotienten } \quad Q_2 = \frac{3{,}048 \cdot 10^{-1}}{1 \, ft} = 1$$

3) $\quad 1 \, day = 8{,}64 \cdot 10^4 \, s$

$$\text{mit dem Quotienten } \quad Q_3 = \frac{8{,}64 \cdot 10^4 \, s}{1 \, day} = 1$$

Somit ergibt sich

$$T = 50000 \, US \, gal \cdot day^{-1} \cdot ft^{-1} \cdot Q_1 \cdot \frac{1}{Q_2} \cdot \frac{1}{Q_3}$$

$$T = 5 \cdot 10^4 \cdot \frac{US \, gal}{day \cdot ft} \cdot \frac{3{,}785 \cdot 10^{-3} \, m^3}{1 \, US \, gal} \cdot \frac{1 \, ft}{3{,}048 \cdot 10^{-1} \, m} \cdot \frac{1 \, day}{8{,}64 \cdot 10^4 \, s}$$

$$T = \frac{5 \cdot 3{,}785 \cdot 10^4 \cdot 10^{-3}}{3{,}048 \cdot 10^{-1} \cdot 8{,}64 \cdot 10^4} \cdot \frac{US \, gal}{US \, gal} \cdot \frac{m^3}{m} \cdot \frac{ft}{ft} \cdot \frac{day}{day} \cdot \frac{1}{s}$$

$$T = 7{,}186 \cdot 10^{-3} \, m^2 s^{-1}$$

d.h. 50 000 US gal/day-ft entsprechen rund $7{,}2 \cdot 10^{-3}$ m²s⁻¹.

1.5.2 Verhältnis der Einheiten einer Größe in unterschiedlichen Einheitensystemen

Ein Einheitensystem wie z.B. das SI beruht auf den in Abschn. 1.2 definierten unabhängigen Basisgrößen. Neue Größen bildet man ausschließlich durch Multiplikation oder Division bereits definierter Größen. Das Produkt oder der Quotient zweier Größenarten ergibt dann die neue Größe. Beispielsweise ergibt das Produkt von Länge mal Länge die neue Größe Fläche.

Allgemein ist also eine abgeleitete Größe ein *Potenzprodukt* aus wiederholter Anwendung von Multiplikation und Division. Das Potenzprodukt enthält dabei ganzzahlige positive und negative Exponenten.

Aus den Größen $B_1, B_2,..., B_n$ mit den Exponenten β_i entsteht eine neue Größe A als Potenzprodukt

$$A = B_1^{\beta_1} \cdot B_2^{\beta_2} \cdot B_3^{\beta_3} ... = \prod_{i=1}^{n} B_i^{\beta_i} \tag{1.12}$$

Allgemein gibt es in einem System von n unabhängigen Basisgrößen B_1 bis B_n insgesamt k abgeleitete Größen A_j, für die gilt

$$A_j = B_1^{\beta_{1j}} \cdot B_2^{\beta_{2j}} \cdot \ldots = \prod_{i=1}^{n} B_j^{\beta_{ij}} \tag{1.13}$$

mit $j = 1, 2, \ldots, k$

alle darstellbar durch Potenzprodukte (Baehr 1974).

Die Exponenten β_{ij} sind ganzzahlig (positiv, negativ oder gleich Null). Die im Abschn. 1.3 genannten Gleichungen für die Dimension einer Größenart x, z.B. für die Kraft

$$\dim (\text{Kraft}) = \text{MLT}^{-2}$$

sind Beispiele für die Anwendung von Gl. 1.13.

Die Potenzprodukte werden benutzt, um von einem Einheitensystem, d.h. einem gegebenen System von Basisgrößen, in ein anderes zu gelangen. Man kann damit zum Beispiel den Umrechnungsfaktor ermitteln, wenn man sich vergewissert hat, dass die Dimensionen in beiden Systemen identisch sind.

Dazu verwendet man, wenn etwa drei Produkte vorliegen, die Formel

$$Q_x = \frac{x}{\varepsilon} = A^m \cdot B^n \cdot C^p \tag{1.14}$$

Wenn gilt, dass $\dim (x) = \dim (\varepsilon)$, bedeuten darin

x =   Potenzprodukt der ersten abgeleiteten Größe

ε =   Potenzprodukt der zweiten abgeleiteten Größe

Q_x =   Verhältnis bzw. Umrechnungsfaktor von der ersten zur zweiten abgeleiteten Größe

A, B, C =   Basisgrößen

m, n, p =   den einzelnen Basisgrößen zugehörige Exponenten.

Weiterhin gilt

$$A = \frac{a}{\alpha}, \quad B = \frac{b}{\beta}, \quad C = \frac{c}{\gamma}$$

mit

a, b, c =   Basisgrößen des ersten Einheitensystems

α, β, γ =   Basisgrößen des zweiten Einheitensystems

und

$$Q_x = \left(\frac{a}{\alpha}\right)^m \cdot \left(\frac{b}{\beta}\right)^n \cdot \left(\frac{c}{\gamma}\right)^p \tag{1.15}$$

Das folgende Beispiel demonstriert die Anwendung dieser Formeln.

Beispiel

In der internationalen Literatur ist für die dynamische Viskosität gelegentlich noch die Bezeichnung Poiseuille anstelle Nsm^{-2} (SI-System) gebräuchlich. Poise ist der entsprechende Begriff im CGS-System. Mit Gleichung 1.15 ist das Verhältnis

$$Q_x = \frac{dynamische\ Viskosität\ (SI)}{dynamische\ Viskosität\ (CGS)}$$

zu berechnen. Man definiert

$$Q_x = \frac{Poiseuille}{Poise} = \frac{Pl}{P}$$

Definitionsgerecht ist die dynamische Viskosität eine Kraft f pro Fläche F, multipliziert mit dem Quotienten aus Weg l und Geschwindigkeit v (vgl. Tabelle 1.4), also

$$\mu == \frac{f}{F} \cdot \frac{dl}{dv}$$

Aus
$$dim\ (f) = MLT^{-2}$$
$$dim\ (F) = L^2$$
$$dim\ (l)\ = L$$
$$dim\ (v)\ = LT^{-1}$$
ergibt sich

$$dim\ (\mu) = \frac{dim(f)}{dim(F)} \cdot \frac{dim(l)}{dim(v)} = MLT^{-2}/L^2 \cdot L/LT^{-1} = ML^{-1}T^{-1}$$

Nach Gl. 1.15 entspricht dies

$$M^1L^{-1}T^{-1} \propto A^m \cdot B^n \cdot C^p$$

sowie

$$m = 1$$
$$n = -1$$
$$p = -1$$

Die Basiseinheiten in beiden Einheitensystemen SI und CGS sind bekanntlich definiert zu

SI				**CGS**			
M $\propto a$	= 1 kg	= 1000 g		M $\propto \alpha$	=	1 g	
L $\propto c$	= 1 m	= 100 cm		L $\propto \gamma$	=	1 cm	
T $\propto b$	= 1 s			T $\propto \beta$	=	1 s	

und in Gleichung 1.15 eingesetzt

$$Q_x = \left(\frac{1000}{1}\right)^1 \cdot \left(\frac{100}{1}\right)^{-1} \cdot \left(\frac{1}{1}\right)^{-1}$$

$$= \left(10^3\right)^1 \cdot \left(10^2\right)^{-1} \cdot 1^{-1}$$

$$= 10^3 \cdot 10^{-2} \cdot 1^{-1} = 10^1$$

Dieses nur scheinbar triviale Beispiel hat als Ergebnis, dass 1 Poiseuille gleich 10 Poise ist. In der Praxis wird μ meist angegeben als

$$1\ P = 1 \cdot 10^{-1}\ Nsm^{-2} \qquad\qquad bzw. \qquad 1\ cP = 1 \cdot 10^{-3}\ Nsm^{-2}$$

1.6 Weitere Berechnungsbeispiele

1.6.1 Ermittlung der kapillaren Steighöhe

Die kapillare Steighöhe h_c (Castany 1967; Zunker 1930) ist definiert als

$$h_c = \frac{2A}{r \cdot \rho \cdot g} = \frac{2A}{r \cdot \gamma} \qquad\qquad (1.16)$$

mit

h_c = kapillare Steighöhe $\dim (h_c) = L$
A = Oberflächenspannung $\dim (A) = MT^{-2}$
ρ = Dichte des Wassers $\dim (\rho) = ML^{-3}$
g = Erdbeschleunigung $\dim (g) = MT^{-2}$
r = Radius der Kapillarröhre $\dim (r) = L$

Folgende Werte sind gegeben:
A = 74,2 dyn cm^{-1} (vgl. Tabelle 1.4)
ρ = 9,99·10^2 kgm^{-3} (vgl. Tabelle 1.3)
r = 0,1 mm
g = 9,81 ms^{-2}

Beispiel

h_c ist aus diesen, in unterschiedlichen Systemeinheiten ausgedrückten Daten zu ermitteln und zwar sowohl in Meter als SI-Einheit als auch in Zentimeter als CGS-Einheit.

Dazu stellt man sich eine Liste zusammen:

	SI		**CGS**	
A	$7,42 \cdot 10^{-2}$	Nm^{-1}	$74,2$	$dyn\ cm^{-1}$
ρ	$9,999 \cdot 10^{2}$	kgm^{-3}	$9,999$	gcm^{-3}
r	$1 \cdot 10^{-4}$	m	$1 \cdot 10^{-2}$	cm
g	$9,81$	ms^{-2}	$9,81 \cdot 10^{2}$	cms^{-2}

und berechnet damit

$$\text{SI:} \qquad h_c = \frac{2 \cdot 7,42 \cdot 10^{-2}}{10^{-4} \cdot 9,999 \cdot 10^{2} \cdot 9,81} = 0,1513 \ \text{m}$$

$$\text{CGS:} \qquad h_c = \frac{2 \cdot 7,42}{10^{-2} \cdot 9,999 \cdot 9,81 \cdot 10^{2}} = 15,13 \ \text{cm}$$

1.6.2 Volumenänderung des Wassers bei Druckänderung

Wie im Abschn. 1.4.1 erläutert, ist Wasser in einem, wenn auch sehr geringem Ausmaß kompressibel. Bedeutung besitzt diese Eigenschaft für die Elastizität gespannter Aquifere.

Beispiel

Ein Wasserkörper von $V = 1$ m^3 Inhalt und 20 °C Temperatur wird von einer Änderung des umgebenden Drucks von $\Delta p = 10$ Atmosphären (physikalische Atmosphären atm) betroffen.

Um welchen Betrag ΔV ändert sich das Ausgangswasservolumen?

Die umgestellte Gleichung 1.3 stellt die Lösungsformel dar

$$-\Delta V = \beta \cdot V \cdot \Delta p$$

mit

$\beta =$ Koeffizient der Kompressibilität des Wassers

Das SI-System verlangt die Angabe des Drucks in Pascal.

Da 1 atm = 101 325 Pascal, gilt

$$\Delta p = 10 \cdot 101\ 325 \ \text{Pa} = 1,01325 \cdot 10^{6} \ \text{Pa}$$

Δp lässt sich auch noch auf andere Weise ermitteln:

$$\begin{aligned}
1 \ \text{atm} &= 760 \ \text{mm Hg} \\
10 \ \text{atm} &= 7600 \ \text{mm Hg}
\end{aligned}$$

Die Dichte ρ von Hg beträgt 13 600 kgm^{-3}, und wegen

$$p = \gamma \cdot H \qquad\qquad (1.17)$$

ist $H = 7{,}60$ m Hg sowie $\gamma_{Hg} = \rho \cdot g = 13600 \cdot 9{,}81$ Nm^{-3}, so dass sich der gesuchte Wert zu

$$\Delta p = 7{,}6 \cdot 13{,}6 \cdot 10^3 \cdot 9{,}81 = 1{,}01396 \cdot 10^6 \text{ Pa}$$

ergibt.

Die beiden Ergebnisse sind praktisch identisch; die kleine Differenz erklärt sich dadurch, dass bei der zweiten Berechnung die Temperaturabhängigkeit nicht genau berücksichtigt wurde.

Mit $\beta = 4{,}59 \cdot 10^{-10}$ m^{2}N^{-1} bei 20 °C (Tabelle 1.10) und $V = 1$ m^3 ist

$$\Delta V = 4{,}59 \cdot 10^{-10} \cdot 1 \cdot 1{,}013 \cdot 10^6 = 4{,}6497 \cdot 10^{-4} \text{ m}^3 = 0{,}465 \text{ l} = 465 \text{ cm}^3$$

Da 10 m Wassersäule 98 067 Pa entsprechen und die oben angegebenen 1 013 250 Pa folglich rund 103,3 m Wassersäule, kann gesagt werden, dass aus einem Kubikmeter Wasser bei einer Variation von rund 10 m Wassersäule jeweils rund 50 cm^3 Wasservolumen entstehen oder verschwinden. Das entspricht den im Abschn. 1.4.1 für die Kompressibilität genannten 0,005 % des Ausgangsvolumens.

Rechnet man die Volumenverringerung bzw. -vergrößerung auf die Kantenlänge eines Wasserwürfels von 1 m^3 Inhalt um, dann beträgt die Verkürzung 0,1667 mm.

Überträgt man dies auf gespannte Grundwasserleiter, so kann bei einer flächenhaften Druckentspannung eine erhebliche Wassermenge aus der Volumenvergrößerung des Wassers aus der Reserve bzw. der Einspeicherung des Aquifers mitgewonnen werden (vgl. auch Abschn. 3.2).

Folgendes Beispiel illustriert die Aussage:

Im Rheinischen Braunkohlenrevier ist ein gespannter Aquifer von 80 m Mächtigkeit und einem speicherwirksamen Porenvolumen von rund $n_0 = 0{,}25$ (vgl. Abschn. 3.3) in einem Gebiet von rund 100 km^2 flächenhaft entspannt worden. Die Druckdifferenzen betrugen im Endstadium 100 m Wassersäule. Das eingespeicherte primäre Wasservolumen errechnet sich zu

$$V = 100 \cdot 10^6 \cdot 80 \cdot 0{,}25 = 2 \cdot 10^9 \text{ m}^3$$

Je Kubikmeter sind rund 50 cm^3 aus der Druckentspannung pro 10 m Spiegelabsenkung angefallen, d.h. also

$$2 \cdot 10^9 \cdot 5 \cdot 10^{-5} \cdot 10 = 1 \cdot 10^6 \text{ m}^3$$

1.7 Konzentrationseinheiten von Wasserinhaltsstoffen

Die Konzentrationen gelöster Wasserinhaltsstoffe werden in unterschiedlichen, in Deutschland gesetzlich vorgeschriebenen Einheiten angegeben (DEV 1998ff.). Zwar werden in diesem Buch keine hydrochemischen Fragen behandelt. Da aber in Kap. 7 das Verhalten gelöster Stoffe während des Transports im Grundwasserleiter behandelt wird, werden hier diese Konzentrationseinheiten mit genannt. Ausführliche Beschreibungen der in der Wasseranalytik vorgeschriebenen Masse-, Stoffmengen- und Äquivalenteinheiten bieten die Lehrbücher von Appelo u. Postma (1996), Busch, Luckner u. Tiemer (1993), Hölting (1996), Hütter (1994) und Matthes (1990).

Masse-Einheiten

Grundlage ist zunächst die Angabe in *Masseneinheiten* (kg, g, mg). National und international üblich sind sowohl die Einheiten mg/l als auch ppm (parts per million).

Sie sind unterschiedlich definiert; abweichend von den sonst in diesem Buch verwendeten Abkürzungen wird hier durchgehend die in der Hydrogeochemie übliche Angabe mg/l verwendet.

$$\text{mg/l} = \frac{\textit{Masse des gelösten Stoffes}}{\textit{Volumen des Lösungsmittels}} \quad \text{temperaturabhängig} \tag{1.18}$$

$$\text{ppm} = \frac{\textit{Masse des gelösten Stoffes}}{\textit{Masse des Lösungsmittels}} \quad \text{temperaturunabhängig} \tag{1.19}$$

Bezugsgrößen in der Hydrogeochemie sind entweder ein Liter oder ein Kilogramm Wasser. Beide sind bekanntlich aber nur im Dichtemaximum von reinem Wasser bei 4 °C (genau: 3,98 °C) numerisch identisch.

Die Dichte ρ eines Wassers variiert in Abhängigkeit von seiner Temperatur und seinem Lösungsinhalt.

In der Praxis ist es üblich, beide Einheiten für Temperaturen zwischen 5 und 30 °C und Lösungsinhalten bis etwa 7000 mg/l bzw. 7000 ppm gleichzusetzen. Diese Konzentration entspricht etwa einem Brackwasser.

Die nachstehende Beziehung ermöglicht die Umrechnung von ppm und mg/l für stärker mineralisierte Wässer:

$$\frac{mg/l}{ppm} = \textit{Dichte der Lösung} \quad (\text{gcm}^{-3)} - TDS\,(\text{gcm}^{-3)} \tag{1.20}$$

mit

TDS = Gesamtlösungsinhalt (total dissolved solids) einschließlich der
$\quad HCO_3^-$ -Ionen

Beispiel

Ein stärker mineralisiertes Tiefenwasser besitzt eine Dichte von $\rho = 1{,}012$ gcm^{-3}.

Der Gesamtlösungsinhalt liegt bei 15 000 mg/l (0,015 gcm^{-3}).
Das Verhältnis beträgt 0,997 gcm^{-3} und somit 1 ppm = 0,997 mg/l.

Stoffmengeneinheiten

Stöchiometrische Rechnungen sind mit den analytisch im Labor bestimmten Masseinheiten nicht möglich. Sie verlangen den Gebrauch von Stoffmengeneinheiten wie Mole pro Liter oder Mole pro Kilogramm.

Ein Mol besitzt $6\,023{\cdot}10^{23}$ Atome oder Moleküle des jeweiligen Wasserinhaltstoffes (*Avogadrosche* oder *Loschmidtsche* Zahl) mit einer Masse, die dessen Atom- oder Molekülmasse (früher: Atom- und Molekulargewicht) entspricht.

Hölting (1996) zitiert die in Deutschland gesetzliche Definition des Mols:

„Die Basiseinheit 1 Mol ist die Stoffmenge eines Systems bestimmter Zusammensetzung, das aus ebenso vielen Teilchen besteht, wie Atome in 12/1000 Kilogramm des Nukleids ^{12}C enthalten sind."

Atom und Molekülmassen sind folglich relative Zahlen.

Die den Masseeinheiten mg/l und ppm entsprechenden Stoffmengeneinheiten werden als *Molarität* und *Molalität* bezeichnet:

$$\text{Molarität} = \frac{Mole\ des\ gelösten\ Stoffes}{1\,l\ Lösungsmittel} \qquad \text{temperatur-abhängig} \qquad (1.21)$$

$$\text{Molalität} = \frac{Mole\ des\ gelösten\ Stoffes}{1\,kg\ Lösungsmittel} \qquad \text{temperatur-}unabhängig \qquad (1.22)$$

Die in der Wasserchemie übliche Einheit ist das mmol/l:

$$1\ \text{mol} = 1000\ \text{mmol}$$

Im angegebenen Temperaturbereich und bei Gesamtlösungsinhalt < 7000 mg/l dürfen Molarität und Molalität gleichgesetzt werden.

Die Zahl der Mole pro Liter, die in einer im Labor ermittelten Masse stecken, errechnen sich zu

$$\text{mmol/l} = \frac{mg\,/\,l}{Molmasse}$$

Beispiel 1

Was ist die Molekülmasse von einem Mol Wasser (H_2O)?

$$H_2 = 2{\cdot}1{,}008\ g$$
$$O = 1{\cdot}15{,}999\ g$$

Die nicht ganzzahligen Massenangaben sind ein Ausdruck der Tatsache, dass sich beide Elemente aus unterschiedlich großen Anteilen natürlicher (und künstlicher) Isotope zusammensetzen.

Folglich besitzt 1 mol H_2O eine Molekülmasse von 18,015 g.

Beispiel 2

Wieviel Mole pro Liter entsprechen 137,47 mg/l Ca^{2+}?

Die Molmasse von Kalzium beträgt 40,08. Daher

$$\frac{137,47\ mg\,/\,l\ Ca^{2+}}{40,08} = 3,43 \quad \text{mmol/l } Ca^{2+}$$

Äquivalenteinheiten

Die elektrolytische Dissoziation der gelösten Inhaltsstoffe in positiv und negativ geladene Ionen resultiert in einem Gleichgewicht. Da Grundwasser elektrisch neutral ist, müssen die Summen von Kationen und Anionen einander elektrisch äquivalent sein.

Zur Kontrolle dieser Gleichwertigkeit oder *Ionenbilanz*, aus der sich auch die Genauigkeit einer Analyse herleiten lässt, dient die Angabe von äquivalenten Konzentrationen, die in

mmol(eq)/l   bzw.   mmol(eq)/kg

ausgedrückt werden. Die früher übliche Bezeichnung mval/l bzw. mval/kg ist nicht mehr zulässig.

$$\text{mmol (eq)/l} = Konzentration\ (mg\,/\,l) \cdot \frac{1\ Mol}{Molmasse} \cdot \frac{Valenzen}{Mol} \tag{1.23}$$

Unter Valenzen versteht man die Anzahl der elektrischen Ladungen bzw. die Wertigkeit eines Atoms oder Moleküls.

Beispiel

Was ist die äquivalente Konzentration von 137,47 mg/l Ca^{2+}?

$$137,47\ mg\,/\,l\ Ca^{2+} \cdot \frac{1\ Mol\ Ca^{2+}}{40,08} \cdot \frac{2\ Valenzen}{1\ Mol\ Ca^{2+}} = 6,86\ mmol(eq)\,/\,l\ Ca^{2+}$$

Es ist zu beachten, dass im Fall einwertiger Ionen Stoffmengen- und Äquivalentkonzentrationen numerisch gleich sind.

2 Durchlässigkeit und Transmissivität

2.1 Grundwasserströmung im porösen Medium

Die Strömung von Wasser in einem Gerinne wird allgemein durch eine Formel beschrieben, die dem *Gesetz von der Erhaltung der Masse* oder der *Kontinuitätsbedingung* genügen muss.

$$Q = F \cdot \overline{v} \tag{2.1}$$

mit

   $Q =$ Durchflussrate $(m^3 s^{-1})$

   $F =$ Durchflussquerschnitt (m^2)

   $\overline{v} =$ mittlere Strömungsgeschwindigkeit (ms^{-1})

Es liegt nahe zu versuchen, diese einfache Beziehung auch auf die Grundwasserströmung in einem porösen Sand oder Kies zu übertragen. Dies bereitet einige Schwierigkeiten. Zunächst liegt der entscheidende Unterschied zwischen einem offenen, durchströmten Gerinne und einem porösen Medium darin, dass dort das Wasser durch einen freien Querschnitt, hier durch ein vielverzweigtes System von Poren fließt, die innerhalb eines Festkörpergerüstes existieren. Durchflossene Flächen F und Strömungsgeschwindigkeit v oder $\overline{v}$ sind also nicht so eindeutig wie im Fall des Gerinnes zu definieren.

Neben den physikalischen Eigenschaften der Flüssigkeit, der Dichte ρ und der Viskosität v, sind bei der Behandlung der Grundwasserströmung demzufolge zusätzlich auch die Eigenschaften der *Aquifermatrix* zu beachten, nämlich *Porosität* und *Permeabilität*. Die unterschiedlichen Definitionen von Permeabilität und Durchlässigkeit werden in Abschn. 2.4 detailliert erklärt.

Die Porosität oder der Porenraum n (vgl. Kap. 3) drückt das Verhältnis von Hohlraumvolumen zu Gesamtvolumen des porösen Materials aus.

$$n = \frac{V_H}{V} \tag{2.2}$$

mit

   $V_H =$ Hohlraumvolumen (m^3)

   $V \;\;=$ Gesamtvolumen (m^3)

Das Problem der Durchlässigkeit eines porösen Lockergesteins für eine Flüssigkeit wird am Beispiel einer einfachen Versuchsanordnung im folgenden

Abschn. 2.1.1 ausführlich erläutert. Dabei werden zunächst die Vorgänge bei einer *gesättigten Strömung*, wie sie die Fließbewegung des Grundwassers im Allgemeinen darstellt, betrachtet.

2.1.1 Gesetz von Darcy

Ein mit Sand gefüllter Zylinder (Abb. 2.1) mit der Länge l und den gleich großen Querschnittsflächen F_1 und F_2 wird von Wasser gleichbleibender Temperatur mit einer über die Zeit konstanten Rate Q durchströmt. Wie in dieser Abbildung angedeutet, durchfließt das Wasser die geneigte Sandsäule parallel zu ihrer Längsachse und senkrecht zu den Querschnittsflächen F_1 bzw. F_2. Zwei Manometerröhrchen am oberen und unteren Ende dieser Säule zeigen die Spiegelhöhen h_1 und h_2 an, die sich bei gleichbleibender Durchflussrate nicht ändern.

Die z-Symbole stehen für die *Positionshöhen*, mit denen in Abb. 2.1 die Höhen der Messröhrchen über dem Bezugsniveau angegeben sind. Der Winkel α bezeichnet die Neigung der Sandsäule gegenüber der Vertikalen.

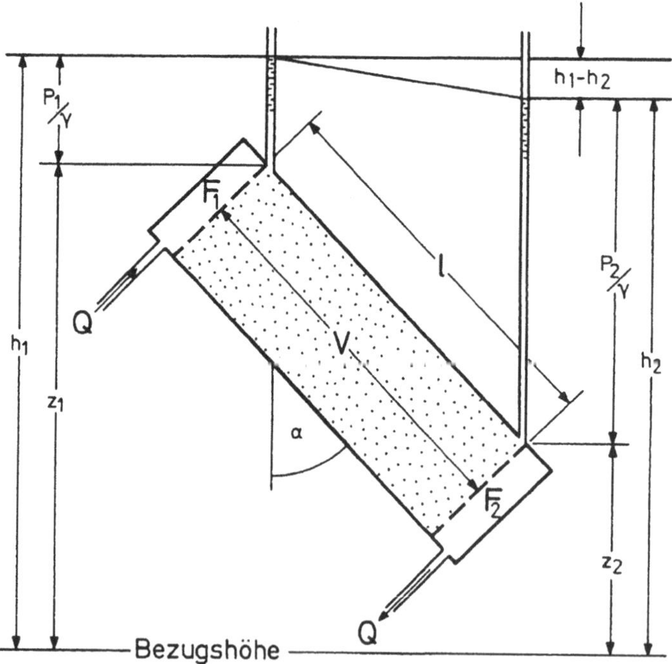

Abb. 2.1. Wasserdruck und Spiegelhöhen in einer wasserdurchströmten Sandsäule

Mit Hubbert (1940) sei definiert, dass Q einen negativen Wert annimmt, wenn das Wasser von F_1 nach F_2 fließt und dass Q ein positives Vorzeichen erhält, wenn die Strömung von F_2 nach F_1 gerichtet ist. Folglich gilt

$$\begin{aligned}
Q &= 0 \quad & h_1 &= h_2 \quad &\rightarrow \quad & h_1 - h_2 = 0 \\
Q &> 0 \quad & h_1 &< h_2 \quad &\rightarrow \quad & h_1 - h_2 < 0 \\
Q &< 0 \quad & h_1 &> h_2 \quad &\rightarrow \quad & h_1 - h_2 > 0
\end{aligned} \qquad (2.3a)$$

Zwischen Q und $(h_1 - h_2)$ existiert also eine Proportionalitätsbeziehung

$$Q \cong - (h_1 - h_2) \qquad (2.3b)$$

Diese Proportionalität ändert sich auch dann nicht, wenn man den Sandzylinder um die Vertikale dreht und der Winkel α jeden beliebigen Wert zwischen 0° und 180° annimmt. Vorausgesetzt, die Strömungsrate Q bleibt immer konstant, behält auch Gl. 2.3b ihre Gültigkeit.

Baut man zwei Blenden so vor den Flächen F_1 und F_2 ein, dass sich die Durchflussquerschnitte und damit die Durchflussrate um die Hälfte vermindern, ändern sich die Spiegelhöhen h_1 und h_2 nicht. Verallgemeinert man diesen Befund und drückt die Reduktion durch das Symbol n aus: $\dfrac{F}{n}$ und $\dfrac{Q}{n}$, wird deutlich, dass es nur auf die Relation $\dfrac{Q}{F}$, das Verhältnis von Durchfluss und durchströmter Fläche ankommt. Es gilt nun

$$\frac{Q}{F} = v \cong - (h_1 - h_2) \qquad (2.4)$$

Das Symbol v bezeichnet dabei den *spezifischen Durchfluss* (Hubbert 1940; Lohman et al. 1972). Im älteren deutschen Schrifttum wird v meist *Filtergeschwindigkeit* genannt. Dies ist eine nicht sehr glückliche Bezeichnung, da erfahrungsgemäß immer wieder Verwechslungen mit der wahren Grundwasserfließgeschwindigkeit vorkommen.

Für gegebene Manometerwerte h_1 und h_2 lautet die Beziehung somit

$$Q = F \cdot v \qquad (2.5)$$

In ähnlicher Weise sei nun untersucht, wie sich eine Änderung der Länge l des Sandzylinders zwischen den beiden Manometerröhrchen auf die Wasserstände h_1 und h_2 auswirkt. Die Höhendifferenz $(h_1 - h_2)$ ist das Ergebnis des spezifischen Durchflusses bezogen auf die Fließstrecke l. Da die Durchflussrate in jedem senkrecht zur Strömung liegenden Querschnitt gleich ist, muss einer Fließstrecke dl eine Abnahme der Spiegelhöhe dh entsprechen.

$$\frac{dh}{dl} = \frac{h_1 - h_2}{l} \cong v \tag{2.6}$$

Auch hier ist wiederum die Proportionalität zu v gegeben. Das Verhältnis $\dfrac{dh}{dl}$ wird *Spiegelgefälle* oder *hydraulischer Gradient* I genannt. Bei konstanter Differenz $(h_1 - h_2)$ gilt die Proportionalität

$$Q \propto I \tag{2.7}$$

Gleichungen 2.4 bis 2.7 lassen sich durch Einführung eines Proportionalitätsfaktors K zu einem einzigen Ausdruck vereinen (vgl. Abschn. 2.2)

$$Q = -K \cdot F \cdot \frac{h_1 - h_2}{l} \tag{2.8}$$

oder

$$v = \frac{Q}{F} = -K \cdot I = -K \cdot \frac{dh}{dl} \tag{2.9}$$

Die Gln. 2.8 und 2.9 stimmen völlig mit der von Darcy (1856) ebenfalls auf empirischem Wege gefundenen Beziehung überein (Jacob 1950). Sie sind als das *Gesetz von Darcy* bekannt (Fancher 1956). Für eine mathematisch exakte Ableitung dieses Gesetzes sei der Leser auf Busch u. Luckner (1967) oder auf die grundlegende Arbeit von Hubbert (1940) verwiesen. Der Proportionalitätsfaktor K, der die Dimension $L^3 T^{-1} L^{-2}$ besitzt, bzw. gekürzt die einer Geschwindigkeit, wird als *Durchlässigkeitskoeffizient* oder *Durchlässigkeitsbeiwert* bezeichnet. Seine Bedeutung wird in Abschn. 2.2 eingehend erläutert.

2.1.2 Potential der Grundwasserströmung

Die Kräfte, die in unterschiedlicher Ausrichtung auf das Grundwasser einwirken, müssen durch ein Vektorfeld beschrieben werden, was für praktische Zwecke mit einem nicht vertretbaren mathematischen Aufwand erfolgen müsste. Für viele Anwendungen kann man diesen Aufwand aber durch Einführung einer richtungsunabhängigen skalaren Größe, eines Potentials umgehen (Remson, Hornberger u. Molz 1971). Von den verschiedenen Möglichkeiten seien hier zwei angeführt, das Hubbert-Potential und das Girinskij-Potential.

Hubbert-Potential

In der Form der Gln. 2.8 und 2.9 beschreibt das Gesetz von Darcy eine stationäre Grundwasserströmung mit einem Gradienten I, ohne Auskunft darüber zu geben, weshalb das Wasser überhaupt fließt. Eine solche Auskunft ist mit Hilfe der *Glei-*

chung von Bernoulli, die auch als *Energiegleichung der Hydrodynamik* bezeichnet wird, möglich. In vereinfachter Form besagt sie Folgendes:

Eine Masseneinheit einer reibungsfreien und inkompressiblen Flüssigkeit, die sich zu einer beliebigen Zeit an einem beliebigen Ort über einer beliebig gewählten Bezugshöhe befindet, besitzt einen Inhalt an mechanischer Energie, ein *Strömungspotential* Φ, das sich aus drei Komponenten zusammensetzt:

- hydrostatische Energie $p \cdot V$ mit $p = h \cdot \gamma$, dem *spezifischen Druck* und dem *spezifischen Volumen* der Masseneinheit

- *potentielle Energie* $g \cdot z$ mit der Erdbeschleunigungskonstanten g und der *geodätischen* oder *Positionshöhe* z

- *kinetische Energie* $\dfrac{v^2}{2}$, die nötig ist, um die Flüssigkeit von Null auf die Strömungsgeschwindigkeit v zu beschleunigen

Folglich ist

$$\Phi = p \cdot V + g \cdot z + \frac{v^2}{2} \qquad (\text{m}^2\text{s}^{-2}) \tag{2.10a}$$

Ersetzt man V durch seinen reziproken Wert, die Dichte ρ, lautet diese Beziehung

$$\Phi = \frac{p}{\rho} + g \cdot z + \frac{v^2}{2} \tag{2.10b}$$

Zwecks Unterscheidung von anderen, in der Grundwasserhydrologie verwendeten Potentialbegriffen wird Φ als Hubbert-Potential bezeichnet. Nur wenn die Flüssigkeit völlig reibungsfrei, d.h. absolut laminar in einem Gerinne, fließt, würde entlang eines Stromfadens kein Energieverlust eintreten. Dann wäre

$$\Phi = const. \tag{2.11}$$

In einem Grundwasserleiter ist der Anteil der kinetischen Energie gegenüber den beiden anderen Energieformen vernachlässigbar klein, weil Grundwasser außerordentlich langsam fließt. Die Gl. 2.10b lautet somit in vereinfachter Form

$$\Phi = \frac{p}{\rho} + g \cdot z \tag{2.12}$$

Soll das Potential einer Grundwasserströmung an einem beliebigen Punkt des porösen Mediums bestimmt werden (vgl. Abb. 2.1), ist der hydrostatische Druck p als Funktion von Positionshöhe z und Standrohrspiegelhöhe h zu errechnen (Hubbert 1940).

$$p = \rho \cdot g \cdot (h - z) \tag{2.13}$$

Nach Einsetzen in Gl. 2.12 ergibt sich

$$\Phi = g \cdot (h - z) + g \cdot z = g \cdot h \tag{2.14}$$

Die Standrohrspiegelhöhe h ist also dem Strömungspotential direkt proportional; die Konstante der Erdbeschleunigung g ist der Proportionalitätsfaktor. Das Gesetz von Darcy in der Form der Gl. 2.9 lässt sich dann in Potentialschreibweise wie folgt ausdrücken

$$v = -K \cdot \frac{dh}{dl} = -K \cdot \frac{1}{g} \cdot \frac{d\Phi}{dl} \tag{2.15}$$

Für die in Abb. 2.1 dargestellte Versuchsanordnung schreibt sich die Gleichung von Bernoulli

$$\frac{p_1}{\rho} + g \cdot z_1 = \frac{p_2}{\rho} + g \cdot z_2 + g \cdot (h_1 - h_2)$$

wobei das Produkt $g \cdot (h_1 - h_2)$ den *Potentialverlust* einer Masseneinheit Wasser entlang der Fließstrecke l angibt. Nach Division durch g erhält man schließlich

$$\frac{p_1}{\gamma} + z_1 = \frac{p_2}{\gamma} + z_2 + (h_1 - h_2) \tag{2.16}$$

mit $\gamma = \rho \cdot g$, der Wichte des Wassers (vgl. Abschn. 1.4).

In der Form der Gl. 2.16 lässt die Gleichung von Bernoulli deutlich ihre Ähnlichkeit mit dem Gesetz von Darcy erkennen (s. auch Abb. 2.1). Die Standrohrspiegeldifferenz $(h_1 - h_2)$ kennzeichnet den Energieverlust, den das Wasser beim Fließen entlang der Strecke l erleidet.

Gleichung 2.16 und Abb. 2.1 verdeutlichen weiterhin, dass Wasser nicht generell in die Richtung abnehmenden Druckes fließt. Dies ist nur der Fall bei völlig horizontaler Strömung mit $z_1 = z_2$. Generell strömt Wasser hingegen von einem Niveau höheren zu einem Niveau niedrigeren Potentials und somit in Richtung eines anwachsenden hydrostatischen Drucks (Jacob 1950).

Der Energieverlust erklärt sich daraus, dass das fließende Wasser den Reibungswiderstand des Festkorngerüstes des Aquifers überwinden muss. Die freiwerdende Reibungswärme führt zu einer Temperaturerhöhung im Aquifer. Diese ist jedoch derart gering, dass ihr Anteil am zur Erdoberfläche gerichteten terrestrischen Wärmestrom praktisch nicht registriert werden kann. Für normale Aquiferbedingungen liegt das Verhältnis zwischen dem mittleren terrestrischen Wärmestrom und dem durch Reibung im Porenraum entstehenden Wärmestrom in der Größenordnung von 10^5 (Schoeller 1962, Kappelmeyer u. Haenel 1974).

Girinskij-Potential

Das Girinskij-Potential bietet eine elegante Möglichkeit, die Strömung sowohl im gespannten als auch im freien Grundwasserleiter durch einen einheitlichen mathematischen Ansatz zu beschreiben (Busch, Luckner u. Tiemer 1993). In der hier durchgängig verwendeten Notation wird das Girinskij-Potential wie nachfolgend ausgedrückt

$$\Phi_G = \int_0^m (h - m) \cdot dm = \int_0^m \left(\frac{p}{\gamma} \right) \cdot dm \qquad (2.17)$$

Mit m als wassererfüllter Mächtigkeit des Aquifers und h als Standrohrspiegelhöhe lautet die Lösung dieses Integrals für die horizontale Strömung im gespannten Aquifer

$$\Phi_G = m \cdot h - \frac{m^2}{2} \qquad (2.18)$$

und für die horizontale Strömung im Aquifer mit freier Oberfläche, also für $m = h$

$$\Phi_G = \frac{h^2}{2} \qquad (2.19)$$

2.1.3 Gültigkeitsbereich des Gesetzes von Darcy

Der Gültigkeitsbereich des Gesetzes von Darcy ergibt sich aus der Analogie des spezifischen Durchflusses (Filtergeschwindigkeit) v mit der in Gl. 2.1 für ein offenes Gerinne postulierten mittleren Strömungsgeschwindigkeit $\bar{v}$. Diese bezieht sich auf eine *wirbelfreie* oder *laminare Strömung*.

Auch das Gesetz von Darcy setzt voraus, dass das poröse Medium laminar durchströmt wird. Wie in Abb. 2.2 angedeutet, bewegt sich aber das einzelne Wasserteilchen auf einer gekrümmten oder *tortuosen*, nicht genau zu beschreibenden Bahn zwischen den Körnern der Matrix. Darüber hinaus bewirkt die ständige Veränderung der Durchflussquerschnitte im Porenraum eine entsprechend dauernd wechselnde Geschwindigkeit des einzelnen Wasserteilchens und damit eine Wirbelbildung. Im Mittel gleichen sich die *turbulenten* Einzelbewegungen der unzähligen Wasserteilchen so aus, dass das Fließen einer größeren Volumeneinheit Grundwasser durch einen entsprechend großen Bereich eines porösen Mediums mit zahllosen Porenkanälen praktisch laminar ist. Das Gesetz von Darcy beschreibt also den Fließzustand im makroskopischen Bereich (Walton 1970). Es eignet sich nicht zur Charakterisierung einer Strömung im Millimeterbereich.

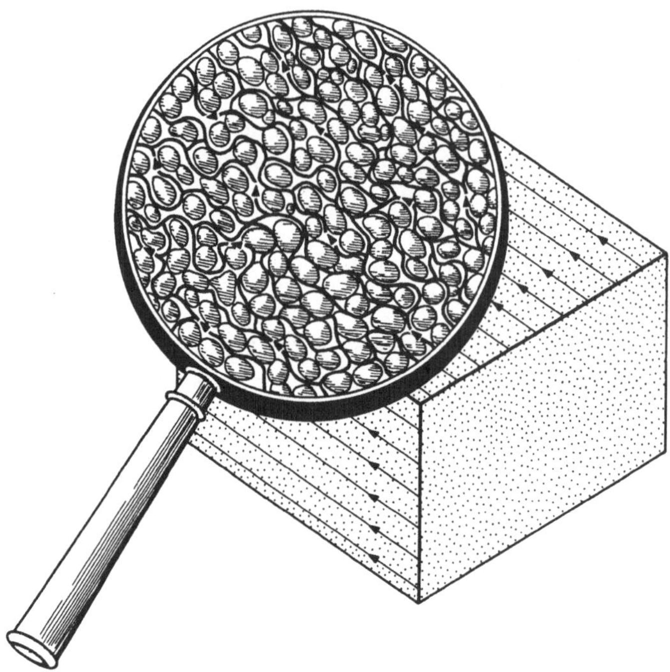

Abb. 2.2. Wirbelströmung in kleinen Porenkanälen – Wirbelströmung im statistisch homogenen Aquifer

Ob eine Flüssigkeit im porösen Medium laminar (wirbelfrei) oder turbulent fließt, lässt sich mittels der Reynoldszahl feststellen, die das Verhältnis von Trägheits- zu Reibungskräften ausdrückt (Reynolds 1883). Nach Hantush (1964) errechnet sie sich für Aquifere zu

$$R_e = \frac{\rho \cdot v \cdot d_w}{\mu} \qquad (2.20)$$

mit

ρ = Dichte der Flüssigkeit (kgm^{-3})

v = spezifischer Durchfluss (ms^{-1})

d_w = wirksamer Korndurchmesser des Aquifermaterials (m), (vgl. Abschn. 2.3.3)

μ = dynamische Zähigkeit der Flüssigkeit (kgm^{-1}s^{-1})

Eine andere Definition der Reynoldszahl für Grundwasserleiter wird von Pavlovsky (zitiert in Brown, Konoplyantsev, Ineson u. Kovalevsky 1972) gegeben

$$R_e = \frac{1}{0,75 n_0 + 0,23} \cdot \frac{v_n \cdot d_w}{v} \tag{2.21}$$

mit

n_0 = nutzbarer Porenraum

v_n = Porengeschwindigkeit des Grundwassers (ms^{-1}) (s. Abschn. 2.2)

v = kinematische Viskosität des Grundwassers (m^{2}s^{-1})

Neben diesen beiden Definitionen gibt es weitere Möglichkeiten, die Reynoldszahl eines Aquifers anzugeben (Harleman, Mehlhorn u. Rumer 1963). Auf sie wird in Kap. 11 bei der Erläuterung des Dispersionskoeffizienten eingegangen. Eine kleine Reynoldszahl ist charakteristisch für laminare Strömung, eine große für *turbulentes Fließen*. Etwa bei $R_e = 10$ geht eine laminare in eine turbulente Strömung über (Jacob 1950; Todd 1959). Diese Zahl bezeichnet damit ungefähr die obere Gültigkeitsgrenze des Gesetzes von Darcy. In Porengrundwasserleitern wird eine turbulente Strömung nur bei bestimmten Randbedingungen, so in der unmittelbaren Umgebung von Förderbrunnen erreicht. Hier wird der hydraulische Gradient sehr steil und die Fließgeschwindigkeit wächst daher stark an. Physikalisch heißt dies, dass mit zunehmender Geschwindigkeit die Trägheitskräfte so groß wie die Reibungskräfte werden und sie sogar überschreiten (Busch, Luckner u. Tiemer 1993).

Die untere Grenze des Gültigkeitsbereichs des Gesetzes von Darcy ist nicht so einfach zu definieren. Sie ergibt sich im Fall kleinporiger, gewöhnlich also toniger Sedimente dadurch, dass Adsorptionskräfte, die zwischen den Tonmineralien und den Wassermolekülen wirksam werden, Hydratationswasser bilden und dadurch den Durchgang von Wasser, das der Schwerkraft folgt, verhindern (Möller 1972). Busch, Luckner u. Tiemer (1993) geben den Porendurchmesser mit 3 bis $8 \cdot 10^{-6}$ m an, unterhalb dessen das Gesetz von Darcy seine Gültigkeit verliert.

Meinzer u. Fishel (1934) und später Cazal (1963) haben nachgewiesen, dass das Gesetz von Darcy noch bei so kleinen hydraulischen Gradienten wie 0,00003 angewendet werden kann. Ludewig (1965) wies anhand experimenteller Untersuchungen nach, dass in Sanden und Kiesen eine untere Gültigkeitsgrenze nicht zu definieren ist.

2.2 Grundwasserfließgeschwindigkeit

Bei der Ausweisung von Schutzzonen für Trinkwassergewinnungsanlagen werden vom Hydrogeologen Angaben zur Fließgeschwindigkeit des Grundwassers verlangt. Nach Arbeitsblatt W 101 des DVGW (DVGW 1995) soll die Verweildauer des Grundwassers in einem Porenaquifer mindestens 50 Tage betragen. Man muss deshalb die Zeit t kennen, die das Wasser benötigt, um die Distanz x zwischen einem bestimmten Punkt und dem Förderbrunnen zurückzulegen. Doch ist es nicht ganz einfach, den Quotienten $\frac{x}{t}$ zu ermitteln, d.h. eine eindeutige Fließgeschwindigkeit zu definieren. Mit Beyer (1964 a, 1967) seien daher die unterschiedlichen, im Gebrauch befindlichen Begriffe zur Grundwasser-Fließgeschwindigkeit erläutert:

1) *Filtergeschwindigkeit v*, eine fiktive Fließgeschwindigkeit, die sich aus dem Gesetz von Darcy herleitet, wenn man den Quotienten von Durchflussrate Q zu Gesamtdurchflussquerschnitt F bildet:

$$v = \frac{Q}{F} = -K \cdot I \qquad (\text{ms}^{-1}) \qquad (2.9)$$

Wie in Abschn. 2.1.1 dargelegt, handelt es sich bei v nicht um eine wahre messbare Fließgeschwindigkeit. Dort wird der Begriff des *spezifischen Durchflusses* verwendet (Lohman et al. 1972). Die gültige Fassung der DIN 4049 (1979) verzichtet denn auch auf den Begriff Filtergeschwindigkeit (Hölting 1996).

2) *Porengeschwindigkeit v_n*, eine reale, mittlere Fließgeschwindigkeit, die sich aus der Annahme herleitet, dass der gesamte, hier mit dem *nutzbaren Porenraum n_0* gleichgesetzte Porenraum vom Wasser durchströmt wird:

$$v_n = \frac{v}{n_0} = -\frac{K \cdot I}{n_0} \quad (\text{ms}^{-1}) \qquad\qquad (2.22)$$

3) *Bahngeschwindigkeit v_b*, die wahre, ständig wechselnde Fließgeschwindigkeit eines einzelnen Wasserteilchens auf einer unbekannten Bahn im porösen Medium (vgl. Abb. 2.2).

4) *Abstandsgeschwindigkeit v_a*, die Geschwindigkeit, mit der ein Wasserteilchen in der Hauptfließrichtung eine an der Erdoberfläche fixierte, geradlinige Strecke x in der Zeit t zurücklegt.

Für eine Schutzzonen-Festlegung oder eine Abschätzung der Ausbreitung einer Kontamination interessiert vor allem die Abstandsgeschwindigkeit, die als einzige der genannten Fließgeschwindigkeiten entlang der Strecke x registriert werden kann.

Anhand von Tracerversuchen in Sanden und Kiesen mit 0,1 mm $< d_{10} <$ 0,5 mm, bei denen die Farbstoffkonzentration am Ende der Fließstrecke x zur Zeit t bestimmt wurde, unterschied Beyer (1964 a)

– eine *maximale Abstandsgeschwindigkeit v_{a1}*, die diejenigen Wasserteilchen aufweisen, die mit den ersten Farbspuren beladen die Strecke x zurücklegen:

$$v_{a1} = v_{\max} = \frac{x}{t_1}$$

– eine *dominierende Abstandsgeschwindigkeit* v_{a2}, mit der das Maximum der Farbkonzentration befördert wird:

$$v_{a2} = \frac{x}{t_2} \qquad \text{mit} \quad t_2 > t_1$$

– eine *mittlere Abstandsgeschwindigkeit* v_{a3}, die das Passieren der Hälfte der zugegebenen Farbstoffmenge und damit des Durchsatzes an gefärbtem Wasser bezeichnet, also der Porengeschwindigkeit v_n entspricht:

$$v_{a3} = v_n = \frac{x}{t_3} \qquad \text{mit} \quad t_3 > t_2 .$$

Nach den Untersuchungen Beyers gelten für die angegebenen Sande und Kiese im Mittel die folgenden Verhältniszahlen:

$$c_1 = \frac{v_{a1}}{v_{a2}} = 1,8 \qquad \text{und} \qquad c_2 = \frac{v_{a2}}{v_{a3}} = 1,2 .$$

Demnach besitzt die maximale Abstandsgeschwindigkeit knapp den doppelten Wert der Porengeschwindigkeit. Berücksichtigt man noch den Einfluss einer vorauseilenden (longitudinalen) Dispersion in der Hauptfließrichtung, so rechnet man bei der Schutzzonen-Bemessung mit

$$v_{max} = 2v_n \tag{2.23}$$

Langguth u. Voigt (1980) beschreiben verschiedene Verfahren mit Beispielen zur Bestimmung von Grundwasserfließzeiten (Nahrgang 1965; Voigt 1973 a; De Vries 1975).

2.3 Durchlässigkeit

Der in Gl. 2.8 eingeführte Proportionalitätsfaktor K wird als *Koeffizient der Durchlässigkeit* oder *Durchlässigkeitsbeiwert*, kurz *Durchlässigkeit*, bezeichnet. Definition und Dimension ergeben sich nach Umstellung dieser Formel.

$$K = -\frac{Q}{F} \cdot \frac{1}{dh/dl} = v \cdot \frac{1}{dh/dl} \tag{2.24}$$

Damit gilt folgende Definition:

„Ist ein poröses Medium isotrop und die Flüssigkeit homogen, dann gibt der Durchlässigkeitsbeiwert K in ms^{-1} an, welcher Volumenstrom Q in m^{3}s^{-1} dieser Flüssigkeit mit der gegebenen kinematischen Zähigkeit v unter einem hydraulischen Gradienten von 1 durch einen Einheitsquerschnitt

> F von 1 m^2 dieses Mediums fließt, das senkrecht zur Strömungsrichtung angeordnet ist."

Für schwach mineralisiertes Wasser mit einer Temperatur von 10 °C ist K identisch mit dem k_f-Wert, der seit Koehne (1948) in Deutschland gebräuchlich ist. Dieser k_f-Wert kann jedoch leicht mit k, dem Symbol der *spezifischen Permeabilität*, verwechselt werden (vgl. Abschn. 2.3.4). Die internationale Fachliteratur verwendet fast durchweg K zur Kennzeichnung von Durchlässigkeitsbeiwerten. Diese Notierung ist insbesondere besser bei Feldversuchen, bei denen Aquifere mit warmem und chemisch stärker konzentriertem Grundwasser untersucht werden. In diesem Buch wird durchweg nur das Symbol K benutzt.

Die Durchlässigkeit K hängt im Wesentlichen (Lohman et al. 1972) ab

- vom Porenraum,
- von einem Parameter des Aquiferkorngerüstes,
- von der Beschaffenheit der Flüssigkeit, die den Porenraum erfüllt und
- von der Stärke der Erdanziehung.

Ist es erforderlich, die Durchlässigkeiten von Aquiferen mit identischem Kornaufbau zu vergleichen, die aber Wässer deutlich unterschiedlicher Temperatur und Lösungsfracht führen und zudem in verschiedenen Höhenlagen vorkommen, hat man sie nur mittels der dimensionslosen Quotienten der kinematischen Viskositäten und Erdbeschleunigungskonstanten zu verknüpfen. Für zwei solche Grundwasserleiter gilt demnach

$$K_1 = \frac{v_2 \cdot g_1}{v_1 \cdot g_2} \cdot K_2 \tag{2.25}$$

Da im Regelfall die Differenzen zwischen g_1 und g_2 vernachlässigbar klein sind, vereinfacht sich die Beziehung zu

$$K_1 = \frac{v_2}{v_1} \cdot K_2 \tag{2.26}$$

Tabelle 2.4 gibt die Viskositäten von Wasser zwischen 0 und 100 °C an.

Zu den wichtigsten Aufgaben, denen sich der Hydrogeologe gegenübersieht, gehört die Ermittlung der Durchlässigkeit wasserführender Sedimente. In-situ-Versuche wie etwa Pumpversuche (Kap. 5), die das Verhalten eines größeren Aquiferbereichs widerspiegeln, liefern dabei die genauesten Ergebnisse. Finanzielle, technische und zeitliche Gründe erlauben häufig aber nur die Untersuchung von gestörten oder ungestörten Proben, die Beobachtung von Spiegelschwankungen in Piezometern oder die Ausführung von Slug and Bail Tests.
Genauigkeit und Anwendbarkeit solcher Untersuchungen sind oft begrenzt, da die Voraussetzungen, die den rechnerischen Auswerteverfahren zugrunde liegen, nur bedingt erfüllt werden können. Doch kontrollieren sich Ergebnisse, die durch Anwendung verschiedener Methoden erzielt werden, selbst. Zahlreiche Einzeluntersuchungen, die zum Eichen mit den Ergebnissen weniger Pumpversuche vergli-

chen werden können, sind daher erforderlich, die Durchlässigkeitsbeiwerte räumlich ausgedehnter und in ihrem lithologischen Aufbau wechselnder, d.h. inhomogener Aquifere hinreichend genau zu erforschen.

2.3.1 Permeameteruntersuchungen

Allgemeines

Mit Durchflussmessungen in Permeametern kann die Durchlässigkeit sowohl *ungestörter* als auch *gestörter Proben* von Sedimenten für Wasser festgestellt werden. Ungestörte Lockergesteinsproben (DIN 4021; Schultze u. Muhs 1967) erhält man, indem man unten mit Schneidkanten versehene Metallzylinder von 0,12 m Durchmesser und 0,25 m Höhe in den Boden eindrückt oder einrammt. Je nach Ausführung der Probenzylinder sind sie nach Füllung behutsam freizugraben und oben wie unten mit Deckeln zu verschließen, so dass keine Sedimentpartikel herausfallen können. Bei anderen Modellen verhindert beim Herausziehen ein sich schließendes Bodenventil, dass die Probe oder Teile nach unten herausrutschen. Besonders empfiehlt sich die Entnahme ungestörter Proben dann, wenn sowohl die *horizontale Durchlässigkeit* K_h als auch die *vertikale Durchlässigkeit* K_v bestimmt werden sollen. Ungestörte Proben lassen sich am besten aus Böschungen von Sandgruben oder Tagebauen gewinnen. Nach Möller (1972) ist es dabei ratsam, vor der Böschung eine besondere Führung, etwa eine Schiene oder ein Stück eines Stahlträgers anzubringen. Der Probenzylinder kann dann ohne Verkantung eingeschlagen und die Probe eindeutig orientiert werden.

Selbst bei größter Sorgfalt lässt es sich wahrscheinlich nie ganz vermeiden, dass das natürliche Korngefüge bei der Probenahme etwas gestört wird. Vor allem am Rand des Probenzylinders besteht die Gefahr einer leichteren Durchströmung oder Umläufigkeit während der Versuche. Durchlässigkeitsbeiwerte, die mit Permeametern an Einzelproben ermittelt worden sind, liegen daher fast immer über den mit Pumpversuchen registrierten Werten.

Ähnliches gilt für die Untersuchung gestörter Proben. Der Probenzylinder, der unten mit einem Sieb abgeschlossen ist, steht auf einem Vibrator. Dieser sorgt bei kontinuierlicher Materialzugabe für eine gleichmäßige Verdichtung der Probe. Zugabe und Vibration finden so lange statt, bis der Zylinder bis zum oberen Rand gefüllt ist und keine weitere Volumenreduzierung durch Verdichtung mehr beobachtet wird.

In der Regel werden Sande mittlerer bis hoher Durchlässigkeit im *Permeameter mit konstanter Druckhöhe*, geringdurchlässige Sande, Schluffe und Tone im *Permeameter mit variabler Druckhöhe* untersucht. Der schematische Aufbau beider Apparaturen ist Abb. 2.3 zu entnehmen.

Grundsätzlich verwendet man in Permeameterversuchen nur entgastes Wasser, damit nicht während der Wassersättigung der Probe freiwerdende Gasblasen einen Teil des Porenraums verstopfen. Entgastes Wasser erhält man durch Abkochen von normalem Leitungswasser, das anschließend abgekühlt und in verschlossenen Behältern aufbewahrt wird. Bei Untersuchung von höherdurchlässigem

Material im Permeameter mit konstanter Druckhöhe wird jedoch eine größere Wassermenge verbraucht, so dass für die laufende Entgasung des Wassers besser eine Vakuumpumpe eingesetzt wird (Schultze u. Muhs 1967).

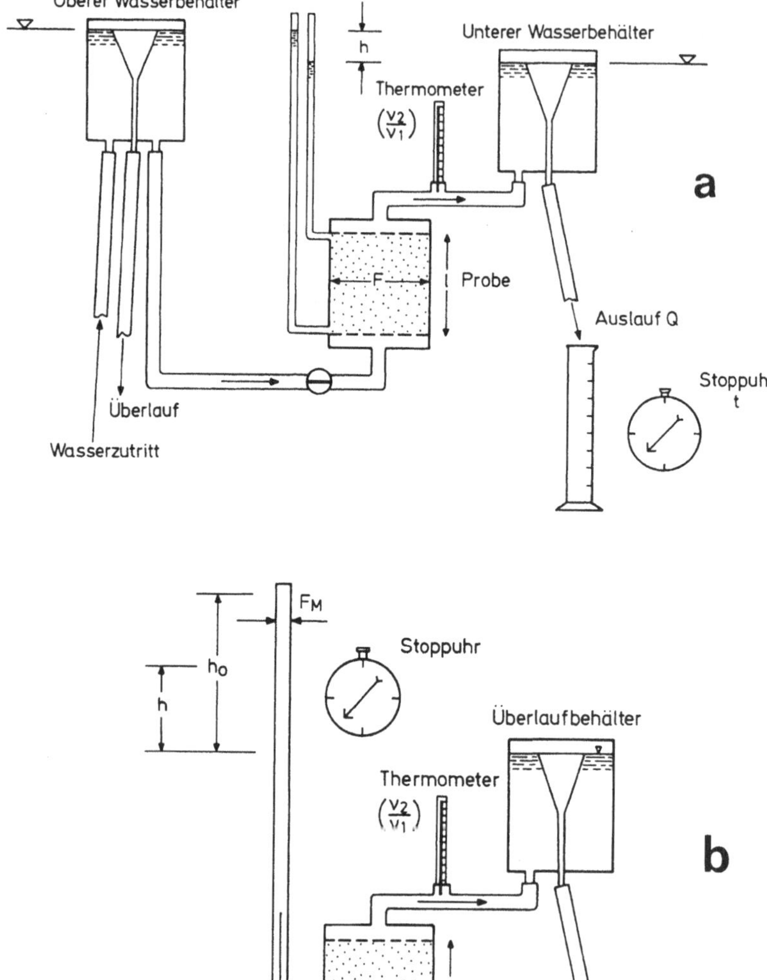

Abb. 2.3. Aufbau von Permeametern. Nach Morris u. Johnson (1967).
a) mit konstanter Druckhöhe
b) mit variabler Druckhöhe

Im Versuchsraum sollen mit einer Temperatur von 20 °C und einer Luftfeuchtigkeit um 45 % kontrollierte Bedingungen herrschen, was ein gut ausgestattetes Labor erfordert. Jede Probe ist mehrmals zu untersuchen. Der höchste gefundene Durchlässigkeitskoeffizient ist maßgebend, weil er offensichtlich einer nahezu vollständigen Sättigung der Probe entspricht.

Permeameter mit konstanter Druckhöhe

Nachdem die Probe in den in Abb. 2.3.a dargestellten Apparat eingebaut worden ist, wird der Wasserdurchsatz Q durch die Probe mittels Standzylinder und Stoppuhr gemessen, wobei sich die Differenz der Spiegelhöhen in den zwei Manometerröhrchen nicht ändern darf. Dann gilt

$$K = \frac{Q}{I \cdot F} \tag{2.27}$$

Nach Umrechnung auf die Durchlässigkeit K_{10} bei 10 °C warmem Wasser (mittlere Grundwassertemperatur oberflächennaher Grundwasserleiter in Mitteleuropa) ergibt sich

$$K_{10} = k_f = \frac{Q \cdot l}{h \cdot F} \cdot \frac{v_2}{v_1} \tag{2.27a}$$

mit

Q = Durchflussrate $(m^3 s^{-1})$

F = innere Querschnittsfläche des Probenzylinders (m^2)

l = Länge (Höhe) der Probe (m)

h = Differenz der Spiegelhöhen zwischen Ober- und Unterkante der Probe (m)

$\dfrac{v_2}{v_1}$ = Quotient der kinematischen Viskositäten des Wassers bei Versuchstemperatur (v_2) und Wasser von 10 °C (v_1)

Die Schreibweise $k_f = K_{10}$ geht auf Koehne (1948) zurück.

Beispiel

Ein Mittelsand, der in einen Probenbehälter von 25 cm Höhe und 12 cm Durchmesser eingebaut worden ist, erlaubt in der in Abb. 2.3.a gezeigten Versuchsanordnung einen Durchfluss von $Q = 0,300$ l/min. Die Spiegeldifferenz zwischen oberem und unterem Wasserbehälter beträgt 40 cm. Es wird entgastes Wasser von 20 °C verwendet, das die Probe von unten nach oben durchströmt. Demzufolge sind

$$Q = 5 \cdot 10^{-6} \ \text{m}^3\text{s}^{-1}$$

$$F = 0,0113 \ \text{m}^2$$

$$I = \frac{h}{l} = 1,6$$

Nach Tabelle 2.4 betragen die kinematischen Viskositäten

$$\nu_{20°C} = 1,01 \cdot 10^{-6} \ \text{m}^2\text{s}^{-1}$$

$$\nu_{10°C} = 1,31 \cdot 10^{-6} \ \text{m}^2\text{s}^{-1}$$

Nach Einsetzen dieser Mess- und Tabellenwerte in Gl. 2.24 ergibt sich für den Durchlässigkeitskoeffizienten

$$K_{20°} = \frac{5 \cdot 10^{-6}}{1,6 \cdot 0,0113} = 2,76 \cdot 10^{-4} \ \text{ms}^{-1} \ \text{bzw.}$$

$$K = k_f = 2,76 \cdot 10^{-4} \cdot \frac{1,01 \cdot 10^{-6}}{1,31 \cdot 10^{-6}} = 2,12 \cdot 10^{-4} \ \text{ms}^{-1}.$$

Permeameter mit variabler Druckhöhe

Auch bei diesem Versuchsaufbau misst man das Volumen des Wassers, das in der Zeiteinheit die Probe von unten nach oben durchströmt. Gleichzeitig wird am Manometer die Änderung der Spiegelhöhe in der Zeit registriert. Die Bestimmungsgleichung für den Durchlässigkeitsbeiwert lässt sich wiederum aus dem Gesetz von Darcy ableiten:

$$Q = K \cdot I \cdot F = \frac{V_w}{t} \tag{2.28}$$

mit

V_w =   Volumen des Wassers, das in der Zeit t die Probe durchstromt.

Die Ableitung nach der Zeit ergibt

$$\frac{dV_w}{dt} = K \cdot F \cdot \frac{h}{l}$$

Aus Abb. 2.3.b lässt sich entnehmen:

$$dV_w = F_M \cdot (h_0 - h) = F_M \cdot dh$$

mit

F_M =   freier Querschnitt des Manometerröhrchens.

Daher ergibt sich

$$F_M = \frac{dh}{dt} = \frac{K \cdot F}{l} \cdot h$$

und nach Umformung

$$F_M = \int_{h_0}^{h} \frac{1}{h} \cdot dh = \int_{0}^{t} \frac{K \cdot F}{l} \cdot dt$$

Die Grenzen der Integrale bezeichnen das Absinken des Wasserspiegels um den Betrag $-(h_0 - h)$ im Zeitraum Null bis t.

Nach Integration erhält man

$$F_M \cdot ln\frac{h_0}{h} = \frac{K \cdot F}{l} \cdot t$$

Unter Berücksichtigung der unterschiedlichen kinematischen Viskositäten von 10 °C warmem Wasser und Wasser bei Versuchstemperatur sowie nach Einführung des dekadischen Logarithmus lautet die Beziehung nunmehr

$$K = \frac{F_M \cdot l}{F \cdot t} \cdot 2{,}303 \cdot lg\left(\frac{h_0}{h}\right) \cdot \frac{v_2}{v_1} \quad (ms^{-1}) \tag{2.29}$$

Sämtliche im Text erläuterten Größen sind in Abb. 2.3 angegeben. Untersuchungen, wie hier beispielhaft präsentiert, gehören zu den Standarduntersuchungen eines geomechanischen Labors, heutzutage natürlich unter Einsatz technisch komfortabler Laborgeräte und automatischer Registrierung der Versuchsabläufe.

Beispiel

Eine ungestörte Probe eines schluffigen Feinsandes wird in ein Probengefäß von 10 cm Höhe und 9,5 cm Durchmesser eingebracht. Nach der sehr langsam verlaufenden Saturierung der Probe von unten her fällt im Manometerröhrchen ($d = 0{,}5$ cm) der Wasserspiegel innerhalb von fünf Minuten von $h_0 = 37$ cm auf $h = 17$ cm. Die Größen bzw. Messwerte

$$F_M = 0{,}1963 \text{ cm}^2 \qquad F = 70{,}882 \text{ cm}^2 \qquad h_0 = 37 \text{ cm}$$
$$l = 10 \text{ cm} \qquad t = 300 \text{ s} \qquad h = 17 \text{ cm}$$

ergeben, in Gl. 2.29 eingesetzt

$$K = \frac{0{,}1963 \cdot 10}{70{,}8822 \cdot 100} \cdot 2{,}303 \cdot lg\left(\frac{37}{17}\right) \cdot \frac{1{,}014 \cdot 10^{-6}}{1{,}31 \cdot 10^{-6}} \quad (cms^{-1})$$

und

$$K = 5{,}5 \cdot 10^{-5} \text{ cms}^{-1} \text{ bzw. } K = 5{,}5 \cdot 10^{-7} \text{ ms}^{-1}.$$

2.3.2 Auffüll- und Schöpfversuche (Slug and Bail Tests)

Einleitende Bemerkungen

Anstelle von zeit- und kostenaufwendigen hydrologischen Pumpversuchen werden in den letzten Jahren zunehmend Auffüll- und Schöpfversuche als Mittel zur in-situ-Bestimmung der Durchlässigkeit eingesetzt. Derzeitigem Sprachgebrauch folgend werden sie meist als „Slug and Bail Tests" bezeichnet. Beim Auffüllversuch, der in einem Flachbrunnen oder Piezometer mit bekannten Ausbaudaten stattfindet, wird durch das schnelle Einbringen eines definierten Wasservolumens oder Eintauchen eines Verdrängungskörpers eine plötzliche Aufhöhung des Wasserspiegels erzeugt, deren allmählicher Abbau übertage registriert wird. Umgekehrt tritt bei plötzlicher Entnahme von Wasser oder Herausziehen des Verdrängungskörpers eine Absenkung im Rohr auf, wobei der zeitliche Verlauf des Wiederanstiegs gemessen wird.

Ursprünglich wurden tatsächlich Chargen von Wasser einem Piezometer zugegeben oder entnommen, wobei im ersten Fall aber oft ein Teil des Wassers an der Rohrwandung haften blieb und nicht zur Aufhöhung des Wasserspiegels beitrug. In der älteren Literatur zu den sogenannten *open-end-Tests* wird auf dieses Problem eingegangen (Kollbrunner 1946; Maag 1944; Earth Manual 1963). Die heute von spezialisierten Serviceunternehmen angebotenen Slug and Bail Tests arbeiten nur noch mit Verdrängungskörpern bzw. Druckimpulsen, die zusammen mit einer aufwendigen elektronischen Messapparatur unter Verwendung von schnellen Druckgebern (Transducer) die automatische Registrierung von Zeit-Abstich-Werte-Paaren in Sekundenintervallen ermöglichen. Dabei folgt auf den Slug-Test innerhalb eines Messzyklus der Bail-Test. Rösch (1992) sowie Rösch u. Schaaf (1989) informieren detailliert über solche modernen Techniken. Der Algorithmus für ein numerisches Programm, das im Anschluss an die Messwerterfassung eine automatische Auswertung vornimmt, wird von Kemblowski u. Klein (1988) beschrieben.

Eine Variante solcher Versuche sind *Oszillationstests*, wie sie von Krauss (1974) entwickelt worden sind.

Der Vorteil derartiger Versuche liegt in der Schnelligkeit und damit Preiswürdigkeit, mit der in einem Piezometer oder Brunnen der Durchlässigkeitsbeiwert bestimmt werden kann. Nachteilig ist hingegen, dass dieser Wert meist nur für das von der Filterstrecke erfasste Schichtpaket des Aquifers und eine begrenzte Eindringdistanz, also für den Nahbereich von Brunnen oder Piezometer, gilt.

Gemäß dem Prinzip dieses Buchs werden in den folgenden Abschnitten einige Auswerteverfahren beschrieben, ohne dass weiter auf die Durchführung der Versuche selbst eingegangen wird. Der Leser sei auf die oben genannte Literatur verwiesen. Die Gültigkeit dieser Verfahren beruht auf der Annahme, dass die Rückkehr des aufgehöhten oder abgesenkten Wasserspiegels durch eine Exponentialfunktion beschrieben werden kann (vgl. Kruseman u. De Ridder 1991). Implizit heißt dies aber auch, dass hochdurchlässige bzw. hochtransmissive Grundwasserleiter für Auffüll- und Schöpfversuche schlechter geeignet sind, da einerseits Skineffekte in Filterkiesschüttung und Bohrlochwandung, andererseits durch

Trägheitskräfte verursachte Schwingungen des Wasserspiegels die eigentliche Reaktion des Aquifers maskieren können.

Zeit-Verzögerungs-Verfahren (time lag) von Hvorslev

Grundlagen. Das Verfahren von Hvorslev (1951) beruht auf der Bestimmung der *hydrostatischen Zeitverzögerung*, d.h. der Zeit, die erforderlich ist, um nach Aufhöhung oder Absenkung des Wasserspiegels im Piezometer zu einem völligen Ausgleich mit der Standrohrspiegelhöhe des umgebenden Aquifers zu gelangen. Vorausgesetzt wird, dass dieser gespannt ist oder eine freie Oberfläche besitzt. Im zweiten Fall sei die Spiegeländerung im Aquifer vernachlässigbar klein im Verhältnis zu seiner saturierten Mächtigkeit. Wasser und Aquiferkorngerüst werden als inkompressibel angenommen.

Abbildung 2.4 gibt die Ausgangsgrößen für die Ableitung der Differentialgleichung zur Bestimmung der Zeitverzögerung T an, die der für das Permeameter mit variabler Druckhöhe ähnelt.

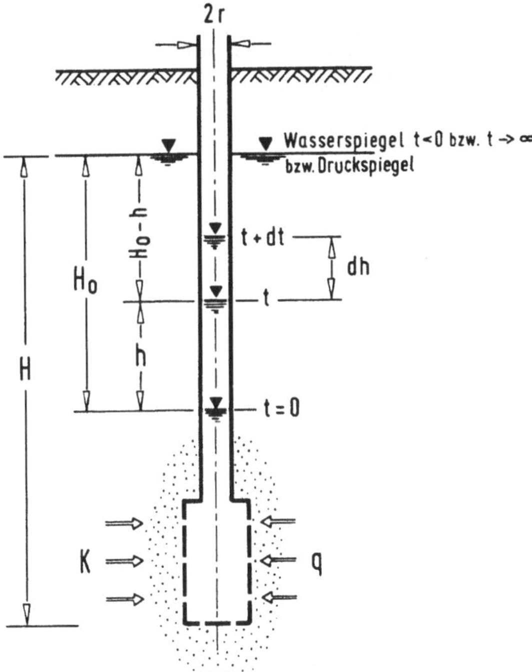

Abb. 2.4. Schemabild eines Piezometers zur Erläuterung des Zeitverzögerungs-Verfahrens. Nach Hvorslev (1951).

Ein Schöpfversuch in einem Piezometer mit dem Querschnitt πr^2 hat zur Absenkung des Wasserspiegels um den Betrag $s = H_0$ geführt. Die Einstromrate q zu einer beliebigen Zeit t während des Wiederanstiegs beträgt

$$q(t) = F \cdot K \cdot (H_0 - h) \quad (\text{m}^3\text{s}^{-1}) \tag{2.30}$$

mit

K = Durchlässigkeitsbeiwert (ms^{-1})
F = *Formfaktor* (dim F = L), eine empirische Größe, die von Form und Abmessungen der Filterstrecke des Peilrohres abhängt

Die Einstromrate q nimmt von q_0 zur Zeit $t = 0$ kontinuierlich ab, bis sie beim Spiegelausgleich Null wird.

Zu einer Zeit dt entspricht das in das Rohr zurückgeflossene Wasservolumen dem Wert

$$q \cdot dt = \pi r^2 \cdot dh$$

und

$$\frac{dh}{(H_0 - h)} = \frac{F \cdot K}{\pi r^2} \cdot dt \tag{2.31}$$

Zum völligen Ausgleich der Spiegeldifferenz H_0 ist ein Wasservolumen V erforderlich

$$V = \pi r^2 \cdot H_0 .$$

Die *theoretische Zeitverzögerung* (basic time lag) T_0 ist nun definiert als die Zeit, die bis zum Erreichen des Spiegelausgleichs vergehen würde, wenn die ursprüngliche Einstromrate q_0 beibehalten werden könnte.

Folglich ist

$$T_0 = \frac{V}{q_0} = \frac{\pi r^2 \cdot (H_0 - h)}{F \cdot K \cdot (H_0 - h)} = \frac{\pi r^2}{F \cdot K} \tag{2.32}$$

Gl. 2.31 lässt sich somit umformen zu

$$\frac{dh}{(H_0 - h)} = \frac{dt}{T_0} \tag{2.33}$$

Setzt man in Gl. 2.33 die Anfangsbedingung $h = 0$ für $t = 0$ ein, so gilt

$$\frac{t}{T_0} = \ln \frac{H_0}{(H_0 - h)} \tag{2.34}$$

und weiterhin

$$\frac{\left(H_0 - h\right)}{H_0} = e^{-\frac{t}{T_0}} \qquad (2.35)$$

Gleichung 2.35 ist die Grundlage eines einfachen graphischen Verfahrens, Slug and Bail Tests schnell auszuwerten. Man benötigt dazu eine ausreichende Anzahl von Zeit-Abstich-Wertepaaren. Abb. 2.5 dient zur Erläuterung einer solchen Auswertung. In halblogarithmischer Darstellung trägt man entlang der logarithmisch geteilten Ordinate das Verhältnis $\dfrac{\left(H_0 - h\right)}{\left(H_0\right)}$ gegen die linearen t-Werte auf.

Bei nicht durch Skin- oder Oszillationseffekte beeinflussten Messergebnissen lassen sich die Datenpunkte durch eine Gerade verbinden. Für das Verhältnis $\ln\dfrac{\left(H_0 - h\right)}{\left(H_0\right)} = -1$ wird $\dfrac{\left(H_0 - h\right)}{H_0} = 0{,}37$ und aus Gl. 2.35 folgt daher $T_0 = t$.

Mittels eines Graphen (Abb. 2.5) ist T_0 zu ermitteln und anschließend mit einer der von Hvorslev gegebenen Formeln die Durchlässigkeit zu berechnen.

Gleichung 2.35 erhält man auch, wenn man anstelle des Wiederanstiegs im Gefolge eines Bail-Tests die Absenkung nach einer Aufhöhung (Slug-Test) analytisch untersucht.

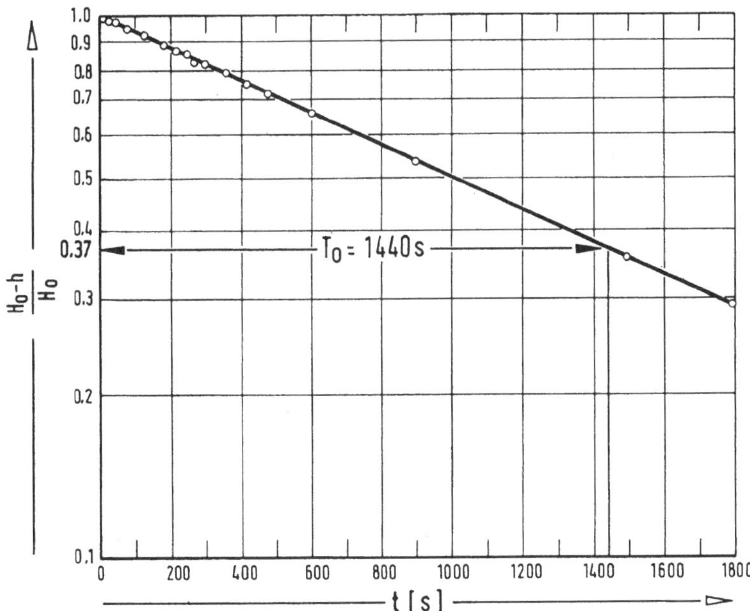

Abb. 2.5. Graphische Bestimmung der theoretischen Zeitverzögerung nach Hvorslev (1951)

Hvorslev (1951) stellt drei Bestimmungsgleichungen für

- vertikale Durchlässigkeit
- horizontale Durchlässigkeit
- mittlere Durchlässigkeit

vor, und zwar für die durch Filterstrecken erfassten Aquiferabschnitte unterschiedlicher Piezometertypen. Diese Formeln repräsentieren Versuchsbedingungen für konstante Druckhöhe, variable Druckhöhe und für die Zeitverzögerung.

Bei Weyer u. Horwood-Brown (1982) findet sich ein komplettes Fortran-Listing zur Auswertung nach allen drei Gleichungsserien von Hvorslev.

In diesem Abschnitt werden lediglich die Formeln der letztgenannten Serie zusammen mit Schemabildern verschiedener Piezometerinstallationen vorgestellt. Zum Teil gehen diese Formeln auf Autoren zurück, die von Hvorslev zitiert werden. Die unterschiedlichen Formfaktoren der verschiedenen Filter sind jeweils berücksichtigt.

Einfluss der Anisotropie. Einige dieser Formeln erlauben es, das Ausmaß der *Anisotropie*, d.h., das Verhältnis von horizontaler und vertikaler Durchlässigkeit im untersuchten Aquiferabschnitt, abzuschätzen. So gelten für eine laminare Strömung in einem homogenen, aber anisotropen Medium für einen beliebig gewählten Durchlässigkeitsbeiwert K_0 die Transformationsverhältnisse

$$x' = x \cdot \sqrt{K_0/K_x}$$
$$y' = y \cdot \sqrt{K_0/K_y} \tag{2.36}$$
$$z' = z \cdot \sqrt{K_0/K_z}$$

mit

$K_x, K_y, K_z =$ Durchlässigkeiten entlang der Achsen des kartesischen Koordinatensystems

Eingeführt wird weiterhin ein *äquivalenter Durchlässigkeitsbeiwert* K_e

$$K_e = K_0 \cdot \sqrt{\frac{K_x}{K_0} \cdot \frac{K_y}{K_0} \cdot \frac{K_z}{K_0}} \tag{2.37}$$

Für Schichten mit einer normalen deutlichen Anisotropie $K_h \neq K_v$ definiert man

$$K_0 = K_z = K_v \text{ und } K_x = K_y = K_h$$

sowie

$$m = \sqrt{\frac{K_h}{K_v}} \tag{2.38}$$

Daraus lassen sich die Transformationsverhältnisse neu herleiten

$$x' = x/m$$
$$y' = y/m \qquad \text{oder } r' = r/m \qquad\qquad (2.39a)$$

sowie

$$z' = z \qquad\qquad (2.39b)$$

und

$$K_e = K_v \cdot \sqrt{m^2 \cdot m^2} = K_v \cdot m^2 = K_h \qquad\qquad (2.40)$$

Ein *gemittelter Durchlässigkeitsbeiwert* K_m besitzt dann die Form

$$K_m = \sqrt{K_v \cdot K_h} = m \cdot K_v = \frac{K_h}{m} \qquad\qquad (2.41)$$

Die nachstehenden Gleichungen erlauben teils die Bestimmung von K_m, teils von K_v oder K_h. Will man das Anisotropieverhältnis angeben, muss man folglich den Wert m abschätzen.

Gleichungen der theoretischen Zeitverzögerung nach Hvorslev. Abbildung 2.6 zeigt Schemadarstellungen eines Permeameters und von sechs Piezometeranordnungen, die als A bzw. B bis G kenntlich gemacht sind. Ihnen entsprechen die durch A bis G gekennzeichneten Gln. 2.42 bis 2.48 zur Berechnung der Durchlässigkeitskoeffizienten mittels der theoretischen Zeitverzögerung T_0. Diese ist, wie am Beispiel der Tabelle 2.1 demonstriert, aus den Absenkungs- oder Wiederanstiegsdaten nach einem Slug- oder Bail-Test einfach zu errechnen.

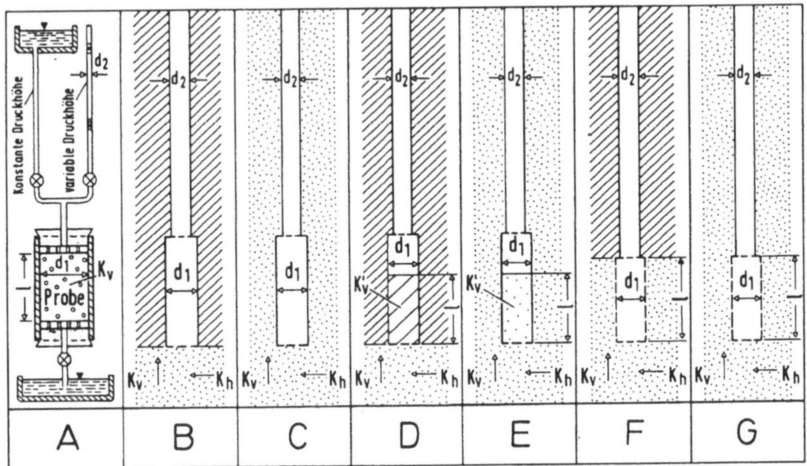

Abb. 2.6. Permeameter und Piezometertypen zur Erläuterung der Bestimmungsgleichungen für K nach Hvorslev (1951)

A: *Laborpermeameter (Konsolidometer)*

$$K_v = \frac{d_2^2 \cdot l}{d_1^2 \cdot T_0} \qquad (2.42a)$$

$$K_v = \frac{l}{T_0} \quad \text{für} \quad d_1 = d_2 \qquad (2.42b)$$

B: *Open-End-Piezometer an der Oberkante eines gespannten Aquifers*

$$K_m = \frac{\pi \cdot d_2^2}{8\, d_1 \cdot T_0} \qquad (2.43a)$$

$$K_m = \frac{\pi \cdot d_1}{8\, T_0} \quad \text{für} \quad d_1 = d_2 \qquad (2.43b)$$

C: *Open-End-Piezometer im gleichförmigen Aquifer*

$$K_m = \frac{\pi \cdot d_2^2}{11\, d_1 \cdot T_0} \qquad (2.44a)$$

$$K_m = \frac{\pi \cdot d_1}{11\, T_0} \quad \text{für} \quad d_1 = d_2 \qquad (2.44b)$$

D: *Rammfilter an der Oberkante eines gespannten Aquifers*

$$K_{v'} = \frac{d_2^2 \cdot \left(\dfrac{\pi}{8} \cdot \dfrac{K_{v'}}{K_v} \cdot \dfrac{d_1}{m} \right) + l}{d_1^2 \cdot T_0} \qquad (2.45a)$$

$$K_v = \frac{\left(\dfrac{\pi}{8} \cdot \dfrac{d_1}{m} \right) + l}{T_0} \quad \text{für} \quad \begin{array}{l} K_{v'} = K_v \\ d_1 = d_2 \end{array} \qquad (2.45b)$$

E: *Rammfilter im gleichförmigen Aquifer*

$$K_{v'} = \frac{d_2^2 \cdot \left[\left(\dfrac{\pi}{11} \cdot \dfrac{K_{v'}}{K_v} \cdot \dfrac{d_1}{m} \right) + l \right]}{d_1^2 \cdot T_0} \qquad (2.46a)$$

$$K_v = \frac{\left(\dfrac{\pi}{11} \cdot \dfrac{d_1}{m}\right) + l}{T_0} \quad \text{für} \quad \begin{array}{l} K_{v'} = K_v \\ d_1 = d_2 \end{array} \qquad (2.46b)$$

F: *Standardpiezometer an der Oberkante eines gespannten Aquifers*

$$K_h = \frac{d_2^2 \cdot \ln\left[\dfrac{2m \cdot l}{d_1} + \sqrt{1 + \left(\dfrac{2m \cdot l}{d_1}\right)^2}\,\right]}{8\,l \cdot T_0} \qquad (2.47a)$$

$$K_h = \frac{d_2^2 \cdot \ln\left(\dfrac{4m \cdot l}{d_1}\right)}{8\,l \cdot T_0} \quad \text{für} \quad \frac{2m \cdot l}{d_1} > 4 \qquad (2.47b)$$

G: *Standardpiezometer im gleichförmigen Aquifer*

$$K_h = \frac{d_2^2 \cdot \ln\left[\dfrac{m \cdot l}{d_1} + \sqrt{1 + \left(\dfrac{m \cdot l}{d_1}\right)^2}\,\right]}{8\,l \cdot T_0} \qquad (2.48a)$$

$$K_h = \frac{d_2^2 \cdot \ln\left(\dfrac{2m \cdot l}{d_1}\right)}{8\,l \cdot T_0} \quad \text{für} \quad \frac{m \cdot l}{d_1} > 4 \qquad (2.48b)$$

Die Symbole bedeuten (s. auch Abb. 2.6):

d_1 = Durchmesser der Vollrohrstrecke des Piezometers (m)

d_2 = Durchmesser der Filterstrecke des Piezometers (m)

l = Länge der Filterstrecke (m)

T_0 = theoretische Zeitverzögerung (s)

K_v = vertikale Durchlässigkeit des Aquifers im Bereich der Filterstrecke (ms^{-1})

$K_{v'}$ = vertikale Durchlässigkeit des Materials innerhalb der Rammfilterstrecke (ms^{-1})

K_h = horizontale Durchlässigkeit des Aquifers im Bereich der Filterstrecke (ms^{-1})

K_m = gemittelte Durchlässigkeit nach Gl. 2.41 (ms^{-1})

$m = \sqrt{K_h / K_v}$ = Transformationsverhältnis nach Gl. 2.41

Beispiel

Ein 4″-Standardpiezometer erfasst mit einer 1,00 m langen Filterstrecke von ebenfalls 4″ Innendurchmesser einen schluffigen Feinsand eines Grundwasserleiters mit freier Oberfläche. Der vor Versuchsbeginn registrierte Wasserspiegel im Peilrohr stand 16,09 m unter Messpunkt. Nach plötzlichem Eintauchen eines Verdrängungskörpers war er auf ein Niveau von 7,50 m unter Messpunkt, d.h., um einen Betrag von 8,59 m gestiegen. Es ist zu beachten, dass anstelle der zur Ableitung der Gl. 2.35 verwendeten Absenkung eine Aufhöhung des Wasserspiegels im Piezometer stattgefunden hat. Die registrierten Abstich- und Wiederanstiegswerte müssen daher in die Notation der Gl. 2.35 übersetzt werden. In der Mess- und Auswertetabelle 2.1, die der Bestimmung von T_0 dient, ist somit festzuhalten

$$\text{Aufhöhung} \qquad H_0 = 8{,}59 \text{ m}$$

$$\text{verbleibende Aufhöhung} \quad = \left(H_0 - h\right)$$

Tabelle 2.1 gibt das Mess- und Auswerteprotokoll zur Bestimmung von T_0 wieder.

Der Graph der Abb. 2.5 gibt die durch eine Gerade verbundenen Wertepaare von t gegen $\lg\dfrac{H_0 - h}{H_0}$ wieder. Beim Ordinatenwert = 0,37 liest man für die theoretische Zeitverzögerung $T_0 = 1440$ s ab.

Ein Vergleich mit den Schemabildern A bis G der Abb. 2.6 zeigt, dass G zutrifft und damit auch Gl. 2.48 für die Auswertung. Lithologische Kenntnisse lassen vermuten, dass die vertikale Durchlässigkeit K_v rund hundertfach geringer ist als die horizontale Durchlässigkeit K_h.

Folglich ist $m = \sqrt{100}$ und weiterhin $l = 1{,}00$ m sowie $d_1 = d_2 = 0{,}10$ m.

Wegen

$$\frac{m \cdot l}{d_1} = \frac{\sqrt{100} \cdot 1}{0{,}10} = 100 > 4$$

gilt Gl. 2.48b und somit

$$K_h = \frac{d_2^2 \cdot \ln\left(\dfrac{2m \cdot l}{d_1}\right)}{8l \cdot T} = \frac{0{,}10^2 \cdot \ln\left(\dfrac{2 \cdot \sqrt{100} \cdot 1}{0{,}10}\right)}{8 \cdot 1{,}00 \cdot 1440} = 4{,}6 \cdot 10^{-6} \text{ ms}^{-1}$$

Tabelle 2.1. Mess- und Auswerteprotokoll eines Slug-Tests nach Hvorslev (1951)

Zeit t (s)	Abstich (m)	$(H_0 - h)$ (m)	$\dfrac{(H_0 - h)}{H_0}$
vor Versuchs-beginn	16,09	-	-
0	7,50	8,59	-
8	7,55	8,54	0,994
16	7,60	8,49	0,988
25	7,65	8,44	0,982
34	7,70	8,39	0,976
43	7,75	8,34	0,970
52	7,80	8,29	0,965
61	7,85	8,24	0,959
69	7,90	8,19	0,953
79	7,95	8,14	0,947
88	8,00	8,09	0,941
120	8,18	7,91	0,920
150	8,34	7,75	0,902
180	8,49	7,60	0,884
210	8,65	7,44	0,866
240	8,80	7,29	0,846
270	8,96	7,13	0,830
300	9,10	6,99	0,813
360	9,39	6,70	0,779
420	9,64	6,45	0,750
480	9,90	6,19	0,720
616	10,44	5,65	0,657
900	10,47	4,62	0,537
1200	12,32	3,77	0,438
1500	13,00	3,09	0,359
1800	13,54	2,55	0,296
98100	15,42	0,67	0,078

Verfahren von Bouwer u. Rice für Aquifere mit freier Oberfläche

Die Auswertung von Schöpf- und Auffüllversuchen nach Bouwer u. Rice (1976) basiert auf der Anwendung der modifizierten Brunnenformel von Dupuit-Thiem für vollkommene oder unvollkommene Brunnen, die in einem Aquifer mit freier Oberfläche verfiltert sind.

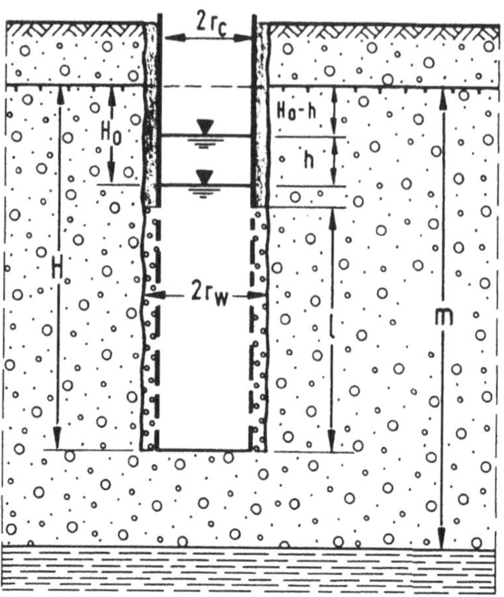

Abb. 2.7. Unvollkommener Brunnen mit Kiesschüttung in einem Aquifer mit freier Oberfläche bei abgesenktem Wasserspiegel. Nach Bouwer u. Rice (1976).

Abbildung 2.7 zeigt eine entsprechende Versuchsanordnung. Wird einem solchen Filterbrunnen schlagartig im Verlauf eines Slug-Tests durch Einbringen eines Verdrängungskörpers ein „Wasservolumen" zugegeben, so dass eine Aufhöhung h auftritt, lässt sich der fiktive Zustrom zum Ausgleich dieser Spiegeldifferenz ausdrücken als

$$Q = 2\pi \cdot K \cdot l \cdot \frac{h}{\ln(r_e/r_w)} \tag{2.49}$$

mit

Q = Einstromrate $(m^3 s^{-1})$

K = Durchlässigkeitsbeiwert (ms^{-1})

l = Brunnenabschnitt, durch den Wasser in den Brunnen eintritt („Filterlänge") (m)

h = Spiegeldifferenz zwischen Ruhe- und Absenkungswasserspiegel im Brunnen (m)

r_e = Radius, jenseits dessen sich die Absenkung nicht mehr bemerkbar macht (m)

r_w = „wirksamer" Brunnendurchmesser, im Allgemeinen mit dem Bohrdurchmesser gleichgesetzt (m)

Die Absenkungsrate im Brunnenrohr verhält sich zum Einstrom wie folgt

$$\frac{dh}{dt} = -\frac{Q}{\pi \cdot r_c^2}$$ (2.50)

woraus sich in Kombination mit Gl. 2.49 ergibt

$$\frac{1}{h} \cdot dh = -\frac{2 K \cdot l}{r_c^2 \cdot \ln(r_e/r_w)} \cdot dt$$

mit

r_c = Vollrohrdurchmesser (m)

Hierbei ist zu beachten, dass im Fall eines Kiesschüttungsbrunnens r_c den Brunnenradius unter Berücksichtigung des Kiesschüttungsanteils beschreibt. Bei einem Rohrradius von 0,20 m und einem Kiesschüttungsradius von 0,10 m ist zwar $r_w = 0,30$ m, doch errechnet sich bei Annahme eines Porenanteils von 30 % r_c zu

$$r_c = \sqrt{(0{,}20^2 + 0{,}30 \cdot (0{,}30^2 - 0{,}20^2))} = 0{,}235 \text{ m (Bouwer u. Rice 1976).}$$

Werden nach Integration

$$\ln h = -\frac{2 K \cdot l \cdot t}{r_c^2 \cdot \ln(r_e/r_w)} + const$$

die oberen und unteren Grenzen des Integrals zu H_0 bei $t = 0$ und $(H_0 - h)$ bei t gesetzt und wird gleichzeitig die Beziehung nach K aufgelöst, lautet das Ergebnis

$$K = \frac{r_c^2 \cdot \ln(r_e/r_w)}{2\,l} \cdot \frac{1}{t} \cdot \ln \frac{H_0}{(H_0 - h)}$$ (2.51)

mit

r_e = Radius des Absenkungstrichters (m)

l = Länge des Brunnenfilters oder offenen Brunnenabschnittes (m)

H_0 = Absenkung zur Zeit t_0 (m)

$(H_0 - h)$ = verbleibende Absenkung zur Zeit $t > t_0$ (m)

Abbildung 2.7 zeigt die verwendeten Symbole eines Brunnens, ergänzt um H = Eintauchtiefe eines Brunnens.

Die Größen der Gl. 2.51 K, r_c, r_w, l sind definitionsgemäß Konstanten.

Der Term $\frac{1}{t} \cdot \ln \frac{H_0}{(H_0 - h)}$ muss ebenfalls einen konstanten Wert annehmen.

Zeit-Wasserstands-Wertepaare, die im Verlauf eines Schöpfversuchs registriert werden, müssen folglich in halblogarithmischer Darstellung $\ln(H_0 - h) = f(t)$ auf

einer Geraden liegen (Abb. 2.8), die parallel zur Geraden der theoretischen Zeitverzögerung in Abb. 2.5 verläuft. Eine solche Gerade erlaubt somit die Bestimmung des genannten Terms.

Zur Berechnung von K ist dann nur noch die Kenntnis von $\left(r_e/r_w\right)$ nötig, wobei r_e entweder abgeschätzt oder aber mittels eines von Bouwer u. Rice entwickelten empirischen Verfahrens in der Form $\ln\left(r_c/r_w\right)$ bestimmt wird.

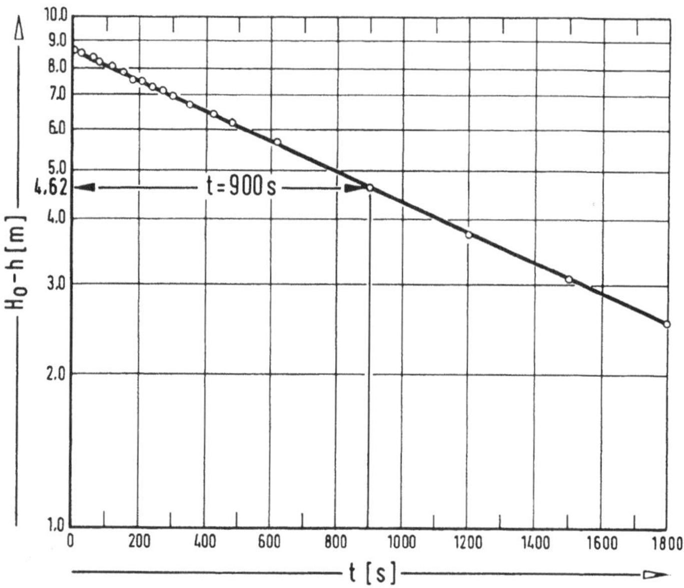

Abb. 2.8. Bestimmung eines Wertepaares $t-\left(H_0-h\right)$ nach dem Verfahren von Bouwer
u. Rice (1976)

Anhand eines elektro-analogen Widerstandsnetzwerks untersuchten diese Autoren für unterschiedliche „Brunnen"-Geometrien und Randbedingungen das Verhalten des Stromflusses Q_i in die Senke, die den Brunnen simuliert. Sie fanden,
dass Q_i praktisch linear in Funktion der Filterlänge l variiert

$$Q_i = a \cdot l + b$$

Wegen dieser Linearität konnten die Ergebnisse bis auf $l = H$ extrapoliert
werden. a ist umgekehrt proportional zu $\ln\dfrac{H}{r_w}$ und b variiert annähernd linear

mit $\ln\left[\dfrac{(m-H)}{r_w}\right]$, wobei die Steigungen A und B als Kreuzungspunkt mit der

Ordinate ihrerseits Funktionen von $\dfrac{l}{r_w}$ sind. Anhand dieser Relationen konnten

die Autoren die nachstehende empirische Beziehung ableiten

$$\ln\frac{r_e}{r_w} = \left[\ \frac{1,1}{\ln\left(H/r_w\right)} + \frac{A + B\cdot\ln\left[\left(m-H\right)/r_w\right]}{l/r_w}\ \right]^{-1} \tag{2.52}$$

A und B sind dimensionslose Koeffizienten in Funktion von $\dfrac{l}{r_w}$ (Abb. 2.9).

Bei großer Aquifermächtigkeit und geringer Teufe des unvollkommenen Brunnen, d.h. m >> H, hat ein weiteres Anwachsen von m praktisch keinen Einfluss

mehr auf den Wert von $\ln\left(\dfrac{r_e}{r_w}\right)$. Die wirksame Obergrenze von $\ln\dfrac{\left(m-H\right)}{r_w}$ liegt

bei 6.

Wird dieser in einem gegebenen Fall überschritten, soll nach Bouwer u. Rice

trotzdem nur mit $\ln\dfrac{\left(m-H\right)}{r_w} = 6$ gerechnet werden.

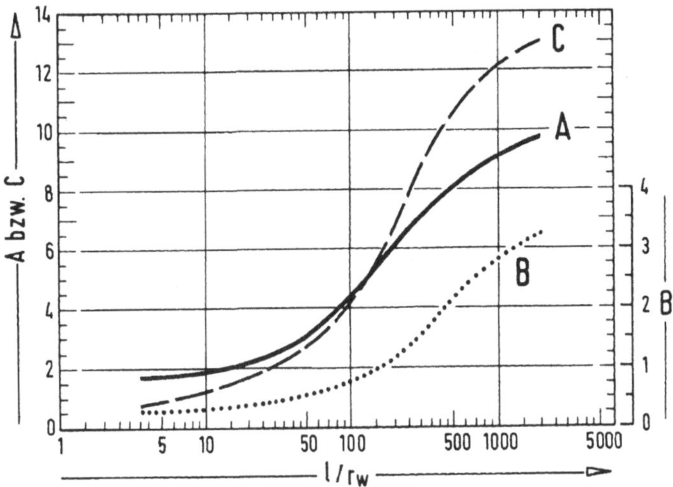

Abb. 2.9. Funktionelle Zusammenhänge zwischen A, B, C und l/r_w (Bouwer u. Rice 1976)

Ist der Brunnen vollkommen, d.h. m = H, kann $\ln\dfrac{(m-H)}{r_w}$ nicht angewandt

werden. In diesem Fall gilt die modifizierte Beziehung

$$\ln\frac{r_e}{r_w} = \left[\frac{1{,}1}{\ln(H/r_w)} + \frac{C}{l/r_w}\right]^{-1} \tag{2.53}$$

C ist ein dimensionsloser Koeffizient, der ebenfalls in Funktion von $\dfrac{l}{r_w}$ vari-

iert (Abb. 2.9).

Die mit Gln. 2.52 und 2.53 errechneten Werte von $\ln\dfrac{r_e}{r_w}$ können bis zu 10 %

von den wahren Werten abweichen, wenn $l > 0{,}4H$ beträgt sowie bis zu 25 %,
wenn $l << H$.

Beispiel

Die im Rechenbeispiel zum Zeit-Verzögerungs-Verfahren von Hvorslev beschriebene Piezometer-Aquifer-Konfiguration bildet auch die Basis der nachstehenden Rechnung, ebenso das dort geschilderte Versuchsszenario (Tabelle 2.1).
Über die Angaben nach Hvorslev hinaus verlangt das Verfahren von Bouwer u.
Rice allerdings einige zusätzliche Angaben zu Aquifer und Brunnen bzw. Piezometer.

Der Grundwasserleiter mit freier Oberfläche hat eine wassererfüllte Mächtigkeit von $m = 30$ m; das Piezometer (Voll- und Filterrohre) taucht mit $H = 20$ m
in den Aquifer ein, ist also *unvollkommen*. Der Durchmesser von Voll- und Filterrohren beträgt 4"; folglich ist $r_c = 0{,}05$ m. Die Filterstrecke ist $l = 1{,}00$ m. Beim
Einbau beider ist im Aquifer eine gewisse Auflockerung erfolgt (negativer Skin);
der wirksame Brunnenradius wird daher mit $r_w = 0{,}06$ m angesetzt. Der ursprüngliche Ruhewasserspiegel war mit 16,09 m unter Messpunkt registriert worden.
Nach Immersion eines Verdrängungskörpers ergab der Abstich 7,50 m, d.h., bei
$t = 0$ s beträgt die Aufhöhung $H_0 = 8{,}59$ m.

Tabelle 2.1 gibt an, wie sich die Aufhöhung allmählich abbaut. Abb. 2.8 gibt
dies in halblogarithmischer Darstellung als $(H_0 - h)$ in Funktion von t wieder.

Für ein beliebiges Wertepaar in diesem Graphen bestimmt man nun

$$\frac{1}{t}\cdot\ln\left(\frac{H_0}{H_0-h}\right) = \frac{1}{900}\cdot\ln\left(\frac{8{,}59}{4{,}62}\right) = 6{,}89\cdot 10^{-1}\ \text{s}^{-1}.$$

Anschließend bildet man

$$\frac{l}{r_w} = \frac{1{,}00}{0{,}06} = 16{,}67\ \text{m}$$

sowie

$$\ln\left(\frac{m-H}{r_w}\right) = \frac{30-20}{0,06} = 5,12\ .$$

In Abb. 2.9 nach Bouwer u. Rice (1976) liest man nunmehr bei $\dfrac{l}{r_w} = 16,67$ die Funktionswerte für $A = 2,2$ und $B = 0,52$ ab. Mittels Gl. 2.52 berechnet man daraufhin

$$\ln\frac{r_e}{r_w} = \left[\frac{1,1}{\ln(H/r_w)} + \frac{A + B\cdot\ln\left(m-H\right)/r_w}{l/r_w}\right]^{-1} = \left[\frac{1,1}{\ln(20/0,06)} + \frac{2,2 + 0,52\cdot 5,12}{16,67}\right]^{-1}$$

$$= \left[0,1894 + 0,2915\right]^{-1} = 2,079\ .$$

Zum Schluss ergibt sich anhand von Gl. 2.51 die Durchlässigkeit zu

$$K = \frac{r_c^2\cdot\ln\left(r_e/r_w\right)}{2l}\cdot\frac{1}{t}\cdot\ln\frac{H_0}{\left(H_0 - h\right)} = \frac{0,05^2\cdot 2,079}{2\cdot 1,00} = 1,8\cdot 10^{-6}\ \text{ms}^{-1}\ .$$

Dieser Wert stimmt in zufrieden stellender Weise mit dem nach Hvorslev berechneten Durchlässigkeitsbeiwert überein.

In einer ergänzenden Publikation weist Bouwer (1989) nach, dass das beschriebene Verfahren auch im Fall von gespannten (sowie stärker geschichteten) Aquiferen anwendbar ist, wenn sich die Oberkante des Filterrohres in einigem Abstand unterhalb der hangenden Schicht befindet. Auch in diesen Fällen ist es gleich, ob der Brunnen vollkommen oder unvollkommen ist. Eine gelegentlich zu beobachtende Anomalie, nämlich die Ausbildung von zwei Geraden über mehrere logarithmische Zyklen von $\left(H_0 - h\right)$ hinweg (Abb. 2.8), wird als Auswirkung einer verzögerten Entleerung des Wassers aus der Kiesschüttung des Brunnens erklärt. Dieser Einfluss lässt sich ignorieren, wenn man für die Auswertung nicht die erste bzw. obere, sondern die zweite Gerade heranzieht.

Schöpf- und Auffüllversuche in gespannten Grundwasserleitern

Ausgehend von Untersuchungen, wie sie Ferris, Knowles, Brown u. Stallman (1962) beschreiben, entwickelten Cooper, Bredehoeft u. Papadopulos (1967) ein analytisch exaktes Lösungsverfahren für Slug and Bail Tests in gespannten Grundwasserleitern. Die Grundannahmen für dessen Anwendbarkeit sind Homogenität und Isotropie eines solchen Aquifers, ein über dessen gesamter Mächtigkeit verfiltertes (oder offenes) Piezometer und ein horizontaler Druckspiegel. Derartige Bedingungen entsprechen denen für das Theis-Verfahren (Kap. 5).

Zu Versuchsbeginn erfolgt eine schlagartige Zugabe oder Entnahme eines Waservolumens V, die zu einer unverzüglichen, genau zu definierenden

– Aufhöhung $+H_0$ oder

– Absenkung $-H_0$

des Wasserspiegels im Vollrohrbereich führt (s. Abb. 2.10).

$$H_0 = \frac{V}{\pi\, r_c^2} \quad (\text{m}) \tag{2.54}$$

mit

r_c = Radius des Piezometervollrohrs (m)

Sofort strebt der Wasserspiegel H im Vollrohr in Funktion der Zeit t wieder seinem Ausgangsniveau zu, während im umgebenden Aquifer die Standrohrspiegelhöhe h in Funktion von (r,t) variiert. Eine Lösung für $h(r,t)$ und $H(t)$ ergibt sich aus der partiellen Differentialgleichung für die instationäre radiale Anströmung eines vollkommenen Brunnens im gespannten Aquifer (Jacob 1950).

$$\frac{\partial^2 h}{\partial r^2} + \frac{1}{r} \cdot \frac{\partial h}{\partial r} = \frac{S}{T} \cdot \frac{\partial h}{\partial t} \quad (r > r_w) \tag{2.55}$$

mit

r_w = wirksamer Radius (gleichzusetzen mit dem Bohrradius)

und den Randbedingungen

$$h(r_w + 0, t) = H(t) \qquad (t > 0) \tag{2.55a}$$

$$h(\infty, t) = 0 \qquad (t > 0) \tag{2.55b}$$

$$\frac{2\pi \cdot r_w \cdot T \cdot \partial h(r_w + 0, t)}{\partial r} = \pi\, r_c^2 \cdot \frac{\partial H(t)}{\partial t} \tag{2.55c}$$

$$h(r, 0) = 0 \tag{2.55d}$$

$$H(0) = H_0 = \frac{V}{\pi\, r_c^2} \tag{2.55e}$$

Für die Randbedingungen dieser Gleichungen gelten im Einzelnen

– Gl. 2.55a: die Standrohrspiegelhöhe im Aquifer gleicht sich unverzüglich der Aufhöhung oder Absenkung im Piezometer an
– Gl. 2.55b: die Differenz von h nähert sich mit anwachsendem Abstand r vom Piezometer dem Wert Null
– Gl. 2.55c: die Strömungsrate in das oder aus dem Piezometer entspricht der Zu- oder Abnahme des Wasservolumens im Vollrohr
– Gl. 2.55d und Gl. 2.55e: die Änderung von h an jedem Punkt des Aquifers ist zu Versuchsbeginn Null, während im Piezometerrohr $H = H_0$ beträgt

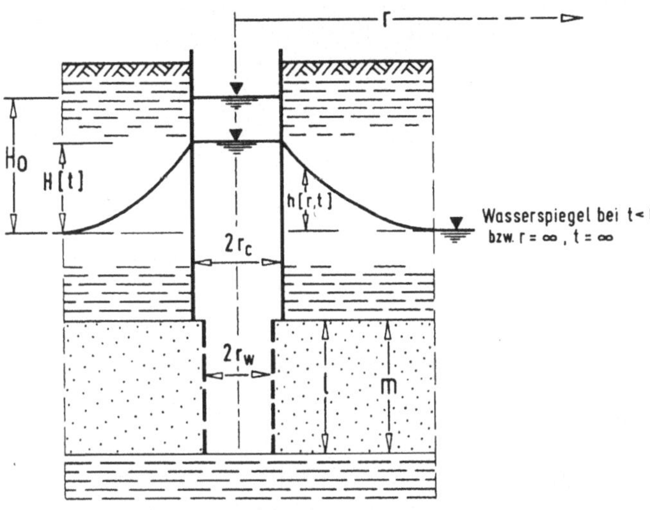

Abb. 2.10. Vollkommener Brunnen in einem gespannten Aquifer mit einem um das Volumen V aufgehöhten Wasserspiegel. Nach Cooper et al. (1967).

Die Lösung von Gl. 2.55 lautet in Analogie zum Wärmefluss (Carslaw u. Jaeger 1959)

$$H = \left(\frac{8H_0 \cdot \alpha}{\pi^2} \right) \cdot \int_0^\infty e^{-\beta u^2 / \alpha} \cdot \frac{du}{u \cdot \Delta u} \qquad (2.56)$$

mit

$$\alpha = \frac{r_w^2 \cdot S}{r_c^2} \qquad (2.57)$$

und

$$\beta = \frac{T \cdot t}{r_c^2} \qquad (2.58)$$

Standardkurven für Werte von $10^{-1} \geq \alpha \geq 10^{-5}$ finden sich bei Cooper et al. (1967) sowie Papadopulos et al. (1973). Der untere Teil der Tabelle 2.2 bringt die Zahlenwerte für den Bereich $10^{-6} \geq \alpha \geq 10^{-10}$.

Tabelle 2.2. Funktionswerte H/H_0 für einen Brunnen mit endlichem Durchmesser (Cooper et al. 1967; Papadopulos et al. 1973)

$\beta = \dfrac{T \cdot t}{r^2}$	$\alpha = 10^{-1}$	$\alpha = 10^{-2}$	$\alpha = 10^{-3}$	$\alpha = 10^{-4}$	$\alpha = 10^{-5}$
$1{,}00 \cdot 10^{-3}$	0,9771	0,9920	0,9969	0,9985	0,9992
$2{,}15 \cdot 10^{-3}$	0,9658	0,9876	0,9949	0,9974	0,9985
$4{,}64 \cdot 10^{-3}$	0,9490	0,9807	0,9914	0,9954	0,9970
$1{,}00 \cdot 10^{-2}$	0,9238	0,9693	0,9853	0,9915	0,9942
$2{,}15 \cdot 10^{-2}$	0,8860	0,9505	0,9744	0,9841	0,9888
$4{,}64 \cdot 10^{-2}$	0,8293	0,9187	0,9545	0,9701	0,9781
$1{,}00 \cdot 10^{-1}$	0,7460	0,8655	0,9183	0,9434	0,9572
$2{,}15 \cdot 10^{-1}$	0,6289	0,7782	0,8538	0,8935	0,9167
$4{,}64 \cdot 10^{-1}$	0,4782	0,6436	0,7436	0,8031	0,8410
$1{,}00 \cdot 10^{0}$	0,3117	0,4598	0,5729	0,6520	0,7080
$2{,}15 \cdot 10^{0}$	0,1665	0,2597	0,3543	0,4364	0,5038
$4{,}64 \cdot 10^{0}$	0,07415	0,1086	0,1554	0,2082	0,2620
$7{,}00 \cdot 10^{0}$	0,04625	0,06204	0,08519	0,1161	0,1521
$1{,}00 \cdot 10^{1}$	0,03065	0,03780	0,04821	0,06355	0,08378
$1{,}40 \cdot 10^{1}$	0,02092	0,02414	0,02844	0,03492	0,04426
$2{,}15 \cdot 10^{1}$	0,01297	0,01414	0,01545	0,01723	0,01999
$3{,}00 \cdot 10^{1}$	0,009070	0,00965	0,01016	0,01083	0,01169
$4{,}64 \cdot 10^{1}$	0,005711	0,00592	0,006111	0,006319	0,006554
$7{,}00 \cdot 10^{1}$	0,003722	0,00381	0,003884	0,003962	0,004046
$1{,}00 \cdot 10^{2}$	0,002577	0,00262	0,002653	0,002688	0,002725
$2{,}15 \cdot 10^{2}$	0,001179	0,00119	0,001194	0,001201	0,001208
$1 \cdot 10^{-3}$	0,9994	0,9996	0,9996	0,9997	0,9997
$2 \cdot 10^{-3}$	0,9989	0,9992	0,9993	0,9994	0,9995
$4 \cdot 10^{-3}$	0,9980	0,9985	0,9987	0,9989	0,9991
$6 \cdot 10^{-3}$	0,9972	0,9978	0,9982	0,9984	0,9986
$8 \cdot 10^{-3}$	0,9964	0,9971	0,9976	0,9980	0,9982
$1 \cdot 10^{-2}$	0,9956	0,9965	0,9971	0,9975	0,9978
$2 \cdot 10^{-2}$	0,9919	0,9934	0,9944	0,9952	0,9958
$4 \cdot 10^{-2}$	0,9848	0,9875	0,9894	0,9908	0,9919
$6 \cdot 10^{-2}$	0,9782	0,9819	0,9846	0,9866	0,9881
$8 \cdot 10^{-2}$	0,9718	0,9765	0,9799	0,9824	0,9844

Tabelle 2.2. (Fortsetzung)

$\beta = \dfrac{T \cdot t}{r^2}$	$\dfrac{H}{H_0}$				
	$\alpha = 10^{-1}$	$\alpha = 10^{-2}$	$\alpha = 10^{-3}$	$\alpha = 10^{-4}$	$\alpha = 10^{-5}$
$1 \cdot 10^{-1}$	0,9655	0,9712	0,9753	0,9784	0,9807
$2 \cdot 10^{-1}$	0,9361	0,9459	0,9532	0,9587	0,9631
$4 \cdot 10^{-1}$	0,8828	0,8995	0,9122	0,9220	0,9298
$6 \cdot 10^{-1}$	0,8345	0,8569	0,8741	0,8875	0,8984
$8 \cdot 10^{-1}$	0,7901	0,8173	0,8383	0,8550	0,8686
$1 \cdot 10^{0}$	0,7489	0,7801	0,8045	0,8240	0,8401
$2 \cdot 10^{0}$	0,5800	0,6235	0,6591	0,6889	0,7139
$3 \cdot 10^{0}$	0,4554	0,5033	0,5442	0,5792	0,6096
$4 \cdot 10^{0}$	0,3613	0,4093	0,4517	0,4891	0,5222
$5 \cdot 10^{0}$	0,2893	0,3351	0,3768	0,4146	0,4487
$6 \cdot 10^{0}$	0,2337	0,2759	0,3157	0,3525	0,3865
$7 \cdot 10^{0}$	0,1903	0,2285	0,2655	0,3007	0,3337
$8 \cdot 10^{0}$	0,1562	0,1903	0,2243	0,2573	0,2888
$9 \cdot 10^{0}$	0,1292	0,1594	0,1902	0,2208	0,2505
$1 \cdot 10^{1}$	0,1078	0,1343	0,1620	0,1900	0,2178
$2 \cdot 10^{1}$	0,02720	0,03343	0,04129	0,05071	0,06149
$3 \cdot 10^{1}$	0,01286	0,01448	0,01667	0,01956	0,02320
$4 \cdot 10^{1}$	0,008337	0,00890	0,009637	0,01062	0,01190
$5 \cdot 10^{1}$	0,006209	0,00647	0,006789	0,007192	0,007709
$6 \cdot 10^{1}$	0,004961	0,00511	0,005283	0,005487	0,005735
$8 \cdot 10^{1}$	0,003547	0,00362	0,003691	0,003773	0,003863
$1 \cdot 10^{2}$	0,002763	0,00280	0,002845	0,002890	0,002938
$2 \cdot 10^{2}$	0,001313	0,00132	0,001330	0,001339	0,001348

Die Auswertung ist einfach und entspricht den in Kap. 5 beschriebenen Superpositionsverfahren. Auf halblogarithmischem Papier trägt man die registrierten bzw. errechneten Größen t gegen $\dfrac{H}{H_0}$ auf, wählt die am besten passende Standardkurve, bestimmt die Koordinaten $\dfrac{H}{H_0}, \beta, t$ und berechnet anschließend die Transmissivität T.

Dieses Verfahren ergibt hinreichend genaue Werte, ist aber wegen der Ähnlichkeit der S-förmigen Standardkurven für eine entsprechend exakte Ermittlung des Speicherkoeffizienten S nicht sensitiv genug.

Beispiel

Die Auswertung wird anhand eines von Cooper et al. (1967) gegebenen Beispiels demonstriert. Ein Tiefbrunnen bei Dawsonville, Georgia, hat eine Gesamtteufe von 122 m.

Bis zu einer Teufe von 24 m ist er mit einem Vollrohr von 0,152 m ($r_c = 0,076$ m) ausgebaut; darunter ist er bei gleichem Durchmesser ($r_w = 0,076$ m) unverrohrt geblieben. Durch plötzliches Herausziehen eines im Vollrohrbereich eingetauchten Verdrängungskörpers (= negative Wasserzugabe) mit einem Volumen von $V = 0,01016$ m^3 war eine Absenkung des Brunnenwasserspiegels von $H_0 = \dfrac{V}{\pi \cdot r_c^2} = 0,560$ m eingetreten. Die Wiederanstiegs- und Auswertungsdaten sind in Tabelle 2.3 wiedergegeben.

Tabelle 2.3. Auswertung eines Schöpfversuchs in einem Brunnen, Dawsonville, Georgia. Aus Cooper et al. (1967).

t (s)	Verbleibende Absenkung H zur Zeit t (m)	$\dfrac{H}{H_0}$
0	0,560	1,000
3	0.457	0,816
6	0,392	0,700
9	0,345	0,616
12	0,308	0,550
15	0,280	0,500
18	0,252	0,450
21	0,224	0,400
24	0,205	0,366
27	0,187	0,334
30	0,168	0,300
33	0,149	0,266
36	0,140	0,250
39	0,131	0,234
42	0,112	0,200
45	0,108	0,193
48	0,093	0,166
51	0,089	0,159
54	0,082	0,146
57	0,075	0,134
60	0,071	0,127
63	0,065	0,116

Zur Auswertung bringt man die Datenkurve der Abb. 2.12 zur Deckung mit der passenden Kurve des Standardkurvenblatts Abb. 2.11, liest die Werte von t und

$\beta = \dfrac{T \cdot t}{r_c^2}$ (Gl. 2.53) ab und bestimmt anschließend mittels dieser Gleichung die

Transmissivität T. Während die Bestimmung dieses Parameters ausreichend genaue Ergebnisse bringt, ist das Verfahren für die Ermittlung des Speicherkoeffizienten S in der Regel nicht sensitiv genug. Wie in Abb. 2.11 ersichtlich, differiert α jeweils um eine Zehnerpotenz; doch sind benachbarte Kurven einander recht ähnlich.

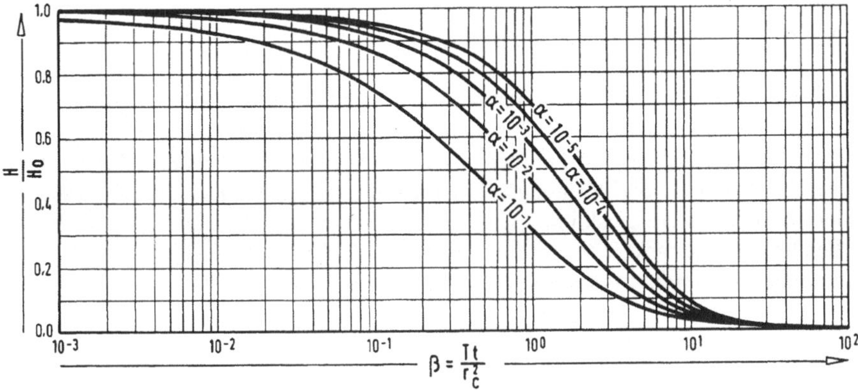

Abb. 2.11. Standardkurven zur Auswertung von Aufhöhungstests. Nach Cooper et al. (1967).

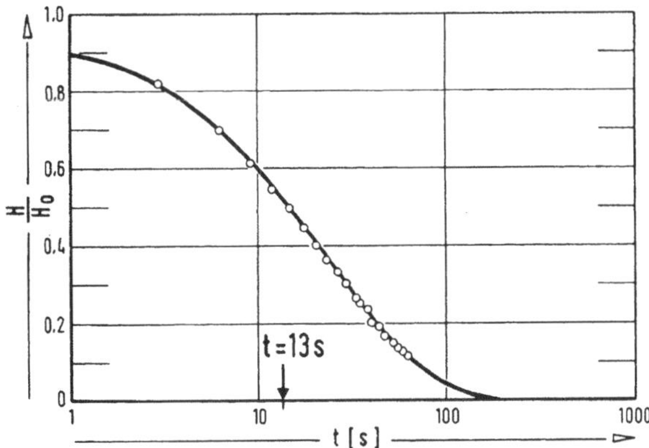

Abb. 2.12. Auswertung eines Aufhöhungsversuchs anhand einer Standardkurve. Nach Cooper et al. (1967).

Wie durch Abb. 2.12 demonstriert, lassen sich die Wertepaare $\dfrac{H}{H_0}$ vs t gut mit der Standardkurve $\alpha = 10^{-3}$ der Abb. 2.11 zur Deckung bringen. Die durchgezogene Kurve in Abb. 2.12 ist die Spur dieser Kurve. Der Zeit $t = 13$ s in diesem Graphen entspricht $\beta = 1{,}0$. Folglich hat die Transmissivität den Wert

$$T = \frac{\beta \cdot r_c^2}{t} = \frac{1{,}0 \cdot 0{,}076^2}{13} = 4{,}4 \cdot 10^{-4} \ \text{m}^2\text{s}^{-1}.$$

2.3.3 Resultierende Durchlässigkeit

Jeder natürliche Grundwasserleiter setzt sich aus Schichten unterschiedlicher Lithologie und damit auch unterschiedlicher Durchlässigkeit zusammen. Da es praktisch nicht möglich ist, im Feldversuch und bei einer analytischen oder numerischen Behandlung von Strömungsproblemen im porösen Medium jede horizontale oder vertikale Strömungskomponente zu simulieren, wird häufig mit der vorherrschenden Strömungskomponente operiert, die wiederum die Kenntnis der mittleren oder einer *resultierenden Durchlässigkeit* erfordert.

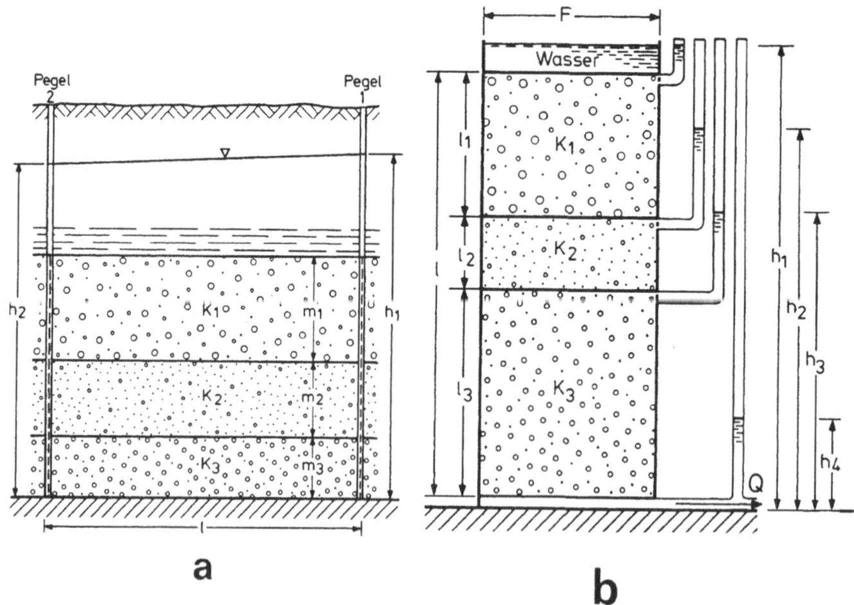

Abb. 2.13. Schematische Darstellung zur Ableitung der resultierenden Durchlässigkeiten
a) für horizontale Grundwasserströmung $\left(K_h\right)$
b) für vertikale Sickerströmung $\left(K_v\right)$

Horizontale Durchlässigkeit

Ein Aquifer baut sich aus einer Abfolge verschieden durchlässiger Einzelschichten i mit den jeweiligen Mächtigkeiten m_i auf; innerhalb dieser anisotropen und inhomogenen Schichtenfolge existiert keine wasserstauende Schicht. Folglich wird nur ein Grundwasserspiegel beobachtet. Im Dreischichten-System der Abb.2.13.a setzt sich demzufolge eine schichtenparallele Durchflussrate Q aus den Einzeldurchflüssen Q_1, Q_2 und Q_3 zusammen.

$$Q_1 = K_1 \cdot \frac{h_1 - h_2}{l} \cdot a$$

$$Q_2 = K_2 \cdot \frac{h_1 - h_2}{l} \cdot a \qquad\qquad (2.59)$$

$$Q_3 = K_3 \cdot \frac{h_1 - h_2}{l} \cdot a$$

Der Faktor a bezeichnet die Durchflussbreite; die anderen Symbole ergeben sich aus der Abb. 2.13.a. Es gilt

$$Q = Q_1 + Q_2 + Q_3$$
$$m = m_1 + m_2 + m_3 \qquad\qquad (2.60)$$

Bei Verknüpfung der Gleichungssysteme 2.59 und 2.60 erweist sich, dass für alle drei Schichten der gleiche hydraulische Gradient wirksam ist

$$Q = a \cdot \frac{h_1 - h_2}{l} \cdot \left(K_1 \cdot m_1 + K_2 \cdot m_2 + K_3 \cdot m_3 \right).$$

Insgesamt gilt für das Dreischichten-System auch

$$Q = a \cdot \frac{h_1 - h_2}{l} \cdot m \cdot K_h$$

mit

$K_h = $ *resultierende horizontale Durchlässigkeit*

Vorstehende Gleichungen werden gleichgesetzt und anschließend nach K_h aufgelöst.

$$K_h = \frac{K_1 \cdot m_1 + K_2 \cdot m_2 + \cdots + K_n \cdot m_n}{m} = \frac{1}{m} \cdot \sum_{i=1}^{n} K_i \cdot m_i \qquad (2.61\text{a})$$

Da die Unterschiede der Einzeldurchlässigkeiten K_i einer Schichtenfolge fast immer deutlich stärker variieren als die Einzelmächtigkeiten m_i, lässt sich erkennen, dass die resultierende horizontale Durchlässigkeit K_h hauptsächlich durch die Schicht $m_{K\,max}$ bestimmt wird. Als Faustregel kann man sich daher merken

$$K_h \approx K_{max} \cdot \frac{m_{K\,max}}{m} \qquad (2.61b)$$

Beispiel

Wie groß ist die resultierende horizontale Durchlässigkeit der in Abb. 2.13.a wiedergegebenen Schichtenfolge, wenn

$$K_1 = 1 \cdot 10^{-3} \text{ ms}^{-1} \qquad m_1 = 3,5 \text{ m}$$

$$K_2 = 5 \cdot 10^{-5} \text{ ms}^{-1} \qquad m_2 = 2,5 \text{ m}$$

$$K_3 = 1 \cdot 10^{-4} \text{ ms}^{-1} \qquad m_3 = 2,0 \text{ m}$$

$$K_h = \frac{10^{-3} \cdot 3,5 + 5 \cdot 10^{-5} \cdot 2,5 + 10^{-4} \cdot 2,0}{8,0} = 4,8 \cdot 10^{-4} \text{ ms}^{-1}$$

Nach der „Faustregel" (Gl. 6.61b) ergibt sich $K_h \approx 4,4 \cdot 10^{-4} \text{ ms}^{-1}$.

Vertikale Durchlässigkeit

Die resultierende Durchlässigkeit eines geschichteten porösen Mediums für eine vertikale Sickerströmung wird anhand des in Abb. 2.13.b gezeigten lithologischen Profiles abgeleitet. Beachtet werden muss, dass die jeweilige Mächtigkeit m_i einer jeden Teilschicht und die entsprechende Fließweglänge l_i übereinstimmen. Bei konstanter Druckhöhe fließt eine zeitkonstante Rate Q von oben nach unten durch die Sedimentsäule. Bezogen auf die Einzelschichten sind

$$Q_1 = K_1 \cdot \frac{h_1 - h_2}{l_1} \cdot F \quad \text{und} \quad \frac{Q_1 \cdot l_1}{K_1 \cdot F} = h_1 - h_2$$

$$Q_2 = K_2 \cdot \frac{h_2 - h_3}{l_2} \cdot F \quad \text{und} \quad \frac{Q_2 \cdot l_2}{K_2 \cdot F} = h_2 - h_3 \qquad (2.62)$$

$$Q_3 = K_3 \cdot \frac{h_3 - h_4}{l_3} \cdot F \quad \text{und} \quad \frac{Q_3 \cdot l_3}{K_3 \cdot F} = h_3 - h_4$$

mit

$F = $ Durchflussquerschnitt

Es gilt

$$Q = Q_1 + Q_2 + Q_3$$

$$l = m = l_1 + l_2 + l_3 = m_1 + m_2 + m_3 \tag{2.63}$$

Demzufolge gilt

$$\frac{Q}{F} \cdot \left(\frac{m_1}{K_1} + \frac{m_2}{K_2} + \frac{m_3}{K_3} \right) = h_1 - h_4$$

$$Q = F \cdot \frac{h_1 - h_4}{m} \cdot \left[\frac{m}{\left(\dfrac{m_1}{K_1} + \dfrac{m_2}{K_2} + \dfrac{m_3}{K_3} \right)} \right]$$

und in allgemeiner Form

$$K_v = \frac{m}{\left(\dfrac{m_1}{K_1} + \dfrac{m_2}{K_2} + \cdots + \dfrac{m_n}{K_n} \right)} = m \cdot \frac{1}{\displaystyle\sum_{i=1}^{n} \frac{m_i}{K_i}} \tag{2.64a}$$

mit der resultierenden vertikalen Durchlässigkeit K_v.

Die resultierende vertikale Durchlässigkeit K_v wird also hauptsächlich durch die Einzelschicht mit der geringsten Durchlässigkeit $K_{\min}$ festgelegt. Als Faustregel gilt demzufolge

$$K_v \approx K_{\min} \cdot \frac{m}{m_{K\,\min}} \tag{2.64b}$$

Beispiel

Die resultierende vertikale Durchlässigkeit K_v der im vorigen Beispiel durch Mächtigkeits- und Durchlässigkeitsbeiwerte charakterisierten Dreischichtenfolge errechnet sich mit Gl. 2.64a zu

$$K_v = \frac{8,0}{\left(\dfrac{3,5}{10^{-3}} + \dfrac{2,5}{5 \cdot 10^{-5}} + \dfrac{2,0}{10^{-4}} \right)} = 1,1 \cdot 10^{-4} \quad \mathrm{ms}^{-1}$$

Nach der „Faustregel" (Gl. 2.64b) ergibt sich $K_v \approx 1,6 \cdot 10^{-4}$ ms^{-1}.

Vergleicht man die in beiden Beispielsrechnungen erhaltenen Ergebnisse für K_h und K_v, so stellt sich heraus, dass trotz (angenommener) Isotropie innerhalb der Einzelschichten $\left(K_h = K_v \right)$ die resultierende horizontale Durchlässigkeit etwa um den Faktor 4,4 größer ist als die vertikale.

Eine Analyse der Gln. 2.61a und 2.64a verdeutlicht, dass das Verhältnis K_h / K_v immer einen Wert > 1 ergeben muss. Berücksichtigt man darüber hinaus auch noch die Ablagerungsbedingungen der Lockersedimente, die für die gerichtete Anordnung der mehr länglich bis stänglig als kugelig geformten Einzelkörner in der Horizontalen verantwortlich sind, erkennt man, dass von Isotropie sensu stricto nicht die Rede sein kann. In der Natur liegt die resultierende vertikale Durchlässigkeit daher immer mindestens eine Zehnerpotenz unter der resultierenden horizontalen Durchlässigkeit.

2.3.4 Spezifische Permeabilität

Bisher ist der Durchlässigkeitsbeiwert K, wie er als Proportionalitätsfaktor in Abschn. 2.1.1 eingeführt wurde, lediglich als hydraulischer Parameter für einen gegebenen Aquifer, der von Wasser gegebener Viskosität durchströmt wird, behandelt worden. Seine physikalische Bedeutung kann durch einen Vergleich der Gesetze von Hagen-Poiseuille (Hagen 1839, 1870) und Darcy (1856) erläutert werden.

Das Gesetz von Hagen-Poiseuille, dessen Ableitung z.B. bei De Wiest (1965) nachgelesen werden kann, beschreibt die Geschwindigkeitsverteilung beim stationären und laminaren Fließen einer inkompressiblen Flüssigkeit durch eine zylindrische Röhre. Besitzt die Röhre einen inneren Radius r_0 und fließt die Flüssigkeit entlang deren Längsachse x, so ist die Geschwindigkeit entlang einer Stromlinie im Abstand r von der Mittelachse

$$v = -\frac{1}{4\mu} \cdot \frac{dp}{dx} \cdot \left(r_0^2 - r^2 \right) \tag{2.65}$$

mit

$\dfrac{dp}{dx}$ = Druckgradient

μ = dynamische Viskosität (vgl. Abschn. 1.4.1)

Abbildung 2.14 zeigt die Geschwindigkeitsverteilung in einer solchen Röhre. Entlang der Mittelachse besitzt die Strömung ein Geschwindigkeitsmaximum; an der Rohrwandung geht sie infolge der Reibung auf Null zurück.

$$r = o \rightarrow v = v_{max} \qquad r = r_0 \rightarrow v = 0 .$$

Eine mittlere Geschwindigkeit $\bar{v}$ lässt sich demnach wie folgt definieren (Simpson 1970).

$$\bar{v} = \frac{v_{max}}{2} = -\frac{dp}{dx} \cdot \frac{r_0^2}{8\mu} \tag{2.66}$$

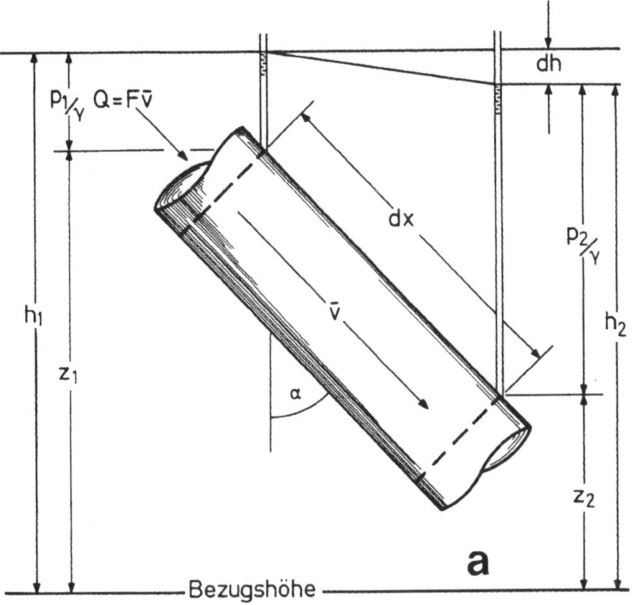

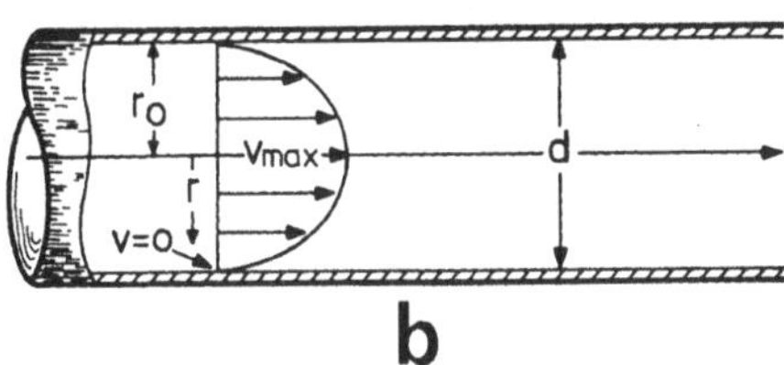

Abb. 2.14. Strömung durch eine zylindrische Röhre. Nach De Wiest (1965).
a) Druck- und Positionshöhen
b) Querschnitt mit der Variation der Strömungsgeschwindigkeit

Die Standrohrspiegelhöhe h an einem beliebigen Punkt der durchströmten Röhre (Abb. 2.14) beträgt

$$h = \frac{p}{\gamma} + z + \frac{v^2}{2g}$$

Entlang der Strömungsachse x ändert sie sich entsprechend

$$\frac{dh}{dx} = \frac{d(p/\gamma)}{dx} + \frac{dz}{dx} + \frac{d(v^2/2g)}{dx} \qquad (2.67a)$$

Im Fall einer Horizontalströmung und $\dfrac{v^2}{2g} = const.$ vereinfacht sich Gl. 2.67a zu

$$\frac{dh}{dx} = \frac{1}{\gamma} \cdot \frac{dp}{dx} \qquad\qquad (2.67b)$$

Nach Einsetzen dieses Ausdruckes in Gl. 2.66 ergibt sich

$$\overline{v} = -\frac{\gamma \cdot r_0^2}{8\mu} \cdot \frac{dh}{dx}$$

Ersetzt man weiterhin r_0 durch $\dfrac{d}{2}$, lautet die Beziehung schließlich

$$\overline{v} = -\frac{d^2}{32} \cdot \frac{\gamma}{\mu} \cdot \frac{dh}{dx} \qquad\qquad (2.68)$$

Nun gilt für den spezifischen Durchfluss v im Aquifer

$$v = \frac{Q}{F} \qquad (Gl.\ 2.9).$$

Das Produkt der mittleren wahren Geschwindigkeit oder Porengeschwindigkeit v_n des Grundwassers (vgl. Abschn. 2.2), mit dem offenen Querschnitt F_n, d.h. der Porenfläche, beträgt ebenfalls Q. Somit

$$Q = v \cdot F = v_n \cdot F_n$$

und

$$v = n_0 \cdot v_n$$

mit

n_0 − nutzbarer (durchflusswirksamer) Porenraum

Verwendet man nun anstelle des Differentials $\dfrac{dh}{dx}$ in Gl. 2.68 die analoge Form $\dfrac{dh}{dl}$ einerseits und entsprechend von $\overline{v}$ (Gl. 2.1) und v_n andererseits, so erkennt man unschwer die Analogie des Gesetzes von Hagen-Poiseuille für eine Rohrströmung (Gl. 2.68) mit dem Gesetz von Darcy für die Grundwasserströmung (Gl. 2.69)

$$v = n_0 \cdot \overline{v} = -K \cdot \frac{dh}{dl} = -K \cdot I \qquad (\text{Strömung im porösen Medium})$$

und

$$v = -n_0 \cdot \frac{d^2}{32} \cdot \frac{\gamma}{\mu} \cdot \frac{dh}{dl} = -K^* \cdot I \quad \text{(Rohrströmung)} \tag{2.69}$$

Für den Fall einer stationären und laminaren Strömung in einem gesättigten porösen Medium, in dem sowohl die Form der Porenkanäle als auch die Porengröße einer Zufallsverteilung folgen, können die Faktoren d^2 und $n_0/32$ nicht a priori angegeben werden. Die dimensionslose Zahl $n_0/32$ in der Größenordnung von 0,01 wird als Koeffizient C bezeichnet und berücksichtigt Kornform und Kornanordnung, Kornverteilung, Porosität und Packungsdichte des Lockergesteins (Hubbert 1940; De Wiest 1965; vgl. auch Abschn. 3.3).

Anstelle eines nicht messbaren Porendurchmessers d benutzt man einen *wirksamen Korndurchmesser* d_w.

Ausgehend von Gl. 2.69 erhält man unter Gleichsetzen von K^* (Rohrströmung) und K (Strömung im porösen Medium)

$$K = C \cdot d_w^2 \cdot \frac{\gamma}{\mu} = C \cdot d_w^2 \cdot \frac{\rho \cdot g}{\mu} = C \cdot d_w^2 \cdot \frac{g}{v} = k \cdot \frac{g}{v} = k \cdot \frac{\gamma}{\mu} \tag{2.70}$$

mit

$\rho =$ Dichte der Flüssigkeit

$g =$ Erdbeschleunigungskonstante

$v = \dfrac{\mu}{\rho} =$ kinematische Viskosität der Flüssigkeit

$\mu =$ dynamische Viskosität der Flüssigkeit

Ganz offensichtlich beschreiben die Faktoren C und d_w bzw. k in den unterschiedlichen Schreibweisen der Gl. 2.70 die Eigenschaften der Aquifermatrix, während μ und v bzw. ρ Flüssigkeitsparameter sind; g als Eigenschaft des Schwerefeldes der Erde darf als konstant aufgefasst werden. Folglich gilt

$$k = C \cdot d_w^2 \tag{2.71}$$

k ist die *spezifische Permeabilität* (Busch, Luckner u. Tiemer 1993). Mit dim $(k) = L^2$ besitzt sie die Dimension einer Fläche. Gleichung 2.71 entspricht der Formel von Hazen (1892) in moderner Schreibweise. Zunker (1930) gebraucht für diesen Materialparameter den Begriff *absolute Permeabilität*, während sie im Englischen *intrinsic permeability* genannt wird (vgl. Abschn. 1.4.1).

Die Bedeutung der spezifischen Permeabilität lässt sich auch auf andere Weise aufzeigen. Differenziert man Φ in Gl. 2.12 nach l und dividiert die entstandene Differentialgleichung durch g, so folgt

$$\frac{1}{g} \cdot \frac{d\Phi}{dl} = \frac{dz}{dl} + \frac{1}{\rho \cdot g} \cdot \frac{dp}{dl} = \frac{dh}{dl}$$

Aus $v = -K \cdot \dfrac{dh}{dl}$ (Gl. 2.9) und $K = k \cdot \dfrac{\rho \cdot g}{\mu}$ (Gl. 2.70)

ergibt sich weiterhin

$$v = -\frac{K}{\rho \cdot g} \cdot \left(\frac{dp}{dl} + \rho \cdot g \cdot \frac{dz}{dl} \right) = -\frac{k}{\mu} \cdot \left(\frac{dp}{dl} + \rho \cdot g \cdot \frac{dz}{dl} \right)$$

$$v = -\frac{k \cdot \rho}{\mu} \cdot \frac{d\Phi}{dl} = -\frac{k}{v} \cdot \frac{d\Phi}{dl} \tag{2.72}$$

Nach k aufgelöst (Hubbert 1940; Lohman et al. 1972), erhält man nunmehr

$$k = -\frac{v \cdot v}{d\Phi/dl} \tag{2.73}$$

Gleichung 2.71 verdeutlicht, dass die spezifische Permeabilität eine Eigenschaft allein des Materials ist, die unabhängig von der Art des Fluids (Flüssigkeit oder Gas) existiert, von welchem es durchströmt wird. Analog zum Durchlässigkeitsbeiwert gilt demnach für die Definition der spezifischen Permeabilität:

> „Ein poröses isotropes Medium besitzt eine spezifische Permeabilität von $1\ \mathrm{m}^2$, wenn es unter dem hydraulischen Gradienten von 1 den Durchfluss von $1\ \mathrm{m}^3\mathrm{s}^{-1}$ einer homogenen Flüssigkeit mit einer kinematischen Zähigkeit von $1\ \mathrm{m}^2\mathrm{s}^{-1}$ durch eine senkrecht zur Strömungsrichtung angeordnete Fläche von $1\ \mathrm{m}^2$ erlaubt.“

Traditionell in der Erdölindustrie (Wyckoff, Botset, Muskat u. Reed 1934; Muskat 1946), in den letzten Jahrzehnten auch in der Grundwasserhydrologie bei der Beschreibung von Aquiferen mit warmen und salzigen Wässern, wird als Einheit der spezifischen Durchlässigkeit das *darcy* verwendet. Nach den obigen Autoren lautet die entsprechende Definition:

> „Ein poröses isotropes Medium besitzt eine spezifische Permeabilität von 1 darcy, wenn es unter einem Druckgradienten von 1 Atmosphäre pro cm^2 per 1 cm Fließstrecke den Durchfluss von $1\ \mathrm{cm}^3\mathrm{s}^{-1}$ einer homogenen Flüssigkeit mit einer dynamischen Zähigkeit von 1 Centipoise ($=10^2$ dyn s cm^2) durch eine senkrecht zur Strömungsrichtung angeordnete Fläche von $1\ \mathrm{cm}^2$ erlaubt.“

Für Wasser von 60 °F = 15,6 °C (Standardwassertemperatur nach Wenzel 1942) gilt das Verhältnis

$$1\ \mathrm{darcy} = 0{,}987 \cdot 10^{-12}\ \mathrm{m}^2 \tag{2.74}$$

Diese Beziehung ist das Ergebnis der Gleichsetzung des Terms $\rho \cdot g \cdot \dfrac{dh}{dl}$ aus der der Gl. 2.72 vorausgehenden Ableitung mit 1 atm/cm, d.h. durch die physikalisch inkorrekte Gleichsetzung des hydraulischen Gradienten mit dem Druckgradienten. Lohman (1972) diskutiert ausführlich die damit verbundene Problematik.

Trotz dieser Inkonsistenz und der seit Einführung des Internationalen Einheitensystems im Jahre 1977 nicht mehr zulässigen Verwendung der Einheit Atmosphäre erfreut sich das darcy international allgemeiner Beliebtheit.

Durchlässigkeitskoeffizient K und spezifische Permeabilität k lassen sich einfach miteinander verknüpfen. K besitzt die Dimension LT^{-1}, k die Dimension L^2.

Bei einer Umrechnung muss somit der Quotient von $\dfrac{v}{g}$ (vgl. Gl. 2.70) durch

LT ausgedrückt werden. Für Süßwässer (Lösungsinhalt < 500 mgl^{-1}) unterschiedlicher Temperaturen gibt Tabelle 2.4 die zur Umrechnung benötigten Viskositätswerte an.

Beispiel

Nach Tabelle 2.4 besitzt 10 °C warmes Wasser eine kinematische Viskosität von

$$v = 1{,}301 \cdot 10^{-2} \ \text{cm}^2\text{s}^{-1} = 1{,}301 \cdot 10^{-6} \ \text{m}^2\text{s}^{-1}.$$

Demzufolge

$$\frac{v}{g} = \frac{1{,}301 \cdot 10^{-6}}{9{,}8067} = 1{,}34 \cdot 10^{-7} \ \text{m s}.$$

Für Wasser von 15,6 °C (60 °F) besitzt der Quotient aus v und g einen numerischen Wert von $1{,}15 \cdot 10^{-7}$ m s, für 20 °C warmes Wasser einen solchen von $1{,}03 \cdot 10^{-7}$ m s.

Für Grundwasser mit Temperaturen zwischen 10 °C und 20 °C kann man k (darcy) und K (ms^{-1}) durch die in Abb. 2.15 wiedergegebene lineare Beziehung verknüpfen. Die erläuternden Angaben wurden in Anlehnung an Todd (1959) gemacht.

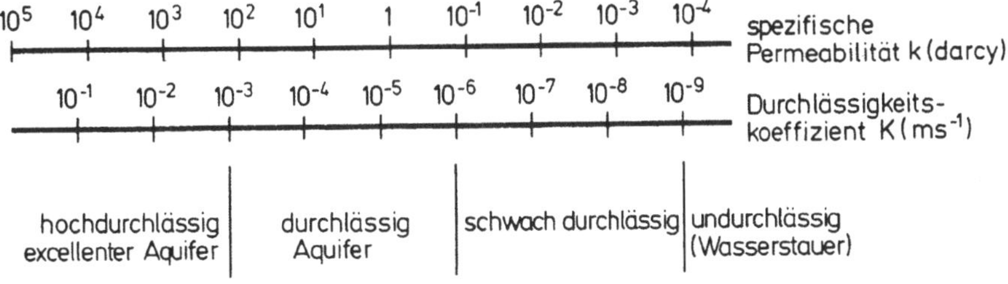

Abb. 2.15. Äquivalenz zwischen Durchlässigkeitsbeiwert K (ms^{-1}) und spezifischer Permeabilität k (darcy) für Süßwasser von 15 °C. Umgezeichnet nach Todd (1959).

Tabelle 2.4. Eigenschaften von reinem Wasser zwischen 0 und 100 °C. Nach Weast (1978) und Lohman et al. (1972).

Temperatur °C	Dichte ρ bei Normalluftdruck (g cm^{-3})	dynamische Viskosität μ (Centipoise) * (10^{-2} g cm^{-1}s^{-1})	kinematische Viskosität ν (Centistokes)* (10^{-2} g cm^{-2}s^{-1})
0	0,99984	1,7938	1,7941
5	0,99997	1,5188	1,5189
10	0,99970	1,3097	1,3101
15	0,99910	1,1447	1,1457
20	0,99820	1,0087	1,0105
25	0,99704	0,8949	0,8976
30	0,99565	0,8004	0,8039
35	0,99403	0,7208	0,7251
40	0,99221	0,6536	0,6587
45	0,99021	0,5970	0,6029
50	0,98804	0,5492	0,5558
55	0,98570	0,5072	0,5146
60	0,98321	0,4699	0,4779
65	0,98056	0,4368	0,4455
70	0,97778	0,4071	0,4164
75	0,97486	0,3806	0,3904
80	0,97180	0,3570	0,3674
85	0,96862	0,3357	0,3466
90	0,96531	0,3166	0,3280
95	0,96189	0,2994	0,3113
100	0,95835	0,2839	0,2962

* vgl. Abschn. 1.4.1

2.3.5 Auswertung von Korngrößenanalysen

Da es möglich ist, aus der spezifischen Permeabilität eines Lockergesteins den Durchlässigkeitskoeffizienten für Wasser einer bestimmten Viskosität zu errechnen, liegt es nahe, Kornverteilungskurven oder Sieblinien unter Benutzung von Gl. 2.71

$$k = C \cdot d_w^2$$

auszuwerten. Dies bietet sich an, da in der Praxis die Ausführung von Korngrößenanalysen eine schnelle und billige Möglichkeit ist, Orientierungswerte für die Durchlässigkeit K zu erhalten.

Die Korngrößenverteilung von beim Bohren gewonnenen oder im Aufschluss von Hand entnommenen Lockergesteinsproben wird durch Sieben oder Schlämmen festgestellt (vgl. die Beschreibung der Probenahme in Kap. 8). Die Korngrößen werden in halblogarithmischer Darstellung gegen die entsprechenden Gewichtsprozente aufgetragen und anschließend nach einem der weiter unten beschriebenen oder aus der Literatur zu entnehmenden Verfahren ausgewertet.

Nach DIN 4022 (vgl. auch Bieske, Rubbert u. Treskatis 1997) sind auf der logarithmisch geteilten Abszisse bestimmte Kornklassen oder Fraktionen auszuhalten.

Gesiebt wird bis zur Grenze Feinsand – Grobschluff bei 0,06 mm; der darunterliegende Feinkornbereich wird traditionell geschlämmt bzw. in modernen Labors mit dem Laserbeugungsverfahren analysiert (Leschonski 1987; Wachernig 1987). Tabelle 2.5 gibt die genormte Kornklassierung wieder.

Tabelle 2.5. Kornklassen nach DIN 4022

	Feinstkorn oder Ton	$\leq$ 0,002 mm
	Feinschluff	0,002–0,006 mm
Schlufffraktion	Mittelschluff	0,006–0,02 mm
	Grobschluff	0,02–0,06 mm
	Feindsand	0,06–0,2 mm
Sandfraktion	Mittelsand	0,2–0,6 mm
	Grobsand	0,6–2 mm
	Feinkies	2–6,3 mm
Kiesfraktion	Mittelkies	6,3–20 mm
	Grobkies	20–63 mm
	Steine	$\geq$ 63 mm

Wie die Erfahrung zeigt, ergeben Auswertungen der Sieblinien Durchlässigkeitswerte, die oft mit solchen aus in-situ-Versuchen übereinstimmen.

Schwierigkeiten treten vor allem bei Spülbohrungen auf, weil

– bei einer oder nur wenigen Proben ein zu geringer Vertikalbereich der wassererfüllten Mächtigkeit erfasst wird,
– die aus dem Spülstrom gewonnenen Proben nur unvollkommen der tatsächlichen Kornverteilung im Aquifer entsprechen.

Die erste Schwierigkeit überwindet man dadurch, dass man nach jedem Schichtwechsel, mindestens aber nach jedem Meter Bohrfortschritt, eine Probe nimmt. Dagegen bleibt die Probenahme aus dem Spülstrom von Bohrungen, die auch dickere Tonpakete durchsinken, immer etwas problematisch. Sobald das durchbohrte Lockergestein nämlich Schluff- oder Tonanteile enthält, ist es nicht

möglich, diese vom Trübesatz der Spülung zu unterscheiden. Dadurch kann die
Kornverteilung häufig nur annähernd angegeben werden. Da tiefere Bohrungen
nicht als Trockenbohrungen niedergebracht werden können, muss sich der bear-
beitende Hydrogeologe oder Ingenieur stets bewusst bleiben, dass Sieblinien, die
aus Spülprobenanalysen aufgestellt werden, oft nur eine begrenzte Genauigkeit
aufweisen. Er wird dann andere Verfahren wie z.B. geophysikalische Bohrlochmessungen anwenden.

Ungleichförmigkeit, spezifische Oberfläche und wirksame Korngröße. Natürlich vorkommende kiesig-sandige, sandig-schluffige und schluffig-tonige Lockersedimente zeigen in der üblichen halblogarithmischen Darstellung meist einen S-
förmigen Verlauf.

Vereinfachend lassen sich bei vielen Sieblinien drei Kurvenäste aushalten
(Abb. 2.16):

– ein unterer Kurvenast A–B
– ein mittlerer Kurvenast B–C, der sich annähernd als logarithmische Gerade darstellt
– ein oberer Kurvenast C–D mit rasch abnehmender Steigung (Bieske, Jourdan u.
  Wandt 1989)

Zur Charakterisierung des maßgeblichen Teils der Sieblinie zieht man den *Ungleichförmigkeitsgrad U* heran

$$U = \frac{d_{60}}{d_{10}}$$

(2.75)

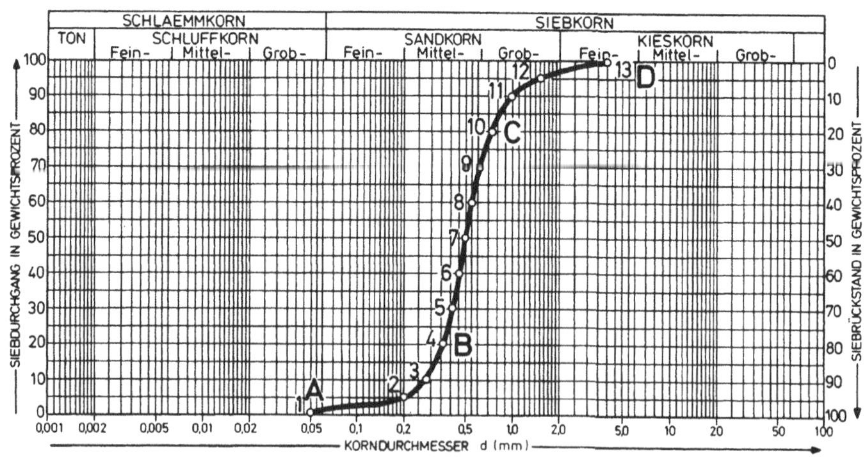

Abb. 2.16. Korngrößenverteilung eines pliozänen Mittel- bis Grobsandes aus dem westlichen Erftbecken, Niederrheinische Bucht

Je gleichförmiger ein Korngemisch zusammengesetzt ist, umso steiler ist der mittlere Ast der dazugehörigen Verteilungskurve oder *Sieblinie* und umso kleiner ist U. Je flacher die Kurve, umso größer ist der Ungleichförmigkeitsgrad.

Diese Größe U übt einen bestimmenden Einfluss auf den Parameter C und die wirksame Korngröße d_w der Gl. 2.71 aus.

Die wahre Bedeutung der wirksamen Korngröße versteht man, wenn man sie aus der *spezifischen Oberfläche* O_s eines Korngemisches herleitet. Mit Kozeny (1927) sei definiert, dass ein Haufwerk von m gleich großen, d.h. gleichförmigen Kugeln mit einem Durchmesser $d = d_w$ ein Volumen V einnimmt. Für das Gesamtvolumen der Kugeln gilt

$$m \cdot \frac{\pi \cdot d_w^3}{6} = (1 - n) \cdot V$$

mit

$n =$ Gesamtporenraum des Haufwerks

Analog dazu beträgt die Summe O_m der Oberflächen aller m Kugeln

$$O_m = m \cdot \pi \cdot d_w^2 .$$

Da hier die spezifische Oberfläche

$$O_s = \frac{Summe\ der\ Kugeloberflächen}{Gesamtvolumen\ der\ Kugeln}$$

ist, so ergibt sich

$$O_s = \frac{O_m}{(1 - n) \cdot V} = \frac{6}{d_w} \tag{2.76}$$

oder

$$d_w = \frac{6 \cdot (1 - n)}{O_m} \cdot V \tag{2.77}$$

Weil nun aber ein natürliches Korngemisch sich aus Körnern ganz unterschiedlicher Durchmesser aufbaut, kommt es darauf an, es analytisch durch ein Haufwerk gleich großer Kugeln zu ersetzen. Dabei muss deren „Ersatzdurchmesser" identisch mit der wirksamen Korngröße d_w sein. Geht man zunächst von Kornfraktionen wie z.B. Grobkies, Mittelkies, Feinkies etc. aus, so muss jeweils

- einer Kornfraktion $\leq d_1,\ d_1 - d_2,\qquad ...,\qquad d_{n-1} - d_n$ $\dim(d) = L$

  ein Volumenanteil $\Delta V_1,\ \Delta V_2,\ \Delta V_3,\ ...,\qquad \Delta V_n$ $\dim(V) = L^3$

  ein Gewichtsanteil $\Delta G_1,\ \Delta G_2,\ \Delta G_3,\ ...,\ \Delta G_n,$ $\dim(G) = MLT^{-2}$

entsprechen, wobei

$\Sigma \Delta G = 1$ bzw. 100 % sein soll.

Denkt man sich jede der obigen Fraktionen durch Kugeln mit jeweils einem mittleren Durchmesser d_1', d_2', d_3',.....,d_n' repräsentiert, so gilt beispielsweise

$$O_1 = m_1 \cdot \pi \cdot \left(d_1'\right)^2 \tag{2.78}$$

und

$$\Delta V_1 \cdot \left(1-n\right) = \frac{m_1 \cdot \pi \cdot \left(d_1'\right)^3}{6} \quad \text{usw.} \tag{2.79a}$$

Wegen des nötigen Arbeitsaufwandes sind die Volumenanteile ΔV nur schwer zu ermitteln. Da es sich aber, wie oben demonstriert, um Verhältniszahlen handelt, können stattdessen die Gewichtsanteile ΔG benutzt werden, die bei einer Korngrößenanalyse anfallen. Demzufolge gilt

$$\Delta G_1 \cdot \left(1-n\right) = \frac{m_1 \cdot \pi \cdot \left(d_1'\right)^3}{6} \quad \text{usw.} \tag{2.79b}$$

und

$$\frac{O_1}{\Delta G_1 \cdot \left(1-n\right)} = \frac{6}{d_1'}$$
$$\frac{O_2}{\Delta G_2 \cdot \left(1-n\right)} = \frac{6}{d_2'} \qquad \text{etc.}$$

sowie

$$O_m = O_1 + O_2 + ... + O_{n-1} + O_n = 6 \cdot \left(1-n\right) \cdot \left[\frac{\Delta G_1}{d_1'} + \frac{\Delta G}{d_2'} + ... \frac{\Delta G_{n-1}}{d_{n-1}'} + \frac{\Delta G_n}{d_n'}\right]$$

$$O_m = 6 \cdot \left(1-n\right) \cdot \sum_{i=1}^{n} \frac{\Delta G_i}{d_i'}$$

Für immer kleiner werdende Intervalle, die schließlich gegen Null gehen, wird nach Kozeny (1927) der Summenausdruck

$$\sum \frac{G}{d'} = \int \frac{dG}{d_n} = \frac{G}{d_n} + \int \frac{G}{d_n^2} \cdot d\left(d_n\right) = \frac{1}{d_w} \tag{2.80}$$

und $\dim\left(\dfrac{1}{d_w}\right) = \text{L}^{-1}$

Das Integral der Gl. 2.80 ist graphisch leicht zu lösen. Wie in Abb. 2.17 trägt man auf normalem Millimeterpapier zunächst als Sieblinie die aus der Korngrößenanalyse erhaltene Summe der Gewichtsanteile $\Sigma \Delta G$ (Siebdurchgang) gegen die entsprechenden Korngrößen d_n auf. Anschließend konstruiert man die reziproke Funktion $\dfrac{1}{d_n}$ und trägt von der Sieblinie parallel zur Abszisse die dazugehörigen $\dfrac{1}{d_n}$-Werte auf (s. folgendes Beispiel).

Die so erhaltenen Punkte liegen auf einer Kurve C. Zwischen dieser Kurve und der Sieblinie befindet sich die Fläche des Integrals $\int \dfrac{dG}{d_n}$ der Gl. 2.80. Diese Fläche ist gleich groß mit der eines Rechtecks, das die Höhe $\Sigma \Delta G = 1$ (100 %) und die Basis $\dfrac{1}{d_w}$ besitzt.

Einen ganz ähnlichen Lösungsweg zur graphischen Bestimmung von d_w beschreibt Beyer (1964 b).

Abschließend ist die Bedeutung der wirksamen Korngröße wie folgt zu definieren:

„Die wirksame Korngröße d_w kennzeichnet den charakteristischen Korndurchmesser eines natürlichen Lockergesteins, der die Größe der spezifischen Permeabilität bestimmt. Gleiche Koeffizienten C vorausgesetzt, verhalten sich ein Haufwerk mit Körnern nur der einen Korngröße d_w und ein Korngemisch mit d_w als wirksamer Korngröße hydraulisch identisch."

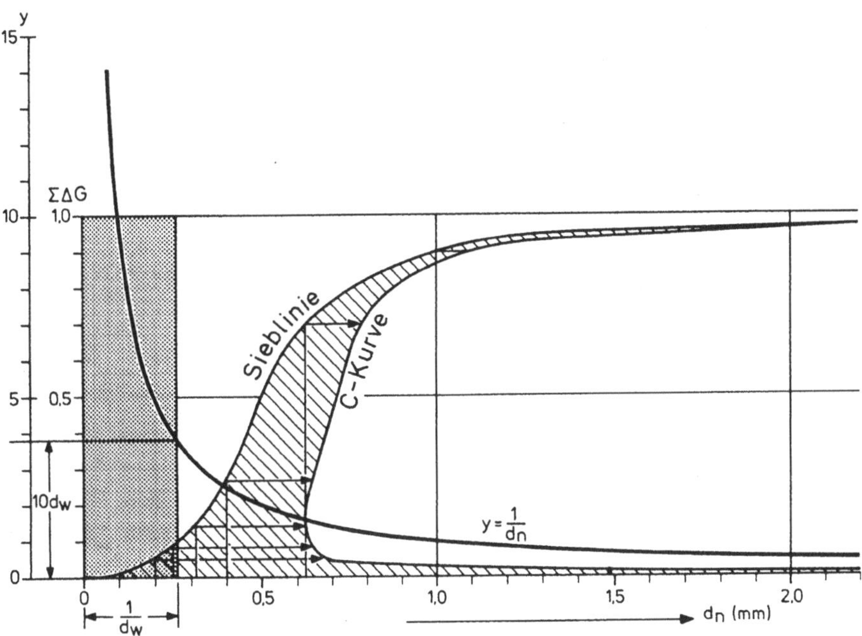

Abb. 2.17. Kornverteilung, inverse Kornverteilung und Flächenhüllkurve zur graphischen Ermittlung der wirksamen Korngröße d_w. Nach Kozeny (1927).

Beispiel

Ein Mittel- bis Grobsand baut sich aus den in Tabelle 2.6 wiedergegebenen Kornfraktionen auf.

Tabelle 2.6. Kornverteilung und reziproke Kornverteilung

$\Sigma \Delta G$ Siebdurchgang (Gewichtsanteile)	d_n (mm)	$y = \dfrac{1}{d_n}$ (mm^{-1})
0,015	0,071	14,08
0,025	0,1	10,0
0,04	0,16	6,25
0,05	0,2	5,0
0,08	0,25	4,0
0,14	0,315	3,17
0,265	0,4	2,5
0,7	0,63	1,59
0,9	1,0	1,0
0,965	2,0	0,5
0,985	3,15	0,317
0,995	4,0	0,25

Wie groß ist der wirksame Korndurchmesser d_w dieses Sandgemisches?

Mit Kozeny (1927) konstruiert man zunächst auf Millimeterpapier die Kornverteilungskurve (Abb. 2.17), indem man entlang der Abszisse die Korngrößen d_n gegen den aufsummierten Siebdurchgang $\Sigma \Delta G$ aufträgt. Zweckmäßigerweise wählt man die Maßstäbe so, dass $\Sigma \Delta G = 1$ und $d_n = 1,00$ mm den gleichen Abstand zum Achsenkreuz aufweisen. Man vermeidet dadurch mögliche Fehler bei Maßstabsumrechnungen.

Anschließend zeichnet man die reziproke Funktion $y = \dfrac{1}{d_n}$ wie in Abb. 2.17 gezeigt.

Nun wird von der Sieblinie oder Kornverteilungskurve aus horizontal nach rechts für jeden Punkt d_n der dazugehörige Wert $\dfrac{1}{d_n}$ im Maßstab der Ordinate in den Graphen eingetragen. Die so entstandenen Punkte liegen auf der Hüllkurve C. Der Inhalt der Fläche zwischen Sieblinie und C-Kurve stellt das Integral $\int \dfrac{dG}{d_n}$ der Gl. 2.80 dar. Er ist auf dem Millimeterpapier durch Auszählen oder Planimetrieren zu bestimmen.

Nach Umwandlung des Flächeninhalts in ein Rechteck mit der Höhe $\Sigma \Delta G = 1$ und der Basis $\dfrac{1}{d_w}$ kann nun d_w unter Berücksichtigung des gewählten Maßstabs auf der y -Achse mit $d_w = 0{,}38$ mm bestimmt werden.

Einen anderen Weg zur Bestimmung der wirksamen Korngröße d_w hat Moll (1980) vorgeschlagen. Auf theoretischem, hier nicht wiedergegebenem Weg konnte er für gleichförmige Korngemische mit $U < 2$ einfach anzuwendende Formeln ableiten, die von der mittleren Korngröße d_m (50 % Siebdurchgang) eines Korngemisches bzw. d_{60} und d_{10} ausgehen. Aus der Siebung ergibt sich d_m als arithmetisches Mittel.

$$d_m = \frac{1}{100} \cdot \sum_{i=1}^{n} \Delta G_i \cdot d_i \qquad (2.81)$$

mit

ΔG_i = prozentualer Gewichtsanteil der jeweiligen Kornklasse i mit

d_i = mittlerer Korndurchmesser dieser Klasse i

Die beiden Bestimmungsgleichungen von Moll lauten

$$d_w = 0{,}95 \cdot d_m \qquad (2.82)$$

und

$$d_w = \left(0{,}75 + \sqrt{0{,}54 \cdot U - 0{,}48}\right) \cdot d_{10} \qquad (2.83)$$

Beispiel

Für den in Abb. 2.16 gezeigten Mittel- bis Grobsand errechnet sich die wirksame Korngröße mittels Gl. 2.83 zu

$$d_w = \left(0{,}75 + \sqrt{0{,}54 \cdot 2{,}05 - 0{,}48}\right) \cdot 0{,}27 = 0{,}42 \text{ mm}.$$

Mit $U = \dfrac{d_{60}}{d_{10}} = 2{,}05$ ist die eingangs genannte Einschränkung für die Anwendbarkeit dieser Formel nicht mehr genau erfüllt. Dennoch ist das Ergebnis zufriedenstellend, wenn man es mit dem erzielten Wert von $d_w = 0{,}39$ mm für das gleiche Korngemisch nach dem Verfahren von Kozeny, Köhler u. Köhler (s. weiter unten) vergleicht.

Sieblinienauswertung nach Hazen (1892) und Zieschang (1961). Als erster Autor versuchte Hazen auf empirische Weise, den Durchlässigkeitskoeffizienten K von Mittelsanden aus der Kornverteilung herzuleiten, indem er den wirksamen Korndurchmesser d_w mit d_{10} gleichsetzte. In der heute in Deutschland gebräuchlichen Form lautet seine Formel

$$K = 0,0116 \cdot d_{10}^2 \cdot (0,70 + 0,03 \; \Theta) \qquad (2.84)$$

mit

K = Durchlässigkeitskoeffizient (ms^{-1})

d_{10} = Korngrößendurchmesser bei 10 % Siebdurchgang (mm)

Θ = Temperatur des (schwach mineralisierten) Wassers (°C)

Zieschang (1961), unter Anlehnung an Skaballanowitsch (1954), modifizierte diese Gleichung zu

$$K = C \cdot d_{10}^2 \cdot (0,70 + 0,03 \; \Theta) \quad (\text{ms}^{-1}) \qquad (2.85)$$

mit C = empirischer Beiwert, der vom lithologischen Aufbau des Lockergesteins sowie von der Ungleichförmigkeit $U = \dfrac{d_{60}}{d_{10}}$ abhängt (s. Tabelle 2.7).

Beispiel

Wie groß ist die Durchlässigkeit des in Abb. 2.16 durch seine Sieblinie charakterisierten Mittel- bis Grobsandes, wenn die Wassertemperatur 10 °C beträgt? Es wird abgelesen bzw. berechnet

$$d_{10} = 0,27 \; \text{mm}, \quad U = \frac{d_{60}}{d_{10}} = 2,05, \quad \text{folglich ist } C = 0,0139.$$

Nach Einsetzen dieser Zahlen in Gl. 2.85 lautet das Ergebnis

$$K = 0,0139 \cdot (0,27)^2 \cdot (0,70 + 0,03 \cdot 10) = 1,013 \cdot 10^{-3} \approx 1,0 \cdot 10^{-3} \; \text{ms}^{-1}.$$

Zu beachten ist der Unterschied zwischen $d_w \approx d_{10} = 0,27$ mm nach Hazen-Zieschang und $d_w = 0,38$ mm, wie nach Kozeny für den selben Sand weiter oben ermittelt wurde.

Tabelle 2.7. Empirischer Koeffizient C als Variable der Lithologie eines Lockergesteins. Nach Zieschang (1961).

lithologischer Aufbau	$U = d_{60}/d_{10}$	Gültigkeitsbereich von C für d_{10}	C
reiner Sand oder kiesiger Sand	1–3	0,1–0,6 mm	0,0139
reiner Sand oder kiesiger Sand	3–5	0,1–0,6 mm	0,0116
schwach schluffiger Sand (bis 2 % < 0,01 mm)	< 5	0,1–0,6 mm	0,0093
schwach tonschluffhaltiger Sand (bis 3 % < 0,01 mm)	< 5	0,08–0,6 mm	0,0070
tonschluffhaltiger Sand (bis 4 % < 0,01 mm)	< 5	0,06–0,6 mm	0,0046

Sieblinienauswertung nach Beyer (1964 b). Auf der Grundlage der graphischen Entwicklung von d_w von überwiegend gut gerundeten quartären und tertiären Sanden und Kiesen Norddeutschlands konnte Beyer einen funktionellen Zusammenhang zwischen d_w und d_{10} feststellen, dessen Kenntnis es ermöglicht, d_{10} zur (relativ) genauen Berechnung von d_w zu benutzen.

Tabelle 2.8. Zusammenhang zwischen wirksamer Korngröße d_w und d_{10} in Abhängigkeit von der Ungleichförmigkeit U für $0{,}06 \leq d_{10} \leq 0{,}6$ mm und $1 \leq U \leq 20$ (Beyer 1964 b)

$U = d_{60}/d_{10}$	d_w/d_{10}	d_w/d_{10}
Bereich	Bereichswerte	Mittelwert
1,0–1,9	1,0–1,6	1,4
2,0–2,9	1,6–1,9	1,8
3,0–4,9	1,9–2,2	2,1
5,0–9,9	2,2–2,5	2,3
> 10,0	> 2,5	> 2,5

Beyer verwendet den Beiwert C als Proportionalitätsfaktor, der sofort die Berechnung des Durchlässigkeitsbeiwertes K ermöglicht. Für mittlere Packungsdichten, schwach mineralisierte Grundwässer (Gesamtkonzentration < 500 mg/l) mit Temperaturen um 10 °C lässt sich die Relation $C = f(U)$ dimensionsgerecht tabellarisch (Tabelle 2.9) angeben.

Tabelle 2.9. Zusammenhang zwischen dem Proportionalitätsfaktor C und dem Ungleichförmigkeitsgrad U für $0{,}006 \leq d_{10} \leq 0{,}6$ mm und $1 \leq U \leq 20$ (Beyer 1964 b)

U (Bereich)	C (Bereichswerte)	C (Mittelwert)
1,0–1,9	$(120{-}105)\cdot 10^{-4}$	$110\cdot 10^{-4}$
2,0–2,9	$(105{-}95)\cdot 10^{-4}$	$100\cdot 10^{-4}$
3,0–4,9	$(95{-}85)\cdot 10^{-4}$	$90\cdot 10^{-4}$
5,0–9,9	$(85{-}75)\cdot 10^{-4}$	$80\cdot 10^{-4}$
10,0–19,9	$(75{-}65)\cdot 10^{-4}$	$70\cdot 10^{-4}$
> 20,0	$< 65\cdot 10^{-4}$	$60\cdot 10^{-4}$

Tabelle 2.10. Ermittlung der Durchlässigkeitskoeffizienten aus der Kornverteilungskurve (Beyer 1964 b)

d_{60} (mm)	d_{10} (mm)														
	0,060	0,065	0,070	0,075	0,080	0,085	0,090	0,10	0,11	0,12	0,13	0,15	0,16	0,17	0,18
0,06	4,3	-	-	-	-	-	-	-	-	-	-	-	-	-	-
0,08	4,1	5,0	5,8	6,7	7,7	-	-	-	-	-	-	-	10^{-4} ms^{-1}		-
0,10	4,0	4,7	5,3	6,4	7,3	8,4	9,6	1,2	-	-	-	-	-	-	-
0,12	3,8	4,4	5,0	6,2	7,0	8,1	9,2	1,1	1,4	1,7	-	-	-	-	-
0,15	3,6	4,2	4,9	5,9	6,7	7,8	8,8	1,1	1,4	1,7	2,1	2,3	2,7	-	-
0,20	3,4	4,0	4,7	5,6	6,4	7,3	8,4	1,0	1,3	1,6	2,0	2,2	2,6	2,9	3,8
0,25	3,2	3,8	4,5	5,3	6,1	7,0	8,0	1,0	1,2	1,6	1,9	2,1	2,5	2,8	3,6
0,30	3,1	3,6	4,3	5,1	5,9	6,7	7,7	9,6	1,2	1,5	1,8	2,0	2,4	2,7	3,5
0,40	2,9	3,4	4,1	4,8	5,6	6,3	7,3	9,0	1,2	1,4	1,7	1,9	2,3	2,6	3,3
0,50	2,8	3,3	3,9	4,6	5,3	6,0	7,0	8,6	1,1	1,4	1,6	1,8	2,2	2,5	3,2
0,60	2,7	3,2	3,7	4,4	5,1	5,8	6,7	8,4	1,1	1,3	1,6	1,8	2,1	2,4	3,1
0,80	2,5	3,0	3,5	4,2	4,9	5,5	6,3	7,9	1,0	1,2	1,5	1,7	2,0	2,2	2,9
1,0	2,4	2,9	3,4	4,0	4,7	5,2	6,0	7,5	9,5	1,2	1,4	1,6	1,9	2,1	2,8
1,2	2,3	2,8	3,3	3,8	4,5	5,0	5,8	7,3	9,2	1,1	1,4	1,5	1,8	2,0	2,7
1,5	-	-	3,1	3,6	4,3	4,8	5,5	7,0	8,8	1,0	1,3	1,4	1,8	1,9	2,6
2,0	-	-	-	-	-	-	5,2	6,6	8,3	1,0	1,2	1,4	1,7	1,8	2,4
2,5	-	10^{-5} ms^{-1}		-	-	-	-	-	7,8	9,5	1,2	1,3	1,6	1,8	2,3
3,0	-	-	-	-	-	-	-	-	-	-	-	1,2	1,5	1,7	2,2

Tabelle 2.10. (Fortsetzung)

d_{60} (mm)	d_{10} (mm)														
	0,20	0,22	0,24	0.26	0,28	0,30	0,32	0,35	0,38	0,40	0,42	0,45	0,50	0,55	0,60
0,20	4,8	-	-	-	-	-	-	-	-	-	-	-	-	-	-
0,25	4,6	5,6	6,9	-	-	-	-	-	-	-	-	-	10^{-3} ms^{-1}		-
0,30	4,5	5,4	6,6	8,0	9,3	1,1	-	-	-	-	-	-	-	-	-
0,40	4,2	5,1	6,3	7,5	8,8	1,0	1,2	1,5	1,7	2,0	-	-	-	-	-
0,50	4,0	4,9	6,0	7,2	8,4	1,0	1,2	1,4	1,6	1,9	2,1	2,4	3,0	-	-
0,60	3,8	4,7	5,8	6,9	8,1	9,4	1,1	1,4	1,6	1,8	2,0	2,3	2,9	3,6	4,3
0,80	3,6	4,4	5,4	6,5	7,7	9,0	1,1	1,3	1,5	1,7	1,9	2,1	2,7	3,4	4,1
1,0	3,5	4,2	5,2	6,2	7,3	8,5	1,0	1,2	1,4	1,6	1,8	2,0	2,6	3,2	4,0
1,2	3,3	4,1	5,0	6,0	7,0	8,1	1,0	1,2	1,4	1,5	1,7	2,0	2,5	3,1	3,9
1,5	3,2	3,9	4,8	5,7	6,7	7,7	9,3	1,1	1,3	1,4	1,6	1,9	2,4	3,0	3,7
2,0	3,0	3,7	4,5	5,4	6,4	7,3	8,7	1,0	1,2	1,4	1,6	1,8	2,3	2,8	3,4
2,5	2,8	3,5	4,4	5,2	6,1	7,0	8,3	1,0	1,2	1,3	1,5	1,7	2,2	2,7	3,3
3,0	2,7	3,4	4,2	5,0	5,8	6,6	8,0	9,5	1,1	1,3	1,4	1,6	2,1	2,6	3,1
4,0	2,6	3,2	3,9	4,7	5,5	6,3	7,6	9,0	1,1	1,2	1,3	1,5	2,0	2,5	3,0
5,0	-	-	3,7	4,5	5,2	6,1	7,2	8,5	1,0	1,2	1,3	1,4	1,9	2,4	2,8
6,0	-	-	-	-	5,0	5,9	6,9	8,1	9,7	1,1	1,2	1,3	1,8	2,3	2,7
8,0	-	-	-	-	-	-	-	7,7	9,2	1,0	1,2	1,3	1,7	2,2	2,6
10,0	-	10^{-4} ms^{-1}		-	-	-	-	-	-	9,7	1,1	1,2	1,6	2,1	2,5
12,0	-	-	-	-	-	-	-	-	-	-	-	-	1,6	2,0	2,4

Mittels zahlreicher Vergleiche der K-Werte aus Pumpversuchen und Laboruntersuchungen war es Beyer schließlich möglich, für die in den Tabellen 2.8 und 2.9 aufgeführten Ungleichförmigkeitsstufen eine Abhängigkeit des Durchlässigkeitskoeffizienten vom d_{10}-Wert zu erkennen, wie in Abb. 2.18 und Tabelle 2.10 ersichtlich ist. Abschließend sei noch einmal festgehalten, dass der Gültigkeitsbereich des Verfahrens von Beyer durch die Bedingungen

$$0{,}06 \le d_{10} \le 0{,}6$$
$$1 \le U \le 20$$

vorgegeben ist. Sind diese Bedingungen gegeben, kann man mit diesem Verfahren schnell und mit geringem Aufwand für große Probenmengen mit ausreichender Genauigkeit Durchlässigkeitsbeiwerte ermitteln (Pekdeger u. Schulz 1975).

Beispiel

Welcher K-Wert errechnet sich für den Mittel- bis Grobsand (Kornverteilung in Abb. 2.16) durch Anwendung des Beyer-Verfahrens?

$$d_{10} = 0{,}27 \ \text{mm}$$
$$d_{60} = 0{,}56 \ \text{mm}$$
$$U = 2{,}05$$

Für diese Zahlen liest man aus Tabelle 2.10 oder Abb. 2.18:

$$K \approx 7{,}7 \cdot 10^{-4} \ \text{ms}^{-1} \qquad \text{bzw.} \qquad K \approx 7{,}5 \cdot 10^{-4} \ \text{ms}^{-1}.$$

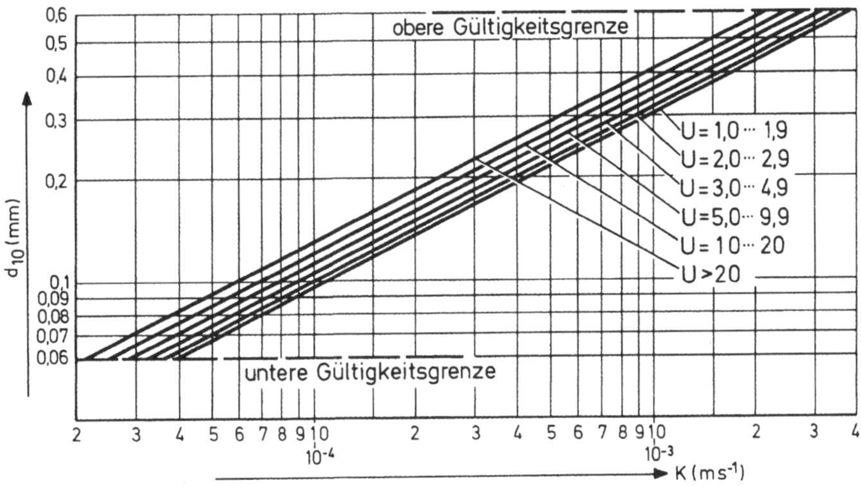

Abb. 2.18. Durchlässigkeitsbeiwert K in Abhängigkeit von d_{10} und Ungleichförmigkeitsgrad U. Nach Beyer (1964 b).

Sieblinienauswertung nach Kozeny-Köhler (H.P. Köhler 1960; W. Köhler 1965). In der heute üblichen Schreibweise (Hütte 1951) lautet die Bestimmungsgleichung von Kozeny

$$K = C \cdot d_w^2 = \frac{\tau}{r} \cdot 405 \cdot 10^{-4} \cdot \frac{\varepsilon^3}{1+\varepsilon} \cdot d_w^2 \quad (\text{ms}^{-1}) \qquad (2.86)$$

mit

$\varepsilon = $ Porenziffer $= \dfrac{n}{1-n}$ (dimensionslos, vgl. Kap. 3)

$\tau = $ Verhältnis der kinematischen Zähigkeiten von 10 °C warmem Wasser und Wasser unterschiedlicher Temperatur im Aquifer. Bei Temperaturen von < 20 °C kann $\tau = 1$ gesetzt werden.

$d_w = $ wirksame Korngröße (mm)

$r = $ Rauigkeitsgrad (dimensionslos)

Nach Hütte ist r annähernd:

Kugeln	rundlicher Flusssand	eckiger Sand, nur leicht gerundet	scharfkantiger Bruchsand
$r = 1$	$r = 1$	$2,0 < r < 3,5$	$r = 5,5$

Die wirksame Korngröße in Gl. 2.86 lässt sich entweder mit dem graphischen Verfahren nach Kozeny (1927) oder mit dem rechnerisch einfachen, möglichst programmierten Verfahren nach H.P. Köhler (1965) ermitteln. Die Gleichung nach Köhler lautet

$$\frac{1}{d_w} = \frac{\sum 1/d_i \cdot \Delta G_i}{\sum \Delta G_i} \qquad (2.87)$$

mit

$i = $ Index der Kornklasse in den frei wählbaren Grenzen d_o und d_u

$\Delta G_i = $ Gewichtsanteil der jeweiligen Kornklasse i (in Gewichtsprozenten oder als Dezimalbruch)

$\dfrac{1}{d_i} = $ harmonisches Mittel nach W. Köhler (1960) aus der oberen und

unteren Grenze der jeweiligen Kornklasse i

$$\frac{1}{d_i} = \frac{1}{2} \cdot \left(\frac{1}{d_o} + \frac{1}{d_u} \right) \qquad (2.88)$$

mit

$d_o = $ Korndurchmesser an der oberen Grenze einer Kornklasse

$d_u = $ Korndurchmesser an der unteren Grenze einer Kornklasse

Beispiel

Die Kornverteilungskurve der Abb. 2.16 wird zur Anwendung des Verfahrens von Kozeny-Köhler mit einer Anzahl Stützstellen (= Kornklassengrenzen) belegt. Es hat sich als sinnvoll erwiesen, die flachen Kurvenäste A-B und C-D durch engere Punktabstände als beim oft geraden Mittelteil B-C abzudecken. Anfangspunkt 1 und Endpunkt (hier 13) sind meistens zu extrapolieren. Tabelle 2.11 demonstriert den Auswertegang.

Mit Gl. 2.87 errechnet sich d_w zu 0,39 mm.

Gleichung 2.86 dient nun der Bestimmung von K. Für 10 °C warmes Wasser setzt man $\tau = 1$.

Bei dem untersuchten pliozänen Sand handelt es sich um einen Flusssand mit rundlich-plattigen Körnern, so dass der Rauigkeitsgrad mit $r = 1,5$ angenommen werden kann. Für den Porenraum steht mit $n = 0,36$ ein recht verläßlicher Wert zur Verfügung. Die Porenziffer ε geht daher mit einem Wert von 0,56 in die Rechnung ein. Somit folgt

$$K = \frac{1}{1,5} \cdot 405 \cdot 10^{-4} \cdot \frac{0,176}{1,56} \cdot (0,39)^2 = 4,63 \cdot 10^{-4} \ \text{ms}^{-1}$$

Tabelle 2.11. Auswertetabelle nach dem Verfahren von Kozeny-Köhler

Stützstelle	Korngröße (mm)	$\dfrac{1}{d_i}$	ΔG_i	$\dfrac{1}{d_i} \cdot \Delta G_i$
1	0,05 *	12,50	0,05	0,625
2	0,2	4,35	0,05	0,218
3	0,27	3,20	0,10	0,320
4	0,37	2,54	0,10	0,254
5	0,42	2,28	0,10	0,228
6	0,46	2,07	0,10	0,207
7	0,51	1,86	0,10	0,186
8	0,57	1,67	0,10	0,167
9	0,63	1,49	0,10	0,149
10	0,72	1,19	0,10	0,119
11	1,0	0,82	0,05	0,041
12	1,55	0,42	0,05	0,021
13	5,0			
	* extrapoliert		$\sum = 1,0$	$\sum = 2,535$

Diskussion der Ergebnisse. Die vorgestellten Auswerteverfahren nach Hazen-Zieschang, Beyer und Kozeny-Köhler sind nur als Beispiele weiterer in der Praxis verwendeter Methoden zitiert worden.

Für ein und dieselbe Sieblinie ergeben sich unterschiedliche K-Werte:

$$\text{Hazen-Zieschang} \qquad K = 1{,}0 \cdot 10^{-3} \; \text{ms}^{-1}$$

$$\text{Beyer} \qquad K = 7{,}7 \cdot 10^{-4} \; \text{ms}^{-1}$$

$$\text{Kozeny-Köhler} \qquad K = 4{,}6 \cdot 10^{-4} \; \text{ms}^{-1}$$

Im Vergleich zu den anderen Werten erscheint K_{HAZEN} etwas zu hoch. Der Unterschied zwischen Ergebnissen nach Beyer und Kozeny-Köhler macht rund 30 % aus, ein bei derartigen Untersuchungen noch tolerabler Unterschied. Zur Ermittlung statistisch repräsentativer Gebietswerte empfehlen sich ohnehin Reihenuntersuchungen (Pekdeger u. Schulz 1975). Dabei erbringt das Verfahren von Hazen in dem von Zieschang definierten Gültigkeitsbereich lediglich Orientierungswerte.

2.4 Durchlässigkeit von Kluftgesteinen

2.4.1 Einleitende Bemerkungen

Ganz offensichtlich hängt die Festlegung eines definitiven Zahlenwertes der Durchlässigkeit in einem Festgestein von der untersuchten Örtlichkeit im Gelände ab. In einer Folge von Sandsteinbänken z.B. muss bei gleichem lithologischen Aufbau eine Kluftzone eine höhere Durchlässigkeit aufweisen als benachbarte nicht oder geringer geklüftete Bereiche.

Im Streichen der Klüfte wird weiterhin ein anderer Wert als senkrecht zur Streichrichtung festzustellen sein. Unterschiedliche Durchlässigkeiten ergeben sich also für Kluftnetze, Schichtfugen, Lösungshohlräume etc. Ferner haben die durch Klüfte begrenzten Festgesteinskörper eine eigene Durchlässigkeit, die durch deren Porosität bestimmt wird.

Man kann deshalb konstatieren, dass in Abhängigkeit von lithologischer Zusammensetzung und tektonischer Beanspruchung Festgesteine grundsätzlich *inhomogen* und *anisotrop* sind.

Praktische Zwecke erfordern die Definition eines Mindestvolumens des Gesteinskörpers, der als quasi-homogenes Kontinuum aufgefasst werden kann und für den sich eine repräsentative, durchaus anisotrope Durchlässigkeit definieren lässt. Dieses Mindestvolumen wird meist als REV, d.h. *repräsentatives Elementarvolumen*, bezeichnet (Bear 1979). Seine Größe hängt von der gestellten Aufgabe ab. Eine hochdurchlässige Kluftzone im Untergrund eines Talsperrenabsperrbauwerks z.B. wird durch ein anderes REV repräsentiert als eine Reihe von Kluftzonen in der sonst gleichen geologischen Abfolge.

In diesem Kontext interessieren auch nicht mehr die hinsichtlich der Durchlässigkeit unterschiedlich wirksamen Teilvolumina eines Festgesteins, sondern wichtiger ist vielmehr die *Gebirgsdurchlässigkeit für Kluftgesteine* (Hölting 1996; Matthess 1970).

2.4.2 Packer (WD) Test (Wasserdruckprüfung)

Die Schwierigkeit, die *Wasserumläufigkeit*, d.h. die Durchlässigkeit in Kluftgesteinen im Untergrund von Talsperren, quantitativ zu beschreiben, wurde erstmals von Lugeon (1933) gemeistert. Die im Verlauf eines standardisierten Versuchs registrierten Lugeon-Werte oder -Durchlässigkeiten bilden die Basis für notwendige Verpressmaßnahmen zur Abdichtung. Im Verlauf eines WD-Versuchs wird Wasser durch eine nur nach oben (Einfachpacker) oder nach oben und unten abgesperrte Strecke des Bohrlochs (Doppelpacker) in das umgebende Gebirge gepresst.

Die ursprüngliche Methode von Lugeon mit Verwendung lediglich eines Druckes von 10 bar ist inzwischen geändert worden und besteht nun aus mehreren Phasen der Wasserinjektion durch ein Bohrloch in den durchlässigen, abgesperrten Kluftgesteinsbereich.

Die Verpressstrecke wird in Metern angegeben.

Die modifizierte Methode besteht nach Houlsby (1976) aus fünf Injektionsstufen, jede von 10 Minuten Dauer:

erste Stufe mit niedrigem Injektionsdruck (Druck $\underline{A}$)
zweite Stufe mit mittlerem Injektionsdruck (Druck $\underline{B}$)
dritte Stufe mit einem Spitzendruck (Druck $\underline{C}$)
vierte Stufe wiederum mit mittlerem Injektionsdruck (Druck $\underline{B}$)
fünfte Stufe erneut mit niedrigem Injektionsdruck (Druck $\underline{A}$)

Für jede dieser Stufen wird ein Lugeon-Wert mittels Gl. 2.89 berechnet:

$$LUGEON - Wert = Verpressrate\left(\frac{Liter}{Meter \cdot Minute}\right) \cdot \frac{10\,(bar)}{Testdruck\,(bar)} \qquad (2.89)$$

Im Verlauf eines WD-Versuchs erhält man also fünf Lugeon-Werte, d.h. nicht nur einen Wert wie früher beim Standardtest von Lugeon mit einer Druckstufe von 10 bar. Bei Anwendung des modifizierten Versuchs nach Houlsby müssen daher die fünf registrierten Werte in einen „definierten" Wert umgeformt werden, der dem (angenommenen) Standarddruck von 10 bar entspricht.

Unterschiedliche Ergebnisse während der fünf Druckstufen eines Versuchs erlauben nach Houlsby somit eine Ausdeutung hinsichtlich Strömungs- und Kluftverhalten, wie dies in den Gruppen I bis V der Abb. 2.19 zusammengefasst wurde.

Gruppe I – Laminare Strömung
Sind alle fünf Lugeon-Werte ungefähr gleich groß, ist die Strömung im Kluftgrundwasserleiter laminar. Der Durchschnitt aller fünf registrierten Werte wird als Lugeon-Durchlässigkeit festgehalten.

Gruppe II – Turbulente Strömung

Turbulente Strömung herrscht vor, wenn für den Spitzendruck $\underline{C}$ ein kleinerer Lugeon-Wert errechnet wird als für beide mittleren Druckstufen $\underline{B}$ und ebenso, wenn aus beiden Niedrigdruckstufen etwa gleich große Lugeon-Werte errechnet werden. Beide Mitteldruckwerte sind gewöhnlich gleich groß, aber etwas kleiner als die Niedrigdruckwerte.

Eine derartige Definition beschreibt natürlich einen sehr theoretischen Fall. Während nämlich laminare Strömung und Druck in direkter Proportionalität variieren, ist das Verhältnis von turbulenter Strömung und Versuchsdruck quadratisch. In der Realität werden sich nämlich unter dem Einfluss des Verpressungsdruckes geschlossene Klüfte unterschiedlich weit öffnen, und es herrscht

laminare Strömung in den schmaleren Öffnungen,
turbulente Strömung in den erweiterten Öffnungen.

Es werden folglich alle Übergänge von laminar bis voll turbulent auftreten, die der Einfachheit halber als „turbulent" bezeichnet werden (Houlsby 1976).

Die Lugeon-Durchlässigkeit, die anhand des Spitzendrucks bestimmt worden ist, bezeichnet folglich den Wert, der dem für eine rein turbulente Strömung am nächsten kommt.

Gruppe III – Dilatation (Aufweitung)

Auf eine temporäre Dilatation lässt sich schließen, wenn der Lugeon-Wert für den Spitzendruck $\underline{C}$ größer ist als jene der beiden Niedrigdrücke $\underline{A}$ und wenn diese annähernd gleich sind. Das Werteschema ist darum gerade umgekehrt zu dem der Gruppe II.

Der höchste Wert, wie er sich für den Spitzendruck errechnet, wird interpretiert als das Ergebnis der zeitweiligen Öffnung von Klüften oder Kompression von weichem Gesteinsmaterial durch das eingepresste Wasser.

In der Regel wird der Dilatationseffekt nicht berücksichtigt. Der anzugebende Lugeon-Wert ist der, den man bei den niedrigen Drücken $\underline{A}$ erhalten hat oder aber alternativ, die Werte für die mittleren Drücke $\underline{B}$, wenn diese kleiner sind als der Niedrigdruckwert. Im letzteren Fall wird geschlossen, dass vor dem Einsetzen der Dilatation die Strömung turbulent war.

Gruppe IV – Auswaschung von Kluftfüllungen

Nehmen die in den fünf Druckstufen ermittelten Lugeon-Werte kontinuierlich zu, dann wird diese Zunahme entweder als Anzeichen einer Auswaschung von lockerem Material, das zuvor die Klufthohlräume ausfüllte oder aber auch als Ergebnis einer permanenten Dislokation von Festgesteinsblöcken gedeutet.

Als repräsentative Lugeon-Durchlässigkeit wird der während der letzten, niedrigen Druckstufe bestimmte Wert angegeben.

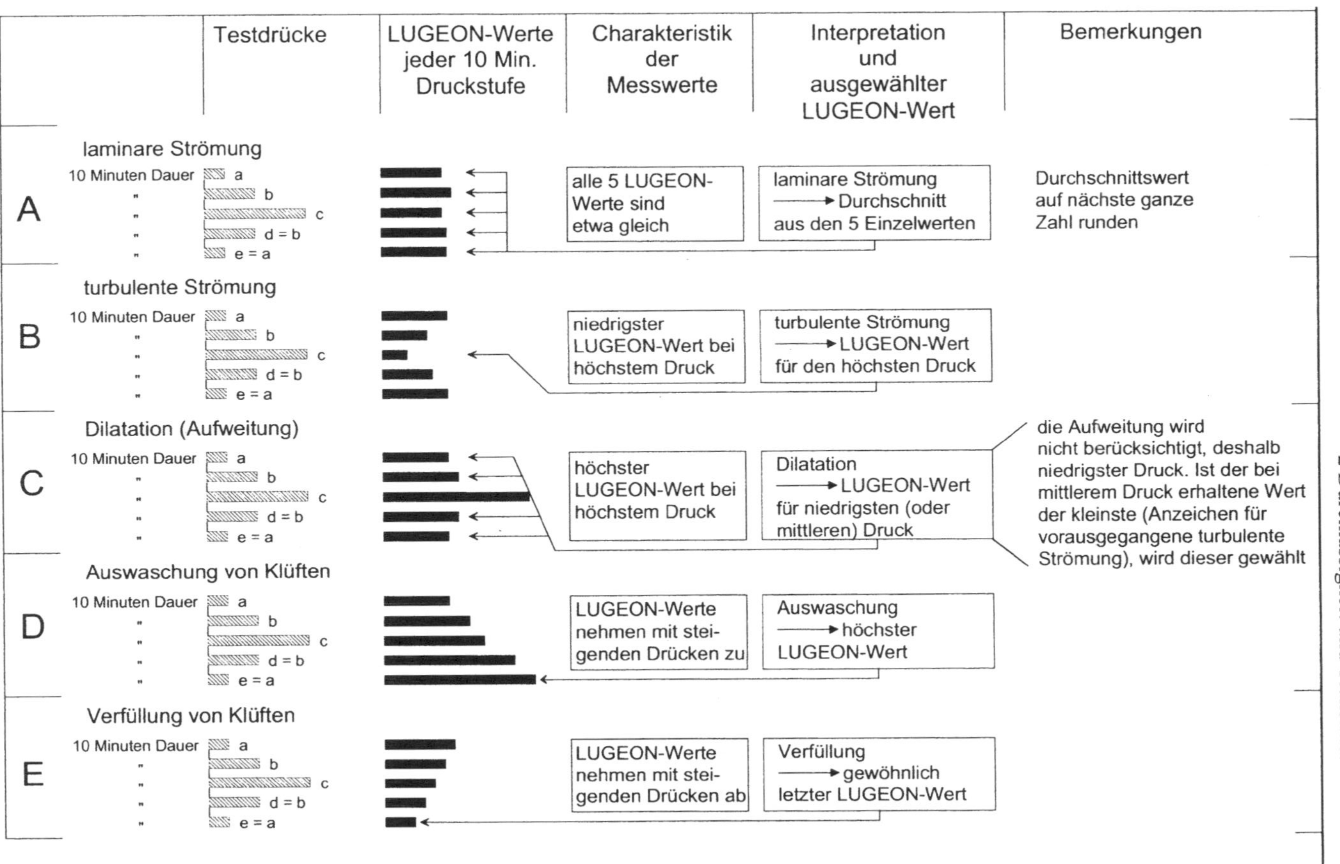

Abb. 2.19. Schema zur Auswertung von Lugeon-Werten aus modifizierten WD-Versuchen (Houlsby 1976)

Gruppe V – Verfüllung von Klüften
Steigen die Lugeon-Werte im Verlaufe des Gesamtversuchs progressiv an, ist dies
ein Zeichen, dass Hohlräume wie Spalten, Fugen und Lösungshohlräume allmählich zugespült werden und dass das Wasser nicht mehr abfließen kann. Um dieses
Problem zu vermeiden, sollten möglichst unterirdischer Versuchsraum und Bohrloch vor Versuchsbeginn völlig mit Wasser aufgefüllt sein.

Der gültige Lugeon-Wert ist der, der sich aus der ersten, bzw. letzten Druckstufe ($\underline{A}$) herleitet.

Schlussfolgerungen und Diskussion. Anhand von 811 verschiedenen WD-
Versuchen in Australien zieht Houlsby (1976) Schlüsse bezüglich allgemeiner
Gültigkeit und Besonderheiten der erzielten Ergebnisse. Zunächst unterscheidet er
zwei Gruppen:

– Lugeon-Werte von 1 bis 3 repräsentieren laminare Strömungsverhältnisse
– Lugeon-Werte von 4 und mehr sind Anzeichen für turbulentes Fließen

Abbildung 2.19 verdeutlicht diese Aussage mittels der angegebenen Prozent-
zahlen für die Gruppen I und II. Laminares Fließen überwiegt bei Werten zwischen 1 und 3, turbulentes Fließen bei Werten ≥ 4. Die Gruppen III, IV und V
treten in ihrer Häufigkeit dagegen stark zurück. Immerhin überwiegen bei letzteren Werte von 4 und mehr, woraus auf turbulente Strömungsverhältnisse geschlossen werden kann.

Der anzuwendende Druck soll teufenabhängig variieren. Houlsby empfiehlt dazu die nachstehenden Faustformeln für 3 Druckstufen. Der am Bohrlochkopf ein-
zustellende Druck ist für diese in Abhängigkeit von der Teufe der Abpressstrecke
TF (in Fuß), bzw. TM (in Meter) in der folgenden tabellarischen Übersicht zusammengefasst.

Stufe	Druck		maximaler Druck	
	p.s.i.	bar, bzw. 10 kPa	p.s.i.	kPa
Niedrigdruckstufe $\underline{A}$	$0{,}4 \cdot$ TF	$0{,}4 \cdot$ TM	50	35
Mitteldruckstufe $\underline{B}$	$0{,}7 \cdot$ TF	$2{,}3 \cdot$ TM	100	70
Hochdruckstufe $\underline{C}$	$1{,}0 \cdot$ TF	$3{,}3 \cdot$ TM	150	105

Die Umrechnungsfaktoren in SI-Einheiten sind großzügig gerundet.

Aus dem bisher Gesagten ergibt sich, dass für WD-Versuche keine standardisierten Vorschriften für deren Durchführung existieren. Es wird daher immer wieder diskutiert, wie die an unterschiedlichen Orten registrierten Lugeon-Werte vergleichbar gemacht werden können. Heitfeld (1965, 1991), Heitfeld u. Koppelberg
(1981) beschreiben anhand zahlreicher Beispiele und umfänglicher Literaturzitate
die Einflüsse von nachstehend genannten Faktoren:

– *Bohrlochdurchmesser*: Die meisten Versuche werden in Bohrlöchern zwischen 46 und 76 mm Durchmesser gefahren (Berkman 1989). Doch werden Versuche auch in Aufschlussbohrungen von 80 bis 100 mm ausgeführt.

– *Druckverluste* können an zahlreichen Stellen zwischen Kompressor und Formation auftreten. Der Ort der Druckregistrierung (Bohrlochkopf oder Abpressstrecke) spielt also eine Rolle. Houlsby lehnt eine entsprechende Korrektur wegen inhärenter Ungenauigkeit des Verfahrens grundsätzlich ab.

– *Wasser-Einpressraten*: Zwar gehen die Raten der Aufnahme von Wasser nicht in die rechnerische Ermittlung der Lugeon-Werte ein, doch ist eine genaue Registrierung dennoch zur Beurteilung der Versuchsergebnisse unverzichtbar. Größere Fehler als etwa durch nicht einwandfrei funktionierende Wasserzähler können durch nicht erkannte Packerumläufigkeiten hervorgerufen werden. Heitfeld (1965) beschreibt verschiedene Packeranordnungen, die die Gefahr einer Umläufigkeit vermeiden sollen. Von Berkman (1989) stammt eine graphische Darstellung (Abb. 2.20), die Zusammenhänge von aufgebrachtem Druck, Lugeon-Werten und Wasseraufnahme für Bohrlöcher mit Durchmessern von 46–76 mm bei ungestörtem Versuchsablauf zeigt.

– *Abpresslängen* sollen so gewählt werden, dass möglichst nur quasi-homogene Festgesteinsabschnitte abgepresst werden. Kostenfragen verhindern in der Praxis, dass man dabei nacheinander nur 1 m-Abschnitte testet.

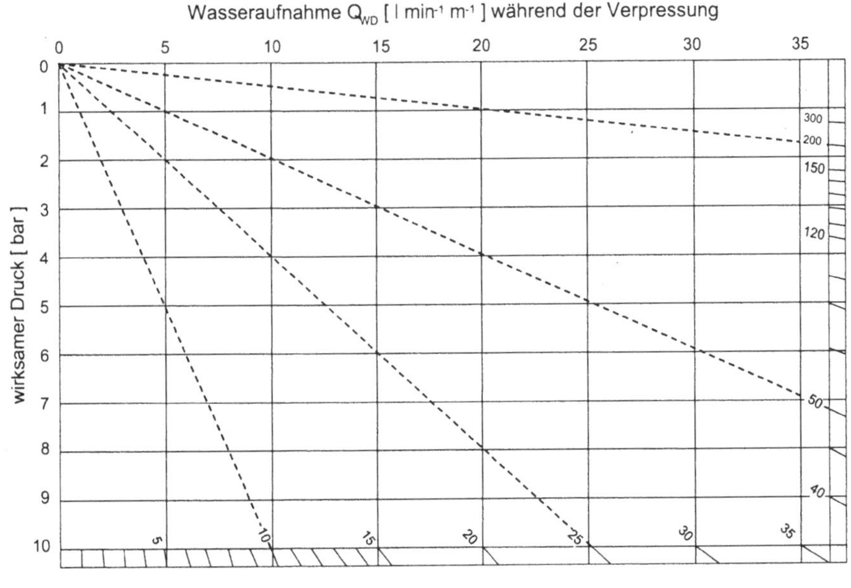

Abb. 2.20. Diagramm zur Ermittlung der Lugeon-Werte aus der Wasseraufnahme Q_{WD} von Bohrlöchern bei WD-Versuchen (Berkman 1989)

WD-Versuche werden ausgeführt, um zu prüfen, ob Zementinjektionen in den Untergrund von Talsperren notwendig sind, um Wasserverluste durch Um- und Unterläufigkeit zu vermeiden sowie Sicherheit und Wirtschaftlichkeit zu beurteilen.

Nach Heitfeld (1991) hält man sich dabei an das folgende Schema:

- Lugeon-Wert < 5:   eine Abdichtung ist nicht erforderlich
- 5 < Lugeon < 20:   eine Abdichtung hängt von verschiedenen Kriterien, insbesondere der Bauwerkssicherheit, ab
- Lugeon > 20: eine Abdichtung ist unbedingt erforderlich

2.4.3 WD-Versuche und Gebirgsdurchlässigkeit

Das Konzeptmodell für Festgesteine geht davon aus, dass die Gebirgsdurchlässigkeit im Wesentlichen nur von den Durchlässigkeiten der Klüfte abhängt. Das Kluftnetz begrenzt dabei jeweils geringdurchlässige Blöcke des Festgesteins mit geringem Porenraum.

Heitfeld u. Koppelberg (1981) diskutieren eine Reihe älterer Untersuchungen über die Zusammenhänge von Fließgeschwindigkeit, Öffnungsweite, Rauigkeit und hydraulischen Gradienten in künstlichen Spalten. Für laminare, turbulente Strömung und Strömung im Übergangsbereich werden die Reynolds-Zahlen genannt, wobei sich zeigt, dass diese in Abhängigkeit vom lithologisch-petrologischen und kleintektonischen Aufbau der Gesteine stark variieren. Die nachstehenden Ausführungen sind eine Zusammenfassung der genannten Publikation.

Für die Durchlässigkeit einer Kluft mit laminarer, nicht-paralleler Strömung wird die folgende Beziehung angegeben

$$K_j = \frac{g \cdot (2a)^2}{12v \cdot \left[1 + 8,8 \cdot (k/d_h)^{1,5}\right]} \tag{2.90}$$

mit

g = Erdbeschleunigung (ms^{-2})

$2a$ = Öffnungsweite der Kluft (m)

v = kinematische Viskosität (m^{2}s^{-1})

k = absolute Rauigkeit der Kluftwandung (m)

d_h = $2 \cdot 2a$ = hydraulischer Durchmesser der Kluft (m)

Unter der Annahme, dass alle Klüfte flächenhaft durchströmt werden, kann man für jeden Punkt des Gesteinskomplexes eine fiktive Gebirgsdurchlässigkeit K definieren, die sich aus der Multiplikation der *Kluftdurchlässigkeit* mit dem

Kluftanteil $\dfrac{2a_m}{d_m}$ ergibt.

$$K = K_j \cdot \frac{2a_m}{d_m} = \frac{g \cdot (2a_m)^3}{12v \cdot d_m \cdot \left[1 + 8,8 \cdot (k/d_h)^{1,5}\right]}$$ (2.91)

mit

d_m = mittlerer Kluftabstand

$2a_m$ = mittlere Öffnungsweite

Wittke u. Jüngling (1979) beschreiben detailliert die tensorielle Gebirgsdurchlässigkeit als Summe der Durchlässigkeitstensoren der Einzelklüfte. Unter Berücksichtigung unterschiedlich streichender und einfallender Kluftzonen wird eine modellhafte Darstellung der Anisotropie eines größeren Gebirgskörpers möglich, die wiederum eine numerische Modellierung der gesamten Kluftströmungsvorgänge erlaubt.

Das bisher Gesagte zeigt, dass Inhomogenität und Anisotropie der Kluftgesteine die Gebirgsdurchlässigkeit bestimmen. Voraussetzung aller K-Wert-Bestimmungen muss deshalb die genaue Kartierung der lithologisch/ petrographischen und tektonischen Verhältnisse im Untersuchungsgebiet sein. Nach Heitfeld u. Kopppelberg sind die bestimmenden Einflüsse:

- **Morphologie und oberflächennahe Gebirgsauflockerung**
  In der oberflächennahen Auflockerungszone kann Wasser zwar flächenhaft fließen, doch sind Klüfte teilweise mit bindigem Material gefüllt. Dagegen sind im tiefer anstehenden Gestein die Klüfte überwiegend geschlossen; Wasser kann nur auf einzelnen, röhrenförmigen Hohlräumen fließen.

- **Lithologie**
  Bei tektonisch beanspruchten Gesteinen bewirken Kompetenz- (Festigkeits-) Unterschiede unterschiedliche Kluftausbildungen und -verteilungen.

- **Lagerungsverhältnisse**
  Schichtfugen, Falten- sowie Bruch- und Störungstektonik bestimmen die Wasserwegsamkeit.

Man kann davon ausgehen, dass, bevor ein WD-Versuch ausgeführt wird, eine intensive geologische Erkundung stattgefunden hat, so dass Vorstellungen über das REV, welche die Versuchsergebnisse repräsentieren, bestehen. Eine immer und überall gültige Umsetzung der Versuchsergebnisse, ausgedrückt in Lugeon, in eine Durchlässigkeit K wird es nicht geben. In Kenntnis der geologischen Verhältnisse kann man aber Annahmen treffen, die eine Abschätzung der Durchlässigkeit aus der Abpressrate Q_{WD} erlauben.

Heitfeld u. Koppelberg (1981) zitieren zahlreiche Autoren, die Ansätze und Annahmen definiert haben, bei deren Gültigkeit eine Berechnung von K aus dem Lugeon-Wert möglich erscheint.

Soll das Gesetz von Darcy für einen definierten Bereich (REV) eines Kluftgesteins gelten, müssen folgende Annahmen zutreffen:

- homogene und isotrope Verhältnisse
- stationäre Strömungsverhältnisse
- keine Änderung der Standrohrspiegelhöhe infolge der Wasserverpressung
- lineare Beziehung zwischen Verpressrate Q_{WD} und Verpressdruck P (laminare Strömung)
- keine Packerumläufigkeit

Bei Gültigkeit all dieser Annahmen würde sich im Verlauf des Verpressvorgangs eine kugelförmige Ausbildung der Äquipotentialflächen um die Verpressstrecke herum ausbilden. Die Annahme der laminaren Strömung beschränkt die Anwendung der nachstehenden Gleichung auf niedrige Lugeon-Werte.

$$K = C_P \cdot \frac{Q_{WD}}{h_0} \quad (\text{ms}^{-1})\tag{2.92}$$

mit

$$C_P = \frac{\left(\ln\frac{l}{d} + \sqrt{\left(\frac{l}{d}\right)^2 - 1} \right)}{2\pi \cdot d \cdot \sqrt{\left(\frac{l}{d}\right)^2 - 1}} \approx \frac{\ln\left(2\frac{l}{d}\right)}{2\pi \cdot l} \quad (\text{für } l >> d)\tag{2.93}$$

mit

K = Gebirgsdurchlässigkeit (ms^{-1})

Q_{WD} = Abpressrate oder Wasseraufnahmerate (m^{3}s^{-1})

h_0 = Standrohrspiegelhöhe ($\approx$ Druckhöhe) im Bohrloch (m)

C_P = Formbeiwert (m^{-1})

l = Länge der Verpressstrecke (m)

d = Bohrlochdurchmesser (m)

Es muss beachtet werden, dass Q_{WD} gewöhnlich in Liter pro Minute und Meter Verpressstrecke angegeben wird. Für Standardwerte von $l = 1$ m und $d = 0,076$ m lautet der Vergleichswert dann

$$1 \; LUGEON \Leftrightarrow K = 8,7 \cdot 10^{-8} \; \text{ms}^{-1}$$

Verfügt man in der Nachbarschaft des Injektionsbohrlochs über ein Piezometer, lässt sich folgende Beziehung anwenden (Richter u. Lillich 1975)

$$K = \frac{Q_{WD}}{2\pi \cdot l \cdot h_0} \cdot \ln\frac{l}{r_e} = 0,3665 \cdot \frac{Q_{WD}}{l \cdot h_0} \cdot \lg\frac{l}{r_e} \quad (\text{m})\tag{2.94}$$

mit

r_e = wirksamer oder Bohrdurchmesser des Bohrlochs

Gleichung 2.94 lässt sich unter der Voraussetzung gebrauchen, dass das Piezometer im Abstand $r = l$ vom Injektionsbohrloch steht und dass dort die Aufhöhung des Wasserspiegels gerade gegen Null geht. Für diesen etwas theoretischen Fall gilt

$$1\ LUGEON \Leftrightarrow K = 8{,}6 \cdot 10^{-8}\ \mathrm{ms^{-1}}$$

Vergleichswerte in der internationalen Literatur entsprechen dieser Größenordnung. So gibt De Marsily (1986) einen „sehr approximativen" Wert von $1 \cdot 10^{-8} \leq K \leq 2 \cdot 10^{-8}\ \mathrm{ms^{-1}}$ für 1 Lugeon an. Die genannten Beziehungen dürfen nur verwendet werden, wenn der untersuchte Kluftgesteinskörper als quasihomogen und isotrop angesehen werden kann, d.h. die Kluftabstände klein im Verhältnis zur Verpressstrecke sind (Heitfeld u. Koppelberg 1981).

Aus dem in diesem Abschnitt Gesagten ist klar zu erkennen, dass die Umsetzung von Lugeon-Werten in äquivalente Durchlässigkeitswerte nur bei genauer Kenntnis der lokalen lithologisch/tektonischen Situation versucht werden sollte. Mit hinreichender Genauigkeit können aber aus der Literatur Gebirgsdurchlässigkeiten sowie andere hydraulische Parameter für regionale Einheiten Durchschnittswerte entnommen werden, wie im folgenden Abschnitt demonstriert wird.

2.4.4 Regionalwerte der Gebirgsdurchlässigkeit

Zumindest in Deutschland kennt man heute für viele größere geologische Einheiten empirisch gewonnene, statistisch aber gesicherte funktionelle Beziehungen zwischen Lithologie und Tektonik einerseits und hydraulischen Parametern andererseits. Besonders trifft diese Feststellung auf die Gebirgsdurchlässigkeit zu. Der Bau von Anlagen der Wasserversorgung, Talsperren, Tunneln, Straßen- und Eisenbahntrassen in den Mittelgebirgen hat Möglichkeiten geschaffen, solche Zusammenhänge zu erkennen.

Bereits 1965 publizierte Heitfeld ein Diagramm, das die Abhängigkeit der Wasseraufnahmerate Q_{WD} bei Drücken von 5 bar von der Gebirgsdurchlässigkeit angibt. Die Ausgangsdaten wurden beim Talsperrenbau im Paläozoikum des Sauerlandes gewonnenen (Abb. 2.21). Auf dieser Abildung sind auch Werte für den Hessischen Buntsandstein von Schraft u. Rambow (1984) mit dargestellt, die aber gegenüber dem Sauerland vor allem im Bereich niedriger Q_{WD} - und Durchlässigkeitswerte abweichen.

Allerdings räumt Heitfeld (1965) selbst die Möglichkeit von Packerumläufigkeiten ein, die zu hohe Werte von Q_{WD} und K vortäuschen. Heitfeld u. Heitfeld (1992) fanden eine neue Beziehung (Abb. 2.21), die auch für kleine Werte gut mit der Kurve von Schraft u. Rambow übereinstimmt. Dieser wird durchaus Allgemeingültigkeit zugebilligt.

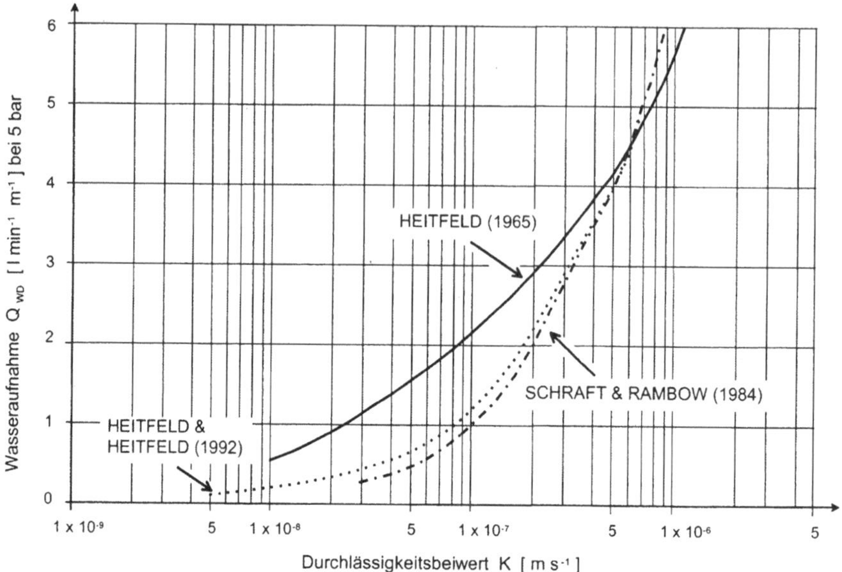

Abb. 2.21. Beziehungen zwischen Wasseraufnahme Q_{WD} und Durchlässigkeitsbeiwert K für geringdurchlässige Festgesteine in den deutschen Mittelgebirgen (Heitfeld u. Heitfeld 1992)

Von Krapp (1979) stammt ein synoptisches Diagramm, das mehrere hydraulische und hydrologische Parameter kombiniert (Abb. 2.22). Entwickelt wurde es für die Region des Rheinischen Schiefergebirges auf der Basis von

- Kluftmessungen
- WD-Versuchen
- (Leistungs-)Pumpversuchen
  Trockenwetterabflussmessungen
- Messungen von Abstandsgeschwindigkeiten in Aquiferen

Die Ausgangsdaten wurden in den Verbreitungsgebieten paläozoischer Sedimente, in den Vulkaniten von Siebengebirge und Eifel, im Buntsandstein der Eifeler Nord-Süd-Zone sowie aus den Kalksteinzügen bei Aachen und Kalkmergelgesteinen der Aachener Kreide gewonnen.

Aber auch Krapp warnt vor einer Anwendung seines Diagramms ohne ausreichende Kenntnis der lokalen Geologie. Während beispielsweise für die genannten Buntsandsteinpartien als Kluftgrundwasserleiter die Daten der Abb. 2.22 verwendet werden dürfen, trifft dies für verwitterte Restvorkommen des Buntsandsteins nicht zu. Diese besitzen eher Lockergesteinseigenschaften.

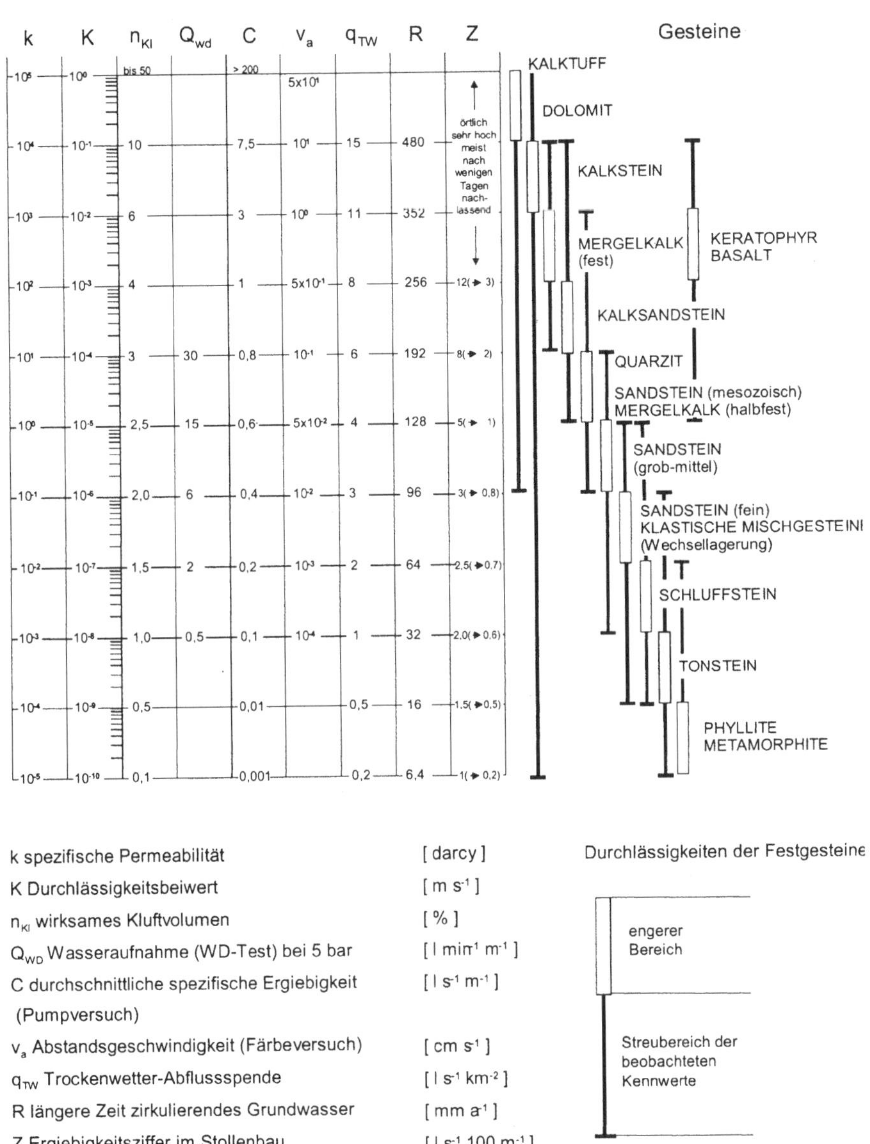

k spezifische Permeabilität — [darcy]

K Durchlässigkeitsbeiwert — [m s⁻¹]

n_{Kl} wirksames Kluftvolumen — [%]

Q_{WD} Wasseraufnahme (WD-Test) bei 5 bar — [l min⁻¹ m⁻¹]

C durchschnittliche spezifische Ergiebigkeit (Pumpversuch) — [l s⁻¹ m⁻¹]

v_a Abstandsgeschwindigkeit (Färbeversuch) — [cm s⁻¹]

q_{TW} Trockenwetter-Abflussspende — [l s⁻¹ km⁻²]

R längere Zeit zirkulierendes Grundwasser — [mm a⁻¹]

Z Ergiebigkeitsziffer im Stollenbau nach STINI — [l s⁻¹ 100 m⁻¹]

Durchlässigkeiten der Festgesteine

engerer Bereich

Streubereich der beobachteten Kennwerte

Abb. 2.22. Synoptisches Diagramm verschiedener hydrologischer Kennwerte für Festgesteine im Rheinischen Schiefergebirge (Krapp 1979)

Einer Erläuterung bedarf auch der Begriff *engerer Bereich* für die Durchlässigkeiten der Kluftgesteine in dieser Abbildung. Gemeinhin bezeichnet dieser die Verkarstungs- und oberflächennahen Auflockerungszonen des Gebirges. Einbezogen sind aber auch Umgebungen von Steinbrüchen, wo Sprengungen zu einer Kluftaufweitung geführt haben, sowie alte Untertagebergwerke und ihre Senkungszonen.

2.5 Transmissivität

2.5.1 Konzept

Theis (1935) führte den Begriff des Transmissibilitätskoeffizienten T ein, um das Transportvermögen eines Aquifers für Wasser zu kennzeichnen. Heute findet für diesen Parameter weitestgehend der Terminus *Koeffizient der Transmissivität*, kurz Transmissivität, Verwendung, da nach Lohman et al. (1972) nur die Flüssigkeit transmissibel ist.

Als Aquiferparameter beschreibt T aber sowohl Eigenschaften der festen wie auch der flüssigen Phase des Aquifers mit folgender Definition (vgl. auch Abb. 2.23):

> „Ist ein poröses Medium isotrop und die Flüssigkeit homogen, dann gibt der Koeffizient der Transmissivität ($\mathrm{m^2s^{-1}}$) an, welcher Volumenstrom Q ($\mathrm{m^3s^{-1}}$) dieser Flüssigkeit mit der kinematischen Zähigkeit ν unter einem hydraulischen Gradienten von 1 durch einen senkrecht zur Strömungsrichtung angeordneten Querschnitt des Aquifers fließt, der 1 m breit ist und seine gesamte wassererfüllte Mächtigkeit m erfasst."

Daraus folgt, dass die Transmissivität gleich dem Produkt aus Durchlässigkeitskoeffizient K und wassererfüllter Mächtigkeit m ist, allgemein

$$T = \int_0^m K \cdot dm = K \cdot m \qquad \dim\,(T) = \mathrm{L^2T^{-1}} \tag{2.95}$$

Bei vielen grundwasserhydraulischen Problemen ist es einfacher, mit der Transmissivität anstatt der Durchlässigkeit zu operieren. Verschiedene Geländemethoden erlauben, wie insbesondere im Kap. 4 demonstriert, die in-situ-Bestimmung der Transmissivität. Hydraulisch ist es ohne Belang, ob es sich bei einem gegebenen T-Wert um das Produkt aus einem großen Wert für K und einem kleinen Wert für m oder umgekehrt handelt.

Die folgenden Abschnitte erläutern die Bedeutung der Transmissivität.

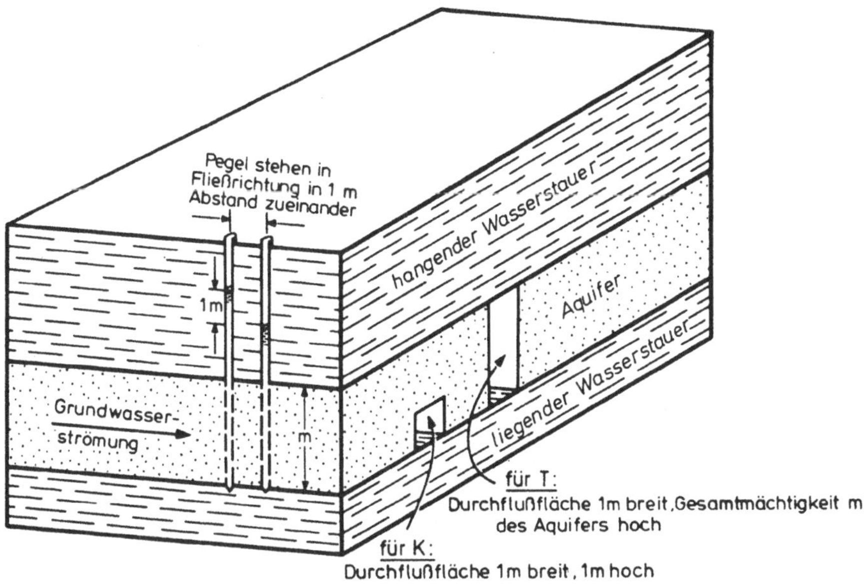

Abb. 2.23. Schemabild zur Erläuterung von Durchlässigkeit und Transmissivität. Nach Ferris, Knowles, Brown u. Stallman (1962).

2.5.2 Transmissivität und Schwankungen des Grundwasserspiegels

Wie Prinz (1923) im Raum Hamburg beobachtete, übertragen sich Wasserstands-änderungen in Oberflächengewässern gedämpft und zeitverzögert als Spiegel-schwankungen in angrenzende Aquifere.

Bei steigendem Wasserstand in einem Vorfluter gibt der freie Aquifer weniger Wasser ab; bei Gefälleumkehr speist umgekehrt der „Vorfluter" Wasser in den Aquifer ein. Bei fallendem Wasserstand im Vorfluter versteilt sich hingegen der Gradient, und mehr Wasser fließt aus dem Grundwasserleiter ab.

Bei periodischem Auf und Ab des Wasserspiegels im offenen Gewässer pflanzen sich *sinusoidale Spiegelschwankungen* in den freien oder gespannten Aquifer hinein fort. Je weiter ein Beobachtungspunkt im Aquifer vom Rand zum offenen Gewässer entfernt liegt, umso gedämpfter ist die Amplitude einer jeden Fluktuation und umso stärker phasenverschoben sind die jeweiligen Maxima und Minima gegenüber denen der erzeugenden Schwankung (Abb. 2.24). Es sei festgehalten, dass solche Fluktuationen seitlich propagiert werden und von einem Gewässer ausgehen, das in einem direkten hydraulischen Kontakt zum Aquifer steht.

Sie dürfen nicht mit Schwankungen in einem gespannten Grundwasserleiter verwechselt werden, der z.B. von einem tidenbeeinflussten Ästuar überlagert wird. Die dort zu beobachtenden Fluktuationen des Druckspiegels gehen auf zyklische Auflaständerungen zurück. Auf diese wird speziell in Kap. 3 eingegangen.

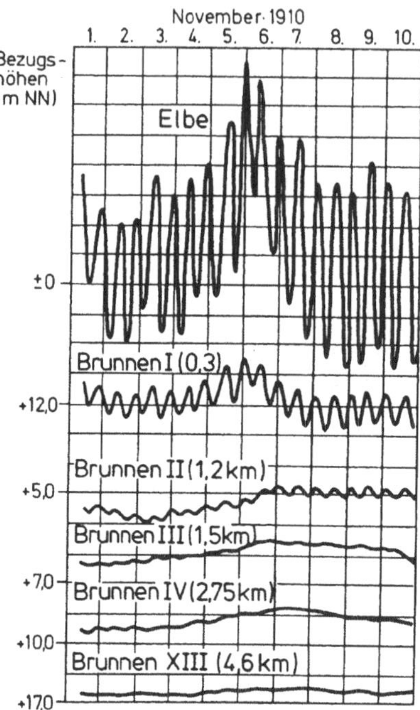

Abb. 2.24. Schwankungen des Grundwasserspiegels, erzeugt durch seitliche Propagation von Tidenschwankungen in einem geringmächtigen Aquifer bei Brunsbüttelkoog an der Elbe. Nach Prinz (1923).

Krauss (1978) beschreibt ein Verfahren, bei dem aus den durch Erdbeben induzierten, in Piezometern registrierten Spiegelschwankungen in gespannten Grundwasserleitern die Transmissivität ermittelt werden kann.

Dämpfung und zeitliche Phasenverschiebung der Spiegelschwankungen in landeinwärts gelegenen Piezometern bilden die Grundlage einer von Ferris (1963) entwickelten Methodik zur Ermittlung der Transmissivität eines Aquifers. Voraussetzungen für deren Anwendbarkeit sind, dass

- der Aquifer unendlich ausgedehnt und von gleicher Mächtigkeit ist,
- das Wasser mit Beginn der Absenkung unverzüglich aus dem Vorrat entlassen wird, d.h., dass der Aquifer gespannt ist,
- die Strömung eindimensional ist und der Aquifer mit seiner gesamten wassererfüllten Mächtigkeit an den Oberflächenwasserkörper grenzt.

Diese Bedingungen treffen in der Natur nur selten zu. In Erweiterung dieser einschränkenden Annahmen ist die Methode von Ferris mit guter Genauigkeit auch für Grundwasserleiter mit freier Oberfläche oder für solche, die nur partiell vom offenen Gewässer angeschnitten werden, zu benutzen. Dafür gilt, dass das Beobachtungsrohr so weit vom Ufer oder Unterwasseraustrich entfernt steht, dass eine vertikale Strömungskomponente zu vernachlässigen ist,

die Amplitude der Grundwasserspiegelschwankung nur einen Bruchteil der wassererfüllten Mächtigkeit des Aquifers ausmacht.

Der eindimensionale (horizontale) Zustrom von Grundwasser zu einem Vorfluter wird durch eine partielle Differentialgleichung beschrieben, deren Ableitung bei Ferris (1950) nachzulesen ist.

$$\frac{\partial^2 s}{\partial x^2} = \frac{S}{T} \cdot \frac{\partial s}{\partial t} \tag{2.96}$$

mit

s = Schwankungsbetrag über oder unter dem mittleren Wasserspiegel während der Beobachtungsperiode

x = Abstand zwischen Beobachtungsrohr und Grenzfläche Aquifer-Vorfluter

t = die Zeit, die seit einem frei gewählten Bezugspunkt innerhalb eines Schwankungszyklus verstrichen ist

Nachstehend werden zwei praktikable Verfahren zur Bestimmung von T nach Ferris (1963) erläutert, die Geradlinienverfahren I und II genannt werden.

Geradlinienverfahren I (Schwankungshöhen). Eine Lösung von Gl. 2.96 muss der Randbedingung

$$s = s_0 \cdot \sin \omega\, t \quad \dim(s) = \text{L} \tag{2.97}$$

genügen, d.h. der Funktion einer gedämpften harmonischen Schwingung.

Es bedeuten

s_0 = Schwankungshöhe (-betrag) des See- oder Flusswasserspiegels über bzw. unter dem mittleren Wasserstand während der Beobachtungsperiode,

ω = $\dfrac{2\pi}{t_0}$ = Kreisfrequenz der Schwankung mit dim $(\omega) = \text{T}^{-1}$.

Die Lösungsgleichung nach Ingersoll, Zobel u. Ingersoll (1948; zitiert bei Ferris 1963) lautet

$$s = s_0 \cdot e^{-x\sqrt{\frac{\pi \cdot S}{t_0 \cdot T}}} \cdot \sin\left(\frac{2\pi \cdot t}{t_0} - x \cdot \sqrt{\frac{\pi \cdot S}{t_0 \cdot T}}\right) \tag{2.98}$$

mit

S = Speicherkoeffizient

t_0 = Periode der sinusoidalen Spiegelschwankung (Jacob 1950)

$s_0 \cdot e^{-x\sqrt{\frac{\pi \cdot S}{t_0 \cdot T}}}$ = Amplitude der Spiegelschwankung in der Entfernung x

Gleichung 2.98 beschreibt eine Wellenbewegung, deren Amplitude mit wachsendem Abstand x vom Kontakt Oberflächenwasserkörper-Aquifer rasch kleiner wird. Das Ausmaß der Spiegelschwankung s_r zwischen Maximum und Minimum für alle Entfernungen x ergibt sich demzufolge zu

$$s_r = 2\,s_0 \cdot e^{-x\sqrt{\frac{\pi \cdot S}{t_0 \cdot T}}} \qquad (2.99)$$

Diese Beziehung benutzt Ferris als Lösungsansatz für das Geradlinienverfahren I zur Abschätzung der Transmissivität eines Aquifers

$$\frac{s_r}{2\,s_0} = e^{-x\sqrt{\frac{\pi \cdot S}{t_0 \cdot T}}} = e^{-1,77 \cdot \sqrt{\frac{S}{t_0 \cdot T}}}$$

und

$$\lg\left(\frac{s_r}{2\,s_0}\right) = -0,768\,x \cdot \sqrt{\frac{S}{t_0 \cdot T}}$$

oder

$$0,768 \cdot \sqrt{\frac{S}{t_0 \cdot T}} = -\frac{\lg(s_r/2\,s_0)}{x} \qquad (2.100)$$

Zur Auswertung wird ein halblogarithmisches Papier benutzt. Auf der linearen Achse trägt man die Werte x, auf der logarithmisch geteilten Achse die Werte $\frac{s_r}{2\,s_0}$ auf, d.h. das Verhältnis der Abstände der beobachteten Piezometer vom Vorfluter gegen die Spiegelschwankungen (s. Abb. 2.25.b). Der Term links vom Gleichheitszeichen in Gl. 2.100 bestimmt somit die Steigung der entstehenden Geraden. Analog zu den Geradlinienverfahren von Cooper u. Jacob (1946) (vgl. Kap. 4) vereinfacht man die Berechnung nach Gl. 2.100, indem man die Gerade der Abb. 2.25.b für einen logarithmischen Zyklus Δx betrachtet.

Daraus folgt

$$0,768 \cdot \sqrt{\frac{S}{t_0 \cdot T}} = -\frac{1}{\Delta x}$$

oder

$$0,589 \cdot \frac{S}{t_0 \cdot T} = \Delta x^2$$

und schließlich

$$T = \frac{0,589 \cdot \Delta x^2 \cdot S}{t_0} \quad (\text{m}^2\text{s}^{-1}) \qquad (2.101)$$

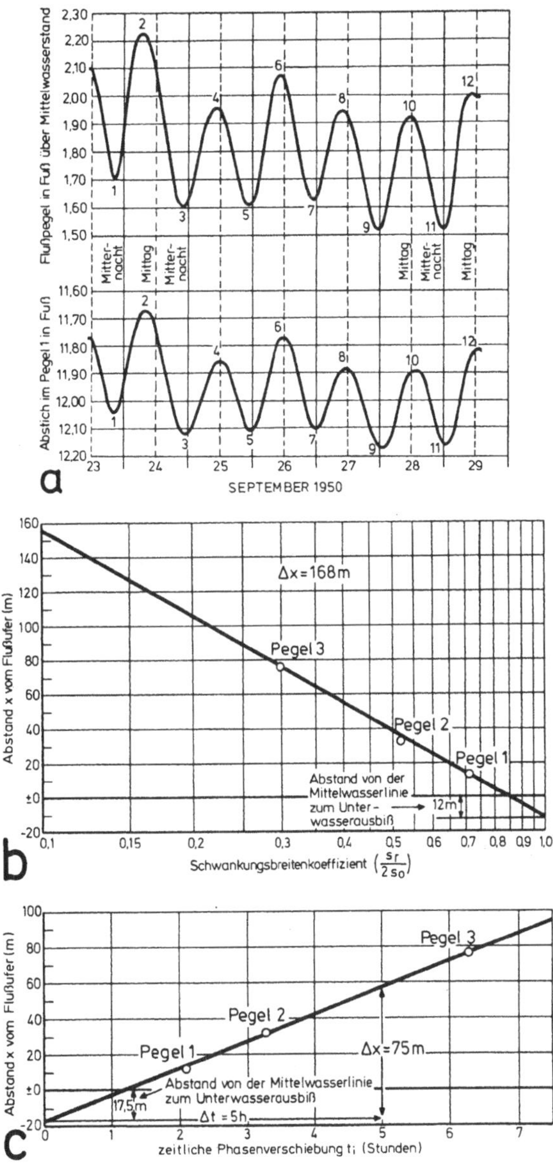

Abb. 2.25. Bestimmung der Transmissivität aus Grundwasserspiegelschwankungen. Nach Ferris (1963).

a) Flusspegel und Flurabstand in einem Piezometer bei Lincoln, Nebraska

b) Geradlinienverfahren I: Verhältnis der Schwankungsbreiten $\left(s_r/2\,s_0\right)$ zum Abstand x des Piezometers vom Vorfluter

c) Geradlinienverfahren II: Verhältnis der zeitlichen Phasenverschiebung t_1 zum Abstand x des Piezometers vom Vorfluter

Geradlinienverfahren II (zeitliche Phasenverschiebung). Ist t_1 die zeitliche Verzögerung, die zwischen einem Maximum oder Minimum des Wasserstandes im Vorfluter und den entsprechenden Extremen der Standrohrspiegelhöhe in einem Piezometer mit dem Abstand x beobachtet wird, so gilt nach Ingersoll, Zobel u. Ingersoll (1948)

$$t_1 = x \cdot \sqrt{\frac{t_0 \cdot S}{4\pi \cdot T}} \qquad (2.102)$$

oder

$$t_1^2 = \frac{x^2 \cdot t_0 \cdot S}{4\pi \cdot T}$$

und

$$T = \frac{x^2 \cdot S \cdot t_0}{4\pi \cdot t_1^2} \quad (\text{m}^2\text{s}^{-1}) \qquad (2.103)$$

Wie in Abb. 2.25.c gezeigt, löst man diese Gleichung für mehrere Wertepaare von x und t graphisch auf Millimeterpapier und konstruiert dazu eine Ausgleichsgerade. Diese graphische Lösung liefert – bei Kenntnis des Speicherkoeffizienten S – einen Mittelwert der Transmissivität, wobei der vorgenommene Geradenausgleich einer statistischen Mittelung gleichkommt.

· Beispiel

Die Publikation von Ferris (1963) enthält eine gut dokumentierte Darstellung, die auch hier den Gang der Auswertung illustrieren soll.

Im Wasserwerksbereich des Städtchens Lincoln, Nebraska, der vom Platte River begrenzt wird, stehen drei Piezometer zur Verfügung:

Piezometer	*Entfernung vom Flussufer bei Mittelwasserführung*	
	m	*ft*
1	ca. 12,8	42
2	32,3	106
3	76,8	252

Pegelmessungen im Fluss und Wasserspiegel-Messungen in den Peilrohren zwischen dem 23. und 29. September 1950 zeigten periodische Schwankungen wie in Abb. 2.25.a wiedergegeben.

Diese drei Piezometer, die nicht entlang einer Linie angeordnet sind, erfassen nur den oberen Bereich des im Mittel 20 m mächtigen sandig-kiesigen Aquifers mit freiem Wasserspiegel. Auch der Fluss schneidet nur sehr flach in den Aquifer ein.

Anwendung des Geradlinienverfahrens I. Für jeden Schwankungszyklus ist, wie in Tabelle 2.12 angegeben, das Verhältnis der Schwankungsbreiten $\dfrac{s_r}{2s_0}$ berechnet worden. Da nur das dimensionslose Verhältnis interessiert, sind gleich die von Ferris in Fuß angegebenen Höhen beibehalten worden.

Die Länge eincr Schwankungsperiode des Flusspegels variierte zwischen 20,5 und 31 Stunden und betrug im Mittel 24 Stunden.

In Abb. 2.25.b ist der jeweilige Gesamtdurchschnitt $\dfrac{s_r}{2s_0}$ der drei Piezometer aus Tabelle 2.12 gegen die dazugehörigen Abstände x vom Ufer aufgetragen. Daraus lässt sich ein logarithmischer Zyklus von $\Delta x = 168$ m herleiten. Mit $t_0 = 24$ h $= 86400$ s lautet Gl. 2.103 daher

$$T = \frac{0{,}589 \cdot 168^2}{86400} \cdot S = 0{,}19 \cdot S \ (\mathrm{m^2 s^{-1}}).$$

Tabelle 2.12. Wertetabelle zur Bestimmung von T (Geradlinienverfahren I)

Periodensegment (Abb. 2.25.b)		$s_r/2s_0$		
		Piezometer 1	Piezometer 2	Piezometer 3
steigend	1–2	0,73	0,52	0,35
fallend	2–3	0,71	0,56	0,46
steigend	3–4	0,77	0,54	0,31
fallend	4–5	0,76	0,56	0,29
steigend	5–6	0,74	0,59	0,26
fallend	6–7	0,73	0,56	0,29
steigend	7–8	0,69	0,47	0,28
fallend	8–9	0,71	0,56	0,20
steigend	9–10	0,72	0,52	0,33
fallend	10–11	0,68	0,51	0,37
steigend	11–12	0,71	0,53	0,14
Durchschnitt steigend		0,73	0,53	0,28
Durchschnitt fallend		0,72	0,55	0,32
Gesamtdurchschnitt		0,72	0,54	0,30

Für verschiedene Werte des Speicherkoeffizienten S (= nutzbares Porenvolumen n_0), dessen Größenordnung bei bekanntem Aufbau des Aquifers abzuschätzen ist, errechnen sich die entsprechenden Transmissivitätswerte wie folgt:

Annahme:

$$n_0 = 0{,}10 \quad \Rightarrow T = 1{,}9 \cdot 10^{-2} \ \text{m}^2\text{s}^{-1}$$

$$n_0 = 0{,}15 \quad \Rightarrow T = 2{,}9 \cdot 10^{-2} \ \text{m}^2\text{s}^{-1}$$

$$n_0 = 0{,}20 \quad \Rightarrow T = 3{,}8 \cdot 10^{-2} \ \text{m}^2\text{s}^{-1}$$

$$n_0 = 0{,}25 \quad \Rightarrow T = 4{,}8 \cdot 10^{-2} \ \text{m}^2\text{s}^{-1}$$

Unter theoretisch idealen Bedingungen müsste die Ausgleichsgerade am Punkt $x = 0$ m, d.h. am Ufer, für das Verhältnis $\dfrac{s_r}{2s_0}$ einen Wert von 1 ergeben.

Nach Abb. 2.25.b ist dies jedoch erst bei $x = -12$ m der Fall. Es stimmen also die für die Abstandsmessungen benutzte Uferlinie und die Lage des wirksamen Kontaktes Aquifer – Fluss nicht überein. Im Fall des Wasserwerks Lincoln erklärt sich die flussseitige Verschiebung durch das flache Uferbett sowie durch das bereits erwähnte geringe Einschneiden des Flusses in den Grundwasserleiter. Nach Ferris berechnet man also einen „wirksamen oder effektiven Abstand". Der Wert $x = -12$ m bedeutet daher eine „negative Verschiebung" in den Fluss hinein.

Anwendung des Geradlinienverfahrens II. Ferris weist darauf hin, dass die Zeitverschiebung der Maxima und Minima durch nicht synchrone Vorschubsgeschwindigkeiten der automatischen Pegelschreiber am Fluss und auf den Piezometern in ihrer Genauigkeit beeinträchtigt sein kann. Darauf deuten die beträchtlichen Unterschiede in Tabelle 2.13 hin. Trotzdem erbringt auch dieses Auswerteverfahren zufriedenstellende Ergebnisse.

Abbildung 2.25.c gibt die Beziehung der drei durchschnittlichen Verzögerungswerte zum jeweiligen Abstand x der Peilrohre zum Flussufer wieder. Die Geradensteigung wird als $\dfrac{x}{t}$ ausgedrückt, ein Verhältnis, das in Gl. 2.103 in quadratischer Form wiederkehrt. Nach Einsetzen eines Wertepaares in Gl. 2.103 ergibt sich

$$T = \frac{(75)^2 \cdot 86400}{4\pi \cdot (18000)^2} \cdot S = 0{,}12 \cdot S \ (\text{m}^2\text{s}^{-1})$$

Tabelle 2.13. Wertetabelle zur Bestimmung von T (Geradlinienverfahren II)

	Zeitverschiebung in den Piezometern (Stunden)		
	1	2	3
Minimum 1	1,25	3,75	-
Maximum 2	2,50	3,50	6,00
Minimum 3	2,00	4,00	7,50
Maximum 4	2,25	2,75	6,75
Minimum 5	1,75	3,75	6,75
Maximum 6	2,25	3,25	5,75
Minimum 7	1,50	4,00	6,50
Maximum 8	2,00	2,50	5,50
Minimum 9	2,50	4,00	7,00
Maximum 10	2,75	2,25	6,75
Minimum 11	2,25	3,75	6,75
Maximum 12	2,50	2,50	5,50
Mittelwert der Minima	1,90	3,90	6,70
Mittelwert der Maxima	2,40	2,80	6,00
Gesamtmittelwert	2,10	3,30	6,30

Für verschiedene angenommene Werte des nutzbaren Porenvolumens n_0 errechnen sich die nachstehenden Transmissivitätskoeffizienten:

$$n_0 = 0{,}10 \qquad \Rightarrow T = 1{,}2 \cdot 10^{-2} \ \mathrm{m^2 s^{-1}}$$

$$n_0 = 0{,}15 \qquad \Rightarrow T = 1{,}8 \cdot 10^{-2} \ \mathrm{m^2 s^{-1}}$$

$$n_0 = 0{,}20 \qquad \Rightarrow T = 2{,}4 \cdot 10^{-2} \ \mathrm{m^2 s^{-1}}$$

$$n_0 = 0{,}25 \qquad \Rightarrow T = 3{,}0 \cdot 10^{-2} \ \mathrm{m^2 s^{-1}}$$

Bei dieser Betrachtung ergibt sich ein wirksamer Abstand des Unterwasserkontaktes vom Ufer bei Mittelwasser von 17,5 m.

Die unterschiedlichen Ergebnisse bei der Anwendung beider Verfahren sind nach Ferris auf Messungenauigkeiten zurückzuführen; die einander entsprechenden Werte von T sind aber durchaus tolerabel.

Wie dargelegt, lässt sich mit dem Ferris-Verfahren die Transmissivität bestimmen, wenn man den Speicherkoeffizienten kennt oder vorgibt. Umgekehrt ist es aber auch möglich, bei bekannter Transmissivität Wasserspiegelschwankungen zur Abschätzung von S heranzuziehen. In Abschn. 3.2.4 wird darauf verwiesen.

2.5.3 Transmissivität und spezifische Ergiebigkeit von Förderbrunnen

Als Maß für die Leistungsfähigkeit eines Förderbrunnens während des Beharrungszustands benutzt man oft den Quotienten von Förderrate Q in m^3s^{-1} und Absenkung s in m. Dieser Quotient wird als *spezifische Ergiebigkeit C* bezeichnet.

$$C = \frac{Q}{s} \quad (m^2s^{-1}) \tag{2.104}$$

Die Erfahrung zeigt, dass selbst dann, wenn sonst keine verlässlichen Daten über Brunnen und Aquifer vorhanden sind, wenigstens Angaben über die spezifische Ergiebigkeit existieren, meist als Ergebnis eines Leistungspumpversuchs. Es liegt also nahe, diese Angaben zur Abschätzung der Transmissivität heranzuziehen. Mehrere Autoren haben sich mit der Problematik beschäftigt:

- Theis, Brown u. Meyer (1963) für den instationären Fall
- Logan (1964) für den stationären Fall

Zunächst wird die einfache Methode von Logan demonstriert, bei der gespannter und freier Grundwasserleiter unterschieden werden müssen.

Sie geht von den bekannten Formeln von Thiem und Dupuit-Thiem aus (ausführliche Darstellung in Kap. 4).

Gespannter Aquifer

$$T = \frac{Q}{2\pi \cdot (s_1 - s_2)} \cdot \ln \frac{r_2}{r_1}$$

$$T = \frac{0{,}366Q}{(s_1 - s_2)} \cdot \lg \frac{r_2}{r_1}$$

mit

$s_1 =$ Absenkung im Piezometer 1 im Abstand r_1 vom Förderbrunnen

$s_2 =$ Absenkung im Piezometer 2 im Abstand r_2 vom Förderbrunnen

$s_1 > s_2$ und $r_1 < r_2$

Substituiert man für r_1 den Radius des Förderbrunnens r und für r_2 die Reichweite R der Absenkung mit $s_2 = 0$, so entspricht s_1 einfach der Absenkung im Brunnen und

$$T = 0{,}366 \cdot \frac{Q}{s} \cdot \lg \frac{R}{r} \tag{2.105}$$

Aquifer mit freier Oberfläche

$$T = \frac{Q \cdot m}{\pi \cdot (h_1 - h_2) \cdot (s_1 - s_2)} \cdot \ln \frac{r_2}{r_1}$$

Setzt man für $r_1 = r$ und $r_2 = R$ so wird entsprechend $s_1 - s_2$ wiederum zu s.

Die Standrohrspiegelhöhe h_2 im Piezometer 2 entspricht dann der wassererfüllten Mächtigkeit m und h wird $(m - s)$. Folglich ist

$$T - 0{,}732 \cdot \frac{Q \cdot m}{s \cdot (2m - s)} \cdot \lg \frac{R}{r} \qquad (2.106)$$

Die Gln. 2.105 und 2.106 sind leicht zu lösen, wenn $\lg \dfrac{R}{r}$ bekannt ist. Der Brunnenradius r ist immer relativ klein im Verhältnis zu R, doch ungeachtet aller Unterschiede variiert der Logarithmus von $\dfrac{R}{r}$ nur in geringem Ausmaß. Logan gibt dieses logarithmische Verhältnis für ganz unterschiedliche Aquiferbedingungen an (Tabelle 2.14) und demonstriert damit dessen geringen Schwankungsbereich.

Tabelle 2.14. Ausgewählte Variationen des logarithmischen Verhältnisses R zu r. Nach Logan (1964).

R (ft)	r (ft)	$\lg \dfrac{R}{r}$
2000	1,00	3,30
2000	0,75	3,43
2000	0,50	3,60
2000	0,25	3,90
1000	1,00	3,00
1000	0,75	3,12
1000	0,50	3,30
1000	0,25	3,60
500	1,00	2,70
500	0,75	2,82
500	0,50	3,00
500	0,25	3,30

Als „typisch" für den logarithmischen Ausdruck gibt Logan nach Tabelle 2.14 den Zahlenwert 3,32 an. Bei dessen Verwendung vereinfachen sich die Gln. 2.105 und 2.106 für den gespannten Aquifer zu

$$T = 1{,}22 \cdot \frac{Q}{s} = 1{,}22 \cdot C \quad (\mathrm{m^2 s^{-1}}) \qquad (2.107)$$

und beim Aquifer mit freier Oberfläche zu

$$T = 2{,}43 \cdot \frac{Q}{s} \cdot \frac{m}{(2m-s)} = 2{,}43 \cdot C \cdot \frac{m}{(2m-s)} \quad (\text{m}^2\text{s}^{-1}) \tag{2.108}$$

Diese einfachen, daher praktischen Formeln sind nur mit Vorsicht zu verwenden, da der im Brunnen gemessene Wasserstand in der Regel nicht die wahre Absenkung s erkennen lässt. Brunneneintrittsverluste (Skin) und Sickerlinie täuschen meist eine zu große Absenkung und damit eine zu kleine Transmissivität des Grundwasserleiters vor. Derart berechnete Zahlenwerte sollte man daher nur als erste Näherung ansehen.

Etwas anspruchsvoller und akkurater ist der Gebrauch eines Nomogramms (Abb. 2.26), das Brunnendurchmesser, Speicherkoeffizient; Transmissivität und spezifische Ergiebigkeit miteinander verknüpft (Theis, Brown u. Meyer 1963).

Als Grundlage dient die von Cooper u. Jacob (1946) modifizierte Brunnenformel für den gespannten Aquifer, die eingehend in Kap. 4 diskutiert wird.

$$T = \frac{4\pi \cdot Q}{s} \cdot \left(-0{,}5772 - \ln \frac{r^2 \cdot S}{4t \cdot T} \right) \tag{2.109}$$

mit

Q = Förderrate (m^3s^{-1})

s = Absenkung an einem Beobachtungspunkt (m)

t = die seit Einschalten der Pumpe vergangene Zeit (s)

r = Abstand des Beobachtungspunktes von der Brunnenachse (m)

S = Speicherkoeffizient (dimensionslos)

Eine explizite Lösung der Gleichung nach T ist mit dieser Gleichung nicht möglich; doch bietet sich eine graphische Lösung mittels des Nomogramms der Abb. 2.26 an. Es erlaubt für verschiedene Brunnenradien (0,2 m, 0,3 m, 0,4 m und 0,6 m), die mit dem r in Gl. 2.109 gleichzusetzen sind, Transmissivität, Speicherkoeffizient und spezifische Ergiebigkeit zueinander in Beziehung zu setzen.

In Übereinstimmung mit Theis, Brown u. Meyer wurde die Zeit t mit einem Tag bzw. 86 400 s gleichgesetzt, also so groß gewählt, dass sich in den meisten Fällen in einem Förderbrunnen ein Quasi-Beharrungszustand eingestellt hat, C also einem konstanten Wert zustrebt.

Zur Abschätzung von T muss S bekannt sein oder angenommen werden. Wie bei Gebrauch des Nomogramms zu ersehen, ist im Fall eines gespannten Aquifers der Fehler, der durch einen unrichtigen Ansatz von S entstehen kann, relativ gering (vgl. Abschn. 3.2.5).

Wie beim Gebrauch der Formel von Logan beeinträchtigen *Sickerstrecke* und *Brunneneintrittsverluste* (Skin) im Fall des Aquifers mit freier Oberfläche die Messung eines unbeeinflussten Werts der Absenkung s und damit die Genauigkeit der spezifischen Ergiebigkeit C sowie die Anwendung des Nomogramms. Auf beide Phänomene wird in Kap. 4 eingegangen.

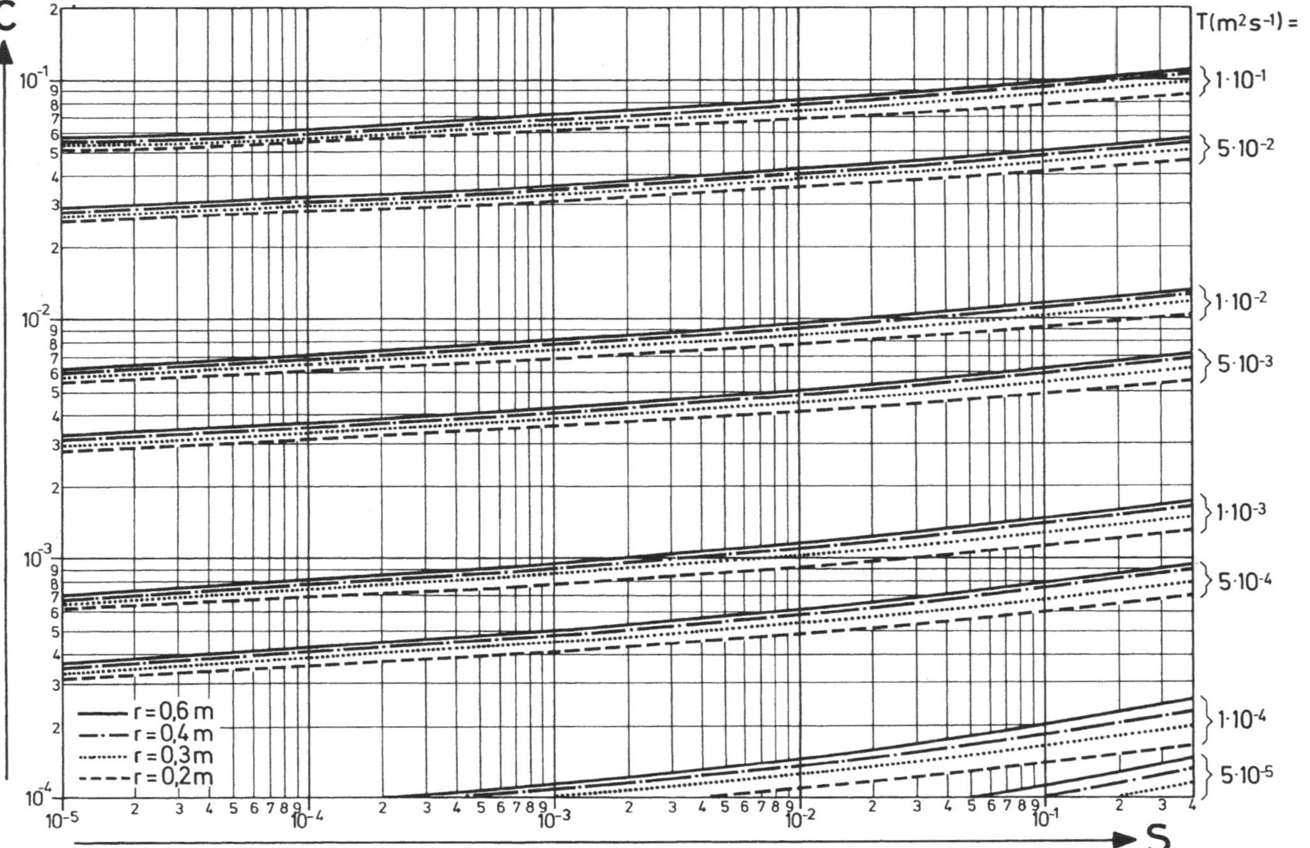

Abb. 2.26. Nomogramm zur Abschätzung der Transmissivität an Hand der spezifischen Ergiebigkeit von Förderbrunnen. Nach Theis, Brown u. Meyer (1963).

Die oben angegebenen Bohrlochradien werden hier als *wirksamer Brunnenradius* aufgefasst. Das bedeutet, dass Betriebswasserspiegel im Brunnen selbst und Standrohrspiegelhöhe im Aquifer außen an der Brunnenwandung die gleiche Position einnehmen. Ist ein Brunnen ausreichend entwickelt worden, d.h. klargespült und entsandet, kann der wirksame Brunnenradius aber durchaus größer als der Bohrlochradius sein. Im umgekehrten Fall eines schlecht gebauten Brunnens kann der wirksame Radius hingegen kleiner als der Bohrradius sein. Das Skin-Konzept (Kap. 4), das vor allem bei Brunnen im Festgestein seine Nützlichkeit bewiesen hat, bietet die Möglichkeit einer quantitativen Abschätzung solcher Effekte.

Beispiel

Für einen Brunnen mit $r = 0{,}6$ m wurde die spezifische Ergiebigkeit mit $C = 5 \cdot 10^{-3}$ m^{2}s^{-1} errechnet. Bei bekannter Mächtigkeit bestimmt man beispielsweise mit der Faustformel von Lohman (1972; vgl. Abschn. 3.2.5) einen Speicherkoeffizienten, hier etwa $S = 10^{-2}$. Auf dem linken Rand des Nomogramms sucht man den Wert für C, geht dann horizontal nach rechts bis zum Schnittpunkt mit $S = 10^{-2}$ und fährt anschließend parallel zu den Kurvenscharen zum rechten Rand. Dort liest man die Größe der Transmissivität mit $T = 5 \cdot 10^{-3}$ m^{2}s^{-1} ab.

Der Übersichtlichkeit halber zeigt das Nomogramm lediglich für acht Transmissivitätswerte die dazugehörigen Kurvenscharen. Bei Benutzung ist daher gegebenenfalls zu interpolieren.

2.5.4 Brunnenwasserspiegel in Multiaquifer-Systemen

Abbildung 2.27 stellt in schematischer Weise einen Brunnen dar, der mit seinen Filterstrecken zwei gespannte Grundwasserleiter erschließt. Die zugehörigen Durchlässigkeiten und Mächtigkeiten sowie damit auch die Transmissivitäten sind für beide zwar unterschiedlich, doch jeweils konstant.

Der wirksame Brunnenradius r_w wird mit dem Bohrradius gleichgesetzt und bleibt über die gesamte Brunnenteufe gleich. Der Strömungszustand ist stationär, und es findet ein Wasseraustausch zwischen beiden Grundwasserleitern über den Brunnen selbst statt. Der resultierende statische Brunnenwasserspiegel ist dann mit keiner der Standrohrspiegelhöhen der beiden Aquifere identisch.

Die Position des Brunnenwasserspiegels lässt sich mit Sokol (1963) leicht bestimmen. Nach A. Thiem (1870) gilt

$$Q = \frac{2\pi \cdot T \cdot (h - h_w)}{\ln r / r_w} \tag{2.110}$$

mit

Q = Förderrate des Brunnens (m^{3}s^{-1})

T = Transmissivität des Aquifers (m^{2}s^{-1})

h = Standrohrspiegelhöhe (m) im Abstand r von der Brunnenachse (m)

h_w = Betriebswasserspiegel (m) des Brunnens mit dem Radius r_w (m)

Abbildung 2.27 beschreibt den Zustand des Wasseraustausches zwischen zwei Aquiferen ohne zusätzliche Entnahme oder Einspeisung von Wasser. Der Wasseraustausch – in allgemeiner Form – ist also

$$Q_1 + Q_2 + ... + Q_n = 0 \qquad (2.111)$$

Wählt man den Radius $r_1 = r_2 = ...r_n = r_x$ so groß, dass er größer als der Radius des Absenkungstrichters ist, ergibt die Kombination der Gln. 2.110 und 2.111 den Ausdruck

$$\frac{2\pi \cdot T_1 \cdot (h_1 - h_w)}{\ln r_x / r_w} + \frac{2\pi \cdot T_2 \cdot (h_2 - h_w)}{\ln r_x / r_w} + ... + \frac{2\pi \cdot T_n \cdot (h_n - h_w)}{\ln r_x / r_w} = 0 \qquad (2.112a)$$

$$T_1 \cdot (h_1 - h_w) + T_2 \cdot (h_2 - h_w) + ... + T_n \cdot (h_n - h_w) = 0 \qquad 2.112b$$

und schließlich

$$h_w = \frac{T_1 \cdot h_1 + T_2 \cdot h_2 + ... + T_n \cdot h_n}{T_1 + T_2 + ...T_n} \qquad (2.113)$$

Daraus ist zu ersehen, dass der statische Wasserspiegel eines Multiaquifer-Brunnens durch den Wasserspiegel jeden einzelnen Aquifers in Abhängigkeit von dessen Transmissivität mit bestimmt wird.

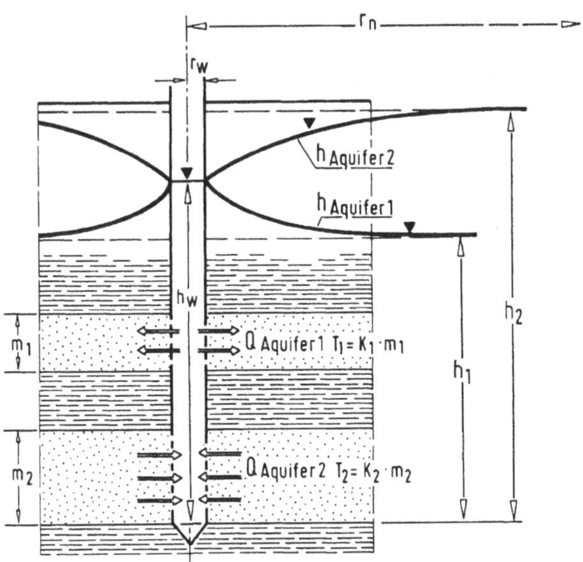

Abb. 2.27. Prinzipskizze zur Berechnung der Transmissivitäten aus Spiegelschwankungen in Brunnen, verfiltert in Multiaquifer-Systemen. Nach Sokol (1963).

Schwankungen der Standrohrspiegelhöhen folgen demnach der Beziehung

$$h_w + \Delta h_w = \frac{T_1 \cdot \left(h_1 + \Delta h_1\right) + T_2 \cdot \left(h_2 + \Delta h_2\right) + \ldots + T_n \cdot \left(h_n + \Delta h_n\right)}{T_1 + T_2 + \ldots T_n} \qquad (2.114)$$

Für eine Anwendung im Gelände muss man sich in der Regel jedoch auf die Beobachtung der Schwankung der Standrohrspiegelhöhe in einem Aquifer beschränken. Fluktuationen im Gesamtsystem müssen nämlich nicht in Phase sein, so dass dann keine stationären Verhältnisse mehr bestehen. Nach Substitution von h_w aus Gl. 2.113 für h_w in Gl. 2.114 und bei Verzicht auf $\Delta h_2, \ldots \Delta h_n$ lautet der Ausdruck für eine resultierende Schwankung des Brunnenwasserspiegels

$$\Delta h_w = \frac{T_1 \cdot \Delta h_1}{T_1 + T_2 + \ldots T_n} \qquad (2.115)$$

3 Speicherkoeffizient und Porenraum

3.1 Definitionen

Ein Aquifer nimmt zwei Aufgaben wahr: Er kann Wasser sowohl leiten als auch bevorraten. Er ist also Wasserleiter und Wasserspeicher in einem.

Wie im vorangegangenen Kapitel dargelegt, beschreibt man das „Wasserleitvermögen" quantitativ durch die Parameter Transmissivität und Durchlässigkeit. Der entsprechenden Kennzeichnung des Speichervermögens dient der Begriff des *Speicherkoeffizienten.*

> Der *Speicherkoeffizient S* bezeichnet das dimensionslose Verhältnis aus dem Volumen an Wasser, das bei einer Änderung der Standrohrspiegelhöhe um 1 m über einer Einheitsoberfläche von 1 m^2 des Aquifers aus dem Vorrat entlassen oder aber eingespeichert wird, zum Volumenprodukt aus 1 m^2 Oberfläche und 1 m Spiegeländerung.

Dies gilt für gespannte Grundwasserleiter wie für solche mit freier Oberfläche, ist jedoch bei letzteren besonders anschaulich. Dazu stelle man sich einen söhlig gelagerten Aquifer vor. Man denke sich ein Prisma mit einer quadratischen Grundfläche von 1 m^2, das die gesamte wassererfüllte Mächtigkeit erfasst, aus dem Aquifer herausgeschnitten. Dividiert man das Wasservolumen, das bei einer Absenkung den Porenraum des freien Aquifers verlässt, durch das Produkt von Absenkung s und Grundfläche des Prismas, erhält man die dimensionslose Verhältniszahl, eben den Speicherkoeffizienten (Abb. 3.1).

Die schematische Darstellung der Abb. 3.1 verdeutlicht, dass der gespannte Grundwasserleiter bei einer Absenkung des Druckspiegels völlig wassergesättigt bleibt, dass also keine Entleerung des Porenraums stattfindet. Geht man davon aus, dass die stauenden Schichten im Liegenden und Hangenden der wasserführenden Schicht inkompressibel sind, d.h. keine Druckänderungen innerhalb und außerhalb des Aquifers aufnehmen können, muss eine Änderung des Wasservorrats durch eine Änderung der elastischen Eigenschaften dieses Aquifers hervorgerufen werden. Die Absenkung des Druckspiegels kennzeichnet daher eine Verringerung des Drucks im Aquiferprisma. Umgekehrt macht sich die Einspeicherung von Wasser durch einen Druckanstieg im Prisma bemerkbar, der sich als Anstieg des Druckspiegels bemerkbar macht.

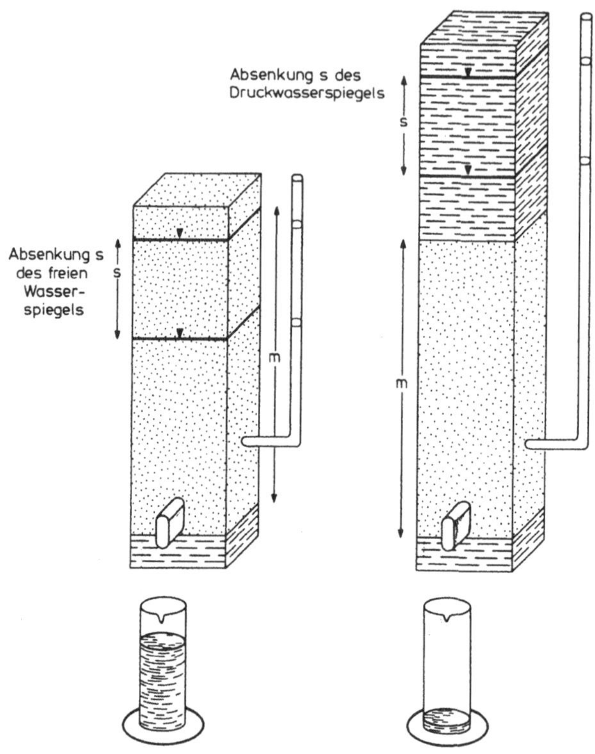

Abb. 3.1. Der Speicherkoeffizient im freien und im gespannten Aquifer.
Bei gleicher Absenkung gibt der gespannte Aquifer bedeutend weniger Wasser ab als der
freie.

Meinzer u. Hard (1925) und Meinzer (1928) konnten als erste nachweisen, dass
die Kompressibilitäten sowohl des Korngerüsts als auch des Wassers die Elastizität eines Aquifers und damit den Speicherkoeffizienten bestimmen. Bei einer Absenkung des Druckspiegels im Aquiferprisma der Abb. 3.1 stammt das entnommene Wasser sowohl aus einer geringen elastischen Ausdehnung (Dekompression) des Wassers als auch einer Verformung (Kompression) der Einzelkörner
des Korngerüsts. Eine Absenkung resultiert somit einerseits aus einer geringen
Volumenvergrößerung des Wassers selbst und andererseits aus einer leichten Verkleinerung des Porenraums. Die Speicherkoeffizienten gespannter Grundwasserleiter sind daher klein und liegen in einem Bereich zwischen 10^{-3} und 10^{-5} (Ferris,
Knowles, Brown u. Stallman 1962).

Aquifer mit freier Oberfläche. Beim Aquifer mit freier Oberfläche entspricht
dagegen jede Spiegelschwankung im Wesentlichen einem Entleerungs- oder Auf-
füllvorgang. Der Anteil an der Vorratsänderung, der der Aquiferelastizität zuge-

ordnet werden kann, ist im Vergleich zum offenen Porenraum, der der Schwerkraftentleerung (Drainage) oder -auffüllung unterliegt, vernachlässigbar gering.

Für alle praktischen Zwecke kann man daher den Speicherkoeffizienten eines ungespannten Grundwasserleiters mit dem *nutzbaren Porenraum* n_0 oder S_y (specific yield) gleichsetzen. Auf die Schwierigkeiten, die sich in der Praxis der eindeutigen Bestimmung dieser Aquiferkonstante entgegenstellen, wird in Abschn. 3.3.2 eingegangen.

> Der nutzbare Porenraum ist der Quotient aus dem Volumen Wasser in m^3, das bei einer Absenkung von $s = 1$ m unter dem Einfluss der Schwerkraft über einer Einheitsoberfläche von 1 m^2 des Aquifers aus dem Vorrat entlassen wird, und dem entleerten Volumen von 1 m^3 des Aquiferprismas (Abb. 3.1).

Der nutzbare Porenraum sandig-kiesiger Grundwasserleiter liegt im Bereich von 0,05 bis 0,35 (bzw. 5 bis 35 %).

3.2 Elastizität und Kompressibilität gespannter Grundwasserleiter

Die auf einen gespannten Grundwasserleiter von außen wirkenden Kräfte – die wesentliche Kraft ist das Gewicht der hangenden Gesteinssäule – werden von dessen inneren Kräften, dem *hydrostatischen Druck* des Wassers und der *Druckspannung* des Korngerüsts, ausbalanciert.

Zusätzliche äußere Kräfte sind der atmosphärische Luftdruck und das Gewicht des überlagernden Oberflächenwasserkörpers, deren Auflasten Schwankungen unterliegen und zu Variationen der Druckverteilung im Aquifer führen, die sich dann als Fluktuationen der Standrohrspiegelhöhe in Piezometern bemerkbar machen. Einleitend werden kurz einige diesbezügliche Beispiele beschrieben. Danach folgen eine detaillierte Beschreibung der inneren Kräfte eines Aquifers sowie eine formelmäßige Erläuterung des Speicherkoeffizienten.

3.2.1 Variationen der Auflast

Wie schon erwähnt, konnten Meinzer u. Hard (1928) am Beispiel des artesischen Dakota-Sandstein-Aquifers der nordwestlichen Präriestaaten der USA nachweisen, dass die darin verfilterten Brunnen Wasser aus dem Vorrat entnehmen und dass diese Entnahme von einer elastischen Verformung dieser Aquifere begleitet wird.

Aus der Literatur sind zahlreiche Beispiele bekannt, wie Variationen der Auflasten, die sich über gespannten Aquiferen vollziehen, Schwankungen von deren Druckspiegeln verursachen. Auslöser dafür sind beispielsweise Gezeitenschwankungen und Hochwässer.

Terrestrische oder *Erdgezeiten*, elastische Verformungen der Erdkruste, werden durch die variierenden Anziehungskräfte von Sonne und Mond hervorgerufen (Melchior 1956). Die im Zusammenhang mit diesen Gezeiten beobachteten Fluktuationen des Druckspiegels werden von Theis (1939; zitiert bei Ferris, Knowles, Brown u. Stallman 1962) wie folgt erklärt: Wenn sich die Erdkruste an einer Stelle aufgrund der Gezeitenwirkung periodisch aufwölbt und eindellt, werden die Gesteinssschichten abwechselnd tangential gedehnt und zusammengepresst, und zwar gedehnt, wenn sich die Erde aufwölbt und zusammengepresst, wenn sie sich eindellt. Ein artesischer Grundwasserleiter zeichnet diese Bewegungen nach. In den Bereichen, die weit ab von einer Zone natürlicher oder künstlicher Grundwasserentnahme gelegen sind, kann das Wasser nicht abfließen, da sich im Gefolge der Deformation kein Gradient entwickeln kann, der für einen Druckausgleich sorgt. Aus diesem Grund steigt der Druck im Aquifer an, wenn die Erdkruste zusammengedrückt wird; er sinkt ab, wenn sie sich dehnt. Die resultierenden Spiegelschwankungen in einem Piezometer können im Zentimeterbereich liegen. Messreihen, die von Robinson (1939) ausgewertet wurden, zeigen zwei tägliche Schwankungszyklen, die mit den Monddurchgängen übereinstimmen (vgl. auch Bredehoeft 1967). Stober (1992) beschreibt allgemein Erdgezeiten; ihre Arbeit enthält ein umfangreiches Literaturverzeichnis.

Die elastischen Eigenschaften gespannter Aquifere machen zuweilen selbst die Registrierung von weit entfernten Erdbeben möglich, worüber erstmalig Meinzer (1942), später Mügge (1955) berichten. Rasche Anstiege des Wasserspiegels in einem Piezometer, das in einem solchen Grundwasserleiter verfiltert ist, machen Druckänderungen kenntlich, die der plötzlichen Kompression der Erdkruste durch Erdbebenwellen proportional sind. Die Rückkehr des gespannten Systems zu den Ausgangsverhältnissen wird vom Absinken des Druckspiegels auf sein ursprüngliches Niveau begleitet. Schenk u. Krauss (1972) und wieder Krauss (1974) beschreiben den Einsatz von Beobachtungsbrunnen als Hydroseismographen, aber auch die Möglichkeiten, die Spiegelschwankungen zur Ermittlung der hydraulischen Aquiferkennwerte heranzuziehen.

Wie von Jacob (1939) gezeigt, können auch *Eisenbahnzüge*, die oberhalb gespannter Grundwasserleiter verkehren, erhebliche Druck- und damit Spiegelschwankungen hervorrufen. Das schematische Diagramm der Abb. 3.2 stellt den Einfluss einer plötzlich aufgebrachten Last auf die Druckverteilung in einem elastischen gespannten Aquifer sowie dessen Kompression dar, außerdem seine Dekompression nach Entfernung der Last. Nähert sich ein Zug einem neben den Gleisen stehenden Beobachtungsbrunnen, wirkt eine allmählich zunehmende Belastung auf den Aquifer ein. Sie erreicht ein Maximum, wenn die Lokomotive neben dem Brunnen hält. Der Druckspiegel (ausgezogene Linie) steigt schnell an und sinkt dann allmählich in dem Maße wieder ab, wie sich im Aquifer ein neues Gleichgewicht ausbildet. Mit der Auflaständerung wird auch die Hangendfläche des Wasserleiters (gestrichelte Linie) temporär nach unten durchgebogen (Schnitte a und b). Beim Anfahren des Zuges wird die Zusatzlast also wieder weggenommen, und der Aquifer kann sich erneut ausdehnen. Der hydrostatische Druck sinkt stark ab, bis sich der Anfangsstand wieder eingestellt hat (Schnitte c und d).

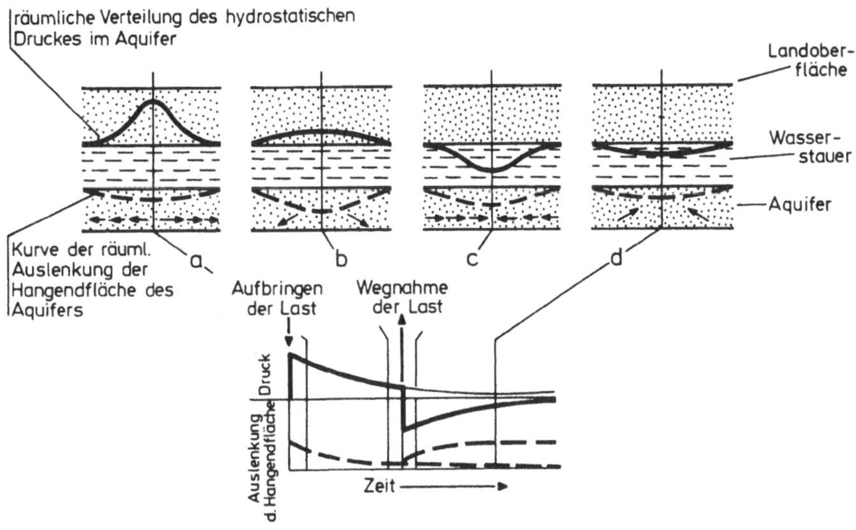

Abb. 3.2. Auswirkungen von Auflaständerungen auf einen gespannten Aquifer. Nach Jacob (1939).

Allgemein gesagt übt eine jede Veränderung der äußeren Auflast einen messbaren Einfluss auf einen gespannten Aquifer aus. So können etwa Grundwassergleichenpläne mit der Morphologie korrespondieren. Dort, wo in Tälern durch Erosion Auflast entfernt worden ist, biegen die Gleichen talwärts aus. Derartige Erscheinungen lassen sich an der Grundwassergleichenkarte der gespannten Halterner Sande in der Wulfener Mulde erkennen (Birk 1964). Der Gesichtspunkt einer erosionsbedingten Auflaständerung ist daher bei der paläohydrogeologischen Betrachtung eines Aquifersystems zu beachten. In Norddeutschland dürften auch die Inlandeismassen einen starken Einfluss auf das hydrogeologische Regime gespielt haben.

Einwirkungen von Luftdruckschwankungen und Gezeiten auf gespannte Grundwasserleiter werden im Detail in Abschn. 3.2.4 erläutert.

3.2.2 Innere Kräfte

Die Last der hangenden Schichten als von außen wirkende Kraft wird auf einen gespannten Aquifer über seine Hangendfläche übertragen. Im Gleichgewichtszustand muss diese äußere Kraft von der Summe der inneren Kräfte ausgeglichen werden. Bezogen auf eine Einheit der Hangendfläche gilt demnach

$$G_{Hangend} = p + \sigma_z \qquad (3.1)$$

mit

$G_{Hangend}$ = Gesamtdruck eines Prismas der Hangendschichten auf eine Einheitsoberfläche des Aquifers (kgm^{-1}s^{-2}), dim $(G) = $ ML^{-1}T^{-2}

p = Lastanteil, der vom Wasser innerhalb des Aquiferprismas aufgenommen wird, d.h. der *hydrostatische Druck* $= \gamma \cdot h$

σ_z = Lastanteil, der vom Korngerüst des Aquiferprismas getragen werden muss, d.h. die Druckspannung des festen Materials

Es sei nun angenommen, dass ein Brunnen Wasser aus dem Vorrat entnimmt, so dass der Druckspiegel absinkt. Dies bedeutet, dass der hydrostatische Druck sich verringert. Bleibt nun das Gewicht des Hangenden konstant, wächst folglich der Gewichtsanteil, der vom Korngerüst getragen werden muss. Die Druckspannung wird größer, und die einzelnen Sandkörner werden zusätzlich, wenn auch nur schwach, zusammengepresst. Infolge einer Dekompression dehnt sich gleichzeitig das Wasser etwas aus (Ferris, Knowles, Brown u. Stallman 1962).

Mit dem Ende der Brunnenförderung kehrt sich dieser Vorgang um. Der Wiederanstieg des Wasserspiegels im Brunnen zeigt an, dass sich der ursprüngliche hydrostatische Druck wieder aufbaut. Die Druckspannung nähert sich allmählich wieder ihrem Ausgangswert an, wobei die entlasteten Sandkörner ihre ursprüngliche Lage und Form wieder einnehmen und den okkupierten Porenraum freigeben. Das Wasser selbst wird erneut komprimiert. Im Idealfall, der allerdings in der Natur wohl kaum angetroffen wird, stellt sich der vor Förderungsbeginn vorhandene Zustand wieder ein; der geschilderte Prozess wäre also völlig reversibel und rechtfertigt damit das nachstehend beschriebene mathematische Konzept.

3.2.3 Mathematisches Konzept des Speicherkoeffizienten

Obwohl Theis in seiner klassischen Arbeit 1935 den Speicherkoeffizienten in der Form definierte wie hier in Abschn. 3.1 verwendet, konnte erst Jacob (1940, 1950) dafür die analytische Beweisführung erbringen. Seitdem hat De Wiest (1966) eine Modifikation dieser Ableitung vorgelegt. An dieser Stelle wird der Argumentation Jacobs gefolgt.

Man stelle sich ein aus einem gespannten Aquifer herausgeschnittenes Elementarvolumen $\Delta V = \Delta A \cdot \Delta z$ vor, das gerade so groß ist, dass die Grundwasserströmung durch diesen Körper mittels des Gesetzes von Darcy beschrieben werden kann (Abb. 3.3).

Es sei postuliert, dass die Hangendlast im Gleichgewicht mit der Summe von hydrostatischem Druck und Druckspannung steht und dass sich die Hangendfläche, anders als in Abb. 3.2 gezeichnet, nicht durchbiegt. Folglich ist

$$G_{Hangend} = p + \sigma_z + const.$$

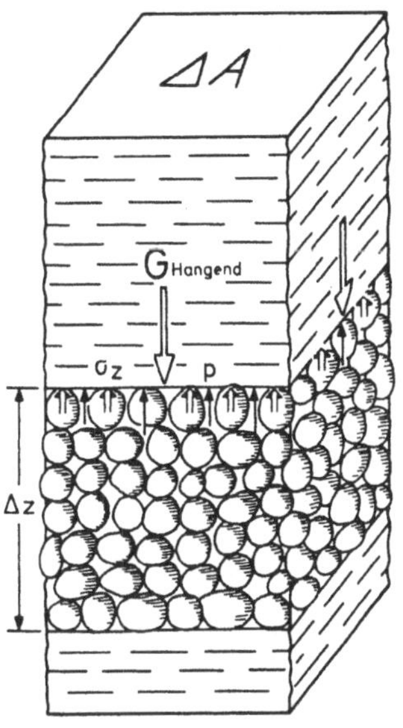

Abb. 3.3. Gleichgewicht der Kräfte an der Grenzfläche Aquifer – hangender Wasserstauer

Nach Differentation ergibt sich

$$d\sigma_z = -dp \tag{3.2}$$

Gleichung 3.2 ist die analytische Formulierung des im Abschn. 3.2.2 beschriebenen Vorgangs. Mit wachsendem (vertikalem) Druck erhöht sich die Dichte des Wassers. Pro Zeitinkrement

$$\frac{\partial\rho}{\partial t} = \beta \cdot \rho_0 \cdot \frac{\partial p}{\partial t} \tag{3.3}$$

mit

$\beta =$ Kompressibilität des Wassers ($kg^{-1}ms^{-2}$; bzw. m^2N^{-1}); vgl. auch Abschn. 1.4.1

$\rho_0 =$ Dichte des Wassers bei Normaldruck (kgm^{-3})

Wirkt nun auf ein solches Elementar- oder Einheitsvolumen ΔV ein zusätzlicher äußerer Druck ein (z.B. Luftdruck, auflaufende Flut, Erdbeben), wird es in der Vertikalen zusammengedrückt

$$\partial n = \alpha \cdot (1 - n) \cdot \partial p \tag{3.4}$$

Bei Einsetzen von $d\sigma_z$ aus Gl. 3.2 ergibt sich Gl. 3.5.

$$\frac{\partial(\Delta z)}{\partial t} = \alpha \cdot \Delta z \cdot \frac{\partial p}{\partial t} \tag{3.5}$$

mit

α = vertikale Kompressibilität des Aquifer-Korngerüsts ($kg^{-1}ms^{-2}$); reziproker Wert des Elastizitätsmoduls

Die in Abschn. 3.2.2 erwähnte Deformation der Sandkörner ist so gering, dass das Feststoffvolumen V_t innerhalb des Elementarvolumens ΔV als konstant angesehen werden darf.

$$\Delta V_t = (1 - n) \cdot \Delta A \cdot \Delta z = const.$$

mit

n = Gesamtporenraum (dimensionslose Verhältniszahl)

Die Differentation nach den Variablen n und Δz führt zu

$$\frac{\partial(V_t)}{\partial t} = \frac{(1-n) \cdot \partial(\Delta z)}{\partial z} - \frac{\Delta z \cdot \partial n}{\partial t} \cdot \Delta A = 0 \tag{3.6}$$

Nach Einsetzen von Gl. 3.5 und Vereinfachen erhält man

$$\partial n = \alpha \cdot (1 - n) \cdot \partial p \tag{3.7}$$

Das innerhalb des Volumens ΔV gespeicherte Wasser nimmt das Volumen ΔV_W mit der Masse ΔM ein:

$$\Delta M = \rho \cdot n \cdot \Delta A \cdot \Delta z$$

ΔM ändert seinen Wert dann, wenn sich Wasserdichte ρ, Gesamtporosität n oder Höhe Δz des Elementarkörpers in der Zeit verändern. Derartige Variationen lassen sich durch partielle Differentation der vorstehenden Beziehung ausdrücken.

$$\frac{\partial(\Delta M)}{\partial t} = \left(\frac{n \cdot \partial \rho}{\partial t} + \frac{\rho \cdot \partial n}{\partial t} + \frac{\rho \cdot n \cdot \partial(\Delta z)}{\partial t} \right) \cdot \frac{1}{\Delta z} \cdot \Delta A \cdot \Delta z \tag{3.8}$$

Substituiert man nunmehr die Ausdrücke für $\dfrac{\partial \rho}{\partial t}$ aus Gl. 3.3, $\dfrac{\partial n}{\partial t}$ aus Gl. 3.7 und $\dfrac{\partial(\Delta z)}{\partial t \cdot \Delta z}$ aus Gl. 3.5 in Gl. 3.8, lautet das Ergebnis

$$\frac{\partial(\Delta M)}{\partial t} = \left[n \cdot \beta \cdot \rho_0 \cdot \frac{\partial p}{\partial t} + \alpha \cdot \rho \cdot (1-n) \cdot \frac{\partial p}{\partial t} + \alpha \cdot n \cdot \rho \cdot \frac{\partial p}{\partial t} \right] \cdot \Delta V$$

bzw.

$$\frac{1}{\rho \cdot \Delta V} \cdot \frac{\partial (\Delta M)}{\partial t} = (n \cdot \beta + \alpha) \cdot \frac{\partial p}{\partial t} \tag{3.9}$$

Der hydrostatische Druck einer Wassersäule in einem porösen Medium beträgt

$$p = \gamma \cdot h$$

mit

γ = *Wichte* des Wassers ($\mathrm{kgm^{-2}s^{-2}}$)

h = Höhe der Wassersäule über dem Bezugsniveau (m)

Wasserspiegelschwankungen vollziehen sich in direkter Proportion zu Druckschwankungen.

$$dp = \gamma \cdot dh \tag{3.10}$$

Nach Einsetzen von Gl. 3.10 in Gl. 3.9 bei gleichzeitigem Übergang zum allgemeinen Differential ergibt sich

$$\frac{1}{\rho \cdot \Delta V} \cdot \frac{d(\Delta M)}{dt} = n \cdot \beta \cdot \gamma \cdot \left(1 + \frac{\alpha}{n \cdot \beta}\right) \cdot \frac{dh}{dt} = S_S \cdot \frac{dh}{dt} \tag{3.11}$$

Der Koeffizient S_S wird als *spezifischer Speicherkoeffizient* eines Aquifers mit dim (S_S)=$\mathrm{L^{-1}}$ bezeichnet (Hantush 1964).

Der spezifische Speicherkoeffizient bezeichnet das Volumen an Wasser, das pro Meter Absenkung oder Anstieg des Druckspiegels aus dem Vorrat eines Aquifer-Einheitsvolumens von 1 $\mathrm{m^3}$ entnommen bzw. in dieses eingespeichert wird.

Integriert man S_S über die wassererfüllte Mächtigkeit m dieses Aquifers, erhält man als Ergebnis den Ausdruck für den Speicherkoeffizienten

$$S = \int_0^m S_S \cdot dm = m \cdot S_S = m \cdot n \cdot \beta \cdot \gamma \cdot \left(1 + \frac{\alpha}{n \cdot \beta}\right) \tag{3.12}$$

Für den Grundwasserleiter mit freier Oberfläche lautet die Beziehung entsprechend

$$S = n_0 + m \cdot n \cdot \beta \cdot \gamma \cdot \left(1 + \frac{\alpha}{n \cdot \beta}\right) \tag{3.13a}$$

Der nutzbare Porenraum n_0 (oder nutzbares Porenvolumen), auch als S_y bezeichnet, gibt den Anteil der Schwerkraftentleerung am Speicherkoeffizienten an. Im Verhältnis zum zweiten Summanden der Gl. 3.13a ist n_0 so groß, dass man

den nutzbaren Porenraum für praktische Problemstellungen mit dem Speicherkoeffizienten gleichsetzen kann.

$$S \cong n_0 \tag{3.13b}$$

Nach Ausmultiplizieren der Gl. 3.12 können von den Anteilen des Vorratswas-
sers das Produkt $(m \cdot n \cdot \beta \cdot \gamma)$ der Dekompression des Wassers, das Produkt
$(m \cdot \alpha \cdot \gamma)$ der Kompression des Feststoffanteils des Aquifers zugeordnet werden
(Walton 1970).

Beispiel

Ein Pumpversuch in einem miozänen sandigen Aquifer unterhalb von Flöz
Morken der Niederrheinischen Braunkohlenformation hat einen Speicherkoeffizienten von $S = 1,5 \cdot 10^{-4}$ ergeben. Die Mächtigkeit des Sandes beträgt $m = 50$ m,
und die Gesamtporosität ist $n = 35$ %.

a) Wie groß ist der Elastizitätsmodul des Korngerüsts des gespannten Aquifers?
   Gl. 3.12 wird nach α aufgelöst:

$$\alpha = \frac{S}{m \cdot \gamma} - n \cdot \beta = \frac{S}{m \cdot \gamma} - n \cdot \frac{1}{E_W}$$

Folgende Konstanten können Tabellenwerken entnommen werden (z.B. Weast
1978; vgl. auch Kap. 1 dieses Buches):

$$\gamma_{10°C} = 9807 \ \text{Nm}^{-3}$$

$$\beta_{10°C} = 4,789 \cdot 10^{-10} \ \text{N}^{-1}\text{m}^2$$

Folglich ist der Elastizitätsmodul von Wasser

$$E_W = \frac{1}{\beta} = 2,088 \cdot 10^9 \ \text{Nm}^{-2}$$

Daraus errechnet sich

$$\alpha = \frac{1,5}{10^4 \cdot 50 \cdot 9807} - \frac{0,35}{2,088 \cdot 10^9} \ \text{N}^{-1}\text{m}^2$$

$$= 3,059 \cdot 10^{-10} - 1,676 \cdot 10^{-10} = 1,383 \cdot 10^{-10} \ \text{N}^{-1}\text{m}^2$$

$$= 1,41 \cdot 10^{-5} \ \text{bar} = 1,41 \cdot 10^{-2} \ \text{kPa}$$

Der Elastizitätsmodul des Aquiferkorngerüsts besitzt daher die Größe

$$E_S = \frac{1}{\alpha} = 7,23 \cdot 10^9 \ \text{Nm}^{-2} = 7,09 \cdot 10^4 \ \text{bar} = 7,09 \cdot 10^7 \ \text{kPa}$$

b) Wie ist das Verhältnis von Dekompression des Wassers und Kompression des
   Korngerüsts als den Komponenten des Speicherkoeffizienten?

Der Anteil, der der Ausdehnung des Wassers zuzuschreiben ist, ergibt sich nach Gl. 3.12 zu

$$m \cdot n \cdot \beta \cdot \gamma = 50 \cdot 0{,}35 \cdot 4{,}789 \cdot 10^{-10} \cdot 9807 = 8{,}2 \cdot 10^{-5}$$

Analog errechnet sich die Kompression des Korngerüsts zu

$$m \cdot \alpha \cdot \cdot \gamma = 50 \cdot 1{,}383 \cdot 10^{-10} \cdot 9807 = 6{,}8 \cdot 10^{-5}$$

Bei $S = 1{,}5 \cdot 10^{-4}$ entspricht der erste Wert 55 %, der zweite Wert 45 % des Speicherkoeffizienten.

Ein Vergleich der Werte erlaubt es also dem Hydrogeologen, Werte des Speicherkoeffizienten zu überprüfen. Erreicht das Produkt $m \cdot n \cdot \beta \cdot \gamma$ etwa die Größenordnung von S, ist dessen Wert offensichtlich fehlerhaft. Im Allgemeinen liegt bei Lockergesteins-Aquiferen das prozentuale Verhältnis von Dekompression zu Kompression bei $55 < \beta < 65$ zu $45 > \alpha > 35$.

3.2.4 Barometrischer und Tidenkoeffizient

Aus dem Vorhergesagten ergibt sich, dass sich Belastungsänderungen in einem kompressiblen, elastischen Aquifer durch Fluktuationen des Druckspiegels bemerkbar machen müssen, die unter bestimmten Bedingungen auch registriert werden können.

Von verschiedenen Autoren sind die Effekte der Schwankungen des Luftdrucks auf Grundwasserspiegelstände beschrieben worden. So wird der Anstieg des Luftdrucks vom Absinken des Wasserspiegels in einem Peilrohr begleitet, das in einem gespannten Grundwasserleiter verfiltert ist. Umgekehrt steigt dort der Wasserspiegel mit sinkendem Luftdruck an. Hingegen lässt ein Piezometer in einem Aquifer mit freier Oberfläche keine messbare Reaktion erkennen. Diese unterschiedlichen Erscheinungen lassen sich bei Betrachtung von Abb. 3.4 wie folgt erklären:

- p_0 sei der Luftdruck, der sowohl auf den freien Wasserspiegel wie auch auf den Wasserspiegel des Piezometers einwirkt (Abb. 3.4.a). Eine Luftdruckänderung dp_0 kann sich ungehindert durch den ungesättigten Porenraum und das Peilrohr auf den zusammenhängenden Wasserspiegel auswirken. Demnach bleibt das Gleichgewicht der inneren Kräfte entlang des Grundwasserspiegels erhalten, und es tritt keine wahrnehmbare Änderung der Spiegelhöhe ein.
- Beim gespannten Aquifer (Abb. 3.4.b) wird die Druckänderung dp_0 dagegen nur im Piezometerrohr durch eine Druckänderung dp der Wassersäule ausbalanciert. Die vom hangenden Stauer ganz auf den Aquifer übertragene Luftdruckänderung wird, wie in Abschn. 3.2.3 erläutert, sowohl vom Wasser als auch vom Korngerüst aufgefangen (Jacob 1940; s. auch Abb. 3.3). Es muss daher zwischen dem Porenwasser im Aquifer, das nur einen Teil der Luftdruck-

änderung auszugleichen hat, und der Wassersäule im Rohr, die sie voll auf-nimmt, ein Druckunterschied existieren. Jede Luftdruckvariation ruft also eine Spiegelschwankung im Piezometerrohr hervor (Ferris, Knowles, Brown u. Stallman 1962). Geht durch Auskeilen des hangenden Wasserstauers ein ge-spannter in einen freien Grundwasserleiter über, verringert sich der Schwan-kungsbetrag und geht schließlich gegen Null.

Unter der Annahme, dass sich das Gewicht der auf einen gespannten Grund-wasserleiter ruhenden Gesteinssäule nicht ändert, ist die eingangs beschriebene Gleichgewichtsbedingung wie folgt zu definieren (Hantush 1964):

$$p + \sigma_z = p_0 + const.$$

wobei hier p_0 den Luftdruck zum Bezugszeitpunkt bedeutet.

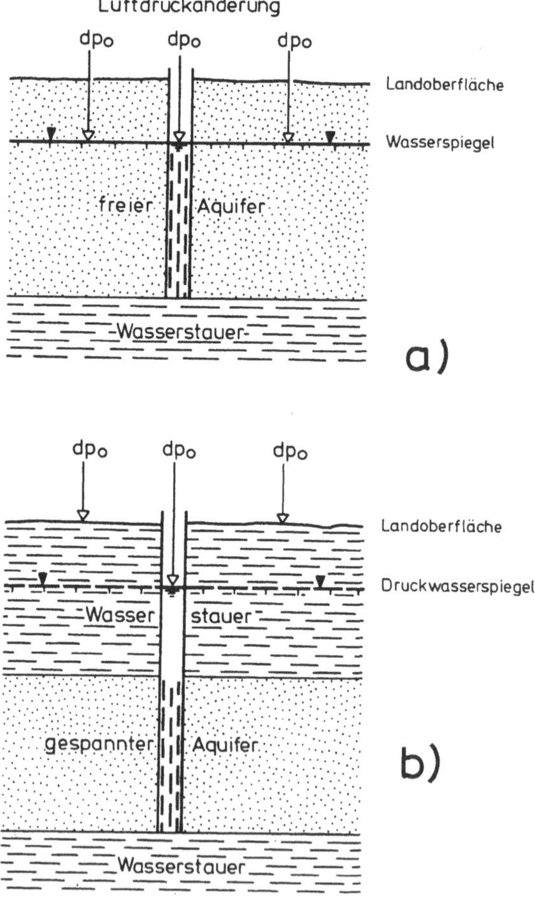

Abb. 3.4. Auswirkungen von Luftdruckschwankungen auf einen Aquifer mit freier Ober-fläche auf einen gespannten Aquifer. Nach Ferris, Knowles u. Stallman (1962).

Die vertikalen Änderungen, die sich über die Zeit im Aquifer abspielen, werden ausgedrückt durch

$$\frac{\partial p}{\partial t} + \frac{\partial \sigma_z}{\partial t} = \frac{\partial p_0}{\partial t}$$

$$\frac{\partial p}{\partial t} - \frac{\partial p_0}{\partial t} = -\frac{\partial \sigma_z}{\partial t}$$

(3.14)

Für die Wassersäule im Rohr gelten die entsprechenden Beziehungen

$$\frac{\partial p}{\partial t} = \frac{\partial p_0}{\partial t} + \gamma \cdot \frac{\partial h}{\partial t}$$

$$\gamma \cdot \frac{\partial h}{\partial t} = \frac{\partial p}{\partial t} - \frac{\partial p_0}{\partial t}$$

(3.15)

mit

$h =$ Standrohrspiegelhöhe (m) über dem gewählten Bezugsniveau

Gleichungen 3.14 und 3.15 drücken also die unterschiedlichen Reaktionen von Aquifer und Wassersäule im Beobachtungsrohr auf eine Änderung des Luftdrucks aus. Der Quotient aus Gln. 3.14 und 3.15 beschreibt dann das Verhältnis von Spiegeländerung zur auslösenden Luftdruckänderung (Hantush 1964).

$$\gamma \cdot \frac{\partial h}{\partial p_0} = \frac{\partial p - \partial p_0}{\partial p + \partial \sigma_z} = -\frac{\partial \sigma_z}{\partial p + \partial \sigma_z} = -\frac{1}{1 + \partial p / \partial \sigma_z}$$

(3.16)

Im Elementar- oder Einheitsvolumen ΔV ist ein Wasservolumen von $\Delta V_W = n \cdot \Delta V$ gespeichert. Unter Vernachlässigung der geringen Deformation der einzelnen Sandkörner, die im Gefolge einer Auflaständerung beobachtet wird (vgl. Abschn. 3.2.2), entspricht eine Änderung des Volumens ΔV fast ganz der des Wasservolumens ΔV_W.

$$\frac{\partial (V_W)}{\Delta V_W} = \frac{\partial (\Delta V)}{n \cdot \Delta V}$$

(3.17)

Nach der Definition des *Elastizitätsmoduls* (Hantush 1964; Weast 1978) ist $-\beta \cdot dp$ gleich dem linken Glied von Gl. 3.17; das rechte entspricht $-\alpha \cdot \dfrac{d\sigma_z}{n}$. Das negative Vorzeichen beschreibt hier eine Volumenverringerung bei zunehmendem Druck. Daher gilt unter Verwendung des allgemeinen Differentials

$$\frac{dp}{d\sigma_z} = \frac{\alpha}{n \cdot \beta}$$

(3.18)

Ersetzt man $\dfrac{\alpha}{n \cdot \beta}$ in Gl. 3.18 durch $\dfrac{dp}{d\sigma_z}$, so lautet die endgültige Formel

$$\frac{\gamma \cdot dh}{dp_0} = \frac{1}{1 + \alpha/(n \cdot \beta)} = BE \qquad (3.19)$$

> BE bedeutet *barometrischer Koeffizient* (Jacob 1950; Dürbaum 1973) und bezeichnet das Maß der Dämpfung, mit der ein gespannter Aquifer mittels Spiegelschwankungen in einem in ihm verfilterten Piezometer auf Luftdruckschwankungen reagiert. Dieser Koeffizient wird als Dezimalbruch oder als Prozentzahl angegeben.

Eine Verknüpfung der Gln. 3.12 und 3.19 führt zu

$$S = m \cdot n \cdot \beta \cdot \gamma \cdot \frac{1}{BE} \qquad (3.20)$$

Variierende Belastungswechsel von gespannten Grundwasserleitern treten auch unterhalb von Talsperren, unter Mündungsbereichen von Strömen und Flüssen sowie unter dem Meer selbst auf.

Auflaständerungen infolge des *Tidenhubs* machen sich in Beobachtungsbrunnen als Fluktuationen der Standrohrspiegelhöhe bemerkbar. Grundsätzlich sind diese zu unterscheiden von den in Abschn. 2.5.2 diskutierten lateralen Propagationen von Schwankungen des Meeresspiegels in den Aquifer hinein. Der Mechanismus der tidenverursachten Schwankungen ist vergleichbar mit den vom Luftdruck hervorgerufenen Fluktuationen.

Die Auswirkung der Gezeiten ist wie folgt zu beschreiben:
Vorausgesetzt, dass die hangende Gesteinssäule ihr Gewicht beibehält, gilt für das Gleichgewicht der inneren und äußeren Kräfte an der Grenzfläche von Aquifer und Hangendwasserstauer direkt am Ufer die Beziehung

$$p + \sigma_z = \gamma_0 \cdot h_0 + const.$$

mit

$h_0 =$ halber Tidenhub in Metern

$\gamma_0 =$ Wichte des Oberflächenwassers

Nach Differentiation

$$\frac{dp}{dt} + \frac{d\sigma_z}{dt} = \gamma_0 \cdot \frac{dh_0}{dt} \qquad (3.21)$$

Der hydrostatische Druck im Aquifer ändert sich mit der Rate

$$\frac{dp}{dt} = \gamma \cdot \frac{dh}{dt} \qquad (3.22)$$

Vernachlässigt man die geringe Wassermenge, die bei einer Spiegelschwankung in ein direkt am Ufer stehendes Piezometerrohr gedrückt wird oder in den

Aquifer zurückfließt, beträgt das Verhältnis von resultierender Spiegelschwankung zum auslösenden Tidenhub, d.h. der Quotient von Gln. 3.22 und 3.21, also

$$\frac{dh}{dh_0} = \frac{dp}{dp + d\sigma_z} = \frac{dp/d\sigma_z}{1+\left(dp/d\sigma_z\right)} \tag{3.23}$$

Anstelle $\dfrac{dp}{d\sigma_z}$ wird $\dfrac{\alpha}{n\cdot\beta}$ (Gl. 3.18) in die obige Beziehung eingesetzt, und man erhält

$$\frac{dh}{dh_0} = \frac{a/\left(n\cdot\beta\right)}{1+\alpha/\left(n\cdot\beta\right)} = TE \tag{3.24}$$

Der *Tidenkoeffizient TE* (Jacob 1950; Dürbaum 1973) bezeichnet das Maß der Dämpfung, mit der ein Aquifer mit Schwankungen der Standrohrspiegelhöhe in einem Piezometer auf Spiegelschwankungen eines überlagernden Oberflächenwasserkörpers reagiert. Er wird als Dezimalbruch oder als Prozentzahl angegeben.

Gleichung 3.19 zeigt, dass der barometrische Koeffizient negativ sein muss. Bei einem Luftdruckanstieg sinkt der Wasserspiegel im Piezometer ab. Der Tidenkoeffizient jedoch ist positiv. Mit auflaufender Flut steigt auch der Wasserspiegel im Piezometer an. Sieht man vom Vorzeichen ab und summiert Gl. 3.19 und Gl. 3.24, lautet das Ergebnis

$$BE + TE = 1 \tag{3.25}$$

Beispiel

In der Regel setzen sich Spiegelschwankungen gespannter Aquifere aus jahreszeitlich bedingten Wasserstandsänderungen, aus täglichen, meist nur undeutlichen Schwankungen infolge von Erdgezeiten und aus den Fluktuationen, die vom Luftdruck oder durch Meerestiden hervorgerufen werden, zusammen. Eine Ermittlung der Koeffizienten *BE* und *TE* aus einer derart zusammengesetzten Ganglinie der Standrohrspiegelhöhe in einem Peilrohr ist notwendigerweise subjektiv.

Schwankt der Wasserspiegel jedoch nur im Gefolge von Luftdruckschwankungen oder nur von Gezeiten des Meeres, bereitet es keine Schwierigkeiten, den barometrischen (bzw. den Tidenkoeffizienten) durch Vergleich der Werte eines Schreibpegels und eines in der Nähe befindlichen Barographen (bzw. eines Meereswasser-Standmessers) zu ermitteln.

Ein Verfahren zur Bestimmung des barometrischen Koeffizienten *BE*, das die Möglichkeit subjektiver Fehler eliminiert, wurde von Clark (1967) entwickelt. Es beruht auf einer statistischen Auswertung der Schwankungsinkremente von Luftdruck Δp_0 und Standrohrspiegelhöhe Δh. Am Beispiel der in Abb. 3.5 dargestellten Monatsganglinien von Piezometerwasserstand und Luftdruck wird es erläutert.

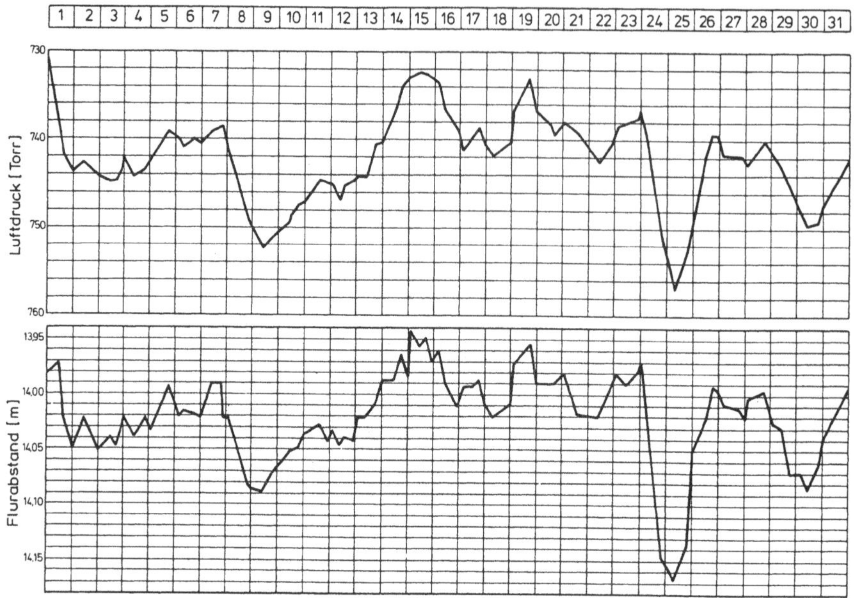

Abb. 3.5. Monatsganglinie des Luftdrucks (oben) und des Flurabstandes (unten) in einem gespannten Aquifer

Die Piezometerbohrung hatte die nachstehende Schichtenfolge ergeben und wurde bis zu einer Teufe von 25 m ausgebaut:

$$
\begin{array}{lll}
0 & -\,22\ \text{m} & \text{Ton} \\
22 & -23{,}6\ \text{m} & \text{glazialer Sand} \\
23{,}6 & -28{,}5\ \text{m} & \text{glazialer Kies}
\end{array}
$$

Nach der geographischen und geologischen Situation steht der sandig-kiesige Aquifer nirgends in einem direkten hydraulischen Kontakt zu einem Aquifer mit freier Oberfläche oder zu einem Oberflächenwasserkörper.

Über den Beobachtungszeitraum Januar hinweg lassen sich keine Reaktionen der Standrohrspiegelhöhe auf Niederschlagsereignisse oder Abflussänderungen in einem (weit entfernten) Vorfluter feststellen. Die Tagesschwankungen dürften auf Erdgezeiten zurückzuführen sein. Die längerfristigen Spiegelschwankungen lassen sich deshalb als Folge der Luftdruckschwankungen erklären.

Wären die Spiegelschwankungen im Peilrohr nur von den Änderungen des Luftdrucks verursacht und trägt man die Summe der Schwankungszuwächse des Wasserspiegels $\Sigma\,\Delta h$ als Funktion der Summe der Schwankungsinkremente des Luftdrucks $\Sigma\,\Delta p_0$ graphisch auf, müsste sich eine Gerade ergeben. Ihre Steigung wäre der barometrische Koeffizient BE.

Wie bereits dargelegt, reagiert das Piezometer auch auf andere Einflüsse, d.h. die Schwankungsinkremente erfassen auch andere Komponenten. Diese lassen sich bei der Auswertung eliminieren, wenn man mit Clark wie folgt verfährt:

- Ist Δp_0 Null, wird der entsprechende Wert von Δh *nicht* zur Bildung von $\Sigma \Delta h$ herangezogen.
- Besitzen Δp_0 und Δh das gleiche Vorzeichen, wird Δh zu $\Sigma \Delta h$ aufaddiert.
- Haben sie ungleiche Vorzeichen, muss Δh vom aktuellen $\Sigma \Delta h$ subtrahiert werden.
- Δh erhält ein positives Vorzeichen, wenn der Wasserspiegel steigt.
- Δp_0 wird negativ, wenn der Luftdruck sinkt.

Nach diesen Regeln sind aus den Ganglinien der Abb. 3.5 die in Tabelle 3.1 wiedergegebenen Zahlenwerte errechnet worden; aus $\Sigma \Delta p$ und $\Sigma \Delta h$ ist wiederum der Graph der Abb. 3.6 konstruiert worden.

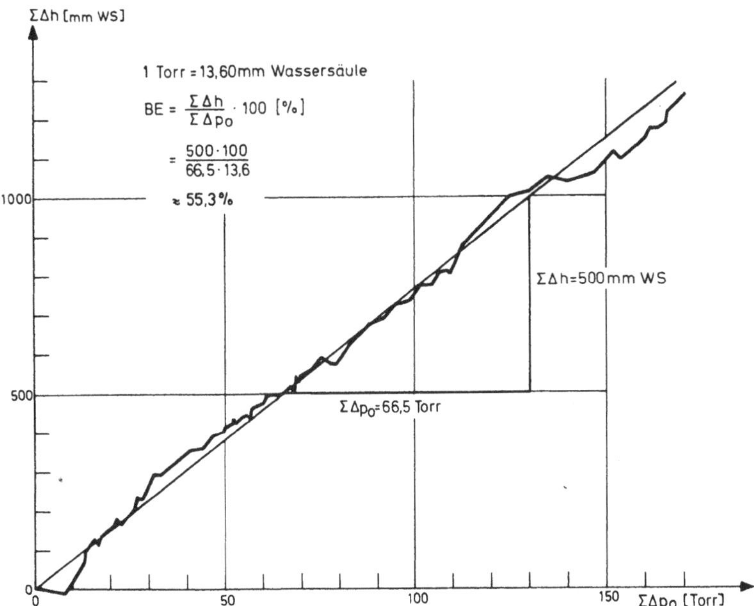

Abb. 3.6. Berechnung des barometrischen Koeffizienten BE aus der Summenkurve von Inkrementen der Luftdruck- und Grundwasserspiegelschwankungen

Liegen Spiegelschwankungen, die nicht vom Luftdruck verursacht werden, phasengleich mit den luftdruckbedingten, verstärken sich die resultierenden Fluktuationen. Sind sie nicht in Phase, werden die resultierenden Schwankungen gedämpft. Da diese im Verlauf eines Beobachtungszeitraums nur zufällig in Periode mit den Luftdruckschwankungen liegen werden, wird sich statistisch die Zahl der

Zuwächse in und außer Phase ausgleichen. Eine Ausgleichsgerade (Abb. 3.6) erlaubt die Berechnung des gesuchten Koeffizienten. Unter Berücksichtigung des Umrechnungsfaktors von Torr zu Millimeter Wassersäule errechnet sich in diesem Beispiel BE zu 55 %.

Tabelle 3.1. Datentabelle zur Ermittlung des barometrischen Koeffizienten

Tag	Zeit	Luft-druck	Δp (Torr)		$\Sigma \Delta p$	Flurab-stand	Δh (mm WS)		$\Sigma \Delta h$
	h	Torr	positiv	negativ		m	positiv	negativ	
1	0	730,5	-			13,981	-		
	10	738,1		7,6	7,6	13,972	9		9
	16	741,7		3,6	11,2	14,021		49	40
2	0	743,7		2,0	13,2	14,051		30	70
	10	742,7	1,0		14,2	14,021	30		100
3	0	744,2		1,5	15,7	14,051		30	130
	11	744,7		0,5	16,2	14,039	12		118
	17	744,7		0,0	16,2	14,048		9	118
	22	743,5	1,2		17,4	14,030	18		136
4	0	742,2	1,3		18,7	14,021	9		145
	10	744,2		2,0	20,7	14,039		18	163
	20	743,5	0,7		21,4	14,021	18		181
5	2	742,4	1,1		22,5	14,033		12	169
	18	739,1	3,3		25,8	13,993	40		209
6	4	740,1		1,0	26,8	14,021		28	237
	8	740,4		0,3	27,1	14,015	6		231
	18	739,9	0,5		27,6	14,018		3	228
7	0	740,4		0,5	28,1	14,021		3	231
	10	739,1	1,3		29,4	13,990	31		262
	20	738,6	0,5		29,9	13,990		0	262
	23	739,7		1,1	31,0	14,021		31	293
8	2	741,7		2,0	33,0	14,021		0	293
	22	749,1		7,4	40,4	14,082		61	354
9	0	749,6		0,5	40,9	14,085		3	357
	10	752,4		2,8	43,7	14,088		3	360
	18	751,1	1,3		45,0	14,073	15		375
10	10	749,3	1,8		46,8	14,054	19		394
	11	748,5	0,8		47,6	14,051	3		397
	18	747,3	1,2		48,8	14,048	3		400
11	0	746,8	0,5		49,3	14,036	12		412
	14	744,5	2,3		51,6	14,027	9		421
	22	744,7		0,2	51,8	14,042		15	436

Tabelle 3.1. (Fortsetzung)

Tag	Zeit	Luft-druck	Δp (Torr)		$\Sigma \Delta p$	Flurab-stand	Δh (mm WS)		$\Sigma \Delta h$
	h	Torr	positiv	negativ		m	positiv	negativ	
12	2	744,9		0,2	52,0	14,033	9		427
	10	746,8		1,9	53,9	14,045		12	439
	14	745,2	1,6		55,5	14,039	6		445
	22	744,5	0,7		56,2	14,042		3	442
13	2	744,2	0,3		56,5	14,021	21		463
	10	744,2	0,0		56,5	14,021	0		463
	18	740,4	3,8		60,3	14,009	12		475
14	0	740,2	0,2		60,5	13,987	22		497
	12	736,6	3,6		64,1	13,987	0		497
	18	733,8	2,8		66,9	13,963	24		521
15	0	732,8	1,0		67,9	13,984		21	500
	2	732,5	0,3		68,2	13,942	42		542
	10	732,3	0,2		68,4	13,957		15	527
15	16	732,5		0,2	68,6	13,948	9		518
	22	733,0		0,5	69,1	13,970		22	540
16	4	733,3		0,3	69,4	13,960	10		530
	10	736,6		3,3	72,7	13,990		30	560
	23	738,9		2,3	75,0	14,021		31	591
17	4	741,2		2,3	77,3	14,003	18		573
	12	739,7	1,5		78,8	14,003	0		573
	18	738,6	1,1		79,9	13,987	16		589
18	0	740,4		1,8	81,7	14,009		22	611
	8	741,4		1,0	82,7	14,021		12	623
19	0	740,2	1,2		83,9	14,009	12		635
	2	736,6	3,6		87,5	13,972	37		672
	16	733,0	3,6		91,1	13,954	18		690
20	0	736,6		3,6	94,7	13,990		36	726
	12	738,1		1,5	96,2	13,990		0	726
	16	737,4	0,7		96,9	13,990	0		726
21	1	736,0	1,4		98,3	13,991	9		735
	14	739,1		3,1	101,4	14,018		37	772
22	10	742,2		3,1	104,5	14,021		3	775
	22	740,2	2,0		106,5	13,990	31		806
23	2	738,4	1,8		108,3	13,981	9		815
	12	737,9	0,5		108,8	13,990		9	806
	23	737,4	0,5		109,3	13,978	12		818

Tabelle 3.1. (Fortsetzung)

Tag	Zeit	Luft-druck	Δp (Torr)		$\Sigma\,\Delta p$	Flurab-stand	Δh (mm WS)		$\Sigma\,\Delta h$
	h	Torr	positiv	negativ		m	positiv	negativ	
24	0	736,6	0,8		110,1	13,972	6		824
	6	739,2		2,6	112,7	14,021		49	873
	20	750,8		11,6	124,3	14,146		125	998
25	8	757,9		7,1	131,4	14,167		21	1019
	20	754,4	3,5		134,9	14,137	30		1049
26	0	749,3	5,1		140,0	14,051		14	1035
	12	741,7	7,6		147,6	14,021	30		1065
	18	739,4	2,3		149,9	13,993	28		1093
	22	739,4		0,0	149,9	13,996		3	1093
27	4	741,7		2,3	152,2	14,009		13	1106
	18	741,7		0,0	152,2	14,012		3	1106
	20	741,7		0,0	152,2	14,015		3	1106
28	0	742,2		0,5	152,7	14,021		6	1112
	2	742,7		0,5	153,2	14,003	18		1094
	18	739,9	2,8		156,0	13,996	7		1101
29	2	741,7		1,8	157,8	14,024		28	1129
	10	742,9		1,2	159,0	14,030		6	1135
	14	744,2		1,3	160,3	14,051		21	1156
	18	745,2		1,0	161,3	14,070		19	1175
30	4	747,8		2,6	163,9	14.070		0	1175
	10	749,6		1,8	165,7	14,085		15	1190
	20	749,3	0,3		166,0	14,064	21		1211
31	0	747,3	2,0		168,0	14,039	25		1236
	10	745,2	2,1		170,1	14,021	18		1254
	22	742,7	2,5		172,6	13,996	25		1279

3.2.5 Abschätzung des Speicherkoeffizienten

Liegen keinerlei quantitative Daten eines Aquifers vor, müssen Schätzwerte für den Speicherkoeffizienten anhand der Ergebnisse von Erkundungsbohrungen oder konstruierter Schichtenprofile angesetzt werden. Wie in nachfolgender Tabelle angeführt, empfiehlt Lohman (1972) als Faustregel, allgemein einen spezifischen Speicherkoeffizienten von $S_S = 3{,}3\cdot 10^{-6}$ (ms^{-1}) zu verwenden.

Mächtigkeit m (m)	spez. Speicherkoeffizient $S_s = \dfrac{S}{m}$ (m^{-1})	Speicherkoeffizient S
0,3		10^{-6}
3	$3{,}3 \cdot 10^{-6}$	10^{-5}
30		10^{-4}
300		10^{-3}

Für dazwischen liegende Werte kann die jeweilige Mächtigkeit m eines gespannten Grundwasserleiters mit dem genannten Faktor $3{,}3 \cdot 10^{-6}$ multipliziert werden. Ein 20 m mächtiger Aquifer besitzt daher einen Wert von $S = 6{,}6 \cdot 10^{-5}$.

Da bei einem solchen Vorgehen weder Porosität noch Kompressibilität berücksichtigt werden, darf man keine genauen Werte für den Speicherkoeffizienten erwarten. Doch hat die praktische Erfahrung gezeigt, dass man durchaus zu größenordnungsmäßig verlässlichen Angaben von S gelangt.

3.3 Nutzbarer Porenraum und Haftwasseranteil

3.3.1 Mathematisches Konzept

Der von Wasser oder Luft eingenommene Hohlraum eines Lockergesteins wird quantitativ durch die Begriffe *Porenraum*, *Porenvolumen* oder *Porosität* beschrieben, die das Verhältnis von Hohlraumvolumen zu Gesamtvolumen ausdrücken (v. Engelhardt 1960; Schultze u. Muhs 1967). Bezieht man auch geklüftete Festgesteine in eine solche Betrachtung ein, unterscheidet man die im Verlauf der Ablagerung entstandene *Primärporosität* der Lockergesteine von der durch diagenetische und tektonische Vorgänge hervorgerufenen *Sekundärporosität* der Festgesteine.

$$n = \frac{V_H}{V} = \frac{V_W}{V} = \frac{V - V_t}{V} = 1 - \frac{V_t}{V} \quad \text{(dimensionslos)} \qquad (3.26)$$

mit

n = Porenraum (Dezimalbruch)

V = Gesamtvolumen (m^3)

V_H = Hohlraumvolumen (m^3)

V_W = wassergesättigtes Hohlraumvolumen (m^3)

V_t = Feststoffvolumen (m^3)

In der Bodenmechanik, weniger dagegen in der Grundwasserhydrologie, ist eine aus Gl. 3.26 abgeleitete Größe gebräuchlich, die *Porenzahl* oder *Porenziffer*, die v. Engelhardt (1960) auch als *relativen Porenraum* bezeichnet. Diese Größe drückt das Verhältnis von Hohlraumvolumen zum Feststoffvolumen aus.

$$\varepsilon = \frac{V - V_t}{V_t} = \frac{V_H}{V_t} = \frac{V_W}{V_t} = \frac{n}{1-n} \qquad (3.27)$$

Wie in Abschn. 3.1 erläutert, fließt nur ein Teil des Wassers, das im gesättigten Bereich die Poren erfüllt, unter dem Einfluss der Schwerkraft frei ab. Der andere wird von Kräften zurückgehalten, die gegen die Schwerkraft wirken und hier ganz allgemein als Molekularkräfte und kapillare Saugspannung bezeichnet werden sollen.

Das Verhältnis des frei aus dem Porenraum abfließenden Wassers zum Gesamtvolumen wird *nutzbarer Porenraum* (international: specific yield) genannt (vgl. Abschn. 3.1).

$$n_0 = S_Y = \frac{V_g}{V} \qquad (3.28)$$

mit

V_g = Volumen des frei auslaufenden Wassers (m^3)

Die Differenz zwischen Porenraum und nutzbarem Porenraum ist der *Haftwasseranteil*, der gelegentlich auch als *Rückhaltevermögen* (specific retention) bezeichnet wird.

$$n_r = S_r = \frac{V_r}{V} = n - n_0 = n - S_Y \qquad (3.29)$$

mit

V_r = Volumen des gegen die Schwerkraft zurückgehaltenen Wassers (m^3)

In den USA findet zur Abschätzung des nutzbaren Porenraums von Lockergesteinen das *Feuchteäquivalent* M_C Verwendung. Dafür gilt die folgende Definition des Hydrologischen Labors des USGeological Survey (Lohman 1972):

> Das Feuchteäquivalent eines wasserführenden Lockergesteins ist das Verhältnis des Gewichts des Wassers, das das ursprünglich wassergesättigte Material enthält, zum Trockengewicht des Materials, nachdem dieses für 2 Stunden bei einer Luftfeuchtigkeit von 100 % einer Zentrifugalkraft von 1000 mal der Schwerkraft ausgesetzt gewesen ist.

Bei der American Society for Testing and Materials (ASTM 1961) beträgt die Zentrifugierzeit dagegen nur 1 Stunde.

Feuchteäquivalent und nutzbarer Porenraum bzw. Haftwasseranteil sind wie folgt verknüpft

$$n - n_0 = n_r = S_r = M_C \cdot N_r \cdot \frac{\rho_t}{\rho_W} \qquad (3.30)$$

mit

$n_r = S_r$ =   Haftwasseranteil in Volumenprozent

M_C =   Feuchteäquivalent in Gewichtsprozent

N_r =   Quotient von Haftwasseranteil zu Feuchteäquivalent

ρ_t =   Trockendichte des Materials in kgm^{-3}

ρ_W =   Dichte des Wassers in kgm^{-3}

Abbildung 3.7 zeigt graphisch den Zusammenhang zwischen Feuchteäquivalent und Haftwasscranteil (Piper 1933; Johnson 1967).

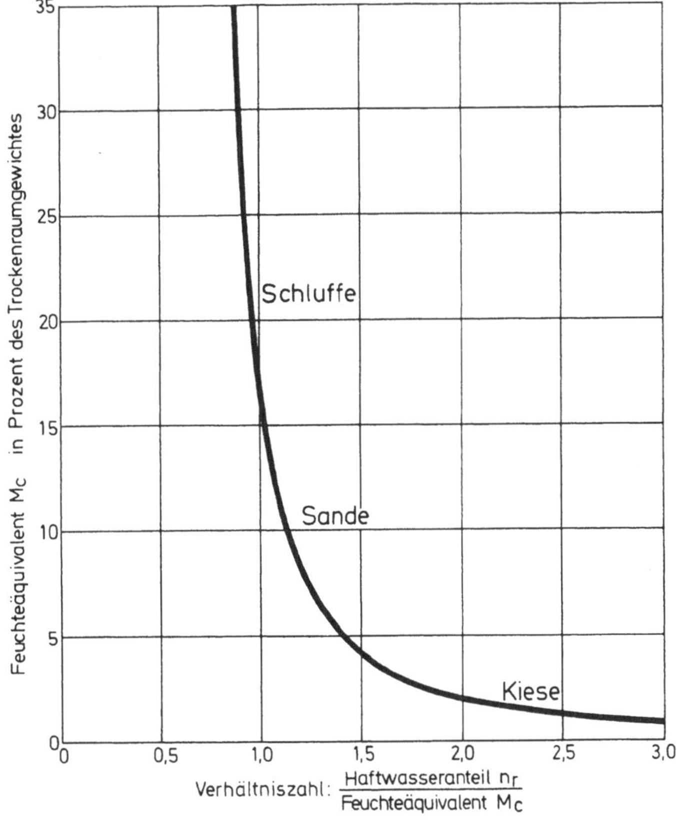

Abb. 3.7. Zusammenhang von Feuchteäquivalent und Haftwasseranteil bei Schluffen, Sanden und Kiesen. Nach Piper (1933) und Johnson (1967).

3.3.2 Nutzbarer Porenraum als „Variable" der Zeit

Sowohl Speicherkoeffizient als auch nutzbarer Porenraum stellen nach den bisher gebrachten Definitionen feste hydraulische Parameter von Grundwasserleitern dar, also Konstanten. Als solche werden sie auch häufig in der Literatur beschrieben. Doch haben zahlreiche Felduntersuchungen der letzten Jahre nachgewiesen, dass der in den Formeln als n_0 bezeichnete Parameter ergänzender Angaben bedarf, nämlich der Zeitperiode von Entleerungs- oder Auffüllphasen, für die er gültig sein soll. Bereits in den sechziger und siebziger Jahren sind darum Begriffe geprägt worden, die hier kurz erklärt werden.

Der *auffüllbare Porenraum* n_a ist nach Beyer u. Schweiger (1969) die Differenz zwischen dem Gesamtporenraum n und dem Porenanteil n_{0e}, der nach ursprünglicher Entleerung und Wiederanstieg des freien Grundwasserspiegels infolge des Haftwasseranteils n_r und verbleibender Lufteinschlüsse n_{0l} nicht wieder mit frei beweglichem Wasser aufgefüllt werden kann.

$$n_a = n - n_{0e} = n - \left(n_r - n_{0l} \right) \tag{3.31}$$

Seiler (1973) verwendet den Begriff des *spontan entwässerbaren Hohlraumvolumens*; das ist der in Volumenprozenten ausgedrückte Wassergehalt, den eine homogen aufgebaute und wassergesättigte Probe innerhalb von 5 Stunden nach Entleerungsbeginn abgibt.

Mit dem *langfristig entwässerbaren Porenraum*, wie er sich erst nach Monaten oder gar Jahren großräumiger Absenkungen feststellen lässt, beschäftigt sich eine Untersuchung von Helmbold (1988). Vergleichbare Untersuchungen hatte auch Marotz (1968) durchgeführt. Dieser Begriff darf mit dem des nutzbaren Porenraums gleichgesetzt werden.

Helmbold konnte für die tertiären Sande des Mitteldeutschen Braunkohlenreviers einen funktionellen Zusammenhang zwischen nutzbarem Porenraum und dem Durchlässigkeitsbeiwert ableiten. Auf Abb. 3.8 sind seine Untersuchungsergebnisse nach Gl. 3.32 dargestellt.

$$n_0 = 1{,}33 \cdot K^{0,22} \tag{3.32}$$

Die Verwendung unterschiedlicher Begriffe wie „spontan" und „langfristig" lässt also deutlich den Einfluss der Zeit erkennen. Darüber hinaus ist zu beachten, dass nur *Gebietswerte* des nutzbaren Porenraums von realem Interesse sind. Laborwerte von Einzelproben reichen ebenso wie Ergebnisse hydrologischer Pumpversuche in der Regel nicht aus, relevante Gebietswerte mit für die Praxis zufriedenstellender Genauigkeit zu erhalten. Dazu sind meist immer aufwendige Geländearbeiten erforderlich, wie sie etwa in der Arbeit von Rietzler u. Poss (1986) beschrieben werden. Andererseits haben gerade Laboruntersuchungen, auf die in Abschn. 3.3.3 eingegangen wird, gezeigt, dass die Vorgänge in der ungesättigten Zone oberhalb eines absinkenden oder ansteigenden freien Wasserspiegels instationär sind.

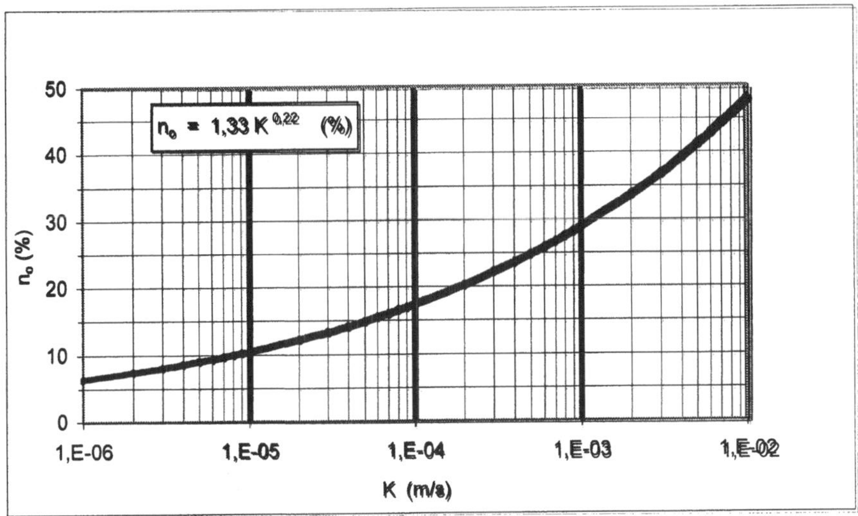

Abb. 3.8. Zusammenhang von Durchlässigkeitsbeiwert K (ms^{-1}) und „langfristig entwässerbarem" (nutzbarem) Porenraum n_0 in Sanden des Mitteldeutschen Braunkohlenreviers (Helmbold 1988)

Je nach Aufgabenstellung unterscheidet man heute *durchflusswirksames Hohlraumvolumen* und *speichernutzbares Hohlraumvolumen* n_{sp}. Der zweite Begriff erfasst implizit den Einfluss der Zeit und wird nachstehend kurz beschrieben.

Die grundwasserführenden quartären Terrassenschotter des Rheins stromab von Bonn sind für ufernahe kurzfristige, oft über 10 m betragende Schwankungshöhen des freien Wasserspiegels bekannt. Besonders markant sind sie in den Bereichen zwischen den großen Rheinschlingen. Im hydraulischen Kurzschluss tritt Wasser aus dem Rhein in den Aquifer ein und verlässt ihn stromab wieder. Für die hier gelegenen öffentlichen und privaten Wasserwerke war bei früher verliehenen Wasserrechten von einem nutzbaren Porenraum in der Größenordnung von rund 20 bis 25 % ausgegangen worden.

Untersuchungen haben aber verdeutlicht, dass in der frühen Phase eines Hochwassers im Fluss zwar der landseitige freie Wasserspiegel h sehr schnell ansteigt, dass aber in Realität keine Einspeisung in den Grundwasserleiter und damit auch keine Speicheraufhöhung stattfindet. Es findet lediglich eine laterale Druckpropagation statt (Van der Kamp 1973); der Wasserspiegel steigt lediglich in der Kapillarzone an. Eine Kurzzeit-Bilanzierung würde ein nutzbares bzw. speicherverfügbares Hohlraumvolumen von einem Wert nahe Null ergeben.

Bei einem länger andauernden Einstrom vom Fluss her ergäbe eine Bilanzierung einen Wert von n_{sp} in der Größenordnung von ca. 10 %. Beim Anstieg des Wasserspiegels verbleibt nämlich Luft in zahlreichen Poren und reduziert somit das Speichervolumen.

Berücksichtigt man die Grundwasserneubildung während des Winterhalbjahres, die zu einem langsamen Anstieg des freien Wasserspiegels führt, kommt man auf Gebietswerte für n_{sp} von etwa 15 %. Jetzt macht sich der unterschiedliche lithologische Aufbau der Schotter bemerkbar: Feinkörnige Schichten innerhalb der Sand-Kies-Abfolge waren in der vorausgegangenen sommerlichen Absenkungsphase gar nicht entleert worden, können demzufolge auch nicht aufgefüllt werden.

Dagegen ergibt eine Bilanzierung von mehreren Jahren andauernder Entleerung von Grundwasserleitern, etwa infolge langjähriger Wasserhaltung oder bergbaulicher Sümpfungsmaßnahmen, den oben genannten Wert des nutzbaren Porenvolumens von 20 bis 25 %.

Aus diesem Grund soll der Zeitraum der Nutzung des Aquifers bei Zahlenangaben über das speicherverfügbare Hohlraumvolumen immer mit genannt werden (Mull 1982).

Hinsichtlich der Speichereigenschaft kann unterschieden werden:

– *Kurzzeitspeicher*, der lediglich Bedarfsspitzen im Tages- und Wochenturnus ausgleicht
– *Langzeitspeicher*, mit dem das Wintermaximum der Grundwasserneubildung und das Sommermaximum des Bedarfs ausgeglichen werden
– *Mehrjahresspeicher*, der zum Ausgleich von niederschlagsreichen und trockenen Mehrjahresperioden dient

3.3.3 Haftwasser und Saugspannung

Zu den im vorstehenden Abschnitt allgemein beschriebenen instationären Vorgängen bei Entleerung und Auffüllung des Porenraums von Lockergesteinen liegen im internationalen Schrifttum zahlreiche Publikationen vor. An dieser Stelle werden lediglich einige, nach Auffassung der Autoren mustergültige Arbeiten zitiert und im Vergleich zu Langguth u. Voigt (1980) nur in verkürzter Form wiedergegeben.

Die Entleerung einer Lockersedimentssäule unter Schwerkrafteinfluss ist ein instationärer, eindimensionaler Strömungsvorgang, der einem stationären Zustand zustrebt. Zwischen dem Wassergehalt eines Ortes zu einem gegebenen Zeitpunkt und dessen Höhe über dem Grundwasserspiegel besteht dabei ein funktioneller Zusammenhang. Ein solcher Zusammenhang besteht auch zwischen Absenkungsgeschwindigkeit des Wasserspiegels und Entleerungsrate. Weiterhin beeinflusst der lithologische Aufbau dieses Sediments, etwa der Wechsel von grob- und feinkörnigen Sanden, den Ablauf der Entleerung entscheidend.

Nach Versluys (1917; zitiert bei Prill, Johnson u. Morris 1965) lassen sich im ungesättigten Porenraum eines Lockergesteins oberhalb des Grundwasserspiegels drei Arten der Wasserbindung unterscheiden (vgl. auch Jordan u. Weder 1988):

– In der *Pendular-Zone*, die am weitesten vom Wasserspiegel entfernt gelegen ist, findet sich Wasser nur in Ringen oder Menisken um die Kontaktstellen der Sedimentkörner herum angeordnet. Darüber hinaus umgibt ein extrem dünner

Wasserfilm die festen Partikel, der jedoch auf die Massenverteilung des Wassers keinen merklichen Einfluss ausübt.

— In der *Funikular-Zone* sind die umhüllenden Wasserfilme dicker; ebenfalls sind die Wassermenisken immer noch vorhanden, jedoch in nunmehr komplizierteren Formen: Dabei umhüllt das Wasser die Porenzwickelfüllung der Kontaktstellen völlig.

— Die *Kapillar-Zone* direkt über dem Wasserspiegel ist de facto wassergesättigt.

Oberflächen- und Grenzflächenspannungen verursachen diese ringförmige Anordnung des Wassers. Die Grenzflächen Luft – Wasser krümmen sich auf die Kontaktstellen zu, da die Dampfdrücke auf beiden Seiten dieser Flächen gleich sind. Befindet sich das Dreiphasen-System Feststoff – Wasser – Luft insgesamt in einem thermodynamischen Gleichgewicht, müssen die Dampfdrücke an allen Stellen des ungesättigten Mediums, die die gleiche Höhe über dem Wasserspiegel einnehmen, einander gleich sein. Herrscht kein Gleichgewicht, sind die Luft – Wasser – Grenzflächen unterschiedlich gekrümmt, und ein Druckausgleich in einem Niveau über dem Wasserspiegel vollzieht sich durch Verdunstung von einem Wasserpartikel an einer Stelle und Kondensation an einer anderen. Analog zum Potential einer gesättigten Strömung (vgl. Abschn. 2.1.2) existiert im ungesättigten Bereich daher auch ein *Kapillarpotential* Ψ. Die Intensität der Wasserbindung an einem Ort in der Höhe h über dem Wasserspiegel lässt sich nach Beyer u. Schweiger (1969) ausdrücken durch

$$\Psi = g \cdot h \quad (\mathrm{m^2 s^{-2}}) \tag{3.33}$$

$$\dim \left(\Psi\right) = \mathrm{L^2 T^{-2}}$$

mit

$g =$ Erdbeschleunigungskonstante

Diesem Potential entspricht eine *Saugspannung* (oder ein Saugdruck) p_s, die auf das in der Höhe h über dem Wasserspiegel vorhandene Wasser wirkt.

$$p_s = \rho \cdot g \cdot h \quad (\mathrm{m\ Wassersäule}) \tag{3.34}$$

$$\dim \left(p_s\right) = \mathrm{ML^{-1}T^{-2}}$$

mit

$\rho =$ Dichte des Wassers $(\mathrm{kgm^{-3}})$

Mit zunehmender Höhe h wächst auch der Saugdruck. Demzufolge muss das Volumen an Wasser, das unter Gleichgewichtsbedingungen im Porenraum gegen die Schwerkraft gehalten werden kann, nach oben hin abnehmen: Die Feuchteverteilung, d.h. der Haftwasseranteil der Lockergesteinssäule, hängt unter stationären Verhältnissen von der Höhe über dem Wasserspiegel ab.

Mit dem *Sättigungsgrad* S_f des porösen Mediums variiert auch dessen Durchlässigkeit für Wasser.

$$S_f = \frac{n}{n_r} \tag{3.35}$$

mit

n_r = Haftwasseranteil

Gleichung 3.34 zeigt den Zusammenhang zwischen Saugspannung p_s und Höhe h über dem Wasserspiegel. Nach Ende der Schwerkraftentleerung herrscht ein Gleichgewichtszustand zwischen ungesättigtem und gesättigtem Bereich der Sedimentsäule, die mit dem Wasserspiegel aneinander grenzen. Das oberhalb des Wasserspiegels verbliebene Haftwasser fließt weder auf- noch abwärts. Eine Höhe h von 10 cm über dem Wasserspiegel entspricht dabei einer Saugspannung von 10 cm Wassersäule. Je größer die Saugspannung, um so kleiner ist der Haftwasseranteil. Auf einem Diagramm mit maßstabsgleichen Achsen zeigt daher die Gerade mit 45° Steigung diesen Gleichgewichtszustand an (Abb. 3.9). Diesem Gleichgewicht entspricht ein hydraulischer Gradient von Null (Prill, Johnson u. Morris 1965).

Die Saugspannung wird mittels Tensiometer gemessen, die in der Regel in verschiedenen Höhen der Sedimentsäule oberhalb des Wasserspiegels angebracht werden.

Abbildung 3.10 zeigt die schematische Darstellung eines Tensiometers. Die Messung der Saugspannung erfolgt durch den Druckausgleich zwischen Tensiometerflüssigkeit und umgebendem Boden über die Keramikzelle des Tensiometers. Die Tensiometerflüssigkeit dient der Übertragung der im Boden vorhandenen Saugspannung auf den Druckaufnehmer. Der zulässige Saugdruck in einem Tensiometer soll 800 bis 900 mbar nicht übersteigen, da sonst die Gefahr eines Luftdurchbruchs in die Keramikzelle hinein besteht.

Im Gegensatz zum Tensiometer dient die Keramikzelle in der Saugkerze zum Ansaugen des im ungesättigten Porenraum zirkulierenden Wassers. Dazu wird in dem Probensammelgefäß (Abb. 3.10.b) ein Unterdruck erzeugt, der größer als die Saugspannung im Boden ist.

Die Arbeiten von Johnson, Prill u. Morris (1963); Prill, Johnson u. Morris (1965) sowie Johnson (1967) berichten sehr ausführlich über Durchführung und Ergebnisse von Entleerungsversuchen im Labor. Einige wesentliche Ergebnisse werden im Folgenden wiedergegeben.

Abbildung 3.9.a demonstriert den für einen gut durchlässigen Mittelsand charakteristischen Verlauf eines Entleerungsversuchs im Labor. Eine 1,40 m hohe, in Rohrsegmenten eingebaute gesättigte Sandsäule wird drainiert, wobei der Wasserspiegel an ihrer Basis steht. Die Gesamtporosität liegt bei 37 %, und die gesättigte Durchlässigkeit beträgt $K = 5 \cdot 10^{-3}$ ms^{-1}.

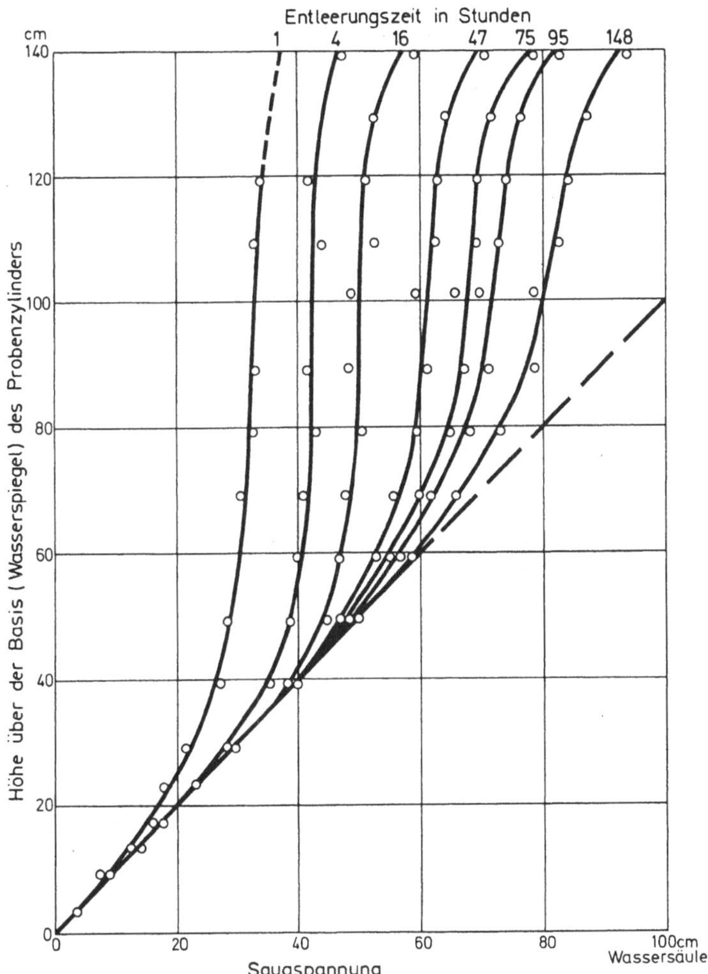

Abb. 3.9.a Saugspannung und volumetrischer Wassergehalt. Nach Prill, Johnson u. Morris (1965). Variation der Saugspannung in Höhe und Zeit während der Schwerkraftentleerung eines Mittelsandes

Schon kurze Zeit nach Beginn der Entleerung stellt sich unmittelbar über dem Wasserspiegel ein Quasi-Gleichgewichtszustand ein, wie an der Saugspannungs-Höhen-Kurve mit der Steigung 1 = 45° (hydraulischer Gradient = Null) kenntlich ist. In etwas größerer Höhe verläuft die Kurve noch nahezu senkrecht; der Gradient liegt dicht bei 1. Weit mehr als 90 % des unter Versuchsbedingungen frei auslaufenden Wassers fallen in der Regel in den ersten Stunden an, was dem Anteil des spontan entwässerbaren Hohlraums nach Seiler (1973) entspricht. Bis aber ein Gleichgewicht über die gesamte Sedimentsäule erreicht wird, können selbst bei einem Mittelsand Monate vergehen.

Abbildung 3.9.b zeigt die den angegebenen Saugspannungsstufen entsprechenden volumetrischen Haftwasseranteile n_r, bei denen die Zeitabhängigkeit dieses Parameters besonders deutlich wird.

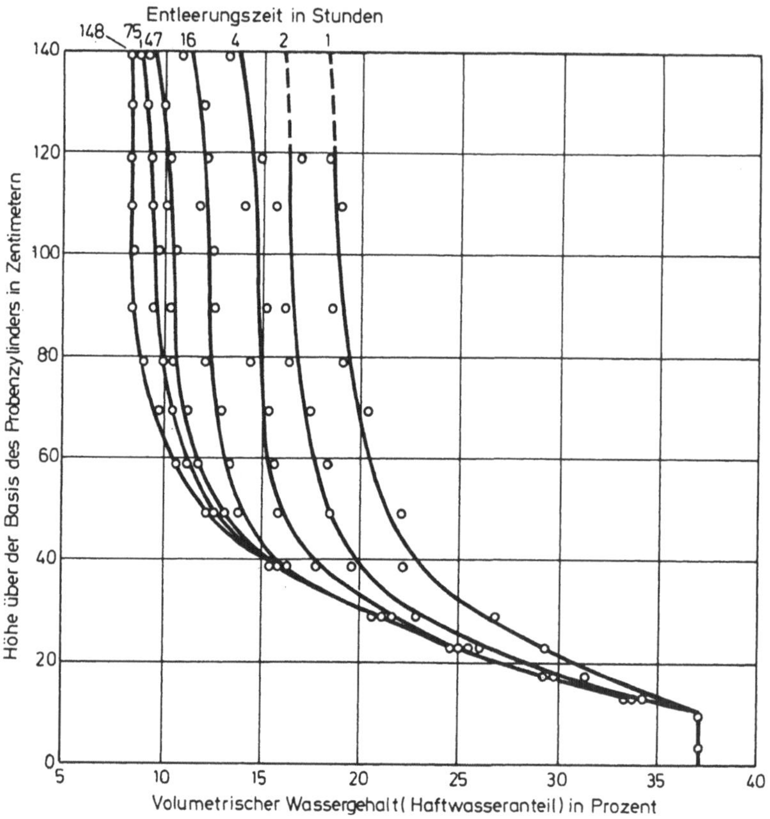

Abb. 3.9.b Saugspannung und volumetrischer Wassergehalt. Nach Prill, Johnson u. Morris (1965). Volumetrischer Wassergehalt in Abhängigkeit von der Höhe über dem Wasserspiegel und der Zeit nach Entleerungsbeginn

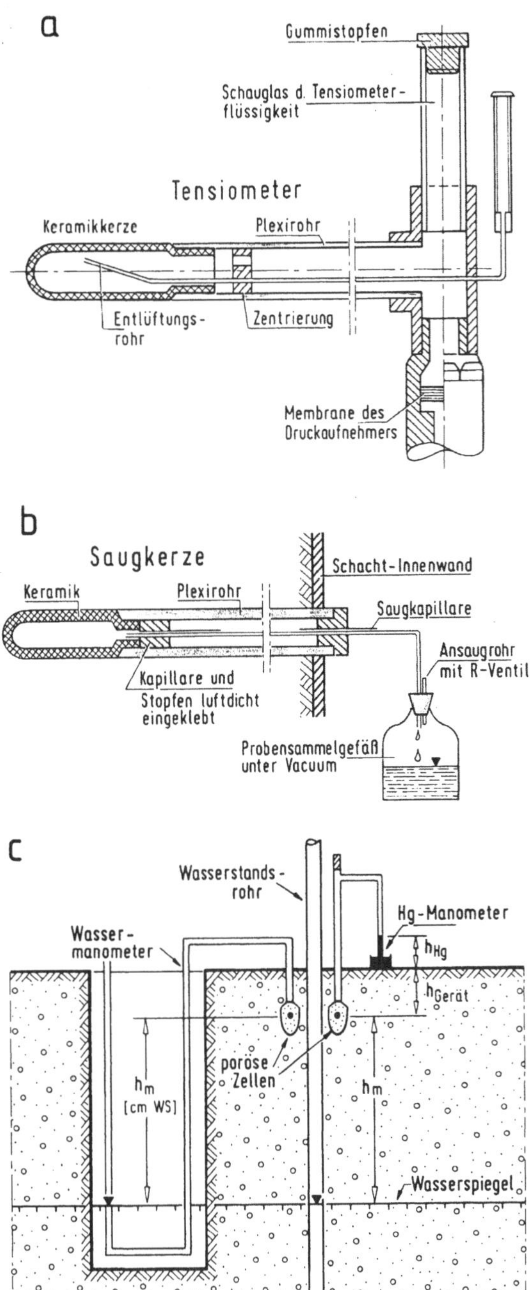

Abb. 3.10. Aufbau des Tensiometers Typ A und einer Saugkerze nach Hellekes (1985) sowie Tensiometer-Einbau im Gelände mit Wasserrohr- und Hg-Anzeige nach Scheffer / Schachtschabel (1984)

Nach Versuchsabschluss wird für den Sandanteil innerhalb eines jeden Rohrsegmentes das *Trockenraumgewicht* γ_t bestimmt.

$$\gamma_t = \frac{G_t}{V} \quad (\text{kgm}^{-3}) \tag{3.36}$$

mit

G_t = Gewicht der bei 105 °C getrockneten Probe im Segment (kg)

V = Volumen der Probe im Segment (m³)

Bei Immersion des getrockneten Materials in einen wassergefüllten Messzylinder entspricht das Volumen des dabei verdrängten Wassers V_W dem Feststoffvolumen V_t der Probe. Folglich ist die Feststoffwichte

$$\gamma_s = \frac{G_t}{V_W} \quad (\text{kgm}^{-3}) \tag{3.37}$$

Der Gesamtporenraum des Sandes im Rohrsegment ergibt sich aus der Beziehung

$$n = \frac{\gamma_s - \gamma_t}{\gamma_s} \cdot 100 \quad (\%) \tag{3.38}$$

Die Bodenfeuchte kann in zweierlei Form, und zwar in Gewichtsprozenten oder in Volumenprozenten ausgedrückt werden:

Gewichtsprozente: $\dfrac{Gewichtsanteil\ des\ Wasseranteils\ der\ Probe}{Trockengewicht\ der\ Probe} \cdot 100 \quad (\%)$

Volumenprozente: $\left(Gewichtsprozent\right) \cdot \left(Trockenraumgewicht\ \gamma_t\right) \quad (\%)$

Als Sättigungsgrad bezeichnet man den Quotienten aus volumetrischem Feuchtegehalt und Porosität. Er wird ebenfalls in Prozent angegeben. Das Volumen des ausgelaufenen Wassers kann als Summenkurve in Millilitern gegen die Zeit aufgetragen werden.

Geradezu exemplarisch lassen sich die Schwierigkeiten, ein nutzbares Porenvolumen bzw. einen entsprechenden Haftwasseranteil bzw. ein speichernutzbares Hohlraumvolumen zu bestimmen, an den Abb. 3.11.a und b erkennen. Analog zum lithologischen Aufbau natürlicher Aquifere zeigen die Abbildungen maßstabsgetreu ein Dreischichtenprofil, das sich aus einer hangenden Grobsandlage mit $n = 35{,}1\ \%$ und $K = 8 \cdot 10^{-2}\ \text{ms}^{-1}$, einem Mittelsandpaket mit den oben genannten Parametern in der Mitte und einer liegenden gleichartigen Grobsandlage zusammensetzt. Wiederum wird der Wasserspiegel an der Säulenbasis gehalten.

Abbildung 3.11.a gibt die zeitliche Variation der Saugspannung wieder. Während der ersten halben Stunde nach Entleerungsbeginn stellt sich in den untersten 25 cm des liegenden Grobsandes ein hydraulischer Gradient von nahezu Null ein, während er im Mittelsand darüber einen Wert über eins erreicht sowie im hangenden Grobsand bei rund eins liegt. Weil der Grobsand eine um das Sechzehnfache höhere Durchlässigkeit als der Mittelsand besitzt, bedarf es im liegenden Grobsand nur eines kleinen Gradienten, um das Wasser aus dem Mittelsand in seinem Hangenden abzuleiten. Umgekehrt erschwert dieses Verhältnis der Durchlässigkeiten eine entsprechende Drainage des hangenden Grobsandes, der darum über die Versuchsdauer hinweg immer den Gradienten von eins beibehält. Die den Saugspannungskurven äquivalenten Kurven der Haftwassergehalte sind in Abb. 3.11.b dargestellt.

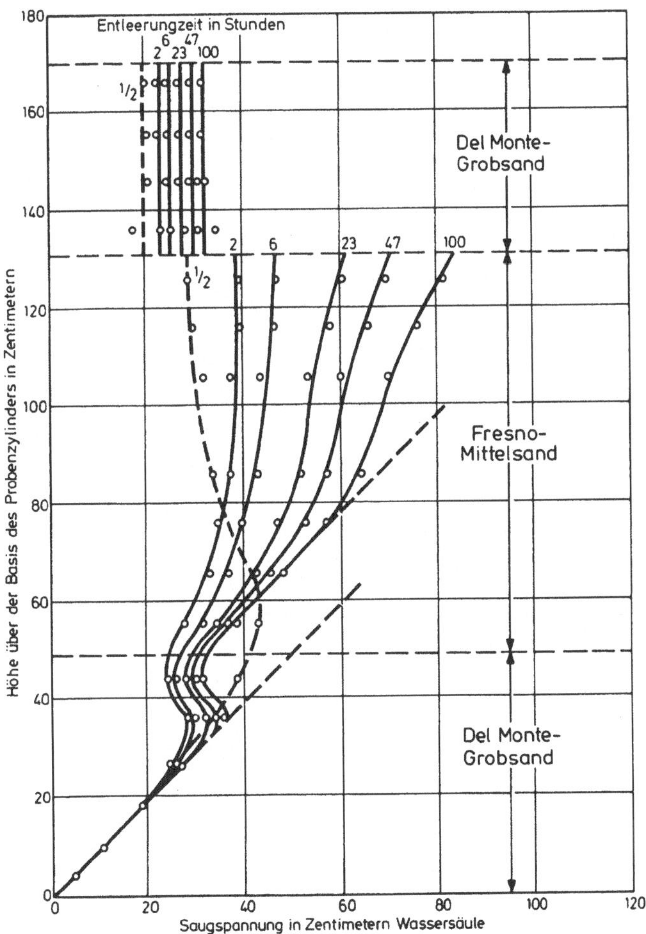

Abb. 3.11.a Variation der Saugspannung in Höhe und Zeit während der Schwerkraftentleerung einer Grobsand-Mittelsand-Grobsand-Wechselfolge. Nach Prill, Johnson u. Morris (1965).

Diese beiden unter vereinfachenden Laborbedingungen durchgeführten Versuche machen klar, welchen großen Einfluss Entleerungszeit und lithologischer Aufbau eines Aquifers auf eine Bestimmung des nutzbaren Porenvolumens haben. Zur Bestimmung von Gebietswerten des speichernutzbaren Hohlraumvolumens eines bewirtschafteten Aquifers sind darüber hinaus Angaben über Absenk- und Wiederanstiegsgeschwindigkeiten des freien Wasserspiegels erforderlich, wie exemplarisch von Rietzler u. Poss (1986) gezeigt.

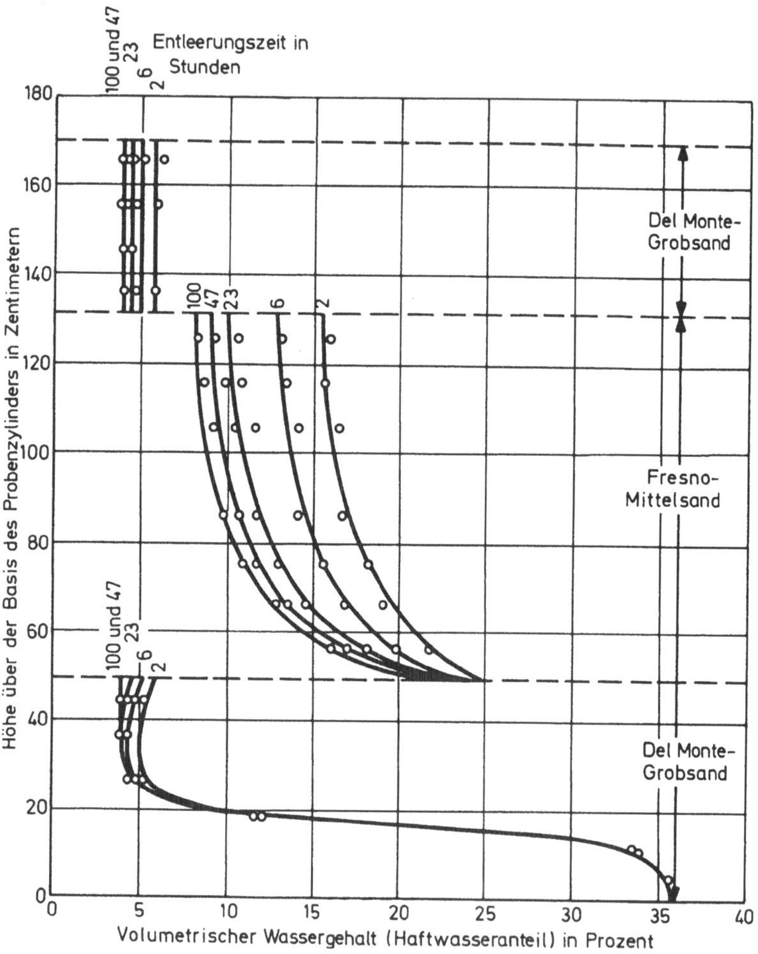

Abb. 3.11.b Volumetrischer Wassergehalt (Haftwasseranteil) in einer Grobsand-Mittelsand-Grobsand-Wechselfolge in Abhängigkeit von der Höhe und der Zeit nach Entleerungsbeginn. Nach Prill, Johnson u. Morris (1965).

3.3.4 Nutzbarer Porenraum und Bodenfeuchte in der ungesättigten Zone

Messungen der Bodenfeuchte oberhalb des Wasserspiegels in Aquiferen mit freier Oberfläche, bei denen dessen Flurabstand 5 bis 6 m nicht überschreitet, können zur Ermittlung von nutzbarem Porenraum bzw. speichernutzbarem Hohlraumvolumen herangezogen werden. Voraussetzung ist, dass sich solche Messungen in einer Teufe bewegen, die nicht mehr dem Zugriff der Verdunstung ausgesetzt ist.

Die kapillare Steighöhe ist im Wesentlichen direkt proportional der Gesamtporosität n und umgekehrt proportional der wirksamen Korngröße d_w des Lockergesteins (Castany 1967). Sie beträgt größenordnungsmäßig bei

Grobsand	0,12 bis 0,15 m
Mittelsand	0,40 bis 0,50 m
Feinsand	0,90 bis 1,00 m
sandigem Lehm	1,75 bis 2,00 m
feinsandigem Ton	2,25 bis 9,40 m

Ein elegantes Werkzeug zur Bestimmung der Bodenfeuchte ist die Neutronensonde, auf deren Gebrauch an dieser Stelle nicht eingegangen wird. Verwiesen sei auf die Publikationen von Brechtel (1983) und Jacob (1970) sowie Moser u. Rauert (1980), die detailliert auch die radiometrischen Methoden behandeln.

An dieser Stelle soll die Auswertemethodik anhand eines Beispiels illustriert werden. Es zeigt, wie das speichernutzbare Hohlraumvolumen anhand von zeitlichen Änderungen der Bodenfeuchte in einem Messprofil über einem fluktuierenden Grundwasserspiegel bestimmt werden kann (Brown, Konoplyantsev, Ineson u. Kovalevsky 1972). Das Beispiel beruht auf der Registrierung der Veränderung des Wassergehaltes in einem Zeitintervall Δt, in dessen Verlauf sich das Niveau des Wasserspiegels um den Betrag Δh ändert.

Zu einem beliebigen Zeitpunkt, zu dem der freie Wasserspiegel die Position h_1 einnimmt (Abb. 3.12), wird im ungesättigten Bereich die Feuchteverteilung, d.h. der volumetrische Wassergehalt oder Haftwasseranteil, in vertikalen Abständen von 0,1 m gemessen. Je nach den lithologischen Verhältnissen hat man Feuchteverteilungen – wie in den Abb. 3.9.a oder 3.11.b gezeigt – zu erwarten. Ist nach Ablauf eines frei gewählten Zeitintervalls der Wasserspiegel um den Betrag Δh auf die Position h_2 gestiegen oder gesunken, wird die vertikale Verteilung des Haftwassergehalts erneut registriert.

Trägt man, wie in Abb. 3.12 für einen Spiegelanstieg vorgeführt, die beiden Haftwasserprofile zusammen auf, bezeichnet die Fläche zwischen beiden Kurven den Zuwachs an Schwerkraftwasser $n_0 \cdot \Delta h = n_{sp} \cdot \Delta h$ für die Spiegeländerung Δh. Dieser Zuwachs lässt sich quantitativ durch die nachstehende Beziehung ausdrücken.

$$\overline{n}_{sp} \cdot \Delta h = \sum_2 \Delta z \cdot V_0 - \sum_1 \Delta z \cdot V_0 \qquad (3.39)$$

mit

$\overline{n}_{sp}$ = gemitteltes speichernutzbares Hohlraumvolumen im Profil

Δz = Intervallschritt der Messpunkte, hier 0,1 m

V_0 = volumetrischer Wassergehalt (Haftwasseranteil) in der Mitte eines jeden Intervalls, ausgedrückt als Dezimalbruch

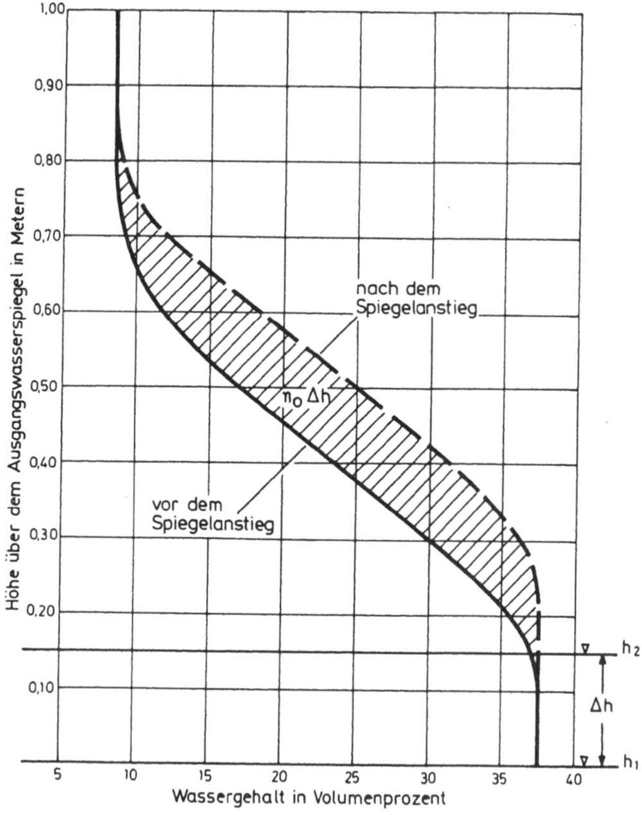

Abb. 3.12. Vertikale Verteilung des Wassergehaltes in der ungesättigten Zone vor und nach einem Anstieg des Wasserspiegels. Nach Brown, Konplyantsev, Ineson u. Kovalevsky (1972).

Der Index 1 bezeichnet die Probenreihe vor, der Index 2 die Probenreihe nach dem Spiegelanstieg Δh. Nach Umstellung ergibt sich aus Gl. 3.39

$$\overline{n}_0 = \overline{n}_{sp} = \frac{\sum_2 \Delta z \cdot V_0 - \sum_1 \Delta z \cdot V_0}{\Delta h} \qquad (3.40)$$

Führt man derartige Messungen in geeigneten räumlichen und zeitlichen Abständen für ein größeres Untersuchungsgebiet aus, erhält man schließlich Gebietswerte von n_{sp} bzw. n_0.

In sehr homogenen und isotropen Schichten lässt sich das speichernutzbare Hohlraumvolumen annähernd durch Gl. 3.41 ausdrücken, die Gl. 3.29 entspricht (Brown, Konoplyantsev, Ineson u. Kovalevsky 1972)

$$n_{sp} = PV - NV \tag{3.41}$$

mit

$PV =$ Kapillarwassergehalt direkt oberhalb des freien Wasserspiegels (Volumenprozent)

$NV =$ Haftwassergehalt oberhalb der Kapillarzone, aber unterhalb des Einflussbereichs der Verdunstung, d.h. in Pendular- und Funikularzone (Volumenprozent)

Beispiel

Die schraffierte Fläche zwischen den beiden Feuchteprofilen der Abb. 3.12 kennzeichnet den Zuwachs an Schwerkraftwasser $\overline{n}_{sp} \cdot \Delta h$ für den Wasserspiegelanstieg um $\Delta h = 0,15m$ von h_1 nach h_2.

Tabelle 3.2 gibt die gemessenen Wassergehalte für 0,1 m-Inkremente über dem Ausgangswasserspiegel, die daraus errechneten Mittelwerte sowie die Summen 1 und 2 der Produkte $\Delta z \cdot V_0$ an.

Einsetzen in Gl. 3.40 ergibt

$$\overline{n}_{sp} = \frac{0,211 - 0,173}{0,15} = 0,25$$

d.h. ein speichernutzbares Hohlraumvolumen von 25 %.

Tabelle 3.2. Wertetabelle zur Bestimmung des speichernutzbaren Hohlraumvolumens aus der Variation der Bodenfeuchte

linke Kurve			rechte Kurve		
Messhöhe über h_1	V_0	$\Delta z \cdot V_0$	Messhöhe über h_1	V_0	$\Delta z \cdot V_0$
m		m	m		m
0,1	0,375		0,1	0,375	
	0,370	0,0370		0,375	0,0380
0,2	0,360		0,2	0,375	
	0,330	0,0330		0,370	0,0370
0,3	0,300		0,3	0,360	
	0,270	0,0270		0,340	0,0340

Tabelle 3.2. (Fortsetzung)

linke Kurve			rechte Kurve		
Messhöhe über h_1	V_0	$\Delta z \cdot V_0$	Messhöhe über h_1	V_0	$\Delta z \cdot V_0$
m		m	m		m
0,4	0,240		0,4	0,315	
		0,200 / 0,0200			0,280 / 0,0280
0,5	0,170		0,5	0,251	
		0,130 / 0,0130			0,220 / 0,0220
0,6	0,090		0,6	0,185	
		0,090 / 0,0090			0,150 / 0,0150
0,7	0,085		0,7	0,120	
		0,085 / 0,0085			0,110 / 0,0110
0,8	0,085		0,8	0,090	
		0,085 / 0,0085			0,009 / 0,0090
0,9	0,085		0,9	0,085	
		0,085 / 0,0085			0,085 / 0,0085
1,0	0,0085		1,0	0,085	
		0,085 / 0,0085			0,085 / 0,0085
1,1	0,0085		1,1		

$$\sum\nolimits_1 = \sum \Delta z \cdot V_0 = 0{,}1730 \qquad\qquad \sum\nolimits_2 = \sum \Delta z \cdot V_0 = 0{,}2110$$

3.3.5 Kornverteilung und nutzbarer Porenraum

Die drei Parameter Porenraum, nutzbarer Porenraum (bzw. die Größe speicher-nutzbaren Hohlraumvolumens) und Haftwasser variieren mit Korngrößen und Korngrößenverteilung eines Lockergesteins. Da selbst verhältnismäßig gleichmä-ßig aufgebaute sedimentäre Einheiten raschen vertikalen und horizontalen litholo-gischen Wechseln unterliegen, sind folglich nur allgemeine Angaben über diesbe-zügliche funktionelle Zusammenhänge möglich.

Verschiedene Autoren haben versucht, empirische Formeln für die Beziehun-gen zwischen nutzbarem Porenraum und Haftwasseranteil in Abhängigkeit von der Kornverteilung der Lockergesteine aufzustellen.

Im Folgenden werden nur die Formeln von Beyer u. Schweiger (1969); Eckis (1934); Klein (1954) und Johnson (1967) behandelt.

Beyer u. Schweiger gehen von den in Abschn. 3.3.3 skizzierten Grundlagen aus, um n_0 aus der Korngrößenverteilung gestörter Lockersedimentproben zu bestimmen. Eine weitere Grundlage ist das von Beyer (1964b) entwickelte Verfahren zur Berechnung der Durchlässigkeit K sandig-kiesiger Sedimente (vgl. Abschn. 2.3.5).

Nach dem Beyer-Verfahren ist der Durchlässigkeitsbeiwert mit guter Genauigkeit aus der Summenkurve der Kornverteilung zu berechnen, wenn die Bedingungen 0,06 mm $< d_{10} <$ 0,6 mm und $1 < U < 20$ beachtet werden.

Wie die Durchlässigkcit hängt auch das Porenvolumen von der Ungleichförmigkeit U, den Kornformen und der Lagerungsdichte ab. Je ungleichförmiger das Korngemisch, um so kleiner wird das Porenvolumen, da die Zwickel zwischen den größeren Körnern durch kleinere eingenommen werden. Eine Vorstellung der jeweilig resultierenden Porosität bei unterschiedlichen Mischungen verschieden großer Körnungen gibt Schneebelli (1966).

Bei gleichkörnigen, gut gerundeten Partikeln entscheidet die Lagerungsdichte über den Porenraum. Ein Haufwerk von gleichgroßen Kugeln in der lockersten (Würfel-)Packung besitzt nach Slichter (1899) sowie Graton u. Fraser (1935) eine Porosität von 47,6 %, dagegen in der dichtesten (Tetraeder-)Packung eine solche von nur 25,9 % (Abb. 3.13). Solche Extreme treten in der Natur nicht auf; reale Porositäten liegen immer dazwischen.

Infolge ihrer meist größeren Ungleichförmigkeit besitzen Sande und Kiese trotz ihrer generell rundlichen Kornform in der Regel einen kleineren Porenraum als Tone und Schluffe. Dieser hat bei ersteren nur eine Bandbreite zwischen 20 und 40 %, während er bei letzteren zwischen 15 und 80 % schwanken kann. Leet u. Judson (1974) berichten sogar von einer Porosität von 90 % in frisch sedimentierten Tonen des Mississippi-Deltas.

Nach Beyer u. Schweiger (1969) beträgt der Unterschied Δn zwischen dichtester und lockerster Lagerung für sandig-kiesige Lockersedimente nur 10 bis 15 %. Bei Wassersättigung beläuft sich diese Differenz Δn sogar auf nur 6 bis 10 %.

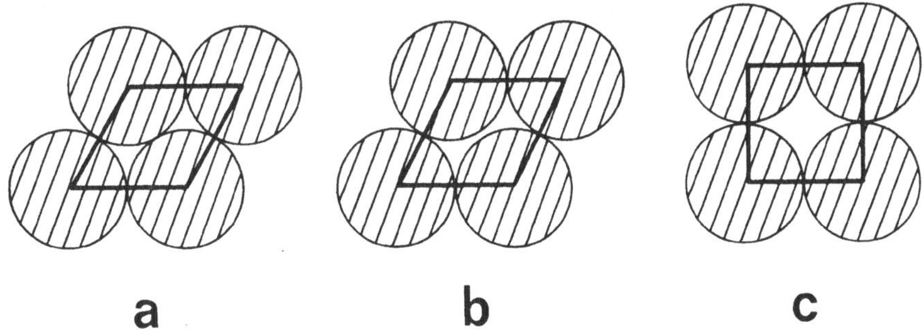

Abb. 3.13. Anordnung gleichgroßer Kugeln in einem Haufwerk zur Bestimmung von Lagerungsdichte und Porenraum. Nach Slichter (1899).
a) dichte Tetraederlagerung – geringster Porenraum
b) offene Tetraederlagerung – mittlerer Porenraum
c) Würfellagerung – größter Porenraum

Untersucht man *ungestört* entnommene Proben unter Wasser, liegt Δn im Mittel bei 3 %. Entscheidend ist dabei die Ungleichförmigkeit des Korngemisches, so dass – wie Beyer u. Schweiger nachweisen – ein funktioneller Zusammenhang zwischen Porosität und Parametern der Kornverteilung existieren muss.

Zwecks Bestimmung des nutzbaren Porenraums nach Beyer u. Schweiger wird wie folgt vorgegangen: Nach Konstruktion der Sieblinie entnimmt man der Abb. 3.14.a die Proportionalitätsfaktoren C als Funktion der Ungleichförmigkeit U (Beyer 1964b, vgl. auch Abschn. 2.3.5). Anschließend berechnet man mittels der Beziehung

$$K = C \cdot d_{10}^2$$

die Durchlässigkeiten für die drei Werte: C_{locker} C_{mittel} C_{dicht}

Das Diagramm der Abb. 3.14.b zeigt die experimentell ermittelten Relationen zwischen Porenvolumen n und Ungleichförmigkeit U wiederum für lockere, mittlere und dichte Lagerung. Daraus werden für alle drei C-Werte die dazugehörigen Größen n abgelesen.

Auf Abb. 3.14.c finden sich die Werte des *relativen entwässerbaren Porenvolumens* s_0 bzw. des *relativen Haftwasseranteils* s_r als Funktion der bereits errechneten Durchlässigkeiten

$$s_0 = \frac{n_0}{n} \tag{3.42}$$

$$s_r = \frac{n_r}{n} \tag{3.43}$$

und

$$s_0 + s_r = 1$$

Für die jungtertiären und quartären Sande und Kiese des norddeutschen Flachlandes bringt diese einfache und schnell ausführbare Methode in ihrer Genauigkeit zufriedenstellende Ergebnisse. Wesentlich ist, dass eine ausreichend große Anzahl von Siebkurven vorliegt und damit statistisch gesehen eine ausreichende Datenbasis zur Ermittlung von Gebietswerten vorhanden ist.

Es muss aber davor gewarnt werden, funktionelle Zusammenhänge zwischen Durchlässigkeit und nutzbarem Porenraum, wie sie durch Untersuchung von Modellsanden (Marotz 1968) oder von natürlichen Korngemischen räumlich eng begrenzter Gebiete (Golf 1966; Helmbold 1988; vgl. Abschn. 3.3.2) in Form von Diagrammen abgeleitet worden sind, ohne Prüfung auf andere Gebiete zu übertragen.

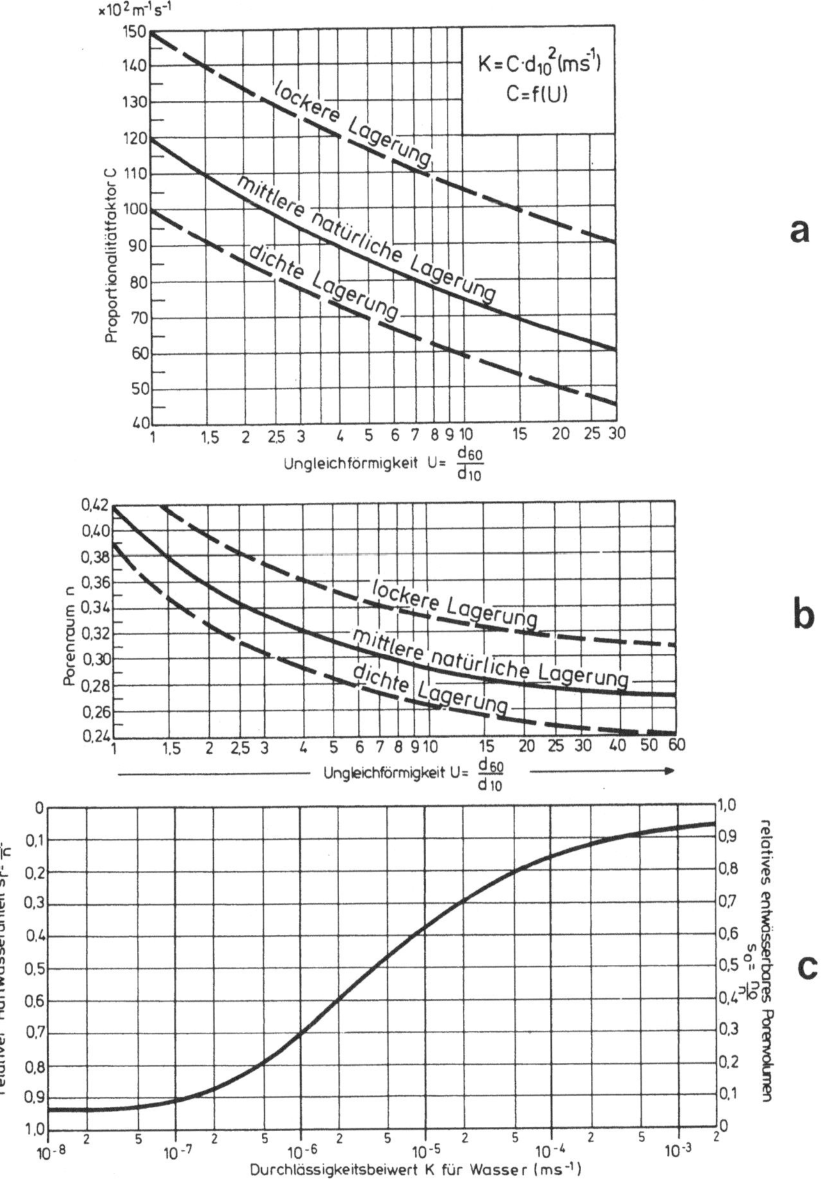

Abb. 3.14. Ermittlung des nutzbaren Porenvolumens aus der Korngrößenverteilung. Nach Beyer u. Schweiger (1969).

a) Proportionalitätsfaktor $C = f(U)$ von pliozänen Sanden und Kiesen

b) Porenraum $n = f(U)$

c) Relativer entwässerbarer Porenraum $s_0 = f(K)$

Beispiel 1

Ein pliozäner Sand vom westlichen Rand des Erftbeckens im Rheinischen Braunkohlenrevier, in der Bohrmeisteransprache mit „Mittel-Grobsand, grau" bezeichnet, besitzt die in Abb. 3.15 wiedergegebene Kornverteilung. Abgelesen werden d_{60} und d_{10} und daraus U berechnet:

$$U = \frac{d_{60}}{d_{10}} = \frac{0,58}{0,28} = 2,1$$

Anhand dieses Wertes bestimmt man in Abb. 3.14.a die Proportionalitätsfaktoren für dichte, mittlere und lockere Lagerung

$$C_{\text{dicht}} = 84 \cdot 10^2 \ \text{m}^{-1}\text{s}^{-1}$$
$$C_{\text{mittel}} = 102 \cdot 10^2 \ \text{m}^{-1}\text{s}^{-1}$$
$$C_{\text{locker}} = 133 \cdot 10^2 \ \text{m}^{-1}\text{s}^{-1}$$

Durch die Wahl des Umrechnungsfaktors liegt C bereits einheitengerecht vor; daher hat man zur Berechnung des Durchlässigkeitskoeffizienten K den Korndurchmesser d_{10} in Metern einzugeben:

$$K_{\text{dicht}} = (0,275 \cdot 10^{-3})^2 \cdot 84 \cdot 10^2 = 6,4 \cdot 10^{-4} \ \text{m}\,\text{s}^{-1}$$
$$K_{\text{mittel}} = (0,275 \cdot 10^{-3})^2 \cdot 103 \cdot 10^2 = 7,8 \cdot 10^{-4} \ \text{m}\,\text{s}^{-1}$$
$$K_{\text{locker}} = (0,275 \cdot 10^{-3})^2 \cdot 133 \cdot 10^2 = 10,1 \cdot 10^{-4} \ \text{m}\,\text{s}^{-1}$$

Abbildung 3.14.b dient nunmehr zur Ermittlung des Porenraums n in Abhängigkeit von U:

$$n_{dicht} = 0,328$$
$$n_{mittel} = 0,356$$
$$n_{locker} = 0,395$$

Liest man sodann in Abb. 3.14.c den relativen nutzbaren Porenraum s_0 (oder den relativen nutzbaren Haftwasseranteil s_r) in Funktion des Durchlässigkeitskoeffizienten K ab und setzt sie in Gl. 3.42 bzw. Gl. 3.43 ein, errechnet sich schließlich das nutzbare Porenvolumen n_0 zu

$$s_{0dicht} = 0,90 \qquad n_{0dicht} = 0,295$$
$$s_{0mittel} = 0,91 \qquad n_{0mittel} = 0,324$$
$$s_{0locker} = 0,915 \qquad n_{0locker} = 0,361$$

Das tatsächliche n_0 dürfte im Beispiel der Abb. 3.15 etwas unterhalb von 36 % liegen.

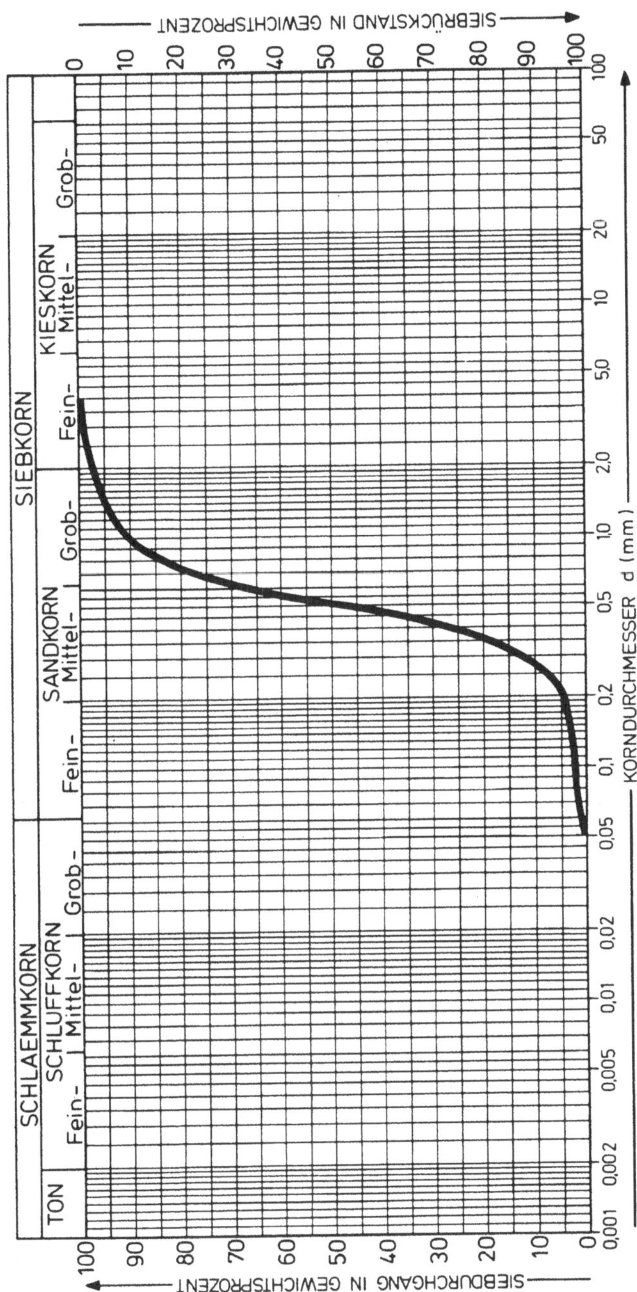

Abb. 3.15. Kornverteilungskurve eines pliozänen Mittel-Grobsandes aus dem nordwestlichen Erftbecken/Rheinland

Beispiel 2

Für quartäre fluviatile Sedimente des Küstenbeckens von Südkalifornien ermittelte Eckis (1934) die in Abb. 3.16 wiedergegebenen Relationen zwischen Gesamtporenraum, nutzbarem Porenraum und Haftwasseranteil.

Die Kurven nach Eckis geben die Durchschnittswerte für Sande und Kiese an, von denen jeweils 10 % Siebrückstand (= 90 % Siebdurchgang) der Größenordnung nach bekannt sind.

Es ist daher nicht sinnvoll, zur Bestimmung von n_0 nur Einzelproben heranzuziehen. Stattdessen verfährt man so, dass man etwa für grobe Kiese, deren 10 % Siebrückstand sich aus Grobkorn > 64 mm zusammensetzen, einen Mittelwert von etwa 14 % für den nutzbaren Porenraum abliest. Liegen diese 10 % Siebrückstand eines als Mittelkies angesprochenen Korngemisches zwischen 16 und 64 mm, so entnimmt man der Kurve einen Durchschnittswert von $n_0 = 21$ %.

Trägt man das Verhältnis der Anteile an Sand, Schluff und Ton von natürlichen Korngemischen zum jeweils dazugehörigen nutzbaren Porenvolumen in einem Dreiecksdiagramm auf, wie es zur geomechanischen Bodenklassifikation eingesetzt wird, ergibt sich das Bild der Abb. 3.17 (Johnson 1967).

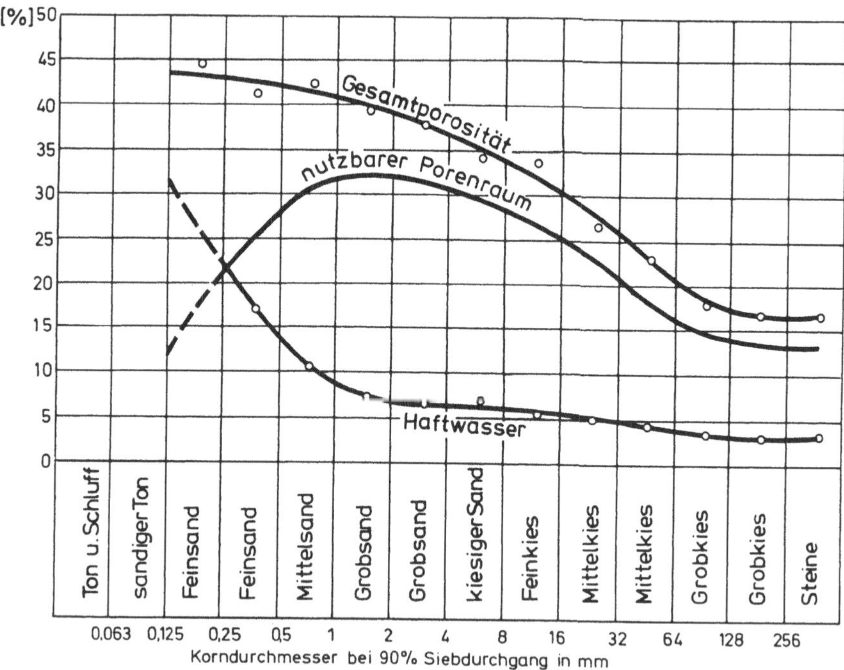

Abb. 3.16. Porenraum, nutzbarer Porenraum und Haftwasseranteil fluviatiler Sedimente in Südkalifornien. Nach Eckis (1934).

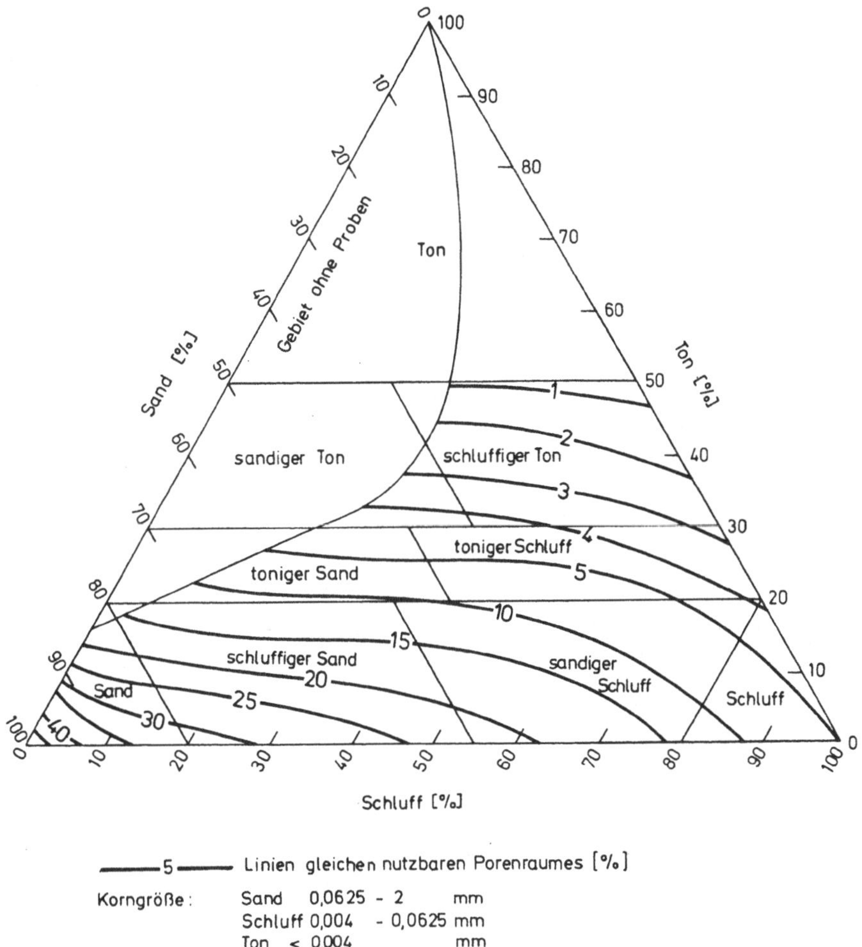

Abb. 3.17. Nutzbarer Porenraum in Abhängigkeit vom Kornaufbau klastischer Lockersedimente. Nach Johnson (1967).

Ein Lockersediment, das sich aus 30 % Sand, 40 % Schluff und 30 % Ton aufbaut, besitzt demnach einen nutzbaren Porenraum von etwas mehr als 4 %. Das Korngemenge, das 80 % Sandkorn, 17 % Schluff- und 3 % Tonkorn enthält, weist hingegen ein nutzbares Porenvolumen von 30 % auf.

Anhand von rund 500 Kernproben bestimmte Klein (1954; zitiert bei Johnson 1967) Kornverteilung, Gesamtporenraum, Feuchteäquivalent und damit den nutzbaren Porenraum von fluviatilen Beckensedimenten der Friant-Kern Canal Service Area, Südkalifornien. Bei diesen Gesteinen handelt es sich um typisch terrigene, unter semiariden bis ariden Bedingungen entstandene Sedimente, die das gesamte

Kornspektrum von Ton bis Grobsand repräsentieren. Wegen ihrer aus Tabelle 3.3 hervorgehenden eindeutigen lithologischen Charakterisierung kommt der in Abb. 3.18.a bis c vorgestellten Kombination von Kornaufbau und hydraulischen Kennwerten Allgemeingültigkeit zu.

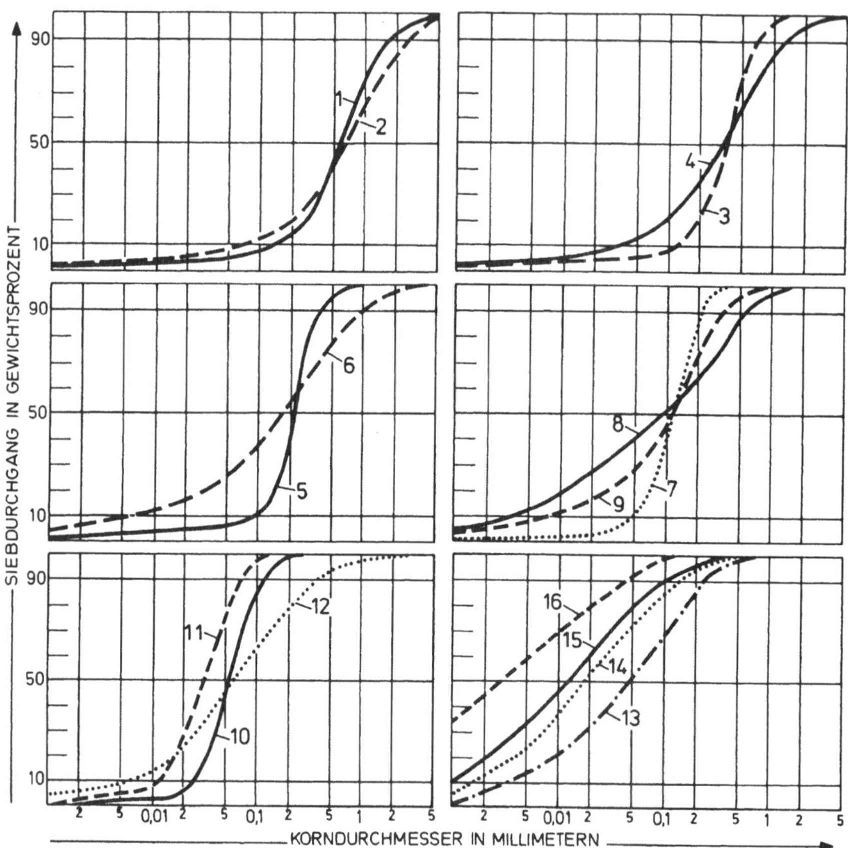

Abb. 3.18.a Klassifizierung und hydrologische Eigenschaften ausgewählter Lockergesteinstypen der Friant-Kern Canal Service Area / Kalifornien. Nach Klein (1954) und Johnson (1967).

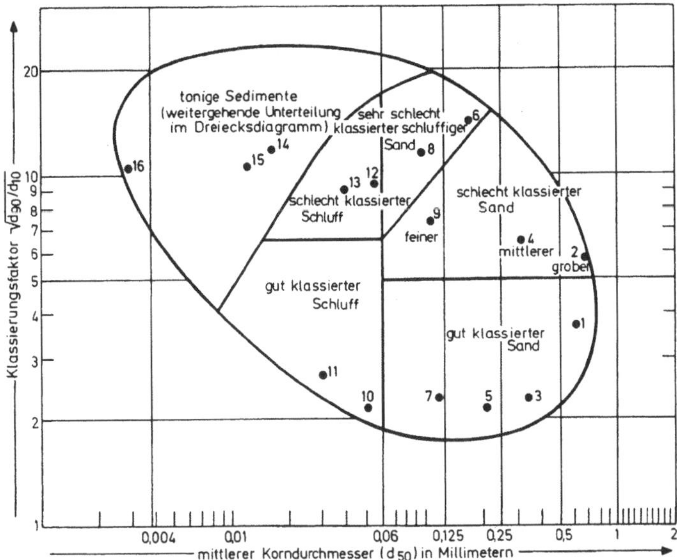

Abb. 3.18.b Klassifizierung als Funktion von Gleichförmigkeit U und mittlerer Korngröße d_{50}. Die Punktziffern beziehen sich auf die entsprechenden Probenummern in Tabelle 3.3.

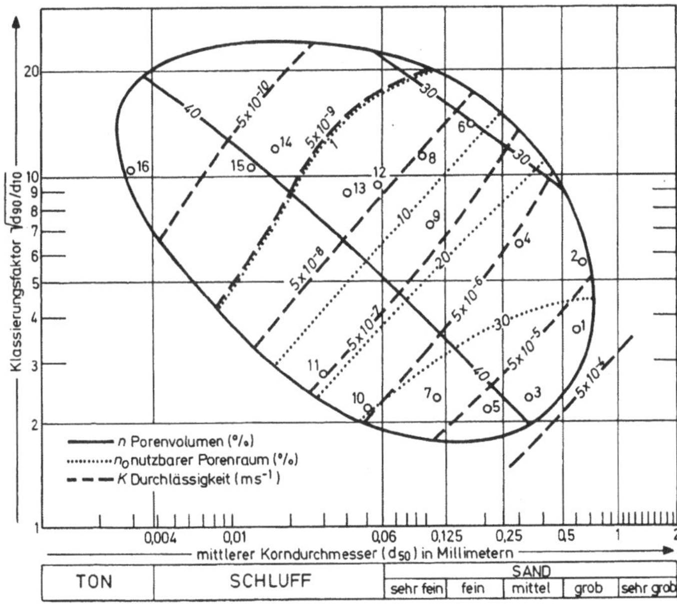

Abb. 3.18.c Gemittelte hydraulische Parameter als Funktion von Gleichförmigkeit U und mittlerer Korngröße

Tabelle 3.3. Siebliniendaten und hydraulische Kennwerte fluviatiler Beckensedimente der Friant-Kern Canal Service Area, Südkalifornien. Nach Klein (1954) und Johnson (1967).

Probe	Probenan-sprache	d_{10}	d_{50}	d_{90}	$\sqrt{d_{90}/d_{10}}$	n	n_0	K
Nr.		mm	mm	mm				ms^{-1}
1	Grobsand gleichförmig	0,125	0,60	1,80	3,8	39,3	34	$2,2 \cdot 10^{-4}$
2	Grobsand ungleichf.	0,072	0,69	2,30	5,7	38,0	28	$4,0 \cdot 10^{-5}$
3	Mittelsand gleichförmig	0,125	0,34	0,72	2,4	39,7	30	$6,1 \cdot 10^{-5}$
4	Mittelsand ungleichf.	0,028	0,32	1,19	6,5	32,0	22	$1,4 \cdot 10^{-5}$
5	Feinsand gleichförmig	0,090	0,21	0,43	2,2	41,2	33	$7,1 \cdot 10^{-5}$
6	Sand schluffig sehr ungleichf.	0,005	0,18	1,00	14,1	32,1	10	$9,4 \cdot 10^{-8}$
7	Feinsand gleichförmig	0,045	0,12	0,24	2,3	40,4	34	$2,2 \cdot 10^{-5}$
8	Schluff-Sand sehr ungleichf.	0,004	0,10	0,57	11,9	32,8	6	$9,4 \cdot 10^{-8}$
9	Feinsand ungleichf.	0,007	0,11	0,37	7,3	35,9	17	$9,4 \cdot 10^{-8}$
10	Schluff gleich-förmig	0,022	0,05	0,11	2,2	40,5	28	$4,2 \cdot 10^{-6}$
11	Schluff gleich-förmig	0,010	0,03	0,07	2,7	40,6	17	$9,4 \cdot 10^{-8}$
12	Schluff ungleichf.	0,004	0,058	0,35	9,4	36,0	7	$3,3 \cdot 10^{-8}$
13	Schluff ungleichf.	0,003	0,04	0,25	9,1	33,2	2	$9,4 \cdot 10^{-9}$
14	Schluff tonig-sandig	0,001^b	0,018	0,14	12^b	36,7	0,5	$3,3 \cdot 10^{-9}$
15	Ton schluffig	0,001^b	0,013	0,12	11^b	38,5	0,5	$1,4 \cdot 10^{-9}$
16	Ton	0,0003^b	0,003	0,04	20^b	47,0	0,5	$4,7 \cdot 10^{-10}$ *

^{b} Wert berechnet   * Wert geschätzt

d_{10}, d_{50}, d_{90} Korndurchmesser bei 10, 50 und 90 % Siebdurchgang

$\sqrt{d_{90}/d_{10}}$ Klassierungsfaktor (Gleichförmigkeit)

n = Gesamtporenraum

K = Durchlässigkeitsbeiwert

n_0 = nutzbarer Porenraum

3.3.6 Poren- und Klufthohlraum fester Gesteine

In der täglichen Praxis dient der Gebrauch des Begriffs *Sekundärporosität* der Bezeichnung des durch diagenetische und tektonische Prozesse hervorgerufenen Hohlraumvolumens fester oder klüftiger Gesteine. Doch macht die Übertragung des Konzeptes von Gesamtporosität und Nutzporosität, bzw. speicherverfügbarem Hohlraum, auf Festgesteine einige begriffliche Schwierigkeiten. Die Grundwasserhydraulik fester Gesteine geht heute vom sogenannten Doppelporositätsmodell aus (Stober 1986).

Danach wird ein Festgestein als ein System von *Elementarblöcken* mit einer primären Porosität, aber geringer Durchlässigkeit definiert. Die Blöcke sind durch Klüfte von geringem Hohlraumvolumen aber hoher Durchlässigkeit voneinander getrennt. Bei fallendem Grundwasserstand (Entleerungsvorgang) laufen zunächst die Klüfte leer, ehe die langsame Drainage des Porenraums in den Blöcken einsetzt. Umgekehrt werden bei einem Grundwasseranstieg (Einspeicherung) zunächst schneller der Kluftraum mit Wasser aufgefüllt und erst dann die Poren in den Blöcken.

Beispielhaft wird dies von Seiler (1969) eingehend für den Mittleren Buntsandstein des Saarlandes beschrieben, der sowohl eine ausgeprägte Primärporosität als auch deutliche Kluftporosität hat. Anhand der Auswertung von Abflussmessungen war es ihm möglich, den Kluftwasseranteil am mittlerem unterirdischen Abfluss (Versickerungsanteil der Niederschläge) jeweils demselben Wasserwirtschaftsjahr, dagegen den Porenwasseranteil den jeweils zwei Jahre zurückliegenden Wasserwirtschaftsjahren zuzuordnen (Abb. 3.19).

In der Regel sind langjährige Felduntersuchungen nötig, will man vergleichbare Ergebnisse wie Seiler erhalten. Ein schnell drainierendes Kluftvolumen lässt sich aber auch aus Ganglinien der Quellschüttung in definierten Einzugsgebieten ermitteln, die man mittels der Austrocknungsfunktion von Maillet auswertet (Udluft 1972; vgl. auch Hölting 1996). Ebenso können kleintektonische Aufnahmen wie die Kartierung von Kluftzahlen und -öffnungen („Aperturen") recht genaue Daten über das Kluftvolumen kleiner Einzugsgebiete ergeben (Pickel 1974).

Während in mesozoischen Gesteinen wie im Buntsandstein die Blöcke noch eine erhebliche Primärporosität aufweisen, kann man eine solche in paläozoischen Gesteinen wie etwa Quarziten ausschließen. Das Gesamthohlraumvolumen der meisten Festgesteine wird faktisch nur noch von den Klüften gebildet.

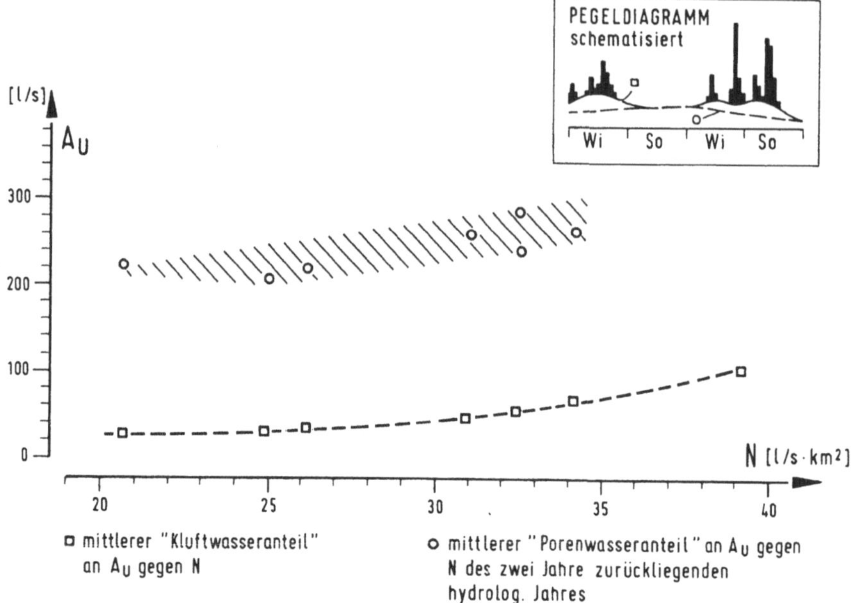

Abb. 3.19. Kluft- und Porenwasseranteil am unterirdischen Abfluss des Scheidterbachs, Mittlerer Buntsandstein, Saarland.
Kluftwasseranteil bezogen auf den Niederschlag des gleichen, Porenwasseranteil dagegen auf den des zwei Jahre zurückliegenden Wasserwirtschaftsjahres (Seiler 1969)

3.4 Bodensenkung (Subsidenz) infolge Grundwasserentnahme

3.4.1 Definitionen

Starke Grundwasserentnahmen, vor allem in Beckenstrukturen mit gespannten Multiaquifer-Systemen, sind oft die Ursache von Bodensenkungen oder -setzungen, die sich manchmal erst nach Jahren bemerkbar machen. Die Schäden an Gebäuden, Straßen und Bahnlinien, der Rückstau in Bächen und Flüssen durch Störung des natürlichen hydraulischen Gradienten sind durchaus den Schäden in Gebieten untertägigen Bergbaus, den sogenannten *Bergsenkungsgebieten,* vergleichbar, wenngleich das Schadensausmaß in der Regel geringer ist. Die dabei ablaufenden Vorgänge sind einfach zu verstehen. Die Grundwasserabsenkung führt zu einem Abbau des Wasserdrucks nicht nur in den gespannten Grundwasserleitern, sondern auch in den geringdurchlässigen feinkörnigen Wasserstauern oder *Aquitarden,* wobei bei gleichbleibender Auflast die innere Druckspannung zunimmt. Die Schichten werden zusammengedrückt und geben dabei überschüssiges Wasser ab. Diese Vorgänge werden in der Geomechanik als *Konsolidierung*, in der Geologie allgemeiner als *Kompaktion* bezeichnet. An der Erdoberfläche machen sie sich als Bodensenkung oder *Subsidenz* bemerkbar.

Will man das Ausmaß der Subsidenz (in Metern) im Verhältnis zur Absenkung des Druckspiegels in einem gespannten Grundwasserbecken im Voraus abschätzen, benötigt man

– recht genaue Kenntnisse von Anzahl, Mächtigkeit, (vertikaler) Durchlässigkeit sowie Kompressibilität der feinkörnigen, d.h. stauenden und halbdurchlässigen Zwischenmittel sowie der durchlässigen sandigen Sedimente
– darüber hinaus möglichst Vorstellungen zur Tonmineralogie sowie Geochemie dieser feinkörnigen Sedimente, ihrer ursprünglichen Porosität, des Ablaufs früherer Auflaständerungen und schließlich zum Ausmaß ihrer Konsolidierung und Zementation (Walton 1981)

Veröffentlichte Zahlenwerte für das Verhältnis von Subsidenz zu Absenkung des Druckspiegels bewegen sich zwischen 0,005 und 0,1. Bei gleicher Absenkung übersteigt das zutage geförderte, aus dem Vorrat des Grundwasserbeckens stammende Wasservolumen dabei die Wassermenge, die sich aus einer elastischen Expansion des Grundwassers der durchlässigen Schichten ergibt, bis zum Fünfzigfachen (Walton 1981; vgl. auch Abschn. 1.6.2). Kombiniert man nun die Fakten von Bodensenkung und erhöhter Wasserentnahme, erkennt man unschwer, dass ein bedeutender Anteil des gehobenen Wassers aus den feinkörnigen (bindigen) Schichten zwischen den eigentlichen Grundwasserleitern stammt. Diese geben Wasser an die über- und unterlagernden durchlässigen Schichten ab und reduzieren im Verlauf dieser Wasserabgabe ihr Volumen.

Manche Autoren haben einen solchen Mechanismus bewusst so beschrieben, dass die gut durchlässigen Schichten eines Multiaquifer-Systems lediglich Wasserleiter im engeren Sinn des Wortes sind, während der wesentliche Teil des abgepumpten Vorratswassers den feinkörnigen Schichten entstammt.

In der geomechanischen Literatur unterscheidet man

– eine primäre Konsolidierung:
eine reversible Kompression, die schnell abläuft und von den elastischen Eigenschaften des Korngerüsts der sandigen Schichten abhängt, aber nur ein geringes Ausmaß besitzt
– eine sekundäre Konsolidierung:
eine langsam vor sich gehende Kompression großen Ausmaßes, die auch als *Kriechen* bezeichnet wird und nur zu einem sehr kleinen Anteil reversibel ist. Ihr Ausmaß wird hauptsächlich von den plastischen Eigenschaften der feinkörnigen Sedimente bestimmt. Sie ist gekennzeichnet durch eine bleibende Verringerung von Porosität und Durchlässigkeit (Green 1964).

Grundlage der analytischen Betrachtung beider Vorgänge ist die Annahme, dass die beobachtete Verformung sich nur in der Vertikalen auswirkt, es sich also um einen eindimensionalen Prozess handelt.

Gut dokumentierte Beispiele über das Ausmaß von Bodensenkungen in Bereichen starker Grundwasserentnahme und Erdölförderung enthalten die Arbeiten von Gambolati, Gatto u. Freeze (1974); Helm (1975); Lohman (1972); Poland u. Davis (1969). Von Lohman stammen die Angaben der Tabelle 3.4.

Tabelle 3.4. Bodensenkungen über einem Ölfeld und drei artesischen Grundwasserbecken in Kalifornien (Lohman 1972)

	Bodensenkung (m)	bis zum Jahre
Ölfeld		
Wilmington	9,50	1966
Grundwasserbecken		
Santa Clara Valley		
Santa Clara Valley (San José)	4,25	1967
San Joaquin Valley		
Los Banos-Kettleman Hills Area	8,50	1966
Arvin-Maricopa Area	2,62	1965

Ein völlig anderer Vorgang ist die Bodensetzung, die durch eine oberflächennahe Grundwasserabsenkung in schluffigen oder anmoorigen Böden verursacht wird. Durch Verringerung des Wassergehaltes tritt eine Schrumpfung ein, und es machen sich mechanisch bedingte Setzungen bemerkbar (Mull 1982). In Mooren wird ursprünglich völlig wassergesättigter Torf dem Zutritt von Luftsauerstoff ausgesetzt, oxidiert und bakteriell mineralisiert. Die genannten Vorgänge führen zu einem Masseverlust und im Ergebnis zu einer *Moorsackung*. Deren Ausmaß lässt sich mittels empirischer Formeln abschätzen (DIN 19683; Segeberg 1960).

3.4.2 Primäre Konsolidierung grobkörniger Schichten

Zur Ermittlung des Ausmaßes der elastischen (reversiblen) Bodensenkung formt man mit Lohman (1961) Gl. 3.12 um, indem man für α (Kompressibilität des Aquifer-Korngerüsts) den reziproken Wert $\dfrac{1}{E_S}$ einsetzt.

$$S = m \cdot n \cdot \gamma \cdot \left(\beta + \frac{1}{n \cdot E_S} \right) \tag{3.44}$$

mit

E_S = Elastizitätsmodul (Steifeziffer) des eingespannten Korngerüsts in $\mathrm{Nm^2}$

$\dim \left(E_S \right)$ = $\mathrm{ML^{-1}T^{-2}}$

β = Kompressibilität des Wassers in $\mathrm{N^{-1}m^2}$

Nach Umformung ergibt sich

$$\frac{m}{E_S} = \frac{S}{\gamma} - m \cdot n \cdot \beta \qquad (3.45)$$

Nach dem Hookeschen Gesetz verhalten sich in elastischen Körpern die Längenänderungen nur bis zu einem Grenzwert, der *Proportionalitätsgrenze*, entsprechend den Belastungen (Autorenkollektiv 1971). Für den gespannten Aquifer lautet das Hookesche Gesetz unterhalb dieser Grenze

$$\Delta m = \frac{m}{E_S} \cdot \Delta p \qquad (3.46)$$

mit
Δm =   Ausmaß der elastischen (reversiblen) Bodensenkung (m), bezogen auf die Mächtigkeit m des Aquifers

Δp =   durch Absenkung verursachte Abnahme des hydrostatischen Drucks im gespannten Aquifer (m Wassersäule)

Die Verknüpfung der Gln. 3.45 und 3.46 ergibt

$$\Delta m = \Delta p \cdot \left(\frac{S}{\gamma} - m \cdot n \cdot \beta \right) \qquad (3.47)$$

Das Verhältnis $\dfrac{\Delta m}{m}$ ist im deutschen Schrifttum als *bezogene Setzung* bekannt (Mull 1982). Grundwasserleiter weisen in der Regel Schichtlinsen von Schluffen und Tonen auf. Daher kann auch im Fall der Subsidenz grobkörniger Schichten nicht das volle Ausmaß der Bodensenkung allein der elastischen Kompression zugeschrieben werden.

Beispiel

Lohman (1961) zitiert ein Beispiel aus dem artesischen Becken von Denver / Colorado. In den Basalschichten der oberkretazischen Arapahoe-Formation ist der Druckspiegel langfristig infolge der Grundwassergewinnung um 183 m gesunken. Bekannt sind die Kennwerte S = $5 \cdot 10^{-4}$, n = 0,33, m = 61 m sowie $\beta = 4,695 \cdot 10^{-10}$ $N^{-1}m^2$. 183 m Wassersäule entsprechen einem Druck von p = $1,83 \cdot 10^6$ Nm^{-2}. Die Wichte des Wassers wird mit $\gamma = 10^4$ Nm^{-3} angesetzt. Alle diese Zahlenwerte, in Gl. 3.47 eingesetzt, erlauben die Berechnung der elastischen und reversiblen Bodensenkung.

$$\Delta m = 1,83 \cdot 10^6 \cdot \left(\frac{5 \cdot 10^{-4}}{10^4} - 61 \cdot 0,33 \cdot 4,695 \cdot 10^{-10} \right)$$

$$= 1,83 \cdot 10^6 \cdot 4,055 \cdot 10^{-8} \, m$$

$$= 0,074 \, m$$

Das heißt, die durch die primäre Konsolidierung verursachte Bodensenkung beträgt bei 183 m Absenkung nur 7,4 cm.

3.4.3 Sekundäre Konsolidierung feinkörniger Schichten

Einleitende Bemerkungen

Obwohl der Mechanismus der Konsolidierung im Prinzip völlig klar ist, ergeben Simulationen der Subsidenz in der Regel nur ungenaue Ergebnisse.

Einerseits kann das Schichtenprofil einer mehrere hundert Meter tiefen Spülbohrung mit einer Wechselfolge körniger und bindiger Schichten meist nicht so genau aufgenommen werden, dass Einzelschichten mit weniger als 1 m Mächtigkeit tatsächlich unterschieden werden können. Falls eine sehr genaue Aufnahme nötig wäre, müsste eine Kernbohrung niedergebracht werden. Andererseits sind die zur Berechnung erforderlichen Elastizitäts- und Kompressibilitätsmoduli der Lockergesteine keine Konstanten, sondern variieren in Abhängigkeit sowohl vom Ausmaß als auch der Dauer bei Absenkung und Wiederanstieg des Druckspiegels. Bei zyklischer Grundwasserentnahme können sich dann die jeweiligen Kompressions- und Dekompressionsvorgänge der Einzelschichten überlagern.

Die theoretischen Grundlagen der Konsolidierungstheorie entwickelte Terzaghi bereits in den zwanziger Jahren (Terzaghi u. Peck 1961). Interessanterweise bietet gerade diese Theorie die Möglichkeit, bei der Betrachtung der Grundwasserströmung Gemeinsamkeiten von Bodenmechanik und Grundwasserhydraulik zu erkennen, die wegen der in beiden Wissenschaften gebräuchlichen, unterschiedlichen Terminologien oft nicht wahrgenommen werden (Jorgensen 1980; Poland, Lofgren u. Riley 1972).

In den folgenden Abschnitten wird daher bei der Erläuterung der Begriffe versucht, die unterschiedlichen Termini beider Wissenschaften zu vergleichen.

Gleichung 3.1 beschreibt das Gleichgewicht der äußeren und inneren Kräfte, die auf einen und in einem gespannten Grundwasserleiter wirken, als

$$G_{Hangend} = p + \sigma_z \tag{3.1}$$

mit

$G_{Hang.}$ =   Gesamtauflast der Hangendschichten (*geostatischer Druck*)

p =   hydrostatischer Druck (*neutraler* oder *Porenwasserdruck*)

σ_z =   Druckspannung des Korngerüsts (*effektive Druckspannung*)

Zur Verdeutlichung des bisher Gesagten dient der zweidimensionale Tiefen-Druck-Schnitt der Abb. 3.20 (Poland u. Davis 1969).

Die hydrogeologische Situation wird wie folgt angenommen:
Ein Aquifer mit freier Oberfläche überlagert einen feinkörnigen Aquitard, d.h. eine schluffig-tonige Schicht von geringer Durchlässigkeit. Dieser obere Aquitard trennt nach unten ein System von zwei gespannten Aquiferen ab, selbst getrennt durch einen weiteren Aquitard als Zwischenmittel.

Im Ruhezustand sei die Standrohrspiegelhöhe in allen drei Grundwasserleitern gleich.

Im Verlauf der Entnahme von Grundwasser aus dem gespannten System tritt eine Absenkung vom Niveau 1 auf das Niveau 2 ein, und die Absenkung besitzt demzufolge das Ausmaß

$$s = z_3 - z_1$$

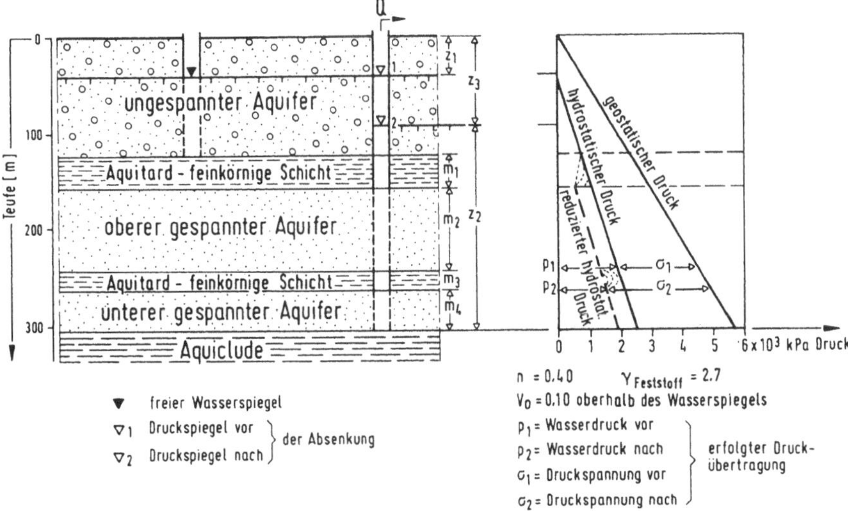

Abb. 3.20. Gleichgewicht der äußeren und inneren Kräfte in einem gespannten Grundwasserleitersystem. Nach Poland u. Davis (1969).

Der Wasserspiegel des oberen freien Aquifers beharrt hingegen auf dem Ausgangsniveau, da der Brunnen nur in den zwei gespannten unteren Grundwasserleitern verfiltert ist.

Die Absenkung macht sich aber nicht nur in diesen, sondern auch in beiden Aquitarden bemerkbar, allerdings mit einer zeitlichen Verzögerung. Nach Erreichen eines Gleichgewichtszustandes hört die Absenkung an der Oberkante des oberen Aquitards auf, da der ungespannte Aquifer Wasser in den oberen gespannten einspeist. An der Unterkante dieses Aquitards beträgt ihr Ausmaß $z_3 - z_1$. An Ober- und Unterkante des zweiten Aquitards beträgt die Absenkung ebenfalls jeweils $z_3 - z_1$.

Vor Aufnahme des Pumpbetriebs setzte sich der geostatische Druck aus der Summe des Produkts von Raumgewicht γ_m der bergfeuchten Sedimente oberhalb des Wasserspiegels und ihrer Mächtigkeit z_1 und des Produkts der wassergesättigten Sedimente γ_{sat} und deren Mächtigkeit z_2 zusammen.

$$G_{Hang} = z_1 \cdot \gamma_m + z_2 \cdot \gamma_{sat} \tag{3.48}$$

oder

$$G_{Hang} = z_1 \cdot \left[\gamma_s \cdot (1-n) + V_0 \cdot \gamma \right] + z_2 \cdot \left[\gamma_s - n \cdot (\gamma_s - \gamma) \right] \tag{3.49}$$

mit

γ_s = Raumgewicht des Aquiferkorngerüsts (kgm^{-3})

n = Gesamtporenraum (Dezimalbruch)

V_0 = volumetrischer Wassergehalt der ungesättigten Zone oberhalb des Wasserspiegels (Dezimalbruch)

γ = Wichte des Wassers (kgm^{-3})

Weiterhin gilt für die Zeit vor Pumpbeginn

$$p = z_2 \cdot \gamma$$

und aus Gl. 3.1 folgt

$$\sigma_z = z_1 \cdot \gamma_m + z_2 \cdot \gamma' \tag{3.50}$$

mit

$$\gamma' = \gamma_{sat} - \gamma$$

mit

γ' = Raumgewicht des Korngerüsts unterhalb des Wasserspiegels

Vernachlässigt man die leichte Ausdehnung des Wassers im Verlauf des Pumpbetriebs, so bedeutet eine Absenkung s des Druckspiegels zwar eine Verringerung des hydrostatischen oder *Porenwasserdrucks* p, doch keinesfalls einen Rückgang des geostatischen Drucks G_{Hang}. Wie eingangs postuliert, verbleibt der freie Wasserspiegel in seiner ursprünglichen Position. Folglich muss die Abnahme des Porenwasserdrucks von $p = (z_3 - z_1) \cdot \gamma$ durch eine gleichgroße Zunahme der effektiven Druckspannung von $\sigma_z = (z_3 - z_1) \cdot \gamma$ ausgeglichen werden. Diese Zunahme des Korn-zu-Korn-Drucks führt zur Konsolidierung der Schichten und damit zur Subsidenz (Walton 1981). Die bei diesem Drucktransfer ablaufenden Vorgänge sind detailliert von Domenico u. Mifflin (1965) (s. auch Domenico 1972) untersucht worden. Darauf wird nachstehend detailliert eingegangen.

Spezifischer Speicherkoeffizient und Druckübertragung

Das bislang Gesagte lässt deutlich werden, dass Kompression und Konsolidierung der gering durchlässigen, feinkörnigen Schichten bei der Grundwasserentnahme durch ein „Ausquetschen" des in diesen gespeicherten Wassers hervorgerufen werden. Dessen Volumen lässt sich genauso wie bei einem normalen grobkörnigen Aquifer durch einen *spezifischen Speicherkoeffizienten* quantifizieren.

> Für eine kompressible Schicht bezeichnet der spezifische Speicherkoeffizient S_S' das Wasservolumen in m^3, das durch Kompression eines Einheitsvolumens von 1 m^3 dieser Schicht aus dem Vorrat entlassen wird, wenn der durchschnittliche Druckspiegel innerhalb dieser Schicht um 1 m absinkt.

Es gilt

$$S_S' = \alpha \cdot \gamma \tag{3.51}$$

mit

α = vertikale Kompressibilität der bindigen Schicht (kg^{-1}ms^2)

γ = Wichte des Wassers (kgm^{-2}s^{-2})

Dieser Ausdruck entspricht der Definition der Gl. 3.12 für S_S eines Aquifers, allerdings reduziert um die hier vernachlässigte Kompressibilität des Wassers.

In einem grobkörnigen Aquifer ist der Term *Diffusivität* $\dfrac{S_S}{K}$ ein Maß für die Geschwindigkeit, mit der sich ein Absenkungstrichter ausbildet und dem Beharrungszustand zustrebt.

Im Fall der kompressiblen Schicht ist der Quotient $\dfrac{S_S'}{K_v}$ ebenfalls das Maß für die Geschwindigkeit, mit dem sich das System dem stationären Zustand, nämlich der völligen Konsolidierung, nähert. Je größer der spezifische Speicherkoeffizient und je kleiner die vertikale Durchlässigkeit K_v, um so länger der Zeitraum bis zum Erreichen dieses Zustandes.

Mit dem Auspressen von Vorratswasser aus den Poren des bindigen Sediments tritt eine vertikale Kompression oder Verkürzung ein. Ihr Ausmaß variiert in Funktion der Kompressibilität α, die in der Geomechanik meist in inverser Form als *Kompressionsmodul* E_C (Nm^2) ausgedrückt wird.

$$\alpha = \frac{1}{E_C} \tag{3.52}$$

$$E_C = \frac{\Delta\, aufgebrachter\ Druck}{\Delta\, resultierende\ Längenänderung} = \left(\frac{\Delta\sigma}{\Delta m / m} \right) \tag{3.53}$$

mit

$\sigma =$ effektive Druckspannung (Korn-zu-Korn-Spannung)

$m =$ ursprüngliche Mächtigkeit der kompressiblen Schicht

Im englischen Sprachgebrauch wird Gl. 3.53 auch als stress-strain ratio bezeichnet.

In Analogie zum grobkörnigen Aquifer, ausgedrückt durch Gl. 3.46, lautet das Hookesche Gesetz für die kompressible Schicht (Domenico u. Mifflin 1965)

$$\frac{\Delta m}{m} = \frac{1}{E_C} \cdot \Delta\sigma = \frac{\Delta\varepsilon}{1+\varepsilon} \qquad (3.54)$$

mit

$\Delta\varepsilon =$ Veränderung der Porenziffer

Die sich aus Gl. 3.54 ergebende Verringerung der Porosität n lässt sich nach Green (1964) approximativ berechnen zu

$$\Delta n = \frac{\varepsilon_1}{1+\varepsilon_1} - \frac{\varepsilon_2}{1+\varepsilon_2} \qquad (3.55)$$

mit

$\varepsilon_1 =$ Porenziffer vor Absenkung des Druckspiegels

$\varepsilon_2 =$ Porenziffer nach erfolgter Konsolidierung

Gleichung 3.54 zeigt, dass sich $\Delta\varepsilon$ in direkter Proportionalität zu $\Delta\sigma$ ändert. Daraus leitet sich die Beziehung

$$\Delta\varepsilon = a_v \cdot \Delta\sigma$$

ab, mit a_v als *Kompressibilitätskoeffizienten*.

Ersetzt man im rechten Glied der Gl. 3.54 $\Delta\varepsilon$ durch $a_v \cdot \Delta\sigma$ und stellt diese um, ergibt sich

$$\frac{1}{E_C} = \frac{a_v}{(1+\varepsilon)} = \frac{\Delta\varepsilon}{[\Delta\sigma \cdot (1+\varepsilon)]} \qquad (3.56)$$

In dem eindimensionalen System kennzeichnen diese Größen die Höhe der Porenwassersäule, die aus einem Einheitsvolumen der kompressiblen Schicht ausgepresst wird, wenn in diesem die wirksame Spannung um eine Einheit zunimmt.

Der spezifische Speicherkoeffizient dieses Volumenelements kann dann aus jeder der nachstehenden Einzelbeziehungen definiert werden (Domenico u. Mifflin 1965).

$$S_S' = \alpha \cdot \gamma = \frac{\gamma}{E_C} = \frac{a_v \cdot \gamma}{1+\varepsilon} = \frac{\Delta\varepsilon \cdot \gamma}{\Delta\sigma \cdot (1+\varepsilon)} \qquad (3.57)$$

Dieser Ausdruck verdeutlicht die oben bereits erwähnten Identitäten von geomechanischen und hydrologischen Termini (Jorgensen 1980). In der Geomechanik ist es üblich, im Laborversuch die beiden Parameter Kompressibilität und vertikale Durchlässigkeit zusammen mit der Porenziffer durch den *Konsolidierungskoeffizienten* C_v auszudrücken:

$$C_v = \frac{K_v \cdot (1 + \varepsilon)}{a_v \cdot \gamma} \tag{3.58}$$

Damit ergibt sich eine weitere Möglichkeit, den spezifischen Speicherkoeffizienten eines bindigen Sediments anzugeben.

$$S_S' = \frac{K_v}{C_v} \tag{3.59}$$

Solche Zusammenhänge erlauben es, die an ungestörten Kernproben bestimmten Werte von C_v und K_v und E_c in Verbindung mit der stratigraphischen Ansprache der dazugehörigen Bohrprofile zur Abschätzung der spezifischen Speicherkoeffizienten der kompressiblen Schichten heranzuziehen. Tabelle 3.5 bietet Beispiele für derartige Korrelationen nach Walton (1981) und Domenico u. Mifflin (1965). Diese Autoren warnen allerdings auch vor einer ungeprüften Übertragung derartiger Tabellenwerte auf ein beliebiges Untersuchungsgebiet.

Tabelle 3.5. Größenordnungen von Kompressionsmoduli und spezifischen Speicherkoeffizienten natürlicher Gesteine. Umgerechnet nach Domenico u. Mifflin (1965).

Gestein	E_c (kNm^{-2})	γ/E_c (m^{-1})
Ton, plastisch	$6{,}9 \cdot 10^4$ bis $5{,}5 \cdot 10^5$	$1{,}4 \cdot 10^{-4}$ bis $1{,}8 \cdot 10^{-5}$
Ton, steif	$5{,}5 \cdot 10^5$ bis $1{,}1 \cdot 10^6$	$1{,}8 \cdot 10^{-5}$ bis $9{,}1 \cdot 10^{-6}$
Ton, fest	$1{,}1 \cdot 10^6$ bis $2{,}1 \cdot 10^6$	$9{,}1 \cdot 10^{-6}$ bis $4{,}8 \cdot 10^{-6}$
Sand, locker	$1{,}4 \cdot 10^6$ bis $2{,}8 \cdot 10^6$	$7{,}1 \cdot 10^{-6}$ bis $3{,}6 \cdot 10^{-6}$
Sand, dicht	$6{,}9 \cdot 10^6$ bis $1{,}1 \cdot 10^7$	$1{,}4 \cdot 10^{-6}$ bis $9{,}1 \cdot 10^{-7}$
Kies, sandig dicht	$1{,}4 \cdot 10^7$ bis $2{,}8 \cdot 10^7$	$7{,}1 \cdot 10^{-7}$ bis $3{,}6 \cdot 10^{-7}$
Festgestein, geklüftet	$2{,}1 \cdot 10^7$ bis $4{,}3 \cdot 10^7$	$4{,}8 \cdot 10^{-7}$ bis $2{,}3 \cdot 10^{-7}$
Festgestein, massiv	$> 4{,}3 \cdot 10^7$	$< 2{,}3 \cdot 10^{-7}$

Zur Beachtung:
Die Wichte von Grundwasser wurde mit $\gamma = 10$ kNm^{-3} angesetzt.

Druck-Tiefen-Diagramme

Das hier diskutierte Subsidenzmodell basiert auf der Vorstellung, dass die Absenkung s_a innerhalb der durchlässigen, grobkörnigen Schichten sozusagen schlagartig erfolgt und dann für $t > 0$ konstant bleibt. Weiterhin verdeutlicht das bisher Gesagte, dass die Absenkung s_{ct} innerhalb einer kompressiblen Schicht mit der Mächtigkeit m_c zu einer beliebigen Zeit zwischen $t = 0$ und $t = \infty$ keine Konstante sein kann, sondern von der Teufenlage z unter der Hangendfläche dieser Schicht abhängt. Die damit einhergehende Umwandlung des hydrostatischen Drucks (oder Porenwasserdrucks) in die Druckspannung (wirksame Spannung) macht sich in dem Wandern von *Isochronen* zwischen diesen Zeitgrenzen bemerkbar.

So gibt Abb. 3.21.a mehrere sogenannte *Druck-Tiefen-Diagramme* für die in Abb. 3.20 dargestellten, von der Absenkung betroffenen feinkörnigen Schichten an (Poland u. Davis 1969).

Die Verringerung der Standrohrspiegelhöhe h in einem horizontalen Schichtelement in der Position z unterhalb der Schichtoberkante zur Zeit $t = \infty$ beträgt

$$\delta h = \Delta h \cdot \frac{z}{m_C} \tag{3.60}$$

Diese Beziehung zeigt klar, dass die mit einer Änderung der Standrohrspiegelhöhe verbundene Druckänderung und die daraus sich ergebende Wasserabgabe Variablen der Größe z sind. Betrachtet man – wie Poland u. Davis – einen Aquitard, der von Aquiferen über- und unterlagert wird, dann setzt sich die entsprechende Druckänderung δh an der Position z für die Absenkung im Liegenden (Lauf-Index 1) und die Absenkung im Hangenden (Lauf-Index 2) sofern $\Delta h_2 \neq \Delta h_1$ – zusammen aus (Abb. 3.21.d):

$$\delta h_1 = \Delta h_1 \cdot \frac{z}{m_C} \quad \text{und} \quad \delta h_2 = \Delta h_2 \cdot \frac{m_c - z}{m_C}$$

bzw.

$$\delta h = \left(\Delta h_1 - \Delta h_2 \right) \cdot \frac{z}{m_C} + \Delta h_2 \tag{3.61}$$

Mittels der weiter oben beschriebenen Beziehungen kann man nun die *spezifische Wasserabgabe* dV als Produkt des spezifischen Speicherkoeffizienten S_S' und einer durchschnittlichen Absenkung δh eines Volumenelements z zur Zeit $t = \infty$ beschreiben:

$$dV = \frac{\gamma}{E_C} \cdot \left[\left(\Delta h_1 - \Delta h_2 \right) \cdot \frac{z}{m_C} + \Delta h_2 \right] \cdot dz \tag{3.62}$$

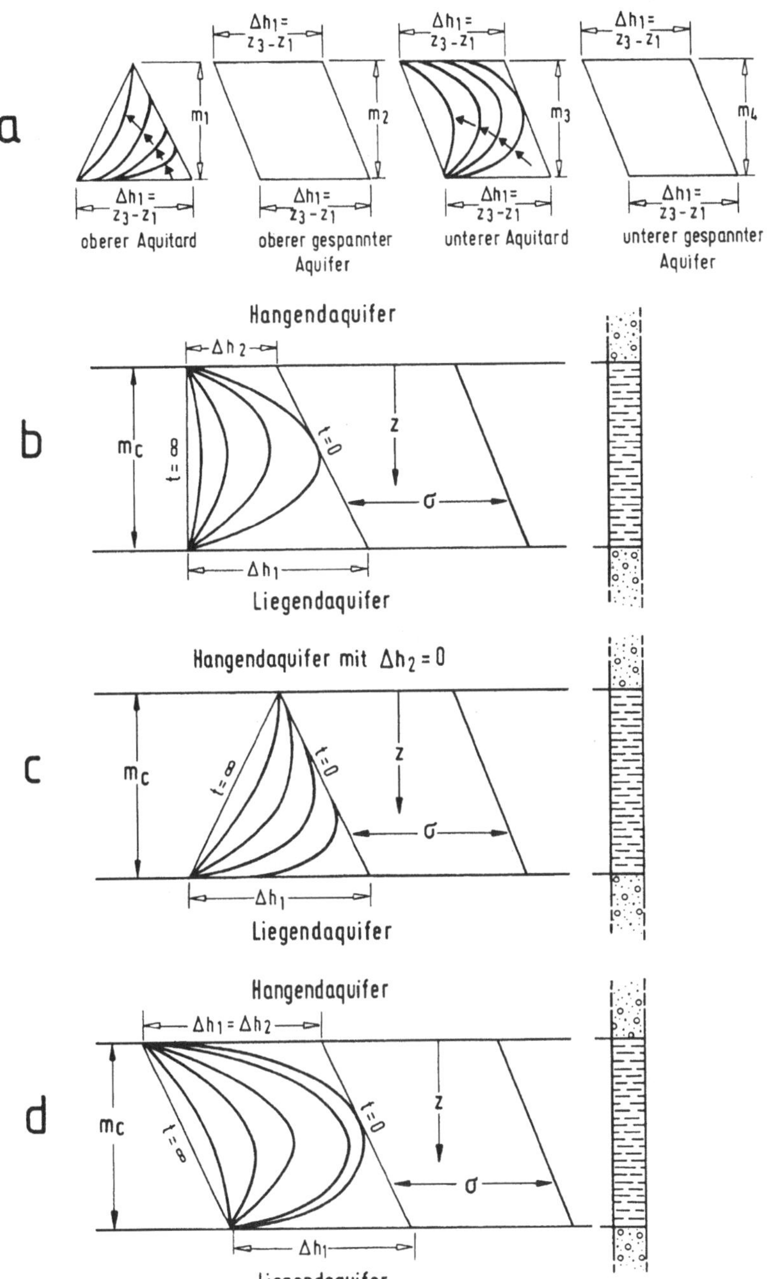

Abb. 3.21. Druck-Tiefen-Diagramme für die von Absenkung betroffenen feinkörnigen Schichten in Abb. 3.20. Nach Poland u. Davis (1969).

Das Gesamtvolumen V des aus einem Schichtprisma von 1 m^2 Grundfläche des Aquitards freiwerdende Wasser ist dann die Summe der Einzelvolumina $dV_1 + dV_2 + ...$

$$V = \frac{\gamma}{E_C} \cdot \int_0^{m_C} \left[(\Delta h_1 - \Delta h_2) \cdot \frac{z}{m_C} + \Delta h_2 \right] \cdot dz \qquad (3.63a)$$

oder

$$V = \frac{\gamma}{E_C} \cdot \frac{\Delta h_1 + \Delta h_2}{2} \cdot m_C \qquad (3.63b)$$

Diese allgemeine Formel lässt sich als Druck-Tiefen-Diagramm mit der Fläche eines Trapezoids für *doppelseitige Drainage* (Abb.3.21.d) darstellen.

Die spezifische Wasserabgabe V, bezogen auf die Einheitsgrundfläche von 1 m^2, besitzt die reduzierte Dimension einer Länge.

Verringern sich die Standrohrspiegelhöhen in Hangend- und Liegendaquifer um den gleichen Betrag $\Delta h = \Delta h_1 = \Delta h_2$, vereinfacht sich Gl. 3.63b zu

$$V = \frac{\gamma}{E_c} \cdot \frac{\Delta h}{m_C} \qquad (3.64)$$

und das dazugehörige Druck-Tiefen-Diagramm ist ein Parallelogramm (Abb. 3.21.c).

Der obere Aquitard in Abb. 3.21.b kann nur Wasser ins Liegende abgeben, da der hangende Aquifer mit freier Oberfläche von der Absenkung nicht beeinflusst wird (*einseitige Drainage*). Folglich ist Δh_2 gleich Null, Δh_1 nimmt den Wert Δh an und das Druck-Tiefen-Diagramm hat die Fläche eines Dreiecks für den Endzeitpunkt $t = \infty$. Die gekrümmten Isochronen stellen lediglich Übergangsphasen zwischen $t = 0$ und diesem Endzeitpunkt dar. Somit sind

$$V = \frac{\gamma}{E_c} \cdot \frac{\Delta h}{2} \cdot m_C \qquad (3.65)$$

Für den stationären Endzustand der abgeschlossenen Konsolidierung lässt sich auf diese Weise auch der Speicherkoeffizient der kompressiblen Schicht definieren (Domenico u. Mifflin 1965):

$$S = \frac{\gamma}{E_c} \cdot m_C = \frac{V}{(\Delta h_1 + \Delta h_2)/2} \qquad (3.66)$$

Für die in Abb. 3.20 dargestellte Schichtenfolge (Poland u. Davis 1969) mit einheitlicher Absenkung gilt

$$\Delta h = z_3 - z_1$$

Die in Abb. 3.21.a wiedergegebenen Druck-Tiefen-Diagramme beschreiben daher die folgenden Dreiecks- und Parallelogramm-Flächen (m^2)

- Aquitard (Wasserabgabe nur ins Liegende)
$$\left(\frac{z_3 - z_1}{2}\right) \cdot m_1$$

- Oberer Aquifer (unterhalb des Aquitards)
$$(z_3 - z_1) \cdot m_2$$

- Unterer Aquitard (Wasserabgabe ins Liegende und Hangende)
$$(z_3 - z_1) \cdot m_3$$

- Unterer Aquifer, unterlagert vom undurchlässigen Liegenden
$$(z_3 - z_1) \cdot m_4$$

Druckübertragung in Funktion der Zeit

Die mathematische Analyse des Problems wird hier nicht wiedergegeben. Stattdessen sei der interessierte Leser auf Domenico (1972) verwiesen. Die Lösungsgleichung mit Rand- und Anfangsbedingungen ist in Analogie zur Beschreibung der Wärmeleitung in festen Körpern in Form einer Kurvenschar, sogenannter *Isochronen*, aufgestellt worden (Carslaw u. Jaeger 1947).

Während Abb. 3.20 (Poland u. Davis 1969) in genereller Form die Änderung der internen Druckverhältnisse in den elastisch-grobkörnigen und kompressibel-feinkörnigen Schichten eines artesischen Grundwasserbeckens widerspiegelt, zeigen die Diagramme der Abb. 3.21 Rand- und Anfangsbedingungen sowie den Abbau der hydrostatischen oder Porenwasserdrücke in den Einzelschichten im Verlauf von Absenkung und Konsolidierung.

Abbildung 3.22 stellt schließlich die Isochronen der Lösungsgleichung 3.68 dar. Die einzelnen Kurven repräsentieren die Druckverteilung innerhalb einer kompressiblen Schicht, die im Hangenden und Liegenden von gespannten Grundwasserleitern begrenzt wird, in denen sich eine jeweils gleichgroße Absenkung eingestellt hat. In einem solchen Fall doppelseitiger Drainage verlaufen die Isochronen symmetrisch zur Schichtmitte und Wasser aus der oberen Schichthälfte tritt nur nach oben, Wasser aus der unteren Schichthälfte nur nach unten aus.

Die Zahlen an den Kurven der Abb. 3.22 bezeichnen einen dimensionslosen *Zeitfaktor* oder *Zeitbeiwert* $\dfrac{1}{u_C}$, dessen Vielfaches die wahre Zeit einer Isochrone bestimmt. Für eine nach oben und unten entwässernde Schicht besitzt er die Form

$$\frac{1}{u_c} = \frac{K_v \cdot t \cdot E_c}{(m_c/2)^2 \cdot \gamma} \qquad (3.67a)$$

mit

m_c = Ausgangsmächtigkeit der kompressiblen Schicht (m)

t = Zeit seit Beginn des Konsolidierungsprozesses (s)

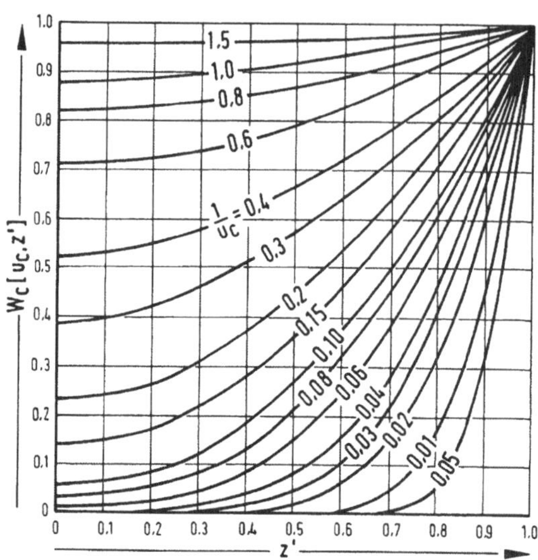

Abb. 3.22. Druckverteilung innerhalb einer kompressiblen Schicht, begrenzt im Hangenden und Liegenden von gespannten Grundwasserleitern. Nach Walton (1981).

Kann die kompressible Schicht nur in einer Richtung Wasser abgeben wie z.B. der obere Aquitard in Abb. 3.20 nur nach unten, da dort der hangende Aquifer von der Absenkung unbeeinflusst bleibt, lautet die Formel für den Zeitfaktor

$$\frac{1}{u_c} = \frac{K_v \cdot t \cdot E_c}{m_c^2 \cdot \gamma} \tag{3.67b}$$

Die Kurvengleichung für die instationäre Periode mit noch nicht abgeschlossenem Druckausgleich zwischen grobkörnigen und feinkörnigen Schichten besitzt dann in der Notation von Walton (1981) die Form

$$s_{ct} = s_a \cdot W_c\left(u_c, z'\right) \tag{3.68}$$

mit

$W_c\left(u_c, z'\right) =$ Verhältnis von gerade abgeschlossener Absenkung s_{ct} zur Zeit t im betrachteten horizontalen Element Δz der feinkörnigen Schicht (Aquitard) und der Absenkung s_a in über- und unterlagernden grobkörnigen Schichten (Aquiferen), (dimensionslos)

$z' = \dfrac{z}{m_c}$ (dimensionslos)

sowie

s_{ct} =   horizontales Element Δz der gerade abgeschlossenen Absenkung zur Zeit t in betrachteten feinkörnigen Schicht (m)

s_a =   (abgeschlossene) Absenkung in über- und unterlagernden grobkörnigen Schichten (m)

m_c =   ursprüngliche wassererfüllte Mächtigkeit der feinkörnigen Schicht (m)

γ =   Wichte des Grundwassers (kNm^{-3})

t =   Zeit, die seit der schlagartig erfolgten Absenkung s_a in den grobkörnigen Schichten vergangen ist (s)

E_c =   Kompressionsmodul des feinkörnigen Materials (kNm^{-2})

z =   Mächtigkeitsdifferenz zwischen Oberkante der feinkörnigen Schicht und dem Element Δz (m)

K_v =   Koeffizient der vertikalen Durchlässigkeit (ms^{-1})

Tabelle 3.6 gibt die Funktionswerte $W_c(u_c, z')$ für ausgewählte Bereiche von $\dfrac{1}{u_c}$ und z' an (Carslaw u. Jaeger 1947; Walton 1981), und Abb. 3.22 zeigt die entsprechende Isochronen-Kurvenschar.

Tabelle 3.6. Funktionswerte von $W_c(u_c, z')$ (Walton 1981)

z'	$1/u_c$							
	0,005	0,01	0,02	0,03	0,04	0,06	0,08	0,10
0,00						0,01	0,03	0,05
0,10					0,00	0,01	0,03	0,06
0,20					0,01	0,02	0,05	0,08
0,30				0,00	0,02	0,04	0,08	0,12
0,40			0,00	0,02	0,04	0,08	0,13	0,18
0,50		0,00	0,01	0,04	0,08	0,15	0,21	0,26
0,60		0,01	0,05	0,10	0,15	0,24	0,32	0,37
0,70	0,00	0,04	0,14	0,22	0,29	0,38	0,45	0,50
0,80	0,04	0,167	0,31	0,41	0,45	0,56	0,61	0,63
0,85	0,16	0,30	0,44	0,54	0,59	0,66	0,71	0,72
0,90	0,31	0,47	0,60	0,66	0,72	0,76	0,80	0,81
0,95	0,60	0,70	0,80	0,82	0,84	0,86	0,88	0,89
1,00	1,00	1,00	1,00	1,00	1,00	1,00	1,00	1,00

Tabelle 3.6. (Fortsetzung)

	$1/u_c$							
z'	0,15	0,20	0,30	0,40	0,60	0,80	1,00	1,50
0,00	0,14	0,23	0,39	0,52	0,71	0,82	0,88	0,96
0,10	0,15	0,24	0,40	0,54	0,71	0,82	0,88	0,96
0,20	0,17	0,26	0,42	0,55	0,72	0,83	0,89	0,96
0,30	0,22	0,31	0,46	0,58	0,73	0,84	0,90	0,96
0,40	0,28	0,37	0,51	0,62	0,76	0,86	0,91	0,96
0,50	0,37	0,44	0,57	0,67	0,79	0,87	0,92	0,96
0,60	0,46	0,53	0,64	0,72	0,83	0,90	0,94	0,97
0,70	0,58	0,64	0,72	0,79	0,87	0,92	0,95	0,97
0,80	0,72	0,76	0,81	0,854	0,92	0,94	0,96	0,98
0,85	0,79	0,79	0,84	0,88	0,94	0,95	0,97	0,99
0,90	0,86	0,88	0,90	0,92	0,96	0,96	0,98	0,99
0,95	0,91	0,92	0,93	0,96	0,98	0,98	0,99	0,99
1,00	1,00	1,00	1,00	1,00	1,00	1,00	1,00	1,00

Der stationäre Zustand, d.h. abgeschlossene Absenkung auch in der bindigen Schicht (Abbau des Porenwasserüberdrucks) sowie Erreichen des Maximalwerts der wirksamen Spannung in dieser (Beendigung des Konsolidierungsvorganges), wird durch die nachstehende Gleichung beschrieben.

$$s_t = s_a \cdot W_c(u_c)$$
(3.69)

mit

s_t = durchschnittliche Absenkung zur Zeit t in der feinkörnigen Schicht (s)

$W_c(u_c)$ = Verhältnis von beendeter Absenkung in der feinkörnigen Schicht und der Absenkung in den über- und unterlagernden grobkörnigen Schichten

Tabelle 3.7 gibt die Funktionswerte dieser Beziehung; Abb. 3.23 stellt den dazugehörigen Graphen dar.

Tabelle 3.7. Funktionswerte von $W_c(u_c)$ (Walton 1981)

$1/u_c$	$W_c(u_c)$	$1/u_c$	$W_c(u_c)$
0,00	0,00	0,55	0,79
0,05	0,26	0,60	0,81
0,10	0,38	0,65	0,84
0,15	0,46	0,70	0,86
0,20	0,52	0,75	0,88
0,25	0,56	0,80	0,89
0,30	0,62	0,85	0,91
0,35	0,67	0,90	0,92
0,40	0,70	0,95	0,93
0,45	0,74	1,00	0,93
0,50	0,76		

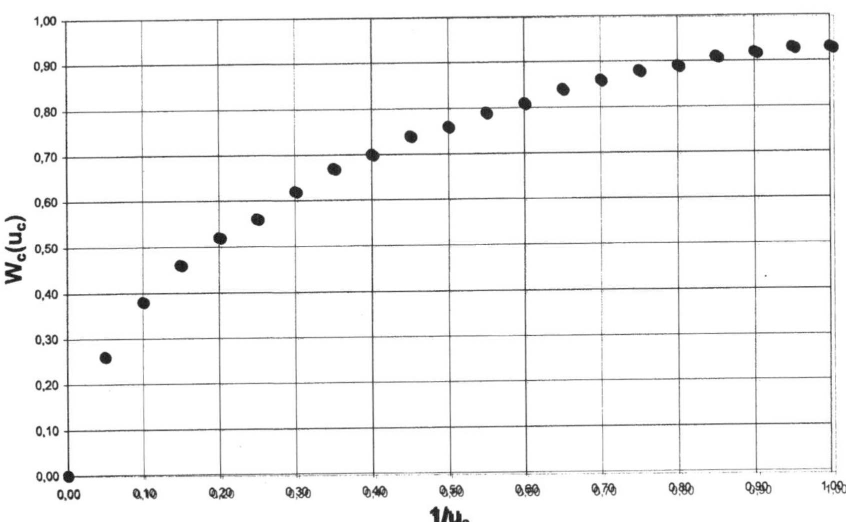

Abb. 3.23. Resultierende Absenkung durch Konsolidierung in einer feinkörnigen Schicht. Nach Walton (1981).

Zeitunabhängige und zeitabhängige Subsidenz

Walton (1981) bestimmte die Gln. 3.70 und 3.71 für die zeitunabhängige (abgeschlossene) und die zeitabhängige Bodensenkung nach schlagartiger und gleichgroßer Absenkung in den beiden gespannten Grundwasserleitern (Abb. 3.20).

$$\sum \Delta m = \Delta m_a + \Delta m_c + \Delta m_i = \left(\frac{\gamma}{E_a}\right) \cdot A_{ap} + \left(\frac{\gamma}{E_{cc}}\right) \cdot A_{cp} + \left(\frac{\gamma}{E_{ic}}\right) \cdot A_{ip} \qquad (3.70)$$

und

$$\sum \Delta m_t = \Delta m_a + \Delta m_{ct} + \Delta m_{it} = \left(\frac{\gamma}{E_a}\right) \cdot A_{ap} + \left(\frac{\gamma}{E_{cc}}\right) \cdot A_{Cpt} + \left(\frac{\gamma}{E_{ic}}\right) \cdot A_{ipt} \qquad (3.71)$$

oder

$$\sum \Delta m_t = S'_{sa} \cdot A_{ap} + S'_{scc} \cdot A_{cpt} + S'_{sic} \cdot A_{ipt} \qquad (3.72)$$

mit

$\sum \Delta m$ = Summe der endgültigen Konsolidierung (Subsidenz) der beiden gespannten Aquifere, des nur einseitig drainierenden oberen Aquitards und des zweiseitig drainierenden unteren Aquitards
dim $\left(\sum \Delta m\right)$ = L

Δm_a = endgültige Konsolidierung der grobkörnigen Aquifere (L)

Δm_c = endgültige Konsolidierung des einseitig drainierenden oberen Aquitards (L)

Δm_i = endgültige Konsolidierung des doppelseitig drainierenden unteren Aquitards (L)

γ = spezifisches Gewicht des Wassers (ML^{-2}T^{-2})

E_a = Elastizitätsmodul des Aquiferkorngerüsts (ML^{-1}T^{-2})

E_{cc} = Elastizitätsmodul des einseitig drainierenden Aquitards (ML^{-1}T^{-2})

E_{ic} = Elastizitätsmodul des zweiseitig drainierenden Aquitards (ML^{-1}T^{-2})

A_{ap} = Fläche des zweidimensionalen Druck-Tiefen-Diagramms der Aquifere (L^2)

A_{cp} = Fläche des zweidimensionalen Druck-Tiefen-Diagramms des einseitig drainierenden Aquitards nach abgeschlossener Konsolidierung (L^2)

A_{ip} = Fläche des zweidimensionalen Druck-Tiefen-Diagramms des zweiseitig drainierenden Aquitards nach abgeschlossener Konsolidierung (L^2)

$\sum \Delta m_t$ = kumulative Aquifer und Aquitard Konsolidierung zur Zeit t (T)

Δm_{ct} = zur Zeit t erreichte Konsolidierung des einseitig drainierenden Aquitards (L)

Δm_{it} = zur Zeit t erreichte Konsolidierung des doppelseitig drainierenden Aquitards (L)

A_{cpt} = Fläche des zweidimensionalen Druck-Tiefen-Diagramms des einseitig drainierenden Aquitards zur Zeit t (L^2)

A_{ipt} = Fläche des zweidimensionalen Druck-Tiefen-Diagramms des doppelseitig drainierenden Druck-Tiefen-Diagramms zur Zeit t (L^2)

$S'_{ic} = \dfrac{\gamma}{E_{ic}}$ = spezifischer Speicherkoeffizient des zweiseitig drainierenden Aquitards (L^{-1})

$S'_{sa} = \dfrac{\gamma}{E_A}$ = spezifischer Speicherkoeffizient der Aquifere (L^{-1})

$S'_{scc} = \dfrac{\gamma}{E_{cc}}$ = spezifischer Speicherkoeffizient des einseitig drainierenden Aquitards (L^{-1})

Beispiel

Für einen geplanten Eisenerztagebau im Norden Vietnams war die zu erwartende Geländesenkung infolge Grundwasser- bzw. Druckwasserentspannung einer rd. 300 m mächtigen Schichtfolge zu berechnen. Das Schichtprofil und dessen bodenphysikalische bzw. hydrogeologische Bewertung ist auf Tabelle 3.8 wiedergegeben.

Der Druckspiegel liegt vor der Grundwasserabsenkung ca. 5 m unter Gelände. Er sollte jährlich um 10 bis 25 m abgesenkt werden. Der dafür vorgesehene Zeitplan der Druckspiegelentspannung findet sich in Tabelle 3.9.

Für das Absenkungsgeschehen wurde eine numerische Simulation unter Anwendung der Gln. 3.60 bis 3.72 durchgeführt; die Beträge der zu erwartenden Geländesetzungen sind in Tabelle 3.10 aufgeführt und in Abb. 3.24 dargestellt.

Tabelle 3.8. Schichtenfolge und Kennwerte des geplanten Eisenerztagebaus Thach Khe in Vietnam

Schicht Nr.	Geologie	Mächtigkeit m	Drainage-Typ	Durchlässigkeit vertikal $m\ d^{-1}$	Elastizitäts-Modul $MN\ m^{-2}$
1	Quartär	25	1	0,001	200
2	Neogen	60	1	0,001	150
3	Neogen	30	3	17,3	1000
4	Neogen	15	2	0,0001	300
5	Eisenerz	30	3	1,7	40000
6	Kalkstein	140	3	10,0	50000

Drainage-Typ: 0 Aquiclude Grundwasserstauer
1 Aquitard einseitig drainierend
2 Aquitard zweiseitig drainierend
3 Aquifer grobkörnig

Tabelle 3.9. Geplante Druckspiegelentspannung für den Tagebau Thach Khe in Vietnam

Pumpstufe	Dauer Tage	Zeit gesamt Jahre	Druckspiegel m u. Gelände
0	-	0	5
1	365	1	15
2	365	2	30
3	365	3	45
4	365	4	70
5	365	5	95
6	365	6	120
7	365	7	130
8	365	8	135
9	365	9	140
10	365	10	150
11	365	11	160
12	365	12	171
13	1465	16	171

Hohe, sogenannte „sofortige" Setzungsbeträge treten immer zu Beginn der 365-Tages-Pumpstufen auf. Denn in der Planung war vorgesehen, den Druckwasserspiegel jeweils einmal jährlich schlagartig – durch Einbau stärkerer Pumpen – um mehrere Meter abzusenken. Nach dem Ablauf der Anfangsphase setzt dann eine verzögerte Drainage der feinkörnigen Aquitarde ein, die mehrere Monate andauert und nur zu kleineren Setzungsbeträgen führt.

Die berechneten Bodensetzungen werden besonders durch die relativ „weichen" Schichten 1, 2 und 4 verursacht. Diese Schichten haben einen kleinen Elastizitätsmodul (Tabelle 3.8) als auch eine geringe Durchlässigkeit.

Alle in der Tabelle 3.10 aufgeführten Zeitschritte sind numerisch simuliert worden. Als Beispiel wird im Folgenden hier nur der Zeitschritt 16, der ca. 3 Jahre nach Beginn der Absenkung einsetzt, erläutert.

In Tabelle 3.9 entspricht der Zeitschritt 16 der Pumpstufe 4: Der Druckwasserspiegel sinkt zu Beginn schlagartig von 45 m auf 70 m unter Gelände. Er liegt damit noch innerhalb der Schicht 2, also dem Neogen-Aquitard (Tabelle 3.8).

Die Förderbrunnen sind in den grobkörnigen Aquiferen verfiltert:

- Schicht 3   Neogen
- Schicht 5   Eisenerz
- Schicht 6   Kalkstein

Die über- bzw. unterlagernden Schichten 1 und 2 drainieren einseitig in die benachbarten Aquifere; die Schicht 4 dagegen drainiert zweiseitig.

Nach Gl. 3.71

$$\sum \Delta m_t = \Delta m_a + \Delta m_{ct} + \Delta m_{it} = (\gamma / E_a) A_{ap} + (\gamma / E_{cc}) A_{pct} + (\gamma / E_{ic}) A_{ipt}$$

ergeben sich für die Schichten 1 bis im Einzelnen die folgenden zeitabhängigen Subsidenzen (Abnahme der Schichtmächtigkeiten) während des Zeitschrittes 16, der wie alle anderen insgesamt 73 Tage dauerte.

Schicht 1. Für diese Schicht, die nur einseitig ins Liegende drainiert, sind Drainage und Konsolidierung bereits auf Grund der Pumpstufen 1 bis 3 abgeschlossen, also

$$\Delta m_{t,1} = 0$$

Schicht 2. Dieser 60 m mächtige Neogen-Aquitard drainiert einseitig. Sein Druckspiegel sinkt im Zeitschritt 16 von $z_0 = 45 - 25 = 20$ m auf $z_t = 70 - 25 = 45$ m unter Schichtoberkante.

Tabelle 3.10. Errechnete Bodensenkungen für den Tagebau Thach Khe in Vietnam

Zeitschritt	Gesamtzeit Tage	Gesamtzeit Jahre	Einzelsetzung mm	Setzung total mm
1	73		28	28
2	146		3	31
3	219		2	33
4	292		0	33
5	365	1	0	33
6	438		42	75
7	511		6	81
8	584		2	83
9	657		0	83
10	730	2	1	84
11	803		42	126
12	876		6	132
13	949		2	134
14	1022		0	134
15	1095	3	1	135
16	1168		60	195
17	1241		9	204
18	1314		3	207
19	1387		0	207
20	1460	4	2	209
21	1533	>4	71	280
31	2263	>6	34	314
41	2993	>8	19	333
51	3723	>10	28	361
61	4453	>12	1	362
71	5183	>14	0	362
80	5840	16	0	362

Damit wird

$$z'_{t,2} = z_{t,2} / m_{c,2} = 45/60 = 0,75$$

Der Zeitwert $1/u_c$ errechnet sich bei einseitiger Drainage nach Gl. 3.67b über

$$1/u_c = (K_{v,2} \cdot t \cdot E_{c,2})/(m^2{}_{c,2} \cdot \gamma) \text{ zu}$$

$$1/u_c = (0{,}001 \text{ m d}^{-1} \cdot 73 \text{ Tage} \cdot 150 \text{ MN m}^{-2}) / (60^2 \text{ m}^2 \cdot 9{,}81 \text{ kN m}^{-3})$$

und

$$1/u_c = 0{,}31 \text{ (dimensionslos)}$$

Der Wert $W_c(1/u_c, z' = 0{,}75)$ wird aus Tabelle 3.6 durch lineare Interpolation ermittelt oder aus Abb. 3.21 direkt abgelesen, also

$$W_{c,2} = 0{,}80$$

Nach Gl. 3.68 wird die wirksame Absenkung s_{ct} im Aquitard zur Zeit $t = 73$ Tage für die im unterlagernden Aquifer erzeugte Absenkung von $s_a = 25$ m errechnet:

$$s_{ct,2} = s_a \cdot W_{c,2}(u_c, z')$$
$$s_{ct,2} = 25 \text{ m} \cdot 0{,}80 = 20 \text{ m}$$

Damit errechnet sich die Fläche A_{cpt} des Druck-Tiefen-Diagramms (Dreiecksfläche) für die Schicht 2 zu

$$A_{cpt,2} = \Delta h_1 \cdot m_c / 2 = s_{ct,2} \cdot m_{c,2} / 2$$
$$A_{cpt,2} = 20 \text{ m} \cdot 60 \text{ m} / 2 = 600 \text{ m}^2$$

und schließlich unter Benutzung des Elastizitätsmoduls der Schicht 2 von $E_{cc} = 150$ MN m^{-2}

$$\Delta m_{ct,2} = (\gamma / E_{cc,2}) \cdot A_{cpt,2}$$
$$\Delta m_{ct,2} = (9{,}81 \text{ kN m}^{-3} / 150\,000 \text{ kN m}^{-2}) \cdot 600 \text{ m}^2$$
$$= 0{,}039 \text{ m oder } 39 \text{ mm}$$

Schicht 3. Für diese Schicht, den zweiten 30 m mächtigen Neogen-Aquifer, ergibt sich durch die Pumpstufe 4 eine schlagartige Entspannung um $\Delta h = z_3 - z_1 = 25$ m.

Der auf diesen Aquifer entfallende Anteil der Subsidenz berechnet sich mit der Drainfläche $A_{ap,3} = \Delta h \cdot m_3 = 25 \text{ m} \cdot 30 \text{ m} = 750 \text{ m}^2$ zu

$$\Delta m_{a,3} = (\gamma / E_{a,3}) \cdot A_{ap,3} = (9{,}81 \text{ kN m}^{-3} / 1000 \text{ kN m-2}) \cdot 750 \text{ m}^2$$
$$= 0{,}0074 \text{ m oder } 7{,}4 \text{ mm}$$

Schicht 4. Schicht 4 ist ein 15 m mächtiger Neogen-Aquitard (Abb. 3.20), der zweiseitig drainiert. Der Druckwasserspiegel sinkt hier um $z = 25$ m.

Der Zeitwert $1/u_c$ errechnet sich nach Gl. 3.67a zu

$$1/u_{c,4} = (K_{v,4} \cdot t \cdot E_{c,4})/([m_{c,4}/2]^2 \cdot \gamma)$$

$$1/u_{c,4} = (0{,}0001 \text{ m d}^{-1} \cdot 73 \text{ Tage} \cdot 300 \text{ MN m}^{-2}) / (7{,}52 \text{ m}^2 \cdot 9{,}81 \text{ kN m}^{-3})$$

Da z größer als die Schichtmächtigkeit m_c ist, hat die bindige Schicht schnell einen stationären Zustand erreicht. Die Funktionswerte von W_c für $1/u_{c,4} > 1{,}0$ werden aus Tabelle 3.7 entnommen oder aus Abb. 3.22 abgelesen. Das ergibt mit

$$W_{c,4} \, (1/u_{c,4}) \cong 0{,}95$$

Mit Gl. 3.69 wird dann

$$s_{c1,4} = s_a \cdot W_{c,4} \, (1/u_{c,4}) = 25 \text{ m} \cdot 0{,}95 = 23{,}75 \text{ m}$$

Für die zweiseitig drainierende Schicht 4 errechnet sich die Fläche A_{ipt} des Druckflächendiagramms zu

$$A_{ipt,4} = \Delta h \cdot m_c = s_{t,4} \cdot m_{c,4}$$

$$A_{ipt,4} = 23{,}75 \text{ m} \cdot 15 \text{ m} = 356 \text{ m}^2$$

und somit

$$\Delta m_{it,4} = (\gamma / E_{ic,4}) \cdot A_{ipt,4}$$

$$\Delta m_{it,4} = (9{,}81 \text{ kN m}^{-3} / 300 \text{ MN m}^{-2}) \cdot 356 \text{ m}^2 = 0{,}00116 \text{ m} = 11{,}6 \text{ mm}$$

Schicht 5. Der 30 m mächtige, klüftige Erzkörper ist auf Grund seiner vertikalen Durchlässigkeit $K_v = 1{,}7$ m d^{-1} als Aquifer anzusprechen. Der Druckspiegel wird hier ebenfalls um 25 m abgesenkt. Wegen ihrer großen Festigkeit (Elastizitäts-Modul = 40 000 MN m^{-2}) trägt diese Schicht aber nur sehr wenig zur Setzung bei.

$$A_{ap,5} = \Delta h \cdot m_5 = 25 \text{ m} \cdot 30 \text{ m} = 750 \text{ m}^2$$

$$\Delta m_{a,5} = (\gamma / E_{a,5}) \cdot A_{ap,5}$$

$$\Delta m_{a,5} = (9{,}81 \text{ kN m}^{-3} / 40\,000 \text{ MN m}^{-2}) \cdot 750 \text{ m}^2 = 0{,}0002 \text{ m} = 0{,}2 \text{ mm}$$

Schicht 6. Für diesen Aquifer (Hornfels) mit 140 m Mächtigkeit gilt:

$$A_{ap,6} = \Delta h \cdot m_6 = 25 \text{ m} \cdot 140 \text{ m} = 3500 \text{ m}^2 \text{ und}$$

$$\Delta m_{a,6} = (\gamma / E_{a,6}) \cdot A_{ap,6}$$

$$\Delta m_{a,6} = (9{,}81 \text{ kN m}^{-3} / 50\,000 \text{ MN m}^{-2}) \cdot 3500 \text{ m}^2 = 0{,}0007 \text{ m} = 0{,}7 \text{ mm}$$

Gesamtsetzung. Die Gesamtsetzung $\sum_1^6 \Delta m_i$ in 73 Tagen für alle sechs Schichten ergibt für die Pumpstufe 4 aus der Addition der Δm_i -Werte:

$$\sum_1^6 \Delta m_i = \Delta m_1 + \Delta m_2 + \Delta m_3 + \Delta m_4 + \Delta m_5 + \Delta m_6$$

$$\sum_1^6 \Delta m_i = 0 + 39 + 7{,}4 + 11{,}6 + 0{,}2 + 0{,}7 \text{ mm}$$

$$\sum_1^6 \Delta m_i = 58{,}9 \text{ mm}$$

also rd. 60 mm, wie in Tabelle 3.10 eingetragen.

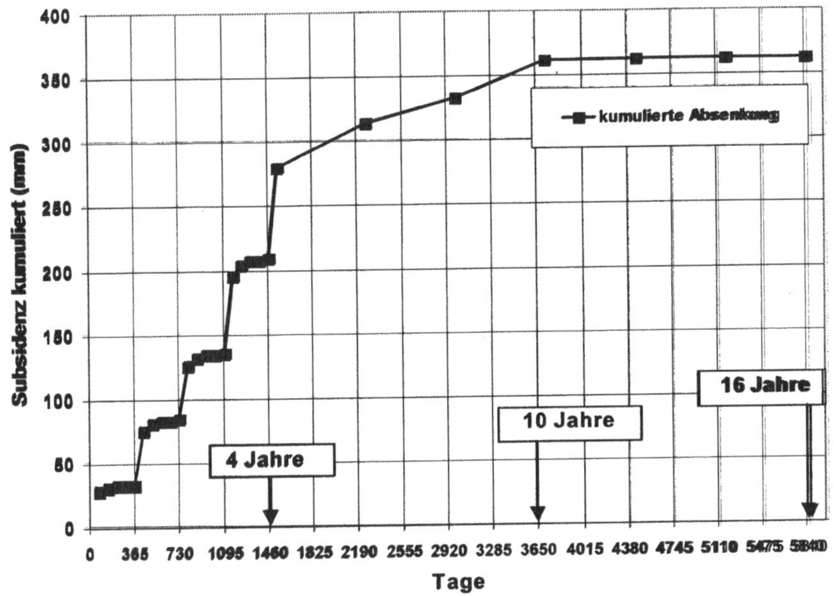

Abb. 3.24. Resultierende Subsidenz für den Tagebau Thach Khe in Vietnam

4 Pumpversuche

4.1 Allgemeines

Pumpversuche sind eines der wichtigen Hilfsmittel des Hydrogeologen zur Erkundung von Grundwasservorkommmen. Durch Pumpversuche lassen sich sowohl die Leistungscharakteristik bzw. Brunneneintrittsverluste eines Förderbrunnens als auch die hydrologischen Parameter eines Aquifers ermitteln.

Absenkung und Wiederanstieg des Grundwasserstands werden fortlaufend oder in Intervallen im Förderbrunnen selbst und/oder in vorhandenen Nachbarbrunnen und Grundwassermessstellen registriert sowie die Förderraten gemessen.

In Abhängigkeit von der jeweiligen Aufgabenstellung werden unterschieden

- *Leistungspumpversuch* bzw. *Stufenpumpversuch* als *Leistungstest*, der zur Ermittlung der *Ergiebigkeit* des Brunnens dient (Abschn. 4.4)
- *hydrologischer Pumpversuch* als *Aquifertest* zur Ermittlung der Aquiferkennwerte Transmissivität, Permeabilität und wirksamer Porosität (Abschn. 4.5 bis 4.9)

Zumindest bei den Aquifertests sollte wenigstens eine Grundwassermessstelle (Piezometer; „Peilrohr", „Grundwasserbeobachter"...) in einiger Entfernung vom Brunnen vorhanden sein. Denn aufgrund der auch bei sorgfältig hergestellten Brunnen fast unvermeidlich auftretenden *Brunneneintrittsverluste*, vor allem aber durch das Vorhandensein einer *Sickerlinie* in Aquiferen mit freier Oberfläche, stimmt der *Betriebswasserspiegel* im Förderbrunnen nicht mit dem an der äußeren Brunnenwandung anliegenden Grundwasserspiegel überein, sondern liegt tiefer. Anders verhält es sich bei der Beobachtung des Wiederanstiegs in einem Förderbrunnen. Schon kurze Zeit nach Abstellen der Pumpe stimmen Brunnenwasserspiegel und Grundwasserspiegel überein.

Vor allem bei den früher fast ausschließlich ausgeführten Leistungspumpversuchen sind Absenkung und Wiederanstieg nur im Brunnen registriert worden. Ist dann bei lange betriebenen Wasserwerksbrunnen nach Jahren ein Leistungsrückgang eingetreten, ist nur schwer zu entscheiden, ob dies als Folge von Änderungen der Aquiferbedingungen oder durch Alterungsvorgänge des Brunnens (s. Kap. 12) verursacht ist.

Bedingt durch den hohen materiellen, personellen und damit auch finanziellen Aufwand für einen Pumpversuch haben nur wenige der praktizierenden Hydrogeologen die Chance, einen optimalen Versuchsablauf zu planen und vorzubereiten, den Versuch selbst durchzuführen und die Messergebnisse auszuwerten.

Schritte eines optimalen Versuchs sind:

- Ausarbeitung eines hydrogeologischen Konzeptmodells des Aquifers, d.h. „Festlegung" des Aquifer-Typs, für den voraussichtlich von der Absenkung beeinflussten Bereich
- numerische Simulation des Versuchsablaufs mittels entsprechender Analyseprogramme
- Festlegung von Ansatzpunkten und Bemessungsvorgaben für die Piezometer
- Niederbringen von Brunnen und Piezometern mit nachfolgender Entwicklung (bzw. „Entsandung")
- ausreichend lange Beobachtung des (saisonal) variierenden Grundwasserstands
- Ausführung eines Stufenpumpversuchs mit Registrierung von Absenkung und Wiederanstieg
- nach abgeschlossenem Wiederanstieg Durchführung des eigentlichen hydrologischen Pumpversuchs mit Beobachtung von Absenkung und Wiederanstieg an allen vorhandenen Messstellen
- Auswertung der Ergebnisse

Zum besseren Verständnis der in folgenden Abschnitten verwendeten analytischen Brunnenformeln wird zunächst eine Reihe von Begriffen und Definitionen vorangestellt. An dieser Stelle sei angemerkt, dass dieses Kapitel nicht mehr als eine, an einfachen Beispielen dokumentierte Einführung in das Thema Pumpversuche sein kann. Der Leser sei auf umfassende Darstellungen von Durchführung und Auswertung von Pumpversuchen in unterschiedlichen hydrogeologischen Milieus hingewiesen, z.B. auf Kruseman u. De Ridder (1991). Dort wird eine umfangreiche Spezialliteratur zitiert.

4.2 Strömungszustände und Aquifertypen

Wird ein Brunnen mit einer *Förderrate* Q in Betrieb genommen, entwickelt sich eine Absenkungsstruktur („Absenkungstrichter"), die eine *Reichweite* r besitzt. An einem Piezometer lässt sich dann eine Absenkung s feststellen. Innerhalb des Trichters ist das *Standrohrspiegelgefälle*, d.h. der *Gradient*, zum Brunnen hin gerichtet.

Dabei sind zwei *Fließzustände* oder *Strömungsregime* möglich.

1) *Instationäres Regime*: Die an einem beliebigen Punkt des Absenkungstrichters in einem Peilrohr gemessene Standrohrspiegelhöhe h ändert sich in Funktion der Zeit. Das heißt: Der Gradient von Druck- bzw. Wasserspiegel und damit auch die Fließgeschwindigkeit des Grundwassers variieren in der Zeit.

2) *Stationäres Regime*: Die in einem Peilrohr beobachtete Standrohrspiegelhöhe ändert sich nicht: Gradient und Grundwasserfließgeschwindigkeit bleiben zeitkonstant.

Dies bedeutet, dass sich im instationären Regime der gesamte Absenkungstrichter fortlaufend vertieft und gleichzeitig nach außen hin ausdehnt. Ebenso herrscht instationäres Regime, wenn sich ein Trichter, der um einen Förderbrunnen herum entstanden ist, nach Ausschalten der Pumpe wieder auffüllt. Dann lässt sich in Brunnen und Piezometern ein Wiederanstieg des Wasserspiegels beobachten. Gemessen wird dabei die *verbleibende Absenkung* s_r gegenüber dem Ausgangswasserstand vor Inbetriebnahme des Brunnens.

Ändern sich Absenkung s und Reichweite r des Trichters nicht mehr, hat sich der sogenannte *Beharrungszustand* eingestellt: Nach der instationären Phase wurde der stationäre Strömungszustand erreicht. Der Absenkungstrichter hat sich an allen Punkten stabilisiert, und der Brunnen fördert nur noch Wasser, das in den Trichter

- seitlich,
- von oben oder
- unten her

von außerhalb zugeführt wird. Die Zustromrate entspricht somit der Förderrate.

Im instationären Zustand sind hingegen Förderrate und Rate des Zustroms von außen her ungleich groß. Eine Absenkung kennzeichnet somit eine *Vorratsentnahme* aus dem Poren- bzw. Kluftraum, der Wiederanstieg entsprechend eine Einspeicherung.

Bei Beginn eines jeden Pumpversuchs wird zunächst Wasser nur aus dem Vorrat des Aquifers entnommen. Bleibt das Regime rein instationär, dann stammt das geförderte Wasser auch weiterhin ausschließlich aus dem Vorrat. Im Idealfall eines räumlich unbegrenzten und nicht von außerhalb wieder ergänzten, d.h. ‚ernährten' Grundwasserleiters verlangsamen sich sowohl Eintiefungs- als auch Ausdehnungsgeschwindigkeit des Trichters stetig. Der instationäre Trichter strebt also ebenfalls einem Beharrungszustand zu, den er streng genommen erst im Unendlichen erreichen kann.

In der Natur existieren jedoch nur räumlich begrenzte Grundwasserleiter. Bei diesen tritt der Gleichgewichtszustand zwischen Entnahme und Zustrom von außen schon nach endlicher Zeit auf, wenn nämlich ein ständig zunehmender Anteil der Förderung über ernährende oder *positive Grenzbedingungen* (Voigt 1973 b), z.B. von einspeisenden Flüssen oder aus der Versickerung, kompensiert wird. Der Förderanteil aus der Vorratsentnahme kann dann schließlich auf Null zurückgehen. Da überall natürliche Wasserspiegelschwankungen auftreten, die sich überlagern, wird ein solcher wahrer Beharrungszustand nur vorübergehend andauern, sich in der Regel also nur ein *quasistationäres Regime* einstellen.

Bei räumlich begrenzten Grundwasserleitern kann aber auch der umgekehrte Fall eintreten, dass nämlich *negative* oder *Barriere-Grenzbedingungen*, etwa Kontakte zu undurchlässigen Gesteinskomplexen, eine Kompensation der Förderung durch Zustrom von außen verhindern. Bei andauerndem Brunnenbetrieb wird ein solcher Aquifer nach Entfernung allen Vorratswassers entleert.

Einen Sonderfall stellen auskeilende Grundwasserleiter dar.

In vielen Fällen sind gleichzeitig positive und negative Grenzbedingungen vorhanden, die mehr oder weniger verstärkend oder dämpfend auf die Absenkung, auch mit unterschiedlicher Intensität in der Zeit, einwirken. All dies müsste im zeitlichen Verlauf der Absenkungskurve eines Pumpversuchs erkennbar sein. Der Hydrogeologe wird also die Absenkungskurve entsprechend dem hydrogeologischen Konzeptmodell interpretieren bzw. letzteres überprüfen und ggf. entsprechend anpassen müssen. Die weiter unten beschriebenen Brunnenformeln sind also Ausdruck der mehr oder weniger gelungenen Anpassung an die Einflussnahme negativer und positiver Grenzbedingungen.

Bei den klassischen Brunnenformeln wird zunächst von der folgenden vereinfachten Annahme ausgegangen: Der getestete Grundwasserleiter ist homogen und isotrop. Dies und damit die Anwendbarkeit von Konzeptmodell und angewendeter Formel muss überprüft werden.

Isotropie ist eine Richtungsgröße und heißt, dass der Durchlässigkeitsbeiwert K in allen Richtungen innerhalb des Aquifers gleichgroß ist. *Anisotropie* bedeutet folglich, dass K in verschiedenen Richtungen unterschiedlich große Zahlenwerte annimmt. Es ist bekannt, dass praktisch jeder natürliche Grundwasserleiter in der Horizontalen erheblich durchlässiger ist als in der Vertikalen, also $K_h \gg K_v$. Er ist somit stark anisotrop (vgl. Abschn. 2.3.3). Für die Praxis der hier beschriebenen Pumpversuche spielt aber K_v kaum eine Rolle, da Brunnen bei einer Wasserentnahme überwiegend horizontal angeströmt werden.

Homogenität bezeichnet eine Ortsgröße, die besagt, dass die Durchlässigkeit K im Aquifer überall den gleichen Wert besitzt. Auch diese Bedingung existiert kaum in der Natur. Die in jedem Sedimentkörper augenfälligen vertikalen und horizontalen lithologischen Wechsel in Korngrößen, Feinschichtung und Schichtenausbiss zeigen, dass allgemein eher von *Inhomogenität* auszugehen ist. Doch kann man im statistischen Sinne für einen gewissen Zeitraum, in dem der Absenkungstrichter nur einen relativ kleinen Anteil des Aquifers erfasst hat, durchaus von einer gegebenen Homogenität ausgehen, so dass die Anwendung einer Brunnenformel zur Auswertung des Pumpversuchs gerechtfertigt ist, wenigstens in der Anfangszeit eines Pumpversuchs.

Wasserführende Lockergesteine werden als *Porengrundwasserleiter* bezeichnet, während wasserführende Festgesteine oft als *Kluftgrundwasserleiter* beschrieben werden, was nicht immer korrekt ist. Allgemeiner spricht man besser von *Festgesteinsgrundwasserleitern*.

In diesem Buch wird durchgängig auch der Terminus *Aquifer* als Synonym für den Begriff Grundwasserleiter verwandt. Darunter versteht man einen grundwasserführenden Gesteinskörper, der einem Brunnen oder einer Quelle mindestens soviel Wasser wie im speziellen Fall benötigt liefert. Typische Aquifere sind Sande und Kiese, aber auch verkarstete Kalksteine.

Ein *Aquitard* (von engl. retard – verzögern) kann zwar beträchtliche Mengen Wasser über große Flächen und lange Zeiten liefern, würde aber den Bau eines in ihm verfilterten Brunnens nicht rechtfertigen. Schluffe sind typische Aquitarde.

Ein *Aquiclude* (von engl. exclude – ausschließen) ist de facto völlig undurchlässig. Im Allgemeinen zählt man dazu nicht geklüftete Tiefengesteine. Als Synonym wird gelegentlich auch der Begriff *Aquifuge* verwandt.

Im Gelände wird es nicht immer möglich sein, zwischen Aquitard und Aquiclude zu unterscheiden. Dann ist immer noch die Verwendung des altmodischen Begriffs *Wasserstauer* (oder Wassergeringleiters) erlaubt.

Kruseman u. De Ridder (1991) unterscheiden mehrere Haupttypen von Grundwasserleitern, die unterschiedliche Strömungsverhältnisse aufweisen. Sie zeigen somit bei Pumpversuchen auch unterschiedliche Absenkungs-Charakteristiken und erfordern die Anwendung unterschiedlicher analytischer Ansätze bei den Brunnenformeln (Abb. 4.1).

4.2.1 Gespannter Aquifer

Ein gespannter Aquifer ist eine völlig wassergesättigte Schicht, die im Hangenden und Liegenden durch Aquitarde begrenzt wird. Das Wasser in einem derartigen Wasserleiter steht unter einem Druck, der, bezogen auf die Hangendfläche, höher als der Luftdruck ist. Folglich wird der Wasserspiegel dieses Aquifers (allgemein: der *Druckspiegel*) in einem verfilterten Peilrohr oberhalb dessen Oberkante angetroffen. Steigt der Druckspiegel bis über die Geländeoberfläche, spricht man von einem *artesischen Aquifer*.

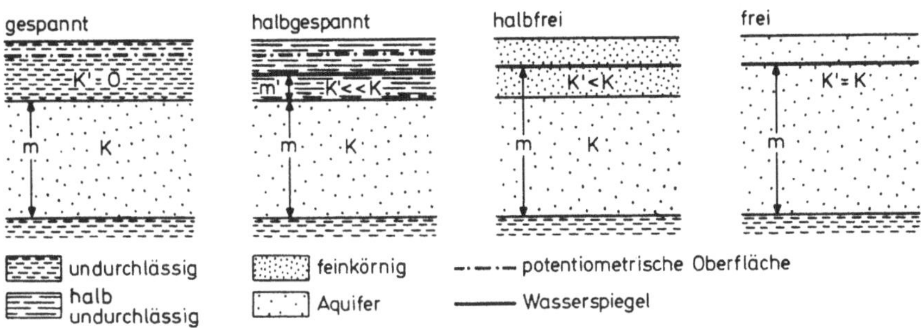

Abb. 4.1. Haupttypen von Grundwasserleitern
K   = Durchlässigkeit des Aquifers
K′ = Durchlässigkeit der hangenden, geringer durchlässigen Schicht

4.2.2 Halbgespannter Aquifer

Ein *halbgespannter* oder *leaky-Aquifer* ist völlig wassergesättigt und wird im Hangenden von einer halbdurchlässigen (Aquitard), im Liegenden entweder von einer ebenfalls halbdurchlässigen oder undurchlässigen Schicht (Aquitard oder Aquiclude) begrenzt. Die Durchlässigkeit der halbdurchlässigen „leaky" Schicht kann nicht vernachlässigt werden. Wird nämlich im eigentlichen Aquifer durch Pumpen der Druck reduziert, beginnt in ersterer eine vertikale Strömung, wodurch Wasser in den Aquifer eingespeist wird. Man spricht von Leckage (Hantush u. Jacob 1954) oder Zusickerung (Busch u. Luckner 1973).

Aufgrund der geringen Durchlässigkeit der halbdurchlässigen (semipermeablen) Schicht geht die analytische Lösung der Strömung während eines Pumpversuchs davon aus, dass deren horizontale Fließkomponente vernachlässigbar klein ist. Ebenso ist hier die Absenkung im Verhältnis zur Absenkung im eigentlichen Aquifer in der Regel sehr klein.

4.2.3 Aquifer mit freier Oberfläche

Beim Aquifer mit freier Oberfläche geht man heute von zwei Untertypen aus:

- dem „klassischen" *freien Aquifer* und
- dem Aquifer mit verzögerter Entleerung.

Bei beiden handelt es sich um eine nur zum Teil mit Wasser gesättigte homogene durchlässige Schicht oder eine inhomogen aufgebaute und durchlässige Schichtenfolge über einer undurchlässigen Basalschicht. Die Obergrenze wird durch den *Grundwasserspiegel* gebildet, an dem Luft- und Wasserdruck im Gleichgewicht stehen (Abb. 4.1). Wenn in einem solchen Aquifer im Verlauf eines Pumpversuchs keine merklichen vertikalen Strömungskomponenten auftreten, muss ein darin in beliebiger Teufe verfiltertes Peilrohr genau das Niveau des Wasserdruckes anzeigen.

Für die hier skizzierten Aquifertypen werden in den Abschn. 4.4 bis 4.6 analytische Lösungen („Brunnenformeln") angegeben und durch Beispiele erläutert. Für eine umfassende Darstellung der Auswertung von Pumpversuchen sei jedoch das Buch von Kruseman u. De Ridder (1991) zur Lektüre und ständigen Referenz empfohlen.

Natürliche Porengrundwasserleiter stellen meist Übergänge zwischen den definierten Aquifertypen dar, die sich aber zumindest für die Dauer eines Pumpversuchs durch die definierten Typen charakterisieren lassen. Die in Abb. 4.2. gezeigten Zeit-Absenkungskurven auf doppelt-logarithmischem Papier geben in den meisten Fällen Hinweise darauf, um welchen Typ es sich handelt.

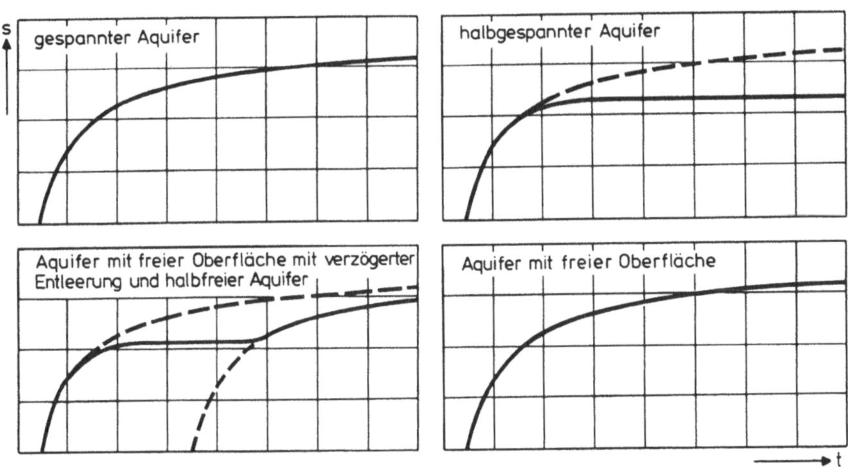

Abb. 4.2. Charakteristische Zeit-Absenkungskurven der vier Hauptaquifer-Typen

4.3 Allgemeines zur Ausführung von Pumpversuchen

Der technische und finanzielle Aufwand bei der Durchführung eines Pumpversuchs und die zahlreichen Möglichkeiten, etwas falsch zu machen, verlangen eine sorgfältige Vorbereitung, deren Ablauf bereits kurz im Abschn. 4.1 beschrieben worden ist. An dieser Stelle wird näher auf die planerischen und technischen Arbeiten eingegangen.

Hydrogeologische Situation. Ein Pumpversuch darf nur in einem Aquifer stattfinden, dessen grundsätzlicher Aufbau von einer vorhergehenden hydrogeologischen Erkundung her bekannt ist. Lithologischer Aufbau der wasserführenden Gesteine, ihre Mächtigkeiten und horizontale Erstreckungen, die Lage von potentiellen Grenzen (Flüsse, Gebirgsränder), der wahrscheinliche Aquifertyp müssen bekannt sein, um die Entwicklung eines *hydrogeologischen Konzeptmodells* als Basis des analytischen Aquifermodells zu erlauben. Dabei handelt es sich – vereinfacht gesagt – um nichts Weiteres als um eine räumliche Vorstellung der Verteilung der Gesteine im Untergrund und der Fließrichtung des Grundwassers. Hydrogeologische Schnitte und Pläne veranschaulichen die hydrogeologische Situation (FH-DGG 1999, 2002, 2002 a).

Anhand eines solchen Konzeptmodells lassen sich die voraussichtlich beste Lage von Förderbrunnen und Piezometern, die zu wählende Förderrate des Brunnens und die Entwicklung des Absenkungstrichters in Zeit und Raum simulieren, beispielsweise mit Hilfe eines Nomogrammes (Voigt 1973 b) oder invers mittels heute kommerziell angebotener Auswerteprogramme für den PC. Man gibt die Förderrate und angenommene hydraulische Aquiferkennwerte, abgeschätzt an Hand der Lithologie, vor und ermittelt so die wahrscheinliche Entwicklung des Trichters.

4.3.1 Zahl, Anordnung und Filterlage von Grundwassermessstellen

Für die im Rahmen dieses Kapitels beschriebenen Pumpversuche wird davon ausgegangen, dass die Förderbrunnen vollkommen sind, also mittels ihrer Filterstrecken die gesamte Mächtigkeit des Grundwasserleiters erfassen.

In einem isotropen und homogenen Aquifer wäre eine Grundwassermessstelle ausreichend, um die Entwicklung des Absenkungstrichters zu registrieren und die Aquiferparameter zu bestimmen.

Die Begriffe Piezometer und Peilrohr werden in diesem Abschnitt synonym gebraucht. In der Regel wird jedoch die Bezeichnung Grundwassermessstelle benutzt, seltener auch Grundwasserstandsrohr (vgl. Kap. 9).

Isotropie und Homogenität des Aquifers sind aber nur selten gegeben, so dass zwei in unterschiedlicher Entfernung und Richtung vom Förderbrunnen angeordnete Peilrohre besser sind und drei noch besser als zwei, um eine Vorstellung der räumlichen Variation von Transmissivität und Speicherkoeffizient zu erhalten.

Die Richtung, in der die Piezometer in Bezug auf die Strömungsrichtung angeordnet werden, spielt dabei fast nie eine Rolle, weil die natürlichen Inhomogenitäten des Aquifers einen wesentlich größeren Einfluss auf die Entwicklung der Absenkung ausüben als unterschiedliche Wasserstände im Anstrom und Abstrom unterstromig bzw. rechts oder links vom Brunnen (Jacob 1963 b).

Entfernung und Filterlage eines Peilrohres bedürfen hingegen sorgfältiger Überlegung. Da in gespannten Aquiferen die Vorratsentnahme während des rein instationären Regimes allein der Dekompression des Wassers und der Kompression des Korngerüsts entstammt, propagiert sich der Absenkungsimpuls rasch über größere Entfernungen. Folglich darf ein Piezometer durchaus in 100 oder 200 m Entfernung zum Förderbrunnen angeordnet werden.

Für einen Aquifer mit freier Oberfläche gilt dies nicht. Die Vorratsentnahme entspricht fast völlig der Schwerkraftentleerung. Der Trichter breitet sich folglich nicht so weit aus, und Piezometer müssen in geringerem Abstand zum Brunnen niedergebracht werden. Eine Schwierigkeit taucht aber dann auf, wenn die Absenkung in Brunnennähe, bezogen auf die Aquifermächtigkeit, größere Ausmaße annimmt. In diesem Fall macht sich die Vertikalkomponente der Anströmung zum Brunnen bemerkbar, und die registrierten Absenkungswerte können nicht mehr sinnvoll mit den Formeln der Abschn. 4.4 bis 4.6 ausgewertet werden, da diese durchweg eine horizontale Anströmung des Brunnens voraussetzen.

Abbildung 4.3 illustriert dazu in zwei schematischen Vertikalschnitten durch einen ungespannten Aquifer das Bild von *Strömungslinien* und *Äquipotentiallinien* (Linien gleicher Standrohrspiegelhöhe) in Brunnennähe, und zwar sowohl für einen vollkommenen als auch für einen unvollkommenen Brunnen.

In den Bereichen A fließt beim vollkommenen Brunnen (Abb. 4.3.a) das Wasser schneller als im Bereich B; die Druckfläche F für die nur in den oberen Teil

eintauchenden Peilrohre liegt höher als die Druckfläche F' für die an der Basis des
Aquifers verfilterten Peilrohre.

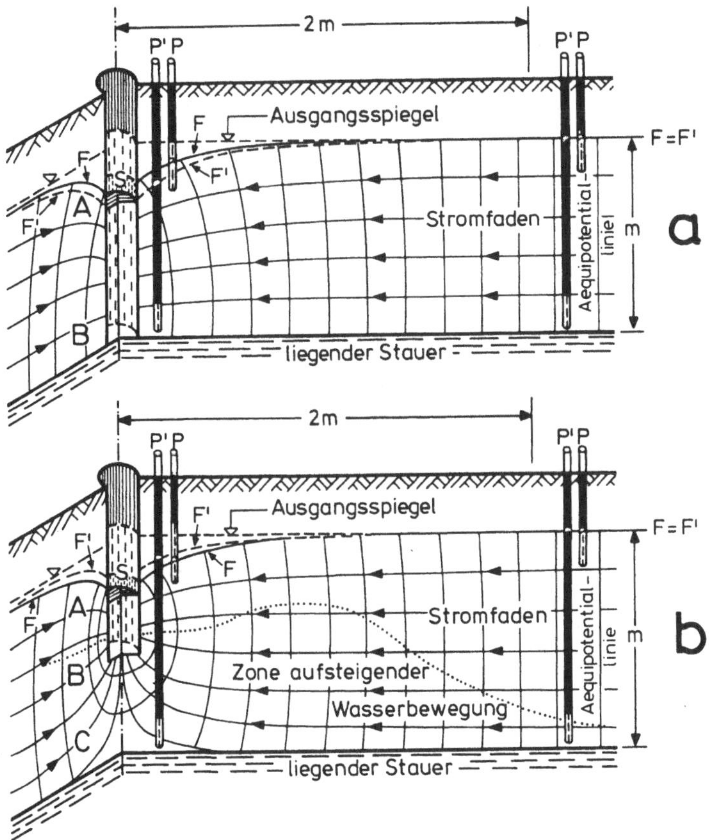

Abb. 4.3. Verteilung von Strömungs- und Äquipotentiallinien in einem Aquifer mit freier
Oberfläche in der Umgebung eines Förderbrunnens
a) vollkommener Brunnen
b) unvollkommener Brunnen
F   = wirkliche freie Spiegelfläche des Absenkungstrichters in P
F' = Spiegelfläche der Stromfäden an der Basis in P
S   = Sickerstrecke im Brunnen
A, B, C = Bereiche unterschiedlicher Fließgeschwindigkeit

Beim unvollkommenen Brunnen (Abb. 4.3.b) fließt das Wasser im Bereich A
zwar schneller als im Bereich B, aber langsamer als im Bereich C. Die Druckfläche F für im oberen Bereich verfilterte Piezometer liegt tiefer als die Druckfläche
F' der an der Aquiferbasis verfilterten Piezometer. In beiden Fällen fallen die Flächen F und F' in größerer Entfernung vom Brunnen zusammen.

In der Regel soll daher der Mindestabstand des nächstgelegenen Piezometers die 1,5- bis 2-fache Ausgangswassermächtigkeit nicht unterschreiten (Boulton 1954; Stallman 1965). Jenseits dieser Distanz lässt sich der Einfluss der Absenkung auf die Bestimmung der Transmissivität mittels der Korrekturformel von Jacob (vgl. Abschn. 4.5.3) ausgleichen. Während in einem stärker geschichteten Aquifer eine brunnennähere Grundwasserbeobachtungsstelle über mehrere Filterrohre verfügen soll (Mehrfachmessstelle bzw. Messstellenbündel nach DVWK (1997)), genügt bei weiter entfernt gelegenen Beobachtungsrohren meist ein einzelnes Filterrohr. Die im ersten Fall zu Beginn eines Pumpversuchs aufgrund unterschiedlicher horizontaler und vertikaler Durchlässigkeiten durchaus zu beobachtenden Absenkungsdifferenzen verschwinden in größerer Entfernung und bei längerer Pumpzeit völlig.

Mehrfachmessstellen besitzen entweder mehrere Peilrohre in einzelnen Grundwasserleitern eines Multi-Aquifersystems, in verschiedenen Niveaus eines sehr inhomogen aufgebauten einzelnen Aquifers, oder sie erfassen, etwa im Fall eines halbfreien Aquifers, dessen halbdurchlässige Deckschicht. Sie erlauben somit, die zeitliche Entwicklung der Absenkung an einem Ort zu verfolgen (Kruseman u. De Ridder 1991).

Unterschiedliche Messstellentypen werden im Kap. 9 vorgestellt.

4.3.2 Messung und Ableitung des gehobenen Wassers

Je nach Größe des erwarteten Förderstroms wendet man unterschiedliche Messverfahren an, die nur kurzer Erwähnung bedürfen.

Förderraten bis zu $Q = 2\ 1\ s^{-1}$ misst man am bequemsten mittels eines mit Eichmarkierungen versehenen 10 l-Eimers, solche bis zu $Q = 20\ 1\ s^{-1}$ mit einem zuvor geeichten und markierten 200 Liter-Fass.

Etwas aufwändiger ist der Gebrauch sogenannter Danaiden (Trupin 1968), zylindrischen Behältern mit kreisrunden kalibrierten Öffnungen im Bodenblech, das als Messblende dient. Vom Brunnen wird der Förderstrom in den Behälter geleitet und verlässt ihn durch die Bodenlöcher. Dabei steigt das Wasser in der Danaide bis zu einer Stauhöhe, die proportional der Durchflussrate ist. Anhand einer Eichkurve kann diese direkt an einem außen angebrachten Manometerglas abgelesen werden. Verbindet man ein zweites Gefäß mit der Danaide, können der Wasserstand und damit die Förderrate kontinuierlich durch einen Schreiber registriert werden. Danaiden eignen sich für Förderraten bis zu etwa $Q = 10\ 1\ s^{-1}$.

Größere Förderraten lassen sich über *Wehre* messen, die in offenen Gerinnen eingebaut werden. Wird das Wasser direkt in eine vom Brunnen ausgehende Rohrleitung geführt, empfiehlt sich der Einbau von *Venturi-Kurzrohren* zur Überwachung der Förderrate. Eine Übersicht über gängige Messverfahren gibt Bos (1976). Nach Stallman (1971) sollte der Messfehler bei der Ermittlung des Förderstroms $\pm 10\ \%$ nicht überschreiten.

Sehr genaue Ergebnisse werden durch den Einsatz *induktiver Durchflussmesser* oder *IDM* (Holzenberger u. Jung 1989) erreicht, die ebenfalls in Rohrleitungen eingebaut werden. Solche Messgeräte, die auch als *magnetisch-induktive Durch-flussmesser oder MID* bezeichnet werden, arbeiten nach dem Induktionsprinzip von Faraday und kommen ohne drosselnde Einheiten und bewegliche Teile aus.

Im Messquerschnitt des isolierenden Rohrs eines magnetisch-induktiven Durchflussmessers wird dem durchströmenden Wasser ein Magnetfeld überlagert, das von stromgespeisten Feldspulen erzeugt wird. Bei den meisten Geräten muss das Wasser mindestens eine elektrische Leitfähigkeit von 20 µS/cm besitzen.

Wird an den Messelektroden eine Spannung U induziert, so ist bei bekanntem Querschnitt D und der gegebenen Geometrie die mittlere Fließgeschwindigkeit v der elektrisch leitfähigen Flüssigkeit direkt proportional dem Durchfluss Q.

Abbildung 4.4 zeigt als Beispiel den MID „Altometer" der Firma Krohne, der bereits bei einer elektrischen Leitfähigkeit von 5 µS/cm betriebs- und funktionsfähig ist. Für dieses Gerät gilt die folgende Beziehung:

$$U = k \cdot v \cdot B \cdot D$$

mit

U	=	induzierte Spannung
k	=	Geometriefaktor
v	=	mittlere Fließgeschwindigkeit der Flüssigkeit im Magnetfeld
B	=	Magnetfeldstärke (Induktion)
D	=	Länge des bewegten Leiters im Magnetfeld (Rohrdurchmesser)

Die zur Zeit auf dem Markt befindlichen MID geben sowohl die aktuelle Durchflussrate als auch die seit Beginn des Versuchs insgesamt gehobene Wassermenge in m^3 an. Ihr Einsatz bietet sich insbesondere im Verbund mit elektronischen, computerüberwachten Messwertgebern an, die eine automatisierte und schnell ablaufende Registrierung von Absenkungs-Zeit- und Förderungs-Zeit-Werten erlauben, die manuell nicht zu erreichen ist (Coldewey et al. 1987; Kruseman u. De Ridder 1991).

Falls das gehobene Wasser ins Freie entlassen werden soll, muss dies in einer so großen Distanz vom Brunnen geschehen, dass kein hydraulischer Kurzschluss erfolgt, es also dem beanspruchten Aquifer während Absenkungs- oder Wiederanstiegsphase nicht wieder zusickert. Existiert kein festes Ableitungs-System, kann man sich mit Schnellkupplungsrohren, notfalls auch mit Plastikschläuchen behelfen (fliegende Leitungen). Testet man einen freien Aquifer mit geringem Flurabstand, soll der Abstand zwischen Brunnen und Auslauf mindestens 200 m betragen.

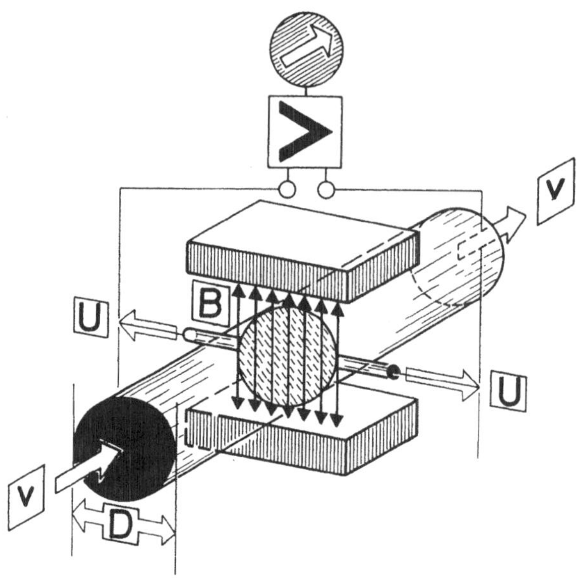

Abb. 4.4. Prinzipskizze eines magnetisch-induktiven Durchflussmessers (MID)

4.3.3 Zeitliche Aufeinanderfolge der Messungen

Für hydrologische Pumpversuche gibt es für die zeitliche Aufeinanderfolge der Messungen keine genormten Vorschriften.

Aus den theoretischen Darlegungen des Abschn. 4.5 ergibt sich aber, dass für jeden Aquifertyp in Abhängigkeit von den Abständen r der Peilrohre zum Brunnen ein eigener Messzeitplan aufgestellt werden könnte.

Grundsätzlich sind die Absenkungsbeträge in logarithmischen Intervallen der Zeit zu messen, wenn möglich jeweils 15 Messungen pro logarithmischen Zyklus.

In der Praxis ist dies jedoch in der Anfangsphase eines Pumpversuchs nicht durchführbar, insbesondere nicht bei Messungen im Brunnen selbst und in brunnennahen Piezometern. Deshalb werden dort in den ersten 10 bis 15 Minuten so viele Messungen wie möglich durchgeführt. Erst dann wird auf Messungen nach logarithmischen Zeitintervallen übergegangen.

Zu Beginn des Pumpversuchs muss dazu der ursprünglich geschlossene Schieber am Brunnenkopf ständig nachgestellt werden, da bei der schnellen Absenkung im Brunnen sonst die „konstante" Förderrate nicht eingehalten werden kann.

Als Beispiel zeigt die Tabelle 4.9 für das Peilrohr 11b insgesamt neun Messungen bis 281 Sekunden nach der Methode „so viel wie möglich". Dabei entfallen sechs Messungen auf den Zyklus zwischen 10 und 100 Sekunden. Nach Umstellung auf vorgegebene, ausreichend genaue logarithmische Zeitintervalle ab 330

Sekunden, entfallen auf den Zyklus zwischen 100 und 1000 Sekunden sieben Messungen.

Nach rund 15 bis 30 Minuten können zwischen den Messungen die bis dahin vorliegenden Messwerte bereits an Ort und Stelle auf doppeltlogarithmischem oder logarithmischem Papier aufgetragen werden. Aus dem Verlauf der Datenkurve können jetzt die nächsten Messzeitpunkte festgelegt werden.

Die Dauer eines Pumpversuchs im instationären Regime ist von der Theorie her nicht festzulegen. Grenzbedingungen, die vielleicht in der Vorbereitungsphase wahrscheinlich gemacht worden sind, können aber Schlüsse bezüglich der Gesamtdauer ermöglichen.

Einen Pumpversuch lässt man zweckmäßigerweise zu einer vollen Stunde beginnen, z.B. 9:00 Uhr. Man erspart sich so bei langer Versuchsdauer fehlerträchtige Umrechnungen von Sekunden, Minuten, Stunden und Tagen und gibt im Messprotokoll dann lediglich runde Tageszeiten für die jeweils nächste Messung vor.

4.3.4 Korrigierte Messungen

In jedem natürlichen Grundwasserleiter lassen sich saisonale oder auch kurzfristig zyklische Schwankungen des Grundwasserspiegels oder des Druckspiegels beobachten, die sich bei länger andauernden Pumpversuchen der Absenkung überlagern. Findet der Test während einer Phase des natürlichen Anstiegs des Spiegels statt, wird eine zu geringe Absenkung registriert werden, im umgekehrten Fall eine zu große. Beides führt während der Auswertung zu einer inkorrekten Bestimmung der hydraulischen Parameter.

Vor Beginn eines Pumpversuchs muss deshalb die natürliche Fluktuation des Wasserspiegels beobachtet werden, in der Regel mindestens über eine Zeitdauer, die etwa so lang wie die vorgesehene Pumpzeit ist. Natürliche Absenkung bzw. natürlicher Spiegelanstieg werden dann über letztere extrapoliert. Absenkungswerte aus dem Versuch sind dann entsprechend zu korrigieren. Schwierigkeiten gibt es, wenn Druckspiegelfluktuationen eines gespannten Aquifers durch kurzfristige Schwankungen des Luftdrucks hervorgerufen werden Für diesen Fall kann man den *barometrischen Koeffizienten* BE zur Korrektur der Absenkung heranziehen (vgl. Abschn. 3.2.4; Kruseman u. De Ridder 1991).

4.4 Leistungspumpversuche

4.4.1 Theoretische Grundlagen

Die Absenkung s_w in einem in einem gespannten Aquifer verfilterten vollkommenen Förderbrunnen setzt sich aus drei Komponenten (Abb. 4.5) zusammen:

- Aus der linearen Absenkung s_1 im Aquifer, die von Förderrate Q und Förderzeit t abhängt. Sie lässt sich als Produkt von Q und einem *linearen Widerstandskoeffizienten* B_1 des Aquifers definieren, der unabhängig von Q ist.

- Aus einer linearen Absenkungskomponente s_2, die sich in Folge der Störung des Aquiferkorngefüges durch den Bohrvorgang und das Verbleiben eines mehr oder minder starken Filterkuchens in der Bohrlochwandung durch einen zusätzlichen *linearen Verlustkoeffizienten* B_2 ausprägt.

- Aus einer Absenkungskomponente s_3, die nur von der Förderrate Q, nicht aber von der Förderzeit t abhängt und durch einen *nichtlinearen Verlustkoeffizienten* C beschrieben wird. Dieser Absenkungsanteil variiert in Funktion von Strömungswiderständen im Brunnenkörper selbst und von hohen Fließgeschwindigkeiten in unmittelbarer Umgebung des Brunnens, d.h. vom Ausmaß der dabei auftretenden *Strömungsturbulenz*.

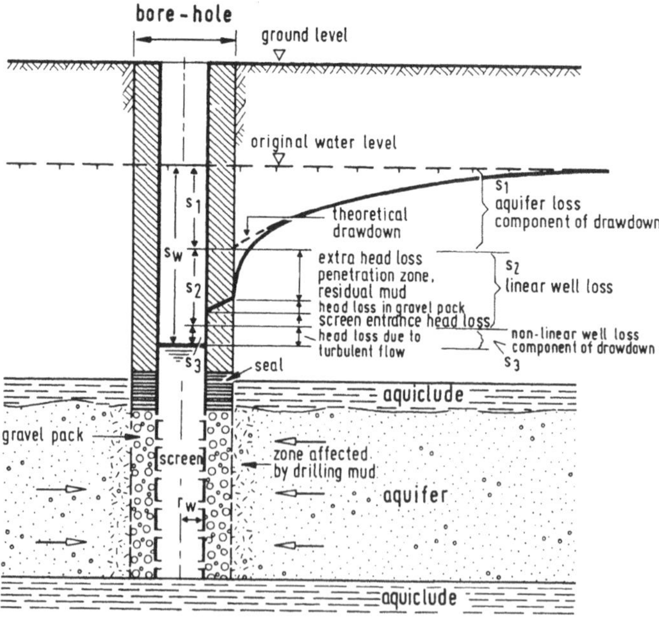

Abb. 4.5. Komponenten der Absenkung eines vollkommenen Brunnens in einem gespannten Aquifer

In der Regel lassen sich die linearen Widerstandskomponenten B_1 und B_2 nicht auseinander halten.

Nötig dazu wären radial angeordnete Peilrohre in der Kiesschüttung des Brunnens selbst und im unmittelbar an den Brunnen angrenzenden Bereich des Aquifers. Denkbar ist auch eine Bestimmung von $B_1 \leq B$ mittels Gl. 4.2, die anschließende Berechnung von C und Ermittlung aus $B = B_1 + B_2$.

Für praktische Zwecke werden daher die durch die Koeffizienten B_2 und C verursachten Absenkungsanteile des dynamischen oder Brunnenwasserspiegels als *Brunneneintrittsverluste* zusammengefasst. In der neueren Literatur werden sie auch als „*Skin*" bezeichnet. Nach diesem von der Erdölindustrie übernommenen Konzept wird der Grundwasserleiter bis zur Brunnenwandung als homogen angenommen; die zusätzliche Absenkung $\Delta s = (s_w - s)$ wird von einer Art schwerdurchlässiger Haut hervorgerufen (Kruseman u. De Ridder 1991).

Der von Jacob (1947) eingeführte Begriff des *wirksamen Brunnenradius* r_w ist demnach zu definieren „als der von der Brunnenachse gemessene Radius, bei dem die theoretische Absenkung s im Aquifer mit der tatsächlich beobachteten übereinstimmt".

Für praktische Zwecke setzt man den wirksamen Brunnenradius meist mit dem Bohrradius des Brunnens gleich. Unter Einbeziehung des Skin-Effektes hat De Marsily (1986) die folgende verfeinerte Definition eingeführt:

$$r_w > r_{Bohrloch} = positiver\ Skin\text{-}Effekt\ (\text{Brunnnen ist in Ordnung})$$

$$r_w < r_{Bohrloch} = negativer\ Skin\text{-}Effekt\ (\text{Brunnen bringt keine}$$
$$\text{bzw. zu geringe Leistung})$$

mit

$$skin\left(\frac{Q}{2\,\pi T}\right) = \text{Skin-Effekt (m)}$$

Als erster gebrauchte Jacob (1947) die Technik eines *Leistungspumpversuchs mit gesteigerten Pumpstufen*, um das Verhältnis von Aquiferabsenkung s und Brunnenabsenkung s_w in einem Förderbrunnen analytisch untersuchen zu können.

Er unterschied dabei nur zwischen Aquiferabsenkung und Brunneneintrittsverlust, wobei er die linearen und nichtlinearen Komponenten des letzteren in dem Terminus „wirksamer Brunnenradius" kombinierte. Nach Jacob ist

$$s_w = BQ + CQ^2 \tag{4.1}$$

mit

$B\ \ =\ \ $ linearer Widerstandskoeffizient des Aquifers
$C\ \ =\ \ $ nichtlinearer Brunneneintrittsverlust

Für den homogenen gespannten Aquifer ist

$$B = \frac{1}{4\pi T} \cdot \ln\left(\frac{Tte^{-0,5772}}{r_w^2 s}\right) \tag{4.2}$$

mit

T, S = hydraulische Parameter des Aquifers

r_w = wirksamer Brunnendurchmesser

Nach Jacob wachsen also die nichtlinearen Brunneneintrittsverluste mit dem Quadrat der Förderrate. Rorabaugh (1953) und später auch Lennox (1966) konnten aber zeigen, dass es sich bei diesem Exponenten eher um eine Variable handelt, die im Intervall $1,5 < P < 3,5$ liegt. Somit

$$s_w = BQ + CQ^P \tag{4.3}$$

Bei Verwendung der Gln. 4.1 und 4.3 wird streng genommen der durch B_2 beschriebene lineare Eintrittsverlust nicht berücksichtigt, sondern ist indirekt in dem Koeffizienten C enthalten. Trotz dieser Ungenauigkeit bilden die beiden Beziehungen die Grundlage für die Beurteilung der Leistung von Bohrbrunnen bei unterschiedlichen Betriebszuständen.

4.4.2 Brunnenwirkungsgrad

Der *Wirkungsgrad eines Brunnens* η lässt sich definieren als das Verhältnis von Aquiferabsenkung s zur Absenkung s_w im Brunnen

$$\eta = \frac{s}{s_w} = \frac{BQ}{BQ + CQ^P} \cdot 100 \ (\%) \tag{4.4}$$

Ein Brunnen wäre zu 100 % wirksam, wenn keinerlei Turbulenz aufträte, da dann C den Wert 0 annähme. In der Praxis dürfte ein solcher Brunnen wohl niemals vorkommen. An dieser Formel erkennt man aber auch, dass der Brunnenwirkungsgrad keine Konstante darstellt, sondern sich in Abhängigkeit von Förderrate und Förderzeit ändert:

- B wächst mit der Zeit t an, hängt aber überhaupt nicht von der Förderrate Q ab (Gl. 4.2); somit wird auch η mit zunehmender Pumpzeit größer

- mit steigender Förderrate Q nimmt der Wirkungsgrad η ab

Üblicherweise drückt man die Leistungsfähigkeit eines Brunnens durch seine *spezifische Ergiebigkeit* C aus. Diese lässt sich nun ausdrücken als

$$C = \frac{Q}{s_w} = \frac{1}{B + CQ} \qquad (4.5)$$

An dieser Form ist erkennbar, dass die spezifische Ergiebigkeit somit auch eine zeitabhängige Variable darstellt, solange noch instationäre Strömungsverhältnisse herrschen. Zum Vergleich der Leistungen von zwei Brunnen müssen deshalb r_w Q und t definiert werden.

Leistungspumpversuche, wie sie nach Fertigstellung von Förderbrunnen üblich sind (Langguth u. Voigt 1980), sollten grundsätzlich zur Ermittlung der Brunnenwirkungsgrade ausgewertet werden. Zu beachten ist jedoch, dass sich bei Brunnen in Wasserleitern mit freier Oberfläche eine nicht vermeidbare *Sickerlinie* ausbildet (vg. Abschn. 4.5.3). Diese existiert unabhängig von Brunneneintrittsverlusten und macht sich ebenfalls als eine zusätzliche Absenkung des dynamischen Wasserspiegels bemerkbar.

4.4.3 Auswertung von stufenweisen Pumpversuchen

Verfahren von Bierschenk

Aufbauend auf Gl. 4.1 von Jacob entwickelte Bierschenk (1964) ein leicht anwendbares Verfahren zur Ermittlung des Anteils der Aquiferabsenkung an der Gesamtabsenkung eines Förderbrunnens, zur Bestimmung der Koeffizienten B und C und damit der Brunneneintrittsverluste (vgl. auch Bierschenk u. Wilson 1961; Hantush 1964).

Das Verfahren ist auf gespannte, freie und halbgespannte (leaky) Aquifere anwendbar. Die Strömung ist instationär; doch lässt sich das Verfahren mit ausreichender Genauigkeit auch noch im quasistationären Strömungszustand anwenden.

Nach Umstellung lautet Gl. 4.6

$$\frac{s_w}{Q} = CQ + B \qquad (4.6)$$

und mittels dieser Geradengleichung lassen sich die Koeffizienten B und C graphisch bestimmen. Trägt man nämlich Q gegen $\frac{s_w}{Q}$ auf, bezeichnet die Schnittstelle der Gerade mit der Ordinate die Größe B, und C errechnet sich aus der Geradensteigung.

Mittels einer Wertetabelle lassen sich dann sehr einfach für jede Förderstufe Aquiferabsenkung und Brunneneintrittsverluste berechnen und graphisch darstellen (Abb. 4.6.a u. b).

Tabelle 4.1. Messdaten eines stufenweisen Pumpversuchs. Nach Helweg, Scott u. Scalmanini (1983).

Pumpzeit t	Förderrate Q	Inkrement ΔQ_n	Abstich	Absenkung s
s	$m^3 s^{-1}$	$m^3 s^{-1}$	m	m
0	**$2{,}52 \cdot 10^{-2}$**	n=1: **$2{,}52 \cdot 10^{-2}$**	**29,54**	**0**
120			31,39	1,85
240			31,55	2,01
360			31,67	2,13
480			31,76	2,22
600			31,82	2,28
900			31,97	2,43
1200	**$5{,}05 \cdot 10^{-2}$**	n=2: **$2{,}53 \cdot 10^{-2}$**	**32,06**	**2,52**
1320			34,14	4,60
1440			34,32	4,78
1560			34,41	4,87
1680			34,56	5,02
1800			34,63	5,09
2100			34,78	5,24
2400	**$7{,}57 \cdot 10^{-2}$**	n=3: **$2{,}52 \cdot 10^{-2}$**	**34,90**	**5,36**
2520			37,12	7,58
2640			37,34	7,80
2760			37,49	7,95
2880			37,61	8,07
3000			37,73	8,19
3300			37,95	8,41
3600	**$10{,}09 \cdot 10^{-2}$**	n=4: **$2{,}52 \cdot 10^{-2}$**	**38,16**	**8,62**
3720			41,15	11,61
3840			41,42	11,88
3960			41,64	12,10
4080			41,79	12,25
4200			41,94	12,40
4500			42,25	12,71
4800	**$12{,}62 \cdot 10^{-2}$**	n=5: **$2{,}53 \cdot 10^{-2}$**	**42,52**	**12,98**
4920			45,48	15,94
5040			45,81	16,27
5160			46,02	16,48
5280			46,21	16,67
5400			46,39	16,85
5700			46,79	17,25
6000			**47,06**	**17,52**

Beispiel

Helweg, Scott u. Scalmanini (1983) haben einen stufenweisen Pumpversuch in einem gespannten Aquifer mit Absenkungs- und Wiederanstiegsphasen beschrieben, der die Erläuterung aller hier vorgestellten Auswerteverfahren erlaubt.

Tabelle 4.1 gibt zunächst die bis zum Abstellen der Pumpe registrierten Zeit-Absenkungswerte für fünf Förderraten wieder.

Die Tabelle 4.2 enthält daraus nach dem Verfahren von Bierschenk unter Verwendung der maximalen Absenkungen für diese fünf Förderstufen (Wertepaare in Tabelle 4.1 grau hinterlegt) errechnete Daten.

Tabelle 4.2. Auswerte-Tabelle nach Bierschenk (1964)

i	Förderrate Qi	Absenkung gesamt s_w	Zuwachs Δs_w	s_w/Q	BQ	CQ^2	$BQ + CQ^2$
	m^3s^{-1}	m	m	sm^{-2}	m	m	m
1	$2,52 \cdot 10^{-2}$	2,52	2,52	100,00	2,34	0,20	2,54
2	$5,05 \cdot 10^{-2}$	5,36	2,83	106,14	4,70	0,79	5,49
3	$7,57 \cdot 10^{-2}$	8,62	3,26	113,87	7,04	1,78	8,82
4	$10,1 \cdot 10^{-2}$	12,98	4,36	128,64	9,38	3,16	12,54
5	$12,6 \cdot 10^{-2}$	17,52	4,54	138,83	11,7	4,94	16,68

Abbildung 4.6.a und 4.6.b zeigen die Einzelschritte bei der Auswertung des Stufentests und der Bestimmung der Koeffizienten B und C anhand der Punktgeraden.

Die Bestimmungsgleichung lautet somit

$$s_w = 93Q + 310Q^2 \qquad (m)$$

Abbildung 4.6.b verdeutlicht, dass die Punktepaare Q und $\dfrac{s_w}{Q}$ nicht genau auf einer Geraden liegen, die ermittelten Werte für B und C also die Realität nur in mehr oder weniger guter Näherung widerspiegeln. Einerseits beschreibt B die lineare Absenkungskomponente des Aquifers recht gut (Abb. 4.6.b). Andererseits lässt Tabelle 4.2 jedoch erkennen, dass die Summe $\left(BQ + CQ^2\right)$ nicht genau der Brunnenabsenkung s_w entspricht. Sowohl der Koeffizient C als auch der Exponent P in Gl. 4.3 variieren ganz offensichtlich bei unterschiedlichen Förderraten.

Mit zunehmender Förderrate nehmen also die Eintrittsverluste stark zu. Als Ursache dafür können eine ungenügende Entwicklung des Brunnens nach dem Ausbau sowie nicht korrekt dimensionierte Filter vermutet werden.

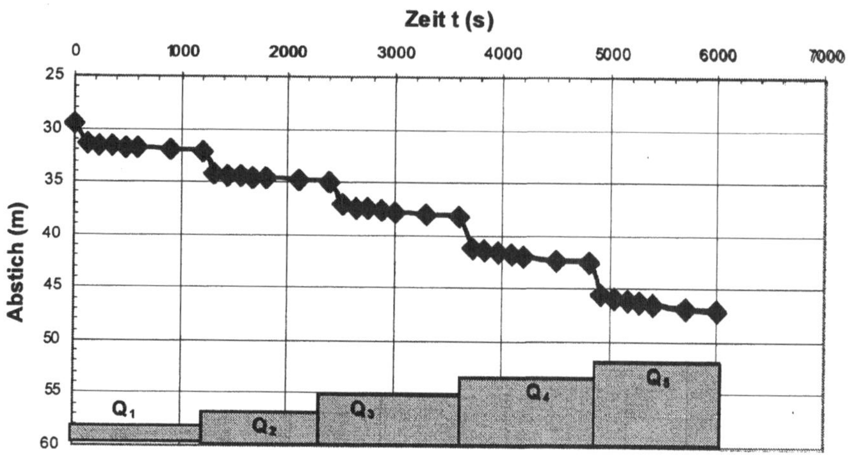

Abb. 4.6.a Darstellung des stufenweisen Pumpversuchs nach Tabelle 4.1, Förderraten Q_1 bis Q_5 siehe Tabelle 4.2

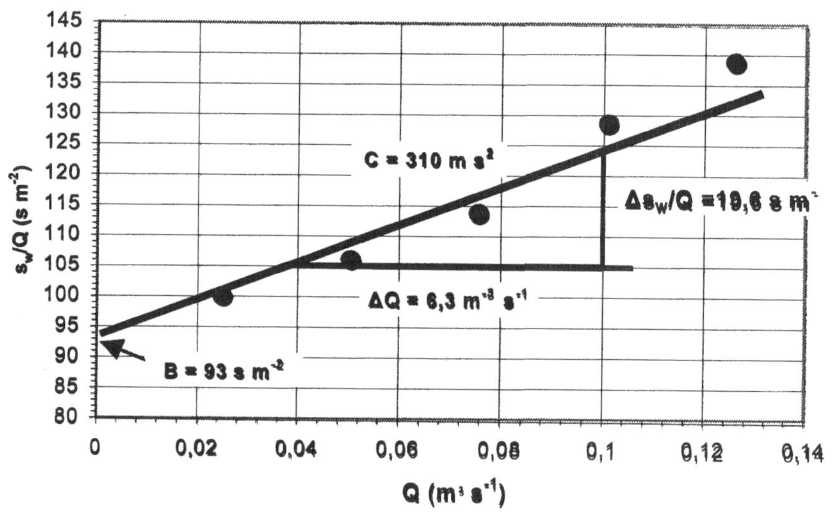

Abb. 4.6.b Graphische Bestimmung der Koeffizienten *B* und *C* der Gl. 4.6

Verfahren von Rorabaugh

Das Auswerteverfahren von Rorabaugh (1953) ist anwendbar für gespannte, freie und halbgespannte (leaky) Aquifere im instationären Strömungszustand. Im Gegensatz zum Verfahren von Bierschenk reagiert es jedoch sehr sensibel auf Abweichungen von der rein instationären Strömung und sollte dann nicht eingesetzt werden.

Es verwendet eine graphische Iteration, um die Größen B, C und den Exponenten P zu bestimmen. Ausgehend von

$$s_w = BQ + CQ^P \tag{4.3}$$

formt man um zu

$$\frac{s_w}{Q} = B + CQ^{P-1} \tag{4.7}$$

und stellt nach Logarithmieren um

$$\lg\left(\frac{s_w}{Q} - B\right) = \lg C + (P-1) \cdot \lg Q \tag{4.8}$$

Ergibt diese Gleichung auf doppeltlogarithmischem Papier eine Gerade, ist die Lösung korrekt. Um diese zu erreichen, geht man in Schritten wie folgt vor:

1) Am Ende einer jeden Pumpstufe bestimmt man die spezifische Absenkung $\frac{s_w}{Q}$ (Armbruster et al. 1976).

2) Entweder mittels einem aus Gl. 4.2 berechneten oder besser einfach angenommenen Wert für B werden für jede Pumpstufe die Wertepaare Q gegen $\left(\frac{s_w}{Q} - B\right)$ in dem doppeltlogarithmischen Diagramm aufgetragen und zu einer Kurve verbunden.

3) Falls nicht zufällig alle berechneten Werte bereits auf einer Geraden liegen, wählt man für B einen anderen Wert und verbindet die neuen Datenpunkte wieder zu einer Kurve. Als Merkhilfe gilt: Konvexe Kurven (nach oben gewölbt) zeigen ein zu kleines und konkave Kurven ein zu großes B an.

4) Ziel ist es, eine Gerade zu finden, die bis $Q = 1$ ($\mathrm{m^3 s^{-1}}$) verlängert wird, und somit erlaubt, auf der $\left(\frac{s_w}{Q} - B\right)$-Achse direkt den Wert für C abzulesen.

5) Nach graphischer Ermittlung der Geradensteigung $(P-1)$ kennt man auch den Wert des Exponenten P.

6) Mit B, C und P wird nunmehr die Lösungsgleichung definiert.

Beispiel

Tabelle 4.3 enthält diejenigen Werte, mit deren Hilfe die in Abb. 4.7 gezeigten Kurven zur Anwendung des Verfahrens von Rorabaugh konstruiert wurden.

In der Abbildung erkennt man, dass die Kurven mit $B = 50$ und $B = 85$ nach oben konvex sind, der lineare Aquiferkoeffizient also zu klein ist, während die Kurve mit $B = 99$ nach unten konkav geformt ist, daher einen zu großen Koeffizienten verwendet. Mit $B = 93$ lässt sich in etwa eine Kurvenlage erzeugen, an die man am besten eine Gerade anpassen kann.

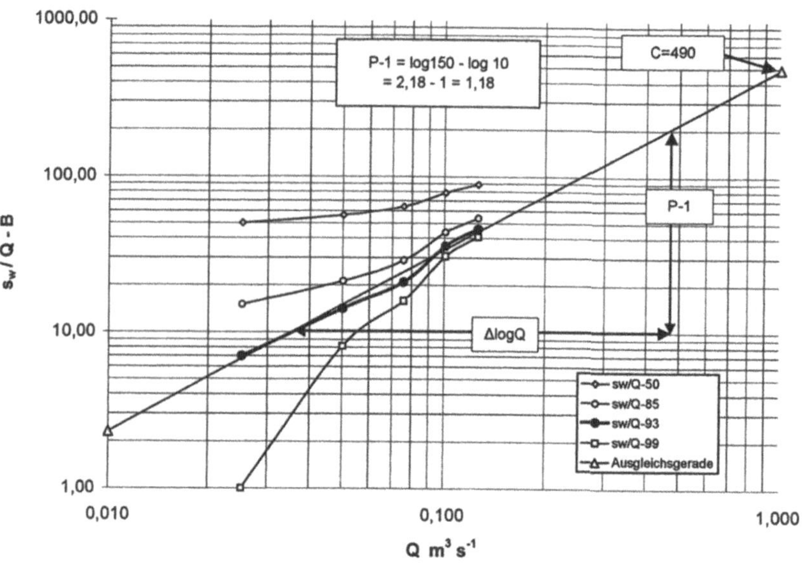

Abb. 4.7. Graphische Bestimmung der logarithmischen Ausgleichsgeraden nach Tabelle 4.3

Tabelle 4.3. Auswertetabelle I zur Anwendung der Auswertung nach Rorabaugh (1953)

Förderrate Q	Absenkung s_w	s_w/Q	$\left(s_w/Q - B_{50}\right)$	$\left(s_w/Q - B_{85}\right)$	$\left(s_w/Q - B_{93}\right)$	$\left(s_w/Q - B_{99}\right)$
$m^3 s^{-1}$	m	sm^{-2}				
$2{,}52{\cdot}10^{-2}$	2,52	100,00	50,00	15,00	7,00	1
$5{,}05{\cdot}10^{-2}$	5,36	106,14	56,14	21,14	13,14	8,14
$7{,}57{\cdot}10^{-2}$	8,62	113,87	63,87	28,87	20,87	15,87
$10{,}09{\cdot}10^{-2}$	12,98	128,64	78,64	43,64	35,64	30,64
$12{,}62{\cdot}10^{-2}$	17,52	138,83	88,83	53,83	45,83	40,83

Der Graph erlaubt nun die Bestimmung der noch fehlenden Parameter. Der nichtlineare Verlustkoeffizient $C = 490$ ist für $Q = 1$ m³s⁻¹ direkt auf der Ordinate abzulesen. Die Steigung der logarithmischen Gerade beträgt

$$P - 1 = \lg 150 - \lg 10 = 2{,}17609 - 1{,}0000 = 1{,}17609 \cong 1{,}18$$

Somit besitzt P einen numerischen Wert von 2,18; die Lösungsgleichung lautet damit

$$s_w = 93\,Q + 490\,Q^{2{,}18}$$

In Tabelle 4.4 werden die mit Hilfe dieser Gleichung ermittelten linearen und nicht linearen Absenkungskomponenten nebeneinander gestellt und mit der im Brunnen gemessenen Gesamtabsenkung verglichen. Gemessene und berechnete Werte zeigen eine gute Übereinstimmung.

Tabelle 4.4. Auswertetabelle II zur Anwendung der Auswertung nach Rorabaugh (1953)

Förderrate Q	BQ	$CQ^{2{,}18}$	berechnete Absenkung s_w	gemessene Absenkung s_w
m³s⁻¹	m	m	m	m
$2{,}52 \cdot 10^{-2}$	2,34	0,16	2,48	2,52
$5{,}05 \cdot 10^{-2}$	4,70	0,73	5,43	5,36
$7{,}57 \cdot 10^{-2}$	7,04	1,76	8,80	8,62
$10{,}09 \cdot 10^{-2}$	9,38	3,30	12,70	12,98
$12{,}62 \cdot 10^{-2}$	11,74	5,38	17,08	17,52

Verfahren von Sheahan

Von Sheahan (1971) stammt ein Verfahren zur Auswertung stufenweiser Pumpversuche, das auf der Anwendung von Standardkurven beruht. Analog zu den Auswerteverfahren nach Theis (s. Abschn. 4.5) wird die Datenkurve eines Stufentests mit der am besten passenden Kurve eines Standardkurvensets (Abb. 4.8.a) zur Deckung gebracht.

Sheahan erweitert Gl. 4.3 zu

$$s_w = BQ_n + CQ_n^{P} \tag{4.9}$$

mit

$Q_n = $ Förderrate während des n-ten Schritts

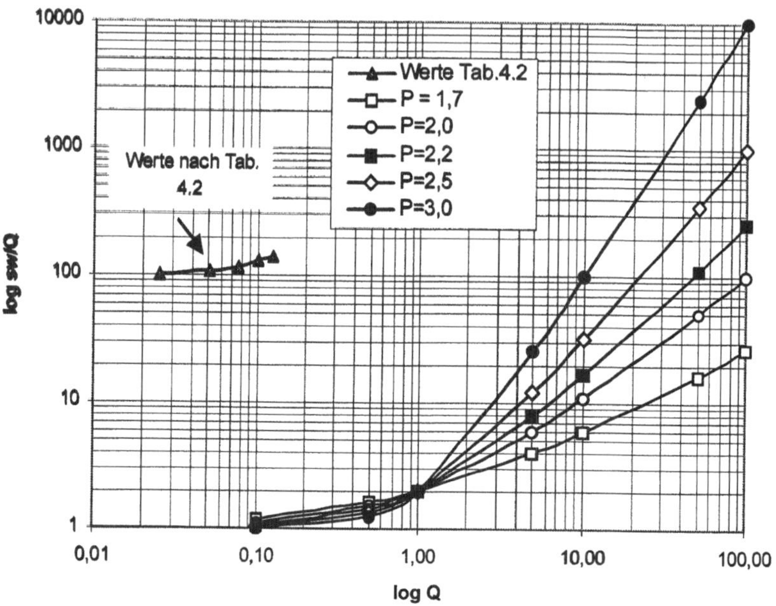

Abb. 4.8.a Standardkurven nach Sheahan

Die Standardkurven erhält man, indem man angenommene Werte von Q_n gegen berechnete Werte von $\dfrac{s_w}{Q_n}$ aufträgt. Dies ist ohne weiteres möglich, wenn man Folgendes annimmt

- $B = 1$
- $C = 1$
- $P > 1$ sowie
- $Q_i^{P-1} = 100$

Dabei ist Q_i der Anfangswert von Q_n.

Bei Verwendung dieser Zahlenwerte vereinfacht sich Gl. 4.9 zu

$$s_w = Q_n + Q_n^P \tag{4.10}$$

und

$$\frac{s_w}{Q_n} = 1 + Q_n^{P-1} \tag{4.11}$$

Dies ist die Bestimmungsgleichung für die Standardkurven. Aus praktischen Gründen wird vorgeschlagen, dass man nur Zahlenwerte aus den Intervallen

– $0{,}1 < Q_n < 100$ und

– $1{,}7 < P < 4{,}0$

verwendet.

Nach Konstruktion der ersten Kurve mit $P = 1{,}7$ auf doppeltlogarithmischem Papier wiederholt man den Vorgang für andere Werte von P. In Tabelle 4.5 sind fünf Werte für P zwischen 1,7 und 3,0 zur Berechnung benutzt und auf Abb. 4.8.a als Standardkurven dargestellt worden.

Die auf diese Weise errechneten und aufgetragenen Kurven können unabhängig von den verwendeten Maßeinheiten von Förderraten und Absenkung eingesetzt werden. Unabhängig von ihrer Position im Koordinatensystem kommt es bei ihnen nur auf die vom Koeffizienten P bestimmte Steigung an. Alle Kurven laufen

bei $Q_n = 1$ durch $\dfrac{s_w}{Q_n} = 2$.

Tabelle 4.5. Funktionswerte von Sheahan-Standardkurven

Q_n^{P-1}	$P =$				
	1,7 s_w/Q_n	2,0 s_w/Q_n	2,2 s_w/Q_n	2,5 s_w/Q_n	3,0 s_w/Q_n
0,1	1,19	1,10	1,06	1,03	1,01
0,5	1,62	1,50	1,44	1,35	1,25
1,0	2,00	2,00	2,00	2,00	2,00
5,0	4,09	6,00	7,90	12,18	26,00
10,0	6,01	11,00	16,85	32,62	101,00
50,0	16,46	51,00	110,34	354,55	2501,00
100,0	26,12	101,00	252,19	1001,00	10001,00

Dies benutzen Kruseman u. De Ridder (1991), um das Standardkurven-Set mittels einer sogenannten *Indexlinie* besser lesbar zu machen.

Für die Anwendung auf einen Stufentest trägt man die mit Q_x bezeichneten Raten der einzelnen Pumpstufen gegen das zum Ende einer jeden Stufe registrierte $\dfrac{s_{w_x}}{Q_x}$ auf einer doppeltlogarithmischen Datenkurve auf.

Aus Gl. 4.11 folgt, dass es einen Wert $Q_n = Q_x$ gibt. Für diesen lässt sich die Beziehung 4.11 umformen zu

$$\frac{s_{w_x}}{Q_x} = B + CQ_x^{P-1} = 2B \qquad\qquad (4.12)$$

und weiter

$$B = CQ_x^{P-1} = \frac{\left(s_{w_x}/Q_x\right)}{2} \qquad\qquad (4.13)$$

sowie

$$C = \frac{B}{Q_x^{P-1}} = \frac{\left(s_{w_x}/Q_x\right)}{2Q_x^{P-1}} \qquad\qquad (4.14)$$

Alle Standardkurven sind mit $B=1$ und $C=1$ konstruiert. Somit ergibt sich aus Gl. 4.13, dass $\frac{s_{w_x}}{Q_x} = 2$ und damit identisch mit $\frac{s_w}{Q_n} = 2$.

Der als Datenkurve vorliegende stufenweise Pumpversuch (Abb. 4.8) wird nun wie folgt ausgewertet. Die Datenkurve wird streng achsenparallel so über das Standardkurvenblatt verschoben, bis sie mit einer vorhandenen oder auch interpolierten Standardkurve zur Deckung gebracht ist.

Im Schnittpunkt der verschobenen Datenkurve mit der passenden Standardkurve $Q_n \leftrightarrow \frac{s_w}{Q_n}$ liest man die Werte von Q_x und $\frac{s_{w_x}}{Q_x}$ auf der Datenkurve ab.

Der Exponent P ist durch die passende Standardkurve gegeben. B und C werden durch Gln. 4.13 und 4.14 errechnet.

Beispiel

Es werden die Werte nach Tabelle 4.2 in ein doppeltlogarithmisches Diagramm eingetragen. Dies erfolgte für dieses Beispiel dadurch, dass vereinfachend die Werte zusätzlich in Abb. 4.8.a eingefügt wurden.

Danach wurde der Kurvenabschnitt entsprechend auf zusätzlichen Diagrammen und auch unter Anwendung des Index-Linien-Verfahrens nach Kruseman und De Ridder solange parallel verschoben, bis eine möglichst optimale Deckung mit einer Datenkurve gefunden war. Dies wird hier nicht im Einzelnen dokumentiert.

Es ergibt sich als Ergebnis, dass die zur Datenkurve auf Abb. 4.8.a am besten passende Standardkurve den Exponenten $P=2,2$ hat, was graphisch auf Abb. 4.8.b dargestellt ist.

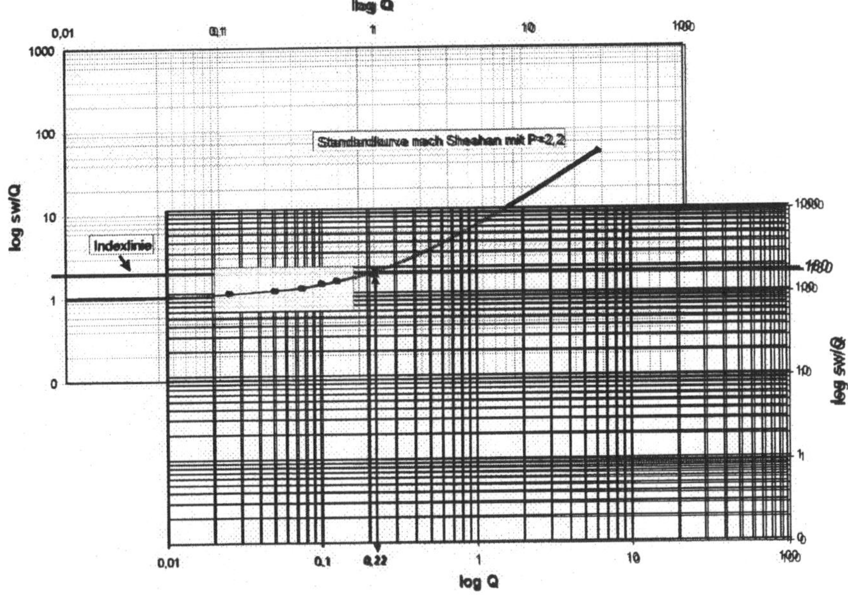

Abb. 4.8.b Graphische Ermittlung der Werte Q, B und C nach dem Verfahren von Sheahan

Die entsprechende Auswertung des Schnittpunkts der Datenkurve mit der Indexlinie ergibt

$$\frac{s_{w_x}}{Q_x} = 180 \quad \text{und} \quad Q_x = 2,2 \cdot 10^{-1} = 0,2$$

Damit ist $B = \dfrac{s_{w_x}/Q_x}{2} = \dfrac{180}{2} = 90$ und $C = \dfrac{B}{Q_x^{P-1}} = \dfrac{90}{0,22^{1,2}} = 554$

Die Bestimmungsgleichung lautet somit

$$s_w = 90Q + 554Q^{2,2}$$

Das Ergebnis stimmt ausreichend gut mit den durch die anderen Methoden erhaltenen Lösungen überein.

4.4.4 Bestimmung der Transmissivität aus dem Wiederanstieg

Wie beim hydrologischen Pumpversuch mit konstanter Förderrate Q lässt sich der Wiederanstieg auch beim stufenweisen Pumpversuch in einem gespannten oder freien Aquifer zur Bestimmung der Transmissivität T heranziehen. Im Anschluss an den nur kurzzeitig anhaltenden Schwall nach Abstellen der Pumpe verläuft der Wiederanstieg so langsam, dass weder lineare noch nichtlineare

Entrittsverluste das Ausspiegeln von Aquifer- und Brunnenwasserspiegel beeinträchtigen.

Analog zum Geradlinienverfahren nach Theis (vgl. Abschn. 4.5.1) wird die verbleibende Absenkung s_r (im Gegensatz zum üblichen Verhältnis $\frac{t}{t'}$) gegen den Logarithmus einer dimensionslosen Zeit, nämlich als Quotient R, aufgetragen, der Dauer und Förderung der einzelnen Pumpstufen berücksichtigt (Helweg, Scott u. Scalmanini 1983).

$$R = \prod_{n=1}^{N} \frac{t_n^{\Delta Q_n/Q_N}}{t'} = \frac{t_1^{\Delta Q_1/Q_N} \cdot t_2^{\Delta Q_2/Q_N} \cdots t_{n-1}^{\Delta Qn/Q_N} \cdot t_n^{\Delta Qn/Q_N}}{t'} \qquad (4.15)$$

mit

R = dimensionslose Zeit

Π = Produktsumme von ...

t_n = Zeitdauer, die seit Einschalten der Pumpe oder seit Beginn der n ten-Pumpstufe vergangen ist (s)

t' = Zeit, die seit Abschalten der Pumpe vergangen ist (s)

ΔQ_n = Inkrement der Förderrate Q zum Zeitschritt n ($m^3\,s^{-1}$)

Q_n = Förderrate zum Zeitschritt n (z.B.: $Q_3 = \Delta Q_1 + \Delta Q_2 + \Delta Q_3$ für Schritt $n = 3$ ($\Delta Q_1 = Q_1$) ($m^3\,s^{-1}$))

Q_N = Förderrate während des letzten Zeitschrittes ($m^3\,s^{-1}$)

Gleichung 4.15 entspricht praktisch dem Lösungsansatz von Birsoy u. Summers (1983) für die Auswertung des Wiederanstiegs nach einem Stufentest. Mittels einer Wertetabelle rechnet man für die verbleibende Absenkung s_r zugehörige Werte der dimensionslosen Zeit R aus, trägt sie auf halblogarithmischem Papier auf und bestimmt mittels Gl. 4.16 die Transmissivität T.

$$T = \frac{2{,}30\,Q_N}{4\pi \cdot \Delta s_r} \qquad (4.16)$$

Beispiel

Tabelle 4.6 gibt die Wiederanstiegswerte des Pumpversuchs von Helweg, Schott u. Scalmanini (1983) wieder.

Für jeden Wert t der Tabelle 4.6 berechnet man schrittweise Werte t_n und danach die dazugehörigen dimensionslosen Zeiten R_n. Dazu benutzt man in der Tabelle 4.1 nur die Zeiten, an denen eine Zunahme der Förderung erfolgte.

Alle so berechneten Werte von R werden auf halblogarithmischem Papier gegen die entsprechenden Werte der verbleibenden Absenkung s_r aufgetragen und durch eine Gerade verbunden. Für einen logarithmischen Zyklus von R liest man auf der linear geteilten Abszisse das dazugehörige Δs_r ab und ermittelt mit Gl. 4.16 die Transmissivität T.

Tabelle 4.6. Wiederanstiegswerte des stufenweisen Pumpversuchs

seit Pumpbeginn vergangene Zeit t	Wiederanstiegszeit t'	$\dfrac{t}{t'}$	Abstich (m)	verbleibende Absenkung s_r
s	s			m
6000	Pumpen-Stop		47,06	17,52
6000	0			
6630	630	10,5	31,00	1,46
6750	750	9,0	30,88	1,34
6870	870	7,9	30,75	1,21
6990	990	7,1	30,72	1,18
7110	1110	6,4	30,63	1,09
7290	1290	5,6	30,57	1,03
7470	1470	5,1	30,48	0,94
7650	1650	4,6	30,45	0,91
7830	1830	4,3	30,39	0,85
8010	2010	4,0	30,33	0,79
8190	2190	3,7	30,27	0,73
8550	2550	3,4	31,21	0,67
8910	2910	3,1	30,14	0,60

Für die einzelnen R_n stellt man sich entsprechende Wertetabellen zusammen wie z.B. Tabelle 4.7.a und 4.7.b.

Für R_1 ergibt sich nach der Gl. 4.15

$$R_1 = \frac{5{,}82 \cdot 5{,}58 \cdot 5{,}31 \cdot 4{,}97 \cdot 4{,}49}{630} = 6{,}1$$

Dem entspricht eine verbleibende Absenkung von $s_{r1} = 1{,}46\,\text{m}$ (Tabelle 4.6).

Mit dem nächsten Zeitwert von $t = 6750$ s wird nunmehr R_2 berechnet. Also:

$$R_2 = \frac{5{,}83 \cdot 5{,}61 \cdot 5{,}34 \cdot 5{,}01 \cdot 4{,}55}{750} = 5{,}3 \quad \text{und} \quad s_{r2} = 1{,}34\,\text{m}.$$

Tabelle 4.7.a Ermittlung von R_1 mit $t = 6630$ s und $Q_N = 12,62 \cdot 10^{-2}$ m^{3}s^{-1}

Stufe1	ΔQ_n	$\Delta Q_n / Q_N$	t_n	$t^{\Delta Q_n/Q_N}$
	m^{3}s^{-1}		s	s
1	$2,52 \cdot 10^{-2}$	0,2	6630- 0 = 6630	5,82
2	$2,53 \cdot 10^{-2}$	0,2	6630-1200 = 5430	5,58
3	$2,52 \cdot 10^{-2}$	0,2	6630-2400 = 4230	5,31
4	$2,52 \cdot 10^{-2}$	0,2	6630-3600 = 3030	4,97
5	$2,53 \cdot 10^{-2}$	0,2	6630-4800 = 1830	4,49

Analog sind die folgenden Werte errechnet:

$$R_3 = 4,7 \qquad R_4 = 4,3 \qquad R_5 = 3,9$$
$$R_6 = 3,5 \qquad R_7 = 3,2 \qquad R_8 = 3,0$$
$$R_9 = 2,8 \qquad R_{10} = 2,7 \qquad R_{11} = 2,5$$
$$R_{12} = 2,3 \qquad R_{13} = 2,2$$

Tabelle 4.7.b Ermittlung von R_2 mit $t = 6750$ s und $Q_N = 12,62 \cdot 10^{-2}$ m^{3}s^{-1}

Stufe	ΔQ_n	$\Delta Q_n / Q_N$	t_n ()	$t^{\Delta Q_n/Q_N}$
	m^{3}s^{-1}		s	s
1	$2,52 \cdot 10^{-2}$	0,2	6750- 0 = 6750	5,83
2	$2,53 \cdot 10^{-2}$	0,2	6750-1200 = 5550	5,61
3	$2,52 \cdot 10^{-2}$	0,2	6750-2400 = 4350	5,34
4	$2,52 \cdot 10^{-2}$	0,2	6750-3600 = 3150	5,01
5	$2,53 \cdot 10^{-2}$	0,2	6750-4800 = 1950	4,55

Im Graphen der Abb. 4.9 sind die Datenpaare $\lg R$ und s_r aufgetragen und durch eine Gerade miteinander verbunden. Wie bei den klassischen Geradlinienverfahren (Abschn. 4.5.1) bestimmt man für einen logarithmischen Zyklus von R die Differenz $\Delta s_r = 1,9$ m und berechnet anschließend mittels Gl. 4.16 die Transmissivität

$$T = \frac{2,30 \cdot 12,62 \cdot 10^{-2}}{4\pi \cdot 1,9} = 1,2 \cdot 10^{-2} \ \text{m}^2\text{s}^{-1}$$

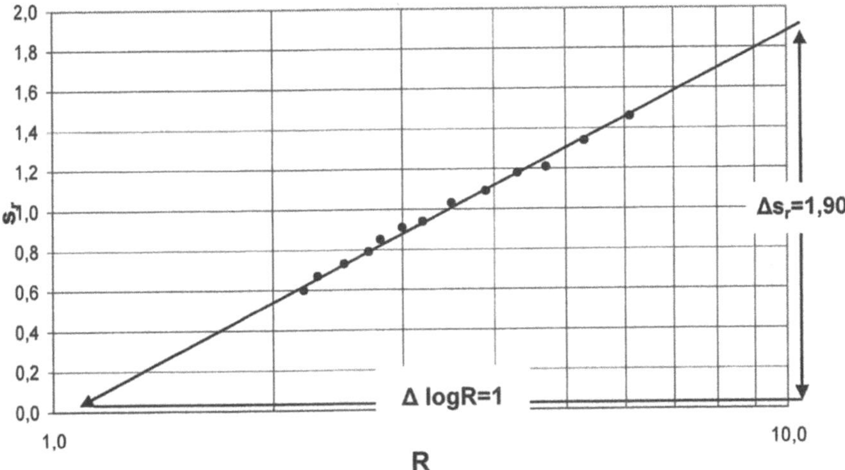

Abb. 4.9. Ermittlung der Transmissivität aus den Wiederanstiegswerten s_r eines Stufentests nach dem Verfahren von Birsoy und Summers

4.5 Aquifertest: Gespannter Grundwasserleiter

4.5.1 Theoretische Grundlagen

Den gängigen Brunnenformeln zur Beschreibung der instationären oder stationären Anströmung eines Brunnens in einem gespannten Aquifer liegt eine Modellvorstellung zugrunde, die etwas modifiziert auch für einen Aquifer mit freier Oberfläche gilt (vgl. Abschn. 4.5.3).

Diese Modellvorstellung setzt

- für den Aquifer,
- die Grundwasserströmung,
- den Brunnen und
- die Wasserentnahme

nach Kruseman u. De Ridder (1991) die Gültigkeit folgender Postulate voraus:

- der Aquifer ist seitlich unbegrenzt
- der Aquifer ist homogen und isotrop, d. h. er besitzt an jeder Stelle des von der Absenkung betroffenen Bereichs gleiche Mächtigkeit, gleiche Durchlässigkeit und gleiche Speichereigenschaften

- vor Beginn der Förderung sind der Druckspiegel bzw. der freie Wasserspiegel im gesamten Bereich, der von der Absenkung betroffen werden wird, horizontal
- der Förderbrunnen ist vollkommen, d.h. seine Filterstrecke erfasst die gesamte wassererfüllte Mächtigkeit, so dass ihm das Grundwasser im gespannten Aquifer während der Wasserentnahme horizontal zuströmt, beim Aquifer mit freier Oberfläche in einiger Entfernung vom Brunnen praktisch horizontal (Abschn. 4.5.3)
- die Förderrate bleibt während der Versuchsdauer konstant

Darüber hinaus wird für Pumpversuche, die im *instationären Regime* ablaufen, die Gültigkeit der nachstehenden weiteren Annahmen vorausgesetzt:

- Absenkung und damit hydraulischer Gradient an einem Ort innerhalb des Trichters ändern sich in der Zeit
- mit dem Fallen des Druckspiegels (der Standrohrspiegelhöhe) bzw. des freien Wasserspiegels wird das Wasser unverzüglich aus dem Vorrat entlassen
- der Brunnendurchmesser ist so klein, dass die zu jedem Zeitpunkt im Brunnen selbst befindliche Wassermenge im Verhältnis zu dem im Aquifer eingespeicherten Wasservorrat vernachlässigbar gering ist

Falls diese Annahmen in der Natur tatsächlich zuträfen, so

- wäre der Absenkungstrichter rotationssymmetrisch,
- entspräche die zwischen zwei Zeitpunkten gehobene Wassermenge genau dem ursprünglichen Wasservolumen zwischen den beiden zugehörigen Absenkungsstadien des Trichters,
- dehnte sich der Trichter mit kontinuierlich abnehmender Geschwindigkeit aus und tiefte sich mit ebenfalls kontinuierlich abnehmender Geschwindigkeit ein. Seine Stabilisierung in Raum und Zeit würde erst im Unendlichen erfolgen.

Es leuchtet ein, dass derartige Bedingungen in der Realität nicht vorkommen können:

- jeder durchströmte Aquifer muss einen Gradienten, d.h. ein Spiegelgefälle, aufweisen
- seitlich unbegrenzte Wasserleiter gibt es nicht
- ebenso ist kein natürlicher Aquifer über größere Bereiche homogen und isotrop
- folglich muss sich kurz oder lang nach Pumpbeginn der Einfluss von Randbedingungen auf die Entwicklung des Absenkungstrichters bemerkbar machen

Trotz solcher Einschränkungen der theoretischen Annahmen können die Strömungsverhältnisse in der Umgebung eines Förderbrunnens mittels Brunnenformeln beschrieben werden, die eben die Gültigkeit solcher Annahmen voraussetzen, nämlich *für einen endlichen Aquiferbereich im Umkreis des Brunnens innerhalb einer begrenzten Zeit.*

Aus diesen Gründen wird die Anwendung der Brunnenformeln zur Ermittlung der Aquiferparameter T und S aus den Pumpversuchsdaten, welche die Entwicklung der Absenkung in Raum und Zeit steuern, möglich.

Auf die Strömungsvorgänge im Aquifer im Einzelnen kann hier nicht eingegangen werden. Detaillierte qualitative Beschreibungen enthalten die Publikationen von Hantush (1964), Jacob (1950) sowie Theis (1940).

Mathematisch-quantitativ wird die Grundwasserströmung durch Differentialgleichungen vom Typ der Transportgleichungen formuliert, wie sie aus vielen Bereichen der Physik bekannt sind.

Diese Gleichungen beruhen einerseits auf der Gültigkeit des *Gesetzes von Darcy* (Abschn. 2.1.1), andererseits auf dem Gesetz von der Erhaltung der Masse, das in der Hydrologie allgemein als *Kontinuitätsprinzip* bekannt ist (Glover 1964). Beide Gesetze beschreiben die Doppelfunktion eines Aquifers, Wasser sowohl zu leiten als auch zu speichern.

Die partielle Differentialgleichung für die instationäre Grundwasserströmung in einem gespannten Grundwasserleiter, die als *Fundamentalgleichung der Grundwasserbewegung* bekannt ist, wurde erstmalig von Jacob (1940, 1950) abgeleitet (vgl. auch Hantush 1964; Busch u. Luckner 1967; Busch, Tiemer u. Luckner 1967; Dürbaum 1973).

Für ein Aquiferelement in einem räumlichen kartesischen Koordinatensystem besitzt sie die allgemeine Form

$$\frac{\partial^2 h}{\partial x^2} + \frac{\partial^2 h}{\partial y^2} + \frac{\partial^2 h}{\partial z^2} = \frac{S}{T}\frac{\partial h}{\partial t} \tag{4.17}$$

mit

x, y = Horizontalkoordinaten

z = Vertikalkoordinate

h = Standrohrspiegelhöhe (Druckspiegel)

t = Zeit

S = Speicherkoeffizient

T = Transmissivitätskoeffizient

Lösungen dieser Differentialgleichung kann es nur geben, wenn – wie eingangs erläutert – einige Annahmen getroffen werden. Beispielsweise:

- bei horizontaler Strömung entfällt in Gl. 4.17 die Ableitung nach z
- bei radialer Anströmung zum Brunnen wird aus Gl. 4.17 nach erfolgter Transformation aus dem zweidimensional-kartesischen in das radialsymmetrische Koodinatensystem (Bronstein u. Semendjajew 1979)

$$\frac{\partial^2 h}{\partial r^2} + \frac{1}{\partial r} = \frac{S}{T}\frac{\partial h}{\partial t} \tag{4.18}$$

mit

r = Abstand des Beobachtungspunktes vom Brunnen (Radialkoordinate)

Bei stationärer Strömung nimmt die rechte Seite von Gl. 4.18 den Wert Null an, so dass die bekannte Laplace-Gleichung entsteht (Busch, Tiemer u. Luckner 1967).

$$\frac{d^2h}{dr^2} + \frac{1}{r}\frac{dh}{dr} = 0 \tag{4.19}$$

Gleichung 4.19 bildet die Ausgangsformel für die Ableitung der sogenannten klassischen Brunnenformeln, die in den nachstehenden Abschnitten behandelt werden. Ihre Form zeigt, dass sie nur eine horizontale Strömungskomponente im gespannten Aquifer erfasst. Für den Fall des Aquifers mit freier Oberfläche, bei dem in Brunnennähe eine deutliche vertikale Strömungskomponente auftritt, kann sie zur Beschreibung der brunnenferneren Strömung herangezogen werden, wenn man dort die Gültigkeit der sogenannten *Dupuit-Annahmen* postulieren kann (Dupuit 1863; Forchheimer 1914). Diese werden hier wie folgt definiert:

1) die Strömung ist über die gesamte wassererfüllte Mächtigkeit des Aquifers hinweg horizontal
2) in einem beliebigen Abstand r vom Brunnen ist die Strömungsgeschwindigkeit über die gesamte wassererfüllte Mächtigkeit des Aquifers konstant
3) die Geschwindigkeit an der freien Oberfläche lässt sich durch $v = -K\dfrac{dh}{dr}$ hinreichend genau angeben. Dies trifft nur für geringe Gradienten zu.

4.5.2 Verfahren von Theis

Theis entwickelte die nach ihm benannte Formel über die Grundwasserströmung in der Umgebung eines Förderbrunnens durch eine Analogie zur Wärmeströmung. Etwas später konnte Jacob (1940) nachweisen, dass es sich bei der Brunnenformel von Theis um eine Lösung der oben angeführten Fundamentalgleichung handelt. Eine Ableitung kann bei Langguth u. Voigt (1980) nachgelesen werden. In der Integralschreibweise lautet sie (Theis 1935)

$$s(r,t) = -\frac{Q}{4\pi T}\int\limits_{r^2S/4tT}^{\infty}\frac{e^{-u}}{u}du \tag{4.20}$$

und in Exponentialform (sog. E_i- oder Ei-Funktion)

$$s(u) = \frac{Q}{4\pi T}\left[-Ei(-u)\right] = \frac{Q}{4\pi T}W(u) \tag{4.21}$$

Ei bezeichnet das Exponentialintegral. Die Funktion $W(u)$ wurde von Theis als „well function (Brunnenfunktion) von u" in die Literatur eingeführt. Die Lösung des Exponentialintegrals ist eine konvergente Reihe. Sie kann mathematischen Formel- und Tabellenwerken entnommen werden (z.B. Weast 1978).

$$s = \frac{Q}{4\pi T}\left[\left(-0{,}5772 - \ln u + u - \frac{u^2}{2\cdot 2!} + \frac{u^3}{3\cdot 3!} - \frac{u^4}{4\cdot 4!} + \cdots\right)\right] \qquad (4.22)$$

mit

$$u = \frac{r^2 S}{4tT} \qquad (4.23)$$

$u = 0{,}5772 = $ Eulersche Konstante.

Tabelle 4.8 gibt die aus Gl. 4.22 errechneten Werte für $W(u)$ für ausgewählte Werte von u bzw. $\frac{1}{u}$ an. Eine solche Tabelle wurde erstmalig von Wenzel (1942) publiziert.

Für einen gegebenen Wert von u bestimmt man $W(u)$ in Tabelle 4.8 so, dass man u als eine Zahl N zwischen 1 und 9,5, die mit $10^{Exponent}$ zu multiplizieren ist, angibt und dann in der entsprechenden Spalte und Zeile das dazugehörige $W(u)$ abliest. Wenn beispielswcise $u = 0{,}00002$ ist, ergibt sich

$$u = 2{,}0 \cdot 10^{-5} \rightarrow W(u) = 1{,}024 \cdot 10^{1}$$

Entsprechend liest man die Werte für die Form $\frac{1}{u}$ (auf Tabelle 4.8 grau hinterlegt) als eine Zahl n zwischen 1 und 0,105 ab, die mit dem entsprechenden Exponenten zu multiplizieren ist.

Hat man im Verlauf eines Pumpversuchs in einem im Abstand r zum Brunnen gelegenen Peilrohr die Absenkung s über einen Zeitraum t registriert oder zu einem Zeitpunkt t_x die unterschiedlichen Absenkungswerte s_1, s_2, s_x in einer Reihe von Peilrohren im Abstand r_1, r_2, r_x gemessen, kann man, sofern Q bekannt ist, mittels der Gln. 4.22 und 4.23 die Aquiferparameter T und S bestimmen. Eine explizite, d.h. direkte Berechnung beider Kennwerte aus Gl. 4.23 ist jedoch nicht möglich, weil T sowohl im Argument der Funktion als auch im Nenner des Integrals auftritt. Aus diesem Grunde wird normalerweise eine von Theis empfohlene graphische Methode benutzt, die auf dem *Superposition*sprinzip beruht.

Zunächst wird mittels der in Tabelle 4.8 angegebenen Funktionswerte auf doppeltlogarithmischem Papier (Potenzpapier) eine sogenannte *Typus-* oder *Standardkurve* (Dürbaum 1973) konstruiert. Dabei kann man zwischen den Kurven $W(u) - \frac{1}{u}$ oder $W(u) - u$ wählen (Abb. 4.10.a).

Tabelle 4.8. Werte von $W(u)$ für die Wertebereiche $10^{-10} \leq u \leq 9{,}5$ und $0{,}105 \leq 1/u \leq 1 \cdot 10^{10}$

1/u =		$n \cdot 10^0$	$n \cdot 10^1$	$n \cdot 10^2$	$n \cdot 10^3$	$n \cdot 10^4$	$n \cdot 10^5$	$n \cdot 10^6$	$n \cdot 10^7$	$n \cdot 10^8$	$n \cdot 10^9$	$n \cdot 10^{10}$
	u =	$N \cdot 10^0$	$N \cdot 10^{-1}$	$N \cdot 10^{-2}$	$N \cdot 10^{-3}$	$N \cdot 10^{-4}$	$N \cdot 10^{-5}$	$N \cdot 10^{-6}$	$N \cdot 10^{-7}$	$N \cdot 10^{-8}$	$N \cdot 10^{-9}$	$N \cdot 10^{-10}$
n =1,000	N = 1,0	$2{,}194 \cdot 10^{-1}$	1,823	4,038	6,332	8,633	$1{,}094 \cdot 10^1$	$1{,}324 \cdot 10^1$	$1{,}554 \cdot 10^1$	$1{,}784 \cdot 10^1$	$2{,}015 \cdot 10^1$	$2{,}245 \cdot 10^1$
0,833	1,2	$1{,}584 \cdot 10^{-1}$	1,660	3,858	6,149	8,451	$1{,}075 \cdot 10^1$	$1{,}306 \cdot 10^1$	$1{,}536 \cdot 10^1$	$1{,}766 \cdot 10^1$	$1{,}996 \cdot 10^1$	$2{,}227 \cdot 10^1$
0,714	1,4	$1{,}162 \cdot 10^{-1}$	1,524	3,705	5,996	8,297	$1{,}060 \cdot 10^1$	$1{,}290 \cdot 10^1$	$1{,}520 \cdot 10^1$	$1{,}751 \cdot 10^1$	$1{,}981 \cdot 10^1$	$2{,}211 \cdot 10^1$
0,625	1,6	$8{,}361 \cdot 10^{-2}$	1,409	3,574	5,862	8,163	$1{,}047 \cdot 10^1$	$1{,}277 \cdot 10^1$	$1{,}507 \cdot 10^1$	$1{,}737 \cdot 10^1$	$1{,}968 \cdot 10^1$	$2{,}198 \cdot 10^1$
0,556	1,8	$6{,}471 \cdot 10^{-2}$	1,310	3,458	5,745	8,046	$1{,}035 \cdot 10^1$	$1{,}265 \cdot 10^1$	$1{,}495 \cdot 10^1$	$1{,}726 \cdot 10^1$	$1{,}956 \cdot 10^1$	$2{,}186 \cdot 10^1$
0,500	2	$4{,}890 \cdot 10^{-2}$	1,223	3,355	5,639	7,940	$1{,}024 \cdot 10^1$	$1{,}255 \cdot 10^1$	$1{,}485 \cdot 10^1$	$1{,}715 \cdot 10^1$	$1{,}945 \cdot 10^1$	$2{,}176 \cdot 10^1$
0,455	2,2	$3{,}719 \cdot 10^{-2}$	1,145	3,261	5,544	7,845	$1{,}015 \cdot 10^1$	$1{,}245 \cdot 10^1$	$1{,}475 \cdot 10^1$	$1{,}701 \cdot 10^1$	$1{,}936 \cdot 10^1$	$2{,}166 \cdot 10^1$
0,417	2,4	$2{,}844 \cdot 10^{-2}$	1,076	3,176	5,458	7,758	$1{,}006 \cdot 10^1$	$1{,}236 \cdot 10^1$	$1{,}467 \cdot 10^1$	$1{,}697 \cdot 10^1$	$1{,}927 \cdot 10^1$	$2{,}157 \cdot 10^1$
0,385	2,6	$2{,}185 \cdot 10^{-2}$	1,014	3,098	5,378	7,678	9,980	$1{,}228 \cdot 10^1$	$1{,}459 \cdot 10^1$	$1{,}689 \cdot 10^1$	$1{,}919 \cdot 10^1$	$2{,}149 \cdot 10^1$
0,357	2,8	$1{,}686 \cdot 10^{-2}$	$9{,}573 \cdot 10^{-1}$	3,026	5,303	7,604	9,906	$1{,}221 \cdot 10^1$	$1{,}451 \cdot 10^1$	$1{,}681 \cdot 10^1$	$1{,}912 \cdot 10^1$	$2{,}142 \cdot 10^1$
0,333	3	$1{,}305 \cdot 10^{-2}$	$9{,}057 \cdot 10^{-1}$	2,959	5,235	7,535	9,837	$1{,}214 \cdot 10^1$	$1{,}444 \cdot 10^1$	$1{,}674 \cdot 10^1$	$1{,}905 \cdot 10^1$	$2{,}135 \cdot 10^1$
0,286	3,5	$6{,}970 \cdot 10^{-3}$	$7{,}942 \cdot 10^{-1}$	2,810	5,081	7,381	9,683	$1{,}199 \cdot 10^1$	$1{,}429 \cdot 10^1$	$1{,}659 \cdot 10^1$	$1{,}889 \cdot 10^1$	$2{,}120 \cdot 10^1$
0,250	4	$3{,}779 \cdot 10^{-3}$	$7{,}024 \cdot 10^{-1}$	2,681	4,948	7,247	9,550	$1{,}185 \cdot 10^1$	$1{,}415 \cdot 10^1$	$1{,}646 \cdot 10^1$	$1{,}876 \cdot 10^1$	$2{,}106 \cdot 10^1$
0,222	4,5	$2{,}073 \cdot 10^{-3}$	$6{,}253 \cdot 10^{-1}$	2,568	4,831	7,130	9,432	$1{,}173 \cdot 10^1$	$1{,}404 \cdot 10^1$	$1{,}634 \cdot 10^1$	$1{,}864 \cdot 10^1$	$2{,}094 \cdot 10^1$
0,200	5	$1{,}148 \cdot 10^{-3}$	$5{,}598 \cdot 10^{-1}$	2,468	4,726	7,024	9,326	$1{,}163 \cdot 10^1$	$1{,}393 \cdot 10^1$	$1{,}623 \cdot 10^1$	$1{,}854 \cdot 10^1$	$2{,}084 \cdot 10^1$
0,182	5,5	$6{,}409 \cdot 10^{-4}$	$5{,}034 \cdot 10^{-1}$	2,378	4,631	6,929	9,231	$1{,}153 \cdot 10^1$	$1{,}384 \cdot 10^1$	$1{,}614 \cdot 10^1$	$1{,}844 \cdot 10^1$	$2{,}074 \cdot 10^1$
0,166	6	$3{,}601 \cdot 10^{-4}$	$4{,}544 \cdot 10^{-1}$	2,295	4,545	6,842	9,144	$1{,}145 \cdot 10^1$	$1{,}375 \cdot 10^1$	$1{,}605 \cdot 10^1$	$1{,}835 \cdot 10^1$	$2{,}066 \cdot 10^1$
0,154	6,5	$2{,}034 \cdot 10^{-4}$	$4{,}115 \cdot 10^{-1}$	2,220	4,465	6,762	9,064	$1{,}137 \cdot 10^1$	$1{,}367 \cdot 10^1$	$1{,}597 \cdot 10^1$	$1{,}827 \cdot 10^1$	$2{,}058 \cdot 10^1$
0,142	7	$1{,}155 \cdot 10^{-4}$	$3{,}738 \cdot 10^{-1}$	2,151	4,392	6,688	8,990	$1{,}129 \cdot 10^1$	$1{,}360 \cdot 10^1$	$1{,}590 \cdot 10^1$	$1{,}820 \cdot 10^1$	$2{,}050 \cdot 10^1$
0,133	7,5	$6{,}583 \cdot 10^{-5}$	$3{,}403 \cdot 10^{-1}$	2,087	4,323	6,619	8,921	$1{,}122 \cdot 10^1$	$1{,}353 \cdot 10^1$	$1{,}583 \cdot 10^1$	$1{,}813 \cdot 10^1$	$2{,}043 \cdot 10^1$
0,125	8	$3{,}767 \cdot 10^{-5}$	$3{,}106 \cdot 10^{-1}$	2,027	4,259	6,555	8,856	$1{,}116 \cdot 10^1$	$1{,}346 \cdot 10^1$	$1{,}576 \cdot 10^1$	$1{,}807 \cdot 10^1$	$2{,}037 \cdot 10^1$
0,118	8,5	$2{,}162 \cdot 10^{-5}$	$2{,}840 \cdot 10^{-1}$	1,971	4,199	6,494	8,796	$1{,}110 \cdot 10^1$	$1{,}340 \cdot 10^1$	$1{,}570 \cdot 10^1$	$1{,}801 \cdot 10^1$	$2{,}031 \cdot 10^1$
0,111	9	$1{,}245 \cdot 10^{-5}$	$2{,}602 \cdot 10^{-1}$	1,919	4,142	6,437	8,739	$1{,}104 \cdot 10^1$	$1{,}334 \cdot 10^1$	$1{,}565 \cdot 10^1$	$1{,}795 \cdot 10^1$	$2{,}025 \cdot 10^1$
0,105	9,5	$7{,}185 \cdot 10^{-6}$	$2{,}387 \cdot 10^{-1}$	1,870	4,089	6,383	8,685	$1{,}099 \cdot 10^1$	$1{,}329 \cdot 10^1$	$1{,}559 \cdot 10^1$	$1{,}789 \cdot 10^1$	$2{,}020 \cdot 10^1$

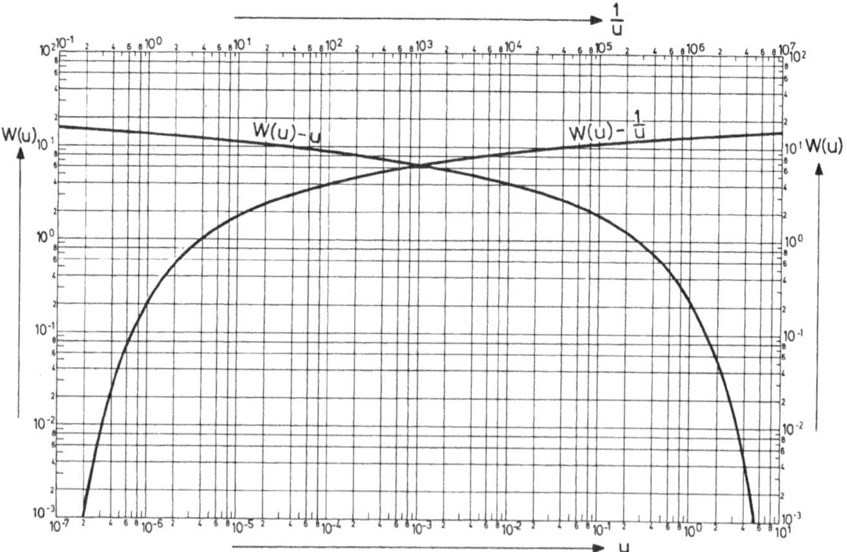

Abb. 4.10.a Theis-Standard-Kurven W(u)-u und W(u)-1/u

Vielen Benutzern, so auch den Autoren, erscheint der Gebrauch der Kurve in der erstgenannten Form bequemer. Daher wird im Folgenden nur noch diese Kurvenform benutzt. Da man diese Standardkurve immer wieder verwenden kann, ist sie am besten auf Transparentfolie zu zeichnen oder zu kopieren.

Für die Auswertung eines Pumpversuchs wird dann auf Potenzpapier des gleichen Maßstabs die Datenkurve $s - \dfrac{t}{r^2}$ aufgetragen.

Das Superpositionsprinzip (Jacob 1940; Ferris, Knowles, Brown u. Stallman 1962; Dürbaum 1973) lässt sich wie folgt erläutern. Gln. 4.21 und 4.23

$$s = \frac{Q}{4\pi T} W(u)$$

$$u = \frac{r^2 S}{4tT}$$

werden wie folgt arrangiert

$$\lg s = \left[\lg \frac{Q}{4\pi T} \right] + \lg W(u) \tag{4.24}$$

$$\lg \frac{t}{r^2} = \left[\lg \frac{S}{4T} \right] + \lg \frac{1}{u} \tag{4.25}$$

T und S als Aquiferparameter sind Konstanten und bleiben ebenso wie die Förderrate Q während des Versuchs konstant; damit sind auch die in eckigen Klammern stehenden Ausdrücke konstant. In beiden Gleichungen haben daher bei logarithmischer Darstellung die Klammerausdrücke keinen Einfluss auf die Steigung der Kurven. Sie geben jedoch die Beträge an, um welche die Datenkurve vertikal und horizontal gegen die Standardkurve verschoben ist.

Durch Parallelverschiebung längs der $W(u)$-Achse um den Betrag $\left[\lg \dfrac{Q}{4\pi T} \right]$ geht die $\lg W(u)$-Kurve in die $\lg s$-Kurve über (Abb. 4.10.b). Ebenso erhält man durch eine Parallelverschiebung entlang der $\dfrac{1}{u}$-Achse um den Betrag $\left[\lg \dfrac{S}{4T} \right]$ aus der $\lg \dfrac{1}{u}$-Kurve die $\lg \dfrac{t}{r^2}$-Kurve. Folglich verhält sich $W(u)$ zu $\dfrac{1}{u}$ wie s zu $\dfrac{t}{r^2}$.

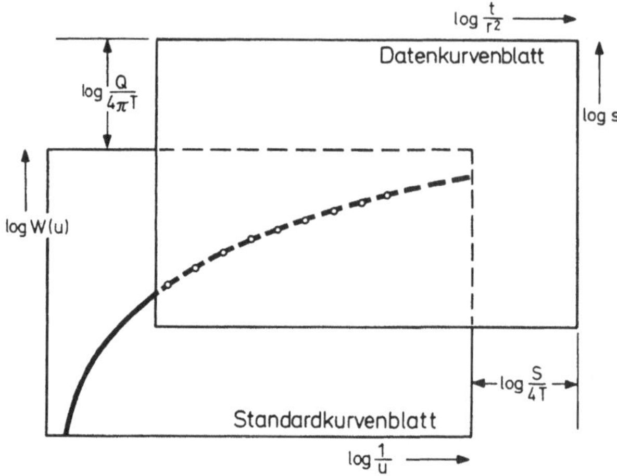

Abb. 4.10.b Parallele Achsenverschiebungen zwischen der Standardkurve von Theis und einer Datenkurve

Die Datenkurve wird also durch eine streng achsenparallele Verschiebung um die in Abb. 4.10.b eingezeichneten Beträge $\left[\lg\dfrac{S}{4T}\right]$ und $\left[\lg\dfrac{Q}{4\pi T}\right]$ mit der Standardkurve identifiziert und damit berechenbar. In der Regel lassen sich die Datenkurven von Pumpversuchen meist nur mit einem mehr oder weniger großen Abschnitt der Standardkurve zur Deckung bringen, d.h. also für das Zeit-Intervall, in dem die Absenkung gemäß den oben definierten Theis-Bedingungen abläuft.

Auf Abb. 4.10.b wählt man aus dem überlappenden Bereich beider Kurvenblätter einen *Deckungspunkt* (*match point*) aus und liest dessen Koordinaten $W_0(u)$, $\dfrac{1}{u_0}$, s und $\dfrac{t}{r^2}$ ab. Dieser muss nicht auf der Kurve liegen.

Zweckmäßigerweise wählt man diesen Punkt so, dass entweder $W(u)$ oder $\dfrac{1}{u}$ glatte Zahlenwerte, z.B. 1 oder 10, annehmen.

Gleichung 4.21 kann nun zur Bestimmungsgleichung von T umgeformt werden.

$$T = \frac{Q}{4\pi s}W_0(u) \tag{4.26}$$

Anschließend wird S mittels

$$S = \frac{4tT}{r^2}u_0 \tag{4.27}$$

errechnet.

Beispiel

Ein Pumpversuch in einem gespannten Aquifer im Bereich des Wasserwerks Breyell/Niederrhein westlich Krefeld wurde nach dem Theis-Verfahren ausgewertet. Die angetroffene plio-pleistozäne Schichtenfolge (Breddin 1955) stellt sich wie folgt dar (Abb. 4.11):

0	- 3,0 m	Lößlehm, sandig
	- 15,0 m	Sande und Kiese der Jüngeren Maas-Hauptterrasse = oberer freier Aquifer
	- 18,5 m	Ton, sandig, schluffig (Tegelenton)
	- 24,5 m	Feinsande, schluffig
	- 36,5 m	Abfolge von Grobsand, Mittelsand und Feinkies mit einer 1,10 m mächtigen basalen Lage von Grob- und Mittelkies (Ältere Maas-Hauptterrasse) = unterer gespannter Aquifer

Darunter folgen ein fetter Ton mit unreiner Kohle und Holzresten (Reuver-Serie).

Während der Absenkungsphase wurden drei Grundwassermessstellen („Peilrohre") beobachtet:

Peilrohr	Abstand vom Brunnen (m)
11b	7,4
3b	23,0
6b	139,6

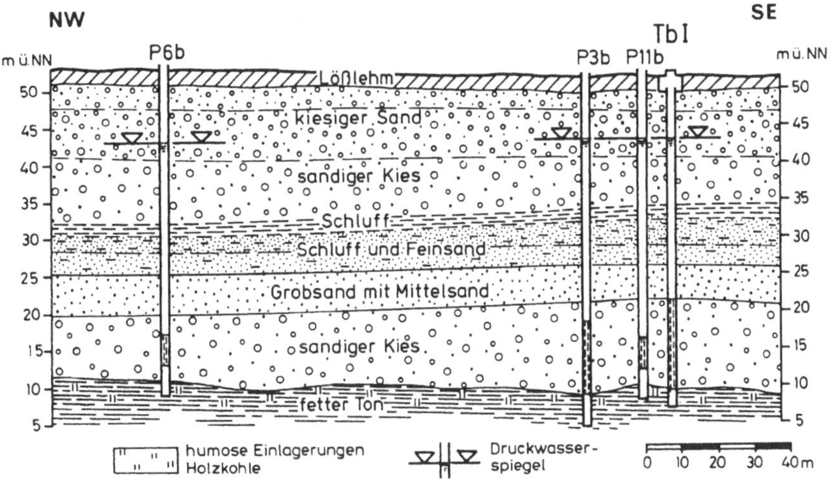

Abb. 4.11. Lithologisch-hydrogeologischer Schnitt durch das Wasserwerksgelände Breyell/Niederrhein

Die Förderrate wurde über die gesamte Versuchsdauer mit $Q = 96\ \mathrm{m^3h^{-1}} = 2{,}67$ $\mathrm{m^3s^{-1}}$ konstant gehalten. Ausgewählte Zeit-Absenkungswerte von den genannten Peilrohren sind in Tabelle 4.9 festgehalten.

Die Wertepaare $s - \dfrac{t}{r^2}$ aller drei Peilrohre sind in drei Datenpunktkurven wiedergegeben und mit der Theis-Standardkurve $W(u) - \dfrac{1}{u}$ zur Deckung gebracht worden (Abb. 4.12). Der Deckungspunkt A auf dem überlappenden Bereich beider Kurvenblätter wurde so gewählt, dass

$$W_0(u) = 10^0 \quad \text{und} \quad \frac{1}{u_0} = 10^2$$

ist.

Die entsprechenden Koordinaten auf dem Datenblatt lauten $s = 0{,}20$ m und $\dfrac{t}{r^2} = 5{,}7 \cdot 10^{-1}$.

Diese vier Werte ergeben in Gln. 4.26 und 4.27 eingesetzt für

$$T = \frac{2{,}67 \cdot 10^{-2}}{4\pi \cdot 0{,}20} \cdot 10^0 = 1{,}1 \cdot 10^{-2}\ \mathrm{m^2s^{-1}}$$

und für

$$S = 4 \cdot 1{,}1 \cdot 10^{-2} \cdot 10^{-2} \cdot 5{,}7 \cdot 10^{-1} = 2{,}4 \cdot 10^{-4}.$$

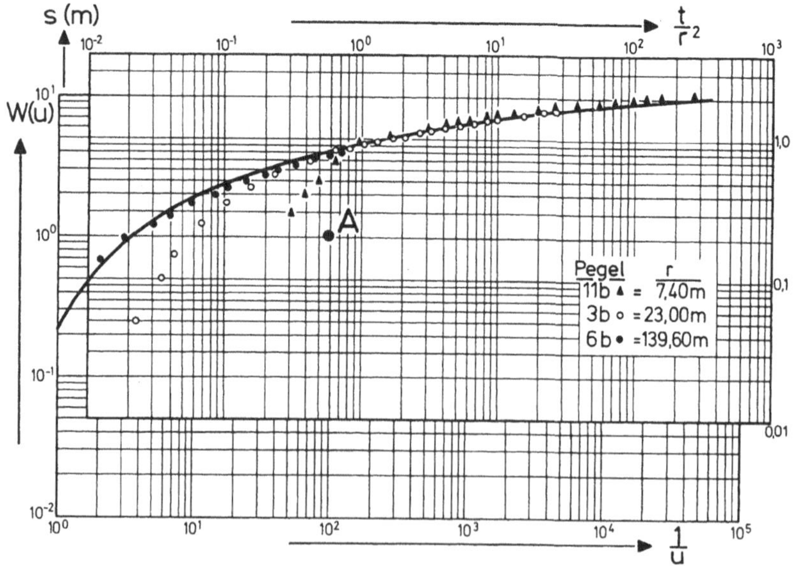

Abb. 4.12. Auswertung des Pumpversuchs Breyell/Niederrhein nach der Superpositionsmethode von Theis

Tabelle 4.9. Pumpversuch Breyell/Niederrhein; Mess- und Auswertedaten für die Absenkung

Grundwassermessstelle 11 b								
$r = 7{,}40$ m								
t	s	t/r^2	t	s	t/r^2	t	t	t
s	m		s	m		s	s	s
0	0		220	1,28	$4{,}02 \cdot 10^0$	2100	1,79	$3{,}83 \cdot 10^1$
17	0,30	$3{,}10 \cdot 10^{-1}$	281	1,35	5,13	3000	1,86	5,84
21	0,40	3,84	330	1,40	6,03	3900	1,90	7,12
27	0,50	4,93	450	1,47	8,22	5400	1,99	9,86
35	0,70	6,39	540	1,50	9,86	8300	2,07	$1{,}52 \cdot 10^2$
53	0,93	9,68	720	1,56	$1{,}31 \cdot 10^1$	<u>14600</u>	2,18	2,67
85	1,03	$1{,}55 \cdot 10^0$	1080	1,64	1,97		Pumpenstop	
168	1,20	3,07	1440	1,71	2,63			

Grundwassermessstelle 3 b								
$r = 23{,}00$ m								
t	s	t/r^2	t	s	t/r^2	t	t	t
s	m		s	m		s	s	s
0	0		346	0,80	$6{,}54 \cdot 10^{-1}$	2760	1,25	$5{,}22 \cdot 10^0$
12	0,05	$2{,}27 \cdot 10^{-2}$	434	0,85	8,20	3480	1,30	6,58
18	0,10	3,40	549	0,90	$1{,}04 \cdot 10^0$	4380	1,35	8,28
22	0,15	4,16	689	0,95	1,30	5280	1,39	9,98
36	0,25	6,81	861	1,00	1,63	8100	1,48	$1{,}53 \cdot 10^1$
54	0,35	$1{,}02 \cdot 10^{-1}$	1080	1,05	2,04	<u>11600</u>	1,55	2,19
81	0,45	1,53	1420	1,11	2,68	14150	1,58	2,67
122	0,55	2,31	1800	1,15	3,40			
226	0,70	4,27	2160	1,20	4,08			

Grundwassermessstelle <u>6 b</u>								
$r = 139{,}60$ m								
t	s	t/r^2	t	s	t/r^2	t	t	t
s	m		s	m		s	s	s
0	0		1140	0,35	$5{,}85 \cdot 10^{-2}$	4800	0,59	$2{,}46 \cdot 10^1$
240	0,14	$1{,}23 \cdot 10^{-2}$	1500	0,40	7,70	6450	0,65	3,31
360	0,20	1,85	2040	0,45	$1{,}05 \cdot 10^{-1}$	8650	0,71	4,44
600	0,25	3,08	2760	0,50	1,42	11450	0,76	5,88
780	0,29	4,00	3900	0,55	2,00	13900	0,80	7,13

4.5.3 Geradlinienverfahren von Cooper u. Jacob

Trägt man auf einfachlogarithmischem Papier (Exponentialpapier) die in einem Peilrohr mit dem Abstand r zum Förderbrunnen registrierte Absenkung s linear als Funktion des Logarithmus der Zeit t auf, erkennt man, dass nach einer gewissen Zeit die Absenkung direkt proportional anwächst. Die Datenpunkte liegen auf einer logarithmischen Geraden.

Verbindet man ferner auf einfachlogarithmischem Papier, das die Absenkungswerte s als Funktion des Logarithmus der Abstände r abbildet, die gleichzeitig in Peilrohren verschiedener Entfernung zum Brunnen gemessenen $s-\lg r$ -Werte, so liegen diese ebenfalls auf einer logarithmischen Gerade, wiederum vorausgesetzt, dass eine gewisse Zeit nach Pumpbeginn verstrichen ist.

Folglich kann die Brunnen- oder (Ei)-Funktion von Theis Gl. 4.21 ganz offensichtlich durch einfache logarithmische Funktionen ersetzt werden, wenn Zeit t und/oder Abstand r bestimmte Minimalwerte angenommen haben. Dies ist leicht einzusehen, wenn man die Datenpaare der Tabelle 4.8 in der Form $W(u)-\lg u$ entsprechend aufträgt.

Cooper u. Jacob (1946) konnten nachweisen, dass Gl. 4.22 durch die logarithmische Funktion

$$s = \frac{Q}{4\pi T}\left(-0,5772 - \ln u\right) \tag{4.28}$$

mit $u = \dfrac{r^2 S}{4Tt}$ ersetzt werden darf, wenn $\dfrac{r^2}{t}$ im Verhältnis zu $\dfrac{S}{4T}$ so klein geworden ist, dass $u \leq 0,02$. Diese Bedingung wird in jedem Fall bei langen Pumpzeiten t erreicht, schneller jedoch bei kleinen Distanzen r. Dann dürfen die Reihenglieder in Gl. 4.22 nach dem Glied $\ln u$ vernachlässigt werden, weil ihre Summe gegen Null geht. Gl. 4.22 lässt sich dann umformen zu

$$s = \frac{Q}{4\pi T}\left(\ln \frac{1}{u} - \ln 1,78\right)$$

$$= \frac{Q}{4\pi T}\left(\ln \frac{4Tt}{r^2 S} - \ln 1,78\right)$$

$$= \frac{Q}{4\pi T}\left(2,30\lg \frac{4Tt}{r^2 S} - 2,30\lg 1,78\right)$$

und schließlich vereinfachen zu

$$s = \frac{Q}{4\pi T} \lg \frac{2,25Tt}{r^2 S} \qquad (4.29)$$

Gleichung 4.29 ist die Grundgleichung für die Geradlinienverfahren I, II und III von Cooper u. Jacob, die nachstehend beschrieben werden. Gleichung 4.29 ist anwendbar, wenn über die weiter oben genannten Bedingungen hinaus gilt, dass

$$u \leq 0,02.$$

Methode I: Zeit-Absenkungsverfahren

Für eine im Abstand r vom Brunnen gelegene Grundwassermessstelle werden alle registrierten $s - \lg t$ -Wertepaare aufgetragen, so wie in Abb. 4.13 gezeigt. Anhand der Geradensteigung lässt sich der Koeffizient der Transmissivität bestimmen.

Die Absenkung beträgt zur

$$\text{Zeit } t_1: \quad s_1 = \frac{2,30Q}{4\pi T} \cdot \lg \frac{2,25Tt_1}{r^2 S}$$

$$\text{Zeit } t_2: \quad s_2 = \frac{2,30Q}{4\pi T} \cdot \lg \frac{2,25Tt_2}{r^2 S}$$

mit $t_2 > t_1$ und $s_2 - s_1$.

Durch Subtraktion ergibt sich

$$s_2 - s_1 = \Delta s = \frac{2,30Q}{4\pi T} \cdot \lg \frac{t_2}{t_1}$$

Werden t_2 und t_1 so gewählt, dass $\frac{t_2}{t_1} = 10$, also $\lg \frac{t_2}{t_1} = 1$ wird, dann bezeichnet Δs die Absenkungsdifferenz pro logarithmischen Zeitzyklus, und es ergibt sich die Bestimmungsgleichung der Transmissivität.

$$T = \frac{2,30Q}{4\pi \Delta s} \qquad (4.30)$$

Verlängert man die logarithmische Gerade rückwärts bis zur horizontalen Linie, wo $s = 0$ ist, erhält man einen Schnittpunkt mit den Koordinaten

$$s = 0$$
$$t = 0$$

Für diesen Punkt lautet dann Gl. 4.29

$$s = 0 = \frac{2,30Q}{4\pi T} \cdot \lg \frac{2,25Tt_0}{r^2 S}$$

Das Glied $\dfrac{2{,}30Q}{4\pi T}$ ist endlich, kann also nicht Null sein. Folglich gilt

$$\lg \frac{2{,}25Tt_0}{r^2 S} = 0$$

und

$$\frac{2{,}25Tt_0}{r^2 S} = 1$$

Nach Umstellung

$$S = \frac{2{,}25Tt_0}{r^2} \qquad (4.31)$$

Beispiel

Die gemessenen Werte der Grundwassermessstelle 3b aus Tabelle 4.9 sind in der eben beschriebenen Art und Weise auf einfachlogarithmischem Papier aufgetragen worden (Abb. 4.13).

Bis auf den Anfangswert bei $s = 12$ Sekunden lassen sich alle Datenpunkte durch eine Gerade verbinden. Die Bedingung $u \leq 0{,}02$ ist nach rund 120 Sekunden erfüllt.

Diese Gerade hat eine Steigung von $\Delta s = 0{,}52$ m pro logarithmischem Zeitzyklus und schneidet die Zeitachse mit $s = 0$ m bei $t = 11{,}5$ s.

Die Förderrate beträgt $Q = 2{,}67 \cdot 10^{-2}$ m^{3}s^{-1}. Nach Gln. 4.30 und 4.31 errechnen sich T und S zu

$$T = \frac{2{,}30Q}{4\pi\Delta s} = \frac{2{,}30 \cdot 2{,}67 \cdot 10^{-2}}{4\pi \cdot 0{,}52} = 9{,}4 \cdot 10^{-3} \ \text{m}^2\text{s}^{-1}$$

$$S = \frac{2{,}25Tt_0}{r^2} = \frac{2{,}25 \cdot 9{,}4 \cdot 10^{-3} \cdot 11{,}5}{23^2} = 4{,}6 \cdot 10^{-4}$$

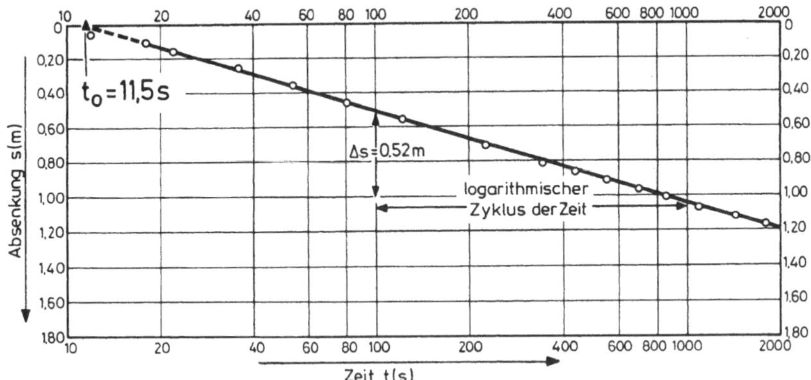

Abb. 4.13. Auswertung des Pumpversuchs Breyell/Niederrhein mit dem Geradlinienverfahren nach Cooper u. Jacob; Methode I (Grundwassermessstelle 3b; r = 23 m)

Gleichermaßen wird bei den Grundwassermessstellen 11b (r =7,40 m) und 6b (r = 139,60 m) vorgegangen. Die Ergebnisse lauten

Grundwassermessstelle 11b: $T = 8,9 \cdot 10^{-3}$ m²s⁻¹, $S = 3,7 \cdot 10^{-4}$

Grundwassermessstelle 6b: $T = 1,2 \cdot 10^{-2}$ m²s⁻¹, $S = 2,1 \cdot 10^{-4}$

Methode II: Abstands-Absenkungsverfahren

Alle zu einem bestimmten Zeitpunkt t erhaltenen Messwerte verschiedener Peilrohre werden auf halblogarithmischem Papier als Funktion von $\lg r$ aufgetragen. Falls die Bedingung erfüllt ist, dass $u \leq 0,02$, liegen alle diese Punkte auf einer Geraden (Abb. 4.14).

Zur Zeit t beträgt die Absenkung in den Grundwassermessstellen

in Entfernung r_1 : $s_1 = \dfrac{2,30W}{4\pi T} \cdot \lg \dfrac{2,25Tt}{r_1^2}$

in Entfernung r_2 : $s_2 = \dfrac{2,30Q}{4\pi T} \cdot \lg \dfrac{2,25Tt}{r_2^2}$

mit $r_2 > r_1$ und $s_2 < s_1$.

Nach Subtraktion ergibt sich

$$s_1 - s_2 = \Delta s = \dfrac{2,30Q}{4\pi T} \cdot 2 \cdot \lg \dfrac{r_2}{r_1}$$

Bei $\dfrac{r_2}{r_1}=10$ wird $\lg\dfrac{r_2}{r_1}=1$, und Δs stellt hier die Absenkungsdifferenz pro logarithmischen Zyklus des Abstands r dar. Die Transmissivität berechnet sich dann aus der Beziehung

$$T = \frac{2{,}30Q}{2\pi\Delta s} \tag{4.32}$$

Die auf Abb. 4.14 verlängerte Gerade besitzt einen Punkt mit den Koordinaten

$s = 0$

$r = r_0$

Hier gilt

$$s = 0 = \frac{2{,}30Q}{4\pi T} \cdot \lg\frac{2{,}25Tt}{r_0^2 S}$$

und folglich

$$\lg\frac{2{,}25Tt}{r_0^2 S} = 0$$

Daraus leitet sich ab

$$S = \frac{2{,}25Tt}{r_0^2} \tag{4.33}$$

Bei der Methode II ist es deutlich schwieriger als bei Methode I, auf dem Graphen von Hand eine optimale Gerade einzuzeichnen. Denn die in verschiedenen Richtungen und unterschiedlichen Abständen vom Brunnen liegenden Grundwassermessstellen erfassen einen größeren räumlichen Ausschnitt des Aquifers, die Absenkungen der einzelnen Grundwassermessstellen spiegeln damit dessen Anisotropie und Heterogenität wider. Transmissivität und Speicherkoeffizient können also stärker in Funktion des Abstands r variieren. Die realen Absenkungswerte liegen, wie in Abb. 4.14 zu sehen, selten genau auf der Ausgleichsgeraden.

Beispiel

Für die Grundwassermessstellen 11b, 3b und 6b werden auf halblogarithmischem Papier die zum Zeitpunkt $t = 5400\,\text{s}$ registrierten bzw. aus den Zeit-Absenkungs-Diagrammen interpolierten Absenkungsdaten aufgetragen und durch eine Gerade verbunden (Abb. 4.14).

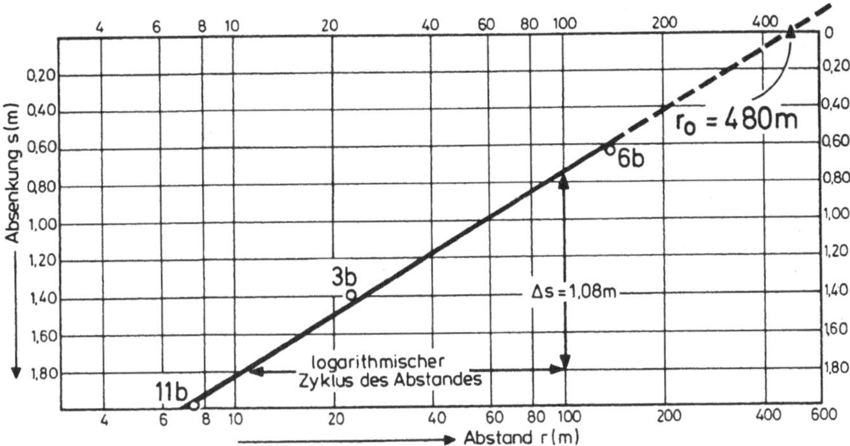

Abb. 4.14. Auswertung des Pumpversuchs Breyell/Niederrhein mit dem Geradlinienverfahren nach Cooper u. Jacob; Methode II (t = 5400 s)

Diese besitzt eine Steigung von $\Delta s = 1{,}08\,\mathrm{m}$ je logarithmischen Zyklus des Abstands. Bei $s = 0\,\mathrm{m}$ wird der Wert $r_0 = 480\,\mathrm{m}$ abgelesen. Zusammen mit $Q = 2{,}67 \cdot 10^{-2}\,\mathrm{m}^3\mathrm{s}^{-1}$ werden diese Daten in Gln. 4.32 und 4.33 eingesetzt und T und S berechnet:

$$T = \frac{2{,}30Q}{2\pi\Delta s} = \frac{2{,}30 \cdot 2{,}67 \cdot 10^{-2}}{2\pi \cdot 1{,}08} = 9{,}0 \cdot 10^{-3}\,\mathrm{m}^2\mathrm{s}^{-1}$$

$$S = \frac{2{,}25Tt}{r_0^2} = \frac{2{,}25 \cdot 9{,}0 \cdot 10^{-3} \cdot 5400}{480^2} = 4{,}8 \cdot 10^{-4}$$

Methode III: Abstands-Zeit-Absenkungs-Verfahren

Hierbei handelt es sich um eine Kombination der Methoden I und II, welche die gemeinsame Darstellung aller $s - \dfrac{t}{r^2}$ -Wertepaare der beobachteten Grundwassermessstellen in einem einzigen Graphen erlaubt. Dabei bildet $\dfrac{t}{r^2}$ die logarithmische Abszisse. Wenn die Bedingung $u \leq 0{,}02$ zutrifft, liegen alle Datenpunkte auf einer logarithmischen Geraden. Somit gilt für zwei Grundwassermessstellen zu zwei unterschiedlichen Zeitpunkten und Absenkungsbeträgen

$$s_1 = \frac{2{,}30Q}{4\pi T} \cdot \lg \frac{2{,}25Tt_1}{r_1^2 S}$$

$$s_2 = \frac{2{,}30Q}{4\pi T} \cdot \lg \frac{2{,}25Tt_2}{r_2^2 S}$$

mit $s_2 > s_1$ und $\dfrac{t_2}{r_2^2} > \dfrac{t_1}{r_1^2}$.

Mittels Subtraktion ergibt sich

$$s_2 - s_1 = \Delta s = \frac{2{,}30Q}{4\pi T} \cdot \lg \left(\frac{t_2}{r_2^2} \bigg/ \frac{t_1}{r_1^2} \right)$$

Nimmt der Numerus $\left(\dfrac{t_2}{r_2^2} \bigg/ \dfrac{t_1}{r_1^2} \right)$ den Wert 10 an, hat der dazugehörige Logarithmus den Wert 1 und

$$T = \frac{2{,}30Q}{4\pi\Delta s} \tag{4.34}$$

Gleichung 4.34 ist identisch mit Gl. 4.30. Die logarithmische Gerade schneidet die Abszisse im Punkt mit den Koordinaten

$$s = 0$$

$$\frac{t}{r^2} = \left(\frac{t}{r^2}\right)_0$$

Daraus leitet sich nach Einsetzen in Gl. 4.29 die Bestimmungsformel für den Speicherkoeffizienten ab.

$$S = 2{,}25T\left(\frac{t}{r^2}\right)_0 \qquad (4.35)$$

Beispiel

Eine Auswahl der in Tabelle 4.9 wiedergegebenen $s - \dfrac{t}{r^2}$ -Wertepaare für die drei Grundwassermessstellen ist auf halblogarithmischem Papier, so wie in Abb. 4.15 gezeigt, aufgetragen worden. Die durch diese Punkte gelegte Ausgleichsgerade besitzt eine Steigung von $\Delta s = 0{,}55\,\mathrm{m}$ für einen logarithmischen Zyklus von $\dfrac{t}{r^2}$. Die rückwärts für kleinere Werte $\dfrac{t}{r^2}$ verlängerte Gerade schneidet die Abszisse bei $\left(\dfrac{t}{r^2}\right)_0 = 2{,}3\cdot10^{-2}$ sm^{-2}. Mit $Q = 2{,}67\cdot10^{-2}$ m^{3}s^{-1} sind diese Daten in die Gln. 4.34 und 4.35 einzusetzen:

$$T = \frac{2{,}30Q}{4\pi\Delta s} = \frac{2{,}30\cdot2{,}67\cdot10^{-2}}{4\pi\cdot0{,}55} = 8{,}9\cdot10^{-3}\ \mathrm{m^2s^{-1}}$$

$$S = 2{,}25T\left(\frac{t}{r^2}\right)_0 = 2{,}25\cdot8{,}9\cdot10^{-3}\cdot2{,}3\cdot10^{-2} = 4{,}6\cdot10^{-4}$$

Ein Vergleich der Ergebnisse, wie sie durch Anwendung der drei Gerad-Linienverwahren von Cooper u. Jacob und der Superpositionsmethode von Theis erzielt wurden, zeigt eine sehr gute Übereinstimmung. Leichte Variationen in den T -Werten lassen sich durch eine geringe horizontale Anisotropie des Aquifers als auch durch subjektive Einflüsse bei der manuellen Auswertung erklären. Bei der Bestimmung von S ergeben sie sich vor allem durch die Schwierigkeiten bei der Festlegung der Geraden.

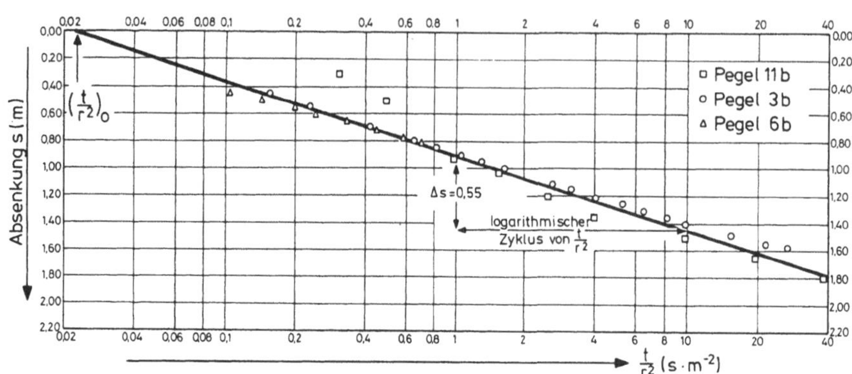

Abb. 4.15. Auswertung des Pumpversuchs Breyell/Niederrhein mit dem Geradlinienverfahren nach Cooper u. Jacob; Methode III

4.5.4 Auswertung des Wiederanstiegs

Nach Abschalten der Pumpe im Förderbrunnen beginnt der *Wiederanstieg*, der schließlich mit der *Wiederauffüllung des Absenkungstrichters* endet.

Im Brunnen selbst füllt zunächst ein „Wasserschwall" schlagartig den unteren Teil des Innenraums. Anschließend vollzieht sich ein kontinuierlicher Anstieg des Brunnenwasserspiegels mit ständig abnehmender Geschwindigkeit. Unter Idealbedingungen hält der Wiederanstieg an, bis nach (unendlich) langer Zeit das Ausgangsniveau des Brunnenspiegels vor Beginn der Absenkung wieder erreicht ist (Abb. 4.16).

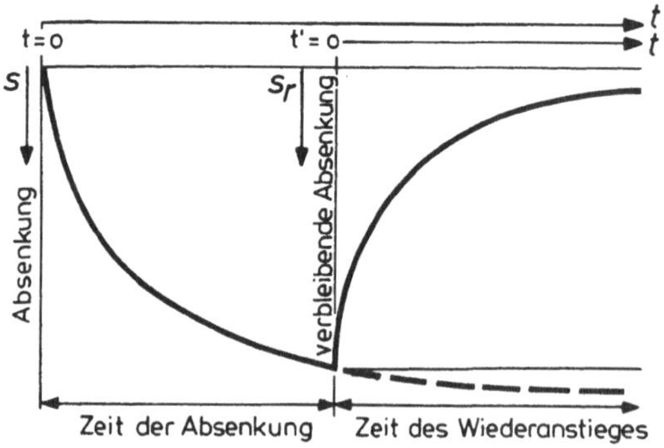

Abb. 4.16. Verlauf von Absenkung und Wiederanstieg im Brunnen bei einem Pumpversuch

Außerhalb des Brunnens im angrenzenden Aquifer verläuft der Wiederanstieg zeitverzögert und in anderer Weise. Denn in einem Piezometer geht der Absenkungsvorgang auch nach dem Pumpenstopp zunächst weiter und durchläuft ein Minimum (Stillstand des Wasserspiegels). Erst danach beginnt der Wasser- bzw. Druckspiegel allmählich wieder zu steigen. Je weiter ein Piezometer vom Förderbrunnen entfernt steht, umso größer ist die *zeitliche Verzögerung* bis zum Einsetzen des Wiederanstiegs.

Offenkundig handelt es sich dabei nicht um eine einfache Umkehrung des Absenkungsvorgangs. Nach Trupin u. Margat (1964) bricht mit dem Pumpenstillstand schlagartig das Quasi-Gleichgewicht zusammen, das durch den Anstrom Q unter dem hydraulischen Gradienten I zum Förderbrunnen gekennzeichnet wird.

Das nun entstehende Ungleichgewicht äußert sich in einer raschen Verflachung des Gefälles, und zwar am stärksten direkt am Brunnen, wo es zuvor am steilsten war. Dadurch erklärt sich der plötzliche Wasserschwall im Brunnen: Denn das zur Auffüllung dieses tiefsten Teiles des Absenkungstrichters benötigte Wasser muss von weiter außen herangeführt werden, und folglich muss der Grundwasser- bzw. Druckspiegel im gesamten Bereich des Absenkungstrichters weiter absinken.

Der Bereich der weiter andauernden stärksten Absenkung verlagert sich aus diesem Grunde unter stetiger Abschwächung nach außen zum Trichterrand hin. Ebenso wandert der Zeitpunkt, an dem der Wiederanstieg innerhalb des Trichters beginnt, mit abnehmender Geschwindigkeit nach außen.

Verfahren von Theis und Jacob

Die Analyse des Wiederanstiegs stammt von Jacob (1963 a), eine Fortentwicklung für Brunnen, die lange Zeit abgepumpt worden sind, von Pouchan (1959). Zur Zeit $t = 0$ beginnt die Grundwasserentnahme durch einen Brunnen entsprechend der Beziehung

$$s = \frac{Q}{4\pi T} W(u) \qquad (4.21)$$

Zum Zeitpunkt $t' = 0$ (vgl. Abb. 4.16) macht sich ein weiterer Impuls bemerkbar, der durch den Ausdruck

$$s = \frac{Q}{4\pi T} W(u') \qquad (4.36)$$

charakterisiert wird. Erklärbar durch das *Superpositionsprinzip* (Prinzip der Überlagerung) addieren sich in jedem Punkt des Trichters die Absenkungsbeträge gemäß der Gln. 4.21 und 4.36.

Der Wiederanstieg, der mit dem Abschalten der Pumpe im Zeitpunkt $t' = 0$ beginnt, wird mit der Modellvorstellung beschrieben, dass anstelle des bisherigen Förderbrunnens ein Injektionsbrunnen in den Aquifer mit einer Rate einspeist, die genau so groß ist wie die vorherige Förderrate.

Die nach Pumpenstopp zu beobachtende *verbleibende* oder *residuelle Absenkung* s_r (Theis 1935) beträgt in diesem Fall folglich

$$s_r = s - s' = \frac{Q}{4\pi T} W(u) - \frac{Q}{4\pi T} W(u') \tag{4.37a}$$

mit

$$u = \frac{r^2 S}{4tT}$$

$$u' = \frac{r^2 S'}{4t'T}$$

S = Speicherkoeffizient während der Absenkung

S' = Speicherkoeffizient während des Wiederanstiegs

Gleichung 4.37a lässt sich analog zu Gl. 4.22 durch Reihenentwicklung lösen.

$$s_r = \frac{Q}{4\pi T}\left[-0,5772 - \ln u + u - \frac{u^2}{2\cdot 2!} + \cdots - \left(-0,5772 - \ln u' + u' - \frac{(u')^2}{2\cdot 2!}\right)\right] \tag{4.37b}$$

Mit zunehmender Zeit t' (es gilt $t \gg t'$) können beide Reihen jeweils nach den ersten beiden Gliedern abgebrochen werden. Sind außerdem S und S' gleich groß, gilt daher

$$s_r = \frac{Q}{4\pi T}\ln\frac{u'}{u}$$

bzw.

$$s_r = \frac{Q}{4\pi T}\ln\frac{t}{t'} = \frac{2,30Q}{4\pi T}\lg\frac{t}{t'} \tag{4.38}$$

mit

t =   gesamte seit Pumpbeginn vergangene Zeit (s)

t' =   seit Pumpenstopp vergangene Zeit (s)

Die Form der Gl. 4.38 lässt erkennen, dass zur Bestimmung von T wiederum ein Geradlinienverfahren in Frage kommt. S hingegen ist nicht ohne weiteres aus dem Wiederanstieg nach Theis und Jacob zu ermitteln.

Auf halblogarithmischem Papier trägt man jeweils die verbleibende Absenkung s_r, die im Brunnen oder in einem Piezometer registriert wurde, in Funktion des Logarithmus des Quotienten $\frac{t}{t'}$ auf (Abb. 4.17). Für große Werte von t und t', d.h. für kleines $\frac{t}{t'}$, ist die entstehende Kurve eine logarithmische Gerade mit der

Steigung $\dfrac{2,30Q}{4\pi T}$. Für einen logarithmischen Zyklus von $\dfrac{t}{t'}$ nimmt $\lg\dfrac{t}{t'}$ den Zahlenwert 1 an und $s_r = \Delta s$. Für diesen Fall und nach T aufgelöst lautet Gl. 4.38 dann

$$T = \frac{2,30Q}{4\pi\Delta s_r} \tag{4.39}$$

Die Auswertung des Wiederanstiegs bietet gegenüber den Absenkungsverfahren zwei Vorteile:

- selbst starke Schwankungen in der Förderung Q machen sich nicht mehr bemerkbar, da für Q eine über die gesamte Pumpzeit gemittelte Förderrate eingesetzt werden kann
- auch die im Förderbrunnen selbst beobachteten Wiederanstiegsdaten lassen sich zur Berechnung der Transmissivität heranziehen, da weder Sickerstrecke noch Brunneneintrittsverluste die verbleibende Absenkung s_r beeinflussen (vgl. Abschn. 4.4.1 und 4.4.2)

Obwohl mit dem Verfahren von Theis und Jacob der Speicherkoeffizient nicht bestimmt werden kann, erlaubt der Anstieg der logarithmischen Geraden doch einige qualitative Aussagen über das Verhalten des gespannten Aquifers (Jacob 1963 a; Driscoll 1986):

- Sind Absenkung und Wiederanstieg unter Idealbedingungen abgelaufen (unbegrenzte Ausdehnung des Aquifers, keine Ernährung), läuft die Gerade genau durch einen Punkt mit den Koordinaten $s_r = 0$ und $\dfrac{t}{t'} = 0$.

- Schneidet die Gerade die Abszisse mit $s_r = 0$ bei einem Wert von $\dfrac{t}{t'} > 2$, bedeutet dies, dass der Aquifer im Verlauf der Förderphase durch Einspeisung ernährt worden ist. Dadurch stellt sich der Ausgangswasserspiegel bereits vorzeitig ein.

- Wird der Ausgangswasserspiegel bei einem Wert von $1 < \dfrac{t}{t'} < 2$ erreicht, hat sich der Speicher-Koeffizient S während der Absenkungszeit verringert, etwa durch eine irreversible Kompression des Korngerüsts.
- Trifft hingegen die Gerade die s_r–Ordinate bei einem Wert > 0, kann der Schluss gezogen werden, dass der Aquifer räumlich begrenzt ist und die Entnahme nicht durch entsprechende Einspeisung wieder ausgeglichen werden konnte. Nach Abschluss des Wiederanstiegs muss sich der Wasserspiegel daher auf einem niedrigeren Niveau einstellen.

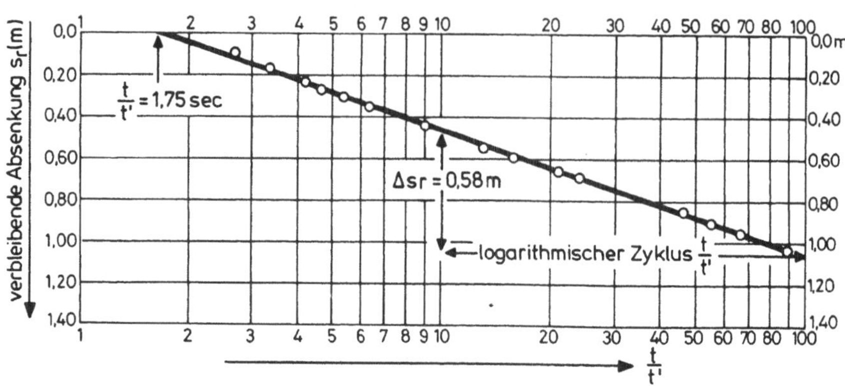

Abb. 4.17. Wiederanstieg in der Grundwassermessstelle 11b nach der Methode von Theis

Beispiel

Nach 14600 Sekunden wurde bei dem Pumpversuch Breyell/Niederrhein (Tabelle 4.9) die Förderung eingestellt. Danach wurde sowohl im Förderbrunnen als auch in den drei Messstellen 11b, 3b und 6b der Wiederanstieg beobachtet.

Als Beispiel werden in Tabelle 4.10 die gemessenen und durch Umrechnung erhaltenen Daten der Messstelle 11b angegeben und in Abb. 4.17 dargestellt .

Tabelle 4.10. Pumpversuch Breyell/Niederrhein; Mess- und Umrechnungs-Werte des Wiederanstiegs; Grundwassermessstelle 11b

s_r	t	t'	t/t'	s_r	t	t'	t/t'
m	s	s		m	s	s	
2,18	14600	0	∞	0,47	16180	1580	10,2
1,03	14765	165	89,5	0,44	16400	1800	9,1
0,95	14823	223	66,5	0,35	17300	2700	6,4
0,90	14871	271	54,9	0,30	17900	3300	5,4
0,85	14920	320	46,6	0,26	18560	3960	4,7
0,69	15235	635	24,0	0,23	19220	4620	4,2
0,65	15332	732	21,0	0,17	20700	6100	3,4
0,59	15600	1000	15,6	0,09	23300	8700	2,7
0,55	15810	1210	13,1				

Für einen logarithmischen Zyklus des Quotienten $\dfrac{t}{t'}$ nimmt die verbleibende Absenkung einen Wert von $\Delta s_r = 0{,}58\,\text{m}$ an. Durch Einsetzen in Gl. 4.39 erhält man somit

$$T = \frac{2{,}30Q}{4\pi\Delta s_r} = \frac{2{,}30\cdot 2{,}67\cdot 10^{-2}}{4\pi\cdot 0{,}58} = 8{,}4\cdot 10^{-3}\ \text{m}^2\text{s}^{-1}$$

einen Wert also, der gut mit den aus der Absenkung errechneten Transmissivitätswerten übereinstimmt. Die Gerade läuft bei $s_r = 0$ nicht durch $\dfrac{t}{t'} = 1$, sondern durch $\dfrac{t}{t'} = 1{,}75$. Daraus ist auf eine Veränderung des Speicherkoeffizienten während der Absenkung zu schließen, wohl im Gefolge einer Konsolidierung des Aquiferkorngerüsts (Reduzierung von S, vgl. Abschn. 3.4).

Erweitertes Verfahren von Driscoll

Driscoll (1986) beschreibt eine Vorgehensweise, die auch die Ermittlung des Speicherkoeffizienten aus den Wiederanstiegsdaten einer Grundwassermessstelle bzw. eines Piezometers ermöglicht. Zum Verständnis der folgenden Ausführungen sei auf Abb. 4.18.a verwiesen.

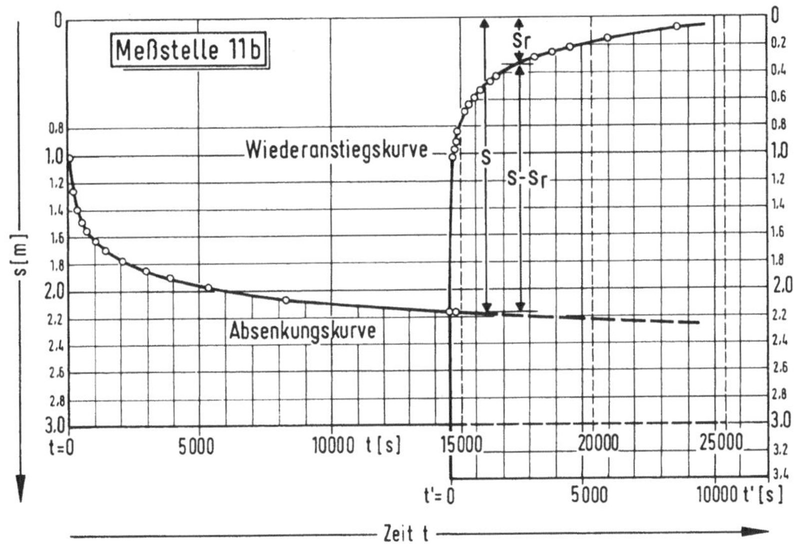

Abb. 4.18.a Absenkung und Wiederanstieg in der Grundwassermessstelle 11b zur Ermittlung des berechneten Wiederanstiegs nach dem Verfahren von Driscoll

Die mittels der gemessenen Daten auf Millimeterpapier gezeichnete Zeit-Absenkungskurve wird über den Zeitpunkt hinaus, zu dem die Pumpe stoppt, extrapoliert und zwar über die Dauer des Wiederanstiegs. Die Differenz zwischen extrapolierter Absenkung s und verbleibender Absenkung s_r wird von Driscoll als *berechneter Wiederanstieg* bezeichnet. Für diese Größe gilt

$$(s - s_r) = \frac{Q}{4\pi T} W(u) - \left[\frac{Q}{4\pi T} W(u) + \frac{Q}{4\pi T} W(u') \right]$$

$$= \frac{Q}{4\pi T} \left[W(u) - W(u) + W(u') \right]$$

$$(s - s_r) = \frac{Q}{4\pi T} W(u') \tag{4.40}$$

mit

$$u' = \frac{r^2 S'}{4t'T} \tag{4.41}$$

Analog gilt

$$(s - s_r) = \frac{Q}{4\pi T} \ln t' = \frac{2{,}30Q}{4\pi T} \lg t'$$

Diese Funktion ist wiederum auf halblogarithmischem Papier als Gerade darstellbar. Für einen logarithmischen Zyklus von t' wird $\lg t' = 1$ und $(s - s_r) = \Delta(s - s_r)$. Somit lauten die Lösungsgleichungen für Transmissivität und Speicherkoeffizient

$$T = \frac{2{,}30Q}{4\pi\Delta(s - s_r)} \tag{4.42}$$

und

$$S = \frac{2{,}25Tt_0'}{r^2} \tag{4.43}$$

Beispiel

Die in der Messstelle 11b beobachtete Wiederanstiegsphase des Pumpversuchs Breyell/Niederrhein erlaubt eine Darstellung des Geradlinienverfahrens von Driscoll. Zunächst stellt man in einer Wertetabelle die registrierten Daten des Wiederanstiegs aus Tabelle 4.10 umgestellt dar und ergänzt sie um die in Abb. 4.18.a abgegriffenen extrapolierten Absenkungsdaten, um den berechneten Wiederanstieg $(s - s_r)$ zu erhalten.

Tabelle 4.11. Pumpversuch Breyell/Niederrhein; Mess- und Umrechnungswerte für die Grundwassermessstelle 11b nach dem Verfahren von Driscoll

t	t'	s_r	s extrapoliert	$(s - s_r)$
s	s	m	m	m
14600	0	2,18	2,180	0
14765	165	1,03	2,190	1,160
14823	223	0,95	2,195	1,245
14871	271	0,90	2,196	1,296
14920	320	0,85	2,198	1,348
15235	635	0,69	2,199	1,509
15332	732	0,65	2,200	1,550
15600	1000	0,59	2,200	1,610
15810	1210	0,55	2,210	1,660
16180	1580	0,47	2,220	1,750
16400	1800	0,44	2,225	1,785
17300	2700	0,35	2,230	1,880
17900	3300	0,30	2,235	1,935
18560	3960	0,26	2,240	1,980
19220	4620	0,23	2,250	2,020
20700	6100	0,17	2,260	2,090
23300	8700	0,09	2,280	2,190

Abbildung 4.18.b zeigt die auf halblogarithmischem Papier eingetragenen Punkte des berechneten Wiederanstiegs in Funktion des Logarithmus der Zeit, die seit Pumpenstopp vergangen ist. Diese Punkte lassen sich durch eine Gerade verbinden, die nach rückwärts verlängert die Abszisse mit $(s - s_r) = 0$ bei $t_0' = 1{,}5$ s schneidet. Für einen logarithmischen Zyklus der Zeit beträgt die Differenz des berechneten Wiederanstiegs $\Delta(s - s_r) = 0{,}58$ m. Mit den Gln. 4.42 und 4.43 lassen sich nun T und S ermitteln:

$$T = \frac{2{,}30Q}{4\pi\Delta(s - s_r)} = \frac{2{,}3 \cdot 2{,}67 \cdot 10^{-2}}{4\pi \cdot 0{,}58} = 8{,}4 \cdot 10^{-3} \ \text{m}^2\text{s}^{-1}$$

$$S = \frac{2{,}25Tt_0'}{r^2} = \frac{2{,}25 \cdot 8{,}4 \cdot 10^{-3} \cdot 1{,}5}{7{,}4^2} = 5{,}2 \cdot 10^{-4}$$

Dieser nach Driscoll errechnete Wert für die Transmissivität stimmt mit dem des Theis-Jacob-Verfahrens gut überein, ebenso wie der Speicherkoeffizient mit den Werten der Geradlinienverfahren nach Cooper-Jacob im Abschn. 4.5.3.

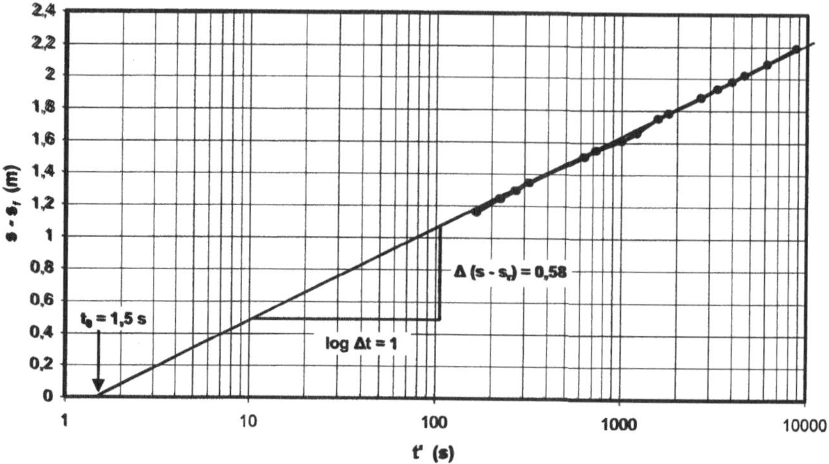

Abb. 4.18.b Auswertung des Wiederanstiegs nach dem Verfahren von Driscoll für die Grundwassermessstelle 11b

4.5.5 Verfahren von Thiem

Das Theis-Modell einer radial zum Förderbrunnen gerichteten Grundwasserströmung, wie es ausführlich in den vorhergehenden Abschnitten behandelt wurde, besagt, dass die Absenkung immer einem Beharrungszustand zustrebt, also

$$t \rightarrow \infty$$
$$s \rightarrow const.$$

In einem natürlichen Aquifer mit jahreszeitlich variierendem Zu- und Abstrom kann sich ein wahrer Beharrungszustand nicht einstellen. Dies lässt sich besser mit dem Begriff „*Quasi-Beharrung*" bezeichnen.

Auch bei dieser ändert sich die Geometrie praktisch nicht mehr, d.h. in jedem Punkt des Absenkungstrichters bleibt das dort herrschende hydraulische Gefälle konstant. Die Strömung ist also stationär oder besser *quasi-stationär*.

Die oben genannten Bedingungen werden in der Praxis bereits dann erfüllt, wenn die seit Pumpbeginn verflossene Zeit t hinreichend groß geworden ist und damit die Absenkung an jeder Stelle des Trichters einem konstanten Wert zustrebt.

Analytisch muss daher die Formel, welche die stationäre radiale Brunnenanströmung beschreibt, aus den Gleichungen von Theis und Cooper u. Jacob abzuleiten sein, z.B. aus Gl. 4.29.

Mit Cooper u. Jacob (1946) sei zu einem beliebigen Zeitpunkt t die Absenkungsdifferenz $(s_1 - s_2)$ definiert, die in zwei Piezometern mit den Abständen r_1 und r_2 zum Förderbrunnen registriert werden ($s_1 > s_2$; $r_1 < r_2$):

$$s_1 - s_2 = \frac{2{,}30Q}{4\pi T} \cdot \lg \frac{2{,}25Tt}{r_1^2 S} - \frac{2{,}30Q}{4\pi T} \cdot \lg \frac{2{,}25Tt}{r_2^2 S}$$

$$s_1 - s_2 = \frac{Q}{4\pi T} \cdot 2{,}30 \lg \left(\frac{r_2^2}{r_1^2} \right)$$

$$s_1 - s_s = \frac{Q}{4\pi T} \left(2\ln r_2 - 2\ln r_1 \right)$$

$$s_1 - s_2 = \frac{Q}{2\pi T} \cdot \ln \frac{r_2}{r_1}$$

Wie Abb. 4.19 zeigt, ist $(s_1 - s_2) = (h_2 - h_1)$, so dass die bekannte Brunnen-Formel von A. Thiem (1870) für den gespannten Aquifer ergibt

$$h_2 - h_1 = \frac{Q}{2\pi Km} \cdot \ln \frac{r_2}{r_1} \tag{4.44}$$

mit

h_1, h_2 = Standrohrspiegelhöhen in den Piezometern in den Abständen r_1 und
r_2 zum Brunnen

Km = Produkt aus Durchlässigkeit und wassererfüllter Mächtigkeit (Transmissivität T).

Nach Umstellung ist diese Formel identisch mit Gl. 4.32, der Lösungsgleichung für das Geradlinienverfahren II von Cooper u. Jacob.

Die obige Ableitung verdeutlicht also, dass sich die Gültigkeit der Thiemschen Formel nicht nur auf den stationären Fall beschränkt. Sie darf somit auch dann angewendet werden, wenn im instationären Regime die einschränkende Bedingung von Cooper u. Jacob (1946) gilt, dass $u \leq 0{,}02$.

Wegen der Übereinstimmung der Auswertung nach Thiem mit dem Geradlinienverfahren II wird an dieser Stelle auf ein Beispiel verzichtet.

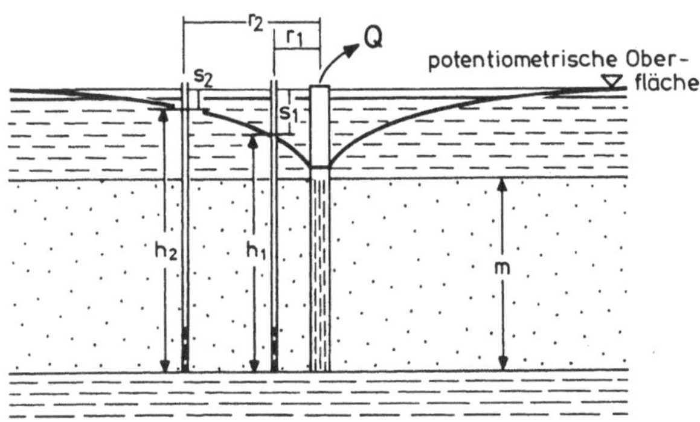

Abb. 4.19. Darstellung eines gespannten Aquifers zur Ableitung der Gleichung nach Thiem

4.6 Aquifertest: Halbgespannter (leaky) Grundwasserleiter

4.6.1 Theoretische Grundlagen

Halbgespannte oder leckende (leaky) Aquifere finden sich in der Natur weitaus häufiger als eindeutig gespannte Aquifere. Meist trifft man auf sie innerhalb der großen Sedimentbecken wie etwa der Niederrheinischen Bucht. Im Grunde ist auch der in Abschn. 4.5.1 beschriebene und in Abb. 4.11 gezeigte Grundwasserleiter diesem Typ zuzurechnen. Wäre nämlich der Pumpversuch im Wasserwerk Breyell über einen längeren Zeitraum abgelaufen, wären die Unterschiede zum gespannten Regime sensu stricto anhand der abweichenden Zeit-Absenkungsdaten deutlich geworden.

Abbildung 4.20 gibt schematisch einen halbgespannten Aquifer wieder. Der durch einen vollkommenen Brunnen verfilterte Aquifer mit der Mächtigkeit m wird von einem Aquitard oder Geringleiter abgedeckt. Über diesem folgt ein Hangendaquifer, der entweder frei wie auf Abb. 4.20 oder gespannt ist.

Beginnt nun im Brunnen die Förderung, entstammt das gehobene Wasser

- dem Vorrat des Aquifers mit horizontalem Anstrom
- dem Vorrat des Aquitards mit vertikaler Strömung
- dem Hangendaquifer mit *vertikaler Leckage* oder *Sickerströmung*

Mit Ausdehnung des Absenkungstrichters nimmt der Anteil an Leckagewasser prozentual zu, bis er schließlich völlig der Förderrate entspricht und sich ein stationäres Strömungsregime einstellt. Die Leckagerate wird dann vom hydraulischen Gradienten innerhalb des Aquitards gesteuert, wobei die Vorratsentnahme aus diesem vernachlässigbar klein wird.

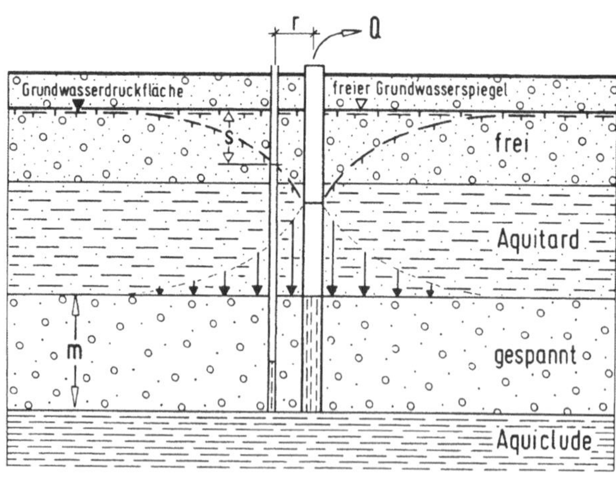

Abb. 4.20. Absenkung in der Umgebung eines Förderbrunnens in einem halbgespannten (leaky) Aquifer

Dieses Konzeptmodell mit den verschiedenen Strömungskomponenten wird immer dann als gültig angenommen, wenn gilt, dass

– die Durchlässigkeit des Aquifers K sehr viel größer ist als die des Aquitards K', nämlich nach Neuman u. Witherspoon (1972) $K \geq 10^2 \cdot K'$
– der Leckageverlust im Hangendaquifer permanent durch Wiederergänzung ausgeglichen wird, so dass dort keine Absenkung beobachtet wird

Treffen diese Annahmen nicht zu, muss man bei Anwendung der verschiedenen Brunnenformeln für den stationären Fall durchaus mit erheblichen Fehlern rechnen (Kruseman u. De Ridder 1991). Eine spezielle Möglichkeit für die Auswertung von Pumpversuchen in halbgespannten Multiaquifer-Systemen bietet die Methode von Neuman u. Witherspoon (1972).

Während des instationären Regims ist die Vorratsentnahme nicht vernachlässigbar. Allerdings sind Brunnenformeln im Gebrauch, die dies tun (Hantush u. Jacob 1955; Walton 1962; s. auch Langguth u. Voigt 1980). Im nachstehenden Abschnitt wird daher das modifizierte Verfahren von Hantush (1960) vorgestellt, das die Strömungsverhältnisse im Aquitard mit berücksichtigt. Zu einer richtigen Bewertung des Pumpversuchs in einem halbgespannten Leiter sind deshalb Piezometer im abgepumpten Aquifer, im Aquitard und im Hangendaquifer erforderlich, d.h. oft nicht zutreffende Versuchsbedingungen.

Das Verfahren von Hantush (1960) ist anwendbar, wenn folgende Annahmen zutreffen (Kruseman u. De Ridder 1991):

– der Aquifer ist halbgespannt
– Aquifer und Aquitard sind räumlich unbegrenzt
– Aquifer und Aquitard sind homogen und isotrop und besitzen in dem von der Absenkung beeinflussten Bereich eine konstante Mächtigkeit
– zu Versuchsbeginn sind die potentiometrischen Oberflächen bzw. der Grundwasserspiegel horizontal
– die Förderrate bleibt über die Versuchsdauer konstant
– der Brunnen ist vollkommen, und seine instationäre Anströmung ist horizontal; die instationäre Strömung im Aquitard hingegen ist vertikal
– die Absenkung im Hangendaquifer ist vernachlässigbar gering
– die Vorratsentnahme in Aquifer und Aquitard erfolgt unverzüglich mit einer Abnahme der Standrohrspiegelhöhe
– das Volumen des im Brunnen gespeicherten Wassers ist gering im Verhältnis zum Vorrat des Grundwasserleiters

4.6.2 Verfahren von Hantush

Hantush (1960) gibt für einen halbgespannten Aquifer mit einem Aquitard den folgenden analytischen Ansatz.

$$s = \frac{Q}{4\pi T} W(u,b) \tag{4.45}$$

mit

$$u = \frac{r^2 S}{4Tt} \qquad (4.23)$$

$$b = \frac{r}{4}\sqrt{\frac{K'/m'}{K\;m} \cdot \frac{S'}{S}} \qquad (4.46)$$

mit

K' = vertikale Durchlässigkeit des Aquitards (m s^{-1})
m' = wassererfüllte Mächtigkeit des Aquitards (m)
S' = Speicherkoeffizient des Aquitards

$$W(u,b) = \int\limits_{u}^{\infty} \frac{e^{-y}}{y}\, erfc\,\frac{b\sqrt{u}}{\sqrt{y(y-u)}}\, dy \qquad (4.47)$$

Die Werte der Fehlerfunktion der Gl. 4.47 für verschiedene Werte von b sind in Tabelle 4.12 wiedergegeben. In Abb. 4.21 sind die mittels der Funktionswerte dieser Tabelle konstruierten Standardkurven des Hantush-Verfahrens dargestellt.

Ein Kurvendeckungsverfahren von Zeit-Absenkungs-Datenkurve und einer passenden Standardkurve ist dann möglich, wenn zusätzlich zu den oben aufgeführten Voraussetzungen noch gilt, dass der Aquitard kompressibel ist, d.h. einen messbaren Anteil an Vorratswasser liefert. Außerdem muss gelten, dass

$$t < \frac{S'm'}{10K'} \quad \text{(Hantush 1960)}$$

Da eine der Grundannahmen, nämlich keine messbare Absenkung im Hangendaquifer, nicht verletzt werden soll, empfiehlt es sich, nur Frühzeit-Absenkungswerte zur Auswertung heranzuziehen.

Die Auswertung erfolgt so wie bei allen Superpositionsverfahren. Unter Beachtung strenger Achsenparallelität verschiebt man die doppeltlogarithmische $s-t$ – Datenkurve so über dem Standardkurvenblatt (Abb. 4.21), bis sich diese mit einer der Standardkurven weitgehend deckt. Auf dem überlappenden Bereich beider Kurvenblätter wählt man einen Punkt aus, der nicht auf der Kurve liegen muss, und bestimmt dessen Koordinaten $W(u,b)$, $\frac{1}{u}$, s und t. Gleichzeitig hält man den b -Wert der benutzten Standardkurve fest.

Tabelle 4.12. Funktionswerte der Brunnenformel von Hantush (1960) für den halbgespannten Aquifer

1/u	u	b 0,001	0,002	0,01	0,05	0,1	0,2	0,5	1	2	5	10
$1{,}00\cdot10^6$	$1\cdot10^{-6}$	$1{,}20\cdot10^1$	$1{,}14\cdot10^1$	$9{,}93\cdot10^0$	$8{,}34\cdot10^0$	$7{,}65\cdot10^0$	$6{,}96\cdot10^0$	$6{,}05\cdot10^0$	$5{,}36\cdot10^0$	$4{,}67\cdot10^0$	$3{,}78\cdot10^0$	$3{,}11\cdot10^0$
$5{,}00\cdot10^5$	$2\cdot10^{-6}$	$1{,}15\cdot10^1$	$1{,}10\cdot10^1$	$9{,}57\cdot10^0$	$7{,}99\cdot10^0$	$7{,}30\cdot10^0$	$6{,}61\cdot10^0$	$5{,}70\cdot10^0$	$5{,}01\cdot10^0$	$4{,}33\cdot10^0$	$3{,}44\cdot10^0$	$2{,}79\cdot10^0$
$2{,}50\cdot10^5$	$4\cdot10^{-6}$	$1{,}11\cdot10^1$	$1{,}06\cdot10^1$	$9{,}20\cdot10^0$	$7{,}64\cdot10^0$	$6{,}95\cdot10^0$	$6{,}27\cdot10^0$	$5{,}36\cdot10^0$	$4{,}67\cdot10^0$	$3{,}99\cdot10^0$	$3{,}11\cdot10^0$	$2{,}47\cdot10^0$
$1{,}66\cdot10^5$	$6\cdot10^{-6}$	$1{,}08\cdot10^1$	$1{,}03\cdot10^1$	$8{,}99\cdot10^0$	$7{,}44\cdot10^0$	$6{,}75\cdot10^0$	$6{,}06\cdot10^0$	$5{,}16\cdot10^0$	$4{,}47\cdot10^0$	$3{,}80\cdot10^0$	$2{,}92\cdot10^0$	$2{,}28\cdot10^0$
$1{,}25\cdot10^5$	$8\cdot10^{-6}$	$1{,}05\cdot10^1$	$1{,}01\cdot10^1$	$8{,}84\cdot10^0$	$7{,}29\cdot10^0$	$6{,}61\cdot10^0$	$5{,}92\cdot10^0$	$5{,}01\cdot10^0$	$4{,}33\cdot10^0$	$3{,}66\cdot10^0$	$2{,}79\cdot10^0$	$2{,}16\cdot10^0$
$1{,}00\cdot10^5$	$1\cdot10^{-5}$	$1{,}04\cdot10^1$	$1{,}00\cdot10^1$	$8{,}71\cdot10^0$	$7{,}18\cdot10^0$	$6{,}49\cdot10^0$	$5{,}81\cdot10^0$	$4{,}90\cdot10^0$	$4{,}22\cdot10^0$	$3{,}55\cdot10^0$	$2{,}68\cdot10^0$	$2{,}06\cdot10^0$
$5{,}00\cdot10^4$	$2\cdot10^{-5}$	$9{,}82\cdot10^0$	$9{,}51\cdot10^0$	$8{,}33\cdot10^0$	$6{,}82\cdot10^0$	$6{,}15\cdot10^0$	$5{,}46\cdot10^0$	$4{,}56\cdot10^0$	$3{,}88\cdot10^0$	$3{,}22\cdot10^0$	$2{,}37\cdot10^0$	$1{,}76\cdot10^0$
$2{,}50\cdot10^4$	$4\cdot10^{-5}$	$9{,}24\cdot10^0$	$8{,}99\cdot10^0$	$7{,}93\cdot10^0$	$6{,}47\cdot10^0$	$5{,}80\cdot10^0$	$5{,}12\cdot10^0$	$4{,}22\cdot10^0$	$3{,}55\cdot10^0$	$2{,}89\cdot10^0$	$2{,}06\cdot10^0$	$1{,}48\cdot10^0$
$1{,}66\cdot10^4$	$6\cdot10^{-5}$	$8{,}88\cdot10^0$	$8{,}67\cdot10^0$	$7{,}69\cdot10^0$	$6{,}26\cdot10^0$	$5{,}59\cdot10^0$	$4{,}91\cdot10^0$	$4{,}02\cdot10^0$	$3{,}35\cdot10^0$	$2{,}70\cdot10^0$	$1{,}88\cdot10^0$	$1{,}32\cdot10^0$
$1{,}25\cdot10^4$	$8\cdot10^{-5}$	$8{,}63\cdot10^0$	$8{,}43\cdot10^0$	$7{,}52\cdot10^0$	$6{,}11\cdot10^0$	$5{,}44\cdot10^0$	$4{,}77\cdot10^0$	$3{,}88\cdot10^0$	$3{,}21\cdot10^0$	$2{,}57\cdot10^0$	$1{,}76\cdot10^0$	$1{,}22\cdot10^0$
$1{,}00\cdot10^4$	$1\cdot10^{-4}$	$8{,}43\cdot10^0$	$8{,}25\cdot10^0$	$7{,}38\cdot10^0$	$5{,}99\cdot10^0$	$5{,}33\cdot10^0$	$4{,}66\cdot10^0$	$3{,}77\cdot10^0$	$3{,}11\cdot10^0$	$2{,}47\cdot10^0$	$1{,}67\cdot10^0$	$1{,}14\cdot10^0$
$5{,}00\cdot10^3$	$2\cdot10^{-4}$	$7{,}79\cdot10^0$	$7{,}66\cdot10^0$	$6{,}93\cdot10^0$	$5{,}62\cdot10^0$	$4{,}97\cdot10^0$	$4{,}31\cdot10^0$	$3{,}43\cdot10^0$	$2{,}78\cdot10^0$	$2{,}15\cdot10^0$	$1{,}39\cdot10^0$	$8{,}99\cdot10^{-1}$
$2{,}50\cdot10^3$	$4\cdot10^{-4}$	$7{,}14\cdot10^0$	$7{,}04\cdot10^0$	$6{,}45\cdot10^0$	$5{,}25\cdot10^0$	$4{,}62\cdot10^0$	$3{,}96\cdot10^0$	$3{,}10\cdot10^0$	$2{,}46\cdot10^0$	$1{,}85\cdot10^0$	$1{,}14\cdot10^0$	$6{,}88\cdot10^{-1}$
$1{,}66\cdot10^3$	$6\cdot10^{-4}$	$6{,}75\cdot10^0$	$6{,}67\cdot10^0$	$6{,}16\cdot10^0$	$5{,}02\cdot10^0$	$4{,}40\cdot10^0$	$3{,}76\cdot10^0$	$2{,}91\cdot10^0$	$2{,}28\cdot10^0$	$1{,}68\cdot10^0$	$9{,}94\cdot10^{-1}$	$5{,}77\cdot10^{-1}$
$1{,}25\cdot10^3$	$8\cdot10^{-4}$	$6{,}48\cdot10^0$	$6{,}40\cdot10^0$	$5{,}94\cdot10^0$	$4{,}86\cdot10^0$	$4{,}25\cdot10^0$	$3{,}62\cdot10^0$	$2{,}77\cdot10^0$	$2{,}15\cdot10^0$	$1{,}57\cdot10^0$	$8{,}98\cdot10^{-1}$	$5{,}04\cdot10^{-1}$
$1{,}00\cdot10^3$	$1\cdot10^{-3}$	$6{,}26\cdot10^0$	$6{,}20\cdot10^0$	$5{,}77\cdot10^0$	$4{,}73\cdot10^0$	$4{,}13\cdot10^0$	$3{,}50\cdot10^0$	$2{,}67\cdot10^0$	$2{,}05\cdot10^0$	$1{,}48\cdot10^0$	$8{,}27\cdot10^{-1}$	$4{,}51\cdot10^{-1}$
$5{,}00\cdot10^2$	$2\cdot10^{-3}$	$5{,}59\cdot10^0$	$5{,}54\cdot10^0$	$5{,}22\cdot10^0$	$4{,}32\cdot10^0$	$3{,}76\cdot10^0$	$3{,}15\cdot10^0$	$2{,}34\cdot10^0$	$1{,}75\cdot10^0$	$1{,}21\cdot10^0$	$6{,}24\cdot10^{-1}$	$3{,}08\cdot10^{-1}$
$2{,}50\cdot10^2$	$4\cdot10^{-3}$	$4{,}91\cdot10^0$	$4{,}88\cdot10^0$	$4{,}64\cdot10^0$	$3{,}89\cdot10^0$	$3{,}38\cdot10^0$	$2{,}80\cdot10^0$	$2{,}03\cdot10^0$	$1{,}47\cdot10^0$	$9{,}66\cdot10^{-1}$	$4{,}50\cdot10^{-1}$	$1{,}97\cdot10^{-1}$
$1{,}66\cdot10^2$	$6\cdot10^{-3}$	$4{,}52\cdot10^0$	$4{,}49\cdot10^0$	$4{,}29\cdot10^0$	$3{,}62\cdot10^0$	$3{,}14\cdot10^0$	$2{,}60\cdot10^0$	$1{,}84\cdot10^0$	$1{,}31\cdot10^0$	$8{,}33\cdot10^{-1}$	$3{,}62\cdot10^{-1}$	$1{,}46\cdot10^{-1}$
$1{,}25\cdot10^2$	$8\cdot10^{-3}$	$4{,}23\cdot10^0$	$4{,}21\cdot10^0$	$4{,}04\cdot10^0$	$3{,}43\cdot10^0$	$2{,}98\cdot10^0$	$2{,}45\cdot10^0$	$1{,}72\cdot10^0$	$1{,}20\cdot10^0$	$7{,}44\cdot10^{-1}$	$3{,}06\cdot10^{-1}$	$1{,}16\cdot10^{-1}$
$1{,}00\cdot10^2$	$1\cdot10^{-2}$	$4{,}02\cdot10^0$	$4{,}00\cdot10^0$	$3{,}84\cdot10^0$	$3{,}28\cdot10^0$	$2{,}84\cdot10^0$	$2{,}33\cdot10^0$	$1{,}62\cdot10^0$	$1{,}11\cdot10^0$	$6{,}78\cdot10^{-1}$	$2{,}67\cdot10^{-1}$	$9{,}55\cdot10^{-2}$
$5{,}00\cdot10^1$	$2\cdot10^{-2}$	$3{,}34\cdot10^0$	$3{,}33\cdot10^0$	$3{,}21\cdot10^0$	$2{,}78\cdot10^0$	$2{,}42\cdot10^0$	$1{,}97\cdot10^0$	$1{,}32\cdot10^0$	$8{,}68\cdot10^{-1}$	$4{,}91\cdot10^{-1}$	$1{,}65\cdot10^{-1}$	$4{,}87\cdot10^{-2}$
$2{,}50\cdot10^1$	$4\cdot10^{-2}$	$2{,}67\cdot10^0$	$2{,}66\cdot10^0$	$2{,}58\cdot10^0$	$2{,}27\cdot10^0$	$1{,}98\cdot10^0$	$1{,}61\cdot10^0$	$1{,}04\cdot10^0$	$6{,}47\cdot10^{-1}$	$3{,}36\cdot10^{-1}$	$9{,}31\cdot10^{-2}$	$2{,}16\cdot10^{-2}$
$1{,}66\cdot10^1$	$6\cdot10^{-2}$	$2{,}29\cdot10^0$	$2{,}28\cdot10^0$	$2{,}22\cdot10^0$	$1{,}96\cdot10^0$	$1{,}72\cdot10^0$	$1{,}39\cdot10^0$	$8{,}84\cdot10^{-1}$	$5{,}30\cdot10^{-1}$	$2{,}59\cdot10^{-1}$	$6{,}30\cdot10^{-2}$	$1{,}24\cdot10^{-2}$
$1{,}25\cdot10^1$	$8\cdot10^{-2}$	$2{,}02\cdot10^0$	$2{,}01\cdot10^0$	$1{,}96\cdot10^0$	$1{,}74\cdot10^0$	$1{,}53\cdot10^0$	$1{,}24\cdot10^0$	$7{,}76\cdot10^{-1}$	$4{,}53\cdot10^{-1}$	$2{,}12\cdot10^{-1}$	$4{,}64\cdot10^{-2}$	$7{,}97\cdot10^{-3}$
$1{,}00\cdot10^1$	$1\cdot10^{-1}$	$1{,}82\cdot10^0$	$1{,}81\cdot10^0$	$1{,}77\cdot10^0$	$1{,}58\cdot10^0$	$1{,}39\cdot10^0$	$1{,}12\cdot10^0$	$6{,}95\cdot10^{-1}$	$3{,}97\cdot10^{-1}$	$1{,}79\cdot10^{-1}$	$3{,}59\cdot10^{-2}$	$5{,}52\cdot10^{-3}$
$5{,}00\cdot10^0$	$2\cdot10^{-1}$	$1{,}22\cdot10^0$	$1{,}22\cdot10^0$	$1{,}19\cdot10^0$	$1{,}07\cdot10^0$	$9{,}50\cdot10^{-1}$	$7{,}67\cdot10^{-1}$	$4{,}60\cdot10^{-1}$	$2{,}45\cdot10^{-1}$	$9{,}71\cdot10^{-2}$	$1{,}43\cdot10^{-2}$	$1{,}49\cdot10^{-3}$
$2{,}50\cdot10^0$	$4\cdot10^{-1}$	$7{,}01\cdot10^{-1}$	$6{,}99\cdot10^{-1}$	$6{,}85\cdot10^{-1}$	$6{,}22\cdot10^{-1}$	$5{,}54\cdot10^{-1}$	$4{,}48\cdot10^{-1}$	$2{,}62\cdot10^{-1}$	$1{,}30\cdot10^{-1}$	$4{,}41\cdot10^{-2}$	$4{,}48\cdot10^{-3}$	$2{,}83\cdot10^{-4}$
$1{,}66\cdot10^0$	$6\cdot10^{-1}$	$4{,}53\cdot10^{-1}$	$4{,}52\cdot10^{-1}$	$4{,}44\cdot10^{-1}$	$4{,}04\cdot10^{-1}$	$3{,}61\cdot10^{-1}$	$2{,}93\cdot10^{-1}$	$1{,}69\cdot10^{-1}$	$7{,}99\cdot10^{-2}$	$2{,}47\cdot10^{-2}$	$1{,}95\cdot10^{-3}$	$8{,}73\cdot10^{-5}$
$1{,}25\cdot10^0$	$8\cdot10^{-1}$	$3{,}10\cdot10^{-1}$	$3{,}09\cdot10^{-1}$	$3{,}04\cdot10^{-1}$	$2{,}77\cdot10^{-1}$	$2{,}48\cdot10^{-1}$	$2{,}01\cdot10^{-1}$	$1{,}15\cdot10^{-1}$	$5{,}29\cdot10^{-2}$	$1{,}52\cdot10^{-2}$	$9{,}86\cdot10^{-4}$	$3{,}40\cdot10^{-5}$
$1{,}00\cdot10^0$	$1\cdot10^0$	$2{,}19\cdot10^{-1}$	$2{,}18\cdot10^{-1}$	$2{,}14\cdot10^{-1}$	$1{,}96\cdot10^{-1}$	$1{,}76\cdot10^{-1}$	$1{,}43\cdot10^{-1}$	$8{,}12\cdot10^{-2}$	$3{,}65\cdot10^{-2}$	$9{,}93\cdot10^{-3}$	$5{,}47\cdot10^{-4}$	$1{,}51\cdot10^{-5}$
$5{,}00\cdot10^{-1}$	$2\cdot10^0$	$4{,}88\cdot10^{-2}$	$4{,}87\cdot10^{-2}$	$4{,}79\cdot10^{-2}$	$4{,}39\cdot10^{-2}$	$3{,}95\cdot10^{-2}$	$3{,}22\cdot10^{-2}$	$1{,}80\cdot10^{-2}$	$7{,}60\cdot10^{-3}$	$1{,}73\cdot10^{-3}$	$5{,}51\cdot10^{-5}$	
$2{,}50\cdot10^{-1}$	$4\cdot10^0$	$3{,}77\cdot10^{-3}$	$3{,}76\cdot10^{-3}$	$3{,}70\cdot10^{-3}$	$3{,}40\cdot10^{-3}$	$3{,}07\cdot10^{-3}$	$2{,}50\cdot10^{-3}$	$1{,}39\cdot10^{-3}$	$5{,}58\cdot10^{-4}$	$1{,}08\cdot10^{-4}$	$1{,}89\cdot10^{-6}$	
$1{,}66\cdot10^{-1}$	$6\cdot10^0$	$3{,}59\cdot10^{-4}$	$3{,}59\cdot10^{-4}$	$3{,}53\cdot10^{-4}$	$3{,}25\cdot10^{-4}$	$2{,}93\cdot10^{-4}$	$2{,}39\cdot10^{-4}$	$1{,}39\cdot10^{-4}$	$5{,}19\cdot10^{-5}$	$9{,}26\cdot10^{-5}$		
$1{,}25\cdot10^{-1}$	$8\cdot10^0$	$3{,}76\cdot10^{-5}$	$3{,}75\cdot10^{-5}$	$3{,}69\cdot10^{-5}$	$3{,}40\cdot10^{-5}$	$3{,}07\cdot10^{-5}$	$2{,}51\cdot10^{-5}$	$1{,}39\cdot10^{-5}$	$5{,}36\cdot10^{-6}$			

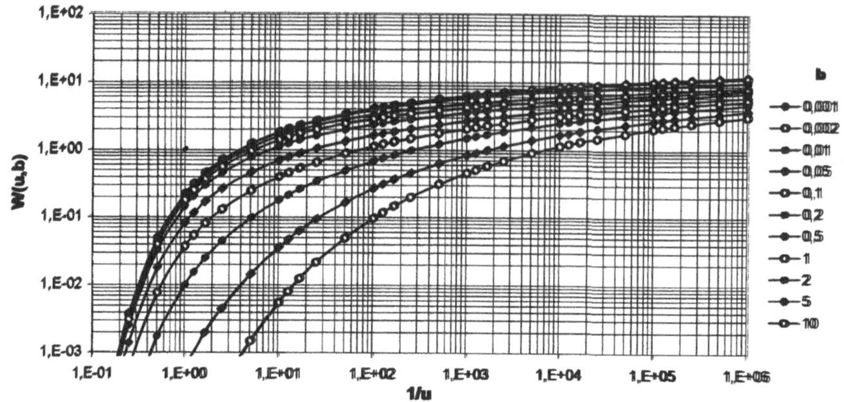

Abb. 4.21. Standardkurven für den halbgespannten Aquifer nach dem Verfahren von Hantush

Nach Einsetzen von $W(u,b)$, s sowie Q in Gl. 4.45 berechnet man T. Nach bekanntem Muster setzt man anschließend T, t, r und $\dfrac{1}{u}$ in Gl. 4.23 ein und bestimmt S.

Schließlich ermittelt man noch unter Verwendung von b, T, S, r und m' aus Gl. 4.46 das Produkt $K'S'$.

Kruseman u. De Ridder (1991) stellen in ihrem Buch eine Reihe anderer Brunnenformeln für halbgespannte Grundwasserleiter vor und diskutieren deren Vor- und Nachteile. Ein Vergleich der Ergebnisse, die mit den dort vorgestellten Verfahren erzielt worden sind, lässt erkennen, dass eine gewisse Streuung nicht zu vermeiden ist. Dies ist wahrscheinlich durch die Lithologie derartiger Grundwasserleiter bedingt.

Beispiel

Ein Pumpversuch im Venloer Graben nordwestlich Mönchengladbach mit $Q = 5{,}83 \cdot 10^{-2}$ m^{3}s^{-1} erbrachte für die Grundwassermessstelle P10.1T in 107,5 m Entfernung vom Förderbrunnen die Zeit-Absenkungswerte der Tabelle 4.13.

Tabelle 4.13. Zeit-Absenkungswerte der Grundwassermessstelle P10.1T

Zeit t_i	Absenkung s_i	Zeit t_i	Absenkung s_i	Zeit t_i	Absenkung s_i
s	m	s	m	s	m
27	0,01	1363,2	0,5	12240	1,12
41,4	0,02	1647	0,55	14220	1,16
55,2	0,03	1972,8	0,6	17640	1,21
66,48	0,04	2205	0,63	31260	1,36
115,8	0,07	2356,8	0,65	78540	1,59
171	0,1	2521,2	0,67	96780	1,64
232,8	0,14	2803,8	0,7	107220	1,67
287,4	0,17	3082,2	0,73	168300	1,77
343,2	0,2	3298,2	0,75	192660	1,81
406,2	0,23	3522	0,77	252540	1,88
447	0,25	3753	0,79	279180	1,92
523,8	0,28	4354,2	0,84	343620	2,01
604,8	0,31	4654,2	0,86	366720	2,025
691,2	0,34	5253	0,89	428100	2,05
858	0,39	5920,2	0,93	451800	2,065
900	0,4	6825	0,97	516000	2,08
1108,8	0,45	10020	1,07		

Das geologische Profil der Grundwassermessstelle stimmt weitgehend mit dem des Förderbrunnens überein:

bis Meter u. Gelände	Mächtigkeit (m)	Gestein	Grundwasser-stockwerk
-1	1	Lößlehm	———
-3	2	sandiger Kies (Jüngere Hauptterrasse des Rheins)	
-7	4	schluffiger Ton, an der Basis feinsandig (Tegelen-Ton)	oberes
-23	16	kiesiger Sand (Ältere Hauptterrasse des Rheins)	———
-28	$5 \cong m'$	schluffiger Ton (Reuverton)	———
-54	$26 \cong m$	Mittel- bis Grobsand (Pliozän; Kieseloolithschichten) darunter Ton	unteres ———

Der Tegelen-Ton ist lückenhaft ausgebildet und wechselt in Mächtigkeit und Fazies über kurze Entfernungen. Die Ältere Hauptterrasse und die Jüngere Hauptterrasse des Rheins bilden daher zusammen das obere freie Grundwasserstockwerk. Die Trennung zum unteren gespannten Aquifer in den Kieseloolithschichten bildet der Reuverton mit $m' = 5$ m.

Im Bereich des Förderbrunnens ist der Flurabstand gering; der freie Spiegel liegt bei 2 bis 3 m unter Gelände. Der Druckwasserspiegel im gespannten unteren Grundwasserstockwerk der Kieseloolithschichten lag im unbeeinflussten Zustand etwa in Höhe des freien Spiegels im oberen Grundwasserstockwerk.

Die Verfilterung des Förderbrunnens erfasst rd. 50 % der Grundwassermächtigkeit m.

Für die Auswertung des Pumpversuchs liegen Messwerte aus mehreren, im pliozänen Stockwerk verfilterten Grundwassermessstellen vor. Sie zeigen alle, dass die Absenkungen mit zunehmender Pumpdauer unter den theoretischen Werten nach dem Theis-Verfahren blieben.

Daher wird hier eine Auswertung nach dem Verfahren von Hantush am Beispiel der Grundwassermessstelle P10.1T vorgestellt:

Auf dem Excel-Arbeitsblatt, das für die Konstruktion der Abb. 4.21 benutzt wurde, wird die Zeit-Absenkungs-Kurve eingetragen und durch iteratives Multiplizieren so verschoben, dass sie sich einer der Hantush-Standard-Kurven optimal anpasst.

Abbildung 4.22 zeigt, dass dies für die Kurve $b = 1$ zutrifft, indem man die Werte t_i der Originalkurve mit 0,2 sowie s_i mit 1,4 multipliziert.

Zur Orientierung wurden auf Abb. 4.22 nur die Kurven mit $b = 0{,}001$ und $b = 1$ belassen.

Damit verschiebt sich der Datenpunkt der Zeit-Absenkungs-Kurve

$$(t_0 = 900\text{s}; \; s_0 = 0{,}4 \text{ m})$$

auf die Hantush-Standard-Kurve $b = 1$ und liegt dort über dem Punkt

$$(1/u_0 = 18; \; W_0\,(u,b) = 0{,}56).$$

Mit diesen vier Werten errechnet man

$$\text{nach Gl. 4.45} \quad T \;\; = 6{,}5 \cdot 10^{-3} \text{ m}^2\text{s}^{-1}$$
$$\text{nach Gl. 4.23} \quad S \;\; = 1{,}1 \cdot 10^{-4}$$

und schließlich mittels

$$\text{Gl. 4.46} \qquad K'S' = 5{,}1 \cdot 10^{-9}$$

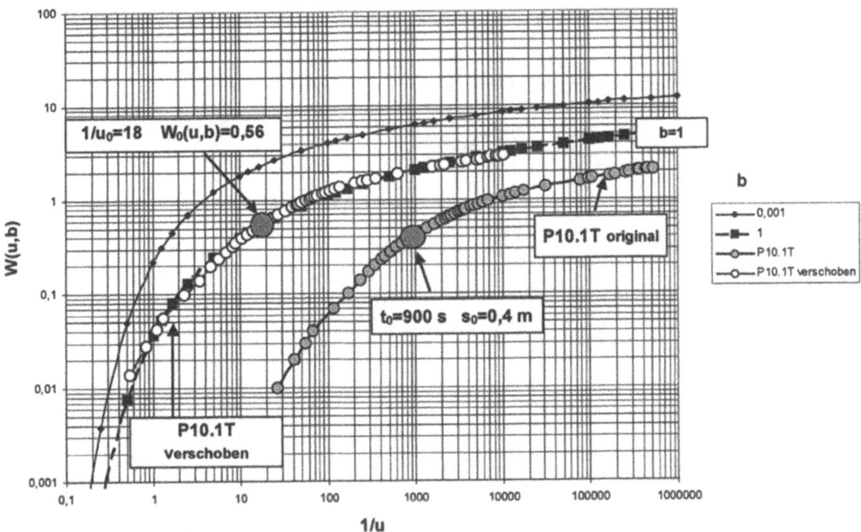

Abb. 4.22. Zeit-Absenkungs-Kurve in der Grundwassermessstelle P10.1T und ihre Verschiebung auf die Hantush-Standard-Kurve $b = 1$

4.7 Aquifertest: Grundwasserleiter mit freier Oberfläche

4.7.1 Theoretische Grundlagen

Im Grundwasserleiter mit freier Oberfläche tritt bei der Entnahme von Grundwasser eine echte Entleerung des Porenraums ein (Abb. 4.23). Innerhalb des Absenkungstrichters ändert sich während des instationären Regims kontinuierlich die wassererfüllte Mächtigkeit. In der näheren Umgebung des Förderbrunnens macht sich dazu eine deutliche vertikale Strömungs-Komponente bemerkbar.

Im Gegensatz dazu erfolgt im gespannten Grundwasserleiter die Vorratsentnahme während des Pumpversuchs durch Expansion des Wassers und Kompression des Korngerüsts. Der Aquifer selbst bleibt jedoch völlig gesättigt.

Die Veränderung der wassererfüllten Mächtigkeit und die vertikale Strömungs-Komponente am Brunnen widersprechen zwei der oben genannten Theis-Annahmen.

Dies trifft auch auf eine weitere Voraussetzung für die Gültigkeit der Brunnenformel von Theis zu, nämlich dass das Wasser *unverzüglich den Porenraum* bei Einsetzen der Absenkung *verlässt*. Denn vor allem bei feingeschichteten Aquiferen bleibt zunächst ein großer Anteil an drainierbarem Wasser oberhalb des abgesenkten Grundwasserspiegels zurück und sickert erst mit zeitlicher Verzögerung nach (*verzögerte Entleerung*).

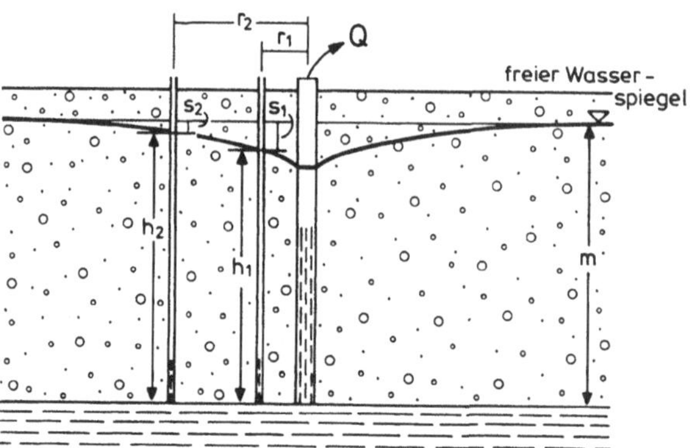

Abb. 4.23. Absenkung in der Umgebung eines Förderbrunnens in einem Aquifer mit freier Oberfläche

Erfahrungen aus den regionalen Absenkungsgebieten des deutschen Braunkohlenbergbaus belegen, dass der Effekt der verzögerten Entleerung bei größeren Absenkungsmaßnahmen viele Monate andauern kann, also eine Dauer, die nur selten bei Pumpversuchen mit besonderen behördlichen Auflagen vorgeschrieben wird.

Das abweichende Verhalten des Aquifers hinsichtlich der Theis-Bedingungen wirkt sich bei der Auswertung eines hydrologischen Pumpversuchs wie folgt aus: Wenn für die Auswertung nur die registrierten Zeit-Absenkungs-Werte zu Anfang des Pumpversuchs benutzt werden, so wird ein Wert für den Speicherkoeffizienten errechnet, der deutlich kleiner ist als der Wert für den Speicherkoeffizienten, den man mit den später gemessenen Zeit-Absenkungs-Werten erhält.

Trägt man jedoch diese Daten gemeinsam auf doppeltlogarithmischem Papier auf, so erkennt man folgenden Kurvenverlauf:

- einen steilen frühen Kurvenabschnitt, der offenbar der Theis-Kurve entspricht,
- danach einen sich anschließenden flachen, manchmal sogar völlig horizontalen Kurvenverlauf und
- aus diesem hervorgehend wieder einen steileren Kurvenverlauf, der ebenfalls einer Theis-Kurve gleicht.

Boulton (1954, 1963) gab dafür als erster eine analytische Lösung, die Prickett (1965) zu einem Standardkurvenabsatz entwickelte.

Das allgemein verwendete Verfahren stammt aber von Neuman (1972, 1973, 1975). Es erlaubt unter Berücksichtigung der Anisotropie des Aquifers eine recht genaue Beschreibung der Strömungskomponenten zu verschiedenen Versuchsphasen.

Neuman erklärt den S-förmigen Verlauf der Absenkungskurve (doppeltlogarithmisch aufgetragen) wie folgt:

- *steiler Kurvenast zu Beginn der Absenkung*: Der Aquifer reagiert elastisch auf die Vorratsentnahme, und das Wasser wird unverzüglich aus dem Vorrat entlassen. Das instationäre Regime mit horizontaler Strömung ist durch die Brunnen-Formel von Theis zu beschreiben.

- *flacher Kurvenast im weiteren Verlauf der Absenkung*: Das „Nachtropfen" führt zu einer verzögerten Entleerung mit einer vertikalen Strömungskomponente, zu einer Verlangsamung der Absenkung und in manchen Fällen sogar zu einer vorübergehenden Stabilisierung des freien Grundwasserspiegels.
- *steilerer Kurvenast nach langer Dauer*: Die Absenkung geht nunmehr so langsam vor sich, dass auch die Entleerung des Wassers aus dem Speicherraum damit Schritt halten kann. Die Strömung ist überwiegend horizontal, folgt damit wieder dem Modell von Theis.

Wenn danach ein quasi-stationärer Strömungszustand erreicht wird, ist auch der Prozess der verzögerten Entleerung abgeschlossen. Die Geometrie der Absenkung kann dann mit der klassischen Brunnenformel von Dupuit-Thiem beschrieben werden.

4.7.2 Verfahren von Neuman

Die Anwendung des Verfahrens von Neuman erlaubt die Bestimmung der horizontalen und vertikalen Durchlässigkeitsbeiwerte K_h und K_v und damit der Anisotropie des Aquifers. Mittels der in der Anfangsphase registrierten Zeit-Absenkungs-Werte wird der Speicherkoeffizient S bestimmt, der Auskunft über die elastischen Eigenschaften des Aquifers gibt.
Weiterhin erlauben die in der Entleerungsphase gemessenen Daten auch die Berechnung des nutzbaren Porenraums S_Y (oder n_0). Es sei jedoch darauf hingewiesen, dass man fast immer einen zu kleinen Wert für diesen Parameter erhält, da die Ausbildung eines Kapillarsaums über dem Wasserspiegel eine vollständige Entleerung verhindert. Zwei Auswertungsmöglichkeiten bieten sich für die Methode von Neuman an:
- ein Kurvendeckungs- oder Superpositionsverfahren analog zu dem von Boulton (Langguth u. Voigt 1980) sowie
- ein Geradlinienverfahren, wie es in den vorstehenden Abschnitten dargestellt wurde.

Die Anwendbarkeit beruht auf der Gültigkeit nachstehender Annahmen:
- der Aquifer wird im Hangenden von einer freien Oberfläche begrenzt, die sich im Versuchsverlauf nach unten verschiebt
- der Aquifer ist homogen und im Bereich des Absenkungstrichters von konstanter Mächtigkeit
- vor Förderbeginn ist der Grundwasserspiegel horizontal
- die Förderrate bleibt über die Versuchsdauer hinweg konstant
- der Förderbrunnen ist vollkommen, und das Wasser strömt ihm über die gesamte wassererfüllte Mächtigkeit zu

Für die Anwendbarkeit des Geradlinienverfahrens auf die Frühzeitkurve muss gelten $u_A \leq 0{,}02$; für die Spätzeitkurve ist dies ohnehin der Fall.

Nach der in diesem Buch üblichen Schreibweise lautet die Brunnenformel von Neuman

$$s = \frac{Q}{4\pi T} W(u_A, u_B, \beta) \tag{4.48}$$

Unter Frühzeit-Bedingungen vereinfacht sich dies zu

$$s = \frac{Q}{4\pi T} W(u_A, \beta) \tag{4.49}$$

mit

$$u_A = \frac{r^2 S}{4Tt} \tag{4.50}$$

wobei t für kleine Zeiten die Bestimmung des Speicherkoeffizienten S ermöglicht.

Analog gilt für große Werte von t

$$s = \frac{Q}{4\pi T} W(u_B, \beta) \tag{4.51}$$

mit

$$u_B = \frac{r^2 S_y}{4Tt} \tag{4.52}$$

Damit erfolgt die Bestimmung des nutzbaren Porenraums $S_y = n_0$.

Neuman definiert

$$\beta = \frac{r^2 K_V}{m^2 K_H} \tag{4.53}$$

Das bedeutet, dass die Kurven der Abb. 4.24 den *Anisotropiegrad* des Aquifers charakterisieren:

$$K_D = \frac{\beta m^2}{r^2} \tag{4.54}$$

und

$$K_V = K_D \cdot K_H \tag{4.55}$$

Für isotrope Grundwasserleiter gilt $K_V = K_H$, und Gl. 4.55 vereinfacht sich zu

$$\beta = \frac{r^2}{m^2}$$

Diese Beziehungen gelten unter der Voraussetzung, dass

$$\sigma = \frac{S}{S_y} < 10.$$

Tabellen 4.14 und 4.15 geben die Funktionswerte für die Standardkurven von Neuman und die Abb. 4.24 und 4.25 die entsprechenden grafischen Darstellungen wieder.

Tabelle 4.14. Funktionswerte (kleine Werte von t) der Brunnenformel von Neuman (1975) für Grundwasserleiter mit verzögerter Entleerung

$1/u_A$	β									
	0,001	0,004	0,01	0,1	0,2	0,4	1	2	4	6
$4 \cdot 10^{-1}$	$2{,}48 \cdot 10^{-2}$	$2{,}43 \cdot 10^{-2}$	$2{,}41 \cdot 10^{-2}$	$2{,}24 \cdot 10^{-2}$	$2{,}14 \cdot 10^{-2}$	$1{,}99 \cdot 10^{-2}$	$1{,}70 \cdot 10^{-2}$	$1{,}38 \cdot 10^{-2}$	$9{,}33 \cdot 10^{-3}$	$6{,}39 \cdot 10^{-3}$
$8 \cdot 10^{-1}$	$1{,}45 \cdot 10^{-1}$	$1{,}42 \cdot 10^{-1}$	$1{,}40 \cdot 10^{-1}$	$1{,}27 \cdot 10^{-1}$	$1{,}19 \cdot 10^{-1}$	$1{,}08 \cdot 10^{-1}$	$8{,}49 \cdot 10^{-2}$	$6{,}03 \cdot 10^{-2}$	$3{,}17 \cdot 10^{-2}$	$1{,}74 \cdot 10^{-2}$
$1{,}4 \cdot 10^{0}$	$3{,}58 \cdot 10^{-1}$	$3{,}52 \cdot 10^{-1}$	$3{,}45 \cdot 10^{-1}$	$3{,}04 \cdot 10^{-1}$	$2{,}79 \cdot 10^{-1}$	$2{,}44 \cdot 10^{-1}$	$1{,}75 \cdot 10^{-1}$	$1{,}07 \cdot 10^{-1}$	$4{,}45 \cdot 10^{-2}$	$2{,}10 \cdot 10^{-2}$
$2{,}4 \cdot 10^{0}$	$6{,}62 \cdot 10^{-1}$	$6{,}48 \cdot 10^{-1}$	$6{,}33 \cdot 10^{-1}$	$5{,}40 \cdot 10^{-1}$	$4{,}83 \cdot 10^{-1}$	$4{,}03 \cdot 10^{-1}$	$2{,}56 \cdot 10^{-1}$	$1{,}33 \cdot 10^{-1}$	$4{,}76 \cdot 10^{-2}$	$2{,}14 \cdot 10^{-2}$
$4 \cdot 10^{0}$	$1{,}02 \cdot 10^{0}$	$9{,}92 \cdot 10^{-1}$	$9{,}63 \cdot 10^{-1}$	$7{,}92 \cdot 10^{-1}$	$6{,}88 \cdot 10^{-1}$	$5{,}42 \cdot 10^{-1}$	$3{,}00 \cdot 10^{-1}$	$1{,}40 \cdot 10^{-1}$	$4{,}78 \cdot 10^{-2}$	$2{,}15 \cdot 10^{-2}$
$8 \cdot 10^{0}$	$1{,}57 \cdot 10^{0}$	$1{,}52 \cdot 10^{0}$	$1{,}46 \cdot 10^{0}$	$1{,}12 \cdot 10^{0}$	$9{,}18 \cdot 10^{-1}$	$6{,}59 \cdot 10^{-1}$	$3{,}17 \cdot 10^{-1}$	$1{,}41 \cdot 10^{-1}$		
$1{,}4 \cdot 10^{1}$	$2{,}05 \cdot 10^{0}$	$1{,}97 \cdot 10^{0}$	$1{,}88 \cdot 10^{0}$	$1{,}34 \cdot 10^{0}$	$1{,}03 \cdot 10^{0}$	$6{,}90 \cdot 10^{-1}$				
$2{,}4 \cdot 10^{1}$	$2{,}52 \cdot 10^{0}$	$2{,}41 \cdot 10^{0}$	$2{,}27 \cdot 10^{0}$	$1{,}47 \cdot 10^{0}$	$1{,}07 \cdot 10^{0}$	$6{,}96 \cdot 10^{-1}$				
$4 \cdot 10^{1}$	$2{,}97 \cdot 10^{0}$	$2{,}80 \cdot 10^{0}$	$2{,}61 \cdot 10^{0}$	$1{,}53 \cdot 10^{0}$	$1{,}08 \cdot 10^{0}$					
$8 \cdot 10^{1}$	$3{,}56 \cdot 10^{0}$	$3{,}30 \cdot 10^{0}$	$3{,}00 \cdot 10^{0}$	$1{,}55 \cdot 10^{0}$						
$1{,}4 \cdot 10^{2}$	$4{,}01 \cdot 10^{0}$	$3{,}65 \cdot 10^{0}$	$3{,}23 \cdot 10^{0}$							
$2{,}4 \cdot 10^{2}$	$4{,}42 \cdot 10^{0}$	$3{,}93 \cdot 10^{0}$	$3{,}37 \cdot 10^{0}$							
$4 \cdot 10^{2}$	$4{,}77 \cdot 10^{0}$	$4{,}12 \cdot 10^{0}$	$3{,}43 \cdot 10^{0}$							
$8 \cdot 10^{2}$	$5{,}16 \cdot 10^{0}$	$4{,}26 \cdot 10^{0}$	$3{,}45 \cdot 10^{0}$							
$1{,}4 \cdot 10^{3}$	$5{,}40 \cdot 10^{0}$	$4{,}29 \cdot 10^{0}$	$3{,}46 \cdot 10^{0}$							
$2{,}4 \cdot 10^{3}$	$5{,}54 \cdot 10^{0}$	$4{,}30 \cdot 10^{0}$								
$4 \cdot 10^{3}$	$5{,}59 \cdot 10^{0}$									
$8 \cdot 10^{3}$	$5{,}62 \cdot 10^{0}$									
$1{,}4 \cdot 10^{4}$	$5{,}62 \cdot 10^{0}$	$4{,}30 \cdot 10^{0}$	$3{,}46 \cdot 10^{0}$	$1{,}55 \cdot 10^{0}$	$1{,}08 \cdot 10^{0}$	$6{,}96 \cdot 10^{-1}$	$3{,}17 \cdot 10^{-1}$	$1{,}41 \cdot 10^{-1}$	$4{,}78 \cdot 10^{-2}$	$2{,}15 \cdot 10^{-2}$

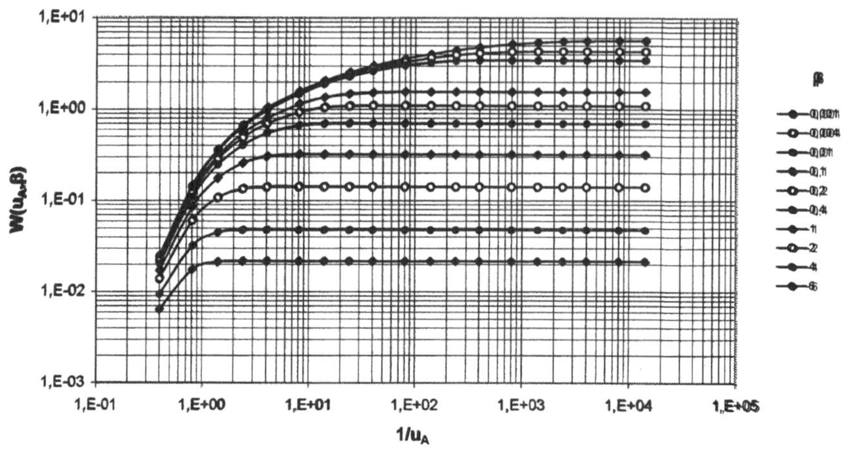

Abb. 4.24. Standardkurven für kleine Werte von *t* nach dem Verfahren von Neuman

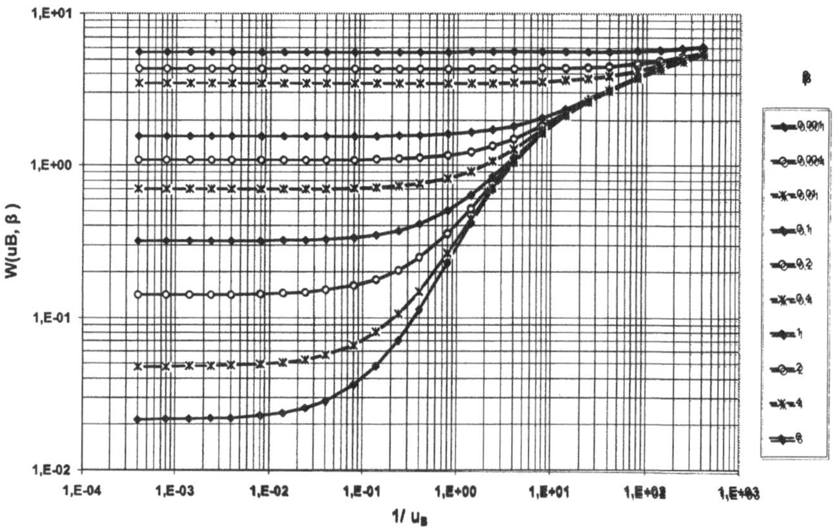

Abb. 4.25. Standardkurven für große Werte von *t* nach dem Verfahren von Neuman

Tabelle 4.15. Funktionswerte (große Werte von t) der Brunnenformel von Neuman (1975) für Grundwasserleiter mit verzögerter Entleerung

$1/u_B$	β									
	0,001	0,004	0,01	0,1	0,2	0,4	1	2	4	6
$4 \cdot 10^{-4}$	$5{,}62 \cdot 10^{0}$	$4{,}30 \cdot 10^{0}$	$3{,}46 \cdot 10^{0}$	$1{,}56 \cdot 10^{0}$	$1{,}09 \cdot 10^{0}$	$6{,}97 \cdot 10^{-1}$	$3{,}18 \cdot 10^{-1}$	$1{,}42 \cdot 10^{-1}$	$4{,}79 \cdot 10^{-2}$	$2{,}15 \cdot 10^{-2}$
$8 \cdot 10^{-4}$									$4{,}80 \cdot 10^{-2}$	$2{,}16 \cdot 10^{-2}$
$1{,}4 \cdot 10^{-3}$									$4{,}81 \cdot 10^{-2}$	$2{,}17 \cdot 10^{-2}$
$2{,}4 \cdot 10^{-3}$									$4{,}84 \cdot 10^{-2}$	$2{,}19 \cdot 10^{-2}$
$4 \cdot 10^{-3}$						$6{,}97 \cdot 10^{-1}$	$3{,}18 \cdot 10^{-1}$	$1{,}42 \cdot 10^{-1}$	$4{,}87 \cdot 10^{-2}$	$2{,}21 \cdot 10^{-2}$
$8 \cdot 10^{-3}$						$6{,}97 \cdot 10^{-1}$	$3{,}19 \cdot 10^{-1}$	$1{,}43 \cdot 10^{-1}$	$4{,}96 \cdot 10^{-2}$	$2{,}28 \cdot 10^{-2}$
$1{,}4 \cdot 10^{-2}$						$6{,}98 \cdot 10^{-1}$	$3{,}21 \cdot 10^{-1}$	$1{,}45 \cdot 10^{-1}$	$5{,}09 \cdot 10^{-2}$	$2{,}39 \cdot 10^{-2}$
$2{,}4 \cdot 10^{-2}$						$7{,}00 \cdot 10^{-1}$	$3{,}23 \cdot 10^{-1}$	$1{,}47 \cdot 10^{-1}$	$5{,}32 \cdot 10^{-2}$	$2{,}57 \cdot 10^{-2}$
$4 \cdot 10^{-2}$						$7{,}03 \cdot 10^{-1}$	$3{,}27 \cdot 10^{-1}$	$1{,}52 \cdot 10^{-1}$	$5{,}68 \cdot 10^{-2}$	$2{,}86 \cdot 10^{-2}$
$8 \cdot 10^{-2}$				$1{,}56 \cdot 10^{0}$	$1{,}09 \cdot 10^{0}$	$7{,}10 \cdot 10^{-1}$	$3{,}37 \cdot 10^{-1}$	$1{,}62 \cdot 10^{-1}$	$6{,}61 \cdot 10^{-2}$	$3{,}62 \cdot 10^{-2}$
$1{,}4 \cdot 10^{-1}$				$1{,}56 \cdot 10^{0}$	$1{,}10 \cdot 10^{0}$	$7{,}20 \cdot 10^{-1}$	$3{,}50 \cdot 10^{-1}$	$1{,}78 \cdot 10^{-1}$	$8{,}06 \cdot 10^{-2}$	$4{,}86 \cdot 10^{-2}$
$2{,}4 \cdot 10^{-1}$				$1{,}57 \cdot 10^{0}$	$1{,}11 \cdot 10^{0}$	$7{,}37 \cdot 10^{-1}$	$3{,}74 \cdot 10^{-1}$	$2{,}05 \cdot 10^{-1}$	$1{,}06 \cdot 10^{-1}$	$7{,}14 \cdot 10^{-2}$
$4 \cdot 10^{-1}$				$1{,}58 \cdot 10^{0}$	$1{,}13 \cdot 10^{0}$	$7{,}63 \cdot 10^{-1}$	$4{,}12 \cdot 10^{-1}$	$2{,}48 \cdot 10^{-1}$	$1{,}49 \cdot 10^{-1}$	$1{,}13 \cdot 10^{-1}$
$8 \cdot 10^{-1}$	$5{,}62 \cdot 10^{0}$	$4{,}30 \cdot 10^{0}$	$3{,}46 \cdot 10^{0}$	$1{,}61 \cdot 10^{0}$	$1{,}18 \cdot 10^{0}$	$8{,}29 \cdot 10^{-1}$	$5{,}06 \cdot 10^{-1}$	$3{,}57 \cdot 10^{-1}$	$2{,}66 \cdot 10^{-1}$	$2{,}31 \cdot 10^{-1}$
$1{,}4 \cdot 10^{0}$	$5{,}63 \cdot 10^{0}$	$4{,}31 \cdot 10^{0}$	$3{,}47 \cdot 10^{0}$	$1{,}66 \cdot 10^{0}$	$1{,}24 \cdot 10^{0}$	$9{,}22 \cdot 10^{-1}$	$6{,}42 \cdot 10^{-1}$	$5{,}17 \cdot 10^{-1}$	$4{,}45 \cdot 10^{-1}$	$4{,}19 \cdot 10^{-1}$
$2{,}4 \cdot 10^{0}$	$5{,}63 \cdot 10^{0}$	$4{,}31 \cdot 10^{0}$	$3{,}49 \cdot 10^{0}$	$1{,}73 \cdot 10^{0}$	$1{,}35 \cdot 10^{0}$	$1{,}07 \cdot 10^{0}$	$8{,}50 \cdot 10^{-1}$	$7{,}63 \cdot 10^{-1}$	$7{,}18 \cdot 10^{-1}$	$7{,}03 \cdot 10^{-1}$
$4 \cdot 10^{0}$	$5{,}63 \cdot 10^{0}$	$4{,}32 \cdot 10^{0}$	$3{,}51 \cdot 10^{0}$	$1{,}83 \cdot 10^{0}$	$1{,}50 \cdot 10^{0}$	$1{,}29 \cdot 10^{0}$	$1{,}13 \cdot 10^{0}$	$1{,}08 \cdot 10^{0}$	$1{,}06 \cdot 10^{0}$	$1{,}05 \cdot 10^{0}$
$8 \cdot 10^{0}$	$5{,}64 \cdot 10^{0}$	$4{,}35 \cdot 10^{0}$	$3{,}56 \cdot 10^{0}$	$2{,}07 \cdot 10^{0}$	$1{,}85 \cdot 10^{0}$	$1{,}72 \cdot 10^{0}$	$1{,}65 \cdot 10^{0}$	$1{,}63 \cdot 10^{0}$	$1{,}63 \cdot 10^{0}$	$1{,}63 \cdot 10^{0}$
$1{,}4 \cdot 10^{1}$	$5{,}65 \cdot 10^{0}$	$4{,}38 \cdot 10^{0}$	$3{,}63 \cdot 10^{0}$	$2{,}37 \cdot 10^{0}$	$2{,}23 \cdot 10^{0}$	$2{,}17 \cdot 10^{0}$	$2{,}14 \cdot 10^{0}$	$2{,}14 \cdot 10^{0}$	$2{,}14 \cdot 10^{0}$	$2{,}14 \cdot 10^{0}$
$2{,}4 \cdot 10^{1}$	$5{,}67 \cdot 10^{0}$	$4{,}44 \cdot 10^{0}$	$3{,}74 \cdot 10^{0}$	$2{,}75 \cdot 10^{0}$	$2{,}68 \cdot 10^{0}$	$2{,}66 \cdot 10^{0}$	$2{,}65 \cdot 10^{0}$	$2{,}64 \cdot 10^{0}$	$2{,}64 \cdot 10^{0}$	$2{,}64 \cdot 10^{0}$
$4 \cdot 10^{1}$	$5{,}70 \cdot 10^{0}$	$4{,}52 \cdot 10^{0}$	$3{,}90 \cdot 10^{0}$	$3{,}18 \cdot 10^{0}$	$3{,}15 \cdot 10^{0}$	$3{,}14 \cdot 10^{0}$	$3{,}14 \cdot 10^{0}$	$3{,}14 \cdot 10^{0}$	$3{,}14 \cdot 10^{0}$	$3{,}14 \cdot 10^{0}$
$8 \cdot 10^{1}$	$5{,}76 \cdot 10^{0}$	$4{,}71 \cdot 10^{0}$	$4{,}22 \cdot 10^{0}$	$3{,}83 \cdot 10^{0}$	$3{,}82 \cdot 10^{0}$	$3{,}82 \cdot 10^{0}$	$3{,}82 \cdot 10^{0}$	$3{,}82 \cdot 10^{0}$	$3{,}82 \cdot 10^{0}$	$3{,}82 \cdot 10^{0}$
$1{,}4 \cdot 10^{2}$	$5{,}85 \cdot 10^{0}$	$4{,}94 \cdot 10^{0}$	$4{,}58 \cdot 10^{0}$	$4{,}38 \cdot 10^{0}$	$4{,}37 \cdot 10^{0}$	$4{,}37 \cdot 10^{0}$	$4{,}37 \cdot 10^{0}$	$4{,}37 \cdot 10^{0}$	$4{,}37 \cdot 10^{0}$	$4{,}37 \cdot 10^{0}$
$2{,}4 \cdot 10^{2}$	$5{,}99 \cdot 10^{0}$	$5{,}23 \cdot 10^{0}$	$5{,}00 \cdot 10^{0}$	$4{,}91 \cdot 10^{0}$	$4{,}91 \cdot 10^{0}$	$4{,}91 \cdot 10^{0}$	$4{,}91 \cdot 10^{0}$	$4{,}91 \cdot 10^{0}$	$4{,}91 \cdot 10^{0}$	$4{,}91 \cdot 10^{0}$
$4 \cdot 10^{2}$	$6{,}16 \cdot 10^{0}$	$5{,}59 \cdot 10^{0}$	$5{,}46 \cdot 10^{0}$	$5{,}42 \cdot 10^{0}$	$5{,}42 \cdot 10^{0}$	$5{,}42 \cdot 10^{0}$	$5{,}42 \cdot 10^{0}$	$5{,}42 \cdot 10^{0}$	$5{,}42 \cdot 10^{0}$	$5{,}42 \cdot 10^{0}$

Kurvendeckungsverfahren

Dieses Verfahren wird nacheinander wie folgt angewendet:
- Kurvendeckung der Versuchskurve für große Werte von t mit der Spätzeit-Standardkurve
- Kurvendeckung der Versuchskurve für kleine Werte von t mit der Frühzeit-Standardkurve

Große Werte von *t*. Die Zeit-Absenkungs-Datenkurve wird mit der am besten passenden Spätzeit-Standardkurve zur Deckung gebracht. Man hält den β-Wert dieser Kurve fest und liest für einen auf dem überlappenden Bereich liegenden, frei gewählten Deckungspunkt die nachstehend angegebenen Koordinaten ab

$$s\,,\ t\,,\ W(u_A, u_B, \beta)\,,\ u_B$$

Anschließend berechnet man mit den Gln. 4.51 und 4.52 T und $S_y = n_0$.

Kleine Werte von *t*. Das Verfahren wird unter Anwendung des selben β der Frühzeit-Standardkurve wiederholt. Für einen Deckungspunkt werden

$$s\,,\ t\,,\ W\!\left(u_A, u_B, \beta\right)\,,\ u_A$$

festgehalten und mit Gln. 4.48 und 4.49 T und S bestimmt.

Bei sorgfältigem Arbeiten sind die anhand der Gln. 4.48 und 4.51 berechneten Transmissivitätswerte nahezu gleich.

Anschließend bestimmt man die horizontale Durchlässigkeit aus

$$K_H = \frac{T}{m}$$

sowie die vertikale Durchlässigkeit aus

$$K_V = K_H \cdot \beta \cdot \frac{m^2}{r^2}$$

Abschließend wird geprüft, ob die Bedingung

$$\sigma = \frac{S}{S_y} < 10$$

erfüllt ist.

Geradlinienverfahren

Analog zu den in den vorausgegangenen Abschnitten beschriebenen Vorgehensweisen erlaubt das Verfahren von Neuman unter bestimmten Voraussetzungen für Spätzeit- und Frühzeit-Daten die Anwendung des Geradlinienverfahrens. Die Ableitung der Formeln entspricht den Geradlinienverfahren von Cooper und Jacob im Abschn. 4.5 und wird hier vorausgesetzt.

Die auf halblogarithmischem Papier aufgetragenen Spätzeit-Absenkungs-Wertepaare einer Grundwassermessstelle werden durch eine Gerade verbunden, welche die Abszisse mit $s = 0$ im Punkt t_B schneidet. Die Absenkungsdifferenz pro logarithmischen Zeitzyklus nimmt den Wert Δs_B an, und es gelten

$$T = \frac{2,30Q}{4\pi \Delta s_B} \qquad (4.56)$$

und

$$S_y = \frac{2,25T t_B}{r^2} \qquad (4.57)$$

In einem zweiten Arbeitsschritt legt man nun eine horizontale Gerade im mittleren, im Idealfall sogar horizontalen Kurvenast an. Diese Gerade darf weder zur Frühzeit- noch zur Spätzeitkurve gehören.

Dann liest man am Schnittpunkt dieser Geraden mit der Spätzeitkurve auf der Abszisse die Zeit t_β ab und bestimmt die dimensionslose Zeit $t_{y\beta}$

$$t_{y\beta} = \frac{T t_\beta}{S_y r^2} \qquad (4.58)$$

β lässt sich dann ermitteln zu

$$\beta = \frac{0,195}{t_{y\beta}^{1,1053}} \qquad (4.59)$$

wenn gilt, dass

$$4,0 \leq t_{y\beta} \leq 100,0 \text{ (Neuman 1975)}.$$

Der letzte Auswertungsschritt umfasst die Konstruktion der Geraden für die Frühzeit-Daten. Unterscheidet sich deren Steigung deutlich von der der Spätzeit-Geraden, bricht man die Auswertung ab und verlässt sich nur auf die Kurvendeckungsmethode. Bei zumindest annähernder Parallelität der Geraden verlängert man die Gerade rückwärts und liest auf der Abszisse mit $s = 0$ den Wert von $t = t_A$ ab und berechnet anschließend

$$T = \frac{2,30Q}{4\pi \Delta s_A} \qquad (4.60)$$

sowie

$$S = \frac{2,25T t_A}{r^2} \qquad (4.61)$$

Zur Kontrolle der Bedingung $\sigma = \dfrac{S}{S_y} < 10$ ermittelt man σ der Einfachheit halber direkt aus dem Verhältnis der vorstehend ermittelten Zeiten t_A und t_B

$$\sigma = \frac{t_A}{t_B}$$

Abschließend sei darauf hingewiesen, dass es bei größerer Absenkung erforderlich wird, die registrierten Absenkungswerte zu korrigieren, ehe man die Datenkurven konstruiert.

Beispiel

Im Bereich eines Wasserwerks im Oberrheintalgraben konnten Pumpversuche durchgeführt werden, bei denen in rund 15 Grundwassermessstellen kontinuierlich die Wasserstände mit Druckaufnehmern gemessen wurden. Der geologische Aufbau der Rheinterrasse ist wie folgt:

- 3,3 m   Mutterboden
- 19,6 m   Fein- und Mittelsande mit einzelnen Grobsand- und Feinkieslagen
- 36,4 m   grobsandige Kiesfolge
darunter folgen schluffige Feinsande des Tertiärs

Die Brunnen sind zwischen 20 und 30 m in der kiesigen Zone, die Grundwassermessstellen, z.T. als Messstellengruppen, in verschiedenen Tiefen verfiltert.

Bei einer Grundwasserentnahme von 85 m³/h $\approx$ 2,36·10^{-2} m³s^{-1} über einen Zeitraum von einer Woche zeigte sich sowohl im Förderbrunnen als auch in allen Grundwassermessstellen ein Absenkungsverhalten mit typisch verzögerter Entleerung. Für drei Messstellen sind die Absenkungen in Abb. 4.26 aufgetragen.

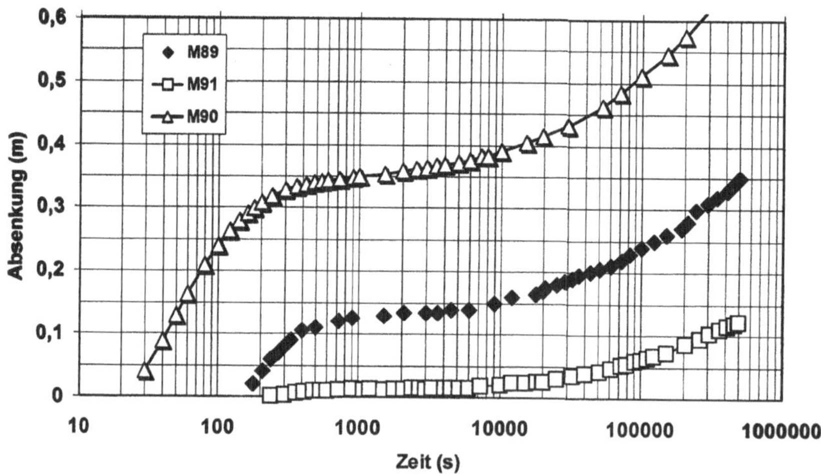

Abb. 4.26. Verlauf der Absenkung mit verzögerter Entleerung in drei Messstellen

Die Auswertungen der Absenkungskurven nach verschiedenen Auswerteverfahren ergaben folgende Wertebereiche:

Transmissivität $\qquad 1\cdot10^{-2} < T < 5\cdot10^{-2}$ m²/s

Speicherkoeffizient $\qquad 1\cdot10^{-3} < S < 1\cdot10^{-4}$

Beispielhaft wird im Folgenden der Absenkungsverlauf in der Grundwassermessstelle M89 (Abb. 4.26) nach dem Verfahren von Neuman ausgewertet.

M89 liegt 110 m vom Förderbrunnen entfernt. Die dazugehörigen Werte finden sich in Tabelle 4.16.

In Abb. 4.27.a sind die Absenkungen für die Anfangsphase und für die Spätphase nach dem Geradlinienverfahren aufgetragen worden. Die eingetragenen Ausgleichgeraden erlauben, grafisch die Werte Δs_A und t_A sowie Δs_B und t_B für die Bestimmung von T und S bzw. S_y zu ermitteln.

Frühzeitphase

$\qquad t_A = 130\,\text{s} \qquad\qquad \Delta s_A = 0,21\,\text{m}$

Daraus errechnen sich nach Gl. 4.60 und Gl. 4.61

$\qquad T = 2,06\cdot10^{-2}\,\text{m}^2\,\text{s}^{-1} \quad S = 5,0\cdot10^{-4}$

Spätzeitphase

$\qquad t_B = 640\,\text{s} \qquad\qquad \Delta s_B = 0,11\,\text{m}$

Daraus errechnen sich nach Gl. 4.56 und Gl. 4.57

$\qquad T = 3,9\cdot10^{-2}\,\text{m}^2\,\text{s}^{-1} \qquad S_y = 4,6\cdot10^{-3}$

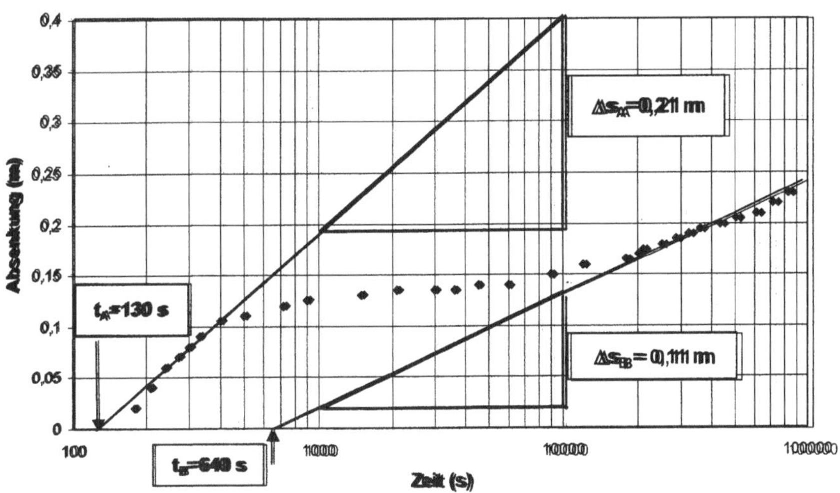

Abb. 4.27.a Auswertung der Absenkungen in M89 für die Frühzeitphase und Spätzeitphase nach dem Geradlinien-Verfahren von Neuman

Wie oben beschrieben, wird nun t_β grafisch mit Hilfe der in Abb. 4.27.b eingetragenen horizontalen Geraden bestimmt. Deren Schnittpunkt mit der Spätzeitkurve liegt bei $t_\beta = 6000$ s. Nach Gl. 4.58 ergibt sich $t_{y,\beta} = \dfrac{3{,}9 \cdot 10^{-2} \cdot 6000}{110^2 \cdot 4{,}6 \cdot 10^{-3}} = 4{,}2$.

Daraus lässt sich β nach Gl. 4.59 errechnen:

$$\beta = \frac{0{,}195}{4{,}2^{1{,}1053}} = 0{,}04$$

Damit ist auch die Bedingung für t_β nach Neuman (1975) mit dem Wert von 4,2 erfüllt: $4{,}0 \le t_{y\beta} \le 100{,}0$.

Tabelle 4.16. Absenkungswerte der Grundwassermessstelle M89

Zeit t	Grundwasserspiegel unter Messpunkt	Absenkung s	Zeit t	Grundwasserspiegel unter Messpunkt	Absenkung s
s	m	m	s	m	m
180	7,19	0,02	25200	7,35	0,18
210	7,21	0,04	28800	7,355	0,185
240	7,23	0,06	32400	7,36	0,19
270	7,24	0,07	36000	7,365	0,195
300	7,25	0,08	43200	7,37	0,2
330	7,26	0,09	50400	7,375	0,205
400	7,275	0,105	61200	7,38	0,21
500	7,28	0,11	72000	7,39	0,22
720	7,29	0,12	82800	7,4	0,23
900	7,295	0,125	100800	7,41	0,24
1500	7,3	0,13	122400	7,42	0,25
2100	7,305	0,135	151200	7,43	0,26
3000	7,305	0,135	190800	7,44	0,27
3600	7,305	0,135	212400	7,45	0,28
4500	7,31	0,14	241200	7,47	0,3
6000	7,31	0,14	291600	7,48	0,31
9000	7,32	0,15	342000	7,49	0,32
12000	7,33	0,16	403200	7,5	0,33
18000	7,335	0,165	450000	7,51	0,34
20100	7,34	0,17	500400	7,52	0,35
21000	7,345	0,175			

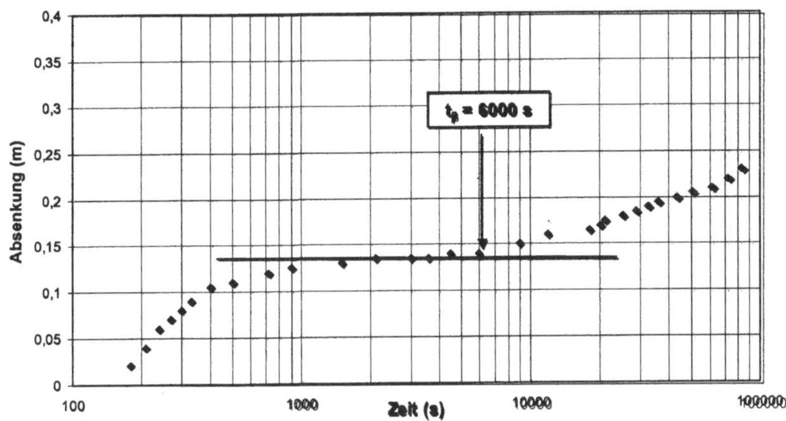

Abb. 4.27.b Bestimmung des Zeitpunktes t_β in M89

Da die Werte für T und S bzw. S_y sich geringfügig unterscheiden, wurde zur Kontrolle das Kurvendeckungsverfahren angewendet (Abb. 4.27.c).

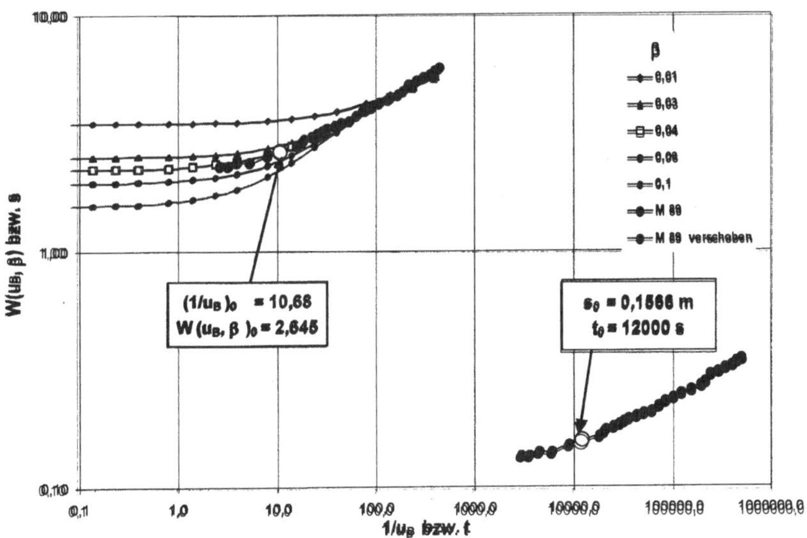

Abb. 4.27.c Achsenparallele Verschiebung der Absenkungskurve M89 (Spätzeitphase) auf die $W(uB,\beta)$- Kurve mit β = 0,04.

Die Absenkungskurve M89 wurde auf Abb. 4.27.c schrittweise durch Multiplizieren von t bzw. s achsenparallel verschoben. Die beste Deckung ergab sich mit der Neuman-Kurve $W(u_B, 0,04)$.

Dabei wurde der Datenpunkt ($s = 0,1566$ m; $t = 12000$ s) der Absenkungskurve auf den Datenpunkt ($W(u_A, u_B, \beta) = 2,645$; $1/u_B = 10,68$) verschoben. Damit liegt der match point fest, der in Abb. 4.27.c mit "$_\circ$" indiziert wurde.

Mit

$$s_\circ = 0,1566\,\text{m} \qquad\qquad t_\circ = 12000\,\text{s}$$

$$W(u_B, \beta)_\circ = 2,645 \qquad\qquad (u_B)_\circ = 9,36 \cdot 10^{-2}$$

errechnen sich nach den Gln. 4.51 ff die folgenden Werte:

$$T = 3,17 \cdot 10^{-2}\ \text{m}^2\,\text{s}^{-1} \qquad\qquad S_y = 1,17 \cdot 10^{-2}$$

Der Wert S_y ist besser als der entsprechende Wert nach dem Geradlinienverfahren für die Spätzeitphase und ist mit $> 1\,\%$ näher bei zu erwartenden Werten für das nutzbare Porenvolumen eines (halb-)freien Aquifers.

Bemerkenswert ist, dass der Wert für β mit dem nach dem Geradlinienverfahren sehr gut überstimmt.

4.7.3 Verfahren von Dupuit-Thiem

Bei hinreichend langer Pumpzeit, allgemein wenn u sehr klein wird, lassen sich die für den gespannten Aquifer gültigen analytischen Lösungen auch für den Aquifer mit freier Oberfläche mit ausreichender Genauigkeit anwenden, wenn zusätzlich zu den in Abschn. 4.5.1 zitierten Annahmen auch noch die Dupuit-Annahmen gelten. Für die Praxis des Pumpversuchs heißt dies, dass die Absenkung am Förderbrunnen im Verhältnis zur ursprünglichen wassererfüllten Mächtigkeit klein sein muss. Diese Bedingung trifft wahrscheinlich bis zu $s \leq 15\%$ der Grundwassermächtigkeit zu. Dann kann man mit ausreichender Genauigkeit gleichsetzen (vgl. Abb. 4.23 und Abb. 4.28)

$$h_1 + h_2 \approx 2m$$

mit

$m =$ unbeeinflusster (ursprünglicher) wassererfüllter Mächtigkeit des Aquifers

Erweitert man die linke Seite von Gl. 4.44 mit $h_1 + h_2$ und die rechte Seite mit $2m$, erhält man

$$(h_2 - h_1) \cdot (h_1 + h_2) = 2m \frac{Q}{2Km} \ln\left(\frac{r_2}{r_1}\right)$$

$$\left(h_2^2 - h_1^2\right) = \frac{Q}{\pi K} \ln\left(\frac{r_2}{r_1}\right) \qquad (4.62)$$

d.h., die Brunnenformel von Dupuit-Thiem für den Aquifer mit freier Oberfläche mit stationärem Anstrom (Thiem 1870).

Ein Berechnungsbeispiel folgt im nächsten Abschnitt.

4.7.4 Korrigierte Absenkung nach Jacob

Abbildung 4.23 lässt erkennen, dass die in der Ableitung von Gl. 4.62 getroffene Annahme, dass $h_1 + h_2 \approx 2m$, d.h. die Absenkung s sehr klein sei, bei stärkerer Absenkung nicht mehr zutreffen kann.

Das bedeutet nämlich, dass die Transmissivität T mit zunehmender Zeit abnimmt, sie folglich keine Aquifer-Konstante sein kann. Dieses Problem ist analytisch exakt nicht mehr lösbar. Jacob (1963 b) hat aber eine Methode entwickelt, die den Einfluss der zeitlichen Verringerung von T berücksichtigt. Ihre Anwendung verlangt die Beobachtung der Absenkung in mindestens zwei Grundwassermessstellen.

Die Gl. 4.62 wird um den Betrag $2m$ erweitert:

$$\left(h_2^2 - h_1^2\right) \cdot 2m = \frac{Q}{\pi K} \ln\left(\frac{r_2}{r_1}\right) \cdot 2m$$

Nach Substitution von Km durch T und Auflösen nach T lautet die Beziehung

$$T = \frac{Q}{2\pi} \cdot \frac{1}{\left(\dfrac{h_2^2}{2m} + \dfrac{m}{2}\right) - \left(\dfrac{h_1^2}{2m} + \dfrac{m}{2}\right)} \ln\left(\frac{r_2}{r_1}\right)$$

h wird sukzessiv durch $(m - s)$ ersetzt:

$$T = \frac{Q}{2\pi} \frac{1}{(h_2^2 + \dfrac{s_2^2}{2m}) - (h_1^2 + \dfrac{s_1^2}{2m})} \ln\left(\frac{r_2}{r_1}\right)$$

bzw.

$$T = \frac{Q}{2\pi} \frac{1}{(s_1 - \dfrac{s_1^2}{2m}) - (s_2 - \dfrac{s_2^2}{2m})} \ln\left(\frac{r_2}{r_1}\right)$$

Den Ausdruck $(s - \dfrac{s^2}{2m})$ bezeichnet Jacob als *korrigierte Absenkung*.

Formuliert man für jeden Pegel

$$s' = (s - \frac{s^2}{2m}) = m - (h + \frac{s^2}{2m}) \qquad (4.63)$$

und geht gleichzeitig vom natürlichen zum dekadischen Logarithmus über, so lautet das Ergebnis

$$T = \frac{2{,}3\,Q}{2\pi\,(s'_1 - s'_2)}\ \lg\,(\frac{r_2}{r_1}) \qquad (4.64)$$

Dabei ist s' gleich der Absenkung, welche in einem entsprechenden gespannten Aquifer zu beobachten wäre, der bei konstanter wassererfüllter Mächtigkeit m eine Transmissivität T besitzt.

Die Funktion (Gl. 4.64) lässt sich ebenfalls auf logarithmischem Papier mit $s' - \lg r$ auftragen (vgl. Abschn. 4.4.3.).

Bezeichnet man mit $\Delta s' = s'_1 - s'_2$ das Ausmaß der Absenkung über einen logarithmischen Zyklus von r, dann ist $\lg\,(\frac{r_2}{r_1}) = 1$ und Gl. 4.64 vereinfacht sich zu

$$T = \frac{2{,}3\,Q}{2\pi\,\Delta s'} \qquad (4.65)$$

Diese Gleichung ist äquivalent zu Gl. 4.32 für die Geradlinienmethode II von Cooper u. Jacob (1946). Um einen Pumpversuch im ungespannten Aquifer mit diesem Verfahren auszuwerten, ist es zunächst notwendig, die gemessenen Absenkungswerte mittels Gl. 4.63 zu korrigieren. Nicht korrigierte s-Werte ergeben zu steile Absenkungsgeraden, also einen zu kleinen Wert für die Transmissivität. Auch die Superpositionsmethode von Theis ist mit derartig berichtigten Werten anwendbar.

Wie bei der Transmissivität muss auch bei der Berechnung des Speicherkoeffizienten die Abnahme der wassererfüllten Mächtigkeit innerhalb des Trichters über die Zeit beachtet werden. Die partielle Differentialgleichung für die radiale Anströmung eines Förderbrunnens in einem Aquifer mit freier Oberfläche lautet in leicht modifizierter Form (Jacob 1963 b):

$$K\,h\,(\frac{\partial^2 h}{\partial r^2} + \frac{1}{r}\frac{\partial h}{\partial r}) = S\,\frac{\partial h}{\partial t}$$

Durch Substitution von $m - s$ für h ergibt sich

$$K\,(m - s)\,(\frac{\partial^2 s}{\partial r^2} + \frac{1}{r}\frac{\partial s}{\partial r}) = S\,\frac{\partial s}{\partial t} \qquad (4.66)$$

In Gl. 4.66 wird die tatsächliche Absenkung s durch die korrigierte Absenkung s' (Gl. 4.63) ersetzt.

Danach bildet man zunächst die einzelnen Differentiale (a), (b), (c) und (d)

$$\frac{\partial s'}{\partial r} = \frac{m-s}{m}\,\frac{\partial s}{\partial r} \tag{a}$$

und

$$\frac{\partial^2 s'}{\partial r^2} = \frac{m-s}{m}\,\frac{\partial^2 s}{\partial r^2} - \frac{1}{m}\left(\frac{\partial s}{\partial r}\right)^2 \tag{b}$$

Bei geringem Wasserspiegelgefälle ist das letzte Glied der obigen Gleichung $\frac{1}{m}\left(\frac{\partial s}{\partial r}\right)^2$ klein im Vergleich zu $\frac{m-s}{m}\,\frac{\partial^2 s}{\partial r^2}$ und kann daher vernachlässigt werden.

$$\frac{\partial^2 s'}{\partial r^2} = \frac{m-s}{m}\,\frac{\partial^2 s}{\partial r^2} \tag{c}$$

Nach dem Einsetzen von $s' = s - \frac{s^2}{2m}$ lautet das rechte Differential der Gl. 4.66

$$\frac{\partial s'}{\partial t} = \frac{m-s}{m}\,\frac{\partial s}{\partial t} \tag{d}$$

Nunmehr werden (a), (c) und (d) an entsprechender Stelle in Gl. 4.66 eingesetzt, und es ergibt sich

$$K\,m\left(\frac{\partial^2 s'}{\partial r^2} + \frac{1}{r}\frac{\partial s'}{\partial r}\right) = \frac{m-s}{m}\,S\,\frac{\partial s'}{\partial t} \tag{4.67}$$

Bezeichnet man mit $T = K\,m$ die Transmissivität und mit $S' = \frac{m-s}{m}\,S$ den *scheinbaren Speicherkoeffizienten*, so lautet die partielle Differentialgleichung für die radiale Anströmung eines Brunnens bei Berücksichtigung der korrigierten Absenkung s' im Aquifer mit freier Oberfläche

$$\frac{\partial^2 s'}{\partial r^2} + \frac{1}{r}\frac{\partial s'}{\partial r} = \frac{S'}{T}\,\frac{\partial s'}{\partial t} \tag{4.68}$$

Bei der Auswertung eines Pumpversuchs in einem derartigen Grundwasserleiter hat der Hydrogeologe daher zunächst die Absenkungsdaten mittels Gl. 4.63 zu korrigieren. Mit den so erhaltenen s'-Werten sind anschließend Transmissivität T und scheinbarer Speicherkoeffizient S' zu berechnen. Am Schluss lässt sich aus

$$S = \frac{m-s}{m}\,S' \tag{4.69}$$

der angenäherte *durchschnittliche Speicherkoeffizient* S berechnen (Jacob 1963 b) mit

m = ursprüngliche wassererfüllte Mächtigkeit des Aquifers (m)
s = geometrisches Mittel der Absenkung im Absenkungstrichter (m)

Ist s klein im Verhältnis zu m, entspricht S' praktisch S. Des Weiteren erkennt man aus Gl. 4.69, dass sich mit wachsender Absenkung s ändert, also in Abhängigkeit von der Pumpzeit t.

Damit wäre S eine Funktion der Zeit; dies widerspricht aber seiner Definition als zeitunabhängige Konstante (vgl. Abschn. 3.1). Der wahre Wert des Speicherkoeffizienten im Aquifer mit freier Oberfläche, gemeinhin als *nutzbarer Porenraum* n_0 bezeichnet, lässt sich also durch Pumpversuche nur in mehr oder weniger guter Näherung bestimmen.

Beispiel

Die Entwicklung eines Absenkungstrichters im Aquifer mit freier Oberfläche ist in verschiedenen Veröffentlichungen beschrieben worden (Paavel 1956; Wiederhold 1961; Maeckelburg 1965). Wiederhold hat ein Auswerteverfahren entwickelt, das, obwohl auf anderen Voraussetzungen aufbauend, die Geradlinienmethoden von Cooper u. Jacob (1946) bestätigt.

Dokumentationen für Pumpversuche im ungespannten Aquifer, die sich eindeutig auswerten lassen, sind aber in der Literatur kaum zu finden. Den Verfassern sind nur wenige, durch Daten gut belegte und nachvollziehbare Beispiele bekannt:
- Grand Island/Nebraska (Wenzel 1936)
- Wichita/Kansas (Wenzel 1942)
- Bielefeld (Paavel 1956)

Davon eignet sich der von Wichita/Kansas besonders gut für eine Wiedergabe als Beispiel.

In einem sandig-kiesigen Aquifer von durchschnittlich 8,20 m ursprünglicher wassererfüllter Mächtigkeit wurde 18 Tage = $1,5552 \cdot 10^6$ Sekunden aus einem Förderbrunnen mit einer Durchschnittsrate von $Q = 6,31 \cdot 10^{-2}$ m^3 s^{-1} Wasser entnommen. Am Schluss wurden in zwei Pegelreihen die Absenkungsbeträge s (Tabelle 4.17) registriert.

Mit Gl. 4.63 $s' = s - \dfrac{s^2}{2m}$ wird die korrigierte Absenkung s' errechnet.

Abbildung 4.28 gibt für die Wertepaare $s - \lg r$ und $s' - \lg r$ die *gemittelten* halblogarithmischen Absenkungsgeraden an, und zwar oben für die beobachtete Absenkung und unten für die korrigierte Absenkung.

Tabelle 4.17. Messwertpaare für den Pumpversuch Wichita/Kansas nach 18 Tagen Pumpzeit

Grundwasser-Messstelle	Abstand r zum Förderbrunnen (m)	Absenkung s beobachtet (m)	Absenkung s' korrigiert (m)
	nördliche Pegelreihe		
1	15,00	1,80	1,60
2	30,70	1,40	1,28
3	57,70	1,04	0,98
	südliche Pegelreihe		
4	14,95	1,67	1,50
5	30,60	1,31	1,21
6	57,90	0,97	0,91

Aus der steileren Kurve (beobachtete Absenkung; Abb. 4.28 oben) errechnen sich zunächst T und S nach Gln. 4.32 und 4.33 zu

$$T = \frac{2,30\,Q}{2\pi\,\Delta s} = \frac{2,30 \cdot 6,31 \cdot 10^{-2}}{2\pi \cdot 1,20} = 1,9 \cdot 10^{-2}\ m^2 s^{-1}$$

$$S = \frac{2,25\,T t}{r_0^{\,2}} = \frac{2,25 \cdot 1,9 \cdot 10^{-2} \cdot 1,5552 \cdot 10^6}{400^2} = 0,44$$

Aus der flacheren Kurve (korrigierte Absenkung; Abb. 4.28 unten) erhält man die folgenden Größen:

$$T = \frac{2,30\,Q}{2\pi\,\Delta s'} = \frac{2,30 \cdot 6,31 \cdot 10^{-2}}{2\pi \cdot 1,00} = 2,3 \cdot 10^{-2}\ m^2 s^{-1}$$

$$S' = \frac{2,25\,T t}{r_0'^{\,2}} = \frac{2,25 \cdot 2,3 \cdot 10^{-2} \cdot 1,5552 \cdot 10^6}{520^2} = 0,30$$

Dieser scheinbare Speicherkoeffizient S' wird schließlich in den angenäherten durchschnittlichen Speicherkoeffizienten S bzw. $\cong n_0$ umgerechnet, in dem man in Gleichung 4.69 einsetzt:

- Grundwassermächtigkeit vor der Absenkung $\qquad m = 8,20\ m$
- geometrisches Mittel des Abstands nach Tabelle 4.17 $\qquad r = 29,50\ m$
  zwischen Messstellen 1 und 3 bzw. 4 und 6 (≈ 15 m und ≈ 58 m)
- Absenkung für $r = 29,50$ m nach Abb. 4.28 $\qquad s \approx 1,35\ m$

Damit ist

$$S = \frac{m-s}{m}\,S' = \frac{8,20-1,35}{8,20}\cdot 0,30 = 0,25$$

Dieser Wert ist natürlich sowohl von der Lage der Grundwassermessstellen als auch der Förderzeit von 18 Tagen beeinflusst, dürfte jedoch bei den gegebenen Verhältnissen dem tatsächlichen Speicherkoeffizienten sehr nahe kommen.

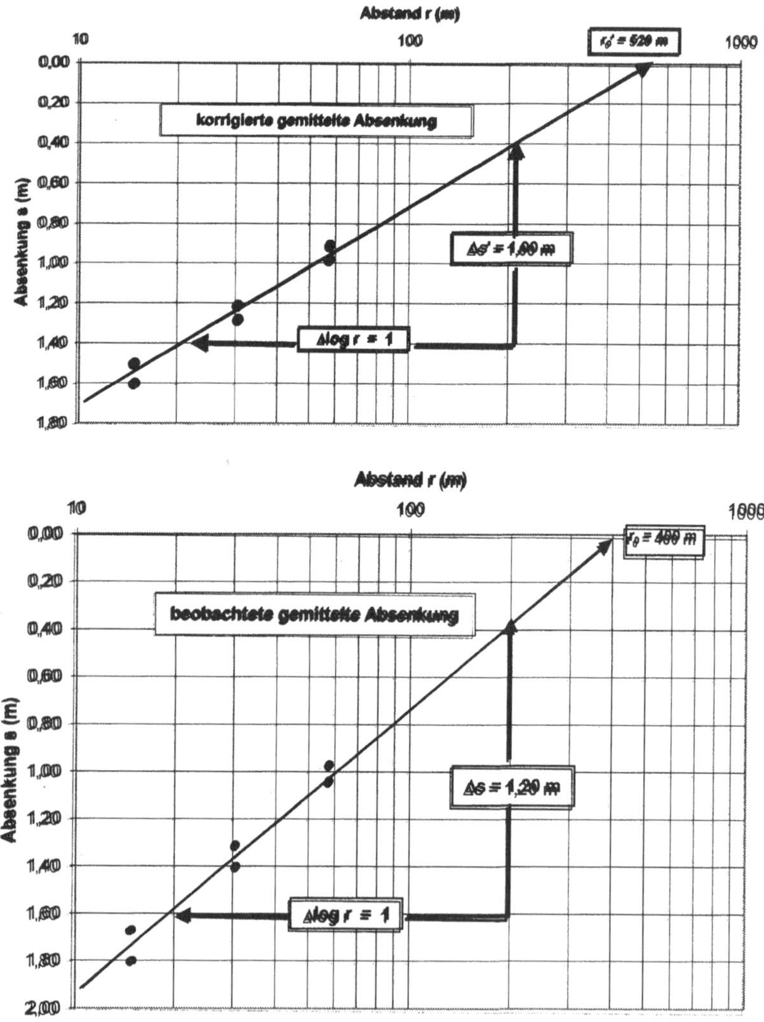

Abb. 4.28. Auswertung des Pumpversuchs Wichita/Kansas mit dem Verfahren von Cooper u. Jacob (1946) bzw. Jacob (1963 b)

4.8 Aquifertest: Kluftgrundwasserleiter

4.8.1 Einführung

Fast alle wasserführenden Festgesteine unterscheiden sich hydraulisch deutlich von Lockergesteinen. Sieht man einmal von ausgedehnten Lösungshohlräumen in verkarstetem Karbonatgestein ab, fließt Wasser in einem Festgestein hauptsächlich auf oft nur diskontinuierlich entwickelten tektonischen Schwächezonen wie Störungen und Klüften. Man spricht folglich von Kluftgrundwasserleitern, die in der Regel weder isotrop noch homogen sind. Andererseits können je nach Größe des betrachteten Gesteinsvolumens Kluftgrundwasserleiter durchaus als „homogen und isotrop" angesehen werden. Um einen Festgesteinskomplex hydraulisch zu definieren, werden deshalb Begriffe wie *Gebirgsdurchlässigkeit* oder *Wasserwegsamkeit* verwendet.

Die gängigen analytischen Lösungen oder Brunnenformeln beruhen alle auf der Gültigkeit des Gesetzes von Darcy, eines statistischen Gesetzes. Es leuchtet ein, dass zur genauen Beschreibung der Strömung in einem homogenen und isotropen Feinsand-Aquifer ein kleineres Gebirgsvolumen ausreicht als dies für einen unregelmäßig geklüfteten Festgesteinskörper der Fall ist.

Um überhaupt bei Auswertung eines Pumpversuchs in einem Kluftaquifer ein statistisch signifikantes Ergebnis erzielen zu können, hat man daher das Konzept des *REV*, des Repräsentativen Elementar-Volumens, eingeführt (Bear 1979). Darunter versteht man das kleinste Teilvolumen des wasserführenden Gesteinskörpers, das zur analytischen Beschreibung dessen hydraulischer Eigenschaften erforderlich ist – sowohl beim Lockergestein als auch beim Festgestein.

Nach Bear (1979) und Strayle (1983: Bild 2) kann man dabei etwa von den nachstehenden Größenordnungen ausgehen:

Aquifertyp		Kantenlänge eines Vergleichsquaders	REV Gesteinsvolumen
		m	m^3
Poren-	Sande	$1 \cdot 10^{-1}$ bis $3,5 \cdot 10^{-1}$	$1 \cdot 10^{-3}$ bis $5 \cdot 10^{-1}$
aquifer	Kiese	$2 \cdot 10^{0}$ bis $8 \cdot 10^{0}$	$1 \cdot 10^{1}$ bis $8 \cdot 10^{2}$
Kluftaquifer	Festgestein	$1 \cdot 10^{2}$ bis $3 \cdot 10^{2}$	$1 \cdot 10^{6}$ bis $3 \cdot 10^{7}$

Während ein Sandaquifer durch ein REV von einigen Kubikdezimetern hydraulisch charakterisiert werden kann, ist bei einem Kluftaquifer mindestens ein Tausendfaches erforderlich.

Unter Berücksichtigung des REV setzt man – wie bei den Formeln für Porengrundwasserleiter – auch in Kluftgrundwasserleitern analytische Ansätze an, die ausgehend vom Theis-Verfahren eine Radialsymmetrie der Strömung voraussetzen. Die entsprechende Grundgleichung lautet somit (Strayle 1983)

$$s = \frac{Q}{GT} \cdot f\left(\frac{r^2 S}{Tt}, \alpha, \beta, \dots\right) \qquad (4.70)$$

mit

G = Geometriefaktor

$\alpha, \beta, \dots$ = maßgebende Randbedingungen

Voraussetzung ist, dass

- der Aquifer ein Kontinuum bildet,
- die Strömung linear ist,
- die Turbulenz-Komponente der Absenkung und die *Eigenkapazität (Brunnenspeicherung)* separat erfasst werden können.

Der Kontinuum-Bedingung trägt man durch das REV-Konzept Rechnung; die Turbulenz-Anteile der Absenkung am Förderbrunnen lassen sich mittels stufenweiser Pumpversuche ermitteln (vgl. Abschn. 4.4). Ebenso ist es relativ einfach, den Einfluss der Eigenkapazität zu ermitteln.

Schwierig in einem tektonisch nur gering erkundetem Festgesteinskomplex ist vor allem die Definition der *Wasserwegsamkeit,* d.h. der Verteilung der wasserspeichernden und wasserleitenden Elemente. In der internationalen Literatur geht man von vier Konzeptmodellen aus, die Stober (1986) detailliert erläutert:

- die Klüfte sind statistisch zufällig und gleichmäßig verteilt
- der Aquifer gliedert sich in individuelle Speicher- und Leiterschichten
- der Aquifer besteht aus einer endlich dimensionierten Kluft
- der Aquifer wird aus wasserspeichernden Blöcken (Matrix) und wasserleitenden Klüften aufgebaut; er bildet also ein *Zweiporositätsmedium*

In diesem Kapitel wird lediglich auf die Auswertung von Absenkung und Wiederanstieg im Förderbrunnen eingegangen, und zwar auf solche Verfahren, die eine Unterscheidung von Aquiferreaktion und brunnenbaubedingten Störeffekten ermöglichen. Auf andere oft verwendete Verfahren wird im Abschn. 4.8.4 hingewiesen.

Im Förderbrunnen können sowohl zu Beginn der Absenkungsphase als auch der Wiederanstiegsphase Störeffekte auftreten, die bei der Versuchsauswertung zu falschen Ergebnissen führen würden, falls sie nicht erkannt werden. Von Strayle (1983) stammt die folgende ausführliche Beschreibung dieser Effekte.

4.8.2 Brunnenstöreffekte

Skineffekt

Der Begriff *Skineffekt* ist bereits im Abschn. 4.4.1 als eine der Ursachen von Brunnen-Eintrittsverlusten kurz erwähnt worden. Van Everdingen (1953) definiert ihn als eine zusätzliche zeitunabhängige, aber von der Förderrate abhängige Absenkungs-Komponente Δs des dynamischen Wasserspiegels im Förderbrunnen. Dies trifft unter Umständen auch auf den Beginn des Wiederanstiegs zu.

Theoretisch bildet der Skineffekt („Skin") eine unendlich dünne, ringförmige Abdichtungs- (oder Auflockerungs-)Zone um den Brunnen (Strayle 1983).

$$\Delta s = \text{Skineffekt} = S_F \left(\frac{Q}{2\pi T} \right) \qquad \text{(m)} \qquad (4.71)$$

Das Ausmaß der verursachten Absenkungsänderung wird durch den dimensionslosen *Skinfaktor* S_F bestimmt.

$$S_F = \left(\frac{K}{K_{Skin}} - 1 \right) \cdot \ln \frac{r_w}{r_{Brunnen}} \qquad (4.72)$$

mit

K_{Skin} = Durchlässigkeitsbeiwert des ringförmigen Skins (m s^{-1})

r_w = „wirksamer Brunnenradius" (m)

$r_{Brunnen}$ = Radius der Brunnenwassersäule (m)

Nimmt man wie Strayle an, dass $K_{Skin} >> K$, dann folgt

$$S_F = -\ln \frac{r_w}{r_{Brunnen}} \quad \text{bzw.} \quad r_w = r_{Brunnen} \cdot e^{-S_F} \qquad (4.73a)$$

bzw.

$$S_F = 2{,}303 \left(\lg r_{Brunnen} - \lg r_w \right) \qquad (4.73b)$$

Aus dieser Beziehung lässt sich der Skineffekt als eine Veränderung des wirksamen Brunnenradius r_w interpretieren (Jacob 1947; vgl. auch Abschn. 4.4.1).

Die numerischen Werte des Skinfaktors bedeuten also:

- positiv $\Rightarrow$ Verringerung des wirksamen Brunnenradius durch Zunahme des hydraulischen Widerstandes
- negativ $\Rightarrow$ Erweiterung des wirksamen Brunnenradius einer Bohrung, z.B. durch Stimulation (Säuern; Hydrofracturing)

Ein Wert von $S_F \approx +\infty$ z.B. bedeutet, dass das Bohrloch völlig dicht ist. Dagegen sagt ein Wert $S_F \approx -5$ aus, dass der Brunnen eine hydraulisch noch leitfähige Kluft angefahren hat.

Negative Skinfaktoren sagen generell aus, dass der Brunnen eine scheinbare Erweiterung seines Radius erfahren hat. Strayle (1983) weist aber auch darauf hin, dass ganz verschiedene Wertepaare von K_{Skin} und r_w den gleichen „Skin" verursachen können.

Der Skinfaktor S_F lässt sich aus der allgemeinen Geradengleichung ableiten und somit sowohl aus der Absenkungs- als auch aus der Wiederanstiegsphase des Pumpversuchs bestimmen, wenn T und S bekannt sind:

- *Absenkung*: Für eine zum beliebigen Zeitpunkt t in einem Brunnen mit dem wirksamen Radius r_w registrierte Absenkung s_w gilt

$$\lg r_w = 0{,}5\left(\lg\frac{2{,}25Tt}{S}\right) - \frac{s_w\,4\pi T}{2{,}303Q} \tag{4.74}$$

Nach Berechnung von T sowie Annahme von S lässt sich damit r_w ermitteln, wodurch sich mit Hilfe von Gl. 4.73b der Skinfaktor bestimmt werden kann.

- *Wiederanstieg*: Für sehr kleine Zeiten t' nach Abschalten der Pumpe greift man auf dem halblogarithmischen Datenblatt die Absenkungsdifferenz s_r zwischen Messpunkt und logarithmischer Wiederanstiegskurve ab und bestimmt S_F anhand nachstehender Gleichung (Strayle 1983).

$$S_F = 1{,}151\left(-\lg\frac{T}{Sr_w^2} - \lg t' - 0{,}351 + \frac{s_r\,4\pi T}{2{,}303Q}\right) \tag{4.75}$$

Brauchbare Ergebnisse für den Skineffekt ergeben sich nur, wenn

- Absenkungswerte, die nach langer Pumpzeit gemessen wurden, und
- Werte für die verbleibende Absenkung aus der Zeit kurz nach Beginn der Wiederanstiegsphase

verwendet werden.

Lassen sich auf der halblogarithmischen Darstellung Geradenabschnitte nicht eindeutig festlegen, ist der Pumpversuch mit einem in Abschn. 4.8.3 beschriebenen Kurvendeckungsverfahren auszuwerten.

Brunnenspeicherung (Eigenkapazität)

Das Phänomen der Brunnenspeicherung ist erstmals von Papadopoulos u. Cooper (1967) beschrieben worden: Bei einem Brunnen mit großem Durchmesser, der in einem wenig durchlässigen Aquifer verfiltert ist, stammt zu Beginn des Pumpversuchs der größte Teil des geförderten Wassers nicht aus dem Aquifer, sondern aus dem Brunnenraum.

Die für die klassischen Brunnenformeln geltende Bedingung, dass der Brunnen eine Liniensenke darstellt, dass also das Volumen des im Brunnen gespeicherten Wassers vernachlässigbar gering im Vergleich zu dem im Aquifer gespeicherten Wasser ist, trifft hier nicht zu.

In doppeltlogarithmischer Darstellung der Zeit-Absenkungswerte erkennt man die Dauer dieses Störeffektes an einer 45°-Geraden, die erst allmählich in die gekrümmte Absenkungskurve übergeht (Stober 1986).

Die Brunnenspeicherung ist definiert als

$$C_{Brunnen} = \frac{\Delta V}{\Delta p} = \frac{\Delta V}{\gamma \cdot \Delta h}$$

$$C = \frac{\Delta V}{\Delta p} = \frac{\Delta V}{\gamma \cdot \Delta h} \ (\text{m}^{-3}\,\text{Pa}^{-1} \ \text{bzw. kg}^{-1}\text{m}^4\text{s}^2) \tag{4.76}$$

mit

C = *spezifische Brunnenspeicherkonstante*

Im Fall eines artesischen, am Brunnenkopf geschlossenen Brunnens mit dem Hohlraumradius $r_{Brunnen}$ ist diese Konstante allein eine Funktion von Kompression oder Dekompression des in der Brunnenröhre gespeicherten Wassers.

$$C_{Brunnen} = V_{Brunnen} \cdot \beta \ (\text{m}^3\text{Pa}^{-1}) \tag{4.77}$$

mit

$V_{Brunnen} = \pi\, r_{Brunnen}^2 \cdot h$ Volumen der Wassersäule im Brunnen

β = Kompressibilität des Wassers bei 10 °C = $4{,}789 \cdot 10^{-10}$ Pa^{-1}

Kann hingegen der Brunnenspiegel frei fluktuieren, gelten sowohl für Absenkung als auch für Wiederanstieg

$$C_{Brunnen} = \frac{r_{Brunnen}^2\, \pi}{\rho \cdot g} = \frac{r_{Brunnen}^2\, \pi}{\gamma} \ (\text{m}^3\text{Pa}^{-1}) \tag{4.78}$$

Strayle (1983) empfiehlt, zunächst die Wiederanstiegsdaten auszuwerten, da diese in halblogarithmischer Darstellung eine Aussage über die Natur des Aquifers (frei, gespannt, Lockergestein, Festgestein) ermöglichen.

Die Transmissivität ergibt sich dabei aus der bekannten Gleichung

$$s_r = \frac{2{,}303Q}{4\pi T} \lg \frac{t}{t'} \tag{4.38}$$

Mit bekanntem T lassen sich mit Gln. 4.73a und 4.73b wiederum r_w und S_F berechnen.

Zur Auswertung kann auch das Kurvendeckungsverfahren von Agarwal, Al-Hussainy u. Ramey (1970) benutzt werden, auf das im folgenden Abschnitt näher eingegangen wird.

4.8.3 Kurvendeckungsverfahren nach Agarwal et al. (1970)

Dieses analytische Lösungsverfahren verwendet Standardkurven. Für verschiedene Größen der Skinfaktoren S_F und sogenannter dimensionsloser Speicherkonstanten C_D geben diese Autoren tabellierte Lösungen des Exponentialintegrals der Brunnenfunktion. Die Speicherkonstante ist wie folgt definiert

$$C_D = \frac{C_{Brunnen} \cdot \rho g}{2\pi r_{Brunnen}^2 \cdot S} \tag{4.79}$$

(vgl. auch Voigt u. Häfner 1982).

Für den Fall des Brunnens mit frei fluktuierendem Betriebswasserspiegel ergibt sich aus der Verknüpfung der Gln. 4.78 und 4.79 die Beziehung

$$C_D = \frac{1}{2S} \tag{4.80}$$

Im Fall des artesischen Brunnens entsteht durch die Kombination von Gln. 4.77 und 4.79 der nachstehende Ausdruck

$$C_D = \frac{h \cdot \beta \cdot \rho g}{2S} \tag{4.81}$$

Beachtenswert ist, dass dabei die Länge der Wassersäule im Brunnen zu berücksichtigen ist.

Während in der genannten Arbeit von Agarwal et al. (1970) die funktionellen Zusammenhänge zwischen einer dimensionslosen Zeit t_D und einer ebenfalls dimensionslosen Absenkung s_D dargestellt werden, wird wegen der in diesem Buch durchgängig gewählten Notation die Brunnenfunktion wie nachstehend definiert.

$$s_w = \frac{Q}{4\pi T} W\left(u, C_D, S_F\right) \tag{4.82}$$

mit

$$\frac{1}{u} = \frac{4Tt}{Sr_w^2} \tag{4.83}$$

Ausgehend von der Arbeit von Agarwal et al. (1970), zeigt Strayle (1983), dass sich der Störeffekt der Brunnenspeicherung zusammen mit dem „Skin" länger bemerkbar macht, als aus dem oben erwähnten 45°-Geradenabschnitt der doppeltlogarithmischen Absenkungskurve hervorzugehen scheint.

Für einen Brunnen mit positivem Skinfaktor S_F, der eine „Abdichtungs"-Zone zwischen Brunnen und Aquifer anzeigt, berechnet sich die Zeitdauer der Störeffekte, ausgedrückt in der dimensionslosen Zeit t_D, zu

$$t_D = \left(60 + 3,5 S_F\right) \cdot C_D \tag{4.84}$$

Ausgedrückt in messbaren Größen gilt aber (Agarwal et al. 1970; Stober 1986; Strayle 1983)

$$t_D = \frac{Tt}{r_w^2 S} \tag{4.85}$$

und für die ebenfalls dimensionslose Absenkung

$$s_D = \frac{2\pi T s_w}{Q} \tag{4.86}$$

Die mit diesen beiden dimensionslosen Einheiten und für verschiedene Größen von S_F und C_D konstruierte Familie von Standardkurven ist äquivalent zu den Einheiten $\frac{1}{u}$ und $W(u)$ des Theis-Modells.

Verknüpft man beide Formelpaare

$$s_D = \frac{2\pi T s_w}{Q} \qquad \text{und} \qquad W(u, C_D, S_F) = \frac{s_w 4\pi T}{Q}$$

sowie

$$t_D = \frac{Tt}{r_w^2 S} \qquad \text{und} \qquad \frac{1}{u} = \frac{4Tt}{r_w^2 S}$$

so erhält man

$$W(u, C_D, S_F) \Leftrightarrow 2 s_D \tag{4.87}$$

und

$$\frac{1}{u} = 4 t_D \tag{4.88}$$

Tabelle 4.18 enthält die derart umgerechneten Werte der Brunnenfunktion von Agarwal et al. (1970) für verschiedene Größen von S_F und C_D.

Abbildung 4.29 zeigt die Kurvenscharen dieser Brunnenfunktion in üblicher doppeltlogarithmischer Darstellung für Werte von

$$10^2 < \frac{1}{u} < 10^8$$
$$10^2 < C_D < 10^5$$
$$-5 < S_F < 20$$

Zur Ermittlung von Transmissivität und Störeffekten bringt man – wie beim Theis-Verfahren – die Datenkurve mit der am besten passenden Standardkurve zur Deckung und liest auf dem überlappenden Bereich beider Kurvenblätter für einen willkürlich zu wählenden Deckungspunkt die Koordinaten

$$W(u, C_D, S_F) \qquad \frac{1}{u} \qquad s_w \qquad t$$

ab.

Wie bei den übrigen dargestellten Kurvendeckungsverfahren ergibt das achsen-parallele Verschieben von Daten- und Standardkurve die nachstehend gezeigten Relationen

$$\lg s_w = \lg\left[\frac{Q}{2\pi T}\right] + \lg s_D$$

$$\lg t = \lg\left[\frac{Sr_w^2}{T}\right] + \lg t_D$$

bzw.

$$\lg s_w = \lg\left[\frac{Q}{4\pi T}\right] + \lg\left[2s_D\right] = \lg\left[\frac{Q}{4\pi T}\right] + \lg\left[W(u, C_D, S_F)\right]$$

$$\lg t = \lg\left[\frac{Sr_w^2}{4T}\right] + \lg\left[4t_D\right] = \lg\left[\frac{Sr_w^2}{4T}\right] + \lg\frac{1}{u}$$

Bei der Auswertung und Wahl eines Deckungspunktes ergeben sich die Werte der beiden Störeffekte aus der gewählten Standardkurve, und die Transmissivität wird mittels Gl. 4.82 berechnet.

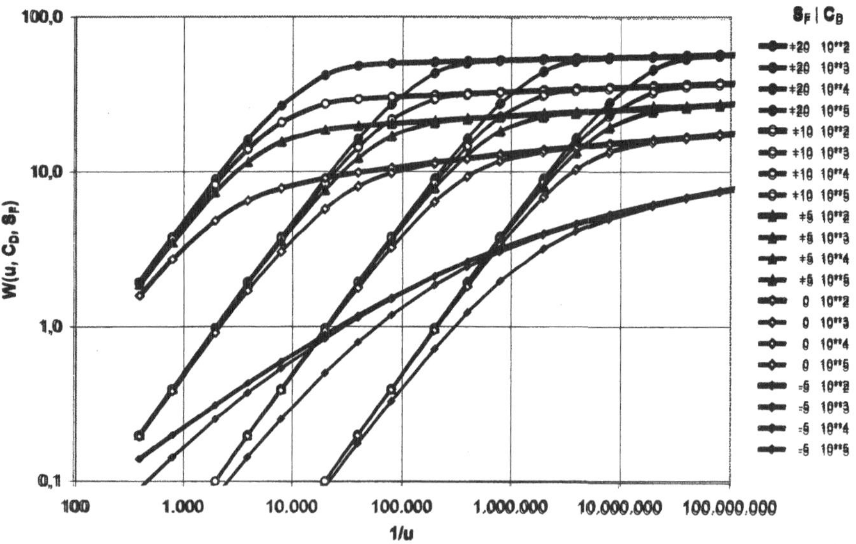

Abb. 4.29. Standardkurven nach Agarwal et al. (1970)

Tabelle 4.18. Modifizierte Funktionswerte der Formel von Agarwal et al. (1970)

$S_F = -5$

$1/u$	$C_D =$			
	10^2	10^3	10^4	10^5
$4 \cdot 10^2$	0,1394	0,0894	0,01792	0,00198
$8 \cdot 10^2$	0,1984	0,1430	0,0344	0,00394
$2 \cdot 10^3$	0,3114	0,2526	0,0788	0,00974
$4 \cdot 10^3$	0,4328	0,3744	0,1436	0,01926
$8 \cdot 10^3$	0,5954	0,5394	0,2534	0,03792
$2 \cdot 10^4$	0,8892	0,8398	0,5036	0,0916
$4 \cdot 10^4$	1,1826	1,1402	0,7980	0,1758
$8 \cdot 10^4$	1,5440	1,5096	1,1944	0,3310
$2 \cdot 10^5$	2,1292	2,1046	1,8626	0,7244
$4 \cdot 10^5$	2,6464	2,6290	2,4508	1,2438
$8 \cdot 10^5$	3,2172	3,2056	3,0844	1,9852
$2 \cdot 10^6$	4,0340	4,0278	3,9612	3,2176
$4 \cdot 10^6$	4,6840	4,6802	4,6402	4,1790
$8 \cdot 10^6$	5,3514	5,3494	5,3260	5,0648
$2 \cdot 10^7$	6,2496	6,2486	6,2374	6,1196
$4 \cdot 10^7$	6,9354	6,9350	6,9288	6,8646
$8 \cdot 10^7$	7,6248	7,6246	7,6214	7,5864
$2 \cdot 10^8$	8,5386	8,5386	8,5370	8,5216
$4 \cdot 10^8$	9,2308	9,2308	9,2300	9,2216

$S_F = 0$

$1/u$	$C_D =$			
	10^2	10^3	10^4	10^5
$4 \cdot 10^2$	1,5876	0,19516	0,01996	0,00200
$8 \cdot 10^2$	2,7342	0,3836	0,03984	0,00400
$2 \cdot 10^3$	4,8598	0,9164	0,09912	0,01000
$4 \cdot 10^3$	6,5280	1,7160	0,1968	0,01998
$8 \cdot 10^3$	7,8508	3,0584	0,3888	0,0399
$2 \cdot 10^4$	9,1158	5,7648	0,9394	0,0994
$4 \cdot 10^4$	9,9128	8,0642	1,7850	0,1978
$8 \cdot 10^4$	10,6572	9,8694	3,2548	0,3916
$2 \cdot 10^5$	11,6052	11,3522	6,4216	0,9530
$4 \cdot 10^5$	12,3096	12,1880	9,3544	1,8282
$8 \cdot 10^5$	13,0086	12,9472	11,7740	3,3862
$2 \cdot 10^6$	13,9286	13,9030	13,5788	6,9142
$4 \cdot 10^6$	14,6232	14,6098	14,4618	10,4326
$8 \cdot 10^6$	15,3170	15,3100	15,2370	13,5462
$2 \cdot 10^7$	16,2338	16,2308	16,2208	15,7966
$4 \cdot 10^7$	16,9270	16,9254	16,9100	16,7402
$8 \cdot 10^7$	17,6202	17,6194	17,6114	17,5326
$2 \cdot 10^8$	18,5366	18,5362	18,5328	18,5046
$4 \cdot 10^8$	19,2298	19,2296	19,2278	19,2164

Tabelle 4.18. (Fortsetzung)

$S_F = +5$

$1/u$	$C_D = $			
	10^2	10^3	10^4	10^5
$4 \cdot 10^2$	1,86380	0,19858	0,019986	0,00200
$8 \cdot 10^2$	3,50240	0,3946	0,03994	0,00400
$2 \cdot 10^3$	7,39640	0,9686	0,09968	0,01000
$4 \cdot 10^3$	11,5968	1,8820	0,1988	0,01998
$8 \cdot 10^3$	15,6806	3,5640	0,3954	0,003996
$2 \cdot 10^4$	18,7646	7,6698	0,9726	0,0998
$4 \cdot 10^4$	19,7826	12,3066	1,8960	0,1990
$8 \cdot 10^4$	20,600	17,1048	3,6124	0,3958
$2 \cdot 10^5$	21,584	20,872	7,8926	0,9756
$4 \cdot 10^5$	22,300	22,050	12,9116	1,9072
$8 \cdot 10^5$	23,004	22,890	18,3964	3,6512
$2 \cdot 10^6$	23,926	23,882	22,976	8,0776
$4 \cdot 10^6$	24,622	24,600	24,312	13,4326
$8 \cdot 10^6$	25,316	25,304	25,178	19,569
$2 \cdot 10^7$	26,234	26,924	26,180	25,034
$4 \cdot 10^7$	26,926	26,924	26,900	26,572
$8 \cdot 10^7$	27,620	27,618	27,606	27,468
$2 \cdot 10^8$	28,536	28,536	28,530	28,478
$4 \cdot 10^8$	29,230	29,230	29,226	29,202

$S_F = +10$

$1/u$	$C_D = $			
	10^2	10^3	10^4	10^5
$4 \cdot 10^2$	1,9188	0,19916	0,02000	0,00200
$8 \cdot 10^2$	3,6926	0,3968	0,03996	0,00400
$2 \cdot 10^3$	8,2802	0,9808	0,0998	0,0100
$4 \cdot 10^3$	14,0248	1,9258	0,1992	0,0200
$8 \cdot 10^3$	20,974	3,7174	0,3970	0,0400
$2 \cdot 10^4$	27,704	8,4054	0,9822	0,0998
$4 \cdot 10^4$	29,594	14,402	1,9316	0,1994
$8 \cdot 10^4$	30,538	21,910	3,7386	0,3972
$2 \cdot 10^5$	31,562	29,622	8,5136	0,9836
$4 \cdot 10^5$	32,288	31,834	14,7354	1,9366
$8 \cdot 10^5$	32,998	32,826	22,764	3,7570
$2 \cdot 10^6$	33,924	33,860	31,474	8,6086
$4 \cdot 10^6$	34,622	34,590	34,062	15,0324
$8 \cdot 10^6$	35,316	35,300	35,112	23,546
$2 \cdot 10^7$	36,234	36,226	36,158	33,262
$4 \cdot 10^7$	36,926	36,924	36,890	36,276
$8 \cdot 10^7$	37,620	37,618	37,602	37,398
$2 \cdot 10^8$	38,536	38,536	38,528	38,454
$4 \cdot 10^8$	39,230	39,230	39,226	39,190

Tabelle 4.18. (Fortsetzung)

$S_F = +20$

$1/u$	$C_D =$			
	10^2	10^3	10^4	10^5
$4 \cdot 10^2$	1,9552	0,19954	0,02000	0,00100
$8 \cdot 10^2$	3,8260	0,3982	0,04000	0,00200
$2 \cdot 10^3$	8,9792	0,9892	0,0998	0,0100
$4 \cdot 10^3$	16,2424	1,9574	0,1996	0,0200
$8 \cdot 10^3$	26,956	3,8344	0,3984	0,0400
$2 \cdot 10^4$	42,202	9,0250	0,9896	0,1000
$4 \cdot 10^4$	48,482	16,3972	1,9594	0,1996
$8 \cdot 10^4$	50,372	27,418	3,8418	0,3986
$2 \cdot 10^5$	51,516	43,572	9,0666	0,9906
$4 \cdot 10^5$	52,268	50,542	16,5396	1,9620
$8 \cdot 10^5$	52,988	52,648	27,850	3,8504
$2 \cdot 10^6$	53,920	53,814	44,886	9,1090
$4 \cdot 10^6$	54,620	54,568	52,572	16,6788
$8 \cdot 10^6$	55,314	55,290	54,920	28,266
$2 \cdot 10^7$	56,232	56,224	56,110	46,170
$4 \cdot 10^7$	56,926	56,922	56,868	54,594
$8 \cdot 10^7$	57,620	57,618	57,590	57,212
$2 \cdot 10^8$	58,536	58,536	58,524	58,432
$4 \cdot 10^8$	59,230	59,230	59,224	59,192

Beispiel

Der Brunnen Ringingen befindet sich im „Bedeckten Karst" südlich Blaubeuren. Dort wird der Weiße Jura bereits von der Molasse überlagert.

Abbildung 4.30 gibt nach Stober (1986) die lithostratigraphische Situation sowie den Ausbau des Brunnens wieder. Absenkungs- und Wiederanstiegsdaten eines im Jahre 1981 ausgeführten Pumpversuchs dienen zur Darstellung des oben geschilderten analytischen Verfahrens nach Agarwal et al. (1970). Obwohl Absenkung und Wiederanstieg auch in einer Grundwassermessstelle registriert worden sind, wird das Verfahren hier nur anhand der Daten des Förderbrunnens (Tabelle 4.19; Abb. 4.31) demonstriert.

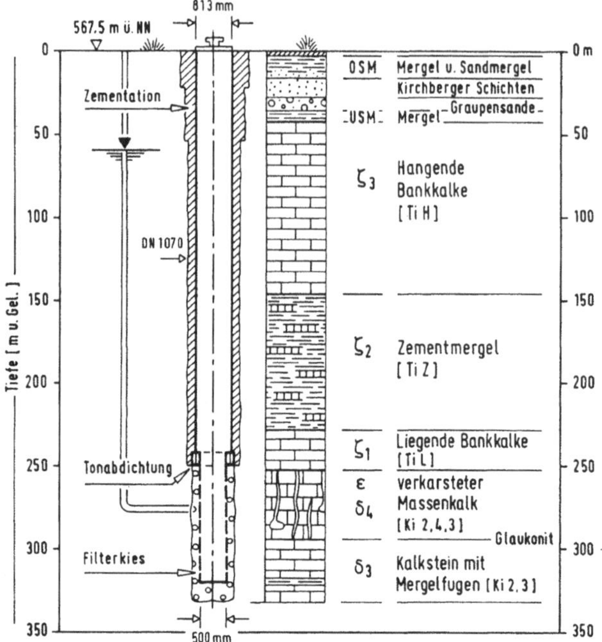

Abb. 4.30. Geologisches Profil und Ausbau des Brunnens Ringingen. Nach Stober (1986).

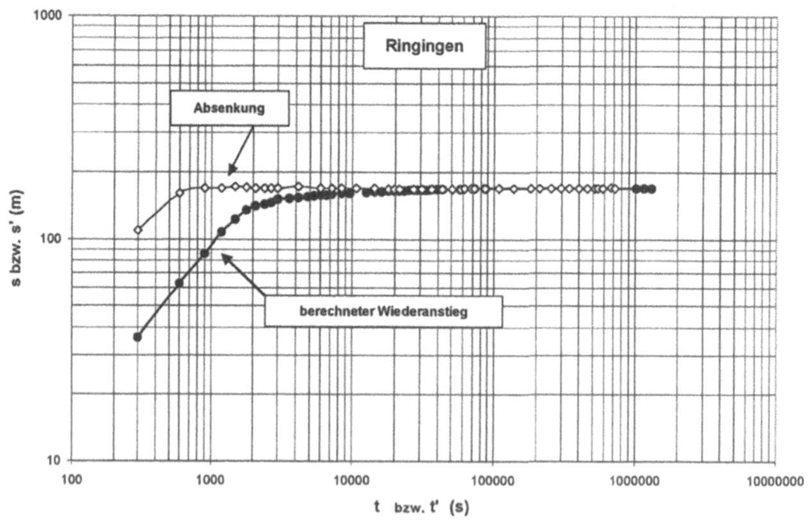

Abb. 4.31. Absenkungs- und Wiederanstiegs-Kurven des Pumpversuchs Ringingen

Tabelle 4.19. Absenkungs- und Wiederanstiegsdaten des Pumpversuchs Ringingen

Absenkung				Wiederanstieg		
Zeit	Abstich	Absenkung	Förder-rate	Zeit	Absen-kung verbleibend	Absenkung berechnet
t		s	Q	t'	s_r	$(s_w - s_r)$
s	m	m	$m^3 s^{-1}$	s	m	m
	58,65	0,00	0,06944	0	170,32	0,00
300	167,85	109,20	0,06944	300	134,52	35,80
600	219,65	161,00	0,06944	600	107,41	62,91
900	227,25	168,60		900	84,36	85,96
1200	226,47	169,82		1200	62,60	107,72
1500	230,75	172,10		1500	47,54	122,78
1800	229,65	171,00		1800	35,80	134,52
2100	229,35	170,00		2100	29,61	140,71
2400	227,85	169,20		2400	26,40	143,92
2700	227,47	168,82		2700	23,66	146,66
3000	227,38	168,73	0,06944	3000	18,84	151,48
4200	230,65	172,00	0,05000	3600	17,39	152,93
6000	227,67	169,02		4200	16,20	154,12
7200	227,42	168,77	0,05000	4800	14,50	155,82
8400	227,47	168,82	0,04388	5400	13,47	156,85
10800	227,76	169,11	0,04388	6000	12,60	157,72
14400	227,41	168,76	0,04361	6600	11,80	158,52
18000	227,08	168,43	0,05222	7200	11,50	159,17
19800	226,93	168,28		8400	10,10	160,22
21600	226,73	168,08		9600	9,25	161,07
27000	226,60	167,95		10800	8,65	161,67
30600	226,67	168,02		12600	7,65	162,67
36000	226,80	168,15	0,05222	14400	7,10	163,22
43200	226,90	168,25	0,05166	16200	6,30	164,02
50400	227,09	168,44		18000	5,90	164,42
57600	227,23	168,58	0,05166	19800	5,48	164,84
61200	227,40	168,75	0,05138	21600	5,10	165,22
68400	227,54	168,89		23400	4,74	165,57
72000	227,51	168,84		25200	4,50	165,82

Tabelle 4.19. (Fortsetzung)

Absenkung				Wiederanstieg		
Zeit	Abstich	Absenkung	Förder-rate	Zeit	Absen-kung verbleibend	Absenkung berechnet
t		s	Q	t'	s_r	$(s_w - s_r)$
s	m	m	$m^3 s^{-1}$	s	m	m
86400	227,60	168,95		27000	4,15	166,17
108000	227,46	168,81	0,05138	28800	3,90	166,42
136800	227,53	168,88	0,05125	30600	3,66	166,66
180000	227,65	169,00	0,05111	32400	3,37	166,95
208800	227,70	169,05		34200	3,31	167,01
252000	227,72	169,07	0,05111	36000	3,10	167,22
295200	227,75	169,10	0,05097	39600	2,80	167,52
338400	227,65	169,00	0,05097	43200	2,56	167,76
396000	227,40	168,75	0,05055	57600	1,83	168,49
453600	228,19	169,54	0,05090	72000	1,30	169,02
511200	227,83	169,18	0,05062	86400	1,05	169,27
540000	228,14	169,49	0,05090	1008000	0,84	169,48
583200	228,50	169,85	0,05069	1152000	0,53	169,79
669600	229,40	170,75	0,05090	1296000	0,27	170,05
716400	228,65	170,00	0,05138			

Pumpenstopp: 720000 s   Abstich: 228,97 m   max. Absenkung s_w = 170,32 m

Für die grafische Auswertung kann man sowohl

- die Absenkungskurve selbst

als auch

- die Kurve der berechneten Absenkung $(s_w - s_r)$

mit einer passenden Standardkurve zur Deckung bringen und auf dem überlappen-den Bereich einen Deckungspunkt festlegen. Die berechnete Absenkung $(s_w - s_r)$ wird aus den Wiederanstiegswerten ermittelt. Da in der Regel für die Absen-kungskurve nicht genügend Messwerte für kleine Zeiten von t erfasst werden können, ist die Auswertung über den Wiederanstieg vorzuziehen.

Für das Beispiel Ringingen wurde die Kurve mit der berechneten Absenkung $(s_w - s_r)$ benutzt (Abb. 4.32). Diese Datenkurve deckt sich am besten mit der

Standardkurve $S_F = +20$ und $C_D = 100$. Der hohe Skinfaktor von +20 weist auf eine deutliche Reduktion der Durchlässigkeit in Bohrlochnähe hin.

Der gewählte Deckungspunkt besitzt die Koordinaten

$$\frac{1}{u} = 5130 \qquad W(u, C_D, S_F) = 19{,}38$$

$$t = 600 \qquad (s_w - s_r) = 62{,}91$$

Diese Werte wurden auf Abb. 4.32 abgelesen. Dafür wurde in das dieser Abbildung zugrunde liegende Excel-Arbeitsblatt die berechnete Absenkungskurve $(s_w - s_r)$ eingetragen. Aus Abb. 4.29 wurden nur vier Standardkurven von $W(u, C_D, S_F)$ in Abb. 4.32 übernommen, die sich für eine Deckung anboten.

Die Verschiebung auf die passende Standardkurve mit den Werten $S_F = +20$ und $C_D = 100$ wurde dadurch erreicht, dass die berechnete Absenkungskurve iterativ mit Faktoren für $(s_w - s_r) < 1$ und für $t > 1$ multipliziert wurde. Die optimalen Werte für die logarithmische Transformation waren 0,308 respektive 8,55.

Als „Deckungspunkt" wurde der Punkt $t = 600$ Sekunden gewählt. Nach der Verschiebung befindet sich dieser Punkt bei $\frac{1}{u} = 5130$ Sekunden. Dieses Vorgehen gewährt eine streng achsenparallele Verschiebung und erlaubt zudem die direkte Ablesung der x-y-Werte durch Anklicken auf dem Diagramm der Abb. 4.32.

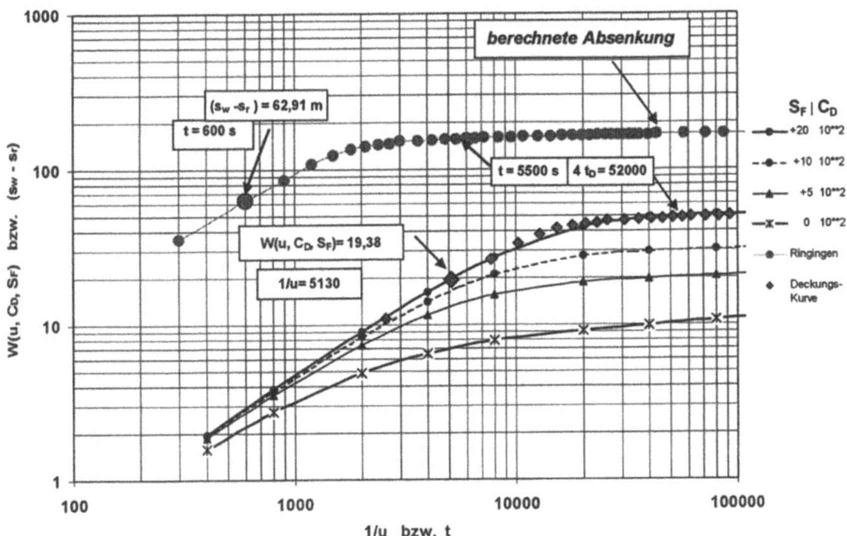

Abb. 4.32. Grafische Ermittlung der Werte t, $(s_w - s_r)$, $\frac{1}{u}$ und $W(u, C_D, S_F)$ für die Auswertung des Pumpversuchs Ringingen

Die mittlere Förderrate wurde mit $Q = 5,3 \cdot 10^{-2}$ m^{3}s^{-2} festgelegt. Mit der umgeformten Gl. 4.82 errechnet sich

$$T = \frac{Q \cdot W(u, C_D, S_F)}{4\pi(s_w - s_r)} = \frac{5,3 \cdot 10^{-2} \cdot 19,38}{4\pi \cdot 62,91} = 1,299 \cdot 10^{-3} \text{ m}^2\text{s}^{-1}$$

$$T \cong 1,3 \cdot 10^{-3} \text{ m}^2\text{s}^{-1}$$

Wegen der gegenseitigen Abhängigkeit von S und C_D (Gl. 4.80) ist die analoge Berechnung des Speicherkoeffizienten zwar nicht eindeutig, aber möglich.

Es ergibt sich mit $r_w = 0,38\,m$ (Abb. 4.31) ein Wert von

$$S = \frac{4Ttu}{r_w^2} = \frac{4 \cdot 1,3 \cdot 10^{-3} \cdot 600}{5130 \cdot 0,38^2} = 4,21 \cdot 10^{-3}$$

der nach Strayle (1983) für einen gespannten Kluftgrundwasserleiter etwas zu groß ist.

An Hand des ermittelten Werts von S kann man überprüfen, ob der funktionale Zusammenhang zwischen Speicherkonstante C_D und Speicherkoeffizient nach Gl. 4.80 erfüllt ist:

$$C_D = \frac{1}{2S} = \frac{1}{2 \cdot 4,21 \cdot 10^{-3}} \doteq 118,8$$

also $\cong 120$.

Es ergibt sich also ein Wert, der um 20 % höher ist als der Wert 100 der Standardkurve (Abb. 4.29), an die sich die Datenkurve am besten anpassen ließ.

Abschließend kann die Größenordnung von Brunnenspeicherung und Skin-Effekt beurteilt werden. Mit Gl. 4.84 bestimmt man dazu die zeitliche Dauer der Eigenkapazität (Brunnenspeicherung) während Absenkung oder berechnetem Wiederanstieg.

$$t_D = (60 + 3,5 S_F) \cdot C_D = (60 + 3,5 \cdot 20) \cdot 100 = 1,3 \cdot 10^4$$

Daraus leitet sich ab, dass

$$\frac{1}{u} = 4 t_D = 5,2 \cdot 10^4$$

Dieser Wert der Standardkurve entspricht auf der Datenkurve (Abb. 4.32) einer realen Zeit von $t_D = 5500$ s. Der Speichereffekt wirkt sich also über eine Zeit von $\cong 1,5$ Stunden aus.

Das vom Skin verursachte Absenkungsausmaß errechnet sich aus Gl. 4.71 zu

$$\Delta s = S_F \cdot \left(\frac{Q}{2\pi T} \right) = 20 \cdot \left(\frac{5,3 \cdot 10^{-2}}{2\pi \cdot 1,3 \cdot 10^{-3}} \right) = 129,8$$

Das ist ein sehr hoher Wert. Es sind also rd. 75 % der im Brunnen gemessenen Absenkung nicht durch die Eigenschaften des Aquifers bedingt.

4.8.4 Aquifertest: Andere Verfahren

In der schon mehrfach zitierten Monographie von Stober (1986) wird an Hand zahlreicher Pumpversuche in Kluft- und Karstgrundwasserleitern Süddeutschlands die Anwendbarkeit verschiedener Verfahren auf die jeweilige hydrogeologische Situation diskutiert. Als prinzipielles Problem erweist sich in der Praxis, dass das hydraulische Strömungsmodell nicht so genau bekannt ist, um von vornherein das „passende" analytische Modell auszuwählen.

In der Literatur wird am häufigsten das Doppelporositätsmodell (Barenblatt, Zheltow u. Kochina 1960; Moench 1984) angeführt, bestehend aus

- einem Kontinuum aus Gesteinsmatrix-Blöcken mit einer Primärporosität und geringer Durchlässigkeit und
- einem hochdurchlässigen Kluftkontinuum mit geringer Sekundärporosität.

Ersteres ist das Ergebnis von Sedimentation und Diagenese; letzteres entsteht durch thermische und tektonische Prozesse.

Diese zwei Kontinua überlappen sich und reagieren miteinander. Beim Doppelporositätsmodell ist die sogenannte Interporositätsströmung aus den Blöcken in die Klüfte stationär; dagegen ist die Strömung in den Klüften radial und instationär. Die Stationarität in den Gesteinsmatrix-Blöcken verlangt, dass dort keine Variationen der (Druck-)Wasserstände auftreten.

Auf dem Doppelporositätsmodell aufbauende und in der Praxis angewendete analytische Auswerteverfahren sind bei Kruseman u. De Ridder (1991) ausführlich beschrieben:

- Verfahren von Bourdet u. Gringarten (1980), anwendbar auf Absenkungsdaten vorhandener Grundwassermessstellen mittels einer Schar von Standardkurven
- Geradlinienverfahren von Warren u. Root (1963), eine Approximation des Verfahrens von Bourdet u. Gringarten, anwendbar auf einen Förderbrunnen
- Geradlinienverfahren von Kazemi, Seth u. Thomas (1969), ebenfalls anwendbar auf vorhandene Grundwassermessstellen

Moench (1984) geht auf Widersprüche in einigen analytischen Verfahren ein, die sich aus dem Postulat einer stationären Interporositätsströmung ergeben, und stellt ein eigenes, nach ihm benanntes Verfahren vor. Dies wurde auch – wie andere – in kommerziell angebotener Software installiert.

4.9 Zusammenfassung

In dem vorstehenden Kap. 4 wurde versucht, die wichtigsten Pumpversuchsverfahren und ihre theoretischen Grundlagen darzustellen und mit zahlreichen Beispielen zu illustrieren.

Dabei ist es nicht möglich gewesen, alle in der hydrologischen und hydrogeologischen Literatur publizierten Verfahren anzusprechen.

Um dennoch einen gewissen Überblick zu geben, wird auf Abb. 4.33 versucht, nach Kruseman u. De Ridder (1991) die Pumpversuchsverfahren unter verschiedenen Gesichtspunkten einzuteilen, denen sie im Einzelnen auf den Flussbildern der Abb. 4.34 bis Abb. 4.37 zugeordnet werden.

An dieser Stelle ein Wort zu den vielen auf dem Markt befindlichen PC-Programmen. Es ist sehr schwierig, diese auf Grund ihrer unterschiedlichen Verfügbarkeit und ihres oftmals ephemeren Charakters aufzulisten sowie jeweils auf Nachbildungs- und Leistungsfähigkeit bezüglich der einzelnen Pumpversuchsverfahren zu testen.

Vor der Anwendung von Computerprogrammen empfehlen nicht nur die Verfasser, sondern auch Fachkollegen aus der Praxis, die verschiedenen Pumpversuchsverfahren vorher einmal „von Hand" anzuwenden und dann für die jeweilige Fragestellung auf Plausibilität zu prüfen.

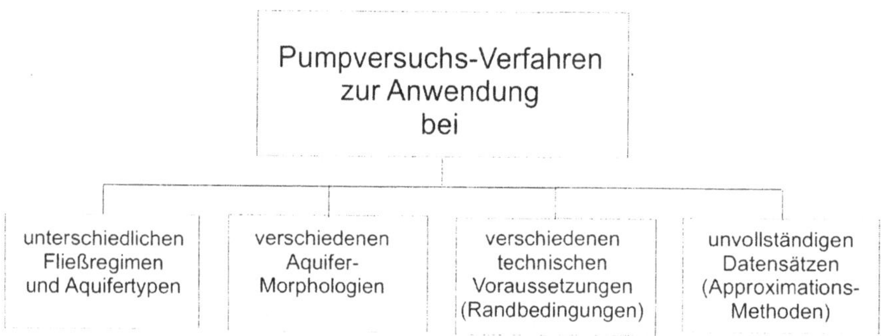

Abb. 4.33. Einteilung der Pumpversuchsverfahren nach unterschiedlichen Gesichtspunkten für die Flussbilder auf Abb. 4.34 bis 4.37

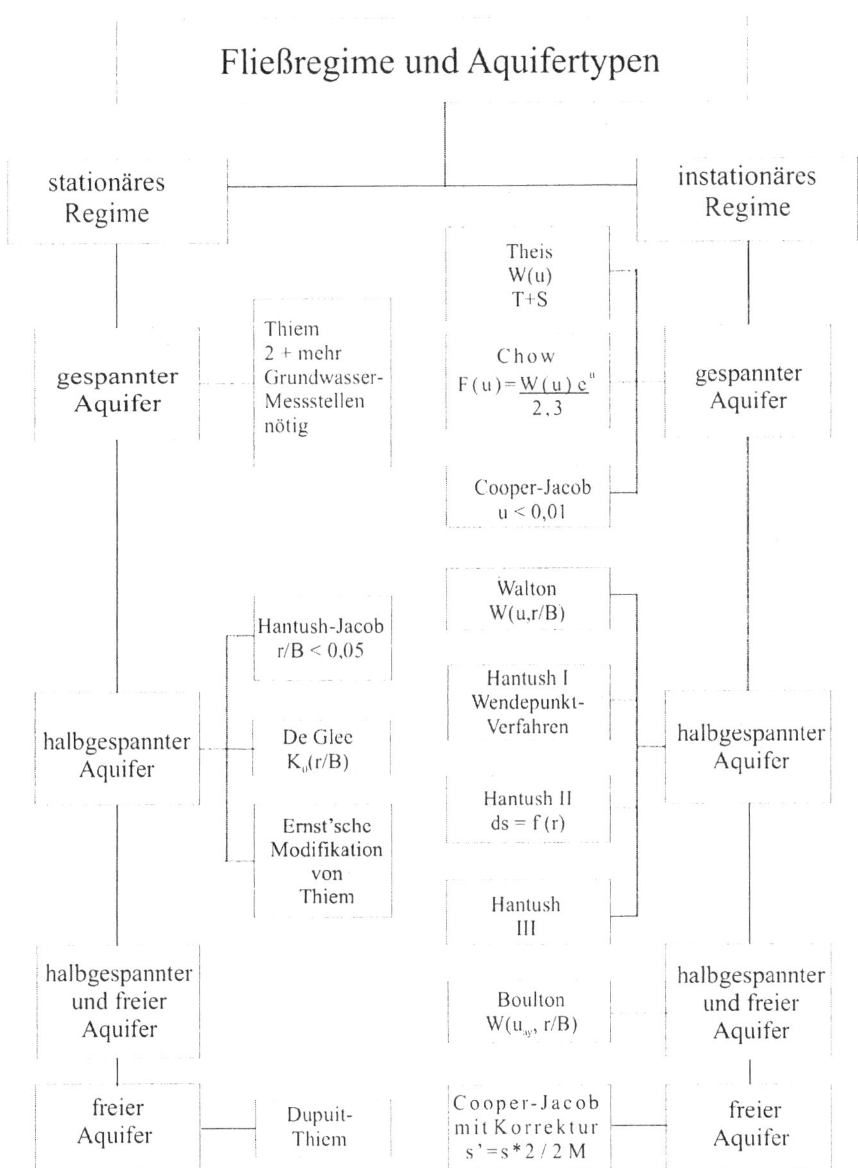

Abb. 4.34. Pumpversuchsverfahren für unterschiedliche Fließregime und Aquifertypen

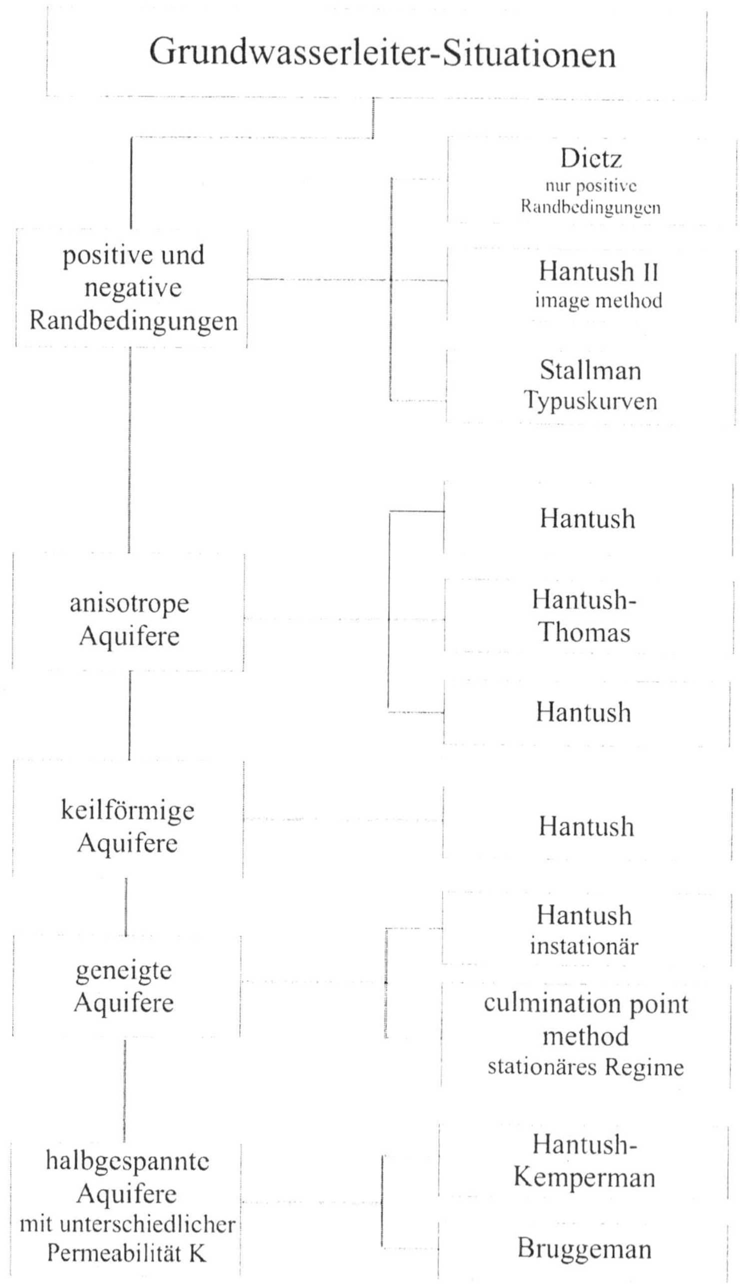

Abb. 4.35. Pumpversuchsverfahren für unterschiedliche morphologische Aquifer-Situationen

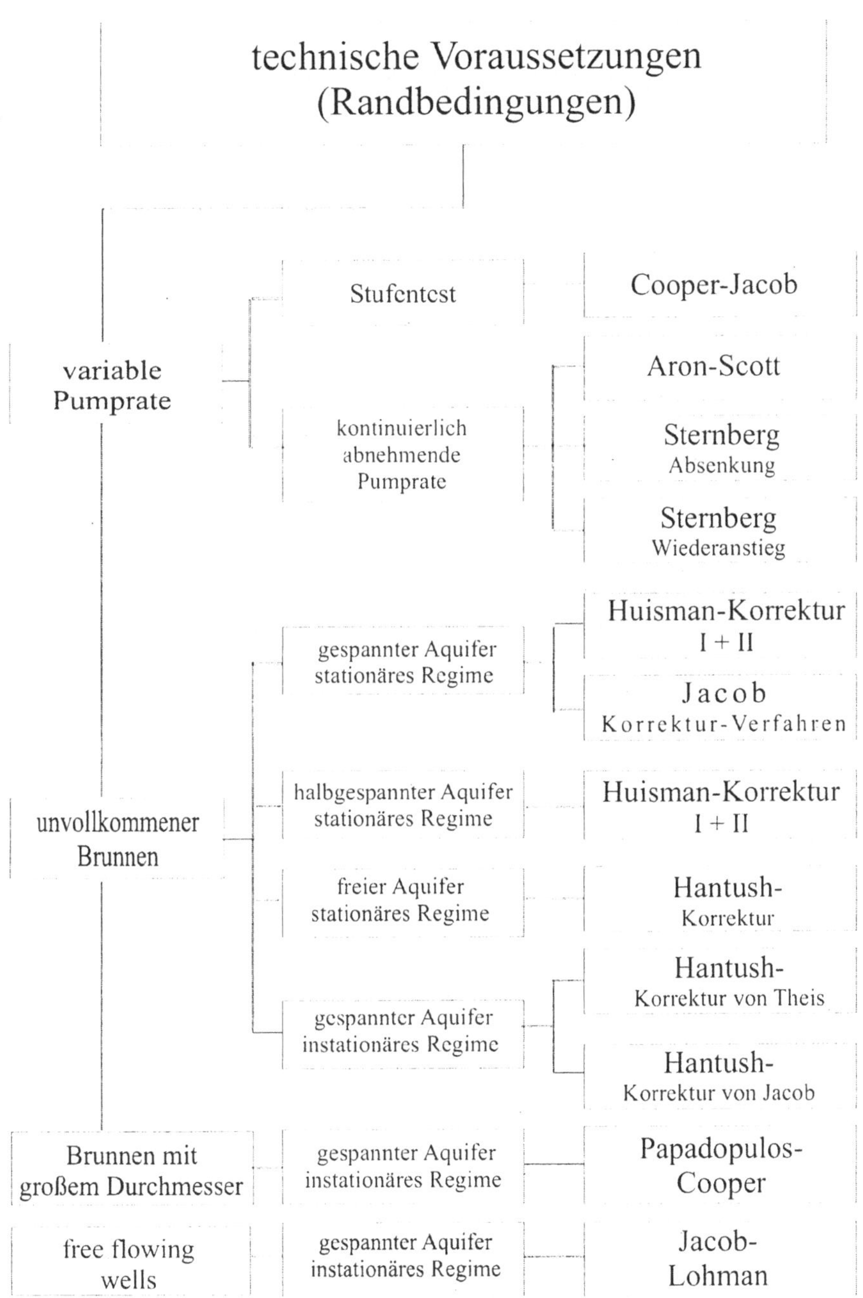

Abb. 4.36. Pumpversuchsverfahren für unterschiedliche technische Voraussetzungen

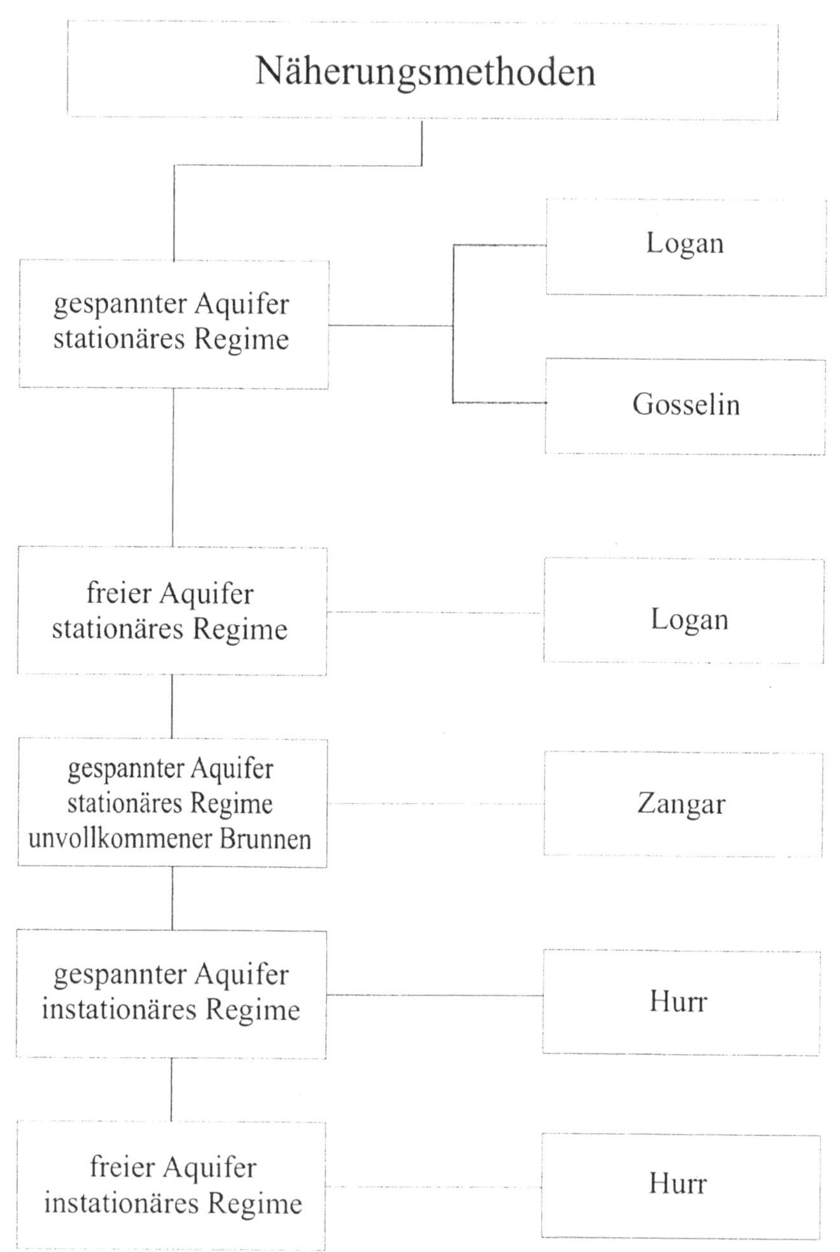

Abb. 4.37. Näherungsmethoden für Pumpversuche mit unvollständigen Daten

5 Hydrogeochemie für die Praxis

5.1 Grundwasseranalysen

5.1.1 Konzentrationen und Einheiten

Die Konzentrationen gelöster Wasserinhaltsstoffe werden in unterschiedlichen Einheiten angegeben. Grundlage ist die Angabe in Masseneinheiten (kg, g, mg). Üblich sind sowohl die Einheiten mg/l als auch mg/kg (= ppm = parts per million). Bezugsgrößen sind entweder ein Liter oder ein Kilogramm Wasser. Beide sind nur im Dichtemaximum von Wasser bei 4 °C (genau: 3,89 °C) identisch. Bei Temperaturen von 5 bis 30 °C und Lösungsinhalten bis etwa 7000 mg/l $\approx$ 7000 ppm dürfen beide Einheiten gleichgesetzt werden. Diese Konzentration entspricht etwa einem Brackwasser.

$$mg/l = \frac{Masse\ des\ gel\ddot{o}sten\ Stoffes}{Volumen\ des\ L\ddot{o}sungsmittels} \qquad \text{temperaturabhängig} \qquad (5.1)$$

$$mg/kg = \frac{Masse\ des\ gel\ddot{o}sten\ Stoffes}{Masse\ des\ L\ddot{o}sungsmittels} \qquad \text{temperaturunabhängig} \qquad (5.2)$$

Die nachstehende Beziehung (Gl. 5.3) ermöglicht die Umrechnung von ppm und mg/l für stärker mineralisierte Wässer.

$$\frac{mg/l}{ppm} = Dichte\ der\ L\ddot{o}sung - TDS \qquad (5.3)$$

mit
   TDS = total dissolved solids; Summe der gelösten Anionen und Kationen

Beispiel

Ein stärker mineralisiertes Tiefenwasser mit einer Dichte $\rho = 1,012$ g·cm^{-3} hat einen Gesamtlösungsinhalt (TDS) von 15.000 mg/l (0,015 g·cm^{-3}). Damit entspricht 1 ppm = 0,997 mg/l.

Stöchiometrische Rechnungen sind mit den analytisch im Labor bestimmten Masseeinheiten nicht möglich. Sie erfordern den Gebrauch von Stoffmengen-Einheiten wie Mole pro Liter oder Mole pro Kilogramm. Ein Mol enthält $6,023 \cdot 10^{23}$ Atome oder Moleküle des jeweiligen Stoffs (Avogadro'sche Zahl) mit einer Masse, die dessen Atom- oder Molekülmasse (früher: Atom- und Moleku-largewicht) entspricht.

Die den Masseeinheiten mg/l und mg/kg (ppm) entsprechenden Stoffmengeneinheiten werden als Molarität und Molalität bezeichnet:

$$Molarität = \frac{Mole\ des\ gelösten\ Stoffes}{1\ l\ Lösungsmittel} \tag{5.4}$$

$$Molalität = \frac{Mole\ des\ gelösten\ Stoffes}{1\ kg\ Lösungsmittel} \tag{5.5}$$

Die in der Wasserchemie übliche Einheit ist das mmol/l (1 mol = 1000 mmol). Im Temperaturbereich 5 bis 30 °C und bei Gesamtlösungsinhalten < 7000 mg/l dürfen Molarität und Molalität gleichgesetzt werden.

Die Anzahl der Mole pro Liter in einer ermittelten Masse errechnen sich zu

$$mmol/l = \frac{mg/l}{Molmasse} \tag{5.6}$$

Beispiel

Was ist die Molekülmasse von einem Mol Wasser (H_2O)?

$$
\begin{aligned}
H_2 &= \ 2{\cdot}1{,}008\ g \\
O &= \ 1{\cdot}15{,}999\ g \\
\Sigma &= \ 18{,}015\ g
\end{aligned}
$$

Die nicht ganzzahligen Massenangaben sind ein Ausdruck der Tatsache, dass sich Elemente aus unterschiedlich großen Anteilen natürlicher Isotope mit unterschiedlichen Massen zusammensetzen. Über die Anwendung von stabilen und radiogenen Isotopen im Rahmen der Hydrogeologie soll im Rahmen dieses Kapitels nicht berichtet werden. Es sei hier auf die entsprechende Literatur verwiesen (Faure 1986; Clark u. Fritz 1997).

Beispiel

Wie viel Millimol pro Liter entsprechen 137,47 mg/l Ca^{2+}?

Die Molmasse von Kalzium beträgt 40,08 g/mol = 40,08 mg/mmol. Daher

$$\frac{137{,}47\ mg/l}{40{,}08\ mg/mmol} = 3{,}43\ mmol/l \tag{5.7}$$

Äquivalenteinheiten. Die elektrolytische Dissoziation der im Wasser gelösten Salze in positiv und negativ geladene Ionen bedingt ein Gleichgewicht. Da Grundwasser elektrisch neutral ist, müssen die Summen von Kationen und Anionen einander elektrisch äquivalent sein. Zur Kontrolle dieser Gleichwertigkeit oder Ionenbilanz, aus der sich auch die Genauigkeit einer Analyse herleiten lässt, dient die Angabe von äquivalenten Konzentrationen, die in mmol(eq)/l bzw.

mmol(eq)/kg ausgedrückt werden. Die früher übliche Bezeichnung mval/l bzw. mval/kg ist nicht mehr zulässig.

$$mmol(eq)/l = Konzentration\ (mg/l) \cdot \frac{Valenzen}{Molmasse} \qquad (5.8)$$

Unter Valenzen versteht man die Anzahl der elektrischen Ladungen bzw. die Wertigkeit eines Atoms oder Moleküls.

Beispiel

Was ist die äquivalente Konzentration von 137,47 mg/l Ca^{2+}?

$$137,47\ mg/l \cdot \frac{2}{40,08\ mg/mmol} = 6,86\ mmol(eq)/l \qquad (5.9)$$

Im Fall einwertiger Ionen sind Stoffmengen- und Äquivalentkonzentrationen numerisch gleich. Eine Zusammenstellung der Molmassen und Valenzen der in der Hydrochemie wichtigsten Ionen findet sich in Tabelle 5.1.

Tabelle 5.1. Molmassen und Wertigkeiten hydrochemisch wichtiger Ionen

Ion		Molmasse [g/mol]	Wertigkeit (Valenz)	Ion		Molmasse [g/mol]	Wertigkeit (Valenz)
Kationen				Anionen			
Na^+		22,99	+ 1	Cl^-		35,45	- 1
K^+		39,10	+ 1	SO_4^{2-}		96,07	- 2
Mg^{2+}		24,31	+ 2	NO_3^-		62,01	- 1
Ca^{2+}		40,08	+ 2	NO_2^-		46,01	- 1
Fe^{2+}		55,85	+ 2	HCO_3^-		61,02	- 1
Fe^{3+}	*	55,85	+ 3	CO_3^{2-}		60,01	- 2
Mn^{2+}		54,94	+ 2	PO_4^{3-}	*	94,97	- 3
Mn^{3+}	*	54,94	+ 3	F^-	*	19,00	- 1
Al^{3+}	*	26,98	+ 3				
Li^+	*	6,94	+ 1				
Sr^{2+}	*	87,62	+ 2				
Zn^{2+}	*	65,39	+ 2				

* Nur unter besonderen chemischen Randbedingungen mobil, z.B. bei niedrigem pH-Wert; für die Ionenbilanz aufgrund der geringen Konzentrationen meist vernachlässigbar.

Die prozentualen Anteile der Äquivalentkonzentrationen der Ionen an deren Kationen- bzw. Anionensummen können zur Klassifizierung des Wassertyps herangezogen werden. Ionen mit einem Anteil $\geq 20\,\%$ sind dabei – in Reihenfolge ihrer Anteile – namensgebend, wobei Kationen vor Anionen stehen, also z.B. Ca-Na-HCO_3-Cl. Bei Anteilen $\geq 50\,\%$ werden die entsprechenden Ionen unterstrichen. Die Analyse aus Tabelle 5.2 wäre demnach ein *Ca-HCO$_3$*-Wasser. Die Typisierung der Wässer gibt Anhaltspunkte über ihre Entstehung (s. Abschn. 5.2). Wässer des NaCl-Typs sind auf Kontakt mit Steinsalz oder Meerwasser zurückzuführen. Ca-HCO$_3$-Wässer haben ihre Prägung wohl durch Reaktionen mit Kalkstein bzw. Karbonaten erhalten, während Na-HCO$_3$-Wässer durch Ionentausch beeinflusst sind.

Aktivität und Ionenstärke. Ionen in einer Lösung bewirken ein elektrisches Kraftfeld, durch das die chemische Interaktionen der Ionen untereinander beeinflusst werden. Nicht alle gelösten Ionen können also miteinander reagieren, d.h. aktiv sein. Die Aktivität [A] eines Ions i ist gemäß Gl. 5.10 definiert.

$$[A] = \gamma \cdot \{C\} \tag{5.10}$$

mit

   $\{C\}$ = analytisch bestimmbare gelöste Konzentration eines Ions
   γ = Aktivitätskoeffizient

Zur Bestimmung der Aktivitätskoeffizienten $(0 < \gamma < 1)$ können verschiedene Ansätze genutzt werden. Für normale Grundwässer wird häufig die Debye-Hückel-Gleichung benutzt:

$$-\lg \gamma_i = \frac{0.5 \cdot z^2 \cdot \sqrt{I}}{1 + 0.33 \cdot 10^8 \cdot a \cdot \sqrt{I}} \tag{5.11}$$

mit

   a = Ionendurchmesser
   z = Ladungszahl (Valenz)
   I = Ionenstärke einer Lösung gemäß Gl. 5.12, dimensionslos

$$I = \tfrac{1}{2} \sum m_i \cdot z_i^2 \tag{5.12}$$

mit

   m_i = molarer Anteil eines Ions i in der Lösung [mol/l]
   z = Ladung (Valenz) des Ions i

Die Aktivität nimmt pauschal bei zunehmender Ionenstärke ab. Streng genommen entspricht die Aktivität der gelösten Konzentration nur bei unendlicher Verdünnung. Meerwasser hat eine Ionenstärke von ca. 0,7; bei normal mineralisierten Grundwässern ist sie $< 0,1$.

Beispiel

Wie hoch ist die Ionenstärke einer 0,1 molaren $MgCl_2$-Lösung?

$MgCl_2$ dissoziiert in 0,1 mol/l Mg^{2+} und $2 \cdot 0{,}1$ mol/l = 0,2 mol/l Cl^-. Daher gilt:

$$I = 0{,}5 \cdot (0{,}1 \text{ mol/l} \cdot 2^2 + 0{,}2 \text{ mol/l} \cdot 1^2) = 0{,}3 \text{ mol/l}$$

5.1.2 Parameterauswahl, Analyseformen und Normen

Der Parameterumfang einer Wasserprobe definiert, welche Aussagen diese zulässt. Er ist daher vor der Beprobung festzulegen (vgl. auch Abschn. 9.6.2.ff).

Im einfachsten Fall handelt es sich um festgeschriebene Analysearten mit gesetzlich festgelegten Analyseparametern, z.B.:

- Trinkwasser nach der Trinkwasserverordnung (TrinkwV)
- Rohwasser nach den entsprechenden Paragraphen der Landeswassergesetze der Bundesländer (LWG)
- Mineral- und Tafelwasser nach der Mineral- und Tafelwasserverordnung (MTVO)
- Heilwasser nach dem Arzneimittelgesetz

Bei anderen Untersuchungszielen können die Analyseparameter sinnvoll ergänzt oder eingeschränkt werden. Dabei kann z.B. die Flächennutzung des Untersuchungsgebietes berücksichtigt werden. Bei Altlastenverdachtsflächen sind entsprechend andere Parameter einzubeziehen als in überwiegend landwirtschaftlich genutzten Gebieten. Bei Erstuntersuchungen im Rahmen von Kontaminationen hat es sich aus Kostengründen als sinnvoll erwiesen, zunächst Summenparameter zu analysieren, wenn individuelle Kontaminanten von vorn herein nicht bekannt sind. Wenn diese Summenwerte Auffälligkeiten zeigen, kann eine anschließende detailliertere Analytik genaueren Einblick geben.

Auf eine vollständige Analyse der wichtigsten Kationen und Anionen sollte nie verzichtet werden. Nur dies erlaubt eine Qualitätsabschätzung der Analytik durch Berechnung einer Ionenbilanz; ggf. können sich zusätzlich interessante Korrelationen des interessierenden Inhaltsstoffs mit anderen Parametern ergeben.

5.1.3 Beprobung und Vor-Ort-Messungen

Über Bau und Betrieb von Messstellen sowie die Gewinnung von repräsentativen Wasserproben finden sich detaillierte Ausführungen im Kap. 9.

Der folgende Abschnitt fasst aus der Sicht des Analytikers Wesentliches zu Beprobung und Vor-Ort-Messung zusammen:

- Die Auswahl des Probenentnahmeverfahrens beeinflusst die spätere Qualität der Analyse.
- Längeres Abpumpen der Messstelle ist gegenüber der Gewinnung von Schöpfproben zu bevorzugen.

– Schöpfproben erfassen im Wesentlichen das durch den Kontakt mit der Atmosphäre veränderte Standwasser, das sich in seiner Beschaffenheit deutlich von fließendem Grundwasser am Standort unterscheiden kann.

– Die Zeit die zur Entfernung des Standwassers erforderlich ist, kann nicht pauschal angegeben werden. Sie hängt neben der Förderrate auch vom baulichen Zustand der Messstelle ab. Als Faustregel kann gelten, dass das Standwasservolumen V_s mindestens dreimal abgepumpt werden sollte. V_s kann mittels Gl. 5.13 berechnet werden.

$$V_s = \pi \cdot r^2 \cdot h \tag{5.13}$$

mit
V = Standwasservolumen
r = Innenradius der Messstelle
h = Höhe der Wassersäule

– Schon während des Abpumpens der Messstelle bzw. des Brunnens sind Parameter wie Temperatur, pH-Wert und spezifische elektrische Leitfähigkeit des Wassers möglichst kontinuierlich zu messen. Mit zunehmender Abpumpzeit sollten die Werte sich stabilisieren (Abb. 5.1). Dies ist ein wichtiges Indiz für die Entfernung des Standwassers. Erst danach kann die Beprobung vorgenommen werden.

– Bei sehr langen Förderzeiten können nach und nach verschiedene räumliche Abschnitte des Grundwasserleiters erschlossen werden, so dass sich dadurch die Beschaffenheit wieder verändert.

– Bei der Beprobung sollte immer berücksichtigt werden, dass im Grundwasserleiter die Wasserbeschaffenheit auch in der Vertikalen stark variieren kann (Abschn. 5.2.3 und 5.2.4). In der Regel sind mehrere hydrochemische Zonen ausgebildet, d.h. es existiert eine vertikale Zonierung. Die Tiefe, aus der eine Probe entnommen wird, ist daher ein entscheidender Faktor für die Aussagekraft der Analyse.

– Einzelne lange Filterstrecken können einen hydrochemischen Kurzschluss dieser vertikalen Zonierung bewirken. Dadurch kann es zur vertikalen Durchmischung in den Grundwassermessstellen und im Brunneninneren kommen und demnach auch zu Verdünnung. Im extremen Fall kann dies bei Kontaminationen soweit gehen, dass diese nicht mehr erkannt werden.

– Bei langen Filterstrecken kann auch die Position der Pumpe entscheidend sein, welche Zone bevorzugt angezapft wird.

– In der Regel sind Messstellen mit kurzen Filterstrecken empfehlenswert.

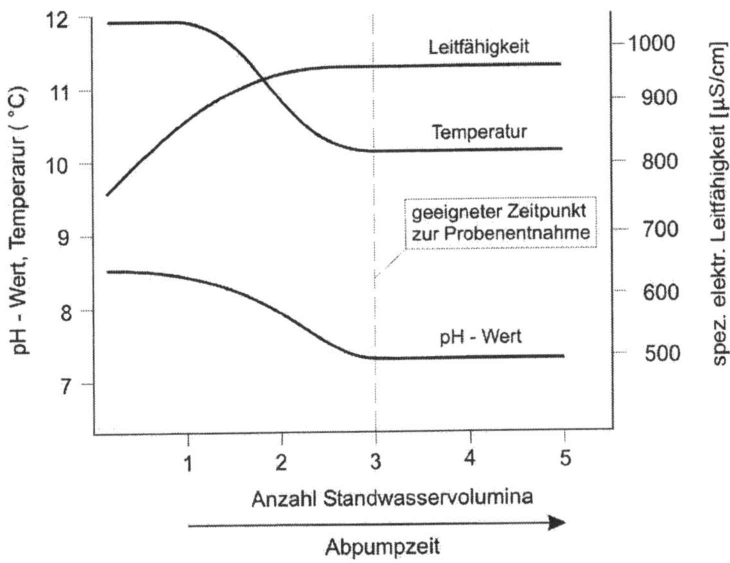

Abb. 5.1. Schematisierte Entwicklung der vor Ort gemessenen Parameter beim Klarpumpen einer Messstelle

Um die vertikale Zonierung erkennen zu können, sind besonders Mehrfachmessstellen geeignet. Abbildung 5.2 zeigt bauliche Möglichkeiten:

(a) dicht nebeneinander liegende Einzelmessstellen
(b) mehrere Messstellen in einer Bohrung, gegeneinander abgedichtet
(c) Multisampler in einem Rohr

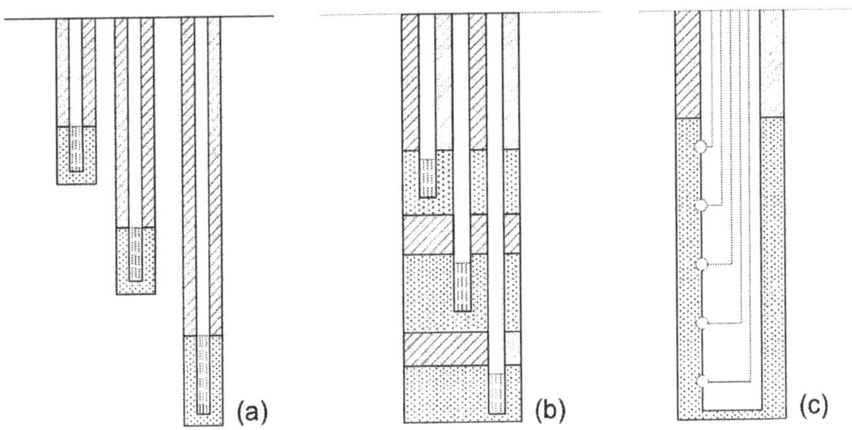

Abb. 5.2. Bauliche Varianten zur vertikal gestaffelten Beprobung von Grundwasser

Bei der Variante (a) ist die gegenseitige Beeinflussung der Filterstrecken am geringsten; sie wird daher oft in der Praxis bevorzugt.

Messstellen sind wie Brunnen einer Alterung unterworfen (Kap. 12), die auch die Qualität der Beprobung beeinflussen kann. Mögliche Beeinträchtigungen können z.B. ausgelöst werden durch

- Inkrustation (Blockierung) einzelner Filterabschnitte,
- Umläufigkeiten der Ringraumfüllung, Tagwasserzutritte,
- Undichtigkeiten von Rohrverbindungen.

Bei zweifelhaften Ergebnissen ist eine Kamerainspektion und ggf. eine Innenreinigung angezeigt.

Das bevorzugte Gerät zur Probengewinnung ist die Unterwassermotorpumpe, die eine zügige Förderung auch aus großen Tiefen erlaubt. Im Handel sind Modelle erhältlich, deren Durchmesser auch eine Beprobung von 2"-Messstellen erlauben.

Bei geringen Flurabständen (bis ca. 6 m) können Saugpumpen verwendet werden; aufgrund des angelegten Vakuums sind jedoch Entgasungen und damit chemische Veränderungen der Probe möglich. In Ausnahmefällen können Schöpfproben verwendet werden. Durch mehrfaches Schöpfen kann – zumindest bei flachen Brunnen – versucht werden, das Standwasser auszutauschen. Andererseits gibt es auch Schöpfgeräte, die mittels eines Fallgewichts in einer bestimmten Tiefe verschlossen werden können und somit eine tiefengetreue Beprobung erlauben.

Weiterhin sind die folgenden Vorgaben zu beachten:

- Nach ausreichender Förderung sind die Parameter pH-Wert, spezifische elektrische Leitfähigkeit, Temperatur, ggf. Redoxspannung und Sauerstoffgehalt zu protokollieren.
- Zusätzlich sollen Geruch, Farbe, Trübung und etwaige Auffälligkeiten festgehalten werden.

Die verwendeten Elektroden sollten in geschlossene Durchflussmesszellen gestellt werden, durch die ein Teilstrom des geförderten Wassers blasenfrei geleitet wird. Gegenüber dem Einstellen der Elektroden in ein durchströmtes offenes Becherglas hat dies den Vorteil, dass dadurch die Entgasung und der Zutritt von Sauerstoff minimiert werden können.

- Die Konzentrationen mancher gelöster Inhaltsstoffe wie z.B. Hydrogenkarbonat und Kohlensäure können durch die Entgasung während Probenentnahme, Transport und Lagerung signifikant verändert werden. Ist eine genaue Analyse dieser Parameter erforderlich, so sollten sie durch Titration vor Ort bestimmt werden.
- Gleiches gilt für redoxsensitive Parameter, d.h. solche Parameter, deren Werte durch Kontakt mit Luftsauerstoff verfälscht werden können, wie z.B. NH_4^+, Fe^{2+} und Mn^{2+}. Diese können vor Ort z.B. photometrisch bestimmt werden. Geländetaugliche und ggf. batteriegetriebene Geräte sind heute Stand der Technik.

- Besonders bei trüben und gefärbten Wässern ist eine Filtration vor der Analyse unabdingbar. Sie entfernt partikuläre und kolloidale Inhaltsstoffe, die ansonsten mit in den Analysengang geraten würden und dort die Analysengeräte verstopfen bzw. die anschließende Berechnung der Ionenbilanz stören würden. Empfohlen wird gewöhnlich eine Filtration $< 0{,}45$ μm. Jedoch sind viele Kolloide noch feiner, so dass eine Filtration $< 0{,}22$ bzw. $< 0{,}1$ μm erforderlich sein kann. Um den Anteil der z.B. in kolloidaler Form vorliegenden Fraktion eines Inhaltsstoffs zu bestimmen, können filtrierte und unfiltrierte Proben parallel analysiert werden.
- Die im Labor zu untersuchenden Proben sollten nur in speziellen, dicht schließenden Probenbehältern aufbewahrt werden, die vor der endgültigen Befüllung mehrfach mit dem Wasser der Messstelle gespült und blasenfrei abgefüllt werden müssen.
- Derzeit gibt es kein Analysengerät, das im Labor alle Inhaltsstoffe analysiert, noch dazu gleichzeitig. In Abhängigkeit der Analysenmethoden und der erforderlichen Konservierungstechniken müssen daher für eine Messstelle schon im Feld getrennt Proben in verschiedene Behälter abgefüllt werden.
- Angesichts von möglichem Glasbruch und Problemen im Labor ist zusätzlich eine Rückstellprobe vorteilhaft. Im Vergleich zu einer erneuten Beprobung ist dies deutlich kostengünstiger.
- Äußerst wichtig ist die Bezeichnung der Proben mit wasser- und abriebfestem Stift und Etiketten. Neben der Bezeichnung der Messstelle sollten auch das Datum der Beprobung und eventuelle Besonderheiten, z.B. Konservierungsmethoden, verzeichnet werden. Viele Labors bevorzugen für die automatisierte Analytik fortlaufende Probenbezeichnungen (z.B. MK 1 - MK 10). Dieses Vorgehen vermindert auch die Verwechslungsgefahr bei komplizierten Probennummern.

Der Vollständigkeit halber zu erwähnen sind Probenentnahmen aus der ungesättigten Bodenzone. Proben können dort mit Hilfe von Saugkerzen gewonnen werden. Die Saugspannung des Bodens muss dabei durch Anlegen eines höheren Unterdrucks in einer Vorratsflasche überwunden werden, in die das Wasser dann fließen kann.

Empfehlungen zur Probenentnahme aus Beschaffenheitsmessstellen und die Auswahl von Parametern geben

- DIN 38402-A13,
- LAWA (Länderarbeitsgemeinschaft Wasser 1993),
- die DVWK-Regeln zur Wasserwirtschaft 128/1992 (Deutscher Verband für Wasserwirtschaft und Kulturbau 1992),
- die DVGW-Merkblätter W 108, W 112, W 121 und W 254 (Deutsche Vereinigung des Gas- und Wasserfaches).

5.1.4 Lagerung und Konservierung von Wasserproben

Die Zeit zwischen Probenentnahme und Analytik sollte generell möglichst kurz sein, am besten weniger als 24 h. Der Termin der Beprobung ist in Absprache mit dem Labor also entsprechend abzustimmen. Bereits auf dem Weg zum Labor sollten die Proben in vorgekühlten Kühltaschen gelagert werden. Anschließend ist für die meisten Zwecke die dunkle und kühle Lagerung im Kühlschrank ausreichend. In seltenen Fällen müssen Proben schockgefroren werden.

Für manche empfindliche Wasserinhaltsstoffe sind Konservierungsmethoden erforderlich. So neigen eisen- und manganreiche Wässer bei Kontakt mit Luftsauerstoff zur Ausfällung von Eisen- bzw. Manganoxiden, was nicht nur die Konzentrationen von Eisen und Mangan, sondern auch den pH-Wert und die Karbonatspeziation verändert (Gl. 5.14a, b).

$$4\ Fe^{2+} + O_2 + 10\ H_2O \Leftrightarrow 4\ Fe(OH)_3 + 8\ H^+ \tag{5.14a}$$

$$4\ Fe^{2+} + O_2 + 8\ HCO_3^- + 2\ H_2O \Leftrightarrow 4\ Fe(OH)_3 + 8\ CO_2 \tag{5.14b}$$

Bei der Fällung der Eisen- und Manganoxide fangen diese durch Sorption weitere Spureninhaltsstoffe, z.B. Phosphat, Arsen, Barium und weitere Schwermetalle aus dem Probenwasser ein, so dass deren Analytik zu geringe Werte ergibt. Das verursacht eine weitere Verfälschung der Ergebnisse der Wasseranalyse. In ähnlicher Weise können Analysen durch Ausfällen von Karbonaten als Folge der Entgasung von Kohlensäure gestört werden.

Um solche Ausfällungen zu vermeiden, werden einer Teilprobe beim Abfüllen wenige Tropfen hochkonzentrierter ultrapurer (Salpeter-)Säure zugegeben (pH < 2). Eine so stabilisierte Teilprobe ist für die Bestimmung der Hauptkationen geeignet, für die Nitratbestimmung natürlich nicht mehr. Sie muss daher entsprechend gekennzeichnet werden! Parameter wie Nitrat, die durch mikrobielle Aktivitäten verfälscht werden können, erfordern bei längerer Lagerung eine Sterilisierung der Proben, z.B. durch Zugabe von entsprechenden keimtötenden Chemikalien (Bakterizid). Konservierungsmethoden sind in DIN 38402-A21 zusammengefasst.

5.1.5 Messungen im Labor

Auf die Beschreibung der im Labor erforderlichen Arbeitsschritte für die Analytik der einzelnen Parameter wird hier verzichtet. Detaillierte Beschreibungen finden sich in den Deutschen Einheitsverfahren (DEV), einer laufend aktualisierten Loseblatt-Sammlung von Analysemethoden, die größtenteils den deutschen und/oder europäischen Normen entsprechen.

Zu den am häufigsten verwendeten Analyseverfahren zählen:

- Photometrie
- Atomemissionsspektrometrie (AES, ICP-AES)
- Atomabsorptionsspektrometrie (AAS)

– Ionenchromatographie (IC)
– Flüssig-Chromatographie (HPLC)
– Gaschromatographie (GC)
– Massenspektrometrie (MS)

Eine gute Beschreibung der Grundprinzipien der Analysegeräte findet sich z.B. bei Skoog u. Leary (1996). Daneben kommen auch noch vergleichsweise einfache Verfahren wie die Titration, z.B. bei Hydrogenkarbonat, Karbonat und Kohlensäure, zum Einsatz.

In vielen Fällen werden statt aufwendiger Einzelanalysen analytisch einfachere und daher kostengünstigere Summenparameter analysiert. Ein Beispiel dafür ist der Chemische Sauerstoffbedarf (CSB). Er ist ein Maß für den Gehalt an oxidierbaren Stoffen und gibt somit einen guten Anhaltspunkt darüber, ob eine Probe z.B. viel oder wenig organische Substanzen enthält.

Ein gutes Laborprotokoll enthält nicht nur die Probenbezeichnung und die nackten Analysenwerte in Masseneinheiten (z.B. mg/l; mg/kg). Für viele weiterführende Berechnungen sind Konzentrationsangaben in Stoffmengeneinheiten, also in mol/l bzw. mmol/kg nützlich. Ebenso sind für die einzelnen Ionen die prozentualen Anteile an der Ionenbilanz anzugeben. Solche Berechnungen können durch standardisierte Protokolle mit Hilfe von Tabellenkalkulationsprogrammen leicht durchgeführt werden. Angaben über die gesetzlichen Grenzwerte, die verwendeten Analyseverfahren und die zugehörigen Nachweisgrenzen vervollständigen die Angaben. Tabelle 5.2 zeigt ein Beispiel einer gut dokumentierten Analyse.

Es ist darauf zu achten, dass alle angegebenen Parameter auch tatsächlich analysiert wurden und nicht einzelne zur „Auffüllung" der Ionenbilanz berechnet wurden.

Die Angabe der Nachkommastellen von Messwerten ist keine triviale Angelegenheit! Die Angaben „pH-Wert 6,7" bzw. „Na 9 mg/l" sind durchaus verschieden von „pH-Wert 6,70" bzw. „Na 9,00 mg/l", da letztere beiden Angaben eine höhere Messgenauigkeit implizieren.

Tabelle 5.2. Beispiel einer gut dokumentierten Wasseranalyse

Auftraggeber:		Analytik	
Wasserwerk Wasserland GmbH Irgendeine Str. 12 12345 Wasserstadt		ANALYTIK GmbH Dr. Klöbner 67890 Neu-Rosenstadt	
Bezeichnung	Ort	Datum	Labor-Nummer
14-098-00 (WL07)	Wasserwerk Pusemuckel	24.06.2002 (TTMMJJJJ)	AA 01
Probennehmer	Entnahmeart	Fördermenge	
Herr Müller- Lüdenscheid	U-Pumpe Typ PFH X12	30 min bei ca. 0,5 m³/h $\cong$ 0,25 m³	

Tabelle 5.2. (Fortsetzung)

	Messungen vor Ort		
	Grenzwert TrinkWV	Einheit	Messwert
pH-Wert	6,5-9,5		6,89
spezif. elektr. Leitfähigkeit	2000	[μS/cm]	655
Redoxsspannung	-	[mV]	+ 390
Sauerstoff		[mg/l]	6,7
Temperatur	25	[° C]	10,2

	Qualitative Befunde		
Färbung	farblos	Trübung	schwach
Geruch	modrig	Bodensatz	nein
Besonderheiten	keine		

	Messungen im Labor			
Parameter	Methode	Einheit	Grenzwert TrinkWV	Messwert
spektr. Absorbtionskoefizient bei 254 nm	(3)	1/m	0,5	2,4
Trübung	(3)	FNU	1,5	0,9

		Messungen im Labor					
Parameter	Methode	Nachweisgrenze	Grenz-Wert TrinkWV	Messwert	Messwert	Messwert	Ionenbilanz
		[mg/l]	[mg/l]	[mg/l]	[mmol/l]	[mmol (eq)/l]	[%]
Na^+	(1)		150	34,5	1,50	1,50	18,7
K^+	(1)		12	<u>19,6</u>	0,50	0,50	6,2
Mg^{2+}	(2)		50	12,2	0,50	1,00	12,5
Ca^{2+}	(2)		400	100,2	2,50	5,00	62,3
Fe^{2+}	(2)		0,2	<u>0,56</u>	0,01	0,02	< 0,1
Mn^{2+}	(2)		0,05	< 0,01	< 0,01	< 0,01	< 0,1
NH_4^+	(3)	< 0,10	0,5	< 0,01	< 0,01	< 0,01	< 0,1
Al^{3+}	(2)	< 0,02	0,2	< 0,01	< 0,01	< 0,01	< 0,1
			Summe	167,06	5,01	8,02	100 %
Cl^-	(4)		250	35,5	1,00	1,00	12,5
SO_4^{2-}	(4)		240	48,0	0,50	1,00	12,5
NO_3^-	(4)	< 1,0	50	<u>62,0</u>	1,00	1,00	12,5
NO_2^-	(3)	< 0,01	0,1	< 0,01	< 0,01	< 0,01	< 0,1
HCO_3^-	(5)		-	152,5	2,50	5,00	62,2
PO_4^{3-}	(3)	< 0,05	6,7	0,95	0,01	0,03	< 0,1
			Summe	298,95	5,01	8,03	100 %

Tabelle 5.2. (Fortsetzung)

Sonstige Parameter						
CO_2	(5)	< 0,10	-	44	1,00	-	-
F^-	(3)	< 0,10	1,5	< 0,10	< 0,01	< 0,01	< 0,1
CN^-	(3)	< 0,01	0,05	< 0,01	< 0,01	< 0,01	< 0,1

Berechnete Werte		
	Einheit	Wert
Gesamtlösungsinhalt	[mg/l]	467
Ionenbilanzabweichung	[mmol/l]	0,01
Ionenbilanzfehler	[%]	0,1 %
Summe Erdalkalien	[mmol/l]	3,00
Gesamthärte	[° dH]	16,7
Karbonathärte	[° dKH]	7,0
Härtestufe nach Klut-Olzewski	-	etwas hart
Härtebereich („Waschmittel-gesetz" 1976)	-	3

Methode: (1) AAS   (2) ICP-OES   (3) Photometer   (4) Ionenchromatograph   (5) Titration

5.1.6 Qualitätskontrolle: Ionenbilanz und Plausibilität

Bei vielen geowissenschaftlichen Untersuchungen sind hydrochemische Daten, d.h. Wasseranalysen, zu interpretieren. Jedoch sind die Fachkräfte, welche die Daten interpretieren sollen, meistens nicht bei der Beprobung und der Analytik zugegen gewesen. Wie kann man nun dabei entstandene Fehler aufspüren, die Vollständigkeit einer Wasseranalyse und deren Qualität überprüfen?

Neben den nicht seltenen allgemeinen Fehlern (vertauschte Proben bzw. Analysenwerte, verrutschte Kommas, falsche Einheiten (μg/l statt mg/l), Zahlendreher etc.) ist auch immer die Qualität der chemischen Analytik zu begutachten. Um die Qualität des untersuchenden Labors zu testen, bestehen folgende Möglichkeiten im Vorfeld:

- Reproduzierbarkeit (Wiederholbarkeit): in eine Probenserie eine Probe unter verschiedenen Bezeichnungen mehrfach einfügen bzw. in spätere Probenserie bereits analysierte Probe einfügen
- Genauigkeit: Probe mit bekannter Zusammensetzung (Standard) getarnt als Probe einschieben
- Nachweisgrenzen: Standardprobe einschieben, die einen oder mehrere zu analysierende Bestandteile nicht enthält (Nullprobe)

Natürlich sind sich die Labors dieser Tricks und Kniffe bewusst und versuchen solche untergeschobenen Proben zu identifizieren. Zur Ehrenrettung der Labore sei gesagt, dass diese ein hohes Eigeninteresse an guter Analytik haben und daher die analytische Qualitätssicherung nicht auf die leichte Schulter nehmen. Nachweise darüber, z.B. Zertifikate über die erfolgreiche Teilnahme an Ringversuchen, sollten dem Auftraggeber durchaus Beachtung wert sein.

In jeder Probe besteht ein Ladungsgleichgewicht zwischen den positiven Ladungen (Valenzen) der Kationen und den negativen Ladungen der Anionen (vgl. auch Abschn. 5.1.1):

$$\Sigma \text{ Kationen [mmol(eq)/l]} = \Sigma \text{ Anionen [mmol(eq)/l]} \qquad (5.15)$$

Durch eine Bilanzierung der in der Probe analysierten Äquivalentkonzentrationen der Kationen und Anionen, kurz Ionenbilanz genannt, kann überprüft werden, ob dies auch für die zu untersuchende Probe zutrifft. Gemäß Gl. 5.16 errechnet sich der Bilanzfehler zu

$$Bilanzfehler\,[\%] = \frac{(\Sigma Kationen - \Sigma Anionen)[mmol(eq)/l]}{(\Sigma Kationen + \Sigma Anionen)[mmol(eq)/l]} \cdot 100 \qquad (5.16)$$

Bilanzfehler von bis zu 2 % sind angesichts der analytischen Ungenauigkeiten unvermeidlich. In vielen Fällen müssen auch Fehler von bis zu 5 % toleriert werden. Darüber hinaus gehende Abweichungen sollten aber immer Anlass sein, nach der Ursache zu suchen.

Folgende Gründe sind möglich, dass – abgesehen von Mess- und Übertragungsfehlern – eine Ionenbilanz nicht aufgeht:

- Bei der Analyse wurde eine Ionenspezies nicht erfasst. Ist ein Überschuss an positiver Ladung vorhanden, könnten z.B. die Ladungen einiger seltenerer und daher nicht analysierter Anionen wie Nitrit, Fluorit oder Phosphat fehlen. Bei einem Überschuss an Anionen können Kationen wie z.B. Eisen, Ammonium, Lithium, Aluminium oder Schwermetalle „übersehen" worden sein.
- Der pH-Wert wurde nicht berücksichtigt. Der pH-Wert verbirgt die Konzentration der H^+- bzw. OH^--Ionen (pH = -log[H^+]). Bei pH-Werten um den Neutralpunkt (pH = 7) sind diese Konzentrationen verschwindend gering. Bei sehr niedrigen und sehr hohen pH-Werten können diese Ionen aber einen wichtigen Anteil an der Ladungsbilanz einnehmen. Bei einem pH-Wert von 1 enthält ein Wasser 0,1 mol/l H^+-Ionen.
- Organische Wasserinhaltsstoffe wurden nicht in die Bilanzierung eingeschlossen. Als Beispiel seien hier die Huminsäuren genannt. Sie enthalten neben den über den pH-Wert erfassten H^+-Ionen auch einen negativ geladenen anionischen Teil.
- Kolloide oder suspendiertes Material wurden mit analysiert. Bei fehlender oder zu grober Filtration kann solches Material mit in den Analysengang geraten. Bei Kolloiden handelt es sich um ungeladene Feststoffpartikel. Bei sauren Grundwässern treten z.B. häufig Aluminiumhydroxid-Kolloide auf. Da bei diesen das Aluminium z.B. in Form der elektrisch neutralen Phase $Al(OH)_3$ auftritt, hat es keine in die Berechnung einzuführenden Ladungen. Wird es bei der Analytik mit erfasst, wird das so analysierte Aluminium jedoch als Al^{3+} in die Bilanz eingehen.

– Die Wertigkeit einer oder mehrerer bilanzierter Spezies ist nicht korrekt. Eisen wird beispielsweise meist als Fe^{2+} bilanziert. Bei sehr sauren pH-Werten (pH < 3) kann es jedoch auch als Fe^{3+} vorliegen.

Die Plausibilität einer Wasseranalyse kann auch durch Vergleich einzelner Parameter untereinander überprüft werden. So kann aus der spezifischen elektrischen Leitfähigkeit ungefähr der Gesamtlösungsinhalt errechnet werden (Abschn. 5.2.2). Weiterhin kann angenommen werden, dass sich in der Probe ein annäherndes thermodynamisches Gleichgewicht zwischen oxischen und reduzierten Spezies eingestellt hat. Typische oxische Spezies sind gelöster Sauerstoff (O_2) und Nitrat (NO_3^-). Typische reduzierte Spezies sind z.B. Fe^{2+}, Mn^{2+}, S^{2-} und CH_4. Hohe Konzentrationen beider Speziestypen zusammen schließen sich also aus. Typische Ausschlusskriterien sind in Tabelle 5.3 zusammengefasst.

Dabei ist darauf zu achten, dass die Bestimmung von Sauerstoff durchaus problematisch ist. Sie wird gewöhnlich vor Ort mit einer Elektrode durchgeführt. Jedoch führen die Beprobungsbedingungen häufig zu einem Lufteintrag, der Sauerstoff in die Probe einbringt. Enthält eine nitratfreie Probe deutliche Konzentrationen reduzierter Spezies wie Fe^{2+} und Mn^{2+}, so dürfen Sauerstoffkonzentrationen > 1 mg/l in Zweifel gezogen werden. Einige der in Tabelle 5.3 angedeuteten Fälle treffen auch für die in Tabelle 5.2 wiedergegebene Analyse zu. So widerspricht z.B. die Konzentration von O_2 dem Wert für Fe^{2+}. Fehler bei der Beprobung sind jedoch unwahrscheinlich, da zusätzlich eine zweite oxische Spezies in Form von NO_3^- in deutlichen Konzentrationen auftritt. Daher ist wahrscheinlich der Eisenwert nicht korrekt. Er könnte auf kolloidales Eisen zurückzuführen sein, das durch mangelhafte Filtration der Probe in den Analysengang geraten ist.

Tabelle 5.3. Parameterbezogene Konzentrationsbereiche, die sich erfahrungsgemäß ausschließen (DVWK 1992)

bei Gehalten von		sind für	Konzentrationen ausgeschlossen von
		Fe^{2+}	> 0,05 mg/l
O_2	> 5 mg/l	Mn^{2+}	> 0,05 mg/l
		NH_4^+	> 0,05 mg/l
Fe^{2+}	> 0,2 mg/l	NO_3^-	> 2,00 mg/l

5.2 Analyseparameter und ihre Interpretation

5.2.1 Einleitung

Wasseranalysen sind kein Selbstzweck, sondern geben Einblick in Prozesse, die im Grundwasserleiter ablaufen. Zu beachten ist, dass die räumliche Variation der hydrochemischen Beschaffenheit in einem geologisch homogen erscheinenden Grundwasserleiter sehr groß sein kann. Dazu zählt auch die vertikale Dimension. Viele Grundwasserleiter zeigen eine vertikal gestaffelte hydrochemische Schichtung, bei der obere oxische Bereiche von tieferen reduzierenden Abschnitten unterlagert werden. Eine durchgehend verfilterte Messstelle kann für diese Zonen einen hydraulischen und hydrochemischen Kurzschluss bedeuten. Das resultierende Wasser einer solchen Messstelle ist immer ein Mischwasser, und seine Zuordnung zu einem bestimmten Abschnitt des Grundwasserleiters wird somit schwierig (vgl. Kap. 9).

Das Grundwasser ist auf seinem Fließweg von der Neubildung bis zum Austritt an der Oberfläche oder im Brunnen einer Vielzahl von chemischen Reaktionen unterworfen. Diese Reaktionen sind in vielen Fällen von der Temperatur und dem Druck abhängig. Der Stoffinhalt eines Grundwassers kann aus einer Reihe von Quellen stammen:

- Stofffracht aus dem Niederschlag, z.B. NaCl aus verdunstendem Meerwasser, CO_2, Schwefelsäure aus Saurem Regen
- Reaktionen mit der Bodenluft in der ungesättigten Zone, insbesondere mit CO_2
- Wasser-Gesteins-Reaktionen in der ungesättigten und gesättigten Zone, z.B. Kalk, Eisen- und Manganoxide, Sulfide ...
- anthropogene Stoffeinträge

Besonders prägend für die Wasserbeschaffenheit sind Reaktionen mit dem umgebenden Gestein des Grundwasserleiters. Erkannt hat dies bereits Plinius der Ältere: *„Tales sunt aquae, qualis terra, per quam fluant"* („Wässer sind so beschaffen wie das Gestein durch das sie fließen"; Naturalis historiae libri). Dies gilt nicht nur für Grundwasserleiter in Kalksteinen mit ihren harten, kalkreichen Wässern, sondern auch für Grundwasserleiter, die nur aus steril wirkendem Kies und Sand bestehen. Diese enthalten jedoch auch wenige Gewichtsprozente an reaktiven Materialien, die mengenmäßig dennoch für prägende Reaktionen mit dem vorbeiströmenden Grundwasser ausreichen. Zur genauen Untersuchung der Hydrochemie eines Grundwasserleiters zählen also auch seine Geochemie und die reaktiven Feststoffphasen. Dazu sind im Wesentlichen quantitative geochemisch-mineralogische Untersuchungen an frischem Material aus Bohrungen oder reaktive Tracerversuche erforderlich.

Zu den reaktiven Festphasen zählen besonders:

- Karbonate
- Tonminerale
- feste organische Substanz

– Sulfide
– Eisen- und Manganoxide

Anthropogene Einwirkungen auf die Grundwasserbeschaffenheit, die sich seit der Industrialisierung immer mehr der natürlichen aufprägen, werden im Kap. 7 eingehend behandelt.

5.2.2 Spezifische elektrische Leitfähigkeit

Die Dissoziation von Elektrolyten (Salzen) in wässriger Lösung in geladene Teilchen (Ionen) macht die Lösung elektrisch leitend. Die elektrische Leitfähigkeit kann daher als Maß des Salzgehaltes einer Wasserprobe verwendet werden. Dadurch kann sie auch als Gütekriterium bei der Bewertung der Plausibilität einer Wasseranalyse herangezogen werden (s. Abschn. 5.1.6).

Die elektrische Leitfähigkeit S eines Stoffs entspricht dem Kehrwert seines Widerstandes R.

$$S = \frac{1}{R} \tag{5.17}$$

Für den Widerstand gilt

$$R = \rho \cdot \frac{l}{q} \qquad \text{(Ohm bzw. } \Omega\text{)} \tag{5.18a}$$

mit

l = Länge des Leiters [L]

q = Querschnitt des Leiters [L²]

ρ = Proportionalitätsfaktor (spezifischer Widerstand)

Bezogen auf ein Leiterstück von 1 cm Länge und 1 cm² Querschnitt ist demnach

$$R = \rho \tag{5.18b}$$

Aus Gl. 5.18a, b ergibt sich nach Einsetzen in Gl. 5.17 entsprechend die *spezifische elektrische Leitfähigkeit S_s*, meist kurz als Leitfähigkeit bezeichnet.

$$S_s = \frac{1}{\rho} \quad \text{Ohm}^{-1}\text{cm}^{-1}) \tag{5.19}$$

$$\dim S_s = \Omega^{-1}\text{cm}^{-1}$$

In der Hydrochemie wird für die Leitfähigkeit die Einheit *Siemens* (S) = $\Omega^{-1}\text{cm}^{-1}$ verwendet. 1 Siemens = 1 S = 10^3 mS = 10^6 Mikrosiemens (μS). Im Ausland wird gelegentlich noch die Bezeichnung Mho gebraucht (= Ohm rückwärts gelesen), also entsprechend 10 micromohs = 10 μS.

Für die spezifische elektrische Leitfähigkeit wird überwiegend die Einheit μS/cm verwendet.

Die Temperaturabhängigkeit der Leitfähigkeit ergibt sich nach Kölle (2001) zu

$$S_s = S_{s\,(25°C)} \cdot (1+0,021\{t\text{-}25\})$$ (5.20)

mit

S_s = spezifische elektrische Leitfähigkeit bei der Temperatur t
$S_{s\,(25°C)}$ =   spezifische elektrische Leitfähigkeit bei 25 °C
jeweils in µS/cm angegeben. Die Formel ist zwischen 60 und 1.000 µS/cm anwendbar.

Aufgrund ihrer unterschiedlichen Ladungen und Größen können für individuelle Ionen jeweils Ionen-Äquivalentleitfähigkeiten angegeben werden. Aus bekannten Massenkonzentrationen kann daher für eine Wasserprobe die resultierende Leitfähigkeit errechnet werden (Hölting 1996). Dies ist aufwendig und wird in der Praxis kaum angewendet. Statt dessen werden verschiedene „Faustformeln" benutzt, mit denen man umgekehrt aus der Leitfähigkeit auf die Salzfracht schließen kann (Gl. 5.21a, b). Den folgenden Faustformeln ist gemein, dass sie bis zu Leitfähigkeiten von maximal 2.000 µS/cm gelten.

Appelo u. Postma (1996) geben für ein durch die Ionen Ca^{2+} und HCO_3^- dominiertes Wasser mit geringen NaCl-Gehalten folgende Beziehung an:

$$\text{Leitfähigkeit } /100 \text{ [µS/cm]} = \Sigma \text{ Kationen [mmol(eq)/l]} = \Sigma \text{ Anionen}$$
$$\text{[mmol(eq)/l]}$$ (5.21a)

Ebenfalls häufig wird für den Zusammenhang zwischen spezifischer elektrischer Leitfähigkeit und Abdampfrückstand (Mineralgehalt) eine empirische Formel verwendet (Hölting 1996):

$$\text{Abdampfrückstand [mg/l]} = 0,725 \cdot \text{Spez. elektr. Leitfähigkeit [µS/cm]}$$ (5.21b)

Typische spezifische elektrische Leitfähigkeiten S_s (Hütter 1996; Kölle 2001) bei 25 °C sind:

	µS/cm
Wasser, reinst	0,042
destilliertes Wasser	$0,5 < S_s < 3$
Regenwasser	$5 < S_s < 100$
Grundwasser, süß	$50 < S_s < 2000$
Meerwasser	$45000 < S_s < 55000$
Sole	> 100000

Beispiel

Die Wasserprobe in Tabelle 5.2 hat eine gemessene spezifische elektrische Leitfähigkeit von 655 µS/cm. Multipliziert man diesen Wert mit 0,725, so ergibt sich rechnerisch ein Gesamtlösungsinhalt von ca. 475 mg/l. Dieser Wert ist dem tatsächlich gemessenen Wert von 467 mg/l sehr nahe.

5.2.3 pH-Wert

Der pH-Wert, definiert als negativer dekadischer Logarithmus der Hydronium-Ionenkonzentration (Gl. 5.22), ist ein wichtiger Steuerparameter für viele Reaktionen.

$$pH = -\log[H^+] \tag{5.22}$$

Viele wichtige hydrochemische Prozesse sind vom pH-Wert abhängig, z.B.:

- Kalk-Kohlensäure-Gleichgewicht (s. Abschn. 5.3)
- Löslichkeit zahlreicher Mineralien, z.B. der Oxide, Hydroxide und Oxihydroxide des Eisens, Mangans und Aluminiums
- Oberflächenladung vieler Minerale und somit ihr Sorptionsvermögen

Typische pH-Werte in der Hydrogeosphäre sind:

Trinkwasser	$6{,}5 < pH < 9{,}5$
Mineralwasser (CO_2-haltig)	$4{,}5 < pH < 5{,}6$
Meerwasser	$8{,}0$
Regenwasser (Reinluftgebiete)	$5{,}6$
Saurer Regen	$3{,}5 < pH < 4{,}5$
Sickerwasser Boden	$4{,}6$
Sickerwasser Kohlehalden	bis $2{,}0$
Sickerwasser Erzhalden	bis 0

Nach der Protolysetheorie von Brönsted besteht eine Säure-Base-Reaktion aus zwei Teilreaktionen mit den Gleichgewichtskonstanten K_1 bzw. K_2. Bei der ersten (Gl. 5.23a) wird von einer Säure S1 ein H^+-Ion abgespalten, wobei eine Base B1 entsteht. Das Proton wird in der zweiten Teilreaktion (Gl. 5.23b) von der Base B2 aufgenommen, wobei die Säure S2 ensteht.

$$\text{Säure S1} \rightarrow \text{Base B1} + H^+ \tag{5.23a}$$

$$H^+ + \text{Base B2} \rightarrow \text{Säure S2} \tag{5.23b}$$

Eine Kombination der beiden Teilreaktionen ergibt Gl.5.23c:

$$\text{Säure S1} + \text{Base B2} \Leftrightarrow \text{Säure S2} + \text{Base B1} \tag{5.23c}$$

Die Gleichgewichtskonstante K ergibt sich aus dem Massenwirkungsgesetz (Gl. 5.24), wobei $K = K_1 \cdot K_2$ ist.

$$K = \frac{[S2][B1]}{[S1][B2]} \tag{5.24}$$

Der Säureeintrag in das Grundwasser beruht auf verschiedenen Eintragswegen; viele der säureproduzierenden Reaktionen sind gleichzeitig Redoxreaktionen (s. Abschn. 5.2):

- Dissoziation von Kohlensäure aus Atmosphäre und Bodenluft

- Mineralisation von organisch gebundenem Schwefel und Stickstoff
- Nitrifikation von Ammonium
- Oxidation von Sulfiden
- organische Säuren
- Austausch von Kationen gegen Protonen durch Pflanzenwurzeln
- anthropogene Stoffeinträge („Saurer Regen")

Durch die weltweite Verbrennung fossiler Brennstoffe und die Verarbeitung sulfidischer Erze sind besonders seit Beginn des 20. Jahrhunderts erhebliche Mengen an Schwefel- und Stickoxiden in die Atmosphäre verbracht worden, die als „Saurer Regen" erheblich zum Säureeintrag in Boden und Grundwasser beigetragen haben.

Beispiel

Bildung von sauren Sickerwässern aus dem Niederschlag im Emsland: Herangezogen wurden Daten einer Niederschlagsstation im Emsland (Tabelle 5.4). Der Niederschlag hat einen pH-Wert von 4,4 und ist dabei deutlich durch sauren Regen beeinflusst. Nach dem Auftreffen des Niederschlags auf Boden und Pflanzen kommt es zu Reaktionen, die die Beschaffenheit des entstehenden Sickerwassers verändern. So werden durch die Verdunstung des Wassers die Inhaltsstoffe des Regenwassers im verbleibenden Sickerwasser aufkonzentriert, darunter auch die Säure. Für das gewählte Beispiel beträgt das Verhältnis zwischen Verdunstung (540 mm/a) und Niederschlagshöhe (713 mm/a) ca. 0,75. Die im Regenwasser vorhandene Stofffracht wird also um den Faktor vier angereichert. Zusätzlich wird in der oxischen Bodenzone gemäß Reaktion der Gl. 5.25 das Ammonium durch Oxidation in Nitrat umgewandelt, wobei weitere Säure entsteht.

$$NH_4^+ + 2\,O_2 \Leftrightarrow NO_3^- + 2\,H^+ + H_2O \tag{5.25}$$

Als Resultat entsteht ein sehr saures Sickerwasser, dessen pH-Wert um 1,4 pH-Einheiten niedriger liegt als der des ohnehin schon sauren Regenwassers.

Tabelle 5.4. Bildung saurer Sickerwässer aus Niederschlag durch anteilige Evaporation sowie Oxidation des Ammoniums. Eingangskonzentrationen (außer pH-Wert) stammen von der NLÖ-Station Rütenbrock/Emsland. Mittelwerte der Jahre 1985 bis 1991.

	pH	H^+	NO_3^-	NH_4^+	SO_4^{2-}	Cl^-	Na^+	Einheit
Niederschlag	4,40	0,04	2,66	1,93	6,35	3,50	2,64	mg/l
		40	43	107	66	99	115	µmol/l
nach Verdunstung	3,80	160	172	428	264	396	460	µmol/l
nach NH_4^+-Oxidation	2,99	1016	600	0	264	396	460	µmol/l
Resultat	2,99	1,02	37,2	0	25,3	14,0	10,6	mg/l

Dem im Wesentlichen von oben aus dem Sickerwasser kommenden Säureeintrag wirken im Grundwasserleiter verschiedene säurebindende Prozesse entgegen („Pufferung"). Daher finden sich im Grundwasser häufig vertikale pH-Gradienten mit sauren pH-Werten im oberflächennahen und ± neutralen pH-Werten im tieferen Bereich. Abbildung 5.3 zeigt exemplarisch ein solches Profil.

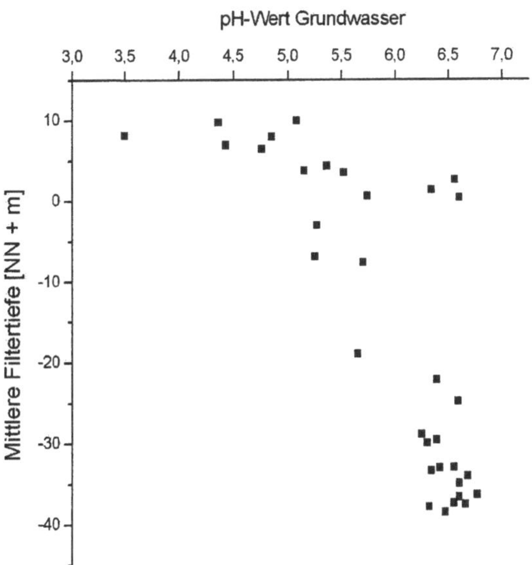

Abb. 5.3. Vertikale Verteilung der pH-Werte im Grundwasser am Beispiel des Bourtanger Moores/Emsland 1998. Nach Daten von Houben (2000).

Den wichtigsten Puffer im Boden stellen die (Kalzium-)Karbonate dar (Gl. 5.26).

$$CaCO_3 + 2\,H^+ \Leftrightarrow Ca^{2+} + CO_2 + H_2O \qquad (5.26)$$

Nach dem Verbrauch der Karbonate („Entkalkung") werden weitere Säurepuffer in Anspruch genommen. Die Säurepufferung durch Silikate, z.B. Feldspäte, oder Tonminerale, z.B. Kaolinit (Gl. 5.27), verläuft sehr viel langsamer, so dass die pH-Werte oft den Pufferbereich unterschreiten, obwohl noch reaktionsfähige Silikate vorhanden sind.

$$Al_2Si_2O_5(OH)_4 + 6\,H^+ \Leftrightarrow 2\,Al^{3+} + 2\,H_4SiO_4 + H_2O \qquad (5.27)$$

Bei pH < 4,2 werden Aluminiumhydroxide wie Gibsit aufgelöst (Gl. 5.28).

$$Al(OH)_3 + 3\,H^+ \Leftrightarrow Al^{3+}_{(aq)} + 3\,H_2O \qquad (5.28)$$

Abbildung 5.4 zeigt am Beispiel von Gibbsit die starke Abhängigkeit der Löslichkeit von Mineralen vom pH-Wert und die dadurch bewirkte Pufferung des pH-Wertes im Grundwasser.

Durch die säurebedingte Auflösung von Aluminiumhydroxiden, Feldspäten und Tonmineralen aus Böden und Grundwasserleiter, wird Aluminium (Al^{3+}) freigesetzt. Es stellt aufgrund seiner Toxizität für aquatische Organismen und Pflanzen ein besonderes Problem dar.

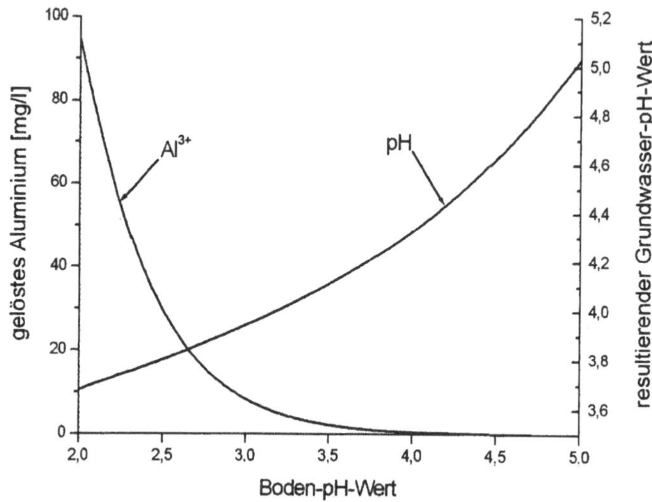

Abb. 5.4. Löslichkeit von Aluminium in Abhängigkeit vom Boden-pH-Wert. Thermodynamische Modellierung mit PHREEQC-2 unter Annahme eines Gleichgewichts mit Gibbsit ($Al(OH)_3$). Nach Houben (2000).

5.2.4 Redoxsensitive Reaktionen

Redoxreaktionen zählen zu den wichtigsten Reaktionen in der Hydrogeosphäre. Insbesondere die Umsetzungen der für die Grundwasserbeschaffenheit besonders wichtigen Schwefel-, Stickstoff- und Kohlenstoffkreisläufe werden wesentlich durch Redoxprozesse kontrolliert.

Redoxreaktionen beinhalten – wie die Säure-Base-Reaktionen – zwei gekoppelte Reaktionsschritte:

- eine Reduktion (Elektronenabgabe, Gl. 5.29a)
- eine Oxidation (Elektronenaufnahme, Gl. 5.29b)

$$m_1 Red1 \Leftrightarrow m_1 Ox1 + n\ e^-$$ (5.29a)

$$m_2 Ox2 + n\ e^- \Leftrightarrow m_2 Red2 \qquad (5.29b)$$

bzw. kombiniert (Gl. 5.29c)

$$m_1 Red1 + m_2 Ox2 \Leftrightarrow m_1 Ox1 + m_2 Red2 \qquad (5.29c)$$

Die Potentialdifferenz E_h einer Redoxreaktion ist ein Maß für die Entfernung vom Gleichgewichtszustand:

$$Eh = \frac{\Delta G}{nF} = \frac{\Delta G^0}{nF} + \frac{RT}{nF} \cdot \ln \frac{[Ox1]^{m1}[Red2]^{m2}}{[Red1]^{m1}[Ox2]^{m2}} \qquad (5.30)$$

mit

R   = Gaskonstante
F   = Faraday-Konstante
T   = Temperatur [° K]
n   = Anzahl der übertragenen Elektronen,
ΔG = Gibb'sche freie Energie
ΔG^0 = Gibb'sche freie Energie im Gleichgewichtszustand

Anders ausgedrückt ergibt sich die Nernst'sche Gleichung (5.31), wobei E_h^0 das Standardpotential im Gleichgewichtszustand darstellt.

$$Eh = Eh^0 + \frac{2{,}303 \cdot RT}{nF} \cdot \log \frac{[Ox1]^{m1}[Red2]^{m2}}{[Red1]^{m1}[Ox2]^{m2}} \qquad (5.31)$$

Durch den Zusammenhang zwischen der Potentialdifferenz E_h und der Gibb'schen freien Energie ΔG

$$\Delta G^0 = n \cdot F \cdot E_h^0 \qquad (5.32)$$

besteht die Möglichkeit, das Standardpotential E_h^0 im Gleichgewichtszustand aus tabellierten thermodynamischen Grunddaten zu berechnen.

Im Folgenden werden besprochen:

- Redoxzonierung
- Elektronenbilanzierung
- Redox und pH-Wert
- Messung des Redox-Potentials

Redoxzonierung. Die im Grundwasser verlaufenden Redoxreaktionen der verschiedenen Elektronenakzeptoren (O_2, NO_3^-, Mn(IV), Fe(III), SO_4^{2-} etc.) mit der gelösten und festen organischen Substanz führen zu unterschiedlichen Energieausbeuten. Die thermodynamisch günstigeren Reaktionen laufen zuerst ab, und es kommt dadurch zu einer räumlichen Trennung der Reaktionszonen. Da der Eintrag der gelösten organischen Substanz im Normalfall mit der Grundwasserneubildung von oben nach unten stattfindet, bilden sich gewöhnlich vertikal gestaffelte Redoxzonen heraus. An ihrer Ausbildung sind Mikroorganismen entscheidend beteiligt (Abschn. 5.2.10). Abbildung 5.5 zeigt den prinzipiellen Verlauf einer solchen Redoxzonierung. Die Redoxzonen können anhand ihres Energiegewinns bei der Oxidation organischer Substanz bei pH =7 wie folgt sortiert werden (Stumm u. Morgan 1996):

	kJ/eq
Sauerstoffreduktion	-125,3
Denitrifikation, heterotroph	-119,0
Mangan(IV)-Reduktion	-85,0
Eisen(III)-Reduktion	-29,2
Sulfatreduktion	-24,7
Methanfermentation	-23,5

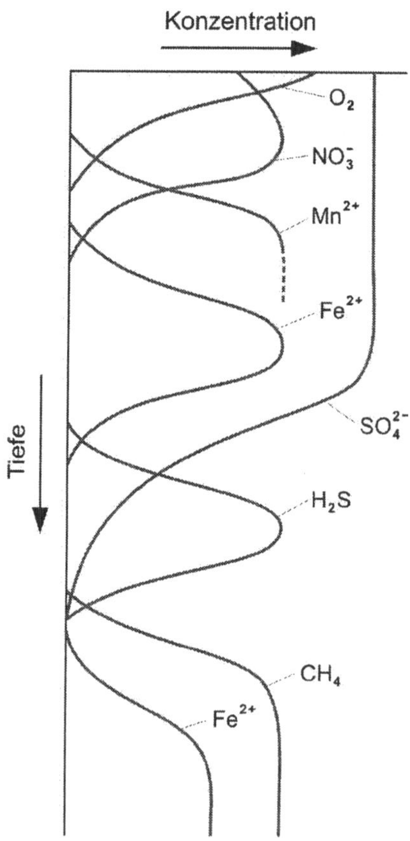

Abb. 5.5. Schema der vertikalen Redoxzonierung in natürlichen Grundwasserleitern. Nach Appelo u. Postma (1996).

In der obersten Redoxzone wird zuerst der energetisch günstigste Akzeptor Sauerstoff zur Oxidation der organischen Substanz verbraucht, die hier vereinfacht als CH_2O angenommen wird:

$$CH_2O + O_2 \Leftrightarrow CO_2 + H_2O \tag{5.33}$$

Nach der Aufzehrung des Sauerstoffs folgt der Nitratabbau mittels organischer Substanz (heterotrophe Denitrifikation; Obermann 1981):

$$5\,CH_2O + 4\,NO_3^- \Leftrightarrow 2\,N_2 + 4\,HCO_3^- + CO_2 + 3\,H_2O \tag{5.34}$$

Das Ablaufen dieser Reaktion muss sich im Grundwasser in einer Erhöhung der Karbonathärte nachzeichnen.

Anschließend werden schwerlösliche feste Mangan(IV)- und Eisen(III)oxide zu leichter löslichem Mn^{2+} bzw. Fe^{2+} reduziert (Gl. 5.35a, b).

$$CH_2O + 2\,MnO_2 + 4\,H^+ \Leftrightarrow 2\,Mn^{2+} + CO_2 + 3\,H_2O \tag{5.35a}$$

$$CH_2O + 4\,FeOOH + 8\,H^+ \Leftrightarrow 4\,Fe^{2+} + CO_2 + 7\,H_2O \tag{5.35b}$$

Die Löslichkeit von Mangan- und Eisenoxiden ist sehr stark von ihrem Alter abhängig, da sie mit zunehmendem Alter in Phasen mit geringerer Oberfläche und entsprechender niedrigerer Löslichkeit umkristallisieren. Da sie z.T. erhebliche Mengen an Spurenelementen führen (Abschn. 5.2.5), können diese bei der Reduktion mit mobilisiert werden, z.B. Arsen, Selen, Nickel, Kobalt, Zink und Kupfer.

Auf die Eisen/Mangan-Reduktion folgt bei noch geringeren Redoxpotentialen die mikrobiell gesteuerte Reduktion von Sulfaten zu Sulfid

$$2\,CH_2O + SO_4^{2-} \Leftrightarrow H_2S + 2\,HCO_3^- \tag{5.36}$$

Der dabei entstehende Schwefelwasserstoff sorgt für den Geruch nach „faulen Eiern", der für tiefe Grundwässer typisch ist. Wenn zuvor nicht alle Eisenoxide (Gl. 5.35b) aufgezehrt wurden, kann es zur Bildung von festen Metallsulfiden (Pyrit, Markasit) kommen (Gl. 5.37a, b).

$$2\,FeOOH + 3\,HS^- \Leftrightarrow 2\,FeS + S^0 + H_2O + 3\,OH^- \tag{5.37a}$$

$$FeS + S^0 \Leftrightarrow FeS_2 \tag{5.37b}$$

Metallsulfide können bei der Bildung größere Mengen Spurenelemente, insbesondere Schwermetalle, in ihr Kristallgitter aufnehmen.

Als nächste Stufe der Redoxabfolge findet die Bildung von Methan aus der Fermentation organischer Substanz statt:

$$2\,CH_2O \Leftrightarrow CH_4 + CO_2 \tag{5.38}$$

Das Methan kann zur Reduktion von verbliebenen Eisenoxihydroxiden führen, so dass die Eisenkonzentrationen wieder ansteigen

$$8\,FeOOH + CH_4 + 16\,H^+ \Leftrightarrow 8\,Fe^{2+} + CO_2 + 14\,H_2O \tag{5.39}$$

In der Natur ist die Redoxzonierung oft nicht so ideal ausgebildet, wie dies die Abb. 5.5 zeigt. Häufig fallen die Zonen der Sauerstoff- und Nitrat-Reduktion zusammen, so dass dann von einer gemeinsamen oxischen Zone gesprochen wird. Andererseits sind die Grenzen zwischen oxischer und reduzierender Zone oft sehr scharf. Dies ist auf Abb. 5.6 ersichtlich, auf der die oxische Zone in ca. 12 m Tiefe abrupt aufhört. Fehlt z.B. der Nitrateintrag oder ist das Gestein mangan- bzw. eisenfrei, so können einzelne Zonen ganz ausfallen.

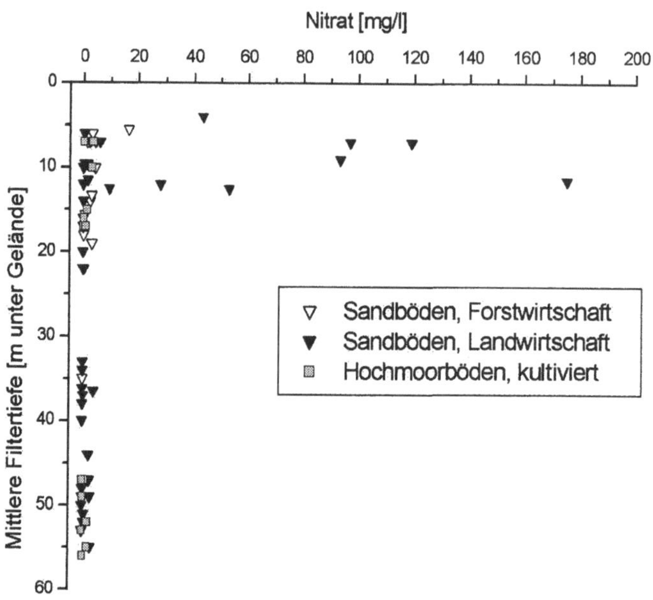

Abb. 5.6. Vertikale Verteilung von Nitrat im Grundwasser in Abhängigkeit von der Flächennutzung. Beispiel: Bourtanger Moor, Emsland. Nach Houben et al. (2001 a, b).

Neben den bisher beschriebenen Redoxreaktionen können alternative Prozesse auftreten. Ist zu wenig organische Substanz vorhanden oder ist diese nicht reaktiv genug, können andere Prozesse zum Nitratabbau führen. Ein bekanntes Beispiel ist die autotrophe Denitrifikation, d.h. der Nitratabbau durch Oxidation von Eisensulfiden wie Pyrit oder Markasit (Gl. 5.40a, b, c). Letztere können als Produkte der Reaktionen nach Gl. 5.37a und b im Gestein entstehen.

Die Denitrifikation erfolgt in zwei Schritten. Den ersten Reaktionsschritt beschreibt Gl. 5.40a.

$$5\,FeS_2 + 14\,NO_3^- + 4\,H^+ \Leftrightarrow 7\,N_2 + 10\,SO_4^{2-} + 5\,Fe^{2+} + 2\,H_2O \qquad (5.40a)$$

Es entsteht zweiwertiges Eisen, das über einen weiteren nitratreduzierenden Schritt (Gl. 5.40b) z.B. als Eisenoxidhydroxid gefällt werden kann.

$$10\ Fe^{2+} + 2\ NO_3^- + 14\ H_2O \Leftrightarrow 10\ FeOOH + N_2 + 18\ H^+ \qquad (5.40b)$$

Reaktionen (Gl. 5.40a) und (Gl. 5.40b) ergeben kombiniert

$$2\ FeS_2 + 6\ NO_3^- + 2\ H_2O \Leftrightarrow 3\ N_2 + 4\ SO_4^{2-} + 2\ H^+ + 2\ FeOOH \qquad (5.40c)$$

Die erste Teilreaktion ergibt eine höhere Energieausbeute als die Oxidation des Fe^{2+}, so dass die Gesamtreaktion oft unvollständig abläuft. Daher entstehen Wässer, die reich an Sulfat und Eisen sind. Mit einer Säurefreisetzung ist nur dann zu rechnen, wenn die zweite Teilreaktion quantitativ wirksam abläuft.

Elektronenbilanzierung. Horizontiert entnommene Grundwasserproben (vgl. Abschn. 9.5.6) erlauben eine Bilanzierung der Redoxzonen. Dazu werden anhand der Anzahl der Elektronenübergänge der Redoxhalbreaktionen die gemessenen Konzentrationen in Elektronenäquivalente umgerechnet (Tabelle 5.5).

Tabelle 5.5. Elektronenäquivalente für Redoxhalbreaktionen im Grundwasserbereich. Verändert nach Postma et al. (1991).

Reaktion	Anzahl der Elektronen	Elektronenäquivalente
$N^{+V} \rightarrow N^0$	+ 5	$5 \cdot m(NO_3^-)$
$O^0 \rightarrow O^{-II}$	+ 2	$4 \cdot m(O_2)$
$C^0 \rightarrow C^{+IV}$	- 4	$4 \cdot m(TIC)$
$S^{-I} \rightarrow S^{+VI}$	- 7	$7 \cdot m(SO_4^{2-})$
$Fe^{+II} \rightarrow Fe^{+III}$	- 1	$1 \cdot m(Fe^{2+})$

m = Molarität   TIC = total inorganic carbon

Die Darstellung der Elektronenäquivalente über die Tiefe in Abb. 5.7 zeigt, dass dort mit dem „Verschwinden" von Sauerstoff und Nitrat ein äquivalenter Anstieg von Sulfat und untergeordnet auch Eisen verbunden ist. Die autotrophe Denitrifikation und nicht die heterotrophe Denitrifikation ist also der Prozess, der hier die Ausbreitung des Nitrats in die Tiefe kontrolliert. Im unteren Bereich steigt das Verhältnis von Hydrogenkarbonat zu Sulfat an (Abb. 5.7), was wahrscheinlich auf die Reduktion von Sulfat zurückzuführen ist (Reaktion Gln. 5.40).

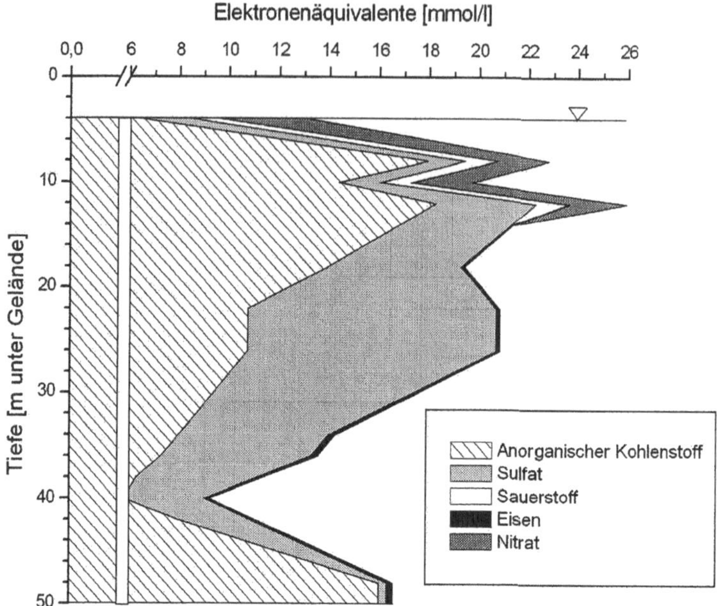

Abb. 5.7. Beispiel einer vertikalen Elektronenbilanzierung. Anorganischer Kohlenstoff $= \Sigma\ CO_2,\ H_2CO_3,\ HCO_3^-,\ CO_3^{2-}$. Verändert nach Houben (2000).

Redox und pH-Wert. Viele Redoxreaktionen bewirken durch Produktion von H^+-Ionen eine Veränderung des pH-Wertes (Versauerung). Bereits das Beispiel aus Abschn. 5.2.3, die Nitrifizierung von Ammonium, ist ein solcher Fall. Besonders wichtig als Säurequelle ist die Oxidation von Sulfiden durch Sauerstoff. Sulfide treten z.B. auf

- als Sulfiderze allgemein in Vererzungen verschiedener Art oder als Nebengemengteile
- speziell in Form von Pyrit und Markasit als Begleitminerale von Braun- und Steinkohlen, aber auch in reduzierten Grundwasserleitern

Beim bergmännischen Abbau oder der Belüftung infolge von Entwässerung kommen die Sulfide mit Sauerstoff in Kontakt und werden oxidiert. Am Beispiel der Pyritoxidation zeigt sich, dass dabei erhebliche Mengen Säure freigesetzt werden:

$$2\ FeS_2 + 7\ O_2 + 2\ H_2O \Leftrightarrow 2\ Fe^{2+} + 4\ SO_4^{2-} + 4\ H^+ \tag{5.41a}$$

$$4\ Fe^{2+} + O_2 + 10\ H_2O \Leftrightarrow 4\ Fe(OH)_3 + 8\ H^+ \tag{5.41b}$$

bzw. kombiniert

$$2\ FeS_2 + 7\tfrac{1}{2}\ O_2 + 7\ H_2O \Leftrightarrow 2\ Fe(OH)_3 + 4\ SO_4^{2-} + 8\ H^+ \tag{5.41c}$$

Die Sickerwässer von Bergbauhalden bzw. Tagebaurestseen haben daher oft sehr niedrige pH-Werte. Der Prozess der Pyritoxidation ist unter dem Schlagwort „*acid mine drainage*" bekannt und ist ein wichtiges Forschungsgebiet der Geochemie. Bei der Oxidation des Pyrits werden auch in das Kristallgitter eingebaute Schwermetalle mobilisiert, sofern sie nicht von den entstehenden Eisenoxiden sorbiert werden. Die Säure kann durch Pufferungsreaktionen im Grundwasserleiter weitere sekundäre Effekte auslösen, die sich auf die Beschaffenheit des Grundwassers auswirken (s. Abschn. 5.2.3).

Messung des Redox-Potentials. Die Messung des Redoxpotentials (Redoxspannung) einer wässrigen Lösung ist mit Redoxelektroden möglich. Allerdings ist bei dieser Messung Vorsicht angebracht: Die Elektroden reagieren recht träge; Einstellzeiten von mehreren Stunden sind möglich. Zudem wird ein Mischpotential der verschiedenen Redoxpaare gemessen, die gemeinsam in der Wasserprobe vorliegen. Die Interpretation des E_h kann daher nie so streng sein wie das beim pH-Wert möglich ist. Sie muss daher meist auf eine Unterscheidung zwischen

- oxischen,
- schwach oxischen,
- schwach reduzierenden und
- reduzierenden Verhältnissen

beschränkt bleiben.

5.2.5 Ionenaustausch

Ionenaustausch ist ein Prozess, der durch die Oberflächenladungen von Mineralen verursacht wird. Diese Ladung wird durch Anlagerung (Sorption) von geladenen Teilchen (Ionen) aus dem Wasser kompensiert. Hauptsächliche Träger des Ionentausches sind

- Tonminerale,
- Eisen- und Manganoxide,
- feste organische Substanz.

Andere häufige Minerale wie Quarz, Karbonate und Feldspäte haben so geringe Austauschkapazitäten, dass sie praktisch nicht ins Gewicht fallen.

Die Stoffmenge, die eine Masse Mineral oder Gestein durch Sorption aufnehmen kann, wird als Ionenaustauschkapazität bezeichnet. Diese Größe kann im Labor bestimmt werden. Sie wird meist in der Einheit mmol(eq)/100 g angegeben. Diese Einheit kann durch Multiplikation mit dem Faktor $10 \cdot \rho_b/n$ in mmol(eq) pro Liter Grundwasser umgewandelt werden. Dabei entspricht ρ_b der Lagerungsdichte des Gesteins und n der Porosität (Appelo u. Postma 1996). Unter den natürlichen pH- Bedingungen des Grundwassers ($5 < \text{pH} < 8$) lässt sich die Ionenaustauschkapazität wie folgt gruppieren:

Substanz	*Oberflächenladung*	*Ladungsausgleich (Sorption) durch*
Tonminerale	überwiegend negativ	Kationen
organisch	überwiegend negativ	Kationen
Eisen/Manganoxide	überwiegend positiv	Anionen

Da Ton und organisches Material im Gestein von Grundwasserleitern mengenmäßig meist sehr viel häufiger vertreten sind als Eisen/Manganoxide, ist die Kationenaustauschkapazität (KAK; engl. CEC) der Grundwasserleiter meist viel größer als die Anionenaustauschkapazität (AAK; engl. AEC). In der Hydrochemie wichtige Anionen wie Hydrogenkarbonat, Chlorid und Sulfat werden durch Anionenaustausch kaum betroffen. Aufgrund der hohen Selektivität der Eisenoxide spielt der Anionentausch bei der Entfernung von trinkwasserhygienisch bedeutsamen Anionen wie Phosphat und Arsenat dennoch eine wichtige Rolle. Typische Kationenaustauschkapazitäten von Mineralen sind

Tonminerale	*mmol(eq)/100 g*		
Illit/Serizit	25		
Kaolinit	5	bis	15
Chlorit	10	bis	40
Glaukonit	5	bis	40
Montmorillonit	80	bis	120
Vermiculit	80	bis	100
Organische Bodensubstanz	150	bis	400

Die KAK sandiger Lockersedimente liegt gewöhnlich zwischen 0,5 und 2,0 mmol(eq)/100 g, im Mittel bei ca. 1,0 mmol(eq)/100 g. In Kiesen und Sandsteinen sind die Werte geringer. Umgerechnet auf einen Liter Grundwasser ergibt sich aus den vorgenannten Werten bei einer Porosität von 0,3 und einer Lagerungsdichte von 1,86 g/cm³ eine KAK von ca. 30 bis 125 mmol(eq)/l. Da normale Grundwässer in etwa zwischen 1 und 10 mmol(eq)/l Kationen enthalten, liegt das Verhältnis zwischen im Wasser gelösten und am Sediment sorbierten Kationen also zwischen minimal 1:3 und maximal 1:125 (Abb. 5.8).

In tonmineralreichen und besonders bei montmorillonit-haltigen Sedimenten sind die Austauschkapazitäten sehr viel höher. Sie betragen 12 bis 20 mmol(eq)/100 g; bei einer angenommenen Gesamtporosität von 0,40 entspricht dies Werten von ca. 477 bzw. 795 mmol(eq)/l. Allerdings ist nur ein Teil davon wirksam; bei Transportmodellierungen muss deshalb die effektive Porosität von Tonen und Schluffen berücksichtigt werden.

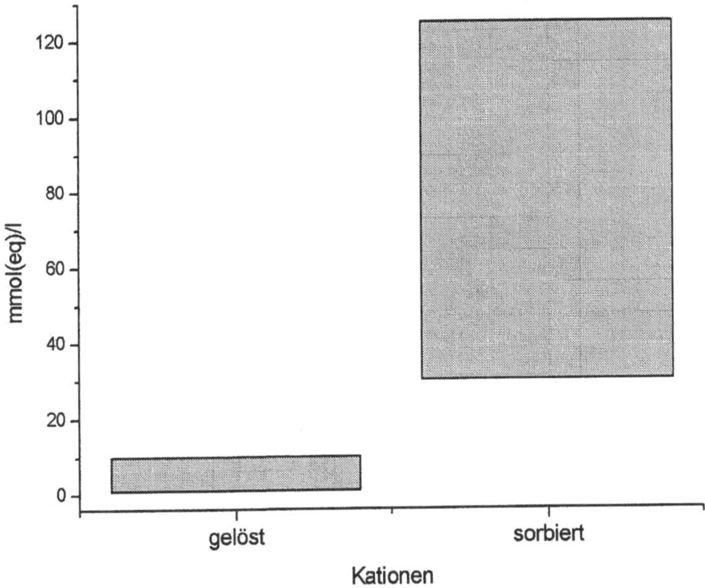

Abb. 5.8. Bandbreite gelöster und auf Kationentauschern von sandigen Lockersedimenten gespeicherter Kationengehalte in normalen Grundwässern

In Abb. 5.9 ist am Beispiel von Kalium und Chlorid der Einfluss des Ionenaustausches auf die vertikale Ausbreitung von Wasserinhaltsstoffen im Emsland dargestellt. Das untersuchte Gebiet wurde erst zu Beginn der 50er Jahre für die Landwirtschaft nutzbar gemacht. Die verwendeten Düngemittel enthielten u.a. Kalium und Chlorid. An den vertikalen Profilen erkennt man, dass das durch Sorption nicht beeinflusste Anion Chlorid bereits bis in größere Tiefen vorgedrungen ist. Es verhält sich fast wie ein idealer Tracer und wird nicht retardiert. Dagegen ist das Kalium bedingt durch die Sorption in seiner vertikalen Ausbreitung verzögert, also deutlich durch Kationenaustausch retardiert.

Bei der Bestimmung der Ionenaustauschkapazität im Labor kann zusätzlich untersucht werden, welche Ionen und mit welchen Prozentanteilen auf dem Tauscher vorhanden sind. Dadurch können z.B. „versteckte" Ausbreitungsfronten erkannt werden. Ein Beispiel für eine solche Bestimmung findet sich in Abb. 5.10. Dort sieht man im Sediment eines Grundwasserleiters zwischen 3 und 15 m Tiefe die starke Sorption von Al^{3+}, das aus versauertem Waldboden stammt. Aufgrund seiner hohen Sorptionsaffinität findet sich nur sehr wenig gelöstes Al^{3+} im Grundwasser selbst. In den Schichten zwischen 42 und 43 m im tieferen unteren Teil des Profils, das durch Versauerung nicht betroffen ist, herrschen Magnesium und später Kalzium als Belegung vor.

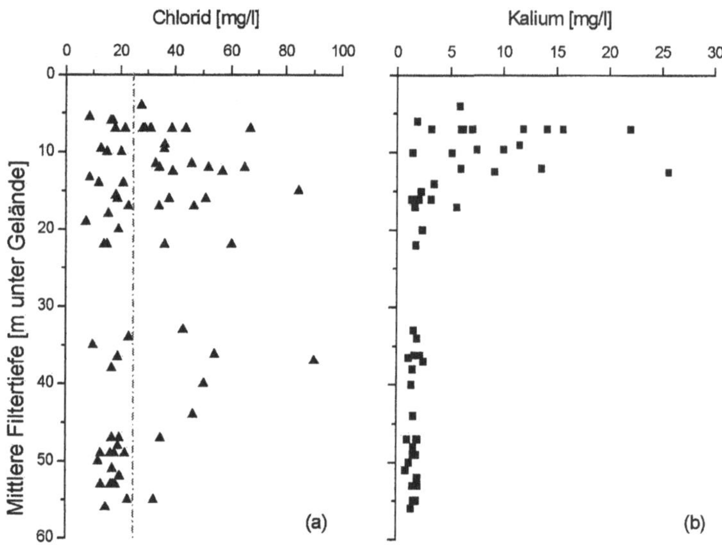

Abb. 5.9. Vertikale Verteilung von (a) Chlorid (idealer Tracer, nicht retardiert) und (b) Kalium (durch Kationenaustausch retardiert) im Grundwasser des Bourtanger Moores. Nach Daten von Houben et al. (2001 a, b).

Da die Bestimmung der KAK und der Ionenbelegung aufwendig ist, werden gelegentlich empirische Formeln benutzt. Ein Beispiel dafür ist Gl. 5.42 von Breeuwsma et al. (1986).

$$KAK \, [mmol(eq)/100 \, g] = 0{,}7 \cdot (Gew.\text{-}\% \, Ton) + 0{,}7 \cdot (Gew.\text{-}\% \, org. \, C) \qquad (5.42)$$

Beispiel

Die mittleren Gehalte an Ton bzw. organischem Kohlenstoff in quartären sandigen Sedimenten bei Haren (Ems) betragen 1,5 bzw. 0,05 Gew.-% (Houben 2000). Daraus errechnet sich eine KAK von ca. 1,09 mmol(eq)/100 g, die dem oben genannten Mittelwert von 1 mmol(eq)/100 g für sandige Sedimente gut entspricht. Auf die Tonminerale entfallen 1,05 mmol(eq)/l (ca. 97 %) und auf die organische Substanz 0,035 mmol(eq)/100 g (ca. 3 %).

Zum Ionenaustausch werden nachstehend folgende spezielle Erläuterungen gegeben:

– Beschreibung des Ionenaustausches
– Affinitäten und Kationentausch
– Konzentrationsabhängigkeit
– Anionensorption
– Bedeutung des Ionenaustausches

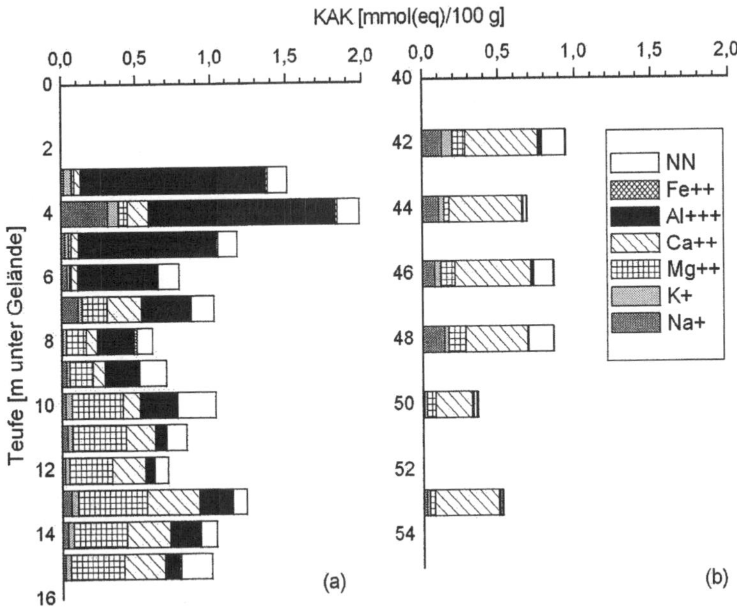

Abb. 5.10. Vertikale Verteilung der Kationenaustauschkapazität (KAK) und Ionenbelegung von sandigen Lockersedimenten im Bourtanger Moor.   (a) oberflächennah in 3 bis 15 m Tiefe und (b) unter versauertem Waldboden von Tiefen von 42 bis 53 m, von Versauerung nicht betroffen. NN = analytisch nicht bestimmte restliche Belegung, z.B. durch H^+-Ionen, andere Schwermetalle etc. Verändert nach Daten von Houben (2000).

Beschreibung des Ionenaustauschs. Der Ionenaustausch kann als Assoziierungsreaktion beschrieben werden (Appelo u. Postma 1996). Hierbei werden Massenwirkungsgesetze für die Reaktionen zwischen den aquatischen Spezies und den Sorberplätzen aufgestellt, wobei XX hier einen nicht näher bezeichneten zweifach negativ geladenen Sorberplatz darstellt (Gl. 5.43a, b).

$$XX\text{-}A + 2\,B^+_{(aq)} \Leftrightarrow XX\text{-}2B + A^{2+}_{(aq)} \tag{5.43a}$$

$$XX\text{-}(Ca^{2+}) + 2\,H^+ \Leftrightarrow XX\text{-}(H^+)_2 + Ca^{2+} \tag{5.43b}$$

Daraus lässt sich ein Massenwirkungsgesetz (Gl. 5.44) mit einer Selektivitätskonstante $K_{A/B}$ ableiten.

$$K_{A/B} = \frac{[XX\text{-}B]^2[A^{2+}]}{[XX\text{-}A][B^+]^2} \tag{5.44}$$

Das Gleichgewicht ist abhängig von den Konzentrationen und den individuellen Sorptionsaffinitäten der Ionen. Letztere ist abhängig von Ionenradius und Ladung der Ionen und drückt sich in unterschiedlichen Werten für $K_{A/B}$ aus. Als Faustregel gilt, dass mehrwertige Ionen mit kleinem Ionenradius besonders gut sorbieren (z.B. Al^{3+}), während große einwertige Ionen wie Li^+ oder Cl^- kaum sorbiert werden.

Affinitäten und Kationentausch. Aus den Gleichgewichtskonstanten kann die Affinität eines Kations zur Sorption bestimmt werden. Die Affinitätsreihe für Kationen lautet pauschaliert:

$$Al^{3+} > Ca^{2+} > Mg^{2+} > NH_4^+ > Na^+ > H^+ > K^+ > Li^+$$

Diese Affinitätsreihe für die Kationen ist allerdings auch von der Art des Ionentauschers abhängig. Das Tonmineral Illit z.B. hat eine besonders hohe Affinität für Kalium; dagegen wird Kalium von organischer Substanz kaum sorbiert.

Unterschiedliche Affinität führt im Grundwasser zu Effekten, die der Ionenchromatographie ähneln: Auftrennung der Kationen mit zunehmender Fließzeit. In Abb. 5.10 ist dieses Phänomen recht gut zu erkennen:

(a) Aluminium wird im oberen Teil des Profils stark zurückgehalten.

(b) Im tieferen Bereich dominieren zunächst Magnesium und dann Kalzium, während Kalium und Natrium keine wesentliche Rolle spielen.

Konzentrationsabhängigkeit. Die Konzentrationsabhängigkeit der Sorption zeigt sich darin, dass hohe Konzentrationen von Ionen mit niedriger Affinität geringere Konzentrationen von Ionen mit höherer Sorptionsaffinität verdrängen können. Ein Beispiel: Zur Enthärtung von Wasser werden mit Na^+ belegte Ionentauscher verwendet. Härtebildende zweiwertige Kationen des Wassers wie Ca^{2+} und Mg^{2+} verdrängen das einwertige Natrium vom Tauscher und werden durch Sorption somit aus dem Wasser entfernt. Zur Regenerierung wird der mit den Erdalkali-Ionen vollständig belegte Tauscher mit hoch konzentrierter NaCl-Lösung gespült. Dadurch werden Ca^{2+} und Mg^{2+} verdrängt, und der Tauscher wird wieder mit Na^+ beladen.

Anionensorption. Die Oberfläche der für die Anionensorption bedeutsamen Eisenoxide kann stark vereinfacht als Ansammlung von Eisenhydroxid-Komplexen ($\equiv$FeOH) betrachtet werden (Cornell u. Schwertmann 1996). Die Hydroxylgruppe (OH^-) kann als Ganzes abgegeben werden, wodurch ein negativ geladener Ligand L, d.h. ein Anion, aufgenommen werden kann:

$$\equiv FeOH + L^- \leftrightarrow \equiv FeL + OH^- \tag{5.45a}$$

Werden statt dessen Hydronium-Ionen (H^+) abgespalten, so kann ein positiv geladenes Metallion M^{z+} angelagert werden:

$$\equiv FeOH + M^{z+} \leftrightarrow \equiv FeOM^{(z-1)} + H^+ \tag{5.45b}$$

Daraus folgt die bemerkenswerte Tatsache, dass Eisenoxide gleichzeitig Anionen und Kationen sorbieren können. Da ihre Oberflächenladung im $\pm$ neutralen pH-Bereich jedoch überwiegend positiv ist, dominiert die Anionensorption deutlich über die Kationensorption. Eine Affinitätsreihe für die Anionensorption an

Eisenoxiden (Goethit) bei pH 7 kann wie folgt angegeben werden (Cornell u. Schwertmann 1996):

$$SeO^{3-} > AsO_4^{3-} = PO_4^{3-} > SiO_4^{4-} >> Cl^- > F^-$$

Bedeutung des Ionenaustausches. Grundsätzlich gilt bei allen adsorptiven Ionentauschprozessen, dass es sich um reversible Reaktionen handelt. Ein durch Sorption entferntes unerwünschtes Kation kann also noch lange nach Ende seines Eintrages langfristig durch Desorption die Wasserbeschaffenheit beeinflussen. Eisenoxide können zusätzlich Kationen mit ähnlichen Ionenradien wie Eisen(III) fest in ihr Kristallgitter einbauen. Dazu zählen z.B. Aluminium, Mangan, Chrom, Kobalt, Nickel, Kupfer und Zink. Bei dieser isomorphen Substitution handelt es sich also um eine Absorption und nicht um eine reversible Adsorption.

Die Bedeutung des Ionenaustausches zeichnet sich bei vielen hydrogeochemischen Fragestellungen ab, besonders aber bei der Wechselwirkung von Salzwässern und Süßwässern. Süßwässer führende Grundwasserleiter sind überwiegend vom $CaHCO_3$-Typ, d.h. Ca^{2+} ist das dominierende Kation sowohl in Lösung als auch auf den Tauscherplätzen. Dringt nun Salzwasser mit seiner hohen NaCl-Fracht in einen Süßwasser führenden Grundwasserleiter ein, so wird ein Teil des Natriums aufgrund seiner hohen Konzentration gegen Kalzium getauscht. Im Extremfall können also Wässer des CaCl-Typs entstehen. Im umgekehrten Fall, der Aussüßung eines versalzenen Grundwasserleiters, verdrängt das höher geladene Kalzium das Natrium vom Tauscher, so dass zunächst $NaHCO_3$-Wässer entstehen. Die im Vergleich zur gelösten Menge an Kationen im Süßwasser hohe Mengen an sorbierten Kationen (Abb. 5.8) erklären, warum zur vollständigen Aussüßung eines versalzenen Grundwasserleiters z.T. mehrere hundert Jahre erforderlich sein können.

Der Anionenaustausch durch Eisenoxide hat besondere Bedeutung für die Verfügbarkeit von Arsen (Schadstoff) und Selen und Phosphor (Spurennährstoffe). Diese werden durch Eisenoxide sehr effektiv ausgefiltert und in ihrer Mobilität dadurch stark beschränkt. Bei Auflösung dieser Oxide durch reduktive Prozesse (Abschn. 5.2.4) werden auch die adsorbierten und absorbierten Spurenstoffe mit mobilisiert.

5.2.6 Komplexbildung

Die Aktivität von Ionen in wässriger Lösung kann neben der elektrostatischen Abschirmung durch andere Ionen (Abschn. 5.1.1) auch durch die Bildung von Komplexen verringert werden. Komplexe sind geladene, (z.B. $Ca(OH)^+$) oder ungeladene (z.B. $CaSO_4^0$) Ionenpaare.

Bei der Wasseranalyse wird z.B. für Kalzium die Konzentration in Wasser $Ca_{(aq)}$ als Ca^{2+} ermittelt und als Ergebnis angegeben. In Wirklichkeit ist dies jedoch ein Summenparameter (Gl. 5.46), in dem sich auch die Komplexe des Ca^{2+} verbergen.

$$\Sigma Ca_{(aq)} = Ca^{2+} + Ca(OH)^+ + CaSO_4^0 + Ca(HCO_3)^+ + usw. \tag{5.46}$$

Die Komplexbildung kann als Assoziationsreaktion durch stöchiometrische Gleichungen beschrieben werden (Gl. 5.47), z.B.

$$Ca^{2+} + SO_4^{2-} \Leftrightarrow CaSO_4^0 \tag{5.47}$$

Für diese Reaktion kann ein Massenwirkungsgesetz (Gl. 5.48) mit einer Stabilitätskonstanten K formuliert werden.

$$K = \frac{[CaSO_4^0]}{[Ca^{2+}]\,[SO_4^{2-}]} = 10^{2,5} \tag{5.48}$$

Die quantitative Bedeutung der Komplexbildung zeigt sich am Beispiel des Gipses, bei dem etwa 40 % der Gesamtlöslichkeit auf die Bildung des aquatischen Komplexes $CaSO_4^0$ zurückzuführen sind (Appelo u. Postma 1996).

5.2.7 Mineralsättigung

Die Einschätzung des Sättigungszustandes eines Wassers gegenüber einem oder mehreren Mineralen erlaubt wichtige Aussagen über sein Potential, weitere Mengen davon aufzulösen oder abzuscheiden. Besondere technische Bedeutung hat dies für die Einschätzung der Korrosivität bzw. Inkrustationsneigung von Wässern.

Für eine Lösungsreaktion mit den Edukten A und B, den Produkten C und D sowie den jeweiligen stöchiometrischen Koeffizienten a, b, c und d gilt:

$$aA + bB \Leftrightarrow cC + dD \tag{5.49}$$

Damit lässt sich ein Massenwirkungsgesetz mit einer Gleichgewichtskonstante K formulieren:

$$K = \frac{[C]^c [D]^d}{[A]^a [B]^b} \tag{5.50}$$

Am Beispiel der Auflösung von NaCl (Kochsalz) ergibt sich für die Reaktion

$$NaCl \rightarrow Na^+ + Cl^- \tag{5.51}$$

das folgende Massenwirkungsgesetz:

$$K_{NaCl} = [Na^+][Cl^-] \tag{5.52}$$

Das Löslichkeitsprodukt K beschreibt dabei die Aktivitäten der beteiligten Ionen im Gleichgewicht. Da per definitionem die Aktivität von reinen Feststoffen und des Lösungsmittels Wasser 1 ist, können sie hier weggelassen werden.

Das Ionenaktivitätsprodukt (IAP) beschreibt hingegen die tatsächlich vorliegenden Aktivitäten der Ionen in der zu untersuchenden wässrigen Lösung, z.B.:

$$IAP_{NaCl} = [Na][Cl] \tag{5.53}$$

Die molare Löslichkeit C eines Stoffs mit der Stöchiometrie A_mB_n kann mittels Gl. 5.54 berechnet werden.

$$C_{AmBn} = \sqrt[m+n]{\frac{K}{m^2 \cdot n^2}} \qquad (5.54)$$

Der Sättigungszustand Ω eines Systems bezüglich einer Mineralphase ist als Quotient aus gemessenem Produkt der Konzentrationen IAP und der Gleichgewichtskonstante K definiert (Gl. 5.55).

$$\Omega = IAP/K \qquad (5.55)$$

Der Einfachheit halber wird der Sättigungszustand meist in logarithmischer Form als Sättigungsindex SI angegeben. Dadurch ergeben sich einfacher handhabbare Werte.

$$SI = \log(\Omega) \qquad (5.56)$$

Sättigungsindizes können wie folgt interpretiert werden:

- $SI = 0$ Gleichgewichtszustand
- $SI < 0$ Untersättigung: das Mineral kann weiter gelöst werden
- $SI > 0$ Übersättigung: das Mineral kann ausfallen

Der SI gibt nur die Richtung an, in die Reaktionen verlaufen können, nicht aber den tatsächlichen Reaktionsverlauf. Aus übersättigten Lösungen muss das entsprechende Mineral nicht ausfallen, wenn dieser Prozess kinetisch inhibiert ist, wie z.B. bei hoher Kristallisationsenergie.

Beispiel

Wie ist der Sättigungsindex SI für Fluorit (CaF_2) einer Lösung, die 20 mg/l Ca^{2+} und 5 mg/l F^- enthält?

Die Gleichgewichtskonstante K für die Reaktion

$$CaF_2 \Leftrightarrow Ca^{2+} + 2\,F^-$$

beträgt $2{,}7 \cdot 10^{-11}$ mol³/l³.

Nach Umwandlung der Konzentrationen in Molaritäten (s. Abschn. 5.1.1) ergibt sich das IAP gemäß Gl. 5.53 zu:

$$IAP_{CaF2} = [4{,}99 \cdot 10^{-4}\ mol/l][2{,}63 \cdot 10^{-4}\ mol/l]^2 = 3{,}46 \cdot 10^{-11}\ mol³/l³$$

Der Sättigungszustand errechnet sich nach Gl. 5.55 und Gl. 5.56 zu:

$$\Omega = IAP/K = (3{,}46 \cdot 10^{-11}\ mol³/l³) / (2{,}7 \cdot 10^{-11}\ mol³/l³) = 1{,}28$$
$$SI = \log(\Omega) = \log(1{,}28) = 0{,}107$$

Die Lösung ist also schwach übersättigt und kann ggf. Fluorit abscheiden.

5.2.8 Löslichkeit von Gasen

Gelöste Gase spielen eine wichtige Rolle in vielen hydrogeochemischen Reaktionen. Das Beispiel schlechthin ist die Kohlensäure im Kalk-Kohlensäure-System (Abschn. 5.3). Ebenfalls von großer Bedeutung ist der Sauerstoff, der als effektives Oxidationsmittel (Abschn. 5.2.4) ständig aus der Luft bzw. mit dem Sickerwasser in das Grundwasser eingetragen wird.

Die Löslichkeit von Gasen im Grundwasser wird im hohen Maße durch den Druck kontrolliert. Bei Gasgemischen, wie z.B. der Luft, gilt dies analog für den jeweiligen Partialdruck.

Nach dem Henry-Dalton'schen Gesetz ist die Löslichkeit λ von unreaktiven Gasen im Wasser wie folgt definiert

$$\lambda = K \cdot p \quad [V_{Gas}/V_{Lösungsmittel} \text{ bei } 1 \text{ atm}] \tag{5.57}$$

mit

p = Druck (Partial-) des betrachteten Gases
K = temperaturabhängige Materialkonstante

Bei konstantem K steigt die Löslichkeit also mit zunehmendem Druck. Für die Beschaffenheit von Tiefengrundwässern kann dies von besonderer Bedeutung sein.

Das oberflächennahe Grundwässer steht nicht notwendigerweise mit der Atmosphärenluft im Gleichgewicht, sondern häufiger mit der Bodenluft, die eine andere Zusammensetzung haben kann. So beträgt der Partialdruck für CO_2 in der Atmosphäre derzeit ca. $3,16 \cdot 10^{-4}$ (0,03 %), während in der Bodenluft durch die biologische Respiration bedingt Partialdrücke von 0,032 (3,2 %) erreicht werden. Die Beschaffenheit der Bodenluft schwankt jahreszeitlich in Abhängigkeit mit Aktivität der Biomasse und der Bepflanzung. Unter Ackerland werden im Frühjahr bis zu 7 % CO_2 in der Bodenluft erreicht.

Merken sollte man sich die maximale Löslichkeit von Sauerstoff im Wasser beim Kontakt mit der Atmosphäre (pO_2 = 0,21); bei den üblichen Temperaturen von 10 °C im flachen Grundwasser beträgt sie ca. 11 mg/l.

Für die Temperaturabhängigkeit der Gaslöslichkeit gilt das Gesetz von Gay-Lussac:

$$\lambda = \alpha \, (1\text{-}T/273) \tag{5.58}$$

mit

T = Temperatur in Grad Kelvin
α = Löslichkeitskonstante des jeweiligen Gases

Mit steigender Temperatur nimmt also die Gaslöslichkeit ab. Abbildung 5.11 zeigt dies am Beispiel der Löslichkeit von atmosphärischem CO_2 in Wasser. Zahlenwerte für die Proportionalitätskonstanten K und α sind verschiedenen Tabellenwerken zu entnehmen. Hohe Gehalte an gelösten Inhaltsstoffen (Salzfrachten) verringern die Löslichkeit von Gasen in Wasser.

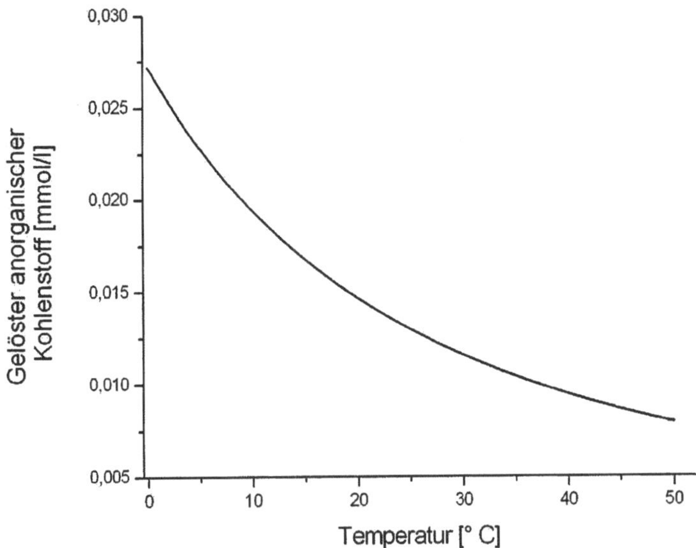

Abb. 5.11. Gelöster anorganischer Kohlenstoff (= Σ CO_2, HCO_3^-, CO_3^{2-}) in Wasser im Gleichgewicht mit der Atmosphäre (Partialdruck $pCO_2 = 10^{-3,5}$) als Funktion der Temperatur. Modelliert mit PHREEQC-2.

5.2.9 Partikel und Kolloide

Neben den chemisch gelösten (molekulardispersen) Inhaltsstoffen führt das Grundwasser zumeist auch eine partikuläre und kolloidale Fracht. Arten und Größenbereiche der vorkommenden Partikel sind in Abb. 5.12 dargestellt.

Partikuläre Schwebstoffe sind häufig an einer Trübung erkennbar und lassen sich durch Sedimentation entfernen. Kolloide können sowohl farblos sein als auch färbend wirkend. Sie können durch Sedimentation nicht entfernt werden, da sie aufgrund ihrer durch die niedrige Partikelgröße bedingten geringen Sinkgeschwindigkeit von $< 10^{-2}$ m/s in Schwebe bleiben.

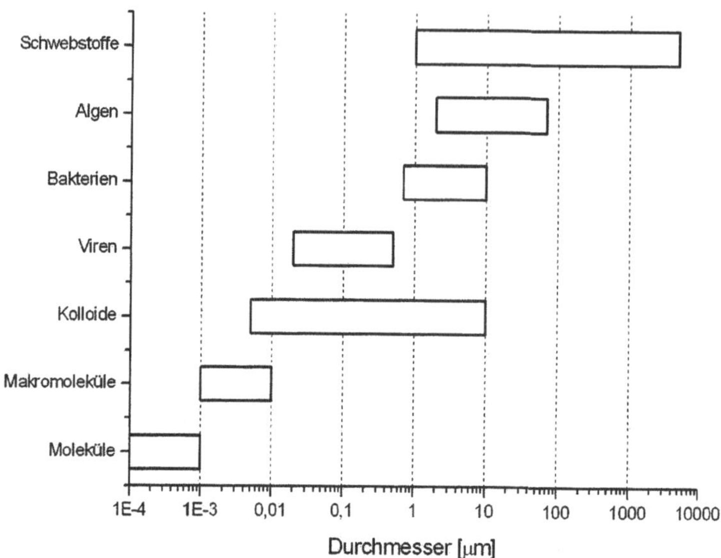

Abb. 5.12. Durchmesser transportierter Inhaltstoffe im Grundwasser. Nach verschiedenen Autoren.

In Oberflächengewässern können Kolloidgehalte von $> 10^6/cm^3$ erreicht werden. Folgende Phasen werden in Kolloiden beobachtet:

- silikatische Bodenpartikel: Tonminerale, „hochpolymere Kieselsäure"
- „Humus": kolloidale Huminsäuren, biologischer Detritus
- Eisen(III) und Mangan(III,IV)-Oxihydroxide
- Aluminiumhydroxide
- Sulfide und Polysulfide (in anoxischen Milieus)
- Mikroorganismen: Viren, Bakterien, Pilze
- Kombinationen der genannten Typen, z.B. Eisen-Huminstoff-Komplexe

Kolloide werden laufend durch physikalische und chemische Prozesse im Grundwasserleiter neu gebildet, z.B. durch Verwitterung oder Erosion. Aufgrund ihrer großen Oberflächen sind sie chemisch aktiv, z.B. durch Sorption. Sie können somit für den Stofftransport bei der Verlagerung von Schwermetallen, Radionukliden und Mikroorganismen eine erhebliche Rolle spielen. Umgekehrt werden Kolloide durch Prozesse wie Anlagerung, mechanische Filtration in Feinstporen und physiko-chemische Koagulation laufend aus dem Grundwasser entfernt.

Werden Kolloide vor der Analyse nicht aus einer Wasserprobe entfernt, so kann dies zu Verfälschungen – besonders der Parameter Eisen, Mangan, Aluminium und Silizium – führen. Auch die Berechnung der Ionenbilanz kann dadurch gestört werden.

5.2.10 Mikrobiologie

Im belebten Boden können pro Gramm Festsubstanz mehrere Milliarden (10^9) Mikroorganismen siedeln. In unkontaminierten Grundwasserleitern werden im Mittel immerhin noch 10^7 pro Gramm Festsubstanz gefunden. Das Fehlen von Licht sorgt für eine hochspezialisierte und einzigartige Lebewelt. Die überwiegende Zahl der Mikroorganismen im Grundwasser sind zellkernlose Prokaryoten (Bakterien); genetisch wird zwischen den eigentlichen Bakterien (Eubakterien) und den Archaebakterien unterschieden. Zu den letzteren zählen z.B. die methanproduzierenden Bakterien. Zahlenmäßig viel weniger bedeutend sind die zu den Eukaryoten zählenden Protozoen, wie Geißeltierchen (Flagellaten), Amöben und Wimpertierchen (Ciliaten). Sie ernähren sich z.T. von Bakterien. Auch Viren besiedeln den Grundwasserraum. Da sie zu eigenständigem Stoffwechsel und Vermehrung nicht fähig sind, benötigen sie immer einen Wirtsorganismus (obligater Parasit), im Grundwasser überwiegend Bakterien (Bacteriophagen). Neben Mikroorganismen können in den Grobporen von Grundwasserleitern höhere Organismen vorkommen, besonders häufig Fadenwürmer (Nematoden) und Krebstiere (Crustacea). Bei den letzteren sind Muschelkrebse (Ostracoden), Ruderfußkrebse (Copepoden), Flohkrebse (Amphipoden), Asseln (Isopoda) und Wasserflöhe die wichtigsten Vertreter. Einige Arten leben nur im Grundwasser (stygobionte Lebensweise). In Karstgrundwasserleitern treten in Höhlen vereinzelt noch höher entwickelte, speziell angepasste Organismen auf, darunter Wirbeltiere (Fische, Amphibien). Darstellungen zur Grundwasser- und Geomikrobiologie finden sich bei DVWK (1988), Banfield u. Nealson (1999), Ehrlich (2002) sowie Griebler u. Mösslacher (2003).

Durch Strömungsprozesse wird ständig ein kleiner Teil der Mikroorganismen in das Grundwasser übertragen, so dass dieses per se nicht steril ist. Beim Abpumpen eines Brunnens wird somit immer ein geringer Teil von Mikroorganismen ausgebracht. Daher verlangt die Trinkwasserverordnung nicht, dass ein Wasser völlig keimfrei sein muss. Für die Abfüllung von Wasser betragen die Richtwerte für die Koloniezahlen 100/ml bei 22 °C und 20/ml bei 36 °C. Dies gilt natürlich nicht für Krankheitserreger.

Redoxzonierung. Die unter Abschn. 5.2.4 beschriebenen vielfältigen Redoxreaktionen der Kohlenstoff-, Eisen- und Schwefel-Kreisläufe im Untergrund sind im Wesentlichen mikrobiell kontrollierte Prozesse, die den Mikroorganismen zur Energiegewinnung dienen. Jede Redoxzone ist durch eine eigene Lebensgemeinschaft von Bakterien charakterisiert, z.B. denitrifizierende bzw. sulfatreduzierende Bakterien. Diese Bakterien können die thermodynamisch möglichen Reaktionen katalytisch erheblich beschleunigen. Wie in Abschn. 5.2.4 dargelegt wurde, nimmt der potentielle Energiegewinn in den Redoxzonen von oben nach unten stark ab, d.h. die oberflächennah siedelnden Bakterien schöpfen insbesondere über Sauerstoff und Nitrat den energetisch günstigsten Teil der Stoffeinträge ab. In der sulfatreduzierenden Zone sind Energiegewinn und Stoffumsatz demgegenüber sehr gering, so dass die dortigen Prozesse viel langsamer verlaufen.

Beispiel

Böttcher et al. (1989) geben für das Versuchsfeld Fuhrberger Feld nördlich Hannover für die Reduktion von Nitrat bzw. Sulfat folgende Halbwertszeiten an, die den großen Unterschied der Stoffumsätze illustrieren:

Nitratreduktion	1,5	Jahre
Sulfatreduktion	100	Jahre

Neben den heterotrophen Organismen, d.h. solchen, die organischen Kohlenstoff zum Lebensunterhalt benötigen, gibt es autotrophe (chemolithotrophe) Mikroorganismen. Ein bekanntes Beispiel ist die Gattung *Gallionella* der „Eisenbakterien", die an Bedingungen der Übergangszone zwischen oxischem und reduzierendem Milieu angepasst ist. Gallionella bezieht nach Ehrlich (2002) die zum Leben notwendige Energie aus der Oxidation von im Wasser gelöstem zweiwertigen Eisen zu dreiwertigem Eisen (Gl. 5.59a). Das gebildete Fe(III) ist praktisch nicht wasserlöslich und scheidet sich in einem zweiten Schritt als Eisenoxid aus (Gl. 5.59b). Die Bedeutung von Gallionella für die Bildung von Inkrustationen in Brunnen und Rohrleitungen ist seit langem bekannt. Den Kohlenstoff zur Synthese seiner Biomasse entzieht Gallionella dem im Wasser gelösten Kohlendioxid.

$$4\,Fe^{2+} + CO_2 + 4\,H^+ \Leftrightarrow 4\,Fe^{3+} + \text{"}CH_2O\text{"} \tag{5.59a}$$

$$4\,Fe^{3+} + 8\,H_2O \Leftrightarrow 4\,FeOOH + 12\,H^+ \tag{5.59b}$$

Der Energiegewinn aus der Eisen(II)-Oxidation ist mit 170 kJ (40 kcal) pro Mol Eisen gering (Ehrlich 2002). Um ein Gramm Biomasse, z.B. Zucker oder Eiweiß, mit einem Brennwert von 17 kJ/g (4 kcal/g) zu produzieren, müssen 5,6 g Eisen oxidiert werden. Gl. 5.59a zeigt, dass vier Teile Eisen umgesetzt werden müssen, um ein Teil Biomasse "CH$_2$O" zu produzieren. Der nötige Stoffumsatz ist im Vergleich zu dem bescheidenen Energiegewinn also sehr hoch.

Ebenfalls autotroph sind die acidophilen Bakterien der Gattung *Thiobacillus*, die bei der Oxidation von Sulfiden wirksam sind (Abschn. 5.2.4). Sie können die Effizienz der Reaktion um den Faktor 10^6 steigern.

Biofilme. Die in Böden und Grundwasserleitern lebenden Mikroorganismen können sich mit dem Wasser treiben lassen; manche können sich mit Hilfe von Geißelzellen langsam fortbewegen. Bei der Nahrungsaufnahme sind sie jedoch im Wesentlichen unbeweglich („sessil") und somit auf die Anlieferung ihrer Nährstoffe mit dem vorbeiströmenden Wasser angewiesen. In den meisten Fällen bilden sich auf den Mineraloberflächen Kolonien von Mikroorganismen, die sogenannten Biofilme. In diesen können sich auch symbiotische Gesellschaften unterschiedlicher Arten ansiedeln. Neben den eigentlichen Bewohnern bestehen die Biofilme aus voluminöser und stark wasserhaltiger Biomasse, die von den Bakterien produziert wird (Schlegel 1992). Diese Hülle erleichtert den Bakterien die Anlagerung an Oberflächen und schützt sie vor Erosion und chemischen Angriffen. Die Hülle kann in Form von Schleimen, aber auch als Kapseln und Scheiden ausgebildet sein. Die Hülle besteht zumeist aus Polysacchariden. Man bezeichnet sie auch als Exopolysaccharide (EPS).

Wasserhygiene. Die meisten natürlichen Mikroorganismen des Grundwasserraums sind im der Luft ausgesetzten Wasser weder sehr lange lebensfähig noch pathogen, also weder auf den Menschen übertragbar noch krankheitserregend. Manche nicht-pathogene Mikroorganismen wie die Eisen- und Manganbakterien können zwar im Rohrnetz überleben, sind jedoch nur aus ästhetischer bzw. technischer Sicht unerwünscht, da sie zur Rotfärbung des Wassers und zur Verstopfung von Rohrleitungen führen.

Krankheitserreger, d.h. pathogene Bakterien und Viren, werden hauptsächlich durch den Eintrag von Fäkalien, Abwasser und Schadstoffen in das Grundwasser eingebracht. Sie spielen in trinkwasserhygienischer Sicht daher eine herausragende Rolle. Die überwiegende Zahl der durch verschmutztes Grundwasser ausgelösten Krankheiten geht auf Mikroorganismen zurück, während anorganische Schadstoffe demgegenüber stark zurück treten.

Typische Krankheiten, die durch mit Bakterien oder Viren verseuchtes (Grund-)Wasser übertragen werden, sind z.B.:

Krankheit	*Erreger*
Cholera	Vibrio cholera
Typhus/Paratyphus	Salmonella
Bakterienruhr	Shigella
Hepatitis	Hepatitis-A-Virus

Statt einzelner Krankheitserreger werden im trinkwasserhygienischen Standarduntersuchungsprogramm gewöhnlich folgende Parameter untersucht:

- coliforme Bakterien
- Escherichia coli
- Enterokokken
- Pseudomonas aeruginea

Diese Mikroorganismen sind z.T. allerdings nur als Indikatorparameter zu werten. Coliforme und *E. coli* sind nicht pathogen, jedoch ein guter Anzeiger für fäkale Verschmutzungen. Sie weisen auf das mögliche Vorhandensein von anderen Krankheitserregern (u.a. Viren!) hin und dürfen im Trinkwasser daher nicht nachweisbar sein.

Beprobung. Die Beprobung für mikrobiologische Untersuchungen ist erheblich aufwendiger als für chemische Zwecke, da sowohl die Vorrichtungen zur Probenentnahme als auch die Probenbehälter keimfrei sein müssen, um Artefakte zu vermeiden (Hütter 1994). Inzwischen sind auch für Nicht-Biologen geeignete mikrobiologische Schnelltestes auf dem Markt, mit denen die Abwesenheit bzw. Anwesenheit einiger Bakterien(-gruppen) relativ einfach qualitativ bzw. sogar semiquantitativ bestimmt werden kann. Allerdings ist auch bei diesen ein sehr sauberes Arbeiten und eine Bebrütung von mindestens 24 h erforderlich. Für alle detaillierteren Untersuchungen sind nach wie vor Speziallabors zuständig. Dort werden Nährlösungen bebrütet, meist bei 20 bzw. 36 °C, die individuell auf Bakteriengattungen zugeschnitten sind, die in der Wasserprobe enthalten sein können. Nach einer festgelegten Zeit, meist 24 bis 36 h, wird die Zahl der entstandenen Bakterienkolonien, d.h. der optisch erkennbaren Ansammlungen von Bakterien, gezählt.

Organismen und Mikroorganismen können zur Bewertung der Toxizität von Wasserproben herangezogen werden. Standardisierte Organismen, z.B. Leuchtbakterien, werden dabei den Wasserproben zugesetzt, und es wird die Entwicklung ihrer Lebensfunktionen als Funktion der Wasserqualität beobachtet.

Ausbreitung. Bakterien und Viren unterliegen im Untergrund einer mechanischen Filtration (Abschn. 5.2.9), einer Sorption und verschiedenen biochemischen Abbaureaktionen, die ihre Ausbreitung limitieren. In den meisten Ländern wird daher eine minimale unterirdische Verweilzeit des Grundwassers verlangt, um den Zutritt von schädlichen Mikroorganismen zum Brunnen und somit zum Trinkwasser zu begrenzen. Länderspezifisch variiert diese Zeitspanne zwischen 40 und 60 Tagen. In Deutschland dient die Schutzzone II mit ihrer minimalen unterirdischen Verweilzeit von 50 Tagen diesem Zweck.

Grundwasserbürtige Mikroorganismen können sich ggf. in Rohrleitungen und Brunnen ansiedeln, da sie dort durch das kumulativ hohe Nährstoffdargebot vergleichsweise ideale Lebensbedingungen vorfinden. Neben den Eisen- und Manganbakterien tun dies sulfatreduzierende Bakterien. Letztere tragen dabei in erheblichem Maße zur Korrosion metallischer Werkstoffe bei, was z.B. bei der Korrosion von Brunnen und Rohrleitungen bedeutsam ist.

Grundwasserbewohner können mit ausgespült oder von ihren Siedlungsplätzen an den Kluftwänden fortgerissen werden, wenn intensive Wiederergänzung zu starkem unterirdischen Abfluss mit hohen Fließgeschwindigkeiten führt.

5.3 Kalk-Kohlensäure-System

5.3.1 Einleitung

Das Kalk-Kohlensäure-System hat besondere Bedeutung für die Beschaffenheit sehr vieler Grundwässer, da die Minerale Kalzit ($CaCO_3$), Aragonit ($CaCO_3$) und Dolomit ($CaMg(CO_3)_2$) sehr häufige Bestandteile der Matrix natürlicher Grundwasserleiter sind. Bei Karbonatgrundwasserleitern stellen sie sogar den Hauptbestandteil. Hier ist das Kalk-Kohlensäure-System zugleich für die Bildung der Wasserwegsamkeiten verantwortlich (Karstbildung).

Auch die technische Eigenschaft des Wassers, die „Wasserhärte" (s. Abschn. 5.3.4), beruht auf dem Kalk-Kohlensäure-System. Die Abscheidung von „Kesselstein", d.h. Karbonaten aus übersättigten Wässern sowohl in Rohrleitungen, Wassergewinnungs- und Aufbereitungsanlagen als auch in Haushaltsgeräten wie Waschmaschinen, Geschirrspülern und Kaffeemaschinen verursacht immense wirtschaftliche Schäden. Ferner kann aggressive Kohlensäure aus karbonatuntersättigten Wässern zu Korrosion von zementgebundenen und metallischen Werkstoffen führen. Nicht zuletzt wird neben dem Geschmack von Getränken auch der Verbrauch an Waschmitteln und Seife durch die Härte beeinflusst.

5.3.2 Löslichkeit und Speziesverteilung

Die Löslichkeit von Kalzit ($CaCO_3$) in reinem Wasser ist gering. Für das Löslichkeitsprodukt der Reaktion

$$CaCO_3 \Leftrightarrow Ca^{2+} + CO_3^{2-} \tag{5.60a}$$

mit der Gleichgewichtskonstante

$$K_{cc} = 10^{-8,3} = 5 \cdot 10^{-9} \; mol^2/l^2 = [Ca^{2+}][CO_3^{2-}] \tag{5.60b}$$

ergibt sich eine Löslichkeit von 0,07 mmol/l = 7,0 mg/l.

Die kristallographische Variabilität der Karbonate ist zu berücksichtigen. So kann statt dem trigonalen Kalzit die orthorhombische Variation Aragonit ($CaCO_3$) mit ihrer höheren Löslichkeit auftreten. Weiterhin treten Karbonate des Magnesiums (Magnesit, $MgCO_3$), des Eisens (Siderit, $FeCO_3$) und Mischkarbonate auf, letztere besonders in Form des Dolomits ($CaMg(CO_3)_2$).

Jeder Praktiker weiß, dass in der Natur sehr häufig Wässer vorkommen, die umgerechnet bis zu mehrere hundert mg/l gelösten Kalk bzw. Dolomit enthalten. Diese scheinbare Diskrepanz zu der obigen Berechnung mit Gl. 5.60b wird durch den starken Einfluss der Kohlensäure (CO_2) auf das Lösungsgleichgewicht verursacht. In Form des Gases Kohlendioxid ist Kohlensäure sowohl in der atmosphärischen Luft als auch in der Bodenluft enthalten. Die wesentlichen Eintragswege sind:

– Verrottung (Mineralisierung) pflanzlicher Substanz
– Exhalationen durch (basischen) Vulkanismus
– Verbrennung fossiler Brennstoffe (Kohle, Torf, Holz, Öl, Gas)

Kohlensäure wird umgekehrt fixiert durch:

– Ausfällung von Karbonaten (Aragonit, Kalzit, Dolomit etc.)
– photosynthetische Produktion von Biomasse

Das Lösungsgleichgewicht von Kohlensäure in Wasser ergibt sich als Zusammenspiel mehrerer Teilgleichgewichte, deren Variablen die Aktivitäten verschiedener anorganischer Kohlenstoffspezies sind. Die Löslichkeit von Kohlensäure in Wasser nimmt dabei mit fallenden Temperaturen und steigendem Druck deutlich zu (Abb. 5.11). Bis zu einer Tiefe von ca. 250 m kann der Einfluss des Drucks aber vernachlässigt werden (Hölting 1996).

Gasförmiges Kohlendioxid ist gemäß dem Henry-Dalton'schen Gesetz in Wasser löslich.

$$CO_{2(g)} \Leftrightarrow CO_{2(aq)} \tag{5.61}$$

Ein Teil davon reagiert zu Kohlensäure im engeren Sinne (H_2CO_3)

$$CO_{2(aq)} + H_2O \Leftrightarrow H_2CO_3 \tag{5.62}$$

Da die Kohlensäure sehr instabil ist und kaum 0,4 % der Konzentration des gelösten Kohlendioxids erreicht, kann das Gleichgewichtsprodukt wie folgt vereinfacht angegeben werden.

$$K_H = [CO_{2(aq)}{}^*]/p_{CO2} = 10^{-1,5} \tag{5.63}$$

mit

$$CO_{2(aq)}{}^* = CO_{2(aq)} + H_2CO_3$$

Die Kohlensäure kann in zwei Dissoziationsschritten H^+-Ionen mit entsprechenden Gleichgewichtskonstanten abspalten:

$$H_2CO_3 \Leftrightarrow H^+ + HCO_3^- \tag{5.64a}$$

$$K_1 = [H^+][HCO_3^-]/[CO_{2(aq)}{}^*] = 10^{-6,3} \tag{5.64b}$$

$$HCO_3^- \Leftrightarrow H^+ + CO_3^{2-} \tag{5.65a}$$

$$K_2 = [H^+][CO_3^{2-}]/[\,HCO_3^-] = 10^{-10,3} \tag{5.65b}$$

Bei bekanntem Partialdruck des gasförmigen CO_2 kann nun gemäß Gl. 5.63 die
Aktivität des gelösten Kohlendioxids leicht errechnet werden. Daraus errechnen
sich nach Gln. 5.64b und 5.65b die Aktivitäten der weiteren Spezies, die vom
pH-Wert abhängig sind.

Beispiel

Wie ist die Karbonatspeziesverteilung eines Wassers bei pH 7 und p_{CO2} =
0,03 atm?

Es wird nacheinander mit den folgenden Gleichungen gerechnet:

Gl. 5.63:

$$[CO_{2(aq)}{}^*] = 10^{-1,5} * p_{CO2} = 10^{-1,5} * 0,03 = 9,49 \cdot 10^{-4} \text{ mol/l}$$

Gl. 5.64b:

$$[HCO_3^-] = 10^{-6,3}[CO_{2(aq)}{}^*]/[H^+] = 10^{-6,3} * 9,49 \cdot 10^{-4} / 1 \cdot 10^{-7} = 4,76 \cdot 10^{-3} \text{ mol/l}$$

Gl. 5.65b:

$$[CO_3^{2-}] = 10^{-10,3}[HCO_3^-]/[H^+] = 10^{-10,3} * 4,76 \cdot 10^{-3} / 1 \cdot 10^{-7} = 2,39 \cdot 10^{-6} \text{ mol/l}$$

Die Summe der Konzentrationen der gelösten Karbonatspezies beträgt also

$$(9,49 \cdot 10^{-4} + 4,76 \cdot 10^{-3} + 2,39 \cdot 10^{-6}) \text{ mol/l} = 5,71 \cdot 10^{-3} \text{ mol/l}$$

Die relativen Anteile der Karbonatspezies betragen:

$$CO_{2(aq)}{}^* = 16,62 \% \qquad HCO_3^- = 83,34 \% \qquad CO_3^{2-} = 0,04 \%$$

In Abb. 5.13 ist die aus den Gln. 5.63 bis 5.65 berechnete relative Verteilung
der verschiedenen anorganischen Kohlenstoffspezies in Wasser als Funktion des
pH-Wertes bei 20 °C dargestellt. Das Beispiel zeigt sehr schön den geringen An-

teil der Karbonat-Ionen bei pH-Werten unterhalb von pH 8,2. Die in Abb. 5.13 dargestellten Kurven gelten im strengen Sinne nur für ein reines System von Kohlensäure und Wasser und unter der Annahme einer Aktivität = 1 der beiden Spezies. Aktivitätskorrekturen erfordern einen erheblichen Rechenaufwand, der heute vorteilhaft mit entsprechenden Rechenprogrammen umgangen wird (Abschn. 5.5). Bei pH-Werten > 9,4 ist zu beachten, dass sowohl Hydroxil- als auch Silikat-Ionen anwesend sein können. Ebenso können dissoziierte organische Verbindungen die Bestimmung der anorganischen Kohlenstoffverbindungen verfälschen.

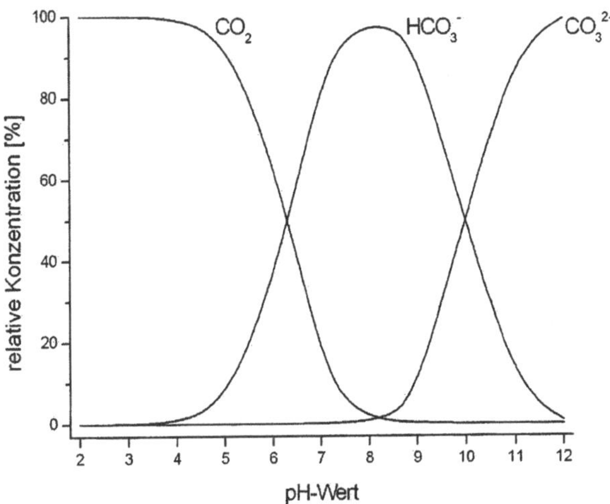

Abb. 5.13. Speziesverteilung von gelöstem anorganischem Kohlenstoff als Funktion des pH-Wertes. Modelliert mit PHREEQC-2.

Eine elegante Möglichkeit der Bestimmung des pH-Wertes aus dem Partialdruck von CO_2 ergibt sich aus der Betrachtung der Elektroneutralität (Appelo u. Postma 1996). Die Ladungen der negativen und positiven Ionen im Kohlensäure-Wasser-System müssen sich ausgleichen:

$$m(H^+) = m(HCO_3^-) + 2\,m(CO_3^{2-}) + m(OH^-) \qquad (5.66)$$

Bei pH-Werten < 7 ist $m(CO_3^{2-})$ vernachlässigbar klein wie Abb. 5.13 zeigt. Ebenso fällt $m(OH^-)$ gegenüber $m(H^+)$ nicht ins Gewicht, so dass sich Gl. 5.66 vereinfacht:

$$m(H^+) = m(HCO_3^-) \qquad (5.67)$$

Mit der Kombination aus den Gleichungen (5.63) und (5.64b) erhält man

$$[HCO_3^-] = 10^{-7,8} \cdot p_{CO2}/[H^+] \qquad (5.68)$$

Durch Einsetzen von Gl. 5.67 in Gl. 5.68 ergibt sich nach Auflösung:

$$m(H^+) = (10^{-7,8} \cdot p_{CO2})^{1/2} \qquad (5.69)$$

Daraus lassen sich die pH-Werte von Wasser im Gleichgewicht mit Gasen verschiedener CO_2-Partialdrücke einfach berechnen.

Beispiel

Wie sind die pH-Werte von Wasser im Kontakt mit atmosphärischer Luft und Bodenluft mit unterschiedlichen CO_2-Partialdrücken? (vgl. Abschn. 5.2.8).

Nach Gl. 5.69 ergibt sich die folgende Aufstellung:

	Atmosphäre	*Bodenluft 1*	*Bodenluft 2*	*Bodenluft 3*
p_{CO2}	$10^{-3,5}$	10^{-2}	$10^{-1,5}$	$10^{-1,15}$
Vol.-% CO_2	0,03 %	1,0 %	3,2 %	7 %
pH-Wert	5,65	4,90	4,65	4,48

Wie beeinflusst nun die Kohlensäure die Löslichkeit von festen Karbonatphasen?

Die Auflösung von Kalzit in Wasser, das Kohlensäure enthält, kann wie folgt formuliert werden:

$$CaCO_3 + CO_{2(g)} + H_2O \Leftrightarrow Ca^{2+} + 2\,HCO_3^- \tag{5.70}$$

Diese Reaktion ist eine Kombination aus Reaktion der Gl. 5.60b und den Reaktionen der Gln. 5.63 und 5.64b sowie der Umkehrungsreaktion nach Gl. 5.65b. Die Gleichgewichtskonstante für Reaktion nach Gl. 5.71 errechnet sich somit aus dem Produkt der Gleichgewichtskonstanten der Einzelreaktionen, d.h.

$$K = K_{cc} \cdot K_H \cdot K_1 \cdot K_2^{-1} = 10^{-8,3} \cdot 10^{-1,5} \cdot 10^{-6,3} \cdot 10^{10,5} = 10^{-5,8} \tag{5.71}$$

Das Massenwirkungsgesetz lässt sich wie folgt angeben:

$$K = \frac{[Ca^{2+}] \cdot [HCO_3^-]^2}{p_{CO2}} = 10^{-5,8} \tag{5.72}$$

Die Elektroneutralitätsanforderung für das Kohlensäure-System aus Gl. 5.66 lässt sich für das Kalzit-Kohlensäure-System wie folgt erweitern:

$$m(H^+) + 2\,m(Ca^{2+}) = m(HCO_3^-) + 2\,m(CO_3^{2-}) + m(OH^-) \tag{5.73}$$

Wählt man auch hier einen pH-Wert < 7 und nimmt an, dass $m(H^+) \ll m(Ca^{2+})$ ist, so vereinfacht sich die Elektroneutralität zu:

$$2\,m(Ca^{2+}) = m(HCO_3^-) \tag{5.74}$$

Nach Einsetzen von Gl. 5.74 in Gl. 5.72 ergibt sich eine einfache Formulierung für die Berechnung der Kalzium-Konzentration aus dem Partialdruck des Kohlendioxids:

$$m(Ca^{2+}) = \sqrt[3]{10^{-5,8} \cdot p_{CO2}/4} \tag{5.75}$$

Mit der Konzentration von Kalzium kann gemäß Gl. 5.74 die Konzentration des Hydrogenkarbonats und mit Gl. 5.60b die des Karbonats errechnet werden. Mit diesen beiden Werten ergibt sich aus Gl. 5.65b die Konzentration der H^+-Ionen, d.h. der pH-Wert, und schließlich nach Gl. 5.64b auch die Konzentration von $CO_{2(aq)}^*$.

Beispiel

Wie ist die Konzentration von Kalzium und die Karbonatspeziation eines Wassers im Gleichgewicht mit Kalzit bei einem CO_2-Partialdruck von $10^{-3,5}$ (Atmosphäre)?

Bei den folgenden Arbeitsschritten werden nacheinander berechnet:

Ion		*Gleichung*	*Formel*	*Gehalt [mol/l]*
Kalzium	Ca^{2+}	5.75	$[Ca^{2+}] = (10^{-5,8} \cdot 10^{-3,5} /4)^{1/3}$	$5,0 \cdot 10^{-4}$
Hydrogen-karbonat	HCO_3^-	5.74	$[HCO_3^-] = 2 \cdot [Ca^{2+}] = 2 \cdot 5,0 \cdot 10^{-4}$	$1,0 \cdot 10^{-3}$
Karbonat	CO_3^{2-}	5.60b	$[CO_3^{2-}] = 10^{-8,3} / [Ca^{2+}]$ $= 10^{-8,3} / 5,0 \cdot 10^{-4}$	$1,0 \cdot 10^{-5}$
Wasserstoff	H^+	5.65b	$[H^+] = 10^{-10,3} [HCO_3^-] / [CO_3^{2-}]$ $= 10^{-10,3} \cdot 1,0 \cdot 10^{-3} /1,0 \cdot 10^{-5}$	$5,0 \cdot 10^{-9}$
pH-Wert	pH	5.65b	$pH = -\log[H^+] = -\log[5,0 \cdot 10^{-9}]$	8,3
gelöstes $CO_{2(aq)}^*$	$CO_{2(aq)}^*$	5.64b	$[CO_{2(aq)}^*] = [H^+][HCO_3^-] / 10^{-6,3}$	$1,0 \cdot 10^{-5}$

Die Summe der Konzentrationen der gelösten Karbonatspezies beträgt also

$$(1,0 \cdot 10^{-5} + 1,0 \cdot 10^{-3} + 1,0 \cdot 10^{-5}) \text{ mol/l} = 1,02 \cdot 10^{-3} \text{ mol/l}$$

Die relativen Anteile der Karbonatspezies betragen:

$$CO_{2(aq)}^* = 1,0\ \% \qquad HCO_3^- = 98,0\ \% \qquad CO_3^{2-} = 1,0\ \%$$

Die zuvor getroffenen vereinfachenden Annahmen werden durch die Ergebnisse des Beispiels bestätigt.

Die bisherigen Berechnungen gingen von einem offenen System aus, d.h. der Partialdruck von CO_2 ist eine Konstante. In vielen geologischen Situationen kann eine Nachlieferung von CO_2 durch Nachdiffusion aus Luft oder Bodenluft nicht stattfinden, da die Entfernung zu groß ist. In diesen geschlossenen Systemen nimmt der Partialdruck daher mit der Zeit ab. Damit verbunden ist natürlich eine Abnahme der Karbonatlösung.

5.3.3 Bestimmung der gelösten Karbonatspezies

Die strenge pH-Abhängigkeit der Speziation des gelösten anorganischen Kohlenstoffs (Abb. 5.13) erlaubt eine Bestimmung der Speziesverteilung durch Titration. Durch Zugabe von Säuren oder Basen wird die Verteilung soweit verschoben bis nur noch eine Spezies vorhanden ist. Der Verbrauch an Säure bzw. Base bis zu diesem Endpunkt beschreibt quantitativ die Menge der durch die Titration „zerstörten" Spezies. Das Erreichen der Eckpunkte kann durch Messung des pH-Wertes in der Titrationsvorlage bzw. durch pH-Farbindikatoren bestimmt werden.

In diesem Zusammenhang werden die Begriffe *Alkalität* bzw. *Alkalinität* verwendet. Diese beschreiben die Fähigkeit des Wassers, Säuren zu neutralisieren; umgekehrt bezeichnet man mit der *Acidität* resp. *Azidität* die Eigenschaft, Basen neutralisieren zu können. Die Bestimmung der Alkalität, richtiger der Säurekapazität, verfolgt den Zweck, mittels Titration mit 0,1 normaler Salzsäure die einzelnen Verbindungen des anorganischen Kohlenstoffs quantitativ zu erfassen.

Die Säurekapazität in mmol(eq)/l ist dann die Summe der molalen bzw. molaren Konzentrationen von Anionen, die während der Titration Wasserstoff-Ionen akzeptieren. Dies sind

HCO_3^-, CO_3^{2-}, H_2CO_3, OH^-, organische Anionen etc.

Bei Zweiwertigkeit sind diese doppelt zu zählen.

Im Gegensatz zu dem im Ausland üblichen Begriff Alkalität ist in Deutschland der Terminus *Säurekapazität* vorgeschrieben. Man umgeht dadurch die Schwierigkeit, beim unteren Titrationspunkt von pH $\approx$ 4,3, also im eindeutig sauren Bereich, noch von einer alkalischen Reaktion sprechen zu müssen.

Bei der Titration der anorganischen Kohlenstoffspezies laufen während der Säurezugabe die nachstehend skizzierten Vorgänge ab.

- *Erste Phase*: Im pH-Bereich > 8,2 werden zunächst CO_3^{2-}-Ionen durch Aufnahme von H^+-Ionen in HCO_3^--Ionen überführt. Dies hält solange an, bis sich kein CO_3^{2-} mehr in Lösung befindet. Zunächst bewirkt das Pufferungsvermögen des Wassers eine relative Konstanz des pH-Wertes. Am Titrationsendpunkt verursacht dann ein weiterer Tropfen Säure einen deutlichen Sprung im pH-Wert. Dieser liegt bei pH = 8,2. Er wird mittels des Indikators Phenolphthalein beobachtet. Deshalb wird die Menge an verbrauchter Säure im Analysenprotokoll häufig als *p-Wert* bezeichnet. Wie in Abb. 5.13 ersichtlich, liegt in diesem Punkt das Verhältnis zwischen HCO_3^- und CO_3^{2-} bei rund 100 : 1.

- *Zweite Phase*: Beim Weitertitrieren nimmt jedes HCO_3^--Ion ein H^+-Ion auf und bildet dabei undissoziierte Kohlensäure H_2CO_3 bzw. $CO_{2(aq)}$. Wenn bis auf einen kleinen Rest alle Hydrogenkarbonat-Ionen verbraucht sind, bewirkt jede weitere Zugabe von Salzsäure einen Sprung des pH-Wertes, diesmal auf pH = 4,3. Die Abb. 5.13 zeigt, dass hier das Verhältnis von H_2CO_3-Molekülen zu HCO_3^--Ionen bei etwa. 100 : 1 liegt. Als Indikator dient eine Methylorange-Lösung, so dass der Umschlagpunkt als *m-Wert* bezeichnet wird.

Der geschilderte Titrationsmechanismus ist wie folgt zu interpretieren:

- Der Gesamtsäureverbrauch wird durch die oben angegebenen Inhaltsstoffe verursacht. Sind keine organischen Anionen, Silikat- und Hydroxid-Ionen anwesend, erhält man in Phase 1 den Anteil der Karbonat-Ionen.
- Der in Phase 2 registrierte Säureverbrauch erbringt die Konzentration des Hydrogenkarbonats, wenn die Menge der in Phase 1 erzeugten Hydrogenkarbonat-Ionen abgezogen wird. Wässer, die Hydroxid-Ionen oder Silikat-Ionen führen, verbrauchen in der ersten Phase mehr Säure als in der zweiten, und die Differenz entspricht der Hydroxid-Ionen-Konzentration.
- Man erkennt hierbei eine potentielle Fehlermöglichkeit bei Wässern mit hohem pH-Wert; andere Ionen können irrtümlich als OH^--Ionen registriert werden.

Wird für die Bestimmung eine Wasserprobe von 100 ml mit einer 0,1 N HCl titriert, kann aus der Anzahl der ml der verbrauchten Säure sehr einfach auf die Konzentrationen von Karbonat und Hydrogenkarbonat umgerechnet werden. Im Analysenprotokoll sind gewöhnlich der p-Wert (Säurekapazität bis pH = 8,2) bzw. der m-Wert (Säurekapazität bis pH = 4,3) in mmol(eq)/l angegeben. Aus diesen können die anorganischen Kohlenstoffspezies unter Beachtung der erwähnten Fehlermöglichkeiten mit guter Genauigkeit gemäß Tabelle 5.6 berechnet werden. Durch Multiplikation mit der Molmasse können die Konzentrationen in die Einheit mg/l umgewandelt werden.

$$1 \text{ mmo(eq)/l entspricht} \quad 17 \text{ mg/l } OH^-$$
$$30 \text{ mg/l } CO_3^{2-}$$
$$61 \text{ mg/l } HCO_3^-$$

Tabelle 5.6. Auswertung einer Titration auf anorganische Kohlenstoffspezies

Titrationsergebnis	OH^-	CO_3^{2-}	HCO_3^-
p = 0	0	0	M
2 p < m	0	2 p	m − 2 p
2 p = m	0	2 p	0
2 p > m	2 p − m	2·(m − p)	0
p = m	p	0	0

Beispiel

Eine Wasseranalyse gibt an:

p-Wert = 0,4   m-Wert = 1,6

Was sind die entsprechenden Konzentrationen der drei obigen Inhaltsstoffe unter Benutzung der Tabelle 5.6?

OH^- = 0

$$CO_3^{2-} = 2\,p \qquad = 0{,}8 \qquad\qquad 0{,}8 \cdot 30 = 24 \text{ mg/l } CO_3^{2-}$$
$$HCO3- = (m-2\,p) \qquad 1{,}6 - 0{,}8 = 0{,}8 \qquad 0{,}8 \cdot 61 = 49 \text{ mg/l } HCO3-$$

Gran-Titration. Eine Alternative zur klassischen Titration ist die Gran-Titration (Appelo u. Postma 1996; Stumm u. Morgan 1996). Dabei wird die Titration mit Säure über den Endpunkt von pH 4,3 fortgesetzt, d.h. im Prinzip wird „übertitriert". Da alles Hydrogenkarbonat bei pH < 4,3 in $CO_{2(aq)}$ überführt ist, steigt danach die Konzentration der H^+-Ionen linear mit der zugegebenen Säuremenge an. Stellt man die Säurezugabe V in ml gegen die Gran-Funktion F

$$F = (V + V_0)10^{-pH} \tag{5.76}$$

dar, so ergibt sich ab dem Äquivalenzpunkt eine Gerade, die aus den Messwerten bis zum Schnittpunkt mit der x-Achse (Volumen Säure) zurück extrapoliert werden kann. Der Schnittpunkt beschreibt den Säureverbrauch bis zum Äquivalenzpunkt. Aus diesem Wert kann – wie bei der klassischen Titration – die Konzentration des Hydrogenkarbonates errechnet werden.

Die Gran-Titration hat einige bemerkenswerte Vorteile:

- Der Endpunkt der Titration muss während der Titration nicht genau beobachtet werden, da er aus der Rückextrapolation der Geraden bestimmt wird. Etwaige Ungenauigkeiten, z.B. aus der Beobachtung der Farbindikatoren werden eliminiert.
- Die Gerade wird aus einer Reihe von Messwerten extrapoliert, so dass eine gewisse statistische Sicherheit gewährleistet ist.

In sehr schwach gepufferten Wässern, z.B. bei Regenwasser oder gering mineralisierten Grundwässern, ist bei der klassischen Titration der Äquivalenzpunkt oft sehr schlecht festzustellen; hier ist die Gran-Titration genauer.

Basekapazität. Die Untersuchung der Basekapazität, d.h. der Fähigkeit des Wassers, eine Base zu neutralisieren, dient in der Praxis zur Bestimmung des Gehaltes an freier Kohlensäure ($CO_{2(aq)}$). Mit 100 ml Probe und einer 0,1 N Natronlauge ergibt der Verbrauch an NaOH bis pH 8,2 in ml die Konzentration von $CO_{2(aq)}$ in mmol/l. Multipliziert mit der Molmasse 44 ergibt sich aus dieser *Basekapazität bis pH 8,2* die Konzentration der gelösten freien CO_2 in mg/l.

Die Bestimmung der Basekapazität bis pH 4,3 ist auf die Untersuchung versauerter Grundwässer beschränkt. Ziel der Untersuchung ist die Ermittlung des negativen m-Wertes und negativen p-Wertes. Bis zum Umschlagspunkt bei pH 4,3 ergibt die Titration von 100 ml Probe den wiederum in Äquivalenten registrierten Anteil freier Mineralsäuren.

$$m_{neg} = H^+ \qquad mmol(eq)/l \tag{5.77a}$$

$$(p_{neg}\text{-}m_{neg}) \cdot 2 = CO_2 \qquad mmol(eq)/l \tag{5.77b}$$

Andere Angabeformen. Im englischsprachigen Ausland wird der Säureverbrauch bei der Titration in der Regel in mg/l $CaCO_3$ ausgedrückt. Die solcherart ausgedrückte Säurekapazität lässt sich bei Berücksichtigung des pH-Wertes leicht in mg/l HCO_3^- und CO_3^{2-}-Ionen umrechnen. Bei pH < 8,2 wird die Säurekapazität vollständig durch Hydrogenkarbonat-Ionen gebildet. Zur Umrechnung gilt:

$$HCO_3^- \; [mg/l] = (CaCO_3 \; [mg/l]) / 0{,}8202 \qquad (5.78)$$

Bei pH > 8,2 muss die Säurekapazität in mg/l $CaCO_3$ nach HCO_3^- und CO_3^{2-} unterschieden angegeben sein.

5.3.4 Härte

Bei der Härte eines Wassers handelt es sich um einen traditionellen Begriff, der für einige technische Eigenschaften des Wassers von Bedeutung ist. Dazu zählen:

- Potential zur Abscheidung von festen Karbonaten („Kesselstein") beim Erhitzen des Wassers in technischen Anlagen
- Seifenverbrauch

Die Interaktion der Wasserhärte mit Seifen geht auf Kationen zurück, die mit Seife unlösliche Verbindungen eingehen. Bei harten Wässern wird die Seifenlösung durch diese Ausfällungen trüb und schäumt nur wenig. Der Kunde verbraucht somit mehr Seife bzw. Waschpulver. Die Ausfällungen können Abflussrohre verstopfen. Die meisten dieser unlöslichen Verbindungen werden mit Kalzium und Magnesium gebildet. Daher ist es üblich geworden, die Härte in Form von Ca^{2+}- und Mg^{2+}-Konzentrationen auszudrücken. Eine derartige Definition ist nicht ganz vollständig, da auch freie Säuren, Schwermetalle und Alkalien mit Seife reagieren.

Die *Gesamthärte* repräsentiert folglich die Effekte von Substanzen, die mit Seife reagieren, d.h. überwiegend den Erdalkalien. Weil andere Erdalkalien wie Barium und Strontium in normalen Grundwässern nicht in nennenswerten Konzentrationen vorkommen, entspricht die Summe der Kalzium- und Magnesiumhärte daher praktisch der Gesamthärte.

Die *Karbonathärte* definiert andererseits die Härte, die der Summe der CO_3^{2-}- und HCO_3^--Konzentrationen äquivalent ist. Der Härteanteil, der über diesen Betrag hinausgeht (Gesamthärte abzüglich Karbonathärte), wird als *Nichtkarbonathärte* bezeichnet. In älteren Publikationen findet man noch die entsprechenden Begriffe temporäre und bleibende Härte. Ist die Karbonathärte größer als die Gesamthärte, wie dies z.B. in von Kationenaustausch betroffenen Wässern der Fall ist (s. Abschn. 5.2.5), so bezeichnet man die Differenz als „scheinbare Karbonathärte".

Härtegrade sollten heute eigentlich nicht mehr benutzt werden; die Konzentrationen bzw. Äquivalente müssen in der Einheit mmol(eq)/l angegeben werden. Noch sehr gebräuchlich ist der Begriff *Härtegrad*, der in verschiedenen Ländern unterschiedlich definiert ist und sich auf die einst verwendeten stöchiometrischen Größen CaO oder $CaCO_3$ bezieht:

Deutschland: $1° d (d) = 10$ mg/l $CaO = 0,179$ mmol/l Ca^{2+}
$1° d (d) = 7,2$ mg/l $MgO = 0,296$ mmol/l Mg^{2+}
$1° d (d) = (Ca^{2+} + Mg^{2+}$ [mmol(eq)/l]$) / 2,8$
Frankreich: $1° d (f) = 10$ mg/l $CaCO_3 = 0,1$ mmol/l Ca^{2+}
England: $1° d (e) = 10$ mg/0,7 l $CaCO_3 = 0,143$ mmol/l Ca^{2+}
USA: $1° d (a) = 1$ mg/l $CaCO_3 = 0,01$ mmol/l Ca^{2+}

Aus den Verhältniszahlen der deutschen Härtegrade ergibt sich:

1 mmol(eq)/l Härte $= 2,8° d$
$1° d$ Härte $= 0,357$ mmol(eq)/l
1 mg/l Ca^{2+} $= 0,0499$ mmol(eq)/l Härte
1 mg/l Mg^{2+} $= 0,0822$ mmo(eq)/l Härte
1 mmol(eq)/l Ca^{2+}-Härte $= 20,04$ mg/l Ca^{2+}
1 mmol(eq)/l Mg^{2+}-Härte $= 12,16$ mg/l Mg^{2+}

In Deutschland werden Wässer mittels Härtestufen nach Klut-Olszewski klassifiziert (Tabelle 5.7). Diese Härtestufen sind nicht zu verwechseln mit den Härtebereichen nach dem „Waschmittelgesetz" (Tabelle 5.8).

Tabelle 5.7. Härtegrade von Wasser nach Klut-Olzewski

Einteilung	Härtegrad $d°$	mmol(eq)/l Ca^{2+} Härteäquivalent
sehr weich	$0 < d° < 4$	$0 \ - \ 1,43$
weich	$4 < d° < 8$	$1,43 - 2,86$
mittelhart	$8 < d° < 12$	$2,86 - 4,28$
etwas hart	$12 < d° < 18$	$4,28 - 6,42$
hart	$18 < d° < 30$	$6,42 - 10,72$
sehr hart	$d° > 30$	$> 10,72$

Tabelle 5.8. Härtebereiche von Wasser nach dem Gesetz über die Umweltverträglichkeit von Wasch- und Reinigungsmitteln („Waschmittelgesetz", 1975/1986)

Härtebereich	mmol/l Gesamthärte	Härtegrad $d°$
1	$< 1,3$	< 7
2	1,3 bis 2,5	7 bis 14
3	2,5 bis 3,8	14 bis 21
4	$> 3,8$	> 21

5.3.5 Sättigungsberechnungen

Der Sättigungszustand eines Wassers gegenüber Kalzit ($CaCO_3$) ist eine für seine technische Verwendung sehr wichtige Größe. Es muss ermittelt werden, ob es mehr oder weniger gelösten Kalk aufweist als dem Kalk-Kohlensäure-Gleichgewicht entspricht. Im ersten Fall ist das Wasser kalkübersättigt und besitzt darum inkrustierende Eigenschaften. Im zweiten Fall ist es kalkuntersättigt, enthält aggressive Kohlensäure und besitzt daher korrosive Eigenschaften. Es löst dabei nicht nur Kalk auf, sondern wirkt auch korrosionsfördernd.

Um aus den Analysedaten eines Wassers den Sättigungszustand zu berechnen, sind verschiedene Verfahren entwickelt worden. Einige sind in DIN 38404-10 beschrieben. Bei untersättigten Wässern kann durch Löseversuche mit Marmorpulver der Grad der Untersättigung experimentell bestimmt werden. Die entsprechenden Versuchstechniken sind ebenfalls in DIN 38404-10 beschrieben.

Heute können Sättigungsberechnungen schnell und einfach mit Modellprogrammen wie PHREEQ berechnet werden (s. Abschn. 5.5). Erforderlich für die Berechnung sind lediglich ausreichend genaue Messungen der Säurekapazität(en) und des pH-Wertes. Als Ausgabewerte erhält man die Sättigungsindizes für verschiedene Karbonatminerale (s. Abschn. 5.2.7). Die Probe wird in ein (rechnerisches) Gleichgewicht mit Karbonatmineralen gestellt; man erhält zusätzlich den zugehörigen pH-Wert („Sättigungs-pH-Wert") und die Stoffumsätze, die zum Erreichen des Gleichgewichts erforderlich sind. Die im Folgenden beschriebenen älteren, z.T. halb-empirischen Berechnungsmethoden haben demnach inzwischen fast nur noch historischen Wert. Sie sind z.B. bei Hölting (1996) detailliert beschrieben.

Methode nach Tillmans und Heublein. Bereits vor fast 100 Jahren erkannten Tillmans u. Heublein, dass eine gewisse Menge von im Wasser gelöstem $CO_{2(aq)}$ (*freie Kohlensäure*) erforderlich ist, um Hydrogenkarbonat-Ionen in Lösung zu halten. Den zur Unterhaltung dieses Gleichgewichts nötigen Anteil von $CO_{2(aq)}$ bezeichnet man als *zugehörige Kohlensäure*. Sie bemerkten auch, dass nicht alle Wässer im Gleichgewicht sind und einige mehr CO_2 enthalten, als zur Einstellung des Gleichgewichts mit dem Hydrogenkarbonat erforderlich ist. Dieser über die zugehörige Kohlensäure hinaus gehende Anteil freier Kohlensäure wird *überschüssige Kohlensäure* genannt.

Er kann zur weiteren Auflösung von Karbonaten führen und ist somit für die Aggressivität des Wassers verantwortlich. Als *gebundene Kohlensäure* bezeichnet man andererseits die Summe der in Form von Hydrogenkarbonat- und Karbonat-Ionen bzw. H_2CO_3-Molekülen echt gelösten Verbindungen. Sofern es sich nur um Hydrogenkarbonat-Ionen handelt, spricht man von *halbgebundener* Kohlensäure.

Nach Tillmans u. Heublein (1912) kann die Gleichgewichtsbedingung als Funktion der Konzentrationen von freier und gebundener Kohlensäure angegeben werden

$$C_{CO2} = K_T \cdot C^2_{HCO3^-} \cdot C_{Ca2+} \tag{5.79}$$

mit

C_{CO2} Konzentration (mmol(eq)/l) der gelösten freien Kohlensäure
C_{HCO3} Konzentration (mmol(eq)/l) der als HCO_3^- gelösten Kohlensäure
C_{Ca2+} Konzentration (mmol(eq)/l) des gelösten Kalziums
K_T temperaturabhängige Tillmans-Konstante

Diese Beziehung gilt streng genommen nur für ideal verdünnte Wässer, die keine weiteren Ionen enthalten. Tabelle 5.9 enthält eine Aufstellung der Tillmans-Konstante in Abhängigkeit der Temperatur.

Tabelle 5.9. Tillmans-Konstante als Variable der Temperatur. Aus Matthess (1994).

t (°C)	K_T (mmol(eq)/l^2	t (°C)	K_T (mmol(eq)/l^2	t (°C)	K_T (mmol(eq)/l^2
0	$9{,}371 \cdot 10^{-3}$	18	$1{,}790 \cdot 10^{-2}$	36	$3{,}356 \cdot 10^{-2}$
1	9,700	19	1,857	37	3,482
2	$1{,}004 \cdot 10^{-2}$	20	1,926	38	3,613
3	1,039	21	1,999	39	3,748
4	1,076	22	2,074	40	3,889
5	1,114	23	2,147	41	4,025
6	1,156	24	2,227	42	4,176
7	1,199	25	2,311	43	4,323
8	1,244	26	2,387	44	4,486
9	1,291	27	2,459	45	4,643
10	1,339	28	2,539	46	4,806
11	1,389	29	2,617	47	4,986
12	1,441	30	2,703	48	5,162
13	1,492	31	2,804	49	5,356
14	1,548	32	2,903	50	5,544
15	1,606	33	3,012		
16	1,667	34	3,117		
17	1,729	35	3,235		

Aus den Daten von Tillmans u. Heublein (1912) kann die in Abb. 5.14 dargestellte Gleichgewichtskurve konstruiert werden. Analysenwerte, die nicht auf der Kurve liegen, beschreiben Wässer, die im Ungleichgewicht stehen. Überschreitet die Menge der analytisch bestimmten Kohlensäure die der nach Tillmans u. Heublein (1912) errechneten Kohlensäure, dann ist ein Teil davon „überschüssig" (Gl. 5.80). Das Wasser besitzt Säureeigenschaften und reagiert aggressiv.

$$C_{CO2\ \text{überschüssig}} = C_{CO2\ \text{frei}} + C_{CO2\ \text{Gleichgewicht}} \tag{5.80}$$

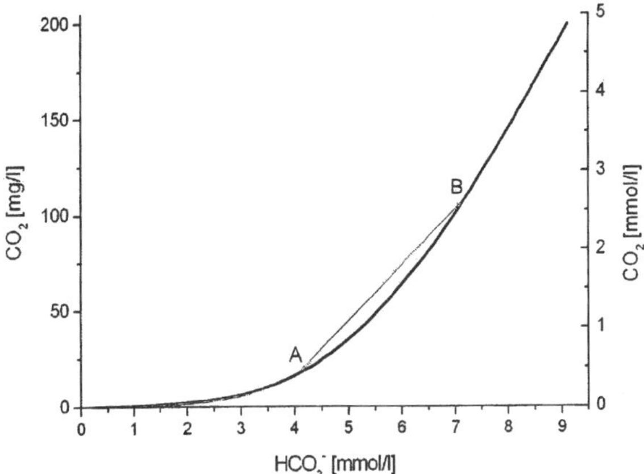

Abb. 5.14. Gleichgewichtskurve zwischen gelöstem Hydrogenkarbonat und gelöster freier Kohlensäure (CO_2). Linie A-B zeigt den Effekt einer Mischung zweier im Gleichgewicht befindlicher Wässer. Kurve nach Daten von Tillmans u. Heublein (1912).

Obwohl die Gleichgewichtskurve nach Tillmans u. Heublein (1912) durch einige Ungenauigkeiten und Mängel belastet ist, eignet sie sich doch sehr schön zur Illustration des Phänomens der *Mischungskorrosion*. Mischt man die Wässer A und B, die jeweils im Kalk-Kohlensäure-Gleichgewicht stehen (Punkte A, B auf der Kurve auf Abb. 5.14), so wird das resultierende Mischwasser immer oberhalb der Mischungsgerade A-B in Abb. 5.14 liegen. Die Mischung zweier gesättigter Wässer ergibt also immer ein untersättigtes, d.h. kalkaggressives Mischwasser.

Mischungskorrosion wird häufig als Erklärungsversuch für die Entstehung von Karsthöhlen herangezogen, was zunächst angesichts der dort aufgrund der hohen Kalkgehalte überwiegend gesättigten Wässer unplausibel erscheint. Der Effekt der Mischungskorrosion kann ebenfalls – wenn auch nicht so anschaulich – aus dem parabolischen Charakter von Gl. 5.75 abgeleitet werden.

Sättigungs-pH nach Langelier und Strohecker. Aufbauend auf den Vorarbeiten von Tillmans u. Heublein (1912) konnten Langelier und Strohecker eine Formel zur Berechnung des Sättigungs-pH-Wertes herleiten:

$$pH_{Gleichgewicht} = pK^* - lg\,C_{Ca2+} - lgC_{HCO3-} + lgf_L \qquad (5.81a)$$

mit

$pH_{Gleichgewicht}$	pH-Wert eines Wassers im Kalk-Kohlensäure-Gleichgewicht
pK^*	„Langelier"-Konstante (Tabelle 5.10)
f_L	Korrekturfaktor, von der Ionenstärke I abhängig (Gl. 5.81b)

und

$$lg\,f_L = \frac{2{,}5\sqrt{\mu}}{1 + 5{,}3\sqrt{\mu} + 5{,}5\,I} \qquad (5.81b)$$

Der Sättigungsindex I_L nach Langelier kann nun aus der Differenz zwischen dem in der Wasserprobe gemessenen und dem nach Langelier berechneten pH-Wert bestimmt werden:

$$I_L = pH_{gemessen} - pH_{Gleichgewicht} \qquad (5.82)$$

Daraus folgt:

$I_L < 0$: Wasser enthält aggressive Kohlensäure und ist kalkuntersättigt
$I_L = 0$: Wasser ist im Gleichgewicht
$I_L > 0$: Wasser ist übersättigt bezüglich $CaCO_3$

Tabelle 5.10. Langelier-Konstante als Variable der Temperatur. Aus Matthess (1994)

t (°C)	pK* mmol(eq)/l	t (°C)	pK* mmol(eq)/l	t (°C)	pK* mmol(eq)/l
0	8,901	11	8,614	22	8,354
1	8,878	12	8,589	23	8,333
2	8,851	13	8,565	24	8,311
3	8,825	14	8,540	25	8,288
4	8,798	15	8,515	30	8,196
5	8,771	16	8,492	35	8,100
6	8,745	17	8,468	40	7,996
7	9,718	18	8,445	45	7,923
8	8,692	19	8,422	50	7,844
9	8,665	20	8,400		
10	8,639	21	8,376		

Stabilitätsindex nach Ryznar. Ausgehend von empirischen Beobachtungen sowie Laboruntersuchungen wies Ryznar nach, dass der Sättigungsindex nach Langelier bei Wässern höherer Temperaturen nicht immer eindeutige Aussagen zum Inkrustation- oder Korrosionsverhalten erlaubt. Er schlug deshalb einen empirischen Stabilitätsindex vor, der eine halbquantitative Beurteilung des diesbezüglichen Verhaltens eines Wassers ermöglicht. Dabei wird die vor Korrosion schützende Wirkung von Kalkablagerungen berücksichtigt. Der Index wird als Ryznar-Index I_R bzw. Ryznar-Stabilitätsindex RSI bezeichnet und ergibt sich zu

$$I_R = 2 \cdot pH_{Gleichgewicht} - pH \qquad (5.83)$$

$I_R \leq 6,0$: Bildung von Kesselstein, zunehmend mit fallendem I_R
$I_R > 7,0$: schwache Kalkabscheidung, geringer Korrosionsschutz
$I_R \geq 8,0$: deutliche Korrosionserscheinungen mangels Schutzschicht

Beispiel

Gleichgewichts-pH und gemessener pH einer Wasserprobe liegen bei 7,16 bzw. 7,05. Somit ist gemäß Gl. 5.83

$$I_R = 2 \cdot 7{,}16 - 7{,}05 = 7{,}27$$

Das Wasser ist also leicht korrosiv. Wie von Ryznar selbst bemerkt, sollte der Index I_R nur als halbquantitativer Schätzwert betrachtet werden.

5.4 Grafische Darstellung von Wasserbeschaffenheitsdaten

5.4.1 Einleitung

Erfahrene Nutzerinnen und Nutzer können aus den Analysedatenblättern bereits eine Vielzahl von Informationen entnehmen. Dennoch ist in vielen Fällen eine Darstellung in Diagrammen unabdingbar, besonders dann, wenn viele Analysen zu vergleichen und zu bewerten sind. Sie dienen u.a. der Veranschaulichung von

- Wassertypen und ihrer Genese,
- zeitlichen Entwicklungstrends und
- räumlichen Zusammenhängen (z.B. Konzentration und Tiefe, Wassertyp und Flächennutzung).

Durch die Darstellung in Diagrammen kann die Interpretation der Analysedaten wesentlich unterstützt werden; Entwicklungen und Unterschiede zwischen einzelnen Proben werden erst dadurch „sichtbar".

5.4.2 Einzeldarstellungen

Die am häufigsten gebrauchte Darstellung einer Wasseranalyse ist das Kreisdiagramm (Abb. 5.15). Es beruht auf den Prozentangaben der mmol(eq)/l-Werte der gelösten Ionen. Es erlaubt auf einen Blick die relativen Anteile der einzelnen Ionen am Gesamtbestand zu erkennen. Für gewöhnlich nehmen Kationen bzw. Anionen jeweils eine Hälfte des Kreises ein. Häufig wird auch die Größe des Kreises proportional zum Lösungsinhalt (TDS) gewählt. Kreisdiagramme können mit den üblichen Tabellenkalkulationsprogrammen berechnet und dargestellt werden. Durch Zusatzsymbole am Rand und im Inneren des Kreises können zusätzliche Informationen dargestellt werden wie z.B. gelöste Gase oder Inhaltsstoffe, die aufgrund ihrer geringen Konzentrationen im Kreisdiagramm nicht auffallen würden.

Ähnlich anschaulich sind die Balkendiagramme, bei denen gewöhnlich die Moläquivalente der Anionen und die Kationen in unterschiedlichen Säulen dargestellt werden (Abb. 5.16). Balkendiagramme können ebenfalls mit üblicher Standardsoftware erstellt werden.

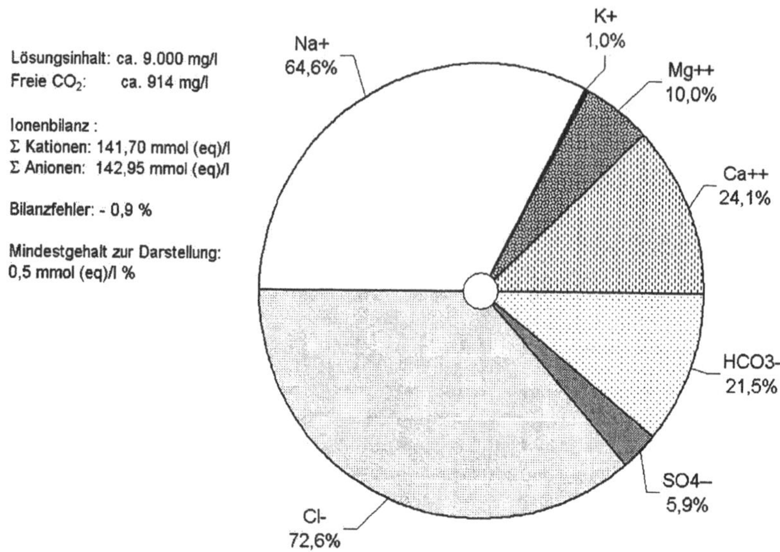

Abb. 5.15. Kreisdiagramm eines Mineralwassers aus der rechtsrheinischen Kölner Scholle. Verändert nach Houben et al. (1997).

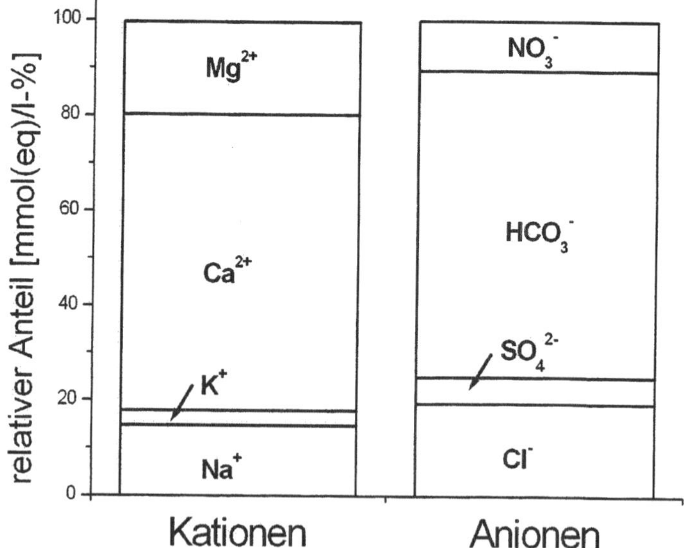

Abb. 5.16. Beispiel der Darstellung einer Wasseranalyse im Balkendiagramm

5.4.3 Sammeldiagramme

Zum Vergleich mehrerer Wasseranalysen miteinander können Einzeldarstellungen kombiniert werden. Da dies bereits ab einer geringen Anzahl von Analysen unübersichtlich wird, wurden Sammeldiagramme entwickelt, in denen mehrere Proben in einem Diagramm dargestellt werden.

Die Darstellung von Konzentrationen bzw. Äquivalenten über die Tiefe, wie verschiedentlich in den Abschnitten 5.2.3 und 5.2.4 benutzt, ist eine einfache Möglichkeit, einen räumlichen Bezug von chemischen Daten zu schaffen.

Korrelationsdiagramme erlauben eine statistische Abschätzung des Zusammenhangs zwischen einzelnen Parametern in einer Probenserie. In einem reinen Na-Cl-Wasser sollte z.B. das molare Na/Cl-Verhältnis 1:1 betragen bzw. die Steigung der Korrelationskurve sollte 1 betragen. Abweichungen davon können ein Indiz für geochemische Prozesse sein. Fehlt z.B. Natrium, kann dies eventuell auf Kationenaustausch zurückgeführt werden.

Das *Schoeller*-Diagramm und seine zahlreichen Abwandlungen erlauben die Untersuchung der „Verwandschaft" von einzelnen Wässern durch den optischen Vergleich der Kurvenverläufe (Abb. 5.17). Parallele Kurven deuten auf ähnliche Genesen der Wässer hin. Parallele Verschiebungen der Kurven sind Indizien für eine Verdünnung, während Ausreißer bei einzelnen Werten Anzeiger für geochemische Reaktionen sind.

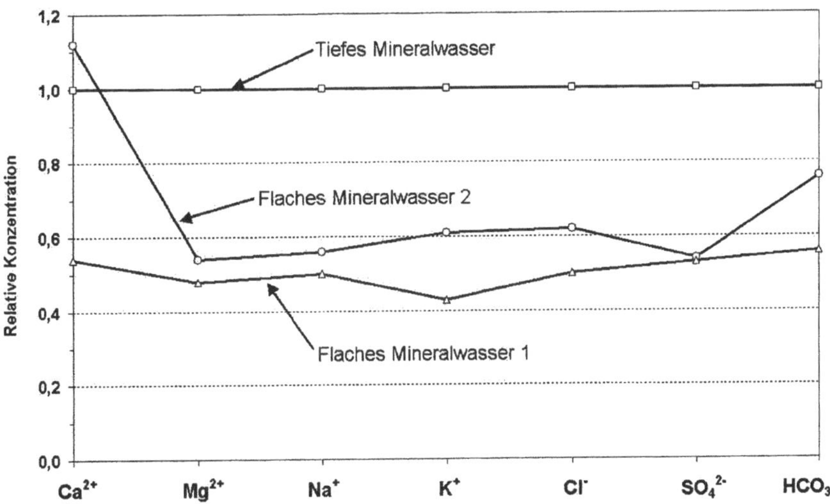

Abb. 5.17. Abgewandeltes Schoeller-Diagramm von Mineralwässern aus der rechtsrheinischen Kölner Scholle. Die flachen Mineralwässer 1 und 2 wurden auf das Tiefenwasser normiert. Verändert nach Houben et al. (1997).

So könnte das in Abb. 5.17 dargestellte flache Mineralwasser 1 durch ca. 50 %-ige Verdünnung aus dem tiefen Mineralwasser entstanden sein. Demgegenüber scheint beim flachen Mineralwasser 2 zur Verdünnung eine Auflösung von Kalziumkarbonat hinzu gekommen zu sein.

Die Anzahl der in einem Schoeller-Diagramm darstellbaren Analysen ist aus Gründen der Übersichtlichkeit begrenzt. Sie können mit üblichen Standardprogrammen angefertigt werden.

Das sog. Stiff-Diagramm ist eine Anordnung von Einzeldarstellungen mehrerer Analysen (Abb. 5.18). Verschiedene Wassertypen können im Stiff-Diagramm anhand charakteristischer Formen der durch die Endpunkte der Analysenwerte aufgespannten Flächenformen leicht identifiziert werden. Wässer, bei denen die Na-Cl-Gehalte deutlich höher sind als die von Ca-HCO$_3$, verursachen eine Form, die der Silhouette eines Vogels ähnelt. Im umgekehrten Fall ähnelt die Form der Silhouette eines U-Bootes. Stiff-Diagramme können nicht mit jeder Tabellenkalkulations- bzw. Grafiksoftware erstellt werden. Die Anzahl der darstellbaren Analysen ist aus Gründen der Übersichtlichkeit begrenzt.

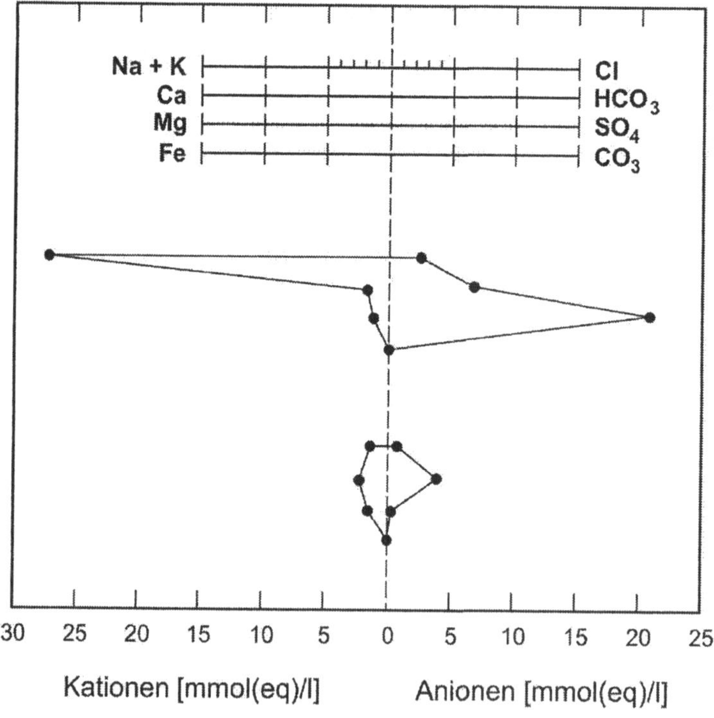

Abb. 5.18. Darstellung von zwei Wasseranalysen im Stiff-Diagramm

Die bekannteste Form des Sammeldiagramms ist wohl das *Piper*-Diagramm (Abb. 5.19). Es ist eine Kombination von Dreiecks- und Vierecksdiagrammen, in denen Kationen und Anionen jeweils einzeln bzw. kombiniert dargestellt werden. Ein großer Vorteil ist, dass aufgrund der Punktdarstellung sehr viele Analysen gleichzeitig dargestellt werden können. Aus der Sortierung der Datenpunkte in den Teildiagrammen können neben den Wassertypen zusätzlich Entwicklungstrends abgeleitet werden. So ist im Kationendreieck in Abb. 5.19 eine Entwicklung vom Ca-Na-HCO$_3$-Typ zum Na-HCO$_3$-Typ erkennbar, die wahrscheinlich auf Kationenaustausch zurückzuführen ist (Abschn. 5.2.5). Zur Erstellung von Piper-Diagrammen ist Spezialsoftware bzw. die Programmierung von Makros erforderlich.

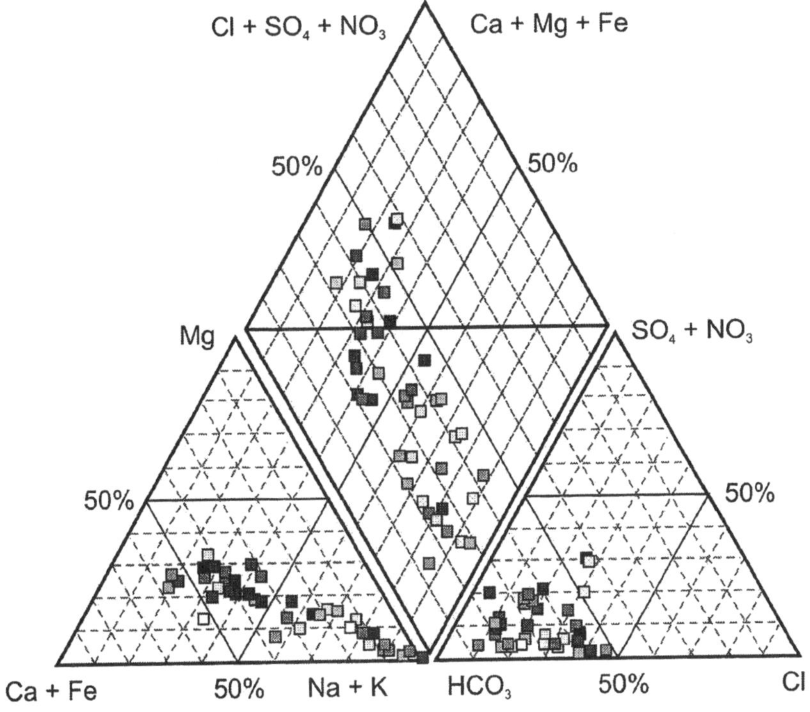

Abb. 5.19. Piper-Diagramm von Grundwasseranalysen aus der Kalahari, Botswana. Nach Daten von S. Stadler, BGR.

5.4.4 Hydrogeochemische Karten

Die in Abschn. 5.4.2 beschriebenen Einzelddarstellungen können in Karten integriert und dort direkt neben den Lagepunkten der Messstellen eingetragen werden. Am Beispiel der Kreisdiagramme für Mineralwässer ist dies exemplarisch in Abb. 5.20 dargestellt.

Durch Interpolation bzw. Wahrscheinlichkeitsabschätzungen können aus hydrochemischen Punktdaten Flächendarstellungen abgeleitet werden (Abb. 5.21). Zu beachten ist, dass Flächendarstellungen als Wahrscheinlichkeiten zu werten sind. Die in Abb. 5.21 erkennbaren chloridreichen Zonen in Küstennähe bedeuten nicht, dass dort flächendeckend das Grundwasser versalzen sein muss. Allerdings ist die Wahrscheinlichkeit, dort Salzwasser anzutreffen, deutlich erhöht. Als wasserwirtschaftliches Planungsinstrument sind solche Karten daher gut geeignet.

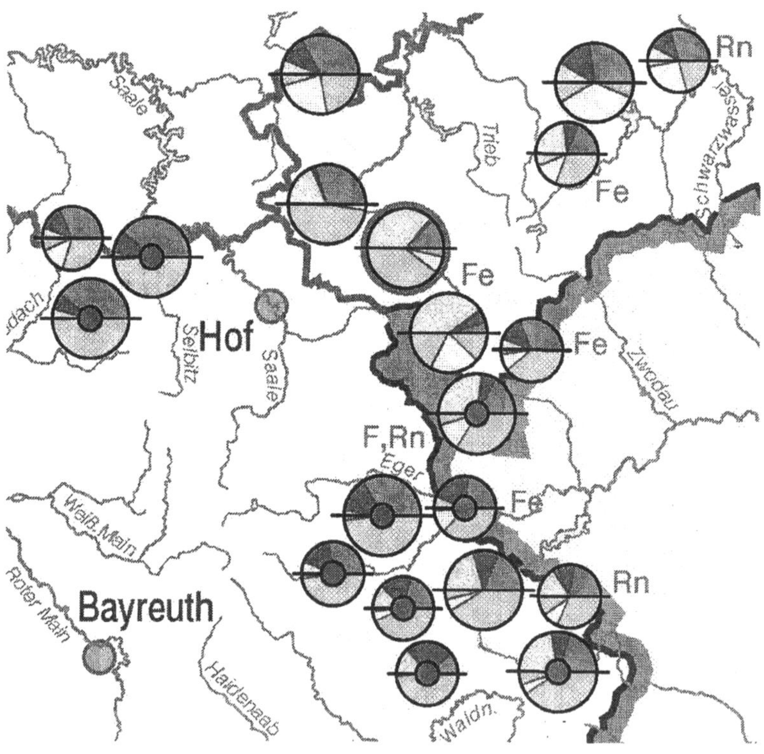

Abb. 5.20. Beispiel einer Punktdatendarstellung (Kreisdiagramme) in einer hydrochemischen Karte. Ausschnitt aus dem Hydrologischen Atlas von Deutschland (HAD), Blatt „Heil-, Mineral- und Thermalwässer". (Hrsg.: Bundesministerium Umwelt, Naturschutz und Reaktorsicherheit).

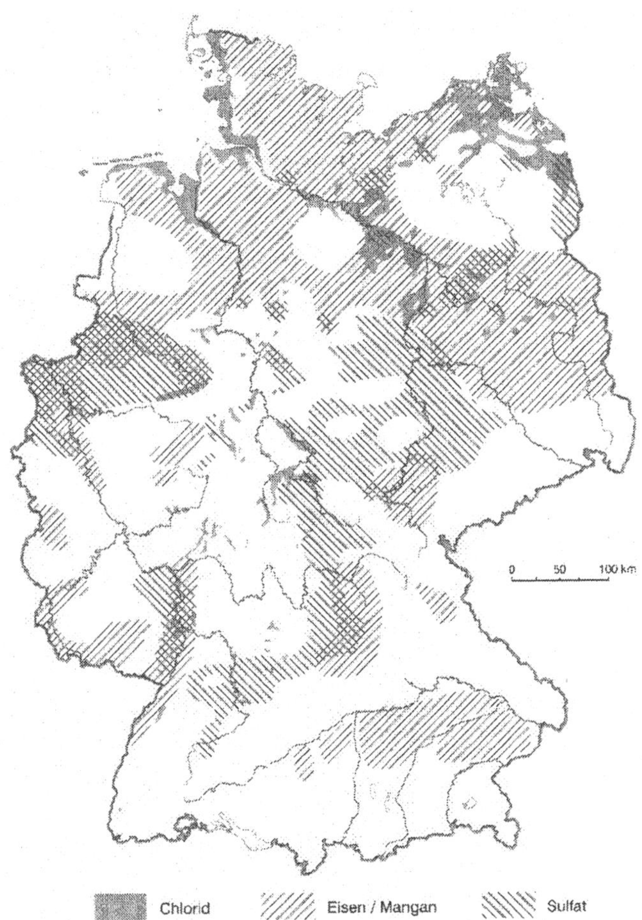

Abb. 5.21. Beispiel einer Flächendarstellung in einer hydrochemischen Karte. Aus dem Blatt „Geogene Grundwasserbeschaffenheit" des Hydrologischen Atlas von Deutschland (HAD) zu Blatt „Geogene Grundwasserbeschaffenheit" (Hrsg.: Bundesministerium Umwelt, Naturschutz und Reaktorsicherheit).

Die Darstellung von Linien gleicher Konzentrationen (Isokonzen) durch Interpolation von Einzelwerten wird in der Hydrochemie nur dann verwendet, wenn zahlreiche Werte auf einem kleinräumigen Untersuchungsgebiet zur Verfügung stehen. Dies ist z.B. häufig bei der Erkundung von Altlasten der Fall. Dort können aus den Isokonzen die Umgrenzungen von Schadstofffahnen rekonstruiert werden.

Ein großer Vorteil von hydrochemischen Karten ist, dass gemeinsam mit den chemischen Daten Informationen über z.B. Geologie, Bodentyp und Flächennutzung dargestellt werden können. Aus dem Zusammenspiel dieser Daten können wichtige Erkenntnisse über die genetischen Zusammenhänge der Grundwasserbeschaffenheit gewonnen werden.

Bei hydrochemischen Karten ist immer zu beachten, dass es sich um zweidimensionale Abbildungen eines dreidimensional variablen Sachverhaltes handelt. Die vertikale Achse kann in Karten naturgemäß nicht abgebildet werden. Wie in den Abschn. 5.1 und 5.2 beschrieben, kann die Wasserbeschaffenheit aber gerade in der Vertikalen sehr variabel sein. Bei der Auswahl der Analysenwerte für hydrochemische Karten ist daher sehr genau auf die Herkunft zu achten. Analysen aus verschiedenen Grundwasserstockwerken und solche aus unterschiedlichen vertikalen hydrochemischen Zonen sind zu entmischen.

Die beschriebenen Einschränkungen der Karten können z.T. durch die Anwendung von Geographischen Informationssystemen (GIS) aufgehoben werden. Hier werden neben den Karten durch Einbindung von Datenbanken zusätzliche Daten erfasst, die ggf. vom Nutzer jeweils neu thematisch ausgewertet, sortiert und dargestellt werden können.

5.4.5 Räumliche und zeitliche Variationen der Wasserbeschaffenheit

Wasseranalysen sollten immer in ihrem räumlichen und zeitlichen Kontext gesehen werden (vgl. auch Kap. 9).

Die Fließgeschwindigkeiten des Grundwassers sind im Allgemeinen recht klein. Daher sind zeitlich eng gestaffelte Beprobungen häufig von begrenzter Aussagekraft. Langfristige Messreihen können jedoch wertvolle Aussagen bezüglich der Veränderung der Wasserbeschaffenheit liefern, besonders wenn Auswirkungen der Veränderung der Landnutzung verfolgt werden sollen. Ein Brunnen, der bei seiner Erschließung reduziertes Grundwasser antraf, kann durch das Nachströmen von oberflächennahem Grundwasser später ein oxisches Wasser fördern. Ein Beispiel für die zeitliche Änderung einiger Parameter zeigt Abb. 5.22.

Die räumlichen Variationen der Wasserbeschaffenheit können erheblich sein, selbst innerhalb eines geologisch homogen erscheinenden Grundwasserleiters. Abbildung 5.23 gibt dafür ein Beispiel anhand von Eisen- und Mangankonzentrationen. Diese Variationen sind bei der Darstellung von Analysedaten in Karten stets zu berücksichtigen.

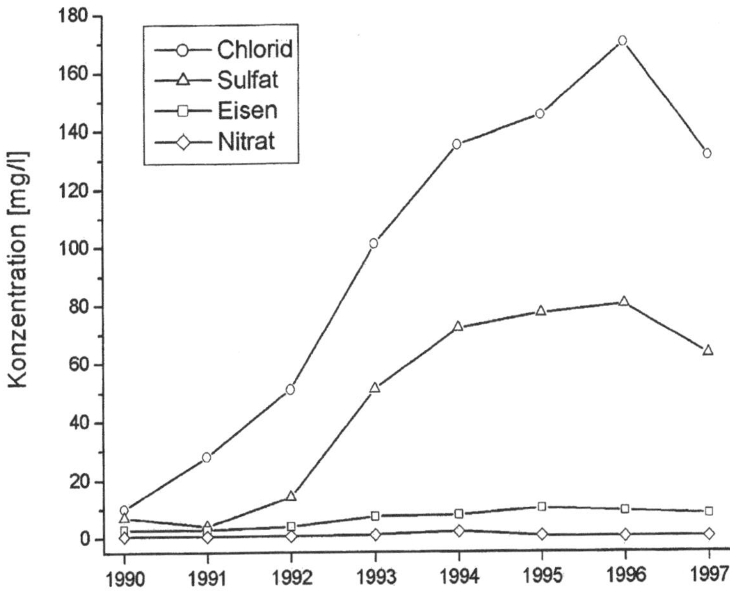

Abb. 5.22. Hydrochemische Zeitreihe am Beispiel einer Grundwassermessstelle aus dem Emsland.

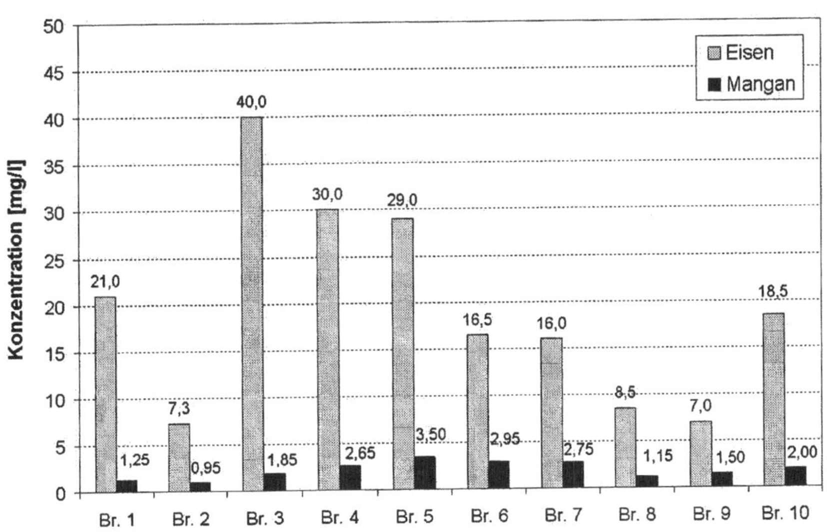

Abb. 5.23. Variabilität der Konzentrationen von Eisen- und Mangan im Grundwasser einer Brunnenreihe in Mitteldeutschland. Abstand der Brunnen zueinander jeweils ca. 50 m. Nach Houben u. Treskatis (2003).

5.5 Hydrogeochemische Modellierung

5.5.1 Einführung

Ähnlich wie die Strömungs- und Transportmodelle beginnen auch hydrogeochemische Modelle in der Wasserqualitätswirtschaft eine wichtige Rolle zu spielen. Sie können als Werkzeug zur Überprüfung von Interpretationen und Modellvorstellungen („Rückwärtsmodellierung") und zur Prognose der Entwicklung der Wasserqualität („Vorwärtsmodellierung") dienen.

Generell werden drei Modelltypen unterschieden:

– kinetische Modelle
– thermodynamische Gleichgewichtsmodelle
– Massenbilanzmodelle und „Inverse Modelle"

5.5.2 Kinetische Modelle

Ein kinetisches Modell betrachtet den Reaktionsverlauf in Funktion der Zeit. Betrachten wir dazu ein hypothetisches Auflösungsexperiment eines Salzes in Wasser (Abb. 5.24). Die anfänglich hohe Reaktionsgeschwindigkeit – oder anders ausgedrückt: der Stoffumsatz pro Zeiteinheit – nimmt mit der Zeit immer mehr ab. Nach einer gewissen Zeit ändert sich die Konzentration in der Lösung nicht mehr, d.h. es hat sich ein Gleichgewicht eingestellt. Eine kinetische Modellierung betrachtet den gesamten Reaktionsverlauf, während in einem thermodynamischen Ansatz lediglich die zeit-unabhängige Phase nach Einstellung des Gleichgewichts ($t > t_2$) berücksichtigt wird.

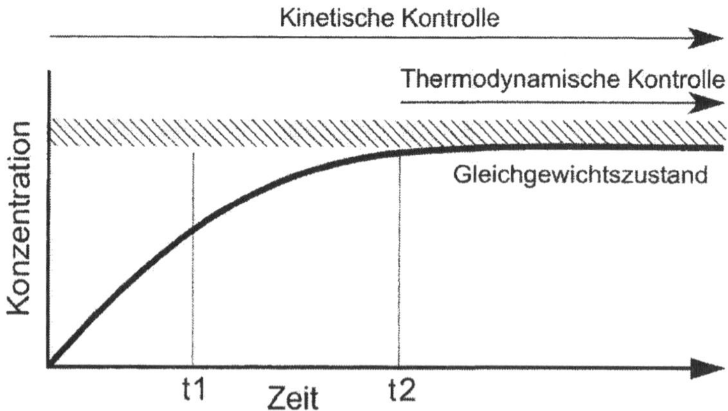

Abb. 5.12. Schematischer Reaktionsverlauf eines Auflösungsexperimentes. Verändert nach Appelo u. Postma (1996).

Für die Beschreibung kinetisch gesteuerter Reaktionen werden Ratengesetze formuliert. Diese geben die Reaktionsrate r, d.h. den Stoffumsatz pro Zeiteinheit einer Reaktion, als Funktion der beteiligten Reaktionspartner an (Gl. 5.84). Verändert nach Bethke (1996) können Ratengesetze allgemein wie folgt geschrieben werden:

$$r = k \cdot \left(\prod^{j} c(a_i) \right)^{x} \cdot \left(\frac{IAP}{K} - 1 \right) \qquad (5.84)$$

mit

k	=	Geschwindigkeitskonstante (temperaturabhängig)
$c(a_i)$	=	Konzentration der Spezies
x	=	Ordnung der Reaktion bezüglich der Spezies (empirisch bestimmbar)
Σx	=	Gesamtordnung der Reaktion
IAP	=	Ionenaktivitätsprodukt
K	=	Gleichgewichtskonstante

Der rechte Teil von Gl. 5.84 zerfällt in drei Terme:

- Der erste Term besagt, dass die Reaktion proportional der temperaturabhängigen Geschwindigkeitskonstante verläuft. Er enthält z.B. nicht näher quantifizierbare Effekte der Oberfläche von Mineralkörnern.
- Der zweite Term beschreibt den Einfluss der verschiedenen an der Gesamtreaktion beteiligten Spezies auf den Reaktionsverlauf. Spezies können sowohl reaktionsfördernd (x oder y > 0) als auch inhibierend (x oder y < 0) sein.
- Der dritte Term beschreibt die thermodynamische Kontrolle der Reaktion. Bei sehr kleinen Konzentrationen – weit entfernt von der Sättigung (IAP << K) – beeinflusst dieser Term die Reaktionsrate nicht, da er zu – 1 wird. Bei IAP = K wird der Stoffumsatz r gleich Null, d.h. der Gleichgewichtszustand ist erreicht.

Zur Bestimmung der Geschwindigkeitsgesetze ist es erforderlich, die Reaktionsordnung der verschiedenen beteiligten Spezies experimentell zu bestimmen. Durch Auftragen in Diagramme (Konzentration/Zeit) geschieht dies vorteilhaft. Die Vorgehensweise ist in Tabelle 5.11 beschrieben. Die bekannteste Reaktion 1. Ordnung ist der radioaktive Zerfall. Als Reaktionsordnungen können auch gebrochene Zahlen auftreten.

Tabelle 5.11. Charakteristische Beziehungen für Reaktionen verschiedener Ordnung. Nach Mortimer (1987).

Ord-nung	Geschwindigkeits-gesetz (Rate)	Zeitabhängigkeit der Konzentration	Lineare Beziehung	Halbwertszeit
0	$v = -k$	$c(a) = -k{\cdot}t + c_0(A)$	$c(a)$ gegen t	$t_{1/2} = c_0(a)/(2{\cdot}k)$
1	$v = -k{\cdot}c(a)$	$\ln(c_0(a)/c(A)) = k{\cdot}t$	$\ln c(a)$ gegen t	$t_{1/2} = 0{,}693/k$
2	$v = -k{\cdot}c^2(a)$	$1/c(a) = k{\cdot}t + 1/c_0(A)$	$1/c(a)$ gegen t	$t_{1/2} = /(k{\cdot}c_0(A))$

mit:

t	=	Zeit ab Beginn der Reaktion
$c(A)$	=	$c_{eq}(A) - c_t(A)$
c_{eq}	=	Konzentration einer Spezies A im Gleichgewichtszustand
C_t	=	Konzentration zu einem Zeitpunkt t
c_0	=	Ausgangskonzentration

Beispiel

Die Oxidation von im Wasser gelösten zweiwertigen Eisen mit nachfolgender Ausfällung als festes Eisenhydroxid verläuft nach der Reaktionsgleichung:

$$4\,Fe^{2+} + O_2 + 10\,H_2O \Leftrightarrow 4\,Fe(OH)_3{\downarrow} + 8\,H^+$$

Bei schwach sauren bis neutralen Wässern (pH > 5) gilt das Ratengesetz (Stumm u. Morgan 1996):

$$r = -k{\cdot}(\{Fe^{2+}\}{\cdot}pO_2{\cdot}\{OH^-\}^2)$$

Die Ratenkonstante ist $k = 2{,}0{\cdot}10^{13}\,mol^{-2}{\cdot}atm^{-1}{\cdot}min^{-1}$ (Davidson u. Seed 1983). Insgesamt sind drei Spezies am Verlauf der Reaktion beteiligt:

$$Fe^{2+},\ O_2 \text{ und } OH^-.$$

Letztere kann als Einfluss des pH-Wertes verstanden werden. Bezüglich von Eisen und Sauerstoff ist die Reaktion jeweils erster Ordnung. Eine Verdoppelung ihrer Konzentrationen würde zu einer Verdoppelung der Reaktionsrate führen. Demgegenüber ist die Reaktion bezüglich der Hydroxid-Ionen zweiter Ordnung. Eine Verdoppelung der OH⁻-Konzentration würde aufgrund der quadratischen Abhängigkeit zu einer Vervierfachung der Reaktionsrate führen. Bezogen auf den pH-Wert, der ja eine logarithmische Größe ist, bewirkt eine Steigerung des pH-Wertes um eine Einheit eine Erhöhung der Reaktionsrate um das 100-fache! Die Gesamtordnung der Reaktion ist die Summe der Ordnungen bezüglich der Einzelspezies, d.h. $1 + 1 + 2 = 4$. Unter der Annahme einer Reaktion in stark verdünnter Lösung, d.h. weit vom Gleichgewicht, wird der rechte Term aus Gl. 5.83, der den Einfluss des Gleichgewichts beschreibt, zu -1.

Die Halbwertszeit $t_{1/2}$ der Oxidation des Eisens ergibt sich durch Integration:

$$t_{1/2} = \frac{0{,}693}{k \cdot pO_{2(aq)} \cdot \{OH^-\}^2}$$

Abbildung 5.25 zeigt für das gewählte Beispiel die starke Abhängigkeit der initialen Reaktionsrate und der Halbwertszeit vom pH-Wert.

Die Grenzen der kinetischen Modellansätze liegen u.a. in der geringen Anzahl veröffentlichter Ratengesetze. Dies ist auf den hohen Untersuchungsaufwand bei ihrer Bestimmung zurückzuführen. Die Bestimmung der Ratengesetze ist sehr stark von den gewählten chemischen Randbedingungen abhängig, so dass von verschiedenen Laboren bestimmte Reaktionsraten der gleichen Reaktion um Faktoren bis zu 30 voneinander abweichen können.

Dazu kommt die begrenzte Übertragbarkeit von Laboruntersuchungen auf den Feldmaßstab. Die Verwitterung von Feldspäten verläuft in der Natur z.B. zwei bis vier Größenordnungen langsamer als im Laborversuch (Paces 1983).

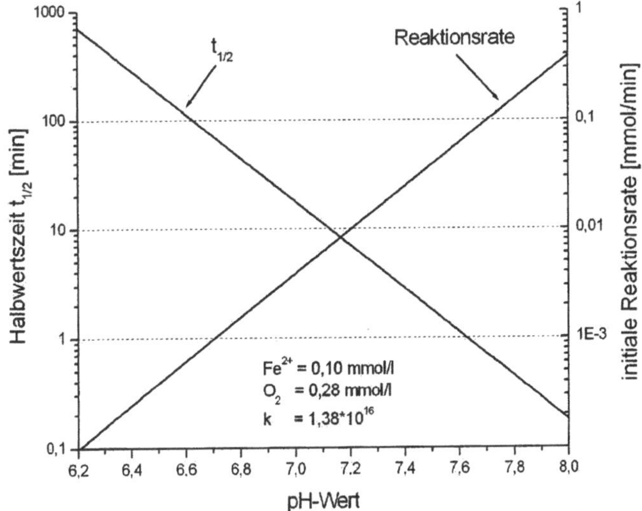

Abb. 5.25. Reaktionskinetik der Oxidation von zweiwertigem Eisen. Verändert nach Houben u. Treskatis (2003).

5.5.3 Thermodynamische Modelle

Thermodynamische Modelle basieren auf der Annahme eines Gleichgewichtszustandes im betrachteten System. Der Reaktionsfortschritt ist dabei von der Zeit unabhängig, d.h. die Reaktion erreicht sofort den Gleichgewichtszustand. Die folgende Beschreibung der Grundlagen der thermodynamischen Modellierung beruht im Wesentlichen auf den sehr anschaulichen Darlegungen von Bethke (1996). Weitere Literatur: DVWK (1992), Parkhurst u. Appelo (1999).

Zunächst müssen einige Termini zur Beschreibung von (hydro)geochemischen Systemen definiert werden (Abb. 5.26).

- *Phasen* sind physikalisch unterscheidbare, mechanisch separierbare und in ihren Beschaffenheiten und Eigenschaften homogene räumliche Einheiten. Es können z.B. eine fluide Phase (Wasser mit gelösten Inhaltsstoffen) und eine oder mehrere Mineral- und Gasphasen auftreten.
- Innerhalb einer Phase können *Spezies* auftreten, nämlich anhand molekularer Formel und Struktur von anderen Einheiten unterscheidbare molekulare Einheiten. Ein Beispiel sind gelöste Ionen wie Na^+, Cl^- usw. in der fluiden Phase. Spezies sind räumlich nicht genau begrenzbar.
- Der Begriff *Komponenten* wurde eingeführt, um die Vielzahl der möglichen Phasen und Spezies für die mathematische Behandlung der Modellierung zu begrenzen.

Eindrucksvoll zeigt sich die Anwendung des Konzeptes am Beispiel des Kohlensäuresystems. Bei diesem System können die folgenden Spezies auftreten:

$$H_2O, CO_2, H_2CO_3, HCO_3^-, CO_3^{2-}, H^+, OH^-$$

Diese Spezies können nun auf eine begrenzte Zahl von Komponenten reduziert werden. Nimmt man als Komponenten z.B. H_2O, CO_2 und H^+ an, so kann durch simple Addition der Komponenten die Kohlensäure H_2CO_3 generiert werden.

$$H_2O + CO_2 \rightarrow H_2CO_3$$

Es handelt sich hierbei um ein rein mathematisches Konzept, wie das Beispiel HCO_3^- zeigt. Es kann mit den oben definierten Komponenten nur durch die Operation

$$H_2O + CO_2 - H^+ \rightarrow HCO_3^-$$

generiert werden. Hierbei können also – im Gegensatz zur Natur – negative Konzentrationen auftreten.

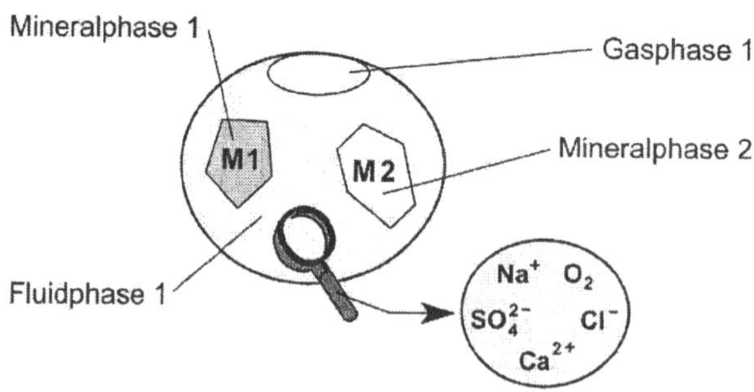

Abb. 5.26. Phasen und Spezies eines hydrogeochemischen Systems

Der ausgewählte Satz an Komponenten wird als *Basis* bezeichnet, die in der Basis auftretenden Spezies als *Basisspezies*, die anderen, daraus ableitbaren Spezies als *Sekundärspezies* (Abb. 5.27).

Es gibt drei Regeln, anhand derer die Basis definiert ist (Bethke 1996):

1. Jede Phase und jede Spezies lässt sich aus den Komponenten bilden.
2. Die Anzahl der Komponenten der Basis ist das Minimum für Regel 1.
3. Die Komponenten sind voneinander linear unabhängig, d.h. eine Komponente kann nicht durch Reaktionen aus anderen Komponenten gebildet werden.

Folgende Phasen und Spezies sind als Komponenten sinnvoll

- Wasser, als Lösungsmittel
- genügend gelöste aquatische Spezies, besonders solche, die häufig vorkommen, um aus diesen alle anderen Spezies herzuleiten
- jedes Mineral im Gleichgewicht mit der interessierenden Lösung
- jede Gasphase mit bekanntem Gasdruck

Man kann also die Basis B eines hydrogeochemischen Modells in allgemeiner Form (Gl. 5.85) schreiben als

$$B = (A_{H2O}, A_{aq}, A_{min}, A_{gas}) \tag{5.85}$$

mit

A_{H2O}	Komponente Wasser
A_{aq}	aquatische Basisspezies
A_{min}	Mineralphasen im System
A_{gas}	Gasphasen mit bekanntem Partialdruck

Reaktionen zwischen den Basiskomponenten und den sekundären Spezies werden als unabhängige Reaktionen bezeichnet. Abhängige Reaktionen der sekundären Spezies untereinander können auf Reaktionen der Basisspezies reduziert werden. Hier zeigt sich der Vorteil des Konzepts der Komponenten. Es brauchen nur unabhängige Reaktionen berücksichtigt werden; die zahlreichen abhängigen Reaktionen können in unabhängige zerlegt werden (Abb. 5.27).

Dies vermindert den erforderlichen Rechenaufwand zur Beschreibung des chemischen Gleichgewichts eines Systems erheblich. Während es bei n sekundären Spezies nur n Reaktionen mit der Basis geben kann, können aber $(n^2 - n)/2$ abhängige Reaktionen der Sekundärspezies untereinander auftreten. Schon bei 10 sekundären Spezies, was in den meisten aquatischen Systemen eine unnatürlich niedrige Zahl ist, brauchen somit nur 10 statt 10 + 45 = 55 Reaktionen berücksichtigt werden.

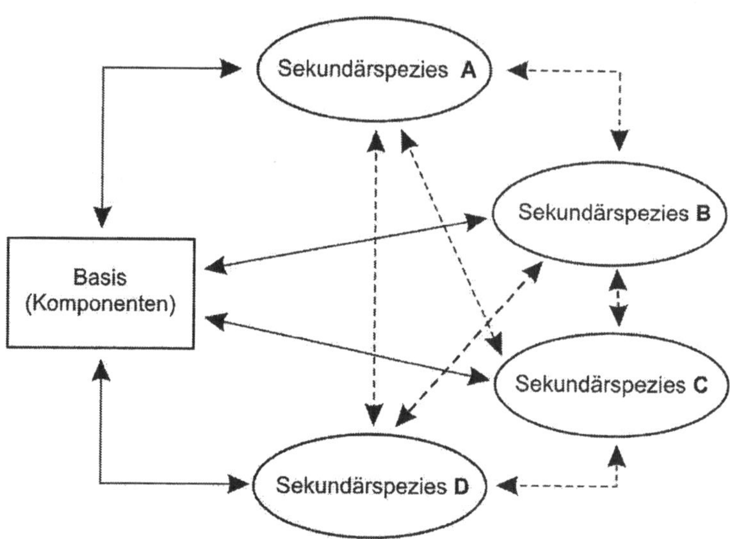

Abb. 5.27. Unabhängige Reaktionen (durchgezogene Linien) und abhängige Reaktionen (gestrichelte Linien) in einem chemischen System zwischen einer Basis und den vier sekundären Spezies A, B, C, D. Verändert nach Bethke (1996).

Der Modellierung thermodynamischer Gleichgewichtszustände liegen zwei wesentliche Faktoren zu Grunde:

– das Gesetz der Erhaltung der Masse
– die Massenwirkungsgesetze, die den Gleichgewichtszustand der vorkommenden Reaktionen beschreiben

Die Erläuterung der im Folgenden verwendeten Akronyme findet sich in Tabelle 5.12.

Eine sekundäre aquatische Spezies A_j ist durch unabhängige Reaktionen mit den Komponenten an die Basis $B = (A_w, A_a, A_m, A_g)$ geknüpft.

$$A_j = v_{wj} A_w + \sum_a v_{aj} A_a + \sum_m v_{mj} A_m + \sum_g v_{gj} A_g \tag{5.86}$$

Im Gleichgewichtszustand wird die Molalität m_j der sekundären Spezies A_j durch ein Massenwirkungsgesetz mit einer Gleichgewichtskonstante K ausgedrückt.

$$K = \frac{1}{m_j \cdot \gamma_j} \left(a_w^{v_{wj}} \prod_a (\gamma_a m_a)^{v_{aj}} \cdot \prod_m a_m^{v_{mj}} \cdot \prod_g f_m^{v_{gj}} \right) \tag{5.87a}$$

Tabelle 5.12. Definition der Variablen für die hydrogeochemische Modellierung

Abkürzung	Bedeutung	Einheit
	Gesamtinhalt der Lösung [Mol]	
M_w	Komponente Wasser	[mol]
M_a	Komponente aquatische Spezies	[mol]
M_m	Mineralkomponente	[mol]
M_g	Gaskomponente	[mol]
	Masse Lösungsmittel, Molalitäten, Molenzahl	
m_w	Masse Lösungsmittel (Wasser)	[kg]
m_a	Molalität Basisspezies	[mol/kg]
m_j	Molalität sekundäre Spezies	[mol/kg]
m_g	Molenzahl Minerale	[mol]
	Aktivitäten und Fugazitäten	
a_w	Aktivität des Wassers	[mol]
a_a	Aktivität der aquatischen Basisspezies	[mol]
a_j	Aktivität der aquatischen Sekundärspezies	[mol]
a_m	Aktivität der Minerale	[mol]
f_m	Gasfugazität	[-]
	Aktivitätskoeffizienten	
γ_a	aquatische Basisspezies	[-], $0 < \gamma_a < 1$
γ_j	aquatische Sekundärspezies	[-], $0 < \gamma_j < 1$
	Sonstige	
v_{xy}	stöchiometrischer Reaktionskoeffizient	[-]
K_x	Gleichgewichtskonstante Reaktion x	

Aufgelöst nach der Molalität ergibt sich

$$m_j = \frac{1}{K \cdot \gamma_j} \left(a_w^{\,v_{wj}} \cdot \prod{}^{a} (\gamma_a m_a)^{v_{aj}} \cdot \prod{}^{m} a_m^{\,v_{mj}} \cdot \prod{}^{g} f_m^{\,v_{gj}} \right) \qquad (5.87b)$$

Wenn X die Konzentrationen und y die stöchiometrischen Koeffizienten der Spezies sind, ergibt sich aus dem Massenwirkungsgesetz die Gleichgewichtskonstante K für eine Reaktion

$$y_1 X_1 + y_2 X_2 \Leftrightarrow y_3 X_3 + y_4 X_4$$

nach Gl. 5.88a:

$$K = \frac{[X_3]^{y3}[X_4]^{y4}}{[X_1]^{y1}[X_2]^{y2}} = [X_1]^{-y1} \cdot [X_2]^{-y2} \cdot [X_3]^{y3} \cdot [X_4]^{y4} = \prod_{n=1}^{4} [X]^{y} \qquad (5.88a)$$

Im Gleichgewichtszustand erreicht die Gibb'sche freie Energie ΔG dieser Reaktion das Minimum ΔG^0.

$$\Delta G^0 = -R \cdot T \cdot \ln \frac{[X_3]^{y3}[X_4]^{y4}}{[X_1]^{y1}[X_2]^{y2}} \qquad (5.88b)$$

Durch den Zusammenhang zwischen ΔG^0 und der Gleichgewichtskonstante K gemäß Gln. 5.88a und 5.88b ergibt sich die Gl. 5.88c. Somit besteht die Möglichkeit, die Gleichgewichtskonstante K einer Reaktion aus tabellierten thermodynamischen Grunddaten von ΔG^0 zu berechnen:

$$\Delta G^0 = -R \cdot T \cdot \ln K \qquad (5.88c)$$

mit

R = Gaskonstante = $8{,}314 \cdot 10^{-3}$ kJ/(mol·K)
T = Temperatur [° K]

Beispiel

Wie ist die Gleichgewichtskonstante der Auflösung von Kalzit bei 25 °C (= 298° K) (s. Abschn. 5.3.2)?

$$CaCO_3 \Leftrightarrow Ca^{2+} + CO_3^{2-}$$

Dazu muss die Summe der ΔG^0 der Edukte von der Summe der ΔG^0 der Produkte subtrahiert werden, d.h.

$$\Delta G^0 = -[(\Delta G^0{}_{Ca2+} + \Delta G^0{}_{CO32-}) - \Delta G^0{}_{CaCO3}]$$

$$= [(-553{,}54 + -527{,}9) - (-1128{,}8)] \text{ kJ/mol} = 47{,}36 \text{ kJ/mol}$$

Gemäß Gl. 5.88c

$$-47{,}36 = -(8{,}314 \cdot 10^{-3} \cdot 298) \cdot 2{,}3 \log K$$

$$\Rightarrow \log K = -8{,}31$$

Die leichte Abweichung des hier errechneten Wertes K von dem in Abschn. 5.3.2 angegebenen ist typisch für die unterschiedlichen Werte für ΔG^0 der in der Literatur dokumentierten verschiedenen thermodynamischen Datensätze.

Die Temperaturabhängigkeit der Gleichgewichtskonstante K kann durch die van't-Hoff-Gleichung ausgedrückt werden:

$$\frac{d \ln K}{dT} = \frac{\Delta H^0}{R \cdot T^2} \qquad (5.88d)$$

ΔH^0 ist dabei die Reaktionsenthalpie, für die ebenfalls Werte in thermodynamischen Datensammlungen tabelliert sind.

Zur Einhaltung der Massenerhaltung muss die Gesamtmasse M eines Elementes auf die folgenden Komponenten

- Wasser Gl. 5.89a
- aquatische Basisspezies Gl. 5.89b, linker Teil des Summanden
- aquatische Sekundärspezies Gl. 5.89b; rechter Teil des Summanden
- Minerale Gl. 5.89c
- Gasphasen Gl. 5.89d

verteilt werden (Gln. 5.89a bis d).

$$M_w = n_w\left(55{,}5 + \sum_j v_{wj} \cdot m_j\right) \tag{5.89a}$$

$$M_a = n_w\left(m_a + \sum_j v_{aj} \cdot m_j\right) \tag{5.89b}$$

$$M_m = n_k + n_w \sum_j v_{mj} \cdot m_j \tag{5.89c}$$

$$M_g = n_w \sum_j v_{gj} \cdot m_j \tag{5.89d}$$

Um die Verknüpfung zwischen Massenerhaltung und Gleichgewichtszustand zu erreichen, ersetzt man die Molalität m_j in den Gln. 5.89a bis 5.89d durch die Definition aus Gl. 5.87. Es ergibt sich ein nichtlineares Gleichungssystem, das zur mathematisch vollständigen Beschreibung des Gleichgewichtssystems genügt (Gln. 5.90a bis d). Dazu muss Gl. 5.90a für das Wasser einmal ausgeführt werden, Gl. 5.90b einmal für jede Basiskomponente und die Gln. 5.90c und d je einmal für jedes Mineral bzw. jede Gasphase.

$$M_w = n_w\left\{55{,}5 + \sum_j \frac{v_{wj}}{K_j \cdot \gamma_j}\left(a_w^{v_{wj}} \cdot \prod^a (\gamma_a m_a)^{v_{aj}} \cdot \prod^m a_m^{v_{mj}} \cdot \prod^g f_m^{v_{gj}}\right)\right\} \tag{5.90a}$$

$$M_a = n_w\left\{m_a + \sum_j \frac{v_{aj}}{K_j \cdot \gamma_j}\left(a_w^{v_{wj}} \cdot \prod^a (\gamma_a m_a)^{v_{aj}} \cdot \prod^m a_m^{v_{mj}} \cdot \prod^g f_m^{v_{gj}}\right)\right\} \tag{5.90b}$$

$$M_m = n_m + n_w \sum_j \frac{v_{mj}}{K_j \cdot \gamma_j} \left(a_w^{\;v_{wj}} \cdot \prod^a (\gamma_a m_a)^{v_{aj}} \cdot \prod^m a_m^{\;v_{mj}} \cdot \prod^g f_m^{\;v_{gj}} \right) \qquad (5.90c)$$

$$M_g = n_w \sum_j \frac{v_{gj}}{K_j \cdot \gamma_j} \left(a_w^{\;v_{wj}} \cdot \prod^a (\gamma_a m_a)^{v_{aj}} \cdot \prod^m a_m^{\;v_{mj}} \cdot \prod^g f_m^{\;v_{gj}} \right) \qquad (5.90d)$$

Weitere Beschränkungen werden dem System durch die Forderung der Einhaltung der Gibb'schen Phasenregel und der Elektroneutralität auferlegt. Letztere kann durch die Bilanzierung der positiven und negativen Ladungen z der i gelösten Komponenten a und der gelösten sekundären Spezies j ausgedrückt werden:

$$\sum_i z_i \cdot m_a + \sum_j z_j \cdot m_j = 0 \qquad (5.91)$$

Elektroneutralität kann durch Vorgabe ausbilanzierter Komponenten durch den Modellnutzer erreicht werden, aber auch durch Freigabe der Konzentration einer Spezies zur Anpassung durch das Modell. Häufig werden dazu für die Interpretation weniger wichtige, nicht-redoxsensitive Spezies wie Chlorid benutzt.

Für die auftretenden Minerale m müssen zudem die Residuen bei der Einstellung der Mineralgleichgewichte minimiert werden (Appelo u. Postma 1996):

$$\log(\mathrm{IAP})_k - \log k = 0 \qquad (5.92)$$

Das geochemische Modell muss nun eine Lösung („Wurzel") des gesamten Gleichungssystems finden. Dazu sind angesichts der Größe der zu betrachtenden Gleichungssysteme numerische Verfahren anzuwenden. Verschiedene Techniken sind z.B. bei Bethke (1996) beschrieben.

Ein Problem bei der Lösung der Gleichungssysteme ist die Eindeutigkeit der Lösung. Negative Konzentrationen können durch einfache Techniken – z.B. Logarithmieren – eliminiert werden, da sie in der Realität nicht auftreten dürfen. Mehrere positive Lösungen können z.B. dann auftreten, wenn Reaktionen mit amphoteren Substanzen, z.B. Eisen- und Aluminiumoxihydroxide, ohne vorab definierten pH-Wert modelliert werden.

Der bisher beschriebene Ansatz beruht auf einer mathematischen Kombination zwischen Massenerhaltung und Massenwirkungsgesetzen, letztere ausgedrückt durch Gleichgewichtskonstanten. Alternativ dazu wurde der Ansatz der Gibb'schen Energie-Minimierung (GEM) entwickelt, bei dem nicht die Gleichgewichtskonstanten von Reaktionen betrachtet werden, sondern die Gibb'schen freien Energien der einzelnen Elemente bzw. Spezies im untersuchten System direkt minimiert werden (Karpov et al. 2001). Dadurch entfällt die Anforderung einer Massenbilanz. Über die Vor- und Nachteile beider Modellansätze wird durchaus kontrovers diskutiert. Da aber auch die Gleichgewichtskonstante nichts anderes ist als eine mathematische Beschreibung des Minimums der Gibb'schen freien Energie einer Reaktion, können beide Modellansätze dennoch auf die gleiche Grundlage zurückgeführt werden (Bethke 1996). Derzeit dominieren in der Anwendung die Massenbilanzmodelle deutlich den GEM-Ansatz.

Jedem thermodynamischen Reaktionsmodell liegt eine Datenbasis zugrunde, in der die thermodynamischen Grunddaten von Wasser, aquatischen Spezies, Mineralen und Gasphasen abgelegt sind. Viele dieser Daten sind experimentell ermittelt und können demnach experimentelle, analytische oder interpretatorische Ungenauigkeiten enthalten. Manche Experimente wurden bei speziellen Temperatur- und Druckbedingungen durchgeführt, die Ergebnisse werden aber auf andere pT-Bedingungen extrapoliert, was nicht immer zu korrekten Ergebnissen führt.

Ein generelles Problem thermodynamischer Ansätze ist die Frage, ob sich das zu untersuchende System tatsächlich im Gleichgewicht befindet. Sehr viele Reaktionen verlaufen in der Natur so langsam, dass die Annahme eines Gleichgewichtszustands nicht zu vertreten ist, z.B. bei der Silikatverwitterung. Andererseits müssen manchmal thermodynamisch mögliche Reaktionen entkoppelt werden, wenn z.B. eine Rückreaktion in der Natur nicht stattfindet.

Thermodynamische Modelle sind darauf ausgelegt, die thermodynamisch stabile Phasenkollektion zu ermitteln. Bei vielen Mineralausfällungen wird in der Natur aber nicht direkt die thermodynamisch stabilste Phase gebildet, sondern zunächst eine metastabile Phase mit geringerer Kristallisationsenergie. Diese kristallisiert dann mit der Zeit zu einer stabileren Phase um. Eisen- und Manganoxide sind klassische Beispiele für dieses Verhalten.

5.5.4 Massenbilanzierung und inverse Modellierung

Massenbilanzierung. Massenbilanzrechnungen („nulldimensionale Modellierung") sind die einfachste Möglichkeit, die Beschaffenheit eines Grundwassers im Voraus zu prognostizieren. Dabei werden die im Grundwasser gelösten Stoffeinträge mit dem Gehalt an reaktiven Stoffdepots im Grundwasserleiter stöchiometrisch verrechnet. Die Ausbreitungsgeschwindigkeit ist dabei abhängig vom Stoffeintrag und der Menge der vorhandenen Reaktionspartner im Gestein. Zur Berechnung müssen folgende Parameter bekannt sein:

– Stöchiometrie der Wasser-Gesteins-Reaktionen
– Konzentration der reaktiven Wasserinhaltstoffe
– Grundwasserneubildungsrate
– Gehalte der reaktiven Stoffdepots im Gestein des Grundwasserleiters
– Porosität und Mineraldichte des Gesteins

Der Stoffeintrag kann aus der Multiplikation von Konzentration und der Grundwasserneubildungsrate berechnet werden:

$$\text{Stoffeintrag } [M/L^2{\cdot}T] = \text{Konzentration } [M/L^3] \cdot \text{Neubildung } [L/T] \qquad (5.93a)$$

Die Feststoffmasse berechnet sich aus dem Feststoffanteil (Gesamtvolumen minus Porosität) und der Mineraldichte.

$$\text{Stoffdepot } [M/L^3] = \text{Gehalt } [M/M] \cdot (\text{Mineralmasse } [M/L^3]) \qquad (5.93b)$$

Die Lebensdauer des im Gestein vorhandenen Reservoirs ist der Quotient von Stoffdepot und Stoffeintrag

$$\text{Reservoirlebensdauer } [T/L] = \text{Stoffdepot / Stoffeintrag} \qquad (5.93c)$$

Durch Invertieren der Reservoirlebensdauer ergibt sich die vertikale Ausbreitungsgeschwindigkeit der Reaktionsfront.

Beispiel

Pyritoxidation durch Nitrat (vgl. Abschn. 5.2.4)

Arbeitsschritte:

- Es wird zweckmäßig ein Gesteinskörper von 1 m³ Volumen betrachtet.
- Bei einer Porosität von 0,3 enthält dieser also $(1,0 - 0,3)$ m³ = 0,7 m³ Gestein.
- Bei einer angenommenen mittleren Gesteinsdichte von 2,65 g/cm³ (Quarz) entspricht dies einer Masse von 1855 kg.
- Bei einem durch geochemische Untersuchungen bestimmten Gehalt an Pyrit (FeS_2) von 0,1 Gew.-% sind also 1,855 kg/m³ Pyrit enthalten.
- Mit der Molmasse von Pyrit (120 g/mol) entspricht dies ca. 15,46 mol/m³.
- Die Konzentration des Nitrats im zusickernden Grundwasser soll 248 mg/l betragen (= 4,0 mmol/l). Bei einer Neubildungsrate von 250 mm/a (= 250 l/a·m²) kommt also gerundet jährlich 1,0 mol (= 62 g) Nitrat hinzu.

Mit der Stöchiometrie nach Gl. 5.40c ergibt sich, dass drei Teile Nitrat ein Teil Pyrit oxidieren. Pro Jahr werden also ca. 0,33 mol (= 39,6 g) Pyrit aufgezehrt. Um den gesamten Pyrit zu oxidieren wären also ca. 46 Jahre erforderlich. Die Reaktionsfront würde sich demnach mit einer durchschnittlichen vertikalen Ausbreitungsgeschwindigkeit von ca. 2,2 cm/a bewegen.

Mit Hilfe von Tabellenkalkulationsprogrammen können ohne großen Aufwand umfangreiche Parametersätze variiert und entsprechend berechnet werden. Abbildung 5.28. zeigt die Ergebnisse einer solchen Vorgehensweise für das Beispiel Pyrit/Nitrat. Dort wurde zusätzlich der Beitrag des gelösten Sauerstoffs auf die Oxidation von Pyrit mit berücksichtigt (Reaktion nach Gl. 5.41).

Andere Anwendungsmöglichkeiten sind z.B. bei den folgenden Reaktionspaaren möglich: Säure/Kalk, Kationen/Kationenaustauscher etc.

Die Massenbilanzierung ist also ein wertvolles Werkzeug für eine erste Abschätzung und für die Planung von Feld- und Laborversuchen. Sie stößt an Grenzen, wenn die betrachteten Reaktionen in der Natur nicht vollständig ablaufen und konkurrierende Reaktionen verschiedener Wasserinhaltsstoffe berücksichtigt werden müssen. Letzteres ist z.B. bei Kationenaustauschreaktionen der Fall.

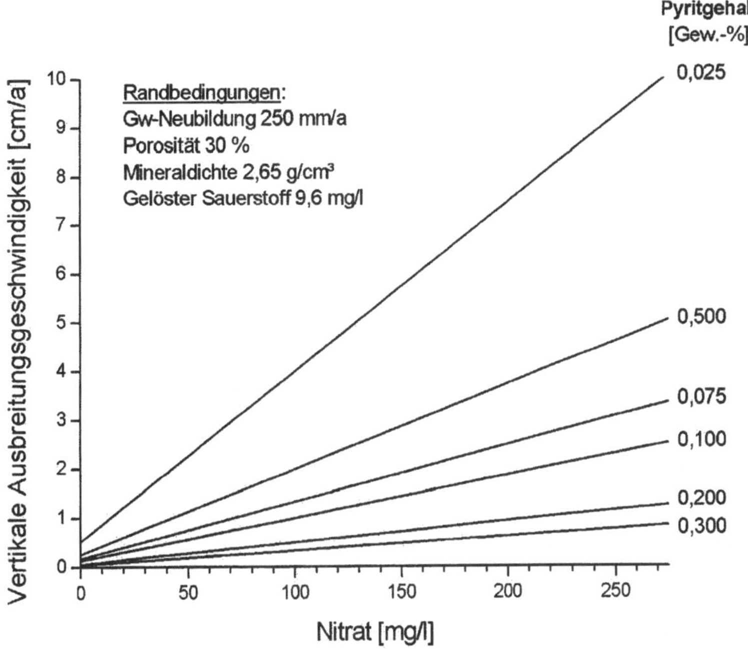

Abb. 5.28. Stöchiometrische Massenbilanzierung der vertikalen Ausbreitung von Nitrat im Grundwasser als Funktion des Stoffeintrags und des Pyritgehaltes des Sediments. Der Startpunkt auf der Ordinate ist die Folge der Pyritoxidation durch gelösten Sauerstoff. Verändert nach Houben et al. (2001 a, b).

„Inverse Modellierung". Eine etwas andere Form der Massenbilanzierung ist die inverse Modellierung. Sie führt den Unterschied im Lösungsinhalt zweier Wässer auf Reaktionen, insbesondere Auflösung oder Fällung von Mineralphasen, zurück. Ziel der zugrunde liegenden mathematischen Operation ist es, die Reaktionskoeffizienten dieser Phasen zu ermitteln, d.h. das Maß, mit dem diese Phasen gelöst oder gefällt wurden. Im Gegensatz zur reinen Massenbilanzierung können also mehrere Reaktionen gleichzeitig ablaufen.

Die Vorgehensweise kann am klassischen Beispiel von Garrels u. MacKenzie (1967) erläutert werden. Diese Autoren beobachteten in der Sierra Nevada zwei Typen von Quellen:

– ganzjährig schüttende („perennierende") Quellen (Q 2)
– Quellen, die nur kurzfristig nach stärkeren infiltrationswirksamen Niederschlägen „ephemeren" Abfluss führen (Q 1).

Diese Quellen unterscheiden sich in ihrer hydrochemischen Beschaffenheit deutlich voneinander. Die ganzjährig schüttenden Quellen enthalten mehr Inhaltsstoffe als die ephemeren. Garrels u. MacKenzie führten diesen Unterschied in einzelnen Elementgehalten Δx auf Reaktionen des Wassers mit dem Umgebungsgestein, einem Granit, zurück.

$$Q2 = Q1 + \Sigma \text{ (Reaktionen)} \pm \delta \qquad (5.94)$$

mit

δ = analytische Ungenauigkeit

Als reaktive Mineralphasen des Granits wurden identifiziert:

Plagioklas	$Na_{0,62}Ca_{0,38}Al_{1,38}Si_{2,62}O_8$
Orthoklas	$KAlSi_3O_8$
Kaolinit	$Al_2Si_2O_5(OH)_4$
Biotit	$KMg_3AlSi_3O_{10}(OH)_2$

Ziel ist die Berechnung der Reaktionskoeffizienten für die einzelnen Elemente. Manche Elemente wie Al können in mehreren Mineralphasen auftreten und sowohl gelöst als auch gefällt werden. Damit kann der elementspezifische Reaktionskoeffizient α sowohl ein positives als auch ein negatives Vorzeichen haben. Für dieses Fallbeispiel ergibt sich ein Gleichungssystem mit sechs Gleichungen für die sechs Elemente Mg, Na, Ca, K, Si und Al und vier unbekannten α für die vier Phasen (Tabelle 5.13). Dieses ist durch verschiedene numerische Techniken recht einfach lösbar. Neben Lösungs- und Fällungsreaktionen können auch Redoxreaktionen durch Bilanzierung der Elektronenübergänge modelliert werden.

Inverse Modelle können lediglich zur Rückwärtsmodellierung verwendet werden und haben den Nachteil, lediglich eine reine Elementbilanzierung durchzuführen, so dass die Gefahr besteht, dass der Benutzer auch thermodynamisch oder kinetisch unmögliche Reaktionen einführt. Häufig treten bei der Modellierung auch mehrere bzw. mehrdeutige Lösungen auf, über deren Sinn oder Unsinn der Bearbeiter entscheiden muss.

Tabelle 5.13. Gleichungssystem zum Problem von Garrels u. MacKenzie (1967)

Q2 - Q1		Plagioklas	Orthoklas	Kaolinit	Biotit	δ
Δ Mg	=	$0 \cdot \alpha$Plag.	$+ 0 \cdot \alpha$Orth.	$+ 0 \cdot \alpha$Kaol.	$+ 3 \cdot \alpha$Biot.	$+ \delta$Mg
Δ Na	=	$0,63 \cdot \alpha$Plag.	$+ 0 \cdot \alpha$Orth.	$+ 0 \cdot \alpha$Kaol.	$+ 0 \cdot \alpha$Biot.	$+ \delta$Na
Δ Ca	=	$0,38 \cdot \alpha$Plag.	$+ 0 \cdot \alpha$Orth.	$+ 0 \cdot \alpha$Kaol.	$+ 0 \cdot \alpha$Biot.	$+ \delta$Ca
Δ K	=	$0 \cdot \alpha$Plag.	$+ 1 \cdot \alpha$Orth.	$+ 0 \cdot \alpha$Kaol.	$+ 1 \cdot \alpha$Biot.	$+ \delta$K
Δ Si	=	$2,62 \cdot \alpha$Plag.	$+ 3 \cdot \alpha$Orth.	$+ 2 \cdot \alpha$Kaol.	$+ 3 \cdot \alpha$Biot.	$+ \delta$Si
Δ Al	=	$1,38 \cdot \alpha$Plag.	$+ 1 \cdot \alpha$Orth.	$+ 2 \cdot \alpha$Kaol.	$+ 1 \cdot \alpha$Biot.	$+ \delta$Al

Q1 = Startzusammensetzung der Lösung δ = Analytische Ungenauigkeit
Q2 = Endzusammensetzung der Lösung

5.5.5 Reaktiver Stofftransport

Reaktionsmodelle sind per se ohne räumliche Dimension. Für die Betrachtung des reaktiven Stofftransportes sind sie im Speicher-/Reaktionsterm S der allgemeinen Transportgleichung einzufügen:

$$\frac{\partial c}{\partial t} = -\nabla(v_a c) + \nabla(-D_m \nabla c) + \nabla(-D \nabla c) + S \qquad (5.95)$$

mit

   v_a = advektive Fließgeschwindigkeit (Abstandsgeschwindigkeit)
   D_m = molekularer Diffusionskoeffizient
   D = Dispersionskoeffizient

Dazu müssen die partiellen Differentialgleichungen des Transports mit den nichtlinearen algebraischen Gleichungen der Reaktionsmodellierung kombiniert werden. Verschiedene mathematische Ansätze dazu werden z.B. von Yeh u. Tripathi (1989) vorgestellt.

Wie Gl. 5.95 zeigt, betrachten Transportmodelle Änderungen der Konzentration über die Zeit, d.h. zeitabhängige Prozesse. Aus diesem Grund ist die Anbindung von thermodynamischen Reaktionsmodellen in Transportmodelle problematisch. Sie können nur dann eingesetzt werden, wenn die benötigte Zeit zur Einstellung des thermodynamischen Gleichgewichts kleiner bzw. gleich der Verweilzeit des Wassers in der individuellen Modellzelle ist. Andernfalls würde ein zu großer Reaktionsfortschritt vorgetäuscht. Demnach beschränkt sich die Anwendung:

– auf sehr schnell verlaufende Reaktionen (z.B. Ionenaustausch) oder
– auf sehr langsam fließende regionale Systeme mit langen Verweilzeiten

Kinetische Modelle sind von diesen Beschränkungen generell frei, da sie die Zeitabhängigkeit der Reaktionen explizit berücksichtigen. Allerdings sind bisher aufgrund der aufwendigen Bestimmungen nur wenige kinetische Ratengesetze publiziert worden. Deshalb sind die thermodynamischen Ansätze im Vorteil, da in Datenbanken thermodynamische Daten für eine Vielzahl von hydrochemischen Reaktionen vorliegen. Die Übertragbarkeit der meist im Labor bestimmten kinetischen Raten auf Feldbedingungen ist ein weiteres Problem.

Generell sollte man sich stets vor Augen halten, dass Modelle nur eine Annäherung an die Natur darstellen. Auch die Kombination von Strömungs- und Transportmodellen mit Reaktionsmodellen ist problematisch. Hier wird den Annahmen und Ungenauigkeiten der Strömungs- und Transportmodelle, z.B. bei der K-Wert-Verteilung, zusätzlich eine Unsicherheit über die räumliche Verteilung der geochemischen Reaktionspartner im Gestein „aufgesattelt". Die Interpretation dieser kombinierten Modelle sollte also mit aller Vorsicht erfolgen.

5.5.6 Gängige Programm-Software

Die Entwicklung der hydrogeochemischen Modellierung ist sehr rasant. Deshalb kann die folgende Beschreibung nur ein „Schnappschuss" der aktuellen Situation sein. Vorhandene Programme werden stetig weiter entwickelt und durch neue ersetzt.. Um den aktuellen Stand zu überblicken sei der Leser auf das Internet verwiesen. Mit entsprechenden Suchbegriffen kann mit bekannten Suchmaschinen der aktuelle Stand abgefragt werden.

Es existiert eine Vielzahl von Programmen, von denen einige allerdings nur eine geringe Verbreitung haben. Eine Zusammenstellung gibt Bethke (1996). Die am häufigsten verwendeten Modelle gehören zu verschiedenen Programmfamilien und werden im Folgenden – ohne Anspruch auf Vollständigkeit – beschrieben. Die Zusammenstellung soll dem Leser für seine Fragestellungen eine Hilfe zur Auswahl eines Modells sein, da nicht jedes Modell alles kann. Die meisten Modellprogramme verfügen heute über eine grafische Benutzeroberfläche und sind leicht zu bedienen. Dennoch ist ein solides hydrogeochemisches Grundwissen für die Anwendung unabdingbar. Auch für Reaktionsmodelle gilt der Spruch „garbage in – garbage out", d.h. „unsinniger Input führt zu unsinnigem Output".

PHREEQ

PHREEQC-2 ist die aktuellste Version der PHREEQ-Familie und das derzeit wohl am häufigsten genutzte Programm. Es wird vom United States Geological Survey (USGS) gepflegt und steht kostenlos in Versionen für verschiedene Plattformen (PC/Mac) und Betriebssysteme (Windows/Unix) zur Verfügung. Der Leistungsumfang ist sehr groß:

- Speziesberechnung
- Mineralsättigung, Lösung/Fällung
- Mischungsberechnung
- Reaktionspfadberechnung
- Oberflächenkomplexierung
- Kinetik (frei programmierbar)
- Inverse Modellierung
- Isotopenfraktionierung
- 1D- Modellierung des reaktiven Transports

PHREEQC ist allerdings auf Berechnungen bis Ionenstärken von 0,7 (Meerwasser) beschränkt. Eine ältere Version PHRQPITZ, die durch Nutzung der Pitzer-Gleichungen auch höher mineralisierte Wässer modellieren konnte, ist aufgrund der geringen Nutzerfreundlichkeit kaum noch in Gebrauch.

Literatur: Parkhurst u. Appelo (1999)
Internet: http://wwwbrr.cr.usgs.gov/projects/GWC_coupled/phreeqc/
             http://www.geo.vu.nl/users/posv/phreeqc.html
             http://www.xs4all.nl/~appt/

SOLMINEQ
SOLMINEQ.88 ist das Standardprogramm für viele Anwendungen in der Erdölindustrie. Seine Leistungen umfassen:

- Speziesberechnung
- Mischungsberechnung
- Mineralsättigung
- Geothermometer
- Ionenaustausch

SOLMINEQ.88 bietet als eines der wenigen Programme Druckkorrekturen an. Daher können auch Tiefenwässer modelliert werden. Die Version SOLMINEQ.GW ist eine vereinfachte Version für die Hydrogeologie mit geringerem Leistungsumfang.

Literatur: Kharaka et al. 1988; Perkins u. Gunter 1999
Internet: http://www.arc.ab.ca/envir/Geochemical.asp
             http://www.telusplanet.net/public/geogams/index.html

EQ
Die Programmfamilie EQ wird vom Lawrence Livermore National Laboratory (LLNL) gepflegt. Die aktuelle Version EQ 3/6 läuft auf PC unter Unix und erlaubt die Berechnung von komplexen Wasser-Gesteins-Wechselwirkungen. Dazu zählen neben Auflösung und Fällung von Mineralen auch die Betrachtung von chemischen Gleichgewichten und Ungleichgewichten. Ebenfalls möglich ist die Modellierung von kinetisch gesteuerten Reaktionen. Es können verdünnte Wässer bis hin zu Solen mit hoher Ionenstärke behandelt werden. Die thermodynamische Datenbasis von EQ ist sehr groß und enthält Daten für anorganische und organische Spezies.

Literatur: Wolery (1992)
Internet: http://geosciences.llnl.gov/esd/geochem/eq36.html

GWB Geochemist's Workbench
GWB wurde ursprünglich an der University of Illinois von Bethke entwickelt. Es ist kostenpflichtig und läuft derzeit nur auf PC unter Windows. Der Leistungsumfang ist sehr groß und umfasst:

- Speziesberechnung
- Mineralsättigung
- Reaktionspfadberechnung
- Eh-pH-Diagramme
- Mischungsberechnung
- Oberflächenkomplexierung
  - Kinetik (frei programmierbar)
  - Isotopenfraktionierung
  - Modellierung von Solen (hohe Ionenstärken)

Literatur: Bethke (1996)
Internet: http://www.rockware.com/catalog/pages/gwb.html

ChemEQL

Das Programm CHemEQL 2.0 ist eine Weiterentwicklung des Programms MICROQL und wird von der schweizerischen EAWAG (Eidgenössische Anstalt für Wasserversorgung, Abwassereinigung und Gewässerschutz) vertrieben. Es ist kostenpflichtig und läuft derzeit nur unter Apple Macintosh. Es erlaubt die Berechnung von Speziation, Titrationen, Lösung/Fällung von Mineralen, Adsorption und einfachen Kinetiken. Es enthält zwei umfangreiche thermodynamische Datenbanken.

Internet: http://www.eawag.ch/services_e/software/e_chemeql.html

Die folgenden Programmfamilien WATEQ und MINEQL/MINTEQ sind mehr von historischem Interesse:

WATEQ

WATEQ war eines der ersten verbreiteten geochemischen Gleichgewichtsprogramme. Die letzte Version ist WATEQ4F. Neben aquatischer Speziation kann es Mineralsättigungen berechnen. Die umfangreiche thermodynamische Datenbank kann auch für PHREEQ verwendet werden.

Literatur: Truesdell u. Jones (1974)

MINEQL/MINTEQ

Das ursprüngliche MINEQL konnte neben der aquatischen Speziation heterogene Reaktionen, z.B. die Fällung und Lösung von Mineralen berücksichtigen. MINTEQ wurde aus MINEQL entwickelt. Aktuelle Verbesserungen umfassen eine große thermodynamische Datenbank mit zahlreichen Einträgen zu aquatischen Komplexen, Mineralphasen und organischen Liganden. Weiterhin steht eine Reihe von Oberflächen-Komplexierungsmodellen zur Verfügung.

Literatur: Westall et al. (1976); Allison et al. (1991)

GEMS

GEMS beruht im Gegensatz zu den bisher beschriebenen Programmen auf der Gibb'schen Energie-Minimierung (GEM) (vgl. Abschn. 5.5.3). Es wird vom Paul-Scherrer-Institut in der Schweiz gepflegt und ist für Forschung und Lehre kostenfrei. Derzeit ist es für PC unter Windows und Linux verfügbar. Es erlaubt die Berechnung von Speziationen, Mineralgleichgewichten inklusive metastabiler Phasen, und Oberflächensorption. Dabei sind Modellierungen bei hohen Temperaturen und variablen Drücken möglich. GEMS verfügt über eine umfangreiche eigene thermodynamische Datenbank.

Literatur: Karpov et al. (2001)
Internet: http://les.web.psi.ch/Software/GEMS-PSI/index.html

Inverse Modellierungen sind z.B. in den Programmen NETPATH (Plummer und al. (1994) und PHREEQC-2 enthalten. Beide Programme sind beim USGS erhältlich (s.o.).

Reaktiver Stofftransport. Die Anbindung an Transportmodelle ist theoretisch mit allen Reaktionsmodellen möglich. Allerdings sind die Grenzen der Modellierung des reaktiven Stofftransports zu beachten (vgl. Abschn. 5.5.5). In vielen käuflichen Transportmodellen sind bereits einfache kinetische Reaktionsmodelle implementiert, die z.B. die Modellierung von Reaktionen erster Ordnung (radioaktiver Zerfall) erlauben. Das Reaktionsmodell PHREEQC-2 bietet eine eigene 1-D-Transportmodellierung. Komplexe Reaktionsmodelle werden inzwischen mit 3D-Transportmodellen verbunden und kommerziell angeboten. Eine Bezugsquelle ist z.B.

Internet: http://www.scisoftware.com

6 Transport von Wasserinhaltsstoffen

6.1 Einleitende Bemerkungen

Die in der Vergangenheit unbeachtet gebliebene Verschmutzung oder *Kontamination* des Grundwassers durch Schadstoffe aus unterschiedlichen Quellen hat zu einer enormen Kenntniserweiterung über die Prozesse in der ungesättigten und gesättigten Zone geführt, die Ausbreitung, Verdünnung, Abbau und Zerfall dieser Schadstoffe (Kap. 7) steuern.

In den nachstehenden Abschnitten werden die wesentlichen Grundlagen dieser Prozesse erläutert. Wie bei der Grundwasserströmung stehen sich bei dem Transport von Wasserinhaltsstoffen relativ einfache analytische Lösungsansätze und komplexe numerische Transportmodelle gegenüber.

Weiterführende Literatur sind die Lehrbücher von Appelo u. Postma (1996), Kinzelbach u. Rausch (1995), Luckner u. Schestakow (1986) oder Rausch, Schäfer u. Wagner (2002). Eine gute Übersicht mit Fallbeispielen findet sich bei DVWK (1989). Detaillierte mathematisch-physikalische Herleitungen der Prozesse sind bei Bear (1972, 1979) zu finden. Für die praktische Anwendung bei der Auswertung von Markierungsversuchen sei das Lehrbuch von Käss (1992) mit einem Beitrag von H.D. Schulz empfohlen.

Fallbeispiele aus der Praxis sind häufig in den entsprechenden Fachzeitschriften veröffentlicht worden, insbesondere in der Zeitschrift „Grundwasser".

Generell müssen bei der Betrachtung der Transportvorgänge von Wasserinhaltsstoffen einige Überlegungen über die Einteilung der Stoffe angestellt werden. Mischbare Flüssigkeiten bilden eine einheitliche Phase, wogegen nicht mischbare Flüssigkeiten als getrennte Phasen mit scharfen Grenzflächen transportiert werden. Ein Beispiel hierfür ist die Bewegung des Sickerwassers in der Bodenzone; hier sind die hydraulischen Prozesse komplexer als im Bereich der gesättigten Zone bei der Bewegung von Grundwasser.

Im Grundwasser gelöste Stoffe, die während des Transports keiner Veränderung durch physikalische, chemische oder biologische Prozesse unterliegen, werden als *konservative Stoffe* bezeichnet. Ein typisches Beispiel ist das Chlorid-Ion. Bei der Entscheidung, ob ein konservativer Inhaltsstoff vorliegt, müssen der Zeitmaßstab des Transport- und Reaktionsprozesses sowie die Fließgeschwindigkeiten des Grundwassers beachtet werden.

Mischbare Substanzen, die sich hydrodynamisch vollkommen neutral verhalten, also die Fliesseigenschaften des Wassers (Dichte und Viskosität) und ihre Eigenschaften während des Transports nicht verändern und selbst keinen chemischen oder biologischen Reaktionen unterliegen, werden als *ideale Tracer* bezeichnet. In der Praxis liegen die gelösten Stoffe in so geringen Konzentrationen vor, dass kaum eine wesentliche Änderung der Dichte und Viskosität des Grundwassers auftritt.

Häufig unterliegen Wasserinhaltsstoffe aber geochemischen und biologischen Reaktionen auf dem Transportweg (*nicht-konservative* Stoffe).

Bei der Betrachtung der Transportprozesse muss zunächst wegen der starken Abhängigkeit von der Fließgeschwindigkeit im Bereich des Grundwassers das zugehörige Strömungsproblem gelöst werden (Abschn. 2.1). Kann eine Rückkopplung des Ausbreitungs- bzw. Transportvorgangs mit dem Fließvorgang ausgeschlossen oder vernachlässigt werden, so kann die Lösung des Strömungs- und Transportproblems getrennt erfolgen; im anderen Fall müssen beide Probleme simultan gelöst werden.

Die physikalischen und chemischen Prozesse, welche Verteilung und Konzentration eines Wasserinhaltsstoffs in einem Aquifer im Unterstrom des Einleitungs- oder Verschmutzungsorts bestimmen, sind

- Advektion und Konvektion,
- Diffusion und Dispersion,
- Sorption,
- geochemische Reaktionen,
- biochemische Reaktionen und
- radioaktiver Zerfall.

6.2 Advektion und Konvektion

Als *Advektion* bezeichnet man die Bewegung gelöster Stoffe mit der Fließgeschwindigkeit des Grundwassers. Die an einem Ort ins Grundwasser gelangende Kontamination nimmt ein nach Unterstrom immer größer werdendes Volumen des Aquifers ein. Bezüglich der verschiedenen Definitionen der Fließgeschwindigkeit sei auf Abschn. 2.2 verwiesen. Liegt die Ursache der Grundwasserbewegung in Temperatur- und/oder Dichteunterschieden, so wird von *Konvektion* gesprochen.

Bei Nichtbeachtung dispersiver und diffusiver Prozesse (Abschn. 6.3) würde bei einem mit Porengeschwindigkeit strömenden Grundwasser eine scharfe Grenze oder *Interface* zwischen reinem und kontaminiertem Wasser verlaufen. Ein entsprechendes Zeit-Konzentrations-Diagramm würde ein Rechteck bilden.

6.2.1 Ungesättigte Zone

Zur Beurteilung der Verschmutzungsempfindlichkeit des Grundwassers spielen die Textur, Struktur, Dicke, die Intensität der chemischen und mikrobiologischen Stoffumsätze, die Art des Substrats und der Gehalt an Tonmineralen insbesondere im Boden als Teil der ungesättigten Zone die wesentliche Rolle. Für das Filtervermögen sind Art und Größe der Mineralkornoberflächen sowie die Sickerwassergeschwindigkeit als Ausdruck der vertikalen Durchlässigkeit entscheidend. Ebenso spielt die nutzbare Feldkapazität der Deckschichten eine Rolle. Sie ist definiert als Wassermenge, die bei ungestörter Lagerung gegen die Schwerkraft gehalten werden kann. Weiterhin beeinflusst die Vegetationsdecke wesentlich die Menge des Sickerwassers, das die Grundwasseroberfläche erreicht (Grundwasserneubildung). Grund hierfür ist die stark mit der Vegetation variierende Evapotranspiration (Kap. 13). Im Zuge der Bodenbildung kommt es zur Ausbildung bestimmter struktureller Merkmale, die wesentlichen Einfluss auf die Strömungs- und Transporteigenschaften haben. Der Transport von Inhaltsstoffen in der Bodenzone wird also hauptsächlich durch den ungesättigten Fluss im Mehrphasensystem Boden-Wasser-Luft abhängig sein. Die dort auftretenden hydraulischen Bedingungen, Gesetze und Ableitungen finden sich z.B. bei van Genuchten (1981), Jury und Roth 1990).

Eine überschlägige Beurteilung der Ausbreitung einer Kontamination von der Erdoberfläche aus kann von einem einfachen Bilanzmodell ausgehen (Anderson u. Sevel 1974). Anhand der vertikalen Verteilung von Tritium (^3H) stellten diese Autoren eine Verlagerung der jeweiligen saisonalen Sickerwasser-Neubildungsraten schubweise nach unten fest. Die aktuelle Neubildung schiebt gewissermaßen die vorhergehende vor sich her ($\rightarrow$ piston flow). Unter Annahme stationärer Bedingungen ist dieser Vorgang durch Gl. 6.1 zu beschreiben.

$$v = \frac{q_{neu}}{n_0} \qquad\qquad (6.1)$$

mit

v = vertikale Sickergeschwindigkeit (m a^{-1})

q_{neu} = jährliche Grundwasserneubildungsrate (m^3 a^{-1})

n_0 = nutzbarer, durchflusswirksamer Porenraum

In der Niederrheinischen Bucht beträgt das langjährige Mittel der Grundwasserneubildung rund 0,2 m. Bezogen auf einen nutzbaren Porenraum von 0,25 der Sedimente oberhalb des freien Grundwasserspiegels erhält man auf diese Weise eine durchschnittliche Sickergeschwindigkeit von 0,8 m pro Jahr. Für Überschlagsrechnungen sind dort Werte von 0,5 bis 1 m a^{-1} anzunehmen.

6.2.2 Gesättigte Zone

In gespannten Grundwasserleitern, bei denen eine permanente Kontamination von der Filterstrecke eines Brunnens ausgeht, lässt sich deren Ausbreitung durch Advektion anhand der Poren- und Abstandsgeschwindigkeiten entlang der Bahnlinien ausreichend genau abschätzen. Bei völliger Homogenität und Isotropie lässt sich eine solche Kontamination theoretisch durch die Position der eingrenzenden Stromlinien beschreiben. Über das Darcy-Gesetz (vgl. Abschn. 2.2) und die Verknüpfung mit der effektiven Porosität analog Gleichung 6.1 erfolgt die Definition der Abstandsgeschwindigkeit.

Anders ist die Situation, wenn man die Ausbreitung der Kontamination in einem durch Infiltration von der Landoberfläche her ernährten, als homogen angenommenen Aquifer mit freier Oberfläche betrachtet, der einem Vorfluter zuströmt. Aufbauend auf den Untersuchungen von Gelhar u. Wilson (1974), Dillon (1989) und anderer Autoren entwickelten Appelo u. Postma (1999) ein überraschend einfaches Modell für Eintrag und Ausbreitung durch Advektion von wasserlöslichen Inhaltsstoffen in einem solchen Aquifer.

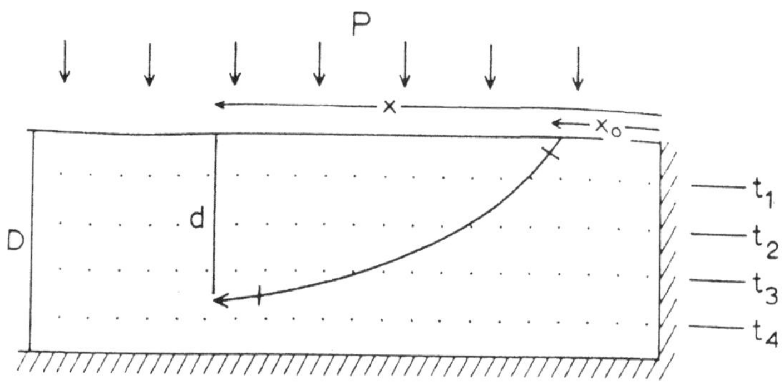

Abb. 6.1. Profil durch einen homogenen Aquifer. Nach Appelo u. Postma (1996).

Abb. 6.1 gibt die der Formelableitung zugrundeliegenden Annahmen wieder. Grundwasser durchströmt den Aquifer mit einer Einheitsbreite von 1 m von der rechts gelegenen Grundwasserscheitelung aus nach links. Über die gesamte Fließlänge x erfolgt eine Grundwasserneubildung. Obwohl man mit Dupuit in einem Schnitt senkrecht zur Strömungsrichtung von einer nahezu gleichen Fließgeschwindigkeit ausgeht, verdeutlicht die Abb. 6.1, dass Stromlinien und Äquipotentiallinien keinen rechten Winkel miteinander bilden können. Von rechts nach links nimmt daher der spezifische Durchfluss v zu, und dementsprechend muss auch der Gradient in dieser Richtung anwachsen. Die nachstehende Ableitung gilt für die Bedingung $0 < x < (l - m)$.

Für ein Wasserteilchen, das im Punkt x_0 auf den Grundwasserspiegel trifft und den Punkt x in der Tiefe Δm erreicht, besteht die Proportionalität der Gl. 6.2.

$$\frac{x}{x_0} = \frac{m}{m - \Delta m} \tag{6.2}$$

mit

m = wassererfüllte Mächtigkeit des Aquifers

Δm = Eintauchtiefe eines Wasserteilchens nach der Fließstrecke $(x - x_0)$

Im Punkte x wird somit der Profilschnitt des Aquifers mit der Breite von 1 m von einer Rate $Q = q \cdot x$ (m²a⁻¹) durchströmt. Bei Ersatz des spezifischen Durchflusses v (Filtergeschwindigkeit) des Gesetzes von Darcy durch die Abstandsgeschwindigkeit $v_n = \dfrac{v}{n_0}$ ergibt sich eine Gleichsetzung

$$v_n = \frac{Q}{F \cdot n_0} \cong \frac{dx}{dt} = \frac{q \cdot x}{m \cdot n_0} \tag{6.3}$$

Die Oberfläche F ist in dieser Gleichsetzung durch die wassererfüllte Mächtigkeit ersetzt worden. Erreicht ein Wassertropfen zum Zeitpunkt $t = 0$ bei $x = x_0$ den gesättigten Bereich, dann erhält man die Strecke x, die in der Zeit t zurückgelegt wird, durch Integration von Gl. 6.3.

$$\int_{x_0}^{x} \frac{dx}{dt} = \ln \frac{x}{x_0} = \frac{q \cdot t}{m \cdot n_0} \tag{6.4}$$

bzw.

$$x = x_0 \cdot e^{\frac{q \cdot t}{m \cdot n_0}} \tag{6.5}$$

Die Kombination von Gl. 6.2 mit Gl. 6.4 führt zu

$$\ln \left(\frac{m}{m - \Delta m} \right) = \frac{q \cdot t}{m \cdot n_0}$$

und schließlich

$$\Delta m = m \cdot \left(1 - e^{\frac{q \cdot t}{m \cdot n_0}} \right) \tag{6.6}$$

Ein solches Ergebnis erstaunt, da es zeigt, dass ein homogener und isotroper Aquifer bei stationärer Zusickerung von oben Wasser gleichen Alters in jeder Tiefenlage führt, unabhängig vom Ort. Die *Isochronen* verlaufen also horizontal (Appelo u. Postma 1996). Bei diesen Autoren finden sich weitere analytische Lösungen unter Berücksichtigung von Inhomogenitäten .

Beispiel

Entlang einer im Winter mit Salz gestreuten Straße gelangt versalztes Oberflächenwasser in einen quartären Aquifer mit freier Oberfläche mit geringem Flurabstand. Die (gleichmäßige) Versickerungsrate beträgt rund 0,3 m a⁻¹; der Aquifer ist im Mittel 20 m mächtig und weist einen effektiven (nutzbaren) Porenraum von 20 % auf. Der straßenseitige Beginn der Infiltrationszone von 10 m Länge liegt 100 m im Unterstrom der Grundwasserscheitelung. 600 m davon, also 490 m vom unteren Ende der Infiltrationszone befindet sich ein Beobachtungsbrunnen.

In welcher Zeit nach Beginn erreicht der Salzwassereintrag den Brunnen?

Wegen des geringen Flurabstands wird die Verweilzeit des Salzwassers in der ungesättigten Zone als vernachlässigbar gering angesehen. Nach Umstellung der Gl. 6.4 mit $x_0 = 110$ m als unterer Rand der Kontamination ergeben sich

$$t = \frac{m \cdot n_0}{q} \cdot \ln \frac{x}{x_0} = \frac{20 \cdot 0,20}{0,3} \cdot \ln \frac{600}{110} = 22,6 \text{ Jahre}$$

Dieser Zeitraum ist unter Berücksichtigung einer mittleren Porenwassergeschwindigkeit bestimmt worden. Berücksichtigt man die maximale Abstandsgeschwindigkeit, die in einem sandig-kiesigen Aquifer den Wert von beinahe $v_a = 2v_n$ erreichen kann (vgl. Abschn. 3.3), können die ersten Salzspuren bereits nach etwa 10–11 Jahren im Brunnen erscheinen.

In welcher Tiefe und mit welcher Mächtigkeit wird die Salzwasserschicht am Beobachtungsbrunnen auftreten?

Ihre Mächtigkeit errechnet sich aus der Länge der Infiltrationszone von 10 m, die auf die gesamte Fließstrecke unterhalb der Grundwasserscheitelung von $x = 600$ m und die Aquifermächtigkeit von $m = 20$ m zu beziehen ist:

$$\text{Mächtigkeit der Salzwasserschicht} = \frac{10}{600} \cdot 20 = 0,33 \text{ m}$$

Die mittlere Tiefe Δm ergibt sich zu

$$\Delta m = \frac{105}{600} \cdot 20 = 3,5 \text{ m}$$

Wird der advektive Transport gelöster Stoffe als Bewegung mit der mittleren Abstandsgeschwindigkeit der Grundwasserströmung betrachtet, ergibt sich der mittlere advektive Fluss über ein repräsentatives Elementarvolumen aus folgender Gleichung:

$$j_{adv} = v_n \cdot n_0 \cdot c \tag{6.7}$$

mit

$c = $ Konzentration der gelösten Substanz

Abb. 6.2 zeigt schematisch die Wirkungsweise der Advektion (a), die durch Gl. 6.7 dargestellt wird.

In einem Aquifer werden gelöste Stoffe aber nicht in einer scharfen Front transportiert, sondern wie in Abb. 6.2 (b) dargestellt. Die wesentliche Ursache ist die hydrodynamische Dispersion, die im folgenden Abschnitt behandelt wird.

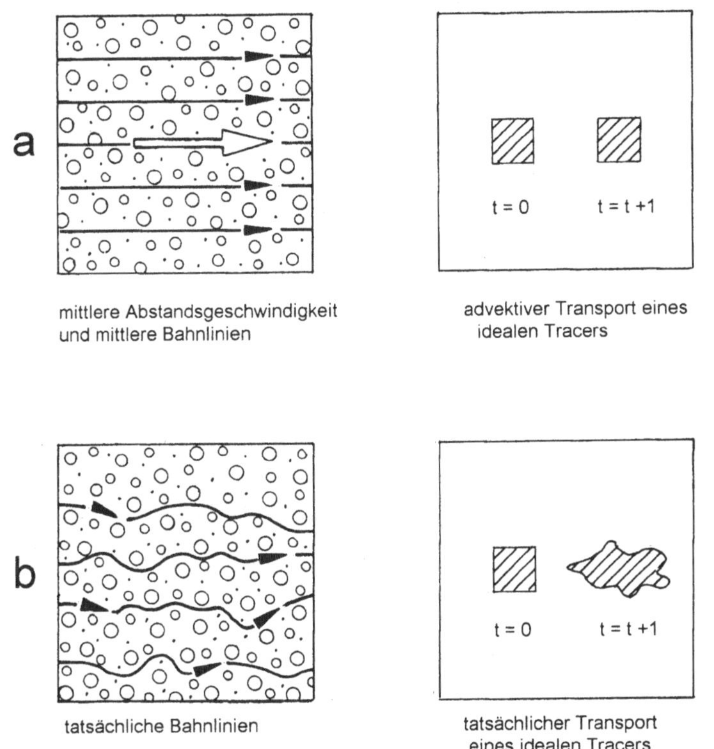

Abb. 6.2. Schematische Darstellung des advektiven und tatsächlichen Transports. Nach Kinzelbach u. Rausch (1995).

6.3 Hydrodynamische Dispersion

6.3.1 Diffusion und Dispersion

Die *hydrodynamische Dispersion* ist die Ursache der Entstehung von Übergangszonen zwischen reinem und kontaminiertem Wasser in Grundwasserleitern; diese Übergangszonen bezeichnen den Bereich des *Konzentrationsausgleiches* zwischen beiden Fluiden. Scharfe *Interfaces*, wie sie sich etwa aus der Formel von Ghijben (1888) und Herzberg (1901) ergeben, dürfen daher zwar als Modellvorstellung angenommen werden, existieren aber in Realität nicht wirklich (vgl. auch Langguth u. Voigt 1980).

Die hydrodynamische Dispersion setzt sich in der Summe aus der *molekularen Diffusion* und der eigentlichen *mechanischen Dispersion* zusammen.

In reinen Fluiden ist die Brownsche Molekularbewegung verantwortlich für die Diffusion (Christen 1971). Sie geht zurück auf die den Wasser- und anderen Stoffteilchen eigene kinetische Energie, die von der Temperatur abhängt. In warmem Wasser vollzieht sich ein Konzentrationsausgleich deutlich schneller als in kaltem Wasser. Es entsteht also ein Konzentrationsausgleich durch die regellose Bewegung der Moleküle. Die nachstehend abgeleiteten Gleichungen gehen auf die beiden Diffusionsgesetze von Fick (1855) zurück, der interessanterweise als Arzt thermodynamische Lehrsätze in direkter Analogie auf die Muskeltätigkeit übertrug. Sein erstes Gesetz gilt für eine *ruhende Flüssigkeit* und besagt, dass der diffusive Fluss der Substanz in einer gegebenen Richtung j_x proportional zum Konzentrationsgradienten dieser Substanz in dieser Richtung ist:

$$j_x = -D_x \cdot \frac{\partial c}{\partial x} \qquad (6.8a)$$

mit

j_x = diffusiver Massestrom in der x – Richtung; er entspricht der Masse der gelösten Substanz, die sich pro Zeiteinheit durch eine senkrecht zur x – Achse stehende Einheitsfläche bewegt ($ML^{-2}T^{-1}$), gewöhnlich in mg s^{-1}m^2 angegeben

D = Proportionalitätsfaktor = *molekularer Diffusionskoeffizient* (L^2T^{-1})

c = Konzentration der gelösten Substanz (ML^{-3}) (mg m^{-3})

Das negative Vorzeichen besagt, dass der diffusive Massestrom in Richtung abnehmender Konzentration erfolgt. Für die anderen Achsen eines kartesischen Koordinatensystems lauten die entsprechenden Ausdrücke

$$j_y = -D_y \cdot \frac{\partial c}{\partial y} \qquad (6.8b)$$

$$j_z = -D_z \cdot \frac{\partial c}{\partial z} \qquad (6.8c)$$

Das zweite Fick'sche Gesetz berücksichtigt das Gesetz von der Erhaltung der Masse. Die Masse einer gelösten Substanz, die pro Zeiteinheit entlang der x – Achse in ein Elementarvolumen mit den Abmessungen $dxdydz$ eintritt, sei $j_x \cdot dydz$. Verlässt sie dieses, besitzt die Masse die Größe

$$-\left(j_x + \frac{\partial j_x}{\partial x} \cdot dx \right) \cdot dydz \ .$$

Das heißt, dass pro Zeiteinheit ein Massentransfer über die beiden Flächen eines definierten Elementarvolumens erfolgt, der entweder eine Zunahme oder eine Abnahme an Masse bewirkt:

$$j_x \cdot dydz - \left(j_x + \frac{\partial j_x}{\partial x} \cdot dx \right) \cdot dydz = -\frac{\partial j_x}{\partial x} \cdot dxdydz$$

Ganz entsprechend lauten die Ausdrücke für die beiden anderen Richtungen:

$$-\frac{\partial j_y}{\partial y} \cdot dydxdz \quad \text{und} \quad -\frac{\partial j_z}{\partial z} \cdot dzdxdy$$

Die Summe des Massentransfers über alle sechs Flächen entspricht daher dem Eintrag minus dem Austrag plus oder minus der Änderung an Masse innerhalb des Elementarvolumens pro Zeiteinheit, somit

$$-\left(\frac{\partial j_x}{\partial x} + \frac{\partial j_y}{\partial y} + \frac{\partial j_z}{\partial z} \right) \cdot dxdydz = \frac{\partial c}{\partial t} \cdot dxdydz \qquad (6.9)$$

Setzt man nun die Gl. 6.8 in Gl. 6.9 ein und teilt durch $dxdydz$, erhält man

$$\frac{\partial c}{\partial t} = \frac{\partial}{\partial x}\left(D_x \cdot \frac{\partial c}{\partial x} \right) + \frac{\partial}{\partial y}\left(D_y \cdot \frac{\partial c}{\partial y} \right) + \frac{\partial}{\partial z}\left(D_z \cdot \frac{\partial c}{\partial z} \right) \qquad (6.10)$$

Für $D = D_x = D_y = D_z$ vereinfacht sich vorstehender Ausdruck zu

$$\frac{\partial c}{\partial t} = D \cdot \left(\frac{\partial^2 c}{\partial x^2} + \frac{\partial^2 c}{\partial y^2} + \frac{\partial^2 c}{\partial z^2} \right) \qquad (6.11)$$

Strömt die Flüssigkeit entlang der $x-$Achse pro Zeiteinheit über die Fläche $dydz$ des Elementarvolumens mit einer konstanten mittleren Geschwindigkeit v, dann beträgt der Masseneintrag

$$v \cdot c \cdot dydz$$

und der Massenaustrag über die gegenüberliegende Fläche ist

$$-\left(v \cdot c + \frac{\partial}{\partial x}(v \cdot c) \right) \cdot dxdydz = -\left(v \cdot \frac{\partial c}{\partial x} + c \cdot \frac{\partial v}{\partial x} \right) \cdot dxdydz \qquad (6.12)$$

Für eine mit konstanter Geschwindigkeit fließende inkompressible Flüssigkeit ist $\frac{\partial v}{\partial x} = 0$; der verbleibende Term $-v \cdot \frac{\partial c}{\partial x}$ wird der Gl. 6.11 noch hinzugefügt.

$$\frac{\partial c}{\partial t} = D \cdot \left(\frac{\partial^2 c}{\partial x^2} + \frac{\partial^2 c}{\partial y^2} + \frac{\partial^2 c}{\partial z^2} \right) - v \cdot \frac{\partial c}{\partial x} \qquad (6.13)$$

Alle diese Gleichungen beschreiben den Vorgang des Konzentrationsausgleichs in reinen Fluiden, also in Gefäßen befindlichem, stehendem oder fließendem Wasser. Bei der Mischung unterschiedlich konzentrierter Wässer, etwa reinem Wasser mit kontaminiertem Wasser in einem Aquifer, spricht man hingegen von *Dispersion*. Einerseits ist sie eine Folge der eben beschriebenen molekularen Diffusion, andererseits das Ergebnis mechanischer Mischungsvorgänge, die sich ergeben, wenn das Wasser im freien Porenraum des Aquifers auf nicht bestimmbaren, gekrümmten Bahnen um die Feststoffpartikel herumfließen muss (vgl. Abschn. 6.3.3 und Abb. 6.2). In einem Aquifer findet die Bewegung in den Poren statt, d.h. die freie Weglänge, die für die Diffusion zur Verfügung steht, wird reduziert. Der Diffusionskoeffizient, der in der freien Lösung gilt, muss entsprechend korrigiert werden. Dies kann mit einem *Tortuositätsfaktor* τ ausgedrückt werden.

$$D_{Aquifer} = \tau \cdot D_{Wasser} \tag{6.14}$$

Nach Kinzelbach u. Rausch (1995) ist der diffusionsbedingte Anteil an der gesamten oder hydrodynamischen Dispersion vernachlässigbar gering, wenn die Abstandsgeschwindigkeit Werte von $> 0{,}1$ m pro Tag übersteigt. Umgekehrt ist Diffusion in stagnierendem Wasser oder bei der extrem langsamen Durchströmung geringdurchlässiger bindiger Schichten fast die alleinige Ursache des Transports von Wasserinhaltsstoffen. Diffusion ist dann für die Ausbreitung der Inhaltsstoffe im Millimeter- bis Zentimeter-Bereich verantwortlich. Kinzelbach u. Rausch geben die Größenordnung der Diffusionskoeffizienten gelöster Wasserinhaltsstoffe (z.B. Cl^-- Ion) mit $D = 10^{-9}$ $m^2 s^{-1}$ an. Diese Zahl bedeutet, dass $1 \cdot 10^{-9}$ mg an gelöster Substanz bei einer Konzentration von 1 mg m^{-3} pro 1 m Wegstrecke in 1 Sekunde durch eine 1 m^2 große Fläche transportiert werden, die senkrecht zum Konzentrationsgradienten angeordnet ist. Mit einer stark vereinfachten Rechnung lässt sich die diffusive Transportgeschwindigkeit abschätzen:

$$D = \frac{l^2}{t} \qquad \text{bzw.} \qquad l = \sqrt{D \cdot t}$$

mit

l = typische Diffusionsstrecke (L)
t = typische Diffusionszeit (T)

Setzt man für die Diffusionszeit ein Jahr ein, ergibt sich eine Diffusionsstrecke von rd. 18 cm. Dies ist ein relativ kleiner Wert, denn typische advektive Transportgeschwindigkeiten im Grundwasser können durchaus 100 m pro Jahr betragen.

Bei der Strömung eines Fluids und dem Transport von gelösten Stoffen im Porenraum kommt es aufgrund der Porenraumgeometrie zu einer weiteren Aufweitung scharfer Stofffronten. Die Ursache liegt in der Variation der Fluidgeschwindigkeiten und wird *korngerüstbedingte Dispersion* genannt (Kinzelbach u. Rausch 1995). Die wesentlichen Ursachen dafür sind:

− Ausbreitung eines im Idealfall parabolischen Geschwindigkeitsprofils innerhalb einer Pore (Abb. 6.3 (a))

– Entstehung unterschiedlicher Geschwindigkeiten und Richtungen durch unterschiedliche Porenquerschnitte (Abb. 6.3 (b))
– Abweichungen von der Hauptfließrichtung infolge einer Umlenkung der Strömung durch das Korngerüst (Abb. 6.3 (c))

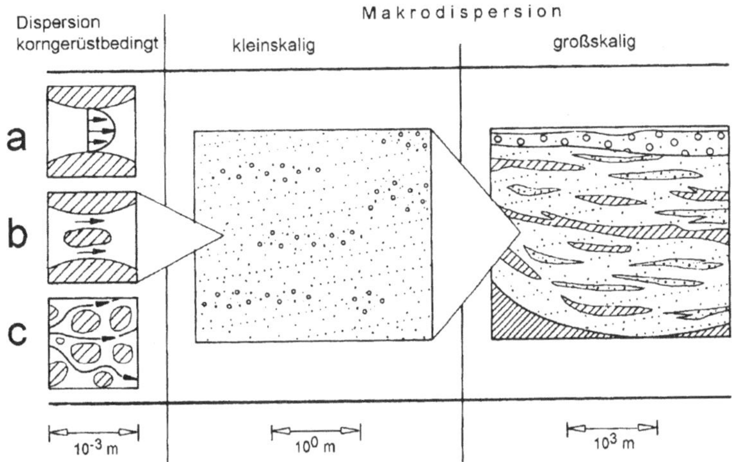

Abb. 6.3. Ursache der Variabilität der Transportgeschwindigkeiten auf unterschiedlichen räumlichen Skalen. Nach Kinzelbach u. Rausch (1995).

Für die *praktische* Anwendung unterscheidet man zwei Typen (Abb. 6.4):

– *longitudinaler Dispersionskoeffizient* D_L : Er ist in Fließrichtung wirksam und ergibt sich bei Änderungen der Fließgeschwindigkeit durch Variationen der Geometrie des Porenraums. Dadurch teilen sich Stromfäden vor Festpartikeln und fügen sich anschließend wieder zusammen.
– *transversaler Dispersionskoeffizient* D_T : Er lässt sich als Ergebnis der Diffusion bei der Überlagerung von Stromfäden erklären (Appelo u. Postma 1996).

Die Größenordnung des Dispersionskoeffizienten D_L ist folglich von der Fließgeschwindigkeit und der Advektion abhängig; er ist damit größer als der senkrecht zur Fließrichtung wirksame transversale Dispersionskoeffizient D_T .

Die Dispersion allgemein lässt sich auch aus der mikroskopischen Betrachtungsweise der Fluidströmung in der Skala des Porenraums herleiten. Der advektive Fluss kann mit Gl. 6.15 beschrieben werden.

$$j_{adv} = uc \tag{6.15}$$

mit

j_{adv} = advektiver Massenflussvektor
u = Vektor der Abstandsgeschwindigkeit
c = Konzentration eines gelösten Stoffs

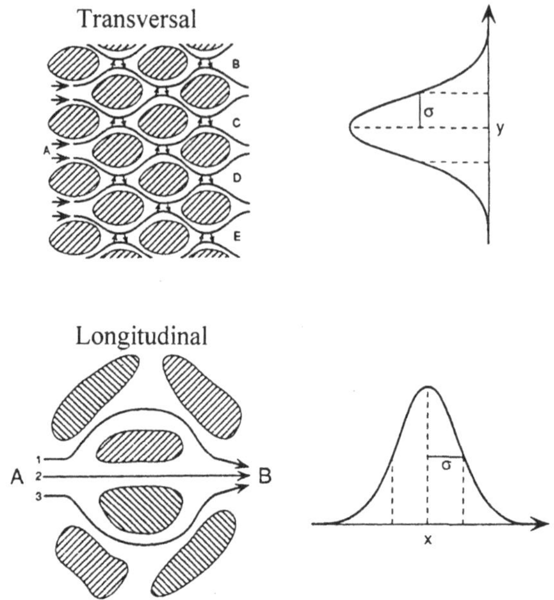

Abb. 6.4. Ableitung der transversalen und longitudinalen Dispersion im Maßstab des Porenraums. Nach Apello u. Postma (1996).

Beim Übergang zur makroskopischen Betrachtung muss über ein repräsentatives Elementarvolumen (REV) gemittelt werden. Dazu wird die Konzentration c in ihren Mittelwert $\bar{c}$ und deren Abweichung c' zerlegt.

$$c = \bar{c} + c' \tag{6.16}$$

Analog wird die Abstandsgeschwindigkeit u zerlegt (Gl. 6.17).

$$u = \bar{u} + u' \tag{6.17}$$

Wenn der Fluss nur noch im Porenraum stattfindet, also unter Berücksichtigung der Porosität n, ergibt sich Gl. 6.18.

$$\overline{\vec{j}_{adv}} = n\,\overline{\left(\bar{\vec{u}} + \vec{u}'\right)\left(\bar{c} + c'\right)}$$

$$\overline{\vec{j}_{adv}} = n\left(\underbrace{\bar{\vec{u}}\,\bar{c}}_{Advektion} + \underbrace{\overline{\vec{u}'c'}}_{Dispersion} \right) \tag{6.18}$$

Die Dispersion entsteht also aus der subskaligen Variabilität von c und u. Experimental wurde der Fick'sche Ansatz zur Beschreibung der Dispersion in Laborsäulen bestätigt.

Zusammenfassend lässt sich sagen, dass der mechanische Anteil der Dispersion auf Unterschiede in der Porenraumgeometrie und dadurch verursachte Umlenkungen und Änderungen der Strömung zurückgeht. In Abhängigkeit von der Länge der Fließstrecke zwischen Kontaminationsquelle und Beobachtungsort macht sich dieser mechanische Anteil der Dispersion im Meterbereich bemerkbar. Über größere Entfernungen in deutlich geschichteten, d.h. stark inhomogenen Aquiferen, dominiert jedoch die *Makrodispersion* (Abb. 6.3), d.h. ein Vorauseilen der Kontaminationsfront in besser durchlässigen und daher schneller durchströmten Einzelschichten (Kinzelbach u. Rausch 1995). Die Ursache und die Auswirkung der Makrodispersion werden in Abb. 6.5 deutlich.

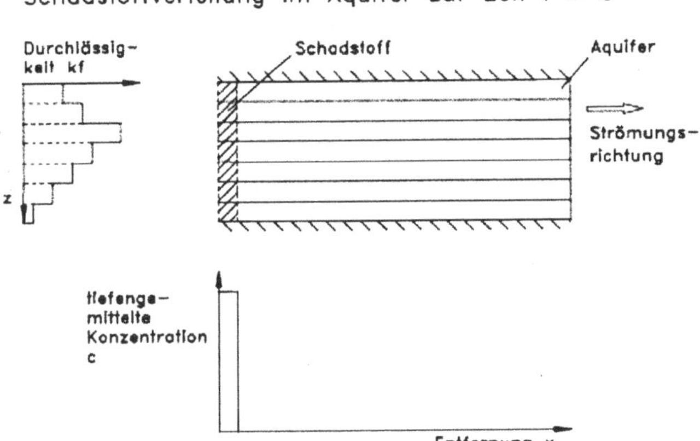

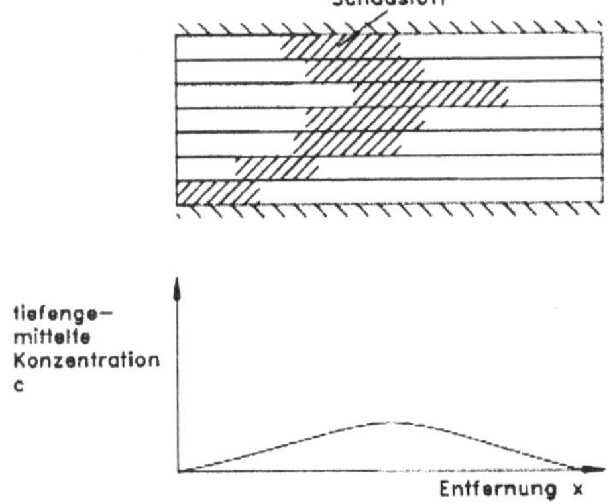

Abb. 6.5. Die Makrodispersion und ihre Auswirkung. Aus Kinzelbach u. Rausch (1995).

6.3.2 Bestimmung des Dispersionskoeffizienten

Die Dispersionskoeffizienten sind zusätzlich und im Gegensatz zum Diffusionskoeffizienten vom Betrag der Strömungsgeschwindigkeit im Aquifer abhängig. Nach Scheidegger (1961) lassen sie sich in guter Näherung als Produkt der *Dispersivität* des Aquifers und der Abstandsgeschwindigkeit des fließenden Grundwassers beschreiben (Gl. 6.19).

$$D_L = \alpha_L \cdot v_a$$
$$D_T = \alpha_T \cdot v_a \tag{6.19}$$

mit

v_a = Abstandsgeschwindigkeit (ms^{-1})

α_T, α_L = Proportionalitätskoeffizienten, Dispersivität (m)

Diese Proportionalitätskoeffizienten können nach Kinzelbach u. Rausch (1995) am besten als *Mischweglängen* bezeichnet (dim L) werden. Diese Autoren beschreiben den dispersiven Fluss analog den Fick'schen Gesetzen. Dies geschieht nach Erreichen eines asymptotischen Zustands und erfolgt analog der Gln. 6.11 bis 6.13.

Die Abb. 6.6 zeigt den Zusammenhang zwischen den longitudinalen Dispersionskoeffizienten und den Abstandsgeschwindigkeiten für unterschiedliche Gesteine.

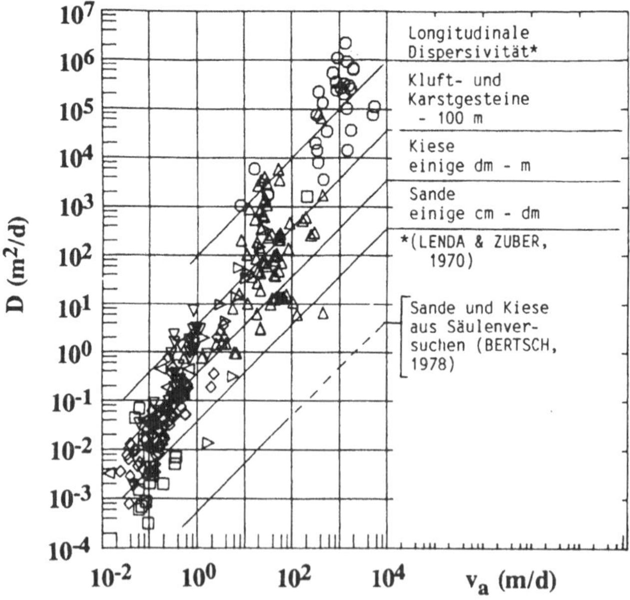

Abb. 6.6. Zusammenhang zwischen Dispersivität und Abstandsgeschwindigkeit nach Gesteinstypen. Aus Käss (1992); verändert nach Schröter (1984).

Generell gilt aber, dass die Dispersion in einem ungleichförmigen Strömungsfeld allgemein als Tensor aufgefasst werden muss. Dieser hat dann im zweidimensionalen Fall die Form der Gl. 6.20.

$$D = \begin{pmatrix} D_{xx} & D_{xy} \\ D_{yx} & D_{yy} \end{pmatrix} \tag{6.20}$$

Unter Berücksichtigung der Beziehung von Scheidegger (1961) gilt:

$$D_{xx} = \alpha_L \frac{v_{ax}^2}{|v_a|} + \alpha_T \frac{v_{ay}^2}{|v_a|} \tag{6.21a}$$

$$D_{yy} = \alpha_T \frac{v_{ax}^2}{|v_a|} + \alpha_L \frac{v_{ay}^2}{|v_a|} \tag{6.21b}$$

$$D_{xy} = D_{yx} = (\alpha_L - \alpha_T)\frac{v_{ax} v_{ay}}{|v_a|} \tag{6.21c}$$

Wenn die x-Achse mit der Strömungsrichtung zusammenfällt und das Medium als isotrop betrachtet wird, gilt vereinfachend Gl. 6.22.

$$D = \begin{pmatrix} D_L & 0 \\ 0 & D_T \end{pmatrix} \tag{6.22}$$

Die Dispersivität mit der Längeneinheit (dim L) ist eine gesteinsbezogene Größe. Laboruntersuchungen (Klotz 1973) haben gezeigt, dass die Dispersivität mit abnehmender Porosität, abnehmendem Rundungsgrad der Kornform, wachsender Korngröße und wachsendem Ungleichförmigkeitsgrad eines porösen Aquifermaterials zunimmt. Es wurden longitudinale Dispersivitäten zwischen 0,01 cm und 1 cm gefunden. Die transversale Dispersivität ist generell eine Größenordnung geringer.

Quantitativ ist für den Stofftransport im Grundwasser die Dispersion sehr viel bedeutender als die Diffusion.

Beispiel

Für den Transport über mehrere hundert Meter kann eine Dispersivität von 10 Metern angenommen werden. Bei einer mittleren Abstandsgeschwindigkeit von einem Meter pro Tag ergibt sich ein Dispersionskoeffizient von $1{,}2 \cdot 10^{-4}$ m^{2}s^{-1}. Im Vergleich dazu ist der molekulare Diffusionskoeffizient mit 10^{-9} m^{2}s^{-1} 100 000 mal kleiner und wird dadurch meist in Strömungs- und Transportmodellen in der Praxis vernachlässigt.

6.3.4 Skalenabhängigkeit der Dispersion

Die vorherigen Betrachtungen haben gezeigt, dass die Ursache der Dispersion in der Geometrie der Poren und der darin stattfindenden Strömung liegt. In räumlichen Ausdehnungsbereichen von Aquiferen (Zehner von Meter bis Kilometer) spielen die Inhomogenitäten des Aquifers eine Rolle, wie in der Abb. 6.3 dargestellt. Hier wurden bei Feldversuchen und durch Modellrechnungen Werte für die Dispersivitäten von wenigen Zentimetern bis einigen Metern ermittelt. Es zeigt sich also eine Skalenabhängigkeit der Dispersion, die mit der Größe der Inhomogenitäten von der Porenskala bis zur Feldskala zusammenhängt.

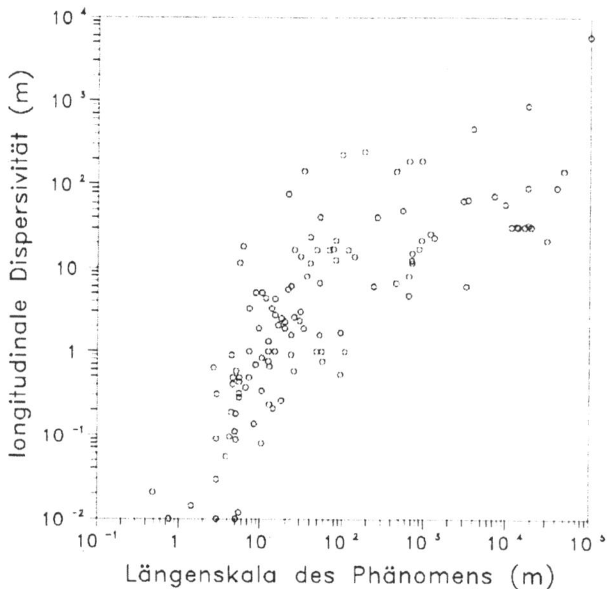

Abb. 6.7. Skalenabhängigkeit der longitudinalen Dispersivität gewonnen aus Felduntersuchungen. Nach Gelhar et al. (1983).

Aus Abb. 6.7 und 6.8 wird ersichtlich, dass die longitudinale Dispersivität näherungsweise einem Zehntel der Längenskala des betrachteten Transportwegs beträgt. Die Makrodispersivität ist bei den räumlichen Ausdehnungen der Aquifere auch von den Inhomogenitäten der Durchlässigkeiten abhängig (Abb. 6.5).

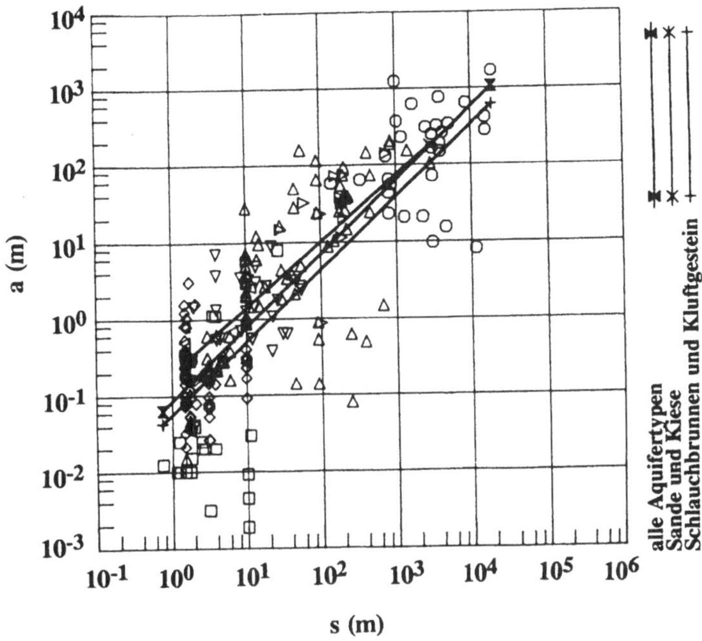

Abb. 6.8. Korrelation zwischen Länge des Fliesswegs und des Dispersivitätskoeffizienten. Aus Käss (1992); verändert nach Schröter (1984).

Gelhar u. Axness (1983) haben über Autokorrelationsfunktionen der Durchlässigkeiten eine empirische Beziehung zwischen der Varianz der Durchlässigkeiten und der zugehörigen Korrelationslängen (Gl. 6.23) aufgestellt:

$$\alpha_L = \sigma^2_{\ln kf} \cdot \frac{\lambda}{\gamma^2} \tag{6.23}$$

mit

$\sigma^2_{\ln kf}$ = Varianz der logarithmierten Durchlässigkeiten (-)

λ = Korrelationslänge der als exponentiell angenommenen Autokorrelationsfunktion der Durchlässigkeiten (m)

γ = Strömungsfaktor (≈ 1)

Diese Abschätzung der longitudinalen Dispersivität ist nur unter folgenden Voraussetzungen möglich:

– Die betrachtete Transportdistanz ist sehr viel größer als die Erstreckung der Inhomogenitäten im Aquifer.

– Es überwiegt ein advektiver Transport.

– Die Dispersivität ist sehr viel kleiner als die Korrelationslänge der Durchlässigkeiten.

Andere Autoren, z.B. Dagan (1989), Sudicky (1986), entwickeln deutlich komplexere Modellvorstellungen über den Zusammenhang zwischen Dispersion und
räumlichen Inhomogenitäten von Aquiferen. Aus strömungsmechanischer Sicht ist
die Verbindung statistischer Eigenschaften poröser Medien (Hilfer (1996) beachtenswert.

Die transversalen Dispersivitäten konnten von Klotz u. Seiler (1980) bei Labor-
experimenten mit 5 bis 10 % der longitudinalen Dispersivität abgeschätzt werden.
Bei Feldexperimenten wurden dagegen transversale Dispersivitäten von 1 bis
30 % der longitudinalen Dispersivität festgestellt, verursacht durch Schwankungen
des Strömungsfeldes (Pickens u. Grisak 1980; Kinzelbach u. Ackerer 1986).

In vertikaler Richtung ist die transversale Dispersivität noch wesentlich geringer.

6.4 Stofftransport und geochemische Reaktionen

6.4.1 Einleitende Bemerkungen

Chemische Reaktionen sind maßgeblich an den Konzentrationsverteilungen von
Stoffen in der ungesättigten und gesättigten Zone beteiligt. Generell gilt in natürlichen Systemen, dass nicht Einzelreaktionen maßgeblich sind, sondern die Überlagerung der verschiedenen physikalischen und chemischen Prozesse.

Wichtig für das Verständnis chemischer Prozesse ist der Begriff der Spezies
(vgl. Kap. 5). Eine Spezies bezeichnet ein einzelnes Element, Ion oder ein Element in Koordination mit weiteren Elementen (Komplexe) und kann in gelöster
Form oder als feste Phase vorliegen.

In der Praxis werden Wasserinhaltsstoffe in Analysetabellen als Konzentrationen von Elementen/Ionen wiedergegeben. Diese Schreibweisen sind streng genommen nicht korrekt, da die Elemente/Ionen in wässriger Lösung meist als
Komplexe verschiedener Spezies vorliegen können (z.B. als Ca^{2+}, $CaOH^+$, CaH-
CO_3^+, $CaCO_3^0$; Al^{3+} liegt immer mit Hydrathülle vor, also als $Al(H_2O)_6^{3+}$). Die
Betrachtung der Speziesverteilung ist unter Umständen transportrelevant, wenn
einzelne Spezies unterschiedliche chemische Eigenschaften besitzen (z.B. Io-
nen/Komplexladung, Ionen/Komplexgröße).

Generell gelten bei der Betrachtung des reaktiven Stofftransports auch die ein-
leitenden Bemerkungen im Abschn. 5.5.5.

6.4.2 Sorption und Retardierung

Bei der Bewegung von anorganischen oder organischen Stoffen im Untergrund
können diese an die Feststoffmatrix gebunden werden (*Sorption*). Der umgekehrte
Vorgang wird *Desorption* genannt. Das Sorptionsvermögen bestimmt maßgeblich

das Rückhaltevermögen des Materials gegenüber organischen und anorganischen Verunreinigungen.

Die dissoziierten Ionen oder Moleküle werden an den äußeren oder inneren wirksamen Oberflächen durch Van-De-Waal'sche Kräfte, chemische Bindungen oder stärkere elektrostatische Kräfte gebunden. Erfolgt die Bindung nicht an der Mineraloberfläche, sondern im Kristallgitter, wird der Vorgang *Absorption* genannt. Erfolgt die Sorption eines Stoffs im Kristallgitter über den Ersatz des sorbierten Ions im stöchiometrischen Verhältnis durch ein anderes Ion, so wird der Vorgang als *Ionenaustausch* bezeichnet. Die Übergänge zwischen Sorption und Ionenaustausch können fließend sein, sich gegenseitig überlagern und beeinflussen.

Die Abb. 6.9 zeigt schematisch den Adsorptions-, Absorptionsvorgang und den Ionenaustausch.

Der reine physikalische Prozess der Sorption ist reversibel. Oftmals ist die Anlagerung von Inhaltsstoffen an die Feststoffphase unter der Bildung einer chemischen Bindung auch irreversibel.

Stellt sich ein temperaturabhängiges Gleichgewicht zwischen der sorbierten Stoffmenge und der Konzentration des Stoffs in der Lösung ein, so kann der Vorgang durch eine Funktion, einer sog. *Isotherme*, beschrieben werden. Die Geschwindigkeit der Sorptions- und Desorptionsprozesse wird durch das Angebot an freien Sorptionsflächen der Feststoffmatrix bestimmt (Mattheß 1990).

Das Sorptionsvermögen einer Feststoffphase wird durch den Anteil an Ton- und Schluffkomponenten sowie den Anteil an sorptionsfähigen mineralischen Komponenten bestimmt. Sorbierende Stoffe sind vor allem Tonminerale, Zeolithe, Metall-Hydroxide, Metalloxihydrate sowie organische Substanzen, v.a. Huminstoffe. Außerdem können Mikroorganismen, mikrobielle Schleime und Pflanzen Sorptionsvermögen aufweisen.

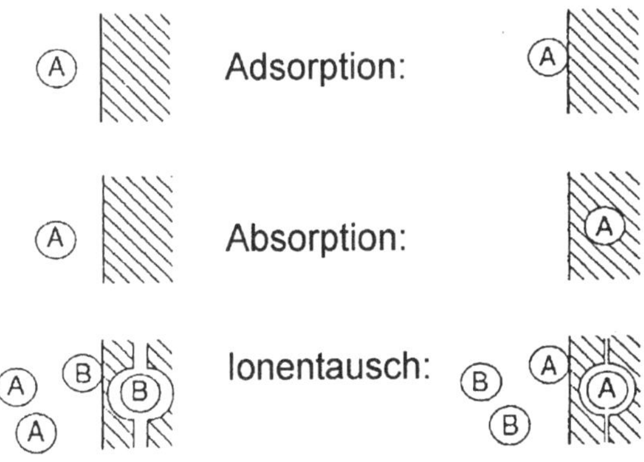

Abb. 6.9. Schema der Adsorption, Absorption und Ionenaustausch. Verändert nach Apello u. Postma (1994).

Die Schadstoffsorption aus einer wässrigen Phase oder aus der Gasphase wird quantitativ durch die Sorptionsisothermen beschrieben. Diese geben die Konzentration des Sorbats c_{sorb} im Sorbenten $c_{gelöst}$ unter Gleichgewichtsbedingungen bei konstanter Temperatur an und werden über den Verteilungskoeffizienten K_d erfasst (Gl. 6.24).

$$K_d = \frac{c_{sorb}}{c_{gelöst}} \qquad (6.24)$$

Der einfachste Fall ist eine lineare Beziehung, die Henry-Isotherme (Henry 1803).

$$q = K_d \cdot c_{eq} \qquad (6.25)$$

mit

q   = Konzentration des Sorbats im Sorbenten

c_{eq} = Konzentration des Sorptivs unter Gleichgewichtsbedingungen

K_d = Konzentrationsverhältnis zwischen gelösten und sorbierten Stoffen

Bei der linearen Sorption ergibt sich das Konzentrationsverhältnis einfach aus der Steigung der Sorptionsisotherme. Weitaus häufiger verläuft die Sorption nicht linear, d.h. das Konzentrationsverhältnis (K_d-Wert) hängt von den Konzentrationen ab.

Der häufigste Fall wird durch die Freundlich-Isotherme beschrieben (Freundlich 1909).

$$q = K_{Fr} \cdot c_{eq}^{1/n} \qquad (6.26)$$

mit

K_{Fr} = Freundlich-Koeffizient

$\dfrac{1}{n}$ = empirischer Faktor

Die Abhängigkeit des K_d-Werts ergibt sich aus den Gln. 6.25 und 6.26.

$$K_d = K_{Fr} \cdot c_{eq}^{1/n-1} \qquad (6.27)$$

Neben dem gebräuchlichen Freundlich-Isothermen-Modell existieren weitere Modellansätze, die z.T. die maximalen Belegungsflächen berücksichtigen können, wie die BET-Isotherme und das Langmuir-Isothermen-Modell (Langmuir 1918).

Bei der Langmuir-Isotherme (Gl. 6.28) wird die maximale Beladung der Oberfläche erreicht. Eine weitere Sorption ist dann nicht mehr möglich.

$$q = \frac{K_L \cdot q_{max} \cdot c_{eq}}{1 + K_L \cdot c_{eq}} \qquad (6.28)$$

mit

q_{max} = maximale Belegung der Oberflächen
K_L = Langmuir-Koeffizient

Die Summe aller sorptiver Prozesse, die den Stofftransport verzögern, wird als *Retardierung* oder Retardation bezeichnet. Der Retardierungsfaktor R (Gl. 6.29) beschreibt das Verhältnis zwischen der Transportgeschwindigkeit des Stoffs v_{Stoff} und der eigentlichen Abstandsgeschwindigkeit des transportierenden Mediums, also auch des Grundwassers. Er gibt letztendlich an, um wie viel langsamer ein Stoff gegenüber der Advektion transportiert wird. Typische Werte für organische Stoffe liegen bei 1,2 bis 10.

$$R = \frac{v_a}{v_{Stoff}} \qquad (6.29)$$

Näherungsweise kann der Retardierungsfaktor über den Verteilungskoeffizienten K_d angegeben werden (Gl. 6.30).

$$R \approx 1 + \frac{\rho_b}{n} \cdot K_d \qquad (6.30)$$

mit

ρ_b = Feuchtraumgewicht des Bodenmaterials
n = Porosität des Bodenmaterials

Soll die Retardierung beim Stofftransport berücksichtigt werden, so muss die advektiv-dispersive Transportgleichung um den angenäherten Retardierungsfaktor (vgl. Gl. 6.44) erweitert werden.

6.4.3 Abbaureaktionen

Auch Abbaureaktionen haben bei der Betrachtung des Stofftransports Bedeutung, häufig durch eine exponentielle Abbaufunktion beschrieben (Gl. 6.31).

$$c_t = c_0 \cdot e^{-\lambda \cdot t} \qquad (6.31)$$

Diese Gleichung bedeutet, dass die Konzentration zu einer bestimmten Zeit (c_t) von der Ausgangskonzentration (c_o) und der Zeitkonstante (λ) des Abbaus abhängig ist.
Daraus lässt sich nach Gl. 6.32 die Halbwertszeit ableiten.

$$\frac{c_0}{2} = c_0 \cdot e^{-\lambda \cdot T_H} \qquad (6.32)$$

mit

T_H = Halbwertszeit

Dies bedeutet, dass eine Stoffkonzentration in der Zeit T_H exakt um die Hälfte abgenommen hat. Im Gegensatz zu Retardierungsprozessen verändern Abbauprozesse die Gesamtstoffbilanz im System.

In der Praxis wird der in Gl. 6.31 aufgeführte exponentielle Abbau häufig angewendet. Dies betrifft die Simulation des Transports radioaktiver Tracer mit relativ kurzen Halbwertszeiten (Käss 1992) aber auch den mikrobiologischen Abbau einiger organischer Stoffe. Matthess u. Pekdeger (1982) haben gezeigt, dass die Modellierung des Transports von Bakterien und Viren mit diesem Ansatz brauchbare Ergebnisse liefert.

6.5 Die Transportgleichung

6.5.1 Herleitung der Transportgleichung

Die allgemeine Transportgleichung kann über ein repräsentatives Elementarvolumen (REV) abgeleitet werden. Analog der Kontinuitätsbedingung für Grundwasserströmungen erfolgt die Ableitung über die Massenbilanz im Kontrollvolumen (Abb. 6.10).

In den vorherigen Abschnitten wurden die für den konservativen Stofftransport im Grundwasser relevanten Massenflüsse dargestellt. Die Massenerhaltung am Kontrollvolumen und die Bilanzierung der Stoffflüsse führen zur Gl. 6.33.

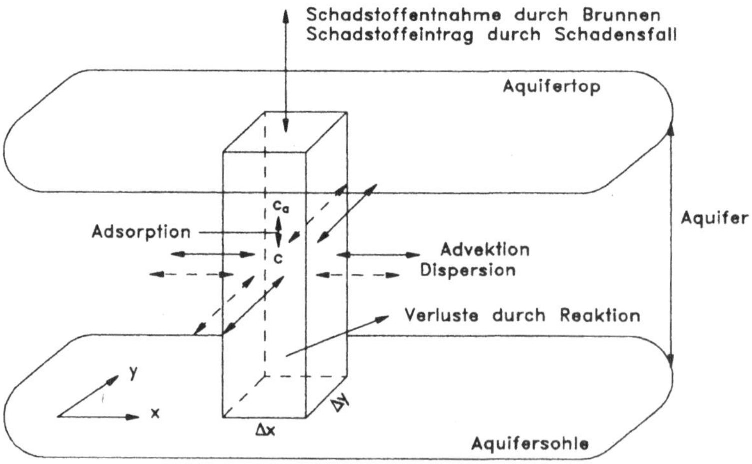

Abb. 6.10. Beiträge zur Massenbilanz am Kontrollvolumen. Aus Kinzelbach u. Rausch (1995).

$$-\nabla \cdot \left(j_{adv} + j_{disp} + j_{diff}\right) + \sigma n = \frac{\partial(nc)}{\partial t} = S \qquad (6.33)$$

mit

S = Speicherung der Masse im Kontrollvolumen pro Zeiteinheit ($kgm^{-3}s^{-1}$)

σ = externer Quell- und Senkenterm ($kgm^{-3}s^{-1}$)

n = durchflusswirksame Porosität (-)

Die einzelnen Masseflüsse über die Flächen des Kontrollvolumens lauten:

$$j_{adv} = n \cdot c \cdot v$$
$$j_{diff} = -n \cdot D_{Aquifer} \cdot \nabla c \qquad (6.34)$$
$$j_{disp} = -n \cdot D \cdot \nabla c$$

Die Flüsse j und die Abstandsgeschwindigkeit v (ms^{-1}) sind vektorielle Größen und werden in den drei kartesischen Raumrichtungen betrachtet. Die Vektorpfeile über den Variablen sind aus Gründen der Übersichtlichkeit in der Gl. 6.34 und im Folgenden weggelassen.

Bei Annahme, dass für die Massenflüsse die gleiche effektive, bzw. durchflusswirksame Porosität gilt und diese als konstant betrachtet wird, ergibt sich die Transportgleichung (Gl. 6.35).

$$\frac{\partial c}{\partial t} = -\nabla vc + \nabla(D_H \cdot \nabla c) + \sigma \qquad (6.35)$$

Hierbei ist die *hydrodynamische Dispersion* mit

$$D_H = \alpha \cdot v + D_{Aquifer}$$

in Anlehnung an Abschn. 6.3.1 und 6.3.2 definiert.

Wird auf den advektiven Term die Produktregel angewendet, erhält man Gl. 6.36.

$$\nabla(vc) = \nabla vc + \nabla cv \qquad (6.36)$$

Der Term ∇vc beschreibt die Änderung des advektiven Massenflusses auf Grund einer Änderung der Abstandsgeschwindigkeit. Dies bedeutet, dass im Kontrollvolumen eine Wasserentnahme bzw. -zugabe bei konstant gehaltener effektiver Porosität stattfindet, was durch die Erweiterung der Transportgleichung um eine flächenhafte Zu- oder Abflussgröße berücksichtigt werden kann (Gl. 6.37).

$$\frac{\partial c}{\partial t} = -v\nabla c + \nabla(D_H \cdot \nabla c) + \sigma + w(c - c_{in}) \qquad (6.37)$$

mit

σ = externer Quell- und Senkenterm, der nicht mit einem Wasserfluss verbunden ist ($kgm^{-3}s^{-1}$)

w = Zugabe/Entnahme von Wasser bezogen auf das Kontrollvolumen ($kgm^{-3}s^{-1}$)

c_{in} = Konzentration des Zugabewassers (kgm^{-3})

Diese Gleichung ist die allgemeine advektiv-dispersive Transportgleichung mit Quell- und Senkentermen. Diese Gleichung setzt voraus, dass die Abstandsgeschwindigkeiten, die in die Gleichung eingehen, bekannt sind.

Aus mathematischer Sicht stellt die Transportgleichung eine partielle Differentialgleichung zweiter Ordnung dar. Bei Vernachlässigung der Advektion besitzt die Gleichung parabolischen Charakter. Die reine Advektion hingegen, d.h. bei Vernachlässigung des dispersiven Anteils, besitzt hyperbolischen Charakter. Welcher Charakter der Gesamtgleichung überwiegt, hängt also von den relativen Größenbezügen untereinander ab. Dies stellt spezielle Anforderungen an die Lösungsstrategie dieser Gleichung.

Mit Hilfe einer Maßzahl, der Peclet-Zahl (*Pe*), lässt sich entscheiden, ob der advektive Anteil des Transports gegenüber dem dispersiven Transportanteil überwiegt. In diesem Fall wird die Peclet-Zahl folgendermaßen ausgedrückt:

$$Pe = \frac{L \cdot v_a}{D_L} \qquad (6.38)$$

L stellt bei dieser Gleichung die relevante Längenskala des betrachteten Transportproblems dar. Es gilt:

Peclet-Zahl	Transport	Charakter der Gleichung
$Pe \gg 1$	überwiegend Advektion	hyperbolisch
$Pe \ll 1$	überwiegend Dispersion	parabolisch

Die Definition der Peclet-Zahl kann auch zur Entdimensionierung der Transportgleichung herangezogen werden. Faktisch alle numerischen Transportmodelle arbeiten intern mit entdimensionierten Variablen und Größen. Dies bietet einige Vorteile gegenüber dem „Mitschleppen" aller physikalischen Größen bei der Modellierung (Kinzelbach u. Rausch 1995; Rausch et al. 2002).

Die Abb. 6.11 zeigt schematisch die Wirkungsweise der am Stofftransport in den vorherigen Abschnitten dargestellten beteiligten Prozesse. Dabei wird deutlich, dass der Einfluss bestimmter Prozesse sehr stark die räumliche Verteilung der Stoffkonzentrationen bestimmt. Die räumliche und zeitliche Ausbreitung kann aber durch die oben beschriebenen Gleichungen abgebildet und entsprechend analytisch und numerisch gelöst werden.

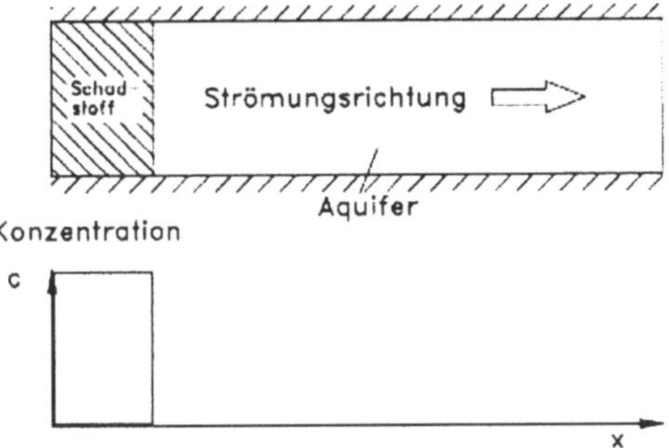

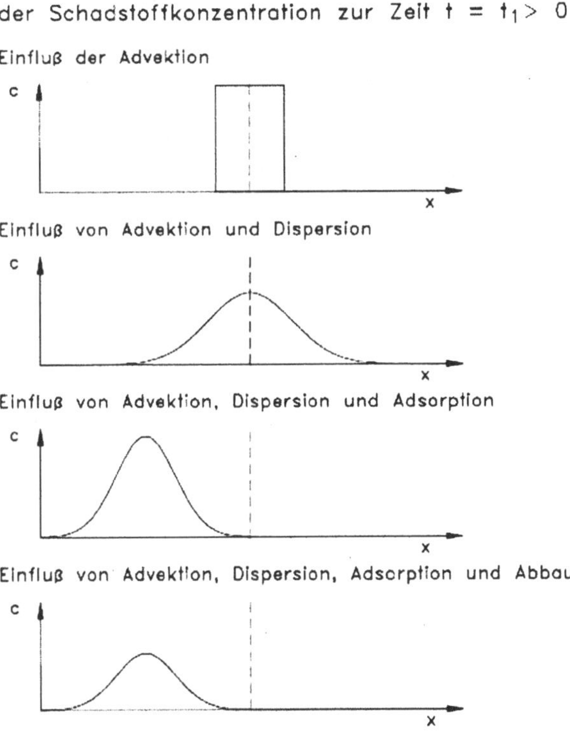

Abb. 6.11. Schematische Auswirkung der Wirkungsweise der Transportprozesse in Konzentrations-Weg-Diagrammen. Aus Kinzelbach u. Rausch (1995).

Die analytische und numerische Lösung der Transportgleichung setzt die Definition von Anfangs- und Randbedingungen voraus. Dabei besteht die Anfangsbedingung aus der Konzentrationsverteilung zum Beginn der Simulation. Diese Anfangsbedingung kann für ein Modellgebiet insgesamt auf Null gesetzt werden, wie z.B. bei der Simulation der Ausbreitung einer Schadstofffahne.

Analog der Behandlung des Strömungsproblems (Kap. 3 u. 4) erfordert die Lösung der Gleichung auch die Definition von Randbedingungen. Bei der Anwendung von Transportsimulationen müssen die Definitionen von Randbedingungen für Strömungsfeld und Transportproblem physikalisch sinnvoll kombiniert werden. Dies erfordert manchmal Erfahrung der Modellierer und wird in der Praxis häufig unterschätzt.

Im Folgenden wird kurz auf die Randbedingungen eingegangen (Rausch et al. 2002):

- Die *Randbedingung erster Art* (Dirichlet-Randbedingung) gibt eine feste Konzentration auf einem Modellrand vor. Diese Art findet Anwendung bei der Definition des Stoffeintrags im Oberstrom, ist also in Verbindung mit der Definition von Zustromrändern sinnvoll. Die Vorgabe einer Festkonzentration am Abstromrand hingegen ist nicht sinnvoll.
- Die *Randbedingung zweiter Art* (Neumann-Randbedingung) stellt einen dispersiv/diffusiven Stofffluss senkrecht zum Gebietsrand dar. Die Definition dieser Art von Randbedingung ist in Transportmodellen oft problematisch und führt manchmal dazu, dass der Stofffluss durch die Querdispersion an solchen Rändern unterdrückt wird. Diese Annahme ist aber generell nur dann gerechtfertigt, wenn die Konzentrationsgradienten entlang einer Randstromlinie verschwinden.
- Für den Stofftransport ist die *dritte Art von Randbedingung* (Cauchy-Randbedingung) besser geeignet. Diese Randbedingung kann verwendet werden, wenn ein fest vorgegebener advektiv/dispersiver Stofffluss W auf dem Rand vorgegeben werden soll. Sie ist eine Linearkombination zwischen der Konzentration c und der Ableitung der Normalen $\partial c / \partial n$ und wird durch die Gl. 6.39 ausgedrückt:

$$W = \left(v_a c - D\nabla c\right)\cdot n \tag{6.39}$$

An den Abstromrändern eines Transportmodells wird oftmals eine besondere Art Randbedingung, nämlich die Transmissionsrandbedingung (Rausch et al. 2002), eingesetzt. Hierbei wird der dispersive Fluss über den Modellrand durch Extrapolation des letzten bekannten Konzentrationsgradienten ermittelt.

Betrachtet man die allgemeine Transportgleichung, so wird deutlich, dass weitere Daten zur Lösung eines Transportproblems bekannt sein müssen. Das sind die Abstandsgeschwindigkeit, die transportwirksame Porosität, der Dispersionstensor, bzw. je nach Problem, die longitudinale und transversale Dispersivität des porösen Mediums sowie die molekulare , bzw. effektive Diffusionskonstante.

Im Fall des reaktiven Transports müssen zusätzlich die Retardierungsfaktoren und Abbauraten bekannt sein.

Dies bedeutet, dass bei der Erhebung und/oder Abschätzung der benötigten Daten alle Sorgfalt angewandt werden muss und in der Regel den größten Zeitaufwand bedeutet. Die numerische oder analytische Umsetzung ist dann weniger zeitaufwendig und kompliziert. Von sehr großer Wichtigkeit ist die akkurate Ermittlung des Grundwasserströmungsfelds, welches die Grundlage eines Transportmodells im Bereich des Grundwassers ist.

Basis für die Behandlung eines konkreten Grundwasserströmungs- und Transportproblems sollte immer eine entsprechende hydrogeologische räumliche Vorstellung, bzw. eine entsprechende Modellvorstellung sein. Empfehlungen, Vorgehensweisen und Beispiele hat hierzu der Arbeitskreis „Hydrogeologische Modelle" der Fachsektion Hydrogeologie der Deutschen Geologischen Gesellschaft geliefert (FH-DGG 1999, 2002, 2002 a).

6.5.2 Analytische Lösungen

Unter einfachen Strömungsbedingungen und Randbedingungen lässt sich die Transportgleichung analytisch lösen. Analytische Lösung bedeutet in diesem Zusammenhang, dass die Konzentration eines Stoffs c direkt als Funktion von Ort und Zeit geschlossen ausgedrückt werden kann. Solche Funktionen können zur Überprüfung numerischer Verfahren, für die Berechnung des eindimensionalen Stofftransports, z.B. in homogenen Laborsäulen, zur Auswertung bei Markierungsversuchen und zur Abschätzung des Transports in Grundwasserleitern herangezogen werden (Rausch et al. 1995). Es lassen sich aber auch komplexere Zusammenhänge mit Hilfe analytischer Lösungen darstellen und auswerten. Diese setzen aber eine exakte Kenntnis der einzusetzenden Anfangs- und Randbedingungen für das Strömungs-Transportproblem voraus (Toride et al. 1999).

In diesem Abschnitt werden zwei häufig eingesetzte analytische Lösungen der Transportgleichung vorgestellt, die z.B. bei der Ermittlung von Dispersionskoeffizienten in Laborsäulen herangezogen werden (Käss 1992).

Eindimensionale Ausbreitung mit einer Flächenquelle, pulsförmiger Stoffeintrag

Betrachtet wird die eindimensionale Ausbreitung einer Tracerzugabe der Menge M am Ort $x = 0$ und zur Zeit $t = 0$ über die Fläche A. Die eindimensionale Transportgleichung bei konstanter transportwirksamer Porosität und Dispersivität ohne Quellen und Senken lautet dann:

$$\frac{\partial c}{\partial t} = -v_x \frac{\partial c}{\partial x} + D_L \frac{\partial^2 c}{\partial x^2} \tag{6.40}$$

Für einen pulsförmigen, d.h. momentanen Stoffeintrag eines konservativen Tracers wird die Anfangsbedingung folgendermaßen formuliert:

$$c(x, t = 0) = \frac{M}{n \cdot A} \cdot \delta(x) \tag{6.41}$$

mit

$\delta(x) =$ Dirac-Verteilung

Bei einer Dirac-Verteilung ist das Integral insgesamt = 1 am Ort x = 0 und 0 für alle x > 0.

Die Lösung der Gl. 6.40 mit diesen Anfangs- und Randbedingungen ergibt nach Crank (1956) die Gl. 6.42.

$$c(x,t) = \frac{M}{2 \cdot A \cdot n \cdot \sqrt{\pi \cdot D_L \cdot t}} \cdot \exp\left[-\frac{(x - v_x \cdot t)^2}{4 \cdot D_L \cdot t} \right] \qquad (6.42)$$

Das entspricht einer Gauß'schen Normalverteilung im Raum mit der Standardabweichung

$$\sigma = \sqrt{2 \cdot D_L \cdot t} \qquad (6.43)$$

Die Tracerbilanzgleichung lässt sich leicht um eine lineare Sorptionsisotherme (Retardation) und einen Abbau erster Ordnung erweitern (Gl. 6.44).

$$R \cdot \frac{\partial c}{\partial t} = -v_x \frac{\partial c}{\partial x} + D_L \frac{\partial^2 c}{\partial x^2} - \lambda \cdot R \cdot c \qquad (6.44)$$

Die Lösung von Gl. 6.44 kann direkt durch Erweiterung der Gl. 6.42 angegeben werden.

$$c(x,t) = \frac{M}{2 \cdot A \cdot n \cdot R \cdot \sqrt{\dfrac{\pi \cdot D_L \cdot t}{R}}} \cdot \exp\left[-\frac{\left(x - \dfrac{v_x}{R} \cdot t \right)^2}{\dfrac{4 \cdot D_L \cdot t}{R}} \right] \cdot \exp(-\lambda \cdot t) \qquad (6.45)$$

Die Abbildungen 6.12 und 6.13 zeigen schematisch die Auswirkung der Retardation und des Abbaus über den Weg.

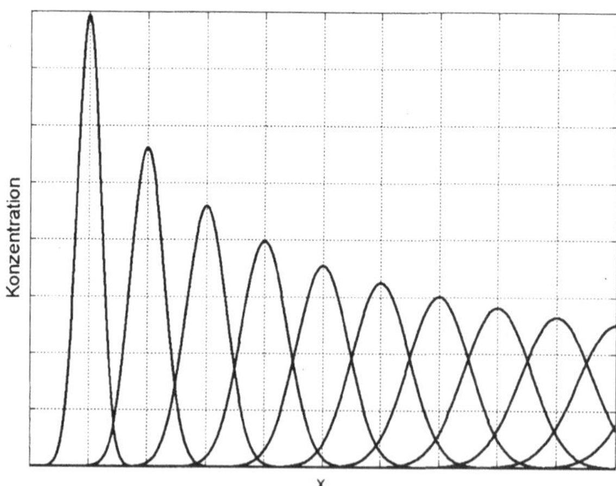

Abb. 6.12. Räumliche Tracerausbreitung ohne Retardation und Abbau

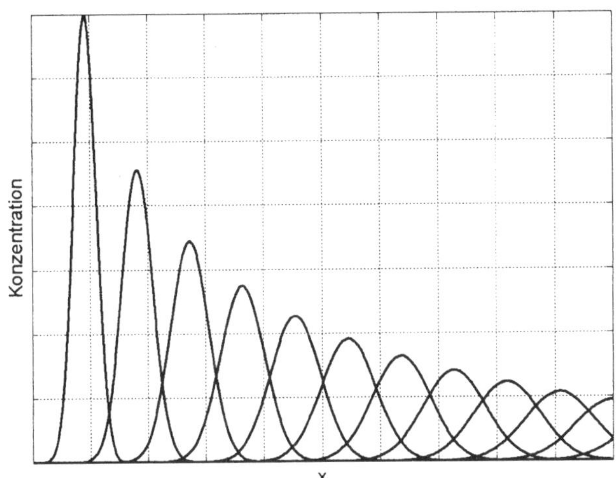

Abb. 6.13. Räumliche Tracerausbreitung mit Abbau und Retardation bei einer permanenten Stoffquelle.

Eindimensionale Ausbreitung mit einer Flächenquelle, permanenter Stoffeintrag

Die analytische Lösung für eine permanente Quelle kann bei Peclet-Zahlen ≥ 10 mit Gl. 6.46 angegeben werden.

$$c(x,t) = \frac{\dot{M}}{2 \cdot A \cdot n \cdot v_x} erfc\left(\frac{x - v_x \cdot t}{2\sqrt{D_L \cdot t}}\right) \tag{6.46}$$

mit

$\dot{M}$ =   Zugaberate des Stoffs (dim M/T)

$erfc\,()$ =   komplementäre Gauß'sche Fehlerintegral

Für das Gauß'sche Fehlerintegral existiert keine geschlossene Lösung; seine Funktionswerte können aus mathematischen Tabellenwerken abgelesen werden. Viele moderne mathematische Software-Programme besitzen integrierte Funktionen, die das Fehlerintegral über Polynome sehr genau annähern (z.B. MatLab).

Die Gleichung 6.46 ist nur gültig, wenn die Transportstrecke x sehr viel größer als die Vermischungslänge (Dispersivität) ist. Dafür gilt nach Rausch et al. (2002) die Gl. 6.47.

$$\frac{\dfrac{x^2}{D}}{\dfrac{x}{v_a}} = \frac{x \cdot v_a}{D} = \frac{x}{\alpha} = Pe \geq 10 \qquad\qquad (6.47)$$

6.5.3 Numerische Lösungen

Die analytischen Lösungen der Transportgleichung lassen sich nahezu beliebig für alle Arten von Rand- und Anfangsbedingungen kombinieren und werden dadurch für viele praktische Fälle zu kompliziert. Dennoch liefert die Integration von analytischen Lösungen in verschiedene Modelle mit experimentellen Befunden vergleichbare Ergebnisse (Toride et al. 1996a, 1996b, 1999).

Für die Praxis hat diese Vorgehensweise jedoch einige Nachteile. Für beliebige Arten von Anfangsbedingungen, Randbedingungen und räumlich-zeitliche Skalen eignet sich eher die numerische Lösung der Transportgleichung. Außerdem existiert eine Reihe von leistungsfähigen numerischen Transportmodellen, die den meisten Ansprüchen genügen (vgl. Abschn. 6.5.4).

Die numerische Lösung der Transportgleichung ist durch den parabolischen und hyperbolischen Charakter erschwert und erzwingt je nach Lösungsverfahren die Einhaltung einiger Kriterien. Auf die wichtigsten Verfahren zum Verständnis des Stofftransportproblems im Bereich des Grund- und Sickerwassers wird im Folgenden kurz eingegangen, und zwar beschränkt auf gitterbasierende Verfahren:

Finite-Differenzen-Verfahren

Mit diesem relativ einfachen Verfahren wird die Differentialgleichung zur Beschreibung des Stofftransports durch Differenzenquotienten in Raum (Gl. 6.48) und Zeit (Gl. 6.49) dargestellt und angenähert.

$$\frac{\partial c}{\partial x} \approx \frac{\Delta c}{\Delta x} = \frac{c_2 - c_1}{x_2 - x_1} \qquad\qquad (6.48)$$

$$\frac{\partial c}{\partial t} \approx \frac{\Delta c}{\Delta t} = \frac{c_2 - c_1}{t_2 - t_1} \qquad\qquad (6.49)$$

Die Darstellung als Differentenquotienten führt dazu, dass das Modellgebiet kein Kontinuum mehr darstellt, sondern auf einem Modellgitter diskretisiert ist; die Konzentrationen werden nicht mehr überall im Modellgebiet berechnet, sondern nur noch an Gitterpunkten. Zur Lösung wird für jedem Gitterpunkt eine Massenbilanz aufgestellt (vgl. Abb. 6.10). Zur Lösung des Transportproblems muss ebenfalls die Zeit diskretisiert werden.

Grundsätzlich werden zwei Verfahren unterschieden: *explizite Verfahren* und *implizite Verfahren*. Der generelle Unterschied liegt darin, dass beim expliziten

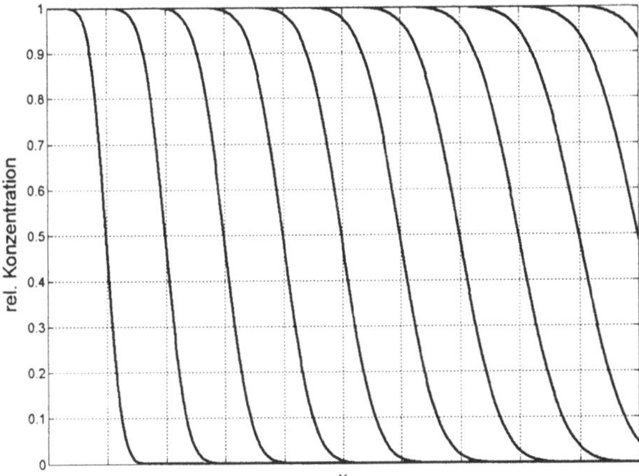

Abb. 6.14. Konzentrationsverlauf bei einer permanenten Stoffinjektion zu verschiedenen Zeitpunkten ohne Abbau und Retardation

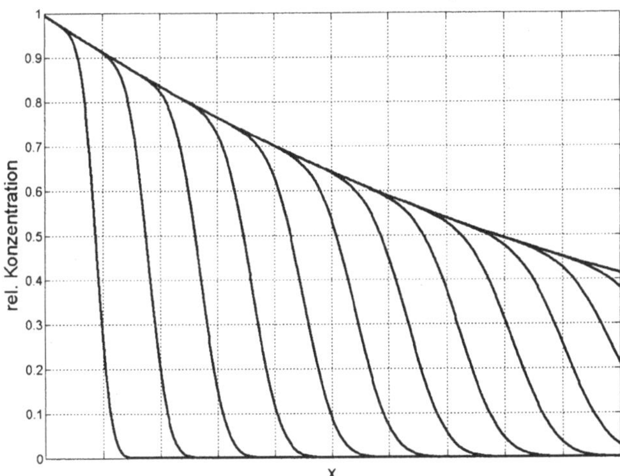

Abb. 6.15. Konzentrationsverlauf bei einer permanenten Stoffinjektion zu verschiedenen Zeitpunkten mit Abbau und Retardation

Verfahren die Konzentrationen c bei der Berechnung zum Zeitpunkt t in den räumlichen Differenzenquotienten benutzt werden.

Beim impliziten Verfahren werden alle Konzentrationen zum Zeitpunkt $t + \Delta t$ angesetzt. Dies bewirkt, dass die Konzentrationen an den Knoten nicht mehr separat gelöst werden können. Dies führt zu einem Gleichungssystem mit $i = 1, 2, ..., n$ Knoten, Gleichungen und Unbekannten. Der Vorteil dieser Methode liegt darin, dass relativ große Zeitschritte zur Berechnung des Transportproblems angesetzt werden können.

Der Vorteil des expliziten Verfahrens liegt darin, dass es einfach zu implementieren ist, also auch in einer normalen Tabellenkalkulationssoftware, und relativ wenig Speicherbedarf hat. Der wesentliche Nachteil liegt darin, dass numerische Stabilitätskriterien, z.B. das Courant-Kriterium, Neumann-Kriterium etc., streng eingehalten werden müssen. Anderenfalls führt das zu unphysikalischen Lösungen und zur Oszillation des gesamten Systems. Sehr anschaulich und ausführlich wird dieses Verhalten in Zusammenhang mit den numerischen Stabilitätskriterien bei Rausch et al. (2002) dargestellt.

Finite Volumen und Finite Elemente

Das Finite-Volumen-Verfahren und Finite-Elemente-Verfahren zeichnen sich durch eine andere Art der räumlichen Diskretisierung der Transportgleichung aus. Es eignet sich gut für die Formulierung der Transportgleichung auf unstrukturierte räumliche Gitter. Basis der Formulierung ist immer das Aufstellen der Massenbilanzen. Die zeitliche Diskretisierung kann explizit oder implizit erfolgen. Unstrukturierte Gitter haben den Vorteil, dass diese räumlich an das jeweilige zu lösende Strömungs- und Transportproblem angepasst und verfeinert werden können und dies u.U. auch zur Laufzeit einer Simulation. Basis der räumlichen Diskretisierung ist das Verfahren der Triangulation (Braess 1992, Hackbusch 1986). Im zweidimensionalen Fall sind Viereck- und Dreieckelemente möglich, in dreidimensionalem Fall resultieren Tetraeder, Hexaeder, Prismen und Pyramiden. Moderne Modellierungssoftware und auch Mathematikprogramme enthalten meist automatische Gittergeneratoren. Die Abb. 6.16 zeigt anschaulich ein Gitter, welches durch Triangulation erzeugt wurde und lokal verfeinert ist. Im Unterschied zu den Finiten-Differenzen-Verfahren werden die Lösungen nicht für einen Gitterknoten berechnet, sondern als Linearkombinationen zwischen den einzelnen Gitterpunkten entlang der Gitterverbindungen. Diese Linearkombinationen werden Basisfunktionen genannt.

Auch bei dieser Methode müssen die Randbedingungen (Abschn. 6.5.1) entsprechend implementiert werden. Bei vielen Anwendungen und Modellen zeigt sich, dass bei überwiegendem advektiven Anteil am Transport diese Methoden instabil werden können. Dies führt zu unphysikalischen Ergebnissen oder Oszillation des gesamten Systems. Um diese unerwünschten Effekte zu vermeiden, werden eine ganze Reihe von numerischen Stabilisierungstechniken angewandt (Rausch et al. 2002).

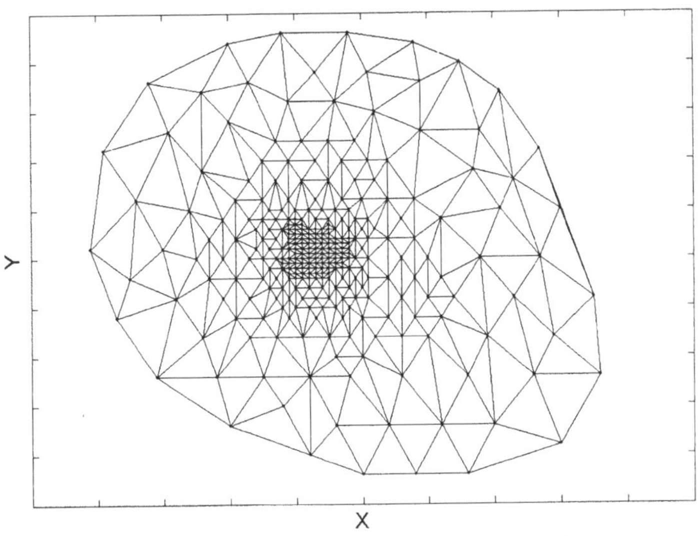

Abb. 6.16. Lokal verfeinertes trianguliertes Gitter

Particle tracking

Wie schon erwähnt, bereiten numerische gitterbasierte Methoden zur Lösung der Stofftransportgleichung aufgrund des mathematischen Charakters oftmals einige Schwierigkeiten. Es werden zwar erfolgreich numerische Stabilisierungsmethoden in Modellierungssoftware implementiert, führen aber wieder in der praktischen Anwendung zu den genannten Stabilisierungsproblemen. Alternative Lösungsverfahren sind die sogenannten particle tracking-Verfahren. Diese sind besonders geeignet zur Lösung hyperbolischer Differentialgleichungen mit überwiegend advektivem Anteil. Die drei am häufigsten eingesetzten Methoden werden nachfolgend nach Rausch (2002) kurz erläutert.

– Die *Methode der Bahnlinien und Laufzeiten* ist das einfachste Verfahren und kann als dispersionsfreie Näherung zur Ermittlung, bzw. Abschätzung der mittleren Laufzeiten von Stofffronten benutzt werden. Dieses Verfahren wird häufig auch zur Ermittlung von Schutzzonen und Einzugsgebieten eingesetzt. Dispersionsfreie Näherung der Transportgleichung bedeutet, dass eine Stofffront sich nur entlang einer Bahnlinie in einem Kontrollvolumen bewegt (Lagrange-Ansatz). Dies ist die charakteristische Kurve der hyperbolischen Differentialgleichung. Bei der Konstruktion der Bahnlinien wird ein stetes Strömungsgeschwindigkeitsfeld zwingend vorausgesetzt, das im jedem Punkt definiert ist.

– Das *Charakteristiken-Verfahren* gehört zur Gruppe der gemischten Euler-Lagrange-Verfahren. Der advektive Transport wird mit dem Bahnlinien-Verfahren gelöst, während der dispersive Transport und eventuelle Reaktionen

(Retardation und Abbau) mit einem Finite-Differenzen-Verfahren bearbeitet werden (Euler-Ansatz). Die Methode basiert zunächst auf der Verteilung fiktiver Partikel im Modellgebiet, wobei möglichst mehrere Partikel pro Gitterzelle vorhanden sein sollten. Jedem Partikel wird eine bestimmte Konzentration zugeordnet. Der advektive Transportschritt erfolgt in der Bewegung dieser Partikel entlang der Bahnlinien, wobei die Geschwindigkeiten an den Partikeln aus dem Strömungsfeld interpoliert werden müssen. Diese Interpolation kann linear erfolgen. Besser ist der Einsatz eines genaueren Runge-Kutte-Schemas möglichst 4. und/oder 6. Ordnung. Nach dem advektiven Transportschritt wird einfach die Konzentration in einer Zelle aus der arithmetischen Mittelung der Partikelkonzentrationen pro Zelle errechnet. Mit diesen Konzentrationen wird der dispersive Transportschritt mit einem Finite-Differenzen-Verfahren entkoppelt berechnet. Die neuen Konzentrationen werden auf die Partikel aufgeteilt, bzw. neue Partikel hinzugefügt oder weggenommen. Das Verfahren selbst führt zu einer relativ hohen Anzahl von zu behandelnden Partikeln im System, hat aber gleichzeitig den Vorteil, dass numerische Dispersion fast nicht auftritt (Rausch 2002). Der wesentliche Nachteil dieser Methode ist, dass durch die Berechnung der Konzentrationen aus Partikeln eine vollständige Massenerhaltung nicht gewährleistet ist. Dieses Verfahren kann durch mehrere Varianten erweitert werden.

– Eine anschauliche und häufig eingesetzte Methode ist das *Random-Walk-Verfahren*. Es stammt aus der statistischen Physik und basiert nur auf der Bewegung fiktiver Partikel in einem Strömungsfeld. Auch bei dieser Methode müssen die Strömungsgeschwindigkeiten linear oder mit einem Runge-Kutta-Schema an den Partikeln berechnet werden. Der advektive Transportschritt wird analog dem Charakteristiken-Verfahren berechnet, also über die advektive Bewegung der Partikel im Strömungsfeld. Die Berechnung des dispersiven Anteils des Transportschritts basiert auf der Tatsache, dass die analytische Basislösung des Dispersionsterms eine Gauß'sche Verteilung ist. Die Standardabweichung der Verteilung korreliert mit der Dispersivität (Gl. 6.43). Generell wird der dispersive Transportschritt des Partikels in Betrag und Richtung durch diese Wahrscheinlichkeitsfunktion bestimmt und zufällig ausgewählt. Um von der Partikelanzahl auf Konzentrationen schließen zu können, sollten sich möglichst eine hohe Anzahl von Partikeln in einer Zelle aufhalten, um kontinuierliche Konzentrationsverteilungen zu erhalten. Dies ist ein Nachteil dieser Methode, die selbst nahezu frei von numerischer Dispersion ist.

6.6 Gängige Software

Im Bereich der Stofftransportmodellierung nimmt die Zahl verfügbarer und leistungsfähiger Software ständig zu. Gleichzeitig wird die etablierte Software weiter entwickelt und zusätzlich modular mit Funktionen, z.B. zur Einbindung von geochemischen Reaktionen, erweitert.

Stofftransportmodelle sind fast immer mit Strömungsmodellen gekoppelt, da zur Lösung eines Stofftransportproblems - wie oben gezeigt - immer das zugehörige Strömungsproblem gelöst sein muss.

Die folgende nicht vollständige Auflistung ist als Anregung für den Leser zu verstehen, sich mit Thematik und verfügbarer Software der Stofftransportmodellierung auseinander zu setzen.

STANMOD (STudio of ANalytical MODels)
Quelle und Informationen: U.S. Salinity Laboratory, USDA/ARS, Riverside, California (www.ussl.ars.usda.gov/MODELS)
Dieses Windows-basierte Computerprogramm berechnet Stofftransportprobleme auf der Basis analytischer Lösungen der advektiven/dispersiven Transportgleichung in porösen Medien. Die aktuelle Version 2 bietet Lösungen für alle drei Raumrichtungen an. Integriert ist eine modifizierte Version des Programmes CXTFIT (Toride et al. 1999), dessen Code relevante Transportparameter in einer inversen Modellierung durch Kombination aus analytischen Lösungen im Vergleich mit einer experimentellen Tracerdurchgangskurve ermittelt.

HYDRUS-1D/-2D
Quelle und Informationen: U.S. Salinity Laboratory, USDA/ARS, Riverside, California (www.ussl.ars.usda.gov/MODELS)
Im Gegensatz zu STANMOD sind die HYDRUS-Modelle numerische Modelle, die das Strömungsfeld in variabel gesättigten porösen Medien, gekoppelt mit dem Stofftransport, lösen. Die räumliche Diskretisierung erfolgt mit finiten Elementen. Inverse Modellierungen zur Ermittlung von hydraulischen und Stofftransportparametern sind möglich.

ASM (Aquifer-Simulation-Model)
Quelle und Informationen: Institut für Hydromechanik und Wasserwirtschaft. ETH Zürich (www0.ihw.ethz.ch/software_de.html)
Dieses Programm basiert auf der Lösung des Strömungsproblems mit Finiten-Differenzen. Der Stofftransport ist mit einer Random-Walk Methode integriert. Das Buch „Grundwassermodellierung – Eine Einführung mit Übungen" (Kinzelbach und Rausch 1995) stellt gleichsam das Handbuch zu diesem frei verfügbaren Programm dar, das in der Lehre häufig eingesetzt wird.

FEFLOW® (Finite Element Subsurface FLOW System)
Quelle und Informationen: WASY Berlin (www.wasy.de bzw. www.feflow.de)
FEFLOW ist ein sehr leistungsfähiges Softwarepaket zur Strömungs- und Transportsimulation in porösen Medien. Berücksichtigt werden gesättigte und ungesättigte poröse Medien, dichteabhängige Strömungen, Sorptions- und Abbauprozesse sowie auch Wärmetransport. Hervorzuheben sind die Schnittstellen zu gängigen Geografischen Information-Systemen (GIS).

PMWIN (Processing Modflow for Windows)
Quelle und Informationen: Chiang W.H. und W. Kinzelbach (2001), „3D-Groundwater Modeling with PMWIN" (www.pmwin.net).
Das Programm PMWIN ist eine Menü-Oberfläche für die Programmfamilie MODFLOW (www.water.usgs.gov/software) des United States Geological Survey (USGS) zur Bearbeitung von Strömungsproblemen mit Finiten-Differenzen -Verfahren. Für den Stofftransport stehen verschiedene Module zur Verfügung, die ständig weiterentwickelt werden. Die grundlegenden Module sind:
- MOC3D auf der Basis des Charakteristiken-Verfahrens
- MT3D und dem Multispezies-Transportmodell MT3DMS, beide auf der Basis numerischer Verfahren mit ausgeklügelten Stabilisierungstechniken
- PMPATH zur Berechnung von Bahnlinien in einem Strömungsfeld

CoTAM (Hamer & Sieger 1994)
Quelle und Informationen: Institut für Geowissenschaften, Universität Bremen (www.geochemie.uni-bremen.de)

CoTReM (Column Transport and Reaction Model)
Quelle und Informationen: Fortentwicklung von CoTAM, Institut für Geowissenschaften, Universität Bremen (www.geochemie.uni-bremen.de/downloads/cotrem)
Das Programm CoTReM simuliert den Stofftransport (advektiv, dispersiv und diffusiv sowie Sorption) mittels finiter Differenzen. Es kann Sedimenttransport, Bioturbation sowie Mischungsprozesse berücksichtigen. Geochemische Gleichgewichtsberechnungen mit PHREEQC (vgl. Abschn. 5.5.6) sind angekoppelt.

7 Kontamination des Grundwassers

Grundwasser ist in vielen Ländern die einzige und wegen ihres unterirdischen Schutzes ideale Ressource für die Trinkwasserversorgung. Das Grundwasser wird durch Auswirkungen der Industrie und der Landwirtschaft immer stärker gefährdet und steht in vielen Regionen der Erde nicht mehr ausreichend in Menge und Qualität zur Verfügung. Die bisher geringe öffentliche Sensibilität für den Schutz des Grundwassers lässt sich darauf zurückführen, dass das Grundwasser oft Jahrzehnte bis Jahrtausende im Untergrund unterwegs ist. Es dauert daher oft sehr lange, bis eine Kontamination bemerkt wird und Ursachen oder Verursachern zugeordnet werden kann. Die Sanierung verunreinigter Grundwasservorkommen ist meist langwierig und kostspielig; nicht selten ist der Sanierungserfolg außerordentlich enttäuschend. Oberstes Ziel muss es daher sein, im Sinne des Vorsorgeprinzips Schäden zu vermeiden und mit dem durch Gesetze geschützten Grundwasser umweltverträglich umzugehen.

7.1 Begriff „Grundwasserkontamination"

Die Beeinflussung der natürlichen Beschaffenheit des Grundwassers durch den Menschen (Abb. 7.1) geschieht

- *direkt* durch Eintrag von Schadstoffen in den Untergrund über den Wasser- und Stoffkreislauf und schließlich in das Grundwasser sowie
- *indirekt* durch Einwirkung auf die physikalischen und chemischen Eigenschaften des Grundwassers.

Erhöhung der Konzentration und chemische Veränderung „als anthropogene Zusatzlast" prägen sich der natürlichen „Grundlast" auf. Der geogene hydrochemische Hintergrund selbst kann derart sein, dass sie eine Nutzung des Grundwassers einschränkt, z.B. durch zu hohe Mineralisation. In diesem Fall kann nicht von einer „geogenen Belastung" gesprochen werden.

Die eindeutige Definition des Begriffs „Kontamination" ist schwierig. Allein das Vorkommen von synthetischen Substanzen (meistens organischer Art) im Grundwasser oder abweichende Konzentrationen von anorganischen Inhaltsstoffen, die untypisch für einen bestimmten hydrochemischen Grundwassertyp sind, sofort mit dem Begriff „Kontamination" in Verbindung zu bringen, ist eine Frage des Standpunktes (Matthess 1990).

Geowissenschaftler sind geneigt, jede merkliche anthropogen bedingte Abweichung vom natürlichen Beschaffenheitsmuster als Kontamination zu bezeichnen.

In der Praxis ist „Kontamination" die Überschreitung von Grenzwerten, die als Höchstkonzentrationen für einzelne Inhaltsstoffe und Parameter, z.B. im Trinkwasser, in gesetzlichen Richtlinien festgelegt sind. Eine Unterschreitung wird dagegen als „Nicht-Kontamination" betrachtet.

Die Grenzwerte für Trinkwasser z.B. gelten nur für Trinkwasser und orientieren sich an hygienischen oder humantoxikologischen Kriterien. Für das Grundwasser selbst sind in den EU-Staaten lediglich die Qualitätsstandards von 50 mg/l für Nitrat und von 0,1 µg/l für einzelne Pflanzenschutz- und -behandlungsmittel bzw. von 0,5 µg/l als Summenwert einschließlich ihrer Metabolite festgelegt.

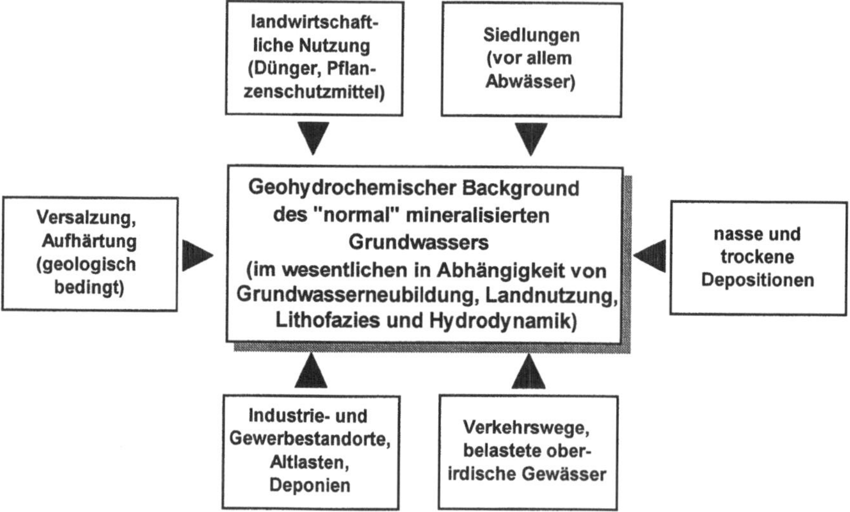

Abb. 7.1. Abhängigkeit der Grundwasserbeschaffenheit von Geofaktoren und anthropogenen Einflüssen. Nach Länderarbeitsgemeinschaft Wasser (2000 a).

Die neue Europäische Wasserrahmenrichtlinie vom 22.12.2000 (Europäische Gemeinschaft 2000) berücksichtigt die zunehmende Verschmutzung insbesondere der oberflächennahen Grundwasservorkommen, allerdings weniger streng als die deutschen Anforderungen an den Schutz des Grundwassers (Bundesregierung 1996 b).

Die Zielsetzung der EU-Wasserrahmenrichtlinie (Europäische Gemeinschaft 2000) ist:

- Alle europäischen Gewässer und somit auch das Grundwasser sind durch die Richtlinie geschützt.
- Alle Gewässer müssen bis spätestens 2015 das Ziel „guter Zustand" erreichen.

Zur Verwirklichung dieser Ziele wird ein innovatives Konzept angewandt, das Emissionswerte und Immissionsgrenzwerte (Qualitätsziele) miteinander verbindet.

Die Europäische Wasserrahmenrichtlinie sieht zwei „Zustandsklassen" (schlecht und gut) für das Grundwasser vor. Ein deutscher Vorschlag, eine zusätzliche Klasse „sehr guter Zustand" einzuführen, wurde von der Mehrzahl der EU-Mitgliedsstaaten abgelehnt. Diese Klasse wurde dennoch in die Abb. 7.2 mit der Bezeichnung „Hintergrund" aufgenommen. Dadurch wird in einem gewissen Umfang die geogene Grundwasserbeschaffenheit berücksichtigt, aber auch eine (schwache) diffuse Belastung in Kauf genommen.

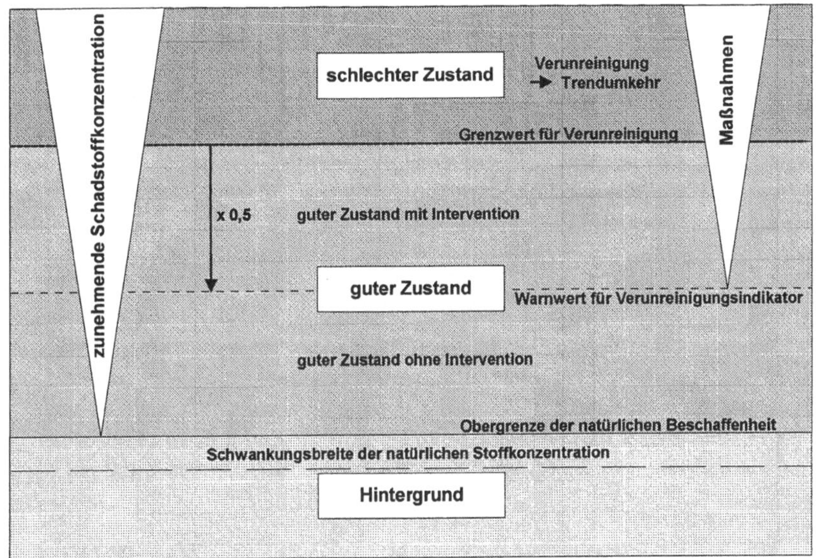

Abb. 7.2. Deutscher Vorschlag für Zustandsklassen des Grundwassers in Anwendung der EU-Wasserrahmenrichtlinie.

Der „gute Zustand" liegt zwischen dem „Hintergrund" und dem „schlechten Zustand":

- Der „Hintergrund" ist mit der natürlichen, geogen und biogen bedingten Beschaffenheit des Grundwassers gleichzusetzen, möglichst in regionalem Bezug (Hannappel, Voigt u. Lauterbach 1995).
- Der „schlechte Zustand" ist bei Überschreitung von näher zu definierenden human- oder ökotoxischen Schwellenwerten gegeben und ist als signifikante Verunreinigung am Ort der Beurteilung zu verstehen.

Der „gute Zustand" ist EU-weit spätestens bis 2015 zu erreichen und als tolerierbare Abweichung von der natürlichen Beschaffenheit zu interpretieren.

Es bleibt den Mitgliedsländern der EU unbenommen, nationale Regelungen anzuwenden, sofern diese den EU-Standard übertreffen.

Nach deutschen Vorstellungen ist der „gute Zustand" gefährdet, wenn 50 % eines Schwellenwertes überschritten werden. Liegt ein „schlechter Zustand" eines Grundwasserkörpers vor, fordert die EU-Wasserrahmenrichtlinie Gegenmaßnahmen mit dem Ziel, zumindest den „guten Zustand" zu erreichen.

Die EU-weit verbindliche Definition des „guten Zustands" des Grundwassers, die pauschal als „Nicht-Kontamination" verstanden werden kann, ist aus hydrogeologischer Sicht in bestimmten Fällen nicht schlüssig:

- Ein Grundwasserkörper befindet sich bei einer Nitratkonzentration ≤ 50 mg/l noch in einem guten Zustand, da der gesetzliche Grenzwert nicht überschritten ist. Seine geogene Grundlast hat aber die Größenordnung von 10 bis 20 mg/l gelöstem NO_3; *bei fast* 50 mg/l NO_3 liegt eine erhebliche Erhöhung vor, und der Grundwasserleiter ist streng genommen bereits „kontaminiert".
- Ein sich qualitativ und quantitativ in einem „guten Zustand" befindliches Grundwasservorkommen muss als „schlecht" eingestuft werden, wenn ein kommunizierendes oberirdisches Gewässer durch Effluenz bestimmte Grundwasserinhaltsstoffe aufnimmt und damit in seinem Zustand „gut" oder „Hintergrund" gefährdet ist.
- Bei Gefährdung grundwasserabhängiger terrestrischer Biotope wie z.B. Feuchtwiesen oder Moore, die in der ökologisch ausgerichteten EU-Wasserrahmenrichtlinie einen hohen Stellenwert haben, kann ein Grundwasservorkommen mit natürlicher Beschaffenheit, also im Zustand „Hintergrund", abgestuft werden. Beispiel: Durch Grundwassergewinnung wird der Wasserspiegel so stark absenkt, dass die Vegetation keinen hydraulischen Kontakt mehr mit dem Grundwasser hat. Dies gilt auch dann, wenn Gleichgewicht zwischen Entnahme und langjähriger mittlerer Grundwasserneubildung besteht.

7.2 Reinigungsvorgänge im Untergrund

Das Grundwasser als unterirdische Trinkwasserressource wird dem Oberflächenwasser vorgezogen, weil es häufig durch wenig durchlässige Deckschichten gut geschützt ist und zugleich durch physikalische, chemische und biologische Reaktionen und Prozesse Schadstoffe eliminiert oder zumindest reduziert werden.

Bis 1970 herrschte die Meinung vor, dass das Reinigungsvermögen des Untergrundes so effizient ist, dass zumindest in der Fläche ein Schutz des Grundwassers garantiert schien (Golwer u. Matthess 1972; Golwer et al. 1970; Knoll 1969; Nöring et al. 1968). Es war aber schon früher bekannt, dass von Abfalldeponien eine Grundwasserkontamination ausgehen konnte sowie von gewerblichen und industriellen Anlagen und Einrichtungen oder Versenkbrunnen, über die Abwässer oder flüssige Abfälle in den Untergrund entsorgt wurden.

Beispiele finden sich bei Aust u. Kreising (1978), Birk et al. (1973), Egger (1942), Fehlau u. Löhnert (1973), Haupt (1935), Lang u. Bruns (1940) Mollweide (1971), Quentin et al. (1973), Rössler (1951) und Zwittnig (1964).

Doch wurde allgemein unterstellt, dass sich die Reichweite einer Belastung des Grundwassers auf die nähere Umgebung von Punktquellen beschränkt, innerhalb derer Schadstoffe abgebaut und reduziert werden.

Insgesamt wurde das Selbstreinigungsvermögen des Untergrundes überschätzt und häufig genug fehleingeschätzt (Langguth u. Toussaint 1991). Das führte unter anderem dazu, dass Vorsorge im heutigen Sinne überflüssig und technische Sicherheitseinrichtungen verzichtbar erschienen.

Das Ergebnis ist heute bekannt: Für unzählige Altlasten, d.h. Altablagerungen sowie zivile und militärische Altstandorte, von denen erwiesenermaßen eine Gefahr für die öffentliche Sicherheit und Ordnung, insbesondere für die menschliche Gesundheit ausgeht, müssen allein in Deutschland Milliarden Euro für Erkundung, Sanierung oder Sicherung ausgegeben werden. Mancherorts gibt es geradezu einen „chemischen Zoo" im Untergrund. Es wäre nicht übertrieben, wenn man große Teile des Landes Sachsen-Anhalt oder bestimmte Bereiche des Ruhrgebiets in Nordrhein-Westfalen als kontaminiert erklären würde.

Das Reinigungsvermögen des Untergrundes beruht auf dem Um- oder Abbau von (organischen) Schadstoffen durch chemische, physikalische, mikrobielle und biologische Reaktionen und Prozesse (Abb. 7.3), über die eine umfangreiche Fachliteratur vorliegt, z.B. Golwer (1991), Golwer u. Matthess (1972), Golwer et al. (1970, 1972), Hölting (1995), Matthess (1994). Das Selbstreinigungsvermögen wird im Abschn. 8.6 ausführlich bei der Darstellung von Natural Attenuation behandelt. Im Folgenden wird auf die Begriffe

- Lösung,
- Adsorption und Ionenaustausch,
- Filterwirkung des Untergrundes,
- Oxidation und Reduktion,
- Gasaustausch und radioaktive Schadstoffe und
- biologische Aktivität

eingegangen.

7.2.1 Lösung, Fixierung und Remobilisierung

Die Wechselbeziehung zwischen immobilem Bodenwasser, mobilem Sickerwasser in der ungesättigten Zone und Grundwasser in der gesättigten Zone einerseits und Gesteinen des Untergrundes andererseits sind *Lösung, Ausfällung* und *Mitfällung* von gelösten oder ungelösten Wasserinhaltsstoffen.

Zu einer Ausfällung, insbesondere von Metall- und Schwermetall-Oxiden, -Hydroxiden und -Karbonaten, kommt es vor allem infolge einer Änderung der pH-Werte und der Redoxpotentiale und der damit verbundenen Änderungen der Löslichkeit. Dabei können auch Mikroorganismen und Verdunstung beteiligt sein. Wenn sich Grundwässer verschiedener Beschaffenheit mischen, führt auch dies zu einer Auflösung von mineralischen Wasserinhaltsstoffen und Fällungsreaktionen.

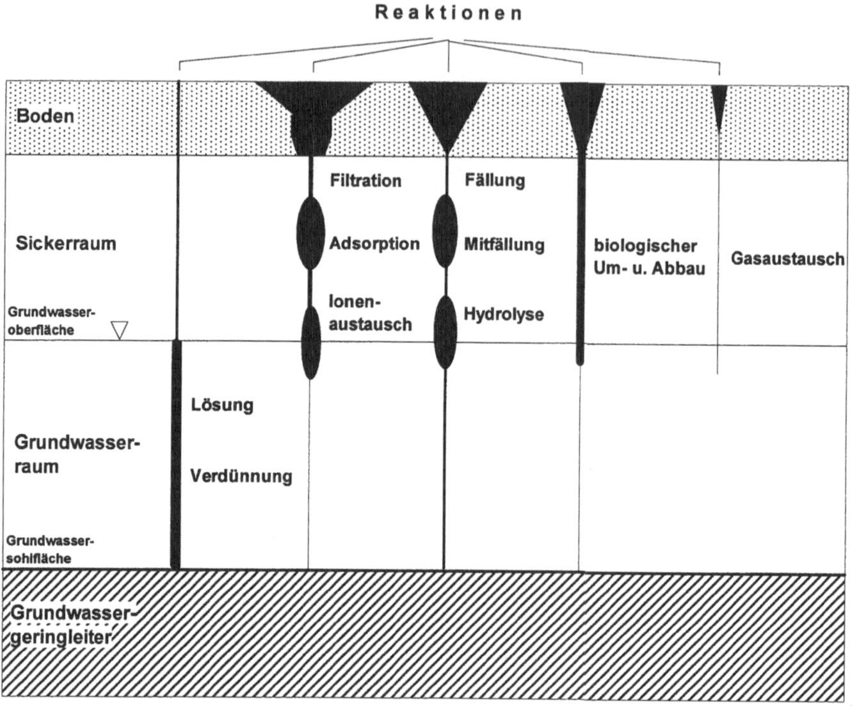

Abb. 7.3. Reinigungsreaktionen im Untergrund. Nach Golwer (1981).

Bei der Ausfällung werden gelegentlich andere Ionen mitgerissen und in die Struktur des neugebildeten Minerals eingebaut (Copräzipitation). Dies ist bei Spurenmetallen von Bedeutung, z.B. wird Kupfer bei der Bildung von Eisenoxidhydraten eingebunden.

Weiterhin ist die *Hydrolyse*, die Zersetzung von (Schad-)Stoffen unter dem Einfluss der H^+- und OH^--Ionen des Wassers, von Bedeutung. Die meisten Reaktionen sind temperaturabhängig und werden durch den pH-Wert und das Redoxpotential bestimmt, außerdem durch eine Abhängigkeit von Druck und anderen Faktoren.

In natürlichen Grundwässern spielen insbesondere bei konzentrierteren Lösungen (Ionenstärke > 0,1) auch *Komplexbildungen* eine bedeutende Rolle. Komplexe bestehen aus einem Ion oder mehreren Zentral-Ionen, meistens Metall-Ionen, um die eine Anzahl von Liganden angeordnet ist, z.B. Cl^-, H_2O, CN^-. Je nach Ladungsausgleich bilden sich neutrale oder geladene Komplexe. Wenn Oberflächenwasser versickert und künstliche Komplexbildner wie Ethylendiamintetraacetat (EDTA; Waschmittelzusatz), Nitrilotriessigsäure (NTA) oder Diethylentriaminpentaessigsäure (DTPA) enthält, können immobilisierte Schadstoffe in Komplexen remobilisiert werden, insbesondere Spurenmetalle.

Durch Fällung oder Mitfällung werden also organische Schadstoffe im Untergrund festgelegt; bei Änderung der Milieubedingungen ist eine Auflösung und somit eine Remobilisierung möglich. Zum Beispiel entstehen bei Oxidation von Sulfiden nicht nur Sulfate, sondern auch H^+-Ionen, die den pH-Wert des Wassers absenken; dadurch können wiederum toxische Spurenmetalle in Lösung gehen. Durch Hydrolyse werden sowohl anorganische als auch organische Verbindungen, z.B. eine Reihe von Pflanzenschutz- und -behandlungsmitteln, zersetzt.

7.2.2 Adsorption und Ionenaustausch

Wenn das Wasser im Untergrund mit adsorptiv wirksamen mineralischen und organischen Bestandteilen Kontakt hat, werden polare Wassermoleküle und dissoziierte und nicht dissoziierte Lösungsbestandteile an der wirksamen Oberfläche festgelegt.

Von der *Adsorption* durch Van der Waalsche Kräfte mit nur schwacher Bindung von Adsorbenten und adsorbierbarer Substanz bis zur chemischen Adsorption als Valenzbindung gibt es alle Übergänge.

Werden die adsorbierten Ionen nicht nur an den Oberflächen, sondern bei bestimmten Mineralen auch in den Kristallgittern gebunden, spricht man von *Ionenaustausch*. Als Sorbenten wirken im Untergrund vor allem Tonminerale, Zeolithe, Eisen- und Manganhydroxide bzw. deren Oxidhydrate, Aluminiumhydroxid und organische Substanzen wie mikrobielle Schleime, Pflanzen und Mikroorganismen.

Sorbierende Eigenschaften haben weiterhin die gesteinsbildenden Minerale Glimmer, Feldspat sowie Al-haltige Augite und Hornblenden.

Die Humuskolloide und die Tone sind durch sorbierte OH^--Ionen i. Allg. negativ geladen und binden Kationen; weniger relevant ist die Anionensorption oder der Anionenaustausch. Die Bindungsintensität variiert bei verschiedenen Austauschern und wechselnden pH-Werten beträchtlich, das Sorptionsvermögen der einzelnen Sorbenten ist z.T. sogar selektiv.

Das Reinigungsvermögen des Untergrundes basiert u.a. darauf, dass die Haftfähigkeit (Bindungsintensität) der Schwermetall-Ionen die der Erdalkali- und Alkali-Ionen gemäß der Reihenfolge

$$Pb > Cu > Ni > Co > Zn > Mn > Ba > Ca > Mg > NH_4 > K > Na$$

übertrifft. Auch große organische Kationen werden durch Sorption festgelegt.

Prozesse der Adsorption und des Ionenaustauschs spielen sich vor allem im belebten humosen Oberboden ab, weniger auch im oberen Teil der ungesättigten Zone. Im tieferen Teil der ungesättigten Zone und im gesättigten Bereich eines Grundwasserleiters sind sie nur von geringer Bedeutung. Kommt das Grundwasser mit Tonmineralen im Grundwasserraum selbst in Kontakt, führt dies zu den für Hydrogeologen interessanten Austauschwässern, z.B. $Na(HCO_3)$-Wässern (Voigt 1975, 1990).

Adsorption und Ionenaustausch sind reversibel; festgelegte Schadstoffe können in Abhängigkeit von Temperatur, pH-Wert des Wassers und konkurrierenden Lösungsgenossen wieder mobilisiert werden.

7.2.3 Filterwirkung

Die Filterwirkung des Untergrundes ist ein komplexes physikalisch-chemisches Phänomen.

Beim *Filtervorgang* werden suspendierte Teile, die zu groß sind, um die Fließkanäle in Poren und Trennfugen zu passieren, mechanisch abgeseiht. An sie können z.B. toxische Spurenmetalle oder organische Schadstoffe adsorbiert sein. Kleinere Teilchen wie z.B. Bakterien oder Kolloide werden durch die kombinierte Wirkung von Sedimentation und Adsorption zurückgehalten.

Insgesamt hängt die Filterwirkung von der Dichte, der Korngröße, der Porosität und der Mächtigkeit des filternden Untergrundes, der Sicker- bzw. Fließgeschwindigkeit des Wassers, der Anfangskonzentration und den Eigenschaften der suspendierten Partikel sowie von der Temperatur ab. Der Filtervorgang kann mit der Zeit durch die Ausbildung eines Bakterienfilms auf den Oberflächen des Gesteins und kolloidalem Material intensiver werden. Veränderungen der geometrischen Struktur der Poren durch Verstopfung, die Änderungen der dynamischen Fließbedingungen hervorrufen, können in gewissem Umfang zur erneuten Suspendierung eines Teils des bereits abgelagerten Stoffs und zum Weiterwandern führen.

Eine andere Art von Filtration ist die *Ionenfiltration*. Sie wird durch geringmächtige Tonlagen und Linsen des Grundwasserleiters, die als semipermeable Membranfilter wirken, hervorgerufen. Trennen derartige Membrane unterschiedlich konzentrierte Lösungen voneinander, findet aufgrund des osmotischen Drucks eine Bewegung von Wassermolekülen in Richtung des höher konzentrierten Wassers statt, und es entsteht dort ein erhöhter hydrostatischer Druck. An den Tonmembranen werden Ionen zurückgehalten („Überschussladung"); dadurch wird ein Durchlaufen von Ionen gleicher Ladung verhindert. Dies kann die Trennung eines verunreinigten Grundwassers von einem anthropogen nicht belasteten Grundwasser bewirken, und zwar stärker durch die Elektrolytwirkung und weniger durch die Größe der migrierenden Ionen.

7.2.4 Oxidation und Reduktion

Oxidation und *Reduktion* sind geochemische Reaktionen, die zusammen mit der Wasserstoffkonzentration die Löslichkeit der Inhaltsstoffe des Grundwassers und somit dessen Beschaffenheit bestimmen.

Im Wesentlichen gehört die ungesättigte und mit Bodenluft erfüllte Zone zum oxidierenden Bereich. Sickerwässer sind meistens an gelöstem Sauerstoff gesättigt. An der Grundwasseroberfläche selbst kann sich Sauerstoff aus der Bodenluft lösen, der durch Diffusion, Strömungsdispersion und andere Vorgänge tiefere Grundwasserbereiche erreicht. Daher werden im oberen Teil der Grundwasserleiter Sauerstoffgehalte von 6–12 mg/l beobachtet, also im Bereich der Sättigung in Abhängigkeit vom Sauerstoffpartialdruck der Bodenluft und der Temperatur des Wassers.

Im Grundwasser entscheidet im Wesentlichen das Vorhandensein oder Fehlen von freiem Sauerstoff darüber, ob oxidierende oder reduzierende Bedingungen herrschen. Oxidierende Verhältnisse sind auch durch die Ladungen von Fe^{3+}, Mn^{3+} und Mn^{4+}, NO_3^-, SO_4^{2-}, H^+ und $Fe(OH)_3$ gegeben.

In Anwesenheit sauerstoffzehrender Stoffe wird der Sauerstoffgehalt des Grundwassers vermindert und bei Behinderung der Sauerstoffzufuhr, etwa durch ungenügende Zirkulation, schließlich völlig verbraucht. Dies wird vor allem durch organische Substanzen wie Huminstoffe, Torf oder Mineralöl-Kohlenstoffe, aber auch von Fe^{2+}, Mn^{2+}, S^{2-}, NO_2^-, NH_4^+, H_2, OH^- und $Fe(OH)_2$ verursacht. Abgabe von Elektronen bei Oxidation und Aufnahme von Elektronen bei Reduktion, also der Elektronenaustausch, charakterisieren den jeweiligen Zustand eines Grundwassers und werden unter dem Begriff Redoxverhältnisse zusammengefasst und als elektrisches Potential E_h zwischen zwei Elektroden gemessen.

Generell ist vertikal eine allmähliche Abnahme des Sauerstoffgehaltes von der Erdoberfläche über die ungesättigte Zone bis in den Grundwasserbereich zu beobachten. Auch im Grundwasserleiter selbst existiert in der Regel eine vertikale Abnahme.

In Grundwasserleitern ist eine bestimmte Ionen-Abfolge von Redoxreaktionen in Abhängigkeit vom Redoxpotential festzustellen. Für Kontaminationen ist von Bedeutung, dass schon bei relativ hohen Redoxpotentialen zwischen +300 bis +600 mV eine Nitratreduktion einsetzt (Hölting 1996), welche die Überdüngung in der Landwirtschaft vermindert.

Völliges Fehlen von Nitrat im Grundwasser ist ein typischer Indikator für reduzierende Verhältnisse im Grundwasser und damit in vielen Fällen auch für die Anwesenheit von Kohlenwasserstoffen, z.B. infolge des Versickerns von Heizöl oder Benzin (Käss 1969; Kölle u. Sontheimer 1969; Müller 1952; Schwille u. Vorreyer 1969).

Auch im Unterstrom von nicht geordneten Hausmülldeponien gibt es eine typische Reduktionszone (Exler 1972; Golwer et al. 1970, 1972, 1976).

Geringe oder sogar fehlende Nitratgehalte im Grundwasser zeigen – trotz reichlicher N-Dünger-Anwendung – nicht immer Kontaminationen an. Beispielsweise wird Nitrat auch bei der Oxidation von Pyrit, der im Gestein des Grundwasserleiters enthalten sein kann, reduziert (Gl. 7.1).

$$5\,FeS_2 + 14\,NO_3^- + 4H^+ = 7\,N_2 + 10\,SO_4^{2-} + 5\,Fe^{2+} + 2\,H_2O \qquad (7.1)$$

Dies wurde im Fuhrberger Feld nördlich Hannover beobachtet (Böttcher, Strebel u. Duynisveld 1989; Kölle 1982; Kölle et al. 1983). Das frei werdende zweiwertige Eisen reagiert weiter mit Nitrat nach Gl. 7.2 und erniedrigt den pH-Wert.

$$5\,Fe^{2+} + NO_3^- + 7\,H_2O = 5\,FeO(OH) = 0,5\,N_2 + 9\,H^+ \qquad (7.2)$$

7.2.5 Gasaustausch

Auch der *Gasaustausch* zwischen Grundwasser und Atmosphäre wird durch die pT-Bedingungen gesteuert. Er vollzieht sich über zwei Grenzflächen – Grundwasser/Bodenluft und Bodenluft/Atmosphäre – und trägt zum Reinigungsvermögen des Untergrundes bei. Der Sauerstoff diffundiert dabei von oben nach unten in das Grundwasser; CO_2 und andere Gase wie NH_3, H_2S oder N_2 diffundieren meistens aus dem Wasser. Neben der molekularen Diffusion wirken ein:

– Gasaustausch aufgrund von Luftdruckunterschieden
– Druck- und Saugeffekte des Windes
– Verdrängung der Bodenluft durch perkolierendes Sickerwasser
– Ventilation aufgrund von Grundwasserspiegelschwankungen

Die Zusammensetzung der Bodenluft weicht von der freien Atmosphäre ab; sie enthält als Folge biologischer Aktivität mehr CO_2.

Der Gasaustausch ist für die Zufuhr von Sauerstoff in das Grundwasser und die Entfernung flüchtiger Verunreinigungen und gasförmiger Abbauprodukte aus dem Grundwasser von großer Bedeutung (Golwer u. Matthess 1972; Golwer, Matthess u. Schneider 1970). Er ist besonders groß, wenn der Grundwasserleiter gut durchlässig ist und hohe nutzbare Hohlraumgehalte in der Grundwasserüberdeckung einschließlich der Böden vorhanden sind. Bei schlechter Durchlässigkeit werden die Selbstreinigungsprozesse retardiert oder können gegen Null gehen. Dann ist es möglich, dass auch bei langen Fließstrecken im Untergrund, die ansonsten die Reinigungsprozesse begünstigen, kein nennenswerter Abbau von Schadstoffen erfolgt (Golwer u. Matthess 1972).

7.2.6 Biologische Aktivität

Durch *biologische Aktivitäten,* vor allem durch Mikroorganismen, wird bei Grundwasserkontaminationen ein mindestens genauso großer Abbau von Schadstoffen bewirkt wie durch die physikalischen und chemischen Vorgänge. Im Untergrund laufen kaum Prozesse ab, an denen Mikroorganismen, vor allem Bakterien, Aktinomyzeten und Pilze, nicht zumindest katalysatorisch beteiligt sind (Husmann et al. 1988; Guderitz et al. 1997).

Am Abbau von Inhaltsstoffen des Grundwassers sind unterschiedliche Populationen mit unterschiedlicher Enzymausstattung beteiligt. In diesem Zusammenhang wird auf die Stickstoff- und Schwefel-Kreisläufe hingewiesen (Hölting 1996; Matthess 1994; Rat von Sachverständigen 1998).

Von besonderer Bedeutung ist die Denitrifikation, die mikrobielle Nitratreduktion durch Bakterienpopulationen verschiedener Stoffwechseltypen:

– Im sauerstoffarmen Milieu wird das Nitratradikal ($N^{5+}O_3^{2-}$) zunächst zu Nitrit ($N^{3+}O_2^{2-}$) reduziert, das dann zu elementarem Stickstoff ($N_2^{\pm0}$) abgebaut wird.
– Andere Bakterien bilden aus Nitrat durch Reduktion Ammonium-Ionen ($N_3^-H_4^+$)$^+$.
– Unter aeroben Bedingungen werden Ammonium- und Nitrit-Ionen durch Stickstoffbakterien wie *Nitrosomas* oder *Nitrobacter* wieder zu Nitrat oder Stickstoff oxidiert.

Den mikrobiellen Prozessen ist ein wesentlicher Teil des Selbstreinigungsvermögens organisch belasteten Grundwassers zu verdanken (vgl. Abschn. 8.6).

Schadstoffe können auch akkumuliert werden, und zwar sowohl in Mikroorganismen selbst als auch in Makroorganismen, die im Untergrund leben, sowie in Algen und höheren Pflanzen. Sterben die Organismen ab, werden diese Stoffe wieder freigesetzt.

Im Grundwasser sind bakterielle Verunreinigungen bei natürlichen Verhältnissen nicht normal. Sie gehen meist auf mangelhaft abgedichtete Brunnenköpfe, Quellfassungen oder Brunnenstuben zurück. Es kann aber auch die Infiltration entsprechend belasteter oberirdischer Gewässer in den Untergrund bzw. die Gewinnung von Uferfiltrat die Ursache sein, undichte Abwasserkanäle und die Abwasserentsorgung über Rieselfelder (Ess et al. 1988; Hahn et al. 1988).

Beim Durchsickern der ungesättigten Zone und beim Durchströmen im Grundwasserleiter sterben die im Wasser transportierten Keime weitgehend ab (Rehse 1977).

7.3 Verschmutzungsempfindlichkeit des Untergrundes

Unter den Gewässern ist Grundwasser von Natur aus

– durch die „geologische Barriere" des belebten Bodens und die Überdeckung der Grundwasserleiter und
– die lange Aufenthaltszeit des Grundwassers

gegenüber Kontaminationen geschützt.

Schutzwirksam ist also bei Porengrundwasserleitern die gesamte ungesättigte Zone, die in der Regel nicht homogen ist, sondern meist Linsen oder auf längere Distanz durchhaltende Lagen von bindigem Material (Schluff, Ton) enthält. Diese wenig wasserwegsamen Einschaltungen verlangsamen oder verhindern die Tiefenverlagerung von Schadstoffen. Je länger die Aufenthaltszeit in der ungesättigten Zone ist, desto mehr können Reaktionen und Prozesse wie Adsorption, Kationenaustausch oder mikrobieller Abbau wirken (Abschn. 7.2). Sie machen in der Summe das Reinigungsvermögen des Untergrundes aus.

Das natürliche Reinigungsvermögen ist daher überwiegend an die Böden im pedologischen Sinn und die quartären Deckschichten gebunden.

Klüftige Festgesteine und insbesondere Karstgrundwasserleiter sind wenig geschützt, weil sehr oft Deckschichten fehlen und der vertikale Schadstofftransport auf tektonisch vorgegebenen Wegsamkeiten begünstigt wird.

Die naturbedingte Geschütztheit des Grundwassers schwankt räumlich und zeitlich in Abhängigkeit von allen Wirkungsgrößen. Entsprechend unterschiedlich ist auch die Sensibilität gegenüber anthropogenen Kontaminationen. Die unterschiedliche Geschütztheit bzw. die Verschmutzungsempfindlichkeit von Grundwasservorkommen müssen bei der Planung von Schutzmaßnahmen für das Grundwasser gegenüber anthropogenen Einflüssen, z.B. bei der Ausweisung von Wasserschutzgebieten (Deutscher Verein des Gas- und Wasserfachs 1995) und bei Flächennutzungen (Gewerbegebiete, Landwirtschaft), Berücksichtigung finden.

Bei der Bemessung der Engeren Schutzzone (Schutzzone II) von Trinkwassergewinnungsanlagen wird seit 1995 die Schutzwirkung der Grundwasserüberdeckung stärker berücksichtigt (Deutscher Verein des Gas- und Wasserfachs 1995).

Grundwasserschutz ist nicht nur auf die Einzugsgebiete grundwasserfördernder Wasserwerke zu beschränken, sondern das Grundwasser, das auch wichtige ökologische Funktionen hat, ist präventiv gegen vermeidbare Beeinträchtigungen (§§ 1a, 34 WHG) flächendeckend zu schützen (Bundesregierung 1996 b).

Eine wichtige Entscheidungshilfe bei der Bewirtschaftung von Grundwasser, bei der Raumordnung und bei der Einrichtung grundwassergefährdender Anlagen ist die Kartierung der Verschmutzungsempfindlichkeit eines Grundwasservorkommens. Karten dieser Art müssen schadstoffspezifisch sein, da die einzelnen Schadstoffe oder Schadstoffgruppen ein unterschiedliches Verhalten im Untergrund zeigen. Gegenstand der Kartierung sind z.B. die Kontaminanten aus der landwirtschaftlichen Nutzung wie Nitrat und Pflanzenschutz- und -behandlungsmittel, leichtflüchtige halogenierte Kohlenwasserstoffe aus industrieller Nutzung oder auch der atmosphärische Säureeintrag.

Eine Übersicht über die standortspezifischen und substanzspezifischen Parameter, die bei der Bewertung der Verschmutzungsempfindlichkeit des Grundwassers und deren Darstellung in Karten zu berücksichtigen sind, findet sich in Tabelle 7.1 und auf Abb. 7.4.

Wegen des großen Aufwands und meist unzureichender Kenntnisse der Schutzfunktion der Grundwasserüberdeckung und des Abbauverhaltens zahlreicher Schadstoffe und angesichts der notwendigen Bearbeitung größerer Gebiete hat der Arbeitskreis Hydrogeologie der Geologischen Dienste der Bundesrepublik Deutschland und der Bundesanstalt für Geowissenschaften und Rohstoffe ein Bewertungsverfahren entwickelt, das sich auf einfach zu beschaffende Kriterien stützt (Hölting et al. 1995). Leitgedanke ist, dass die Wirksamkeit mechanischer, physikalischer, chemischer und biologischer Reaktionen und Prozesse bei der Passage von Sickerwasser durch die Grundwasserüberdeckung maßgeblich von der Dauer beeinflusst wird. Die Verweildauer von nicht sorbierbaren Stoffen ist ganz wesentlich von der Mächtigkeit der Deckschichten über dem Grundwasser abhängig. Die Böden sind getrennt zu betrachten.

Tabelle 7.1. Standort- und substanzspezifische Größen, von denen die Verschmutzungsempfindlichkeit des Grundwassers abhängt. Nach Schleyer (1993), verändert.

<table>
<tr><td rowspan="12" style="writing-mode:vertical-lr">Verschmutzungsempfindlichkeit des Grundwassers</td><td rowspan="5" style="writing-mode:vertical-lr">standortspezifische Größen</td><td rowspan="3">Grundwasser-
neubildung</td><td>Niederschlags-
menge</td><td>• Geländehöhe über NN (Morphologie, Topographie)
• Hangrichtung
• geographische Lage
• Klima</td></tr>
<tr><td>Oberflächen-
abfluss</td><td>• Geländeneigung
• Vegetation, Flächennutzung
• Geologie/Hydrogeologie</td></tr>
<tr><td>Evapotranspira-
tion</td><td>• Hangrichtung
• Lufttemperatur (Klima)
• Vegetation, Flächennutzung</td></tr>
<tr><td rowspan="2">Verweilzeit des Sickerwassers in der ungesättigten Zone</td><td>Flurabstand des Grundwassers</td><td>• Grundwasserspiegelhöhe über NN
• Geländehöhe über NN</td></tr>
<tr><td>Durchlässigkeit</td><td>• Art der Hohlräume (Poren, Klüfte, Karst)
• Durchlässigkeitsbeiwert, Porosität, Tongehalt, Korngrößenverteilung</td></tr>
<tr><td rowspan="7" style="writing-mode:vertical-lr">substanzspezifische Größen</td><td rowspan="2">Mobilität</td><td>Sorption</td><td>• substanzspezifische Parameter: Wasserlöslichkeit, Dampfdruck, Polarität, Diffusionsgeschwindigkeit, Henry-Konstante, Molekül-/Ionengröße, Oktanol/Wasser-Verteilungskoeffizient (K_{OW}), C_{org}/Wasser-Verteilungskoeffizient (K_{OC})</td></tr>
<tr><td></td><td>• untergrundspezifische Parameter: Tongehalt, C_{org}-Gehalt, Kationen-Austauschkapazität</td></tr>
<tr><td rowspan="2">Persistenz</td><td>biologischer Ab-/Umbau</td><td>• substanzspezifische Parameter: Persistenz gegenüber biochemischem Ab-/Umbau, z.B. BSB
• untergrundspezifische Parameter: mikrobiologische Aktivität, Nährstoffangebot, pH/Eh-Bedingungen, Temperatur, Wassersättigung (Feuchte)</td></tr>
<tr><td>chemischer Ab-/Umbau</td><td>• substanzspezifische Parameter: Oxidierbarkeit/Reduzierbarkeit, Hydrolysierbarkeit, Fällbarkeit, CSB
• untergrundspezifische Parameter: Geochemie, Säureneutralisationskapazität, Karbonatgehalt, pH/Eh-Bedingungen, Temperatur, Wassersättigung (Feuchte)</td></tr>
</table>

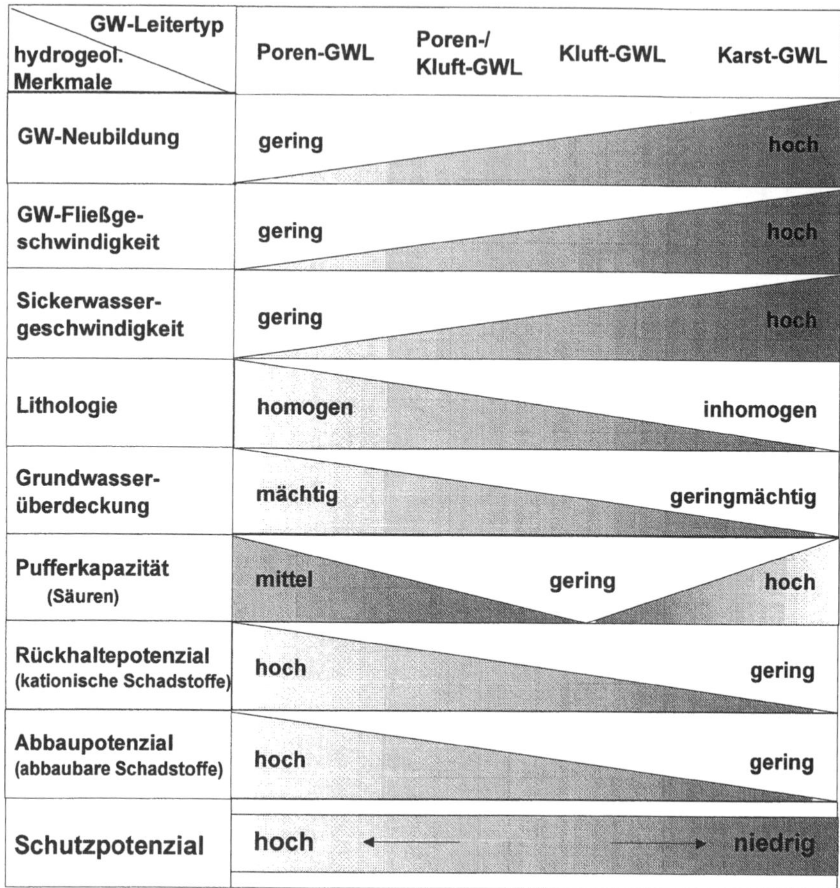

Abb. 7.4. Natürliches Schutzpotential von Grundwasserleitertypen, abgeleitet aus ihren physikalischen und hydrochemischen Eigenschaften. Nach Schenk u. Kaupe (1998), verändert.

7.3.1 Einfluss der Verweildauer des Sickerwassers

Boden

Bei *Böden* hat die nutzbare Feldkapazität (nFK) als Maß für die Speicherfähigkeit an pflanzenverfügbarem Wasser einen erheblichen Einfluss auf die Verweildauer des Sickerwassers und somit auf Größenordnung von Evapotranspiration und Grundwasserneubildung. Die nFK wird normalerweise auf die jeweilige effektive Durchwurzelungstiefe nFK_{We} bezogen und hängt vor allem von der Körnung, der effektiven Lagerungsdichte und vom Humusgehalt eines Bodens ab.

Die Austauschhäufigkeit des Bodenwassers lässt sich nach Gl. 7.3 (DIN 1997) berechnen.

$$n_s = \frac{SR}{FK_{We}}$$

(7.3)

mit

   n_s Austauschhäufigkeit des Bodenwassers [a^{-1}]
   FK_{We} Feldkapazität im effektiven Wurzelraum [mm]
   SR   Sickerwasserrate bekannt oder abgeleitet [$mm \cdot a^{-1}$]

Deckschichten

Die Verweildauer des Sickerwassers in der *Grundwasserüberdeckung unterhalb des Bodens* hängt neben der Sickerwasserrate wesentlich von der Wasserleitfähigkeit der Gesteine ab. Lockergesteine und Festgesteine müssen nach unterschiedlichen Kriterien beurteilt werden.

In *Lockergesteinen* setzen vor allem feinkörnige Einschaltungen die Durchlässigkeit herab und verzögern somit die Abwärtsbewegung des Sickerwassers. Aufgrund ihrer Kationenaustauschkapazität, die von Sand über Schluff zu Ton zunimmt, sind sie wesentlich für Sorptionsvorgänge verantwortlich. Tone haben somit die höchste Schutzfunktion, Sande und noch mehr Kiese die geringste.

In *Festgesteinen* vollzieht sich die Wasserbewegung vorwiegend über Klüfte verschiedener Öffnungsweiten bis hin zu Karsthohlräumen. Die Sickergeschwindigkeit ist deshalb hoch, und Kationenaustauschvorgänge spielen aufgrund der relativ geringen Kontaktflächen nur eine untergeordnete Rolle. Nur wenn über dem Festgestein eine stärkere Verwitterungszone oder eine quartäre Überdeckung einschließlich Böden existieren, ist eine Schutzfunktion vorhanden.

Die Sickerwassermenge beeinflusst die Sickerwasserbewegung und somit die Verweilzeit des Wassers sowohl im Boden als auch in der ungesättigten Zone. Eine hohe Sickerwasserrate bedeutet eine schnelle Vertikalbewegung des kontaminierten Sickerwassers und somit eine geringere Schutzfunktion.

Die Verlagerungsgeschwindigkeit des Sickerwassers berechnet sich nach Gl. 7.4.

$$v_s = \frac{SR}{w_v}$$

(7.4)

mit

   v_s Verlagerungsgeschwindigkeit unterhalb des Wurzelraums [a^{-1}]
   SR Sickerwasserrate [$mm \cdot a^{-1}$]
   w_v Volumenanteil an Bodenwasser [$dm \cdot a^{-1}$]

Für den Volumenanteil an Bodenwasser wird die Feldkapazität FK eingesetzt, die für jede Schicht einzeln ermittelt wird (DIN 1997).

Aus der Verlagerungsgeschwindigkeit kann bei bekannter Mächtigkeit des Sickerraums die Verweilzeit des Sickerwassers in der ungesättigten Zone geschätzt werden (Gl. 7.5).

$$t_s = \frac{Z_s}{v_s} \tag{7.5}$$

mit

t_s Verweilzeit des Sickerwassers in der ungesättigten Zone [a]
v_s Verlagerungsgeschwindigkeit [dm·a^{-1}]
Z_s Mächtigkeit des Sickerraums [dm]

Dabei wird bei der Berechnung der Verlagerung der Feuchtefront (Zimmermann, Münnich u. Roether 1967) ein voraus- oder nacheilender Stoffffluss, verursacht durch hydrodynamische Dispersion, nicht berücksichtigt. Außerdem werden bevorzugte Fließwege auf Makroporen, die eine Tiefenverlagerung von Schadstoffen beschleunigen, nicht berücksichtigt. Bei Standorten mit Grundwasseranschluss führt umgekehrt der kapillare Aufstieg zur Minderung der Netto-Sickerwasserrate, da ein Teil des im Winter versickerten Wassers während des Sommerhalbjahres wieder in den Wurzelraum transportiert wird und dort verdunstet.

Schwebende Grundwasserstockwerke können die vertikale Schadstoffverlagerung in den tieferen Untergrund ganz abfangen und zeitlich verzögern; *artesisch gespannte Bereiche* schließen das Eindringen von kontaminiertem Sickerwasser in den gesättigten Bereich weitgehend aus.

7.3.2 Schutzfunktion der Grundwasserüberdeckung

Mittels eines Punktbewertungsverfahrens wird die Schutzfunktion der Grundwasserüberdeckung in fünf Klassen eingeteilt. Dazu werden für eine Anzahl Parameter Punkte vergeben; die Summe S_g (Gesamtpunktzahl) erlaubt dann eine Zuordnung zu einer Schutzfunktion zwischen „sehr niedrig" und „sehr hoch" sowie eine Abschätzung der Verweildauer des Sickerwassers im ungesättigten Teil der Grundwasserleiter (Tabelle 7.2).

Tabelle 7.2. Klasseneinteilung der Gesamtschutzfunktion. Nach Hölting et al. (1995).

Schutzfunktion	Gesamtpunktzahl S_g	Verweildauer des Sickerwassers
sehr hoch	> 4000	> 25 Jahre
hoch	> 2000–4000	10–25 Jahre
mittel	> 1000–2000	3–10 Jahre
gering	> 500–1000	mehrere Monate bis ca. 3 Jahre
sehr gering	≤ 500	wenige Tage bis 1 Jahr; im Karst häufig noch weniger

Danach schwankt die Verweildauer des Sickerwassers in der Grundwasserüberdeckung zwischen wenigen Tagen, ausgenommen Karstgebiete, bis 25 Jahre und mehr.

Die Gesamtschutzfunktion S_g der Grundwasserüberdeckung ergibt sich aus der Summe der Schutzfunktionswerte des Bodens S_1 und der Grundwasserüberdeckung S_2 unterhalb des Bodens, in die Parameter der einzelnen Schichten eingehen, nach Gln. 7.6 bis 7.8.

$$S_g = S_1 + S_2 \qquad\qquad (7.6)$$

$$S_1 = B \cdot W \qquad\qquad (7.7)$$

$$S_2 = (G_1 \cdot M_1 + G_2 \cdot M_2 + \dots G_n \cdot M_n) \cdot W + Q + D \qquad\qquad (7.8)$$

Für die einzelnen Parameter werden jeweils die Punktzahlen der nachstehenden Auflistung eingesetzt.

	Parameter	Punktzahl
B	nutzbare Feldkapazität nFK des Bodens	10 bis 750
W	Sickerwassermenge; Höhe der Grundwasserneubildung oder klimatischen Wasserbilanz $N - V_{pot}$	0,50 bis 1,75
G	Gesteinsart bei Lockergesteinen	5 bis 500
G	Gesteinsart bei Festgesteinen:	P: 5 bis 20
	Produkt aus der Punktzahl für die jeweilige Gesteinsart (P) und deren Faktor für Struktur (F)	F: 0,3 bis 25
M	Mächtigkeit	Meter
Q	Zuschlag je schwebendes Stockwerk mit Quellwasseraustritten	500
D	Zuschlag für gespanntes Grundwasser	1500

Die konsequente Anwendung dieses Vorgehens wird als „Hölting-Konzept" bezeichnet. Seine Anwendung in der Praxis leidet darunter, dass vor allem in den verschmutzungsanfälligen Festgesteinsbereichen häufig zu wenige Bohrungen oder Messstellen existieren und lithologisch keine ausreichende Regionalisierung der Grundwasserüberdeckung und des Grundwasserflurabstandes möglich ist. Eine Charakterisierung der Schutzwirkung der Deckschichten bzw. der Grundwasserüberdeckung ist jedoch für die Umsetzung der EU-Wasserrahmenrichtlinie (Europäische Gemeinschaft 2000 a) zwingend vorgeschrieben. In den staatlichen Wasserbehörden der deutschen Bundesländer wird deshalb unterschiedlich vorgegangen:

– Erarbeitung von Typprofilen für die wichtigsten Grundwasserleiter oder hydrogeologischen Einheiten/Teilräume nach einem vereinfachten „Hölting-Verfahren" durch erfahrene Regionalgeologen. Die Teilräume können unterschiedliche Grundwasserleiter enthalten. Unter Berücksichtigung der Geländemorphologie, der Lage von Quellaustritten und des tatsächlichen oder über weite Strecken geschätzten Grundwasserflurabstands lässt sich die Schutzfunktion der Grundwasserüberdeckung pauschal bestimmen.

– Wenn die Datenlage nicht ausreichend ist, empfiehlt die LAWA-Arbeitshilfe (Länderarbeitsgemeinschaft Wasser 2002), die Schutzwirkung der Grundwasserüberdeckung ausschließlich aus den Eigenschaften der oberflächennah anstehenden Gesteine, die in den geologischen Karten dargestellt sind, abzuleiten. Dabei sollen explizit die physikalischen, chemischen und insbesondere biologischen Reaktionen und Prozesse nicht berücksichtigt werden. Dafür werden die drei Klassen *günstig, mittel* und *ungünstig* vorgeschlagen.

Günstig:

1. durchgehende Grundwasserüberdeckung aus bindigen Schichten mit großflächiger Verbreitung und Mächtigkeit ≥ 10 m
2. hydraulisch gespannte, insbesondere artesische Verhältnisse
3. mittlere Schutzwirkung, jedoch Grundwasserneubildungshöhe ≤ 100 mm/a (z.B. Ton, Schluff, Mergel).

Mittel:

1. überwiegend Grundwasserüberdeckung aus bindigen Schichten, jedoch mit stark wechselnder Mächtigkeit
2. höhere Durchlässigkeiten, d.h. geringes Schadstoffrückhaltevermögen, bei sehr großen Mächtigkeiten, z.B. schluffige Sande, geklüftete Ton- und Mergelsteine

Ungünstig:

1. überwiegend Grundwasserüberdeckung aus bindigen Schichten mit Mächtigkeit < 10 m
2. große Mächtigkeit, jedoch hohe Durchlässigkeit und dadurch geringes Schadstoffrückhaltevermögen
3. mittlere Schutzwirkung, jedoch Grundwasserneubildungshöhe ≥ 200 mm/a, z.B. Sande, Kiese, gut geklüftete, insbesondere verkarstete Festgesteine

Im Zweifelsfall erfolgt eine Einstufung in die ungünstigere Klasse.

– Bei Grundwasserkörpern, die an mächtige Lockergesteine gebunden sind, kann aus dem großräumigen Strömungsfeld auf die Art der Grundwasserüberdeckung und somit auf die Verschmutzungsempfindlichkeit des Grundwassers geschlossen werden. Vor allem in Gebieten mit hoher Grundwasserneubildung liegt eine ausgeprägte Verschmutzungsempfindlichkeit vor; die eingetragenen Schadstoffe können außerdem weiträumig verfrachtet werden. Bei flach anstehendem Grundwasser ist dies das Gegenteil. Es findet dort auch Grundwasserneubildung statt; wegen der aufwärts gerichteten Potentialgradienten in den Entlastungsgebieten tritt jedoch belastetes Grundwasser nach kurzem Fließweg in ein oberirdisches Gewässer über.

– Bei Pilotprojekten zur Umsetzung der EU-Wasserrahmenrichtlinie (Europäische Gemeinschaft 2000) in den deutschen Bundesländern zeigte sich, dass die

Schutzfunktion der Grundwasserüberdeckung, die aus verschiedenen bodenkundlichen und geologischen Daten wie nutzbare Feldkapazität, Sickerwasserrate, Lithologie u.a. abgeleitet worden war, offenbar nicht zum Tragen kommt.
Auch die Ausdeutung von Karten der Nitratauswaschungsgefährdung wie z.B.
im Rheingau westlich von Wiesbaden oder in der Wetterau nördlich von Frankfurt, also in Gebieten mit landwirtschaftlichen Sonderkulturen, ergab einen verhältnismäßig hohen Geschütztheitsgrad des Grundwassers. Dieser war wesentlich auf eine beträchtliche Lössauflage gestützt; in Wirklichkeit finden sich im
Grundwasser dieser Gebiete sehr hohe Nitratgehalte. Der Grund dafür ist, dass
in niederschlagsarmen Gebieten (mineralische) Nitratdünger zwar im Wasser
gelöst und somit mobilisiert werden, jedoch keine ausreichende Verdünnung
stattfindet.
– Bei einer unbefriedigenden Datenlage ist es generell schwierig, im Detail die
  Verschmutzungsanfälligkeit eines Grundwasservorkommens zu quantifizieren.
  Eine pauschale Bewertung sollte einem Geowissenschaftler auf der Basis bekannter hydrogeologischer Verhältnisse keine Probleme bereiten (Abb. 7.5).

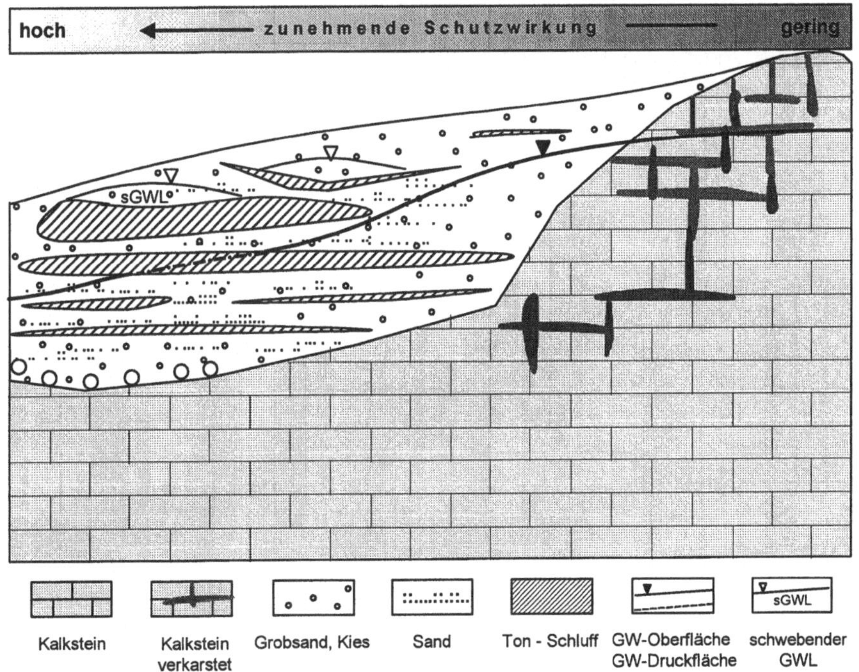

Abb. 7.5. Beurteilung der unterschiedlichen Verschmutzungsempfindlichkeit hydraulisch
in Kontakt stehender Poren- und Kluft-/Karstgrundwasserleiter

7.4 Kontaminationsquellen und Schadstoffe

Der natürliche Stoffgehalt eines Grundwassers resultiert hauptsächlich aus den Wechselreaktionen des Sickerwassers während der Passage durch den belebten Boden, die ungesättigte und gesättigte Zone des Grundwasserleiters. Die Einträge aus der Atmosphäre über den Niederschlag sind vergleichsweise gering. Entsprechend der unterschiedlichen geochemischen Löslichkeit der Gesteinskomponenten und den Milieubedingungen der durchflossenen Kompartimente entstehen unterschiedliche Grundwassertypen, die genetisch oder hydrochemisch klassifiziert werden (Baumann u. Wagner 1995; Furtak u. Langguth 1967; Gabriel u. Ziegler 1997; Hannappel et al. 1995; Hölting 1991; Matthess 1994).

Die durch die Lithologie bestimmte Ausgangsbeschaffenheit des Grundwassers, also seine Mineralisation und primäre Aquisition an gelösten Inhaltsstoffen, wird durch eine Vielzahl von anthropogenen Einflüssen verändert (Abschn. 7.1).

Weil der Grundwasserkörper ein offenes System darstellt und eine Wechselwirkung mit unterschiedlichen Vorgängen besteht, lässt sich eine anthropogene Beeinflussung des Grundwassers nur erkennen, wenn eine der grundwasserfremden Substanzen, sog. Umweltchemikalien (Deutsche Forschungsgemeinschaft 1995), im Grundwasser vorkommt.

Anorganische Inhaltsstoffe, die infolge anthropogenen Einflusses die Grundwasserbeschaffenheit verändern, sind häufig nicht von vorn herein als Schadstoffe erkennbar. Sie müssen mit statistischen Methoden identifiziert werden (Berthold u. Toussaint 1998; Wurl et al. 1995). Vielfach treten keine scharfen Grenzen zwischen von Natur aus geochemisch geprägten und anthropogen beeinflussten Grundwassertypen auf. Gründe dafür sind nach Hötzl u. Witthüser (1999):

- Die natürliche Schwankungsbreite der geogenen Konzentrationen ist so groß, dass anthropogene Veränderungen der Grundwasserbeschaffenheit durch natürliche Schwankungen überprägt werden – abgesehen vom sprunghaften Anstieg bestimmter Inhaltsstoffe.
- Die Reaktionen von Grundwasser und Grundwasserleiter auf anthropogene Stoffeinträge können in Abhängigkeit von vorhandenen Stoffdepots im Untergrund sehr unterschiedlich ablaufen.
- Ein anthropogener Stoffeintrag in das Grundwasser erhöht flächenhaft die Konzentration der vorhandenen natürlichen Inhaltsstoffe. Dieser Anstieg kann nur schwer beurteilt werden, weil die geogene Grundlast nicht bekannt ist.
- Wasserinhaltsstoffe geogenen Ursprungs können in hohen Konzentrationen auftreten, so dass anthropogene Belastungen schwer zu identifizieren sind.

Ein anthropogener Stoffeintrag lässt sich anhand von Leitparametern bzw. bestimmten Summenparametern identifizieren und mit bestimmten Emissionsquellen in Verbindung zu bringen:

- elektrische Leitfähigkeit, Wassertemperatur
- Gesamthärte, Na/K- und Ca/Mg-Äquivalentverhältnisse
- Nitrat, Ammonium

- gelöster oder gesamter organischer Kohlenstoff (DOC bzw. TOC)
- Bor, ausgewählte Schwermetalle
- Ethylendiamintetraacetat (EDTA)
- ausgesuchte polyzyklische Aromaten (PAK)
- adsorbierbare organische Halogenverbindungen (AOX)
- ausgewählte leichtflüchtige halogenierte Kohlenwasserstoffe (LHKW)
- ausgewählte Pflanzenschutz- und -behandlungsmittel (PSBM)
- coliforme Keime

Der Eingriff des Menschen in temporäre Gleichgewichtszustände zwischen Grundwasser und Feststoffmatrix löst Veränderungen der Grundwasserbeschaffenheit aus, die

- ausschließlich anthropogen sein können, z.B. Versickern von Heizöl aus einem undichten Tank,
- Prozesse in Gang setzen, die aufgrund der geologischen Gegebenheiten ablaufen können, aber erst durch einen anthropogenen Anstoß ausgelöst werden, z.B. Versauerung in Restseen in ehemaligen Braunkohlenabbaugebieten.

7.4.1 Art und zeitliche Dauer von Schadstoffeinträgen

Die anthropogene Belastung des Grundwassers erfolgt

- über den *Luftpfad* oder
- über den *Wasserpfad*.

  Sie wird durch

- Aerosole und Gase,
- eigenständige flüssige Phasen,
- wässrige Lösungen oder
- feste Stoffe

verursacht.
Insgesamt werden Schadstoffe am häufigsten über den Wasserpfad direkt oder indirekt in das Grundwasser eingetragen.

Gase und Aerosole. Durch die Emission von unterschiedlichen Gasen und Aerosolen (feindispersive Stoffe) können große Mengen von Schadstoffen in das Grundwasser gelangen. Die wichtigsten Stoffe hierbei sind

- CO_2, CO, SO_2, NO_x,
- Schwermetalle,
- organische Verbindungen (flüchtige organische Lösemittel wie insbesondere LHKW, BTEX-Aromaten, PSBM-Wirkstoffe, Weichmacher für PVC-Kunststoffe) und
- radioaktive Aerosole und Gase (Matthess 1994).

Diese Stoffe können

- durch Niederschläge aus der Luft ausgewaschen,
- gelöst,
- auf der Erdoberfläche deponiert werden (feuchte oder nasse Depositionen) und
- durch Versickerung in das Grundwasser gelangen.

Zusätzlich können Aerosole und Stäube auch durch trockene Deposition auf den Boden gelangen, dort gelöst und in das Grundwasser transportiert werden.

Flüssige Phasen. Unter den organischen Flüssigkeiten (Phasen) bilden Kohlenwasserstoffe die Hauptgruppe der Kontaminanten.

Rohöle und ihre Derivate wie Benzine, Heizöl, Motorenöle oder Schmierstoffe, organische Lösemittel usw. können vor allem durch Unfälle, Betriebsstörungen wie z.B. Leckagen oder unsachgemäßen Umgang mit dem Grundwasser als Phase in Kontakt kommen oder gelöst über Regen- und Sickerwasser in die gesättigte Zone eines Grundwasserleiters eingetragen werden (vgl. Abschn. 7.5).

Abwässer und feste Abfälle. Abwässer, die über Versickerung, Versenkung oder Infiltration in das Grundwasser gelangt sind, und feste Abfälle, die mit Wasser in Kontakt gekommen sind und gelöst oder suspendiert vorliegen, sind die Ursache für gravierende Kontaminationen. Nach Art der Schadstoffquellen und deren Ausdehnung im Raum lassen sich verschiedene Formen der Grundwasserbelastung aus

- punktförmigen sowie
- linienhaften und flächigen

Emissionsquellen (Abb. 7.6 und 7.7) unterscheiden.

Diese Einteilung ist fließend: Die Summe vieler kleiner Punktquellen (z.B. ein Siedlungsgelände mit zahlreichen Haushalten) oder eine Vernetzung von Linienquellen (z.B. städtische Kanalisation) können auch als flächenhafte Quelle betrachtet werden.

Punktquellen. Die weitaus größte Anzahl von Kontaminationen resultiert aus Punktquellen, also lokal eng begrenzten Schadstoffeinträgen und oft sehr hohen Schadstofffrachten. Punktquellen können in vielen Fällen einem Verursacher und/oder einer bestimmten Ursache zugeordnet werden (Schenk u. Kaupe 1998).

Typische Punktquellen je nach Größe sind:

- Altablagerungen
- Altstandorte (auch Rüstungsstandorte und ehemalige militärische Einrichtungen)
- Deponien, die nicht den Regeln der Technik entsprechen
- unterirdische Leitungen und Tanks mit Leckstellen
- ungesicherte Fasslager
- Umschlagplätze, Klärteiche, Sickergruben, nicht abgedeckte Abraumhalden, Lagerung und Aufbringen von Klärschlamm
- Versickerung oder Versenkung von Abwässern und flüssigen Abfällen
- Unfälle bei Lagerung und Transport wassergefährdender Stoffe

Linienquellen. Typisch sind:

- Abwasserkanäle in urbanen Räumen, die durch Korrosion, Setzungen u.a. schadhaft geworden sind
- Einleitung von Abwässern der Kommunen, der Landwirtschaft, des Bergbaus und der Industrie in influente oberirdische Gewässer
- oberirdische Gewässer mit erhöhter Salzfracht, wie Rhein oder Weser; Überflutungen oder Influenz führen zu einer signifikanten Belastung des Grundwassers durch Kaliabwässer (Thom et al. 1995) und PSBM (Mathys 1993)
- Unfälle und Havarien auf schiffbaren Flüssen mit Kontamination des Uferfiltrats
- von Verkehrswegen ausgehende Belastungen durch Streusalz, Schwermetalle, Pflanzenschutz- und -behandlungsmittel, Mineralöle
- Aufsteigen hochmineralisierter Tiefenwässer an Verwerfungen durch Überförderung

In manchen Fällen kann die Infiltration sauberen Flusswassers die Konzentration von Schadstoffen im Grundwasser reduzieren, wie bei der Infiltration aus dem Lech mit einer Verringerung der Nitratgehalte (Eden u. Röder 1987).

Flächenquellen. Flächenquellen sind Immissionen und diffuse Schadstoffeinträge

- aus der Luftverschmutzung durch NO_x, SO_2, Schwermetallen oder organischen Komponenten, die in großem Maße durch die Verbrennung fossiler Energieträger in Industrie, Verkehr und privaten Haushalten entstehen
- aus der Massentierhaltung durch NH_3/NH_4
- aus der Landwirtschaft

Flächenquellen ziehen häufig den gesamten Grundwasserkörper in Mitleidenschaft. Da es sich um eine langfristige Einwirkung handelt, müssen die Emissionen möglichst ursächlich unterbunden werden (Abschn. 7.6).

Verursacher und Gefährdungspotentiale sind in den Abb. 7.6 und 7.7 zusammengestellt.

Ausmaß und Auswirkung einer Grundwasserkontamination. Neben der Art einer Emissionsquelle (punktuell, linienförmig, flächenhaft) ist auch die Dauer der Freisetzung wassergefährdender Stoffe entscheidend. Einmalige, kurzfristige oder periodisch wiederkehrende Freisetzungen von Schadstoffen sind in räumlicher und zeitlicher Hinsicht für eine signifikante Grundwasserkontamination weniger gravierend als kontinuierliche und langzeitige Emissionen und Immissionen von Schadstoffen.

Stoßbelastungen sind kurzzeitige und häufig einmalige Kontaminationen, die insbesondere durch Unfälle bei Produktion und Transport von wassergefährdenden Stoffen entstehen (Verkehrsunfälle mit Austritt von Schadstoffen; anspringende Regenüberläufe bei länger andauernden Starkregen). In der Regel lassen sich durch sofortige Gegenmaßnahmen (z.B. Auskoffern des verunreinigten Bodens) negative Auswirkungen auf das Grundwasser vermeiden oder zumindest minimieren.

Branchen	Aktivitäten, Anlagen, Gefährdungspotenziale	Emissionsquellen		
		Flächen	Linien	Punkte
Gewerbe / Industrie	Umgang mit wassergefährdenden Stoffen (Herstellung, Transport, Lagerung, Umfüllung)			⊗
	Rohrleitungen mit wassergefährdenden Stoffen		⊗	⊗
	Transformatoren u. Stromleitungen (Kühl- und Isoliermittel)		⊗	⊗
	Einsatz von Wärmepumpen			⊗
	Wärmekraftwerke (außer mit Gas betriebene)			⊗
	Altstandorte/Altlasten			⊗
Militär	Flugplätze			⊗
	Kasernen, Übungsgelände	⊗		
	Produktion und Verwendung von Munition			⊗
	Umgang mit wassergefährdenden Stoffen (Herstellung, Transport, Lagerung, Umfüllung)			⊗
	Rohrleitungen mit wassergefährdenden Stoffen		⊗	⊗
	militärische u. Rüstungsaltlasten			⊗
Abwasser-/Abfallwirtschaft	Kanalisation (einschl. Regenüberlauf- und -rückhaltebecken)		⊗	⊗
	Kleinklärgruben			⊗
	Abwasserteiche			⊗
	zentrale / dezentrale Niederschlagsversickerung			⊗
	Abwassereinleitung in infiltr. oberird. Gewässer			⊗
	Versenkung von Abwasser u. flüss. Abfällen			⊗
	Deponien			⊗
	Abfallumschlag- u. -zwischenlagerung			⊗
	Schrott- u. Autowrackplätze			⊗
	Abwasserversickerung oder -verrieselung			⊗
	Rückstände von Kraftwerks- und Verbrennungsanlagen, Giesereisande, Hochofenschlacke u.a.			⊗
	Verwendung von auslaugbaren Stoffen im Straßenbau u.a.		⊗	⊗
	Kompostierungsanlagen			⊗
	verfüllte Bombentrichter	⊗		⊗
	Altablagerungen, Altlasten			⊗

Abb. 7.6. Potentielle Emissionsquellen für das Grundwasser aus den Bereichen Gewerbe/Industrie, Militär sowie Abwasser-/Abfallwirtschaft

Branchen	Aktivitäten, Anlagen, Gefährdungspotenziale	Emissionsquellen		
		Flächen	**Linien**	**Punkte**
Rohstoffgewinnung	■ Eingriffe des Bergbaus in den Untergrund einschl. Erdgas- u. Erdölgewinnung, Einrichtung von Kavernen	⊗		⊗
	■ Aufhaldung bergbaulicher Rückstände			⊗
	■ Steinbrüche u. Kiesgruben (insbes. mit Aufdeckung des Grundwassers)			⊗
	■ aufgelassene Stollen/Schächte			⊗
Wasserförderung Wasserbau	■ Grundwasser-Überförderung	⊗		⊗
	■ Grundwasserhaltung			⊗
	■ falsch ausgebaute Förderbrunnen oder Grundwassermessstellen			⊗
	■ Gewässerbegradigung, Tieferlegung der Gewässersohle		⊗	
	■ Bau von Talsperren u. Staustufen, Einrichtung von Gewässersohlschwellen		⊗	⊗
Land- und Forstwirtschaft, Gartenbau	■ Lagern und Ausbringen von Mineral- u. Wirtschaftsdünger, Silage, Klärschlamm, Müllkompost u.a.	⊗		⊗
	■ Lagern und Anwendung von Pflanzenschutz- u. -behandlungsmitteln	⊗		⊗
	■ Entsorgung von PSBM-Resten			⊗
	■ Massentierhaltung			⊗
	■ Gärfuttermieten u. -silos			⊗
	■ Mono- u. Sonderkulturen, Gartenbau, Baumschulen	⊗		⊗
	■ Grünlandumbruch, Schwarzbrache Waldrodung, Neuanlage von Wäldern	⊗		⊗
	■ landwirtschaftliche Be- u. Entwässerung		⊗	
Siedlung/Verkehr	■ Geländeversiegelung	⊗	⊗	⊗
	■ Verletzung der schützenden Deckschichten	⊗	⊗	⊗
	■ Emissionen des Verkehrs u. von Heizungsanlagen	⊗		
	■ Einsatz von Streusalz, PSBM und anderen wassergefährdenden Stoffen, Baumaterialien		⊗	⊗
	■ Massierung von Öltanks und Tankstellen			⊗
	■ Kanalisation, Niederschlagsversickerung		⊗	⊗

Abb. 7.7. Potentielle Emissionsquellen für das Grundwasser aus den Bereichen Rohstoffgewinnung, Wasserförderung und Wasserbau, Land- und Forstwirtschaft einschl. Gartenbau sowie Siedlung/Verkehr

Periodische Belastungen des Grundwassers können eine Akkumulation von Schadstoffen im Boden, in der ungesättigten Zone oder im Grundwasserraum zur Folge haben. Eine Minderung der Kontamination kann aber während der Zeit, in der kein Schadstoffeintrag stattfindet, durch mikrobiellen Abbau erfolgen.

Beispiele sind die von der Jahreszeit abhängige Applikation von Dünger oder von PSBM auf landwirtschaftlich genutzten Flächen oder die Belastung entlang von Straßen durch Auftausalze im Winter.

Dauerbelastungen durch einen kontinuierlichen Eintrag von Schadstoffen stellen das größte Gefährdungspotential für das Grundwasser dar. Beispielsweise kommt es durch den Ausstoß von Abgasen in die Atmosphäre und resultierende Luftbelastung oder infolge eines unbemerkten Aussickerns von Mineralöl, Mineralölderivaten oder organischen Lösemitteln aus undichten unterirdischen Lagertanks oder Produktleitungen zu einer ständigen Grundwasserkontamination, die auch durch Prozesse der sog. Selbstreinigung kaum gemindert werden und zu einer langanhaltenden Grundwasserbelastung führen.

Zwischen dem Ende eines Schadstoffeintrags in den Untergrund und der Entdeckung einer Grundwasserbelastung können Jahre bis Jahrzehnte und mehr vergehen. Das ist einer der Gründe, warum Grundwasserschäden mit der Belastung von oberirdischen Gewässern überhaupt nicht zu vergleichen sind. Speziell bei Altlasten werden Grundwasserschäden lange nach Stilllegung eines Betriebs, in dem mit wassergefährdenden Stoffen umgegangen wurde, entdeckt.

Die während der Einwirkungsdauer einer Emission freigesetzte *Schadstoffmenge* spielt für das Ausmaß der resultierenden Grundwasserbelastung eine erhebliche Rolle. Bei geringen Mengen können durch das Rückhalte- bzw. Reinigungsvermögen der ungesättigten Zone Schadstoffe den gesättigten Bereich eines Grundwasserleiters nicht erreichen. Sind allerdings die Adsorptionskapazität aufgrund vorausgegangener Schadstofffreisetzungen und andere Reinigungsmechanismen des Untergrundes bereits erschöpft, z.B. durch Summationseffekte oder konkurrierende Anreicherung anderer, ggf. nicht wassergefährdender Stoffe (Matthess 1994), können selbst geringe zusätzliche Schadstoffzuführungen zu einer signifikanten Grundwasserbelastung führen. Ein Beispiel dafür ist der sprunghafte Anstieg der Nitratkonzentrationen im Grundwasser („Durchbruch"), wenn die Reduktionskapazität des oberflächennahen Sickerraums erschöpft ist. In Testfeldern wurde beobachtet, dass früher in den Grundwasserleiter gelangte und zunächst adsorptiv festgelegte PSBM nach erneuter Applikation remobilisiert worden sind (Skark u. Leuchs 1994). Bei organischen Schadstoffen können „geringe Mengen" von Mikroorganismen abgebaut werden, während größere, schadstoffspezifisch genauer zu quantifizierende Mengen inhibierend, ggf. biozid wirken können (Filip et al. 1988).

7.4.2 Typische Schadstoffgruppen und Belastungsszenarien

Überall entweichen Schadstoffe unterschiedlicher Herkunft in unsere Umwelt und gelangen in das Grundwasser. („Umweltatlas"; Koch 1985).

Die Veränderung der Grundwasserbeschaffenheit bewirken

- primäre Ursachen mit direktem Einfluss,
- sekundäre Ursachen durch indirekte Beeinflussung bestimmter Inhaltsstoffe des Grundwassers durch die primäre Belastung und
- tertiäre Belastungen und Beschaffenheitsänderungen durch die sekundären Ursachen.

Beispiele sind:

- Verluste von fäkalischem Abwasser aus der Kanalisation (typische primäre Grundwasserbelastung) mit einer starken CO_2-Bildung und Sauerstoffzehrung im Grundwasser
- Sauerstoffmangel im Grundwasser durch Oberflächenversiegelung (sekundäre Belastung)
- Sauerstoffmangel im Grundwasser hat wiederum ein reduziertes Redoxmilieu zur Folge mit Mobilisierung von Schwermetallen (tertiäre Belastung)
- Nitritbildung aus Nitrifikations- und Denitrifikationsprozessen und höhere Sulfatkonzentrationen (tertiäre Belastung) wie z.B. in Karlsruhe auf der Grundwasserfließstrecke unter der Stadt (Landesanstalt für Umweltschutz Baden-Württemberg 1999)

In Tabelle 7.3 sind zusammenfassend Beeinträchtigungen des Grundwassers dargestellt.

Systematisch lassen sich die stofflichen Belastungen des Grundwassers Kategorien zuordnen:

- Luftverschmutzung
- Siedlungsgebiete
- Ackerland, Waldstandorte, Gärten, Grünanlagen
- Gewerbe- und Industrieareale
- Verkehr
- Altstandorte, Altablagerungen

Die nachfolgende Besprechung orientiert sich an Flächen-, Linien- und Punktquellen.

Tabelle 7.3. Beispiele der Beeinträchtigung des Grundwassers. Nach Deutscher Verein des Gas- und Wasserfachs (1995), teilweise geändert.

Beeinträchtigungen	Schadstoffe bzw. nachteilige Veränderungen
physikalisch	– Wärmeeintrag und Wärmeentzug – Eintrag radioaktiver Substanzen
chemisch	– Nitrat, Sulfat, Chlorid, pH-Wert – Schwermetalle (z.B. Cd, Cr, Cu, Pb), Metalloide (z.B. As) und metallorganische Verbindungen – Aluminiumverbindungen – nicht oder schwer abbaubare organische Stoffe wie insbesondere PAK, BTEX, PCB, PCDP, PCDF sowie LHKW wie z.B. Trichlorethen und deren Metaboliten – PSBM, deren Wirkstoffe und Formulierungshilfsstoffe sowie deren Metabolite – Arzneimittelwirkstoffe einschließlich endokrine Substanzen – Mineraldünger, organische Handelsdünger (z.B. Müllkomposte), Wirtschaftsdünger wie Gülle, Jauche oder Festmist, Silage, Ernterückstände, Nitrifikationshemmer – Mineralöle und Mineralölprodukte, z.B. Kraftstoffe, Schmiermittel oder Heizöl – sonstige Stoffe wie z.B. F- und CN-Verbindungen, Auftau- und Enteisungsmittel, Fe-, Mn-, S- und NH_4-Verbindungen als Folge anaerober Vorgänge, Tenside, Phosphatersatzmittel, B-Verbindungen, Laugen, Säuren und säurebildende Stoffe
biologisch	– Bakterien, Viren, Parasiten – Stoffwechsel- und Abbauprodukte

Luftverschmutzung

Belastung des Grundwassers durch luftgetragene Schadstoffe und deren atmosphärische Reaktions- und Abbauprodukte („Hintergrundbelastung") wird seit 1980 in Deutschland intensiv in mehreren Schwerpunktgebieten (Bayerischer Wald, Fichtelgebirge, Harz, kristalliner Schwarzwald) untersucht (Bayer. Landesamt für Wasserwirtschaft 1992, 1994, 1997, 1998 a, b, 2001; Bayer. Staatsministerium für Landentwicklung und Umweltfragen 1994; Benecke 1993, 1995; Bittersohl et al. 1995; Kämmerer 1998; Krieter 1988; Landesanstalt für Umweltschutz Baden-Württemberg 1997, 1999; Quadflieg 1990; Schleyer et al. 1991, 1996).

Die Wirkungszusammenhänge bei der Belastung durch Luftschadstoffe sind sehr komplex. Der flächenhaft-diffuse direkte Schadstoffeintrag etwa von Stickstoff oder PSBM führt über den Niederschlag zu einer Veränderung des Bodenchemismus und damit zur Beeinflussung der Prozessabläufe und Stoffkreisläufe, z.B. des Schwefels und des Stickstoffs. Dadurch können wiederum Schadstoffe in das Grundwasser gelangen.

Im Folgenden werden Details und Beispiele für Luftverschmutzung aufgezählt.

– Atmosphärische Emissionen von Stoffen haben in letzter Zeit z.T. erheblich nachgelassen. Insbesondere SO_2-Emissionen sind nach European Environment Agency (2002) in Deutschland im Zeitraum 1990/99 um 84 % und im EU-Raum um 59 % zurückgegangen. Dennoch hält eine SO_4-induzierte Versauerungstendenz wegen des Vorhandenseins eines akkumulierten S-Vorrats weiterhin an. In Deutschland (Tabelle 7.4) wurden im Jahr 1999 schätzungsweise 875 Mio t Gase, Wasserdampf und Ozon („Treibhausgase") emittiert (Umweltbundesamt 2000), außerdem rd. 0,26 Mio t Stäube, an die Schwermetalle adsorbiert sein können. Im EU-Raum wurden 1997 ca. 3,33 Mrd t freigesetzt, weltweit vermutlich 22,56 Mrd t.
– Besonders der Straßenverkehr spielt bei den Luftschadstoffen eine große Rolle. Auch die Schifffahrt ist mit 24 % an den SO_2- und mit 22 % an den NO_x-Emissionen (Jahr 1998) beteiligt (European Environment Agency 2002). Weitere auf dem Luftpfad transportierte Stoffe sind Chlorid, das bei der Kohle- und Müllverbrennung entsteht, und Na-, K-, Mg-, Ca- und P-Verbindungen.

Tabelle 7.4. Emission von Treibhausgasen im Jahr 1999 in Deutschland (Umweltbundesamt 2000)

Substanz/ Substanzgruppe	emittierte Mengen	wesentlicher Anteil	
	Mio t	Mio t	
CO_2	858,5	326,0	Kraft und Fernheizwerke
CO	4,92	2,63	Straßenverkehr
CH_4	3,27	1,47	Landwirtschaft
NH_3	0,62	0,52	Tierhaltung
		0,08	Düngeranwendung
N_2O	0,14	0,08	Land- und Abfallwirtschaft
NO_x (als NO_2)	1,64	0,83	Straßenverkehr
SO_2	0,83	0,40	Kraft- und Fernheizwerken
FKW/FCKW	3,54		
SF_6	0,23		
leichtfl. organische Substanzen (ohne FKW)	1,65	1,00	Lösemittelanwendung

- Schwermetalle, vor allem Cd, Cu, Pb und Zn, gelangen mit dem Kfz-Verkehr, durch Verbrennung von Müll und fossilen Energieträgern sowie aus der Abluft von Metallhütten, Düngemittelfabriken, Zementwerken und Glasfabriken in die Atmosphäre und werden dort als Stäube verfrachtet. Im Niederschlagswasser überschreiten die Konzentrationen der Schwermetalle Cd, Cr, Pb und U die Grenzwerte der geltenden deutschen Trinkwasserverordnung (Ministerium für Umwelt und Naturschutz NRW 2002).

- Die Luftverunreinigung stört die mikrobiellen Prozesse und schränkt insgesamt die Filter-, Puffer- und Transformationsleistungen der Böden ein. Insbesondere können durch Absenkung des pH-Werts deren Sorptions- und Ionenaustauschkapazitäten stark herabgesetzt werden. Für eine Kontamination des Grundwassers sind vor allem die säurebildenden Luftschadstoffe SO_2 (als H_2SO_4) und NO_x (als HNO_3) relevant, die im Jahr 1999 zusammen 67 % der Säurebildner ausmachten (European Environment Agency 2002). Die restlichen 33 % entfielen auf Ammonium, das nach Gl. 7.9 ebenfalls ein Säurebildner ist.

$$NH_4^+ = NH_3 + H^+ \qquad (7.9)$$

- Nach Branchen lassen sich die Säurebildner wie folgt für das Jahr 1999 aufschlüsseln:
  - 26 % Energieindustrie
  - 13 % sonstige Industrie
  - 25 % Transport
  - 31 % Landwirtschaft (davon Ammonium allein mit 94 %)
  - 1 % Abfall
  - 4 % Sonstige

- Insgesamt gingen aber die Säurebildner zurück: Im Zeitraum 1990/99 in Deutschland um 31 % und im EU-Raum um 12 % (European Environment Agency 2002).

- Die Oxidation von S- und N-Verbindungen in der Atmosphäre zu SO_2 und NO_x führt zur Bildung von H_2SO_4 und HNO_3 im Niederschlag und somit zu pH-Werten weit unter dem Gleichgewichts-pH-Wert anthropogen unbeeinflusster Niederschlagswässer von etwa 5,7, bestimmt durch den natürlichen CO_2-Gehalt der Luft.

- „Bodenversauerung" bedeutet aus geochemischer Sicht, dass die schwächeren Säureanionen zunehmend von den stärkeren atmogenen Mineralsäuren verdrängt werden; die dadurch erhöhten Anionenkonzentrationen können nicht mehr von den basischen Kationen neutralisiert werden.

- Bei der Versauerung sind somit in erster Linie Böden bzw. Grundwasserleiter in karbonatarmen bis -freien Formationen gefährdet. Nach Auswaschung der ggf. vorhandenen basischen Kationen (Karbonat-Puffer 6,2 < pH < 8,6) sowie Aufspeicherung von NO_3^-, SO_4^{2-} und H^+ (Protonen) steht als langfristiger Puffer zur Neutralisierung atmogener Säureeinträge nur der Silikatpuffer (5,0 < pH < 6,2) zur Verfügung. In vielen Gebieten ist die Pufferwirkung der Silikatverwitterung z.Z. bereits überschritten (Hinderer 1995; Hinderer u. Einsele 1998).

Das bedeutet, dass mit zunehmender Versauerung die Böden weitere Pufferbereiche durchlaufen, bis deren Pufferkapazität erschöpft ist: Austausch-Puffer (4,2 < pH < 5,0), Aluminium-Puffer (3,8 < pH < 4,2), Aluminium-Eisen-Puffer (3,2 < pH < 3,8) und Eisen-Puffer (pH < 3,2).

– Beim Al-Puffer ist die zugrunde liegende Reaktion eine Protonisierung von Al-Hydroxiden, wodurch Al-Kationen (Al^{3+}) und H_2O entstehen. Eine abwärts wandernde Versauerungsfront setzt also ein, wenn ein pH-Wert von 3,8 unterschritten wird. Im extrem sauren Bereich (Fe-Puffer) sind alle Al-Hydroxide gelöst. Es gehen somit zuvor chemisch fest eingebaute Al- und Fe-Ionen aus Tonmineralien in Lösung und gelangen mit dem Bodenwasser auch in das Grundwasser.

– Die Stoffströme der Luftbelastung können in Gebieten mit unzureichender Pufferung gegenüber Säuren und damit zusammenhängender Mobilisierung von Aluminium und Schwermetallen als Zellgifte zu erheblichen ökologischen Problemen („Waldschäden") führen (Frank et al. 1990; Hölscher u. Walther 1985; Schleyer 1993; Schleyer et al. 1991, 1996).

– Entsprechend dem hohen Eintrag von luftgetragenen Säurebildnern ist an Waldstandorten mit basenarmen Böden bzw. Gesteinen (Pufferkapazitäten < 4 kg(eq)/ha·a) die Gefahr einer Versauerung besonders groß. Die Säurebelastung schwankt zwischen 1 und 5 mmol(eq)/ha·a; die meisten Waldflächen befinden sich im Al-Pufferbereich, viele im Al-Fe-Pufferbereich und einige schon im Fe-Pufferbereich (Krieter 1988). Das gilt z.T. auch für Waldstandorte in der Nähe von landwirtschaftlichen Nutzflächen oder von Massentierhaltungen. Dort wird das emittierte Ammonium, das die Baumwurzeln nicht aufgenommen haben, im Waldboden mikrobiell gemäß Gl. 7.10 unter Freisetzung von zwei Protonen pro NH_4^+-Ion zu Nitrat oxidiert.

$$NH_4^+ + 2\,O_2 = NO_3^- + H_2O + 2\,H^+ \tag{7.10}$$

– Wälder sind wegen des Auskämmeffekts generell stärker gefährdet als landwirtschaftlich genutzte Flächen, weil deren Pufferkapazität aufgrund von Kalkungsmaßnahmen immer wieder aufgefüllt wird.

– In Deutschland sind der Bayerische Wald und das Fichtelgebirge besonders versauerungsgefährdet; im oberflächennahen Grundwasser wurden vielerorts pH-Werte < 4,0 festgestellt (Bayer. Landesamt für Wasserwirtschaft 1992, 1997; Bayer. Staatsministerium für Landentwicklung und Umweltfragen 1994; Bittersohl et al. 1995). Für 12 % der Landesfläche Bayerns wird stark versauertes oder versauerungsgefährdetes Grundwasser konstatiert. Der Grenzwert der geltenden deutschen Trinkwasserverordnung von pH 6,5 wird nahezu immer unterschritten. Parallel dazu wurden im Sickerraum basenarmer Standorte Al-Gehalte bis über 10 mg/l nachgewiesen, im Grundwasser bis 5 mg/l, speziell im Quellwasser.

– Im fortgeschrittenen Versauerungszustand mit entsprechender Al-Freisetzung befinden sich auch die hessischen und baden-württembergischen Buntsandsteinbereiche (Bodem 1991; Bodem u. Ebhardt 1995; Hinderer 1995; Hinderer u. Einsele 1998; Quadflieg 1990). Die mit dem Al-Fe-Pufferbereich definierte

Versauerungsfront ist mehrere Meter tief und wirkt sich auf das oberflächennahe Grundwasser aus.

- Da Nitrat leicht ausgewaschen wird, hat eine vorwiegend von NO_3-Anionen getragene Versauerung starke Schwankungen des Versauerungszustands zur Folge (Boden, Sickerwasser, Grundwasser). Eine mit Stickstoff unterversorgte Vegetation wirkt quasi als Puffer, da die Versauerung verzögert wird, solange Stickstoff in die Biomasse eingebaut wird.

- Abgesehen von der hohen Variabilität der Stoffbelastung der Niederschläge ist ein Versauerungsschub an Starkniederschläge oder an Schneeschmelzen gebunden. Dann können die in Makroporen rasch perkolierenden sauren Sickerwässer wegen nicht ausreichender Reaktionszeiten und zu geringer Kontaktflächen mit der Bodenmatrix nicht ausreichend neutralisiert werden. In Nassjahren bzw. in Zeiten mit hoher Grundwasserneubildungsrate ist somit der Eintrag von Protonen in das Grundwasser wesentlich höher als in Trockenjahren. Da niederschlagsarme Jahre häufig auch wärmer sind, begünstigen höhere Temperaturen im Sommer mikrobielle Reduktionsprozesse. Das bedeutet eine Anhebung der pH-Werte; generell kommt es bei Denitrifikation oder Desulfurikation unter reduzierenden Bedingungen zu einer Säureentlastung, da H-Ionen entzogen werden. Schließlich wirkt sich auch die Topographie aus, da mit steigender Höhe sowohl die Rate der Grundwasserneubildung (nasse Deposition) als auch die Nebelhäufigkeit (feuchte Deposition) zunehmen.

- Durch die Versauerung sind also vor allem bewaldete Mittelgebirge mit reichlich Niederschlägen und kalkfreien Deckschichten betroffen. Besonders gefährdet sind Grundwässer mit flacher Zirkulationstiefe und kurzer Verweilzeit im Untergrund, besonders in Festgesteinen.

- Der im Sickerraum angesammelte Säurevorrat bildet auch nach einer drastischen Reduzierung der N- und S-Emissionen ein erhebliches Gefährdungspotential; im Grundwasser darunter machen sich saure Niederschläge erst nach Jahrzehnten bemerkbar.

- Da sich die Bildung der Schwefelsäure aus SO_2 etwa 10-mal langsamer vollzieht als die Bildung der Salpetersäure aus den Stickoxiden, verteilt sich die Schwefelsäure deutlich weiträumiger als die Salpetersäure (Schenk u. Kaupe 1998). Auch sonst unterscheiden sich die durch NO_x und SO_2 ausgelösten Prozesse und müssen daher differenziert betrachtet werden. Im Gegensatz zu Nitrat wird Sulfat speziell in Waldböden erheblich stärker akkumuliert mit der Konsequenz, dass trotz in den letzten Jahren deutlich reduzierter SO_2-Emissionen die erhöhten Sulfatgehalte im Grundwasser nicht abgenommen haben. Das trifft vor allem für Grundwasservorkommen unter Nadelwald zu; die Sulfatgehalte können relativ hoch sein (Rat von Sachverständigen 1998). Gegenwärtig betragen die SO_2-Konzentrationen der Luft in Deutschland in der Regel < 25 $\mu g/m^3$, und die S-Einträge im Boden haben Größenordnungen zwischen 5,4 und 50 kg/ha·a (Rat von Sachverständigen 2000).

- In Waldgebieten sind wegen der Auskämmwirkung die Depositionen, auch von N-Verbindungen, wesentlich höher als im Freiland, flächengewichtet in Bayern im Mittel 32 kg S/ha·a (Waldgebiete) gegenüber Freiland mit 12 kg S/ha·a

(Bayer. Landesamt für Wasserwirtschaft 1992, 1997; Bayer. Staatsministerium für Landentwicklung und Umweltfragen 1994).

- Die N-Depositionen sind im Gegensatz zum Schwefel seit Jahren nahezu gleich (Umweltbundesamt 2000). Im ländlichen Raum werden bis zu 10 $\mu g/m^3$ gemessen, in Ballungsräumen bis 60 $\mu g/m^3$. In Waldgebieten Bayerns wurden mittlere Einträge von 23 kg/ha·a registriert, im Freiland 16 kg/ha·a (Bayer. Landesamt für Wasserwirtschaft 1992, 1997, 2001; Bayer. Staatsministerium für Landentwicklung und Umweltfragen 1994). Aus der N-Deposition auf waldbestockten Flächen wurde für Bayern eine mittlere NO_3-Konzentration des Sickerwassers von knapp 19 mg/l abgeleitet. Die Nitratgehalte im Grundwasser schwanken unter Wäldern zwischen 5 und 25 mg/l, in Regionen mit flächigen Waldschäden konnten Konzentrationen bis 80 mg/l nachgewiesen werden (Bayer. Landesamt für Wasserwirtschaft 1994, 1997, 2001). Generell gilt, dass die Werte unter immergrünen Nadelwäldern und/oder Altbeständen höher sind als unter Laubwäldern und/oder Jungbeständen.

- Waldgebiete an sensiblen Standorten stellen eine potentielle Gefahr für den Eintrag von Schwermetallen in das Grundwasser dar. Die luftgetragenen, ubiquitär vorkommenden Schwermetalle sind adsorptiv an Stäube oder an die Flugasche von Hüttenwerken und Feuerungsanlagen gebunden und daher in der Regel relativ leicht mobilisierbar. Die Verlagerung wird bei entsprechenden Redoxverhältnissen in Anwesenheit atmogener organischer Komplexbildner begünstigt. Einfluss haben auch konkurrierende andere Metalle in den winterlichen Straßensalzungen oder Bodenkalkungen, die Waldschäden durch „Sauren Regen" stoppen sollen.

- Über den Niederschlag können auch Radionuklide auf den Boden und nachfolgend in das Grundwasser gelangen, insbesondere künstliche radioaktive Isotope, die im Zusammenhang mit Unfällen freigesetzt wurden (Aurand et al. 1972). Durch den am 26. April 1986 durch die Reaktorkatastrophe von Tschernobyl ausgelösten radioaktiven Fallout wurden u.a. auch die besonders toxischen Radionuklide ^{90}Sr und ^{137}Cs nach Deutschland verfrachtet. Gegenüber der „normalen" Hintergrundbelastung waren die Strahlungsaktivitäten zwar erhöht, die Radionuklide wurden jedoch im belebten Boden zurückgehalten und fanden daher nicht ihren Weg in das Grundwasser.

- Über den Luftpfad gelangen auch organische Schadstoffe in das Grundwasser. Dabei handelt es sich um aliphatische und aromatische (auch kondensierte) Kohlenwasserstoffe, Aldehyde, Ketone, Phenole, Ester und halogenierte Verbindungen (Schleyer et al. 1991). Die wichtigste Quelle organischer Inhaltsstoffe im Niederschlag sind Verbrennungsprozesse, wobei der Kfz-Verkehr die größte Rolle spielt. Aber auch dem Luftverkehr kommt eine herausragende Bedeutung zu, wie Untersuchungen am Flughafen Frankfurt a. M. gezeigt haben (Deuter u. Liebl 1999).

- Im Niederschlagswasser sind die kurzkettigen aliphatischen Carbonsäuren wie Ameisensäure, Essigsäure und Propionsäure als organische Einzelstoffe am höchsten konzentriert (unterer $\mu g/l$-Bereich); sie sind durch photochemische Umsetzung hauptsächlich aus Trichlorethen oder Tetrachlorethen in der Troposphäre entstanden. Ubiquitär beträgt der Belastungspegel in der bodennahen Atmosphäre in ländlichen Gebieten einige Zehner $\mu g/m^3$ und in Industriegebieten bis mehrere Hunderte $\mu g/m^3$ (Krause u. Neumayr 1989). Bei der Bodenpassage entsteht aus der Trichloressigsäure durch mikrobielle Decarboxylierung Trichlormethan, das mancherorts im Grundwasser in Konzentrationen im unteren $\mu g/l$-Bereich nachgewiesen wird (Rat von Sachverständigen 1998; Schleyer et al. 1991).

- Die gut wasserlöslichen chlorierten Essigsäuren sind phytotoxisch und gelten als Mitverursacher der „neuartigen" Waldschäden (Frank et al. 1990). Die Summe aller sekundär entstandenen herbiziden Substanzen wird für Deutschland auf ca. 40000 t/a geschätzt (Schoen 1989) (vgl. Abschn. 7.4.3).
- Im Gegensatz zu kurzkettigen chlorierten Aliphaten passieren Toluol und Phthalate problemlos die Deckschichten. Im Niederschlagswasser und im Grundwasser werden vergleichbare Konzentrationen im low level-Bereich festgestellt (Schleyer et al. 1991).
- Offenbar müssen alle versauerungsgefährdeten Gebiete auch durch atmosphärischen Eintrag von organischen Schadstoffen als gefährdet angesehen werden, da meistens die Karbonat- und C_{org}-Gehalte gering sind (Schleyer et al. 1991). Atmosphärischer Eintrag von anorganischen und organischen Schadstoffen in einen Grundwasserleiter kann nur durch Maßnahmen am Ort der Entstehung wirkungsvoll unterbunden werden.

Siedlungsgebiete

Wohngebiete mit Straßen, Gärten, Grünflächen, Werkstätten, Tankstellen usw. sind Flächenquellen. Ihr Gefährdungspotential wurde erst in der jüngeren Vergangenheit erkannt (Chilton 1999; Landesanstalt für Umweltschutz Baden-Württemberg 1999; Merkel et al. 1987; Wurl et al. 1995). Typisch für Schmutzwasser in Wohngebieten sind folgende Stoffe, Parameter und Gruppenparameter:

- N-Verbindungen
- Sulfat, Borat, Phosphat, Chlorid
- Natrium, Kalium
- EDTA, NTA, organische Lösemittel wie insbesondere LHKW
- Schwermetalle
- PSBM aus Grünanlagen, Gärten; Düngemittel von Ackerflächen in Außenbezirken
- pathogene Keime

Als wesentliche Schadensquellen werden im Folgenden Regenwasserversickerung, kommunale und häusliche Kanalisationen, Arzneimitteleinträge, Siedlungsabfälle sowie Baumaterialien, Baumaßnahmen und Rohstoffabbau besprochen.

Regenwasserversickerung. Der Anteil der Schadstoffe, die über Anlagen der *zentralen* oder *dezentralen Regenwasserversickerung* von Dächern und Straßen und vor allem über Undichtigkeiten der *Kanalisation* in den Boden und/oder in das Grundwasser gelangen, ist außerordentlich hoch.

Durch die Überlastung der konventionellen Abwasseranlagen werden zunehmend dezentrale Versickerungsanlagen und teildurchlässige Oberflächen in Siedlungsgebieten gebaut. Dies wirkt sich einerseits positiv auf den Grundwasserhaushalt aus, andererseits aber negativ auf die Grundwasserbeschaffenheit.

Abflussversickerungen von Dächern, Höfen und Verkehrsflächen in emissionsträchtigen Wohn- und benachbarten Gewerbegebieten und bei schwermetall- oder bitumenhaltigem Dachmaterial (Eindeckung, Regenrinnen, Fallrohre aus Blei, Kupfer oder Zink) haben längerfristig zu Beeinträchtigungen des Bodens und der Grundwasserbeschaffenheit geführt (Borneff et al. 1996; Geiger u. Dierkes 1999; Hütter et al. 1999). Fallweise sind deshalb Versickerungsausschluss-, Einschränkungs-, Kontroll- und Pflegemaßnahmen erforderlich. In den Versickerungsanlagen kann bei metallischem Dachmaterial die Rückhaltekapazität des Bodenfilters bereits nach 2 bis 3 Jahren erschöpft sein

Kommunale und häusliche Kanalisationen. Die Schmutzwasserexfiltration aus kommunalen und häuslichen Kanalisationen stellt eine sehr hohe Schadstoffquelle in Siedlungsgebieten dar (Beichert et al. 1996; Dohmann 1995; Dohmann u. Haussmann 1996; Hagendorf u. Krafft 1996).

Ein typischer Indikator für durch Abwasser beeinflusstes Grundwasser ist Bor (Abke et al. 1997; Hötzl u. Reichert 1996). Es stammt aus Waschmitteln; auch im Abstrom von Deponien treten hohe Borgehalte auf (Golwer 1995).

Die Bedeutung der Schmutzwasserexfiltration ist auch daraus ersichtlich, dass in Deutschland 15–25 % der öffentlichen Kanalisationen sanierungsbedürftig sind (Abwassertechnische Vereinigung 1994; Lohaus 1999; Rat von Sachverständigen 1998). Die Gefahr einer Kontamination aus Leitungen in Privatgrundstücken ist möglicherweise noch höher, da sie insgesamt betrachtet eine größere Gesamtlänge als das öffentliche Kanalnetz aufweisen. Deren meist schlechter baulicher Zustand wird zudem nur in Ausnahmefällen kontrolliert. Andererseits werden sie nicht permanent mit Abwasser beschickt; Undichtigkeiten können so nicht immer emittieren.

Dagegen haben Leckstellen in den Abwasser führenden kommunalen Kanälen und Abwassersammlern einen ständigen Schmutzwasseraustritt zur Folge, sofern sich die Kanalrohre oberhalb des Grundwasserspiegels befinden. Besonders exfiltrationswirksam sind Kanalisationsstrecken im Schwankungsbereich des Grundwasserspiegels; dort werden die bakteriellen Aufwuchsfilme und Schwebstoffpartikel, die nach Decker u. Menzenbach (1995) abdichtend wirken, bei einseitig starken oder wechselnden Druckverhältnissen abgespült.

Beispiele:

– Für Karlsruhe wurde für ein Einzugsgebiet von 54 km² und für ein öffentliches Kanalnetz mit einer Gesamtlänge von 850 km, typisch für die Mehrzahl der deutschen Städte, bei Annahme einer potentiellen Exfiltrationsstrecke von 50 % und einer Exfiltrationsrate von lediglich 0,1 l/s·km ein Abwasserstrom in Richtung Grundwasser von 42,5 l/s ermittelt (Landesanstalt für Umweltschutz Baden-Württemberg et al. 1999). Das entspricht einer Spende von 0,8 l/ s·km² bzw. etwa 10 % der Grundwasserneubildung im Stadtgebiet.

– Für Hannover mit einem Einzugsgebiet von 84 km^2 und einem Kanalnetz von 585 km Länge wurde unter Berücksichtigung auch der privaten Kanalisation eine Exfiltrationsrate von etwa 0,25 l/ s·km ermittelt (Härig 1991; Härig u. Mull 1992). Das bedeutet eine Abwasserversickerung von 6,5 Mio m^3/a.

Aus der ca. 310000 km langen öffentlichen Kanalstrecke in den alten Ländern der Bundesrepublik Deutschland sollen jährlich etwa 300 bis 400 Mio m^3 Abwasser aus undichten bzw. schadhaften Kanalisationssystemen versickern (Eiswirth 1998; Rat von Sachverständigen 1998).

Für die Schutzzone II eines Trinkwasserschutzgebietes gilt, dass grundsätzlich keine Abwasserrohre verlegt werden dürfen. Dennoch werden in Karstgebieten mit der dort meist sehr groß dimensionierten Schutzzone II Abwässer über Dolinen in den Untergrund eingeleitet, z.B. in der Fränkischen und Schwäbischen Alb (Bayer. Landesamt für Wasserwirtschaft 2001), seit einiger Zeit allerdings erst nach weitergehender Reinigung.

Ergänzend soll an dieser Stelle die Verrieselung von Abwässern angeführt werden, die gefährliche Folgen für das Grundwasser durch den Eintrag von Schwermetallen, Nitrat oder Arzneimittelrückständen haben kann. So macht sich südlich Berlin der Einfluss der dortigen Rieselfelder selbst im liegenden Grundwasserleiter über mehrere Kilometer Abstrom bemerkbar, obwohl ein als undurchlässig bewerteter saaleeiszeitlicher Geschiebemergel die zwei Grundwasserstockwerke trennt (Asbrand 1999).

Arzneimittelwirkstoffe. Seit etwa 1993 wird das Auftreten von Arzneimittelwirkstoffen im Grundwasser beobachtet (Bayer. Staatsministerium für Landesentwicklung und Umweltfragen 2001; Berthold et al. 1998; Landesanstalt für Umweltschutz Baden-Württemberg 2000 a; Rat von Sachverständigen 1998; Schenk u. Kaupe 1998; Scheytt et al. 1998; Ternes et al 1999).

Es handelt sich insbesondere um die Chlofibrinsäure als Metabolit des Lipidsenkers Clofibrat und um viele Analgetika, Antiphlogistika, Antirheumatika, Antiepileptika u.a. sowie auch endokrin (hormonell) wirkende Stoffe, die trotz biologischer Reinigungsstufen in Kläranlagen nur wenig aus dem Abwasser entfernt werden. Sie gelangen über die Toiletten in die Kanalisation über Leckstellen und über Kläranlagen in den Untergrund. In Kläranlagen werden sie nicht völlig im Klärschlamm fixiert; sie können deshalb über in Vorfluter abgegebenes geklärtes Abwasser bei influenten Verhältnissen in das Grundwasser infiltrieren.

Bezeichnenderweise werden die höchsten Konzentrationen insbesondere der Chlofibrinsäure im Uferfiltrat gefunden oder im Umfeld auch ehemaliger Rieselfelder (Scheytt et al. 1998; Ternes et al. 1999).

Siedlungsabfälle. Siedlungsabfälle fielen im Jahr 1997 in einer Größenordnung von 45,0 Mio t an, die auf 376 Hausmülldeponien (1999) entsorgt wurden. Das waren 11,6 % des insgesamt angefallenen Abfalls in Höhe von 387 Mio t (Umweltbundesamt 2000). Im europäischen Durchschnitt entfallen auf einen Einwohner statistisch gesehen 545 kg häusliche Abfälle (European Environment Agency 2002).

Baumaterialien, Baumaßnahmen und Rohstoffabbau. Die European Environment Agency gibt für Europa 222,2 Mio t Bauschutt an; ein Teil davon stammt aus Siedlungsflächen. Speziell im Kontakt mit saurem Sicker- oder Grundwasser können Bestandteile des Betons in Lösung gehen (z.B. Chromat abgebender Zement) und den pH-Wert des Grundwassers anheben wie auch bei Zementsuspensionen. Dagegen stellen Weichgelinjektionen (chemische Injektionsmittel auf Wasserglasbasis) zur Abdichtung von tiefliegenden Baugruben keine Gefahr für das Grundwasser dar (Eiswirth et al. 1998; Schössner 1994).

Auch bituminöses Isoliermaterial kann auf die Grundwasserbeschaffenheit nachteilig einwirken.

In Deutschland werden 11,8 % (42052,7 km^2) der Fläche von Siedlungs- und Verkehrsinfrastruktur eingenommen (Umweltbundesamt 2000); die tägliche Zunahme beträgt 129 ha. Von der Versiegelung des Bodens sind 52,2 % der Siedlungsflächen betroffen (European Environment Agency 2002). Eine Folge der Versiegelung ist die *Erhöhung der Grundwassertemperatur* (Balke 1974; Hötzl u. Makurat 1981), die hydrochemische Folgereaktionen auslöst. Andere, ebenfalls an Siedlungsgebiete gebundene Ursachen sind Wärmepumpen, Kanäle mit Abwässern, die häufig wärmer sind als das Grundwasser, Fernwärmeleitungen und Hauskeller mit ihren Heizungsanlagen.

Indirekt wirken sich Siedlungsgebiete, Gewerbe- und Industrieflächen auf das Grundwasser durch Rohstoffabbau aus, da schützende Deckschichten teilweise oder ganz entfernt werden, ebenso der Abbau von Kies und anschließende Nutzung als Badesee

Es ist augenscheinlich, dass frühere industrielle, gewerbliche und häusliche Altablagerungen ein Verschmutzungspotential für das Grundwasser sind. Inzwischen werden auch moderne Deponien von der EU-Kommission als „umweltschädlich" eingestuft (Europäische Kommission 2000). Entsprechende Untersuchungen ergaben, dass mehr als zwei Drittel der Deponien eine deutliche Grundwasserbeeinflussung darstellen.

Landwirtschaftliche und forstwirtschaftliche Bodennutzung

Die Belastung des Grundwassers durch landwirtschaftliche und z.T. auch durch forstwirtschaftliche Aktivitäten ist flächenhaft. Insbesondere der intensive Einsatz von anorganischen und organischen Düngemitteln im Gartenbau, Weinbau und Obstbau seit 1960 ist die Hauptursache für die regional sehr hohen Nitratkonzentrationen im Grundwasser (Ministerium für Umwelt und Naturschutz usw. NRW 2002; Länderarbeitsgemeinschaft Wasser 1995; Obermann 1988). Es wird davon ausgegangen, dass 60 bis 90 % des Nitrats im Grundwasser aus der Landwirtschaft stammen, sowie überwiegend auch die Pflanzenschutz- und –behandlungsmittel (Länderarbeitsgemeinschaft Wasser 1997).

Das Grundwasser ist besonders dann gefährdet, wenn auf leichten Böden oder in Karstgebieten angebaute Sonderkulturen kräftig gedüngt und PSBM appliziert werden, gleichzeitig künstlich beregnet wird und kein den Nitratüberschuss verbrauchender Fruchtwechsel stattfindet (vgl. Abschn. 7.6).

Die Landwirtschaft verwertet nicht nur Reststoffe, sondern sie produziert auch Abfälle, die beide das Grundwasser gefährden können. Mit 800 Mio t/Jahr ist sie der größte Abfallproduzent im EU-Raum (Europäische Kommission 2000).

In Deutschland hatte der Düngereinsatz im Jahr 1988 ein Maximum (133 kg N/ ha·a im Wirtschaftsjahr 1988/89) und ging seitdem zurück (102 kg N/ha·a im Wirtschaftsjahr 1995/96); danach blieb er stabil (Rat von Sachverständigen 1998). Die landwirtschaftliche Nutzfläche (LF) der Bundesrepublik Deutschland beträgt 193136,2 km^2 (54,1 % der Gesamtfläche), davon sind

- 68,3 % Ackerland,
- 0,7 % Gartenbau,
- 0,6 % Weinbau und
- 30,4 % Dauergrünland.

Auf diese Fläche wurden im Wirtschaftsjahr 1998/1999 etwa 1,9 Mio t mineralische Stickstoffdünger und rd. 25 Mio t/a Feststoffe aufgebracht, d.h. etwa 105–110 kg N/ha·a. Außerdem wurden 1997 rd. 910000 t Klärschlamm landwirtschaftlich verwertet (Umweltbundesamt 2000). 1,2 Mio t N stammen aus Wirtschaftsdüngern, die auf 14,8 Mio Großvieheinheiten (GV) bezogen sind. 1 GV entspricht 1 Düngeeinheit bzw. 80 kg N.

Von den 1,9 Mio t mineralische Stickstoffdünger gehen ca. 12,5 % als NO_2 in die Atmosphäre zurück.

Im Folgenden werden Details zu Stickstoffdünger, sonstigen Mineraldüngern sowie PSMB aufgelistet, um den Umfang der Kontamination durch landwirtschaftliche und forstwirtschaftliche Bodennutzung aufzuzeigen.

Nitrat

- Das leicht lösliche und nur schwach sorbierbare *Nitrat* aus den mineralischen N-, P- und K-Verbindungen und organischen Düngern (Wirtschaftsdünger: Gülle, Jauche und Festmist, Müllkomposte und Klärschlämme) gelangt dann in den tieferen Untergrund und in das Grundwasser, wenn der Nährstoffbedarf der Pflanzen nicht berücksichtigt und außerdem zum falschen Zeitpunkt gedüngt wird (Bundesregierung 1999 b; Deutscher Verband für Wasserwirtschaft und Kulturbau 1994; Niedersächsisches Landesamt für Ökologie 2001; Obermann 1988).
- Nitrat wird vornehmlich in den Wintermonaten ausgewaschen, wenn wenig verdunstet und besonders viel Niederschlag versickert. In klimatisch gemäßigten Breiten können Pflanzen während dieser Zeit das im Boden vorhandene Nitrat nicht aufnehmen, da sie nicht wachsen.
- Unter leichten Sandböden mit ihrem geringen Wasserrückhaltevermögen und ihren in der Regel nur sehr geringen bis überhaupt nicht vorhandenen C_{org}-Gehalten sind die Nitratkonzentrationen häufig geringer als unter bindigen Böden mit einem hohen Tonmineralanteil. Der Grund dafür ist, dass in ihnen Nitrat nicht rasch in größere Tiefen verfrachtet werden kann, wie dies in bindigen Böden über Trockenrisse (präferentielle Fließbahnen) speziell in den Sommermonaten der Fall ist.

- Etwa 65 % der anorganischen und organischen Stickstoffdünger gehen durch mikrobielle Denitrifikation und Verflüchtigung von Ammoniak aus Gülle verloren; nur 20 % werden in landwirtschaftliche Produkte umgewandelt.
- Der Stickstoffüberschuss betrug 1988 > 200 kg/ha·a LF (Nordrhein-Westfalen: fast 300 kg N/ha LF; Ministerium für Umwelt und Naturschutz usw. NRW 2002). Trotz der später reduzierten Düngermengen ist der jährlich schwankende Stickstoffüberschuss im Boden mit 75–120 kg N/ha·a immer noch zu hoch (Bayer. Landesamt für Wasserwirtschaft 2001; Burdick 1999; Magierea 1999).
- Die Folge ist ein weiterer Anstieg der NO_3-Konzentrationen im Grundwasser. Etwa 25 % der deutschen Grundwasservorräte weisen NO_3-Konzentrationen ≥ 25 mg/l auf (Magierea 1999). Eine Beeinträchtigung des Grundwassers durch anthropogen „überhöhte" Nitratgehalte wird an 60–70 % aller Messstellen vermutet (Landesanstalt für Umweltschutz Baden-Württemberg 2000 b).
- Betrachtet man nur das oberflächennahe Grundwasser in Gebieten mit sandigen Böden (Feldkapazität etwa 15 %), ist in ca. zwei Drittel aller Grundwasservorkommen der Grenzwert der Trinkwasserverordnung überschritten (Schweigert 2002). Besonders hoch sind die Nitratkonzentrationen in Weinbaugebieten (Schwille 1969) und bei Sonderkulturen wie Spargel.
- In Bayern haben aktuell 7,3 % der mehr als 4000 Trinkwassergewinnungsanlagen Nitratkonzentrationen über dem gesetzlichen Grenzwert >50 mg/l (Bayer. Staatsministerium für Landesentwicklung und Umweltfragen 1999), im Jahr 1992 dagegen nur 4,2 %.
- In Nordrhein-Westfalen wird in 9 % der Rohwassergewinnungsanlagen der Trinkwasser-Grenzwert überschritten; bei 26 % wurden Nitratkonzentrationen zwischen 25 und 50 mg/l festgestellt (Ministerium für Umwelt und Naturschutz usw. NRW 2002).
- Vor diesem Hintergrund ist die immer noch geltende EU-Nitratrichtlinie von 1991 bedenklich, da Düngergaben bis 170 kg N/ha·a zugelassen werden.
- Häufig werden starke N- bzw. NO_3-Einträge in das Grundwasser nicht erkannt, weil im sauerstoffarmen Milieu eine heterotrophe Denitrifizierung stattfindet. Dadurch wird auch kaschiert, dass andere Schadstoffe in das Grundwasser gelangt sein können, da im Rahmen eines Nitratuntersuchungsprogramms nur wenige Parameter analysiert werden.
- Durch überhöhte Nitratdüngung wird die organische Substanz des Bodens und des Grundwasserleiters durch Oxidation weitgehend irreversibel abgebaut. Das hat zur Folge, dass das Rückhaltevermögen gegenüber anderen Schadstoffen, wie insbesondere Schwermetallen und PSBM, immer mehr abnimmt.
- Zu hohe Nitratgehalte im Grundwasser bedeuten eine Gefährdung der menschlichen Gesundheit, da bei Säuglingen und Kleinkindern die lebensgefährliche Methämoglobinämie (Blausucht) entstehen kann (Bindung von NO anstelle des Sauerstoffs an Fe^{2+} des Hämoglobins). Daneben können sich aus dem Nitrat bildende Nitrosamine eine kanzerogene Wirkung haben.
- Sind die Nitratgehalte zu hoch, sind auch die hydraulisch angeschlossenen oberirdischen Gewässer gefährdet (Eutrophierung, sauerstoffzehrende Algen-

blüte u.a.m.) und der chemische Status eines Grundwasserkörpers als
„schlecht" zu beurteilen (siehe oben; Europäische Wasserrahmenrichtlinie).

Mineraldünger

- Durch das Aufbringen von Mineraldüngern einschließlich Düngekalk können
  auch andere Stoffe in das Grundwasser gelangen. Düngerindikatoren sind vor
  allem Kalium, Chlorid und Sulfat (Ministerium für Umwelt und Naturschutz
  usw. NRW 2002), weniger dagegen Phosphate, die in der Regel im belebten
  Oberboden adsorptiv fixiert bzw. von den Pflanzen aufgenommen werden.
- Durch mineralische Düngung gelangen z.B. 15 kg S/ha·a auf landwirtschaftlich
  genutzte Böden (Rat von Sachverständigen 1998). Da der pH-Wert < 6 ist, wird
  Sulfat kaum adsorbiert und ist dementsprechend auswaschungsgefährdet. Auch
  im Boden organisch gebundener Schwefel kann im reduzierten Milieu bei Ge-
  genwart von Nitrat mineralisiert werden und mit dem Sickerwasser in das
  Grundwasser gelangen.
- Mit dem verstärkten Aufbringen von mineralischen Düngern stiegen im oberflächennahen Grundwasser des ländlichen Raums die Chlorid- und Sulfatgehalte sprunghaft an („Salzsprung"). Diese Versalzung ist eindeutig auf den Ein-
  fluss der Landwirtschaft zurückzuführen (Ministerium für Umwelt und
  Naturschutz usw. NRW 2002). Auch Cd, Cr, Pb und Zn sowie andere Schwermetalle, die Begleitstoffe nicht nur in den anorganischen, sondern auch in organischen Düngern sind (Gülle, Komposte, Klärschlämme), machen sich in der
  Grundwasserbeschaffenheit bemerkbar.
- In den Wirtschaftsdüngern sind z.T. noch kritischere Stoffe enthalten wie u.a.
  Pharmaka, Bakterien und Viren.
- Problemstoffe sind auch Müllkomposte und Klärschlämme, die in der Landwirtschaft in den letzten Jahren zu 40,8 % verwertet wurden (Skark 2001). Etwa 4,1 % der landwirtschaftlichen Anbauflächen sollen mit Klärschlämmen belegt worden sein.
- Klärschlämme – in Deutschland aus etwa 9,85 Mrd m^3/a Abwässer stammend
  (Skark 2001) – können außer mit Schwermetallen auch erheblich mit Pharmaka, Hormonen und organischen Stoffen wie Phenole oder Phthalate belastet
  sein. In Deutschland waren Human- und Veterinär-Arzneimittel mit ca. 2900
  zugelassenen Wirkstoffen im Jahre 1998 auf dem Markt, die z.T. mit dem ge-
  klärten Abwasser in die Vorfluter gelangen – darauf wurde bereits hingewiesen
  – und z.T. im Klärschlamm sorbiert sind (Skark 2001). Bezüglich des Trans-
  portpfades Klärschlamm – Boden – Grundwasser herrscht nach wie vor große
  Unsicherheit; ein Leaching wird jedoch nicht ausgeschlossen.

PSBM

- Chemische *Pflanzenschutz- und -behandlungsmittel* (PSBM) werden vor allem
  in der Landwirtschaft, aber auch in der Forstwirtschaft eingesetzt und kommen
  flächenhaft im Grundwasser vor.

- In Deutschland werden jährlich bis zu 40000 t in Verkehr gebracht. Es handelt sich dabei um rd. 1150 zugelassene Mittel mit 240 verschiedenen Wirkstoffen (Rat von Sachverständigen 1998; Umweltbundesamt 2000).
- Seit Jahren steigt die PSBM-Produktion in Deutschland, vor allem von Herbiziden, die 49,8 % der Wirkstoffe ausmachen. Es folgen Fungizide (25,9 %), Insektizide (13,4 %) und sonstige PSBM (10,9 %).
- In der Landwirtschaft werden überwiegend Herbizide eingesetzt, in der Forstwirtschaft Insektizide, im Mittel etwa 2 kg Wirkstoff/ha.
- Rückstände und Abbauprodukte von PSBM im Grundwasser wurden erstmals um 1980 systematisch untersucht (Hurle et al. 1987; Villinger 1987). Vor allem Karstgrundwasserleiter stellten sich als besonders gefährdet heraus.
- Da Pflanzenschutz- und -behandlungsmittel gespritzt werden, gelangen sie überwiegend flächig und diffus in das Grundwasser. Es gibt aber auch Hinweise, dass es aufgrund unsachgemäßer Anwendung oder Beseitigung von Restbrühen zu punktuellen Grundwasserbelastungen gekommen ist, die durch unüblich hohe Schadstoffkonzentrationen auffallen.
- Nach Erhebungen der LAWA (Länderarbeitsgemeinschaft Wasser 1997) wurden in 27 % der untersuchten Grundwassermessstellen und Trinkwassergewinnungsanlagen Wirkstoffe bzw. deren Metaboliten gefunden. Bei 8,6 % wurde der Trinkwassergrenzwert von 0,1 µg/l für Einzelsubstanzen überschritten. Das Umweltbundesamt nennt ähnliche Größenordnungen (Umweltbundesamt 2000).
- In Bayern wurden in einem Drittel der beprobten Messstellen PSBM nachgewiesen, in rd. 10 % der Fälle mit Konzentrationen > 0,1 µg/l (Milde u. Friesel 1987; Umweltbundesamt 2000). In Nordrhein-Westfalen wurde in 15 % der untersuchten Messstellen und Brunnen eine Grenzwertüberschreitung registriert; in manchen Regionen, so z.B. im Städtedreieck Düsseldorf – Duisburg – Krefeld, lagen die Befunde stellenweise sogar über 1 µg/l.
- In den Ländern der Europäischen Union wurde eine Überschreitung des Trinkwassergrenzwerts in 5 % (Dänemark) bis 50 % (Italien) der grundwasserbürtigen Rohwasserproben festgestellt (Zullei-Seibert 1996).
- In Grundwasserproben, die während oder am Ende eines Winterhalbjahres gewonnen wurden, korrelieren die PSBM- und Nitratkonzentrationen positiv; es besteht eine signifikante Koppelung an die vorausgegangene Applikation im Herbst (Börger u. Poll 1998). Im Winterhalbjahr sind der Einfluss von Interflow-Erscheinungen und der Stofftransport über präferentuelle Fließbahnen besonders groß. Das trifft auch speziell für Karstgebiete zu, wo die PSBM-Konzentrationen in mehr als 50 % der Fälle den Grenzwert der Trinkwasserverordnung von 0,1 µg/l im Winterhalbjahr überschreiten (Börger u. Poll 1998).
- Erstaunlich ist, dass Wirkstoffe, deren Anwendung Anfang der 90er Jahre verboten wurde, immer noch im Grundwasser nachgewiesen werden, z.B. Atrazin und sein Abbauprodukt Desethylatrazin (Berthold u. Toussaint 1997 a, b, 1998; Landesamt für Wasserhaushalt und Küsten Schleswig-Holstein 1993; Landesamt für Wasserwirtschaft Rheinland-Pfalz 1997; Ministerium für Umwelt

und Naturschutz usw. NRW 2002). Dies wird durch die Speicherfähigkeit des Bodens, die lange Aufenthaltszeit im Untergrund und den zu vernachlässigenden Abbau vor allem im tieferen Teil der ungesättigten Zone und im Grundwasserraum verursacht und weniger durch Verstoß gegen das Anwendungsverbot.

Die Häufigkeit des Nachweises von PSBM im Grundwasser nimmt bundesweit (Umweltbundesamt 2000) wie folgt ab:

> Desethylatrazin (32,9 %) > Atrazin (24,8 %) > Bromacil
> Simazin > Hexazinon > Diuron > Propazin
> Desisopropylatrazin (Metabolit von Atrazin) > Bentazon
> Mecoprop > Isoproturon > Metolachlor > Promethryn
> Terbuthylazin > zahlreiche weitere in Spuren

In Grundwässern Hessens sind annähernd 100 PSBM-Wirkstoffe nachgewiesen worden (Berthold u. Toussaint 1997 a, b, 1998), überwiegend relativ gut wasserlösliche Herbizide der Triazingruppe.

Trotz aufwendiger Prüfverfahren beim Einsatz von PSBM ist das Grundwasser durch diese Stoffe kontaminiert. Das liegt daran, dass in Labor- und Freilandtests sowohl Mobilität als auch Abbau der PSBM nicht standortgerecht simuliert werden können, da der Stofftransport von sehr vielen Einflussfaktoren abhängig ist. Bodenbearbeitung und präferentielle Fließbahnen spielen eine große Rolle; außerdem sind Verfrachtungen auf dem Luftweg und Abschwemmungen zu berücksichtigen. Daher wurde schon früh von Hydrogeologen gefordert, PSBM mit einer sog. W-Auflage nicht einzusetzen (Villinger 1987).

Der LAWA-Bericht (Länderarbeitsgemeinschaft Wasser 1997) führt 23 PSBM-Wirkstoffe auf, die am häufigsten im Grundwasser nachgewiesen wurden. Davon kommen 10 in den Pflanzenschutzmitteln vor, die z.Z. von der Biologischen Bundesanstalt für Land- und Forstwirtschaft in Braunschweig zugelassen sind: Bentazon, Mecoprop, Isoproturon, Metolachlor, Terbuthylazin, Chlortoluron, Dichlorprop, Lindan (γ-HCH), Chloridazon und Metalaxyl.

Ferner ist zu bedenken, dass viele Wirkstoffe bei der chemischen Analyse im Rahmen von Monitoring-Programmen nicht vorgeschrieben sind.

Gewerbe- und Industrieareale

Grundwasserkontaminationen, die durch Emissionen von Gewerbe- oder Industriegebieten einschl. Bergbau verursacht werden, können räumlich begrenzten Flächenquellen und singulären Punktquellen zugeordnet werden.

Bei kleinen Flächenquellen handelt es sich um gezielte Versickerung oder Versenkung von Industrieabwässern:

- Bereich der früheren Zinkhütte Nievenheim bei Neuss mit spektakulären As-Gehalten bis 50 mg/l, Zn-Gehalten bis 40 mg/l, Cd-Gehalten bis 600 µg/l oder Hg-Gehalten bis 50 µg/l im Grundwasser (Balke et al. 1973). Aus heutiger Sicht handelt es sich um eine Altlast.

- Erlaubte Einleitung von Endlaugen der Kaliindustrie in den Plattendolomit des Zechsteins im hessisch-thüringischen Grenzgebiet mit negativen Auswirkungen auf das Grundwasser im Buntsandstein (Skowronek et al. 1999).
- Gesetzlich abgesicherte Tiefversenkung von Abwässern oder flüssigen Abfällen in Grundwasserleiter, deren Wasser aus geologischen Gründen nicht genutzt werden kann.

Beispiele für singuläre Punktquellen sind:

- in der Regel unbeabsichtigte Austritte von Schadstoffen aus Tanks, Produktleitungen oder Reinigungsbädern oder sorgloser Umgang damit
- bewusste Freisetzung von Schadstoffen, z.B. als Waffe, wie bei Kriegshandlungen in Kuweit im Jahr 1991, als irakische Truppen Ölquellen in Brand setzten (Al-Fahad u. Al-Senafy 2000)

Im Grundwasser sind – abgesehen von Stoffen aus Industrieabwasser – solche Stoffe zu erwarten, die von Industrie und Gewerbe hergestellt oder verwendet werden.

Besonders problematisch sind jene Stoffe, die aufgrund großer Mobilität zu weitreichenden und lang andauernden Verunreinigungen des Grundwassers führen können:

- Reinigungs- und Entfettungsmittel Trichlorethen („Tri") und Tetrachlorethen („Per") speziell in der metallbe- und -verarbeitenden Branche; diese leichtflüchtigen halogenierten Aliphate (Abschn. 7.5) können selbst durch meterdicken Beton und auch vermeintlich undurchlässige Tonschichten penetrieren (Toussaint 1994).
- BTEX-Aromate, die im Untergrund relativ gut mikrobiell abbaubar sind.
- Öle und Fette, gelagert in Hundertausenden von Öltanks (Einzelbehälter der Industrie bis 150000 m^3 Fassungsvermögen) sowie transportiert über Pipelines mit einer Gesamtlänge von etwa 5300 km (Umweltbundesamt 2000).
- Polyzyklische aromatische Verbindungen, Phenole, Nitroverbindungen, Chlorpestizide, PCB und organische Säuren mit zunehmender Umweltrelevanz (Deutsche Forschungsgemeinschaft 1995).

Das Gefährdungspotential für Grundwasserschäden durch Gewerbe- und Industriebetriebe lässt sich aus Statistiken der ein- und umgesetzten Stoffe in den verschiedensten Branchen abschätzen (Tabelle 7.5).

Auffällige Werte in Grundwasseranalysen liefern erste Anhaltspunkte für eine gezielte Suche nach möglichen Verursachern. Im Jahr 1998 wurden beispielsweise in Deutschland 1288 Vorkommnisse gemeldet, bei denen 4298,4 m^3 wassergefährdende Stoffe ausgelaufen sind. Davon waren in 909 Fällen Lageranlagen, in 149 Fällen Abfüll- und Umschlaganlagen, in 120 Fällen Herstellungs-, Behandlungs- und Verwendungsanlagen (so genannte HBV-Anlagen) und in 110 Fällen sonstige Anlagen betroffen. Außerdem liefen, abgesehen von Unfällen beim Straßenverkehr, bei 189 Unfällen 334,4 m^3 Flüssigkeiten aus (Umweltbundesamt 2000).

Tabelle 7.5. Ausgewählte Industriebranchen und eingesetzte Stoffe. Aus Landesanstalt für Umweltschutz Baden-Württemberg (1999).

Branchen	eingesetzte Stoffe (Auswahl)
chemische Industrie	Ammoniak, Barium, Chlorid, Chrom, Eisen Mangan, Quecksilber, organische Chemikalien, organische Lösemittel, Phenole, Sulfat, Zink
Metallverarbeitung	Cadmium, Chrom, Kupfer, Fluorid, Lösemittel, Nitrat, Phenole
Elektroindustrie	Aluminium, Chlorid, Fluorid, Eisen, Kupfer, Lösemittel
Kunststoffindustrie	Ammoniak, Fluorid, Lösungs- und Reinigungsmittel

Bei den meisten Grundwasserschäden handelt es sich um schleichende, u.U. über Jahre oder sogar Jahrzehnte unbemerkt gebliebene Verluste oder kleinere Pannen. Das gilt insbesondere für die vielen kleinen Betriebe („Hinterhofbetriebe") vor allem in Altstadtbereichen, die in der Summe eine nachweisbare Auswirkung auf die Grundwasserbeschaffenheit haben. Spektakulär große Schäden durch Leckschlagen von Behältern oder Rohrleitungen sowie Zerstörung durch Explosionen oder Brände sind dagegen eher selten.

Auch Abfälle des produzierenden Gewerbes stellen ein Gefährdungspotential für das Grundwasser dar. Im Jahr 1997 fielen 62,1 Mio t an, davon waren 18,2 Mio t hochproblematische Sonderabfälle (Umweltbundesamt 2000). Diese Abfälle können bei unsachgerechter Lagerung oder Zwischenlagerung auf den Betriebsgrundstücken oder im Zusammenhang mit ihrer Entsorgung auf Deponien Schadstoffe in den Untergrund entlassen.

Gewerbe- und Industriegebiete, die über den Luftpfad emittieren, beinhalten ein zusätzliches Gefährdungspotential für das Grundwasser (Versickerungen von Dächern, Höfen sowie Lager- und Verkehrsflächen).

Im Folgenden werden weitere Details aufgelistet, die für Kontaminationen durch Gewerbe- und Industrieareale relevant sind.

– Die häufigsten Stoffgruppen bei Grundwasserverunreinigungen (Bayerisches Landesamt für Wasserwirtschaft 2001) sind leichtflüchtige halogenierte Kohlenwasserstoffe (LHKW):
  - leichtflüchtige halogenierte Kohlenwasserstoffe   56 %
  - Mineralöl-Kohlenwasserstoffe (KW)   27 %
  - polyzyklische Aromaten (PAK)   20 %
  - Metalle   19 %
  - Aromaten   19 %
  - Anionen   9 %
  - sonstige   10 %

– Insbesondere bei ehemaligen Gaswerken, Kokereien u.a. wird das Vorkommen von PAK im Grundwasser unterschätzt. Das mag damit zusammenhängen, dass häufig nur die von der Trinkwasserverordnung vorgeschriebenen PAKs analysiert werden. Bestimmungen von Naphthalin, Anthracen, Fluoren, Phenanthren,

Fluoranthen und Pyren, auf die mehr als 90 % der PAK-relevanten Kontaminanten entfallen, erfolgen jedoch nicht (Götzelmann et al. 1996).

– Die erfassten Grundwasserkontaminationen verteilen sich prozentual wie folgt:
  - 22 % Metallindustrie, galvanische Betriebe, Lackierereien, Maschinenbau, Fahrzeugbau
  - 13 % chemische Reinigungen
  - 10 % Tankstellen
  - 5 % jeweils Elektrotechnik und Handel
  - 4 % chemische Industrie
  - 41 % „sonstige" wie Abfallbeseitigung und -behandlung
  - 5 % Streitkräfte/Polizei (Bayer. Landesamt für Wasserwirtschaft 2001; Rat von Sachverständigen 1998)

– Ein spezielles Problem stellen die Rückstandshalden der Kaliindustrie in Hessen und Niedersachsen dar (Fritsche 2002). Während der Kern einer Halde wegen der hohen Auflast und der Kompaktion des Salzes als praktisch wasserundurchlässig gilt, können im frisch geschütteten Flankenbereich Niederschlagswässer wegen der stetigen Abnahme des Hydratisierungspotentials des Salzes versickern und das Grundwasser in Mitleidenschaft ziehen. Deswegen werden heute nicht nur salzhaltige Wässer am Haldenfuß mittels Draingräben abgefangen, sondern der Untergrund im künftigen Haldenauffüllbereich wird in einer Breite von 45 m abgedichtet. In die geplante Aufstandsfläche wird Ton eingearbeitet; dabei ist darauf zu achten, dass die neue Haldenflanke nicht ins Rutschen kommt.

– Generell hat aktuell in Deutschland und in anderen westlichen Industrieländern die Existenz eines Gewerbe- oder Industriebetriebs nicht mehr quasi automatisch eine Grundwasserkontamination durch folgende Maßnahmen zur Folge:
  - flächendeckender Einsatz moderner Techniken, z.B. doppelwandige Lagertanks mit Überfüllsicherung und Leckanzeige, Kreislaufführung in gekapselten Systemen
  - reduzierter Einsatz von wassergefährdenden Stoffen oder von ungefährlichen Ersatzstoffen in vielen Gewerbebereichen

– Dagegen stellen die Gefahren, die von aufgegebenen Betriebsflächen ausgehen, für das Grundwasser nach wie vor *die* „Zeitbombe" dar, deren Entschärfung, sprich Sanierung noch Jahrzehnte in Anspruch nehmen wird.

– Auch die staatlich verordnete Umrüstung der Tankstellen, die in der Vergangenheit zahlreiche punktuelle Boden- und Grundwasserverunreinigungen verursacht haben, dient dem vorsorgenden Grundwasserschutz. Hier sind neben den Mineralöl-Kohlenwasserstoffen vor allem die Begleitstoffe problematisch. Abgesehen von den LHKW, die als Reinigungs- und Entfettungsmittel in den angeschlossenen Werkstätten der Tankstellenpächter Verwendung finden, handelt es sich um Benzol, das kanzerogen wirkt, und um Antiklopfmittel.

– Früher wurde Vergaserkraftstoffen die gesundheitsgefährdende Blei-organische Verbindung Tetraethylblei zugesetzt. Ab 1970 ist es der Ersatzstoff Methyltertiärbuthylether (MTBE), der außerdem die Ozon- und Kohlenmonoxid-

Konzentration in den Abgasen verringern und damit die Luft „sauberer" machen soll.

- Das erst kürzlich im Grundwasser analytisch nachgewiesene MTBE ist im Untergrund sehr mobil und wird nur sehr langsam mikrobiologisch abgebaut.
- Während in der Mehrzahl der Fälle gelöste Kohlenwasserstoffe im Grundwasser aufgrund des natürlichen Reinigungsvermögens eines Porengrundwasserleiters nach 100 m Fließstrecke kaum noch nachgewiesen werden können, ist das bei MTBE nicht der Fall. Im Bereich der ehemaligen Leuna-Werke in Sachsen-Anhalt wurden im Grundwasser bis zu 185 mg/l MTBE nachgewiesen (Effenberger 2001 a, b; Schirmer 1999).

Verkehr

Das Gefährdungspotential sind der Transport von wassergefährdenden Gütern auf Straßen, Schienen, Wasserstraßen und Luftverkehr (Kerosin, Auftaumittel) sowie die von den Transportmitteln selbst ausgehenden Emissionen.

Für Deutschland sind folgende Daten (Umweltbundesamt 2000) relevant:

- Gesamtlänge der Straßen des überörtlichen Verkehrs rd. 230700 km (Stand 1998)
- Gemeindestraßen 413000 km
- Schienennetz 42200 km
- Wasserstraßen 7300 km
- rd. 42,4 Mio PKW, 2,6 Mio Lkw und 4,9 Mio motorisierte Zweiräder (1999)
- Kraftstoffverbrauch des Personenverkehrs 48,6 Mrd Liter
- Kraftstoffverbrauch des Güterverkehrs 22,1 Mrd Liter

Im Jahr 1998 wurden im Straßenverkehr 1189 Transportunfälle registriert (86,3 % aller Unfälle). Ausgelaufen sind dabei 545,0 m^3 wassergefährdende Flüssigkeiten (62 % der bei Unfällen freigesetzten Flüssigkeiten). 15 % der Unfälle geschahen in Gebieten mit erhöhtem Schutzbedürfnis.

Die Belastung von Böden und Grundwasser durch *Verkehrswege*, die als eine Aneinanderreihung von Punktquellen zu verstehen sind, und speziell durch Straßen ist durch Golwer (1973, 1978, 1991) untersucht worden:

- Von *Straßen* abzuleitende Schadstoffe werden über Fahrbahnabfluss, Spritzwassertransport und Windvertriftung verfrachtet.
- Neben verkehrstypischen gasförmigen Schadstoffen wie CO, NO_x, Kohlenwasserstoffen, polyzyklischen Aromaten und Ruß handelt es sich um Abrieb von Fahrzeugreifen, Fahrbahnbelägen, Bremsbelägen und Metallteilen. Im Abgas werden bis zu 150 Komponenten der PAK nachgewiesen.
- Verluste von Ölen, Schmierfetten, Treibstoffen, Bremsflüssigkeiten, Frostschutz- und Waschmitteln sowie von Korrosionsprodukten. Beispielsweise liefert eine Straße mit zwei Fahrstreifen und einer bituminösen Decke jährlich einen Abrieb von rd. 10 t/km. Bei den früher erlaubten Spikes war der Abrieb noch größer.

- Verwendung von mineralischen Abfällen wie Hochofenschlacke, Verbrennungsasche, Abbruchmaterialen, Bergematerial oder Aufbruch von Straßendecken im Erd-, Straßen- und Wegebau („Verwertung")
- Stoffe zur Unterhaltung der Straßen und zur Erhaltung der Verkehrssicherheit: Markierungsfarbe, chemische Mittel zur Reinigung von Verkehrsschildern und Leitpfosten, Totalherbizide, Streugut, insbesondere NaCl
- In Abhängigkeit von den winterlichen Verhältnissen schwankte z.B. in Hessen der Streusalzverbrauch (überwiegend auf Bundesautobahnen) im Zeitraum 1985–1991 zwischen 35500 t und 131610 t (Golwer 1991).
- Im Bereich des Frankfurter Flughafens, wo sich Autobahnen und überregionale Straßen bündeln, macht sich die Winterstreuung durch stark erhöhte Cl-, aber auch SO_4-Konzentrationen im Grundwasser bemerkbar.

Beim *Schienenverkehr* sind relevant:

- Grundwasserkontaminationen durch Einsatz von PSBM, insbesondere durch das Totalherbizid Bromacil (Entunkrautung der Gleisbettung, der Schotterflanken und der Randwege in regelmäßigen zeitlichen Abständen)
- Imprägnation der Holzschwellen mit polyzyklischen Aromaten und Phenolen; trotz der nur geringen Löslichkeit können Einzelstoffe als schweres Phasengemisch in den tieferen Untergrund eindringen und sich auf der geneigten Sohle eines Grundwasserleiters weiter bewegen (Beispiele aus dem Bereich Hanau in Hessen)
- Versickerung Mineralölprodukte und Lösemittel bei Unfällen auf der Schiene
- Verwendung von bleihaltigen Rostschutzmitteln wie Mennige
- Abrieb von Metallteilen, die bei entsprechenden pH-Werten in Lösung gehen

Für den *Luftverkehr* sind relevant:

- Belastung der Luft durch gasförmige Schadstoffe
- Reifenabrieb und Abrieb von Start-, Lande- und Rollbahnen
- Auftaumittel mit N-haltigen Substanzen wie „Urea", „Frigantin" oder „Hoechst 1678"
- Düngung der angrenzenden Grünstreifen mit Nitratkonzentrationen im Grundwasser von mehreren 100 mg/l
- Flugbenzin und Kerosin aus undichten Betankungsanlagen, Tanks und Treibstoffleitungen, die unter Flugplätzen und Flughäfen auf dem Grundwasser aufschwimmen (Toussaint 1994; vgl. Abschn. 7.5)
- Feuerlöschmittel (z.T. mit LHKW) und organische Lösemittel zur Reinigung der Flugzeuge

Für den *Binnenschiffsverkehr* gilt:

- Havarien mit Freisetzung wassergefährdender Stoffe
- Beeinflussung der Uferfiltratgewinnung
- Baustoffe mit auslaugbaren Bestandteilen, Bitumenbeton mit Teeröl zur Böschungsbefestigung
- deponiertes Baggergut (Gröngröft u. Miehlich 1995)

Altlasten

Altablagerungen und Altstandorte sind:

- stillgelegte Deponien einschließlich Kippen
- „wilde" Müllablagerungen
- nicht mehr betriebene gewerbliche und industrielle Standorte
- ehemalige Rüstungsbetriebe
- kriegsbedingte militärische Einrichtungen, auf denen mit rüstungsspezifischen Stoffen (z.B. Sprengstoffe) umgegangen wurde
- ehemalige Grundstücke und Infrastrukturen des Militärs (z.B. Kasernen und Flugplätze)

Eine altlastenverdächtige Fläche ist gemäß Bundesbodenschutzgesetz (Bundesregierung 1998) durch den Verdacht einer schädlichen Bodenverunreinigung oder sonstiger Gefahren für den Einzelnen oder die Allgemeinheit definiert. Bei Altlasten wird die Notwendigkeit einer Sanierung oder zumindest Sicherung durch die zuständigen Behörden festgestellt.

Bei ca. 25 % der Altlasten ist auch das Grundwasser betroffen. Es handelt sich um punktuelle Kontaminationen mit den dafür typischen polyzyklischen aromatischen Kohlenwasserstoffen, leichtflüchtigen halogenierten Aliphaten und z.T. auch Schwermetallen. Altlasten sind hauptsächlich an industriell geprägte Regionen wie z.B. das Ruhrgebiet, die Rheinschiene u.a. gebunden.

Über Altablagerungen und Altstandorte existieren in allen Bundesländern Datenbanken der Fachbehörden. Im Altlasteninformationssystem Hessen (ALTIS) waren am Stichtag 01.01.2001 (Hessisches Landesamt für Umwelt und Geologie 2001) registriert:

- 6655 Altablagerungen
  - davon 298 altlastenverdächtig und 84 Altlasten
- 64454 erfasste Altstandorte
  - davon 441 militärische oder rüstungsbedingte Altstandorte
  - 286 altlastenverdächtig, davon 32 militärische oder rüstungsbedingte Altstandorte

- festgestellte Altlasten: 330 Altstandorte
  - davon 29 militärische und rüstungsbedingte Altstandorte

  Für ganz Deutschland gilt 1998 (Umweltbundesamt 2000):

- 304093 Altlastenverdachtsflächen
  - davon 106314 Altablagerungen
  - davon 197779 Altstandorte

- 53200 Verdachtsflächen mit Gefährdungsabschätzung

In allen Bundesländern sind die Altablagerungen im Gegensatz zu den Altstandorten fast vollständig erfasst. Es handelt sich dabei überwiegend um ehemalige Müllplätze der Kommunen; bis 1972 und z.T. auch danach wurde dort kaum kontrolliert, welche Abfälle von wem und von wo angefahren wurden.

Eine nicht unbeträchtliche Anzahl von Altlasten, insbesondere Altablagerungen, liegen in Trinkwasserschutzgebieten (Dörhöfer 1996). Wegen ihrer Gefahr für die menschliche Gesundheit werden sie vorrangig saniert oder zumindest geotechnisch oder hydraulisch gesichert (Kap. 8).

Bis zur Errichtung geordneter Deponien galt die Auffassung, natürliche Hohlformen oder vom Menschen geschaffene „Landschaftsnarben" (Kiesgruben oder Steinbrüche) durch Auffüllen rekultivieren zu müssen. Dabei wurden Abfälle auch häufig in das aufgedeckte Grundwasser gekippt. Hausmüll wurde mit seinen anorganischen und organischen Fraktionen meist unsortiert abgelagert. Die unversiegelten Müllkörper unter der „grünen Wiese" (Koch 1985) fungierten als Reaktor mit chemischen und biologischen Prozessen, die zu einer unerwarteten Zusammensetzung des Sickerwassers führten (Golwer u. Matthess 1972; Golwer et al. 1976; Hölting 1996; Matthess 1994). Hochkonzentrierte Sickerwässer (einige Gramm bis Zehner Gramm pro Liter) führten zu schwerwiegenden Kontaminationen des Grundwassers, sofern dieses nicht ohnehin mit dem „nassen Fuß" der Deponie in unmittelbarem Kontakt mit den Abfällen war und die löslichen Inhaltsstoffe auslaugte. Bei nicht abgedeckten Hausmülldeponien sind jährliche Stofffrachten in Größenordnungen von einigen 100 Tonnen nicht selten (Baumann u. Niessner 1995).

Altstandorte sind im Hinblick auf das emittierte Schadstoffspektrum überschaubarer als Altablagerungen. Grundwasserbelastungen gehen oftmals nur auf einen oder nur wenige Schadstoffe zurück und können in vielen Fällen einem Verursacher konkret zugewiesen werden.

7.4.3 Mittelbare Einflüsse auf die Grundwasserbeschaffenheit

Mittelbare anthropogene Einflüsse auf die Grundwasserbeschaffenheit werden durch Veränderung des natürlichen Grundwassermengenhaushalts und Stoffhaushalts verursacht.

Auslöser dieser Veränderungen sind vor allem Tiefbau- und Hochbaumaßnahmen, wasserbauliche Maßnahmen, Grundwasserförderung zur Sicherstellung der Trink- und Betriebswasserversorgung und landwirtschaftliche Beregnung, die das Grundwasser hydrochemisch mittelbar beeinträchtigen.

Folgende Aspekte werden nachstehend hervorgehoben:

- *Versiegelung des Bodens*
- *Eingriffe in die Vegetation*
- *Wasserbauliche Maßnahmen*
- *Einleitung von Abwässern in oberirdische Gewässer*
- *Sümpfungsmaßnahmen, langanhaltende Wasserhaltungen, Flutungen*
- *Baumaßnahmen*
- *Grundwassernutzung*

Versiegelung des Bodens. Durch die Versiegelung des Bodens durch Wohnbebauung, Gewerbe- und Industriestandorte sowie Verkehrsflächen und damit verbundenen Drainage- und Kanalisationsvorrichtungen werden große Mengen an Niederschlagswasser nicht mehr dem Grundwasser zugeführt, sondern gelangen direkt in die oberirdischen Gewässer. Die Versiegelung beeinflusst nicht nur den Grundwasserstand und verringert das Grundwasserdargebot, sondern kann auch die Grundwasserbeschaffenheit verändern. Auch der Gasaustausch wird behindert; es wird insbesondere weniger Sauerstoff in den Untergrund eingetragen; umgekehrt gasen Kohlendioxid und andere leichtflüchtige Substanzen nicht aus. Die Grundwassertemperatur erhöht sich (Balke 1974; Hötzl u. Makurat 1981; Trauth et al. 1999). Eine erhöhte Temperatur des Grundwassers wird die Transformationstätigkeit vieler mesophiler Mikroorganismen begünstigen und damit positiv durch erhöhten Schadstoffabbau auf die Grundwasserbeschaffenheit einwirken. Andererseits wird bei höherer Temperatur die Kontaktzeit zwischen Grundwasser bzw. Grundwasserinhaltsstoffen und Gesteinsmatrix verringert, weil die Viskosität des Grundwassers reduziert wird und das Grundwasser bei gleichem Spiegelgefälle schneller strömen kann.

Eingriffe in die Vegetation. Eingriffe in die Vegetation bewirken eine sekundäre Veränderung der Grundwasserbeschaffenheit:

- merklich höhere Evapotranspiration und Minderung der Grundwasserneubildung durch Aufforstung brachliegender Flächen
- Eintrag von weniger Sauerstoff in das Grundwasser mit Veränderung der Redox-Verhältnisse (vgl. Abschn. 7.2)

Es gibt positive und negative Effekte auf die Grundwasserbeschaffenheit.

Positiv ist die Verringerung der Auswaschung von Schadstoffen aus dem Boden oder aus der ungesättigten Zone durch geringere Sickerwassermengen.

Negativ sind dagegen:
- Aufforstung an anderer Stelle als sogenannte Ausgleichsmaßnahme für Rodung von Waldflächen bei größeren Baumaßnahmen
- Aufforstung früheren Ackerlandes zur Verbesserung des Grundwasserschutzes in Einzugsgebieten von Trinkwassergewinnungsanlagen
- Umbruch von Grünland und Überführung in landwirtschaftlich genutzte Flächen, und zwar durch
  - verstärkte Oxidation des organisch gebundenen Stickstoffs
  - rasches Ansteigen der Nitratkonzentrationen im Grundwasser bis hin zu einem Nitrat-Durchbruch
  - Aufbringen von Düngern und die Applikation von Pflanzenschutz- und -behandlungsmitteln auf den jetzt ackerbaulich genutzten Flächen

Wasserbauliche Maßnahmen. Maßnahmen wie

- Begradigung von Fließgewässern
- Sohlvertiefung

– Einrichtung von Staustufen
– Bau von Schifffahrtsstraßen (Kanäle)

verändern die natürlichen Ex- und Infiltrationsverhältnisse nachhaltig. Sie führen zu einer Veränderung des Grundwasserstands und der Strömungsverhältnisse in den hydraulisch angeschlossenen Grundwasserleitern. Die Veränderung der Fließgeschwindigkeit und u.U. auch eine merkliche Umleitung des Grundwasserstroms können sich merklich auf den Grundwasserchemismus auswirken.

Einleitung von Abwässern. Die Einleitung von Abwässern hat bei influenten Verhältnissen eine erhebliche Beeinträchtigung der Grundwasserbeschaffenheit zur Folge. Die Infiltration aus einem oberirdischen Gewässer ist besonders hoch nach längeren und ergiebigen Niederschlägen mit Pegelhochständen. Bei Niedrig- und z.T. auch bei Mittelwasserständen ist sie dagegen oft niedriger, da das Bett eines abwasserbelasteten Bachs oder Flusses erheblich kolmatiert sein kann.

Sümpfungsmaßnahmen, langanhaltende Wasserhaltungen, Flutungen und Baumaßnahmen.

– *Sümpfungsmaßnahmen* im Bergbau sowie langanhaltende Wasserhaltungen bei Großbau- und Grundwassersanierungsmaßnahmen führen zu einer Absenkung des Grundwasserspiegels weit über die Eingriffsfläche hinaus.
– Die Veränderung der Druckverhältnisse und des Strömungsfeldes sowie in manchen Fällen ein hydraulischer Kurzschluss unterschiedlicher Grundwasserleiter können anthropogen unbeeinflusste Grundwasserkörper kontaminieren und festgelegte Schadstoffe remobilisieren.
– Durch die *Flutung von Bergwerken und Tagebauen* entstehen offene Wasserflächen, die nachhaltig auf die Grundwasserstände (z.B. Vernässung von Siedlungsgebieten), die Grundwasserströmungsverhältnisse, den Mengenhaushalt und die Beschaffenheit des Grundwassers einwirken.

Beispiele:

• Versauerung der Tagebaurestseen aufgrund der Oxidation von Pyrit oder Markasit (FeS_2) in den Abraumhalden der Braunkohlenförderung (Preim u. Mull 1995; Rat von Sachverständigen 1998; Schenk u. Kaupe 1998). Eisensulfide aus dem Nebengestein der Braunkohlenflöze gelangen in den Kippen in die sauerstoffhaltige Sickerwasserzone, so dass es zu starken chemischen Umsetzungen kommt. Der durch *Thiobazillus ferrooxidans* katalysierte Oxidationsprozess verläuft nach Gl. 7.11.

$$FeS_2 + 3,5\ O_2 + H_2O = Fe^{2+} + 2\ SO_4^{2-} + 2\ H^+ \tag{7.11}$$

• Entstehen von Sickerwässern mit pH-Wert < 2 sowie Eisen- und Sulfatgehalten von mehreren g/l. Zusätzlich kommt es zu Folgereaktionen: Freisetzung von Aluminium und toxischer Schwermetalle sowie Auflösung von Silikaten. Solche Sickerwässer oder das versauerte Wasser der Restseen können angrenzende Grundwasserleiter extrem kontaminieren.

- Grundwasserbelastungen durch Halden des aktiven oder stillgelegten Steinkohlenbergbaus (van Berk 1987; Ministerium für Umwelt und Naturschutz usw. NRW 2002): Absenkung des pH-Werts auf Werte zwischen 2 und 4 (Versauerung); großräumige Verringerung der Säureneutralisationskapazität durch die Entkarbonatisierung des Grundwasserleiters; Ausbreitung von Säuren und Salzen (Schwefelverbindungen und Schwermetalle) im Grundwasser über Jahrzehnte und über viele Kilometer; Konzentrationen der leichtlöslichen Sulfate in der Nähe der Emissionsquellen bis 3 g/l; signifikante Aufhärtung des Grundwassers.
- Gegenmaßnahmen speziell im Fall der Braunkohlenabraumkippen: Abdeckung zwecks Unterbrechung des Sickerwasserstroms sowie Einbau einer kalkhaltigen Sohlschicht und Einmischen von Kalk in das Kippenmaterial zur Erzielung einer Pufferwirkung.

Baumaßnahmen an der Geländeoberfläche bedeuten einen Eingriff in die ungesättigte Zone oberhalb des Grundwasserspiegels. Häufig kommt es dadurch zu einer Belastung des Grundwassers durch Stoffe, die im anthropogen ungestörten Zustand der Grundwasserüberdeckung durch das natürliche Rückhaltevermögen ferngehalten worden wären. Besonders sind Straßenbaumaßnahmen zu nennen.

Veränderung der natürlichen Grundwasserbeschaffenheit durch *Gewinnung und Nutzung von Grundwasser*:

- Veränderung des Einzugsgebietes; verstärkte Infiltration von oberirdischen Gewässern in Gebieten mit Absenkung des Grundwasserspiegels
- Erzeugung von leakage-Vorgängen durch Druckentlastung, wie z.B. im Oberrheingraben
- Grundwasserförderung größer als die mittlere langjährige Grundwasserneubildung
- Aufstieg von hochmineralisiertem Tiefenwasser insbesondere in tektonisch stark beanspruchten Gebieten
- Intrusion von Meerwasser in den Küstengebieten, z.B. in Israel (Jacobs u. Schmorak (1960) oder in Deutschland auf einigen Nordseeinseln
- Infiltration von aufbereitetem Oberflächenwasser mit Trinkwasserqualität zur Stabilisierung des Grundwassermengenhaushalts (z.T. mit ökologischem Hintergrund)
- Mischung von hydrochemisch unterschiedlichen Wässern im Untergrund
- Veränderung des originären Grundwasserchemismus, oftmals in Richtung einer besseren Qualität (z.B. im Hessischen Ried)

7.5 Exkurs: Kontamination durch LHKW

Die leichtflüchtigen halogenierten Kohlenwasserstoffe (LHKW) sind ein typisches Beispiel dafür, wie die Umwelt belasten und die menschliche Gesundheit gefährden. Diese Fehleinschätzungen beruhen auf der Annahme, dass sie beim Eindringen in den Untergrund aufgrund hoher Dampfdrücke und niedriger Siedepunkte nur in das Umweltkompartiment Luft transferiert und in der Atmosphäre im Wesentlichen photochemisch abgebaut werden. Die Wirkmechanismen, die einen Übertritt der LHKW in das Grundwasser begünstigen, waren nicht ausreichend erforscht. Ferner fehlten auch entsprechende Untersuchungstechniken im µg/l-Bereich. Hinzu kommen jahrzehntelanger sorgloser Umgang und ungeeignete Schutzmaßnahmen.

Während Produktion und Anwendung der LHKW ständig stiegen, konnte sich im Untergrund über längere Zeit nahezu unbemerkt ein Gefährdungspotential aufbauen, das erst seit 1980 durch verbesserte chemische Analytik in ganzer Tragweite erkannt wurde. Die ersten größeren Grundwasserkontaminationen durch LHKW wurden vor allem in Baden-Württemberg bekannt.

7.5.1 Eigenschaften und Umweltproblematik

Grundwasserkontaminanten sind hauptsächlich C1- bis C2-Aliphate, deren Wasserstoffatome durch unterschiedliche Prozessreaktionen vollständig oder partiell durch Halogene, meist durch Chlor und nachgeordnet durch Fluor, ersetzt worden sind (Abb. 7.8).

Die Fluorchlorkohlenwasserstoffe, das zwei- bis vierfach chlorierte Methan sowie 1,1,1-Trichlorethan, sind gesättigte und daher reaktionsträge Kohlenwasserstoffe. Bei diesen Alkanen sind die C-Atome durch Einfachbindungen verknüpft. Die chlorierten Derivate des Ethens sind ungesättigte Kohlenwasserstoffe; das charakteristische Merkmal dieser Alkene ist eine Doppelbindung in der Kohlenstoffkette.

1,2-Dichlorethen, das in der stereoisometrischen cis-1,2-Variante stabiler ist als trans-1,2-Dichlorethen oder 1,1-Dichlorethen, und Monochlorethen (Vinylchlorid) kommen im Grundwasser ausschließlich als mikrobielle Abbauprodukte (Metabolite) vor, während Tetrachlorethen und Trichlorethen als weitere Vertreter der chlorierten Alkene Primärsubstanzen sind.

Die LHKW beinhalten ein hohes Risikopotential für die menschliche Gesundheit, da sie toxisch sind und Mutagenität und Kanzerogenität zur Folge haben können. Daher dürfen nach der in Deutschland geltenden Trinkwasserverordnung (Bundesregierung 1990) im Trinkwasser Höchstkonzentrationen von 10 µg/l nicht überschritten werden. Für gesundheitlich besonders kritische LHKW liegt der Grenzwert bei 3 µg/l.

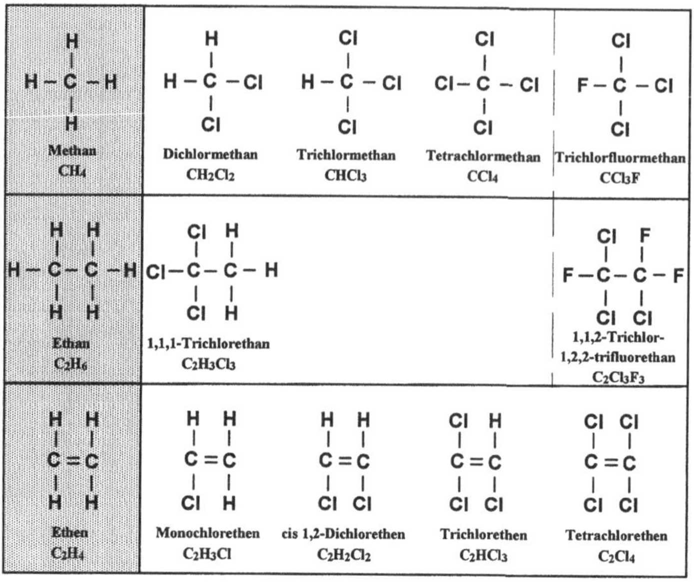

H | H – C – H | H **Methan** CH_4	H | H – C – Cl | Cl **Dichlormethan** CH_2Cl_2	Cl | H – C – Cl | Cl **Trichlormethan** $CHCl_3$	Cl | Cl – C – Cl | Cl **Tetrachlormethan** CCl_4	Cl | F – C – Cl | Cl **Trichlorfluormethan** CCl_3F
H H | | H – C – C – H | | H H **Ethan** C_2H_6	Cl H | | Cl – C – C – H | | Cl H **1,1,1-Trichlorethan** $C_2H_3Cl_3$			Cl F | | F – C – C – F | | Cl Cl **1,1,2-Trichlor- 1,2,2-trifluorethan** $C_2Cl_3F_3$
H H | | C = C | | H H **Ethen** C_2H_4	H H | | C = C | | Cl H **Monochlorethen** C_2H_3Cl	H H | | C = C | | Cl Cl **cis 1,2-Dichlorethen** $C_2H_2Cl_2$	Cl H | | C = C | | Cl Cl **Trichlorethen** C_2HCl_3	Cl Cl | | C = C | | Cl Cl **Tetrachlorethen** C_2Cl_4

Abb. 7.8. Strukturformeln der häufigsten LHKW

Mittlerweile ist offensichtlich, dass die LHKW ubiquitäre Grundwasserkontaminanten sind, besonders in urbanen Bereichen, durch

- eine weltweit zunehmende Anwendung,
- kostengünstige Nutzung in vielfältigen Einsatzbereichen,
- geringe Neigung zu Brand- und Explosionsgefahr,
- leichte Verflüchtigung und
- energiesparendes Abdampfen.

Diese „Entsorgung" in die Atmosphäre hat jedoch einen Abbau der Ozon-Schutzschicht und wegen teilweiser Anreicherung in der Troposphäre außerdem eine Verstärkung des Treibhauseffektes zur Folge. Weiterhin erhöht die photochemische Dehalogenierung die Versauerung des Niederschlags. Schließlich sind sie auch an den Waldschäden „neuerer Art" beteiligt (Frank 1988; Frank u. Frank 1986).

Die metallver- und -bearbeitende Industrie verbraucht eindeutig die größten Mengen an LHKW; danach folgen die chemische Industrie einschließlich Chemikalienhandlungen sowie chemische Reinigungen. In gleicher Reihenfolge lassen sich Grundwasserschadensfälle durch LHKW zuordnen.

Auf LHKW zurückgehende Grundwasserschadensfälle lassen sich bei Kenntnis der Anwendungsbereiche oft direkt bestimmten Verursachern zuordnen (Tabelle 7.6).

Tabelle 7.6. Hauptanwendungsbereiche der LHKW

Anwender/Verbraucher	Anwendung/Verwertung
metallbe- und -verarbeitende Industrie und Gewerbe (einschl. Maschinen- u. Fahrzeugbau, Kfz-Hersteller, Kfz-Werkstätten, Metallschleifereien u. -drehereien, Gießereien)	Entfetten, Trocknen, Reinigen, Entlacken, Zerstören von Fehlchargen (z.B. Gummi-Metallverbindungen)
chemische Betriebe, kunststoffverarbeitende Industrie, Lack- und Farbenhersteller	Lack- und Farbenherstellung, Herstellung von Kaltreinigern, Abbeizmitteln, Lackverdünnern, Bautenschutzmitteln, Fleckentfernern, Klebstoffen, Klebstoffreinigern, Haushaltsreinigern
pharmazeutische Industrie	Reinigungszwecke (z.B. Pillenreinigung)
Computer- bzw. Elektroindustrie	Herstellung von Leiterplatten oder elektronischen Bauteilen
Druckindustrie (einschl. Verlagswesen)	Druckplattenherstellung, Druckfarbenherstellung, Druckwalzenreinigung
optische Industrie und Glasgeräteherstellung	Reinigen von Glas, Linsen und optischen Geräten
Lebensmittelindustrie	Herstellung und Lösen von Aromaten und Extrakten (z.B. Herstellung von entkoffeiniertem Kaffee, Hühnerbouillon etc.), Reinigen von Maschinen und Betriebsstätten
Hersteller von Kältemitteln	Verwendung leichtsiedender LHKW hoher spez. Wärme und guter Wärmeübergangseigenschaften wie Dichlormethan und fluorierten LHKW (LFCKW)
Recycling-Betriebe, Raffinerien	Rückgewinnung von LHKW aus verbrauchten Lösemitteln
Textilindustrie	Textilveredlung, Pelzveredlung, Lederreinigung
Lederwarenherstellung	Entfetten von Häuten und Leder
Chemischreinigungsbetriebe	Textilreinigung
Papier- und Zellstoffindustrie	Einfärben von Papier, Lösemittel, Reinigungszwecke
Tierkörperverwertungsbetriebe, Futtermittelhersteller	Extraktion
sonstige Industriezweige (z.B. dentaltechnische Labors, Maler- und Lackierbetriebe, chemische Laboratorien)	Entfetten, Reinigen (z.B. Schlauchreinigung bei Fensterherstellern, Spritzkopfreinigung bei Kunststoffmöbelherstellern, PU-Schaum)
Privathaushalte	Imprägniermittel für Textilien, Fleckentferner, Lacklösemittel, Hauspflegemittel u.a.

Hilfreich bei der Erkundung einer Grundwasserkontamination durch LHKW ist die Kenntnis der Schadensursachen:

- Verwendung einwandiger Fässer für frische und verbrauchte Lösemittel bis 1990 vor Einführung spezieller Container mit integrierten Fässern (Langzeittropfverluste als häufigste Ursache)
- ungesicherte Anwendungs- und Anlagenbereiche (z.B. Entfettung)
- Umschlag- und Abfüllplätze
- Abwasserbehandlung und -leitungen (Bock 1990; Hagendorf 1988, 1989; Nerger 1990)
- unvorschriftsmäßiger Zustand zahlreicher LHKW-Lager nach den heutigen Anforderungen
- unsachgemäßer betrieblicher Umgang mit verbrauchten Lösemitteln

Aufgrund ihrer physikalischen und chemischen Eigenschaften (Tabelle 7.7) kommen die nicht oder nur schwach polaren LHKW in allen Umweltkompartimenten vor (Abb. 7.9).

7.5.2 Verhalten im Untergrund

Aufgrund ihrer speziellen physikalischen und chemischen Eigenschaften müssen bei den LHKW fluiddynamisch mehrere durch Grenzflächen getrennte *Phasen* unterschieden werden, die sich auf den Transport im Untergrund signifikant auswirken:

- flüssige (organische) Phase, nicht mit Wasser mischbar
- Gasphase
- wässrige Lösung

Diese Phasen befinden sich in einem von den herrschenden pT-Bedingungen abhängigen thermodynamischen Gleichgewicht oder streben ein solches an. Außerdem stehen alle Phasen in Wechselwirkung mit der mineralischen Matrix und insbesondere mit dem organischen Material auf den natürlichen Gesteinsoberflächen eines Grundwasserleiters, auf denen die LHKW adsorbiert sein können.

Im Untergrund liegt eine Mehrphasenströmung vor.

Tabelle 7.7. Physikalische und chemische Kennwerte ausgewählter LHKW

IUPAC-Nomenklatur	Dichlor-methan	1,1,1-Trichlor-ethan	Chlor-ethen	cis-1,2-Dichlor-ethen	Trichlor-ethen	Tetra-chlor-ethen	Hydro-genoxid
Trivial-Name	Methy-lenchlo-rid	Methyl-chloro-form	Vinyl-chlorid	cis-1,2-Dichlor-ethylen	"Tri", Trichlor-ethylen	"Per", Per-chlor-ethylen	Wasser
chemische Formel	CH_2Cl_2	$CCl_3\text{-}CH_3$	$CHCl\text{-}CH_2$	$CHCl\text{-}CHCl$	$CCl_2\text{-}CHCl$	$CCl_2\text{-}CCl_2$	H_2O
molare Masse (g/mol)	84,93	133,41	62,50	96,94	131,29	165,83	18,02
Dichte bei 20 °C (g/cm³)	1,33	1,34	0,91 (unter Druck)	1,28	1,46	1,62	0,99
Wasserlöslichkeit bei 20 °C (mg/l)	20000	1300	1100 (bei 1013 hPa)	800	1090	160	-
Dampfdruck bei 20 °C (hPa)	473	133	3092	234	78	18,6	23,4
Siedepunkt bei 1013 hPa	40,6	74,1	-13,4	60,3	86,7	121,1	100,0
Diffusionskoeffizient Luft bei 20 °C/1013 Pa (cm²/s)	0,1037	0,0794	0,1071	0,0911	0,0875	0,0797	-
Dielektrizitätskon-stante bei 20 °C	8,9	7,1	6,2	9,3	3,4	2,3	81,6
Verteilungskoeffizient Luft/Wasser bei 20 °C	0,12	0,60	2,56	1,96	0,36	0,82	-
Henry-Konstante bei 20 °C (kPa ·m³/mol)	0,25	1,48	2,20	0,37	0,85	1,43	-
Verteilungskoeffizient Oktanol/Wasser bei 20 °C	17,8	309	4,0	30,2	195	398	-
Oberflächenspannung (flüssige Phase) bei 20 °C (mN/m)	26,5	25,6	20,9 (bei -10 °C)	28	29,3	31,7	73,0
dynamische Zähigkeit bei 20 °C (mPa ·s)	0,43	0,86	0,21	0,47	0,57	0,54	0,89

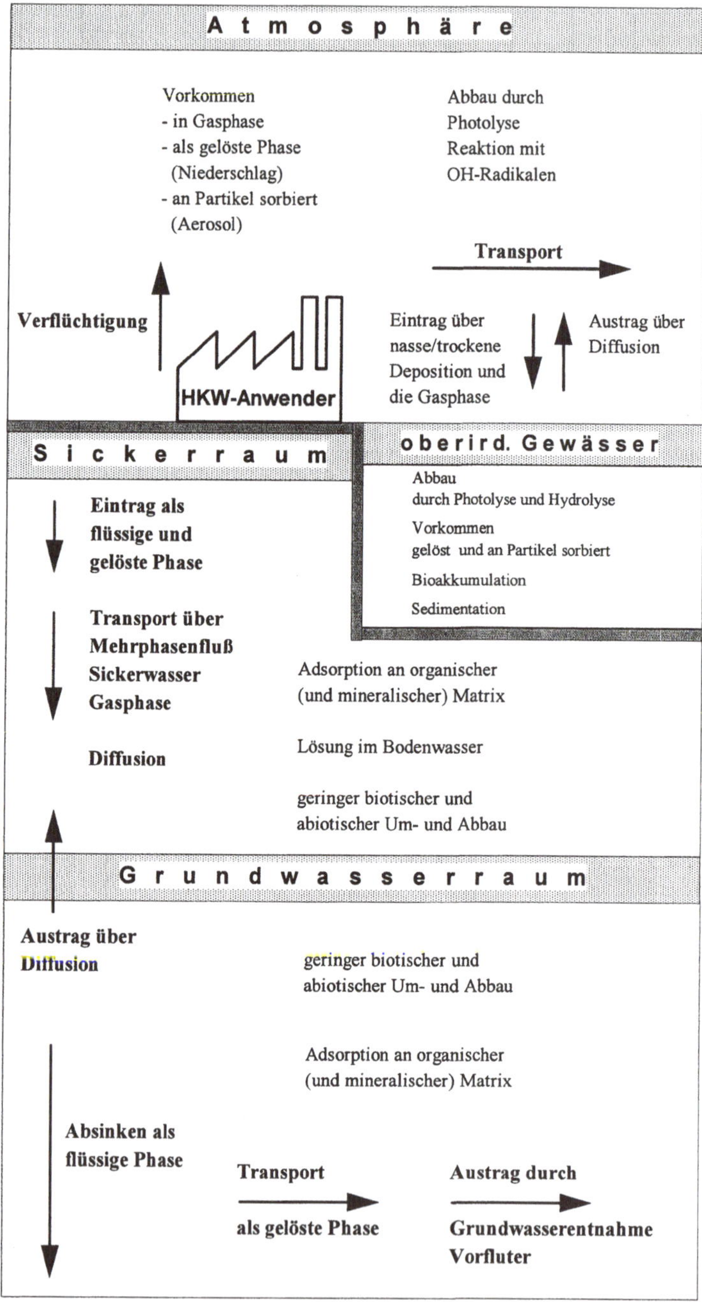

Abb. 7.9. Vorkommen der LHKW in der Umwelt und Emissionswege. Nach Straub (1992), leicht verändert.

Mathematisch lässt sich dieser Prozess durch Kombination des Gesetzes von Darcy mit der Kontinuitätsgleichung beschreiben. Da drei stark unterschiedlich mobile Phasen (Flüssigkeit, Gas, wässrige Lösung) vorliegen, hier Wasser (Index w), organische Flüssigkeit (Index o) und gasförmige LHKW bzw. die Bodenluft (Index g), erhält man drei gekoppelte nichtlineare Differentialgleichungen (Dorgarten 1991):

$$\frac{\partial}{\partial t}\left(\rho_\alpha \cdot n \cdot S_\alpha\right) - \frac{\partial}{\partial x_i}\left[\frac{\rho_\alpha}{\mu_\alpha} \cdot k_{r\alpha} \cdot k_{ij}\left(\frac{\partial p_\alpha}{\partial x_j} + p_\alpha \frac{\partial z}{\partial x_j}\right)\right] + \tilde{\rho} \cdot Q_\alpha + \Gamma_\alpha = 0 \qquad (7.12)$$

$$\alpha = \text{w, o, g}$$

mit

ρ = Dichte [kg/m^3]

n = Porosität [-]

S = Sättigungsgrad [-]

$x_{i,j}$ = kartesische Koordinaten [m]

k_r = relative Durchlässigkeit [-]

$k_{i,j}$ = Permeabilitätstensor [m^2]

p = Druck [Pa]

μ = dynamische Viskosität [kg/m·s]

g = Gravitationskonstante [m/s^2]

z = vertikale Koordinate [m]

$\tilde{\rho}$ = Dichte des Randstroms [kg/m^3]

Q = Quellen- bzw. Senkenterm [m^3/(m^3·s)]

Γ = Reaktionsterm [kg/(m^3·s)]

Die Reaktionsterme Γ beschreiben die Beeinflussung der Massenbilanz durch Phasenübergänge und Reaktionen. Entscheidende Bedeutung haben sie vor allem für die flüssige LHKW-Phase, wenn die Reduzierung residualer Sättigungen, z.B. durch Sanierungstechniken wie Absaugen, untersucht werden soll. Den entsprechenden Reaktionsterm mit den Anteilen aus Lösung und Verflüchtigung gibt Gl. 7.13.

$$\Gamma_o = nS_w \kappa_{ow}\left(\overline{C}_w - C_w\right) + nS_g \kappa_{og}\left(\overline{C}_g - C_g\right) \qquad (7.13)$$

Der Term C bedeutet die gemessene Konzentration; die weiteren Terme erklären sich aus der Berücksichtigung der Reaktionskinetik (Dorgarten 1991). Der reaktionskinetische Ansatz ist erforderlich, weil man von einem Reaktionsgleichgewicht zwischen den Konzentrationen in den beteiligten Phasen allenfalls in Porengrundwasserleitern bei geringen Grundwasserfließgeschwindigkeiten ausgehen kann. In Kluft- und vor allem in Karstgrundwasserleitern sind die Kontaktzeiten wegen hoher Strömungsgeschwindigkeiten auf Großklüften nur minimal.

Ein kinetischer Prozess wird durch die zeitliche Konzentrationsänderung beschrieben. Diese lässt sich allgemein als das Produkt eines Austauschkoeffizienten κ und einer Konzentrationsdifferenz darstellen, welche die jeweilige Abweichung vom Gleichgewichtszustand angibt. Für Lösungsprozesse, d.h. den Übergang von der organischen Phase zum Wasser, gilt Gl. 7.14.

$$\frac{\partial C_w}{\partial t} = \kappa_{ow}\left(\overline{C}_w - C_w\right) \qquad (7.14)$$

mit

$\overline{C}_w$ = Wasserlöslichkeit der organischen Phase

Die Verflüchtigung, d.h. der Übergang von der organischen Phase zum Gas, wird analog durch Gl. 7.15 beschrieben.

$$\frac{\partial C_g}{\partial t} = \kappa_{og}\left(\overline{C}_g - C_g\right) \qquad (7.15)$$

mit

$\overline{C}_g$ = gesättigte Dampfkonzentration der organischen Phase

Der Austausch zwischen beiden Phasen lässt sich durch Gl. 7.16 formulieren.

$$\frac{\partial C_g}{\partial t} = \kappa_{wg}\left(HC_w - C_g\right) \qquad (7.16)$$

Die Henry-Konstante H drückt dabei das Verhältnis der Konzentrationen im Wasser und im Gas im Gleichgewichtszustand aus.

Die Adsorption ist im Grunde nichts anderes als ein Phasenübergang zwischen Wasser und Korngerüst (Gl. 7.17).

$$\frac{\partial C_s}{\partial t} = \kappa_{ws}\left(K_D C_w - C_s\right) \qquad (7.17)$$

Hier wird das Korngerüst (Index s) als vierte, unbewegliche Phase eingeführt. Entsprechend sind nur solche Schadstoffe, die im Wasser und am Korngerüst vorhanden sind, für Mikroorganismen zugänglich, die ihrerseits selbst an der Feststoffmatrix fixiert sind. Der biologische Abbau mit den entsprechenden Abbaukonstanten λ (s^{-1}) für diese beiden Phasen kann mittels der Gln. 7.18 und 7.19 formuliert werden.

$$\frac{\partial C_w}{\partial t} = -\lambda_w \qquad (7.18)$$

$$\frac{\partial C_s}{\partial t} = -\lambda_s C_s \qquad (7.19)$$

Die hohen Dampfdrücke bzw. niedrigen Siedepunkte (Tabelle 7.7) begünstigen den Übertritt der flüssigen LHKW in den gasförmigen Aggregatzustand. Darauf basieren spezielle Detektionsverfahren („Bodenluftverfahren"), um in der ungesättigten Zone eines Grundwasserleiters befindliche oder aus dem Grundwasser ausgasende LHKW nachweisen zu können.

Die Tendenz zur Verflüchtigung steigt mit zunehmendem Henry-Koeffizienten. Auch der Verteilungskoeffizient Luft/Wasser, der sich aus dem Dampfdruck, der Wasserlöslichkeit und der relativen Molekülmasse nach dem Henry-Gesetz berechnen lässt, gibt Auskunft über das sich einstellende Gleichgewicht zwischen gelösten und gasförmigen LHKW. Mit Ausnahme von Dichlormethan sind die übrigen für Grundwasserschadensfälle relevanten LHKW verhältnismäßig wenig wasserlöslich.

Die Oktanol/Wasser-Verteilungskoeffizienten sagen aus, dass die Adsorption der an sich lipophilen LHKW an organischer Substanz insgesamt nur mäßig ist. Insofern ist es vielfach berechtigt, zumindest für eine Abschätzung der Abstandsgeschwindigkeit einer LHKW-Fahne in einem (Poren-)Grundwasserleiter keine Retardation anzusetzen, also von einem worst case-Szenario auszugehen. Dies ist auch bei einem ausschließlich mineralischen Grundwasserleiter der Fall.

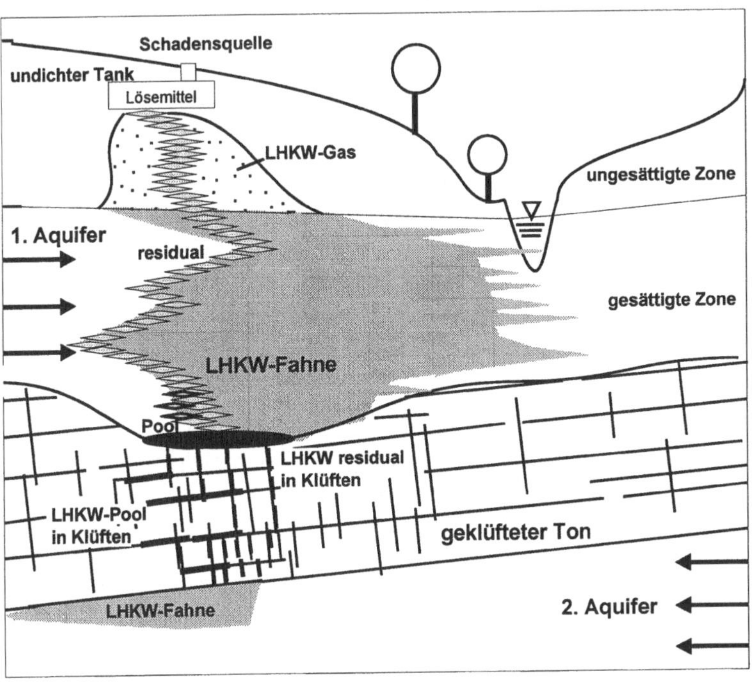

Abb. 7.10. Mehrphasenfluss im Untergrund bei einer LHKW-Kontamination des Grundwassers. Nach Pankow u. Cherry (1996), verändert.

Die nachfolgenden Ausführungen über die Ausbreitung der unterschiedlichen LHKW-Phasen in einem Grundwasserleiter (Abb. 7.10) basieren im Wesentlichen auf Labor-Experimenten an der Bundesanstalt für Gewässerkunde Koblenz (F. Schwille; um 1980) und theoretischen Ansätzen und Berechnungen von John A. Cherry, James F. Pankow und Stanley Feenstra, die seit 1987 insbesondere an der University of Waterloo in Kanada das Verhalten der LHKW im Untergrund untersuchen.

7.5.3 Ausbreitung der flüssigen Phase

Die wesentlichen Ergebnisse sind:

- In Grundwasserleitern machen sich gleichzeitig bewegende Flüssigkeiten den durchströmbaren Hohlraumquerschnitt streitig. Der Mehrphasenfluss führt zu einer Verminderung der Fließgeschwindigkeit. Sie ist kleiner als wenn die einzelnen Phasen allein in den Porenkanälen oder in den Trennfugen fließen würden.
- Da der Durchlässigkeitsbeiwert eines Grundwasserleiters eine Relation zum Quotienten aus dem spezifischen Gewicht und der dynamischen Viskosität eines Fluids (Gl. 2.70) aufweist, sind bei gleichen Potentialgradienten die Filtergeschwindigkeiten im trockenen Boden und somit auch die Durchflussmengen der LHKW größer als bei Wasser.
- Da die LHKW als nicht benetzende Phase bevorzugt die größeren Hohlräume besetzen, ist ihr Gehalt immer relativ höher als es ihrem prozentualen Anteil an der Füllung des Hohlraums entspricht.
- Wegen der Abhängigkeit der relativen Gesteinsdurchlässigkeit vom Verhältnis der Sättigung der Flüssigkeiten ist ein Fluss mehrerer Phasen nur möglich, wenn diese jeweils eine Mindestsättigung erreichen.
- Die LHKW liegen als freie (mobile) Phase vor, wenn die Sättigung größer ist als die sog. Residualsättigung. Andernfalls ist von einer residualen (immobilen) flüssigen Phase auszugehen, die nach dem Stillstand der Bewegung in Form von Kügelchen gegen die Schwerkraft isoliert in den Hohlräumen festliegt.
- Die residualen LHKW können von Wasser zwar leicht penetriert, jedoch nicht fortgespült werden, wie dies mit Wasser mischbaren Flüssigkeiten der Fall ist.
- Die halogenorganischen Verbindungen weisen am Kontakt mit einer festen Oberfläche geringere kapillare Steighöhen und somit eine kleinere Haftenergie auf als das konkurrierende Wasser. Daher werden die in den Zwickeln ursprünglich trockener Körner festgehaltenen LHKW-Häutchen durch zutretendes Wasser verdrängt und dabei zu Tröpfchen zusammengeschoben, die sich dann in den Poren sammeln.
- Ist zunächst nur Wasser vorhanden, das die Kornoberflächen und nur bei größeren Feuchtegehalten auch die Kornzwickel benetzt, füllen später eindringende LHKW den übrigen Porenraum auf, ohne dabei das Haftwasser (irreduzibles Wasser) verdrängen zu können. Diese Umbenetzungen erfolgen relativ rasch.

– Da beide Flüssigkeiten das kleinste energetische Potential aufweisen wollen, besetzt das Wasser als benetzendes Medium die kleinsten Poren mit den relativ größten Oberflächen; die LHKW und im Sickerraum auch die Luft nehmen als nicht benetzende Fluide die größeren Hohlräume ein. Die LHKW verdrängen leicht die Luft, und zwar in die großen Poren (Schwille 1982), da sie gegenüber Luft benetzend wirken.

Nach vorliegenden Erfahrungen ist die Residualsättigung in der gesättigten Zone eines porösen Mediums etwa 1,5- bis 1,7-fach höher als im lufterfüllten Sickerraum. Das bedeutet eine geringere Mobilität der LHKW im Grundwasserraum. Die von der matrixspezifischen Hohlraumgeometrie und -größenverteilung abhängige LHKW-Residualsättigung erreicht für Mergel oder Tone bis zu 5 g/kg und für Sande und Kiese bis zu 0,04 g/kg (Rietzler 1990).

Im ungesättigten Bereich gelten die Werte nur für das Anfangsstadium einer Ausbreitung von halogenierten Kohlenwasserstoffen, da insbesondere bei sehr durchlässigen Deckschichten merkliche Verdunstungsverluste auftreten können.

– Bei Versuchen an einem synthetischen geklüfteten Medium konnte ermittelt werden, dass bei Kluftöffnungen > 0,3 mm die LHKW rasch nach unten absinken; bei einem Durchmesser von 0,1 mm verblieb nur ein sehr dünner Film von LHKW. Noch kleinere Öffnungsweiten waren im Modell nicht darstellbar (Schwille 1982; Schwille et al. 1984, 1986).

– In der ungesättigten Zone wird ein Rückhaltevermögen von etwa 0,05 l/m^2 natürliche Kluftfläche angenommen (Schwille et al. 1984, 1986). Diese geringen Sättigungsgehalte bedeuten, dass in Festgesteinen bei einer Absenkung der Grundwasseroberfläche LHKW, die in der gesättigten Zone bereits immobil waren, in noch stärkerem Maße als bei Porengrundwasserleitern weiter nach unten verlagert werden können und daher tiefere Abschnitte eines Grundwasserkörpers stärker kontaminieren.

– Insgesamt ist es nach bisherigen Erkenntnissen unwahrscheinlich, dass bei Kluftöffnungen > 0,2 mm wesentliche Mengen an restgesättigten LHKW zurückgehalten werden. Ein Kluftgrundwasserleiter ist also für eine LHKW-Kontamination sehr viel anfälliger als ein Porengrundwasserleiter. Das gilt in noch größerem Maße für Karstgrundwasserleiter.

– Im Gegensatz zu gut wasserlöslichen organischen Phasen, z.B. Ketonen oder Alkoholen und z.T. auch Mineralöl-Kohlenwasserstoffen, erhöhen LHKW im Kontakt mit kompakten Mehrschichten-Silikaten wie z.B. Tonen nicht deren Permeabilität, sofern nicht bereits vorher Haarrisse bestanden haben (Pankow u. Cherry 1996).

– Trotzdem können LHKW auch in wassergesättigte Tone eindringen, wenn ihr hydrostatischer Druck größer ist als die mit der Feinporigkeit der Gesteinsmatrix zunehmende Kapillarkraft p_k (Gl. 7.20).

$$p_k = 2\sigma \cdot \frac{\cos \delta}{r} \qquad (7.20)$$

mit

σ = Grenzflächenspannung LHKW/Wasser
δ = Benetzungswinkel
r = Kapillarradius

- Bei einer Oberflächenspannung LHKW/Wasser von 0,03 N/m bzw. einer Oberflächenspannung LHKW/Luft von 0,07 N/m (Schwille 1981) muss für Ton ein Mindestdruck von ca. $5\cdot10^3$ hPa angenommen werden, für Schluff eine Größenordnung weniger, um Wasser aus einer engen Kapillare verdrängen zu können.
- Auch wenn für Sand nur ein Druck von 50 hPa erforderlich ist, wird der versickernden flüssigen Phase bei Porenweiten < 0,5 mm trotzdem ein Widerstand entgegengesetzt (Schwille 1982; Schwille et al. 1984). Diese Größenordnungen zeigen, dass LHKW in Bodenarten mit Durchlässigkeiten K < 10^{-4} m/s (Mittelsand und feinkörniger) nur sehr langsam oder gar nicht eindringen können.
- Die Schutzfunktion gering durchlässiger Gesteine ist jedoch nicht gegeben, wenn die flüssige organische Phase einen hohen Druck ausübt. Das kann der Fall bei erheblichen Infiltrationsmengen auf begrenzter Versickerungsfläche sein, z.B. beim Umkippen eines Tankwagens.

Weisen Tone bzw. Tongesteine sekundäre Makroporen oder Klüfte auf oder ist die Gesteinsmatrix heterogen, wirken diese bezüglich LHKW ohnehin nur eingeschränkt als Geobarriere (Brose u. Brühl 1990; Hötzl et al. 1990; Pankow u. Cherry 1996). Erfahrungen in der Praxis zeigen, dass bindige, nicht völlig wassergesättigte und nicht sehr homogene Deckschichten, wie z.B. Auenlehm, nur eine geringe Schutzfunktion haben, besonders wenn sie nach einem längeren Zeitraum ohne Niederschlag Trockenrisse aufweisen.

- LHKW können in der *ungesättigten Zone* eines (Poren-)Grundwasserleiters aufgrund ihrer spezifischen stofflichen Eigenschaften als geschlossene Phase wesentlich rascher als perkolierendes Wasser abwärts wandern.
- Es bilden sich dabei Imprägnationskörper. Sie sind bei Sanden und Kiesen mit hoher Durchlässigkeit und geringem Haftwasseranteil relativ „schlank".
- Versickert eine größere Menge LHKW auf kleiner Fläche, ist die Geschwindigkeit relativ groß. Stoffe mit größerer Dichte, aber geringerem Dampfdruck sind gegenüber spezifisch leichteren und stärker verdunstenden organischen Fluiden relativ begünstigt (Tetrachlorethen > Dichlormethan). In wenigen Stunden oder Tagen können mehrere Meter zurückgelegt werden.
- Mit zunehmender Heterogenität des Untergrundes (verschieden durchlässige Lagen, unterschiedlicher Wassergehalt der einzelnen Horizonte) wird der Imprägnationskörper mit der Tiefe immer breiter. Gleichzeitig reduzieren sich Geschwindigkeit und Eindringtiefe der absickernden Phase (Pankow u. Cherry 1996; Schwille 1981). Es besteht die Tendenz zur Bildung sog. „Finger" (fingering), wenn z.B. infolge Auskeilens oder Ausdünnung bindiger Schichten die Versickerung der LHKW lokal begünstigt ist.

- Auch an der Obergrenze des Kapillarraums und an der Grundwasseroberfläche wird das Absickern der flüssigen Phase verlangsamt, da Wasser verdrängt werden muss.
- Wenn relativ geringe LHKW-Mengen breitflächig verschüttet werden, wird die flüssige Phase im Untergrund schnell immobil festgelegt, da der Grenzwert der Residualsättigung nicht überschritten wird. Die Zufuhr von LHKW in tiefer anstehendes Grundwasser geschieht dann nur durch Gasdiffusion oder Gravitation durch das Sickerwasser. Gleiches tritt ein, wenn die Grundwasseroberfläche durch natürliche oder künstliche Ursachen angehoben wird.
- Übersteigt die infiltrierte LHKW-Menge das Rückhaltevermögen des Sickerraums, was bei starken Punktquellen vielfach der Fall ist, dringt die überschüssige Flüssigkeit bei ausreichendem Druck in die *gesättigte Zone* ein, bis Restsättigung erreicht ist.
- Da die Halogenorganica als nicht benetzende Fluide in die größeren Poren eindringen, erfolgt das weitere Absickern nicht mehr gleichmäßig über eine bestimmte Fläche verteilt, sondern bevorzugt unter „Wurzelbildung" (Pankow u. Cherry 1996; Schwille 1982; Schwille et al. 1984).
- Wird die Residualkapazität der gesättigten Zone des Grundwasserleiters überschritten, kann die LHKW-Phase dessen Basis erreichen. Dort entstehen mehr oder weniger flache aufgewölbte Imprägnationskörper, die sich dem Sohlgefälle entsprechend so lange ausbreiten, bis das organische Fluid in Form isolierter Tröpfchen festgelegt wird. In der Regel verbleiben die LHKW im Nahbereich der Emissionsquelle. Sammelt sich die Flüssigkeit in abflusslosen Mulden („Pfützen"), ist die Sättigung höher.
- Eine solche LHKW-Ansammlung an der Grundwassersohle ist außerordentlich schwierig zu lokalisieren. Bei entsprechender Druckdifferenz können sich die LHKW auch gegen das Sohlgefälle bewegen, und die Transportrichtung gelöster LHKW mit dem fließenden Grundwasser muss nicht mit der Migrationsrichtung der freien flüssigen Phase übereinstimmen.
- In Kluft- und Karstgrundwasserleitern ist wegen des sehr geringen Rückhaltevermögens die Möglichkeit eines raschen Absickerns von LHKW-Phasen in tiefere Bereiche besonders durch stärker geöffnete Klüfte wesentlich größer als in Porengrundwasserleitern. Auf Trennfugen und geneigten Schichtflächen kann auch eine stärker seitlich orientierte Ausbreitung von LHKW-Phasen bis in größere Entfernungen erfolgen.

7.5.4 Ausbreitung der Gasphase

Gas im Gleichgewicht mit seiner flüssigen Phase wird als „gesättigter Dampf" bezeichnet. Aufgrund des hohen, temperaturabhängigen Sättigungsdampfdrucks können erhebliche Mengen an LHKW in der Gasphase vorkommen. Der Sättigungsdampfdruck ist nämlich bei kleinen residualen Tröpfchen, die aufgrund der Oberflächenspannung einen relativ größeren Energieinhalt haben, höher als bei der zusammenhängenden Flüssigkeit.

Bei 20 °C sind z.B. in 1 m^3 Luft enthalten (Grathwohl 1989; Matthess u. Ubell 1983):

- 1620 g Dichlormethan
- 980 g Trichlormethan
- 770 g Tetrachlormethan
- 430 g Trichlorethen
- 130 g Tetrachlorethen

Wesentliches zur Ausbreitung der Gasphase wird im Folgenden zusammengefasst.

- Um die in den Sickerraum eingedrungene flüssige LHKW-Phase bildet sich eine Gashülle mit nach außen abnehmender Konzentration, die volumen- und flächenmäßig ein Vielfaches des primären Infiltrationskörpers ausmacht.
- Das Vorhandensein gasförmiger LHKW in der ungesättigten Zone hat eine Sekundärkontamination des Grundwassers zur Folge. Die Schadensquelle muss daher eliminiert werden, wenn eine Grundwassersanierung wirtschaftlich erfolgreich sein soll.
- Bei den meisten LHKW-Schadensfällen breitet sich die flüssige Phase im Sickerraum durch Diffusion aus. Die Flüssigphase verschwindet immer mehr; bei länger zurückliegenden Emissionen werden daher häufig keine residualen flüssigen LHKW mehr angetroffen. Dies heißt aber nicht, dass keine Grundwasserverunreinigung existierte oder noch existiert. Das gilt vor allem für Schichten mit geringem Rückhaltevermögen wie gröberen Sanden oder Festgesteinen.
- Die diffusive Tiefenverfrachtung von LHKW-Gasen in Richtung Grundwasseroberfläche erfolgt in bindigen Bodenarten rascher als bei ungesättigtem Matrixfluss im Sickerraum (Grathwohl 1989).
- Vor allem in der Initialphase eines Schadensfalls können die LHKW-Dämpfe gesättigt sein, so dass auch ein viskoser Fluss möglich ist (Pankow u. Cherry 1996; Schwille u. Weber 1991). Diese konvektive Ausbreitung läuft relativ rasch ab; die anschließende Diffusion ist dagegen ein lang anhaltender Vorgang. Die treibende Kraft für die Schwerkraftausbreitung ist der Dichteunterschied zwischen dem im Quellbereich sich bildenden Dampf/Luft-Gemisch und der nicht kontaminierten Bodenluft. Die relative Dichte dieser Gemische hat eine Größenordnung zwischen 1 und 3 (Schwille u. Weber 1991).
- Die schweren Dampf/Luft-Gemische sinken anfangs mit Transportgeschwindigkeiten bis 3 m/d fast senkrecht nach unten. Aus der zunächst fingerförmigen Bewegungsfront bildet sich ein kegelförmiger Infiltrationskörper, der nach unten durch den geschlossenen Kapillarsaum begrenzt wird und sich laufend abflacht.
- Die laterale Konvektion, die eine schnellere und weitere Ausbreitung der Gase bewirkt als bei reiner Diffusion, kommt zum Stillstand, wenn der Zufluss an schweren Dämpfen aus der Schadensquelle den diffusiven Verlusten an die Bodenluft und letztlich an die Atmosphäre gleichkommt. Da bei konvektivem Transport mehr Flüssigkeit verdampft, ist in Verbindung mit der längeren Aus-

breitungsdistanz die Kontamination des Sickerraums durch gasförmige LHKW signifikanter als ausschließlich durch Diffusion.

Für die Erkundung und Sanierung eines LHKW-Schadensfalls ist es entscheidend, ob diffusive oder konvektive Ausbreitung der Dämpfe vorliegt. Bei einem für eine Unfallsituation typischen Einsickern größerer LHKW-Mengen in durchlässige Lockergesteine wie z.B. Terrassenablagerungen oder anthropogene Aufschüttungen ist anfänglich die gravitative Konvektion der LHKW-Gase dominant. Gelangen die LHKW bei vorherrschend flächigem Eintrag dagegen in Form von Tropfverlusten auf den Boden und weisen außerdem die Deckschichten über dem Grundwasser hydraulische Leitfähigkeiten $< 10^{-3}$ m/s auf, herrscht rein diffusiver Transport vor (Schwille u. Weber 1991).

Auch im Grundwasser gelöste LHKW diffundieren nach Maßgabe des Verteilungskoeffizienten Luft/Wasser als Gase aus der gesättigten in die ungesättigte Zone und können bis zur Erdoberfläche aufsteigen. Trotz der teilweise hohen Dampfdrücke darf die auf das Grundwasser bezogene Eliminationsrate nicht überschätzt werden. Die Entgasung erfolgt nämlich in Wasser vergleichsweise langsam, weil im Vergleich zur freien Atmosphäre die Diffusionskoeffizienten rd. vier Zehnerpotenzen niedriger sind. Dennoch können Existenz und Ausbreitung von LHKW im Grundwasserraum indirekt erkundet werden, weil eine hohe LHKW-Konzentration im Grundwasser den diffusiven Austrag in den Sickerraum begünstigt.

– Der Transport gasförmiger LHKW im Untergrund hängt wesentlich vom Vorhandensein wasserfreier Hohlräume ab. Fein- und Mittelporen, die für Hohlräume $< 0,002$ mm stehen, sind mehr oder weniger mit benetzendem Wasser erfüllt, so dass Gasdiffusion, die mit steigendem Wassergehalt nahezu exponentiell abnimmt, bei einer Wassersättigung $> 60\,\%$ praktisch nicht mehr möglich ist (Grathwohl 1989).

– Das Wasser blockiert in der ungesättigten Zone die Verbindung zwischen den Poren und wirkt somit der diffusiven Ausbreitung leichtflüchtiger Substanzen stark entgegen.

– In Versuchen wurde ermittelt, dass die Diffusionsgeschwindigkeit der LHKW in der Bodenluft 2,5 m/d beträgt, in der gesättigten Zone jedoch hochgerechnet 2,7 m/a (Grathwohl 1989).

– Auch bei sehr geringen Haftwasser- bzw. Sickerwassergehalten in der ungesättigten Zone ist die diffusive Stoffausbreitung gegenüber der freien atmosphärischen Luft immer noch ca. zwei Zehnerpotenzen kleiner. Da auch aufgrund der eingeschränkten Querschnittsfläche und der größeren Weglänge im gekrümmten Porensystem (Tortuosität $\tau < 1$) der effektive Diffusionskoeffizient D_e gemäß Gl. 7.21 kleiner ist als der molekulare Diffusionskoeffizient D_m, erreicht die Diffusionsrate z.B. in Sanden oberhalb des Grundwasserspiegels bei gleicher Quellstärke meistens nur ca. 50 % der in der Luft über der Geländeoberfläche gemessenen Größenordnung (Friesel 1987).

$$D_e = \tau \cdot D_m \tag{7.21}$$

- Die Geometrie der LHKW-Gaswolke in der ungesättigten Zone wird weiterhin durch sorptive Prozesse stark beeinflusst. Die offenbar völlig reversible Adsorption an Gesteinspartikeln oder Humusbestandteilen des Bodens ist energetisch günstiger als ihre Lösung im Wasser. Da Wasser als starker Dipol die unpolaren oder nur schwach polaren organischen Halogenverbindungen von den hydrophilen silikatischen und karbonatischen Oberflächen verdrängt, zeigen nur völlig wasserfreie mineralische Böden sorptive, durch Van der Waalsche Kräfte bewirkte Effekte.
- Unter natürlichen Bedingungen (relative Luftfeuchtigkeit > 95 %) kann die Sorption an Tonminerale vernachlässigt werden, sofern die organischen Kohlenstoffgehalte < 0,1 % sind (Einsele et al. 1990; Grathwohl 1989); sie ist zumindest zwei bis drei Zehnerpotenzen geringer als bei trockener poröser Matrix.
- Speziell für niedrige und mittlere, mit Einschränkung aber auch für hohe Konzentrationen kann die Adsorption der LHKW an organisches Material des Untergrundes durch lineare, konzentrationsunabhängige Sorptionsisotherme beschrieben werden. Die Freundlich'sche Beziehung (Gl. 7.22) hat sich für LHKW als besonders geeignet erwiesen (Grathwohl 1989).

$$C_a = K_D \cdot C \tag{7.22}$$

mit

C_a = Konzentration des am Festkörper bzw. an der natürlichen organischen
    Substanz adsorbierten Stoffes (hier LHKW)

K_D = Konzentrationsverhältnis Festkörper/Wasser bzw. Festkörper/Gas der
    LHKW

C = Konzentration der LHKW im Wasser bzw. Gas

Der stoffspezifische Sorptionskoeffizient (Gl. 7.23) nimmt mit dem organischen Kohlenstoffgehalt und dem Oktanol/Wasser-Verteilungskoeffizienten als Maß für die Fettlöslichkeit einer Verbindung zu (Einsele et al. 1990; Grathwohl 1989).

$$K_D = f_{oc} \cdot b \cdot (k_{ow})^a \tag{7.23}$$

mit

K_D = stoffspezifischer Sorptionskoeffizient
f_{OC} = organischer Kohlenstoffgehalt
K_{OW} = Oktanol/Wasser-Verteilungskoeffizient

- Der K_{OW}-Wert hat eine starke Abhängigkeit vom jeweiligen Aromatisierungs- und Polymerisierungsgrad des organischen Materials. Humose, hydrophile Gruppen enthaltende Substanzen in Böden, die an polaren Wechselwirkungen (z.B. Kationenaustausch) beteiligt sind, tragen wenig zur Sorption unpolarer organischer Verbindungen bei. Daher sind z.B. geogene organische Substanzen wie Kohle, Kerogen, Bitumen, Fette, Wachs und Harz wesentlich sorptionswirksamer als Humus (reich an Huminsäuren und Zelluloserückständen).

– In Übereinstimmung mit steigendem Molekulargewicht, abnehmender Wasser-
löslichkeit, fallendem Dampfdruck sowie höherer Polarisierbarkeit werden im
Sickerraum wie folgt zunehmend adsorbiert (Einsele et al. 1990; Grathwohl
1989):
  - 1,1,1-Trichlorethan
  - Trichlormethan
  - Trichlorethen
  - Tetrachlorethen

Der oberflächennahe Sickerraum und speziell Böden im pedologischen Sinn
haben höhere organische Anteile, um gasförmige LHKW zu fixieren. Daher
kommt einem humosen Boden eine Schutzfunktion für das Grundwasser gegen
luftgetragene LHKW zu. Gleichzeitig können diese Schadstoffe aus dem Sickerraum nicht in die Atmosphäre diffundieren; sie werden vielmehr angereichert. Bei
minimalen Gehalten an organischem Kohlenstoff (tiefere Bereiche der ungesättigten Zone) sind die LHKW dagegen hochmobil.

Festgesteine sind wesentlich ärmer an organischen Anteilen als Lockergesteine.
Kluft- oder Karstgrundwasserleiter haben daher eine geringe Sorptionskapazität
und sind deshalb für Grundwasserkontaminationen anfälliger als Porengrundwasserleiter.

7.5.5 Ausbreitung in gelöster Form

Sowohl residual festliegende flüssige Phase, die in Form von Tröpfchen in den
Gesteinshohlräumen fein verteilt ist, als auch die gasförmigen LHKW haben eine
große Kontaktfläche mit dem Sicker- bzw. Grundwasser, in das sie diffundieren
und dabei in Lösung gehen.

Immobile LHKW werden am besten durch die Verdrängungsprozesse im
Schwankungsbereich des Grundwasserspiegels gelöst. Dabei nehmen die Konzentrationen bei einem Absinken der Grundwasseroberfläche im Grundwasser ab
und bei Anstieg zu. Durch Überschreitung der Residualsättigung im zeitweise
nicht mehr gesättigten Teil des Grundwasserleiters kann flüssige Phase nachsi-
ckern und danach im Grundwasserraum verstärkt in Lösung gehen. Dadurch wird
auch die Vertikalmächtigkeit der resultierenden Lösungsfahne größer.

Wesentliches zur Ausbreitung in gelöster Form wird im Folgenden zusammengefasst.

– Auf der Sohle des Grundwasserleiters vorhandene, geringmächtige LHKW-
„Pfützen" haben meist einem höheren Sättigungsgrad und hemmen vermutlich
den Grundwasserdurchfluss. Beim Überströmen dieser kleinflächigen „Lachen"
können daher weniger LHKW gelöst abtransportiert werden als in den übrigen
Bereichen des Grundwasserleiters.
– Strömt Grundwasser durch ein poröses Medium mit immobilen LHKW, bildet
sich im nahen Umfeld eines Emissionsherds durch die geringen Fließgeschwindigkeiten eine Fahne mit gelösten LHKW.

– Ihre Anfangskonzentration liegt im Bereich der Sättigung der betreffenden halogenorganischen Verbindung. Auch bei nur gering erhöhter Dichte besteht die Tendenz eines Absinkens der gelösten LHKW; meistens stellt sich jedoch kein gravitationsbedingter Vertikalgradient im Strömungsfeld ein (Matthess u. Ubell 1983; Schwille et al. 1984).

– Verdrängungsströmungen dürften in Lockergesteinen eine Ausnahme sein; sie sind allenfalls bei Löslichkeiten der LHKW > 2 g/l möglich.

– In Festgesteinen spielt der Einfluss der Dichte wahrscheinlich eine größere Rolle, jedoch muss die Löslichkeit der Schadstoffe > 1 g/l betragen (Schwille 1982; Schwille et al. 1984).

– Nur wenn die flüssige Phase die Basis eines Grundwasserleiters erreicht hat, nehmen die gelösten LHKW den gesamten Grundwasserraum ein.

– In einem Grundwasserleiter mit größerer Mächtigkeit werden sie abhängig von der Eintauchtiefe im nahen Abstrom einer punktförmigen Emissionsquelle der flüssigen Phase in der Nähe der Grundwasseroberfläche transportiert.

– Mit zunehmender Fließdistanz sinkt allerdings die sich im Unterstrom eines LHKW-Imprägnationskörpers herausbildende Lösungsfahne deutlich ab (Langguth u. Toussaint 1991; Toussaint 1990, 1994). Dieses Phänomen gilt generell und ist nicht auf LHKW beschränkt, da großskalig auch homogene freie Grundwasserleiter Vertikalkgradienten aufweisen. Der in der Praxis meist parallel zur Grundwasseroberfläche angenommene Strömungszustand stellt nur *einen* von vielen Fließzuständen dar.

– Bei geringer Mächtigkeit eines Grundwasserleiters dürften die gelösten LHKW allerdings bereits nach wenigen 10 oder 100 m den gesamten Grundwasserraum einnehmen. Eine zweidimensionale Betrachtung ist in diesem Fall vertretbar.

– Bei der Ausbreitung von gelösten Grundwasserinhaltsstoffen wirken Advektion (Abschn. 6.2), auch nicht korrekt als Konvektion bezeichnet, und korngerüstbedingte (mechanische) Dispersion, sehr untergeordnet auch Diffusion durch Brownsche Molekularbewegung. Bei lipophilen organischen Substanzen wie den LHKW spielen auch physikalische, chemische und biologische, die Stoffbilanz beeinflussende Prozesse eine Rolle.

– Diese gekoppelten Reaktionen sind im Wesentlichen Retardation der Wasserinhaltsstoffe infolge Adsorption, Biodegradation und Ausgasung an der Grundwasseroberfläche.

– Möglicherweise nehmen auch im Grundwasser gelöste natürliche organische Stoffe wie Humin- oder Fulvinsäuren oder Gase wie Sauerstoff oder Stickstoff Einfluss auf die Löslichkeit der LHKW. Es kommt auch zur Bildung tonorganischer Komplexe und zu anderen chemischen Reaktionen, die jedoch beim gegenwärtigen Kenntnisstand nicht quantifiziert werden können.

– Bei den gelösten LHKW im Grundwasserraum handelt es sich um einen so genannten *nicht-konservativen Transport*.

Der Theorie des Stofftransports wird ausführlich in Kap. 6 behandelt. Für die Erkundung und Sanierung von LHKW-kontaminierten Grundwasserleitern und zur Verfrachtung von Inhaltsstoffen in der gesättigten Zone sind jedoch einige Anmerkungen zu machen.

- Oberirdische Gewässer stellen auch bei geringmächtigen oberflächennahen Grundwasserleitern nicht immer hydraulische Grenzen für den advektiven Stofftransport dar.
- Ein influentes Fließgewässer kann hydraulisch als ein flacher, unvollkommener Brunnen angesehen werden, der auch in einem homogenen Grundwasserleiter tiefer liegende Stromlinien nicht wesentlich beeinflusst (Kinzelbach et al. 1992).
- Das erklärt auch, warum gelöste HKW, die aus flüssiger Phase an der Sohle eines Grundwasserkörpers entstehen, ein Fließgewässer unterfahren können. Dies wurde z.B. am Neckar bei Horb (Werner 1981) oder im Bereich von Fehla und Lauchert in der Schwäbischen Alb (Ministerium für Ernährung 1985) beobachtet.
- Ein Fluss, dessen Wasserspiegel über der Grundwasseroberfläche liegt, muss andererseits nicht in jedem Fall infiltrieren oder einen linienhaften Wasserberg erzeugen, der dadurch eine Schadstofffahne umlenken kann (Toussaint u. Weyer 1992). Beispiele: Abwasserbedingte starke Kolmation des Flussbettes; Staustufe im Oberwasser (Sedimentfalle)
- LHKW können auch in tiefere Grundwasserleiter gelangen, auch durch Leakage-Effekte und durch Potentialdifferenzen. So wurde im wasserwirtschaftlich stark beanspruchten Rhein-Neckar-Raum wiederholt festgestellt, dass LHKW über „hydraulische Fenster" im sog. Oberen Zwischenhorizont vom Oberen Grundwasserleiter in den Mittleren Grundwasserleiter gelangt sind (Ministerium für Ernährung 1985; Werner 1981).
- Hydraulische Kontakte können auch zwischen unterschiedlich aufgebauten Grundwasserleitern bestehen. Dabei sind den jeweiligen Druckverhältnissen entsprechend Übertritte von LHKW seitlich, nach unten und nach oben in angrenzende Grundwasserkörper möglich (Hötzl et al. 1990; Ministerium für Ernährung 1985; Toussaint 1994).
- Sehr komplizierte Verhältnisse lagen bei einem HKW-Schadensfall bei Grenzach am Hochrhein vor (Hötzl 1989; Ministerium für Ernährung 1985; Werner 1981). Hier gelangte LHKW-kontaminiertes Grundwasser aus einem quartären Porengrundwasserleiter in einen tieferen Karstgrundwasserleiter des Malms und an anderer Stelle wieder zurück.
- Ähnliches wurde im LHKW-Schadensfall Fellbach beobachtet (Ministerium für Ernährung 1985).

Am Prozess der hydrodynamischen Dispersion ist auch die molekulare Diffusion beteiligt. Die Diffusion trägt nur dann merklich zu einer Schadstoffausbreitung bei, wenn bei Durchlässigkeitswerten $\leq 10^{-9}$ m/s die Fließgeschwindigkeit im Grundwasserleiter höchstens 10^{-4} m/d beträgt (Pfingsten u. Mull 1990). Die diffusive Ausbreitung von gelösten LHKW erfordert keine Wasserbewegung und kann auch – bei allerdings verminderter Effizienz – gegen das Potentialgefälle und die Schwerkraft stattfinden.

Diffusive Transportgeschwindigkeiten haben in der Regel Größenordnungen von einigen Dezimeter/Jahr (Einsele et al. 1990; Grathwohl 1989). Andererseits wurde beobachtet, dass auch mächtigere Ton- oder Schluff-Pakete bei HKW-

Kontaminationsfällen in wenigen Jahren penetriert werden (Brose u. Brühl 1990; Rietzler 1990); vermutlich sind advektive Anteile beteiligt.

Großräumig betrachtet ist die Diffusion als Transportmechanismus vernachlässigbar. Bei Schichten geringer Permeabilität kann sie aber als Matrixdiffusion für den Stofftransport lokal Bedeutung haben. Unter *Matrixdiffusion* wird der diffusive Stoffaustausch zwischen dem mobilen Grundwasser in den Poren und Klüften einerseits und dem quasi-stagnierenden Wasser in nicht durchflossenen Porenzwickeln und –nischen (dead end-Poren) oder Feinklüften verstanden. Bei Kluftweiten von weniger als 0,008 mm wird frei bewegliches Wasser durch elektrostatisch gebundenes Haftwasser blockiert („Totwasser); deshalb kann Matrixdiffusion auch in Klüften mit größerer Öffnungsweite auftreten, sofern deren Wände eine größere Rauigkeit aufweisen.

Im immobilen Wasser können erhebliche Schadstoffmengen „gespeichert" sein. Kinzelbach (1987) hat im Raum Heidelberg – Mannheim ermittelt, dass in einem Grundwasserleiter mit 25 % Gesamtporosität und 10 % nutzbarer Porosität ca. 10 % der LHKW der Schmutzwasserfahne festgelegt waren.

Gering durchlässige Schichten wie Tone und Schluffe fungieren somit auch als Diffusionsquellen für LHKW, wenn die Stoffkonzentration im Poren- bzw. Kluftwasser kleiner ist als in den nicht durchströmten Poren des Grundwasserleiters.

Das bei der hydraulischen Sanierung von Grundwasserleitern bekannte Phänomen eines LHKW-Nachweises in niedrigen Konzentrationen über lange Zeiträume geht im Wesentlichen auf den „Nachschub" infolge vorausgegangener Matrixdiffusion zurück.

Für die großskalige Aufweitung einer LHKW-Lösungsfahne ist die *Makrodispersion* verantwortlich. Sie wird durch Inhomogenitäten mit unterschiedlicher Durchlässigkeit im Grundwasserleiter und daraus resultierenden Fließgeschwindigkeiten verursacht. Makrodispersion wird auch als differentielle Advektion (Konvektion) bezeichnet.

Großräumig betrachtet sind beim Transport der LHKW in der Hauptsache Unterschiede der vertikalen Durchlässigkeit für die Makrodispersion verantwortlich. Treten in Fließrichtung des Grundwassers Einschaltungen auf, die stärker durchlässig sind als die resultierende mittlere Durchlässigkeit des Grundwasserleiters (vgl. Abschn. 2.3.3.), erfolgt dort eine „fokussierte" Strömung. Der Transport von Inhaltsstoffen wird ohne wesentliche Aufweitung der Vermischungsbreite beschleunigt. Dagegen wird in den weniger durchlässigen Bereichen der Mengendurchsatz bei kleinerer Fließgeschwindigkeit verringert und lateral die Schadstoffverteilung verbreitert.

Weniger permeable Einlagerungen beeinflussen also den Stofftransport in Fließrichtung wesentlich stärker als gut durchlässige Horizonte.

Folgen in Fließrichtung stärker und weniger durchlässigere Inhomogenitäten aufeinander, so heben sich ihre Effekte nicht auf.

7.5.6 Sanierung eines großen Schadensfalls in Hessen

In den Jahren 1977 und 1978 wurde im Trinkwasser von Frankfurt a.M. zeitweise Tetrachlorethen festgestellt. Die Schadensquelle lag im Bereich des 1936 eröffneten Flughafens südlich der Stadt. Dort wurden seit Ende der 60er Jahre LHKW eingesetzt, von denen ca. 15 bis 20 t in den Untergrund übergetreten sind.

Als Schadensort wurde nach umfangreichen Untersuchungen ein unsachgemäß verlegter Kanal im Bereich einer Wartungshalle lokalisiert, der zahlreiche Leck-stellen aufwies. Bei späteren Erkundungsmaßnahmen in enger Nachbarschaft wurden in den Jahren 1987 und 1988 weitere Kontaminationsherde gefunden, wie unter einem Tanklager und einem Triebwerksprüfstand (Langguth u. Toussaint 1991; Toussaint 1990, 1994; Toussaint u. Weyer 1992). Außerdem wurden im Be-reich des Flughafens festgestellt: kleinere LHKW-Schadensfälle, sehr hohe Nit-ratgehalte bis 500 mg/l im Bereich der nördlichen und südlichen Start- und Lan-debahnen, auf dem Grundwasserspiegel aufschwimmendes Kerosin und erhöhte Arsengehalte im Grundwasser aus einer militärischen Altlast.

Das Flughafengelände liegt auf der Kelsterbacher Tiefscholle am N-Ende des Oberrheingrabens. Der geologische Aufbau ist von oben nach unten:

- Altpleistozän: sandig-kiesige Ablagerungen des Mains, vom Schadensfall di-rekt betroffen; 35 bis 50 m ; oberer Grundwasserleiter
- Oberpliozän: feinsandige, z.T. auch stärker tonige Schluffe; ca. 5 m
- Pliozän: Fein- und Mittelsande und lokal dünne Braunkohlenflöze; 110 bis 140 m; unterer Grundwasserleiter
- Untermiozän (Burdigal): Tone und Schluffe, z.T. feinsandig; örtlich Reste einer Basaltdecke; sehr mächtig

Im Nahbereich des Flughafens sind die quartären und pliozänen Porengrund-wasserleiter durch die hangenden tonigen Schluffe des Oberpliozäns getrennt und bilden zwei Stockwerke. Über offenbar vorhandene hydraulische Fenster kann lo-kal ein Grundwasseraustausch stattfinden.

Nach Nordwesten zum Main hin in der Abflussrichtung des Grundwassers tre-ten die feinkörnigen Lagen im Oberpliozän zurück, so dass dort ein durchgehen-des plio-pleistozänes Stockwerk existiert.

Die Chronologie dieses Schadensfalls bis 1999 findet sich in Tabelle 7.8.

Durch Bodenluftmessungen wurden insgesamt fünf Schmutzwasserfahnen mit zugehörigen Emissionsherden nachgewiesen. Im Zentrum der Kontamination la-gen die LHKW-Konzentrationen anfangs über 80 mg/l (Tetrachlorethen > cis-1,2-Dichlorethen >> 1,1,1-Trichlorethan >Trichlorethen). Nach 20 Jahren laufender Sanierung sind die Gehalte inzwischen unter 2 mg/l zurückgegangen (Bereich der Fahnenachse <1 mg/l; Front der Lösungsfahne bei 100 µg/l). Ein Ende der Sanie-rungsaktivitäten kann noch nicht angegeben werden.

Tabelle 7.8. Schadensfall Flughafen Frankfurt 1977 bis 1999

Entdeckung der Grundwasserbelastung	1977/1978
Kontaminationsursachen	undichter Abwasserkanal, ungesicherte Reparaturgrube einer Kfz-Werkstatt, unsachgerechte Lagerung von LHKW in Fässern und in unterirdischer Tankanlage, Triebwerksprüfstand auf ungesicherter Betonfläche, vermutlich Reinigung von Flugzeugen auf dem unbefestigten Vorfeld
vermutlicher Beginn der Kontamination	Ende der 60er Jahre
LHKW-Muster	Tetrachlorethen und cis-1,2-Dichlorethen vorherrschend; daneben Trichlorethen und 1,1,1-Trichlorethan
Hydrogeologie	– Oberer Grundwasserleiter (Pleistozän); 10-3 > K > 10-5 m/s; Abstandsgeschwindigkeit 0,5–0,6 m/d; Flurabstand 10 bis 15 m; Fließrichtung nach NW – Aquitard (Oberpliozän) mit hydraulischen Fenstern – Unterer Grundwasserleiter (Untermiozän); 10-4 > K > 10-6 m/s
Art der Erkundung	– Abwasseruntersuchung, fernsehoptische Inspektion und Freilegen eines Kanals, Bodenluft- und Grundwasserbeprobungen – Bodenluft: 490 Proben in mehreren Phasen – Grundwasser: 44 Messstellen für Grundwasserüberwachung; 25 kleinkalibrige Rohre für Grundwasserspiegelmessungen – Grundwasserbeprobungen an weiteren 25 Messstellen und Brunnen
maximale Belastung	Boden: nicht untersucht Bodenluft: 3700 mg/m^3 Grundwasser: 80 mg/l
Größe der Verschmutzungsfahne	oberer Grundwasserleiter: 3,5 km Länge und 0,8 km Breite unterer Leiter: unbekannt
Sanierungsmaßnahmen	seit Oktober 1981 Ablenkung der Fahne durch Injektion von Mainwasser, Abschöpfen und Reinigen des belasteten Grundwassers seit April 1983 in mehreren Etappen, Absaugen und Reinigen der Bodenluft seit Mai 1989 in mehreren Etappen

Die Form der Fahne (Abb. 7.11) hat sich bis 2001 nicht wesentlich geändert; lediglich die Schadstoffkonzentrationen sind geringer. In Abb. 7.11 sind in mehreren Messprofile die LHKW-Gehalte in der Bodenluft (März 1987 bis Januar 1988) eingetragen.

In Grundwasserfließrichtung verändert sich das LHKW-Muster durch mikrobiellen Abbau. Cis-1,2-Dichlorethen nimmt auf Kosten der Primärkontaminanten relativ zu.

Die LHKW in der Bodenluft (bis 3,7 g/m^3 im Schadenszentrum) weichen teilweise von denjenigen des Grundwassers ab. Differenzen fallen vor allem im S und SW der Kontaminationszentren auf (Abb. 7.11). Das kann auf bislang unbekannte Belastungsherde zurückgehen.

Das defekte Abwassersystem wurde zur Unterbindung der Aussickerung weiterer LHKW völlig erneuert. Seit Dezember 1978 werden Maschinenteile nur noch in einem geschlossenen und automatisch beschickten Dampfbad gereinigt; chlorierte Lösemittel wurden durch andere Reinigungsmittel ersetzt. Anlagen, die zu Boden- und Grundwasserkontaminationen beigetragen haben, sind in der Zwischenzeit umweltfreundlich umgerüstet worden.

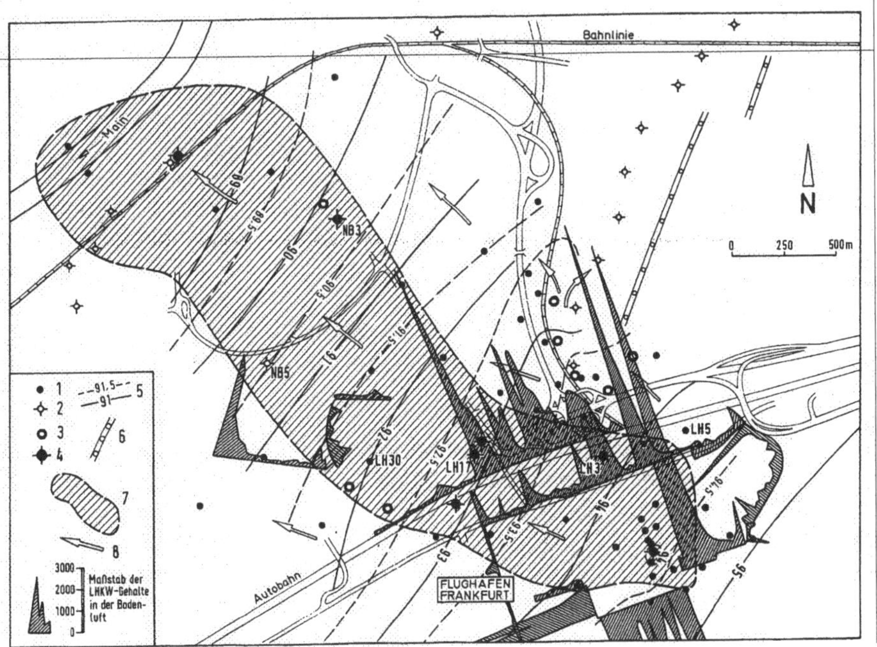

Abb. 7.11. Schadensfall Flughafen Frankfurt; oberer pleistozäner Grundwasserleiter: Messnetz, Grundwasserhöhengleichen (Oktober 1987) und LHKW-Lösungsfahne (Summe LHKW > 25 µg/l; September 1987; Ergänzungen Dezember 1989). Aus Toussaint (1994).
1 Grundwassermessstelle   2 Förderbrunnen   3 Infiltrationsbrunnen
4 Sanierungsbrunnen   5 Grundwasserhöhengleiche (NN+m) 6 Versickerungsgalerie
7 Lösungsfahne der LHKW 8 Fließpfeil des Grundwassers

Im Grundwasserunterstrom war ein nah gelegenes öffentliches Wasserwerk bedroht. Zunächst wurden im Frühjahr 1978 drei Förderbrunnen vorübergehend stillgelegt, der südlichste davon ständig. Seit Herbst 1981 wird in fünf Schluckbrunnen am S- und SW-Ende der Brunnengalerie aufbereitetes Mainwasser eingeleitet, um das verunreinigte Grundwasser von den Gewinnungsanlagen abzudrängen. Die Schutzinfiltration erwies sich als erfolgreich. Obwohl die Schmutzwasserfahne nach W hydraulisch umgelenkt wurde, konnte die weitere Schadstoffverfrachtung in Richtung Main nicht verhindert werden. Dadurch wurden dort weitere LHKW-freie Bereiche des Grundwasserleiters kontaminiert.

Um die Ausdehnung der Fahne zu stoppen, wurde nach 5 Jahren ein Sanierungsbrunnen in der Nähe der Kanalnetzleckage (Betriebszeit von April 1983 bis März 1995) als erste *echte* Sanierungsmaßnahme in Betrieb genommen. Er erfasste allerdings nicht die gesamte Breite der Schmutzfahne. Erst im September 1988, März 1991 und März 1995 wurden senkrecht zur Fahnenachse am N-Rand des Flughafens insgesamt drei Abschöpfbrunnen als hydraulischer „Sperrriegel" installiert, deren Funktion durch ein numerisches Grundwasserströmungsmodell überprüft wurde. Außerdem schöpfen seit September 1988 im nördlichen Bereich der Schmutzwasserfahne drei Brunnen kontaminiertes Grundwasser aus dem oberen Grundwasserleiter ab.

Bis Dezember 1998 wurden insgesamt 7698 kg LHKW aus dem Grundwasser entfernt. Im Zusammenhang mit der Tiefgründung eines Tunnels der neuen ICE-Strecke Köln – Frankfurt a.M., die die LHKW-Fahne kreuzt, wurden seit Sommer 1997 rd. 250 kg weitere Schadstoffe abgepumpt, so dass bis zum Jahresende 1998 insgesamt 7948 kg LHKW aus dem Grundwasserraum durch pump-and-treat eliminiert worden sind.

Nach Aktivkohlefiltration in fünf Reinigungsanlagen wird das behandelte Grundwasser entweder wieder versickert, in die Kanalisation eingeleitet oder als Betriebswasser genutzt.

Seit September 1989 wird an drei der fünf Belastungszentren LHKW-haltige Bodenluft aus der ungesättigten Zone abgesaugt und durch zwei mobile Aktivkohlefilteranlagen dekontaminiert. Damit wurden bis Dezember 1998 etwa 1375 kg LHKW aus dem Untergrund entfernt.

Insgesamt konnten in 20 Jahren 9,3 Tonnen LHKW aus dem Grundwasser zurückgewonnen werden. Dafür wurden mehr als 40 Mio US$ ausgegeben, d.h. für 1 kg LHKW etwa 4300 US$ gegenüber aktuell 0,7 US$ bei Einkauf im Handel.

7.6 Grundwasserschutz in Deutschland

In Deutschland wurden 1998 von den öffentlichen Wasserwerken mit 4104 Mrd m^3 Grundwasser 73 % des Trinkwassers für die öffentliche Wasserversorgung gefördert (Umweltbundesamt 2000). Um den Schutz des Grundwassers zu gewährleisten, wurden bis 1987 insgesamt 17584 Trinkwasserschutzgebiete ausgewiesen, die 11,7 % der Fläche (41915 km^2 von 357412 km^2) einnehmen (Umweltbundesamt 2000). Diese Schutzgebiete unterliegen besonderen Schutzanforderungen (Deutscher Verein des Gas- und Wasserfachs 1995).

In Deutschland ist das Grundwasser als Teil des Wasserkreislaufs und wegen seiner ökologischen Funktionen auch außerhalb der Trinkwasserschutzgebiete geschützt.

Grundwasserkontaminationen werden häufig erst spät entdeckt; ihre Ursachen und ihr Umfang sind in vielen Fällen nur schwer zu ermitteln. Grundwasserbelastungen als Langzeitschäden sind — wenn überhaupt – nur über einen langen Zeitraum und mit beträchtlichem technischen und finanziellem Aufwand zu beheben.

Ziel des Grundwasserschutzes ist es daher nicht, bereits eingetretene Schäden nachsorgend zu reparieren, sondern Verunreinigungen erst gar nicht entstehen zu lassen (präventiver Grundwasserschutz).

Von der LAWA wurden bereits 1990 Anforderungen für den Grundwasserschutz formuliert (Jedlitschka 1997; Länderarbeitsgemeinschaft Wasser 1990, 1996). Kernpunkt ist das Vorsorge-Prinzip, das auch im deutschen Wasserrecht verankert ist (Bundesregierung 1996). Die einzelnen Bundesländer, zuständig für die Wasserwirtschaft, haben inzwischen grundwasserrelevante Ziele nach dem Vorsorge-Prinzip in ihre Landesentwicklungsprogramme aufgenommen:

- landesweiter und flächendeckender Grundwasserschutz
- Ansatz von Gegenmaßnahmen an den Schadstoffquellen
- Durchführung von Grundwasser-Monitoring (Kap. 9)
- systematische Überprüfung und Bewertung des Grundwasserstatus (Länderarbeitsgemeinschaft 1990, 2000 a)
- Einbeziehung des Bodens als Schadstoffsenke in das Schutzkonzept (Bundesbodenschutzgesetz und Bundesbodenschutzverordnung; Bundesregierung 1998, 1999 a)

Es wird zwischen

- anlagenbezogenem Grundwasserschutz (Eliminierung von Punkt- und Linienquellen) und
- flächendeckendem Grundwasserschutz (Eliminierung von Flächenquellen)

unterschieden.

7.6.1 Anlagenbezogener Grundwasserschutz

Linienförmige und punktuelle Grundwasserkontaminationen lassen sich heute durch den Einsatz moderner Techniken ausschließen bzw. weitgehend vermeiden. Schwerpunkte des anlagenbezogenen Grundwasserschutzes sind nach Länderarbeitsgemeinschaft (1999, abgeändert):

– Es ist generell anzustreben, den Einsatz wassergefährdender Stoffe zu vermeiden oder durch weniger grundwasserschädliche Stoffe zu ersetzen.
– Anlagen mit wassergefährdenden Stoffen müssen so ausgestattet, nachgerüstet und betrieben werden, dass eine Grundwasserkontamination nach „menschlichem Ermessen" unwahrscheinlich ist (Besorgnisgrundsatz). Entsprechende Vorkehrungen sind auch gegen Betriebsstörungen und Unfälle zu treffen.
– Für die betroffenen Anlagen sind technische Regelwerke zu schaffen. Ein Sicherheitsbeauftragter ist für deren einwandfreie und bestimmungsgemäße Funktion verantwortlich.
– Aus diesen Forderungen resultiert ein aus vier Komponenten bestehendes Sicherheitskonzept, das sich bewährt hat:
    - *allgemeine Sicherheit* (primäre Sicherheit): Eignung und Zuverlässigkeit aller Anlagenteile gegenüber allen Belastungen und Einwirkungen unter Berücksichtigung der technischen Regeln und Erkenntnisse
    - *Mehrfachsicherheit* (sekundäre Sicherheit): unabhängige und einander ersetzende Sicherheitssysteme wie z.B. Doppelwandigkeit mit Leckanzeiger oder Auffangwannen zwecks Verhinderung von Stoffaustritt aus dem geschlossenen System
    - *Eigen- und Fremdüberwachung* (tertiäre Sicherheit): regelmäßige Kontrollen und Prüfungen durch Betreiber, anerkannte Sachverständige und Fachbehörden
    - *reparative Maßnahmen* (quartäre Sicherheit): Möglichkeiten der Schadensbegrenzung an Anlagen

– Abwasseranlagen einschließlich Kanalisation müssen bestimmungsgemäß dicht sein; sie sind in regelmäßigen Abständen auf Dichtheit zu überprüfen und ggf. zu sanieren.
– Abfalldeponien müssen so angelegt und betrieben werden, dass von ihnen keine Gefährdung des Grundwassers ausgeht:
    - Mehr-Barrieren-Systeme
    - geologisch und hydrogeologisch geeignete Standorte
    - Minimierung von Deponieraum durch Abfallverwertung bzw. Abfallvermeidung
    - effektive Deponieabdichtungssysteme
    - biologische Vorbehandlung der Abfälle
    - physikalische, chemische oder thermische Vorbehandlung der Abfälle
    - geeignete Einbautechniken für Abfälle
    - Überwachung des Grundwassers im Ober- und Unterstrom der Deponie

Diese Vorgaben müssen landesweit spätestens bis zum 1. Juni 2005 erfüllt werden.

– Zielvorstellung ist, dass ab dem Jahr 2020 alle Abfälle verwertet werden.
– Die Verwendung von industriellen Nebenprodukten, aufbereiteten Reststoffen und Bodenaushub ist so zu regeln, dass die Belange des Grundwasserschutzes nicht beeinträchtigt werden.
– Bei der Produktion und Anwendung von Stoffen, die besonders gefährlich sind oder die im natürlichen Stoffkreislauf auch langfristig nicht abgebaut werden, muss sichergestellt sein, dass sie nicht in das Grundwasser gelangen.

Auch durch Vorsorge- und Überwachungsmaßnahmen sind Grundwasserkontaminationen nicht völlig auszuschließen. Eingetretene Schäden, z.B. infolge eines Unfalls mit wassergefährdenden Stoffen, müssen zum Schutz des Grundwassers so schnell wie möglich saniert werden (Kap. 8).

Die Vorgehensweise bei der Behandlung von Grundwasserschäden ist in Leitfäden und Empfehlungen der Fachbehörden und wissenschaftlich-technischen Verbänden beschrieben, besonders für die Sanierung von Altlasten, und sieht im Wesentlichen folgende Arbeitsschritte vor:

– Erfassung und Erstbewertung
– Sofortmaßnahmen
– Untersuchung
– Bewertung
– Festlegung der Dringlichkeit
– Sanierung oder Sicherung

Im strengen Sinne ist Sanierung die vollständige Elimination der Schadstoffe aus dem Schutzgut. Bei einer Sicherung bleiben die Schadstoffe erhalten und werden gegenüber der Umwelt bzw. dem Schutzgut isoliert. Vor Beginn einer jeden Sanierung ist den Ursachen nachzugehen und, falls möglich, die Quelle zu beseitigen.

Für die Sanierung des Grundwassers gilt der Grundsatz, möglichst den ursprünglichen Zustand wieder herzustellen. Allerdings können viele Grundwasserbelastungen aufgrund der hydrogeologischen Verhältnisse und der begrenzten Wirksamkeit technischer Verfahren nicht mehr vollständig behoben werden.

Mindestziele der Sanierung von Grundwasserschäden und der Beseitigung von Gefahrenherden sind,

– weitgehende Vermeidung von Gesundheitsgefahren,
– Abwehr stark ökotoxischer Wirkungen und sonstiger massiver Umweltbeeinträchtigungen,
– erneutes Ermöglichen von Nutzungen und
– Sicherung wertvoller Schutzgüter in ihrem Bestand und Wiederherstellung ihrer Funktion.

Soweit von Bodenbelastungen eine Gefahr für das Grundwasser ausgeht, ist der Boden in die Sanierung mit einzubeziehen.

7.6.2 Flächendeckender Grundwasserschutz

Flächige Grundwasserkontaminationen stammen überwiegend aus Schadstoffeinträgen über die verschmutzte Luft und aus der landwirtschaftlichen Bodennutzung. Sie sind aus wasserwirtschaftlicher Sicht aus mehreren Gründen weitaus kritischer zu beurteilen:

- Es gibt eine Vielzahl möglicher Verursacher, die nur schwer feststellbar sind.
- Es lassen sich konkret keine Einzelpersonen als Verursacher ermitteln, z.B. bei Schadstoffeinträgen über den Luftpfad.
- Die Belastungen haben sich über einen längeren Zeitraum entwickelt.
- Außerdem sind Grundwasservorkommen vielfach großräumig betroffen.

Von luftbürtigen Schadstoffen abgesehen, deren Emissionen mittlerweile beträchtlich reduziert werden konnten, lassen sich flächenhafte Grundwasserbelastungen nicht durch moderne Techniken verhindern oder sanieren. Abhilfe ist nur durch Unterbinden oder Vermindern des Schadstoffeintrags selbst möglich. In bestimmten Fällen können Schadstoffe im Boden oder im Grundwasser dem natürlichen Abbau (natural attenuation), dem Austrag durch das abfließende Grundwasser und dem Entzug durch Pflanzen (z.B. bei Nitrat) überlassen werden.

Die LAWA formulierte folgende Schwerpunkte des Grundwasserschutzes für Flächenquellen (Länderarbeitsgemeinschaft Wasser 1990):

- Die durch Emissionen aus Industrie- und Gewerbeanlagen, Kraftwerken, Hausbrand und Kraftzeugverkehr verursachten nachteiligen Veränderungen des Grundwassers müssen durch weitere Maßnahmen der Luftreinhaltung erheblich vermindert werden.
- Vorsorgemaßnahmen gegen den Eintrag von luftgetragenen Schadstoffen mit dem Niederschlag in den Untergrund und eine daraus resultierende Versauerung des Grundwassers erfordern eine ganzheitliche, medienübergreifende Betrachtungsweise und darüber hinaus grenzüberschreitende Lösungsansätze.
- Bei Maßnahmen zur Luftreinhaltung, die in den letzten Jahren vornehmlich unter dem Gesichtspunkt anderer Schutzziele (vor allem menschliche Gesundheit) ergriffen wurden, sind zukünftig auch die Aspekte des Grundwasserschutzes verstärkt zu berücksichtigen.
- Auf die Land- und Forstwirtschaft zurückgehende Belastungen des Grundwassers müssen durch standortgerechte Nutzung und schonende Bewirtschaftung des Bodens und pflanzenbedarfsgerechte Nährstoffversorgung vermindert werden. Wirtschaftliche und agrarpolitische Rahmenbedingungen müssen diesen Zielen Rechnung tragen.

Durch Maßnahmen der Luftreinhaltung sind in Deutschland und anderen europäischen Ländern bereits beträchtliche Fortschritte erzielt worden (Abschn. 7.4).

Der Schwerpunkt der nachfolgenden Ausführungen liegt deshalb auf der Vermeidung des flächenhaften Nitrat- und PSBM-Eintrags in das Grundwasser.

7.6.3 Nitrateintrag

Grundwasserschutz in der Fläche kann nur in Abstimmung mit der Landwirtschaft erfolgreich betrieben werden. Landwirtschaft und Wasserwirtschaft müssen deshalb zu einer gemeinsamen Beurteilung und Bewertung des Ressourcenschutzes kommen. Eine wesentliche Stütze ist dabei das Kooperationsprinzip mit spezieller Beratung der Landwirte vor Ort (Niedersächsisches Landesamt für Ökologie 2001; Rohmann 1987; Toussaint 1995).

Grundsätzlich soll die landwirtschaftliche Bodennutzung so erfolgen, dass der Nährstoffeintrag in das Grundwasser soweit wie möglich minimiert wird. Pflanzenschutz- und -behandlungsmittel dürfen nur bestimmungsgemäß und sachgerecht angewendet werden und keine schädlichen Auswirkungen auf das Grundwasser haben.

Bei der Anwendung von Nitrat sind alle flachgründigen, grundwassernahen und leichten Böden problematisch. Deswegen fordert die Nitratrichtlinie der EU (Europäische Gemeinschaft 1991) die Ausweisung von gefährdeten Gebieten („nitrate vulnerability maps"). Es wird davon ausgegangen, dass 38 % der Fläche der EU-Länder – das sind ca. 1,2 Mio km^2 – durch Nitratanwendung eine Gefährdung für das Grundwasser darstellen (European Environment Agency 2000). Deutschland ist gänzlich als Nitrat-sensibel eingestuft.

In den EU-Ländern ist der Einsatz von Düngemitteln durch die EU-Nitratrichtlinie (Europäische Gemeinschaft 1991) geregelt, in Deutschland entsprechend durch die Düngeverordnung vom 26.01.1996 (seit 01.06.1996 in Kraft), modifiziert durch Verordnung vom 16.07.1997 (Bundesregierung 1997). Diese gesetzlichen Regelwerke gelten für Betriebe mit mehr als 10 ha landwirtschaftlich genutzter Fläche oder bei Anbau > 1 ha Sonderkulturen (Gemüse, Hopfen, Reben, Erdbeeren, Tabak oder Gehölze). Ausgenommen sind Haus- und Nutzgärten sowie in bodenunabhängigen Kulturverfahren genutzte Flächen.

Bezogen auf das Grundwasser sind die Düngemittel im Rahmen guter fachlicher Praxis nach folgenden Grundsätzen auszubringen:

- weitgehende Ausnutzung der Nährstoffe durch die Pflanzen
- weitgehende Vermeidung von Nährstoffverlusten bei der Bewirtschaftung und der damit verbundenen Einträge in den Untergrund
- sachgerechte Mengenbemessung; Verteilung und Ausbringung der Düngemittel durch Geräte, die den allgemein anerkannten Regeln der Technik entsprechen
- Ausbringung von maximal 170 kg Gesamt-N/ha·a auf Ackerland und von maximal 210 kg Gesamt-N/ha·a auf Grünland unter Anrechnung der beim Weidegang anfallenden Nährstoffe; davon maximal 80 kg Gesamt-N/ha·a auf Ackerland, resultierend aus Wirtschaftsdünger tierischer Herkunft
- Verbot der Ausbringung von Wirtschaftsdüngern im Zeitraum 15. November bis 15. Januar

- Ermittlung des Düngebedarfs, u.a. orientiert am Nährstoffbedarf des Pflanzen-
  bestands und der im Boden verfügbaren Nährstoffmengen
- Ermittlung der im Boden verfügbaren Nährstoffmengen möglichst auf der Basis
  der Untersuchung repräsentativer Bodenproben: für N mindestens einmal jährlich, für P und K mindestens alle sechs Jahre, auf extensivem Grünland mindestens alle neun Jahre
- Ermittlung des Gehalts an Gesamt-N der Wirtschaftsdünger, im Fall von Gülle
  zusätzlich an NH_4-N vor Ausbringung auf der Grundlage von Laboruntersuchungen oder geeigneter Berechnungsverfahren oder Richtwerte unter Anrechnung von Lagerungsverlusten (Gülle und Jauche 10 %, Festmist 25 %)
- Dokumentation des Vergleichs von Nährstoffzufuhr und -abfuhr in einer
  „Schlagkartei"

Diese Grundsätze haben zum Ziel, dass die Düngung mengenmäßig und zeitlich auf den Pflanzenbedarf unter Berücksichtigung des Nährstoffpools im Boden
und der Nachlieferung auf dem Luftpfad sowie anderer Quellen abgestimmt wird.
In jedem Fall müssen der landwirtschaftliche Stickstoffkreislauf und die beteiligten Stoffmengen einkalkuliert werden, um eine Grundwasserkontamination durch
Nitrat zu vermeiden (Abb. 7.12).

Die Nitratauswaschung kann über die N_{min}-Daten abgeschätzt werden. Als N_{min}
wird der *mineralische* Bodenstickstoff, der überwiegend aus Nitrat und untergeordnet aus Ammonium besteht, bezeichnet. Der N_{min}-Gehalt des Bodens ändert
sich aufgrund der pflanzlichen Nährstoffaufnahme und der Witterungseinflüsse
ständig. Die Auswertung der N_{min}-Daten muss deshalb auch Witterungsfaktoren,
insbesondere Niederschlag und Temperatur, berücksichtigen (Schweigert 2002).

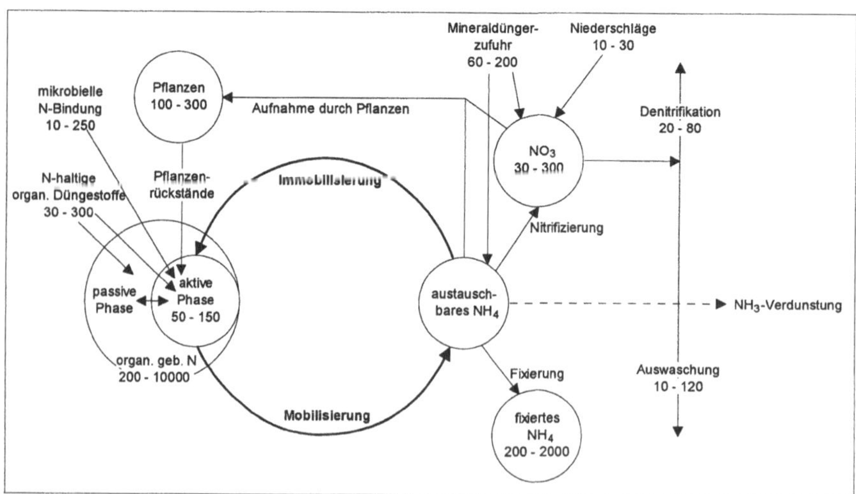

Abb. 7.12. N-Kreislauf in der Landwirtschaft und beteiligte Stoffmengen nach E. Toussaint
(1989). Angaben in kg/ha bzw. kg/ha·a.

Für überwiegend sandig-kiesige Böden in Südhessen hat Schweigert eine Beziehung zwischen Niederschlägen und mittleren N_{min}-Werten des Tiefenbereichs von 60 bis 90 cm ermittelt (Gl. 7.24).

$$y = -0,00042\,x^2 + 0,1415\,x + 6,6 \quad r^2 = 0,76 \tag{7.24}$$

mit

y = Tageswert für N_{min} (kg/ha) an einem beliebigen Tag im Winterhalbjahr
x = Niederschlagssumme (mm) ab 1. Oktober bis zum betreffenden Tag der Probennahme
r^2 = Bestimmtheitsmaß

Zusätzlich bewirkt eine Änderung der Oktober-Temperatur von 1 °K eine Änderung des N_{min}-Gehalts in der Tiefe von 60 bis 90 cm um ca. 2,4 kg/ha.

Bei einer Höhe der Grundwasserneubildung von 200 mm/a beträgt beispielsweise die auswaschbare NO_3-Menge etwa 66 kg/ha. Das entspricht bezogen auf den Tiefenbereich von 1 bis 4 m einer NO_3-Konzentration von rd. 145 mg/l im Porenwasser. Der Eintrag in das Grundwasser über das mobile Sickerwasser kann kleiner sein, wenn durch Diffusionsvorgänge eine Aufkonzentration des immobilen Porenwassers eingetreten ist.

Die N_{min}-Untersuchungen des Bodens müssten sinnvoll durch parallele Untersuchungen des oberflächennahen Grundwassers und Wasserproben aus der ungesättigten Zone ergänzt werden, um die Nitratsituation zu beurteilen.

Die Nitratauswaschung ins Grundwasser lässt sich, abgesehen von der Höhe und dem Zeitpunkt der Düngergabe, der Art der Düngeraufbringung sowie der Düngerform, auch durch Bodenbearbeitung und andere Maßnahmen erheblich reduzieren (Deutscher Verein des Wasser- und Kulturbaus 1994, Länderarbeitsgemeinschaft Wasser 2000 b; B. Toussaint 1995; E. Toussaint 1989):

– ganzjährige Unterhaltung einer Vegetationsdecke
– Zwischenfruchtanbau im Herbst nach Ernte der Hauptfrucht
– Anbau von tiefwurzelnden Pflanzen als Herbstkultur
– Zwischenfruchtanbau von Pflanzen mit hohem N-Bedarf
– Untersaaten bei Kulturen mit großen Pflanzenabständen
– „Strohdüngung" zur zeitweiligen Immobilisierung des Stickstoffs

Durch diese Maßnahmen wird überschüssiges Nitrat bzw. Nitrat, das sich aus der Mineralisation organischer Substanz der Ernterückstände bildet, von den Pflanzen aufgenommen, und die Verlagerung in den tieferen Sickerraum und letztlich in das Grundwasser kann verhindert werden. Da der Bodenwasservorrat durch Zwischenfruchtanbau besser ausgeschöpft wird, steht gleichzeitig weniger Sickerwasser zum Transport für das gelöste Nitrat zur Verfügung.

Dagegen sind Schwarzbrachen oder kurzfristige Flächenstilllegungen (z.B. Rotationsbrache) grundsätzlich kein wirksames Instrument zur Reduzierung der Grundwasserbelastung durch Nitrat.

Die Anwendung von Nitrifikationshemmern wie Dicyandiamid („Didin") ist für den Grundwasserschutz bedenklich. Sie erfolgt, wenn Lagerkapazitäten für Gülle fehlen, und Gülle vor der Vegetationsperiode ausgebracht wird, also der Boden als „Zwischenspeicher" dient. Didin unterbindet oder verlangsamt zeitweilig die Mineralisierung.

Eine Minimalbearbeitung des Bodens wirkt einer Grundwasserbelastung entgegen. Denn Hacken, Fräsen, Tiefpflügen u. dgl. durchlüften den Boden stark und fördern somit die N-Mineralisation; sie begünstigen das Absickern des Niederschlagswassers und somit die Nitratauswaschung.

Bei künstlicher Beregnung ist sparsam und bedarfsgerecht umzugehen, um vor allem bei leichten Böden eine unnötige Nitratauswaschung zu vermeiden.

7.6.4 Pflanzenschutz- und -behandlungsmittel

Pflanzenschutz- und -behandlungsmittel (PSBM) im Grundwasser sind häufig positiv mit Nitrat korreliert. Daher gelten z.T. ähnliche Empfehlungen wie bei der Ausbringung von Düngern, um das Grundwasser vor Kontamination zu schützen. Entscheidend ist jedoch die Beachtung der Grundsätze des Integrierten Pflanzenbaus (Abb. 7.13). Ziel ist, die Anwendung von PSBM auf das unbedingt notwendige Maß zu beschränken.

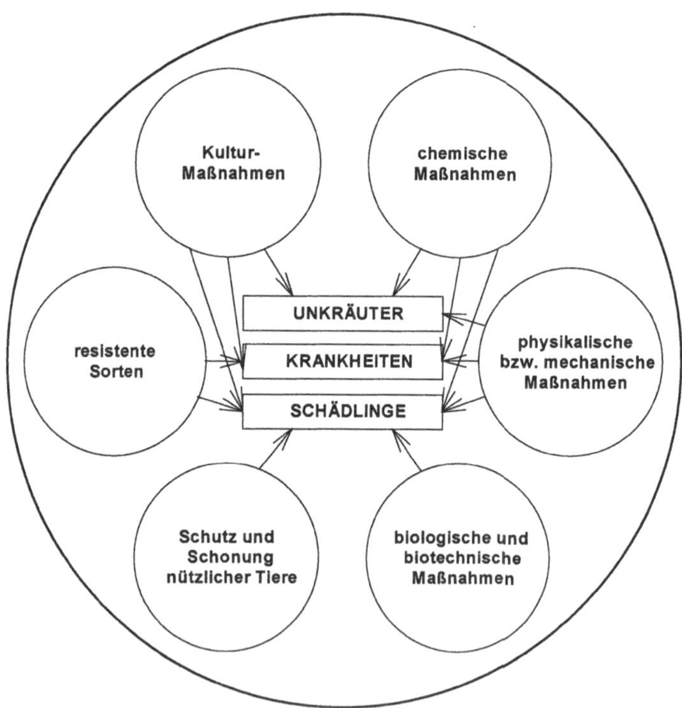

Abb. 7.13. Instrumentarium des Integrierten Pflanzenschutzes. Nach E. Toussaint (1989).

Bei diesen Grundsätzen handelt es sich um eine Kombination unterschiedlicher Vorgehensweisen einschließlich biologischer und biotechnischer Verfahren unterhalb der wirtschaftlichen Schadensschwelle (= Befallstärke ohne wirtschaftliche Nachteile). Ein wesentlicher Grundsatz ist, umweltfreundliche, d.h. rasch zu unschädlichen Metaboliten abbaubare Wirkstoffe zu entwickeln und anzuwenden.

Die Ursachen für das Auftreten von PSBM im Grundwasser sind vielfältig:

- atmosphärische Deposition
- Abtrift in Abhängigkeit von den Windverhältnissen und der Gerätetechnik
- Abschwemmung mit dem Oberflächenabfluss von bewirtschafteten Flächen

Dies sind diffuse Quellen, die stärker oberirdische Gewässer belasten können als das Grundwasser.

Der direkte Kontakt der Wirkstoffe mit dem Boden durch das Spritzen ist der Hauptgrund für das flächenhafte Auftreten dieser Schadstoffe im Grundwasser. Deshalb überwiegen insbesondere Herbizide als Kontaminanten im Grundwasser. Schadensarten und -quellen sind:

- nicht adäquate Spritztechnik mit Tropfverlusten
- technische Unzulänglichkeiten mit Tropfverlusten
- unsachgerechte Lagerung von PSBM
- Gerätereinigung auf der Nutzfläche mit Ausbringung von Restmengen
- Einleiten der Spritzflüssigkeit in die Kanalisation über den Hofablauf (Straftat nach § 326 Abs. 1 StGB; Abschn. 7.4)
- Abschwemmung der Wirkstoffe von Wirtschaftswegen in Steillagen des Weinbaus (Altmayer 2002)

8 Sanierung von Grundwasserschäden

Die Umweltkompartimente Boden, Wasser und Luft sind schützenswerte Elemente der Erde. Menschliche Aktivitäten haben wesentlich dazu beigetragen, dass sich Qualität und unsere Lebensbedingungen nachhaltig verschlechtert haben. Während der Schutz von Wasser und Luft in den zurückliegenden Jahrzehnten schrittweise verbessert wurde, erfolgte dies für den Boden erst durch das Bundes-Bodenschutzgesetz (BBodSchG) ab März 1999 (Bundesregierung 1998). Bis dahin galt, dass für den Boden als privates Gut kein allgemeiner Rechtsschutz entwickelt werden müsste. Die Konsequenz war, dass Flächen durch langjährige industrielle oder militärische Aktivitäten mit Schadstoffen z.T. so stark kontaminiert worden sind, dass die Bodenfunktionen nachhaltig gestört wurden und eine weitere Nutzung der Fläche selbst und ihrer Umgebung nicht mehr möglich ist.

Gemäß BBodSchG ist „Boden" als die oberste Schicht der Erdkruste zu verstehen. Werden Bodenfunktionen beeinträchtigt und bestehen „Gefahren, erhebliche Nachteile oder erhebliche Belästigungen für den einzelnen oder die Gesamtheit", so liegt eine schädliche Bodenveränderung vor.

Aus hydrogeologischer Sicht ist in diesem Zusammenhang der ungesättigte Teil eines Grundwasserleiters zwischen Geländeoberfläche und Grundwasseroberfläche gemeint. Kontaminierter Boden fungiert dabei als Senke und stellt somit für das Grundwasser eine Schadstoffquelle dar (Kap. 7). Von durchaus nicht seltenen Ausnahmen abgesehen, z.B. Direkteinleitung von Abwässern und flüssigen Abfällen in das Grundwasser unter Umgehung der ungesättigten Zone („Sickerraum") oder Einlagerung von Hausmüll oder Bauschutt in Kiesgruben oder Steinbrüchen mit aufgedecktem Grundwasser, wurde somit aus einem Problem „Bodenkontamination" ein Problem „Grundwasserkontamination".

Bei aktuellen Unfällen und Havarien, Fehlfunktionen von technischen Anlagen u.a. werden auf und in den Boden gelangte Schadstoffe in der Regel durch Sofortmaßnahmen rasch entfernt oder ihre negativen Auswirkungen auf das Grundwasser zumindest erheblich reduziert. In Deutschland werden diese meistens von der Feuerwehr durchgeführt, häufig beraten bzw. unterstützt durch Fachbehörden. Anders ist die Situation

– bei Flächen, die nicht mehr gewerblich, industriell oder militärisch genutzt werden,
– bei Abfallablagerungen, die nicht dem heutigen Stand der Technik entsprechen,
– bei sogenannten „wilden Kippen",
– bei ungesicherter Aufhaldung von Bergematerial oder von Abraumsalzen.

Im Sinne des BBodSchG sind diese Altflächen *Verdachtsflächen* mit potentiell schädlichen Bodenveränderungen.

Dieser Verdacht muss förmlich durch eine mehr oder weniger lange behördliche Verfahrenskette bestätigt werden. Dabei wird auch gezielt der Boden und/oder das Grundwasser untersucht. Am Ende steht eine Gefahrenbeurteilung (Abb. 8.1). Geht von belasteten Flächen eine Gefahr für den Einzelnen oder die Allgemeinheit aus, werden sie von den zuständigen Behörden als Altlasten „festgestellt".

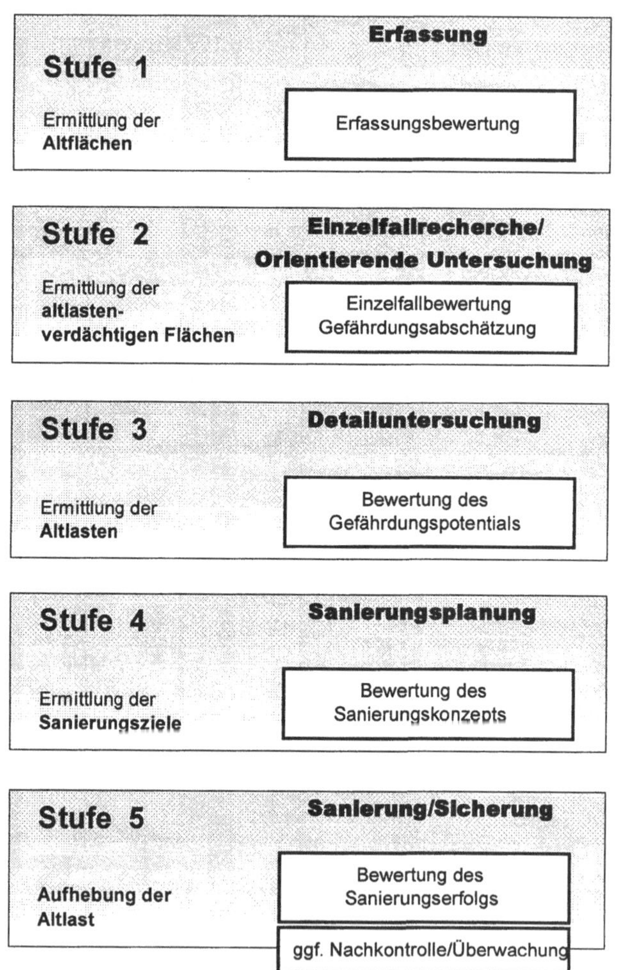

Abb. 8.1. Sanierungsprogramm im Rahmen der Altlastenbehandlung

Altlasten im Sinne des BBodSchG sind

- stillgelegte Abfallentsorgungsanlagen sowie sonstige Grundstücke, auf denen Abfälle behandelt, gelagert oder abgelagert worden sind (Altablagerungen), und
- Grundstücke stillgelegter Anlagen, ausgenommen solche, deren Stilllegung einer Genehmigung nach dem Atomrecht bedarf, und sonstige Grundstücke, auf denen mit wassergefährdenden Stoffen umgegangen worden ist, soweit die Grundstücke gewerblichen Zwecken dienten oder im Rahmen wirtschaftlicher Unternehmungen Verwendung fanden (Altstandorte). Dazu gehören Anlagen zur Herstellung von Sprengstoffen, Truppenübungsplätze und andere militärische Infrastruktur.

Ältere Kanalnetze mit ihren zahlreichen Leckstellen sind trotz der von ihnen ausgehenden Belastung des Bodens und/oder des Grundwassers keine „Altlasten". Sie werden gemäß § 3 BBodSchG unter „schädlichen Bodenveränderungen" erfasst. Das trifft auch auf die früheren Rieselfelder zu, die zu einer erheblichen Grundwasserkontamination geführt haben, z.B. im Berliner Raum. Gleiches gilt für früher intensiv landwirtschaftlich oder gärtnerisch genutzte Flächen. Aus ihnen treten Schadstoffe wie z.B. Nitrat in das Grundwasser über, da ein zu hoher Eintrag in den Boden nicht mehr von Pflanzen abgebaut wird.

Bis Ende 2000 waren in Deutschland rd. 360 000 Verdachtsflächen erfasst (Tabelle 8.1), von den Altablagerungen wahrscheinlich > 90 %. Aus unterschiedlichen Gründen bestehen bei den Altstandorten Erfassungsdefizite. Die Anzahl der Verdachtsflächen und Altlasten dürfte daher erheblich über 400 000 liegen.

Eine von belasteten Flächen ausgehende Gefahr muss entsprechend der Gesetzgebung Deutschlands und der Europäischen Union durch geeignete Maßnahmen abgewehrt werden.

Das BBodSchG definiert als *Sanierungsmaßnahmen*:

- *Schutz- und Beschränkungsmaßnahmen* und
- *Sicherungs- und Dekontaminationsmaßnahmen*

Schutz- und Beschränkungsmaßnahmen

Es sind die Einwirkungsmöglichkeiten von Schadstoffen bei direktem Kontakt mit den Kontaminanten zu unterbinden. Dazu zählen Nutzungsrestriktionen (z.B. Betretungsverbote) oder Nutzungsanpassungen (z.B. Änderung einer Wohn- in eine Gewerbenutzung). Sie setzen also nicht am Schadstoffherd an, sondern am Schutzgut und können als eine Art Übergangslösung bis zur Durchführung von Sanierungsmaßnahmen betrachtet werden. Oftmals werden daraus aus verschiedenen Gründen dauerhafte Provisorien.

Sicherungsmaßnahmen

Es handelt sich um Maßnahmen, die eine zeitlich befristete, beim Stand der heutigen Technik häufig aber auch endgültige Verminderung oder Verhinderung einer Umweltkontamination durch Unterbrechung der Kontaminationspfade gewährleisten. Ein Beispiel dafür ist eine vollständige Einkapselung einer Altablagerung.

Tabelle 8.1. Altlastenerfassung in der Bundesrepublik Deutschland. Stand Dezember 2000. Nach einer Internet-Dokumentation des Umweltbundesamtes (2001).

Bundesländer	erfasste Anzahl			Stand der Untersuchungen / Gefährdungsabschätzungen
	Altablagerungen	Altstandorte	Flächen gesamt	
Baden-Württemberg	6229	11567	17796	8557
Bayern	10034	3295	13329	2575
Berlin	763	6220	6983	1372[2]
Brandenburg	8189	14447	25313[1]	2208
Bremen	173	18154	18327	1167
Hamburg	491	1638	2129	803
Hessen	6630	63539	70169	1766[3]
Mecklenburg-Vorpommern	4078	7264	11342	1637[3]
Niedersachen	8957	50000	58957	820
Nordrhein-Westfalen	18116	17147	35263	7752
Rheinland-Pfalz	10578	o.A.	10578	o.A.
Saarland	1686	3530	5216	o. A.
Sachsen	8590	19115	27705	17480
Sachsen-Anhalt	6296	14629	20988	3895
Schleswig-Holstein	3181	16451	19632	2106
Thüringen	6138	12824	18962	3007
Bundesrepublik gesamt	100129	259883	362689	55175

[1] Gesamtfläche enthält auch Altablagerungen oder Einzelflächen, die Altstandorten nicht zugeordnet werden können
[2] Untersuchung und Sanierung
[3] nur abgeschlossene Fälle
o.A. keine Angaben

Dekontamination (Sanierung i.e.S.)

Dekontaminationsverfahren sollen die Gefahr sowohl an der Kontaminationsquelle selbst als auch im näheren Umfeld endgültig beseitigen. Sie führen somit zu einer Elimination der Schadstoffe, zumindest aber zu einer deutlichen Reduzierung der Schadstoffgehalte bis oder unter eine hinzunehmende Restkonzentration oder ihrer Umwandlung in weniger gefährliche Stoffe. Konkret wird aber in der Praxis eine bestimmte Restkonzentration oder ihre Umwandlung in weniger gefährliche Stoffe hingenommen.

Elimination bedeutet „eine deutliche Reduzierung der Schadstoffgehalte bis oder zumindest unter ein Sanierungsziel" (s. Abschn. 8.1). Konkret wird aber in

der Praxis eine bestimmte Restkonzentration oder ihre Umwandlung in weniger
gefährliche Stoffe hingenommen.

Nach den bisherigen Erfahrungen sind etwa 20 % der Verdachtsflächen sanie-
rungsbedürftige Altlasten. Nach Schätzungen bedeutet dies einen Kostenaufwand
von etwa 60 Mrd. Euro (Hugo et al. 1999). Dies dürfte eine Untergrenze sein. Aus
dieser Sicht ist die *vorsorgende Prävention* einer Schadstoffemission für die Umwelt nicht nur die bessere, sondern in vielen Fällen auch die kostengünstigere Lösung. Sicherung oder selbst die Dekontamination sind immer nur als nachsorgende
Reparaturmaßnahmen zu verstehen.

Die meisten Altlasten sind jeweils an eine einzige oder an ganz wenige Ein-
tragsstellen („Punktquellen") auf einem Grundstück gebunden (s. Kap. 9). Selbst
bei den sogenannten Flächensanierungen handelt es sich häufig um Maßnahmen,
die an Punktquellen ansetzen, die sich auf einem aufgegebenen Betriebsgrund-
stück allerdings massiert befinden können.

Im Folgenden werden nur Sanierungsmaßnahmen i.w.S. erläutert, die sich auf
Punktquellen beziehen. Die von diesen Schadensherden in das Grundwasser emit-
tierten Kontaminanten sind

- weit überwiegend Mineralöl-Kohlenwasserstoffe; darunter versteht man üblicherweise BTEX-Aromaten und Mineralölprodukte wie Benzin und Heizöl
- an zweiter Stelle leichtflüchtige halogenierte C1-C2-Aliphate (Püttmann et al.
  1999).

Dabei werden schwerpunktmäßig solche Techniken beschrieben, die sich auf
das Schutzgut Grundwasser auswirken, dagegen den Boden allein betreffende Si-
cherungs- oder Sanierungsmaßnahmen nur untergeordnet. Angesichts der zahllosen Veröffentlichungen zu Sanierungstechniken in Fachzeitschriften, in Fachbüchern (z.B. Neumaier u. Weber 1996; Hugo et al. 1999) oder im Internet wird
durchweg auf die Wiedergabe technischer Details verzichtet.

8.1 Vorbereitende Schritte einer Sanierung

Bevor konkrete Maßnahmen ergriffen werden, müssen zunächst die rechtlichen
Grundlagen geprüft und abgestimmt werden. Außerdem sind die Sanierungsziele
festzulegen, Sanierungsplanungen anzustellen und die Sanierungsverfahren auszuwählen, die für die standörtlichen Gegebenheiten am besten geeignet sind.

8.1.1 Gesetzliche Grundlagen

Auch bevor das BBodSchG im März 1999 in Kraft trat, gab es rechtliche Grundlagen für eine behördliche Feststellung von Altlasten und deren Sicherung bzw.
Sanierung sowie für die Abwehr von Gefahren für das Grundwasser. Jedoch fehlte
für den Boden eine bundeseinheitlich verbindliche Präzisierung.

Gesetzlich verbindliche Schutzziele sind allgemein im Ordnungsrecht der Länder (Polizei- und Ordnungsrecht) festgelegt mit dem Ziel der Abwehr von Gefahren für die öffentliche Sicherheit und Ordnung. Die entsprechenden ordnungsbehördlichen Maßnahmen und Anordnungen richten sich grundsätzlich gegen den „Störer" der öffentlichen Sicherheit oder Ordnung.

Das Ordnungsrecht unterscheidet zwischen

- dem Handlungsstörer, der durch aktives Tun oder pflichtwidriges Unterlassen eine Gefahr verursacht hat, und
- dem Zustandsstörer, der für eine Sache verantwortlich ist, insbesondere Eigentümer oder Pächter eines Grundstücks, auf dem sich ein Schadstoffherd befindet.

Die Auswahl unter mehreren Störern liegt im pflichtgemäßen Ermessen der Ordnungsbehörde, um eine Gefährdung schnell und wirksam zu bekämpfen. Da für die Anwendung des Ordnungsrechts die Schuldfrage völlig irrelevant ist, muss nicht selten ein Grundstückseigentümer die ordnungsrechtlichen Maßnahmen finanzieren und die Kosten zivilrechtlich gegen den eigentlichen Schuldigen geltend machen. Ein häufig zutreffendes Beispiel für diese Situation ist ein Unfall, verursacht durch den mittellosen Fahrer eines Gefahrguttransporters, bei dem ein wassergefährdender Stoff auf dem Grundstück eines vermögenden Grundstückseigentümer ausläuft und in das Grundwasser absickert. In Anspruch genommen wird ordnungsrechtlich der Grundstückseigentümer, wenn nicht die Firma des Fahrers die Kosten übernimmt. Ist auch der Zustandsstörer nicht leistungsfähig, verbleiben die Kosten in der Regel bei der öffentlichen Hand.

Während aus der Anwendung des Polizei- und Ordnungsrechts auf kontaminierte Flächen nur Maßnahmen zur akuten Gefahrenabwehr resultieren und somit nur die Beseitigung des Gefahrenherds als Sanierungsmaßnahme eingefordert werden kann (Ackerer et al. 1991), werden die Schutzziele, die konkret die Umweltmedien Boden und Wasser betreffen, in verschiedenen Spezialgesetzen des Bundes und der Länder geregelt. Die Bundesgesetze sind Rahmengesetze, die Ländergesetze dagegen Ausführungsgesetze.

Auch das BBodSchG ist ein solches Spezialgesetz. Bei seiner Anwendung in der Praxis ist immer eine Verbindung mit der seit dem 13.07.1999 in Kraft befindlichen Bundes-Bodenschutz- und Altlastenverordnung – BBodSchV (Bundesregierung 1999) – zu sehen. Sein Geltungsbereich bezieht sich auf schädliche Bodenveränderungen und Altlasten, soweit nicht andere Gesetze Einwirkungen auf den Boden regeln. Sachlich ist es für den Boden sowie für das gebundene und perkolierende Wasser in der ungesättigten Zone eines Grundwasserleiters relevant, jedoch nicht für das Grundwasser. Es ist somit ein subsidiäres Gesetz, das nur dort greift, wo andere Bundesgesetze sowie die entsprechenden Ländergesetze keine Aussage machen.

Im Fall einer Kontamination der Gewässer und somit auch des Grundwassers gelten weiterhin die materiellen Anforderungen des Wasserrechts. Rechtliche Grundlage für seinen Vollzug sind das neu gefasste Bundes-Wasserhaushaltsgesetz (WHG) vom 12.11.1996, das in der Fassung vom 19.08.2002 (Bundesregierung 2000 b) den Vorgaben der neuen Europäischen

Wasserrahmenrichtlinie vom 20.12.2000 (Europäische Kommission 2000) Rechnung trägt, und die entsprechenden Landeswassergesetze. Der zeitliche Geltungsbereich des WHG, das mit dem zeitlich nicht limitierten BBodSchG konkurriert, beginnt mit dem 01.03.1960. Bis zum Inkrafttreten des BBodSchG konnte das WHG auch auf Bodenkontaminationen angewandt werden, die über das Sickerwasser eine Verbindung mit dem Grundwasser hatten.

Bei Abfallablagerungen, die nach dem Inkrafttreten des Bundes-Abfallgesetzes im Jahr 1972 eingestellt wurden (Altablagerungen), kann der ehemalige Betreiber nicht nur zu einer Rekultivierungsmaßnahme, sondern auch zu einer Gesamtsanierung (Schadensherd und resultierende Schadstofffahne) verpflichtet werden. Das Kreislaufwirtschafts- und Abfallgesetz (Bundesregierung 2002 c) kann nicht für die Sanierung von Altstandorten herangezogen werden und bezieht sich ebenfalls nicht auf einen Boden, der wie auch immer durch die Versickerung von Schadstoffen geschädigt worden ist. Vor dem BBodSchG gab es jedoch eine Reihe von Länderregelungen, die dieser Problematik Rechnung trugen.

Andere Gesetze können nur selten und meistens sehr bedingt auf kontaminierte Flächen angewendet werden, wie vor allem das Bundes-Immissionsschutzgesetz (Bundesregierung 2002 d) und noch weniger das Bundes-Naturschutzgesetz (Bundesregierung 2002 a) sowie das Bundes-Bau- und Raumordnungsgesetz (Bundesregierung 1997).

Im Folgenden wird bei den Sicherungs- und Sanierungsmaßnahmen allgemein von *Grundwasserschadensfällen* gesprochen, unabhängig davon, ob

— diese ihre Ursache in Altablagerungen oder Altstandorten haben,
— von einer Bodenkontamination ausgehen (BBodSchG) oder
— ein aktuelles Unfallgeschehen für eine nachteilige Veränderung der Grundwasserbeschaffenheit verantwortlich ist (WHG u.a.).

8.1.2 Sanierungsziele und Sanierungsgrenzen

Ohne Ziele kann nicht saniert werden. Sanierungszielwerte definieren den Schutz

— von Leben und Gesundheit der Bevölkerung,
— von Gewässern allgemein,
— des Grundwassers,
— von Heilquellen,
— des Bodens,
— der Luft,
— der Infrastruktur wie z.B. Gebäude u.a.m.

Das Bundes-Bodenschutzgesetz gab erstmals die Möglichkeit, bundeseinheitliche Anforderungen an Sanierungsziele zu stellen (BBodSchG § 8 Abs. 1 Satz 3 b). Die dazu gehörige BBodSchV ist allerdings in dieser Hinsicht zu wenig konkret; die Übertragung von Sanierungszielwerten auf den konkreten Fall und die Übersetzung in konkrete Vorgaben für die Sanierung sind schwierig. Im Prinzip ist jeder Schadensfall individuell zu sehen und entsprechend zu behandeln.

Erst die Verknüpfung qualitativer Sanierungsvorgaben wie z.B. die dauerhafte Wiederherstellung der Beschaffenheit eines Grundwasservorkommens für die Trinkwasserversorgung mit quantifizierbaren Sanierungszielen erlaubt die Planung und Durchführung von praktikablen Sanierungsmaßnahmen. Dazu bedarf es einer sorgfältigen Beurteilung und Abwägung folgender Aspekte:

- *Kontaminationspotential*: Art und Toxikologie der Schadstoffe und ihr Verteilungsmuster im Untergrund in Abhängigkeit von ihren physikalischen, chemischen und biologischen Eigenschaften sowie den geologischen bzw. hydrogeologischen Verhältnissen des Untergrunds
- gefährdete *Schutzgüter*: Wasser, Boden, Luft, Pflanzen, Tiere, Mensch und Wirkungspfade
- resultierende *Handlungsnotwendigkeit* zur Gefahrenabwehr
- *flächenbezogener Nutzungsdruck* aus vorhandener oder vorgesehener Nutzung
- verfügbare *technische Möglichkeiten* zur Sanierung bzw. Sicherung einer kontaminierten Fläche
- *Finanzierbarkeit* der Maßnahmen

Anders formuliert gibt es vier *Sanierungsphilosophien*:

- Wiederherstellung der früheren Verhältnisse (z.B. geogene Grundwasserbeschaffenheit), abgeschwächt Gewährleistung der Multifunktionalität
- Abhängigkeit von der Nutzung eines Grundstücks
- technische Machbarkeit
- Finanzierbarkeit

Sie lassen sich im konkreten Fall in der Regel nicht miteinander vereinbaren.

Der Grad der Sanierung ist einerseits von den *quantifizierbaren* und andererseits von den *qualitativen Sanierungszielen* abhängig. Ist man mit bloßer Gefahrenabwehr und belastungsabhängiger Nutzung eines kontaminierten Grundstücks zufrieden, folgt daraus ein geringer Sanierungsgrad. Ist die Wiederherstellung der früheren (natürlichen) Verhältnisse und somit eine nutzungsunabhängige Sanierung das Ziel, ist umgekehrt ein hoher Sanierungsgrad die Konsequenz.
Die verschiedentlich geforderte Multifunktionalität wird heute mehrheitlich als nur in Ausnahmefällen realistisch und auch realisierbar angesehen. Sie wäre als generelle Zielvorgabe auch rechtlich nicht durchsetzbar. Die Erreichung eines Status-quo-ante entspricht ohnehin irrealen Vorstellungen. Knappe finanzielle Mittel, nicht nur der öffentlichen Hand, und die Vielzahl der Schadensfälle führen tendenziell zur Gefahrenabwehr als durchführbare Sanierungsmaßnahme.
Das Sanierungsziel wird schadstoff-, schutzgut- und nutzungsbezogen durch Sanierungszielwerte, d.h. durch Grenzkonzentrationen relevanter Substanzen, quantifiziert. Dabei sollten auch ökobilanzielle Betrachtungen angestellt werden (Pawlak 1996). Solche Werte dürfen oder sollten nach Abschluss der Sanierung mit dem jeweils eingesetzten Verfahren in dem gereinigten Medium (z.B. Grundwasser) nicht überschritten werden. Das heißt aber, dass auch nach Durchführung von Sanierungsmaßnahmen weiterhin Belastungen des Schutzgutes durch Schadstoffe vorliegen.

Anhand des bekannten „Drei-Bereich-Systems" haben Eikmann u. Kloke (1993) am Beispiel eines urbanen Bodens die vorstehend genannten Sanierungsziele nach dem Modell „Bewahren – Tolerieren – Sanieren" abgebildet und quantifiziert (Abb. 8.2). Dieses Modell basiert auf der Annahme, dass es möglich ist, verschiedene nutzungs- und schutzgutbezogene Toleranz- und Toxizitätsbereiche anzugeben.

Für den Bodenwert werden die Bereiche BW I, BW II und BW III unterschieden:

– BW I = *Hintergrundwert*
  oberer, geogen und pedogen bedingter Istwert natürlicher Böden ohne wesentliche anthropogen bedingte Stoffeinträge; Gewährleistung einer Multifunktionalität

– BW II = Prüfwert oder Sanierungszielwert, auch Toleranz- oder spezieller Nutzungswert
  schutzgut- und nutzungsbezogener Stoffgehalt in Böden, der trotz dauernder anthropogener Einwirkung auf die jeweiligen Schutzgüter deren „normale" Lebens- und Leistungsqualität auch langfristig nicht negativ beeinträchtigt

– BW III = Eingreif- oder Interventionswert
  Stoffgehalt in Böden, bei denen Schäden am Schutzgut sowie an Nutzungen und Ökosystemen erkennbar werden können; BW III ist ein phyto-, zoo-, human- und ökotoxikologisch abgeleiteter Wert. Wird er überschritten, sind Maßnahmen zur Gefahrenabwehr erforderlich

Der Schadstoffgehalt steigt von BW I nach BW III an. Die relevanten Richt-, Grenz- und Orientierungswerte dürfen nicht als starre Zahlen missverstanden werden. Sie stellen keine Grenze zwischen „sauber" und „verschmutzt" dar, sondern sind als veränderbare Kompromisslinien zu verstehen (Hugo et al. 1999).

Für den Boden gibt die BodSchV gemäß BBodSchG in Anhang 2 für verschiedene Wirkungspfade Maßnahmen-, Prüf- und Vorsorgewerte vor. Für das Grundwasser liegt der „Ort der Beurteilung" im Übergangsbereich von der ungesättigten zur gesättigten Zone eines Grundwasserleiters. Damit ist im Gegensatz zur bisher herrschenden Unsicherheit auch festgelegt, dass zu bewertende Grundwasserproben, die in der Praxis nicht exakt an der Grundwasseroberfläche entnommen werden, aus dem Nahbereich eines Kontaminationszentrums („hot spots") stammen müssen und nicht beispielsweise aus dem Randbereich der resultierenden Schadstofffahne.

BBodSchG und BBodSchV geben erstmals bundeseinheitlich Prüf- und Maßnahmenschwellenwerte zur Gefährdungsabschätzung. Allerdings ist die Anzahl z.Z. noch klein: Prüfwerte für 14 Schadstoffe; für Furane und Dioxine nur Maßnahmenwerte. Es fehlt eine Hilfestellung für die Definition von Sanierungszielen in Form von Sanierungszielwerten.

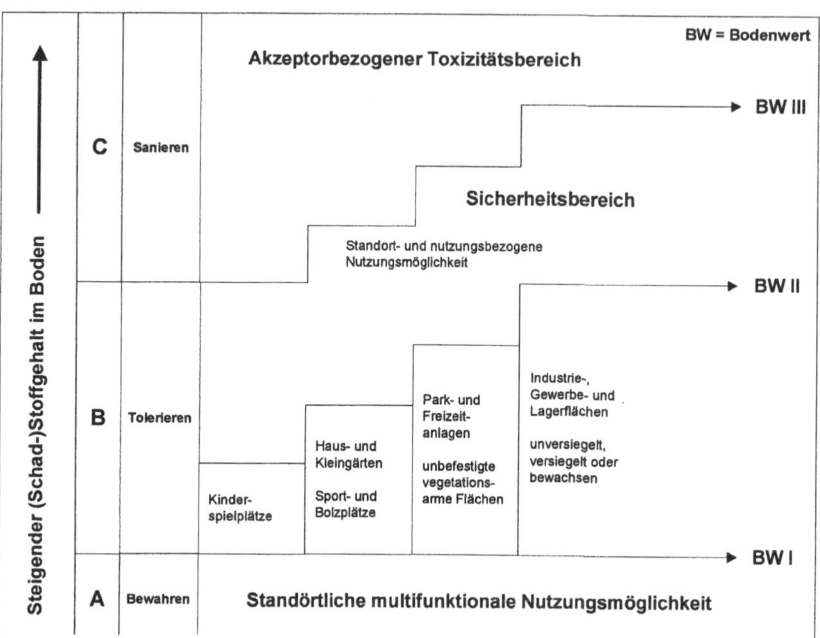

Abb. 8.2. Das Drei-Bereiche-System. Nach Eikmann u. Kloke (1993).

Der Grund dafür dürfte in den wissenschaftlichen Schwierigkeiten der exakten Bestimmung von Stoffgefährlichkeiten und Wirkungszusammenhängen liegen. Außerdem besteht eine große Unsicherheit bzgl. handlungs- und zielorientierter Bewertungsmaßstäbe und -kriterien. Viele Schadstoffe sind in ihren Eigenschaften und in ihrem Verhalten in der Umwelt noch nicht ausreichend erforscht. Deshalb ist die zu Beginn der Altlasten-Diskussion gestellte Frage „how clean is clean?" letztlich noch nicht ausreichend beantwortet.

Nach BBodSchG sind die Prüfwerte als „quasi-Sanierungszielwerte" anzusehen, über die kontrovers diskutiert wird.

Diese Vorgehensweise ist dennoch besser und in Kauf zu nehmen, als überhaupt keine Werte zu haben oder auf die in den 80er und 90er Jahren in Deutschland kursierenden etwa 30 „Prüflisten" zurückgreifen zu müssen. Diese waren in sich inkonsistent, weil die dokumentierten Prüf- und Maßnahmen(schwellen)werte z.T. aus Gesetzen, Verordnungen oder wissenschaftlichen Dokumentationen entliehen waren, die zu anderen Zwecken festgelegt wurden.

Auch die im Jahr 1994 von der Länderarbeitsgemeinschaft Wasser (LAWA) veröffentlichten stoffabhängigen Prüf- und Maßnahmenschwellenwerte sind nach Inkrafttreten des BBodSchG für die Bearbeitung von Bodenkontaminationen und für Grundwasser nicht mehr relevant. Seit Dezember 1998 liegt eine neue LAWA-Liste mit bundesweit geltenden Geringfügigkeitsschwellenwerten für die Untersuchung von kontaminiertem Grundwasser vor (Länderarbeitsgemeinschaft Wasser 1998). Ein Katalog von Maßnahmenschwellenwerten wird z.Z. erarbeitet.

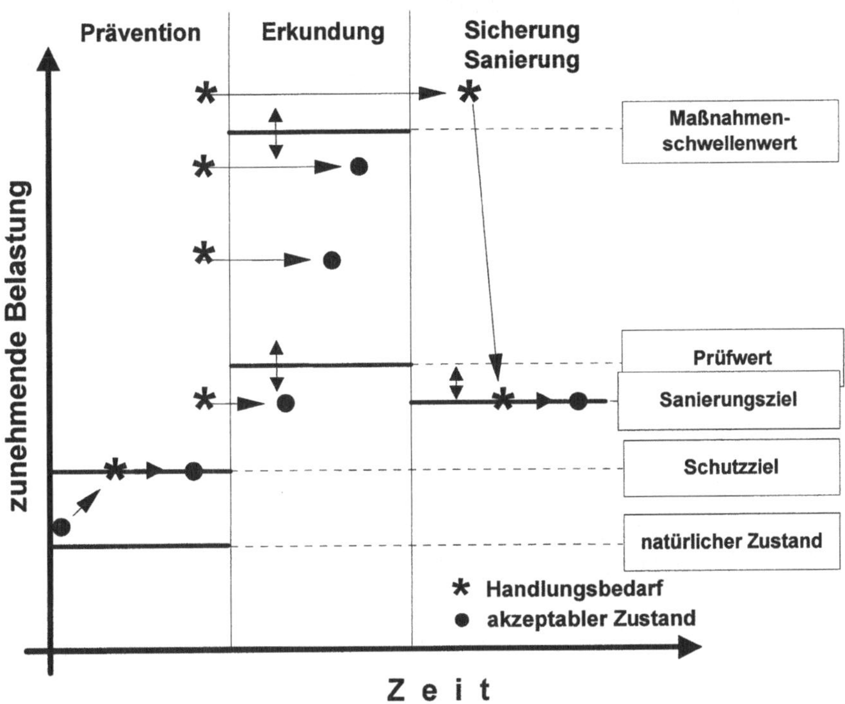

Abb. 8.3. Schutz-, Prüf-, Maßnahmen- und Sanierungszielwerte

In der Praxis werden bei der Überschreitung von Prüfwerten Erkundungen durchgeführt. Zu hohe Maßnahmenschwellenwerte führen dagegen nicht unmittelbar zu Sicherungs- bzw. Sanierungsmaßnahmen. Werden die Zielwerte, die nicht selten das Ergebnis eines Kompromisses zwischen vielen Beteiligten sind, erreicht, liegen diese immer über den natürlichen Stoffkonzentrationen und in der Regel auch über dem Schutzziel, das seinerseits durch bestimmte Stoffkonzentrationen definiert wird. Besonders beim Prüfwert, ob Erkundungen notwendig sind, und Maßnahmenschwellenwert bestehen Spielräume; Prüfwert und Sanierungszielwert können in einigen Fällen identisch sein.

In Abb. 8.3 ist versucht worden, die Zusammenhänge zwischen Prüfwerten, Sanierungszielen, Sicherungs- bzw. Sanierungsmaßnahmen sowie Zielwerten darzustellen.

8.1.3 Sanierungsuntersuchung und -planung

Zur gesetzlich geforderten Gefahrenabwehr sind Dekontaminations- bzw. Sicherungsmaßnahmen erforderlich, die sorgfältig geplant werden müssen. Nach BbodSchG (Anlage 3) sind dies nacheinander drei Phasen: „Sanierungsdurchführung", „Sanierungsuntersuchung" und „Sanierungsplanung". Auch bei der Sanierung von Grundwasserschadensfällen, die nicht durch das BBodSchG reglementiert werden, wird in der Praxis so vorgegangen.

Auch zwingend erforderliche Sanierungsmaßnahmen mit definiertem Sanierungszielwert aufgrund Gesetzesgrundlagen sind häufig nicht völlig durchführbar. Grenzen liegen in

- den Sanierungstechnologien,
- den Entsorgungsmöglichkeiten,
- den Sanierungskosten,
- der Genehmigungsfähigkeit,
- der Akzeptanz und
- Erkundung.

Beispielsweise kann eine Grundwassersanierung nicht erfolgen, weil Belange des Naturschutzes gegenüberstehen. Schädigung eines Feuchtbiotops infolge Grundwasserabsenkung wäre ein Grund.

Bei der Bewertung und Auswahl eines geeigneten Sanierungsverfahrens muss insbesondere auf seine *schadstoffbezogene* Anwendbarkeit und auf seine *standortbezogene* Realisierbarkeit geprüft werden. Nicht selten scheitern Sicherungs- bzw. Sanierungsmaßnahmen deswegen, weil Erkundungsmaßnahmen am Anfang eines Schadensfalles nicht klar das Kontaminationsmuster und die dreidimensionale Verteilung der Schadstoffe im Untergrund erfassten sowie die standortrelevanten Besonderheiten nicht ausreichend berücksichtigt wurden (Toussaint u. Bruns 1995). Deswegen wird gefordert, dass Gutachter ein bestimmtes fachliches Anforderungsprofil haben müssen (Bertges 1996). Die einzelnen Schritte des Auswahlverfahrens für die Sanierungsmaßnahmen sind in Abb. 8.4 dokumentiert.

Für Boden- oder Grundwasserkontaminationen haben die in Tabelle 8.2 aufgelisteten Schadstoffgruppen Relevanz.

Bei den organischen Kontaminanten liegt der Schwerpunkt auf den Mineralöl-Kohlenwasserstoffen (Heizöl EL, Kerosin), die einen Großteil der bekannten Boden- und Grundwasserbelastungen verursacht haben. Gleiches gilt für die leichtflüchtigen halogenierten Kohlenwasserstoffe (LHKW).

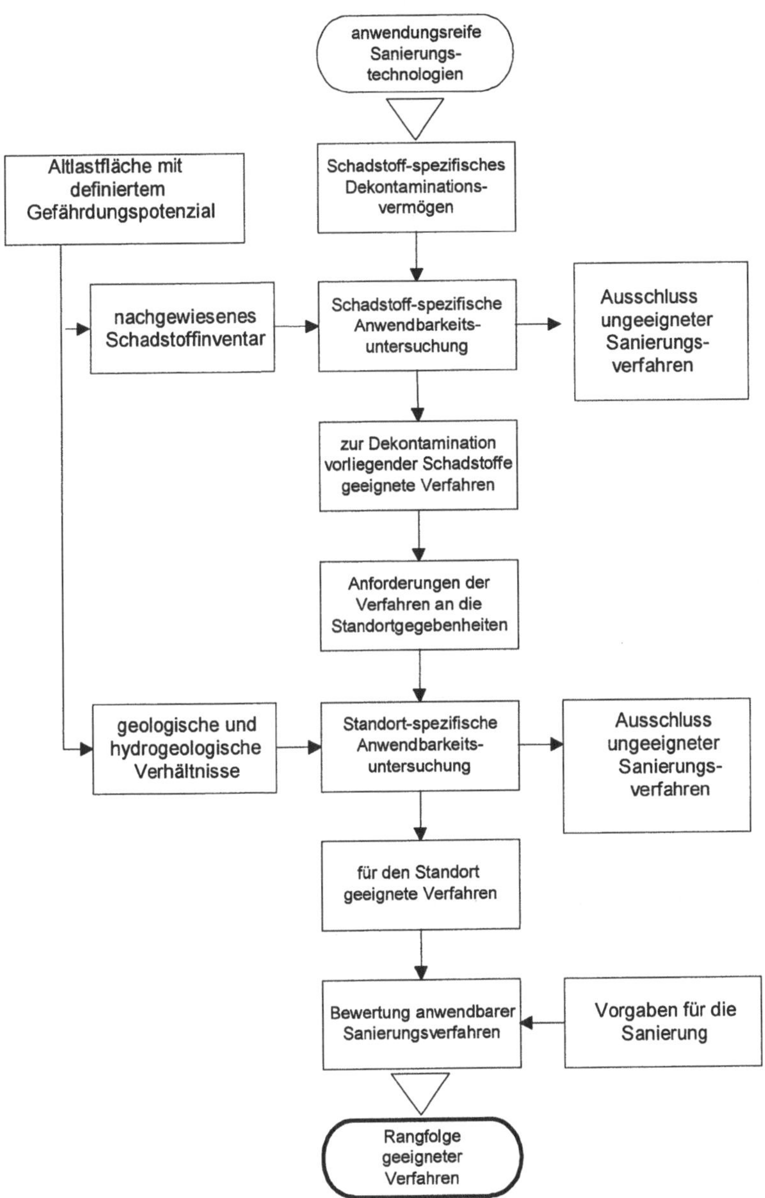

Abb. 8.4. Schritte zur Vorbereitung von Sanierungs- bzw. Sicherungsmaßnahmen gemäß Anforderungen Anhang 3 BBodSchV. Nach Hugo et al. (1999), geändert.

Tabelle 8.2. Relevante Schadstoffgruppen bei Boden- oder Grundwasserbelastungen

Schadstoffgruppe	Beispiele
nichthalogenierte leichtflüchtige organische Substanzen	Aceton, Methanol, Benzol, Toluol
halogenierte leichtflüchtige organische Substanzen	1,1,1-Trichlorethan, Trichlorethen, Tetrachlorethen
nichthalogenierte mittelflüchtige organische Substanzen	Nitrophenole, Nitroaniline, nichthalogenierte polyzyklische Aromaten wie Anthracen oder Phenantren
halogenierte mittelflüchtige organische Substanzen	halogenierte polyzyklische Aromaten, Pestizide wie Malathion, Aldrin, Heptochlor; polychlorierte Biphenyle (PCBs)
Treibstoffe	Benzin, Heizöl, Kerosin
anorganische Verbindungen	Blei, Cadmium, Chrom, Cobalt, Kupfer, Quecksilber, Arsen, Asbest, Cyanide
Radionuklide	Cäsium 134 und 137, Plutonium 238, 239 und 241, Strontium 89 und 90, Uran 234, 235 und 238
Sprengstoffe	2,4,6-Trinitrotoluol (TNT), Hexogen, Pikrit, Nitroglyzerin

Bei einer breiten Schadstoffpalette wie im Fall von Altablagerungen, müssen mehrere Verfahren nebeneinander eingesetzt werden. Dies führt zu einer Vervielfachung der Kosten und schließt sich bei bestimmten Schadstoffkombinationen technisch sogar aus. Beispiele:

- Der Einsatz Mineralöl abbauender Mikroorganismen ist nicht möglich, wenn gleichzeitig biozid wirkende Schwermetallbelastungen vorliegen.
- Soll die Sanierung mit einem einzigen Verfahren erfolgen, ist dies meist nur durch eine Abschwächung der Sanierungsziele zu erreichen. Das heißt: in der Regel sind nicht alle Schadstoffe „vollständig" zu entfernen.
- Sollen beispielsweise an einem kontaminierten Standort sowohl organische Komponenten (z.B. Mineralöle) zerstört als auch leichtflüchtige Schwermetalle (u.a. Quecksilber) aus dem Boden entfernt werden, liegen auch nach der Behandlung schwerflüchtige Schwermetalle in Form unlöslicher Verbindungen vor.
- Auch ist es möglich, dass eine Sanierung neue Schadstoffe zum Ergebnis hat und Probleme somit nur „verlagert" werden. Wird z.B. ein Boden mit chlorierten Kohlenwasserstoffen thermisch saniert, werden die Kontaminanten zwar verbrannt; es können sich jedoch weitaus gefährlichere Verbrennungsprodukte bilden, wie Furane und Dioxine.
- Werden chlorierte Kohlenwasserstoffe einer biotechnischen Sanierung zugeführt, können Zwischenprodukte des mikrobiellen Abbaus entstehen. Diese sogenannten Metabolite sind bedenklicher als die Ausgangssubstanzen. Ein Beispiel ist das toxische und Krebs erregende Monochlorethen (Vinylchlorid).

Bei der Prüfung der Anwendbarkeit eines Verfahrens an einem bestimmten Standort müssen u.a. die vertikale und horizontale Ausdehnung der Kontamination, die Nutzung der kontaminierten Fläche einschließlich Bebauungssituation, die Bodenart und -struktur sowie bei einer Grundwassersanierung die hydrogeologischen Verhältnisse berücksichtigt werden. Es muss schließlich entschieden werden, ob ein Verfahren *in situ* oder *ex situ* durchgeführt wird.

Bei der Prüfung auf Anwendbarkeit spielen vor allem die erzielbare Reinigungsleistung sowie der Zeit- und Kostenaufwand eine entscheidende Rolle. Danach folgt die Entsorgung der Reststoffe. Typisch ist dies vor allem dann, wenn ein Boden immer noch Schadstoffe enthält, wenn auch in erheblich geringeren Konzentrationen im Vergleich zum Ausgangszustand.

Die Entscheidung für oder gegen ein Verfahren muss auch davon abhängig gemacht werden, ob während und auch nach Abschluss der Maßnahme deren Effizienz kontrollierbar ist und auch tatsächlich kontrolliert wird. Wenn die Effizienz eines Sanierungsverfahrens nicht kontrollierbar ist, darf es nicht zur Anwendung kommen. Ein Kriterienkatalog erleichtert die Bewertung von Sanierungsverfahren (Tabelle 8.3).

Tabelle 8.3. Kriterien für die Bewertung von Sanierungsverfahren. Aus Hugo et al. (1999).

Sachverhalt	Kriterium
Dekontaminationsgrad	erzielbare Reinigungsleistung
Kontrollierbarkeit	regulierende Eingriffsmöglichkeit während des Reinigungsprozesses
Emissionen	Verlagerung der Schadstoffe aus einem Schutzgut in ein anderes
Rückstände	Auftreten weiter zu entsorgender Reststoffe durch die Sanierung
Langzweitwirkung	langfristig gesicherter Sanierungserfolg
ökologische Beeinträchtigung	Auswirkung der Sanierungsmaßnahme auf die Bodenqualität
Investitionskosten	anlagentechnischer Aufwand
Betriebskosten	Kosten für Hilfsmittel, Energie, Personal, Reststoffentsorgung, Transport, Reparatur usw.
Zeitbedarf	Dauer der gesamten Sanierung
Entwicklungsstand	Verfügbarkeit der Technologie(n), Gewährleistung des Sanierungserfolges
Sensibilität der Umgebung	Beeinträchtigung des Umfeldes durch Lärm-, Staub- und/oder Geruchsentwicklung
Kombinationsmöglichkeit	Möglichkeit des Erreichens höherer Dekontaminationsgrade durch Verfahrenskombination

Ergebnis der Anwendungsprüfung ist eine Rangfolge der *fallbezogenen* geeigneten Sanierungsverfahren. Auf der Basis einer abschließenden Bewertung der in Frage kommenden Sanierungsverfahren erfolgt die Auswahl des für den vorliegenden Fall und das angestrebte Sanierungsziel günstigsten Verfahrens bzw. der günstigsten Verfahrenskombination anhand technischer Aspekte, Zeitaufwand und Kostenfrage, der Genehmigungsfähigkeit und manchmal auch der Akzeptanz des Verfahrens in der Bevölkerung. Eine Entscheidung kann also nur im Einzelfall erfolgen.

Für *alle* Sanierungstechniken gilt, dass es nicht möglich ist, einen Schadstoff zu 100 % aus dem Schutzgut zu entfernen. Der frühere Zustand lässt sich nicht oder nur mit einem nicht akzeptablen Kostenaufwand herstellen. Gegebenenfalls sind die Sanierungsziele, die auf der Basis planerischer Wünsche oder gesetzlicher Notwendigkeiten begründet wurden, zu überdenken und an die technischen Möglichkeiten in der Praxis anzupassen. Die Grenzen der Technik werden immer dann besonders deutlich, wenn großflächige Kontaminationen vorliegen, die gegenwärtig als „unsanierbar" gelten (Hugo et al. 1999).

Die Sanierungsuntersuchung mit dem Ergebnis eines Sanierungskonzepts ist der Grundstein der Sanierungsplanung mit dem Sanierungsplan, dessen Aufstellung in § 13 BBodSchG gefordert wird. Zu dokumentieren sind u.a.:

– Ergebnis der Gefährdungsabschätzung
– derzeitige und zukünftige Nutzung des zu sanierenden Grundstücks
– Sanierungsziele
– Anforderungen an Dekontaminations-, Sicherungs-, Beschränkungs- und Eigenkontrollmaßnahmen
– zeitlicher Ablauf der Maßnahmen

Auf der Basis der Sanierungsplanung werden die Sanierungsleistungen ausgeschrieben und vergeben sowie die Sanierungsarbeiten (und ggf. Abbrucharbeiten) durchgeführt. Der Sanierungsplan enthält auch Angaben zur Qualitätssicherung, z.B. für Untersuchungen von Boden- oder Wasserproben im Labor sowie zur Leitung und Überwachung der Maßnahmen.

8.2 Sanierungs- und Sicherungs-Technologien

Sanierungsmaßnahmen mit Aussicht auf Erfolg müssen an geeigneter Stelle des Transportweges der Kontaminanten zwischen Emissionsquelle und Rezeptor angesetzt werden. Es lassen sich drei Strategien unterscheiden (Abb. 8.5).

Sanierungsmaßnahmen an der Schadstoffquelle direkt sind am wirksamsten. Je weiter man vom Ort der Schadstofffreisetzung entfernt ist, desto aufwendiger wird eine Grundwassersanierung. Beispiel: Es muss ein großes Wasservolumen abgepumpt werden, das nur geringe Schadstoffkonzentrationen aufweist.

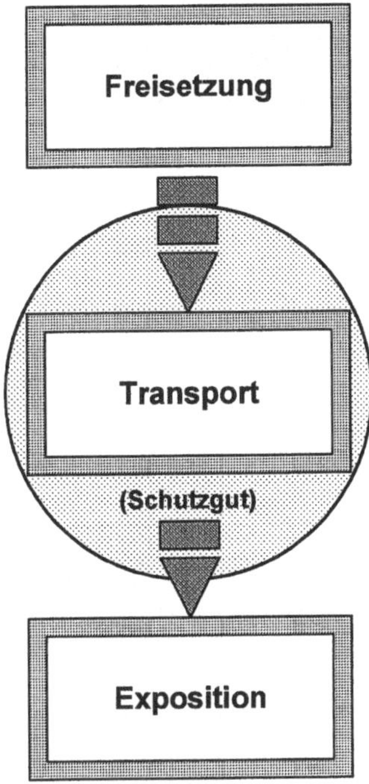

Abb. 8.5. Sanierungsstrategien und -effektivitäten bei Grundwasserkontaminationen: Maßnahmen am Ort der Freisetzung der Schadstoffe, entlang ihres Transportweges und am Ort
ihrer Exposition.

Am wenigsten effektiv, aber ggf. unvermeidbar, sind Sanierungsmaßnahmen,
die weit weg vom Schadensherd direkt im Gelände eines Trinkwasserwerks
durchgeführt werden müssen.

Für eine Grundwassersanierung gelten unabhängig vom Sanierungskonzept vier
Grundsätze:

- Beseitigung der eigentlichen Schadstoffquelle im Bereich der Erdoberfläche
- Entfernung residualer und freier organischer Phasen im Grundwasserleiter
- Absaugen gasförmiger organischer Phasen aus dem ungesättigten Teil des
  Grundwasserleiters
- Dekontamination des verunreinigten Grundwassers

Die dringlichste Maßnahme ist das Unterbinden einer weiteren Schadstofffreisetzung. Das wird erreicht, wenn die Schadstoffquelle, z.B. ein ungesicherter La-
gerplatz für organische Lösemittel oder Heizöl, technisch eliminiert wird.

Hydraulische Sanierungsmaßnahmen müssen u.U. über Jahrzehnte bis Jahrhun-
derte durchgeführt werden (Bedient 1992; Charbeneau 1996), wenn die meistens
wenig wasserlöslichen organischen Phasen nicht aus dem ungesättigten und gesättigten Teil eines Grundwasserleiters entfernt werden.

Organische Phasen sind

- einerseits so genannte freie Produkte, die entweder leichter als Wasser sind und in linsenförmigen Gebilden aufschwimmen wie z.B. Kerosin im Bereich von Flughäfen,
- Stoffe, die eine höhere Dichte als Wasser aufweisen wie z.B. LHKW an ehemaligen oder auch aktuell genutzten gewerblichen und industriellen Standorten, die deswegen im Grundwasserleiter absinken und Pools an dessen Sohle bilden können, sowie
- Stoffe, die residual und somit immobil vorliegen (Pankow u. Cherry 1996; Russel 1992; Toussaint 1994).

Je mehr freie oder residuale Phase entfernt werden kann, desto effektiver wird eine hydraulische Sanierung sein.

Gasförmige organische Schadstoffe in der ungesättigten Zone müssen abgesaugt werden wie z.B. LHKW. Damit soll vermieden werden, dass sie sich im Sickerwasser lösen und mit diesem zur Grundwasseroberfläche verfrachtet werden oder infolge eines diffusiven Transports in das Grundwasser gelangen und dieses sekundär verunreinigen. In Ausnahmefällen kann auch ein gravitativer Transport stattfinden.

Sind die primären und sekundären Quellen einer Grundwasserverunreinigung vor oder im Verlauf einer hydraulischen Sanierung entfernt worden, ist das Schutzgut Grundwasser selbst zu dekontaminieren.

Bei Sanierungsmaßnahmen des Grundwassers und des Bodens werden die folgenden Technologien und Techniken unterschieden:

In situ	Ex situ
Grundwasser und Boden verbleiben an Ort und Stelle	on-site-Technik: Behandlung vor Ort mit meistens kleinen Anlagen
	off site-Technik: Transport zu größeren und stationären Anlagen

Abbildung 8.6 gibt eine Übersicht über die Behandlungstechnologien im Einzelnen: thermische, physikalische, chemische und mikrobiologische Verfahrensgruppen sowie Sicherungsmaßnahmen auf der Basis von physikalischen oder chemischen Technologien.

Technologien		Techniken
Sanierung i.e.S.	Thermische Technologien	Verbrennung Pyrolyse
	Physikalische Technologien	Bodenwäsche Extraktion aktive hydraulische Techniken pneumatische Techniken elektrokinetische Techniken
	Chemische Technologien	Reaktive Wände Grundwasserbehandlung Bodenbehandlung, in situ Bodenbehandlung, on/off site
	Mikrobiologische Technologien	Mieten/Kompostierung Bioreaktoren in situ-Techniken
Sicherung	Sicherungstechnologien	Einkapselung Immobilisierung passive hydraulische/pneumatische Techniken, ggf. kombiniert mit geotechnischen Verfahren

Abb. 8.6. Sanierungs- und Sicherungstechnologien und -techniken

Abbildung 8.7 gibt einen summarischen Überblick über die aktuell zum Einsatz kommenden Techniken. Es wird zwischen Sanierung i.e.S. (Dekontamination) und Sicherung unterschieden. Die meisten genannten Techniken sind etabliert; einige sind noch in einem Pilotstadium.

Am Beispiel des Bundeslandes Nordrhein-Westfalen lässt sich zeigen (Tabelle 8.4), dass bei Grundwasserbelastungen hydraulische Standardtechniken (Abpumpen des Grundwassers und on-site-Behandlung) bei weitem dominieren. Dies ist häufig mit pneumatischen Techniken, d.h. Absaugen der kontaminierten Bodenluft in der ungesättigten Zone eines Grundwasserleiters, kombiniert.

Bei Böden hat die thermische Behandlung in Nordrhein-Westfalen Vorrang. Dagegen steht bezogen auf Deutschland insgesamt die Biotechnik seit 1996 mit mehr als 50 Anlagen und einer Kapazität von z.Z. etwa 3,2 Mio. Tonnen an erster Stelle (Haglauer et al. 2000; Michaelsen 1999). Bei Sicherungsmaßnahmen steht die Technik der Einkapselung im Vordergrund.

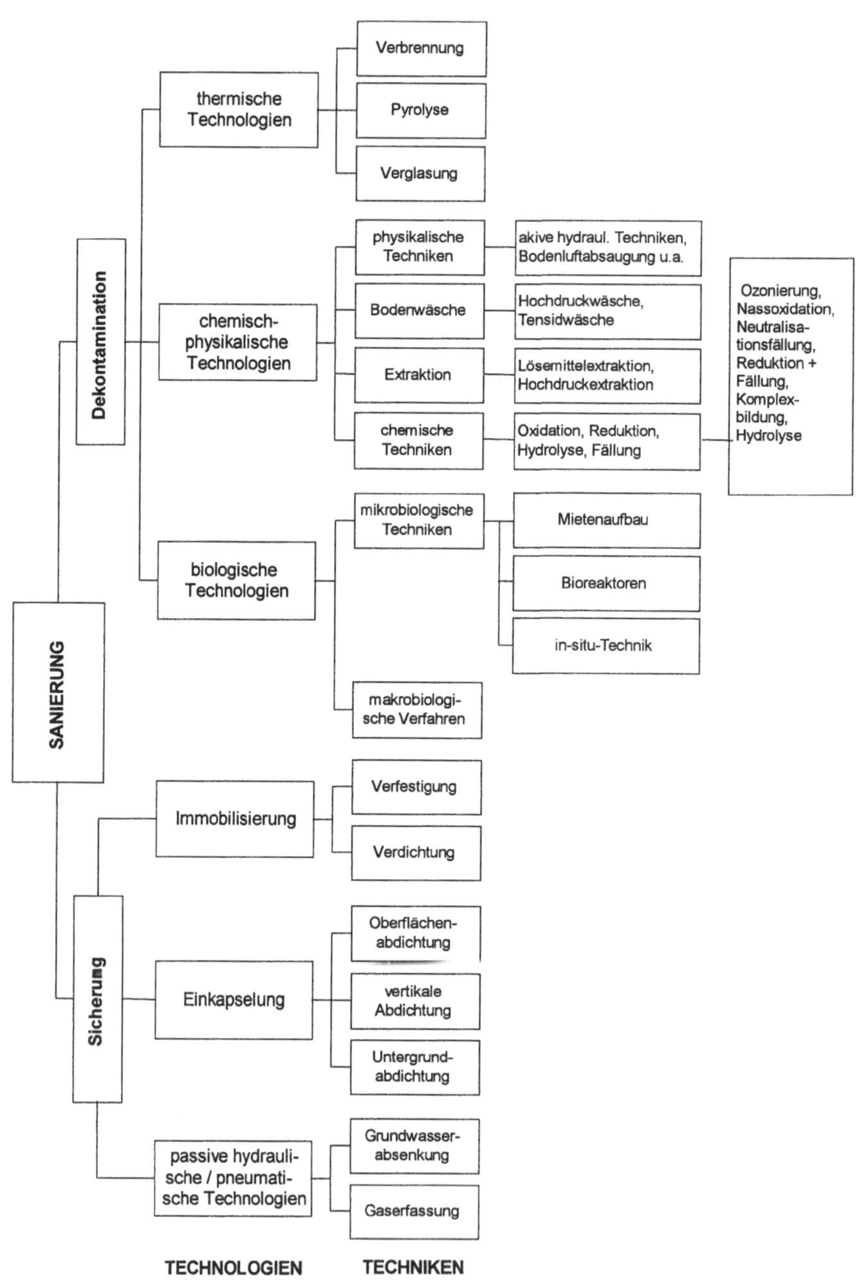

Abb. 8.7. Übersicht über Sanierungstechnologien und -techniken

Die folgenden Abschnitte behandeln vorrangig Grundlagen und Verfahrensprinzipien, über die der Hydrogeologe Bescheid wissen muss, um seine fachlichen Kenntnisse auch in diesem Feld der Altlastenproblematik einbringen zu können. Für technische Details wird auf Ackerer et al. (1991), Hugo et al. (1999), Neumaier u. Weber (1996) verwiesen.

Tabelle 8.4. Stand der Anwendung von Sanierungsverfahren in NRW (Hugo et al. 1999)

Sanierungsverfahren	Altablagerungen		Altstandorte		Gesamt	
	Anzahl	%	Anzahl	%	Anzahl	%
Dekontamination gesamt	91	24,7	323	32,6	414	30,4
thermische Verfahren	3	0,8	38	3,8	41	3,0
Wasch-/Extraktionsverfahren	0	0,0	11	1,1	11	0,8
pneumatische Verfahren	50	13,6	90	9,1	140	10,3
biologische Verfahren	3	0,8	24	2,4	27	2,0
hydraulische Verfahren	35	9,5	160	16,1	195	14,3
Sicherung gesamt	143	38,8	136	13,7	279	20,5
Einkapselung	104	28,2	115	11,6	219	16,1
Immobilisierung	4	1,1	7	0,7	11	0,8
passiv hydraulische Verfahren	23	6,2	2	0,2	25	1,8
passiv pneumatische Verfahren	12	3,3	12	1,2	24	1,8
Umlagerung gesamt	135	36,6	532	53,7	667	49,0
on site	25	6,8	61	6,2	86	6,3
off site	110	29,8	471	47,5	581	42,7
Summe	369	100,0	991	100,0	1360	100,0

8.3 Bodensanierung

Aufgrund ihrer spezifischen Eigenschaften stellen Böden Schadstoffsenken dar, aus denen Emissionen in das Schutzgut Grundwasser erfolgen können. Zur Sanierung kommen thermische, physikalisch-chemische und (mikro)biologische Techniken zur Anwendung (Tabelle 8.5), die in den folgenden Abschnitten beschrieben werden. Aus Gründen der Effizienzsteigerung sind Technologiekombinationen – mehrere Maßnahmen hintereinander oder eine Schwerpunkt-Maßnahme – mit unterstützenden Maßnahmen sinnvoll.

Tabelle 8.5. Techniken zur Sanierung kontaminierter Böden

Technologien/Techniken		Verfahrensprinzip
	thermische Bodenbehandlung	
Verbrennung	ex situ	Zerstörung von meistens organischen Kontaminanten bei hohen Temperaturen (800–1000 °C) bei Anwesenheit von Sauerstoff, ggf. nachfolgende Hochtemperatur-Dekontamination (Nachverbrennung) der Schadgase und Abgasreinigung, Feststoff-Rückstände
Pyrolyse	ex situ	Überführen organischer Kontaminanten in Gasform bei Temperaturen im Bereich 500–900 °C bei Abwesenheit von Sauerstoff, ggf. nachfolgende Hochtemperatur-Dekontamination (Nachverbrennung) der Schadgase und Abgasreinigung, Feststoff-Rückstände
Verglasen	in situ	Immobilisierung von Schadstoffen durch Aufschmelzen der Bodenmatrix in einem elektrischen Lichtbogen
Verziegeln (Kalzinieren)	ex situ	Brennen eines Gemisches aus Ton und kontaminiertem Boden, dadurch Einbindung der Schadstoffe
thermische Desorption	ex situ, in situ	Erhitzen kontaminierter Böden zwecks Überführung organischer Kontaminanten in die Gasphase; mittels Trägergas oder Vakuum werden Wasserdampf und Schadgase anschließend einer Dekontamination zugeführt
open burn/open detonation	ex situ	Zerstörung von Sprengstoffen oder Munition durch Verbrennen (ausgelöst durch offene Flamme, Hitze oder Explosionswelle) oder durch Sprengsatz
	chemisch-physikalische Bodenbehandlung	
elektrokinetische Separation	ex situ, in situ	Einwirkung eines elektrischen Feldes speziell auf bindige Böden, dadurch elektrokinetisch induzierter Transport (Elektrolyse, Elektrophorese, Elektroosmose, wissenschaftlich noch umstritten auch elektrochemische Prozesse) anorganischer und organischer Schadstoffe zu den Elektroden und Anreicherung am Anoden- bzw. Kathoden-Element und weitergehende Behandlung
Bodenluftabsaugung	ex situ, in situ	Absaugen leichtflüchtiger organischer Kontaminanten in der Bodenluft in „Brunnen" durch Anlegen eines Unterdrucks, ggf. thermisch oder elektrokinetisch unterstützt, und anschließende Behandlung (z.B. Adsorption an Aktivkohle)
Bodenwäsche	ex situ, in situ	Abtrennung belasteter (Feinkorn-)Bodenfraktionen von weitgehend unbelasteten Fraktionen mittels Wasser (ggf. durch Chemikalienzusatz modifiziert) bei Zuführung mechanischer Energie; bei in-situ-Spülung des Bodens Austrag von Schadstoffen in das Grundwasser, das abgepumpt und gereinigt werden muss; im Fall von in-situ-Spülung des Bodens in vollwandig ausgebauten Bohrungen keine sekundäre Grundwasserbelastung; Anfallen von hochbelasteter Feinkornfraktion und Abwasser

Tabelle 8.5. Fortsetzung

Technologien/Techniken		Verfahrensprinzip
c h e m i s c h - p h y s i k a l i s c h e B o d e n b e h a n d l u n g		
Extraktion	ex situ	Herauslösen von Schadstoffen durch schadstoffspezifisches Extraktionsmittel (meist organische Lösemittel) und Anreichern an Feinkornfraktion
Fracturing	in situ	Erzeugung von Klüften in Sedimentgesteinen durch Einpressen von Luft unter hohem Druck zur Verbesserung der Effizienz verschiedener in-situ-Verfahren
b i o l o g i s c h e B o d e n b e h a n d l u n g		
Regenerationsmieten	ex situ	mechanische Aufbereitung des kontaminierten Bodens, Zugabe von Nährsalzen, Zuschlagstoffen und ggf. auch Mikroorganismen, Aufschichtung auf abgedichteten Flächen zu Mieten oder höheren Halden, die z.T. bearbeitet werden (Wendeverfahren), Berieselung (Trockenmieten oder Suspensionsmieten je nach Wassergehalt), im Freien oder in beheizbaren Hallen
Landfarming	ex situ	Aufbringen des kontaminierten Bodens in einer flachen Schicht (max. 0,4 m) auf einer abgedichteten Fläche; danach landwirtschaftliche Bearbeitung (Pflügen, Fräsen) unter gleichzeitiger Zugabe von Nährstoffen, Trägersubstanzen und ggf. auch Mikroorganismen
Landfarming	in situ (Tilling)	in den USA oder in den Niederlanden Durchmischung des oberflächennahen kontaminierten Bodens ohne einen Aushub direkt innerhalb der Bodenmatrix (Boden fungiert als „Reaktor"), Versprühen von Prozesswasser, Nährlösung und ggf. Mikroorganismen sowie Bodenauflockerung zwecks Belüftung zur Erhöhung der mikrobiellen Stoffwechselaktivität
Bioreaktoren	ex situ	Beschleunigung des Schadstoffabbaus in geschlossenen technischen Systemen (Drehtrommel-, Rühr- oder Airlift-Reaktoren, Blasensäulenfermenter u.a.) aufgrund der Optimierung der Lebensbedingungen für die Mikroorganismen
Infiltration von Mikroorganismen und Nährstoffen	in situ	in den USA und in anderen Ländern Einbringen von Nährstoffen, Trägersubstanzen und Mikroorganismen in tiefere Bereiche der ungesättigten Zone über Brunnen und Luftzufuhr über Rohre
Phytoremediation	in situ	Einsatz von höheren Pflanzen, die über die Wurzeln Schadstoffe, insbesondere Schwermetalle (Metallophyten) aufnehmen und in Blättern, Trieben u.a. speichern

8.3.1 Thermische Bodenbehandlung

Thermische Behandlung von verunreinigten Böden wird seit 1982 großtechnisch in den Niederlanden und seit 1987 auch in Deutschland durchgeführt und kann auf ein breites Schadstoffspektrum angewendet werden. Hohe Kosten und fehlende Akzeptanz in der Bevölkerung haben dazu geführt, dass in den letzten Jahren die technologische Entwicklung jedoch stagniert.

Folgende Mechanismen führen zu einer Bodenreinigung oder zu einer Unterbrechung der Gefährdungspfade:

- Austreiben der flüchtigen und zersetzbaren Schadstoffe mit der Gasphase
- oxidative Umsetzung der ausgetriebenen Schadstoffe (Verbrennung)
- reduktive Zersetzung der ausgetriebenen Schadstoffe (Pyrolyse)
- Einglasen nichtflüchtiger Schadstoffe in der Bodenmatrix
- Abtrennen bzw. Zersetzung der Schadstoffe in der Rauchgasreinigung

Es handelt sich also um Ausgasungs-, Zersetzungs- und Immobilisierungsprozesse.

Die Verfahrensschritte einer thermischen Bodenreinigungsanlage (Abb. 8.8) sind

- Bodenvorbereitung
- Sieben und Brechen zur Herstellung adäquater Korngrößen
- thermische Behandlung
- Abgasreinigung

Bei der *Verbrennung* wird der Ofen mit einer Flamme unter Luftzufuhr direkt auf Temperaturen im Bereich 800 bis 1000 °C aufgeheizt, wodurch die in Dampfform überführten Schadstoffe oxidativ umgesetzt und z.T. bereits im Ofenraum verbrannt werden.

Bei der *Pyrolyse*, deren Temperaturbereich zwischen 500 °C und 800 bis 900 °C liegt, erfolgt die Aufheizung des kontaminierten Bodens indirekt: Die Wärmezufuhr erfolgt entweder durch äußere Beheizung des Ofenrohrs und Wärmeleitung bzw. -strahlung ins Innere oder durch Zugabe von Inertgasen wie CO_2 oder N_2 unter Abschluss von Sauerstoff.

Anorganische Stoffe (insbesondere Schwermetalle) werden bei hohen Temperaturen von ca. 1200 °C gesintert und in den behandelten Boden eingebunden; sie sind dann mehr oder weniger wasserunlöslich fixiert.

Eine Abgasnachverbrennung muss nachgeschaltet sein, um die Emission von noch nicht im Ofen zerstörten Schadstoffen zu verhindern. Bei Temperaturen zwischen 1100 und 1400 °C wird die Freisetzung von so genannten Sekundärschadstoffen in die Umwelt unterbunden und somit den geltenden Emissionsschutzrichtlinien Genüge getan. Sekundärschadstoffe sind solche, die bei der thermischen Behandlung gebildet werden wie z.B. polyhalogenierte Dibenzodioxine – PCDD.

Danach werden in der Rauchgasreinigung Stäube, Schadgase (z.B. Chlorwasserstoff) und freigesetzte Schwermetalle (insbesondere Cadmium und Quecksilber) durch Waschverfahren aus dem Rauchgasstrom entfernt.

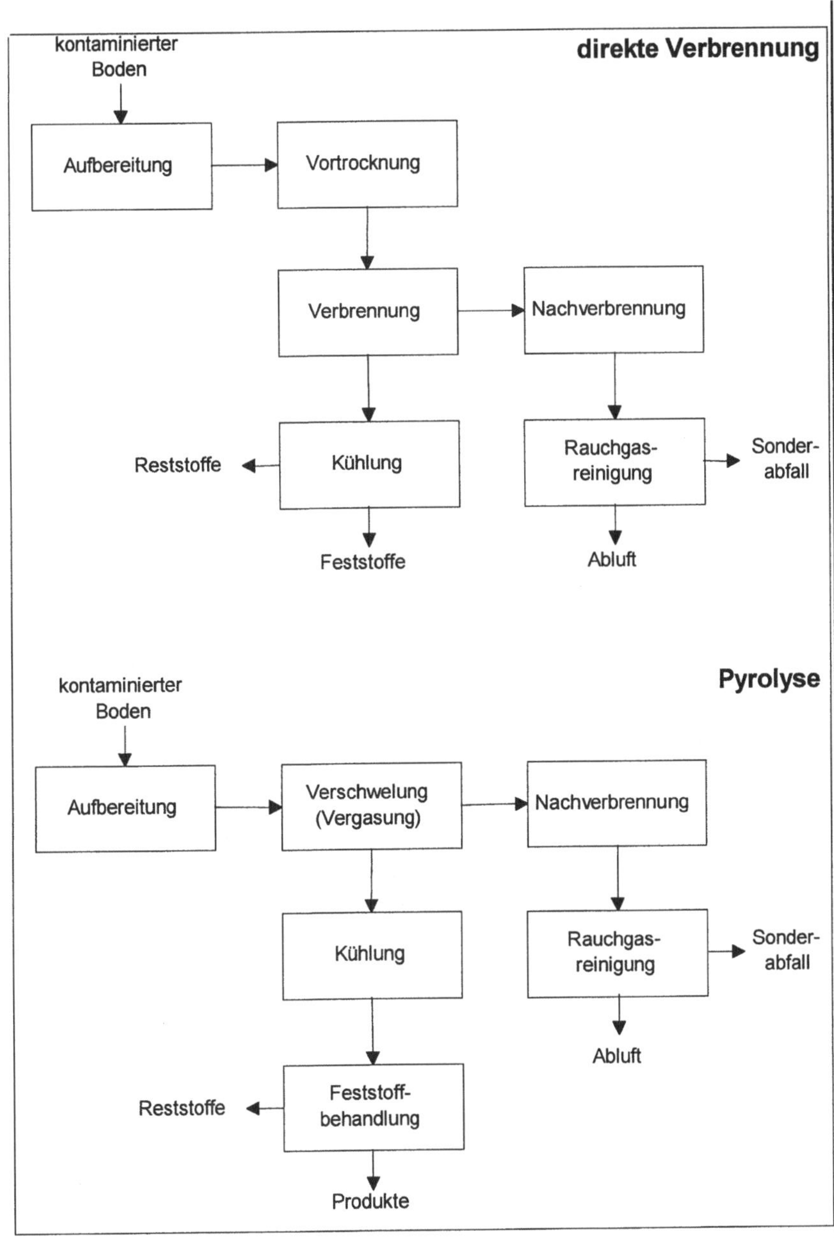

Abb. 8.8. Thermische Bodenbehandlung durch direkte Verbrennung (oben) und Pyrolyse (unten)

Neben der Verbrennung und Pyrolyse gibt es auch *Alternativverfahren*, die in der Erprobung sind. Bei ihnen reicht der Temperaturbereich bis 350 °C. Mittels zusätzlicher Verfahren wie Wasserdampfstrippen oder Erzeugen eines Vakuums lassen sich vornehmlich leicht- bis mittelflüchtige Schadstoffe entfernen.

In der Pilotphase befindet sich u.a. der Einsatz von Hochfrequenzenergie (Jütterschenke 1994) für eine thermische in-situ-Sanierung von Böden, die durch halogenierte sowie aromatische und aliphatische Treibstoff- und Mineralölfraktionen kontaminiert sind. Es entsteht eine dielektrische Erwärmung durch Anlegen von hochfrequenten elektromagnetischen Feldern an den kontaminierten Boden als Dielektrikum. Es sind nur Frequenzen unterhalb 300 MHz sinnvoll, da andernfalls ein Skin-Effekt auftritt, d.h. die Energie verbleibt vorrangig auf der Stoffoberfläche, und es ist somit nur eine geringe Eindringtiefe gegeben. Die über eine Verdampfung an der Erdoberfläche aufgefangenen Schadstoffe werden über ein Gas-/Flüssigkeits-Behandlungssystem vor Ort entsorgt.

Die Erwärmung des Bodens resultiert neben der Ohmschen Widerstandserwärmung infolge des Ionenstroms im angelegten elektrischen Feld hauptsächlich aus der dielektrischen Erwärmung. Sie entsteht aus der physikalischen Verzerrung der Molekularstrukturen der Materialien, die sich innerhalb des angelegten elektrischen Feldes befinden. Das Wasser als polares Molekül mit hoher Dielektrizitätskonstante ($\varepsilon = 80$) spielt sowohl bei der Bodenerwärmung durch Energieabsorption als auch beim chemisch-physikalischen Schadstoffaustrag (Trägerdampfdestillation, Dampfstripping) eine große Rolle. Schadstoffe mit Siedepunkten bis 270 °C werden effektiv entfernt.

Thermische Verfahren haben den großen Vorteil, dass in kurzer Zeit (Stunden) große Mengen von kontaminierten Böden behandelt werden können. Sie werden bevorzugt bei Kontaminationen durch Vergaserkraftstoffe, Heizöl, BTEX-Aromate, polyzyklische Aromate (PAK), komplex gebundene Cyanide, metallorganische Verbindungen (z.B. Bleitetraethyl), flüchtige Schwermetalle (z.B. Quecksilber) und halogenierte organische Verbindungen eingesetzt.

Nach dieser Behandlung ist der Boden meist „tot", weil die organische Substanz zerstört worden ist. Dieser „Thermosol" wird entweder als technisches Produkt oder Baumaterial verwendet oder durch Zumischung von Mikroorganismen, Mutterboden, Kompost u.a. revitalisiert.

Verglasen und *Verziegeln (Kalzinieren)* sind Sonderverfahren, die bisher nicht über das Pilotstadium hinaus entwickelt worden sind. Sie sind großtechnisch schwer realisierbar (Hugo et al. 1999). Sie können auch als Sicherung bezeichnet werden, da die Schadstoffe z.T. erhalten bleiben, jedoch immobilisiert und von der Umwelt abgeschlossen sind.

Das Verglasen ist ein elektro-thermisches in-situ-Verfahren zur Bodensanierung, mit dem Schadstoffe in der Bodenmatrix immobilisiert werden. Unter der Einwirkung eines elektrischen Lichtbogens schmilzt die Bodenmatrix und erstarrt beim Abkühlen glasartig. Beim Schmelzvorgang werden leichtflüchtige Schadstoffe ausgetrieben, die abgesaugt und einer Abgasreinigung zugeführt werden müssen. Der verbleibende glasartige Festkörper verhält sich inert; seine Auslaugungsrate ist auch in (geologischen) Zeiträumen gering.

Das Verfahren wurde in den USA für radioaktiv kontaminiertes Gelände und radioaktive Abfälle eingesetzt. Die Radioaktivität der eingebundenen Stoffe wird durch das thermische Verfahren nicht berührt, sie bleibt für geologische Zeiträume erhalten.

Beim Verziegeln wird kontaminiertes Material entnommen und mit Ton vermischt. Die Schadstoffe werden vom noch feuchten Ton adsorbiert und beim Brennen des Gemisches in die Tonmineralien eingebunden. Die so hergestellten Ziegelsteine besitzen eine niedrige Auslaugrate für geologische Zeiträume. Wie beim Verglasen müssen ausgasende leichtflüchtige Schadstoffe aufgefangen und die Abgase gereinigt werden.

8.3.2 Physikalisch-chemische Bodenbehandlung

In Deutschland und in anderen Ländern steht die physikalisch-chemische Bodenbehandlung an zweiter Stelle der Bodensanierungsverfahren.

Die angewendeten physikalisch-chemischen Techniken sind dadurch gekennzeichnet, dass die Bindungskräfte zwischen der Bodenmatrix und den Kontaminanten aufgehoben und die Schadstoffe in das flüssige bzw. gasförmige Medium überführt werden. Das flüssige Medium ist entweder das originäre Boden- bzw. Sickerwasser oder in den Boden zugegebenes Prozesswasser. Das gasförmige Medium ist die Luft oder die Bodenluft, d.h. die Luft in der ungesättigten Zone eines Grundwasserleiters.

Nachstehend werden folgende Verfahren behandelt:

- elektrokinetische Verfahren
- Immobilisierung
- Verfestigung
- Stabilisierung
- Fixierung
- Bodenwäsche und Extraktion

Das Absaugen der kontaminierten Bodenluft aus der ungesättigten Zone eines Grundwasserleiters wird aus systematischen Gründen hier mit besprochen.

Elektrokinetische Verfahren

Die Elektrokinetik ist speziell für feinkörnige Böden geeignet, da sich Ionen und unpolare organische Stoffe auch unter dem Einfluss eines elektrischen Feldes in der Hydrathülle der Bodenpartikel bewegen, unabhängig vom Porendurchmesser.

Elektrokinetische Verfahren wurden erstmals 1986 in den USA intensiv für eine in-situ-Bodensanierung diskutiert, sind aber nur in kleinen Anlagen und in Testfeldern eingesetzt worden. Sanierungserfolge sind bei Standorten der Holzimprägnierung und der Braunkohlenveredlung erzielt worden, auch positiv bei Arsen-, Blei-, Cadmium-, Chrom-, Kupfer-, Quecksilber- und Zink-Belastungen von Böden. Beispielsweise wurde der Chromatgehalt elektrokinetisch in-situ- um ca.

80 % reduziert. Auch nichtpolare organische Schadstoffe werden separiert: Phenol wird unter Freisetzung freier Phenoxylradikale und wasserunlöslicher Poly-oxyphenylen-Verbindungen oxidiert (Haus 2000; Haus u. Zorn 1998).

Das induzierte elektrische Feld löst verschiedene elektrokinetische Prozesse aus. Die Elektrolyse, d.h. die Migration von Ionen aufgrund elektrostatischer Anziehungskräfte, spielt dabei die größte Rolle. Darüber hinaus kommt es nach Haus (2000) und Haus u. Zorn (1999) zur

– *Elektroosmose*: einsinnige Bewegung des stromführenden Porenwassers über diffuse Ionenschichten an der kapillaren Grenzfläche zwischen Porenlösung und Mineraloberfläche und
– *Elektrophorese*: Bewegung von geladenen suspendierten Kolloiden und Boden-teilchen im elektrischen Feld.

Außerdem wird nicht ausgeschlossen, dass organische Schadstoffe elektroche-misch induziert umgesetzt werden (Hugo et al. 1999). Es kommt zu einer lokalen Aufkonzentration von Schadstoffen im Bereich der Elektroden, die über eine Spannungsquelle miteinander in Verbindung stehen (Abb. 8.9).

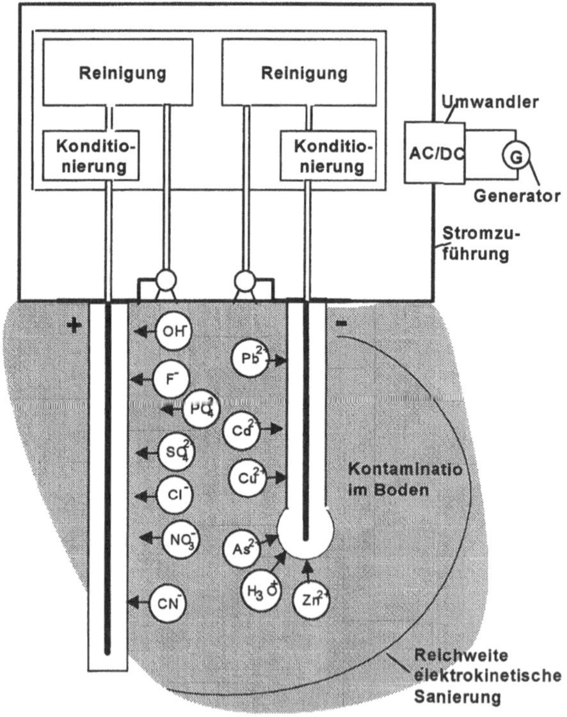

Abb. 8.9. Prinzip der elektrokinetischen Bodensanierung. AC bzw. DC sind die englischen Abkürzungen für Wechselstrom bzw. Gleichstrom. Nach Ackerer et al. (1991).

Eine elektrokinetische Sanierungsanlage besteht aus Bohrungen, in die Elektroden vertikal oder horizontal eingebaut werden. Außerdem sind Pumpen sowie Stromerzeugungsaggregate, die in der Regel platzsparend in Containern untergebracht sind, und ein Abwasseraufbereitungsmodul Bestandteile der Anlage. Die Anode besteht aufgrund der stark korrosiven Eigenschaften der H^+-Ionen häufig aus Graphit, das weniger anfällig ist als andere Stromleiter.

Die Anoden und Kathoden können in Staffeln und in beliebiger Tiefe angeordnet werden. Typische Abstände zwischen den Kathodenreihen sind 3 bis 6 m. Dazwischen wird die Anodenreihe angeordnet (Hugo et al. 1999). Die Anzahl der Elektroden, generell mit dem Grad der Kontamination zunehmend, wird durch die standortspezifischen Untergrundverhältnisse und die Ionenwanderungsgeschwindigkeiten der zu entfernenden anorganischen Schadstoffe bestimmt, aber auch durch die maximal verfügbare elektrische Leistung zur Erzeugung des elektrischen Feldes. Die Reinigungstiefe wird auf 3 bis 6 m veranschlagt. Der Stromverbrauch ist enorm; Hugo et al. (1999) geben bis 160 kWh/Tonne an.

An der Anode wird Wasser zu Sauerstoff und H^+-Ionen unter Elektronenabgabe aufgespalten. Damit kommt es zu einer Veränderung des pH-Werts und zur Ausfällung von Schadstoffen, wenn deren Löslichkeit negativ beeinflusst wird. Um das zu verhindern, können beispielsweise die Elektroden in ein semipermeables Rohr eingelassen und mit Wasser gespült werden, dem in der Regel z.B. Tenside zugesetzt werden,. Das abgepumpte und im Kreislauf geführte Spülwasser mit den separierten Schadstoffen wird an der Erdoberfläche aufbereitet. Im Bereich der Kathode können Spülungsvorgänge auch durch den Einsatz von regenerierbaren Kationenaustauschern unterstützt werden.

Immobilisierung

Unter Immobilisierung wird die Verminderung der Mobilität der Schadstoffe einschließlich einer Herabsetzung ihrer Bioverfügbarkeit angesehen (Abschn. 8.3.4), ohne dass die Schadstoffe notwendigerweise eliminiert werden.

Unter dem Begriff „Immobilisierung" werden unterschiedliche Techniken zusammengefasst und oft synonym verwendet, nämlich *Verfestigung, Stabilisierung, Fixierung* und *mechanische Verdichtung*.

Die Ummantelung von Schadstoffen auf mikroskopischer Ebene, z.B. mittels Kunststoffen wie Formaldehyd oder mittels Wasserglas, kann als *Einkapselung* verstanden werden. In der Praxis ist jedoch die Einrichtung eines Barrierensystems (Oberflächenabdichtung, vertikale Abdichtung und Basisabdichtung) gemeint, das bei Altlasten, insbesondere bei Altablagerungen, den Schadstoffübertritt in Umweltmedien verhindern soll und somit eine Sicherungstechnologie darstellt (Abschn. 8.5).

Zielsetzung in allen Fällen ist, den kontaminierten Boden

- umschlagbar,
- transportierbar und/oder

– endlagerungsfähig

zu machen.

In Abhängigkeit vom Sanierungsziel können die immobilisierten Schadstoffe anschließend z.B. deponiert oder thermisch weiterbehandelt werden. Ferner finden sie als Wirtschaftsgut im Straßen- und Wegebau oder bei der Einrichtung von Lärmschutzwällen Verwendung. Bei hohem Anteil an immobilisierten organischen Schadstoffen können sie auch als Festbrennstoffe bei der Zementherstellung oder als Reagenz in der Rauchgasentschwefelung verwendet werden. Voraussetzung ist, dass keine zusätzlichen Schadstoffe freigesetzt werden.

Verfestigung

Mit Verfestigung wird ein Vorgang beschrieben, bei dem ein kontaminierter Boden (oder Abfall) von einem Feststoff einheitlicher Zusammensetzung umhüllt wird. In jedem Fall wird der Schadstoff mechanisch derart gebunden, dass seine Mobilität reduziert ist. Dabei muss es nicht notwendigerweise zu einer chemischen Wechselwirkung zwischen Schadstoff und Verfestigungsmaterial kommen. Wesentliche Kriterien für die Beurteilung der Wirksamkeit einer Verfestigung sind Permeationsrate sowie physikalische Eigenschaften wie Dichte, Schlagfestigkeit u.a., aber auch die durch Wasser auslaugbare Schadstoffmenge.

Stabilisierung

Problemstoffe werden durch chemische Reaktionen in weniger wasserlösliche und damit weniger mobile Verbindungen umgewandelt. Damit geht möglicherweise auch eine Verminderung der Toxizität einher. Eine Stabilisierung wird erreicht durch Fällung, Änderung des pH-Werts oder durch Oxidation/Reduktion.

Fixierung

Die Anbindung des Schadstoffs an eine Feststoffphase kann z.B. durch Ionenaustausch innerhalb einer Tonmatrix geschehen, bei der Schwermetallionen die Plätze von Na^+, Mg^{2+} oder Al^{3+} einnehmen.

Verdichtung

Sie erfolgt durch Pressen oder Rütteln mittels Ramm- und Stampfgeräten, Rüttlern oder Walzen. Sie wird häufig auch bei der Immobilisierung von nicht bindigen Böden kurz vor Abschluss des Erhärtungsprozesses durchgeführt. Durch Herabsetzung von Porenvolumen und Durchlässigkeit des kontaminierten Bodens wird eine Verringerung der Schadstoffmobilität erreicht. Die Schadstoffe verbleiben allerdings im Boden, und die mechanische Verdichtung nimmt mit der Tiefe ab.

Verdichtung wird bei

– Öllinsen,

– bei der Sanierung von ehemaligen Deponien, auf die flüssige Sonderabfälle verbracht wurden (Cyanide, Teerschlämme, Phenole, schwerflüchtige halogenierte Kohlenwasserstoffe, organische Schadstoffe in freier Phase) und
– kokereispezifischen Altlasten

angewandt. Mittels geeigneter Bindemittel ist auch die Immobilisierung von Schwermetallen möglich.

Die Immobilisierung erfolgt anschließend meistens ex situ durch Zugabe von Bindemitteln zu dem ausgekofferten Material, ggf. aufbereitet (klassiert, gemahlen). Seltener sind in-situ-Freilandverfahren in Beeten (Hugo et al. 1999).

Es werden in erster Linie mineralische Bindemittel wie Gips, gelöschter Kalk oder Beton, seltener organische Kunstharze oder bituminöse Zubereitungen zugemischt; auch Kombinationen sind möglich. Dabei wird häufig der sogenannte Puzzolan-Effekt genutzt, der auf der Reaktion von silikat- und/oder aluminiumhaltigen Mineralien aus Flugasche mit Kalziumoxid beruht und eine zementartige Verbindung ergibt. Bei Schwermetallen werden häufig zu dem gemahlenen Kalziumoxid weitere Fällungsreagenzien zugegeben.

Eine Mischeinrichtung erlaubt die Homogenisierung des Bodens und Mischung mit dem Bindemittel. Bei Freilandverfahren werden Fräsen und Streugeräte zur Vermischung verwendet; in manchen Fällen werden die reaktiven Komponenten auch durch Verpressen eingebracht.

Schwierig sind Verdichtung und Mischung, wenn verschiedene Schadstoffe gleichzeitig im Boden vorhanden sind. Auch bei der Kombination unterschiedlicher Bindemittel lässt sich eine spätere Freisetzung von bereits eingebundenen Schadstoffen nicht ausschließen. Problematisch ist auch die Feststellung der Effektivität der Immobilisierung und das Langzeitverhalten von Bindemitteln und Schadstoffen.

Pneumatische Techniken und unterstützende Maßnahmen

Die seit Anfang der 80er Jahre bekannte Bodenluftabsaugung (Bedient u. Johson 1992; Bruckner 1990; Bruckner et al. 1986) ist mittlerweile eine ausgereifte Technologie. Sie kann auch bei neu errichteten Betriebsanlagen für eine präventive Schadensabwehr eingesetzt werden. Sie ist in erster Linie zur Dekontamination der wasserungesättigten Bodenmatrix geeignet und wird nachstehend schwerpunktmäßig für in-situ-Anwendungen besprochen.

Bodenluftabsaugung. Die verschiedenen Verfahren der Bodenluftabsaugung werden für die Entfernung flüchtiger Schadstoffe hauptsächlich aus der ungesättigten Zone eines Grundwasserleiters eingesetzt. Sie können aber auch für die Dekontamination von zu Mieten aufgeschüttetem Erdreich angewendet werden. Durch die Erzeugung eines Unterdrucks in der ungesättigten Zone entstehen entsprechend dem Druckgradienten Bodenluftströmungen in Richtung der Absaugstellen („Absauglanzen", „Absaugbrunnen"). Die kontaminierte Bodenluft im Bereich eines Verunreinigungsherds wird sukzessiv aus dem Untergrund entfernt, wobei weniger oder nicht belastete Bodenluft nachströmt.

Bei Annahme einer Absaugung der Bodenluft über die gesamte ungesättigte Zone und bei gleichzeitigem Vorliegen eines homogenen und isotropen Untergrunds erinnern die Druckgradientenflächen in ihrer räumlichen Anordnung an Zwiebelschalen (Ackerer et al. 1991). In der Praxis beeinflussen Inhomogenitäten und Anisotropien des Bodens sowie andere Umstände wie z.B. uneinheitliche Versiegelung der Geländeoberfläche, Richtung und Geschwindigkeit der Gasströmungen in starkem Maße.

In der Literatur wird über Versagen dieser Technologie berichtet (Bock 1990). Grund kann sein, dass die üblicherweise vorausgehenden Bodenluftuntersuchungen zur Feststellung des Schadensausmaßes nicht umfangreich genug waren oder über den geologischen Aufbau des Untergrunds zu wenig bekannt ist. Es werden außerdem die Gesetzmäßigkeiten des Gastransportes im Untergrund zu wenig berücksichtigt; die thermodynamischen Gleichgewichte der zu charakterisierenden Stoffströme werden dadurch falsch interpretiert. Wesentliche Voraussetzungen, die erfüllt sein müssen, um das Sanierungsziel zu erreichen, werden nachfolgend ausführlich dargestellt .

Grundlagen. Organische Schadstoffe können im Untergrund in vier Phasen vorliegen:

- als Flüssigkeit,
- im Wasser gelöst,
- an die Feststoffmatrix adsorbiert und
- als Gas.

Maßgebend für den erfolgreichen Einsatz von pneumatischen Sanierungstechniken ist, dass sich, induziert durch die Absaugung der Bodenluft, das Lösungsgleichgewicht Wasser/Gas, das Adsorptionsgleichgewicht Feststoff/Gas und das Phasengleichgewicht organische Flüssigkeit/Gas eines Stoffs immer wieder neu zu Gunsten der Gasphase einstellen. Dadurch kommt es in Abhängigkeit von der Geschwindigkeit der Gasnachlösung (Kinetik des Stoffübergangs) zu einer ständigen Nachlieferung von am Feststoff adsorbierten bzw. im Bodenwasser gelösten Schadstoffen. Sie werden durch die Absaugung der Bodenluft aus der ungesättigten Zone entfernt und übertage durch eine nachgeschaltete Abluftreinigung abgeschieden. Mit der Bodenluft wird verstärkt Sauerstoff aus der atmosphärischen Luft in den Untergrund eingetragen. Aufgrund dieser „Durchlüftung" werden zusätzlich mikrobiologische Abbauprozesse stimuliert.

Das *Lösungsgleichgewicht Wasser/Gas* beschreibt das Henry'sche Gesetz (Gl. 8.1).

$$H = \frac{p_o}{S \cdot R \cdot T} = \frac{C_g}{C_w} \tag{8.1}$$

mit

H = Henry-Konstante
p_o = Sättigungsdampfdruck
S = Wasserlöslichkeit

R   =   allgemeine Gaskonstante
T   =   absolute Temperatur
C_g =   Stoffkonzentration in der Gasphase
C_w =   Stoffkonzentration im Wasser

Das *Adsorptionsgleichgewicht Feststoff/Gas* kann unter der Annahme, dass alle Feststoffoberflächen von Wasser bedeckt sind, nach Gl. 8.2 abgeschätzt werden.

$$K_{sg} = \frac{K_d}{H} = \frac{C_s}{C_w} \cdot \frac{C_w}{C_g} \tag{8.2}$$

mit
K_{sg} =   Verteilungskoeffizient Feststoff/Gas
K_d =   Verteilungskoeffizient Feststoff/Wasser
C_s =   Konzentration des am Feststoff adsorbierten Stoffs

Detaillierte Ausführungen zu Phasenübergängen, speziell bei LHKW, finden sich in Abschn. 7.5.2.

Lösungsgleichgewicht und Adsorptionsgleichgewicht werden durch diverse Parameter gesteuert. Höhere Schadstoffkonzentrationen in der Gasphase werden gefördert durch

– hohe Temperatur,
– hohen Dampfdruck des Stoffs bei Bodentemperatur,
– niedrigen Atmosphärendruck,
– niedrige Wasserlöslichkeit des Stoffs bei relativ niedriger Lipophilie und
– niedrige Verdunstungszahl des Stoffs (Vergleich mit Äther = 1).

Die Sanierbarkeit eines kontaminierten Bodens durch Bodenluftabsaugung kann anhand einiger Parameter abgeschätzt werden (Ackerer et al. 1991). Zunächst wird aus dem Siedepunkt und dem Molekulargewicht des Schadstoffs mittels Gl. 8.3 die Gleichgewichtskonstante c_c in der Bodenluft bestimmt.

$$c_c = \frac{p_v \cdot M_w}{R \cdot T} \tag{8.3}$$

mit
c_c =   geschätzte Sättigungskonzentration
p_v =   Dampfdruck bei Temperatur T
M_w =   Molekulargewicht
R   =   Allgemeine Gaskonstante
T   =   absolute Temperatur der Bodenluft.
Relevante Werte sind in Fachbüchern tabelliert.

Dem Boden wird bei einer Absaugrate Q während der gesamten Verdunstungsphase Bodenluft mit der Konzentration C_c entnommen. Die Schadstoffmenge M errechnet sich über die Zeit t nach Gl. 8.4.

$$M = t \cdot C_c \cdot Q \tag{8.4}$$

Nach Abschätzung der insgesamt vorhandenen Schadstoffmenge lässt sich die erforderliche Sanierungsdauer (grob) überschlagen. Die tatsächliche Sanierungsdauer ist aus verschiedenen Gründen jedoch z.T. erheblich größer, da sich nach dem ersten Austausch der Bodenluft insbesondere bei hohen Absaugraten nicht überall im Boden bzw. im ungesättigten Untergrund die Sättigungskonzentration einstellen wird. Ferner verändert sich bei Schadstoffgemischen deren Zusammensetzung im Laufe der Zeit; es verbleiben zunehmend die weniger flüchtigen Komponenten im Boden. Das bedeutet eine ständige Abnahme der Effizienz der Sanierungsmaßnahme.

Für den erfolgreichen Einsatz eines pneumatischen Verfahrens haben neben den physikalischen und chemischen Eigenschaften der Schadstoffe auch die geologischen Verhältnisse und bodenphysikalischen Parameter einen ganz entscheidenden Einfluss (Bedient u. Johnson 1992; Brauns u. Wehrle 1990). Insbesondere folgende Parameter begünstigen einen Sanierungserfolg:

- hohe Homogenität und Permeabilität des Bodens bzw. der ungesättigten Zone eines Grundwasserleiters
- geringer Feinkornanteil
- niedrige Konzentration an Huminstoffen im Boden bzw. im Sickerwasser (bei unpolaren, lipophilen Schadstoffen)
- niedriger Anteil organischer Masse an der Festkörpersubstanz (bei unpolaren, lipophilen Schadstoffen)
- niedriger Wassergehalt
- nicht zu flach anstehendes Grundwasser; der kapillare Aufstieg wirkt störend
- Oberflächenversiegelung, z.B. durch eine Auenlehmdecke oder durch eine abdeckende Folie

Die Luftdurchlässigkeit des trockenen Untergrunds berechnet sich nach Ackerer et al. (1991) mittels Gl. 8.5.

$$K_{Luft} = \frac{k \cdot \rho_{Luft} \cdot g}{\mu_{Luft}} \tag{8.5}$$

mit

K_{Luft} = Luftdurchlässigkeit
k   = Permeabilität
ρ_{Luft} = Dichte der Luft
g   = Erdbeschleunigung
μ_{Luft} = dynamische Viskosität der Luft

Die Effektivität von Bodenluftabsauganlagen ist stark vom Wassergehalt des Bodens abhängig; auch Korngrößenverteilung und Porenstruktur haben einen bestimmenden Einfluss auf die Luftdurchlässigkeit. Bei höheren Wassergehalten in feinkörnigen Böden dürfte die Technik der Bodenluftabsaugung in der Regel uneffektiv sein, da der für die Luft durchlässige Porenraum durch die natürliche Bodenfeuchte drastisch verringert wird. Außerdem sind der Partialdruck der gasförmigen Schadstoffe gering und der Energieaufwand zur Absaugung groß. Die Wirkung pneumatischer Verfahren bleibt daher in feinkörnigen Sedimenten in der Regel auf die unmittelbare Umgebung eines Absaugbrunnens beschränkt.

Wenig effektiv ist die Bodenluftabsaugung auch, wenn im Boden weniger oder mehr lipophile Schadstoffe adsorptiv an organische Substanzen wie Humus oder Torf gebunden sind, die nur eine geringe Neigung haben, in die Gasphase überzutreten.

Für eine optimale Dimensionierung einer Bodenluftabsauganlage ist weiterhin die genaue Kenntnis von der Belastung des Untergrunds entscheidend. Dies betrifft

- die vertikale und horizontale Ausdehnung der Kontamination,
- Anreicherungseffekte in bestimmten Bodenschichten (z.B. Torfeinlagerungen),
- die Heterogenität der Schadstoffverbreitung, z.B. nestartig oder verzweigt und nicht zusammenhängend, und
- die Zustandsform der Verunreinigung (flüssige Phase; Gas, gelöst in Wasser; Adsorption an Festkörper).

Bei der Einrichtung von Bodenluftabsauganlagen sind die Konstruktionsparameter so gezielt zu wählen, dass der kontaminierte Bodenbereich möglichst vollständig durchströmt wird. Dazu stehen zur Wahl:

- Anzahl und Platzierung der Absaugrohre in der Fläche
- Verfilterung der Absaugrohre in bestimmten Tiefen
- Variation des Unterdrucks an den Absaugrohren
- Änderung der Oberflächenversiegelung
- Einpressen von Frischluft in den Boden bzw. die ungesättigte Zone
- Intervallbetrieb

Grundsätzlich kann die Technologie der Bodenluftabsaugung unter folgenden Vorgaben eingesetzt werden:

- Die zu entfernenden Schadstoffe müssen einen hohen Partialdruck von mindestens 1 kPa und eine Sättigungskonzentration von mindestens 10 mg/m^3 in der Gasphase aufweisen.
- Bodenluftabsaugung ist besonders gut für die Elimination von LHKW und BTEX-Aromaten geeignet.
- Ein Maß für eine effektive Gaspermeabilität des Bodens ist, dass bei einem Porengrundwasserleiter die Durchlässigkeit für Wasser mindestens 10^{-5} m/s betragen soll.
- Auf Gasströmungen basierende Sanierungsverfahren sind auch im Festgestein bei guter Vernetzung und statistischer Verteilung der Klüfte mit Aussicht auf Erfolg einsetzbar (Hötzl et al. 1990).

Bei schluffigen und insbesondere bei Böden mit überwiegendem Tonanteil, d.h. bei kf-Werten von 10^{-7} m/s und kleiner, muss mit negativen Ergebnissen gerechnet werden (Ackerer et al. 1991; Bruckner et al. 1988; Nahold 1996).

Ein spezielles Problem ist die Gefahr eines Feuchtigkeitsaustrags bei feinkörnigen Bodenarten. Das Verschwinden des Haftwasserfilms auf den Kornoberflächen führt zu einer Schrumpfung der quellfähigen Minerale und damit zur Bildung von Trockenrissen, die als bevorzugte Strömungsbahnen wirken (Ackerer et al. 1991; Brauns u. Wehrle 1990). Trockenrisse mit ihren großen Querschnitten haben unerwünschte Bypassflüsse zur Folge (Abb. 8.10). Wegen des nur noch eingeschränkten Kontakts der abgesaugten Bodenluft mit der kontaminierten Feststoffmatrix wird eine Sanierungsmaßnahme weniger leistungsfähig; parallel dazu sinken in der Abluft die LHKW-Konzentrationen ab und täuschen eine Abnahme der Schadstoffkonzentration vor.

Technik der Bodenluftabsaugung. Eine Anlage zur Bodenluftabsaugung besteht im Prinzip aus einem oder mehreren Absaugbrunnen unterschiedlicher technischer Ausführung, Pumpen bzw. Verdichtern sowie einem Abluftreinigungsmodul (Abb. 8.11). Zusätzliche Elemente sind Kondensatoren, Flüssigkeitsabscheider und Abwasserbehandlungseinrichtungen sowie Regenerationseinheiten.

Standard-Absaugbrunnen bestehen aus einem in eine Vertikalbohrung eingebauten durchgehend verfilterten PVC-Rohr mit einem Durchmesser zwischen 50 mm in gering permeablen Böden und 250 mm in hochdurchlässigem Material. Die Filterstrecken sind als Schlitzwandrohre ausgeführt; sie können zusätzlich mit einer Kiesschicht ummantelt sein.

Die Standardbauart eines verfilterten PVC-Rohres ist nur bei homogenem und gut durchlässigem Untergrund bei gleichzeitig regelmäßiger Schadstoffverteilung sinnvoll. Obwohl in den weniger permeablen Lagen angereicherte Schadstoffe nicht optimal entfernt werden (Ackerer et al. 1991; Alesi u. Rehner 1988; Böhler et al. 1989; Croisé et al. 1990), wird dieser Typ trotzdem mehr oder weniger routinemäßig eingesetzt. Die Effizienz lässt sich durch eine selektive Absaugung in mehreren Varianten steigern (Ackerer et al. 1991):

- Abpackern der Filterrohre im Bereich relativ geringmächtiger (< 0,5 m) kontaminierter Horizonte
- Einsatz von mehreren Absaugbrunnen mit jeweils unterschiedlich tiefen Filterstrecken
- Einbau der Schlitzrohre nicht vertikal, sondern horizontal in die zu sanierenden Schichten (Ackerer et al. 1991; Bayer 1991; Bayer u. Donie 1990; Sass 1995)
- Absaugung der Bodenluft über eine kurze Filterstrecke unmittelbar unterhalb einer kontaminierten geringmächtigen Schluff- oder Tonlinse, wenn diese an Sande oder Kiese angrenzt (Croisé et al. 1990)

Weitere Details zur Dekontamination feinkörniger Böden enthalten die Publikationen von Wiedenbeck et al. (1999), Hötzl et al. (1990) und Nahold (1996).

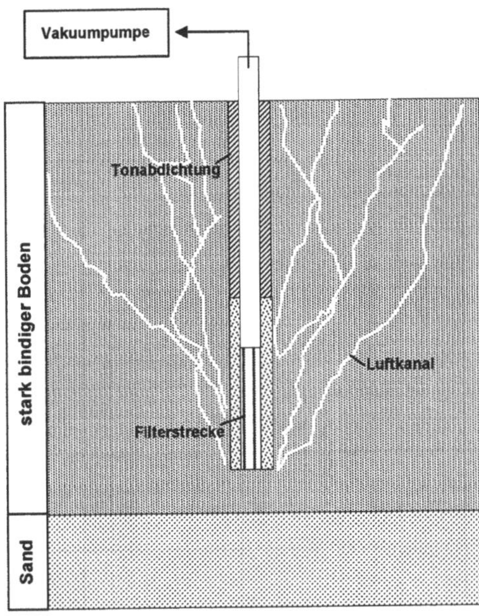

Abb. 8.10. Trockenrisse als bevorzugte Strömungsbahnen in bindigen Böden beim Einsatz pneumatischer Sanierungstechniken. Schemaskizze.

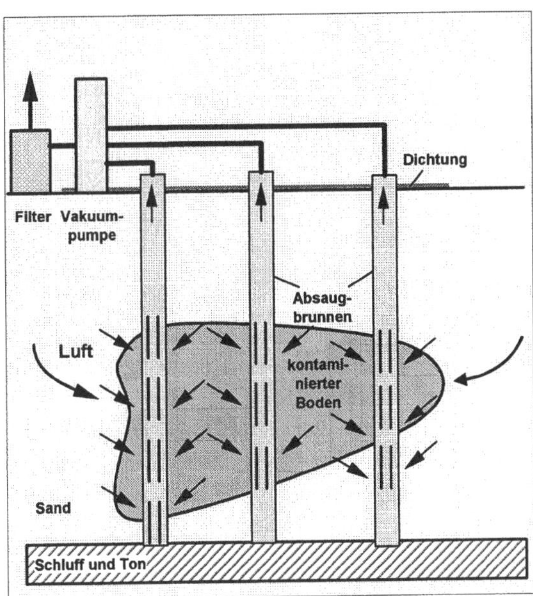

Abb. 8.11. Prinzip der Bodenluftabsaugung

Die Auswahl der Pumpen und Verdichter zur Erzeugung eines Unterdrucks im Boden bzw. in der ungesättigten Zone eines Grundwasserleiters und zur Absaugung eines gasförmigen Schadstoffs richtet sich nach den jeweils vorliegenden Untergrundverhältnissen. Wichtig ist auch die Reichweite.

- Bei gut durchlässigen Böden können Radialventilatoren eingesetzt werden, die hohe Volumenströme bis 2000 Nm^3/h erzeugen, jedoch nur einen Unterdruck bis 10 kPa.
- Bei weniger durchlässigen Böden kommen eher Seitenkanalverdichter zum Einsatz. Sie erzeugen Volumenströme zwischen 100 und 300 Nm^3/h bei Unterdrücken von 20 bis 30 kPa.
- Vakuumpumpen sind auch für schlecht durchlässige Böden wie Lehm mit kf-Werten < 10^{-7} m/s einsetzbar; der förderbare Gasvolumenstrom liegt zwischen 40 und 630 Nm^3/h, der maximal erzielbare Unterdruck beträgt knapp 100 kPa (Hugo et al. 1999).
- Bei Sanden und Kiesen mit kf-Werten > 10^{-4} m/s sind mit der Bodenluftabsaugung Reichweiten bis 100 m zu erreichen.
- Bei höheren Tonanteilen (kf-Werte 10^{-7}–10^{-8} m/s) betragen die Reichweiten weniger als 5 m (Ackerer et al. 1991; Bruckner et al. 1986).
- Eine in der Regel mit einer Effizienzerhöhung der Bodenluftabsaugung verbundene Vergrößerung der Reichweite sollte nicht durch eine Erhöhung des Unterdrucks angestrebt werden, da die eingesetzte elektrische Energie aufgrund zunehmender Strömungswiderstände weitgehend in Wärme umgewandelt wird.
- Eine Versiegelung der Geländeoberfläche im Nahbereich eines Luftbrunnens durch vorhandene Betonfußböden oder speziell zu diesem Zweck ausgelegte Folien (Brauns u. Wehrle 1990; Nahold 1996) kann das Strömungsfeld einer Bodenluftabsaugung gezielt vergrößern.
- Eine Versiegelung der Geländeoberfläche hat auch eine Minimierung des Zutritts von Fremdluft zur Folge. Dies kann sich vorteilhaft in bebauten Gebieten auswirken. Leitungsgräben stören dort allerdings und führen zu Kurzschlussströmungen.
- Durch Tiefenlage und Länge der Filterstrecke lässt sich die Geometrie des Unterdruckbereichs steuern und somit die Sanierungsleistung verbessern (Braun u. Wehrle 1990; Nahold 1996).
- Wird bei einem tiefer liegenden Schadenszentrum die Lanze durchgehend verfiltert, stammt die abgesaugte Luft zu einem hohen Prozentsatz aus dem oberen Filterabschnitt und wird unnötigerweise umgewälzt. Die Reichweite lässt sich hier durch eine möglichst tiefe Lage der Filterstrecke des Absaugbrunnens optimieren (Abb. 8.12.).

Im Fall großflächiger Kontaminationen sollten vor allem bei weniger permeablen Böden mehrere Luftbrunnen im Bereich des Schadensherds gebaut werden; auch bei mehreren Absaugbrunnen ist ein Anschluss an eine einzige Reinigungsanlage möglich.

In der Regel ist eine Positionierung im Zentrum der Kontamination zu bevorzugen, da in Brunnennähe wegen der stärkeren Belüftung eine bevorzugte Reinigung des Untergrunds im Vergleich zu brunnenferneren Zonen erreicht wird. Es ist darauf zu achten, dass die Ausdehnung eines Kontaminationsherds immer innerhalb der sanierungstechnisch wirksamen Reichweite eines oder mehrerer Absaugbrunnen liegt.

Neuere Techniken. Die *Doppelmantelfilter-Technik* (Alesi u. Rehner 1988; Leins 1994; Rehner 1998) ermöglicht im Gegensatz zu den üblichen Schlitzfilter-Luftbrunnen auch bei relativ dichten und daher schlecht durchlässigen Böden eine Absaugung der Bodenluft. Voraussetzung dafür ist eine laminare Luftströmung bei nur geringen Differenzdrücken (im Routinebetrieb bis 4 kPa). Wegen der dadurch möglichen geringen Strömungsgeschwindigkeiten (< 0,1 m/s) wird der Bodenluft kaum Feuchtigkeit entzogen. Daher lässt sich der mit hydrophobem Granulat verfüllte Doppelmantelfilter auch im Grenzbereich zwischen ungesättigter und gesättigter Zone eines Grundwasserleiters einsetzen, um im meist hochkontaminierten Kapillarraum die Schadstoffe abzusaugen. Wenn im Umfeld eines Doppelmantelfilters z.B. mittels mit Kies aufgefüllten Bohrlöchern belüftet wird, muss wegen nur geringer Unterdrücke im Gegensatz zum Standardverfahren keine unkontrollierte Abgabe von Schadstoffen an die Atmosphäre befürchtet werden (Alesi u. Rehner 1988; Rehner 1998).

Durch das innovative Konzept der *Bodenluft-Kreislaufführung* wird eine gezielte Durchströmung kontaminierter Bodenbereiche erreicht. Die aus einem Filterabschnitt abgesaugte Bodenluft kann nach entsprechender Reinigung in einen zweiten Teilfilter wieder eingeleitet werden. Die um den Absaugbrunnen entstehende Zirkularströmung ist umkehrbar und kann der Schadstoffverteilung im Untergrund optimal angepasst werden. Durch die Erwärmung der Luft werden die Schadstoffe vom Bodenkorngerüst leichter desorbiert, der Untergrund kann somit effektiver dekontaminiert werden.

Im Umfeld der Bohrung kann ein Kreislauf vom Kapillarraum aufwärts bis zum unteren Filter erzeugt werden, um auch den untersten Teil des Sickerraums zu reinigen. Die im Kapillarwasser aufgrund des vertikalen Transports organischer Phase, Ausgasung und rascher Umbenetzungen angereicherten gelösten Schadstoffe werden in dieser speziellen Art von Absaugbrunnen ausgestrippt.

Zur Behandlung der abgesaugten und abgetrennten gasförmigen Schadstoffe, die nicht in das Umweltmedium Luft gelangen dürfen, können im Prinzip die Verfahren Adsorption an Aktivkohle, katalytische Nachverbrennung, Biofilter sowie Kondensation eingesetzt werden; Verfahrenskombinationen sind möglich. Auch das ggf. angefallene Wasser muss einer Reinigung zugeführt werden. In der Praxis wird meistens ein regenerierbares Einweg-Aktivkohlefilter verwendet; dabei können die Schadstoffe als ggf. wieder verwendbare Wertstoffe zurückgewonnen werden. Da hochflüchtige Schadstoffe, wie u.a. Monochlorethen, nicht optimal adsorbiert werden, bietet sich das Absorptionsverfahren an. Als Waschflüssigkeit wird eine auf den jeweiligen Einzelfall abgestimmte hochsiedende organische Flüssigkeit mit vernachlässigbarem Dampfdruck eingesetzt.

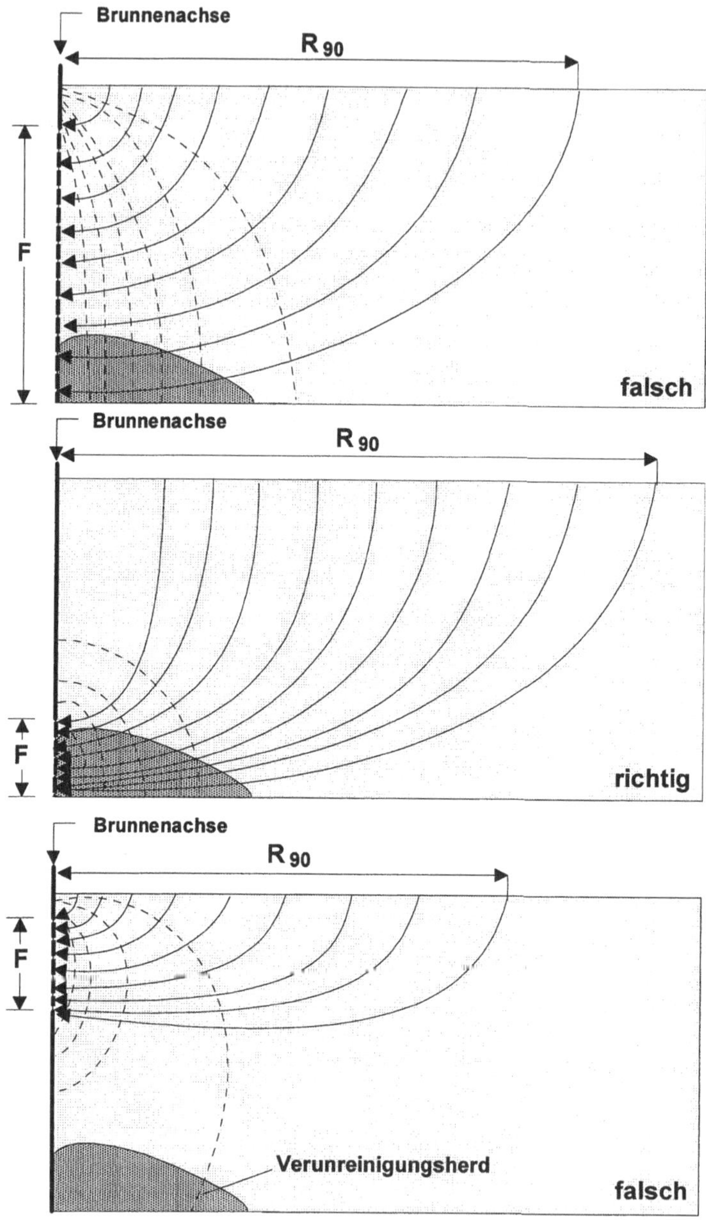

Abb. 8.12. Steuerung der Reichweite und Effizienz der Bodenluftabsaugung mittels Tiefenlage und Länge der Filterstrecke des Absaugbrunnens. Nach Ackerer et al. 1991. R_{90} bedeutet die Reichweite, aus der ein Absaugbrunnen ohne Oberflächenversiegelung 90 % seines Durchflusses bezieht.

Wenn sich in der Endphase der Bodenluftabsaugung das Gleichgewicht zwischen den nicht bzw. weniger mobilen Schadstoffphasen und der mobilen Gasphase immer langsamer einstellt, sind nur noch relativ geringe Schadstoffkonzentrationen in der abgesaugten Bodenluft zu erwarten. Durch Reduzierung des Absaugvolumens oder durch einen Intervallbetrieb lässt sich der Energieverbrauch erheblich reduzieren. Allgemein wird ein Intervallbetrieb empfohlen, der auf die Anreicherung diffundierter gasförmiger Schadstoffe im Einwirkungsbereich eines Absaugbrunnens abgestimmt ist (Bock 1990). In jedem Fall ist eine Erfolgskontrolle erforderlich, die sich an den analytischen Befunden der Schadstoffkonzentrationen in Bodenluftproben orientieren sollte.

Die verschiedenen Verfahren der Bodenluftabsaugung können auch mit in-situ-Verfahren der Grundwassersanierung wie z.B. Pump-and-Treat (Abschn. 8.4.2) oder in-situ-Strippung (siehe Abschn. 8.4.4), kombiniert werden. Unterstützende Maßnahmen, die im Folgenden besprochen werden, können eine Intensivierung des Ausgasungsvorgangs bewirken.

Unterstützende Techniken. Das an der Erdoberfläche ansetzende *Geoschock-Verfahren* (Ackerer et al. 1991; Henning et al. 1993; Rehner 1998) basiert auf der Beobachtung, dass durch den Eintrag von kinetischer Energie in Form elastischer Wellen in den Untergrund am Korngerüst adsorbierte leichtflüchtige organische Schadstoffe dynamisch mobilisiert werden, und zwar offenbar durch molekulare Flüssigkeitsbewegungen in den Kapillaren. Zu starke Schwingungen führen zum Einsturz der Kapillaren und vereiteln dadurch einen Abtransport der Kontaminanten aus der Bodenmatrix. Das Verfahren ist technisch relativ anspruchslos; es werden lediglich Rüttelmaschinen benötigt, wie sie beim Straßenbau üblich sind. Es wird aber wegen gelegentlich beobachteter Gebäudeschäden kaum eingesetzt. Es funktioniert zudem nur in einem Belastungszentrum. Nach einer anfänglichen Erhöhung der Schadstofffracht kommt es üblicherweise zu einer Verdichtung des Bodens und dadurch zu einer nachteiligen Verringerung der Durchlässigkeit. Wegen der zusätzlich mobilisierten Schadstoffe kann das Geoschock-Verfahren nur in Verbindung mit einer Bodenluftabsaugung angewendet werden.

Eine Reihe von on-site-Verfahren zur Bodenreinigung basiert auf der Zufuhr von Wärme in den zu behandelnden Boden, um dort Schadstoffe zu mobilisieren. Deshalb liegt es nahe, diesen Mobilisierungsprozess auch in situ anzuwenden, da hierbei der kostenaufwendige Bodenaushub bzw. Transport entfällt. Die aus den USA stammende und in der Bundesrepublik großtechnisch noch nicht eingesetzte *thermische in-situ-Desorption* („Dampfstrippen") nutzt den Umstand, dass bei Erhöhung der Temperatur die Phasengleichgewichte zugunsten der Gasphase verschoben werden. Diese energieintensive in-situ-Desorption, insbesondere von residualen organischen Schadstoffen, die einen niedrigeren Siedepunkt als Wasser haben, ist nur in gut durchlässigem Lockergestein möglich (Udell u. Stewart 1992).

Zur praktischen Durchführung wird ein rasterförmiges Feld von Belüftungslanzen installiert, über die Heißdampf oder heiße Luft in den Untergrund bei Normaldruck eingebracht, z.T. auch unter Hochdruck eingepresst wird. Bei Verwendung von Heißdampf kommt es zu Kondensationsprozessen und damit verbunden zu einer starken Durchfeuchtung des Bodens; es kann daher nicht völlig ausgeschlossen werden, dass schadstoffhaltiges Wasser teilweise in den Grundwasserraum absickert. Die mögliche Gefährdung des Grundwassers entfällt bei Heißlufteingabe weitgehend. Dieses Verfahren wird üblicherweise bei Temperaturen im Boden bis ca. 80 °C. durchgeführt. Je höher der Dampfdruck der zu entfernenden Schadstoffe ist, desto weniger Dampf- bzw. Luftmenge wird benötigt.

Eine weitere Spielart der thermischen in-situ-Desorption besteht darin, den feuchten oder angefeuchteten Boden bzw. die ungesättigte Zone eines Grundwasserleiters mittels *Hochfrequenzenergie* aufzuheizen. Grundprinzip ist die dielektrische Erwärmung der Bodenmatrix beim Anlegen von elektromagnetischen Feldern mit Hilfe von horizontal und vertikal verlegten Elektroden. Hierbei wird angestrebt, Temperaturen im Boden bis zu 160 °C zu erreichen.

Anhand von Laborversuchen kann davon ausgegangen werden, dass pro Kubikmeter Boden eine HF-Leistung etwa von 0,5 bis 0,7 kW erforderlich ist. Als Senderfrequenz bieten sich aus physikalischen und technischen Gründen 6,78 MHz an (Rehner 1998). Die Sanierungszeiten liegen bei etwa 14 Tagen, und die entsprechenden Kosten sollen sich bei etwa der Hälfte der Aufwendungen für thermische Bodenaufbereitung oder Bodenwäsche bewegen. Das Verfahren befindet sich noch im Erprobungsstadium.

Wesentlicher Bestandteil der Sanierungskonfiguration ist eine gasdichte Abdeckung des Untergrunds durch Folien, um das Entweichen von Schadsubstanzen in die Atmosphäre zu verhindern. Die durch die Temperaturerhöhung im Boden verstärkt in die Gasphase übergetretenen schädlichen Komponenten werden mittels Absauglanzen aus dem Boden entfernt und einer Abluftaufbereitung (Kondensation/Aktivkohle-Filtration) zugeführt. An der Erdoberfläche angefallenes wässriges Kondensat wird abgetrennt und anschließend entsorgt oder z.B. mittels Aktivkohle gereinigt.

Bei dem aus dem Ingenieurbau (Entwässerung von Baugruben) stammenden *Wellpoint-Verfahren* wird mit Hilfe von Vakuumpumpen aus einer im Kapillarsaum oder im Grundwasserschwankungsbereich ausgebauten Bohrung ein Bodenluft/Wasser-Gemisch abgesaugt. Im Gegensatz zum Bodenluftverfahren i.e.S. erfolgt der Einsatz von Wellpoints bevorzugt in feinkörnigen bindigen Böden, die wechselnd wassergesättigt/wasserungesättigt sein können, in wasserungesättigten Böden mit einem relativ hohen natürlichen Wassergehalt und bei hoch anstehendem Grundwasser (Holzwerth 1990). Zur Vermeidung von Kurzschlüssen sollte die Geländeoberfläche im Nahbereich einer Absaugbohrung möglichst impermeabel sein. Die Absaugung erfolgt über mehrere kleinkalibrig ausgebaute vertikale Bohrungen, z.B. DN 50.

Bodenwäsche und Extraktion

Bodenwäsche und Extraktionsverfahren werden bei vielen stationären und mobilen Bodenbehandlungsanlagen sowohl bei organischen als auch bei anorganischen Belastungen eingesetzt.

Beide Verfahren weisen Analogien und Unterschiede auf. Unterschiedliche Eigenschaften von Bodenpartikeln und Schadstoffen ermöglichen eine Abtrennung des Schadstoffanteils vom Boden mittels eines Spülmediums, danach wird der Schadstoff mit dem Spülmittel entfernt. Das Spülmedium wird anschließend aufbereitet und erneut zur Bodenbehandlung eingesetzt; die Schadstoffe werden aufkonzentriert und entsorgt. Der gereinigte Boden wird einer Wiederverwendung zugeführt. Es erfolgt somit keine chemische Veränderung oder Zerstörung der Schadstoffe wie z.B. bei thermischer Bodenbehandlung, sondern lediglich eine Separierung von Schadstoffen und Boden.

Das Behandlungsprinzip basiert darauf, dass Schluff- und Tonfraktion (Korngrößen 0,002–0,06 mm bzw. < 0,002 mm) eines Bodenkompartiments den überwiegenden Teil der Schadstoffe aufnehmen und festhalten. Dafür verantwortlich sind adsorptive Anlagerung und diffusionsbestimmte Okklusion der Schadstoffe im Innern der Bodenpartikel. Die Feinkornfraktion kann zu den Schadstoffen gerechnet werden, die von den übrigen Kornfraktionen abgetrennt werden muss.

Beim *Waschverfahren* wird Wasser als Spülmedium eingesetzt. Seine Eigenschaften als Wasch- und Lösungsmittel sind durch Zusatzstoffe zu beeinflussen. Zusatzstoffe sind u.a.

- oberflächenaktive Substanzen, die die Benetzbarkeit des Bodens verändern und die Löslichkeit von lipophilen Kontaminanten verbessern
- Komplexbildner wie Ethylen-diamin-tetraessigsäure (EDTA), die Schwermetalle und ihre nichtlöslichen Verbindungen in wasserlösliche Verbindungen überführen
- Flotationshilfsstoffe, die bestimmte nicht lösliche Substanzen selektiert in eine abtrennbare Phase transferieren
- Säuren oder Basen, mit denen der pH-Wert der Lösung eingestellt werden kann, der für die Stabilität von Verbindungen und die Selektivität bei Flotationsprozessen benötigt wird

Die Schadstoffe werden beim Waschen im Wesentlichen durch den Eintrag mechanischer (kinetischer) Energie von der Bodenmatrix abgelöst und ggf. emulgiert, suspendiert oder im Waschwasser physikalisch gelöst (Hugo et al. 1999). Der Energieeintrag erfolgt u.a. durch Strahlrohre, Ultraschall-Bäder, Attritionsstufen und Schwingsiebe. Die mit Schadstoffen angereicherte Feinkornsuspension wird abgetrennt und durch Filtration und Sedimentation entwässert. Dabei fällt der Schadstoff als Filterkuchen an. Nachgeschaltet sind Abgas-, Fluid- und Reststoffbehandlung.

In Abb. 8.13 sind die Prozessschritte der Bodenwäsche schematisch dargestellt.

Beim *Extraktionsverfahren* werden die zu entfernenden Schadstoffe meist in einem leichtflüchtigen organischen Lösemittel (u.a. Ketone, Ethanol oder Aceton), wässrigen Tensidlösungen oder mittels überkritischer Gase entsprechend der Gleichgewichtskonzentration gelöst und angereichert.

Der Extraktion ist in der Regel eine Trocknungsstufe vorgeschaltet, da Wassergehalte des aufgeschlossenen Bodens über ca. 10 % die Extraktionswirkung verringern. Das beladene Lösemittel wird in einem Verdampfer von den Schadstoffen befreit, kondensiert und erneut im Prozess eingesetzt. Genau so wie bei der Bodenwäsche müssen die abgetrennten Schadstoffe entsorgt und die wässrige Phase muss aufbereitet werden.

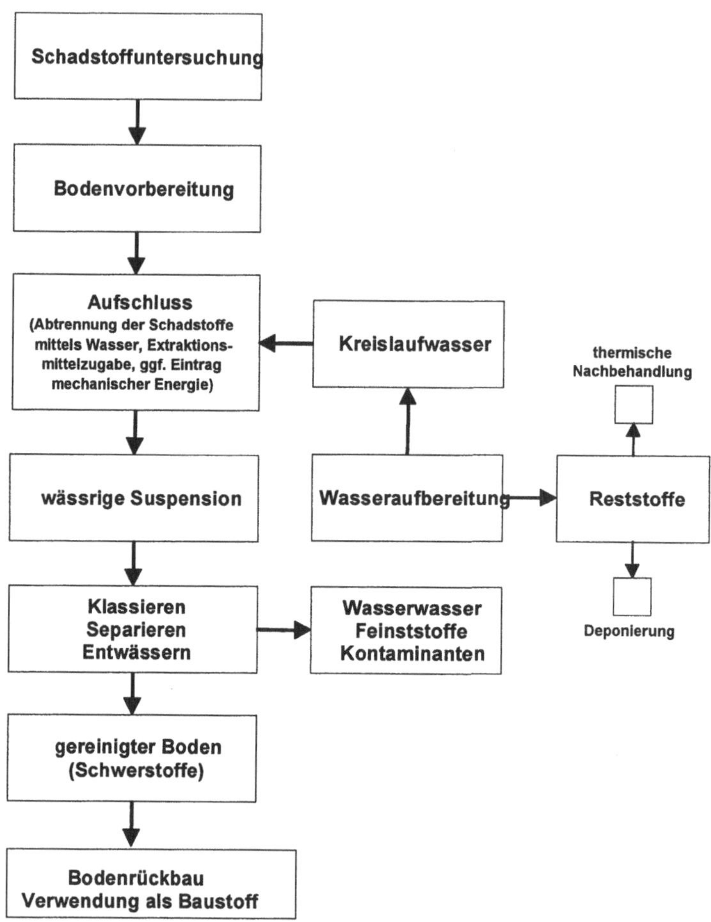

Abb. 8.13. Verfahrensprinzip der Bodenwäsche

Die Verfahren der Bodenwäsche und Extraktion werden in der Regel on site oder off site durchgeführt. Als Pilotprojekte wurden vereinzelt auch in-situ-Bodenwaschverfahren für nicht bindige Lockergesteine durchgeführt.

Ein extraktives in-situ-Verfahren ist das so genannte *Leaching*, bei dem ein Extraktionsmedium mittels perforierter Rohre im Bereich einer Kontamination eingebracht wird. Die Schadstoffe werden im Extraktionsmittel gelöst, dispergiert oder emulgiert und gelangen ggf. bis zum Grundwasser. Dieses muss abgepumpt und weiter behandelt werden; das Extraktionsmittel wird an der Erdoberfläche abgetrennt. Sowohl das Extraktionsmittel als auch das gereinigte Grundwasser können wieder zurückgeführt werden. Da eine Grundwasserbelastung in Kauf genommen wird, ist das Leaching aus Sicht des vorsorglichen Grundwasserschutzes nicht zu empfehlen.

Im Ergebnis wird ein behandelter Boden geliefert, der weitgehend von Schadstoffen befreit ist und bei geringer Restkonzentration an Schadstoffen wieder eingebaut werden kann. Für eine landwirtschaftliche Nutzung muss eine entsprechende Ergänzung an Humusbestandteilen vorgenommen werden.

Der Erfolg der Bodenbehandlung hängt stark von den Bodeneigenschaften ab. Die beiden Verfahrenstechniken sind nicht für Böden mit einem hohen Humusgehalt oder einem hohen Feinkornanteil (Korngrößen < 0,06 mm mit maximal 20–30 % Anteil) geeignet (Ackerer et al. 1991). Schluffe und noch mehr Tone haben ein großes Sorptionspotential und eine hohe Ionenaustauschkapazität. Letztere wirkt als pH-Puffer und verhindert die Einstellung von günstigen pH-Werten. Löss, Auenlehm, Fließerden und ähnliche Bodenarten sind daher für Bodenwäsche und Extraktion schlecht geeignet. Ähnlich wirken sich Humusstoffe aus.

Die Reinigungsleistung kann in manchen Fällen durch Zugabe von Tensiden und Temperaturerhöhung verbessert werden; dies erhöht die Wasserlöslichkeit bzw. die Flüchtigkeit. Letzteres erfordert allerdings eine Abluftbehandlung.

Böden, die mit leichtflüchtigen halogenierten Kohlenwasserstoffen sowie Mineralöl- und aromatischen Kohlenwasserstoffen kontaminiert sind, lassen sich allgemein mittels Bodenwäsche gut behandeln. Schwermetalle, Pestizide oder polyzyklische Kohlenwasserstoffe sind besser mittels Extraktionsverfahren abzutrennen. Gleichzeitiges Vorkommen von Schadstoffen, die unterschiedliche Waschlösungen bzw. Reagenzien erfordern, macht die Verfahren unwirtschaftlich.

8.3.3 Biologische Bodenbehandlung

Bei biologischen, insbesondere mikrobiologischen Sanierungsverfahren wird die Fähigkeit von Mikroorganismen, organische Schadstoffe im Boden abzubauen und als Nährstoff- und Energiequelle verwenden, zu können, in zunehmendem Maße eingesetzt. Der Abbau der Schadstoffe erlaubt den Aufbau neuer Biomasse durch Bakterien, Pilze oder Hefen. Am häufigsten werden Bakterien eingesetzt, die im unbelasteten Boden mit Zellzahlen zwischen 10^6/g und 10^8/g einschließlich der Actinomyceten die stärkste Mikrobengruppe darstellen. Sie weisen zugleich bezogen auf die Trockenmatrix die höchsten Oxidationsaktivitäten bis zu 2000 µl O_2/mg·h auf (Guderitz et al. 1997; Neumaier u. Weber 1996).

Mikrobiologische Sanierungsverfahren werden stetig weiterentwickelt und weltweit angewendet. Zu Anfang wurden zunächst nur Böden behandelt, die mit aliphatischen Mineralölkohlenwasserstoffen kontaminiert waren. Inzwischen werden auch Erfolge beim Abbau von aromatischen und chlorierten Kohlenwasserstoffen erzielt.

Die Grundlage biologischer Sanierungsverfahren liegt in der Förderung mikrobieller Aktivitäten im verunreinigten Boden. Dafür ist es notwendig, eine Optimierung von Sauerstoff- und Wassergehalt, mineralischen Nährstoffen und organischen Energiequellen zu erreichen sowie pH-Wert und Temperatur im günstigen Bereich zu halten.

Durch Schwermetalle kontaminierte Böden, die mikrobiologisch nicht behandelt werden können, lassen sich auch mit Hilfe bestimmter höherer Pflanzen (Metallophyten) reinigen (Herzig et al. 1997).

Mikrobiologische Prozesse können auch für die in-situ-Sanierung eines kontaminierten Grundwasserleiters maßgebend sein (Abschn. 8.4.3).

Nachstehend wird die biotechnische Sanierung ausführlich unter den Aspekten

– Faktoren des mikrobiologischen Schadstoffabbaus und
– Sanierungstechniken

behandelt.

Faktoren des mikrobiologischen Schadstoffabbaus

Nach der Herkunft der Biomasse, auch Zellkohlenstoff genannt, unterscheidet man zwei Gruppen von Mikroorganismen.

– Heterotrophe Bakterien: Sie beziehen den für ihr Wachstum benötigten Zellkohlenstoff aus *organischen Verbindungen*, die auch Schadstoffe sein können. Gleichzeitig werden diese Substanzen als Energiequelle genutzt.
– Autotrophe Bakterien: Sie gewinnen den Zellkohlenstoff überwiegend durch Fixierung von Kohlendioxid. Die dafür benötigte Energie wird durch *Oxidation von reduzierten anorganischen Verbindungen* erhalten.

Hauptsächlich heterotrophe Mikroorganismen sind durch die Veratmung der organischen Schadstoffe für die Reduzierung der Schadstoffbelastung verantwortlich.

Nach den Sauerstoffbedürfnissen werden *aerobe, fakultativ anaerobe* und *anaerobe* Mikroorganismen unterschieden. In den oberen Bodenschichten herrscht vorwiegend oxidatives Milieu mit aeroben Mikroorganismen vor. Mit zunehmender Tiefe und Wassersättigung des Bodens gewinnen fakultativ anaerobe und anoxische Mikroorganismen die Oberhand.

Außerdem ist die Zahl abiotischer Faktoren in der Tiefe größer, von denen einige den Schadstoffabbau deutlich beeinflussen können. Die Bedeutung abiotischer Vorgänge und Faktoren liegt vielmehr in indirekten Auswirkungen auf die Mikroorganismen, auf ihre Zusammensetzung, Verteilung und Aktivitäten und weiterhin im Einfluss auf die Verfügbarkeit der Schadstoffe für den mikrobiellen Abbau.

Durch die herrschenden Standortbedingungen (pH-Wert, Redoxpotential, Metallionengehalt) können bei den physikalisch-chemischen Vorgängen wie Adsorption und Komplexierung auch die Aktivitäten von hochwirksamen Exoenzymen beeinflusst werden. Die durch Mikroorganismen gebildeten Enzyme können biochemische Umwandlungen eines breiten Spektrums von Schadstoffen katalysieren. Tatsächlich sind auch die am biologischen Abbau beteiligten Reaktionen durchweg enzymatischer Natur (Guderitz et al. 1997).

Bedeutung des Sauerstoffs. Generell werden gut abbaubare Stoffe bevorzugt unter aeroben Bedingungen abgebaut, während der mikrobielle Stoffwechsel bei schlecht abbaubaren Stoffen oft anaerobe Bedingungen (Sauerstoffausschluss) erfordert. Verschiedene organische Schadstoffe können nur unter Anaerobiose mikrobiell angegriffen werden. Dennoch sind anaerobe Verhältnisse im zu sanierenden Boden wegen einer Reihe von Gründen zu vermeiden:

- Ein anaerober Abbau ist langsamer und meist unvollständig; der Energiegewinn ist geringer als beim aeroben Abbau.
- Anaerobe Vorgänge im Boden führen zu einem Konzentrationsanstieg von biologisch schädlichen Verbindungen wie Schwefelwasserstoff, Aminen, Mercaptanen u.a.
- Unter reduktiven Bedingungen steigt die Wasserlöslichkeit von toxischen Schwermetallen an.

Der Sauerstoff fungiert als Akzeptor für die Wasserstoffionen. Neben Luftsauerstoff und reinem Sauerstoff können in der Sanierungspraxis weiterhin Ozon (O_3), Wasserstoffperoxid (H_2O_2) und Nitrat (NO_3) zur Anwendung kommen.

Unter aeroben Bedingungen gibt es je nach Art des Wasserstoffakzeptors mehrere Möglichkeiten des biologischen Abbaus. Nitrat als Wasserstoffakzeptor wird unter Entstehung von Wasser zu gasförmigem Stickstoff reduziert; die organischen Schadstoffe werden zu Kohlendioxid veratmet. Steht Sulfat als Wasserstoffakzeptor zur Verfügung, bildet sich CO_2 als Endprodukt bei gleichzeitiger Freisetzung von Schwefelwasserstoff (H_2S). Ist kein Wasserstoffakzeptor in Form von Nitrat oder Sulfat vorhanden, werden die organischen Substanzen fermentativ zu Alkoholen und organischen Säuren als Endprodukte oxidiert.

Die Sauerstoffversorgung des Bodens wird bei ex-situ-Verfahren begünstigt durch

- Vermeidung der vollen Wassersättigung,
- Beeinflussung der Bodentextur und -struktur,
- eine mäßige mechanische Bodenbearbeitung und
- eine begrenzte Zudosierung leicht verwertbarer organischer Stoffe.

Bedeutung des Wassergehalts. Mikroorganismen leben und metabolisieren in dünnen Wasserschichten, die einzelne Bodenaggregate ummanteln. Wasser dient als Transportmedium von organischen Nährstoffen und Mineralsalzen und ist somit zur Aufrechterhaltung der Stoffwechseltätigkeit unabdingbar. Boden enthält unter natürlichen Bedingungen ca. 15 bis 35 Vol.-% Wasser. Für mikrobielle Aktivitäten liegen die günstigsten Sättigungsgrenzen zwischen 50 und 80 % des Wasserhaltevermögens. Ist der Boden weniger als etwa 25 % mit Wasser gesättigt, kann es zum Erliegen biologischer Aktivitäten kommen. Bei einem Wassergehalt über 80 % der Feldkapazität ist zwar keine grundsätzliche Schädigung der Mikroorganismen zu befürchten; es tritt jedoch aufgrund eines ungünstigen Luft/Wasser-Verhältnisses eine Verschiebung des Stoffwechsels von aerob zu anaerob ein.

Bedeutung der Temperatur. Die Geschwindigkeit der Stoffwechselprozesse und des Abbaus organischer Schadstoffe ist von der Temperatur abhängig. Die Mikroflora des Bodens setzt sich überwiegend aus *mesophilen* Organismen zusammen, deren Temperaturoptimum zwischen 25 und 40 °C liegt (Guderitz et al. 1997; Neumaier u. Weber 1996). Bei Temperaturen um den Gefrierpunkt kommen die Mineralisationsaktivitäten jedoch weitgehend zum Stillstand.

Bedeutung des pH-Werts. Da die meisten Bodenmikroorganismen ein neutrales bis schwach alkalisches Milieu bevorzugen, sind auch die besten Abbauleistungen bei pH-Werten zwischen 6 und 8 zu erwarten. Starke Schwankungen des pH-Werts können die Aktivitäten von Mikroorganismen beeinträchtigen. Für einen wirksamen Schadstoffabbau ist daher die Einhaltung eines günstigen pH-Werts erforderlich. Ein pH-Wert > 6 wirkt auch einer Mobilisierung von biozid wirkenden Schwermetallen entgegen. Durch Zugabe von Kalk können saure Böden neutralisiert werden. Umgekehrt ist eine pH-Verbesserung bei basischen Böden nur begrenzt durch Zusatz von Säuren oder sauren Zuschlagsstoffen möglich.

Bedeutung von Nährstoffen. In der Regel ist der für das Wachstum der Mikroorganismen notwendige Kohlenstoff im Fall einer Kontamination durch Kohlenwasserstoffe genügend vorhanden. Dies ist eine relativ einseitige Nahrungsquelle. Als wichtige biologische Hauptelemente begünstigen Stickstoff und Phosphor die mikrobielle Tätigkeit. Ein C/N-Verhältnis von < 25 bedingt eine gute Mineralisierung, während ein Wert von > 38 nur zu einem weiteren N-Schwund und schließlich zu akutem N-Mangel führt. Das Verhältnis C : N : P sollte im Bereich 100 : 15 : 2 bis 100 : 10 : 1 liegen (Guderitz et al. 1997; Held 1998; Hugo et al. 1999).

Die Reduzierung von Schadstoffen kann durch einen vollständigen *Abbau* (Mineralisation) der organischen Kontaminanten erfolgen. Bei Sauerstoffverbrauch und Freisetzung von Wasser und Kohlendioxid kommt es zu einer Neubildung mikrobieller Biomasse. Die für das Wachstum benötigte Energie gewinnen die Mikroorganismen durch Reduktion oxidierter Substanzen in gekoppelten Redox-Reaktionen.

Bei der *Biotransformation* werden die Schadstoffe in Zwischenprodukte oder Metabolite umgewandelt. Diese sind häufig toxikologisch weniger bedenklich als die Ausgangssubstanzen, in anderen Fällen kann es aber umgekehrt sein. Toxische Metabolite entstehen insbesondere bei der Transformation von chlorierten aliphatischen und aromatischen Kohlenwasserstoffen sowie bei polyzyklischen Aromaten. Da in der Regel nicht alle Metabolite analytisch bestimmt werden, wird unter Umständen eine vollständige Mineralisierung vorgetäuscht. Oft können die Zwischenprodukte einer Mikroorganismenart von einer anderen Art weiter verwertet werden, so dass durch das synergistische Zusammenwirken einer Mischpopulation von Mikroorganismen schließlich doch eine Mineralisation der Schadstoffe erreicht wird (Guderitz et al. 1997).

Schadstoffe, die den Mikroorganismen zu wenig oder keine Energie liefern, werden nur abgebaut oder zu Metaboliten transformiert, weil eine Reihe von mikrobiellen Enzymen unspezifisch ist (Guderitz et al. 1997). Nur bei Anwesenheit einer weiteren Substanz, die Energie liefert, sind mikrobielle Aktivitäten möglich. Dieser Vorgang wird als *Co-Metabolismus*, die Energie liefernde Substanz als Co-Substrat bezeichnet

Schadstoffe, die aufgrund ihrer Struktur sowie des Fehlens bestimmter Abbauwege biologisch nicht oder nur schwer abgebaut werden können, werden *persistente* Verbindungen genannt. Hierzu zählen insbesondere anthropogen bedingte Schadstoffe, die so genannten Xenobiotika, z.B. halogenhaltige Schädlingsbekämpfungsmittel, die als Herbizide oder Insektizide zur Bodenbehandlung eingesetzt werden, oder auch polyzyklische Aromaten mit mehr als drei Ringen (Herbert u. Starke 1992), die stark toxisch sind.

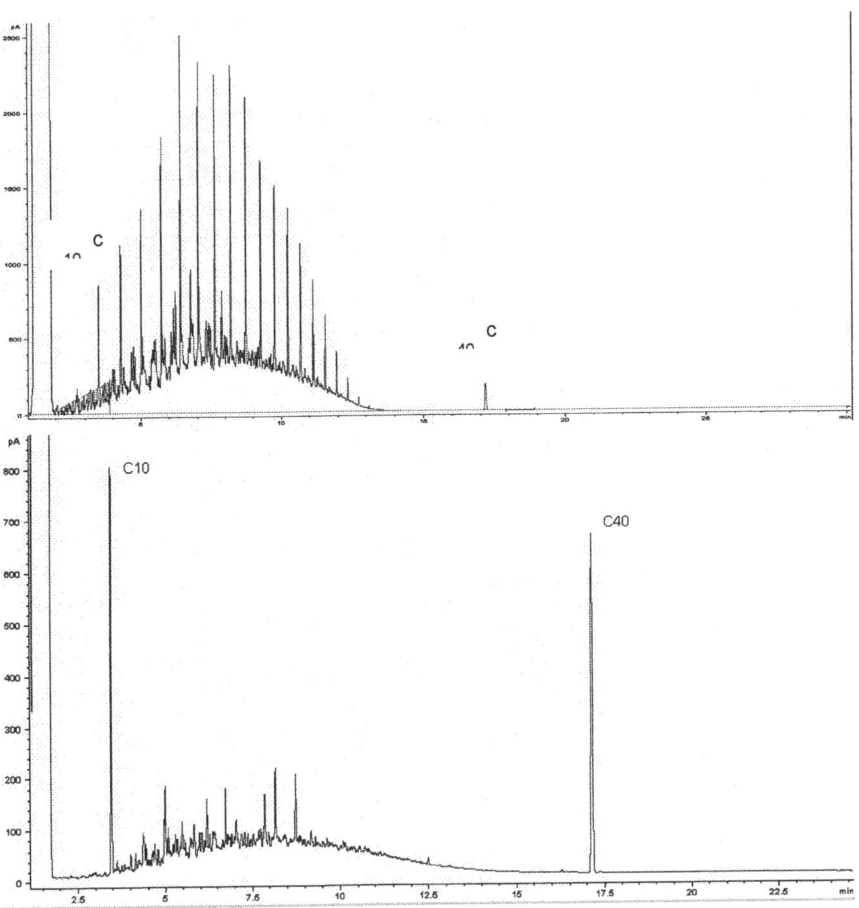

Abb. 8.14. Gaschromatogramme eines Dieseltreibstoffs; Originalprobe oben, nach teilweisem Abbau unten. Aus Hessisches Landesamt für Umwelt und Geologie (2003).

Generell am leichtesten biologisch abbaubar sind *nichthalogenierte Kohlen-wasserstoffe*, d.h. vorwiegend Mineralölkomponenten (Abb. 8.14), die am häufigsten für Verunreinigungen des Bodens verantwortlich sind. Für *Alkane* ist der Abbau unter aeroben Bedingungen von übergeordneter Bedeutung. Die höheren Alkane (ab C20) sind wegen ihrer halbfesten bis festen Konsistenz einem Abbau allerdings nur schwer zugänglich. Ebenso werden verzweigte Isomere schlecht abgebaut. Monocyclische Verbindungen wie Cyclopentan oder -heptan wirken fettlösend auf Lipidmembranen und sind daher für die meisten Mikroorganismen toxisch. Höhere Cycloalkane (ab C10) gelten als schwer abbaubar; in Mischpopulationen kann jedoch ein synergistischer Abbau stattfinden. *Alkene* sind aufgrund ihrer Doppelbindung schlechter abbaubar als unverzweigte oder verzweigte Alkane. Die *Aromaten* werden unter aeroben Bedingungen mikrobiell effektiver als bei Aerobiose abgebaut.

Halogenierte Kohlenwasserstoffe sind wesentlich schwieriger abzubauen als nicht halogenierte Verbindungen; der Zeitbedarf ist somit auch größer. Die Toxizität *halogenierter Aliphate* steigt mit zunehmender Anzahl der Chlorsubstituenten. Diese Schadstoffgruppe, der die ubiquitär verbreiteten LHKW angehören, kann auch auf abiotischem Weg meist langsam dehalogeniert werden, z.B. durch Hydrolyse oder Dehydrohalogenierung. Die Abwesenheit von Sauerstoff, d.h. häufig unter methanogenen Bedingungen, scheint die mikrobielle Dehalogenierung zu begünstigen. Das gilt insbesondere für höher halogenierte Alkane. Aber auch aerobe Transformationen durch methylotrophe Bakterien sind möglich; Mono- und Dihalogenalkane werden aerob sogar besser abgebaut. Ein Co-Substrat wird in der Regel benötigt, da die Dehalogenierung selbst keine Energie liefert; die LHKW dienen dann als Sekundärsubstrat. Für einen vollständigen Abbau von *halogenierten Aromaten* (mono- und polyzyklische Substanzen, polychlorierte Biphenyle) müssen Mikroorganismen die Fähigkeit zur Dehalogenierung an unterschiedlichen Positionen des Aromatenrings und zur Ringspaltung besitzen. Diese Mechanismen des Ringabbaus laufen unter aeroben Bedingungen effizienter ab als unter anaeroben.

Tabelle 8.6. enthält eine Beurteilung der mikrobiellen Abbaubarkeit nach Held (1998).

Zur Sanierung werden hauptsächlich natürlich vorkommende Mikroorganismen oder aus dem Boden isolierte und im Fermenter vermehrte Laborstämme eingesetzt, die jeweils an die herrschenden Milieubedingungen des kontaminierten Standorts optimal angepasst sind. Weniger Verwendung finden extern gezüchtete Stämme und so gut wie nicht genmanipulierte Mikroorganismen, da die Langzeitwirkungen noch zu wenig bekannt sind.

Damit ein Schadstoff mikrobiell abbaubar ist, spielen nicht nur der Einfluss des Milieus (siehe weiter oben), der Charakter der Schadstoffe (xenobiotisch oder nicht) und ihre Bioverfügbarkeit eine Rolle, sondern auch weitere Gegebenheiten, die alle vor Inangriffnahme einer Bodensanierung im Labor und im halbtechnischen Maßstab zu untersuchen sind (Guderitz et al. 1997; Held 1998; Hugo et al. 1999; Neumaier u. Weber 1996; Püttmann 1990; Schulz-Berendt 1999).

Tabelle 8.6. Abbaubarkeit von Schadstoffen (Held 1998)

Verbindung/Stoffgruppe	Abbaubarkeit			bevorzugte Bedingungen
	hoch	gering	keine	
aliphatische Kohlenwasserstoffe				
Mineralöl	+			aerob
kurzkettige KW	+			aerob
langkettige oder verzweigte KW		+		aerob
Cycloalkane		+		aerob
monoaromatische Kohlenwasserstoffe				
BTEX	+			aerob
Phenole	+			aerob
Kresole		+		aerob
Katechol	+			aerob
polyzyklische aromatische Kohlenwas-serstoffe				
Naphthalin	+			aerob
Benzo(a)anthracen		+		aerob
Benzo(ghi)perylen			+	
1,1,1-Trichlorethan		+		anaerob
chlorierte aliphatische Verbindungen				
1,2-Dichlorethan	+			aerob
Tetrachlormethan	+			aerob
Tri-, Dichlormethan	+			aerob
Tetrachlorethen	+			anaerob
Trichlorethen	+			anaerob/aerob
Dichlorethen	+			aerob
Monochlorethen (Vinylchlorid)	+			aerob
chlorierte aromatische Verbindungen				
Chlorphenole, -benzole (einige)	+	+		anaerob
Chlornaphthalin	+			anaerob
polychlorierte Biphenyle (einige)	+	+		anaerob
nitroaromatische Verbindungen				
Mono-, Dinitroaromaten	+			aerob/anaerob
Polynitroaromaten (TNT)		+		anaerob
nitroaliphatische Verbindungen				
Nitroglycerin	+			aerob

Tabelle 8.6. Fortsetzung

Verbindung/Stoffgruppe	Abbaubarkeit			bevorzugte Bedingungen
	hoch	gering	keine	
Pestizide				
Alpha-HCH		+		aerob/anaerob
Gamma-HCH	+			aerob/anaerob
Atrazin			+	
Dioxine				
PCDD/F (einige)		+		anaerob
2,3,7,8-PCDD/PCDF			+	
xenobiotische Polymere			+	
andere organische Verbindungen	+	+	+	aerob/anaerob
anorganische Verbindungen				
freie Cyanide	+			aerob
komplexe Cyanide	+			aerob
Ammonium	+			aerob/anaerob
Nitrat	+			anaerob
Sulfat	+			anaerob
Schwermetalle			+	
Radioisotope			+	

Insbesondere ist es für den Abbau notwendig, dass die Schadstoffe in gelöster Form vorliegen. An den Boden sorbierte Stoffe, Feststoffe oder Schadstoffe in Phase (z.B. Öl), sind einem Abbau nur sehr schwer zugänglich und werden daher nur äußerst langsam abgebaut.

Viele der Schadstoffe wirken auf die Mikroorganismen toxisch. Dabei spielt jedoch deren Konzentration eine wichtige Rolle. Stark verdünnt, wie die Schadstoffe bei den meisten Kontaminationen vorliegen, ist deren toxische Wirkung gering, so dass ein ungehinderter Abbau der Stoffe erfolgen kann. Andererseits wirkt aber auch die Unterschreitung einer schadstoffspezifischen Schwellenkonzentration einem biologischen Abbau entgegen, weil dann kein Energiegewinn möglich ist.

Damit ein Schadstoffabbau abläuft, sind – wie bereits eingangs gesagt – Nährsalze (N- und P-Verbindungen) sowie Elektronenakzeptoren (Sauerstoff, Nitrat o.a.) erforderlich. Meist kommt es nach einem Schadstoffeintrag zu einem vollständigen Verbrauch dieser Nährstoffe, so dass der weitere Abbau stagniert. Bei einer Sanierungsmaßnahme sind daher auch diese Nährstoffe zur Verfügung zu stellen. Tabelle 8.7 zeigt eine Auswahl geeigneter Elektronenakzeptoren. Nur aerobe Atmung (O_2-Zehrung) und Denitrifikation (Nitrat-Zehrung) erlauben einen ausreichend hohen Energiegewinn (hoher ΔG-Wert), so dass der Abbau genügend schnell abläuft. Bei schwer abbaubaren Stoffen sind andere Elektronenakzeptoren erforderlich, z.B. Methanogenese beim Abbau von LHKW. Zu beachten ist, dass die Elektronenakzeptoren selbst auch mikrobiellen und chemischen Nebenreaktionen unterliegen Das ist bei der Kalkulation des Nährstoffbedarfs zu berücksichtigen.

Tabelle 8.7. Geeignete Elektronenakzeptoren für den Schadstoffabbau (Held 1998)

Vorgang	Reaktion
aerobe Atmung	$CH_2O + O_2 \rightarrow CO_2 + H_2O$ $\Delta G\ (w) = -502\ kJ/mol$
Denitrifikation	$CH_2O + \dfrac{4}{5}NO_3^- + \dfrac{4}{5}H^+ \rightarrow CO_2 + \dfrac{7}{5}H_2O + \dfrac{2}{5}N_2$ $\Delta G\ (w) = -477\ kJ/mol$
Mn(IV)-Reduktion	$CH_2O + 2MnO_2 + 2H^+ \rightarrow CO_2 + H_2O + 2Mn^{2+}$ $\Delta G\ (w) = -339\ kJ/mol$
Nitratammonifikation	$CH_2O + \dfrac{1}{2}NO_3^- + H^+ \rightarrow CO_2 + \dfrac{1}{2}H_2O + \dfrac{1}{2}NH_4^+$ $\Delta G\ (w)$ $= -326\ kJ/mol$
Fe(III)-Reduktion	$CH_2O + 4Fe(OH)_3 + 8H^+ \rightarrow CO_2 + 11H_2O + 4Fe^{2+}$ $\Delta G\ (w)$ $= -117\ kJ/mol$
Sulfatreduktion	$CH_2O + \dfrac{1}{2}SO_4^{2-} + \dfrac{1}{2}H^+ \rightarrow CO_2 + H_2O + \dfrac{1}{2}HS^-$ $\Delta G\ (w) = -105\ kJ/mol$
Methanogenese	$CH_2O \rightarrow \dfrac{1}{2}CH_4 + \dfrac{1}{2}CO_2$ $\Delta G\ (w) = -92\ kJ/mol$

Sanierungstechniken

Biotechnische Sanierungsverfahren erfolgen im Wesentlichen ex situ, insbesondere in *Mieten bzw. Regenerationsmieten,* durch *Landfarming* oder in *Bioreaktoren.* Bei den seltenen in-situ-Techniken fungiert der Untergrund als „Reaktor".

Mieten. Dieses sehr häufig angewandte Verfahren ist mit der Kompostierung von kommunalen Abfällen in künstlich angelegten Mieten vergleichbar (Abb. 8.15).

Die Vorgehensweise ist mehrstufig (Abb. 8.16):

– *Vorbereitende Arbeiten:* Vor Ausbaggerung des kontaminierten Bodens muss ein Unterbau fertig gestellt werden. Dieser besteht von unten nach oben aus einem Sandplanum, einer Kunststofffolie (meist HDPE) als Basisabdichtung und einer abschließenden befahrbaren Trageschicht. Dieses Basissystem soll die Abführung des Sickerwassers sowie die Belüftung bzw. den Gasaustausch der Miete gewährleisten. Dazu gehört auch die Installation von Drainagerohren und einer Technik für die Bewässerung, entweder Berieselung der Oberfläche der Miete oder Tropfenbewässerung innerhalb der Miete.

– *Aufbereitung des Bodens:* Der ausgekofferte Boden wird nach Aussortierung und nachfolgender Zerkleinerung der Grobteile homogenisiert. Die Homogenisierung ist wichtig, um eine ausreichende Kontaktoberfläche zwischen Schadstoffen und Mikroorganismen herzustellen. Dazu werden öfters organisches oder mineralisches Lockerungs- oder Bindematerial in Form von Borke, Stroh, Sägemehl, Sand oder Tonerde beigemischt sowie auch Nährstoffe und ggf. Lösungsvermittler und Mikrobenkulturen.

– *Mietenaufbau:* Die Höhe der schichtweise aufgebauten Mieten beträgt
  - zwischen 0,8 und 1,0 m bei Wendemieten, die in regelmäßigen Abständen umgesetzt werden,
  - zwischen 1,5 und 2,0 m bei stationären Mieten und
  - bis ca. 4 m bei Mehrschichthöhen.

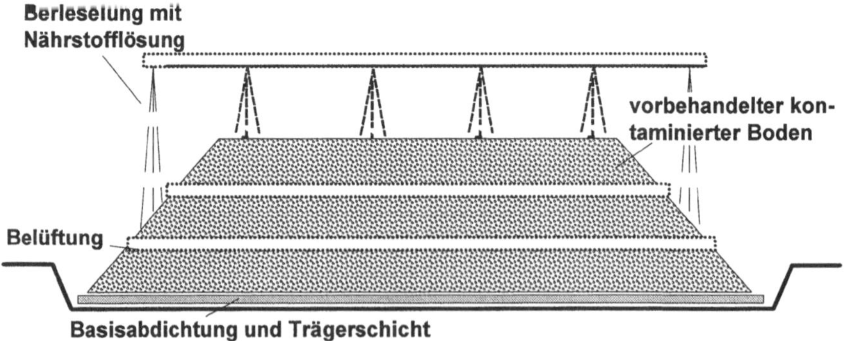

Abb. 8.15. Aufbau und Funktion einer Regenerationsmiete. Nach Ackerer et al. (1991).

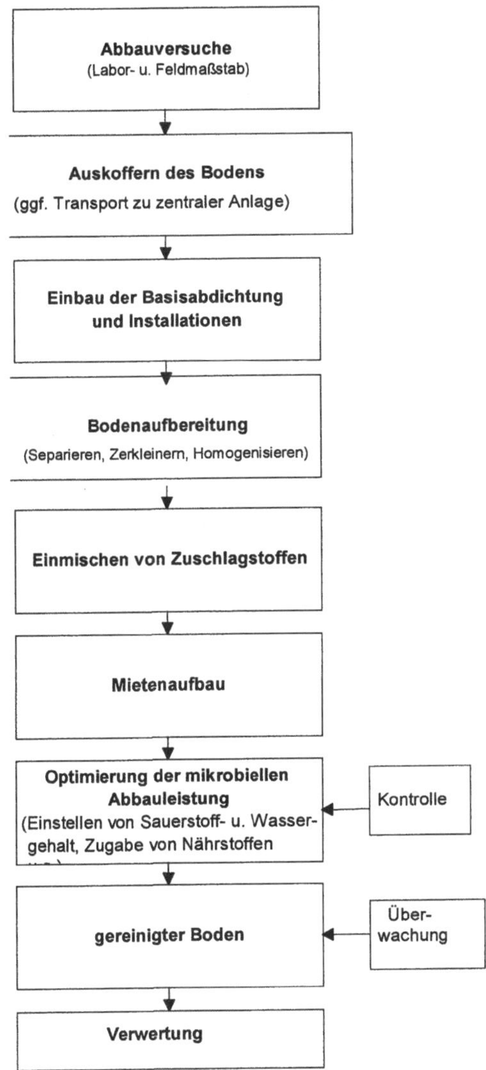

Abb. 8.16. Arbeitsvorgänge bei der on-site/off-site-Bodensanierung mittels Regenerationsmieten

Die üblichen Abmessungen an der Mietenbasis liegen bei 20 m Breite und 50 bis 80 m Länge. Wichtig ist die Integration eines passiven oder aktiven Belüftungssystems. Für eine passive Belüftung ist der lagenweise Einbau von Kies oder organischem Grobmaterial wie z.B. Häcksel ausreichend. Bei einer aktiv betriebenen Belüftung wird Luft über perforierte Rohrleitungen oder Lanzen zugeführt.

Zum Schutz vor Witterungseinflüssen werden die Mieten abgedeckt oder mit einer Halle oder durch Zelte eingehaust. Überdachte Mieten können im Winter beheizt werden, so dass auch bei niedrigen Umgebungstemperaturen eine Mindestaktivität der Mikroorganismen gewährleistet ist.

Betrieb der Miete: Während des Betriebs einer Miete müssen ständig Luft-, Wasser- und Temperaturverhältnisse kontrolliert werden. Gegebenenfalls muss aktiv belüftet werden. Durch Absaugen der Bodenluft wird erreicht, dass über die nachströmende Luft Sauerstoff zur Versorgung der Mikroben zur Verfügung steht. Bewässerung und Durchmischung des Bodens u.a. müssen ggf. reguliert werden. Außerdem müssen Nährstoffe nachgeliefert, das anfallende Sicker- und Prozesswasser entweder im Kreislauf gefahren oder entsorgt sowie die Abluft unter Umständen mit Aktivkohle- oder Biofilter gereinigt werden. Eine Zudosierung von Co-Substraten, die bei den Mikroorganismen die gewünschten abbauenden Enzyme induzieren, ist fallweise nötig. Parallel dazu erfolgt eine Analysierung der Schadstoffe in Bodenproben zur Beurteilung des mikrobiologischen Abbaus.

Kommerziell angebotene Sanierungssysteme weisen erfahrenstechnische Unterschiede auf, arbeiten jedoch alle nach dem gleichen Prinzip. Auch das häufig verwendete mikrobiologische Inokulum wird nach diversen Verfahren hergestellt; es wird eingesetzt als Spezialkultur oder Anreicherungskultur einer standorteigenen Mikroflora und auf festem Träger, in wässrigen Suspensionen oder als Schaum ausgebracht.

Bei Kontaminationen mit Mineralöl und dessen Derivaten wird von einer Konzentrationsabnahme von bis zu 99 % innerhalb von 1 bis 3 Jahren berichtet (Neumaier u. Weber 1996). Neben dem reinen biologischen Abbau spielen auch Verdünnungseffekte durch Zugabe von Auflockerungs- und Zuschlagsmaterial eine Rolle sowie Ausgasung, da eine Miete ein offenes System ist. Die biologische Bodenbehandlung in Mieten endet mit der Wiedereinbringung des sanierten Bodens.

Landfarming. Ein weiteres Verfahren der biologischen Bodensanierung ist das Landfarming (Landbehandlung). Insbesondere in den USA und in den Niederlanden wird darunter eine Durchmischung des gewachsenen Bodens mit Abfällen, Ölschlämmen u.a. bis ca. 0,3 m Tiefe verstanden. Durch Mineraldüngung und mechanische Bodenbearbeitung wird der mikrobielle Abbau der Schadstoffe beschleunigt. Bei dieser Art des in-situ-Abbaus ist eine Schadstoffverlagerung in größere Tiefen und somit auch in das Grundwasser möglich. Deshalb wird in Deutschland Landfarming ausschließlich ex situ betrieben.

Der ausgekofferte Boden wird nach einer mechanischen Aufbereitung zu großen Flachbeeten bis 20 000 m^2 mit einer maximalen Höhe von 0,4 m aufgeschüttet.

Die Beete sind nach unten mit Kunststofffolien (PVC, HPPE) oder auch mit Tonlagen abgedichtet. Für eine Drainage der Beete kann zusätzlich eine Sandschicht aufgebracht werden. In Abständen von einigen Wochen oder Monaten wird der Boden unter Zugabe von Nährstoffen, Trägersubstanzen und ggf. Mikroorganismen mittels landwirtschaftlicher Arbeitstechniken und -geräte (Pflug, Fräse) durchmischt.

In der Regel erfolgt keine Bewässerung. Durch die Tiefenauflockerung und mit Hilfe von Mikroorganismen-Suspensionen kann die notwendige Bodenfeuchte aufrecht erhalten werden. Anfallendes Sicker- bzw. Prozesswasser kann nach einer Reinigung wieder zur Befeuchtung eingesetzt oder in einen Vorfluter eingeleitet werden. Reststoffe aus der Wasserreinigung müssen entsorgt oder einer Verwertung zugeführt werden.

Der Boden wird durch die landwirtschaftliche Bearbeitung und die damit verbundene Auflockerung ausreichend belüftet. Zusätzlich kann mit Hilfe von Injektionslanzen Druckluft gezielt in das Beet eingebracht werden.

Zur Beschleunigung des mikrobiellen Schadstoffabbaus können ähnlich wie bei den Mieten Mikroorganismen/Nährstoff-Gemische hergestellt, über dem Beet versprüht und anschließend gründlich mit dem Bodenmaterial vermischt werden.

Ferner können auch sauerstoffdurchlässige Folien eingesetzt werden, wodurch ein Treibhauseffekt eintritt und durch die höhere Temperatur im Beet der Abbauprozess beschleunigt werden kann.

Eine Abdeckung der Beete findet in der Regel nicht statt. Der Boden ist den Witterungseinflüssen ungeschützt ausgesetzt; dabei können unkontrollierbare Emissionen durch ausgasende Stoffe entstehen. Sollen diese Emissionen gezielt aufgefangen und gereinigt werden, können die Beete ähnlich wie bei den Mieten mit Zelten oder Hallen eingehaust werden.

Bioreaktoren. Die Sanierung von Altlasten durch meist off site betriebene Bioreaktoren befindet sich noch in der Entwicklung.

Wie beim Mietenverfahren und Landfarming muss der kontaminierte Boden vor Einfüllung in den Reaktor aufbereitet, homogenisiert und intensiv durchmischt werden. Dies führt zur Verbesserung der Zugänglichkeit der Schadstoffe für die Mikroorganismen. Bioreaktoren beschleunigen damit den mikrobiologischen Abbauprozess und verbessern den Reinigungsgrad. Weiterhin ergibt sich durch Optimierung der Milieuparameter eine größere Anzahl von behandelbaren Schadstoffen. Ein Beispiel ist die Einstellung anaerober Bedingungen durch Spülung mit Inertgas, die für den Abbau oder die Transformation hochgradig chlorierter Kohlenwasserstoffe erforderlich sind.

Reaktorverfahren lassen sich nach dem Wassergehalt des zu behandelnden Bodens sowie nach der Konstruktionsart des Reaktors klassifizieren:

- *Trockenverfahren* mit einem kontinuierlichen Wassergehalt von 12 bis 17 Gew.-% des kontaminierten Bodens
- *Suspensionsverfahren* mit einem Wassergehalt um 40 Gew.-% des kontaminierten Bodens
- horizontale Aufstellung der Reaktoren mit Fassungsvermögen bis 250 m^3
- vertikale Aufstellung der Reaktoren mit Fassungsvermögen bis 20 000 m^3 und mehr
- Reaktoren, die um die eigene Achse rotieren (dynamisches Verfahren)
- Reaktoren, in denen rotierende Mischeinrichtungen untergebracht sind (statisches Verfahren)

Noch im Forschungsstadium befindet sich das *Extraktionsverfahren*. Durch Zugabe eines nichttoxischen und biologisch nicht abbaubaren Lösungsmittels wird durch Extraktion des Schadstoffs eine erhöhte Bioverfügbarkeit erreicht.

Das Suspensionsverfahren wird am häufigsten eingesetzt. Es erreicht sehr hohe Abbauraten aufgrund einer sehr guten Durchmischung insbesondere feinkörniger Böden und der Überführung eines Großteils der Schadstoffe in die wässrige Phase und damit eine hohe Bioverfügbarkeit. Weiterhin können die mikrobiell relevanten Parameter wie pH-Wert, Nährstoffgehalte, Temperatur und Sauerstoff gut kontrolliert und gesteuert werden.

Trockenverfahren, die sich besonders für die Reinigung gut durchlässiger Böden eignen, kommen nur selten zum Einsatz, da sich bei diesen Bodenarten die Bodenwaschverfahren besser eignen.

In-situ-Verfahren. Bei der in-situ-Sanierung des kontaminierten Bodens bleibt der Bodenkörper in seiner natürlichen Lagerung erhalten. Der Untergrund dient praktisch als überdimensionaler Reaktor. Das Verfahren kann vorteilhaft eingesetzt werden, wenn die zu sanierenden Flächen während der Sanierung weiter genutzt werden.

Wasser wird mit den Nährstoffen, Trägersubstanzen und ggf. auch speziellen Mikroorganismen über flache Infiltrationsbrunnen und -gräben oder über Verrieselungssysteme in den Untergrund eingebracht. Wie bei der hydraulischen in-situ-Grundwassersanierung (Abschn. 8.4.3) ist eine biologische in-situ-Bodensanierung nur bei einem mehr oder weniger homogenen Porengrundwasserleiter sinnvoll (kf-Wert mindestens $5 \cdot 10^{-5}$ m/s). Nur dann erreichen die notwendigen Nährstoffe die Schadstoffzentren. Diese hydrogeologischen Voraussetzungen müssen auch vorliegen, wenn zur Beschleunigung der Abbauprozesse freier Sauerstoff (O_2), Ozon (O_3), Wasserstoffperoxid (H_2O_2) oder Nitrat (NO_3) passiv oder über Belüftungslanzen in den Boden eingeleitet werden. Bei Schadstoffausgasungen kann eine Abdeckung der Oberfläche durch Folien notwendig werden.

Die natürliche Auswaschung von Kontaminanten wird durch die Infiltration beschleunigt. In der Praxis ist von einer Absickerung von nitrathaltigem Wasser und den darin gelösten Schadstoffen bis zum Grundwasser auszugehen. Dies macht die Fassung des Sickerwassers unter dem kontaminierten Bereich durch einen Abschöpfbrunnen notwendig (Abb. 8.17). Seine Entnahmemenge muss immer größer sein als die Zugabemenge, um ein Abströmen von verschmutztem Wasser zu vermeiden. Die biologische in-situ-Bodensanierung nimmt also eine mögliche Folgekontamination des Grundwassers in Kauf; sie ist deshalb aus hydrogeologischer Sicht nur bedingt zu empfehlen.

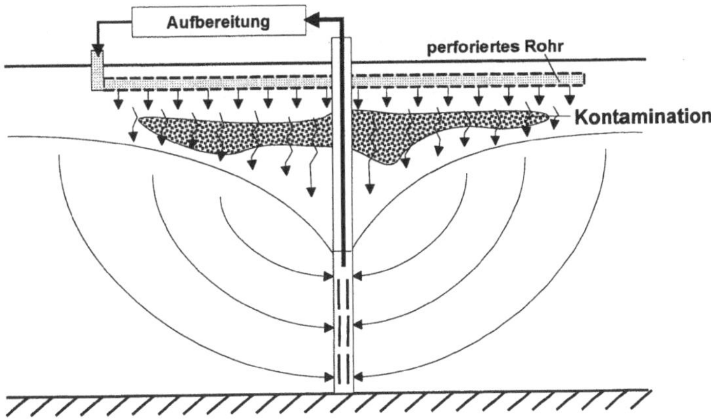

Abb. 8.17. Abschöpfbrunnen unter der ungesättigten Zone eines Grundwasserleiters im Bereich einer hydraulischen in-situ-Bodensanierung

Generell gilt für mikrobiologische Verfahren:

- Bei Mineralölkohlenwasserstoffen, die etwa 95 % der organischen Bodenschäden ausmachen, werden mikrobiologische Verfahren der Bodensanierung häufig angewendet.
- Das gilt auch für Belastungen durch BTEX, aber nur eingeschränkt bei PAK-Kontaminationen.
- Bei komplexen Schadstoffgemischen oder bei schwer abbaubaren Substanzen sind Bioreaktoren von Vorteil.
- Schwermetalle, Dioxine, Nitroverbindungen wie z.B. Nitrotoluole wirken toxisch und hemmen daher den mikrobiellen Schadstoffabbau.

Die mikrobiologische Bodensanierung hat im Vergleich zu nichtbiologischen Verfahren bei bestimmten Kontaminationsmustern finanzielle Vorteile, da der technische und energetische Aufwand sowie das Emissions- und Abfallpotential relativ gering sind.

Die Bodenbehandlung mittels Mikroorganismen erzeugt ein biologisch aktives Material, das bei geringer Ausgangsbelastung zur Wiederverwendung im Gartenbau oder in der Landwirtschaft geeignet ist.

Schlecht wasser- und luftdurchlässige Böden bedürfen einer Aufbereitung; bei Tonböden ist eine biologische Behandlung nicht sinnvoll.

Im Vergleich zu nichtbiologischen Techniken erfordert die mikrobiologische Bodensanierung auch bei prinzipiell biogradierbaren Schadstoffen eine lange Sanierungsdauer, da der biologische Abbau der Schadstoffe vom natürlichen Zyklus der Stoffumsetzung durch die Mikroorganismen abhängig ist.

- Es ist mit relativ hohen Restkontaminationen zu rechnen, da u.a. die Abbauraten mit sinkenden Schadstoffkonzentrationen abnehmen. Ferner ist ein erheblicher Flächenbedarf nötig.

- Biologische Verfahren können ferner nur bei geringen, im Konzentrationsbereich der stoffspezifischen und bodenmatrixabhängigen Restsättigung liegenden Schadstoffgehalten angewendet werden.
- Eine umfangreiche Begleitanalytik ist unbedingt nötig, um jederzeit den Stand und die Effizienz der Abbauvorgänge zu kontrollieren.
- Auf die Bildung von unerwünschten Metaboliten muss geachtet werden, die u.U. nicht entdeckt werden, da die Abbauwege vieler Schadstoffe nicht im Einzelnen bekannt sind.

8.4 Grundwassersanierung

Um eine Verschmutzung des Grundwassers zu verhindern, zu begrenzen und zu beseitigen, sind überwiegend Maßnahmen hydraulischer Natur erforderlich. Durch das Abpumpen eines oder mehrerer Brunnen oder Entnahme aus Draingräben wird das Grundwasserströmungsfeld so beeinflusst, dass kontaminiertes Grundwasser entfernt werden kann. Der Erfolg hydraulischer Sanierungsmaßnahmen hängt vom Verhalten der Schadstoffe im Grundwasserleiter ab. Die meisten Grundwasserkontaminationen sind erfahrungsgemäß Punktquellen zuzuordnen und werden durch organische Verbindungen verursacht.

Diese bewegen sich einerseits abhängig von ihrer Dichte, wie Mineralölprodukte, an der Grundwasseroberfläche. Andererseits migrieren sie, wie LHKW, im Wesentlichen vertikal nach unten und erreichen bei entsprechender Nachlieferung aus der Emissionsquelle die Grundwassersohlschicht. Dort können sie einen Pool bilden. Auf dem Weg durch den Grundwasserleiter verbleibt ein Teil der organischen Fluide im Porenraum, wo sie sich im Wasser lösen können und mit dem Grundwasserstrom abtransportiert werden (Abb. 8.18). Für Details der Transportprozesse wird auf Kap. 6 verwiesen.

Von Punktquellen ausgehende anorganische Kontaminanten spielen eher eine untergeordnete Rolle. Es handelt sich meistens um Schwermetallverbindungen, die im Grundwasserleiter aufgrund physikalischer, chemischer und biologischer Einflüsse unter den herrschenden Milieubedingungen (pH-Wert, Redoxpotential u.a.) in der Regel wenig mobil sind.

Salze sind als sogenannte „Durchläufer" eine Ausnahme, insbesondere Chloride. Sie werden im Untergrund nicht abgebaut oder festgelegt und können bei Salzhalden kilometerlange Fahnen im Grundwasserabstrom bilden, so z.B. auf der elsässischen Seite des Oberrheingrabens.

Wesentlich für hydraulische Maßnahmen zur Entfernung von Schadstoffen ist, ob die im Grundwasser transportierten Schadstoffe die Dichte des Wassers derart verändern, dass das kontaminierte Wasser gravitativ zur Tiefe hin absinkt oder nicht. Das ist der Fall, wenn die vertikale Abstandsgeschwindigkeit v_{av} erheblich größer ist als die horizontale Abstandsgeschwindigkeit v_{ah}.

$$v_{av} \gg v_{ah} \qquad (8.6)$$

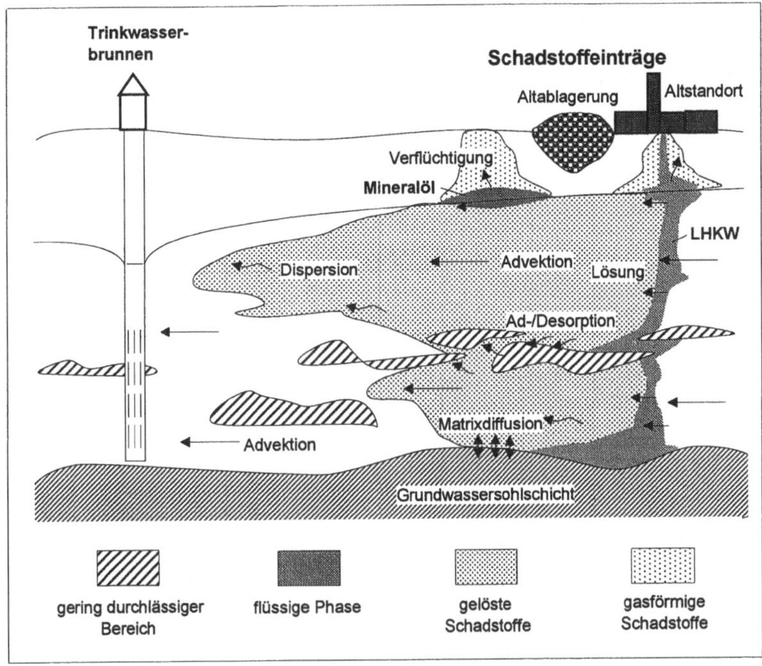

Abb. 8.18. Ausbreitung einer Grundwasserverunreinigung durch organische Phasen und physiko-chemische Vorgänge

Die horizontale Abstandsgeschwindigkeit v_{ah} berechnet sich gemäß Gl. 8.7.

$$v_{ah} = \frac{k_{fh}}{n} \cdot I \qquad (8.7)$$

Für die Berechnung der vertikalen Abstandsgeschwindigkeit v_{av} gilt Gl. 8.8 nach Neumaier u. Weber (1996).

$$v_{av} = \frac{k_{fv}}{n} \cdot \frac{\rho_f - \rho_w}{\rho_w} \qquad (8.8)$$

mit

k_{fh} = horizontale Gesteinsdurchlässigkeit
k_{fv} = vertikale Gesteinsdurchlässigkeit
n = Hohlraumanteil
ρ_f = Dichte des kontaminierten Wassers
ρ_w = Dichte des umgebenden Grundwassers

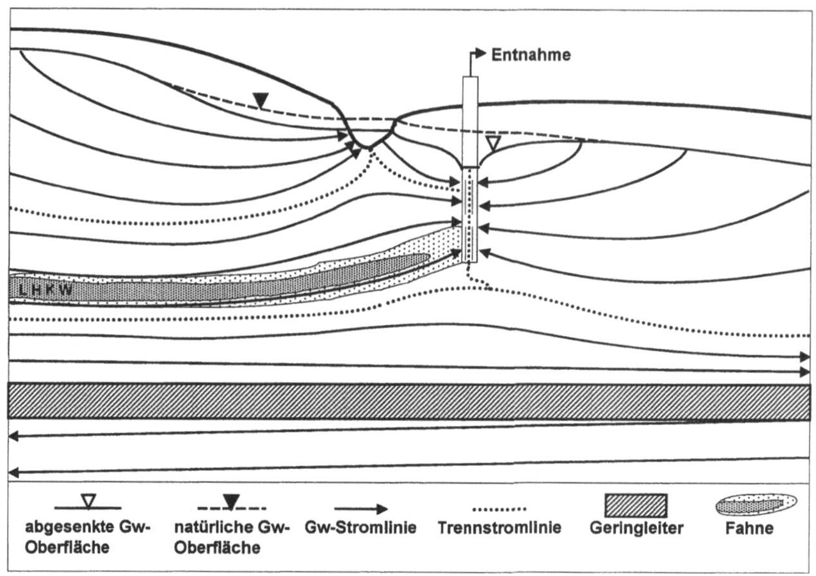

Abb. 8.19. Schematische Darstellung eines Grundwasserfließfeldes mit Strömungslinien in einem mächtigen und heterogenen Grundwasserleiter.

Weicht die Dichte des verunreinigten Grundwassers nicht wesentlich von der des nichtkontaminierten Grundwassers ab, erfolgt der Transport der gelösten Stoffe vornehmlich entlang der vorgegebenen Stromlinien (Abb. 8.19). Solche Fließlinien haben horizontal und vertikal wechselnde Richtungen im dreidimensionalen Grundwasserströmungsfeld. Entgegen der häufig vertretenen Meinung endet eine Schadstofffahne deshalb nicht immer an einem oberirdischen Gewässer oder wird durch einen Abschöpfbrunnen hydraulisch fixiert. Eine größere Mächtigkeit und der heterogene Aufbau eines Grundwasserleiters sowie die in Abb. 8.18 eingetragenen physiko-chemischen Vorgänge, wie insbesondere Dispersion, bewirken, dass sich die Stoffe seitlich der Stromfäden ausbreiten. Schadstofffahnen können also Abschöpfbrunnen unterströmen (Abb. 8.19).

Ziele der Grundwassersanierung sind:

– Vermeidung einer weiteren Grundwasserverunreinigung
– Minimierung oder möglichst Unterbinden der Ausbreitung von Schadstoffen im Grundwasserraum
– Verhinderung der Gefährdung von Grundwassernutzungen wie von Trinkwasserversorgungsanlagen, Mineralquellen u.a.
– Wiederherstellung einer tolerierbaren Grundwasserbeschaffenheit

Folgende wesentliche Informationen müssen für die Planung und Ausführung von Sanierungsmaßnahmen vorliegen (vgl. Kap. 7 und 9):

- Art des Schadstoffeintrags in den Grundwasserleiter
- Aggregatszustand der Schadstoffe im Grundwasserleiter
- Verteilung der Schadstoffe im Grundwasserleiter und geologische und hydrogeologische Verhältnisse

Bei der Grundwassersanierung wird zwischen passiven und aktiven hydraulischen Verfahren unterschieden:

- *Passive* Verfahren sollen durch Veränderung der Grundwasseroberfläche und/oder der Grundwasserfließrichtung einen Schadensherd oder eine Kontaminationsfahne entweder hydraulisch sichern oder von einem Schutzgut wie z.B. einem Trinkwasserbrunnen fernhalten. „Passiv" betrifft also in erster Linie den Schutz von Objekten und nicht die Herausnahme von Schadstoffen aus dem Grundwasser.
- Bei der *aktiven* hydraulischen Sanierung wird das abgepumpte Wasser einer Reinigung zugeführt. Die meisten Grundwassersanierungen werden als aktive hydraulische Verfahren (Pump-and-Treat) durchgeführt.

Es sind auch Kombinationen mit Geotechniken, insbesondere der Bau von vertikalen Dichtwänden, möglich.

8.4.1 Entfernung freier organischer Phasen aus dem Grundwasserleiter

Flüssige organische Phase, auch *freie Phase* genannt, sollte möglichst als erste hydraulische Sanierungsmaßnahme aus dem Untergrund entfernt werden. Denn sie bildet ein Schadstoffdepot, das über einen langen Zeitraum Kontaminanten durch in Lösung gehen an das Grundwasser abgibt.

Freie Phase kann nicht vollständig beseitigt werden, da ein bestimmter Teil immobil festliegt bzw. residual gesättigt ist. Die Immobilität wird mit dem Sättigungsgrad ϑ beurteilt, dem Verhältnis zwischen dem Volumen organischer Flüssigkeit pro Porenvolumen. Bei folgenden Bodenarten ist nach Neumaier u. Weber (1996) praktisch eine Immobilität organischer Flüssigkeiten gegeben:

Sand	$\vartheta = 0{,}2$
Schluff	$\vartheta = 0{,}3$
Ton	$\vartheta = 0{,}4$

In den weitaus meisten Schadensfällen handelt es sich um Mineralölkohlenwasserstoffe und es erfolgt ein Abpumpen der mobilen Phase über Brunnen.

Neue technische Entwicklungen erlauben es auch, aufschwimmende Phase durch Anlegen eines Unterdrucks aus dem Untergrund zu entfernen.

Die Brunnen werden in das Zentrum der Kontamination mit der größten Mächtigkeit des organischen Fluids gesetzt. Die resultierende Strömung zum Brunnen muss so erfolgen, dass durch das Abpumpen bzw. Absaugen der freien Phase der gesamte kontaminierte Bereich erfasst wird.

Die Brunnenfilter sind unter Berücksichtigung der Schwankungen der Grundwasseroberfläche so zu platzieren, dass die organische Flüssigkeit in den Brunnen übertreten kann. Ein falsch ausgebauter Brunnen fungiert andernfalls als Leichtflüssigkeitsabscheider.

Damit sich aufschwimmende Phase auf der Grundwasseroberfläche ansammeln kann, wird ein Absenktrichter erzeugt. Dieser sollte möglichst flach sein, um den abgesenkten, vom Grundwasser entleerten Bereich so klein wie möglich zu halten, da dieser eine „neugeschaffene" ungesättigte Zone bildet. Nur dort wird die freie Phase in residualer Sättigung festgehalten.

Sanierungsverfahren stoßen häufig an Grenzen: Bei Grundwasserleitern mit relativ geringer Durchlässigkeit ist der Ölnachfluss meist ungenügend; bei großer Durchlässigkeit müssen sehr große Wassermengen abgepumpt werden, damit überhaupt ein Absenktrichter entsteht.

Andererseits ist eine Verlagerung der aufschwimmenden organischen Phase nach unten möglichst zu verhindern. Das ist nicht möglich, wenn mit nur einer Pumpe gleichzeitig Grundwasser und organische Phase abgepumpt werden. Denn die Höhenlage dieser Pumpe muss gesteuert werden, um wechselnden Grundwasserständen folgen zu können. Wird organische Phase nach unten und oben verlagert, entsteht eine „Verschmierung" des Brunnenfilters, und die vorher mobile Phase wird in den Zustand der residualen Sättigung überführt (Abb. 8.20). Es können also nur die Kohlenwasserstoffe, die aus der immobil festgelegten organischen Phase ggf. über einen langen Zeitraum fortlaufend gelöst werden, aus dem Grundwasser entfernt werden.

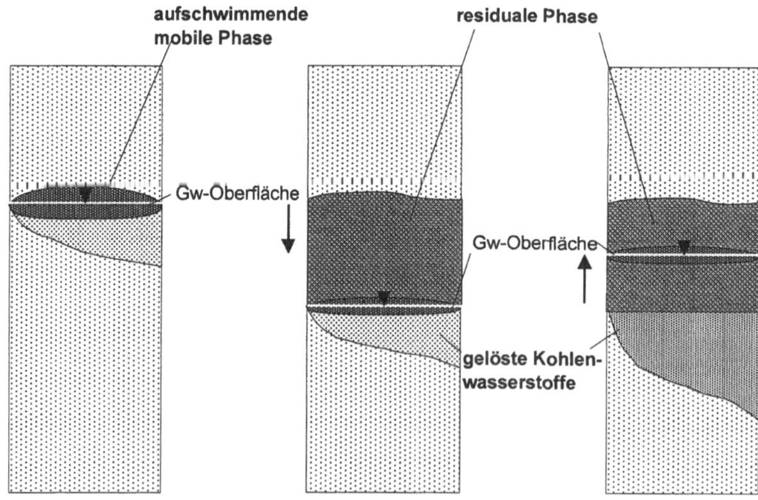

Abb. 8.20. Verschmierung von aufschwimmender freier Phase bei wechselnden Grundwasserständen

Einmal festgelegte immobile, restgesättigte Phase kann nur aufwendig, kostspielig und meist nur teilweise zurück gewonnen werden. Folgende Verfahren werden angewendet, um die organische Phase wieder zu mobilisieren:

– Einbringen von Stoffen, z.B. Tensiden, welche die Oberflächenspannung reduzieren. Diese Stoffe müssen allerdings biologisch gut abbaubar sein, um das Grundwasser nicht sekundär zu verunreinigen. Tenside wurden bisher nur selten angewendet.
– Einpressen von Dampf oder Heißwasser, was bisher nur in Einzelfällen erfolgt ist.
– Koppelung mit biologischen in-situ-Sanierungstechniken, da eine Oberflächenvergrößerung des Kontaminanten durch Überführung der freien in die residuale Phase vorteilhaft ist.

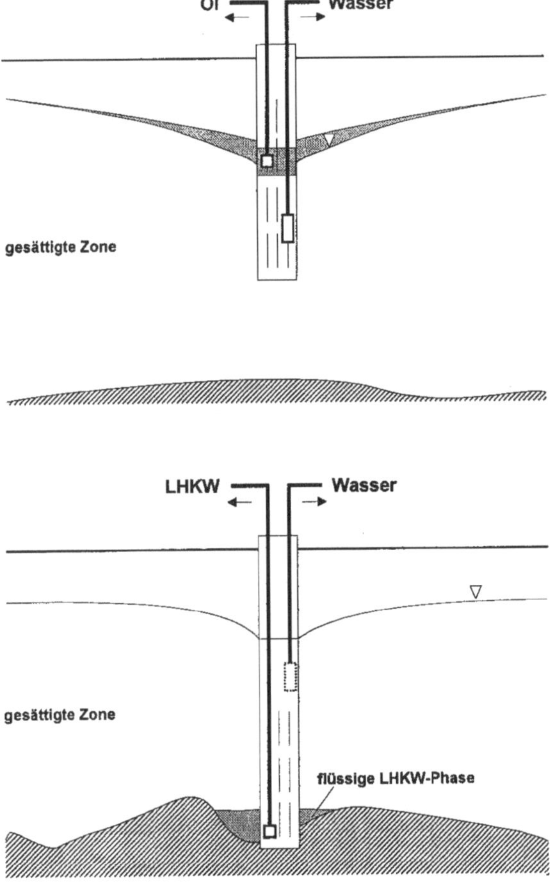

Abb. 8.21. Sanierungstechnik des Dualen Pumpens. Entfernung einer leichten Phase (oben) und einer schweren Phase (unten)

Um von vornherein ein Verschmieren der organischen Phase über einen größeren Tiefenbereich zu vermeiden, wird das sogenannte duale Pumpen mit zwei Pumpen zur Trennung von aufschwimmender Phase und Grundwasser (Abb. 8.21) eingesetzt. Mittels einer tiefer hängenden „Wasserpumpe" wird ein Absenktrichter erzeugt, in dem sich die organische Phase sammeln kann, die durch eine „Ölpumpe" abgepumpt wird.

In der Praxis haben sich für die Entfernung von Leichtphasen aus dem Untergrund anstelle der Ölpumpe andere Verfahren bewährt, die sogenannten *Skimmer-* und *Bio-Slurping-*Verfahren.

Skimmerverfahren. Es beruht darauf, dass oleophile Materialien sich aufgrund ihrer Oberflächeneigenschaften mit der schwimmenden Phase benetzen; dagegen wird Wasser abgestoßen. Skimmer können Metall- oder Kunststoffbänder bzw. Kunststoffkordeln in Schlaufenform sein, die dann an der Oberfläche mechanisch mittels eines Abstreifsystems vom anhaftenden Öl befreit und anschließend wieder in den Brunnen eingebracht werden. Es sind hierzu großkalibrige Brunnen (DN > 300) erforderlich.

Bio-Slurping. Durch Erzeugen eines Unterdrucks werden im Übergangsbereich ungesättigte/gesättigte Zone des betroffenen Grundwasserleiters gleichzeitig gasförmige und gelöste Schadstoffe sowie die freie Phase entfernt. Durch das Anlegen eines Unterdrucks wird eine Bodenluftströmung induziert; sie „treibt" die Leichtphase in den Brunnen. Da durch den Unterdruck auch verstärkt Luftsauerstoff in den Untergrund eintritt, wird gleichzeitig der biologische Abbau der Schadstoffe beschleunigt, was durch die Bezeichnung Bio-Slurping zum Ausdruck kommt (Abb. 8.22). Wird die Bohrung zusätzlich mit einem Phasentrennfilter ausgebaut, lässt sich reine Phase aus dem Untergrund zurückgewinnen.

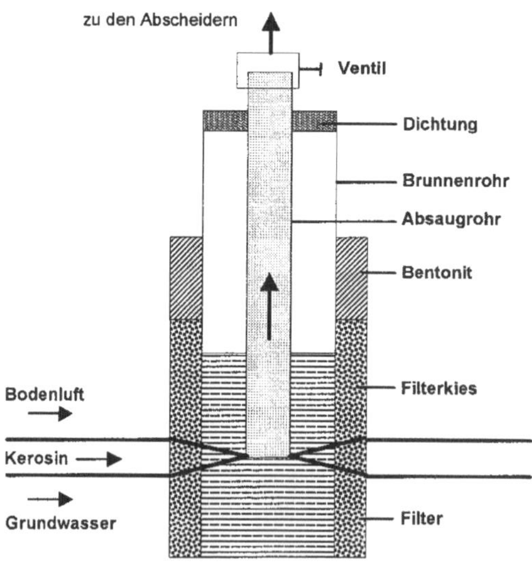

Abb. 8.22. Bioslurping-Verfahren. Nach Siebenlist et al. (2000).

In der Praxis werden in das Zentrum der lokalisierten Phasenansammlung mehrere Bohrungen mit einem Ausbaudurchmesser von 150 bis 200 mm niedergebracht. Weitere kleinkalibrige Bohrungen im Umfeld, z.B. mit einem Durchmesser von 50 mm, dienen zur Druckentlastung; hier kann gezielt Luft passiv oder aktiv in den Untergrund nachgeführt werden.

Es findet also keine Grundwasserspiegelabsenkung statt; eine Verschmierung von tieferen Schichten mit Leichtphase wird vermieden. Unter vergleichbaren Bedingungen ist das Bio-Slurping-Verfahren als Leichtphasenentnahme effektiver als das Skimmerverfahren.

Abschöpfen von Leichtphasen. Organische Flüssigkeiten, die auf der Oberfläche des Grundwassers schwimmen, und bei flach anstehendem Grundwasser in Rigolen und Gräben fließen oder sich in Schachtbrunnen sammeln, können dort abgeschöpft werden. Handelt es sich um flüchtige Leichtphase, können zusätzlich auch die Gase abgesaugt werden, nachdem die Gräben an der Erdoberfläche speziell abgedichtet sind.

Spundwände. Mit Hilfe von Spundwänden wird versucht, durch mobile Leichtphase bedrohte Brunnen zu schützen (Abb. 8.23). Dieser geotechnisch konzipierte Leichtflüssigkeitsabscheider soll für die gelösten Kohlenwasserstoffe eine Barriere darstellen. Nur in bestimmten Fällen ist es tatsächlich möglich, aufschwimmende organische Phase zurückzuhalten. Strömt nämlich viel Leichtphase nach, ist nicht auszuschließen, dass die Tauchwand seitlich umflossen oder auch unterfahren wird.

Schwerphasen. Ist schwere organische Flüssigkeit bis zur Grundwassersohle abgesunken, dürfte es wirtschaftlich nur bei muldenförmiger Lagerung der Basis des betroffenen Grundwasserleiters (Abb. 8.21) möglich sein, die Pools so zu erkunden, dass der Standort eines Sanierungsbrunnens optimal festgelegt werden kann. Um sicher zu gehen, muss der Brunnen so gebaut werden, dass seine Filterunterkante unterhalb der Grenzfläche Grundwasserleiter/Grundwasserstauer liegt und das organische Fluid dem Gefälle der Grundwassersohle folgend in den Brunnen einsickern kann. Die sich in diesem „Topf" ansammelnde Flüssigkeit wird abgepumpt, ggf. auch abgeschöpft.

Schwerphasen sind häufig hochviskos; dadurch wird der Nachfluss zur Entnahmestelle stark verzögert. Durch eine partielle Druckentlastung an der Entnahmestelle (Absenkung des Grundwasserspiegels) und auch durch den Einsatz thermischer Energie und von Tensiden kann die Fließfähigkeit bzw. die Löslichkeit der Schadstoffe verbessert werden.

Das abgepumpte Wasser enthält in der Regel relevante Anteile an gelösten Schadstoffen und muss daher einer zusätzlichen kostenintensiven Reinigung unterzogen werden.

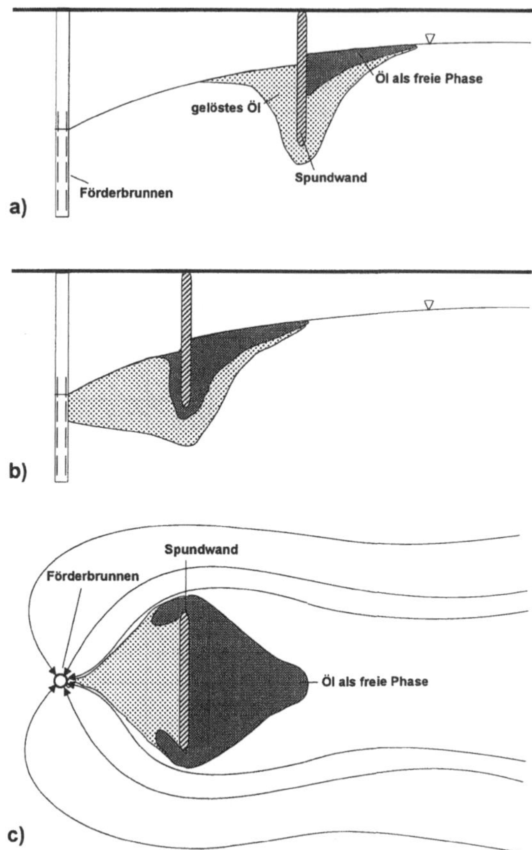

Abb. 8.23. Abpumpen und Abscheiden von Mineralölkohlenwasserstoffen sowie aufschwimmender freier Phase durch Spundwände

8.4.2 Grundzüge der passiven und aktiven hydraulischen Maßnahmen

Die hydraulische Entkoppelung von belastetem und unbelastetem Grundwasser erfolgt mittels Abschöpfbrunnen, die meistens im Grundwasserunterstrom einer Schadstoffquelle installiert werden (Abb. 8.24). Es wird so eine künstliche Wasserscheide zwischen Emissionsherd und Wasserfassung geschaffen. Eine solche kann aber auch durch oberstromige Abwehrbrunnen (bisher selten eingesetzt) erzeugt werden. In beiden Fällen können z.B. Trinkwasserbrunnen und Förderanlagen wirksam geschützt werden. Allerdings wird dabei das Zustromgebiet verkleinert und verlagert; bei gleichbleibender Förderung vergrößert sich die Absenkung der Grundwasseroberfläche.

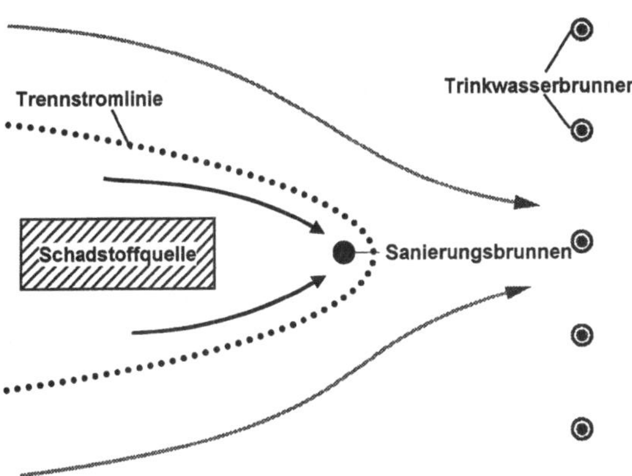

Abb. 8.24. Prinzip einer hydraulischen Sanierung mittels Brunnen

Drängräben und in bestimmten Fällen auch Rigolen sind Abschöpfbrunnen vorzuziehen, wenn der Grundwasserleiter nur eine mittlere bis geringe Durchlässigkeit und/oder eine geringe Mächtigkeit hat sowie heterogen ist (Abb. 8.25). Bei flach anstehendem Grundwasser, das nur in Oberflächennähe verschmutzt ist, sind Abfanggräben effektiver.

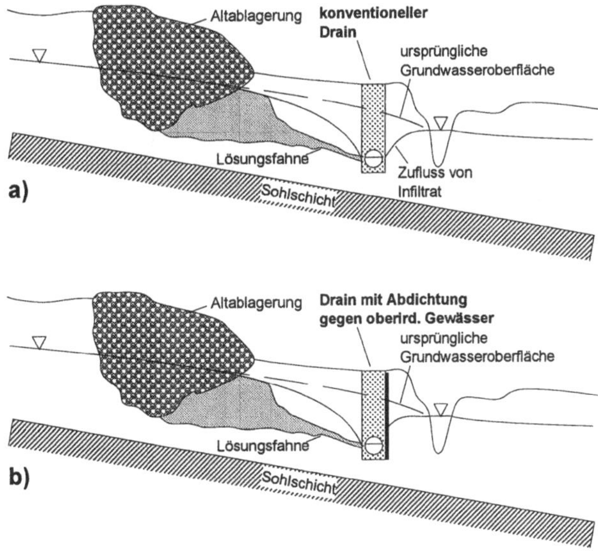

Abb. 8.25. Abfangen einer Lösungsfahne mittels Drängraben bei einem geringmächtigen Grundwasserleiter. Nach Russel (1992).
a) Mitförderung von unkontaminiertem Oberflächenwasser (Uferfiltrat)
b) erheblich reduzierter Anteil an Uferfiltrat im zu reinigenden Grundwasser

Im Folgenden werden

– Grundlagen hydraulischer Sanierungstechniken,
– Aspekte bei hydraulischen Sicherungsmaßnahmen und Sanierungen und
– unterstützende Verfahren

besprochen.

Grundlagen hydraulischer Sanierungstechniken. Je näher ein Sanierungsbrunnen am Zentrum der Verschmutzung platziert werden kann, desto effektiver können Kontaminanten im Grundwasser entfernt werden. Bei Schadensherden mit hoher Konzentration und großer Ausdehnung senkrecht zum Grundwasserstrom sind mehrere Brunnen einzurichten, damit der belastete Grundwasserbereich vollständig erfasst wird.

Die Sanierungsbrunnen im Schadenszentrum und in dessen nahem Grundwasserunterstrom müssen so wirken, dass sie den Emissionsherd sichern und keine weiteren Schadstoffe in die unterstromige Belastungsfahne übertreten können. Ein maximaler Abstand, der sogenannte kritische Abstand zwischen den einzelnen Brunnen, darf nicht überschritten werden (Abb. 8.26).

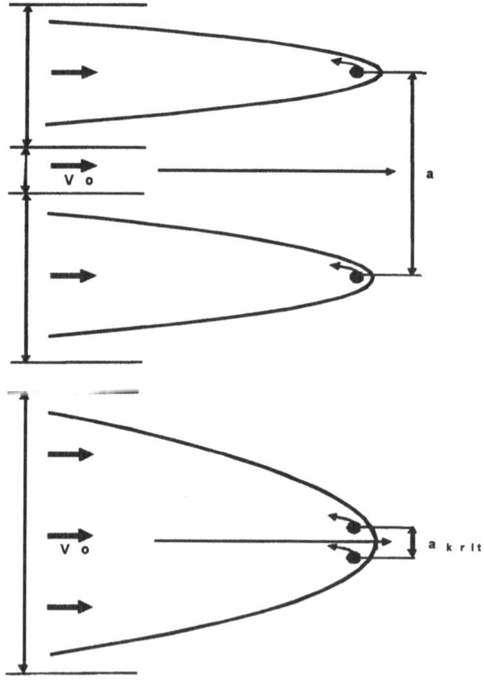

Abb. 8.26. Schemaskizze zum kritischen Abstand a_{krit} zwischen zwei Abschöpfbrunnen bei gleicher Entnahme Q und einer Grundströmung mit der Filtergeschwindigkeit v_0. Nach Ackerer et al. (1991).

Dieser kritische Abstand senkrecht zur parallelen Grundwasserströmung berechnet sich nach Gl. 8.9 für zwei Brunnen mit gleicher Pumprate Q, einer Filtergeschwindigkeit v_o und gesättigter Mächtigkeit des Grundwasserleiters M.

$$a_{krit} = \frac{Q}{\pi \cdot v_o \cdot M} \tag{8.9}$$

Die asymptotische Entnahmebreite b ergibt sich bei gleichen Randbedingungen nach Gl. 8.10, beziehungsweise der Staupunktabstand vom Brunnen s nach Gl. 8.11.

$$b = \frac{Q}{v_o \cdot M} \tag{8.10}$$

$$s = \frac{Q}{2\pi \cdot v_o \cdot M} \tag{8.11}$$

Aspekte bei hydraulischen Sicherungsmaßnahmen und Sanierungen. Mit der folgenden Aufstellung wird versucht, wesentliche Aspekte, die bei hydraulischen Sicherungsmaßnahmen und Sanierungen zu berücksichtigen sind, anzusprechen. Sie werden z. T. in den folgenden Abschnitten im Detail behandelt.

— Bei einer optimalen Sanierungsmaßnahme soll die Grundwasserentnahme eine *Isochrone* (Linie gleicher Laufzeit zum Brunnen) erzeugen, die das verschmutzte Grundwasservolumen möglichst eng umschließt (Kinzelbach 1987). Bei veränderlicher Richtung der Grundströmung muss fallweise reagiert werden, z.B. mittels höherer Entnahmeraten (Abb. 8.27).

— Die hydraulische Grundwassersanierung umfasst häufig auch die unterstromige Kontaminationsfahne. Bei Grundwasserbelastungen durch LHKW können Fahnen eine Länge von mehreren Kilometern haben und mehrere 100 Meter breit sein (Toussaint 1994). Abfangbrunnen sind hier so einzurichten, dass das verschmutzte Grundwasser vom restlichen Grundwasser durch eine Trennstromlinie abgetrennt wird. Die Position eines oder mehrerer Brunnen und die Wahl der Pumprate sollten so erfolgen, dass die gesamte zu reinigende Fahne von der Trennstromlinie umfasst wird (Kinzelbach 1987).

— Das geförderte Grundwasser wird häufig in ein benachbartes oberirdisches Gewässer oder in die Kanalisation eingeleitet, findet aber vielfach auch Verwendung als Betriebswasser. Wenn dabei die für die jeweiligen Schadstoffe relevanten Grenzwerte überschritten werden, ist eine Wasseraufbereitung erforderlich (siehe weiter unten).

— Bei immer mehr Sanierungsmaßnahmen wird das behandelte Grundwasser wieder in den Grundwasserleiter zurückgegeben, um großräumig die Grundwasserbilanz nicht negativ zu verändern.

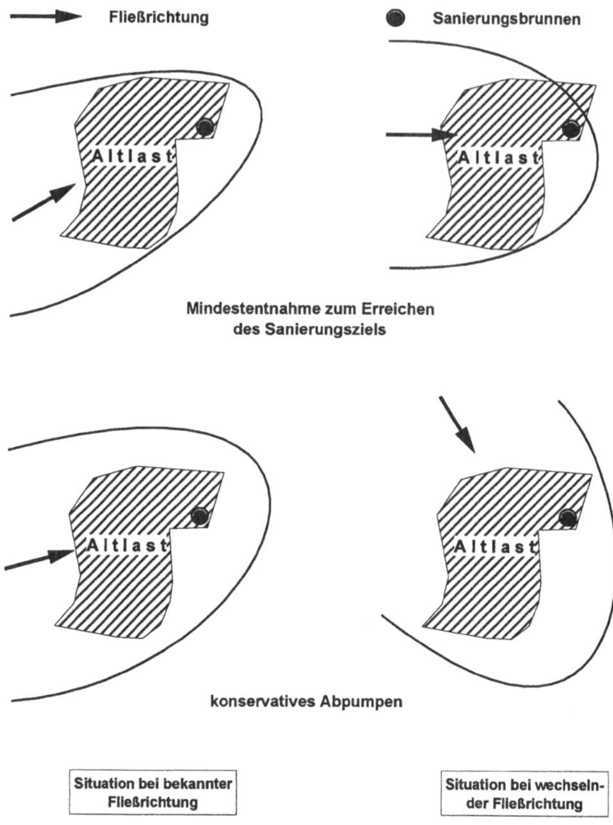

Abb. 8.27. Einfluss der Grundwasserfließrichtung auf den Einzugsbereich eines Sanierungsbrunnens. Nach Ackerer et al. (1991).

– Bei einer Reinfiltration oder Reinjektion wird versucht, lokale Spülkreisläufe (Kurzschlusszellen) mit größerer Strömungsgeschwindigkeit zu erzeugen und somit eine bessere Spülwirkung. Es entsteht durch die lokale Erhöhung des hydraulischen Gradienten („Grundwasserberg") eine höhere Durchströmungsgeschwindigkeit und damit eine verstärkte Desorption bzw. ein Inlösunggehen von Schadstoffen. Solche Spülkreisläufe sind kennzeichnend für eine mikrobielle in-situ-Behandlung des verunreinigten Grundwassers. Werden der Einspeisebrunnen (ggf. Infiltrationsgräben) im Oberstrom, der Kontaminationsherd in der Mitte und der Entnahmebrunnen im Unterstrom in Grundwasserfließrichtung auf einer Achse angeordnet, kann sich eine sogenannte Sanierungsinsel oder -zelle bilden, die vom übrigen Grundwasserabstrom abgetrennt ist (Abb. 8.28). Diese Sanierungsinseln können Schadstoffe nur infolge Diffusion und Querdispersion (vernachlässigbar) verlassen.

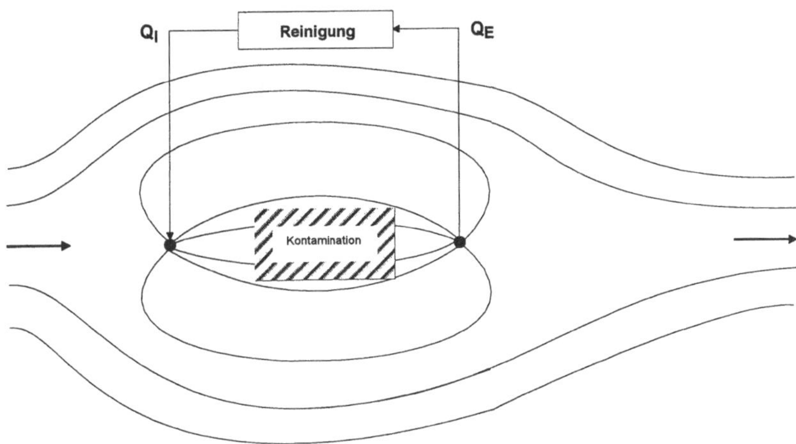

Abb. 8.28. Hydraulische Sanierungsinsel mit Entnahme (Q_E) im Unterstrom und Infiltration/Injektion (Q_I) im Oberstrom eines Schadensherds. Nach Ackerer et al. (1991).

- Eine umgekehrte Anordnung (Entnahme im Oberstrom des Kontaminationsherds) (Abb. 8.29) ist möglich. Allerdings stellt sich nach Ackerer et al. (1991) eine Rückströmung vom Einspeisebrunnen zum Entnahmebrunnen erst ein, wenn der Abstand der Brunnen geringer ist als der doppelte kritische Abstand nach Gl. 8.9. Der Abstand wird für diese Situation mittels Gl. 8.12 bestimmt.

$$a_{krit} = \frac{2Q}{\pi \cdot v_o \cdot M} \tag{8.12}$$

- Verändert sich die Fließrichtung und ist die Verbindungslinie zwischen den beiden Brunnen nicht mehr parallel dazu, verringert sich bei beiden Anordnungen der Rückstromanteil. Die hydraulische Situation bleibt nur dann stabil, wenn aus Sicherheitsgründen mehr Grundwasser abgepumpt als in den Untergrund zurückgeführt wird; es fließt also ständig Wasser von außen zu.
- Eine Kreislaufführung hat den Vorteil, dass die Schadstoffkonzentrationen des behandelten Grundwassers, das wieder in den Untergrund eingeleitet wird, anfänglich höher sein können als die Werte des Sanierungsziels. Wird dagegen eine Versickerung oder Injektion außerhalb des Einflussgebiets eines Abschöpfbrunnens in den Grundwasserleiter eingeleitet, muss das Wasser aufgrund der wasserrechtlichen Vorschriften weitgehend schadstofffrei sein. Der hydraulische Wirkungsgrad einer Wiedereinleitung in den Grundwasserleiter außerhalb ist nach Kobus (1981) im Vergleich zu einer Sanierungsinsel bis zweimal geringer.
- Bei mehreren Entnahme- und Infiltrations-/Injektionsbrunnen bzw. Infiltrationsgräben können mehrere hydraulische Spülkreise konzipiert werden. Dabei entstehen jedoch Staupunkte, deren Umgebung nur schwach durchströmt wird. Vorschläge zur Verbesserung der Durchströmung finden sich bei Ackerer et al. (1991).

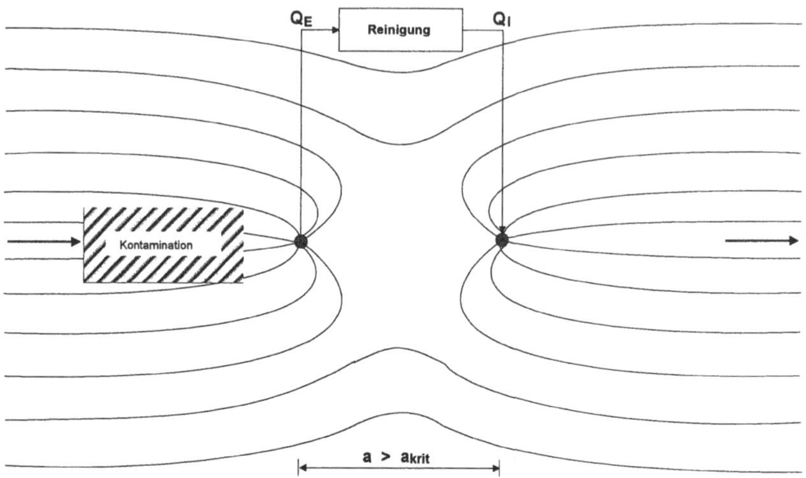

Abb. 8.29. Hydraulische Sanierung mit Wasserentnahme und -rückführung im Grundwasserunterstrom des Schadensherds. Nach Ackerer et al. (1991).

– Eine vertikale Sanierungszelle bildet sich, wenn im Aquifer z.B. durch zwei benachbarte Brunnen mit Verfilterung in unterschiedlichen Tiefen Wasser entnommen bzw. eingegeben wird (Abb. 8.30). Diese Sanierungszelle hat allerdings nur im Fall eines ausgeprägt anisotropen Grundwasserleiters eine größere laterale Ausdehnung (vgl. auch Abschn. 8.4.4).

Eine überschlägige Berechnung der Dauer einer hydraulischen Sanierung geht von der Modellvorstellung aus, dass der Kontaminationsbereich die Form eines Zylinders hat und sich ein oder mehrere Abschöpfbrunnen in der Mitte befinden. Entsprechend der Entnahmerate strömt von außen unbelastetes Grundwasser nach. Die Zeit zum einmaligen Austausch des Zylindervolumens an Wasser berechnet sich nach Gl. 8.13.

$$t = \frac{A \cdot M \cdot n}{Q} \qquad (8.13)$$

mit

t = Pumpdauer [s]
A = Grundfläche des Zylinders [m^2]
M = Grundwassermächtigkeit (Höhe des Zylinders) [m]
n = durchflusswirksamer Hohlraumanteil [–]
Q = Entnahmevolumenstrom, Pumprate [m^3/s]

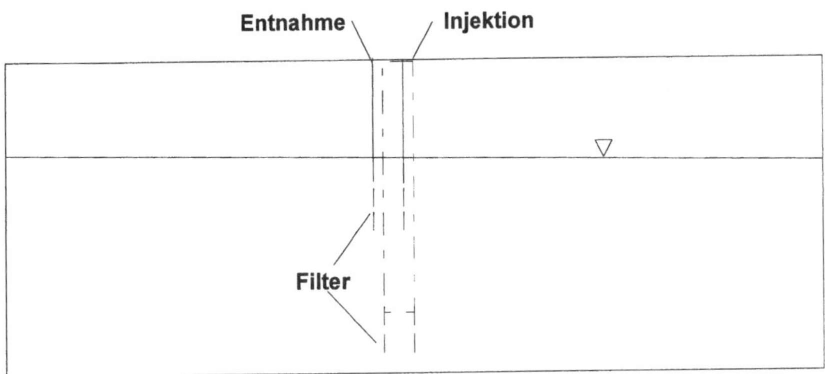

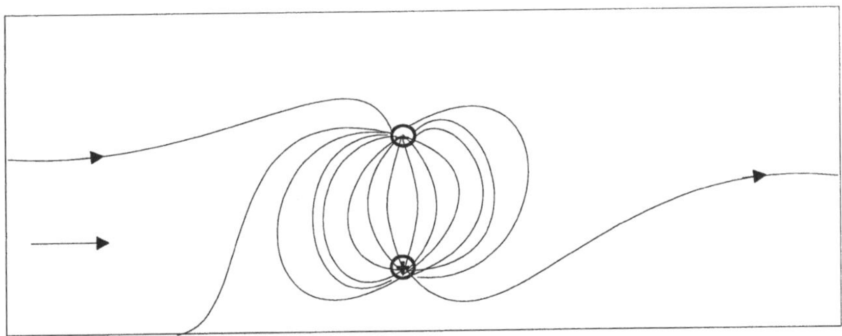

Abb. 8.30. Vertikale Sanierungszelle bei Verfilterung von benachbarten Entnahme- und Injektionsbrunnen in unterschiedlicher Tiefe. Nach Ackerer et al. (1991).

Wenn kein Fremdwasserzufluss (z.B. Uferinfiltrat) sondern nur Grundwasser seitlich in den Zylinder nachströmt, lässt sich die Konzentrationsabnahme mit der Zeit über einen Exponentialansatz (Hugo et al. 1999) mit Gl. 8.14 beschreiben.

$$t_s = 0{,}2 \ln \frac{C_a}{C_e} t = 0{,}2 \ln \frac{C_a}{C_e} \cdot \frac{A \cdot M}{Q} \qquad (8.14)$$

mit

t_s = Dauer der Sanierungszeit [s]
C_a = Ausgangskonzentration [mg/m³]
C_e = Endkonzentration [mg/m³]
A = Grundfläche des Zylinders [m²]
M = Mächtigkeit des grundwassergesättigten Bereichs [m]

Beispiel

Für einen Zylinder mit einer Grundfläche von 60 000 m², einer gesättigten Mächtigkeit des Grundwasserleiters von 20 m, einem durchflusswirksamen Hohlraumvolumen von 0,2, einer Entnahmerate von 10^{-2} m³/s, einer Schadstoffkonzentration von 2 000 mg/m³ (2 mg/l) und einer tolerierten Restbelastung von 10 mg/m³ (10 µg/l) errechnet sich eine Sanierungsdauer von rd. 4,5 Jahren.

Dieses Rechenbeispiel ist ein „worst case"; es erfolgt keine Abminderung durch mikrobiologischen Abbau oder sonstige Prozesse und Reaktionen wie Ausgasung, Sorption u.a. Bei hydraulischen Sanierungen sind lange Abpumpzeiten zu erwarten.

Die Vorstellung, dass etwa nach einem dreifachen Austausch des kontaminierten Grundwasservolumens der Grundwasserleiter saniert ist, erscheint viel zu optimistisch. Erfahrungen in der Praxis haben gezeigt, dass Pump-and-Treat sehr lange dauern kann. In Deutschland gibt es LHKW-Fahnen, die seit 1980 abgepumpt werden. Es haben zwar die Konzentrationen abgenommen; ihre Konfiguration hat sich aber praktisch nicht verändert.

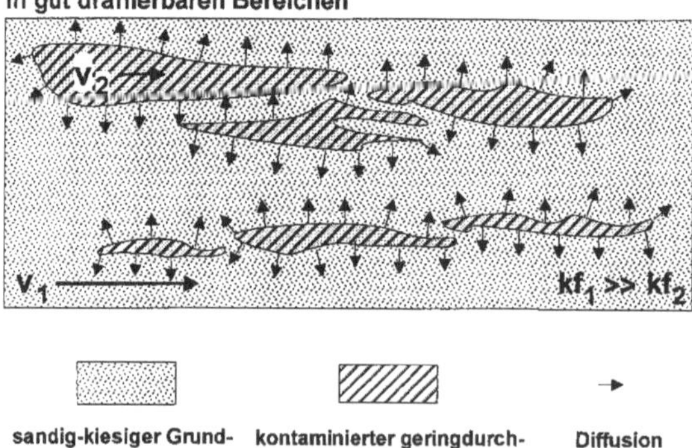

Abb. 8.31. Schadstoff-Tailing durch Diffusion kontaminierten Grundwassers in wenig permeable Schichten (oben) und spätere Rückdiffusion (unten)

Der Grund für die lange Dauer einer Sanierung liegt bei organischen Kontaminanten, die residual gesättigt vorliegen, in ihrer meist nur geringen Löslichkeit. Der Schadensherd wird nicht eliminiert und gibt somit über lange Zeiträume Schadstoffe an das Grundwasser ab.

Eine lange Sanierungsdauer ist auch dann abzusehen, wenn der betroffene Grundwasserleiter Durchlässigkeiten $< 5 \cdot 10^{-5}$ m/s aufweist und/oder die Schadstoffe wegen seines heterogenen Aufbaus ungleichmäßig verteilt sind.

Schließlich wird bei fortschreitender Sanierungsdauer die nur noch langsame Abnahme der Schadstoffgehalte im Förderwasser des Abschöpfbrunnens mit dem sogenannten Tailing-Effekt erklärt.

Im Begriff *Tailing* wird Folgendes subsummiert:

- Wegen hoher Dichte, niedriger kinematischer Viskosität und geringer Oberflächenspannung werden die Schadstoffe bevorzugt in feinkörnigen Partien eines Grundwasserleiters angereichert, die den advektiven Prozessen bei der Sanierung durch Pump-and-Treat nicht oder nur eingeschränkt zugänglich sind. Immobiles Wasser kann nicht abgepumpt werden.
- Es erfolgt eine molekulare Diffusion gelöster Stoffe in Gesteinshohlräume mit immobilem Wasser (Matrixdiffusion) und danach eine Rückdiffusion in das Grundwasser (Abb. 8.31).
- Lipophile Schadstoffe werden an die Feststoffmatrix, die ein sorptives Potential durch organisches Material, Tonminerale, Huminstoffe, Fe- und Mn-Oxide/-Hydroxide besitzt, adsorbiert. Die spätere Desorption läuft unter Ungleichgewichtsbedingungen ab und erfordert lange Zeiträume.
- Der biologische Abbau ist auch unter günstigen Milieubedingungen schlecht.

Hydraulische Sanierungsmaßnahmen spielen auch eine große Rolle bei der Bewirtschaftung von nur partiell verschmutzten Grundwasserleitern.

- Wird ein Förderbrunnen durch belastetes Grundwasser angeströmt, kann ein Ersatzbrunnen erstellt und das ursprüngliche Einzugsgebiet verschoben werden (Abb. 8.32.a).
- Durch eine Reduzierung bzw. Erhöhung der Pumprate des betroffenen Brunnens (Abb. 8.32.b, c) kann auch weiterhin noch unbelastetes Grundwasser gefördert werden.
- Wird ein Brunnen als Abwehrbrunnen genutzt („geopfert"), kann unter Berücksichtigung der Lage der Brunnen untereinander, der Grundwasserfließrichtung und der Lösungsfahne schadstofffreies Grundwasser gewonnen werden (Abb. 8.32.d, e).
- Wenn ein Grundwasserleiter im Vertikalprofil ungleichmäßig belastet ist, kann eine selektive Entnahme aus bestimmten Horizonten erfolgen. Eine Möglichkeit ist der gleichzeitige Einsatz von zwei Pumpen im Förderbrunnen (Abb. 8.33, rechter Teil). Bedingung ist allerdings, dass die Transmissivität des schadstofffreien Abschnitts des Grundwasserleiters wesentlich größer ist als die des belasteten Horizonts.

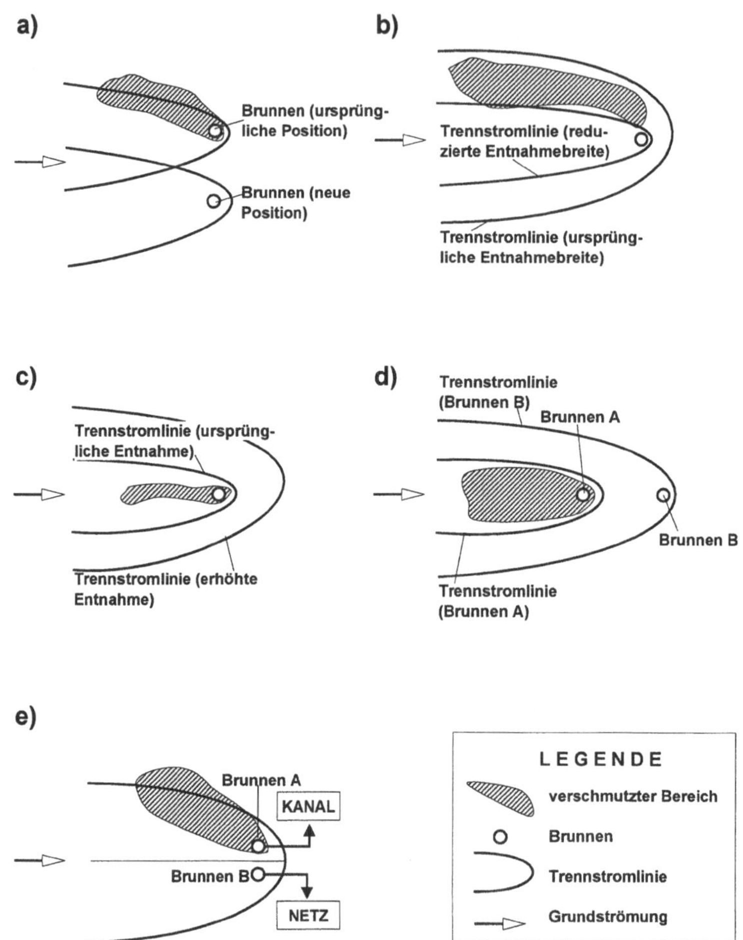

Abb. 8.32. Hydraulische Maßnahmen zur Aufrechterhaltung der Grundwassergewinnung. Nach Kinzelbach u. Kauffmann (1987).

Die hydraulische Entkoppelung von belastetem und unbelastetem Grundwasser bei Trinkwassergewinnungsanlagen kann nicht nur durch Inbetriebnahme eines oder mehrerer Abschöpfbrunnen zwischen Schadstoffquelle und Förderbrunnen (oder gefasster Quelle) realisiert werden. Auch eine hydraulische Schranke in Form eines „Wasserberges" kann die Ausbreitung von Schadstoffen beeinflussen (Abb. 8.34). Das dazu benötigte unbelastete Wasser wird entweder versickert oder unterhalb der ungesättigten Zone über Brunnen injiziert. Diese Art der Gefahrenabwehr hat sich zwar bewährt, hat aber den Nachteil, dass die Schadstoffe im Grundwasser verbleiben.

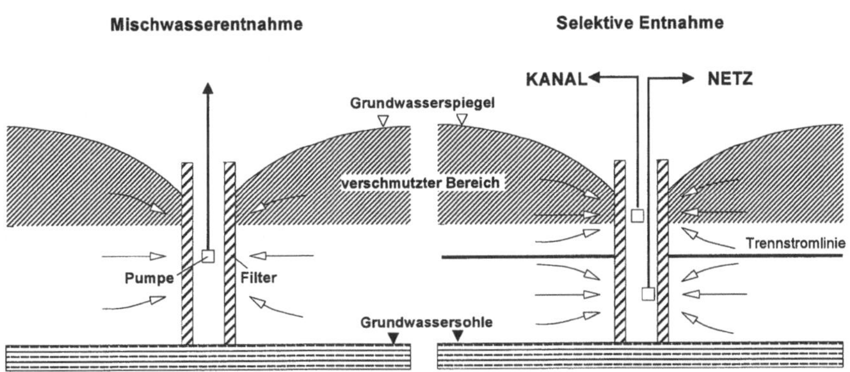

Abb. 8.33. Selektive Entnahme bei vertikal inhomogener Schadstoffverteilung in einem Porengrundwasserleiter. Nach Kinzelbach u. Kauffmann (1987).

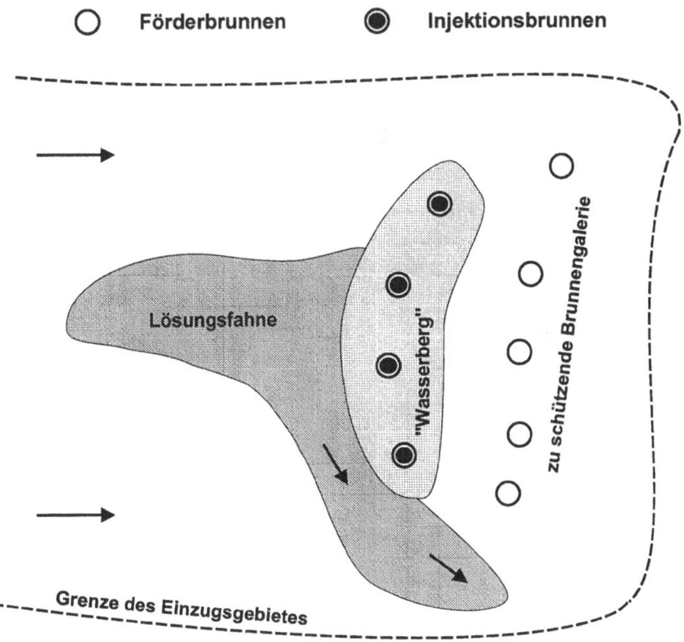

Abb. 8.34. Durch einen Wasserberg erzwungene Ablenkung einer Schadstofffahne

Die erzwungene Umlenkung einer Kontaminationsfahne ist in der Regel mit einer Sekundärkontamination früher unbelasteter Bereiche des Grundwasserleiters verbunden. Beispiel: Eine vom Flughafen Frankfurt ausgehende LHKW-Fahne wurde in westliche Richtung abgedrängt, um Trinkwasserbrunnen nördlich des Flughafens zu schützen (Toussaint 1994).

Auch wenn eine Schadstofffahne eine Brunnengalerie zentral anströmt, erscheint ihre Umlenkung technisch nicht sinnvoll. Denn die Rate des injizierten oder infiltrierten Wassers mit Trinkwasserqualität müsste so groß sein, wie die des zu fördernden Rohwassers.

Eine Schadstofffahne kann durch entsprechende Platzierung von Injektionsbrunnen auch seitlich eingeengt werden (Abb. 8.35). Damit lässt sich zwar die Zahl der Abschöpfbrunnen reduzieren, nicht jedoch die erforderliche Entnahmerate. Auch die Steuerung der Konfiguration der Schadstofffahne bei gleichzeitigem Betrieb von Infiltrations- und Abschöpfbrunnen ist nicht problemlos. Weil reine Abschöpfmaßnahmen erheblich geringere Investitions- und Betriebskosten erfordern, wird die seitliche Einengung in der Praxis wenig angewendet.

Das Pump-and-Treat-Verfahren kann grundsätzlich als sicheres, in der Praxis erprobtes Verfahren eingestuft werden, mit dem Schadenszentren und Kontaminationsfahnen langfristig saniert und die weitere Ausbreitung von Schadstoffen im Grundwasserleiter verhindert werden (Edel u. Voigt 2001; Stupp 2000). Es ist für ein komplexes Schadstoffspektrum und hohe Schadstoffkonzentrationen flexibel einsetzbar und kann im Laufe einer Sanierungsmaßnahme an geänderte Bedingungen (z.B. technische Weiterentwicklungen, rechtliche Situationen oder räumliche Verhältnisse) angepasst werden.

Es erzielt sehr gute Reinigungsleistungen. In der Regel sind die Investitionskosten und Betriebskosten gering, solange die Sanierungsdauer nicht zu lang ist. Wird Pump-and-Treat mit geotechnischen Verfahren kombiniert, dann lassen sich ein höherer Wirkungsgrad erzielen und die Sanierungsdauer durch eine zusätzliche Schadstoffmobilisierung verkürzen (siehe folgende Abschnitte).

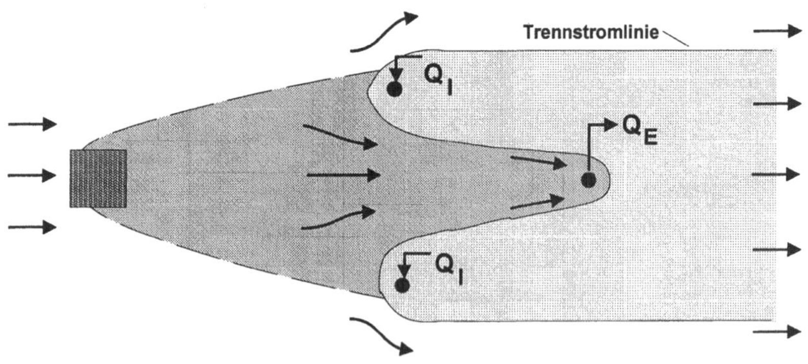

Abb. 8.35. Seitliche Einengung einer Kontaminationsfahne durch Injektionsbrunnen

Unterstützende Verfahren. Abgesehen von geotechnischen Verfahren kommen unterstützende Maßnahmen insgesamt nur in Einzelfällen im Rahmen von Pilotprojekten bzw. in Testfeldern zur Anwendung. Nachfolgend werden einige Beispiele genannt.

- Kombination mit Geotechniken

Es handelt sich meist um Spundwände, die hydraulisch eine örtlich begrenzte Verringerung der Durchlässigkeit des Grundwasserleiters bewirken. Sie werden gezielt zu einer Manipulation der Grundwasserströmung eingesetzt. Bei Grundwasserschadensfällen werden sie meist nur in Kombination mit Entnahmebrunnen eingesetzt.

Zwei Varianten sind bezüglich der Lage der Dichtwand und Schadensherd sinnvoll, wenn ein Abschöpfbrunnen im Unterstrom eines kontaminierten Standortes platziert wird:

- Strömt verschmutztes Grundwasser die abdichtende Spundwand an und liegt der Entnahmebrunnen in deren Staubereich (Abb. 8.36 oben), lässt sich die erforderliche Pumprate bei gleicher hydraulischer Wirkung reduzieren. Außerdem wird im Unterstrom eine Grundwasserabsenkung und damit die Gefahr von Gebäudeschäden durch Setzungen verhindert.

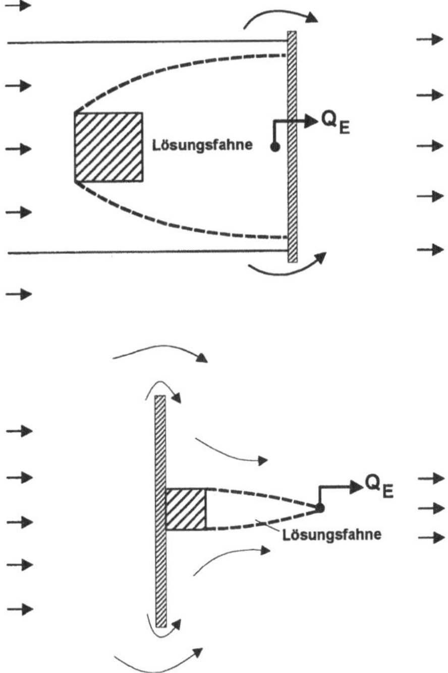

Abb. 8.36. Kombination hydraulischer und geotechnischer Sanierungsmaßnahmen

– Wird eine Dichtwand direkt im Oberstrom einer Altablagerung oder eines kontaminierten Betriebsgeländes installiert (Abb. 8.36 unten), wird die Lösungsfahne so gebündelt, dass die Pumprate reduziert werden kann.

Bei beiden Varianten ist somit der Betrieb eines einzigen Sanierungsbrunnens ausreichend.

- Hydroschock

Das Hydroschock-Verfahren beruht auf dem Konzept der dynamischen Mobilisierung. Es werden Energieimpulse definierter Intensität auf organische Phasen, die in Residualsättigung vorliegen, ausgesendet, entweder innerhalb des Grundwasserkörpers oder auf die Grundwasseroberfläche (Ackerer et al. 1991; Henning et al. 1993; Rehner 1998). Die elastischen Wellen werden durch einen Rüttler, Druckluftpulser oder Schallgeber erzeugt. Ihre Energie wird auf das Wasser und auf das Korngerüst übertragen. Durch Anpassung der Frequenz und der Amplitude der Schwingungen an den Sanierungsverlauf kann der Austrag der Schadstoffe aus dem Grundwasser optimiert werden. Das dazu erforderliche speziell ausgebaute Bohrloch sollte möglichst nur in den Bereichen des Grundwasserleiters verfiltert sein, die kontaminiert sind.

Frequenzen um 200 Hz und darunter haben sich bewährt, um ein in Lösung gehen bzw. ein Ausgasen leichtflüchtiger Schadstoffe durch die folgenden Vorgänge zu bewirken:

– Umlagerung innerhalb des Korngerüsts und dadurch Schaffung neuer Wegsamkeiten für das lösende Grundwasser, u.a. Öffnung zuvor geschlossener Porenräume.
– Relativbewegungen zwischen Gesteinsmatrix und Porenfüllung mit residualer Phase oder Grundwasser und dadurch Aufbrechen der adhäsiven Bindungskräfte.
– Molekulare Flüssigkeitsbewegungen in den Kapillaren, die eine Mobilisierung residualer Schadstoffe in Gang setzen.
– Erzeugung von Kavitationseffekten, die eine Ausgasung von im Grundwasser gelösten flüchtigen Schadstoffen begünstigen. Unter Kavitation versteht man eine Blasenbildung in einer Flüssigkeit unter dem Einfluss einer starken Druckerniedrigung. Die entstehenden Blasen wachsen bis zu einer bestimmten Größe und kollabieren dann.

Wegen der Mobilisierung der Schadstoffe durch das Hydroschock-Verfahren sind eine Grundwasserförderung und eine Bodenluftabsaugung erforderlich.
Eine mehrtägige Anwendung von Schwingungsenergie in den Grundwasserleiter bewirkt länger anhaltende Mobilisierung der residualen organischen Schadstoffe. Bei einem Experiment mit Beschallung wurde ein um 20 % gesteigerter LHKW-Austrag in das Grundwasser beobachtet, der über einige Wochen anhielt (Henning et al. 1993).

- Heißdampfeinpressung bzw. elektro-thermische in-situ-Behandlung

Heterogen aufgebaute Grundwasserleiter mit wenig permeablen Schichten, an/in denen Schadstoffe angereichert sind, werden mit Pump-and-Treat nicht oder nicht ausreichend durchströmt. Hier kann eine Mobilisierung der Schadstoffe gleichzeitig durch Heißdampf und elektrische Erwärmung erfolgen. Dies haben Feldversuche in den USA im Rahmen von EPA-Forschungsprojekten (U.S. Department of Energy 1995) gezeigt vor allem mit der Methode des Dynamic Underground Stripping (DUS).

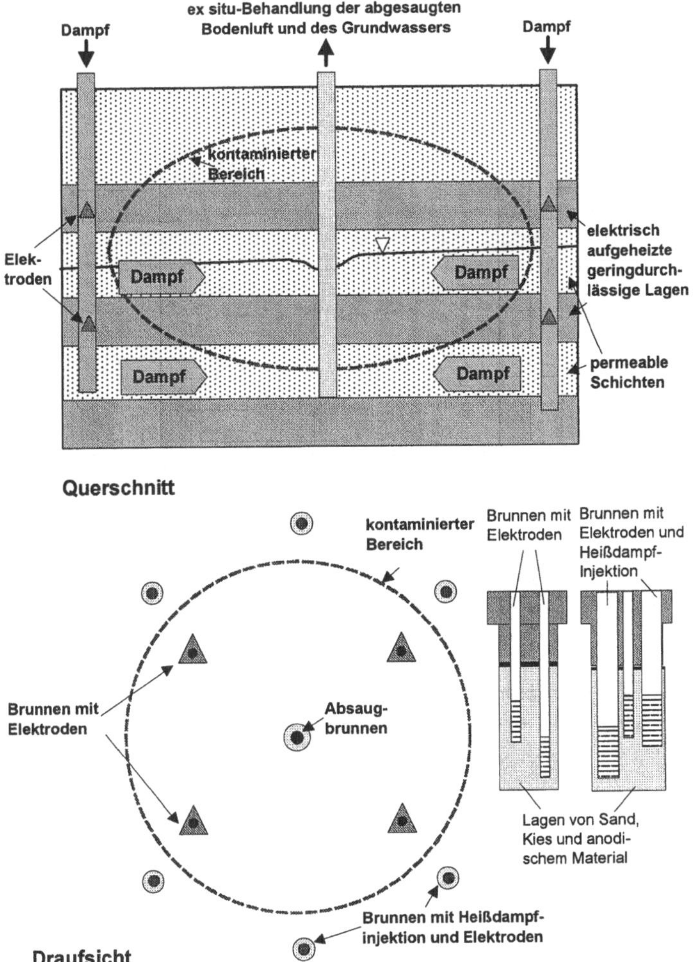

Abb. 8.37. Dynamisches Strippen durch Einpressen von Heißdampf und dielektrische Aufheizung. Schemaskizze nach U.S. Department of Energy (1995).

Sie besteht aus einem Zentralbrunnen, der sowohl ein Abpumpen des Grundwassers als auch ein Absaugen gasförmiger Schadstoffe zulässt. Im Abstand von 20 bis 35 m sind ringförmig periphere Injektionsbrunnen angebracht (Abb. 8.37). DUS kann kontinuierlich oder intermittierend betrieben werden; es wird mittels geophysikalischer Verfahren (elektrische Widerstandsmessung, Temperaturmessung) überwacht.

Zur praktischen Durchführung wird Heißdampf mittels Injektionsbrunnen in die permeablen Bereiche des Grundwasserleiters eingepresst. Dadurch werden die adsorbierten Schadstoffe in den angrenzenden wenig permeablen Schichten in die Gasphase überführt und strömen aufgrund eines angelegten Unterdrucks dem zentralen Absaugbrunnen zu. Die dielektrische Aufheizung des Untergrunds geschieht durch Anlegen von elektromagnetischen Feldern an das Dielektrikum „kontaminierte Schichten". Das Grundwasser, das teilweise aus den Poren durch den Heißdampf verdrängt wird, muss abgepumpt werden.

Eine Nachreinigung des geförderten Wassers (Grundwasser und kondensierter Wasserdampf) und der abgesaugten Luft (injizierter Wasserdampf und Bodenluft) ist unbedingt erforderlich. Eine gasdichte Abdeckung des Untergrunds ist notwendig, um die entweichenden, teilweise hochtoxischen Substanzen sicher aufzufangen.

Je weniger durchlässig der Boden und je höher der Wassergehalt des Bodens sind, desto wirksamer ist die Aufheizung. Es wird angestrebt, Temperaturen im Grundwasserleiter bis 100 °C zu erreichen. Diese hohen Temperaturen begünstigen die Desorption der adhäsiv an die Bodenmatrix gebundenen Schadstoffe, die außerdem auch ausgasen.

Das Verfahren ist nicht umweltfreundlich. Für die Erhitzung des Wassers wird viel Gas bzw. Strom benötigt. Belastend ist ferner der hohe Stromverbrauch für die einzelnen Elektroden (bis 400 Ampère).

8.4.3 Wasseraufbereitung

Wird bei Sicherungs- oder Sanierungsmaßnahmen Grundwasser abgepumpt, muss dieses in der Regel aufbereitet, d.h. „gereinigt" werden. Erst dann kann es einer Kläranlage zugeführt, in ein oberirdisches Gewässer direkt eingeleitet, als Betriebswasser genutzt oder mittels Schluckbrunnen, Infiltrationsgräben u.a. wieder in den Untergrund zurückgeführt werden. Wenn das abgepumpte Grundwasser reinfiltriert werden soll, sind an die Wasseraufbereitung sehr hohe Anforderungen zu stellen.

Bei hohen Schadstoffkonzentrationen oder einer Schadstoffpalette kann es sinnvoll sein, mehrere Verfahren miteinander zu kombinieren. Das ist erforderlich, wenn Trinkwasserqualität als Sanierungsziel angegeben wird.

Unterschieden wird zwischen on site/off-site-Aufbereitung und in-situ-Verfahren.

– Bei der ex-situ-Behandlung wird das verunreinigte Grundwasser an der Erdoberfläche überwiegend mittels chemischer oder physikalischer Wasseraufbereitungstechniken gereinigt. Biologische Verfahren kommen seltener zum Einsatz oder sind häufig physikalischen Verfahren nachgeschaltet.

– Bei in-situ-Verfahren findet die Reinigung im Grundwasserleiter statt, der als großer „Reaktor" für mikrobiologische bzw. mikrobiologisch induzierte Reaktionen und Prozesse fungiert. Biotechnische in-situ-Verfahren haben den Vorteil, dass ein Großteil des Reinigungsprozesses in den Untergrund verlegt und somit natürlichen Reinigungsprozessen überlassen wird. Die natürliche Reinigungsleistung wird überwiegend von Bakterien erbracht, ist sehr stark abhängig von den hydrogeologischen Gegebenheiten, beansprucht eine längere Zeitdauer und muss durch ein aufwendiges Monitoring überwacht werden. Deshalb werden ex-situ-Maßnahmen meist angewendet; sie sind besser kontrollierbar und technisch beherrschbar.

Ex-situ-Verfahren

Nachstehend werden gängige Verfahren angesprochen, die für die Behandlung von Grundwasser, das durch punktuelle Schadensquellen kontaminiert worden ist. Details sind in der Spezialliteratur zu finden, z.B. bei Mutschmann u. Stimmelmayr (2002).

Striptechniken. Flüchtige organische Verbindungen wie insbesondere die LHKW können durch Stripverfahren aus dem Wasser entfernt werden (Abb. 8.38). Das zu reinigende Wasser wird in intensiven Kontakt mit einem Stripgas (meistens Luft) gebracht. In erster Näherung für den zu erwartenden Austrag kann die Henry-Konstante herangezogen werden. Sie gilt für Gleichgewichtszustände, berücksichtigt aber nicht die Diffusionsgeschwindigkeit von Molekülen. Dadurch ergeben sich in der Praxis andere Stripwirksamkeiten für Einzelstoffe und Stoffgemische.

In der Altlastensanierung setzt man zumeist *Füllkörperkolonnen* ein. Diese bestehen aus 5 bis 10 m hohen Türmen mit einer Füllung aus speziellen Kunststoffkörpern, um eine große Oberfläche für den Stoffaustausch zu schaffen. Die im Gegenstrom eingesaugte Umgebungsluft nimmt die Schadstoffe auf und wird einem Abluftreinigungssystem zugeführt. Dient hierzu Aktivkohle, ist zuvor eine Trocknung der Luft notwendig. Das Verhältnis Stripluftmenge / Grundwassermenge beträgt bei LHKW in der Regel 50 : 1. Höhere Luftmengen vergrößern den Wirkungsgrad, verteuern jedoch auch die Abluftbehandlung. Bei hohen Schadstoffkonzentrationen werden mehrere Kolonnen in Reihe geschaltet, und die Luft der nachfolgenden Stufen wird als Zuluft für die jeweils vorhergehende verwendet. Dadurch lässt sich die zu behandelnde Abluftmenge minimieren. Bei erhöhten Kalkgehalten kann die Stripluft zur Vermeidung von Ausfällungen auch im Kreislauf gefahren oder dem Rohwasser Säure zudosiert werden, um den pH-Wert zu stabilisieren. Bei deutlich eisen- oder manganhaltigen Zuläufen (Konzentrationen von mehreren mg/l) muss das Wasser vorher enteisent bzw. entmangant werden, was oftmals höhere Kosten als die eigentliche Grundwasserreinigung verursacht.

Kompaktstripper, die hauptsächlich für zeitlich eng begrenzte Aufgaben eingesetzt werden, zeichnen sich durch kleine Bauformen aus. Die meisten von ihnen arbeiten mit Lochblechen und benötigen aufgrund des höheren Strömungswiderstands erheblich mehr Energie als Füllkörperkolonnen. Bei Kompaktstrippern mit Unterdruck lassen sich diese Nachteile weitgehend vermeiden und deshalb auch Langzeiteinsätze fahren.

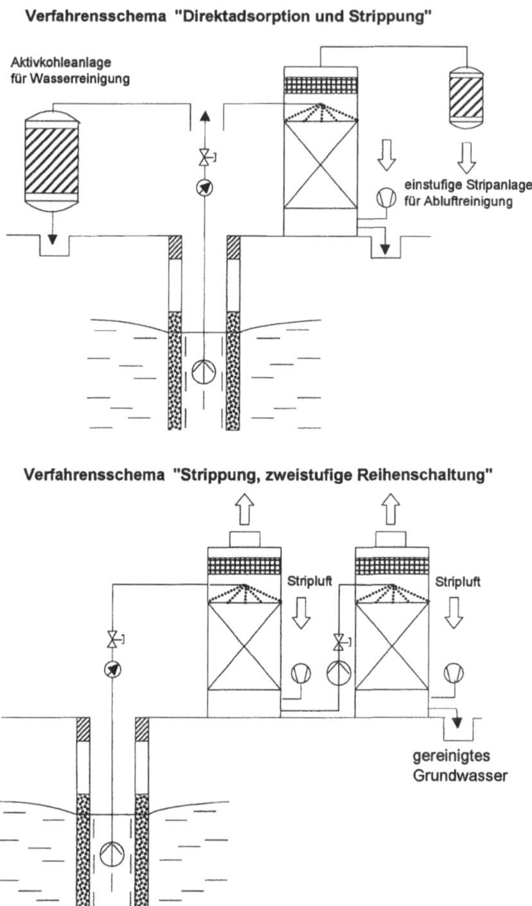

Abb. 8.38. Fließschema einer Grundwasserbehandlung mittels Strippen und Aktivkohle-Filtration

Neueren Datums sind Füllkörperkolonnen, die mit höheren Unterdrücken arbeiten. Dadurch lässt sich ein besserer Übergang der Schadstoffe in das Stripgas bei höherem Energieaufwand erreichen; die Abluftmenge wird insgesamt klein gehalten.

Adsorptionsverfahren. In der Praxis wird neben Adsorberharzen allgemein Aktivkohle als preisgünstiges Adsorbens verwendet, besonders bei den vielen Schadensfällen mit LHKW und Tankstellenprodukten.

Als Grundregel für die Aktivkohleadsorption gilt, dass die Beladungshöhe um so größer ist, je höher die Zulaufkonzentration ist. Sie wird ferner von der Temperatur gesteuert: je niedriger die Temperatur, desto besser die Adsorption. Die Qualität der Aktivkohle ist ebenfalls beeinflussend: Hochwertige Kohle zeichnet sich durch mindestens 1000 m^2/g innere Oberfläche und durch einen hohen Anteil an Mikroporen aus.

Bei der Dimensionierung von Festbettadsorbern sind die sogenannten Fouling-Effekte zu berücksichtigen. Damit wird das Belegen von Adsorptionsplätzen durch andere organische Wasserinhaltsstoffe anstelle der Kontaminanten bezeichnet. Huminstoffe z.B. durchwandern und belegen die noch frische Aktivkohle schneller. Für die folgende Adsorption von Schadstoffen steht dann nicht mehr die volle Kapazität zur Verfügung. So lassen sich z.B. für entsprechende Wässer für LHKW nur 10 bis 25 % der theoretischen Gleichgewichts-Isotherme erreichen. Dabei spielen interessanterweise Aktivkohlequalität und Art und Menge der Huminstoffe offenbar kaum eine Rolle.

Ein neueres Verfahren basiert auf der Adsorption von im Grundwasser gelösten Kohlenwasserstoffen an einer makroporösen *Polymermatrix* (Rakel u. Illias 2000; van der Meer u. Rakel 1997). Das Grundwasser passiert die Polymermatrix, in der sich eine immobilisierte Extraktionsflüssigkeit befindet. Genau so wie Aktivkohle oder Adsorberharz kann die Polymermatrix mittels Dampf regeneriert werden.

Bei *Schadstoffgemischen* ist zu beachten, dass die einzelnen Komponenten in der Regel unterschiedliche Adsorptions-Isothermen aufweisen und deshalb die Adsorptionsplätze unterschiedlich schnell belegen. Auch am Ausgang des Filters erscheinen sie unterschiedlich früher oder später. Eine Vorhersage über den Bedarf an Aktivkohle, Adsorberharzen u.a. ist somit oft sehr schwierig.

Biologische Techniken. Bei den meisten Sanierungen fällt gering belastetes Grundwasser an (biologischer Sauerstoffbedarf BSB$_5$ < 1 000 mg/l). Daher kommen vorzugsweise aerobe Verfahren der Wasseraufbereitung zum Einsatz. Die wesentlichen Verfahren sind das *Belebtschlammverfahren*, das *Tropfkörperverfahren* und *Festbettreaktoren*.

Belebtschlammverfahren

Ein Becken, in dem abbauende Mikroorganismen in Schwebe gehalten werden, wird laufend mit kontaminiertem Grundwasser beschickt und kontinuierlich Sauerstoff eingetragen. Das Reaktionsgemisch fließt in ein Nachklärbecken, wo sich die Organismen absetzen und im erforderlichen Maß in das Hauptbecken zurückgeführt werden können. Schlammflocken, die aufgrund ihrer Größe oder infolge flotierender Eigenschaften nicht absetzen, beeinträchtigen die Funktionstüchtigkeit der Anlage.

Tropfkörper

Tropfkörper sind offene Bioreaktoren, bei denen die Organismen als biologischer Film auf festen Unterlagen sitzen, ihre Nährstoffe aus dem vorbeiströmenden Wasser aufnehmen und gleichzeitig ihre Stoffwechselendprodukte in dieses wieder abgeben. Die Biomasse hält sich auf der festen Unterlage, bis sie aufgrund von Dichtewachstum und anaeroben Vorgängen ihre Haftfestigkeit verliert und aus dem Reaktor abgeschwemmt wird. Bei allen Bauformen – Rieseltropfkörper oder Tauchtropfkörper – bestimmt die Dicke des Flüssigkeitsfilms den Stoffumsatz.

Festbettreaktoren

Festbettreaktoren bestehen aus hydrophoben Trägermaterialien. In der Regel ist dies granulierte Aktivkohle; aber auch Blähtone, Lavaschlacke und Kunststoffe wie Polypropylen oder Teflon sind geeignet (Schlosser et al. 1994). Das bakterielle Wachstum auf einem Aktivkohlefilter als Festbettreaktor ist dabei eine Kombination von physikalischer und biologischer Sanierungstechnologie. Der biologische Abbau kann durch die Zugabe von Nährstoffen noch beschleunigt werden.

Gute Erfolge wurden insbesondere bei der mikrobiellen ex-situ-Sanierung von Grundwasser mit LHKW-Belastung erzielt (Hanert et al. 1988; Hoppenheidt et al. 1989).

Speziell für die biologische Sanierung von Grundwasser, das mit Kohlenwasserstoff-Mischkontaminationen (z.B. leichtflüchtige aliphatische Kohlenwasserstoffe, BTEX, Phenole) belastet ist, sind Festbettreaktoren geeignet.

Oxidation. Ziel ist die Oxidation der Schadstoffe zu CO_2. Die erste Anwendung war die Ozonierung von organisch belasteten Rohwässern. Sie ist schon lange in Gebrauch, erbringt aber nur selten eine vollständige Oxidation bis zum CO_2. Die Zwischenprodukte sind jedoch aufgrund ihres polaren Charakters vielfach biologisch besser abbaubar als die Primärstoffe. Deshalb ist die Ozonierung häufig vorbereitender Schritt für biologische ex-situ- oder in-situ-Verfahren. Meistens verschlechtern sich Stripbarkeit und Adsorption auf Aktivkohle.

Jüngere Verfahren beruhen auf dem Einsatz von Ozon (O_3) oder Wasserstoffperoxyd (H_2O_2) in einer Reaktionskammer bei gleichzeitiger Bestrahlung mit UV-Licht (Wellenlängenbereich 30 bis 400 nm, erzeugt mittels Quecksilberdampflampe). Bei diesen Verfahren, der sogenannten Nassoxidation, entstehen aus der Dissoziation von Wasser und dem Zerfall der zugegebenen Hilfsstoffe hochreaktive O- und O_2- bzw. OH^--Radikale. Vor allem das Oxidationspotential der OH^--Radikale ist mit 2,8 V sehr hoch. Wegen Einzelheiten wird auf Rehner (1998) verwiesen.

Oxidative Verfahren werden bei geringer Beladbarkeit der Aktivkohle und bei Fouling-Effekten angewendet, auch dann, wenn ein biologischer Abbau sehr viele aufwendige Verfahrensschritte erfordert oder Mehrkomponentensysteme (flüchtig/schwerflüchtig) zu behandeln sind. Bei einigen Verfahren muss eine Enteisenung oder Entmanganung vorgeschaltet werden.

Ionenaustausch. Ionenaustausch dient vorrangig dazu, Schwermetalle aus dem Grundwasser zu entfernen. Ionenaustauscher sind organische Festkörpergranulate aus einem dreidimensionalen hochmolekularen Gerüst (Matrix), in das zahlreiche

Ionen bildende Ankergruppen (Austauscherharze) eingebaut sind. Die Art der Ankergruppen legt den Austauschertyp fest.

Wird das zu behandelnde Wasser über die Austauscherharze geleitet, findet ein Austausch von Ionen gleicher Ladung statt (Kationenaustauscher: positiv geladene Schwermetall- und Erdalkali-Ionen; Anionenaustauscher: negativ geladene Ionen wie Chlorid, Nitrat und Sulfat oder anionische Metallkomplexe).

Das gereinigte Wasser enthält die Austauscherionen, z.B. H^+ oder Na^+. Die Regeneration erfolgt meist durch Rückspülung mit HCl oder NaOH.

Die Austauscherverfahren sind unwirtschaftlich, wenn die für Grundwasser typischen Kationen (Alkali- und Erdalkalimetalle) und/oder Anionen (Hydrogenkarbonat, Nitrat, Chlorid, Sulfat) mit hohen prozentualen Anteilen mit ausgetauscht werden.

Membranverfahren. Membrantrennverfahren arbeiten mit Membranen, die zumindest von einer Komponente nicht oder nur sehr schwer durchdrungen werden. Während bei der Elektrodialyse die Stoffströme durch die Membran durch Einstellung unterschiedlicher elektrischer Potentiale auf beiden Seiten der Membran zustande kommen (Ionenfluss), wird bei Mikro-, Ultra-, Nano- oder Hyperfiltration das zu reinigende Wasser aufgrund einer künstlich angelegten Druckdifferenz durch die Membran gepresst. Je nach Membranart werden unterschiedliche Substanzen zurückgehalten.

Bei der Umkehrosmose sind sehr hohe Drücke von bis zu 10^4 kPa notwendig, da zusätzlich der osmotische Druck der zu reinigenden Flüssigkeit überwunden werden muss. Membranverfahren können neben organischen Substanzen gleichzeitig auch eine Vielzahl anorganischer Störsubstanzen zurückhalten, z.B. Schwermetalle und radioaktive Substanzen. Deshalb sind Vorversuche nötig.

Ein modernes Verfahren speziell für den Abbau von PAK ist der Membran-Biofilm-Reaktor (Kniebusch 1997). Eine Membran trennt dabei die Gasphase zur Sauerstoffversorgung von der Grundwasser-Phase. Gleichzeitig dient die Membran auf der Wasserseite als Aufwuchsfläche (Substratum) für Bakterien, die den durch die Membran permeierenden Sauerstoff direkt aerob zum Abbau polyzyklischer Aromate nutzen.

Weitere konventionelle ex-situ-Verfahren, die auch für die Aufbereitung von Rohwasser für Trinkwasserzwecke standardmäßig eingesetzt werden, enthält Tabelle 8.8.

In-situ-Sanierung

Die in-situ-Behandlung des Grundwassers stellt eine Alternative zum gängigen Abpumpen von belastetem Grundwasser und anschließender Reinigung an der Erdoberfläche dar. Es lassen sich unterscheiden:

- biotechnische Verfahren, die auf dem künstlich angeregten Massenwachstum von Mikroorganismen beruhen
- physikalisch-chemische Techniken

Wegen der Vielzahl der organischen Grundwasserkontaminationen wird die mikrobiologische in-situ-Sanierung von Grundwasserleitern in Zukunft eine große Bedeutung haben.

Tabelle 8.8. Konventionelle ex-situ-Reinigungsverfahren

Verfahren	Reaktionen
Oxidation/Reduktion	Umwandlung gefährlicher Schadstoffe in weniger gefährliche, weniger mobile, stabile oder inerte Substanzen durch Redox-Reaktionen
Oxidation/Reduktion mit Fällung	Veränderung der chemischen Wertigkeit von problematischen Verbindungen durch Redox-Reaktionen und anschließende Fällung und somit Immobilisierung
Neutralisationsfällung	Fällung von Metallen, die im sauren pH-Bereich löslich sind, durch Anhebung des pH-Werts nach Zugabe von Reagenzien wie NaOH, Na_2CO_3 oder $Ca(OH)_2$
Hydrolyse	Spaltung einer Verbindung, z.B. biologisch schwer abbaubare Nitroverbindungen wie TNT, durch Wasser; unter Einfluss eines alkalischen Aufschlussmittels Abspaltung der Nitrogruppen NO_2^- oder NO_3^-
Komplexbildung	Einbindung eines Atoms oder Ions in einen Komplex, dadurch Veränderung der Löslichkeit (z.B. Fixierung von leicht freisetzbaren Cyaniden als Hexacyanoferrat)

Eine mikrobiologische in-situ-Dekontamination des Grundwasserraums ist speziell bei Kontaminanten effektiv, die einerseits nur mittelmäßig bis schwer wasserlöslich sind und andererseits im Untergrund stark adsorbiert werden, also speziell bei Mineralölkohlenwasserstoffen. Praktische Erfahrungen liegen seit den 80er Jahren vor (Battermann 1988; Battermann u. Werner 1988). Für die Entfernung halogenierter Kohlenwasserstoffe, insbesondere der mobilen LHKW, aus dem Grundwasser sind mikrobiologische in-situ-Verfahren weniger geeignet.

Für die Planung einer biotechnischen in-situ-Sanierung sind alle Kriterien wie bei der biologischen Bodenbehandlung relevant (Abschn. 8.3.3).

Biotechnische Verfahren. Allgemeines und Einzelheiten zu den biotechnischen Verfahren, ein komplexes und sich stetig entwickelndes Gebiet, werden im Folgenden überwiegend in Form von Aufzählungen vorgestellt.

- Bei der in-situ-Behandlung des Grundwassers werden Reaktionsmittel eingesetzt, an die hohe Anforderungen zu stellen sind (u.a. hohe spezifische Wirksamkeit für das jeweilige Kontaminationsmuster), um eine Sekundärbelastung möglichst zu vermeiden. Günstig sind Reagenzien, die im Grundwasser von

Natur aus vorkommen und nicht an Tonmineralien, Huminstoffen u.a. sorbiert werden.

- Da der mikrobielle Abbau von Schadstoffen innerhalb eines Grundwasserleiters erfolgt und somit Nährsalze, Elektronenakzeptoren und ggf. auch speziell gezüchtete Bakterien gezielt an oder zumindest in die Nähe der Kontaminationsschwerpunkte gelangen müssen, hängt der Erfolg der Sanierungsmaßnahme sehr wesentlich von den hydrogeologischen Verhältnissen ab.
- Porengrundwasserleiter mit kf-Werten $> 10^{-4}$ m/s sind hydrogeologisch günstig für eine erfolgreiche biotechnologische in-situ-Sanierung (Ackerer et al. 1991; Battermann 1988; Werner u. Brauch 1988).
- Ein heterogener Aufbau kann eine ungleichmäßige, z.T. nestartige Anreicherungen der Schadstoffe zur Folge haben und erschwert die Zugabe von Nährstoffen zur Optimierung der Lebensbedingungen der Mikroflora.
- Bei Festgesteinen ist es in der Regel schwierig, das belastete Grundwasser mittels eines biotechnischen Verfahrens in situ zu behandeln. Nur bei statistisch gut verteilten Klüften mit guter Vernetzung ist ein Erfolg wahrscheinlich.
- Der Festbettreaktor „Untergrund" muss hydraulisch abgegrenzt werden, damit nicht Reagenzien oder Abbauprodukte der Biotransformation unkontrolliert in bislang unbelastete Bereiche verschleppt werden können. Die Eingrenzung des kontaminierten Bereichs kann hydraulisch mittels Sperrinfiltration („Schutzinfiltration") durch Brunnen (Abb. 8.39), aber auch durch Dichtwände erfolgen.
- Die Sanierung erfolgt in der Regel über einen Spülkreislauf, bei dem das geförderte Grundwasser vorgereinigt und nach Sauerstoffzufuhr und Nährstoffzudosierung wieder infiltriert wird (Abb. 8.39). Der gleichzeitige Einsatz von Entnahme- und Infiltrations- bzw. Injektionsbrunnen (oder auch Infiltrationsgräben) ermöglicht eine Verbesserung des Spülprozesses. Außerdem müssen Methan, Propan u.a. als Co-Substrate in den Grundwasserleiter eingeleitet werden, da hier primär zu wenig Energie- und Kohlenstoff-Quellen für den Abbau vorhanden sind.
- Die Reinfiltration beschleunigt das Inlösunggehen residual im Korngerüst festgelegter Schadstoffe.
- Eine Erwärmung des Spülwassers auf ca. 20 °C hat positive Effekte, da sich die mikrobielle Abbaurate verdoppelt (Battermann 1988; Meier-Löhr u. Battermann 2000).

Bekannte Beispiele für eine mikrobiologische in-situ-Behandlung des Grundwassers mit hydraulischen Spülkreisläufen sind die Sanierungen des mit Mineralöl, BTEX und LHKW kontaminierten Geländes der ehemaligen Altölraffinerie Pintsch-Öl in Hanau (Held et al. 1996) und des mit Pyronaphtha-Produkten verunreinigten Betriebsgeländes der ehemaligen Caltex-Raffinerie in Raunheim bei Frankfurt (Meier-Löhr u. Battermann 2000).

- Für die Festlegung der Brunnenstandorte und Abschöpfraten empfiehlt sich der Einsatz von numerischen Grundwasserströmungsmodellen.
- Der häufig verwendete Elektronenakzeptor Sauerstoff kann bei der Sanierung von Grundwasser in verschiedenen Formen zur Verfügung gestellt werden: als

Luftsauerstoff, technischer Sauerstoff oder als Wasserstoffperoxid (jeweils im Prozesswasser gelöst).

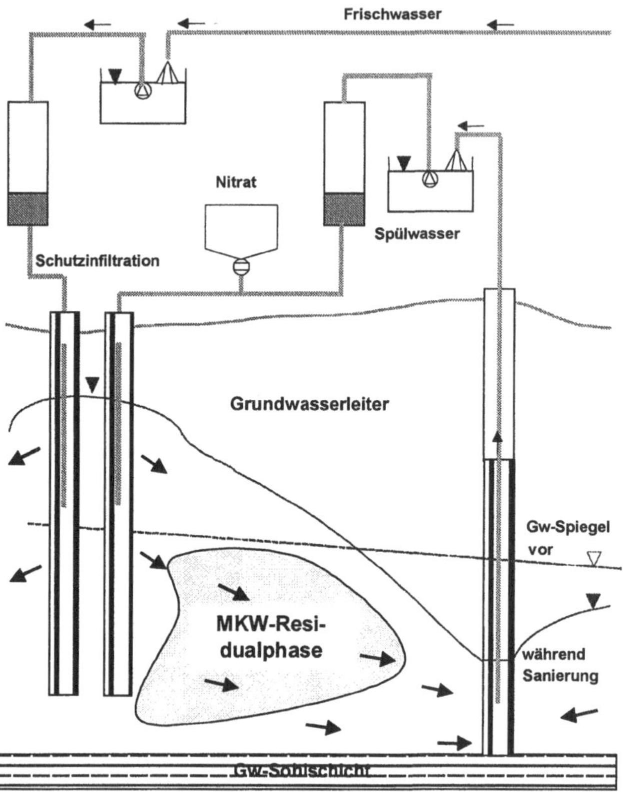

Abb. 8.39. Spülen des Grundwasserleiters im Kreislaufverfahren sowie Schutzinfiltration bei einer mikrobiologischen in-situ-Sanierung

- H_2O_2 zerfällt im Grundwasserleiter geogen oder katalysiert mikrobiell zu O_2 und H_2O. Bedingt durch die unterschiedliche Löslichkeit der einzelnen Formen kann mit H_2O_2 theoretisch die beste Sauerstoffversorgung erzielt werden, da die Löslichkeit bei 500 mg/l liegt. Der Sauerstoffgehalt ist dann fast 26-mal höher als bei Luftsauerstoffsättigung (Russel 1992). In höheren Konzentrationen wirkt H_2O_2 aber biozid und gast sehr rasch aus. H_2O_2 verhindert allerdings im Nahbereich von Infiltrations- bzw. Injektionsbrunnen eine unerwünschte Verstopfung der Gesteinsporen durch bakterielle Schleime.
- In Deutschland wird im Gegensatz zu den USA bevorzugt Nitrat (NO_3) als Sauerstoffträger eingesetzt; im Spülwasser betragen die Nitratkonzentrationen meistens ca. 200 mg/l.

- Eine neue Technik ist das Einblasen von Ozon (O_3) in den Grundwasserleiter, um ungesättigte und aromatische Kohlenwasserstoffe oxidativ aufzuspalten und somit einem mikrobiellen Abbau zugänglicher zu machen. Bislang wurden allerdings nur wenige großtechnische Maßnahmen durchgeführt, u.a. zur Elimination von Phenolen aus dem Grundwasser.
- Techniken zur Sanierung der ungesättigten Zone eines Grundwasserleiters (vgl. Abschn. 8.3.2) und auch hydropneumatische Verfahren (Abschn. 8.4.4) bringen Sauerstoff in verschiedener Form in den Untergrund und begünstigen damit den mikrobiellen Abbau von organischen Schadstoffen (Abb. 8.40).
- Glycerol-Tripolylactatesther, ein Glycerinmolekül mit drei Polymilchsäuremolekülen, ist augenblicklich einer der zusätzlichen Stoffe, die den anaeroben Abbau von LHKW begünstigen. Die im Grundwasser freigesetzte Milchsäure dient gleichzeitig als Protonenquelle.
- Zu Beginn einer Sanierung ist die Versorgung mit Elektronenakzeptoren der abbaulimitierende Faktor, am Ende die Verfügbarkeit der Schadstoffe, die nur langsam aus den Bodenporen herausdiffundieren. Hier muss eine Überdosierung mit H_2O_2 vermieden werden. Denn diese führt zur Bildung von O_2-Blasen im Grundwasserleiter, reduziert damit partiell die hydraulische Durchlässigkeit und verschlechtert die Versorgung mit Nährsalzen. Ein ähnlicher Effekt entsteht bei der mikrobiellen Denitrifikation, da bei sehr hohen Nitratzehrungsraten Stickstoff (N_2) als Endprodukt ausgast.

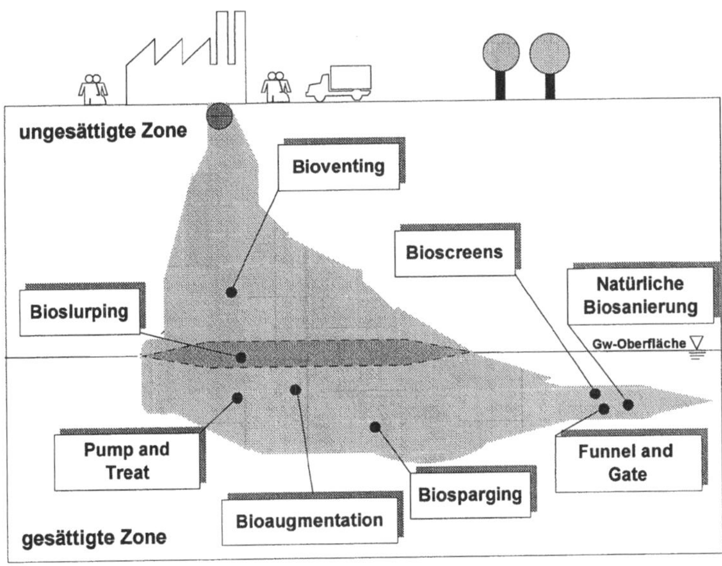

Abb. 8.40. Position verschiedener in-situ-Techniken in der ungesättigten und gesättigten Zone bei der biotechnischen Sanierung eines kontaminierten Grundwasserleiters. Aus Held (1998).

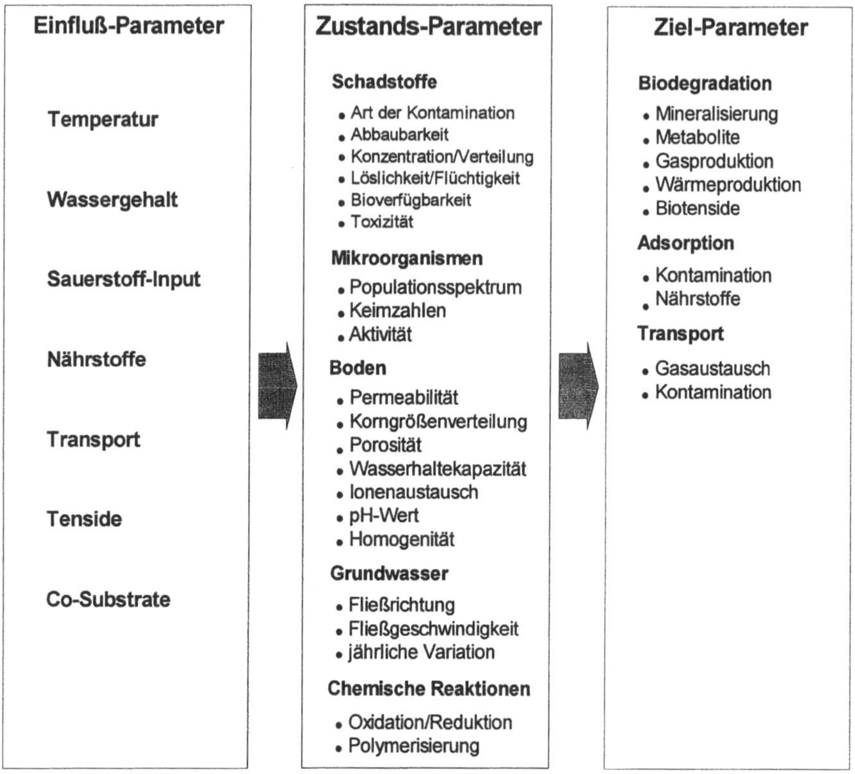

Abb. 8.41. Wechselwirkungen bei mikrobiellen in-situ-Sanierungen. Aus Held (1998).

Zielvorgabe der Sanierungsverfahren ist es, die Milieubedingungen und die Nährstoffversorgung (Einflussparameter) derart einzustellen und auf die Zustandsparameter einzuwirken, dass die Abbaugeschwindigkeit (Zielparameter) optimal wird. Die Wechselwirkungen im Grundwasserleiter bei Veränderung einer dieser Größen sind jedoch äußerst komplex (Abb. 8.41).

– Eine Erhöhung der Temperatur bewirkt eine Zunahme der Bakterienzahlen und der mikrobiellen Aktivität; meist verändert sich dabei aber auch die Zusammensetzung der Bakterienpopulation mit unbekannter Auswirkung auf den Abbau der Schadstoffe.

– Die Löslichkeit der Schadstoffe wird so erhöht, dass deren Konzentration in Bereichen liegt, in denen sie toxisch wirken. Tritt keine toxische Wirkung ein, stehen dadurch mehr C-Quellen zur Verfügung. Der Bedarf an Elektronenakzeptoren und Nährsalzen erhöht sich folglich.

– Durch verstärktes Bakterienwachstum kann es zu Verstopfungen der Bodenporen mit einer Veränderung der Permeabilität des Grundwasserleiters kommen.

Das wirkt sich negativ auf die Nährstoffversorgung aus. Auch die lokale Grundwasserfließrichtung kann verändert werden.

Veränderungen der Milieufaktoren bewirken also zahlreiche Effekte. Um den Einfluss von einzelnen Maßnahmen zu erfassen, müssen Laborvoruntersuchungen vorab erfolgen, um für die Abbaubarkeit der Schadstoffe an spezifischen Standorten Planungsgrundlagen zur Verfügung zu haben. Dazu kommt die Einbeziehung geologischer, hydrogeologischer, geochemischer und geomikrobiologischer Daten.

Der Erfolg einer biotechnischen in-situ-Sanierungsmaßnahme wird häufig nur anhand der Erfassung der am Abbau von Schadstoffen beteiligten Elemente wie Kohlenstoff oder Stickstoff oder von Elektronenbilanzen bewertet (Abb. 8.42). Berücksichtigt werden müssen dabei aber auch Stoffübergänge in andere Umweltkompartimente (Bodenluft, Atmosphäre, hydraulischer Austrag). In der Praxis liefern solche aufwendigen Bilanzen in der Regel nur unbefriedigende Ergebnisse. Das gilt insbesondere dann, wenn nicht nach dem Verbleib von Metaboliten geforscht wird.

Die mikrobiologische in-situ-Sanierung eines kontaminierten Grundwasservorkommens kann aktuell noch nicht als „Stand der Technik" bezeichnet werden. Viele der im Grundwasserleiter ablaufenden Prozesse sind nur unzureichend bekannt. Dies erfordert einen hohen, die Sanierung begleitenden Überwachungsaufwand sowie eine stetige Reaktion auf die jeweiligen Betriebszustände. In Tabelle 8.9 sind beispielhaft für eine in-situ-Sanierung mittels hydraulischem Kreislauf die wesentlichen Monitoring-Parameter aufgelistet.

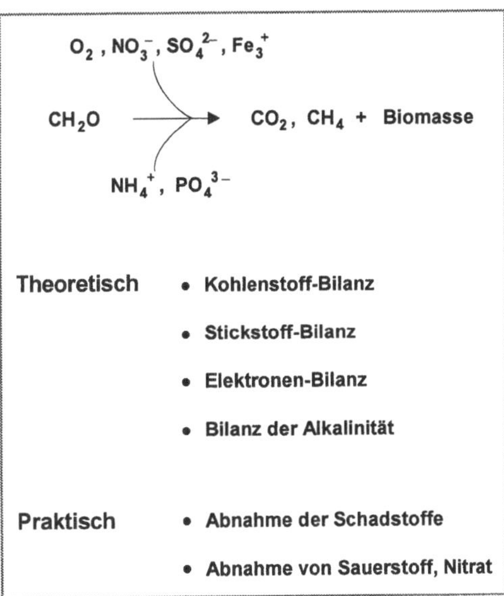

Abb. 8.42. Bilanzierung einer in-situ-Sanierung. Aus Held (1998).

Tabelle 8.9. Routineprogramm der Monitoring Parameter bei einer in-situ-Sanierung. Aus Held (1998).

Gruppen	Parameter
physiko-chemische Werte	- Redoxpotential - pH-Wert - Leitfähigkeit - Temperatur
Zuschlagstoffe	- Elektronenakzeptoren wie H_2O_2, O_2, NO_3^-, NO_2^- - Elektronendonatoren (z.B. Essigsäure) - Nährstoffe wie PO_4^{3-}, NH_4^+)
Grundwasser-Inhaltsstoffe	- Fe^{2+}, Fe^{3+} - Mn_{ges}
Schadstoffe	**Konzentrationen**
Stoffwechselprodukte	- gesamter / gelöster organischer Kohlenstoff (TOC/DOC) - Abbauendprodukte (CO_2, CH_4) - Gesamtkeimzahlen - Keimzahlen Nitrat atmender Bakterien - schadstoffabbauender Bakterien
Stoffverfrachtung	O_2, CO_2, CH_4 und leichtflüchtige Schadstoffe in der Bodenluft
Anlagenparameter	- Wasserstand - Veränderung der Durchlässigkeit - Gasblasenbildung - Verockerung

In-situ-Sanierungsverfahren bei Verunreinigung des Grundwassers durch Metalle. Grundwässer, verunreinigt durch Schwermetalle oder das Metalloid Arsen, lassen sich in situ mittels physikalisch-chemischer Techniken behandeln. Durch Veränderung der Oxidationszahl der anorganischen Schadstoffe entweder durch Reduktion oder insbesondere durch Oxidation kommt es zu Fällung und Immobilisierung. Ändern sich die Milieubedingungen, kann es zu einer Rücklösung der latent festgelegten Kontaminanten kommen, insbesondere bei reduzierten Metallen, wenn sie mit oberflächennahem und somit sauerstoffhaltigem Grundwasser in Kontakt kommen.

In den USA werden Schwermetalle im Grundwasser durch reduktive Umsetzung zu Sulfiden fixiert, fast immer mit Natriumsulfid (Na_2S) oder Schwefelwasserstoff (H_2S). Beispielsweise kann das hochtoxische dreiwertige Arsen als As_2S_3 gefällt werden. Nach Hugo et al. (1999) liegt für H_2S die optimale Konzentration bei 0,3 bis 0,5 g/l.

In Deutschland wurde in Einzelfällen Arsen(III) im Grundwasser oxidativ behandelt und als quasi unlösliches fünfwertiges Arsenat ausgefällt. Es wird eine $KMnO_4$-Lösung in das Grundwasser eingeführt, was zu einer Reaktion in zwei Schritten (Hugo et al. 1999) führt:

Oxidation:

$$3\ As_2O_3 + 4\ KMnO_4 + 8\ OH^- = 6\ HAsO_4^{2-} + 4\ MnO_2 + H_2O + 4\ K^+ \qquad (8.15)$$

Fällung mit Fe(III):

$$HAsO_4^{2-} + Fe^{3+} = FeAsO_4 + H^+ \qquad (8.16)$$

Fällung mit Mn(II):

$$2\ HAsO_4^{2-} + 3\ Mn^{2+} = Mn_3(AsO_4)_2 + 2\ H^+ \qquad (8.17)$$

Das Arsen wird sowohl in Arsenat umgewandelt als auch mitgefällt bzw. an Fe(III)-Hydroxid ($Fe(OH)_3$) oder Manganoxid ($Mn_2 \cdot nH_2O$) adsorbiert.

8.4.4 Kombinierte Verfahren und Techniken

Hydraulische Sanierungstechniken werden mit anderen Verfahren kombiniert, um die Effektivität der Dekontamination des Grundwassers zu steigern.

Zwei Beispiele:

- Bei leichtflüchtigen Schadstoffen kann der Transfer der im Grundwasser gelösten Substanzen in die Gasphase durch Einpressen von Luft in den gesättigten Bereich des verunreinigten Grundwasserleiters beschleunigt werden.
- Da Abschöpfbrunnen bei einer hydraulischen Sanierung mehr oder weniger horizontal angeströmt werden, sind bei einem heterogenen Grundwasserleiter die in wenig permeablen Schichten angereicherten Schadstoffe allein mit Pump-and-Treat kaum aus dem Untergrund zu entfernen. Das gelingt nur, wenn im Grundwasserströmungsfeld durch vertikale Gradienten Zirkulationswalzen erzeugt werden.

Nur durch die sinnvolle Wahl der verschiedenen kombinierten Techniken kann die Mobilisierung residualer bzw. adsorbierter organischer Schadstoffe verstärkt werden, um kontaminiertes Grundwasser und den Grundwasserleiter effektiv zu sanieren. Hydraulische Techniken oder hydropneumatische Verfahren, die nach dem Mammutpumpen-Prinzip funktionieren, und das Absaugen der mit den flüchtigen Schadstoffen angereicherten Bodenluft sind dabei die wesentlichen, sich ergänzenden Elemente (Abb. 8.43).

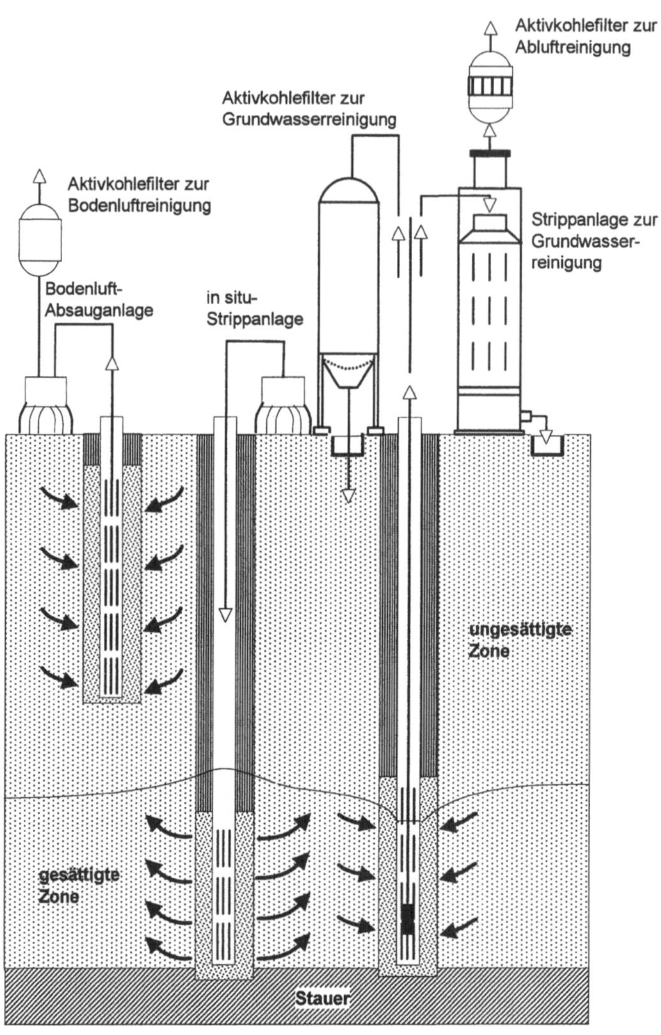

Abb. 8.43. Kombination von Bodenluftabsaugung, Grundwasserbelüftung und Grundwasserförderung bei in-situ-Sanierungsverfahren. Geändert nach einem Prospekt der Firma Prantner GmbH, Reutlingen. Ohne Jahreszahl.

Grundwasserbelüftung (In-situ-Strippen, „Air Sparging"). Bei der häufig angewendeten in-situ-Strippung wird eine Beseitigung von flüchtigen Verunreinigungen im gesättigten Bereich durch Belüftung angestrebt. Hierbei durchströmt über Lanzen oder Brunnen kontinuierlich oder diskontinuierlich eingepresste Luft in einen kontaminierten Grundwasserbereich und wird über Bodenluftabsauganlagen wieder erfasst (Abb. 8.44). Da sich der Sauerstoff im Grundwasser löst und den biologischen Reinigungsprozess fördert (Fröhlich u. Gidarakos 2000), wird diese Technik häufig auch „Bio-Air-Sparging" oder „Bio-Venting" genannt, wenn gleichzeitig Nährsalze eingebracht werden.

Folgende Anmerkungen sind angebracht:

- Die größte Effektivität wird erreicht, wenn der Druckluftverteiler unterhalb des kontaminierten Bereichs im Grundwasserleiter platziert wird.
- Es ist mit einem unbefriedigenden Ergebnis zu rechnen, wenn schwere Phase bis auf die Grundwassersohle abgesunken ist.
- Das Verfahren ist in erster Linie für Porengrundwasserleiter geeignet, die gut permeabel und homogen sind.
- Es ist in bindigen Lockergesteinen einsetzbar, wenn Drücke bis 300 kPa aufgebracht werden (Rietzler 1990).
- Bei Kluftgrundwasserleitern ist die Grundwasserbelüftung offenbar lediglich in der Anfangsphase der Sanierung selbst bei gut und gleichmäßig geklüfteten Festgesteinen wirksam. Anstelle eines kontinuierlichen Stripvorgangs kommt es zur Bildung stationärer Luftkanäle (Nahold 1996).

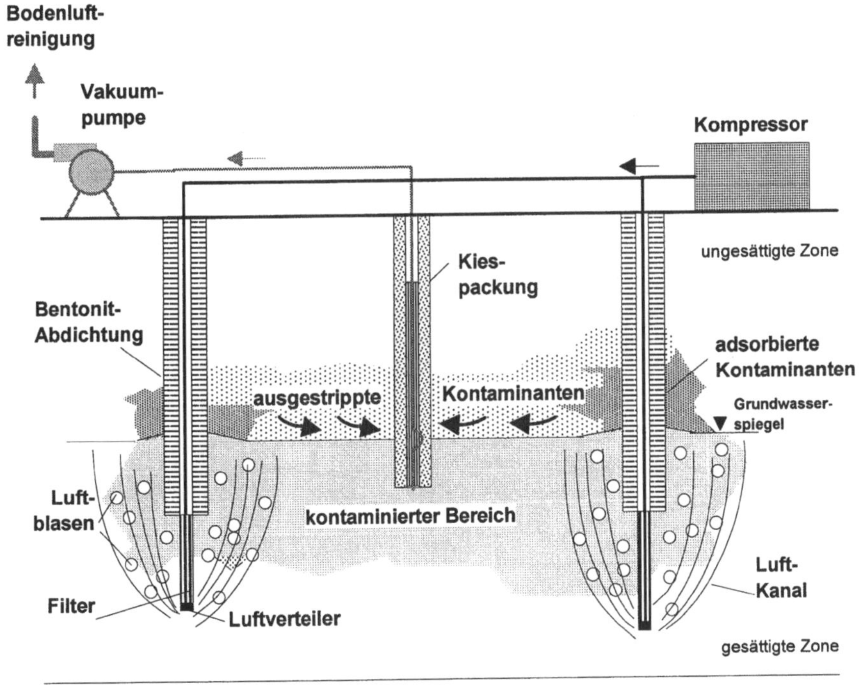

Abb. 8.44. Konventionelle Grundwasserbelüftung („In-situ-Strippen", „Air Sparging") in Verbindung mit Bodenluftabsaugung. Aus Held (1998).

– Bei ausgedehnten Kontaminationen im Grundwasserleiter ist es nach Bayer u. Donie (1990) sowie Sass (1995) sinnvoll, die zum in-situ-Strippen benötigte Luft über Horizontalbohrungen (Abb. 8.45) einzubringen, in denen anstelle von Schlitzfiltern Schläuche aus porösem Polyethylen verlegt sind. Diese Horizontalbohrungen werden in mehreren Reihen ober- und unterhalb der Grundwasseroberfläche installiert.

– Bei der Lufteinpressung verdrängen Luftblasen das Wasser aus den Porenzwischenräumen. Dabei kann sich aufgrund von Grenzflächenspannungen die Luft insbesondere in gröberen Poren verfangen. Generell muss der Eintrittswiderstand des Sediments überwunden werden, der für Kiese etwa 100 Pa und für Feinsande bereits 2,7 kPa beträgt. In der Praxis werden jedoch Drücke von mehreren 100 kPa eingesetzt. Eine Überwindung des Widerstands durch Verengungen im Porengerüst erfolgt durch Erhöhung des Luftdrucks. Wenn durch Zunahme des Luftkörpers im Untergrund die Auftriebskräfte groß genug werden, kommt es zu einer nach oben und radial nach außen gerichteten Verdrängung des Grundwassers.

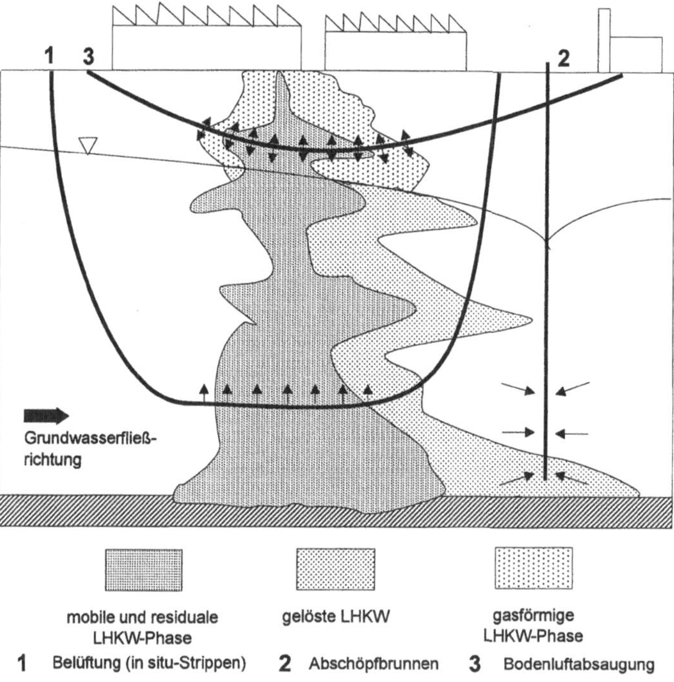

Abb. 8.45. Profilschnitt durch einen kontaminierten Bereich eines Grundwasserleiters. Sanierung leichtflüchtiger Schadstoffe mit Horizontalbohrungen. Bodenluftabsaugung (Bohrung 1), Grundwasserentnahme (Bohrung 2), Belüftung zum in-situ-Strippen (Bohrung 3). Die unterschiedlichen Signaturen grenzen kontaminierte Bodenluft und belastetes Grundwasser schematisch ab. Nach Bayer u. Donie (1990).

- Während des Aufstiegs der Druckluft erfolgt eine Gleichgewichtseinstellung mit den im Wasser gelösten und den in den Porenräumen befindlichen leichtflüchtigen Schadstoffen und damit zu einer Beladung der aufsteigenden Luft (Ackerer et al. 1991). Die installierte Leistung der Bodenluftabsaugung muss verhindern, dass die ausgestrippten gasförmigen LHKW in andere Bereiche des Sickerraums oder in die Atmosphäre entweichen können. Das wird erreicht, wenn das abgesaugte Luftvolumen größer ist als die eingeblasene Luftmenge. Damit ist die Reichweite des induzierten Strömungsfeldes mindestens so groß wie die laterale Auswirkung der Belüftung der gesättigten Zone.
- Die Faktoren, die den Einflussradius des Luftinjektions-Brunnens beeinflussen, sind nur wenig bekannt. Daher ist in der Regel ein Pilotversuch erforderlich. Über Messlanzen in verschiedenen Abständen zum Brunnen und in verschiedenen Tiefen wird die Erhöhung der Sauerstoffkonzentration, des Drucks und des Grundwasserspiegels gemessen. Daraus werden der Einflussradius und der Sparging-Winkel abgeleitet.
- Da durch die Pressluft-Injektion die residualen Schadstoffe mobilisiert werden und somit die Schadstoffkonzentrationen auch im Grundwasser ansteigen, ist eine hydraulische Sanierung erforderlich, um ihre Verfrachtung mit dem abfließenden Grundwasser zu verhindern (Ackerer et al. 1991; Böhler et al. 1989; Bruckner 1990; Hötzl et al. 1990; Rietzler 1990).
- Schwachpunkte dieses Verfahrens sind aus Feld- und Praxisbeobachtungen bekannt. Bei geschichteten Grundwasserleitern besteht die Gefahr einer unkontrollierten lateralen Ausbreitung der Druckluft. Dafür können nicht nur Tonlinsen verantwortlich sein, sondern auch Bereiche hoher Durchlässigkeit, die als eine Art offene Leitung wirken und die Luftblasen zur Seite leiten. Verringert sich infolge einer möglichen Blockade der Porenkanäle durch Luftblasen die hydraulische Durchlässigkeit des Grundwasserleiters, kann es auch zu einer Umlenkung des kontaminierten Grundwassers in bislang unbelastete Bereiche kommen (Ackerer et al. 1991).
- Schwierigkeiten können auch erhöhte Gehalte des Grundwassers an Eisen- und Mangan machen, die im aeroben Milieu als Hydroxide und Oxide ausgefällt werden und zu Verockerungen des Korngerüsts in der Nähe der Einblasstellen führen.
- Die Anwendung in feinkörnigen Sedimenten führt zur Ausbildung von wenigen kontinuierlich durchströmten Luftkanälen und nicht zu einer flächig verteilten Luftbenetzung im Porenraum. Eine Steigerung der Lufteinblasrate bzw. höhere Drücke führen hier nicht zwangsläufig zu einer Vergrößerung des mit Luft durchströmten Bereichs.
- Bei Einpressdrücken von 300 kPa (Rietzler 1990) kann es zu Gebäudeschäden, oberflächennahen Grundwasseraustritten oder bei nicht ausreichender natürlicher Abdeckung des Grundwasserleiters zu Kurzschlussströmungen mit der Atmosphäre kommen.
- Das Verfahren ist möglichst nur in sehr homogenen grobkörnigen Sedimenten anzuwenden, da dann der Mehrphasenfluss (Luft/Wasser) weitgehend kontrollierbar ist.

DUO-Brunnen. Beim DUO-Brunnen sind Abschöpfbrunnen und Bodenluftab-
sauglanzen in einer Bohrung untergebracht (Abb. 8.46). Der Ringraum dieses
Kombinationsbrunnens muss so abgedichtet sein, dass mit der kontaminierten Bodenluft abgesaugtes Sicker- und Haft- bzw. Kapillarwasser zwecks Vermeidung
einer sekundären Grundwasserverschmutzung gesammelt und entsorgt werden
kann (Breh 1998).

Der DUO-Brunnen im Verbund mit Horizontalbrunnen, die Filterrohre aus porösem Polyethylen haben, stellt eine wirksame technische Lösung für die Sanierung geringmächtiger Grundwasserleiter dar. Bei den geringen Fördermengen ist
eine frequenzgeregelte Peristaltikpumpe im Einsatz.

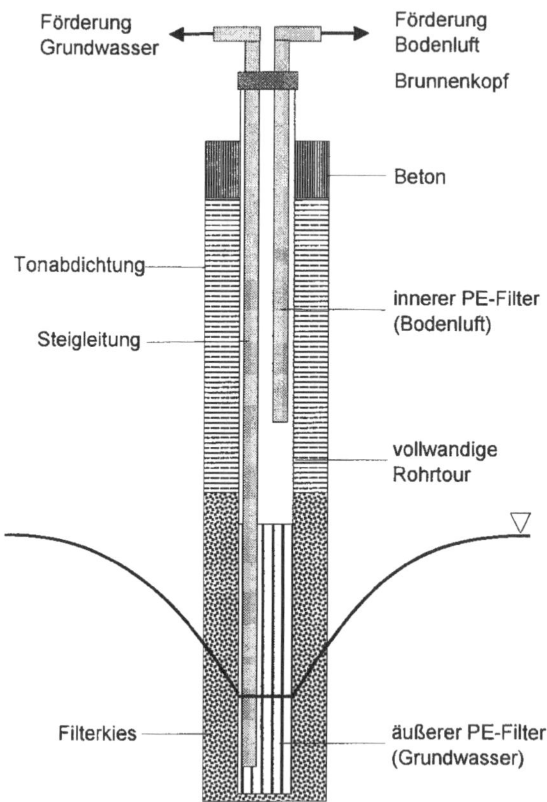

Abb. 8.46. Prinzipskizze eines DUO-Brunnens. Nach Breh (1998).

Airlift-Verfahren und Bio-Airlift-Verfahren. Das Airlift-Verfahren (Edel et al.
1997) beinhaltet einen kombinierten Entnahme- und Schluckbrunnen mit einem
zentralen Förderrohr und einem konzentrisch dazu angeordneten perforierten
Mantelrohr (Abb. 8.47). Über eine Injektionslanze wird Luft in das Förderrohr

eingepresst und Grundwasser sowie das Kapillarwasser nach dem Prinzip der Mammutpumpe gefördert. Durch die intensive Belüftung werden einerseits die leichtflüchtigen Schadstoffe ausgestrippt, andererseits wird das Grundwasser mit Sauerstoff gesättigt. Wegen der Belüftung können nachteilige Verockerungen und Kalkausscheidungen auftreten. Die belastete Bodenluft wird abgesaugt und einer Abluftreinigung zugeführt. Das gereinigte Wasser wird in den Grundwasserleiter reinfiltriert, so dass die Grundwasserabsenkung nur minimal ist.

Beim Bio-Airlift-Brunnen ist im Mantelrohr zusätzlich Trägermaterial mit immobilisierten autochthonen Mikroorganismen eingebaut. Diese werden mit Nährstoffen und bei Bedarf auch mit Elektronenakzeptoren versorgt, so dass im Bio-Airlift optimale Bedingungen für aeroben biologischen Schadstoffabbau herrschen.

Die kombinierte Grundwasserentnahme und -infiltration erzeugt im Grundwasserleiter eine Zirkulationswalze, die den Untergrund durch intensive Spülung reinigt und gleichzeitig mit Nährstoffen versorgt. Dadurch wird der biologische Abbau der Schadstoffe im Grundwasserleiter gefördert.

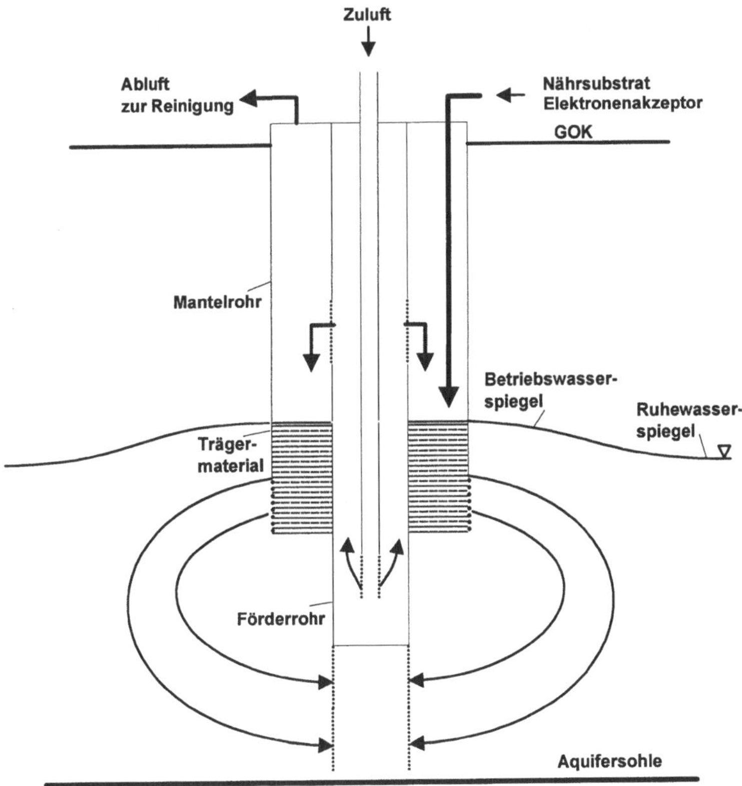

Abb. 8.47. Bio-Airlift-Verfahren. Nach Edel et al. (1997).

Koaxiale Grundwasserbelüftung. Eine Weiterentwicklung der in-situ-Strippung ist die sogenannte koaxiale Grundwasserbelüftung (KGB). Sie ist die Kombination einer Bodenluftabsaugung mit einer Belüftung des Grundwassers (Leins 1994; Leins et al. 1994; Rehner 1998). Dieses Verfahren ist mit dem Airlift-Verfahren verwandt; es beruht darauf, dass luftgesättigtes Wasser leichter ist als nichtbelüftetes und daher speziell im Ringraum eines modifizierten Doppelmantelfilterrohrs einen Auftrieb erfährt („Air Lift"). Im Nahbereich der Sanierungsbohrung entsteht eine auch den geschlossenen Kapillarraum miterfassende Kreislaufströmung im Grundwasserleiter, die für einen ständigen Nachschub der Schadstoffe sorgt (Abb. 8.48).

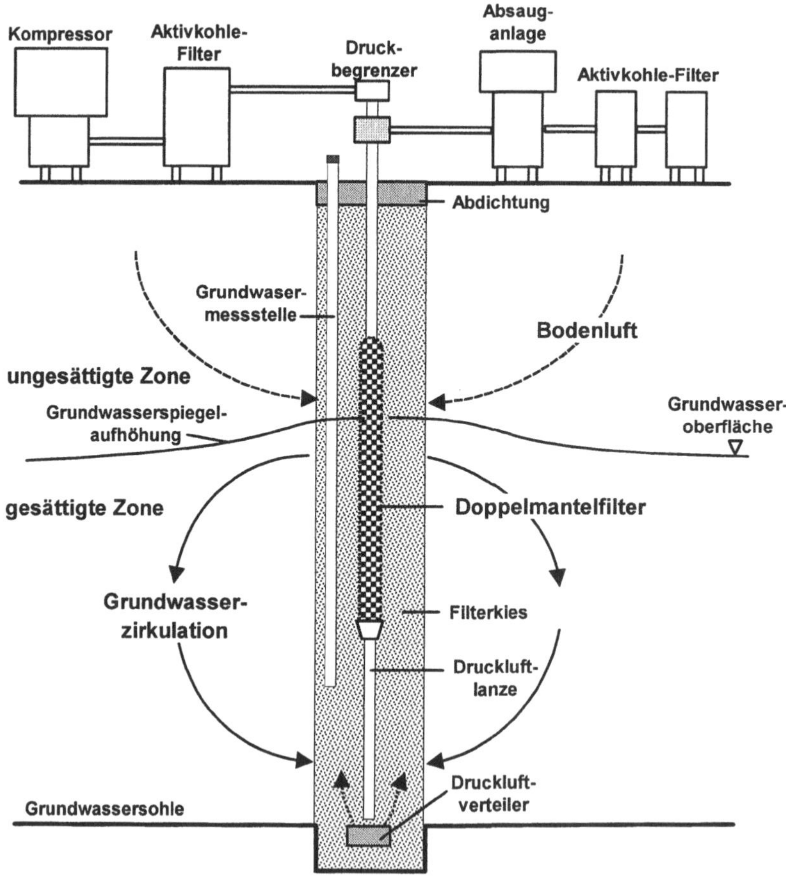

Abb. 8.48. Verfahren der koaxialen Grundwasserbelüftung mit Doppelmantelfilter. Nach Leins (1994), verändert.

Folgende Details sind besonders zu erwähnen:

- Eine Vertikalbohrung wird im Bereich der Grundwasseroberfläche mit Doppelmantelfiltern ausgebaut.
- Am unteren Ende der Bohrung befindet sich ein Druckluftverteiler, der nach oben geöffnet ist. Wird dort ölfreie Pressluft eingegeben, tritt ein Luftblasenstrom aus, der im grobkörnig ausgekiesten Ringraum der Bohrung nach oben steigt und das dort befindliche Porenwasser nach dem „Air-Lift"-Prinzip mitnimmt. Dabei werden aus dem Wasser Schadstoffe aufgenommen. Das vertikal aufwärts strömende Wasser führt im Bereich des Druckluftaufnehmers zu einem Nachfließen von schadstoffbelastetem Wasser, so dass im Umfeld der Sanierungsbohrung eine Zirkulationsströmung entsteht.
- Die radiale Reichweite kann je nach Untergrundbeschaffenheit das 2- bis 4-fache der durchteuften Grundwassermächtigkeit betragen; sie lässt sich durch ergänzende Druckentlastungsbohrungen im Umfeld der Absaugstellen steuern.
- Der Lufteinpressdruck entspricht in etwa dem hydrostatischen Druck der Grundwassersäule an der Luftaustrittsöffnung. Erst wenn ein Unterdruck im Absaugfilter im Grenzbereich zum Grundwasserspiegel angelegt wird, beginnt Luft im Ringraum aufzuperlen.
- Das Anlegen eines Unterdrucks führt so zu einer gerichteten vertikalen Luftblasenströmung und verhindert ein unkontrolliertes Verdrängen von Schadstoffen, wie es bei anderen Methoden des „in-situ-Strippens" oder "Air Sparging" bereits nachgewiesen wurde.
- Die Konstruktion des Doppelmantelfilters erlaubt eine intensive Belüftung im Bereich des Grundwasserspiegels; von unten anströmendes Grundwasser wird hier ausgestrippt und tritt wieder in den Kreislauf ein.
- Der Hauptunterschied zur konventionellen Grundwasserbelüftung besteht darin, dass nicht Luftblasen zu der im Untergrund befindlichen Kontamination geführt werden, sondern ein gezielter Wasserkreislauf zum Mobilisieren der Schadstoffe im Untergrund entsteht.
- Der Stripvorgang, d.h. die Überführung der im Grundwasser gelösten leichtflüchtigen Substanzen, findet nicht im Grundwasserleiter selbst statt, sondern in einem mit Filterkies verfüllten Sanierungsbrunnen. Außerdem sind Drucklufteinblasung und Bodenluftabsaugung entlang einer Achse (koaxial) im Sanierungsbrunnen angeordnet.
- Der Energieaufwand ist vergleichsweise gering; thermische Probleme infolge hochkomprimierter erwärmter Einpressluft sind in der Praxis bislang nicht bekannt.
- Hochkontaminiertes schwebendes Grundwasser oder Wasser aus dem Kapillarsaum, das sich während einer Bodenluftabsaugmaßnahme ansammelt, lassen sich ebenfalls mit koaxialer Grundwasserbelüftung effektiv behandeln.

Luftinjektionsbrunnen zur in-situ-Grundwassersanierung. Der Luftinjektionsbrunnen ist im Prinzip eine Kombination aus zwei gängigen Techniken: Lufthebeverfahren (Mammutpumpe) und Stripreaktor. Dieses Verfahren unterstützt auch einen aeroben mikrobiellen Schadstoffabbau (Brauns u. Wehrle 1994; Luber et al. 2001).

Folgende Details sind zu berücksichtigen:

- Im unteren Teil eines Brunnens, der unterhalb der Grundwasseroberfläche über die gesamte Länge verfiltert ist, wird Druckluft injiziert.
- Die aufsteigenden Blasen nehmen die leichtflüchtigen Schadstoffe, insbesondere LHKW, aufgrund des Konzentrationsgefälles an der Phasengrenzfläche zwischen kontaminiertem Wasser und reiner Luft auf (Stripwirkung).
- Die Schadstoffkonzentrationen in der Luft nehmen im Luftinjektionsbrunnen von unten nach oben zu und umgekehrt im Wasser ab.
- Vor dem Austritt in die Atmosphäre wird die mit Schadstoffen belastete Luft einer Reinigung unterzogen, z.B. mittels Aktivkohle.
- Bei der Gefahr von Ausfällungen von Fe- und Mn-Oxiden ist die Anwendung von Stickstoff anstelle von Luft zu prüfen.
- Hydraulisch ist die Funktionsweise des Luftinjektionsbrunnens dadurch zu erklären, dass das Wasser/Luft-Gemisch im Brunnen aufsteigt, weil es leichter ist als das umgebende Wasser im Grundwasserleiter. Es existiert also eine Druckdifferenz zwischen Brunnenwasser und Grundwasser.
- Im unteren Teil des Brunnens existiert ein geringerer Druck und in seinem oberen Teil ein höherer Druck als im umgebenden Grundwasser. Diese Potentialunterschiede wirken sich als Abstrom oben und Zustrom unten aus.
- Dieser ständige Wasseraustausch zwischen Brunnen und Grundwasserleiter setzt eine Zirkulationswalze in Gang (Abb. 8.49), deren Reichweite in etwa der Höhe der Wassererfüllung des Brunnens entspricht.
- Die Druckluft ist somit nicht nur Stripmedium, sondern ist gleichzeitig auch Antrieb für diese Zirkulationsströmung.
- Obwohl im Gegensatz zu anderen hydro-pneumatischen Systemen keine mechanische Trennung zwischen Wasserzu- und Wasserabfluss besteht, kommt es wegen der nur geringen Potentialunterschiede nicht zu einem hydraulischen Kurzschluss.
- In einem heterogenen Grundwasserleiter mit eingelagerten geringdurchlässigen Schichten entstehen in Abweichung zur Darstellung in Abb. 8.49 getrennte Zirkulationswalzen. Diese unterbinden jedoch eine Verdriftung von Schadstoffen weg vom Sanierungsbrunnen.
- Ein weiterer Vorteil sind die geringen Investitions- und Betriebskosten und die gute Wirkung des Luftinjektionsbrunnens bei einem geringmächtigen Grundwasserleiter in Verbindung mit einem geringen Grundstrom.
- Diese Art der in-situ-Grundwassersanierung gilt dennoch nicht als gängiges Verfahren, da es in einem Grundwasserleiter mit einem hohen natürlichen Grundstrom selbst bei höheren Schadstoffkonzentrationen nur einen geringen Wirkungsgrad hat (Luber et al. 2001).

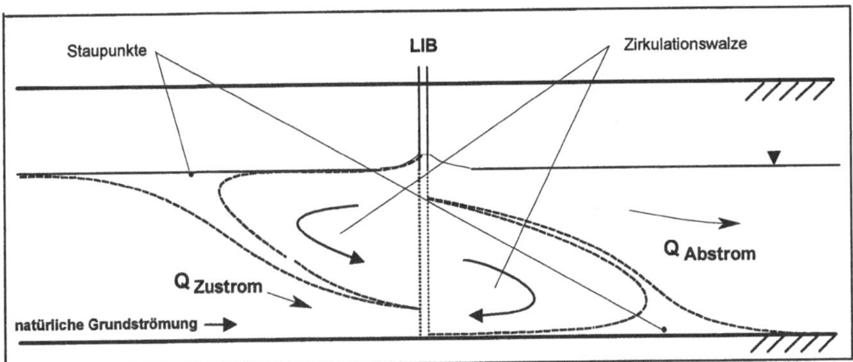

Abb. 8.49. Luftinjektionsbrunnen (LIB) in einem homogenen freien Grundwasserleiter mit Grundströmung und Zirkulationswalze. Nach Luber et al. (2001).

Grundwasserzirkulationsbrunnen. Der Begriff Grundwasserzirkulationsbrunnen wird für spezielle Brunnen verwendet (Mohrlock et al. 2003; Rehner 1998), die aus einem Schacht bestehen, der im Bereich der Grundwasseroberfläche und an seinem unteren Ende mit Filterstrecken ausgestattet ist (Abb. 8.50). Dazwischen befindet sich eine Vollrohrstrecke, die gegen die Filterstrecken abgedichtet ist. Mittels eines Packers im Innern des Brunnenrohrs werden die beiden Filterstrecken voneinander abgetrennt. Durch eine Umwälzpumpe, deren Ansaugrohr durch den Packer hindurch reicht, lässt sich zwischen den beiden Filterstrecken eine Druckdifferenz erzeugen: Grundwasser tritt in die untere Filterstrecke ein und verlässt es wieder über die obere Filterstrecke. Dadurch entsteht eine Zirkulationsströmung im Umfeld des Brunnens, die gelöste Schadstoffe zum Brunnen transportiert. Die vertikale Strömungskomponente bewirkt, dass Substanzen, die an wenig permeable Gesteinslinsen adsorbiert sind, leichter mobilisiert werden können.

Durch die Anordnung von mehreren Filterstrecken in einer Achse und die Umkehrung von Brunnenströmungen können je nach Untergrundstruktur und Schadstoffverteilung differenzierte Zirkulationen erzeugt werden.

Das Ausmaß der Grundwasserzirkulation hängt von verschiedenen Faktoren ab:

- Verhältnis der horizontalen zur vertikalen hydraulischen Durchlässigkeit
- Grundwasserfließgeschwindigkeit
- Brunnentiefe und Abstand zwischen den beiden Filterstrecken
- abgepumpte Wassermenge

Anhand dieser Größen lässt sich die Reichweite abschätzen bzw. berechnen. Den stärksten Einfluss haben Brunnentiefe und Verhältnis horizontale/vertikale Durchlässigkeit.

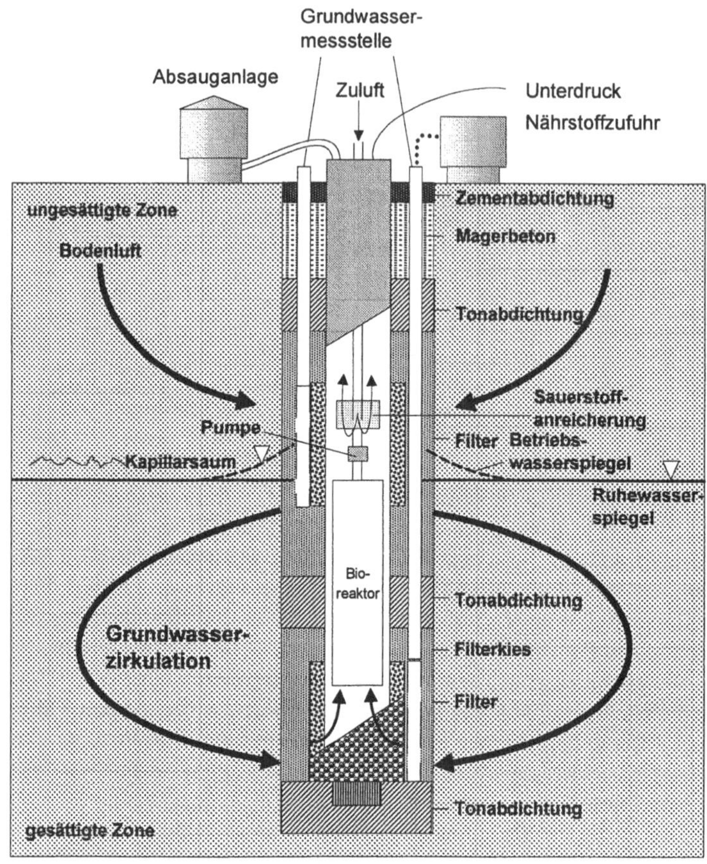

Abb. 8.50. Grundwasserzirkulationsbrunnen. Nach Rehner (1998).

Folgende Einzelheiten sollen noch herausgestellt werden:

- Die Geometrie der Grundwasserzirkulation wird durch Veränderung der umgepumpten Wassermenge nur unwesentlich beeinflusst.
- Die Sanierungszeit nimmt mit abnehmender Wassermenge zu.
- Die Entfernung von Schadstoffen aus dem Grundwasser, das den Brunnen durchströmt, hängt von den spezifischen Eigenschaften der Kontaminanten ab.
- Handelt es sich um gut flüchtige oder biologisch abbaubare Stoffe, z.B. LHKW oder Vergaserkraftstoffe, wird der Brunnen in Unterdruck versetzt und im Brunnenrohr ein Stripreaktor positioniert, der flüchtige Schadstoffe austreibt und das den Brunnen verlassende Wasser mit Sauerstoff zur Stimulation des biologischen Schadstoffabbaus anreichert.

– Diese Art von Brunnen leitet zu dem schon seit längerer Zeit bekannten Unterdruck-Verdampfer-Brunnen (UVB) über, der speziell für die Entfernung von LHKW aus dem Grundwasser konzipiert worden ist (siehe weiter unten).
– Durch eine Kreislaufführung der Luft oder die Anwendung einer speziellen Stripgasatmosphäre sind vielfältige Einsatzmöglichkeiten gegeben.

- Handelt es sich um nichtflüchtige oder um schwer bzw. nicht abbaubare Substanzen (z.B. PAK oder Schwermetalle), wird ein oberirdischer Aufbereitungsschritt in den Wasserzirkulationskreislauf eingeschaltet. Es können in diesem Fall auch klassische Wasseraufbereitungsverfahren kombiniert werden (Adsorption, Ionenaustausch usw.).
- Liegen die Schadstoffe auch in der ungesättigten Bodenzone vor, lässt sich eine Spülströmung auch oberhalb des Grundwasserspiegels aufbauen. Mittels radial vom Brunnen ausgehenden und in Unterdruck versetzten Drainagesträngen findet eine gleichmäßige Verteilung des zu infiltrierenden Wassers statt.
- Das zu infiltrierende Wasser wird im Zentralbrunnen gereinigt und gesteuert in die Leitungen abgegeben. Am Endpunkt der Drainagestränge befindliche Druckentlastungsbohrungen verstärken die Sanierungswirkung.

– Das Verfahren zeichnet sich dadurch aus, dass keine Entnahme von Grundwasser erforderlich ist und dadurch keine Grundwasserspiegelveränderung eintritt. Eine Ableitung in einen Vorfluter oder zusätzliche Infiltrationsbohrungen entfallen. Der Energieaufwand ist in vielen Fällen geringer als bei klassischen Verfahren.

Unterwasser-Verdampfer-Brunnen (UVB). Beim Unterwasser-Verdampfer-Brunnen (Bürmann 1991; Herrling u. Bürmann 1990) wird eine vertikale Sanierungszelle im Grundwasserraum erzeugt, die auf einem Wasserkreislauf nach dem Lufthebeprinzip beruht.

Das UVB-System setzt einen speziell ausgebauten, relativ groß dimensionierten (DN 400–500) und nicht unbedingt vollkommenen Brunnen voraus. Er weist an der Basis und im Bereich der Grundwasseroberfläche jeweils eine Filterstrecke auf. Bei einem gespannten Grundwasserleiter findet sich eine Filterstrecke unterhalb der wenig durchlässigen Schicht. Zwischen den beiden Filterstrecken muss der Ringraum abgedichtet werden; außerdem ist ein hydraulischer Kurzschluss von Grundwasserstockwerken zu vermeiden.

Um den Air-Lift-Effekt zu verstärken, wird in neuere Brunnen nicht nur eine Trennplatte eingebaut, sondern zusätzlich zur kennzeichnenden Mammutpumpe auch eine Tauchmotorpumpe verwendet (Abb. 8.51). Da die LHKW durch Zuführung von Frischluft in dem oberen Teil der gesättigten Zone eines Grundwasserleiters ausgestrippt werden und die leichtflüchtigen Schadstoffe auch aus dem Kapillar- und Sickerraum entfernt werden können, bestehen Übergänge zu den Gasströmungsverfahren.

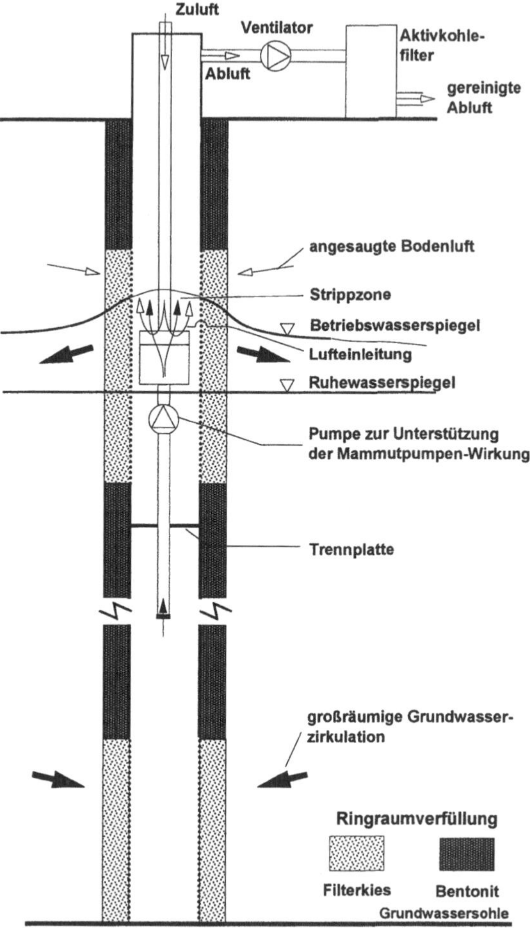

Abb. 8.51. Schema eines Unterwasser-Verdampfer-Brunnens (UVB) mit zusätzlicher Pumpe und Trennplatte. Nach Bürmann (1991).

Folgende Details sind anzumerken:

- Beim UVB-Verfahren kommt es im Bereich der Wasserstrippung zu Kalkausscheidungen und Verockerungen, sofern die Luft nicht im Kreislauf geführt wird.
- Bei Verwendung eines geschlossenen Systems kann aus der wasserungesättigten Zone nicht gleichzeitig die Bodenluft abgesaugt und gereinigt werden. Das bedeutet, dass Wasser- und Bodenluftreinigung mittels Aktivkohlefilter jeweils getrennt erfolgen müssen.
- Das UVB-Verfahren zeichnet sich durch günstige Betriebskosten und nur geringen Platzbedarf für das technische Equipment aus.

- Es fällt kein Abwasser an, und es liegen schon nach kurzer Zeit nur noch geringe LHKW-Gehalte im Grundwasserraum vor.
- Auch in wenig durchlässigen Grundwasserleitern besteht eine Einsatzmöglichkeit
- Vertikale Gegenströmungen bewirken eine intensive Durchspülung auch der geringer durchlässigen, oft jedoch hoch kontaminierten, horizontal eingelagerten Schichten.
- Wegen dieser zahlreichen Vorteile nimmt man in Kauf, dass das UVB-Verfahren, auch als „Strippen in gefluteter Kolonne" bezeichnet, bei der Abreinigung nur Eliminationsraten von ca. 50 % erbringt. Die Eliminationsrate bei den herkömmlichen on-site-Stripanlagen beträgt dagegen über 99 %.
- Bei nicht optimaler Anpassung der UVB-Technik an die hydrogeologischen Gegebenheiten kann kontaminiertes Grundwasser umgelenkt werden, sofern die LHKW-mobilisierende Wirkung des Brunnens größer ist als dessen Einflussweite.
- Der Einsatz des Verfahrens in Festgesteinen wird als fraglich angesehen (Schloz 1990).
- Bei homogenen und ausreichend durchlässigen Porengrundwasserleitern wird der Einsatz eines UVB jedoch grundsätzlich empfohlen; allerdings sind umfangreiche begleitende Messungen erforderlich.

8.4.5 Reaktive Wände

Bei den in-situ-Reinigungswänden, auch passive oder reaktive Wände genannt, handelt es sich um eine kostengünstige innovative Technologie, die seit 1990 in den USA entwickelt wurde. Grundprinzip ist, nur über natürliche Lösungsprozesse aus einem Kontaminationszentrum ausgetragene Kontaminanten zu erfassen, ohne das Schadstoffinventar selbst im Emissionsherd zu entfernen. Es wird folglich nur der Abstrom saniert, nicht aber der Schadensherd. Diese Technologie, geeignet besonders zur Sanierung großflächiger Altstandorte, kommt praktisch ohne externe Energiezufuhr aus und kann bzw. muss über Jahrzehnte funktionieren.

Ziel ist die Sicherung des Schadensherds quasi durch „Einkapselung" (Abschn. 8.5).

Im Gegensatz zu den USA mit zahlreichen großtechnischen Anwendungen seit 1995 wurden in Deutschland bis 2000 nur drei Pilot- und zwei full-scale-Anlagen gebaut (Edel u. Voigt 2001; Odensaß u. Schroers 2002). Durchströmte Reinigungswände haben hier noch nicht den Status von allgemein anerkannten Sanierungsverfahren erlangt, weil

- für viele Schadenszenarien noch nicht ausreichende Kenntnisse über das Langzeitverhalten vorliegen,
- keine klaren Aussagen über die Standzeit gemacht werden können und
- die hydraulischen Eigenschaften der Füllmaterialien unter einzelfallspezifischen Randbedingungen nicht genügend erforscht sind.

Zur Grundlagenforschung gezielt auf reaktive Materialien wurde deshalb im Jahr 1999 in Bitterfeld die Großversuchseinrichtung SAFIRA durch das Umweltforschungszentrum Leipzig in Betrieb genommen. Außerdem hat das Bundesministerium für Bildung und Forschung (BMBF) im Jahr 2000 den neuen Forschungsverbund RUBIN zur Untersuchung der bau- und betriebstechnischen Probleme bei der Errichtung und dem Langzeitbetrieb von Reinigungswänden eingerichtet.

Bei der Passage des Grundwassers durch das Wandmaterial werden die Schadstoffe abgereinigt, immobilisiert oder sorbiert.

Es gibt abhängig von den Standortgegebenheiten verschiedene Varianten von Reinigungswänden(Abb. 8.52), im Wesentlichen:

- *vollflächig durchströmte Reinigungswand*, auch permeable Reaktionswand genannt, bei der reaktives Material im gesamten Wandquerschnitt eingebaut wird
- *Funnel-and-Gate-Systeme*, bei denen das Grundwasser über Leitwände (sogenannt Funnel) einem Gate genannten Bereich, in dem das reaktive Material eingebaut ist, zugeleitet und vom Grundwasser durchströmt wird (Dahmke et al. 1997; Teutsch et al. 1996)

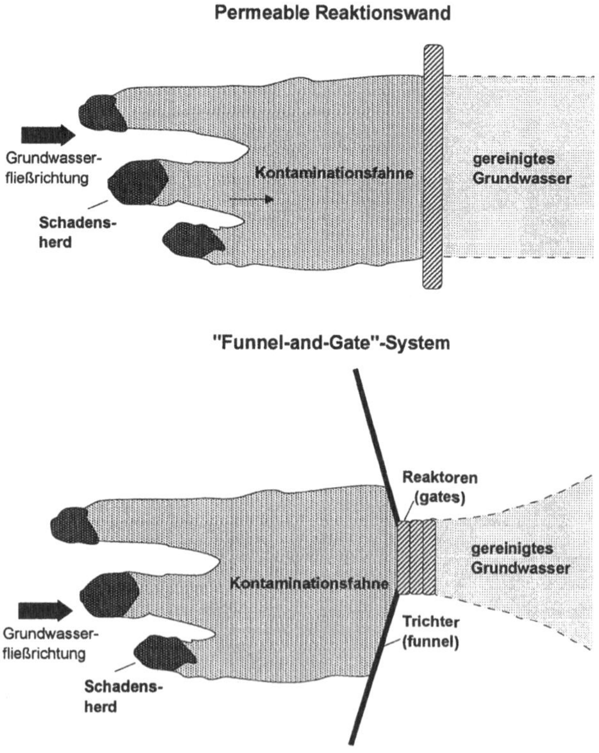

Abb. 8.52. Reaktive Reinigungswände. Vollflächig permeable Reaktionswand (oben) und Funnel-and-Gate-System (unten). Nach Teutsch et al. (1996).

Weltweit handelt es sich in ca. 50 % der Anwendungsfälle um durchströmte Wände mit nullwertigem Eisen als Reaktionsmaterial zur Reduktion von LHKW. Der in Deutschland diskutierte Einsatz von Adsorbermaterial, vor allem Aktivkohle, spielt international eine nur untergeordnete Rolle (Odensaß u. Schroers 2002).

Die Geometrie der Reinigungswände hängt ab von

- den hydrogeologischen und geohydraulischen Verhältnissen des Standorts, insbesondere vom Grundwasserströmungsfeld,
- dem Chemismus des Grundwassers sowie
- Art und Form der Schadstofffahne im Grundwasserleiter.

Es gibt daher unterschiedliche Grundrissformen und Bauweisen:

- in einen liegenden Stauer eingebundene Reinigungswände
- „hängend" konstruierte Reinigungswände
- Reinigungswände mit wechselnden Wandstärken
- Anordnung mehrerer Wände mit unterschiedlichen Reaktionsmaterialien in Reihe oder hintereinander zur gleichzeitigen Behandlung unterschiedlicher Schadstoffgruppen
- Hintereinanderschaltung von durchströmter Wand und Funnel-and-Gate-System

Grundsätzlich gilt, dass beim Einsatz des Funnel-and-Gate-Systems der Eingriff in die natürlichen Grundwasserströmungsverhältnisse gravierender ist als bei einer durchgängig permeablen Wand. Im Folgenden werden für vollflächig permeable Wände und Funnel-and-Gate-Systeme wichtige Sachverhalte aufgelistet.

Vollflächig permeable Wand

- Die vollflächig permeable Wand besitzt über ihre gesamte Länge eine reaktive Zone.
- Die Wand ist senkrecht zur Grundwasserströmung orientiert.
- Um eine lange Funktionsdauer zu gewährleisten, sind bestimmte konstruktive und herstellungstechnische Anforderungen zu erfüllen (Beitinger u. Bütow 1997).
- Die hydraulische Durchlässigkeit muss mindestens so gut sein wie die des umgebenden Grundwasserleiters, um das natürliche Grundwasserströmungsfeld möglichst gering zu beeinflussen und Umströmungen zu vermeiden; bis zu zehnfach höhere Werte werden empfohlen. Die permeable Wand sollte möglichst in den liegenden Grundwasserstauer eingebunden sein.
- Der Einsatz einer „hängenden" Wand ist von zwei wesentlichen Faktoren abhängig: Die zu sanierende Kontamination darf erstens die Basis des Grundwasserleiters nicht erreicht haben, bzw. wird sie nicht erreichen. Zweitens sollte die horizontale Durchlässigkeit des Grundwasserleiters wesentlich größer als die vertikale sein, um Unterströmungen des Bauwerks ausschließen zu können.

- Die Durchlässigkeit der Wand muss erheblich höher sein als die Durchlässigkeit des angrenzenden Grundwasserleiters, weil nur auf diese Weise eine Dränwirkung erzielt wird.
- Der Filterwiderstand im Übergang zwischen dem anstehenden Gestein und dem Bauwerk muss stabil sein, um die Langzeitfunktion des Systems zu garantieren.
- Der Filterwiderstand kann nachhaltig negativ beeinflusst werden durch Sedimentation von Bodenpartikeln (Feinkorn), biologischem Aufwuchs und mineralischen Ausfällungsprodukten, wie Fe- und Mn-Hydroxide oder Karbonate.
- Um Filterprobleme zu lösen, werden im Zustrom der eigentlichen Reaktorzone häufig überschnittene Bohrpfähle mit Filterkies vorgeschaltet. Mit Kunststoff beschichtete Stahlrohre mit Kiespackung, die mittels Schlitzbrücken perforiert sind, ermöglichen eine Durchströmung des Gates.
- Nur bei geringer Einbindetiefe und ausreichend standfestem Boden kann eine vollflächig durchströmte Reinigungswand durch Ausheben und Wiederverfüllen eines Grabens hergestellt werden.
- In der Regel sind Verfahren des Spezialtiefbaus erforderlich. Das Einbringen des reaktiven Materials ist z.B. in einen Spundwandverbau, in mit Großbohrungen hergestellten Bohrpfählen oder in gefrästen oder mit Greifern hergestellten Schlitzwänden möglich.
- Ein späterer Austausch der Füllmaterialien wird aus wirtschaftlichen Gründen in der Regel nicht vorgesehen, besonders dann, wenn das vorgesehene Bauwerk Längen über 100 m erreicht.
- Für eine ggf. erforderliche Regenerierung bzw. Spülung des Füllmaterials sind entsprechende Einbauten wie Lanzen, Brunnen oder Gräben einzuplanen.
- Gegenüber dem Sauerstoff führenden Sickerraum ist die permeable Wand meist abgedichtet, um unerwünschtes Bakterienwachstum oder die Ausfällung von Fe- oder Mn-Oxiden zu vermeiden.

Funnel-and-Gate-System

- Durch undurchlässige Dichtwände (Funnel) werden kontaminierte Grundwasserströme über eine oder mehrere Durchtrittsöffnungen (Gates) zu durchlässigen Reaktoren gelenkt. Die permeable Wand in einem Gate hat nur eine relativ geringe Länge; deshalb kann das Reaktionsmaterial im Laufe der Zeit einmal oder mehrfach ausgetauscht werden. Der Austausch der Reaktorfüllung gilt als der größte Vorteil des Funnel-and-Gate-Verfahrens.
- Das reaktive Füllmaterial wird in der Regel in permeable Formsteine verfüllt, die in Kiesschichten eingebettet sind. Dies soll eine Reduzierung der Durchlässigkeit durch mitgerissenes Feinkorn des Grundwasserleiters vermeiden. Auswechselbare Kassetten anstelle der Formsteine werden gegenwärtig auf ihre Brauchbarkeit erprobt.
- Die Funnels lassen sich in offener Baugrube oder durch spezielle Verfahren des Spezialtiefbaus herstellen.
- Bei Tiefen bis 20 m und geeigneten Bodenverhältnissen kommen als reine Leitsysteme meistens Spundwände zum Einsatz, die schnell und preiswert eingebaut werden können. Sie lassen sich nach Abschluss der Sanierungsmaßnahme

wieder aus dem Boden entfernen. Dadurch können die ursprünglichen Grundwasserverhältnisse wieder hergestellt werden.

- Andere wassersperrende Leiteinrichtungen bestehen aus einer Bohrpfahlwand, Schlitzwand oder Schmalwand.
- Befindet sich die Kontamination nicht tiefer als 10 m unter Gelände, können kostengünstig auch Löffelbagger oder Bodenfräse eingesetzt werden. Der entstandene Graben wird mit Bentonit verfüllt bzw. in die Bodenmatrix wird Bentonit eingearbeitet (Weinmann 1998).

Der Forschungsverbund RUBIN hat in Abhängigkeit von den geologischen und hydrogeologischen Standortbedingungen sowie der Schadstoffausbreitung weitere Typen von reaktiven Wänden entwickelt.

- *Leitwände mit Fenster:* Sie stellen einen Kompromiss zwischen vollflächig durchströmter Reinigungswand und Funnel-and-Gate-System dar. Aufgrund eines größeren Verhältnisses von durchlässigem zu undurchlässigem Wandanteil ist die Veränderung der Grundwasserströmung geringer als beim Funnel-and-Gate-System.
- *Reinigungswände* bzw. Gates in Kombination *mit Sperr- und Einkapselungsmaßnahmen:* Sie sind sinnvoll, wenn mit kritischen Schadstoffen oder problematischen Transferbedingungen zu rechnen ist und wenn die Wassermenge, die durch den Schadensherd fließt, reduziert werden soll. Die Reinigungswand bildet dann den einzigen permeablen Abstrombereich. Der Grundwasserstrom stammt dann nur aus der Grundwasserneubildung im eingekapselten Bereich.
- *Teileinkapselung:* Seitliches Eingrenzen des Grundwasserstroms im Bereich der Schadstofffahne.
- *Drain-and-Gate-System:* Bei oberflächennaher Lage eines Grundwasserstauers können die undurchlässigen Leitwände durch Gräben ersetzt werden. Sie werden mittels Schlitzfräse hergestellt und anschließend in einem Arbeitsgang mit Kies verfüllt. Die Zuführung des kontaminierten Grundwassers durch eine hochdurchlässige Drainage zu einem Durchlassbauwerk zwecks Dekontamination befindet sich allerdings erst in der Testphase (Schad et al. 2003).

Die Wirksamkeit der Sanierungsmaßnahme mittels durchströmter Reinigungswände muss durch die Einrichtung von Grundwassermessstellen vor und hinter dem System sowie innerhalb und seitlich des Systems überwacht werden. Die kontinuierlichen Messungen betreffen den Grundwasserstand und Schadstoffe und Metabolite. Es ist zu überprüfen,

- ob bei einem ausreichenden hydraulischen Gefälle die gesamte Verunreinigungsfahne durch die vollflächige reaktive Wand bzw. das Gate strömt und
- ob die gewählte Sanierungstechnologie effizient ist.

Reaktionsmaterial

Eisen

Im halbtechnischen und großtechnischen Maßstab wird bevorzugt nullwertiges Eisen in Form von z.B. feingranulierten Eisenspänen oder von Eisenschwamm eingesetzt. Es führt zur vollständigen Eliminierung von leichtflüchtigen halogenierten Kohlenwasserstoffen im Grundwasser.

- Der Abbau von LHKW mittels nullwertigem Eisen lässt sich als Abbau erster Ordnung (exponentieller Abbau) beschreiben, d.h. die Schadstoffkonzentration halbiert sich substanz- und milieuspezifisch in jeweils konstanten Zeitabständen.
- Die Abbaurate ist im Wesentlichen von der zur Verfügung stehenden Kontaktoberfläche des Eisenmaterials abhängig. Kommerziell erhältliche feinkörnige Eisenspäne haben eine Oberfläche von 5 bis 10 m^2 pro Milliliter Porenraum.
- Mit abnehmendem Halogenierungsgrad (PCE < TCE < cDCE < MCE (VC)) nimmt die Abbaurate ab, weil auch das Reaktionspotential der Substanzen abnimmt.
- In Säulenversuchen wurden Halbwertszeiten für LHKW ermittelt, die zwischen wenigen Stunden (z.B. Trichlorethen – TCE) und mehreren Tagen (z.B. Vinylchlorid – VC) liegen. Für hohe Halbwertszeiten eignen sich nur in-situ-Reaktoren, die wesentlich größer dimensioniert und mit wesentlich geringeren Durchströmungsgeschwindigkeiten betrieben werden können (Dahmke et al. 1997), nicht aber on-site-Reaktoren.
- Der elektrochemische Prozess der reduktiven Dehalogenierung kann durch die allgemeine Reaktionsgleichung (Gl. 8.18) beschrieben werden (Edel u. Voigt 2001).

$$2\,Fe^0 + R\text{-}Cl + 3\,H_2O = 2\,Fe^{2+} + R\text{-}H + H_2 + 3\,OH^- + Cl^- \qquad (8.18)$$

- Der Abbauprozess, der ohne den Einfluss von Mikroorganismen erfolgt, ist mit der Oxidation an der Oberfläche des Metalls verknüpft. Der Verbrauch von Protonen bewirkt eine pH-Zunahme und damit je nach pH-Pufferung des Gesamtsystems eine Ausfällung von Fe-Hydroxiden oder von Fe-Karbonat. Es entsteht in Abhängigkeit vom Schadstoff Ethen bzw. Ethan oder Methan.
- Gute Erfahrungen wurden auch bei der Sanierung von Grundwasser gemacht, das durch das mobile sechswertige Chrom (Chromat) verunreinigt war (Dahmke et al. 1997). Dabei wird Chrom(VI) reduziert und schwerlösliches Cr(III)-Fe(III)-Oxyhydroxid gebildet (Gl. 8.19); der Kontaminant wird somit immobilisiert.

$$Fe^0 + 2\,H_2O + HCrO_4^- + H^+ = Fe(OH)_3 + Cr(OH)_3 \qquad (8.19)$$

- Anstelle von nullwertigem Eisen werden in der Praxis auch hydrophobe organische Substanzen als Reaktormaterial eingesetzt. Dieser Typ einer reaktiven Wand wird als Sorptionswand bezeichnet. Das Filtermaterial dieser Sorptionssperre muss außer einer hohen Durchlässigkeit auch eine hohe Sorptionskapazität für die aus dem Grundwasser zu entfernenden Schadstoffe aufweisen. Wesentlich ist auch, dass die Sorptionskinetik rasch abläuft, damit selbst bei großer Grundwasserfließgeschwindigkeit mit kurzen Kontaktzeiten ein hoher Anteil der Sorptionskapazität ausgeschöpft und damit eine hohe Retardation erreicht wird.

Anderes Reaktionsmaterial

- Noch im Forschungsstadium befindet sich die Anwendung anderer nullwertiger Metalle wie Aluminium, Kupfer oder Palladium sowie der Einsatz von Bi-Metallen zur Steigerung der LHKW-Abbauraten.
- Durch die Zumischung von Aluminium zum Eisen konnte eine Erhöhung der Abbauraten und parallel dazu eine pH-Wert-Pufferung im neutralen Bereich erzielt werden.
- Mit Kupfer kann Quecksilber entfernt werden, weil sich eine stabile Kupfer-Quecksilber-Legierung (Amalgam) bildet (Huttenloch 2002).
- Palladium wirkt als Katalysator zur Dehalogenierung von LHKW bei Anwesenheit von Wasserstoff. Im Labor konnten Abbauraten erreicht werden, die mehrere Größenordnungen über denjenigen von Eisen liegen.
- Bei Bi-Metallmischungen bilden sich elektrochemische Lokalelemente, die die Reaktivität der Oberfläche steigern.
- Mit palladisiertem Eisen sind Steigerungen der Abbauraten um den Faktor 100 möglich; dies lässt sich durch Zugabe von Aluminium verdoppeln. Zu den abbaubaren Substanzen gehören bei dieser Anwendung u.a. cis-1,2-dichlorethen (cDCM) und chlorierte Phenole, also Verbindungen, die als schwer abbaubar eingestuft werden.
- Geeignete Sorbenten mit hohen K_{OC}-Werten sind kerogenhaltige Tonsteine, Kohlen hoher Inkohlungsgrade (z.B. Anthrazit) und besonders Aktivkohle, aber auch Zeolithe (A-Form) und Ionenaustauscherharze werden eingesetzt (Huttenloch 2002). Die Wahl des Sorbenten ist abhängig von den zu eliminierenden Schadstoffen, von der Betriebszeit und natürlich auch vom Preis.
- Bei der Sanierung komplexer Mischkontaminationen im Grundwasser kann auch eine Kombination von nullwertigem Eisen und Aktivkohle zum Einsatz kommen (Köber et al. 2001). Eine räumliche Trennung der beiden Reaktionsmaterialien führt zu besseren Ergebnissen.
- Neuerdings wird versucht, Aktivkohle als Trägermaterial für Mikroorganismen zu verwenden, verbunden mit der notwendigen Infiltration von Nährsalzen und Elektronenakzeptoren. Solche Reaktoren werden auch als „Bioscreens" bezeichnet; sie befinden sich im Stadium der halbtechnischen Anwendung. Bei sauren Grundwässern kann der pH-Wert durch Zusatz von Kalkstein erhöht und damit eine Verbesserung des biologischen Abbaus erreicht werden.
- In einen zu sanierenden Grundwasserleiter eingespülte kationische Tenside werden sehr stark sorbiert, belegen die Kornoberflächen und wirken dann ihrerseits als Sorbenten für organische Schadstoffe im Grundwasser.

Eine Zusammenfassung bisher untersuchter reaktiver Materialien findet sich in Tabelle 8.10.

Tabelle 8.10. Reaktive Materialien für verschiedene Grundwasserkontaminanten. Zitiert bei Odensaß u. Schroers (2002).

Material	Mechanismus	Kontaminanten
Fe-Oxihydroxid	Sorption	Cr, Mo, U
nullwertiges Fe	chemische Reduktion	Ag, Cr, Hg, Mo, Tc, U, Tc, Nitrat, Nitrit, Sulfat, Chloraliphaten, DDT, Nitroaromaten, einige Pestizide, Azofarbstoffe
Bi-metallisches Fe	chemische Reduktion	chlorierte Aliphaten, PCB
Mg, Sn, Zn	chemische Reduktion	chlorierte Aliphaten
Fe-Minerale (Oxide, Hydroxide, Sulfide)	chemische Reduktion	Nitroaromaten, chlorierte Aliphaten
Sauerstoff oder Nitrat freisetzende Stoffe	mikrobieller Abbau	BTEX
Tensid-modifizierte Tone	Sorption	unpolare organische Schadstoffe
modifizierte Zeolithe	Sorption	unpolare organische Schadstoffe, Cd, Cr, Pb, Se, Sulfat
Kohle, Aktivkohle, Torf, Sägemehl	Sorption	Benzol

Vor- und Nachteile der passiven in-situ-Reinigung

- Von Nachteil ist, dass die nicht sanierten Schadensherde bei späteren Baumaßnahmen ggf. doch noch eliminiert oder zumindest gegenüber dem Grundwasser isoliert werden müssen.
- Sie eignet sich für die Abreinigung nur relativ weniger Schadstoffgruppen, die jedoch wie die LHKW ubiquitär vorkommen.
- Sie eignet sich ferner nur für oberflächennahe Grundwasserschäden, insbesondere die Funnel-and-Gate-Technik, bei der die Wände möglichst in den liegenden Grundwasserstauer einbinden sollten.
- Bei größerer Variation der Grundwasserfließrichtung und bei Schwankungen der Schadstoffkonzentration können die Reinigungsziele nicht immer eingehalten werden (Edel u. Voigt 2001).
- Das Einbringen der reaktiven Materialien führt zu Veränderungen im Grundwasserchemismus. Der pH-Wert steigt an, was zu Kalkausfällungen und einer Belegung des reaktiven Materials und einer damit verbundenen Verminderung der Umsetzungsgeschwindigkeit führen kann.
- Probleme gibt es wegen des großen Platzbedarfs besonders beim Einsatz in Ballungsgebieten, wenn Ver- und Entsorgungsleitungen verlegt werden müssen.

– Der größte Nachteil von durchströmten Reinigungswänden liegt in den hohen Investitionskosten und der unklaren Langzeitstabilität; ggf. sind Regeneration oder Austausch des reaktiven Materials erforderlich.
– Nach Stupp (2000) können nur etwa 10 bis 20 % aller LHKW-Grundwasserschadensfälle mittels reaktiver Wände saniert werden. Pump-and-Treat kann meist wesentlich flexibler als reaktive Wände eingesetzt werden.

8.5 Sicherung eines Schadstoffherds durch Einkapselung

Wenn eine Sanierung i.e.S. technisch nicht möglich ist oder bei Altlasten das kontaminierte Material andernorts neu deponiert werden kann, kommt nur eine Isolierung des Schadensherds durch geotechnische Verfahren in Frage. Der Schadensherd wird teilweise oder gänzlich eingeschlossen, in manchen Fällen kombiniert mit hydraulischen Verfahren.

Die Sicherung eines Schadensherds, wie bei Altablagerungen und ehemaligen Sonderabfalldeponien, kann durch Abdeckung der Oberfläche eines Emissionsherds oder durch teilweise und vollständige vertikale Umschließung erfolgen. Fehlen wenig durchlässige Schichten in nicht allzu großer Tiefe, ist es ggf. notwendig, eine künstliche Basisabdichtung vorzunehmen, in die eine vertikale Dichtwand einbindet. Das Ergebnis ist dann eine allseits geschlossene Kapsel, in der sich der Schadensherd befindet (Abb. 8.53).

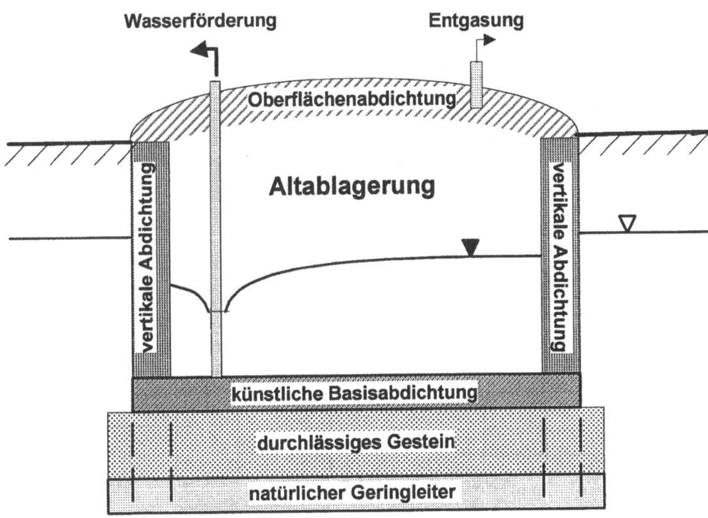

Abb. 8.53. Vollständige geotechnische Einschließung eines Schadensherds mit Absenkung des Wasserstands in der Kapsel

Vor der Abkapselung müssen die in die Bodenluft und in das Grundwasser übergetretenen Schadstoffe entfernt werden, z.B. durch eine Fahnensanierung (Abschn. 8.4.2).

Oberflächenabdichtung, vertikale Abdichtung und nachträgliche Basisabdichtung werden im Folgenden eingehender besprochen.

8.5.1 Oberflächenabdichtung

Eine Oberflächenabdichtung hat vor allem die Aufgabe, den Eintritt von Sickerwasser aus dem Niederschlag in einen Schadensherd zu verhindern oder zumindest stark zu reduzieren, und zu vermeiden, dass Schadstoffe in Lösung gehen und bis zur Grundwasseroberfläche transportiert werden. Bei Altablagerungen sollen außerdem Gas- oder Staubemissionen aus dem Schadensherd in die Umwelt unterbunden werden (Burkhardt u. Egloffstein 1996).

Für Oberflächenabdichtung von Altablagerungen gelten die Technische Anleitung Abfall (Bundesregierung 1991) und die Technische Anleitung Siedlungsabfall (Bundesregierung 1993), die für moderne Deponien ein mehrschichtiges Abdeckungssystem vorschreiben, z.B.

- mineralische Abdichtung, z.B. mittels Ton, und flächige Kiesdrainage,
- mineralische Abdichtung mit zusätzlicher Kunststoffdichtung und ggf. flächiger Kunststoffdrainage

Die Abb. 8.54 zeigt den typischen Aufbau einer Oberflächenabdichtung von Altablagerungen oder Deponien. Wesentlich sind von oben nach unten das Decksubstrat mit Nagetier- und Wurzelsperre, eine Dränschicht aus Kies, die mineralische Abdichtung mit aufliegender Kunststoffdichtungsfolie sowie eine Ausgleichsschicht und Gasdrainage aus Sand und Kies über dem Abfall bzw. kontaminiertem Boden. Die mineralische Abdichtung selbst kann durch natürliche Zeolithe und Aktivkohle optimiert werden (Upmeier 1996). Die Kies- und Sandlagen haben jeweils auch die Funktion einer Kapillarsperre.

Eine Leckdetektionsschicht von mindestens 2,5 cm Stärke bei Sonderabfalldeponien wird in der TA Abfall (Bundesregierung 1991) gefordert. Bei Altstandorten kann es ausreichend sein, die Oberfläche durch eine Teerdecke zu versiegeln.

Mit einer solchen Oberflächenabdichtung kann prinzipiell jeder ausreichend tragfähige, unbebaute Schadensherd abgedeckt werden. Trotzdem müssen einige technische Kriterien beachtet werden, damit die Funktionalität der Oberflächenabdichtung über einige Jahrzehnte erhalten bleibt:

- Einbau witterungsunempfindlicher mineralischer Dichtungsschichten, z.B. keine Rissbildung durch Austrocknung
- Fugendichtigkeit von Kunststofffolien
- Unterbindung einer allgemeinen Undichtigkeit gegenüber Diffusion bzw. chemisch aggressiven Schadstoffen
- keine Rissbildung in der Abdichtung durch unterschiedliche Setzungen
- Wartung der Oberflächenabdichtung

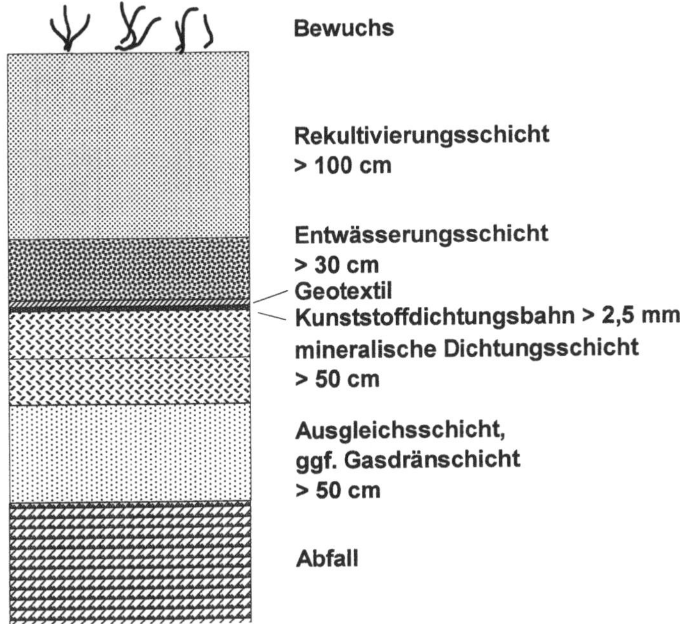

Abb. 8.54. Abdichtungssystem für Deponieoberflächen (schematisch) der Deponieklasse II gemäß TA Siedlungsabfall (Bundesregierung 1993)

- regelmäßige Überwachung des Grundwassers im Abstrom
- Begrünung zur Eingliederung in die Landschaft; Pflanzenbewuchs zur Verhinderung von Erosion und Verbrauch eines Teils der Niederschläge
- Kontrolle und Ableitung von Gasen

8.5.2 Vertikale Abdichtung

Undurchlässige bzw. geringdurchlässige Dichtwände sollen den Austritt von Schadstoffen aus Kontaminationsherden und deren laterale Verfrachtung im Grundwasserleiter möglichst verhindern. Dazu muss diese vertikale Barriere, um nicht unterströmt zu werden, den Schadensherd völlig umschließen und in eine möglichst wenig permeable Schicht eingebunden sein.

Für eine vertikale Abdichtung kommen in der Regel nur punktuelle Kontaminationsquellen in Frage.

An solche Dichtwandsysteme müssen höhere Qualitätsanforderungen als beim herkömmlichen Grundbau gestellt werden:

- Dichtigkeit gegenüber Schadstoffen und Grundwasser
- Persistenz gegenüber Chemikalien

- Kontrollierbarkeit der Dichtwirkung des Fugenbereichs
- Dichtigkeit der Wand im Einbindebereich zu den wenig permeablen Schichten im Liegenden
- Dichtigkeit bei Inhomogenitäten im Untergrund

Nach Art und Herstellung werden in der Praxis folgende Dichtwände unterschieden:

- Stahlspundwand
- Injektionswand
- Schmalwand
- Schlitzwand im Ein- und Zweimassenverfahren
- Kombinationsdichtwand

Bei der Erstellung von Stahlspund-, Injektions- und Schmalwänden wird durch Verdrängung des Bodens ein Hohlraum geschaffen, der durch Dichtungsmaterial verfüllt wird. Bei Schlitzwänden und Kombinationsschlitzwänden wird dagegen der Boden ausgehoben. Der entstandene Hohlraum wird mit einer abdichtenden Suspension verfüllt.

Stahlspundwände

Sie können bis etwa 35 m tief mit dem Rammverfahren in den Boden gerammt werden; daneben werden auch das Vibrations- und das Rüttelverfahren angewendet. Sie bilden aber nicht das eigentliche Abdichtungssystem, sondern sie haben die Funktion als zusätzlich tragendes Element in Schlitzwänden oder der Umlenkung des Grundwasseranstroms im Vorfeld eines Schadensherds. Stahlspundwände haben den Nachteil, dass sie selbst bei einer speziellen Kunststoffbeschichtung von aggressiven Schadstoffen korrodiert werden können. Ihr Einbau ist nur in einem rammfähigen Boden möglich. Eine absolut dichte Verbindung, insbesondere bei einem heterogenen Untergrund, kann selbst durch spezielle Schlossformen nicht garantiert werden; denn die Gefahr einer Schlosssprengung besteht auch dann, wenn in die Schlossfugen Dichtungselemente aus Kunststoff eingelegt sind.

Injektionswände

Es werden Zement, Silicagel, Bentonit oder spezielle Mischungen mittels Injektionslanzen in den Boden verpresst. Das Verfahren ist nur bei Sand und Kies und nur bis in relativ geringe Tiefen anwendbar. Der Verpressdruck beträgt ca. $2 \cdot 10^3$ kPa. Das Jet-Grouting, auch Soilcrete-oder Düsenstrahl-Injektionsverfahren genannt, ist dagegen auch bei bindigen Böden und bei Tiefen bis etwa 100 m einsetzbar. Mittels einer oder mehrerer Hochdruck-Flüssigkeitsstrahlen (Drücke bis 10^5 kPa) wird die Struktur des anstehenden Bodens aufgelöst und in Suspension gebracht. Der Injektionsschleier hat eine Dicke zwischen 1 und 2 m. Das überschüssige, nicht vom Boden aufgenommene oder in Hohlräume abfließende Injektionsmittel steigt über den Bohrlochringraum bis zur Geländeoberfläche hoch und wird dort abgeführt. Beim Abweichen der Bohrung von der Senkrechten besteht die Gefahr, dass die Dichtwirkung ausbleibt. Fehlstellen im vertikalen Dichtungssystem können auch auftreten, wenn sich das Injektionsmittel im Umfeld der Lanzen nicht gleichmäßig ausbreitet; das gilt insbesondere für geklüftete Gesteine. Die Risiken nehmen mit zunehmender Tiefe zu.

Schmalwände

Sie sind bis 30 m Tiefe herstellbar und lassen sich mit Wandstärken von 5 bis 20 cm in rammfähigen Böden einbauen. Sie werden durch wiederholtes Einschlagen und Ziehen einer Stahlbohle mit I-Profil erstellt. Der durch die Bohle entstehende Hohlraum wird von unten nach oben mit Dichtungsmaterial wie Zement oder Bentonit verpresst. Eine durchgehende Dichtwand entsteht durch lamellenförmige Überlappung der Einzelabschnitte. Wegen der geringen Wandstärke sind Leckstellen nicht immer auszuschließen; auch besteht die Gefahr, dass einzelne Lamellen wegen vorhandener Sandnester nicht ausreichend wasserdicht aneinandergrenzen.

Schlitzwände

Die Dichtigkeit ist durch eine durchhaltende Stärke von 0,5 bis 1 m und gute Verzahnung wesentlich größer. Sie werden deshalb bei Altlasten bevorzugt trotz hoher Kosten bis zu 300 Euro/m^2 (Hugo et al. 1999) installiert. Werden Löffelbagger für das Ausheben des Erdreichs verwendet, sind Tiefen bis etwa 12 m erreichbar. Bei Greifern werden Schlitztiefen bis 50 m, bei Hydrofräsen bis zu 170 m erreicht. Hydrofräsen können auch im Festgestein eingesetzt werden.

Schlitzwände werden im *Einphasen-* oder im *Zweiphasen-Verfahren* erstellt.

- Beim Einphasen-Verfahren werden die alternierenden sogenannten Primärlamellen 1, 3, 5, ... ausgehoben und mit einer Masse verfüllt, die sowohl Dichtals auch Stützfunktion hat. Meistens wird eine Bentonit-Zement-Suspension verwendet, die zu ca. 90 % aus Wasser besteht und einen Feststoffgehalt bis ca. 500 kg/m^3 aufweist (Neumaier u. Weber 1996). Vor der vollständigen Aushärtung der Suspension werden die Sekundärlamellen 2, 4, 6, ... ausgehoben, wobei der Greifer oder sonstige Spezialwerkzeuge die Primärlamellen anschneiden. Zur Führung des Greifers und zur Sicherung der oberen Bereiche der Schlitze dienen Leitwände. Theoretisch entsteht dabei eine homogene, fugenlose Dichtwand. In der Praxis muss jedoch mit Einschlüssen von Sandnestern infolge „Sandregen" gerechnet werden, welche die angestrebte absolute Dichtigkeit relativieren. In Deutschland kommt fast ausschließlich das Einphasen-Verfahren zur Anwendung.
- Bei größeren Tiefen und bei Hindernissen im Untergrund wird das kostenaufwendigere Zweiphasen-Verfahren bevorzugt. Wie beim Einphasen-Verfahren erfolgt nach dem Erstellen der Leitwände zunächst abschnittsweise der Aushub; gleichzeitig werden die Schlitze zunächst durch eine Bentonit-Stützsuspension verfüllt (Abb. 8.55). Anschließend wird das Abdichtungsmaterial im Kontraktorverfahren eingebracht. Die Dichtmasse besteht beim Zweiphasen-Verfahren aus Ton oder Bentonit und zusätzlich aus Beton. Sie verdrängt wegen ihrer hö-

heren Dichte (Feststoffgehalt bis ca. 2000 kg/m^3) die zuerst eingebrachte Bentonit-Stützsuspension nach oben. Diese wird abgepumpt und kann ggf. nach Regeneration wieder verwendet werden. Auch beim Zweiphasen-Verfahren können undichte Fugen nicht ausgeschlossen werden; zusätzlich zu Sandnestern können nämlich verbliebene Einschlüsse der Stützsuspension die Dichtigkeit der Wand beeinträchtigen.

Die sogenannten gerammten Schlitzwände stellen eine technische Neuentwicklung dar. Es handelt sich dabei um mit Beton/Erdbeton gefüllte Metallkästen, die nach dem Rammen gezogen werden, wobei die Bodenplatte verloren geht.

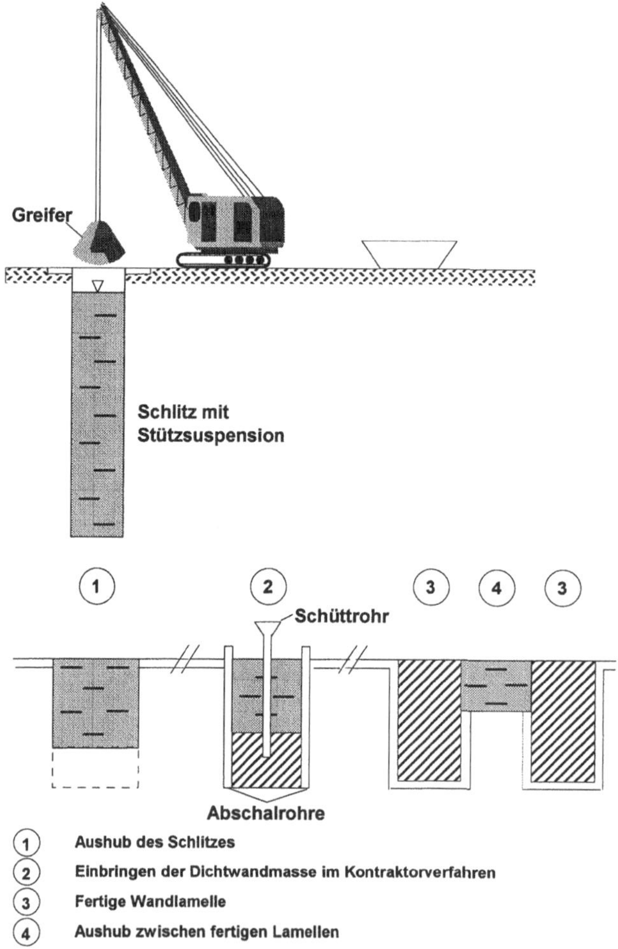

Abb. 8.55. Erstellung einer Schlitzwand im Zweiphasen-Verfahren

Absolut dichte Wände sind technisch nicht realisierbar, da im Anschlussbereich zweier Elemente Fugen bleiben, die durch Fertigungstoleranzen und durch die Technik der Installation der Dichtungssysteme bedingt sind. Selbst bei Dichtwänden wird mit einer Fehlstellen-Häufigkeit gerechnet, die bis zu 0,04 % der Wandfläche betragen kann, wobei „Fehlstelle" mittels eines kf-Werts $< 10^{-5}$ m/s zu definieren ist (Ackerer et al. 1991).

Diese Fehlstellen sind so gut wie nicht kontrollierbar. Um sie völlig auszuschließen, könnten theoretisch Mehrbarrierensysteme gebaut werden, d.h. mehrere parallel nebeneinander angeordnete Dichtungswände aus gleichen oder unterschiedlichen Baustoffen, jeweils getrennt durch eine Schicht aus durchlässigem Material. Diese Trennschicht(en) kann/können durch Querabschottungen in einzelne Kammern unterteilt sein, die mittels Grundwassermessstellen auf eventuelle Leckagen hin kontrolliert werden.

Kombinationsdichtwände

In der Praxis sind überwiegend im Einphasen-Verfahren hergestellte Kombinationsdichtwände gebräuchlich. Sie sind durch den Einbau tragender Elemente wie Spundwände verstärkt und/oder enthalten zusätzlich abdichtende Elemente wie insbesondere LDPE-, HDPE- oder PVC-Kunststofffolien. Sie kommen zur Ausführung, wenn an die Qualität von Dichtwänden höchste Anforderungen gestellt werden müssen. Die Kunststofffolien oder auch -platten mit einer Breite von ca. 10 m werden entweder auf einem Rahmen aufgespannt oder von einer Spezialrolle im Endlosverfahren in die noch flüssige Bentonitsuspension abgesenkt. Sie werden anschließend durch Schlösser miteinander verbunden. Als maximale Einsatztiefe werden ca. 30 m angegeben. Wird zwischen zwei Kunststoffbahnen eine Dränschicht angeordnet, kann die Durchlässigkeit bei einer Kombinationsdichtwand gegen Null verbessert werden.

Preiswerter als Dichtwände bis 25 m Tiefe sind:

- Hochdruck-Bodenvermörtelung
- Tieflöffel-Verfahren: Verfüllung der offenen Baugrube mit Bentonit
- Bodenmischverfahren mit Dreifach-Rohrschnecke: Intensive Vermischung der in den Untergrund eingepressten Bentonit-Suspension mit dem anstehenden Boden durch Drehbewegung der Schnecken

In Abhängigkeit von den zu sichernden Schadstoffen sind in vielen Fällen diese alternativen Verfahren akzeptierbar (Weinmann 1998).

8.5.3 Nachträgliche Basisabdichtung

Ist in einer akzeptierbaren Tiefe keine geringdurchlässige Schicht anzutreffen, in die eine vertikale Dichtungswand eingebunden werden kann, können künstliche Basisabdichtungen von übertage oder untertage eingebaut werden:

– *Übertagesystem:* Hier wird eine abdichtende Sohle durch Injektionen oder durch Jet-Grouting von der Erdoberfläche aus hergestellt.
– *Untertagesystem:* Es handelt sich um montantechnische Vorschläge mit unterschiedlichen Kombinationen von Bohrtechnik, Elementen des Tunnelbaus und der Injektions- bzw. Jet-Grouting-Technik (Abb. 8.56).

Die technisch weniger komplizierte nachträgliche Basisabdichtung mittels Injektionsbohrungen bzw. Jet-Grouting-Technik von der Erdoberfläche aus (Abb. 8.57) hat ähnliche Probleme wie vertikale Dichtungswände. Bei den Vertikalbohrungen können beim Durchbohren des kontaminierten Untergrunds Schadstoffe freigesetzt werden, z.B. durch Anbohren von Fässern mit wassergefährdendem Inhalt; diese Schadstoffe können in den tieferen Untergrund gelangen. Diese Gefahr ist geringer bei Schrägbohrungen, die eine Injektionsdichtung in Form eines „umgekehrten" Dachs ergeben, oder bei Horizontalbohrungen, die eine wannenförmige Basisabdichtung zum Ergebnis haben (Sass 1996 a, b). Der technische Aufwand ist jedoch erheblich größer.

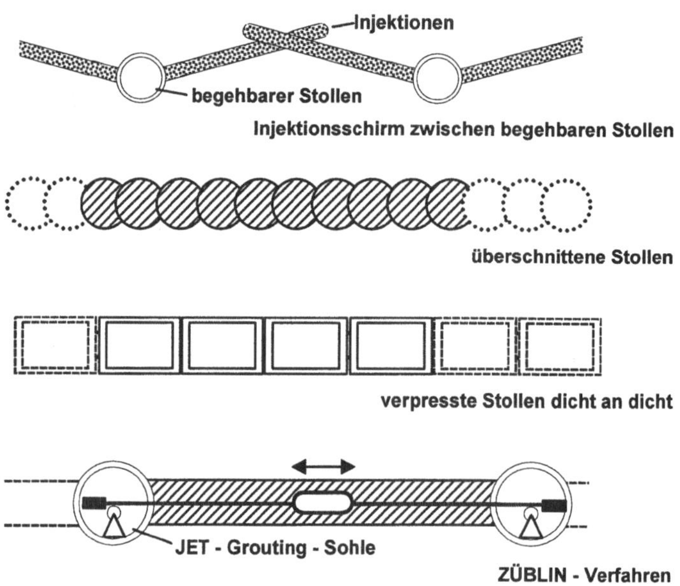

Abb. 8.56. Nachträgliche Basisabdichtung mittels bergmännischer Verfahren. Nach Ackerer et al. (1991).

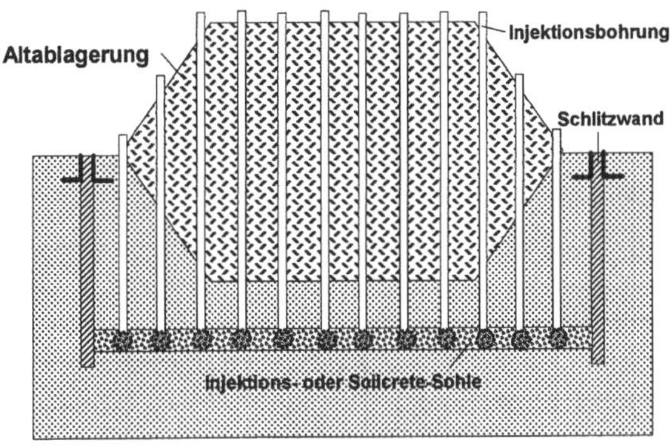

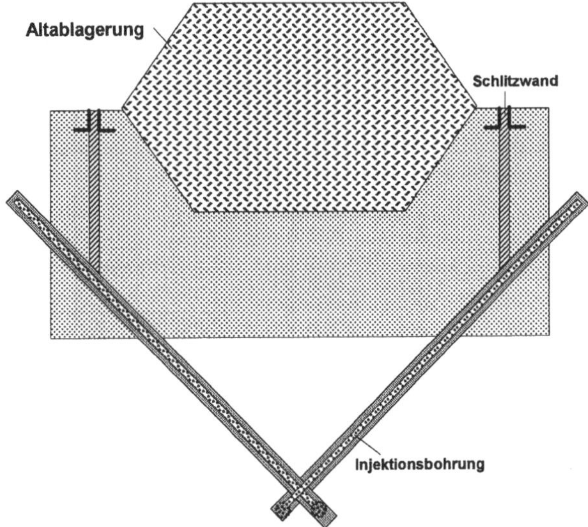

Abb. 8.57. Erstellen einer künstlichen Basisabdichtung mittels Injektionsbohrungen von der Geländeoberfläche aus. Oben Vertikalbohrungen, unten Schrägbohrungen.

Prinzipiell können mineralische Abdichtungsmaterialien bei allen Schadstoffen zur Anwendung kommen. Umfangreiche Voruntersuchungen sind erforderlich, um die bautechnischen und ingenieurgeologischen Kriterien über das Verhalten von Dichtungssuspensionen gegenüber unterschiedlichen Schadstoffen zu prüfen. Weitere Maßnahmen können sein:

- Abpumpen und Reinigen von eindringendem Niederschlagswasser
- Vermeidung von Grundwasserbelastungen ggf. durch ergänzende hydraulische Maßnahmen

- stetige Unterhaltung des Wasserstands innerhalb einer geotechnischen Einschließung auf einem niedrigeren Niveau als außerhalb im angrenzenden Grundwasserleiter (vgl. Abb. 8.53)
- zusätzliche Installation eines Drainagesystems auf der Innenseite einer Dichtwand, um den Kontakt zwischen aggressiven Wässern und Dichtwandmaterial so klein wie möglich zu halten

Binden senkrechte Dichtwände nicht in wirklich wassersperrende Schichten ein und kann ein Schadensherd an seiner Basis nicht durch geotechnische Maßnahmen ausreichend abgedichtet worden, besteht bei entsprechenden hydrogeologischen Verhältnissen die Gefahr, dass ein vertikaler Wasseraustausch zwischen Grundwasserstockwerken auftritt. In diesem Fall kann ein sogenannter „hydraulischer Käfig" wie z.B. bei der SAD Gerolsheim in Rheinland-Pfalz geschaffen werden.

Häufig wird zwecks Vermeidung einer kostspieligen Abkapselung einer ganz oder teilweise im Grundwasser liegenden Altablagerung eine Grundwasserabsenkung bis unter ihre Basis vorgenommen, um die Auslaugung der Schadstoffe zu reduzieren und bei vorhandener Oberflächenabdichtung sogar weitgehend zu unterbinden. Der dazu erforderliche Brunnen muss nicht vertikal abgeteuft werden. Mittels einer relativ neuartigen Horizontalbohrtechnik können HDPE-Dränleitungen auch unter den Schadenszentren verlegt werden (Bayer 1991; Bayer u. Donie 1990). Dieses kombinierte geotechnische/hydraulische Sanierungskonzept, das als kontrolliertes „Ausbluten" bezeichnet wird, stellt aber keine optimale Lösung dar, da aufgrund eines jahrelangen Abpumpens und Aufbereitens des Grundwassers die Betriebskosten sehr hoch sind und außerdem der Grundwasserhaushalt negativ beeinflusst wird.

Zur Erhöhung der Sicherheit wurden um die Deponie Münchehagen in Niedersachsen außerhalb der Altlast zwei dränierende Ringsysteme angelegt. Zwischen ihnen wird einerseits eine trennende Wasserscheide erzeugt und andererseits kann oberflächennahes Grundwasser abgefangen werden.

8.6 Monitored Natural Attenuation (MNA)

Der Untergrund einschließlich der Grundwasserleiter haben ein natürliches Reinigungsvermögen. Schon seit einigen Jahren gibt es Anregungen, dieses mit in Sanierungsmaßnahmen einzuplanen und sich gezielt zunutze zu machen. Die im Untergrund ablaufenden Abbau- und Rückhalteprozesse können die Ausbreitung von Schadstoffen in der ungesättigten und gesättigten Zone von Grundwasserleitern verlangsamen und unter günstigen Bedingungen zu einem Schrumpfen von Schadstofffahnen führen. Die Vorgänge wurden von der U.S. Environment Protection Agency (EPA) unter dem Begriff „Natural Attenuation" (NA) zusammengefasst. Für die Akzeptanz von Prozessen der Natural Attenuation in der Praxis ist eine Langzeitüberwachung nach EPA Voraussetzung. Die Kombination von Reinigungsvermögen des Untergrunds und Monitoring wird als „Monitored Natural Attenuation" (MNA) bezeichnet. Der Übergang zwischen Natural Attenuation und aktiven Sanierungsmaßnahmen ist fließend; allerdings schließt die EPA-Definition jegliche menschliche Einflussnahme aus. Ist letzteres der Fall, werden also die natürlichen Prozesse künstlich unterstützt, handelt es sich um „Enhanced Natural Attenuation" (ENA).

In Deutschland existiert trotz intensiver Diskussion bislang noch keine eigenständige Definition des Begriffs und Inhalts von Natural Attenuation. Deshalb wird nachfolgend die originale englische Definition der EPA (U.S. EPA 1999) zitiert:

„The term 'monitored natural attenuation', as used in this Directive, refers to the reliance on natural attenuation processes (within the context of a carefully controlled and monitored site cleanup approach) to achieve site-specific remediation objectives within a time frame that is reasonable compared to that offered by other more active methods. The 'natural attenuation processes' that are at work in such a remediation approach include a variety of physical, chemical, or biological processes that, under favourable conditions, act without human intervention to reduce the mass, toxicity, mobility, volume, or concentration of contaminants in soil or groundwater. These *in-situ* processes include biodegradation, dispersion, dilution, sorption, volatilisation, radioactive decay, and chemical or biological stabilization, transformation, or destruction of contaminants".

Von nachhaltiger Wirkung sind nur die destruktiven Abbauprozesse, die tatsächlich zu einer Schadstoffeliminierung führen. Im Gegensatz dazu ergeben nichtdestruktive Vorgänge, wie Verdünnung oder Sorption, nur eine Verlagerung, Verteilung oder Immobilisierung der Schadstoffe.

Odensaß (2001) bezweifelt, ob Verdünnungsprozesse, wenn vor allem sie eine deutliche Abnahme der Schadstoffkonzentrationen bewirken, einem NA-Prozess zugeordnet werden dürfen.

Daher heißt es in dem EPA-Papier weiter: "When relying on natural attenuation processes for site remediation, EPA refers those processes that degrade or destroy contaminants". Ferner: "Also, EPA generally expects that MNA will only be appropriate for sites that have a low potential for contaminant migration". ... "Typically, ... MNA will be used in conjunction with active remediation measures. For example, active remedial measures could be applied in areas with high concentrations of contaminants while MNA is used for low concentration areas; or MNA could be used as a follow-up to active remedial measures".

In Deutschland gehen die Meinungen auseinander, ob MNA in das System des Bundesbodenschutzgesetzes eingeordnet werden kann. Das BBodSchG fordert in § 2 Abs. 7 und 8 Sanierungs-, Schutz- und Beschränkungsmaßnahmen. MNA kann aber nicht als „Maßnahme" verstanden werden. Außerdem steht die Akzeptanz einer Schadstofffahne im Grundwasser als Reaktionsraum für Natural Attenuation im Konflikt mit dem Wasserrecht. Die zu betrachtenden langen Zeiträume werfen auch die Frage nach der Sicherstellung der Verantwortlichkeit über Generationen auf.

Andererseits ist unter dem Gesichtspunkt der Verhältnismäßigkeit ökologisch und ökonomisch zu prüfen, ob es sinnvoll ist, nach signifikanter Reduzierung der Schadstoffkonzentrationen durch Pump-and-Treat noch jahre- oder jahrzehntelang zu versuchen, Schadstoff-Restkonzentrationen weiter abzusenken, wenn dies mittels natürlicher Prozesse in vergleichbarer Zeit auch möglich wäre. Dazu müsste

MNA speziell im Hinblick für die Sanierung von Schadstofffahnen gesetzlich abgesichert werden.

Die heutige Altlasten-Problematik ist auch dadurch mitverursacht worden, dass im 20. Jahrhundert das natürliche Reinigungsvermögen des Untergrunds vielfach über- oder falsch eingeschätzt wurde. Andererseits ist es schon länger bekannt, dass Schadstoffe organischer Art im Grundwasserleiter mikrobiologisch eliminiert werden.

Es besteht daher ein großer Forschungsbedarf, um NA besser als bisher einschätzen und somit auch als Sanierungs-„Maßnahme" als Abschluss, in Ergänzung oder sogar teilweise als Konkurrenz zu technischen Sanierungsmaßnahmen akzeptieren und empfehlen zu können. Zukünftige (Forschungs-)Aufgabe ist es, klar zu definieren, welche Prozesse für den natürlichen Rückhalt und Abbau von Schadstoffen nachhaltig verantwortlich sind, wie diese nachgewiesen und in Form einer Prognose bewertet werden können.

In diesem Zusammenhang ist ein Forschungsschwerpunkt „Kontrollierter natürlicher Rückhalt und Abbau von Schadstoffen bei der Sanierung kontaminierter Böden und Grundwässer" (KORA) mit acht Verbundvorhaben zu erwähnen.

8.6.1 Natürlicher Abbau von MKW und LCKW

Die zeitliche Entwicklung von Kontaminationsfahnen im Grundwasserleiter mit mikrobiell abbaubaren Schadstoffen begleitet von abiotischen Prozessen (Hydrolyse und Ausgasen in die ungesättigte Zone) lässt sich in Phasen darstellen:

- Eintritt des Schadensereignisses: Lösung und Ausbreitung der Schadstoffe
- Einsetzen des biologischen Abbaus: Ausbreitung der Fahne nur noch langsam
- Erreichen eines quasi-stationären Zustands: Gleichgewicht zwischen Zulieferung von Schadstoffen und deren Abbau
- Anhalten der quasi-Stationarität über lange Zeit: Abnahme der Masse der Schadstoffe im Schadensherd, jedoch nach wie vor Schadstoffemission auf hohem Niveau
- Rückgang der Schadstoffemission: zunehmende Auslaugung oder Anreicherung schlecht löslicher und schwer bzw. nicht abbaubarer Schadstoffe im Schadenszentrum; Verkleinerung der Fahne

Statistische Auswertungen von Grundwasserverunreinigungen durch organische Schadstoffgruppen (Diesel und Heizöl EL; BTEX; LCKW; polyzyklische PAK) zeigen einen Zusammenhang zwischen deren Eigenschaften und der Länge der entsprechenden Fahnen in der Stagnationsphase. Nach Stupp u. Paus (1999) sind dabei die LCKW-Fahnen am längsten, die von Mineralölprodukten am kürzesten (Tabelle 8.11).

Tabelle 8.11. Fahnenlänge bei verschiedenen organischen Schadstoffen. Nach Stupp u. Paus (1999).

Schadstoffe	Fahnen-Anzahl	Fahnenlänge (m)		
		Minimalwert	Mittelwert	Maximalwert
Diesel und Heizöl EL	14	10	55	160
BTEX	19	10	141	400
LCKW	50	50	1080	8000
PAK	7	50	127	300

Verschiedene Einflussfaktoren spielen für das Migrationsverhalten der Schadstoffe und die Länge der Fahnen neben den stofflichen Eigenschaften eine entscheidende Rolle (Hessisches Landesamt für Umwelt und Geologie 2003):

- hydrogeologische Verhältnisse und Leiterkennwerte wie Durchlässigkeit, Fließgeschwindigkeit des Grundwassers, Dispersion
- Verdünnung der Schadstoffe durch Grundwasserneubildung
- Vertikalströmungen zwischen Grundwasserleitern
- Vorhandensein von Sorbentien
- Wasserchemismus
- physikalisch-chemische Milieubedingungen oder Nährstoffangebot für Mikroorganismen
- Quellstärke und Alter des Grundwasserschadens
- Zeitdauer der Schadstoffausbreitung
- teilweise freie Phasen im Grundwasserleiter

Die überwiegende Zahl der Grundwasserschäden wird durch Diesel und Heizöl EL sowie BTEX einerseits und LCKW andererseits hervorgerufen (Püttmann et al. 1999). Die nachfolgenden Ausführungen behandeln deshalb eingehend den natürlichen Abbau von Mineralölkohlenwasserstoffen, aromatischen Kohlenwasserstoffen und LCKW einschließlich ihrer Metabolite (U.S. EPA 1999); Held 1999; Martus u. Püttmann 2000; Odensaß 2001; Püttmann et al. 1999; Stupp u. Paus 1999).

Abbau von Mineralölkohlenwasserstoffen

Die Mineralölkohlenwasserstoffe (MKW) sind Hauptbestandteile von Mineralölprodukten wie Benzin, Kerosin, Diesel, Heizöl und Schmieröl. Mineralöle und Mineralölprodukte enthalten als Hauptbestandteile aliphatische Kohlenwasserstoffe (n-Alkane, iso-Alkane, Cycloalkane; Alkene), daneben aromatische Kohlenwasserstoffe (Benzol, Alkylbenzole und polyzyklische Aromate). Bei der gaschromatographischen Bestimmung von MKW werden nur diejenigen Verbindungen erfasst, deren Retentionszeiten zwischen n-Decan (C10) und Tetracontan

(C40) liegen. Die detektierten Verbindungen weisen einen Siedebereich von 175 °C bis 525 °C auf. Die Mobilität der MKW im Grundwasser hängt stark von deren Kettenlänge bzw. Molekulargewicht ab. Mit zunehmender Kettenlänge bzw. zunehmendem Molekulargewicht wird die Mobilität der MKW geringer, da die Wasserlöslichkeit und Flüchtigkeit abnehmen (Tab. 8.12).

Für die Abbaubarkeit sind folgende Aspekte wichtig:

- Alkane und Alkene dienen den Mikroorganismen als Kohlenstoff- und Energiequelle.
- Die unverzweigten Kohlenwasserstoffketten mit mittlerem Molekulargewicht (C10 bis C17) werden bevorzugt abgebaut.
- Ab C17 nehmen die Wasserlöslichkeit und damit die Bioverfügbarkeit ab.
- Kohlenwasserstoffketten zwischen C4 bis C9 sind stärker flüchtig und leicht membrangängig, so dass sie auf Mikroorganismen toxisch wirken können.
- Je höher der Verzweigungsgrad der iso-Alkane oder die Anzahl der Doppelbindungen der Alkene ist, desto weniger gut abbaubar sind MKW und ringförmige Cycloalkane.
- Vor dem Abbau der Hauptkette werden bei iso-Alkanen zuerst die Verzweigungen abgespalten, bei Cycloalkanen der Ring aufgespalten und bei Alkenen die Doppelbindung aufgebrochen; der Abbau erfolgt entsprechend langsamer als bei den n-Alkanen.
- Unter aeroben Bedingungen (Anwesenheit von gelöstem Sauerstoff) werden Alkane über Alkohole und Aldehyde zu Fettsäuren oxidiert, ebenfalls Alkene über Epoxide. Diese Fettsäuren werden mikrobiell rasch abgebaut; toxische Metabolite treten in der Regel nicht auf.
- Bei Sauerstoffmangel können sich kurzkettige MKW anreichern.
- Fehlt Sauerstoff, reduzieren die Mikroorganismen – soweit vorhanden – zunächst Nitrat, dann Sulfat sowie Eisen- und Manganoxide. Erst nach Verbrauch dieser Elektronenakzeptoren findet die methanogene Umsetzung von organischen Verbindungen mit den Endprodukten Kohlendioxid und Methan statt.
- Unter anaeroben Bedingungen verläuft der Abbau wesentlich langsamer als unter aeroben Bedingungen.

Im Gegensatz zu früheren Auffassungen ist eine Anreicherungskultur von anaeroben Bakterien in der Lage, unter strikt anoxischen Bedingungen in einem sulfatfreien Medium n-Alkane zu Kohlendioxid und Methan abzubauen. Dies spielt aber im Grundwasser nur im Kontaminationsherd eine Rolle, nachdem es dort zu einer vollständigen Zehrung von Sauerstoff, Nitrat und Sulfat gekommen ist.

Besonders bei den relativ kurzen Fahnen aus Grundwasserkontaminationen mit Diesel und Heizöl und beim Nachweis eines schnellen mikrobiellen Abbaus der im Wasser gelösten Schadstoffe sollte geprüft werden, ob eine sehr aufwendige technische Grundwassersanierung notwendig ist.

Tabelle 8.12. Zusammensetzung, Löslichkeit und Mobilität von Mineralölkohlenwasserstoffen (MKW)

Mineralöl-produkt*	Kettenlänge der Alkane**	Siedebereich °C	Löslichkeit in Wasser/Mobilität	Verwendung
Petrolether	$C_5 - C_6$	35 bis 70	> 100 mg/l	Lösungsmittel
Benzin***	$C_5 - C_{10}$	35 bis 175	ca. 100 g/l; hoch	Vergaserkraftstoff
Petroleum	$C_9 - C_{16}$	150 bis 250	ca. 10 bis 20 mg/l; mäßig	Kerosin (Flugturbinenkraftstoff) enthält auch Vergaserkraftstoff
Diesel/ Heizöl EL	$C_9 - C_{24}$	160 bis 390	ca. 5 – 20 mg/l; mäßig	Dieselkraftstoff, Brennstoff
Schmieröl/ Heizöl S	$> C_{17}$	300 bis 525	sehr gering	Maschinenöl, Brennstoff

* Biodiesel ist kein Mineralölprodukt. Es handelt sich um Fettsäuremethylester, z.B. Rapsölmethylester.
** weitere Bestandteile sind je nach Herkunft des Rohöls und des Siedebereichs:
Cycloalkane, Alkene, Benzol und Alkylbenzole, Naphthalin und Alkylnaphthaline, weitere
PAK etc. sowie Additive (Verbesserung gewünschter oder Unterdrückung unerwünschter
Eigenschaften; Antiklopfmittel)
*** BTEX sind Bestandteile von Benzin

Abbau von aromatischen Kohlenwasserstoffen

Leichtflüchtige aromatische Kohlenwasserstoffe (BTEX) sind sehr mobil. Auch ihre Wasserlöslichkeit ist im Vergleich zu Alkanen relativ hoch (z.B. Benzol 1700 mg/l, Hexan 12 mg/l). Die Sorption an organische Bodenbestandteile und an Tonmineralien ist dagegen nur mäßig; die Retardation im Grundwasserleiter ist in der Regel relativ gering. Im Grundwasser gelöste BTEX können ferner aufgrund ihres hohen Dampfdrucks vom Grundwasser über den Kapillarraum in die Bodenluft bzw. die Atmosphäre entweichen.

Die Mobilität nimmt von Benzol über Toluol zu den C2- und C3-Aromaten deutlich ab. Deshalb ist in BTEX-Fahnen Benzol häufig die Hauptkomponente.

BTEX sind unter günstigen Randbedingungen relativ gut mikrobiell abbaubar, in der Regel Toluol unter aeroben Bedingungen rascher als unter anaeroben.

Die Abbaubarkeit der anderen BTEX hängt sehr stark von den Grundwasserverhältnissen ab (z.B. aerobe/anaerobe Verhältnisse, Konzentrationen von Nitrat, Sulfat, dreiwertigem Eisen und Co-Substraten im Grundwasser, Störeinflüsse mit Auswirkungen auf die hydrochemischen Verhältnisse).

Für aerobe Bedingungen gilt:

- Der erste Schritt ist eine Oxidation zu Phenolen bzw. zu Diolen wie Brenzkatechin.
- Nach Ringspaltung entstehen offenkettige Karbonsäuren, die rasch mineralisiert werden.
- Bei Alkylbenzolen wie Toluol kann als erstes die Seitenkette oxidiert werden.
- Metabolite treten in der Regel nicht in höheren Konzentrationen auf.
- Toluol ist unter den BTEX am besten abbaubar.
- Bei anderen BTEX werden in der Literatur unterschiedliche Angaben über die Reihenfolge der Abbaubarkeit gemacht (Püttmann et al. 1999).

Für anaerobe Bedingungen gilt:

- Auch unter anaeroben Bedingungen sind BTEX prinzipiell abbaubar.
- Der Abbau erfolgt in Teilschritten, an denen jeweils spezialisierte Mikroorganismengruppen beteiligt sind.
- Zum vollständigen Abbau (Mineralisierung) ist daher eine geeignete Mischbiozönose erforderlich.
- Meist treten typische Metabolite auf, insbesondere aromatische Säuren wie Benzoesäure, Phenylessigsäure, Dimethylbenzoesäuren und Phthalsäure sowie Methylcyclohexan.
- Die Metabolite sind im Regelfall weniger wassergefährdend als die Ausgangsprodukte.

Bei raschen Änderungen der hydrochemischen Verhältnisse im Grundwasser kann die Abbaurate stark zurückgehen. Beispielsweise sind sulfatreduzierende Bakterien obligat anaerob, d.h. sie werden beim Kontakt mit sauerstoffhaltigem Grundwasser geschädigt.

Laborexperimente zeigten, dass Nitrat den anaeroben Benzolabbau nicht zu stimulieren vermag. Dagegen werden die meisten alkylierten Benzole (Bestandteil von Vergaserkraftstoffen oder JP-4 jet fuel) von nitratreduzierenden Bakterien metabolisiert.

Bei sulfatreduzierenden Verhältnissen können Aromaten unter strikt anaeroben Bedingungen durch Bakterien mineralisiert werden (Püttmann et al. 1999); insbesondere Toluol ist gut abbaubar. Nach Laborexperimenten kann ein Benzolabbau eher durch Zugabe von Sulfat als von Sauerstoff stimuliert werden.

Beim Abbau aller BTEX-Aromaten hat die Reduktion des dreiwertigen Eisens, begleitet von Methanogenese, große Bedeutung. Parallel dazu läuft die Manganreduktion ab, aufgrund der natürlichen Mangangehalte allerdings quantitativ weniger bedeutend. Die im Wasser überwiegend schwer löslichen Fe(III)-Verbindungen können als Elektronenakzeptoren erst bei Anwesenheit von Komplexbildnern mikrobiell agieren.

Im kontaminierten Grundwasserleiter des intensiv untersuchten Gaswerkstandorts Düsseldorf-Flingern konnte bewiesen werden, dass die wichtigsten Metabolite aus dem Abbau von Aromaten organische Säuren sind, insbesondere Bernsteinsäurederivate, Monocarbonsäuren und die Hydroxycarbonsäuren. Sie bringen als

Komplexbildner die amorphen Fe- und Mn-Minerale in Lösung (Püttmann et al. 1999).

BTEX-Aromaten und auch höhere Aromaten wie Naphthalin, Inden und Acenaphthen werden von methanogenen Bakterien über zahlreiche Zwischenprodukte zu CO_2 und CH_4 abgebaut. Die Methylgruppe wird größtenteils zu CO_2 umgesetzt, während CH_4 überwiegend aus Ring-Kohlenstoff stammt, wie durch ^{14}C-Markierung gezeigt werden konnte (Püttmann et al. 1999). Phenol wurde als Metabolit des Benzols, Benzoesäure als Metabolit des Toluols und zahlreiche aromatische Säuren als strukturell korrespondierende Metabolite von höheren Alkylbenzolen nachgewiesen.

Für den mikrobiellen Abbau von Benzol spielt offenbar die Koppelung von Sulfat-Reduktion und Eisen-Reduktion die entscheidende Rolle, wie in Düsseldorf-Flingern gezeigt werden konnte. Auf den Abbau entfielen nach Püttmann et al. (1999)

- 82,5 % auf Sulfat-Reduktion
- 11,6 % auf Eisen-Reduktion
- 4,6 % auf Nitrat-Reduktion
- 1,3 % auf Sauerstoff-Reduktion

Die Reaktionsgleichungen des Abbaus von Benzol sowie die Massenverhältnisse von Benzol zu den jeweiligen Elektronenakzeptoren sind in Tabelle 8.13 aufgelistet.

Tabelle 8.13. Reaktionsgleichungen für aeroben und anaeroben Abbau von Benzol sowie die Massenverhältnisse von Benzol zu den jeweiligen Elektronenakzeptoren. Nach Püttmann et al. (1999).

Reaktion	Massenverhältnis (mg)
aerob:	
$C_6H_6 + 7{,}5\,O_2 \rightarrow 6\,CO_2 + 3\,H_2O$	1 : 3,08
Nitrat-Reduktion:	
$C_6H_6 + 6\,NO_3^- + 6\,H^+ \rightarrow 6\,CO_2 + 6\,H_2O + 3\,N_2$	1 : 4,77
Sulfat-Reduktion:	
$C_6H_6 + 3{,}75\,SO_4^{2-} + 7{,}5\,H^+ \rightarrow 6\,CO_2 + 3{,}75\,H_2S + 3\,H_2O$	1 : 4,6
Eisen-Reduktion:	
$C_6H_6 + 30\,Fe(OH)_3 + 60\,H^+ \rightarrow 6\,CO_2 + 30\,Fe^{2+} + 78\,H_2O$	1 : 41,1
Methanogenese:	
$C_6H_6 + 4{,}5\,H_2O \rightarrow 2{,}25\,CO_2 + 3{,}75\,CH_4$	

Die Entscheidung für eine natürliche Sanierung mit MNA bei BTEX-Kontaminationen des Grundwassers hat sich in erster Linie daran zu orientieren, ob es sich um regressive, stabile oder progressive Fahnen handelt (Stupp u. Paus 1999). Wenn eine Fahne sich aufgrund mikrobieller Abbauvorgänge nicht mehr weiter ausdehnt, ist MNA diskussionswürdig. Die natürlicherweise ablaufenden mikrobiellen Prozese sind durch entsprechende Untersuchungen, Nachweis von Metabolitenprodukten, Milieubeschreibungen und Stoffbilanzierungen zu beweisen.

Abbau von leichtflüchtigen chlorierten Kohlenwasserstoffen

Leichtflüchtige chlorierte Kohlenwasserstoffe (LCKW) sind in erster Linie Chlormethane, Chlorethane und Chlorethene, die bis 180 °C sieden; die höher siedenden Verbindungen werden als schwerflüchtige chlorierte Kohlenwasserstoffe (SCKW) bezeichnet.

Die häufigsten Kontaminanten im Grundwasser sind Tetrachlorethen, Trichlorethen und 1,1,1-Trichlorethan sowie ihre Metabolite cis-1,2-Dichlorethen und Monochlorethen (Vinylchlorid).

Der mikrobielle Abbau von LCKW ist sehr komplex; mehrere Bakterienarten sind daran beteiligt. Verschiedene LCKW und deren Abbauprodukte wirken toxisch auf Mikroorganismen und hemmen so den Abbau der LCKW.

Humankanzerogen sind vor allem Vinylchlorid, Trichlorethen und 1,2-Dichlorethan sowie Tetrachlorethen, Dichlormethan und das Abbauprodukt Ethen.

LCKW sind sehr mobil im Boden sowie im Grundwasser und in der Bodenluft vergleichsweise gut wasserlöslich. Die Mobilität der LCKW nimmt mit steigender Zahl der Chloratome ab. Bei hohen Henry-Konstanten geht ein Teil der LCKW aus dem Grundwasser in die Bodenluft über, vor allem Vinylchlorid, Tetrachlorethen und 1,1,1-Trichlorethan.

LCKW-Verunreinigungen im Grundwasser sind wesentlich schwerer mikrobiell abbaubar als solche mit MKW und BTEX. In Abhängigkeit vom Chlorierungsgrad ist entweder ein anaerober oder aerober Abbau möglich·

– Hoch chlorierte LCKW werden im Grundwasser wie Tetrachlorethen und Tetrachlormethan ausschließlich anaerob abgebaut.

– Höher chlorierte LCKW wie Trichlorethen werden bevorzugt anaerob abgebaut.

Anaerober Abbau unterliegt zwei Abbaumechanismen:

a) reduktive Dechlorierung: der LCKW-Abbau ist an das Vorhandensein von gut abbaubarer organischer Substanz (Auxilarsubstrat, z.B. organische Säuren wie Milchsäure) gebunden, die als Kohlenstoff- und Energiequelle dient. Dabei werden Elektronen auf die LCKW übertragen (co-metabolische Reduktion).

b) Chloro-Respiration (Chloratmung): die abzubauenden LCKW-Moleküle treten als (terminale) Elektronenakzeptoren auf; ein Auxilarsubstrat ist nicht erforderlich. Elektronendonator ist Wasserstoff (Held 1999; Suthersan 2001; Stupp u. Paus 1999).

Für den Abbau der CKW gilt:

- Auf beiden Abbauwegen werden Chloratome stufenweise durch Wasserstoff-atome ersetzt (Abb. 8.58).
- Die Reaktionsgeschwindigkeit nimmt mit zunehmendem Grad der Chlorierung zu.
- Beim anaeroben Abbau ist immer mit einer Akkumulation von niedrig chlorier-ten Metaboliten zu rechnen, insbesondere cis-1,2-Dichlorethen, Vinylchlorid und 1,1-Dichlorethan.
- Elektronendonatoren für die reduktive Dechlorierung können verschiedene or-ganische Kohlenstoff-Verbindungen sein; die Schlüsselsubstanz ist allerdings frei werdender Wasserstoff (H_2) beim anaeroben Abbau von C_{org}.
- Die reduktive Dechlorierung ist umso effizienter, je mehr Wasserstoff zur Ver-fügung steht. H_2 wird auch bei anderen biochemischen Prozessen gezehrt. Es laufen daher bevorzugt die Prozesse ab, die eine höhere Affinität zu H_2 aufwei-sen. Es muss eine Schwellenkonzentration überschritten werden, ehe reduktive Dechlorierung stattfindet.
- Eine H_2-Schwellenkonzentration von $2,2 \pm 0,9$ nM muss erreicht werden (Held 1999), damit die reduktive Dechlorierung nicht beim häufig nachgewiesenen Metaboliten cis-1,2-Dichlorethen endet, sondern bis zum nächsten Dechlorie-rungsschritt dem Vinylchlorid reicht. Eine vollständige reduktive Dechlorie-rung kann also nur unter sulfatreduzierenden und methanogenen Bedingungen ablaufen (Tabelle 8.14). Auf Abb. 8.58 ist der mikrobielle (biotische) Abbau für Tetrachlorethen entlang der durchgezogenen Pfeile dargestellt. Durch abio-tische Abbauprozesse können trans-1,2-Dichlorethen und 1,1-Dichlorethen ent-stehen.

Tabelle 8.14. Redox-Bedingungen zum Abbau verschiedener LCKW. Aus Held (1999).

Verbindung	Redoxumgebung			
	alle	Denitrifikation	Sulfatreduktion	Methanogenese
Tetrachlormethan (CT)		$CT \rightarrow CF$	$CT \rightarrow CO_2 + Cl^-$	
1,1,1-Trichlor-ethan (TCA)	$TCA \rightarrow 1,1$-DCE, Ethanol		$TCA \rightarrow 1,1$-DCA	$TCA \rightarrow CO_2 + Cl^-$
Tetrachlorethen (PCE)			$PCE \rightarrow 1,2$-DCE	$PCE \rightarrow$ Ethen
Trichlorethen (TCE)			$TCE \rightarrow 1,2$-DCE	$TCE \rightarrow 1,2$-DCE

CF = Trichlormethan (Chloroform),   1,1-DCE = 1,1-Dichlorethen,   1,1-DCA = 1,1-Dichlorethan,
1,2-DCE = 1,2-Dichlorethen

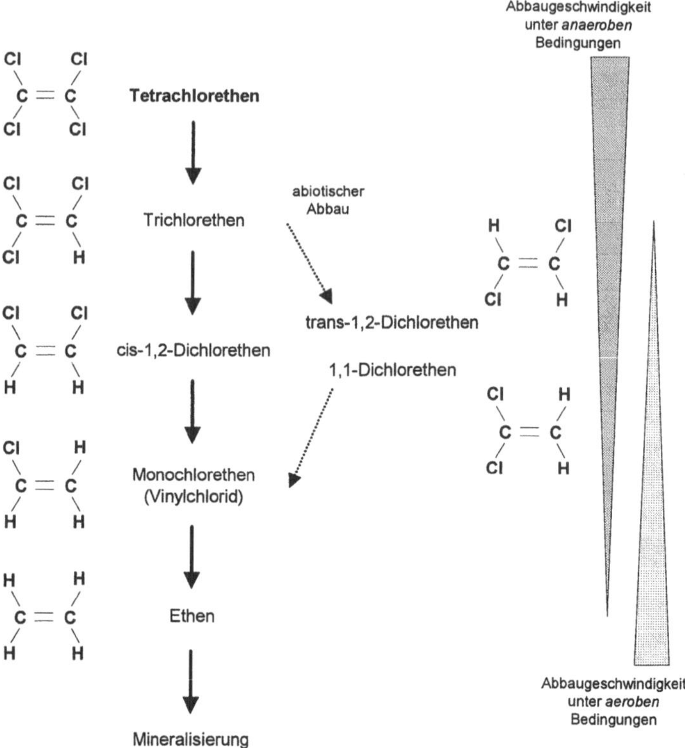

Abb. 8.58. Wichtigste Metabolite beim Abbau von Tetrachlorethen. Nach Hessisches Landesamt für Umwelt und Geologie (2003).

- Bei ein- und zweifach chlorierten Kohlenwasserstoffen ist der anaerobe Abbau von geringerer Bedeutung, da diese Stoffe unter aeroben Bedingungen deutlich besser abgebaut werden.
- Niederchlorierte LCKW wie Dichlormethan bzw. Metabolite wie z.B cis-1,2-Dichlorethen und Vinylchlorid unterliegen bevorzugt einem aeroben Abbau, sofern eine ausreichende Menge des Elektronenakzeptors Sauerstoff (gelöstes O_2) vorhanden ist.
- Dies erfolgt als oxidative oder hydrolytische Dechlorierung unter Freisetzung von Cl-Atomen als HCl ohne wesentliche Akkumulation von Abbauprodukten. Die Abbaugeschwindigkeit steigt mit abnehmendem Grad der Chlorierung.
- Auch der aerobe Abbau ist in der Regel an das Vorhandensein eines Co-Substrats gebunden, das bei den Mikroorganismen die Bildung von Enzymen induziert. Diese Enzyme ermöglichen aufgrund ihrer Unspezifität den oxidativen Abbau der LCKW. Dabei treten als Zwischenstufe Epoxide auf (Held 1999).

– Zur Bildung der Enzyme ist die Anwesenheit entsprechender Induktoren erforderlich (Methan, Phenol, Toluol, Ethen u.a.). Als Metabolit bildet sich das toxische, humankanzerogene Vinylchlorid beim Abbau von Tetrachlorethen und Trichlorethen. Sein weiterer Abbau hängt in starkem Maße von kleinräumigen biogeochemischen Prozessen ab. In Grundwasserfließrichtung sind in der Regel durch den stufenweisen Abbau auffällige Kontaminationsmuster mit spezifischen Abbauprodukten erkennbar. Typisch sind für das unterstromige Ende einer längeren Fahne höhere Konzentrationen der Metabolite cis-1,2-Dichlorethen und Vinylchlorid.
– Günstige Bedingungen für einen vollständigen Abbau von LCKW liegen dann vor, wenn nahe der Schadstoffquelle anaerobe Verhältnisse herrschen, eine Mischkontamination von LCKW/BTEX vorhanden ist und im weiteren Abstrom wieder aerobe Verhältnisse auftreten (Abb. 8.59). In der Übergangszone findet dagegen kein Abbau statt.

Obwohl nachweisbar bei vielen Grundwasserschadensfällen durch LCKW ein mikrobieller Schadstoffabbau erfolgt, ist der MNA-Ansatz nur sehr eingeschränkt. Gründe sind das starke Migrationspotential dieser Schadstoffe und die komplexen, überwiegend milieugesteuerten Umwandlungsvorgänge. Ein mikrobieller Abbau ist in der Regel unvollständig; es treten zudem häufig toxische Abbauprodukte auf. Bei der Prüfung der Anwendbarkeit von MNA bei LCKW-Verunreinigungen sind daher sehr strenge Kriterien anzuwenden:

– genaue Kenntnis der Stoffausbreitung unter Berücksichtigung aller Metabolite
– Verstehen und sorgfältige Beschreibung der Stoffumwandlungen unter Berücksichtigung der milieusteuernden Bedingungen
– Stoffbilanzierungen unter Einbeziehung des Übertritts in andere Medien, z.B. die Entgasung von Vinylchlorid und Ethen aus dem Grundwasser in die Bodenluft

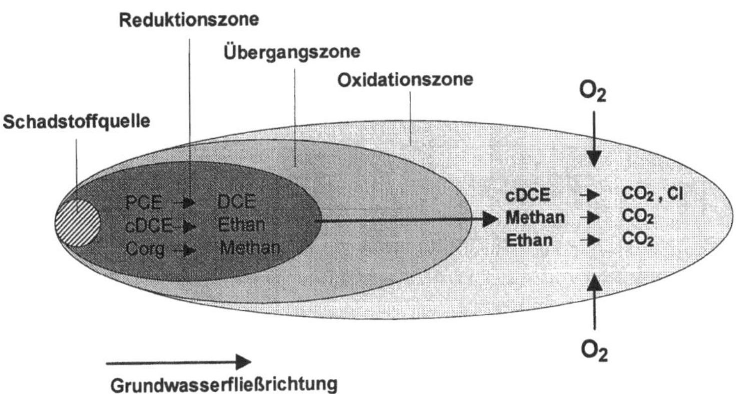

Abb. 8.59. Redox-Zonen im Grundwasserunterstrom einer Kontaminationsquelle. Nach Held (1999).

8.6.2 Akzeptanz in der Altlastensanierungspraxis

Grundsätzlich kann MNA in Betracht kommen, wenn am jeweiligen Standort physikalische, chemische und insbesondere biologische Prozesse aktiv sind, die zu einer Reduzierung der Menge, Toxizität und/oder Mobilität der Schadstoffe im Untergrund führen, und eine Gefahr für Mensch und Umwelt ausgeschlossen werden kann.

MNA ist in der Regel nicht das einzige anzuwendende Sanierungsverfahren für einen Schadensfall. Es kann vielmehr eine gezielte Dekontamination oder Sicherung der Schadstoffquelle begleiten. MNA ist also in Kombination mit aktiven Sanierungsmaßnahmen oder im Anschluss daran

- zur Beseitigung von Restkontaminationen,
- bei geringeren Schadstoffkonzentrationen in Teilbereichen und
- bei Standorten mit nur geringem Potential der Schadstoffausbreitung

geeignet.

Der Anwendungsbereich von MNA, für die grundsätzlich die gleichen Sanierungsziele wie bei aktiven Sanierungsmaßnahmen gelten, liegt daher vor allem in der Sanierung von Schadstofffahnen, die sich im nahezu stationären oder völlig stationären Zustand befinden.

Folgende Kriterien schließen à priori einen Standort für MNA aus (Hessisches Landesamt für Umwelt und Geologie 2003):

- Lage des Schadensherds oder einer Fahne innerhalb von Wasserschutzgebieten (WSG Schutzzone I, II, III, III a) und Heilquellenschutzgebieten (HSG Schutzzone I, II, III und III/I)
- Lage in Überschwemmungsgebieten
- drohende unmittelbare Gefahren für den Einzelnen, die Allgemeinheit oder die Gewässer (z.B. Trinkwassergewinnung) durch die Verunreinigung
- Schadensfälle in Kluft- und Karstgrundwasserleitern (kleine reaktive Gesteinsoberflächen und geringe Kontaktzeiten für biochemische Reaktionen; schwierige Ermittlung der Grundwasserfließrichtung und deren Abhängigkeit von bevorzugten Richtungen hydraulisch aktiver Kluft- und Strömungssysteme)
- progressiver Zustand der Schadstofffahne über einen längeren Zeitraum
- Möglichkeit der Verlagerung von Schadstoffen in tiefere Grundwasserstockwerke
- unzureichende Kenntnisse über Quelle und Quellstärke sowie Art der Schadstoffe, deren Konzentration und Ausdehnung in der ungesättigten Zone und im Grundwasser
- Bildung von Metaboliten, die toxischer und/oder mobiler als die Ausgangsprodukte sind
- keine zuvor durchgeführte Sanierung des Schadensherds bzw. des Schadenszentrums
- keine Abschöpfung vorhandener freier Schadstoffphasen

- im Wesentlichen nur zu einer Verdünnung der Kontamination führende Vorgänge
- Verlagerung der Schadstoffe in andere Umweltbereiche
- Behinderung oder Verhinderung von im Umfeld laufenden Sanierungsmaßnahmen
- Baumaßnahmen oder geplante Nutzungsänderungen durch NA-Prozesse, z.B. Verzicht auf eine Oberflächenversiegelung, welche die Sauerstoffzufuhr in das Grundwasser abschneiden würde
- höhere Kosten im Vergleich zu aktiven Sanierungs- bzw. Sicherungsmaßnahmen

Weitere Randbedingungen für eine Prüfung des Einsatzes von MNA enthält die Entscheidungsmatrix der Abb. 8.60.

Abb. 8.60. Entscheidungshilfe für MNA in Form einer Checkliste. Nach Hessisches Landesamt für Umwelt und Geologie (2003), abgeändert.

Die MNA-Arbeitshilfe Hessen (Hessisches Landesamt für Umwelt und Geologie 2003) gibt weitere Entscheidungshilfen, ob MNA ausschließlich oder ergänzend als Sanierungsmaßnahme akzeptiert werden kann:

– MNA ist grundsätzlich möglich, wenn die maximale Schadstoffkonzentration in der Fahne weniger als das 10-fache der „Geringfügigkeitsschwelle" (GFS) im Grundwasser beträgt. Die GFS wurde von der LAWA (Länderarbeitsgemeinschaft Wasser 1998) als Grenze zwischen einer gerade noch tolerierbaren und einer erheblichen Verunreinigung des Grundwassers definiert. Bei Einhaltung der GFS treten keine relevanten ökotoxikologischen Wirkungen auf. Die Anforderungen der geltenden Trinkwasserverordnung werden eingehalten.
– Im Konzentrationsbereich zwischen der 10- und der 50-fachen GFS Grundwasser ist MNA grundsätzlich möglich, wenn die Prüfung der „Geeignetheit" ergibt, dass das Sanierungsziel auch durch alleiniges Wirken der NA-Prozesse erreicht werden kann. Dies ist entsprechend fundiert nachzuweisen .
– Bei Schadstoffkonzentrationen über dem 50-fachen Wert der GFS Grundwasser ist MNA im Regelfall unzulässig.
– Wenn gut abbaubare Schadstoffe, günstige Standortbedingungen und ausreichende Schadstoffabbauraten nachgewiesen werden, können im Einzelfall auch höhere Schadstoffkonzentrationen toleriert werden. MNA wird aufgrund der physikalischen, chemischen und biologischen Eigenschaften der Schadstoffarten in der Abfolge MKW > BTEX > PAK > CKW > MTBE zunehmend erschwert.
– Ist eine Grundwassersanierung bereits im Gang, muss nachgewiesen werden, dass die weitere Fortführung der Maßnahme keine wesentliche Reduzierung der Schadstoffe erwarten lässt. Die entscheidenden Faktoren sind hierbei die Dynamik im Konzentrationsverlauf (Abnahmerate der Schadstoffkonzentration) und die Höhe der ausgetragenen Schadstofffrachten (Schadstoffmengen pro Zeiteinheit).
– Sowohl beim Verzicht auf eine aktive Sanierung als auch beim Abbruch einer laufenden Sanierungsmaßnahme muss festgestellt werden, in welchem Maße eventuell höhere Belastungen im Vergleich zur aktiven Sanierung toleriert werden können (höhere Schadstoffkonzentration, höhere Schadstofffracht, längere Zeitdauer bis zum Erreichen des Sanierungsziels, größere räumliche Ausdehnung der Schadstofffahne).
– Nach Abschaltung der aktiven Sanierungsmaßnahmen dürfen die Schadstoffkonzentrationen nicht übermäßig ansteigen (maximal eine Zehnerpotenz).
– Bei Verunreinigungen mit Schwer- und Halbmetallen und Cyaniden kann MNA nur gestattet werden, wenn die Schadstoffe dauerhaft an die Feststoffe gebunden und eine Remobilisierung mit hoher Wahrscheinlichkeit ausgeschlossen werden kann.
– Die Dauer von MNA sollte sich an der Zeitdauer einer aktiven Sanierung orientieren (zusätzlich ca. 10 Jahre). Auf jeden Fall sollte es sich um einen überschaubaren Zeitraum handeln (ca. 10–30 Jahre). Eine rückläufige Entwicklung der Schadstoffkonzentration pro Zeiteinheit muss hierbei feststellbar sein.

– Die mögliche Beeinflussung oder Einschränkung von NA-Prozessen durch Änderungen in der Standortumgebung wie Sanierungsmaßnahmen, Baumaßnahmen oder Nutzungsänderungen muss eingeplant werden.
– Bis zum Erreichen des Sanierungsziels erforderliche Schutz- und Beschränkungsmaßnahmen, insbesondere Einschränkungen bei der Grundwassernutzung (z.B. Gartenbrunnen, Bewässerung oder Brauchwasserentnahme), sind für den gesamten Zeitraum sicherzustellen.

MNA-Verfahrensablauf

Eine Entscheidung über die Eignung oder Nichteignung von NA-Prozessen kann nicht anhand allgemeiner Kriterien getroffen werden, sondern ist letztlich immer eine Einzelfallentscheidung (U.S. EPA 1999).

Wenn MNA als Sanierung gestattet wird, muss mit allen Einzelfestlegungen das Sanierungsziel sichergestellt sein. Folgende Voraussetzungen müssen – auch im Hinblick auf die Rechtslage – nach Held (1999), Martus u. Püttmann (2000), Hessisches Landesamt für Umwelt und Geologie (2003), Odensaß (2001) und Suthersan (2001) gegeben sein:

– Der mikrobielle Abbau ist der dominierende Attenuationprozess.
– Eine Gefährdungsabschätzung ergibt keinen spezifisch dringenden Handlungsbedarf für den Standort, d.h. sensible Schutzgüter werden durch die Schadstoffe in der Fahne weder gegenwärtig noch zukünftig beeinträchtigt.
– NA führt in einem akzeptablen Zeitraum zum Erreichen der standortspezifischen Sanierungsziele.
– Die Ausdehnung einer Fahne kann zeitlich und räumlich zuverlässig vorausgesagt werden.

Zur Genehmigung einer MNA muss ein standortspezifisches Beweissicherungsverfahren, vergleichbar mit der herkömmlichen Altlastensanierung und -bewertung und den jeweiligen Vorgaben des Bundes-Bodenschutzgesetzes – BBodSchG – (Bundesregierung 1998), ablaufen. Es muss Folgendes enthalten:

– Kenntnis der im Einzelfall maßgebenden natürlichen Prozesse und Reaktionen
– Nachweis ihrer Wirksamkeit in Abhängigkeit von den maßgebenden Randbedingungen des betreffenden Standorts
– Durchführung eines Langzeit-Überwachungsprogramms einschließlich Bereitstellung von geeigneten Methoden/Instrumenten zur Prognose von Art, Ausmaß und Dauer der Selbstreinigungsvorgänge

Der Verfahrensablauf (MNA-Konzept) muss einen Zeitplan für den zu erwartenden Erfolg der NA-Prozesse enthalten sowie ein Konzept für (technische) Alternativmaßnahmen im Fall einer Überschätzung der Wirksamkeit von MNA-Prozessen.

Es werden bestimmte Nachweise (Held 1999; Martus u. Püttmann 2000; Hessisches Landesamt für Umwelt und Geologie (2003); Odensaß 2001; Suthersan 2001; OSWER Directive (U.S. EPA 1999) verlangt:

1. Erkundung und Bewertung der hydrogeologischen und hydrochemischen Verhältnisse im Bereich des Schadensherdes und der Schadstofffahne, Feststellung und Abschätzung der für NA bedeutsamen Prozesse und deren Auswirkungen
2. schwerpunktmäßige Untersuchungen von Grundwasser- und Bodenluftdaten zur Charakterisierung der Fahne, der sie beeinflussenden geohydraulischen Parameter und Prognose ihrer zeitlichen Entwicklung; ggf. Erstellung eines konzeptionellen hydrogeologischen Modells (Fachsektion Hydrogeologie in der Deutschen Geologischen Gesellschaft 1999, 2002)
3. Nachweis des natürlichen Abbaus von Schadstoffen am Standort in qualitativer und quantitativer Hinsicht; Bestandsaufnahme der Lage und Ausbreitung der Belastung in der ungesättigten Zone sowie der Erstreckung der Schadstofffahne im Grundwasser
4. Durchführung von Laborversuchen an Originalmaterial des Standorts; Bestimmung der relevanten mikrobiologischen Populationen und deren Schadstoffabbauvermögen für eine Prognose der Schadstoffentwicklung

Grundwasser- bzw. Bodenluft-Monitoringdaten unter (1) können allein nicht belegen, dass Kontaminanten abgebaut werden. Unter (2) und (3) genannte Daten geben durch Abschätzung von Massenbilanzen vielfach Hinweise, dass Schadstoffe abgebaut werden; denn die Abnahme von Schadstoffen und Elektronenakzeptoren geht mit der Zunahme von Stoffwechselprodukten bzw. Metaboliten einher. Die unter (4) in Mikrokosmos-Studien ermittelten Daten liefern zwar einen grundsätzlichen Abbaunachweis, jedoch kaum konkrete Abbauraten.

Alle Dokumentationen sind in einem Sanierungsplan nach § 13 BBodSchG zu integrieren und der zuständigen Behörde vorzulegen. Die hierfür geltenden „Anforderungen an Sanierungsuntersuchungen und den Sanierungsplan" in Anhang 3 der BBodSchV müssen allerdings im Hinblick auf die Beurteilung von MNA spezifiziert und ergänzt werden.

Sollten die NA-Prozesse entgegen der Prognose nicht in der vorgegebenen Zeit zum Erreichen des Sanierungsziels beitragen, kann anhand folgender Kriterien entschieden werden, ob ein Ausweichen auf Alternativmaßnahmen notwendig ist:

- Die Schadstoffkonzentrationen zeigen entgegen der Prognose einen ansteigenden Trend.
- An Messstellen in der Nähe des Schadensherds wird ein hoher Konzentrationsanstieg festgestellt, der auf neue Freisetzung von Schadstoffen hinweist.
- In Grundwassermessstellen außerhalb der ursprünglichen Schadstofffahne werden Schadstoffe identifiziert.
- Die Verringerung der Schadstoffkonzentrationen erfolgt nicht im prognostizierten Zeitraum.
- Veränderungen in der Boden- und/oder Grundwassernutzung oder gravierende Änderungen der hydrogeologischen und hydrochemischen Verhältnisse haben nachteilige Wirkung auf die natürlichen Abbauvorgänge.

Die Komplexheit der NA-Prozesse und ihrer Beurteilung macht es empfehlenswert, ein über das hydrogeologische Modell hinausgehendes konzeptionelles Standortmodell (Odensaß 2001) mit folgendem Inhalt zu entwickeln:

- hydrogeologische und hydraulische Verhältnisse und Parameter
- räumliche Verteilung der geohydrochemischen Eigenschaften im Grundwasserleiter
- räumliche Verteilung der Schadstoffe und Metabolite
- horizontale und vertikale Verteilung von Elektronenakzeptoren und ggf. der Elektronendonatoren im Grundwasser
- Beschreibung der Redoxzonen
- Bestimmung von Abbaukonstanten aus Felddaten mittels Regressionsanalysen

Das Standortmodell soll erlauben, Aussagen über

- das mikrobiologische Abbaupotential im Untergrund und das Langzeitverhalten der Schadstofffahne,
- die Erreichung des festgelegten Sanierungsziels in vertretbaren Zeiten und
- die künftige dreidimensionale Ausbreitung der Schadstoffahne

zu machen.

Zusammengefasst ist also der ständige Nachweis zu erbringen, dass sich NA gemäß den Erwartungen entwickelt.

Das konzeptionelle Arbeitsmodell muss alle maßgebenden natürlichen Standort-Randbedingungen und Prozesse mit ausreichender Genauigkeit berücksichtigen. Es kann die Vorstufe zu einem mathematischen Simulationsmodell sein, insbesondere bei kontaminierten Porengrundwasserleitern als Grundlage für Strömungs- und Stofftransport- oder Reaktionsmodelle. Für eine Simulation von „Natural Attenuation" stehen ein-, zwei- und dreidimensionale Modelle zur Verfügung wie z.B. Bioscreen, Biochlor, Asm, Modflow / Mt3d, Feflow, Bionapl3d, Min3p, Smart u.a. (Held 1999; Martus u. Püttmann 2000; Odensaß 2001).

Für ein Standortmodell ist in der Regel bei einer detaillierten Untersuchung die Messung folgender Parametergruppen im Grundwasser erforderlich:

- Vorort-Parameter
- Hauptinhaltsstoffe
- organische Einzelparameter
- organische Summenparameter
- Metabolite

Elektronenakzeptoren, Elektronendonatoren, Co-Metabolite oder metabolische Zwischenprodukte sowie toxische Zwischenprodukte sind zu identifizieren.

Das Arbeitsmodell dient auch dazu, das Programm zur Durchführung des Langzeit-Monitorings zu erstellen, das obligatorischer Bestandteil des MNA-Ansatzes ist. Dabei erfolgt eine Reduzierung der zu beprobenden Messstellen und der Analysenparameter im Vergleich zum vorausgegangenen Standort-Untersuchungsprogramm sowie die Ermittlung eines optimalen Beprobungsturnus in

Abhängigkeit vom Flurabstand des Grundwassers und dessen Fließgeschwindigkeit. Für die Überwachungshäufigkeit sind alle Erkenntnisse über den Schadensfall, die Schadstoffkonzentration und deren zeitliche Veränderung zu berücksichtigen. Bei flach anstehendem Grundwasser und in Kluft- und Karstgrundwasserleitern mit hohen Fließgeschwindigkeiten empfiehlt sich eine vierteljährliche Beprobungsfrequenz, bei kleinen Fließgeschwindigkeiten von einmal jährlich bis einmal in fünf Jahren.

Bei Veränderungen wesentlicher Gegebenheiten muss das Überwachungsprogramm angepasst werden. Alle Maßnahmen und Ereignisse, die Einfluss auf das natürliche Reinigungsvermögen des Untergrunds haben, müssen dokumentiert und der Behörde mitgeteilt werden.

Das Monitoring muss mindestens solange durchgeführt werden, bis

- die Sanierungsziele erreicht sind und
- die Schadstoffkonzentrationen dauerhaft unterhalb den Sanierungszielwerten (Geringfügigkeitsschwellen) bleiben.

Tabelle 8.15 enthält eine Auflistung der für „Natural Attenuation" notwendigen analytischen Parameter.

Die Schadstofffahne ist durch Lage und Ausbau geeigneter Messstellen einzugrenzen und zu überwachen (Martus u. Püttman 2000). Ausführungen zur Planung von Messnetzen, Funktionsüberprüfung vorhandener Messstellen, Neubau von Messstellen und Gewinnung von repräsentativen Grundwasserproben enthalten die Abschn. 9.3 bis 9.6.

Tabelle 8.15. Analytische Parameter für die Grundwasseruntersuchung und ihre Bedeutung für den MNA-Ansatz. Aus Martus u. Püttmann (2000), z.T. ergänzt.

Vor-Ort-Parameter	Bedeutung
Temperatur	erhöhte Gw-Temperaturen weisen auf biologische Abbauvorgänge hin
pH-Wert	biologische Abbauvorgänge sind pH-sensitiv, bevorzugter Bereich von $5 < pH < 9$
elektr. Leitfähigkeit	erhöhte Leitfähigkeit weist qualitativ auf Schadstoffbelastung hin
Sauerstoffgehalt	Anzeiger biologischer Aktivität; anaerobe Verhältnisse bei O_2-Gehalten < 1 mg/l
Redoxspannung	Hinweis auf biologisches Abbaumilieu
Wasserstoff (optional)	Bestimmung des terminalen Elektronenakzeptor-Prozesses; Hinweis auf reduktive Dechlorierungsvorgänge

Tabelle 8.15. (Fortsetzung)

Hauptinhaltsstoffe	Bedeutung
Säure- bzw. Basekapazität	Parameter zur Beschreibung des Kalk – Kohlensäure-Gleichgewichts
Karbonathärte	erhöhte Werte weisen auf neugebildetes CO_2 aus biologischem Abbau von Schadstoffen hin
Gesamthärte	Gehalt an Erdalkaliionen; Rechenparameter für Härtebestimmung
Phosphat	Anzeiger für anthropogene Belastung; Nährstoff für biologischen Abbau
Chlorid	Anzeiger für anthropogene Belastung; Endprodukt des LCKW-Abbaus
Sulfat	Substrat für anaeroben Metabolismus, Nährstoff für biologischen Abbau nach Aufbrauch von O_2
Nitrat	Substrat für anaeroben Metabolismus nach Aufbrauch von O_2
Ammonium	Anzeiger für anthropogene Belastung
Bor	Anzeiger für anthropogene Belastung
Mangan	Anzeiger für Metabolismus nach Aufbrauch von O_2 und Nitrat
Eisen	Anzeiger für Metabolismus nach Aufbrauch von O_2, Nitrat und Mangan

Organische Summenparameter	Bedeutung
Kohlenwasserstoffe	Charakterisierung der Belastungssituation; Primärsubstrat für co-metabolischen LCKW-Abbau
Lipophile Stoffe	Charakterisierung der Belastungssituation (Anzeiger für schwerflüchtige Öle und Fette); Primärsubstrat für co-metabolischen LCKW-Abbau; Anzeiger für Metabolitenbildung bei MKW-Schadensfällen
TOC	Substrat für anaeroben Co-Metabolismus der LCKW in Abwesenheit von anthropogenem C; bei erhöhten Werten Hinweis auf organische Belastungen
DOC	Substrat für anaeroben Co-Metabolismus der LCKW in Abwesenheit von anthropogenem C; bei erhöhten Werten Hinweis auf organische Belastungen

Tabelle 8.15. (Fortsetzung)

LCKW	Bedeutung
Tetrachlormethan, Dichlormethan, 1,1,1-Trichlorethan, Tetrachlorethen, Trichlorethen, Dichlorethen, Vinylchlorid u.a.	Charakterisierung der Belastungssituation

BTEX	Bedeutung
Benzol, Toluol, Ethylbenzol, Xylol (o/m/p)	Charakterisierung der Belastungssituation; Primärsubstrat für co-metabolischen LCKW-Abbau

Metabolite	Bedeutung
Methan	Anzeiger für Metabolismus unter methanogenen Bedingungen
Ethan	Bildung bei reduktiver Dechlorierung
Ethen	Bildung bei reduktiver Dechlorierung
Benzoesäure	Bildung bei anaerobem Abbau von Toluol
Schwefelwasserstoff	Bildung bei Sulfatreduktion
Oxygenate (optional) Methyl-tertiär-Buthylether	Schadstoffe aus Beimengungen in Vergaserkraftstoffen; biologisch schwer abbaubar

Die räumliche Festlegung der Messstellen inner- und außerhalb der Schadstofffahne ist für die Beurteilung der Effizienz von MNA von großer Bedeutung. Folgende Anordnung wird von der MNA-Arbeitshilfe (Hessisches Landesamt für Umwelt und Geologie 2003) empfohlen:

- Anstrom
- Schadenszentrum
- naher Abstrom der Schadstoffquelle
- Fahnenrand (Spitze und seitlich)

Die Anzahl der Messstellen richtet sich nach der Ausdehnung der Fahne. Vorschläge dazu werden u.a. von Martus u. Püttmann (2000) gemacht.

8.6.3 Vor- und Nachteile

Eine Berücksichtigung von „Natural Attenuation" in der Praxis kann nur erfolgen, wenn die Prozesse zeitlich und quantitativ abschätzbar, die Risiken kalkulierbar sowie die rechtliche Einordnung und die konkreten Anforderungen an die Beurteilung von NA im Einzelfall geklärt sind.

Eine behördliche Beurteilung und Akzeptanz von NA kann erst nach einer eingehenden Untersuchung und Bewertung der Erfolgsaussichten erfolgen. Bisher liegen – von wenigen Einzelfällen abgesehen – noch keine konkreten und allgemein praxisanwendbare Regelungen vor, die eine abgesicherte behördliche Beurteilung erlauben würden. Die erforderlichen und geeigneten Untersuchungs- und Nachweismethoden sollen u.a. im KORA-Verbundvorhaben erarbeitet und an Praxisfällen validiert werden.

Die Nutzung der „Natural Attenuation" hat gegenüber herkömmlichen Sanierungsverfahren Vor- und Nachteile.

Vorteile

- Die Schadstoffe werden, soweit es sich um Mineralölprodukte handelt, unter geeigneten Standortbedingungen zu gesundheitlich unbedenklichen Abbauprodukten wie Kohlendioxid und Wasser transformiert. Mit konventionellen Sanierungsmethoden werden die Schadstoffe dagegen häufig in eine andere Phase überführt oder im Untergrund nur verlagert.
- Es kommt zu keiner Nutzungsbeeinträchtigung auf dem zu sanierenden Grundstück; eine vorhandene Infrastruktur kann bestehen bleiben.
- Es kommt in der Regel nicht zur unbeabsichtigten Emission von Schadstoffen in die Umgebung, wie dies bei konventionellen Sanierungsverfahren häufig der Fall ist.
- MNA ist wesentlich kostengünstiger als die technischen bzw. aktiven Sanierungsverfahren, z.B. Pump-and-Treat.
- Die Ökobilanz fällt erheblich besser aus als bei einer herkömmlichen Sanierung mit hohem, über Jahre zu betreibendem Energieaufwand.

Nachteile

- Es besteht ein höherer Untersuchungsbedarf zur Erkundung der Ausbreitung und des Austrags von Schadstoffen sowie zur analytischen Erfassung von Metaboliten.
- Die Abhängigkeit der NA-Prozesse von natürlichen und anthropogenen Veränderungen der hydrogeologischen, chemischen und biologischen Bedingungen wie Strömungsgradienten und Grundwasserfließrichtung, pH-Wert, Konzentrationen an Elektronenakzeptoren und -donatoren ist erheblich.
- Heterogenitäten im Grundwasserleiter können die Gefährdungsabschätzung sowie eine Quantifizierung der Abbauprozesse erschweren oder sehr unsicher machen.
- Der Zeitraum bis zum Erreichen des Sanierungsziels kann sehr lang sein.
- Zwischenprodukte des natürlichen biologischen Abbaus können eine größere Toxizität als die Ausgangsprodukte aufweisen. Das betrifft insbesondere die LCKW, beispielsweise die Bildung von Vinylchlorid beim Abbau chlorierter Ethene.
- MNA hat im Vergleich mit herkömmlichen Sanierungsverfahren nicht automatisch niedrigere Kosten; denn es ist mit intensiven und langzeitlichen Untersuchungen und Bewertungen der Schadstoffverteilung im Grundwasserleiter verbunden.
- Bei einer Entscheidung für oder gegen einen MNA-Ansatz sollten nicht allein die Kosten im Vordergrund stehen, sondern eine angemessene und sinnvolle Bearbeitung des Grundwasserschadens.

9 Überwachung von Grundwasserleitern – Grundwassermonitoring

In Deutschland wird das Grundwasser schon seit Mitte des 19. Jhs. mit einer gewissen Systematik beobachtet (Toussaint u. Göbel 1995). Mancherorts wurde auch die Temperatur von Quellwasser mehr oder weniger regelmäßig registriert. Das, was heute als staatlicher Grundwasserdienst oder Landesgrundwasserdienst bezeichnet wird, besteht in den meisten Bundesländern seit Beginn des 20. Jhs.

Bis 1980 hatten die Ermittlung des Grundwasserstands in Messrohren („Peilrohre") und z.T. auch die Messung der Schüttung von Quellen Vorrang. Die Aufgabenstellung bezog sich hauptsächlich auf allgemeine gewässerkundliche (hydrologische) Aufgaben, Baugrundfragen und Beweissicherung, z.B. im Zusammenhang mit Vernässungsschäden oder Absterben von Bäumen oder ganzen Wäldern in Trockenjahren sowie die Abgrenzung von Trinkwasserschutzgebieten oder der Absenktrichter von Förderbrunnen. Betreiber dieser Messdienste sind im Wesentlichen Wasserversorgungsunternehmen, Wasser- und Bodenverbände sowie auf Grund der föderalen Zuständigkeit die Wasserwirtschaftsverwaltungen der einzelnen Bundesländer.

Ziel des staatlichen Grundwasserdienstes ist die Gewinnung quantitativer Grundwassermesswerte. Der Messdienst wird im Auftrag eines Wasserwirtschaftsamtes oder vergleichbarer Fachbehörden in der Regel von geschulten örtlichen Beobachtern auf der Basis einer steuerfreien Aufwandsentschädigung durchgeführt:

– die überwiegend im wöchentlichen Turnus als Einzelmessungen (Länderarbeitsgemeinschaft 1984, 1987, 1993, 1995) gewonnenen gewässerkundlichen Daten werden üblicherweise in sogenannte Beobachterbelege eingetragen
– sie werden quartalsweise an die örtlich zuständigen Fachbehörden übersandt
– dort werden sie nach einer ersten Prüfung und ggf. Korrektur an die zuständigen wissenschaftlich-technischen Oberbehörden eines Bundeslandes (Landesamt für Umwelt und Geologie, Landesanstalt für Umweltschutz u. dgl.) weitergeleitet
– die Messwerte werden zentral erfasst, in leistungsfähigen Datenbanken gespeichert und meistens im Landesmaßstab ausgewertet
– sie werden damit für umweltpolitische Entscheidungsträger und für interessierte Dritte wie z.B. Ingenieurbüros oder Privatpersonen verfügbar gemacht

Dagegen stellt die Gewinnung digitaler Grundwasserdaten an den Messstellen mittels Datensammlern und ihre Weiterleitung per Funk oder Datenleitungen auch heute noch (2002) die Ausnahme dar. Dennoch kann die breite Öffentlichkeit mittels moderner Techniken informiert werden. Über das Internet können nicht nur präselektierte Rohdaten abgerufen werden, sondern auch daraus abgeleitete Ganglinien des Grundwasserstands, Karten der Grundwasserhöhengleichen u.a.

Erst als es aufgrund des Bekanntwerdens zahlreicher Grundwasserschadensfälle offensichtlich wurde, dass die Effizienz des Reinigungsvermögens des Untergrundes in der Vergangenheit überschätzt oder fehleingeschätzt worden war (s. Abschn. 7.2), empfahl die Länderarbeitsgemeinschaft Wasser (LAWA) im Jahr 1983, auch die Beschaffenheit des Grundwassers systematisch zu kontrollieren (Länderarbeitsgemeinschaft Wasser 1983). Die LAWA reagierte damit auf die festgestellten, z.T. erheblichen Grundwasserkontaminationen (s. Abschn. 7.3 und 7.4)

Für Hydrogeologen resultierte daraus eine neue Schwerpunktaufgabe (Toussaint 1988), da kontaminierte Grundwasservorkommen häufig nur mit großem Aufwand – wenn überhaupt – saniert, also nachsorgend „repariert" werden können. Die präventive Vermeidung von Grundwasserschäden hat nur Sinn, wenn sie sich nicht auf die unter einen besonderen Schutz gestellten Einzugsgebiete von Trinkwassergewinnungsanlagen beschränkt, sondern flächendeckend praktiziert wird.

Voraussetzung für die Realisierung dieser Zielvorgabe ist ein leistungsfähiges Grundwasser-Monitoring (Ottens et al. 2000; Toussaint 2000) als eine zeitlich unbefristete Überwachung des Grundwassers, insbesondere im Landesmaßstab. Es handelt sich also auch um ein Monitoring über einen langen Zeitraum wie bei den Messstellen im Umfeld von Trinkwassergewinnungsanlagen, an ausgewählten oberirdischen Gewässern u.a. Charakteristisch dafür ist die Erkundung eines Grundwasserschadensfalles, um Kontaminationsherde und eine von ihnen ausgehende Verschmutzung des Grundwassers zu lokalisieren und um anschließend Sanierungs- oder Sicherungsmaßnahmen (Kap. 8) in die Wege leiten zu können. Grundwasserüberwachung und Grundwassererkundung stehen sich also gegenüber.

Grundwasser-Monitoring legt den Akzent auf die Grundwasserbeschaffenheit, also auf die Gewinnung qualitativer Daten, die heutzutage einen höheren Stellenwert hat als die Beschaffung quantitativer Messwerte. Es geht nicht um die bloße Dokumentation des Ist-Zustandes, sondern um die frühzeitige Erkennung von negativen Veränderungen des Grundwasserstatus und deren Ursachen, damit rechtzeitig wirksame Gegenmaßnahmen eingeleitet werden können.

Das bedeutet gleichzeitig, dass sich Monitoring schwerpunktmäßig auf flächenhaft-diffuse Emissionen und Immissionen bezieht und weniger auf von Punkt- und Linienquellen ausgehende Grundwasserschäden, zumal diese heute als das weniger gravierende Problem angesehen werden.

In Deutschland begann das Grundwasser-Monitoring in den westlichen Bundesländern mit den Empfehlungen der LAWA von 1983 und wurde ab 1990 in den neuen Bundesländern übernommen. Es ist ein außerordentlich bedeutsames Instrumentarium zur gegenwärtigen und zukünftigen Sicherung der lebensnotwendigen Ressource Grundwasser.

Grundwasser-Monitoring ist unverzichtbar, wenn verantwortungsvolle Politiker aus dem Brundtland Report „Our common future" von 1987 Konsequenzen ziehen, und muss daher ein integraler Bestandteil des staatlichen Grundwasserdienstes sein.

9.1 Grundwasser-Monitoring in Deutschland

Der Schutz des Grundwassers kann nicht nur eine Angelegenheit des Staates sein, sondern muss auch alle diejenigen einbeziehen,

– die entweder das Grundwasser nutzen, z.B. als Trinkwasserkonsumenten oder
– deren Handeln sich in irgendeiner Form negativ auf das Grundwasser auswirkt, z.B. durch Freilegung der Grundwasseroberfläche durch Kiesabbau oder durch intensiven Einsatz von Düngemitteln in der Landwirtschaft.

Daher wird Grundwasser-Monitoring in Deutschland nach dem Kooperationsprinzip, einer Säule der Umweltpolitik, wahrgenommen (Abb. 9.1).
Die Komponenten der kooperativen Überwachung des Grundwassers in Deutschland sind auf Abb. 9.1 zusammengestellt.

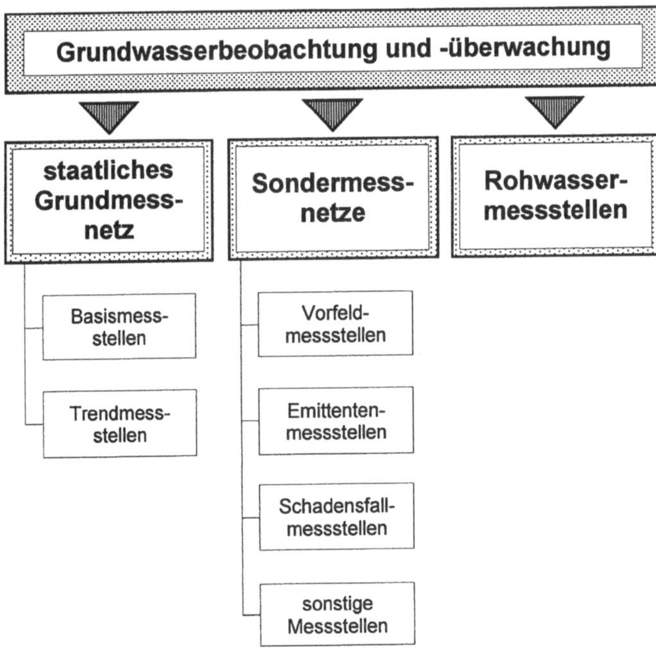

Abb. 9.1. Kooperative Überwachung des Grundwassers nach LAWA (1983), insbesondere hinsichtlich seiner Beschaffenheit. Aus Toussaint (2000).

9.1.1 Staatliches Grundmessnetz

In der Praxis umfasst der landesweite Messdienst im Hinblick auf die Überwa-chung der Grundwasserbeschaffenheit *Teilnetze* mit unterschiedlichen Aufgaben-stellungen (Länderarbeitsgemeinschaft Wasser 1983, 1995; Toussaint 1988, 1990, 1996, 1999, 2000, 2002; Toussaint u. Göbel 1995). Die Grundwassermessnetze sollen die Fläche eines Bundeslandes weitgehend abdecken. Nach Aufgabenstel-lung und Anforderung an die Messstellen werden unterschieden:

- Grundnetz
- Verdichtungsnetze

Grundnetz

Das staatlich betriebene *Grundnetz* ist prinzipiell ein weitmaschig angelegtes Netz zur zeitlich unbefristeten Überwachung des Grundwassers in den wichtigsten hydrogeologischen Teilräumen. Die Messstellen des Grundnetzes gelten als Be-zugsmessstellen für andere Messnetze. Daher müssen diese Messstellen einen ho-hen technischen Standard aufweisen. Die Messergebnisse sind als Referenzdaten zu verstehen.

Die Messstellen des Grundnetzes werden differenziert in

- Basismessstellen
- Trendmessstellen

Die Basismessstellen erlauben als Referenzmessstellen Rückschlüsse auf die geogene Grundwasserbeschaffenheit. Mit Hilfe der Trendmessstellen soll eine Veränderung der Grundwasserinhaltsstoffe hinsichtlich Konzentration und Vertei-lungsmuster infolge diffuser Einflüsse nachgewiesen werden. Diese Unterschei-dung wurde bereits im „Grundwasserüberwachungskonzept" der LAWA vorge-nommen Sie ist etwas willkürlich, da die Beschaffenheit des oberflächennahen Grundwassers, dem die Überwachung hauptsächlich gilt, mittlerweile großflächig mehr oder weniger durch Aktivitäten des Menschen beeinflusst ist. Weiterhin ist dieser anthropogene Einfluss erst nach Vorliegen längerer Messreihen statistisch abzusichern, sofern es sich nicht eindeutig um grundwasserfremde Inhaltsstoffe wie z.B. leichtflüchtige halogenierte Kohlenwasserstoffe handelt.

Verdichtungsnetze

Durch das Verdichten des Grundnetzes entstehen in Teilbereichen *Verdich-tungsnetze*. Damit sollen für bestimmte Fragestellungen, z.B. Erstellen von nume-rischen Grundwassermodellen oder Erarbeiten von Isokonzenkarten, genauere In-formationen über die Grundwasserverhältnisse erlangt werden. Sie existieren nur für einen beschränkten Zeitraum oder auf sie wird nur zu bestimmten Zeitpunkten zurückgegriffen. Da Verdichtungsnetze nicht nur staatliche Messstellen, sondern auch Messstellen Dritter beinhalten, ist ihre Abgrenzung zu den sogenannten Son-dermessnetzen fließend. Außerdem können auch quantitative Gesichtspunkte eine größere Rolle spielen als im Grundnetz.

9.1.2 Sondermessnetze

Die nutzungs- oder objektbezogenen *Sondermessnetze* (Abb. 9.1) sind räumlich noch enger begrenzt als Verdichtungsnetze, weisen aber in der Regel eine höhere Messstellendichte auf. Je nach Fragestellung liegt der Schwerpunkt der Sondermessnetze, die einen sehr unterschiedlichen Charakter und Stellenwert haben, auf der Gewinnung quantitativer oder qualitativer Grundwasserdaten. In der Regel sind diese Messnetze zeitlich befristet. Es werden unterschieden:

- Vorfeldmessstellen
- Emittentenmessstellen
- Schadensfallmessstellen
- Sondermessstellen

Bei den *Vorfeldmessstellen* handelt es sich um Messstellen im Grundwasserzustrom zu Förderbrunnen sowie um Quell- oder Stollenfassungen. Sie haben die Funktion von Vorwarnmessstellen und werden so platziert bzw. mit vorhandenen Messstellen so kombiniert, dass nach dem erstmaligen Nachweis eines Schadstoffes in einer Grundwasserprobe ein Wasserwerksbetreiber ausreichend Zeit hat, um Vorkehrungen zu treffen.

Die meisten im Einzugsgebiet von (Trink-)Wassergewinnungsanlagen vorhandenen Messstellen haben keine Vorwarnfunktion, sondern sollen auf der Grundlage quantitativer Messwerte Aussagen über die Absenkung der Grundwasseroberfläche bzw. -druckfläche, insbesondere im Nahbereich von Förderbrunnen, zur Abgrenzung von Schutzgebietszonen, zur zeitlichen Entwicklung der Grundwasserstände, zu möglichen negativen Einflüssen auf Feuchtbiotope oder Waldstandorte und dgl. erlauben.

Emittentenmessstellen dienen dem rechtzeitigen Erkennen von Einträgen aus potentiellen Schadstoffquellen ins Grundwasser. Diffuse Emissionsquellen, die sich keinem einzelnen Verursacher zuordnen lassen, werden nach Emittentengruppen differenziert:

- Landwirtschaft
- Industrie
- Siedlung
- Verkehrswege
- belastete oberirdische Gewässer
- Kontamination des Grundwassers durch Luftbelastung

In einigen Bundesländern wie insbesondere Bayern und Baden-Württemberg wurden zur Überwachung diffuser Emissionsquellen spezifische Messnetze eingerichtet, z.B. im Hinblick auf die Problematik des „Sauren Regens".

Die Emissionsmessnetze „Landwirtschaft" und „Luftbelastung" sind für die Erfassung von diffusen Schadstoffbelastungen im Landesmaßstab konzipiert. Sie sind so angelegt, dass in der Regel auf vorhandene Messstellen zurückgegriffen werden kann. Andere Messnetze, die für spezifisch lokale bis regionale Probleme eingerichtet werden müssen, basieren ebenfalls überwiegend auf vorhandenen Grundwasseraufschlüssen. Eine Ergänzung durch neue Messstellen wurde in der jüngsten Vergangenheit vor allem im Hinblick auf die Emittentenmessnetze „Industrie" und „Siedlung" erforderlich.

Messstellen werden auch im Umfeld von Deponien, Altablagerungen und Altstandorten, Halden oder Großtanklagern eingerichtet, da diese durch die Anhäufung großer Schadstoffmengen auf kleiner Fläche ein hohes Gefahrenpotential für das Grundwasser darstellen. Nach § 19 Wasserhaushaltsgesetz (Bundesregierung 2002) als rechtlicher Grundlage müssen die Betreiber von solchen Anlagen die Kosten für das Messnetz tragen.

Ist eine von Punktquellen ausgehende stärkere Grundwasserbelastung nachgewiesen, wird zum Zwecke der Erkundung und ggf. auch im Zusammenhang mit Sanierungs- und darauf bezogenen Kontroll- und Überwachungsmaßnahmen ein lokales Netz von *Schadensfallmessstellen* eingerichtet und temporär betrieben.

An dieser Stelle ist eine Bemerkung bezüglich Monitoring und Natural Attenuation (NA), speziell zum „Monitored Natural Attenuation" (MNA), angebracht.

Beim MNA muss der Nachweis erbracht werden, dass die angestrebten Sanierungsziele unter Einbeziehung des Reinigungsvermögens des Untergrundes erreicht werden können. Da die Auswirkungen der im Grundwasserleiter ablaufenden natürlichen biochemischen und mikrobiologischen Reaktionen und Prozesse (Abschn. 7.2) und deren Abhängigkeiten von den hydrogeologischen und hydraulischen Gegebenheiten des Untergrundes erst nach längeren Zeiträumen erkennbar werden, kommt dem Monitoring-Konzept eine besondere Bedeutung zu.

Die Ziele, die eine Grundwasserüberwachung im Zusammenhang mit Natural Attenuation erfüllen soll, können wie folgt definiert werden (Fachsektion Hydrogeologie 2002):

- Nachweis, dass NA wie prognostiziert erfolgt
- Erkennen möglicher gefährlicher Metaboliten
- Erfassen der raumzeitlichen Veränderung der Schadstofffahnen
- Nachweis, dass keine Schutzgüter im Grundwasserabstrom gefährdet werden
- Erkennen von Einflüssen, welche die NA-Prozesse beeinträchtigen, z.B. zusätzliche Kontaminationsquellen
- Dokumentation eventueller zusätzlicher Schutzmaßnahmen
- Erkennen eventueller Veränderungen der hydrogeologischen, geochemischen und mikrobiologischen Standortbedingungen, die Einfluss auf die Effektivität der natürlichen Reinigungsvorgänge haben können
- Nachweis, dass die angestrebten Sanierungsziele erreicht werden

Das Monitoring zur verfahrenbegleitenden Dokumentation des NA darf somit nicht statisch sein, sondern erfährt laufend eine Überprüfung und Anpassung entsprechend der Entwicklung des Schadensfalles.

Auch anthropogen unbeeinflusstes Grundwasser kann, bedingt durch spezifische geologische Verhältnisse, von der Nutzung ausgeschlossen sein, wenn die Trinkwassergrenzwerte überschritten werden. Das ist häufig der Fall in Küstennähe („Küstenversalzung"), in Grundwasserleitern mit Salinarkomponente (z.B. Gipswässer im Zechstein oder Muschelkalk) oder in Bereichen mit Aufstieg hochmineralisierter Tiefenwässer entlang tektonischer Strukturen. Hier stellt sich die Aufgabe, mittels *sonstiger Messstellen* den natürlichen (geogenen) Stoffinhalt des Grundwassers zu überwachen, der u.a. in Abhängigkeit von der Höhe der Grundwasserneubildung und der Veränderung der Potentialverhältnisse und damit ggf. auch des Strömungsfeldes raumzeitlich stark variieren kann.

9.1.3 Rohwassermessstellen

Die öffentlichen Trinkwasserversorgungsunternehmen und z.T. auch private Grundwassernutzer, z.B. Molkereien oder Brauereien, stellen aufgrund von Verordnungen oder im Rahmen von Kooperationsmodellen die hydrochemischen Messwerte ihres Rohwassers der zuständigen technisch-wissenschaftlichen Oberbehörde des jeweiligen Bundeslandes zwecks zentraler Auswertung und Bewertung zur Verfügung. Insofern stellen die *Rohwassermessstellen* eine Besonderheit dar, da sie nach Kriterien des Wasserbedarfs und der Wassergewinnungsmöglichkeiten im Land verteilt sind. Da beim Ausbau der Förderbrunnen bzw. bei der Auswahl der Quellen fast ausschließlich wasserversorgungswirtschaftliche Kriterien ausschlaggebend waren, sind die Daten z.T. interpretationsbedürftig und ergänzen daher lediglich den wesentlich weniger umfangreichen staatlichen Datenpool.

Aus der Vielzahl der Rohwassermessstellen wird durch gezielte Auslese ein Messnetz zusammengestellt, das eine flächenhafte Interpretation der resultierenden Daten erlaubt. Die vielen Messstellen im engeren Sinn (Beobachtungsrohre) eines Wasserwerks dienen auch dazu, für Förderbrunnen und genutzte Quellen ein Einzugsgebiet mehr oder weniger gut abzugrenzen. Andererseits lässt sich häufig nicht die tatsächliche Verteilung von Kontaminanten und das Ausmaß der anthropogenen Belastung des Grundwassers aufzeigen, da Grundwasser-Gewinnungsanlagen nach dem Wasserhaushaltsgesetz (WHG) bzw. den Vorschriften für Einzugsgebiete außerhalb des Einflussbereichs von Emissionsquellen liegen müssen.

9.1.4 Aufgaben der staatlichen Grundwasserüberwachung

Die staatlichen Messnetze in den einzelnen deutschen Bundesländern umfassen rd. 20 000 Grundwassermessstellen und Quellen, an denen quantitative Messwerte erhoben werden (Tabelle 9.1). Ein Teil davon dient der Überwachung der Grundwasserbeschaffenheit, nämlich rd. 4000 Messstellen und Quellen. Darüber hinaus werten die Fachbehörden von mehreren Zehntausend Grundwasseraufschlüssen insbesondere der Wasserversorgungsunternehmen die quantitativen und qualitativen Messwerte für die aktuelle Grundwassersituation aus.

Tabelle 9.1. Staatliches Grundwassermessnetz in den Ländern der Bundesrepublik Deutschland, Stand 01.06.1998 (Toussaint 2000)

Bundesland	Fläche	Anzahl	
	(km^2)	quantitative Messstellen	qualitative Messstellen
Baden-Württemberg	35751	2200	113
Bayern	70548	2450	278
Berlin	889	1200	198
Brandenburg	29481	2482	58
Bremen	404	209	42
Hamburg	755	930	189
Hessen	21114	965	232
Mecklenburg-Vorpommern	23170	506	82
Niedersachsen	47606	993	537
Nordrhein-Westfalen	34072	2144	1488
Rheinland-Pfalz	19845	772	295
Saarland	2570	36	38
Sachsen	18409	1359	91
Sachsen-Anhalt	20446	1702	122
Schleswig-Holstein	15739	857	113
Thüringen	16175	1086	85

quantitativ: Grundwasserstand bzw. Quellschüttung
qualitativ: Überwachung der Beschaffenheit in Basis- und Trendmessnetzen

Auf die jeweilige Fläche bezogen, ergibt sich für die einzelnen Bundesländer eine unterschiedliche Messstellendichte. Das beruht nur teilweise auf den unterschiedlichen hydrogeologischen Verhältnissen oder wasserwirtschaftlichen Prioritäten; denn die jeweiligen staatlichen Messnetze bestehen häufig aus unterschiedlich alten Teilmessnetzen, die für Fragestellungen eingerichtet worden sind, die heute nicht mehr relevant sind. In manchen Bereichen ist daher die Anzahl der Messstellen unnötigerweise sehr hoch; in anderen Bereichen sind zu wenig Messstellen vorhanden.

Gegenwärtig werden die staatlichen Messdienste optimiert (Länderarbeitsgemeinschaft Wasser 2000 c). Eine Überprüfung der Struktur der Messnetze, der Messstellendichte u.a. soll nicht nur eine merkliche Kostensenkung der Messungen und Auswertungen zur Folge haben, sondern bei konsequenter Nutzung der heutigen EDV-gestützten Informationstechniken letztlich auch eine Verbesserung der Qualität der Öffentlichkeitsarbeit.

Die Optimierung der Grundwasserdienste ist aber auch für den Austausch von Grundwasserdaten nötig, um innerhalb der Bundesrepublik Deutschland die Rahmenbedingungen der jeweiligen Landesgrundwasserdienste vergleichbar zu machen. Dafür hat ein bereits im Jahr 1974 konstituierter LAWA-Arbeitskreis Richtlinien und Empfehlungen erarbeitet (Länderarbeitsgemeinschaft Wasser 1984, 1987, 1993, 1995, 2000 a, c).

Mittlerweile hat der Datenaustausch eine größere Bedeutung auch durch die EU-Gesetzgebung erlangt. So werden die Grundwasser-Rohdaten von knapp 800 ausgewählten Messstellen seit dem Jahr 1999 über das Umweltbundesamt in Berlin an die seit 1994 in Kopenhagen ansässige Europäische Umweltagentur zur Auswertung im europäischen Maßstab weitergeleitet (Vorreyer 1999; Wolter 1999). Die Vorgaben der seit Dezember 2000 existierenden EU-Wasserrahmenrichtlinie (Europäische Gemeinschaften 2000), die im Jahr 2002 auch im bundesdeutschen Wassergesetz implementiert worden ist (Bundesregierung 2002), verpflichten auch Deutschland dazu, den aus Messwerten abgeleiteten quantitativen und qualitativen Grundwasserstatus in aggregierter Form, u.a. als digitale Karten, nach Brüssel zu berichten, und zwar

- als Übersichts-Messnetz (surveillance monitoring network). Dies kann dem in Deutschland bereits existierenden Grundnetz gleichgesetzt werden.
- als operatives Messnetz (operational monitoring network). Diesem entsprechen in Deutschland das verdichtete Grundnetz und die Sondermessnetze.

Neu ist allerdings, dass in Deutschland entgegen der bisherigen Praxis die Messnetze auf Flussgebiete bezogen zu organisieren sind. Dies muss spätestens im Jahr 2006 abgeschlossen sein.

Zusammengefasst hat die Grundwasserüberwachung in Deutschland durch staatliche Stellen und durch Dritte die nachfolgend aufgelistete Zielsetzung:

- Überblick über aktuelle Beschaffenheit der Grundwasservorkommen eines Landes (Ist-Zustand) in Abhängigkeit von Grundwasserleitern, Landnutzung und Gefährdungspotentialen
- landesweite Übersicht über Grundwasservorräte, gewässerkundliche Charakterisierung des Grundwasserspiegelgangs bzw. der Quellschüttung, Abgrenzung von Strömungsfeldern, Erkennen hydraulischer Wechselbeziehungen zwischen Grundwasser und oberirdischen Gewässern
- Erarbeiten und Bereitstellen von Referenzgrößen, z.B. für Grundwasserhöchst- und -tiefststände, für Zwecke der umweltverträglichen Grundwasserbewirtschaftung, für Baugrundfragen, hydrochemische Background-Daten als Grundlage für die Abschätzung einer möglichen Grundwasserkontamination
- Festsetzung von Trinkwasserschutzzonen
- Erkennen von Veränderungen im Sinne eines „Frühwarnsystems", auch im Hinblick auf mögliche Auswirkungen langfristiger Klimaveränderungen auf das Grundwasserdargebot
- Ursachenfindung und Beschreibung der für einen bestimmten Zustand und die Veränderungen verantwortlichen wesentlichen Wirkfaktoren
- Aufzeigen von Handlungsmöglichkeiten/-zwängen, Entwicklung und Empfehlung von landesweiten Maßnahmen und Konzepten
- Schaffung von Informationsgrundlagen für politisches Handeln und Festlegung umweltpolitischer Ziele

– Erfolgskontrolle eingeleiteter Maßnahmen, z.B. Reduzierung des Einsatzes von Düngemitteln oder Pflanzenschutz- und -behandlungsmitteln, Einkapselung von Altablagerungen
– Bereitstellung von Daten für die lokale anlagen- und nutzungsbezogene Überwachung/Kontrolle sowie Planung und Einleiten von Einzelmaßnahmen zur Grundwasserbewirtschaftung und zum Grundwasserschutz
– Unterstützung der Wasserwirtschaftsverwaltung bei Planungs- und Vollzugsaufgaben und Hilfestellung für Kommunen, Zweckverbände und öffentliche Träger der Wasserversorgung bei deren Versorgungsauftrag
– Information der Öffentlichkeit zur Grundwassersituation

Die Überwachung des Grundwassers im Rahmen des Landesgrundwasserdienstes ist eine staatliche Aufgabe und muss es im Hinblick auf die notwendige Daseinsvorsorge und Zukunftssicherung entgegen häufig geäußerten anderen Vorstellungen auch bleiben.

Die Vorgaben der EU-Wasserrahmenrichtlinie und die sich daraus ergebenden Verpflichtungen für den Staat sind dafür ein starkes Argument. Trotz immer knapper werdender finanzieller und personeller Ressourcen sollten bzw. dürfen zumindest Kernbereiche nicht privatisiert werden (Länderarbeitsgemeinschaft Wasser 2000 c).

Ein „outsourcing" ist bestenfalls denkbar im Zusammenhang mit dem erforderlichen Messdienst oder der Gewinnung von Grundwasserproben. Mögliche Kosteneinsparungen werden jedoch vermutlich durch einen höheren Organisations- und Koordinierungsaufwand mehr als kompensiert.

9.2 Monitoring-Zyklus

Das Ziel des Monitoring ist die Vermeidung von Grundwasserkontaminationen und die Lösung von Umweltproblemen auf der Grundlage einer nachhaltigen Entwicklung („sustainable development"). Daher darf sich „Monitoring" nicht allein auf Messaktivitäten, Laboranalytik und Datenhandling beschränken, sondern es muss eine Anwendung auf einen Prozess („assessment") hinzukommen.

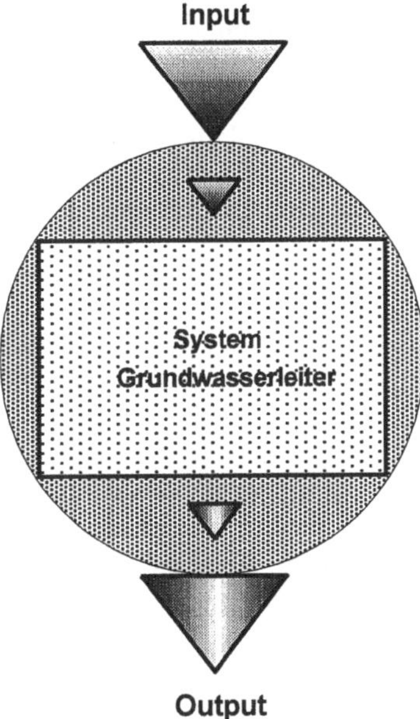

Abb. 9.2. System Grundwasser mit Input und Output

Hydrogeologischer Sachverstand und darauf aufbauend eine Einschätzung des Systems Grundwasser sind unbedingt erforderlich (Abb. 9.2), um Monitoring-Programme definieren und durchführen zu können. Das System Grundwasser bildet dort den Transit- oder Throughput-Bereich einer „Blackbox", in dem alle Prozesse ablaufen, die aber im einzelnen – soweit wie möglich – identifiziert und beschrieben werden müssen.

Beispielsweise muss die Regenperiode identifiziert werden, die zu einer intensiven Grundwasser-Neubildung geführt hat. Sie ist schlüssig mit einer Applikation von Düngemitteln (Input) zu verknüpfen. Dann ist nachzuweisen, ob und wann bei einem gegebenen Grundwasserströmungsfeld mit dem Nachweis von Nitrat in einer bestimmten Messstelle zu rechnen ist (Output).

Assessment und Monitoring können bezogen auf das Grundwasser wie folgt definiert werden (Ottens et al. 2000):

– Grundwasser-Assessment: „the valuation of the qualitative, physico-chemical and microbiological status of groundwaters in relation to the background conditions, human effects and the actual and intended uses which may adversely affect human health and the environment".

– Grundwasser-Monitoring: „the process of repetitive observing for defined purposes on one or more elements of the environment according to prearranged schedules in space and time and using comparable methodologies for environment sensing and data collection".

Je größer der Kenntnisstand des Systems Grundwasser ist, desto präziser und damit auch wirtschaftlicher kann ein Monitoring-Programm geplant und implementiert werden. Assessment und Monitoring bedingen sich also gegenseitig.

Grundwasser-Monitoring ist somit wesentlich mehr als „Messen" und geht auch über den „Messdienst" weit hinaus. Es ist vielmehr eine Sequenz von Aktivitäten, die mit der Definition der erforderlichen Informationen beginnen, die für das Erreichen gewässerkundlicher oder umfassender wasserwirtschaftlicher Ziele unbedingt vorliegen müssen, und mit der Nutzung der gewonnenen Erkenntnisse enden.

Es handelt sich also um einen integrativen Ansatz, der anschaulich als „Monitoring-Zyklus" dargestellt werden kann (Abb. 9.3).

- Das Konzept eines Monitoring-Zyklus beinhaltet gleichzeitig die Aussage, dass es keine Monitoring-Programme „von der Stange" geben darf. Diese produzieren häufig viele Daten, liefern aber wenig Informationen. Programme zur Grundwasserüberwachung müssen maßgeschneidert sein: Daten, Informationen und Entscheidungen sind Teile einer Gesamtstrategie. Ein „abgestimmtes Monitoringprogramm" erleichtert die Kommunikation zwischen den Fachleuten einerseits, die das Konzept entworfen haben, und Entscheidungsträgern sowie der Öffentlichkeit anderseits, welche die gewonnenen Informationen nutzen (Meiners 2001).
- Die Aktivitäten eines Monitoring-Zyklus sind mit den Erfordernissen des wasserwirtschaftlichen Managements abzustimmen. Denn es werden aussagefähige Informationen benötigt, um das Grundwasser im Hinblick auf die verschiedenen, z.T. miteinander konkurrierenden Nutzungsansprüche wirkungsvoll und auf Dauer schützen zu können.
- Im Monitoring-Zyklus ist die Gewinnung von „repräsentativen" Messwerten das Kernelement. Diese müssen über die Grundwassermesswerte die in situ-Situation im Nahbereich des Messstellenstandortes möglichst unverfälscht widerspiegeln, insbesondere für qualitative Messwerte. Daher müssen bei den wesentlichen Phasen des Monitoring-Zyklus (Messnetzplanung, Einrichtung von Messstellen, Beprobungsaktivitäten) Grundwasserproben gezielt zu gewinnen sein (Abb. 9.4).

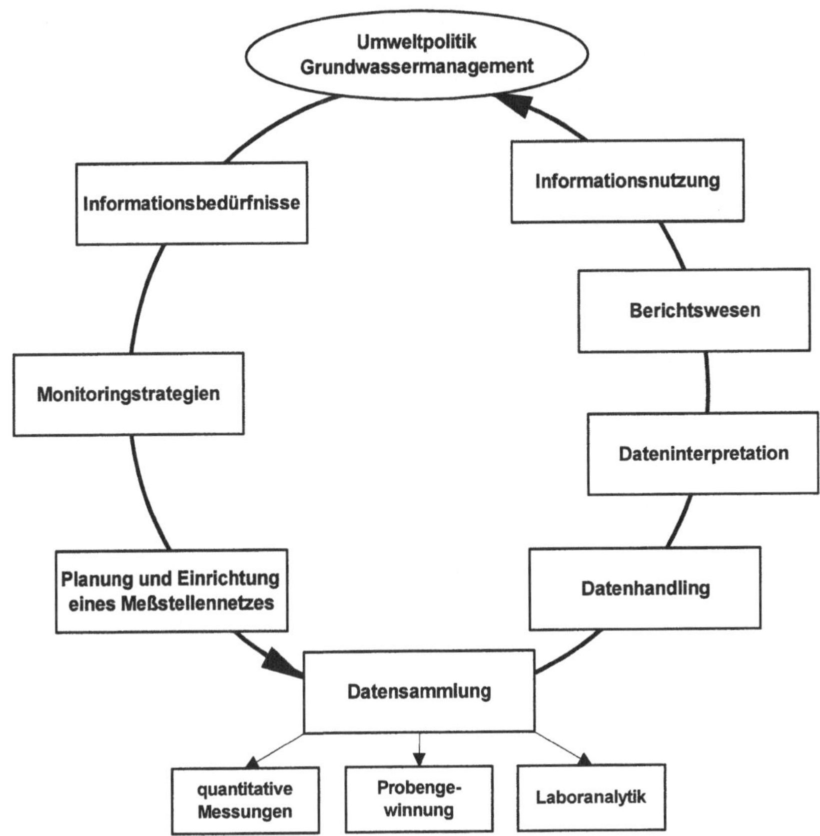

Abb. 9.3. Monitoring-Zyklus nach Ottens et al. (2000)

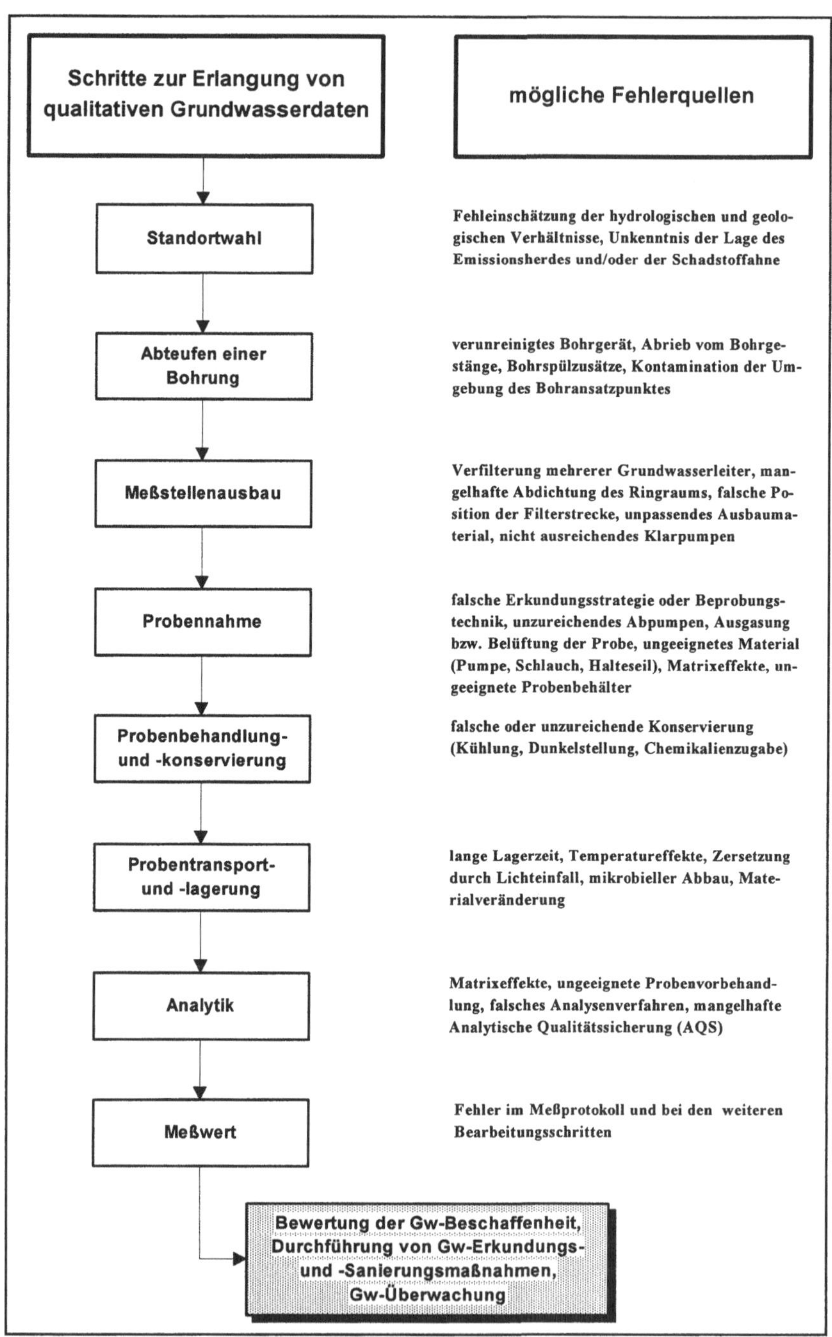

Abb. 9.4. Quantitative Grundwasserdaten : Arbeitsschritte und Fehlerquellen. Aus Toussaint (1996).

Für die Aktivitäten nach Abb. 9.4 sind in der Regel Hydrogeologen verantwortlich. Hier werden oft Fehler gemacht, die sich bei den nachfolgenden analytischen Arbeiten, insbesondere bei Probenaufbereitung und Analytik, stark auswirken (Deutscher Verein des Gas- und Wasserfaches 2001 b; Kreisel 1995; Länderarbeitsgemeinschaft Wasser 2000 a; Toussaint 1991 a, b, 1995, 1996, 1997 a, b, 1999). Der Einsatz teurer Gerätschaften und hochqualifizierter Chemiker ist geradezu unsinnig. Abbildung 9.5 soll eine Vorstellung von der Repräsentanz und Relevanz einer Grundwasserprobe in Abhängigkeit von Geofaktoren, Stoffeigenschaften, Messnetzkonfiguration, Messstellenausbau, Probenahmekonzept und Beprobungstechnik geben.

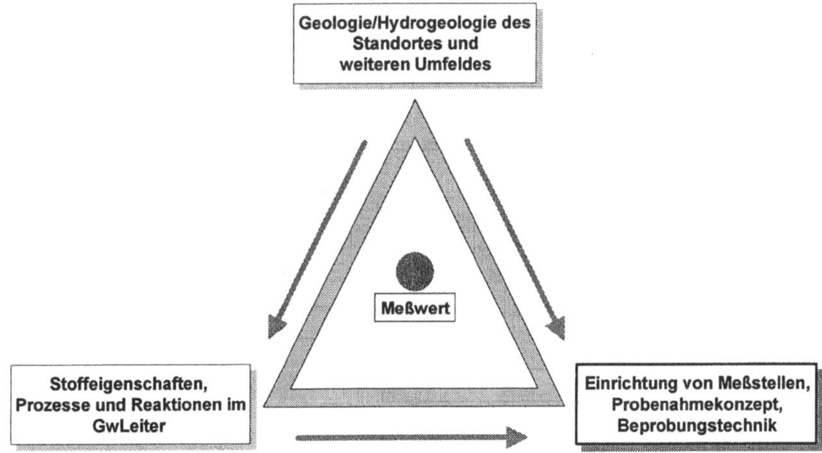

Abb. 9.5. Abhängigkeit der Repräsentanz einer Grundwasserprobe

9.3 Messnetzplanung

Bereits bei der Konzeption eines Messnetzes muss darauf geachtet werden, dass die zu erhebenden Grundwassermesswerte eine aussagekräftige und justitiable Qualität haben müssen. Ein bereits bestehendes Messnetz darf nicht als „statisch" angesehen werden. Weiterhin erfordert die Überwachung und Bewertung des weitgehend anthropogen unbeeinflussten Grundwassers oder einer diffusen Grundwasserbelastung im Landesmaßstab ein anderes Konzept als beispielsweise die Kontrolle eines kontaminierten Grundwasserkörpers im Umfeld einer ehemaligen Deponie oder eines Altstandortes.

Wie eingangs dargelegt, wird unterschieden zwischen

– einem auf Dauer angelegten flächenhaften, weitmaschigen Grundwassermessnetz der Wasserwirtschaftsverwaltung eines Bundeslandes und

– den lokalen bis regionalen, in der Regel zeitlich befristeten Sondermessnetzen mit meistens großer Messstellendichte.

Das *staatliche Messnetz* wird sich in Zukunft auf hydrogeologische Teilräume und im Sinne der EU-Wasserrahmenrichtlinie gleichzeitig auch auf Flussgebietseinheiten beziehen. Sowohl gewässerkundliche und umweltrelevante Zielsetzungen als auch die Belange der Wasserversorgungswirtschaft spielen eine große Rolle. Das Messnetz erfasst alle Grundwasserleiter, die relevant sind. Wegen der Kontaminationsgefahr und im Hinblick auf mögliche negative Einflüsse auf grundwasserabhängige Biotope kommt jedoch dem obersten Hauptgrundwasserleiter die größte Bedeutung zu.

Ein Messnetz besteht aus den Elementen

– Grundwasseraufschlüsse, d.h. Messstellen i.e.S. (Messrohre)
– Quellen
– Brunnen mit meist ständiger Förderung von Wasser für unterschiedliche Zwecke
– Grundwasserblänken

In gut organisierten Messnetzen spielen nur Messstellen i.e.S. und Quellen, die zusammenfassend als Messstellen i.w.S. bezeichnet werden, eine Rolle. Aus dem Zusammenhang geht hervor, ob Messrohre, Quellen oder beides gemeint sind.

Nach DIN 4049-3 (1994) wird ein Messrohr als Messstelle (i.e.S.) bezeichnet; im Hinblick auf quantitative und qualitative Messungen wird nicht weiter differenziert.

In der Praxis, im Fachjargon und selbst in der Fachliteratur häufiger gebrauchte Synonyme wie

– Peilrohr
– Piezometer (Messrohre für Messung des Grundwasserstands)
– Rammbrunnen
– Filterrohr (oftmals in Verbindung mit einem Buchstaben zur weiteren Untergliederung)
– Pegel

sind nicht DIN-gerecht. Insbesondere die Bezeichnung „Pegel" ist unangebracht, da dies der Begriff für eine Messlatte an einem oberirdischen Gewässer ist.

Die Mehrzahl der bestehenden Messstellen dient der Gewinnung quantitativer Daten, nämlich Grundwasserstand oder Quellschüttung. An ausgewählten Messstellen (Grundmessnetz als Teilmessnetz des Landesgrundwassermessnetzes oder Sondermessnetze) werden im Rahmen bestimmter Untersuchungsprogramme zusätzlich regelmäßig Grundwasserproben entnommen, um den qualitativen Zustand des Grundwassers bewerten zu können. Der häufiger verwendete Begriff „Überwachungsbrunnen" ist nicht adäquat.

In Bundesländern, in denen Festgesteine eine große Verbreitung haben, werden Quellen bei der Auswahl der Grundwasseraufschlüsse stärker berücksichtigt (Länderarbeitsgemeinschaft Wasser 1995, 2000 a). Vielen Quellen lässt sich ein unterirdisches Einzugsgebiet zuordnen, so dass ein auf eine größere Fläche bezogener

Integralwert erhalten wird. Da an Quellen das Grundwasser von Natur aus frei austritt, können direkt repräsentative Proben entnommen werden.

Messstellen i.e.S. sind im Hinblick auf die Gewinnung quantitativer und qualitativer Messwerte universell verwendbar. Außerdem können sie an jedem gewünschten Standort gezielt eingerichtet werden. Sie sind die Grundlage eines jeden Messnetzes bzw. Überwachungsprogramms. Andererseits sind die Messrohre wegen der zahlreichen Fehlermöglichkeiten nicht unproblematisch. Dennoch haben die resultierenden Messwerte nur eine punktuelle Aussagekraft bzw. beziehen sich auf einen schmalen Grundwasserstromfaden.

Häufig schwankt die Beschaffenheit von Grundwasserproben auch auf einer verhältnismäßig kleinen Fläche von Ort zu Ort merklich. Daher bestehen Vorbehalte, wenn aus den Messwerten weniger ausgewählter („repräsentativer") Messstellen auf großräumige Grundwasserverhältnisse geschlossen wird, insbesondere dann, wenn die Daten dieser Messstellen mittels geostatistischer Verfahren regionalisiert werden. Daher haben solche ausgewählten Messstellen streng genommen lediglich eine Referenzfunktion für bestimmte hydrogeologische Verhältnisse, Landnutzungen usw.

9.3.1 Messnetzkonfiguration und Messstellendichte

Konfiguration und Design

Im Folgenden wird aufgelistet, was bei Messnetzen, für die allgemein eine flächenbezogene Aussage erwartet wird, hinsichtlich Konfiguration bzw. Design zu berücksichtigen ist.

Abgesehen von personellen, finanziellen, organisatorischen und speziellen wasserwirtschaftlichen Aspekten ergeben sich die Kriterien des Messnetzdesigns im Wesentlichen aus

– der Zielsetzung allgemein, flächenbezogene Aussagen machen zu können
– dem Untersuchungsraum mit seinen speziellen geogenen und anthropogenen Einflüssen auf die Grundwasserbeschaffenheit
– der Art der Messstellen
– der angestrebten Aussagegenauigkeit im Hinblick auf die zeitliche und räumliche Varianz der Grundwasserinhaltsstoffe
– der Berücksichtigung bereits vorliegender Erkenntnisse über die Grundwasserbeschaffenheit
– der Fortführung langer Messreihen
– einem unproblematischen Zugang zu den Messstellen, ggf. mittels Pkw

Ferner ist festzuhalten:

– zwischen benachbarten Messstellen sollte eine Interpolation der Messwerte möglich sein
– meist kann nur für kleinräumige Messnetze eine optimale Messstellendichte verwirklicht werden

- großräumige Messnetze können i.Allg. nicht so dicht mit Messstellen bestückt sein, dass sie tatsächlich flächendeckende Aussagen erlauben
- Messstellen stehen in der Mehrzahl beispielhaft für bestimmte geohydrologische Verhältnisse, Strömungsfelder und ausgewählte Grundwasserleitertypen in definierten hydrogeologischen Teilräumen
- die Wahl eines Messstellenstandortes muss sicherstellen, dass wenigstens für dessen näheres Umfeld charakteristische Messwerte erzeugt werden

Grundwassermessstellen werden nach Art der Grundwasserleiter wie folgt differenziert:

- Porengrundwasserleiter aus Sand oder Kies (Grundwasser-Fließgeschwindigkeit Zentimeter bis Meter pro Tag)
- Kluftgrundwasserleiter in Festgesteinen wie z.B. Basalt oder Sandsteinen; besonders mit höherer Fließgeschwindigkeit und hoher Verschmutzungsanfälligkeit bei fehlender Überdeckung durch gering leitende Gesteinsschichten
- Karstgrundwasserleiter, an Karbonatgesteine gebunden, mit ihren durch Lösungsprozesse entstandenen großen wasserwegsamen Hohlräumen und sehr hoher Verschmutzungsanfälligkeit
- stark verkarstete Gesteine mit Röhren- und Höhlensystemen, in denen das Wasser nahezu mit Geschwindigkeiten wie in oberirdischen Gewässern fließt. Bei diesen sind möglichst viele Quellen in das Messnetz, besonders in Landesmessnetzen, zu integrieren.

Dichte des Messnetzes

Für die erforderliche Dichte eines Messnetzes kann und sollte kein Schema vorgegeben werden.

- Die Dichte des staatlichen Grundmessnetzes wird vorrangig durch die hydrogeologischen Verhältnisse bestimmt, in Abhängigkeit von Gestein, Tektonik, Morphologie, Gewässernetz, Klima und nicht zuletzt menschlichen Eingriffen in die jeweiligen Grundwasserleiter stark variierend, auch kleinräumig.
- Bei der Planung eines Grundwassermessnetzes ist die Konzeption eines hydrogeologischen Modells (Fachsektion Hydrogeologie 1999) sehr zu empfehlen, um die maßgebenden, von der Geologie bestimmten Wirkgrößen besser bewerten zu können.
- Eine Orientierung an Flächengrößen wäre fehl am Platz (s. auch Länderarbeitsgemeinschaft Wasser 2000 a), da sehr häufig eine Einzelfallbetrachtung unumgänglich ist.
- Es gilt der Grundsatz: Je heterogener und komplizierter ein Grundwasserleiter aufgebaut ist, desto mehr Messstellen sind erforderlich, um seine Charakteristik zu beschreiben.
- Festgesteine, insbesondere verkarstete, sind dabei anders zu bewerten als Lockergesteine, da die hydrogeologischen Verhältnisse weniger gut überschaubar und zu bewerten sind.

- Ausreichende Erfassung von Schichtwechseln und Störungszonen, wenn diese eine wesentliche Beeinflussung der Strömungsvorgänge in den Grundwasserleitern bewirken.
- Möglichst genaue Lokalisierung der unterirdischen Wasserscheiden und Einzugsgebiete.
- Berücksichtigung der Bedeutung von Grundwasservorkommen aus wasserwirtschaftlicher Sicht sowie von ökologischen Fragestellungen und Beweissicherungen.
- Ein ausschließlich statistischer Ansatz bei der Messnetzplanung ist wegen der komplexen Wechselbeziehungen der Einflussfaktoren untereinander und auf das Grundwasser abzulehnen.
- Ausdünnung eines vorhandenen Messnetzes, ggf. unter Anwendung von statistischen Optimierungsverfahren (Bucher 1994; Demuth u. Destruelle 1997; Fank u. Fuchs 1996; Länderarbeitsgemeinschaft Wasser 2000 c; Wingering 1999).
- Bei Sondermessnetzen Berücksichtigung der genauen Konfiguration einer Schadstofffahne.
- Zuordnung von Messstellen zu potentiellen oder tatsächlichen Emissionsquellen.

Standort Grundwasser-Messstelle und Grundwasserströmungsfeld

Bei der Planung eines Messnetzes wird erfahrungsgemäß zu wenig berücksichtigt, dass der Standort einer Messstelle in Relation zum unterirdischen Strömungsfeld in Verbindung mit der Messstellentiefe und der Filterposition in hohem Maße das Beschaffenheitsmuster von Grundwasserproben beeinflusst. Das von den hydrogeologischen und geomorphologischen Verhältnissen abhängige Strömungsfeld nimmt seinen Anfang mit der Infiltration des Sickerwassers in den Grundwasserneubildungsgebieten (bevorzugt Höhenlagen mit durchlässiger Grundwasserüberdeckung) und endet mit dem Austritt des Grundwassers in Entlastungsgebieten (oberirdische Gewässer und Quellen als natürliche Entlastungsgebiete, Förderbrunnen als künstliche Entlastungsgebiete). Dazwischen liegen die Durchflussgebiete, die das Grundwasser mehr oder weniger lateral durchströmt. Mittels geeigneter Messstellen kann auf diese Weise die natürliche oder auch anthropogene Veränderung des Grundwasserchemismus auf dem Fließweg nachgezeichnet werden. Erforderlich ist aber, dass auch Messstellentiefe und Filterposition an die hydrodynamischen Verhältnissen angepasst sind. Da außerdem auch gravitationsbedingte Dichteströmungen möglich sind, z.B. im Zusammenhang mit Kühlwassereinleitungen oder im Hinblick auf Schadstoffe, die entweder leichter (z.B. Mineralöle) oder schwerer (z.B. leichtflüchtige halogenierte Kohlenwasserstoffe) als Wasser sind, und weiterhin im Vertikalprofil eines Grundwasserleiters die hydraulische Durchlässigkeit stark variieren kann und somit eine ausgeprägte Makrodispersion die Folge ist, bedeutet dies, dass Messnetze vielfach dreidimensional sein müssen.

Liegt ein Grundwasserstockwerk vor oder bezieht sich die Beobachtung und Überwachung des Grundwassers auf mehrere Grundwasserleiter in einem Vertikalprofil, muss die Messnetzkonfiguration die Gewinnung von Grundwasserproben gewährleisten, die jeweils typisch für einen einzelnen Grundwasserleiter sind.

Bei der Planung eines solchen Messnetzes spielt weiterhin die Kenntnis von vorhandenen flächenhaften, linienförmigen oder punktuellen Schadstoffquellen eine wesentliche Rolle, da deren Auswirkungen auf die Grundwasserbeschaffenheit überwacht werden muss. Je größer das Gefährdungspotential ist, z.B. durch sorglosen Umgang mit wassergefährdenden Stoffen an Industriestandorten, nicht dem technischen Standard entsprechender Lagerung von Chemikalien, Intensivlandwirtschaft und damit Einsatz von N-Düngern sowie Pflanzenschutz- und -behandlungsmitteln, desto mehr besteht die Notwendigkeit eines Grundwasser-Monitoring, das auf vielen Messstellen basieren muss. Dies gilt insbesondere, wenn eine potentiell das Grundwasser gefährdende Landnutzung und eine hohe Verschmutzungsempfindlichkeit eines Grundwasservorkommens, z.B. eines Karstgrundwasserleiters ohne Überdeckung, räumlich zusammenfallen.

Wesentliche Grundsätze für Messnetzdesign und Messstellendichte

Die wesentlichen Grundsätze für Messnetzdesign und Messstellendichte werden nachstehend nochmals zusammengefasst:

- In einem Porengrundwasserleiter kann das Messnetz weitmaschiger sein als in einem Kluft- oder Karstgrundwasserleiter.
- Je homogener ein Grundwasserleiter in hydraulischer und geochemischer Hinsicht ist, desto geringer kann die Anzahl der Messstellen sein.
- Bei gespanntem Grundwasser ist eine geringe Anzahl von Messstellen ausreichend, wenn es um Fragen der Grundwasserbeschaffenheit geht.
- Bei einer anthropogenen Beeinflussung des Grundwassers in quantitativer und qualitativer Hinsicht muss die Anzahl der Messstellen zunehmen.
- Mit dem Grad der Verschmutzungsempfindlichkeit eines Grundwasservorkommens sollte auch die Messnetzdichte zunehmen; das gilt umso mehr, je größer das von der Landnutzung ausgehende Gefährdungspotential ist.
- Im Fall eines flurnah anstehenden Grundwassers muss das Messnetz dichter sein als bei einem Grundwasservorkommen, das mehrere Meter oder sogar Zehnermeter unter der Geländeoberfläche angetroffen wird.
- Bei starker Verkarstung kommt bei fehlenden bindigen Deckschichten der Schutz- und Pufferfunktion auch einer mächtigen Grundwasserüberdeckung keine Bedeutung zu, so dass ein dichteres Messnetz angebracht ist.
- Bei qualitativem Monitoring ist es sinnvoll, möglichst viele Quellen in das Messnetz einzubeziehen, da flächenbezogene Daten erhalten werden. Das gilt insbesondere für die Überwachung von Karstgrundwasser.
- Auch die chemischen Befunde des grundwasserbürtigen Rohwassers von Wassergewinnungsanlagen sind mit auszuwerten.

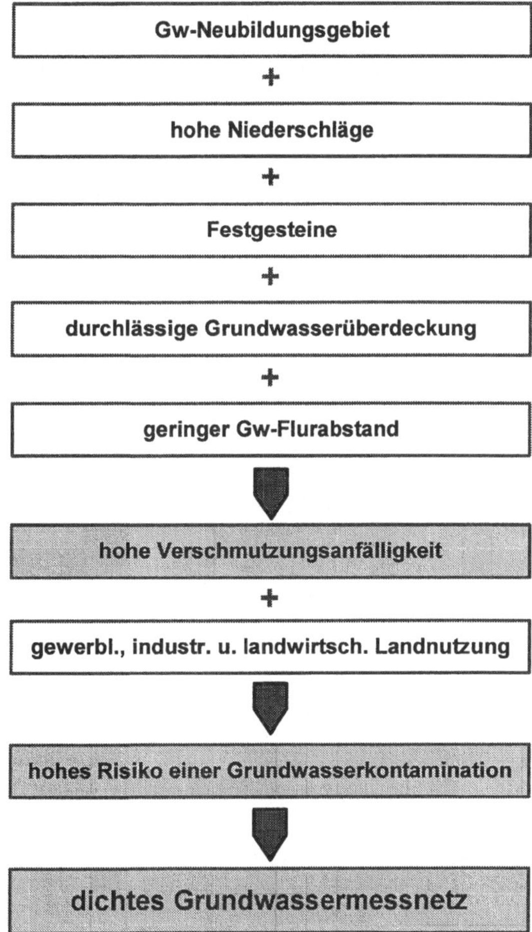

Abb. 9.6. Abhängigkeit der Messnetzplanung von Faktoren, die sich quantitativ und insbesondere qualitativ auf das Grundwasser auswirken

In Abb. 9.6 sind diejenigen Kriterien zusammengefasst, die deutlichen Einfluss auf Konfiguration und Dichte eines Grundwassermessnetzes haben. Je mehr Kriterien relevant sind, desto dichter sollte in der Regel ein Messnetz konzipiert werden.

Weitere Empfehlungen zur Konfiguration und Dichte von Messnetzen

Im Folgenden werden weitere Empfehlungen zur Konfiguration von Messnetztypen und zur jeweiligen Messstellendichte gegeben.

- Aus unterschiedlichen, bereits genannten Gründen ist das *Messnetz der Landesgrundwasserdienste* im Regelfall weitmaschig. Der Auswahl der „richtigen" Messstellen aus einem bestehenden Messnetz bzw. der Standortwahl für neu einzurichtende Messstellen kommt eine besondere Bedeutung zu.
- Insbesondere die Basismessstellen, an denen bevorzugt das am mittel- oder langfristigen Kreislauf teilnehmende Grundwasser erfasst wird, sollen „repräsentative" Messwerte liefern und Aussagekraft für eine größere Fläche haben. Es handelt sich hierbei überwiegend um flache Messstellen im Bereich rezipierender oberirdischer Gewässer oder Messstellen mit tieferer Filterposition in den sogenannten Durchflussgebieten des Grundwasserströmungsfeldes.
- Überwacht wird im Wesentlichen der oberflächennächste Hauptgrundwasserleiter, da in der Regel von der Geländeoberfläche ausgehend die Schadstoffe in den Untergrund übertreten.
- Wenn aus tieferen Grundwasserleitern Wasser gefördert wird, sind auch diese in das Monitoring einzubeziehen, um der Änderung der Druckpotentiale und Strömungsverhältnisse in den einzelnen Stockwerken Rechnung zu tragen.
- Ausreichend viele Messstellen gibt es dort, wo Grundwasservorkommen für die Trinkwassergewinnung erschlossen werden. Da auch das nicht genutzte Grundwasser Schutzgut ist, sollten Messstellen auch in Grundwasserleitern eingerichtet werden, die aktuell wasserwirtschaftlich nicht genutzt werden.
- Aufgrund der bisher gemachten Erfahrungen wird man für Basismessstellen Waldstandorte und extensiv genutztes Grünland bevorzugen, dabei kann nicht ausgeschlossen werden, dass wegen der Auskämmwirkung der Bäume u.U. luftgetragene Schadstoffe dem Grundwasser eine diffuse Belastung, z.B. durch erhöhte Nitratgehalte oder Absenkung des pH-Wertes, aufprägen können.

Nach den Vorstellungen der LAWA (Länderarbeitsgemeinschaft Wasser 1993) genügen wenige Referenzmessstellen im oberflächennächsten Hauptgrundwasserleiter eines hydrogeologischen Teilraums, um die geogen vorgegebene Bandbreite der Grundwasserbeschaffenheit und flächenhaft wirkende anthropogene Einflüsse zu erfassen. Deren Anzahl kann in wasserwirtschaftlich beanspruchten tieferen Grundwasserleitern noch geringer sein.

Dieses Konzept hat vermutlich die immer knapper werdenden personellen und finanziellen Ressourcen der Fachdienststellen der Länder vor Augen. Es berücksichtigt zu wenig, dass ein natürlicher Grundwasserleiter hinsichtlich seiner hydraulischen Eigenschaften und seines geochemischen Inventars eher heterogen als homogen ist. Von prägender Bedeutung für die Beschaffenheit des Grundwassers sind:

- Chemismus des Niederschlagswassers
- Höhe und jahreszeitliche Verteilung der Grundwasserneubildung
- Bodennutzung
- Ausbildung und Mächtigkeit der Deckschichten
- Art des Grundwasserleiters
- Charakteristik des Grundwasserströmungsfeldes

– physikalische, chemische und biologische Prozesse und Reaktionen in der ungesättigten und gesättigten Zone innerhalb eines hydrogeologischen Teilraums, die z.T. stark variieren

Daher ist es schwierig, allein aus den Messwerten weniger ausgewählter („repräsentativer") Messstellen auf großräumige Grundwasserverhältnisse zu schließen.

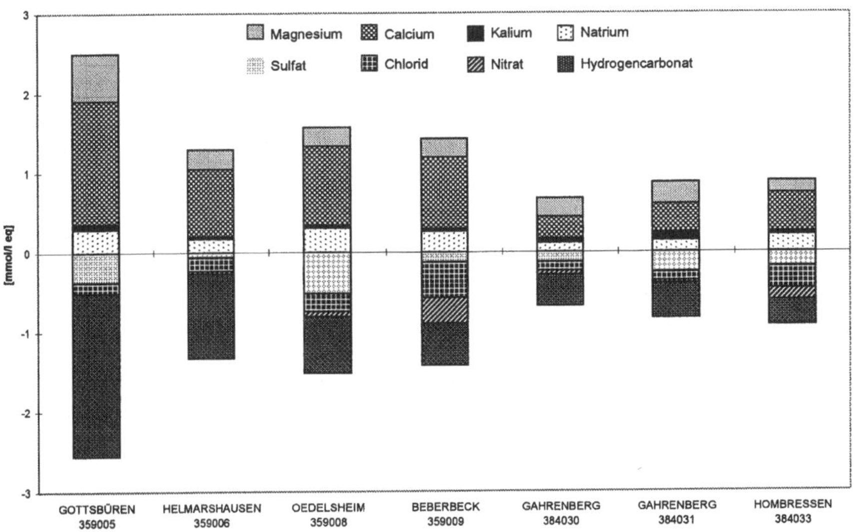

Abb. 9.7. Unterschiedliche Grundwasserbeschaffenheit in Messstellen des Landesgrundwasserdienstes im nordhessischen Reinhardswald im August/September 1992. Mittlerer Buntsandstein, z.T. überlagert von sedimentärem Tertiär und Löss(-lehm).

Auch bei einem in petrographischer und geochemischer Hinsicht mehr oder weniger homogenem Gestein ist es nicht ausgeschlossen, dass sich Verteilungsmuster und Konzentration der Grundwasserinhaltsstoffe in Proben aus benachbarten Messstellen deutlich unterscheiden. Das ist vor allem der Fall, wenn das Grundwasser von Natur aus nur schwach mineralisiert ist wie z.B. in Buntsandsteingebieten. Dort können sich beispielsweise stark kalkhaltige, aus Löss(lehm-) decken stammende Sickerwässer lokal hydrochemisch prägend auswirken (Abb. 9.7). Ein ähnlicher Effekt ist u.a. auch in stark tektonisch beanspruchten Gebieten gegeben, in denen über wasserwegsame Störungssysteme hydrochemisch unterschiedliche Grundwässer miteinander in hydraulischer Verbindung stehen. Beispielhaft ist dies bei den Grundwasservorkommen in den Muschelkalkgräben Nord- und Osthessens der Fall und führt tektonisch bedingt zu einer Aufhärtung der ansonsten weichen Buntsandsteinwässer.

Mittlerweile ist in allen deutschen Bundesländern die landesweite Überwachung des grundwasserbürtigen *Rohwassers* der öffentlichen und z.T. auch privaten Wassergewinnungsanlagen weitgehend verwirklicht.

Die Einbeziehung der Rohwasseranalytik bringt einerseits eine wesentliche Verbesserung der Datenbasis, hat aber auch die Konsequenz, dass das staatliche Grundwassermessnetz in den ersten Jahren nach seiner Einrichtung nicht starr konfiguriert ist, sondern hinsichtlich Messstellenanzahl und -standorten ständigen Veränderungen unterworfen ist.

Im Zusammenhang mit der Planung der möglichen Standorte von Trendmessstellen des staatlichen Basismessnetzes und vor allem von objekt- und nutzungsbezogenen *Sondermessstellen* sind alle anthropogenen Einflüsse auf das Grundwasser zu berücksichtigen.

Trendmessstellen

Die *Trendmessstellen* des staatlichen Grundmessnetzes und die *Emittentenmessstellen* sollten so über den Raum verteilt sein, dass

- ihre Standorte die unterschiedliche Bodennutzung bzw. die Schwerpunkte der Luftbelastung berücksichtigen
- sie entsprechend ihrer Aufgabenstellung die Auswirkungen flächenhaft-diffuser Emissionen auf die Grundwasserbeschaffenheit erfassen
- sie in Bereichen mit ausgeprägter Grundwasserneubildung eingerichtet werden und
- sich die jeweiligen Filterstrecken in der Nähe der (freien) Grundwasseroberfläche befinden

Bei der Förderung aus mehreren Grundwasserleitern sind, um die Grundwasserqualität eindeutig beurteilen zu können, alle Horizonte einzeln zu verfiltern. Hydraulische Kurzschlüsse in den Vorfeldmessstellen sind zu vermeiden. Dies gilt besonders für den Nahbereich von Förderbrunnen. Da die öffentlichen Wasserversorgungsunternehmen einwandfreies Trinkwasser für die Bevölkerung garantieren müssen, haben die Grundwassermessstellen im Vorfeld von Brunnen oder Quellfassungen eine Frühwarnfunktion. Vorfeldmessstellen sind daher abgestimmt auf andere Messnetze, speziell Emittentenmessnetze, in besonders überwachungsbedürftigen Zustrombereichen zu den Fassungsanlagen zu positionieren.

Die Abstände zu den Fassungsanlagen sind so zu wählen, dass nach dem erstmaligen Nachweis von Kontaminanten in den Messstellen in Abhängigkeit von der Schadstoffcharakteristik und dem Beprobungsturnus noch ausreichend Zeit für wirkungsvolle Gegenmaßnahmen in dem betroffenen Wasserwerk verbleibt.

Schadensfallmessstellen

Die Platzierung von *Schadensfallmessstellen* ist sehr eng an die standörtlichen Gegebenheiten anzupassen. Daher kann nur ein mit dem Fall vertrauter Gutachter konkret entscheiden, wo und wie Messstellen einzurichten sind (Dörhöfer 1995/96; Friege et al. 1989). Um den Erfolg von Sanierungs- oder Sicherungsmaßnahmen zu kontrollieren, werden folgende allgemeine Empfehlungen gegeben:

- Grundsätzlich muss die Beschaffenheit des Grundwassers im Oberstrom der Kontaminationsquellen bekannt sein.
- Dort müssen eine oder mehrere Messstellen eingerichtet werden.
- Bei Porengrundwasserleitern sind weitere Messstellen im Zentrum, bei Kluftgrundwasserleitern im unterstromigen Nahbereich eines Schadensherdes zu installieren. Dies dient dazu, die Gefahr einer Verschleppung von Schadstoffen, auch im Zusammenhang mit Bohrungen möglichst zu minimieren. Ferner soll geprüft werden, ob und wann umweltrelevante Maßnahmen greifen.
- Ist damit zu rechnen, dass Schadstoffe leichter oder schwerer als Wasser sind, oder dass innerhalb einer Schadstofffahne bestimmte Kontaminanten in einem Grundwasserleiter in verschiedenen Teufen unterschiedlich schnell transportiert werden, sind abgestuft tiefe Messstellen zu bauen.
- Bei Schadstofffahnen von mehreren Kilometer Länge sind zusätzlich neben eventuellen Dichteströmungen auch die Vertikalgradienten im Grundwasserströmungsfeld vorhanden, wobei die gelösten Schadstoffe die Tendenz haben abzusinken.
- Der Messnetzplaner muss daher in Fließrichtung einer langen Fahne Messstellen mit immer tiefer positionierten Filterstrecken vorsehen (Toussaint 1994).
- Charakteristisch für die Überwachung einer Schadstofffahne im Grundwasser sind Messstellen, die auf Querprofilen angeordnet sind.

In Tabelle 9.2 sind die Ziele des Monitoring für die jeweiligen Messnetztypen mit Kriterien für die Standortwahl der Messstellen zusammengestellt.

Es wird deutlich, dass alle Messnetze mehr oder weniger dreidimensional zu konfigurieren sind. Die Unterscheidung zwischen flachen und tiefen Messstellen ist relativ; ob tief oder flach hängt davon ab, wie einerseits die hydrogeologischen und geohydraulischen Gegebenheiten und andererseits das Verhalten der Schadstoffe im System Grundwasserleiter erfasst werden können. Die quantitativen und qualitativen Messwerte ändern sich in der Zeit sowohl in der Fläche als auch über die Teufe eines Grundwasserleiters.

Tabelle 9.2. Kriterien und Ziele für das Monitoring bei Messnetzen. Nach Länderarbeitsgemeinschaft Wasser (2000 a).

Messnetz	Zuordnung	Monitoringziel	Messstellenstandorte
Grund-Messnetz	Basismessstelle	Erfassung der natürlichen, anthropogen weitgehend unbelasteten geogenen Grundwasserbeschaffenheit	geringe anthropogene Beeinflussung; bevorzugt Waldstandorte mit tiefem Grundwasser oder ungedüngte Wiesen
	Trendmessstelle	Beobachtung anthropogen bedingter Veränderungen der Grundwasserinhaltsstoffe infolge diffuser Belastungen	vorwiegend Neubildungsgebiete mit intensiverer Landnutzung
Sondermessnetze	Vorfeldmessstelle	Erfassung der Grundwasser-Beschaffenheit im Zuflussbereich von Grundwasser-Entnahmen zum Zweck der Vorwarnung in Ergänzung der staatlichen Grundwasser-Überwachung	Bereiche potenzieller Immissionsgefährdung mit ausreichendem Abstand zur Wasserfassung (Frühwarn-Funktion); Messstellenprofile senkrecht zum Anstrom zu Brunnen oder Quellen
	Emittentenmessstelle	Erfassung der Luftbelastung bezüglich Grundwasser-Versauerung oder Stickstoffeintrag ins Grundwasser; Erfassung der Auswirkungen flächenhafter Immissionen	in Hauptwindrichtung relevanter Emittenten; bevorzugt Wiese und Wald; im Sickerbereich bzw. oberflächennahen Grundwasser-Raum basenarmer Gesteine (Sande, Tonsteine, Quarzite, Sandsteine, Gneise, Granite) und ihrer Verwitterungsböden
	landwirtschaftliche Nutzung		bevorzugt oberflächennah in gut bis sehr gut durchlässigen Grundwasserleitern; nach der Tiefe gestaffelt in Bereichen unterschiedlicher Kulturen (Mais, Hackfrüchte, Wein, Obst)

Tabelle 9.2. (Fortsetzung)

Messnetz	Zuordnung	Monitoringziel	Messstellenstandorte
Sondermess-netze	Emittenten-messstelle	Industrie	oberflächennah im Grundwasser-Abstrom, in Hauptwindrichtung (Staubbelastung), bei Dichteströmungen auch tiefer verfilterte Mess-stellen
		Siedlung	oberflächennah im Siedlungsgebiet selbst und in dessen Abstrom-bereich
		Verkehrswege, belastete ober-irdische Gewässer	oberflächennah im un-mittelbaren Infiltrati-onsbereich und im Abstrombereich
		Erfassung der Auswirkungen punktueller Emissionen	flach- und tiefverfilterte Messstellen in Längs- und Querprofilen un-terstromig von – Deponien – Altablagerungen – Altstandorten – Halden – Großtanklager
Sondermess-netze	Schadensfall-Messstelle	Erfassung der Schadstofffahne und des Zentrums einer aktuel-len Gw-Kontamination (z.B. bei Havarien)	Gw-Abstrombereich; meistens tiefendifferen-zierte Verfilterung
	Sondermess-stelle	Erfassung der weitgehend geo-gen bedingten, aber oft nut-zungsbedingt initiierten Gw-Belastung	Nachweis hochminera-lisierter Wässer Küstenbereich (Erfas-sung der Küstenversal-zung) prädestinierte stra-tigraphische Einheiten (z.B. Zechstein oder Mittlerer Muschelkalk)
Rohwasser	Rohwasser-messstelle	Überwachung der Rohwasser-beschaffenheit für die öffentli-che Trinkwasserversorgung und z.T. auch private Wasser-förderung in Ergänzung der staatlichen Grundwasser-Überwachung	Quellen, Brunnen, Stol-len, Sickerwasserfas-sungen als Wasserge-winnungsanlagen in nicht oder gering anthropogen beeinfluss-ten Einzugsgebieten

9.3.2 Anforderungen der EU-Wasserrahmenrichtlinie an Grundwassermessnetze

Das Grundwassermessnetz hat sich nach der EU-Wasserrahmenrichtlinie an Flussgebietseinheit bzw. an hydrologischen Einzugsgebieten zu orientieren und ist auf Grundwasserkörper zu beziehen. Ein Grundwasserkörper ist ein abgegrenztes Wasservolumen innerhalb eines oder mehrerer Grundwasserleiter, mehrere kleine Grundwasserkörper können zu einer Grundwasserkörpergruppe zusammengefasst werden. Grundwasser in angrenzenden Geringleitern (K bzw. $k_f < 10^{-5}$ m/s) ist demnach nicht Bestandteil eines Grundwasserkörpers.

In Deutschland wurde im Gegensatz zu anderen EU-Ländern dieser Definition nicht gefolgt. Vielmehr wurde überwiegend in unterschiedlichen Varianten ein Grundwasserkörper aus der GIS-gestützten Verschneidung von Flusseinzugsgebieten und hydrogeologischen Teilräumen abgeleitet. Die deutsche Version eines Grundwasserkörpers beinhaltet somit ein Nebeneinander von Grundwasserleitern und -geringleitern sowie ggf. auch Grundwasser-Nichtleitern innerhalb eines Grundwasserkörpers. Da aber im Hinblick auf die Klimaverhältnisse in Deutschland eine Nebenbestimmung der EU-Richtlinie, nämlich eine Ergiebigkeit von mindestens 10 m^3/d, immer relevant ist, werden nach einem Vorschlag der LAWA (Länderarbeitsgemeinschaft Wasser 2002) keine „Weißflächen" ausgehalten.

Ebenfalls nach Empfehlungen der LAWA sollen abgrenzbare Grundwasserkörper eine Fläche zwischen 50 und 500 km^2 haben. Da Grundwasser nicht aus einem Grundwasserkörper in einen anderen übertreten darf, ergeben sich in Norddeutschland wegen der dort horizontal wie vertikal hydraulisch miteinander zusammenhängenden großflächigen Porengrundwasserleiter Grundwasserkörper in der Größenordnung von einigen 1000 km^2. In West- und Süddeutschland herrschen Festgesteine bei weitem vor, so dass die Abgrenzung der Grundwasserkörper < 500 km^2 nach oberirdischen Wasserscheiden keine Probleme macht. Die sehr unterschiedlichen Dimensionen der Grundwasserkörper erschweren konkrete Aussagen zur Messnetzdichte und die Anpassung der Messnetze an die EU-Wasserrahmenrichtlinie.

Die Messnetze sind so zu gestalten, dass die vorgenommene Gefährdungseinschätzung im Rahmen der „Erstmalige Beschreibung" und vertieft in der „Weitergehenden Beschreibung" der Grundwasserkörper validiert werden kann und damit frühzeitig negative Veränderungen des Grundwasserstatus erkannt werden. In quantitativer Hinsicht können diese Veränderungen sowohl natürlicher Art sein (z.B. Einfluss einer Reihe von Trockenjahren mit geringer Grundwasserneubildung) als auch auf wasserwirtschaftliche Maßnahmen (z.B. Trinkwassergewinnung, hydraulische Sicherungsmaßnahmen) zurückgehen.

Bezüglich des qualitativen Zustandes wird – wie bereits oben angesprochen – zwischen *überblicksweisem* und *operativem* Monitoring unterschieden:

- Die überblicksweise Überwachung bezieht sich auf alle Grundwasserkörper.
- Die operative Überwachung ist in Grundwasserkörpern, die als gefährdet („at risk") eingestuft worden sind, und bei Grundwasserkörpern durchzuführen, welche die Grenzen von Mitgliedstaaten überschreiten.

Unterschiede gibt es auch im Hinblick auf den Beprobungsturnus, das Parameterpaket und die Anzahl der Messstellen.

Nachstehend wird aufgezeigt, wie die Messnetze in Konfiguration und Design den Anforderungen der EU-Wasserrahmenrichtlinie entsprechen. Konkrete Aussagen zur Anzahl der Messstellen pro Flächeneinheit werden nicht gemacht; es wird auf die Ausführungen in Abschn. 9.3.1 verwiesen. Der Rahmenrichtlinie entsprechend wird nach quantitativen und qualitativen Messnetzen differenziert; in der Praxis gibt es jedoch Überschneidungen, da Messstellen oft multifunktional sind.

9.3.3 Quantitatives Grundwassermessnetz

An quantitative Messnetze werden folgende Anforderungen gestellt:

- Bewertung des Grundwassermengenhaushalts
- Überwachung der grundwasserabhängigen Oberflächenwasser- und Landökosysteme
- Abschätzung von Grundwasserfließrichtung und Abstromrate bei einem grenzüberschreitenden Grundwasserkörper

Abbildung 9.8 stellt schematisch verschiedene Varianten und Szenarien dar, die im Folgenden besprochen werden.

Bewertung des Grundwassermengenhaushalts

In einem als homogen betrachteten Grundwasserkörper sind jeweils eine Messstelle in unbeeinflussten Bereichen und im Einzugsgebiet eines Brunnenfeldes ausreichend. Bei rechtlich abgesicherter Grundwasserentnahme ist das Einzugsgebiet identisch mit Schutzzone III. Die Messstelle im Einzugsgebiet sollte außerhalb der direkten Beeinflussung durch den Förderbetrieb und somit nicht im Absenktrichter liegen. An der Referenzmessstelle werden alle natürlichen Einflüsse als Integral registriert, so u.a. die Höhe der Grundwasserneubildung.

Ist der Verlauf der beiden resultierenden langjährigen Grundwasserganglinien (Zeitraum 20 bis 30 Jahre) unterschiedlich, liegt der Verdacht einer Grundwasserüberförderung nahe. Kriterium dafür ist, dass die Ganglinie der Messstelle im Einzugsgebiet eines Brunnenfeldes einen negativen Trend von mindestens 2 cm/Jahr[1] aufweist.

Fehlen ausreichende Messstellen, so erscheinen Analogieschlüsse vertretbar, wenn die hydrogeologischen Verhältnisse der Grundwasserkörper einer Grundwasserkörpergruppe mit einem Referenz-Grundwasserkörper, der ausreichend mit Messstellen ausgestattet ist, vergleichbar sind.

Um eine Aussage machen zu können, ob eine Überförderung stattfindet oder nicht, genügt es, eine Bewertung anhand von einer oder zwei Messstellen im äußeren Bereich der Schutzzone III vorzunehmen.

---

[1] Vorschlag von B. Toussaint.

Auf Messstellen außerhalb der Schutzzone III kann verzichtet werden, wenn die Grundwasserneubildung nicht berücksichtigt werden muss.

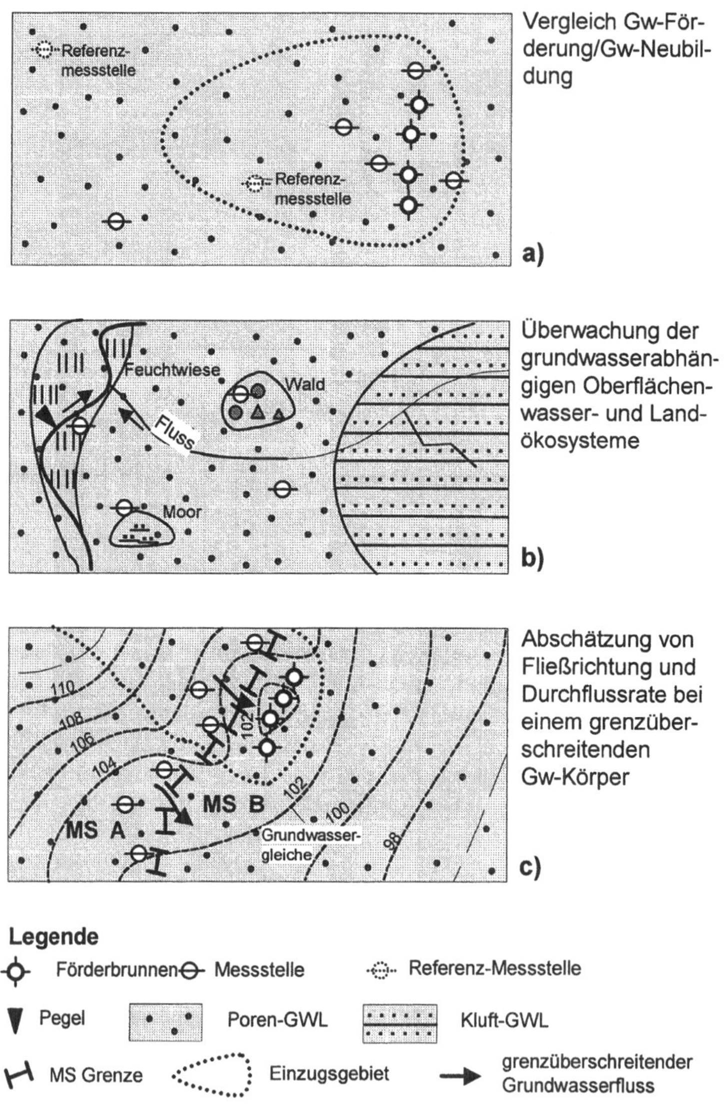

Abb. 9.8. Quantitative Grundwassermessnetze

Liegt ein Trend fallender Grundwasserstände der Flächen der einzelnen Einzugsgebiete (Schutzzonen III) eines Grundwasserkörpers vor und sind in der

Summe mindestens 33 % der Fläche davon erfasst, dann ist der Trend als „at risk"
einzuschätzen (Abb. 9.9).

Überwachung der grundwasserabhängigen Oberflächenwasser- und Landökosys-
teme
Ein oder zwei Messstellen pro Ökosystem, das in der Regel kleinräumig ist, erscheinen ausreichend. Wechselt die Richtung der Grundwasserströmung stark, ist
eine Gruppe von Messstellen sinnvoll, die fächerförmig angeordnet sind.

Abschätzung von Grundwasserfließrichtung und Abstromrate bei einem grenz-
überschreitenden Grundwasserkörper
Aus der entsprechenden Textpassage in der EU-Wasserrahmenrichtlinie ist
nicht klar abzuleiten, wie die Fließrichtung des Grundwassers in einem grenzüberschreitenden Grundwasserkörper und die über einen bestimmten Grenzabschnitt
abströmende Grundwassermenge zu beurteilen sind (Abb. 9.10).

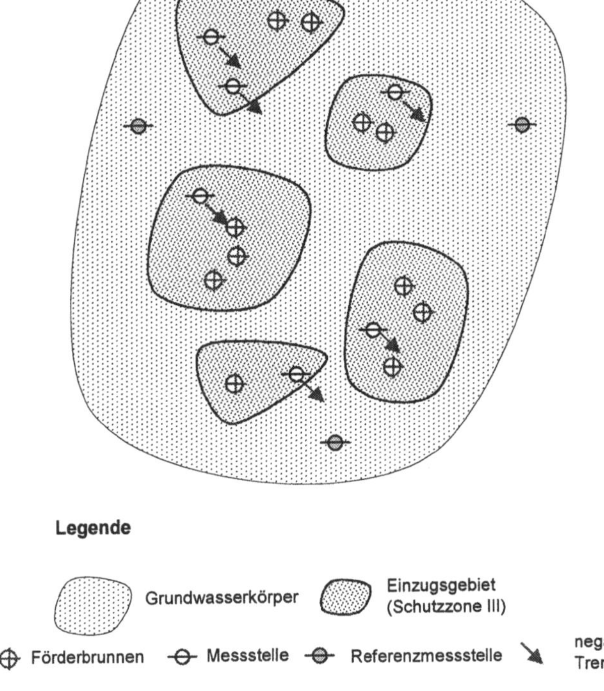

Abb. 9.9. Einschätzung eines Grundwasserkörpers „at risk" bezüglich des quantitativen
Status

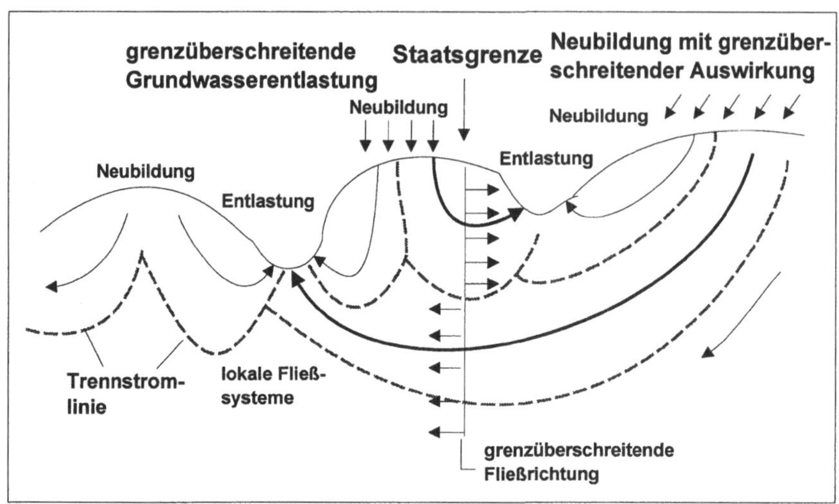

Abb. 9.10. Lokale und grenzüberschreitende Grundwasserfließsysteme

Bei *Lockergesteinsaquiferen* wird die Grundwasserfließrichtung in der Regel aus Grundwassergleichenkarten abgeleitet, ebenso das Gefälle des (freien) Grundwasserspiegels. In Verbindung mit anderen geohydraulischen Parametern kann die Menge des Grundwassers berechnet werden, die von einem Staatsgebiet in ein benachbartes abströmt. Hierbei werden Messstellen entlang der gemeinsamen Grenze aufgereiht, ggf. wechselnd auf der einen und der anderen Seite installiert.

Bei *Festgesteinsaquiferen* gibt es selbst bei ausreichender Anzahl von Messstellen Probleme. Im Detail wird die Grundwasserfließrichtung nämlich durch das tektonische Muster vorgegeben, und nicht durch die ohnehin schwierige Bestimmung der Richtung des Grundwasserspiegelgefälles. Ergänzende Untersuchungen, wie Markierung mit Tracern, Interpretation der Morphologie, Messung und Analyse des Trockenwetterabflusses in oberirdischen Gewässern usw. sind erforderlich. Nur dann lassen sich Aussagen auf die Menge des Grundwassers machen, das eine Landesgrenze unterströmt.

9.3.4 Qualitatives Grundwassermessnetz gemäß EU-Wasserrahmenrichtlinie

Sowohl überblicksweises als auch operatives Grundwassermonitoring haben die Zielsetzung, die Belastung des Grundwassers zu erkennen und zu bewerten, die von flächenhaft-diffusen, linienförmigen und punktuellen Emissionsquellen ausgeht. Dementsprechend ist das Design eines Messnetzes zu konzipieren (Abb. 9.11).

a) *Flächenhafte Emissionsquellen*
Flächenhafte Emissionen verursachen viel größere Grundwasserbelastungen als solche, die auf Linien- oder Punktquellen zurückgehen.

Unter der Voraussetzung, dass die geologischen bzw. hydrogeologischen Gegebenheiten homogen sind und dies auch für das Muster der flächenhaften Emissionen gilt, reicht theoretisch eine Messstelle pro Grundwasserkörper. Da solche idealen Verhältnisse in der Praxis nicht gegeben sind, muss die Anzahl der Messstellen höher sein, was in der Regel für die Einzugsgebiete von Wassergewinnungsanlagen gilt.

Es ist ein ungelöstes Problem in der Praxis, ausgehend von wenigen Messstellen eine Aussage zu machen, ob ein Grundwasserkörper „at risk" ist oder nicht, wenn auf wenige Messstellen bezogene Punktinformationen regionalisiert werden. Daher könnte zu einem allein auf Messstellen basierenden Monitoring ggf. alternativ die Strategie verfolgt werden, zusätzlich die Rohwasseranalysen von Förderbrunnen bzw. von Quellfassungen auszuwerten, da diese als Integral des chemischen Status des hydraulisch angeschlossenen Einzugsgebietes zu werten sind.

Auch hier gilt: Beträgt die Summe aller Einzugsgebiete, in denen im Rohwasser ein auf die Grundwasserbeschaffenheit bezogener Grenzwert überschritten wird, mindestens 33 % oder 50 % der Fläche des jeweiligen Grundwasserkörpers, ist dieser als gefährdet einzustufen. Dies ist jedoch nur dann berechtigt, wenn es außerhalb der jeweiligen Einzugsgebiete von Fassungsanlagen keine anderen Emissionsquellen gibt.

b) *Linienförmige Emissionsquellen*
Um eine Linienquelle zu kontrollieren, genügen in der Regel ein bis zwei Messprofile mit wenigen Messstellen

- entweder parallel zur Grundwasserfließrichtung (falls bekannt) oder
- senkrecht zur linienförmigen Quelle

Ist die Grundwasserströmungsrichtung stark wechselnd, sollte ein Messprofil fächerförmig angelegt sein.

c) *Punktquellen*
Hier muss zwischen Überwachung der eigentlichen Quelle und der von ihr ausgehenden Verschmutzungsfahne unterschieden werden.

Mindestens eine Messstelle wird im Grundwasseroberstrom einer Kontaminationsquelle platziert, um Aussagen zur chemischen Beschaffenheit des zuströmenden Grundwassers machen zu können. Zwecks Abgrenzung des Schwerpunktes der Belastung empfehlen sich mehrere Messstellen im Nahbereich des Schadensherdes. Ist das kontaminierte Grundwasser stark mineralisiert (Dichte > 1 g/cm^3) oder ist die Grundwassertemperatur z.B. infolge Einleitung von Kühlwasser verändert, kann eine Dichteströmung resultieren, die den Bau unterschiedlich verfilterter Messstellen erfordert. Das gilt auch für den Fall, dass die Kontamination organische schwere Phasen wie z.B. Tetrachlorethen enthält.

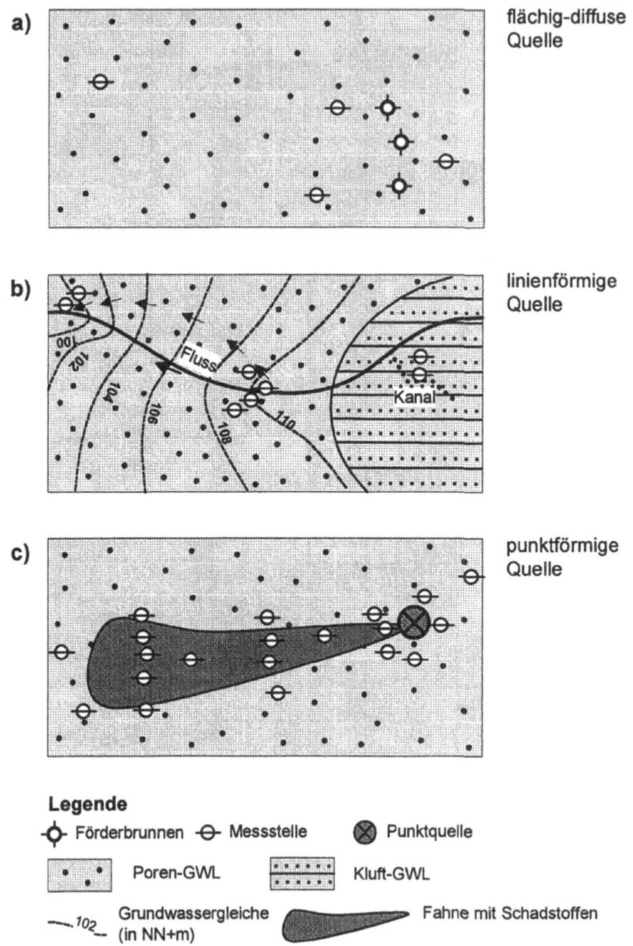

Abb. 9.11. Typen von Messnetzen in Abhängigkeit von der Art der Emissionsquellen

Um die Fahne zu überwachen, werden üblicherweise mehrere Messprofile senkrecht zur Fahnenachse eingerichtet. Im Abstrom sind auch längs zur Fahnenachse einige Messstellen zu bauen, da sich die Fahne dort ausbreitet. Je länger eine Fahne ist, desto stärker ist die Tendenz zu einem Absinken des Kontaminanten ausgeprägt (Installation tiefendifferenzierter Messstellen).

Die Tiefendifferenzierung von Messstellen, d.h. Gewinnung von horizontbezogenen Grundwasserproben (Abschn. 9.5.3) im Fall von Punktquellen, wurde bereits angesprochen.

Im Fall von Linienquellen und Flächenquellen ist die Verfrachtung der Schadstoffe eher zweidimensional in der Horizontalen. Damit liegt der Schwerpunkt des Monitoring im gesättigten Bereich des Aquifers wenige Meter unterhalb des Grundwasserspiegels.

9.4 Funktionsprüfung, Sanierung und Rückbau

In der Regel wird man soweit wie möglich auf vorhandene Messstellen zurückgreifen, da die Erstellung einer neuen Grundwassermessstelle in Abhängigkeit von Gestein, Teufe und Durchmesser der Bohrung sowie deren Ausbau bis zu 250 €/lfm. kosten kann. In jedem Fall müssen jedoch hohe Ansprüche an die Qualität der Messstellen gestellt werden, denn als künstlicher Grundwasseraufschluss wirken sich diese auf die natürlichen Verhältnisse in einem Grundwasserleiter aus (Änderung der Druck- und Fließverhältnisse, Gasaustausch u.a.).

Die Messwerte können also erheblich beeinflusst, ja sogar verfälscht sein, vor allem bei Messstellen, die der Überwachung der Grundwasserbeschaffenheit dienen. Bei schwerwiegenden technischen Mängeln stellen sie eine kostspielige Fehlinvestition dar, in die auch Folgekosten wie z.B. hohe Laborkosten eingehen. Daher muss bei der Planung eines Messnetzes ein mehrstufiges Entscheidungskonzept aufgestellt werden (Abb. 9.12), inwieweit vorhandene Messstellen genutzt werden können oder nicht.

Auch wenn auszusondernde Messstellen noch funktionstüchtig sind, können in ihnen bei Bedarf Messungen vorgenommen werden. Man erhält sich so die Möglichkeit, auf eine ausreichende Anzahl von Messstellen zurückgreifen zu können, wie bei der Beurteilung lokaler Grundwasserverhältnisse.

Allerdings sind generell entsprechende Sicherungs- und Pflegearbeiten erforderlich. Der Grundwasseraufschluss „Messstelle" ist zwecks Vorbeugung von Unfällen, materiellen Schäden sowie möglichen Kontaminationen des Grundwassers in einem ordnungsgemäßen Zustand zu halten. Hierzu sind Zustandskontrollen vor Ort vorzunehmen, z.B. ein- bis zweimal im Jahr. In diesem Zusammenhang sind Messungen des Grundwasserstands und Tiefenlotungen sinnvoll. Vor der Wiederaufnahme von regelmäßigen Messungen ist eine Funktionskontrolle durchzuführen.

Eine solche technische Funktionsprüfung der Messstellen vor Ort kann ergeben, dass diese alle Kriterien erfüllen und somit ohne Einschränkung bei einer geplanten Messnetzkonfiguration berücksichtigt werden können.

Ein Ergebnis kann aber auch sein, dass Messstellen defekt und in ihrer Funktion eingeschränkt sind. Es ist dann zu prüfen, ob sich diese Messstellen reparieren bzw. sanieren lassen und dann zur Übernahme in das Messnetz zur Verfügung stehen. Stellen sich Messstellen als völlig funktionsuntüchtig heraus und müssen sie außerdem als Gefahr für das Grundwasser angesehen werden, da sie möglicherweise Schadstoffen als Transportweg dienen, müssen sie fachgerecht rückgebaut werden.

Erst wenn sich erweisen sollte, dass für funktionsuntüchtige und nicht mehr reparier- oder sanierbare Messstellen teilweise Ersatz durch neue geschaffen werden muss, oder Gebiete einbezogen werden, in denen bislang keine oder keine geeigneten Messstellen existieren, ist ein Neubauprogramm erforderlich.

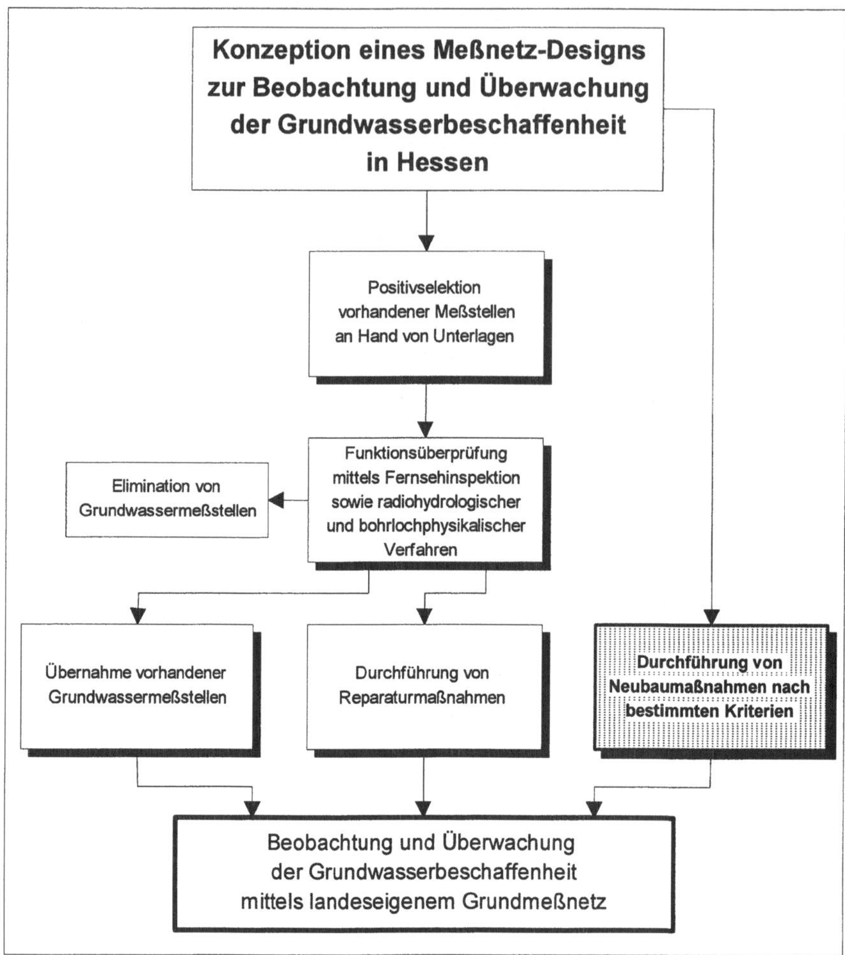

Abb. 9.12. Konzept zur Realisierung eines Messnetzes zur Überwachung der Grundwasserbeschaffenheit am Beispiel der Emissionsquellen des Hessischen Landesgrundwasserdienstes

In einem ersten Arbeitsschritt werden die vorhandenen Messstellen, die lagemäßig den Kriterien der geplanten Messnetzkonfiguration genügen, anhand des vorliegenden Archivmaterials bewertet. Dabei müssen in jedem Fall folgende Unterlagen vorliegen oder beschafft werden, ggf. durch eine Funktionsprüfung:

- geologisches Schichtenverzeichnis
- Ausbaudokumentation
- Art des Ausbaumaterials
- Ganglinien des Grundwasserstands

– hydrochemische Analysen
– Landnutzung im Einzugsgebiet
– Standort- und Eigentumsverhältnisse

Da häufig die Unterlagen (Messstellen-Stammakte u.a.) nicht vollständig und nicht widerspruchsfrei sind, sollte in jedem Fall auch eine visuelle Überprüfung vor Ort stattfinden.

Bei dieser Gelegenheit können Tiefenlotungen und einfach durchzuführende Auffüll- oder Kurzpumptests (Langguth u. Voigt 1980; LAWA 1984) durchgeführt werden, die Hinweise auf den bautechnischen Zustand einer Messstelle geben (z.B. Verschlammung des Filters). Gegebenenfalls können auch Brunneneintrittsverluste durch allerdings aufwendige Slug-Interferenztests bestimmt werden (Zenner 2000).

Bei der Überprüfung hat sich neben dem Vergleich von Grundwasserstandsganglinien benachbarter Messstellen und Grundwassergleichenplänen auch die Auswertung von Grundwassertemperaturprofilen speziell in tiefen Messstellen bewährt (Länderarbeitsgemeinschaft Wasser 1987).

Bei ungenügend gegeneinander abgedichteten Grundwasserleitern, die unterschiedliche Temperaturen und Druckpotentiale haben, erfolgt zwischen ihnen ein Wasseraustausch: Es strömt nämlich das Wasser des Grundwasserleiters mit dem höheren Potential über den dichten Vollrohrabschnitt in den anderen Grundwasserleiter und überträgt dabei die Temperatur (Abb. 9.13). Da die Temperatur des Grundwassers an der Eintrittsstelle die Temperatur der Wassersäule im Rohr bis zur Höhe der Austrittsstelle bestimmt, ist der bei völliger Dichtheit in der Regel vorhandene stärkere Temperaturgradient in Höhe der Dichtung nicht zu erkennen (Abb. 9.14).

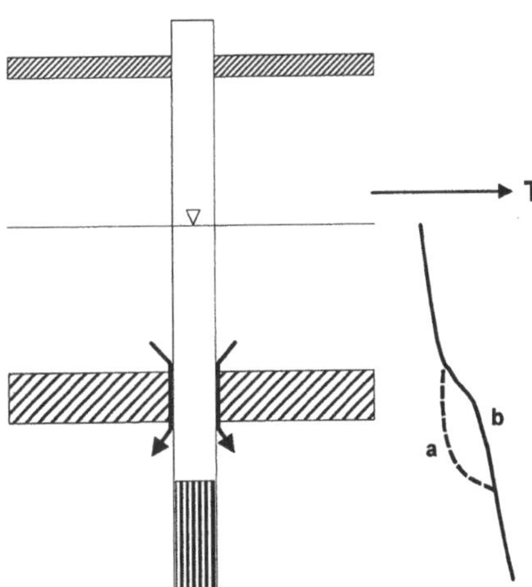

Abb. 9.13. Vertikales Temperaturprofil einer tiefen Grundwassermessstelle bei defekter Abdichtung (a) und wirksamer Abdichtung des Ringraums (b). Nach Länderarbeitsgemeinschaft Wasser (1987).

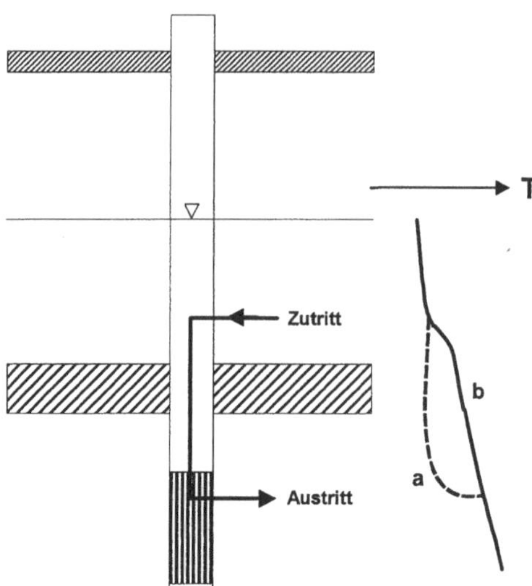

Abb. 9.14. Vertikales Temperaturprofil einer tiefen Grundwassermessstelle mit Grundwasserzutritt (a) und ohne Grundwasserzutritt (b) ins Vollwandrohr. Nach Länderarbeitsgemeinschaft Wasser (1987).

Als Ausschlusskriterien für die Einbeziehung vorhandener Messstellen, insbesondere in die Grundwasserüberwachung im Rahmen der staatlichen Landesgrundwasserdienste, gilt die folgende Auflistung. Sie bezieht sich im Sinne der DIN 4049-3 ausschließlich auf Messstellen i.e.S., die mit einer Bohrung hergestellt wurden. Schachtbrunnen, gerammte Filterrohre u.a. entsprechen a priori nicht den Anforderungen, häufig auch nicht ehemalige Trinkwasserförderbrunnen:

- fehlende oder unvollständige Bohrprofile; Aufnahme der Bohrprofile möglichst von Geologen
- fehlende oder fehlerhafte Ausbauzeichnungen
- Verwendung ungeeigneter Ausbaumaterialien (z.B. (verzinkter) Normalstahl, Klebefilter auf Phenolharzbasis und dgl.)
- mangelnde hydraulische Anbindung der Messstelle an den zu überwachenden Grundwasserleiter oder Teilen davon
- exzentrischer Einbau der Rohrtour
- Verfilterung mehrerer Grundwasserleiter bzw. -stockwerke (hydraulischer Kurzschluss)
- Verkiesung des Ringraums auf voller Länge ohne Einbau von hydraulisch wirksamen Abdichtungen zwischen Grundwasserleitern bzw. -stockwerken (hydraulischer Kurzschluss)
- ältere Bündelmessstellen (mehrere Rohre mit unterschiedlich tiefen Filterstrecken in einem großdimensionierten Bohrloch)
- Zulauf von Oberflächenwasser
- Trockenfallen der Messstelle

– keine Zuordnung der Messstelle zu einem Zustrombereich und zu einer Flächennutzung im Einzugsgebiet; damit keine Bewertung der qualitativen Messwerte möglich
– eingeschränkte Erreichbarkeit und ungeklärte Nutzung des Flurstücks

Die Messstellen, die den Prüfkriterien entsprechen, also „verblieben" sind, gelten als *vorläufig geeignet* für die Zwecke der Grundwasserüberwachung und werden vor Ort einer technischen Funktionsprüfung unterzogen.

9.4.1 Technische Funktionsprüfung von Grundwassermessstellen

Zur Prüfung von Grundwassermessstellen, insbesondere von älteren Messstellen, haben sich in der Praxis folgende Untersuchungsverfahren bewährt, die einzeln oder kombiniert eingesetzt werden können:

– hydraulische Tests (Kurzpumptests)
– Packertests
– Traceruntersuchungen, z.B. Bestimmung der Tritiumaktivität
– geophysikalische Bohrlochmessungen
– fernsehoptische Untersuchungen (Kamerabefahrung)

Welches Verfahren im Rahmen des Untersuchungsprogramms zum Einsatz kommt, ist von Alter und Art der Messstelle, vom Ausbaumaterial, vom finanziellen Aufwand und der Zielstellung der Untersuchung abhängig.

Zur Funktionsüberprüfung bereits vorhandener Messstellen eignen sich insbesondere bohrlochgeophysikalische Verfahren (vgl. Abschn. 9.5). Diese sollten möglichst miteinander kombiniert werden, z.B. fokussierter Elektrik-Log mit Gamma Ray-Log, Temperatur-Log und Widerstands-Log (Barczewski et al. 1993; Baumann u. Tholen 2002; Baumann et al. 2002; Deutscher Verein des Gas- und Wasserfaches 1990, 2002; Homrighausen u. Lüdecke 1990; Länderarbeitsgemeinschaft Wasser 1993).

Eine Messstelle wird in ihrer Funktion bei folgenden Sachverhalten als eingeschränkt oder als nicht funktionstüchtig angesehen:

– Fehlen eines von Geologen erstellten Bohrprofils
– Ausbau mit Material, das sich auf die Beschaffenheit einer Grundwasserprobe auswirkt
– Korrosion der Rohrtour, insbesondere der Vollwandrohre oberhalb von Ringraumabdichtungen
– Deformation der Rohrtour in einem erheblichen Ausmaß
– Inhomogenitäten oder sogar Hohlräume im Ringraum
– Fehlen oder falsche Positionierung von geohydraulisch wirksamen Abdichtungen im Ringraum,
– Zuflüsse im Vollrohrbereich, wie Einsickern von Oberflächenwasser und/oder Zutritt von Wasser aus nicht verfilterten Grundwasserhorizonten

– schlechte Anpassung des Messstellenausbaus an die hydrogeologischen Verhältnisse
– unzureichende Entwicklung der Messstelle
– Verschlammung des Filters

Gravierende Mängel, welche die einwandfreie Funktion von Messstellen betreffen, sind:

– Oberflächenwasserzutritt
– Wassereintritte durch undichte fehlende oder unzureichende Abdichtung des Ringraums im Bereich von Schichten, die Grundwasserleiter oder -stockwerke hydraulisch voneinander trennen
– mangelhafte Anbindung der Messstelle an den zu überwachenden Grundwasserleiter

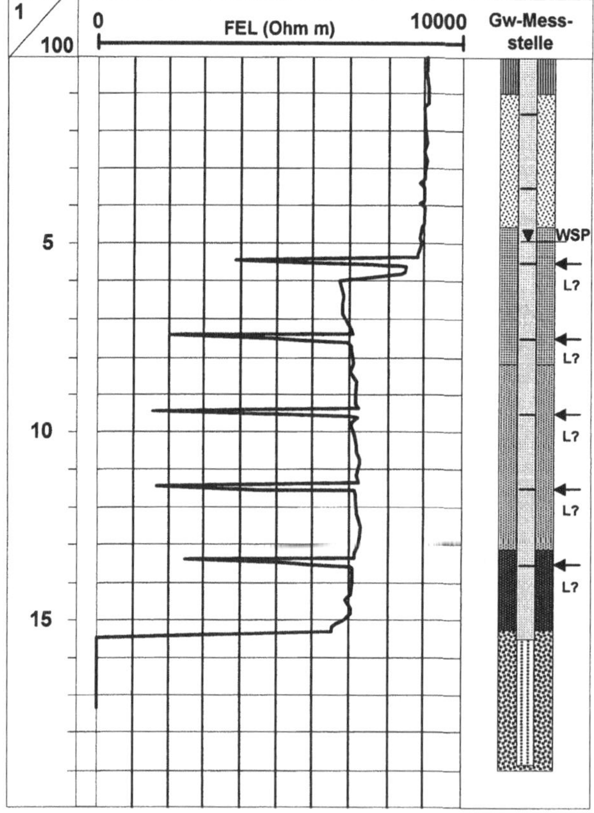

Abb. 9.15. Durch fokussiertes Elektro-Log (FEL) festgestellte undichte Muffenverbindungen. Die vermuteten Leckagestellen L? werden sehr deutlich durch eine Verringerung des elektrischen Widerstands angezeigt. In Anlehnung an Baumann u. Tholen (2002).

Darüber berichten zahlreiche Publikationen (wie Assmann et al. 1983; Barczewski et al. 1993; Baumann u. Tholen 2002; Baumann et al. 2002; Deutscher Verein des Gas- und Wasserfaches 2000; Homrighausen u. Lüdecke 1990; Länderarbeitsgemeinschaft Wasser 200 a; Niehues 2002; Nielsen 1991; Schenk 1983; Toussaint 1987, 1988, 1989, 1990, 1996, 1997 a, b, 2000; Toussaint u. Bruns 1995).

Nachstehend werden Details für die Prüfung der Dichtigkeit der Aufsatzrohre und Undichtigkeiten im Ringraum beschrieben.

Dichtigkeit der Aufsatzrohre

Auf Undichtigkeiten im Muffenbereich von Vollwandrohren wurde schon frühzeitig aufmerksam gemacht (Assmann et al. 1983; Schenk 1983; Toussaint 1987).

Aufsatzrohre gelten als dicht, wenn sie bei einem Wasserprüfdruck von 1 bar ($\approx 10^5$ Pa) und einer Prüfdauer von 10 min kein Wasser hindurchlassen (Deutscher Verein des Gas- und Wasserfaches 2002).

Eine Dichtheit unter Labor- oder Prüfstreckenbedingungen garantiert nicht die Dichtheit an der Baustelle. Die Dichtheit in der Realität beeinträchtigen:

- verschmutzte Gewinde
- verkantet aufgesetzte Rohre im Muffenbereich
- nicht ausreichend angedrehte Muffen
- so stark angezogene Muffen, dass sie aufplatzen (PVC-Material)
- fehlende Dichtungsringe
- Gewinde, speziell die früher meistens verwendeten konischen Gasrohrgewinde, werden bei tiefen Messstellen während des üblichen hängenden Einbaus und danach durch Zug starker mechanischer Belastung ausgesetzt
- der deformierende Gebirgsdruck wirkt sich vor allem bei normalwandigen Rohren aus

Auch bei Gewindeverbindungen, die mittels Teflonband oder mit flüssigem Kunststoffkleber außen abgedichtet wurden (Assmann et al. 1983), kann sich insbesondere oberflächennahes kontaminiertes Grundwasser tieferem Grundwasser zumischen. Dies ist speziell der Fall, wenn die Messstellen zur Gewinnung von Wasserproben abgepumpt werden. Dabei kommt es zu mehr oder weniger großen Druckdifferenzen zwischen dem Wasser im Grundwasserleiter und dem Wasser in der Rohrtour (Abb. 9.15).

Undichtigkeiten im Ringraum

Die Erkenntnis, dass der Ringraum einer Messstelle trotz eingebautem abdichtenden Materials sehr häufig wasserwegsam ist (Abb. 9.16), ist relativ neu (Baumann u. Tholen 2002; Deutscher Verein des Gas- und Wasserfaches 2002; Niehues 2002). Durch neue oder verfeinerte bekannte bohrlochphysikalische Verfahren, wie das sogenannte Bohrloch-Imaging, auch segmentiertes Ringraum-Scannerverfahren genannt, lässt sich belegen, dass ausreichend bemessene und auch sachgerecht in den Ringraum von Messstellen eingebrachte Ton- oder Suspensionssperren wasserwegsam sind (Baumann et al. 2002; Deutscher Verein des Gas- und Wasserfaches 2002). Beim Bohrloch-Imaging handelt es sich um eine

Messanordnung, bei der drei um jeweils 120° zueinander versetzte und durch Blei gegeneinander und gegen das Brunnen- bzw. Messstelleninnere abgeschirmte Gamma-Detektoren simultan gemessen werden. Es ergibt sich eine bildartige Abwicklung der räumlichen Verteilung der natürlichen Gamma-Aktivität des gesamten Ringraums eines Brunnens bzw. einer Grundwassermessstelle.

Schwer aufzudeckende Drainagen bzw. hydraulische Kurzschlüsse können zwischen unterschiedlichen Grundwasserhorizonten des durchbohrten Gebirges und der eingebrachten bindigen Ringraumfüllung bestehen, und zwar durch die nicht homogene Abdichtungsmasse selbst einerseits sowie durch das mangelhafte Ankleben der Abdichtung an das Vollwandrohr andererseits.

Die Gründe für die mangelnde Effektivität einer Ringraumabdichtung können sein:

- schlechte Bohrlochgeometrie
- Materialfehler; die Tonpellets quellen vor Erreichen der Einbautiefe
- bei Suspensionen falsche Mischung der Feststoffe
- Schrumpfrisse
- Einbaufehler, z.B. unzureichendes Loten während des Einbaus
- unzureichende Zentrierung des Rohrstranges
- Vermischung mit Nachfall
- Nachsackung wegen Setzung des Filterkieses

Mittels einer Kombination von Gamma- und Gamma-Gamma-Logs einerseits und gasdynamischer Messstellenüberprüfung andererseits wurde überraschend festgestellt, dass Stickstoff offensichtlich auf einem Ringspalt zwischen der Ton-Zement-Suspension und dem Kunststoffrohr im Ringraum aufsteigt. Das bedeutet, dass die glatten Außenwände von PVC-Rohren keine einwandfreie Abdichtung gewährleisten, und zwar eher in der Kombination mit Suspensionen als mit granuliertem oder pelletiertem Bentonit.

Im Bundesland Hessen wurde bereits in den 80er Jahren systematisch ein Teil der staatlichen Grundwassermessstellen auf Funktionssicherheit überprüft. Es wurden neben radiometrischen Messungen und Packertests auch bohrlochphysikalische Untersuchungen durchgeführt. Zusätzlich wurden bestimmte Messstellen mit einer Videokamera befahren. Unter Zugrundelegung strenger Maßstäbe, bei denen auch verschlammte oder verockerte Filter als negativ gewertet wurden, ergab sich, dass mindestens 90 % aller als vorläufig geeignet eingestuften Messstellen Mängel haben (Toussaint 1987, 1988).

Die Abb. 9.17 und 9.18 sollen zeigen, dass insbesondere Gewindeverbindungen Schwachpunkte bei Grundwassermessstellen sind.

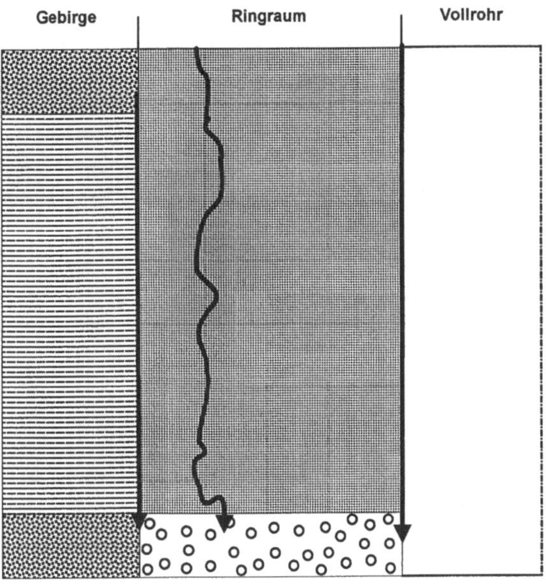

Abb. 9.16. Wegsamkeiten im System Bohrlochwand – Abdichtung – Ausbauverrohrung. Nach Niehues (2002).

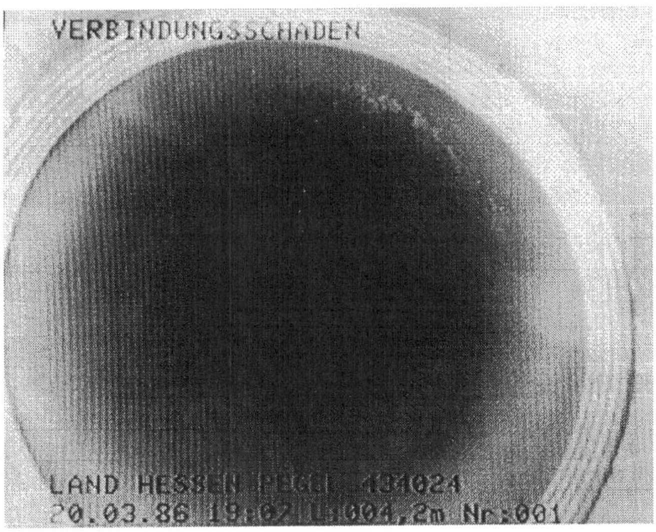

Abb. 9.17. Beispiel für eine ungenügend verschraubte Muffenverbindung

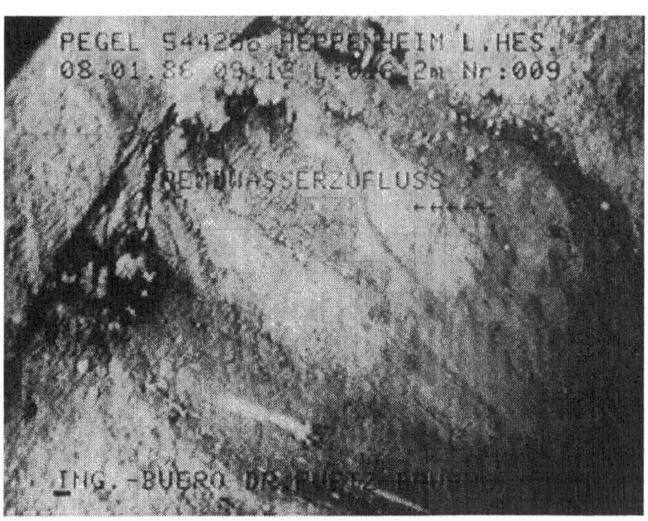

Abb. 9.18. Beispiel für eine undichte Muffenverbindung mit mineralischen Ausfällungen am Rohrstoß

Abbildung 9.17 zeigt einen Abschnitt der staatlichen hessischen Messstelle 434024 Willingshausen im Mittleren Buntsandstein unter Tertiär der Niederhessischen Senke:

- Baujahr 1963
- Tiefe 62,8 m
- Ausbau DN 80 PVC hart
- ungenügend verschraubte Muffenverbindung bei 4,20 m u. MP ca. 30 m oberhalb des Grundwasserspiegels
- Standbild vom 20.03.1986, photographiert vom Monitor des Messwagens

Abbildung 9.18 zeigt einen Abschnitt der staatlichen hessischen Messstelle 544256 Heppenheim im Quartär des Oberrheingrabens:

- Baujahr 1981
- Tiefe 78,0 m
- Ausbau vor Sanierung DN 150 PVC hart, nach Sanierung DN 115
- Muffenverbindung bei 16,2 m u. MP im Bereich des Oberen Grundwasserleiters, offenbar undicht mit auffälligen mineralischen Ausfällungen am Rohrstoß
- Standbild vom 08.01.1986, photographiert vom Monitor des Messwagens

Mittels Bohrlochgeophysik konnte ein Fremdwassereintritt in die Messstelle 544256 nicht bestätigt werden, wie die Messungen mit GR-, COND- und TEMP-Logs vom 08.01.1986 auf Abb. 9.19 beweisen. Es existiert offensichtlich eine bindige Abdichtung des Ringraums im Grenzbereich Oberer/Mittlerer Grundwasserleiter, aber kein Hinweis auf eine undichte Muffenverbindung.

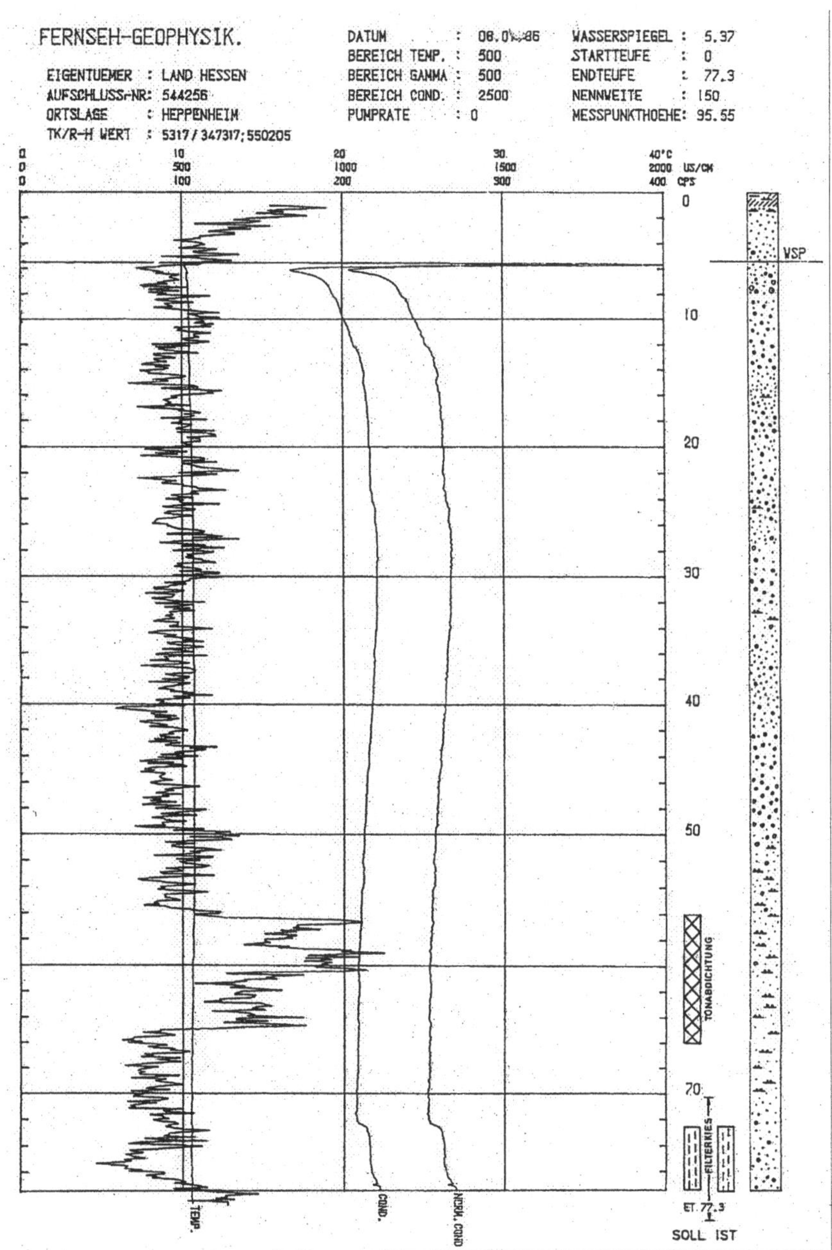

Abb. 9.19. Beispiel für eine Gamma-Ray/Conductivity/Temperatur-Messung in der Staatlichen Grundwasser-Messstelle 544256.

Dieses Beispiel soll zugleich zeigen, dass es falsch wäre, sich bei einer Messstellenüberprüfung ausschließlich auf die Ergebnisse einer Videokamera-Befahrung zu verlassen. Es ist vielmehr ratsam, immer mehrere voneinander unabhängige Verfahren, insbesondere bohrlochgeophysikalische Verfahren, einzusetzen.

9.4.2 Reparatur und Sanierung von Grundwassermessstellen

In vielen Fällen lohnt sich die Wiederherstellung der Funktionsfähigkeit von Grundwassermessstellen. Dazu sollten aber entsprechende Voruntersuchungen, Kontrollmessungen und Auswertungen vorhergehen, wie Tiefenlotung und Kalibermessungen, die Auswertung hydrochemischer Daten, bohrlochgeophysikalische Messungen, Befahren der Messstellen mit einer Fernsehsonde u.a.

Es wird zwischen *Reparatur* und *Sanierung* unterschieden, beide verbunden mit Baumaßnahmen oder technischen Veränderungen.

Reparaturmaßnahmen sind:

- Entfernung von Fremdkörpern in einer Rohrtour
- Austausch einer defekten Verschlusskappe
- Behebung von Schäden am Abschlussbauwerk (metallisches Schutzrohr über Tage, Verankerung in frostsicher gegründeter Betonplatte)

Sie können teilweise von Bediensteten der zuständigen Fachbehörde durchgeführt werden.

Sanierungsmaßnahmen sind umfangreiche Arbeiten, die sich auf die Rohrtour und den Ringraum beziehen:

- mechanische oder hydromechanische *Regenerierung* zur Entfernung leistungsmindernder Ablagerungen oder Verockerungen und dgl. im Filterbereich. Regenerierungen sollen entfernen, ohne bauliche Veränderungen vornehmen zu müssen. Methoden sind *Entsanden* in unterschiedlichen Varianten und *Fracen*. Fracen (Aufbrechen des Gebirges mit hohen hydraulischen Drücken zwecks Erhöhung der Ergiebigkeit) wird eher bei Förderbrunnen als bei Messstellen angewendet.
- chemische Regenerierungsverfahren (*Bohrlochsäuerung*) im Bedarfsfall (Kap. 12)
- *Teilverfüllung* einer Filterstrecke zur Unterbindung unerwünschter Fremdwasserzuflüsse verbunden mit Materialeintrag bei Filterbeschädigung. In Abhängigkeit von der örtlichen hydrogeologischen Situation, von der Länge der Filterstrecke und der Durchlässigkeit des Filters, vom Zuflussprofil u.a. wird eine Filterstrecke mit Filterkies, Tongranulat, Tonpellets oder einer Zement- bzw. Tonmehl-Zement-Suspension teilverfüllt.
- *Neuverfilterung* bei Versandung und Filterbruch sowie bei Korrosionslochfraß, allerdings bei Messstellen selten angewendet. Zunächst wird das vorhandene Filter in unterschiedlichen technischen Varianten ausgebaut. Danach erfolgt das Ausbohren der Füllmaterialien und der Filterreste sowie die Erweiterung des Filterkiesraums. Danach wird das neue Filter wie bei der Erstellung eines neuen

Brunnens nach dem neuesten Stand der Technik eingebracht (Deutscher Verein des Gas- und Wasserfaches 1998).

- *Überbohren* zur Unterbrechung von Wasserwegsamkeiten im Ringraum zwischen Bohrlochwand und Ausbau (vgl. Abschn. 9.4.3; Rückbau von Grundwassermessstellen). Dies ist eine Technik zur Nachdichtung von Ringräumen bei Brunnen und Grundwassermessstellen mit Rohrtouren aus metallischem Werkstoff. Die angewendete Bohrtechnik ist abhängig von Bohrtiefe, Durchmesser der Ausbauverrohrung, Überbohrrohr und geologischen Verhältnissen. Der überbohrte Vollrohrstrang kann geschnitten und ausgebaut werden.
- Während des Überbohrvorgangs kann die Filterstrecke gegen Materialeintrag durch Einbau eines Schutzrohres gesichert werden. In bestimmten Fällen, z.B. bei deformierten Vollrohren oder undichten Muffen in der Vollrohrtour kann das Überbohrrohr als zusätzlicher Schutz im Ringraum verbleiben.
- Eine Ringraum-Zementation durch Verdrängen der Spülung ist bei der Überbohrtechnik möglich.
- Ringraumnachdichtung durch Verpressung von Suspensionen mittels *Injektionslanzen*. Diese Technik ist bei Grundwassermessstellen, die mit dem Standardmaterial PVC hart verrohrt sind, nicht anwendbar.
- Nachdichtung als Kombination von *Perforation und Verpresstechnik*. Es handelt sich um ein neues Verfahren, in erweiterter Form um den Verschluss der Perforation mit Manschetten. Die neue Technik ist aus technischen und wirtschaftlichen Gründen besonders günstig bei großen Teufen des nachträglich abzudichtenden Ringraums.
- Um den Ringraum zu erreichen, wird im Vollrohr eine Schlitz- oder Lochperforation hergestellt. In der Perforationszone wird die abdichtende Suspension entweder über eine in einem Inliner integrierte Zementierkammer oder über ein Doppelpackersystem in den vorhandenen Ringraum bzw. in das umgebende Gebirge eingepresst. Nach dem Abbinden der Suspension und dem Ziehen von Zementierkammer oder Packer wird eine mehrlagige Innenrohrmanschette mit umlaufender Gummidichtung unter Zuhilfenahme eines speziellen Packers, der Drücke von einigen 10 bar erzeugen kann, fest an die Rohrinnenseite angepresst (Baumann et al. 2002).
- Der eindeutige Nachweis der nachträglichen Abdichtung des Ringraums wird mittels bohrlochgeophysikalischer Messverfahren geführt. Dabei kommt heute in der Regel eine Kombination von segmentiertem Gamma-Log (SGL), Gamma-Gamma-Dichte (GG.D) und Neutron-Neutron (NN) zur Anwendung. Zur Verbesserung der Nachweisfähigkeit der Ton-Zement-Suspension wird diese mit einer geringen Menge Monazitsand (Volumenverhältnis etwa 1:100) versetzt. Der Monazitsand bewirkt eine Erhöhung der natürlichen Gamma-Aktivität der Mischung – vergleichbar mit entsprechenden handelsüblich markierten Tonpellets.
- *Einschubverrohrung* bei undichten Muffenverbindungen. Bei diesem Verfahren wird meistens in die vorhandenen Aufsatz- bzw. Vollwandrohre ein Endlosrohr aus HDPE (Inliner) und in den Filterbereich ein Filterrohr aus PVC hart eingebracht, beides mit kleinerem Durchmesser. Der entstehende (innere) Ringraum

wird im Filterbereich und 2 bis 3 m darüber mit Filterkies und darüber mit ca. 1 m Sand als Gegenfilter aufgefüllt. Anschließend wird eine wässrige Zement- oder Tonmehl-Zement-Suspension eingepresst (Assmann et al. 1983). Nach oben hin wird die Einschubverrohrung bis zum Messstellenkopf geführt, wo sie verankert wird. Dieses Verfahren hat den Nachteil, dass Messstellen mit DN 100 nach einer Sanierung nur noch Durchmesser von DN 50 aufweisen und somit meistens nur noch für die Messung des Grundwasserstands genutzt werden können. Wird das eingeschobene Endlosrohr am unteren Ende knapp oberhalb der Filterstrecke bzw. der Filterkiespackung im Ringraum mittels einer Packerkonstruktion gegen die vorhandene Rohrfahrt wirkungsvoll abdichtend angepresst, kann offenbar auf die Abdichtung des (inneren) Ringraums verzichtet werden. Die auf diese Weise sanierten Messstellen haben zwar einen geringeren Effektiv-Durchmesser; sie lassen jedoch weiterhin die Gewinnung von Grundwasserproben zu.

- Die Wirksamkeit des *Einschubverrohrung*-Verfahrens hat von Pape (1990, 1991) anhand hydrochemischer Messwerte bei Sanierungsmaßnahmen in Hessen nachgewiesen (Abb. 10.20). Als Beispiel dient die in einem tieferen Grundwasserleiter des Hessischen Rieds verfilterte Messstelle 544254 Fehlheim. Die Lösungsinhalte von Grundwasserproben vor und nach Sanierung sind deutlich unterscheidbar. Oberflächennahes Grundwassers trat über undichte Muffenverbindungen in den Vollrohrstrang ein. Es bewirkte eine Veränderung des Mineralisationsmusters: vor der Sanierung der Messstelle im November 1989 zeitlich deutlich variierende Gesamtmineralisation (rd. 16 mmol(eq)/l) und beträchtliche NO_3-, Na- und K-Gehalte. Nach der Sanierung stellten sich ziemlich konstante Lösungsinhalte von rd. 10 mmol(eq)/l ein; Nitrat ist praktisch nicht mehr vorhanden.

- Bei der *Einschubverrohrung* resultiert also eine doppelte Verrohrung einer Grundwassermessstelle: eine innere Rohrtour aus HDPE oder PE, welche die (nachträgliche) Dichtheit garantieren soll und die ursprüngliche äußere Rohrtour aus PVC hart, die dem Gebirgsdruck standhält. Um aus derart sanierten Messstellen auch weiterhin Grundwasserproben gewinnen zu können, ist darauf zu achten, dass der verkleinerte Innendurchmesser ein freies Zuströmen des Wassers zu einer geeigneten Pumpe gewährleistet. Besonders bei tiefen Messstellen mit ursprünglich ausreichend großen Innendurchmessern (DN ≥ 125) ist aus finanziellen Gründen diese Art der Sanierung günstig.

- *Einschubrohrmanschetten.* Es handelt sich im Prinzip um gleiche Manschetten, wie sie oben bei der Perforationstechnik beschrieben worden sind (Baumann et al. 2002; Deutscher Verein des Gas- und Wasserfaches 1998). Durch den Einbau dieser Manschetten können lediglich aufgrund vorausgegangener Untersuchungen genau lokalisierte Schadstellen im Vollrohrbereich überdeckt werden. Bei der Vielzahl von Messstellen mit undichten Muffen, Lochkorrosion u.a. wird dieses Verfahren nur in bestimmten Fällen zur Anwendung kommen. Insbesondere ist die wesentliche Verringerung des Innendurchmessers von Grundwassermessstellen, die mittels Einschubmanschetten und Inlinern saniert wurden, nicht in Kauf zu nehmen, da dies eine Funktions- und Nutzungseinschränkung bedeutet.

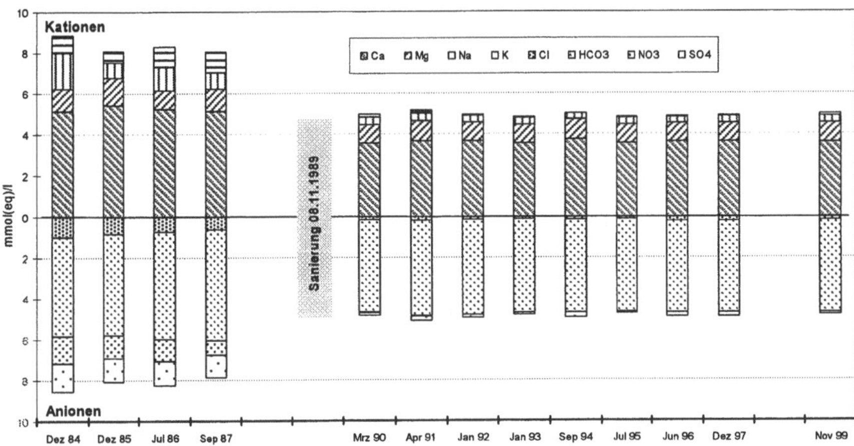

Abb. 9.20. Grundwasserchemischer Nachweis der Wirksamkeit einer mit Einschubverrohrung sanierten Messstelle

9.4.3 Rückbau von Grundwassermessstellen

Entsprechend den wasserwirtschaftlichen oder bergrechtlichen Bestimmungen müssen funktionsuntüchtige, die Geländenutzung störende, nicht mehr betriebene und nicht mehr ordnungsgemäß gewartete Messstellen zurückgebaut werden. Bestimmte Kriterien sind für jeden Einfall einzuhalten und festzulegen.

Maßgeblich ist die Beseitigung einer möglichen oder tatsächlichen Gefahr für das Grundwasser. Besonders die dauerhafte Wiederherstellung der stauenden Wirkung von hydraulisch wirksamen Trennschichten ist beim Rückbau von Beobachtungsrohren und von als Messstellen benutzten ehemaligen Brunnen zu garantieren. Die Zielsetzung von Sanierung und Rückbau von Messstellen sind vergleichbar, auch die meisten Vorgehensweisen und technischen Verfahren (Deutscher Verein des Gas- und Wasserfaches 1998; Rogge 1996).

Die Auflagen und Umstände für den Rückbau einer Messstelle können sehr unterschiedlich sein

– Ist die Messstelle an sich technisch in Ordnung, so dass keine Gefahr für das Grundwasser von ihr ausgeht, wird häufig nur die Entfernung des Messstellenkopfes einschlich der Betonplatte angeordnet.
– In bestimmten Fällen ist der totale Rückbau erforderlich, d.h. die Entfernung der Ausbauverrohrung.
– In anderen Fällen kommen Verfüllung der Messstelle und Ringraumnachdichtung mit verschiedenen technischen Varianten zur Anwendung.

Zur Vorbereitung einer Rückbaumaßnahme sollten folgende Unterlagen gesichtet werden:

- geologisches Schichtenverzeichnis
- technischer Ausbau (Filterposition, Ausbaumaterial, Ausbauzeichnung)
- hydrologische Daten (Wasserstandsbeobachtungen, Ergebnisse von Pumpversuchen)
- Wasseranalysen
- Ergebnisse von Funktionsüberprüfungen
- Auswertungen geophysikalischer Untersuchungen
- (Standort- und Eigentumsverhältnisse)

Diese Angaben können in der Regel der Messstellenakte entnommen werden. Gegebenenfalls sind zusätzliche Voruntersuchungen erforderlich, um eine Rückbaumaßnahme technisch einwandfrei planen und durchführen zu können, z.B. bei nicht fachgerecht errichteten Messstellen oder bei unbekanntem Schichtenprofil.

Die einzelnen Rückbauverfahren sind häufig - zumindest in Teilschritten - miteinander kombinierbar. Die Festlegung der ökologisch und wirtschaftlich günstigsten Variante wird dabei stets den jeweiligen Messstellenverhältnissen anzupassen sein.

- *Verfüllung* einer Messstelle: Es sind Verfüllmaterialien einzusetzen, die auf die jeweils vorliegenden geologischen und technischen Gegebenheiten abgestimmt sind (Deutscher Verein des Gas- und Wasserfaches 1998, 2002; DIN 4021 1990). Bei Messstellen mit Verfilterung in mehreren Grundwasserleitern oder -stockwerken müssen die hydraulisch wirksamen Trennschichten durch geeignete bindige Verfüllmaterialien dauerhaft wiederhergestellt werden. Der obere Verschluss erfolgt in der Regel durch eine Betonabdichtung.
- Fremdkörper wie z.B. Unterwasserpumpen oder Steine sind vor dem Verfüllen möglichst zu entfernen. Sind Fangarbeiten nicht möglich, sind diese Fremdkörper durch Zementationen einzukapseln.
- Bei fehlenden oder unwirksamen Abdichtungen muss der Ringraum zur Vermeidung von Umläufigkeiten und hydraulischen Kurzschlüssen nachgedichtet werden. Eine *Ringraumnachdichtung* durch Verpressung von Suspensionen aus dem zuvor perforierten Vollrohr heraus kommt zur Anwendung, wenn aus Platzgründen ein Überbohren nicht möglich ist bzw. Bohrgut und Spülung wegen eventueller Kontaminationen unerwünscht sind. Auch bei tiefen Messstellen ist dieses Verfahren wirtschaftlich. Allerdings ist zu beachten, dass die verschiedenen Varianten der Perforation bei nichtmetallischen Ausbauverrohrungen zur Beschädigung oder vollständigen Zerstörung der Rohre führen können.
- Um den Ringraum zu erreichen, wird im Vollrohr eine *Schlitz- oder Lochperforation* hergestellt. Die Lage der Perforation ist abhängig von der Tiefe des Gering- bzw. Nichtleiters oder von einer bestimmten Aufgabenstellung. Sie kann mittels unterschiedlicher Schlitzwerkzeuge mechanisch, durch Schussperforation (Zündung von Hohlladungen) oder durch das sogenannte Hydrajetting hydraulisch hergestellt werden.

– Als Verfüllmaterial für die Ringraumnachdichtung stehen Zemente mit verschiedenen Eigenschaften sowie Tonmehle oder Bentonite zur Wahl. Bei den Bentoniten handelt es sich um ein Gemisch natürlicher Tonminerale mit dem Hauptbestandteil Montmorillonit, der in seiner hochquellfähigen Form – Na-Belegung – vorliegen soll. Von chemischen Mitteln wie z.B. Wasserglas und Gelen ist abzuraten, da Anteile von nicht verfestigten Chemikalien zu Verunreinigungen des Grundwassers führen können.

– Einpressen der Suspension erfolgt durch das Zementiergestänge über die mit einem Doppelpacker abgesicherte Perforationszone mittels Injektionspumpe.

– Eine andere Möglichkeit ist die Verpressung über Einfach- bzw. Einwegpacker. Dazu wird die Messstelle nach unten mit Ton oder Zement abgedeckt und bis kurz unter die Perforationsstrecke aufgesandet. Nach dem Verpressvorgang können der Zementstopfen sowie die Auffüllung durch Ausbohren oder Freisaugen entfernt werden. Zu beachten ist, dass bei dem Verdacht auf Einbruch der Ringraumverfüllung oder des Gebirges ein hydrostatischer Überdruck im Vollrohr aufgebaut werden muss.

– Ringraumnachdichtung mittels Injektionslanzen, die mit üblichen Bohrverfahren in den Ringraum eingespült werden. Mit dieser Technik können allerdings nur oberflächennahe Nachdichtungen vorgenommen werden. Dabei besteht das Risiko, dass bestehende Dichtungen, Tonsperren usw. im Ringraum dauerhaft zerstört werden (Deutscher Verein des Gas- und Wasserfaches 1998).
Dieses Verfahren sollte bei aus PVC hart bestehenden Messstellen nicht angewendet werden.

– *Entfernung der Ausbauverrohrung in Verbindung mit der Plombierung des Bohrlochs* bei aus Stahl bestehenden Messstellen. Der Rohrstrang wird in einem Stück oder nach einem Zertrennen an beliebiger Stelle mittels Schusstechnik (Zünden von Hohlladungen), Schneidbrenner, hydraulischem Schnitt (wie bei der hydraulischen Perforation mittels Schneidsand) oder mechanischem oder hydraulisch betriebenem Rohrschneider stückweise gezogen. Gleichzeitig wird das freigezogene Bohrloch entweder komplett verfüllt oder in Anpassung an den geologischen Schichtenbau abschnittsweise mit entsprechenden Dichtungsmaterialien. Gegebenenfalls ist dabei die jeweils abzudichtende Strecke zunächst von Kies und Nachfall freizulegen. Kommt dieses Verfahren nicht in Frage, wird zuerst der Ringraum durch Überbohren freigelegt, anschließend kann nach dem Rohrschnitt der Ausbau mit dem für die Bohrarbeiten eingesetzten Gerät gezogen werden. Dies ist bei Grundwassermessstellen eine häufig praktizierte Rückbautechnik.

– *Entfernung der Ausbauverrohrung in Verbindung mit der Plombierung des Bohrlochs* bei aus PVC hart bestehenden Messstellen. Hier ist die völlige Zerstörung des Rohrstrangs bis zur notwendigen Teufe und die Dichtung des Bohrlochs die sicherste Methode zur Entfernung der Ausbauverrohrung. Diese wird zerfräst oder stückweise in einem Überbohrrohr zerbohrt.

– Rückbau von Messstellen in Festgesteinen ist in der Regel wegen der Standfestigkeit des Gebirges einfacher als in Lockergesteinen.

Wegen Details wird auf das DVGW-Arbeitsblatt W135 verwiesen (Deutscher Verein des Gas- und Wasserfaches 1998).

Der technische Zustand des Bohrlochs sollte nach dem Entfernen der Ausbauverrohrung optisch und geophysikalisch kontrolliert werden. Aus den Messergebnissen ist abzuleiten, worauf bei der Verfüllung besonders zu achten ist (z.B. auf verbackenen Filterkies, Auskolkungen des Bohrlochs oder Hilfsverrohrungen, die ggf. zu ziehen sind).

Alle Arbeitsschritte im Zusammenhang mit einer Rückbaumaßnahme sowie die Art und Menge der verwendeten Materialien sind schriftlich festzuhalten. Vom Verfüllmaterial sind Proben zu entnehmen, die im Bedarfsfall auf Homogenität, Druckfestigkeit u.a. zu untersuchen sind. In einem Abnahmeprotokoll sind u.a. festgestellte Abweichungen bei der Bauausführung zu dokumentieren. Alle Unterlagen, die auch die bohrlochphysikalischen Plots beinhalten, sind in der Messstellenakte abzulegen.

9.5 Neubau von Grundwassermessstellen

Die Vorgaben der EU-Wasserrahmenrichtlinie (Europäische Gemeinschaften 2000) für eine regionale Grundwasserüberwachung haben veranlaßt, die bestehenden großflächigen Messnetze zu überprüfen, auch hinsichtlich einer Optimierung der Messnetzkonfiguration. Das trifft auch für die operative Überwachung von Linien- oder Punktquellen zu, die eine mehr lokale Grundwasserkontamination zur Folge haben, auf die Kontrolle der Effizienz von laufenden oder zukünftigen Sicherungs- oder Sanierungsmaßnahmen im Rahmen von Monitoring eines Natural Attenuation-Prozesses sowie auf das Grundwasser bezogene Beweissicherungsverfahren. Das bedeutet, dass auch in Zukunft neue Grundwassermessstellen eingerichtet werden müssen. Dabei kommt es darauf an, die gemachten negativen Erfahrungen mit bestehenden Messstellen zu berücksichtigen. Deshalb wurde dieser Abschnitt über den Neubau bewusst erst hinter die Funktionsprüfung, Sanierung und Rückbau von Messstellen (Abschn. 9.4) gestellt.

Grundlage für den Neubau von Grundwassermessstellen ist das Arbeitsblatt W 121 DVGW aus dem Jahre 1988 (Deutscher Verein des Gas- und Wasserfaches 1988 b) und seine Überarbeitung durch einen Arbeitskreis (Deutscher Verein des Gas- und Wasserfaches 2002; Niehues 2002) mit verbindlichen Qualitätsanforderungen an Auftragsvergabe, Messstellenbohrung, Ausbau, Bauüberwachung und die Abnahme von Grundwassermessstellen sowie die Qualitätssicherung.

Viele Informationen betreffend den Bau von Messstellen werden auch ausführlich in Kap. 10 behandelt. Es wird deshalb nur auf bohrtechnische Aspekte des Messstellenbaus und Besonderheiten des Messstellenausbaus unter Berücksichtigung des Grundwassermonitoring eingegangen. Die mit dem Bau einer Grundwassermessstelle verbundenen wasserrechtlichen oder bergrechtlichen Fragen wie z.B. die Anzeigepflicht für Bohrungen, werden nicht behandelt.

Grundwassermessstellen haben in der Regel das Abteufen einer Bohrung als Voraussetzung, die anschließend - der jeweiligen Aufgabenstellung entsprechend -

angepasst an die hydrogeologischen Verhältnisse ausgebaut wird. Die Einrichtung einer Grundwassermessstelle mit der Zielsetzung, für den jeweiligen Standort repräsentative quantitative und qualitative Messwerte zu gewinnen, ist zudem kostspielig. Bohrarbeiten und Messstellenausbau müssen deshalb unbedingt aufeinander abgestimmt sein. Da es sich jedoch um zwei unterschiedliche Arbeitsschritte handelt, werden diese nachfolgend getrennt behandelt.

9.5.1 Notwendige Überlegungen vor der Einrichtung von neuen Grundwassermessstellen

Folgende Gesichtspunkte sind zu beachten:

- Nach erfolgter Wahl eines Messstellenstandortes sind mit Eigentümern und Nutzungsberechtigten eines Grundstücks vor Beginn von Baumaßnahmen Nutzungs- und/oder Gestattungsverträge abzuschließen, um störungsfreien Bauablauf und dauerhaften Bestand der Messstelle zu sichern.
- Nutzungsänderungen im Nahbereich der geplanten Grundwassermessstelle oder in deren hydrologischem Einzugsgebiet können die Eignung des Standorts in Frage stellen (z.B. Aufschüttung des Geländes, Grünlandumbruch, voranschreitender Kiesabbau, kontaminierte Standorte).
- Für den Messstellenbau muss der Standort ggf. mit schwerem Bohrgerät erreichbar sein, Gewichtsbeschränkungen auf Straßen und Brücken sind zu berücksichtigen. Eine ausreichend große Arbeitsfläche muss vorhanden sein.
- Die Messstellen müssen für Beprobungen, Pflege und eventuelle Sanierungsarbeiten unter normalen Witterungsbedingungen mit Fahrzeugen erreichbar sein.
- Für den Bau von Grundwassermessstellen sind nur qualifizierte, entsprechend zertifizierte Fachfirmen mit entsprechender technischer Leistungsfähigkeit zu beauftragen. Auch wenn das beauftragte Bohrunternehmen einen guten Namen hat, ist eine kompetente Bauaufsicht vor Ort zur Vermeidung erst später ersichtlich werdender Mängel erforderlich.
- Die Anwesenheit eines Hydrogeologen an der Baustelle ist während geophysikalischer Messungen sowie beim Einbau des Filters und der Ringraumverfüllung dringend erforderlich.
- Wesentlich ist auch, dass der Geologe das Bohrprofil aufnimmt und hydrogeologisch interpretiert, damit der vorgegebene Ausbauplan präzis an den tatsächlichen Schichtenaufbau angepasst werden kann.
- Seitens des Auftraggebers ist ein Leistungsverzeichnis zu erstellen, das sich an den in Tabelle 9.3 aufgelisteten Anforderungen an den Bau von Grundwassermessstellen orientieren soll. Es soll so transparent und detailliert wie möglich auf eventuelle bohrtechnische Probleme hinweisen, damit der potenzielle Auftragnehmer die Zielsetzung des Auftrags erkennt und in die Lage versetzt wird, ohne wesentliche Sicherheitszuschläge, welche die Kosten unnötigerweise erhöhen, ein Angebot zu erstellen, das die Aufgabenstellung nachvollziehbar widerspiegelt.

Tabelle 9.3. Wichtige Anforderungen an den Neubau von Grundwassermessstellen

Baustelleneinrichtung	- gesicherte Lagerung von und gewissenhafter Umgang mit wassergefährdenden Stoffen (Diesel, Schmieröle) auf der Baustelle zwecks Vermeidung von Boden- und Grundwasserkontaminationen durch Kohlenwasserstoffe
Wahl des Bohrverfahrens	- Gewährleistung einer eindeutigen Ansprache der Bohrproben durch Wahl eines geeigneten Bohrverfahrens. Vorzuziehen sind Trockenbohren oder im Fall von Rotary-Spülbohrungen Saug- und insbesondere Lufthebeverfahren) - Spülmedium möglichst nur Wasser mit Trinkwasserqualität oder Druckluft - maßhaltiges Bohrlochkaliber (Vermeidung von Auskesselungen) - Vertikalität des Bohrlochs
Geophysikalische Untersuchungen	- geophysikalische Vermessung des Bohrlochs vor Ausbau, falls keine genauen Kenntnisse über den Gesteinsaufbau des Untergrundes vorliegen oder keine Pilotbohrung abgeteuft werden kann - geophysikalische Vermessung des Bohrlochs in jedem Fall im Rahmen der Bauabnahme nach Ausbau und Einrichtung der Messstelle
Ausbau der Bohrung zu einer Grundwassermessstelle	- Einbau nur eines Rohrstrangs pro Bohrloch - Bau von Messstellengruppen in separaten Bohrlöchern zur getrennten Ausfilterung von Grundwasserleitern oder -stockwerken - vollständige Verrohrung des Bohrlochs in nicht standfestem Gebirge und bei Einbau kontinuierlich registrierender Sonden - Ringraumstärken von mindestens 50 mm; bei großen Teufen 100 mm und ggf. mehr für Schütt- und Verpressrohre - Ausbaudurchmesser DN 50 bis DN 150, in der Regel DN 65 oder DN 80; bei Förderhöhen > 80 m und bei Multifunktion DN 100 bis DN 150; in Kluft- und Karstgrundwasserleitern aus geohydraulischen Gründen möglichst kleiner Ausbaudurchmesser empfehlenswert - Wahl von Länge und Position der Filterstrecke unter Berücksichtigung der hydrogeologischen Gegebenheiten des Untergrundes, der Eigenschaften der zu untersuchenden Stoffe und der Zweckbestimmung der Messstelle - chemisch neutrales Ausbaumaterial bei Messstellen zur Überwachung der Grundwasserbeschaffenheit; in der Regel PVC hart, in Sonderfällen auch Teflon oder VA-Stahl - Verzicht auf Sumpfrohr zwecks Vermeidung der Sedimentation feinkörnigen Materials mit hoher Sorptionskapazität für Spurenstoffe (u.a. Schwermetalle) und zur Verhinderung von Standwasser ohne hydraulischen Anschluss an das umgebende oder unvorhersehbar abgesenkte Grundwasser

Tabelle 9.3. (Fortsetzung)

Ausbau der Bohrung zu einer Grundwassermess-stelle	- durchgehende Verfilterung oder mehrere alternierende Filterstrecken bei einem mehr oder weniger homogenen und geringmächtigen Grundwasserleiter ohne ausgeprägte Vertikalgradienten im Strömungsfeld (→ tiefenintegrierte Grundwasserbeprobung, besonders bei der großräumigen Routineüberwachung der Grundwasserbeschaffenheit) - kurze Filterstrecke (jedoch mindestens 1 m) am unteren Ende unterschiedlich tiefer Messstellen in separaten Bohrlöchern (Messstellengruppe) bei einem heterogenen Grundwasserleiter sowie bei größerer Mächtigkeit, bei ausgeprägten Vertikalgradienten im Strömungsfeld oder bei hydrochemischen Schichtungsphänomenen (→ tiefendifferenzierte Grundwasserbeprobung; in der Regel erforderlich bei der Überwachung von Altstandorten, Altablagerungen oder dgl.) - dichte Rohrverbindungen durch Verwendung von Doppelmuffen mit Dichtungsringen, ggf. auch Klebemuffen oder Schrumpfmuffen - Einbau von Abstandshalter, möglichst in geringer Anzahl, zur Zentrierung der Rohrtour - langsame und kontrollierte Verfüllung des Ringraums; Schüttung von Kies mit Schüttrohren; Verpressen möglichst mit Tonsuspensionen anstelle Schütten von Tonpellets - Einbau von gewaschenem Filterkies bis ca. 2 m oberhalb der Filteroberkante zum Massenausgleich bei Sackungen im Ringraum; Körnung in Verbindung mit der Schlitzweite des Filters abgestimmt auf den Grundwasserleiter zwecks Vermeidung von Versandung - Einbau eines Gegenfilters aus Sand zwischen Filterkies und Tonabdichtung - Wiederherstellung der hydrogeologischen/geohydraulischen Verhältnisse im Grundwasserleiter durch Einbau von Tonsperren im Ringraum von jeweils mindestens 5 m Länge; Verwendung von Tonpellets mit gutem Sinkverhalten und hoher Gamma-Aktivität (Zudosierung von Monazit-haltigen Sanden) oder Bentonit-(Zement)-Suspensionen anstelle von luftgetrocknetem Ton in Kugelform, Dämmer oder reinem Zement - Verfüllung des Ringraums oberhalb der Abdichtung bei flachen Messstellen in einem Porengrundwasserleiter mit Filterkies; keine Verwendung von Bohrgut! - Unterbinden des Draineffektes des Ringraums bei tiefen Messstellen in einem Porengrundwasserleiter und generell bei Messstellen im Festgestein durch sorgfältige Verfüllung mit bindigem Material (kein Filterkies, keine Verwendung von Bohrgut!) - Unterbindung des Eintritts von Oberflächenwasser

Tabelle 9.3. (Fortsetzung)

Ausbau der Bohrung zu einer Grundwassermess-stelle	- ausreichend langes Klarpumpen zur Entfernung von natürlichem Feinsediment und Resten einer eventuell verwendeten Dickspülung (Entwickeln der Messstelle) - möglichst Durchführung von Kurzpumpversuchen zur Ermittlung geohydraulischer Grundwasserleiterkennwerte - Abschlussbauwerk mit Schutzrohr aus Stahl und verschließbarer Kappe - Sorgfalt bei der Überprüfung der Bauausführung und bei der Bauabnahme im Rahmen der Bauaufsicht

9.5.2 Anforderungen an die Messstellenbohrung

Die Wahl eines geeigneten Bohrverfahrens und die sachgemäße Durchführung der Bohrmaßnahme sind für das Grundwasser-Monitoring von entscheidender Bedeutung:

- Bohrungen liefern die notwendigen Informationen über den geologischen Untergrund und die hydrogeologischen Verhältnisse
- Bohrungen sind die Grundlage zum ordnungsgemäßen Ausbau zu Grundwassermessstellen
- das Bohrprofil gibt vor, wo und wie Ausbauverrohrung und Ringraumverfüllung in Abhängigkeit von der Aufgabenstellung entsprechend zu platzieren sind

Wie bereits weiter erwähnt, sind die relevanten Bohrverfahren und deren Anwendungsmöglichkeiten im DVGW-Arbeitsblatt W 115 (Deutscher Verein des Gas- und Wasserfaches 2001 a) eingehend beschrieben. An dieser Stelle ist es daher ausreichend, im Folgenden nur noch spezielle Aspekte für den Bau von Grundwassermessstellen einzugehen.

Allgemeine Anforderungen

- Grundsätzlich ist für jeden Grundwasserleiter bzw. für jedes Grundwasserstockwerk ein eigenes Bohrloch niederzubringen (problematische Abdichtung der einzelnen Rohrstränge gegeneinander in einem Bohrloch). Dies ist „Stand der Technik" nach der Empfehlung im DVWG-Arbeitsblatt W 115 (Deutscher Verein des Gas- und Wasserfaches 1988, 2002).
- Anstelle von sogenannten Bündel-Messstellen, wie sie z.B. aus Kostengründen insbesondere im Braunkohlenrevier des Erftgebietes gebaut werden (Schenk 1983), sind stattdessen Messstellengruppen zu favorisieren. Bei diesen sollte der horizontale Abstand der einzelnen unterschiedlich tiefen Bohrungen mindestens 3 m, bei Teufen von mehr als 50 m mindestens 5 m betragen (Berücksichtigung von Abweichungen in der Vertikalität der Bohrungen).

- Da die Hydrogeologie eines Messstellenstandortes eine wesentliche Bedeutung für den Ausbau einer Messstelle hat, muss großer Wert auf ein Bohrverfahren gelegt werden, das die Gewinnung aussagefähiger Gesteinsproben ermöglicht.
- Die Kenntnis der genauen Tiefenlage und Mächtigkeit der Schichten ist Voraussetzung für die Platzierung von Ausbauverrohrung und Ringraumverfüllung.
- Bei der Auswahl des Bohrverfahrens ist eine günstige Bohrlochgeometrie anzustreben, die weder den Ausbau und den Betrieb der Messstelle behindert noch später eine Sanierung oder einen Rückbau erschwert.
- Generell muss eine möglichst hohe Vertikalität und Kalibergerechtheit erreicht werden, damit ein sicherer und zentrischer Einbau der Ausbauverrohrung und somit eine optimale Füllung des Ringraums mit Schüttgütern gewährleistet werden.
- Außerdem muss an eine möglichst geringe Beeinflussung der Bohrlochwand gedacht werden, da andernfalls die Ergebnisse bohrlochphysikalischer Messungen und/oder die Beschaffenheit von Grundwasserproben verfälscht sein können.
- Eine Aufschlussbohrung wird zweckmäßigerweise vor dem Messstellenbau niedergebracht, wenn der geologische Aufbau des zu überwachenden Grundwasserleiters und der ggf. darüberliegenden Deckschichten am vorgesehenen Standort nicht hinreichend genau bekannt oder die geologischen Verhältnisse kompliziert sind.
- Auch wenn gelegentlich die Auffassung vertreten wird, dass die durchgehende Gewinnung von Bohrkernen in Aufschlussbohrungen die Regel sein sollte (u.a. Schreiner u. Kreysing 1998), bleibt in der Praxis eine Kernbohrung - vorzugsweise mit Doppelkernrohren - wegen der hohen Kosten auf Ausnahmefälle beschränkt. Dabei ist auch weniger an ein Kernen über die gesamte Bohrteufe gedacht, sondern an das horizontweise Gewinnen von Bohrkernen. Beispielsweise kann es von großer Bedeutung sein, die Hangend- und Liegendgrenze einer hydrogeologisch wichtigen Tonlage genau zu erfassen, um den Ringraum einer Messstelle in einer bestimmten Teufe abzudichten.
- Die geophysikalische Vermessung einer Aufschlussbohrung sollte routinemäßig erfolgen (Abb. 9.21). Mit der Durchführung der bohrlochgeophysikalischen Untersuchungen und der Auswertung der Messplots sollte zur Vermeidung von Interessenkollisionen nicht das Bohrunternehmen beauftragt werden, sondern ein unabhängiges Fachbüro.
- Die Baukosten können wesentlich verringert werden, wenn die Messstellenbohrung unmittelbar nach der Aufschlussbohrung ausgeführt wird. Moderne Universal-Rotary-Bohrsysteme auf Lastkraftwagen können schnell für unterschiedliche Bohrstrategien umgerüstet werden (Homrighausen u. Lüdecke 2002). Wichtig ist, dass der Ausbauplan für die Messstellenbohrung umgehend festgelegt wird.
- In der Regel wird die Aufschlussbohrung mit einem größeren Durchmesser überbohrt und zur Messstelle ausgebaut. Andernfalls muss sie verfüllt werden. Dabei ist die Wirkung durchteufter Grundwasserhemmschichten durch Einbau von Tonsperren oder Ringraumverpressung wieder herzustellen.

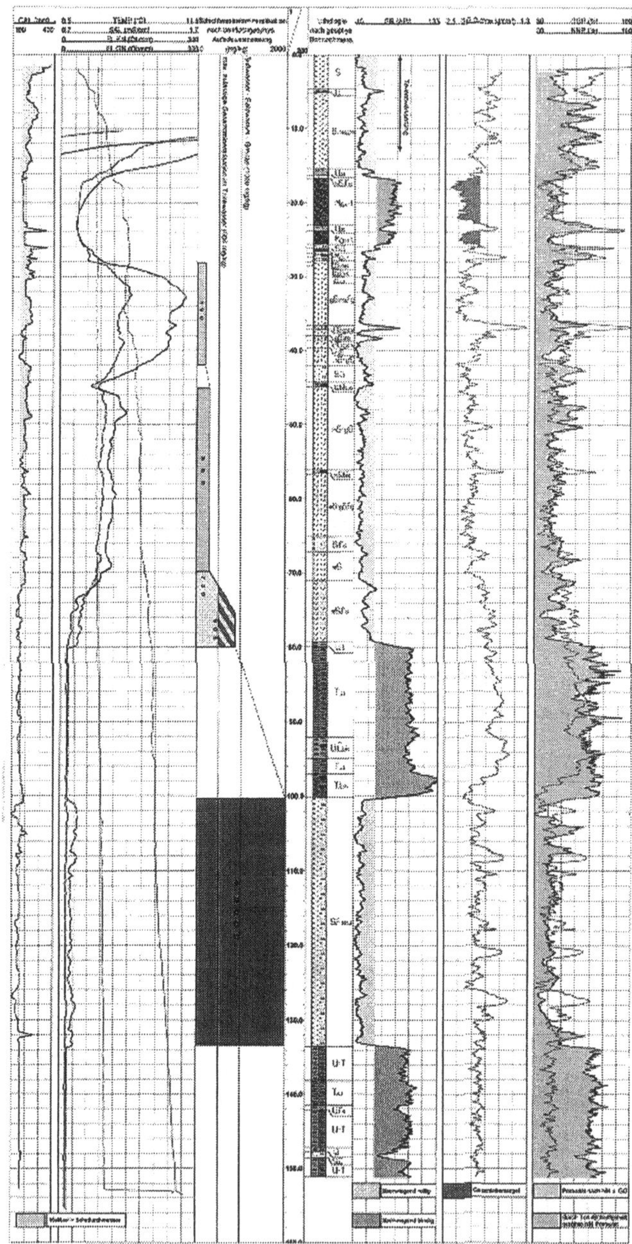

Abb. 9.21. Geophysikalische Messungen in Aufschlussbohrungen. Von links nach rechts: CAL, TEMP, SAL, EL KN, EL GN; Schichtwasser-Mineralisation; Lithologie; GR; GG.D; GG.P, NN.P („Composite"-Plot). Aus einem Prospekt der Fa. Bohrlochmessung – Storkow GmbH 2002.

- Bei bekannten hydrogeologischen Gegebenheiten kann sofort die Messstellenbohrung niedergebracht werden.
- Wenn keine Aufschlussbohrung vorausgegangen oder diese mehr als 10 m vom endgültigen Standort entfernt ist, sollte auch bei der Messstellenbohrung selbst die Schichtenfolge durch Entnahme von Bohrgutproben und geophysikalische Bohrlochvermessung erfasst und dokumentiert werden (Länderarbeitsgemeinschaft Wasser 2000 a). Der Ausbauplan ist ggf. von dem betreuenden Geologen den Ergebnissen anzupassen.
- Während des Abteufens einer Bohrung sind die einschlägig bekannten DIN-Normen bezüglich des teufengerechten Zutageförderns und Auslegens der Bohrproben nach DIN 4021 (1990), der genauen und differenzierten Ansprache der Schichten und deren zeichnerische Darstellung nach DIN 4022-1 (DIN 1987), 4022-2 (DIN 1981), 4022-3 (DIN 1982) und DIN 4023 (DIN 1984) zu beachten. Außerdem ist das DVWG-Merkblatt W 114 (Deutscher Verein des Gas- und Wasserfaches 1989) für eine repräsentative Bohrprobennahme heranzuziehen.

Empfehlungen für Bohrverfahren im Zusammenhang mit dem Bau von Grundwassermessstellen. Die gängigen Bohrverfahren zur Grundwassererschließung unterscheiden sich erstens nach der Art der Bohrbewegung, mit der das Bohrloch durch das Herauslösen von Gesteinspartikeln aus dem Untergrund hergestellt wird, und zweitens danach, wie das gelöste Bohrgut von der Bohrlochsohle abgehoben und aus dem Bohrloch gefördert wird.

Art der Lösung und Hebung des Bohrgutes lassen eine Bewertung der Qualität der Gesteinsproben zu und sind somit hilfreich bei der Auswahl eines geeigneten Bohrverfahrens. Zu differenzieren sind *schlagendes, drehendes und drehschlagendes* Bohren. Die Bohrgutförderung ist entweder kontinuierlich, z.B. mit Hilfe eines Spülmediums (Wasser, Dickspülung, Luft), oder diskontinuierlich, beispielsweise mit Schappe, Greifer oder Büchsen.

Folgende Gesichtspunkte sollen hervorgehoben werden:

- Bei Messstellenbohrungen kämen alle genannten Verfahren in Frage; es werden aber nur einige in der Praxis häufig angewendet. Nicht zu empfehlen ist für Grundwassermessstellen das Einrammen oder Einspülen der Rohrtour. Letztere kommen ohnehin nur für geringe Teufen und Durchmesser in Frage.
- In *Lockergesteinen* sollten bei Endteufen bis ca. 25 m vor allem Trockenbohrverfahren (Schlagbohrverfahren) zum Einsatz kommen. Dabei wird insbesondere das Seil-Freifallbohren (pennsylvanisches Verfahren) bevorzugt.
- Neben der Kostenfrage ist zu prüfen, ob beim Trockenbohren auf Spülmittel verzichtet werden kann.
- Als Bohrwerkzeuge finden Meißel oder Schlagbüchsen in verschiedenen Ausführungen Verwendung, in nichtbindigen Lockergesteinen auch Greifer, Ventilbüchsen oder Kiespumpen.
- Relativ häufig wird für flache Bohrungen teilweise auch das Trockendrehbohren angewendet, bei dem das Bohrwerkzeug meist zur gleichzeitigen Aufnahme

des gelösten Bohrgutes eingerichtet ist. Ein bekanntes Beispiel hierfür ist die Hohlbohrschnecke.

- Ist eine Untersuchungsbohrung erforderlich, kann auch Rammkernbohren mittels ungeteilter oder geteilter Schappe in Frage kommen, insbesondere bei geringer Teufe im bindigen Lockergestein sowie im rolligen Lockergestein oberhalb des Grundwasserspiegels.
- Für Erkundungsbohrungen im Lockergestein ist das Schlauchkernbohren entwickelt worden. Dabei wird ein Teil des Gesteins in das Innere eines Kernrohres eingeleitet und sofort mit einer schlauchartigen Hülle aus Kunststoff zur konserviert.
- Sowohl die Rammkern- als auch die aufwendigere Schlauchkernbohrung werden bei Altlasten gezielt zur Gewinnung kontaminierter Bodenproben eingesetzt, seltener zur Erstellung von Messstellen.
- In Lockergesteinen werden heute bei größeren Teufen überwiegend Drehbohrverfahren angewendet, die besonders wirtschaftlich sind.
- Die Drehbewegung wird üblicherweise maschinell über Tag erzeugt und über ein Bohrgestänge auf das Bohrwerkzeug übertragen. Bei diesem handelt es sich um Ein- und Mehrstufenmeißel mit Schneidmessern oder um Flügelmeißel. Gebräuchliche maschinelle Drehvorrichtungen sind der Drehtisch mit darin gleitender Mitnehmerstange und der Kraftdrehkopf auf Lkw mit fest eingespanntem oder unterhalb verschraubtem Bohrgestänge. Die Bohrgutförderung erfolgt mit Hilfe eines Spülmediums (Wasser oder Wasser mit Zusätzen).
- Bei Messstellenbohrungen empfiehlt sich nicht das Druckspülbohren mit direkter Spülstromrichtung („Rechtsspülung"), sondern die Verfahren mit indirekter Spülstromrichtung („Linksspülung"). Denn beim Saugbohren oder beim Lufthebebohren vermeidet einerseits die mit geringer Geschwindigkeit im Ringraum nach unten fließende Spülung weitgehend Auswaschungen der Bohrlochwand. Andererseits können infolge der hohen Steiggeschwindigkeit im Gestänge die einzelnen Bohrproben nahezu teufengerecht und kaum fraktioniert gewonnen werden.
- Mit dem Druckspülbohr-Verfahren sind Bohrteufen bis 400 m möglich.
- Das Lufthebebohr-Verfahren, bei der die durch eine Druckdifferenz zwischen der Spülungssäule im Ringraum und der mit Bohrgut beladenen Spülungssäule im Gestängeinnern hervorgerufene Saugwirkung durch Zufuhr von Druckluft noch verstärkt wird, ist für Messstellenbohrungen optimal. Hier tritt das Bohrgut im Bohrgestänge bei Aufstiegsgeschwindigkeiten von 3 bis 4 m/s über den Kraftdrehkopf der Bohranlage zu Tage. In der Regel ist eine kontinuierliche Bohrgutförderung gewährleistet, so dass auch Kenntnisse über Tiefenlage und Mächtigkeit wasserführender Schichten sowie Anhaltspunkte über deren Wasserführung erhalten werden (Abb. 9.22).
- Abgesehen von der relativ guten Probenqualität besteht ein weiterer Vorteil auch darin, dass in der Regel auf den Einsatz von Sperrrohren verzichtet werden kann. In manchen Fällen ist ein Standrohr zur Sicherung des Bohrlochmundes erforderlich.

– Das Setzen einer Hilfsverrohrung ggf. mit Hilfe einer Verrohrungsmaschine hat häufig das Verschleppen von Tonschichten zur Folge, was zu einer hydrogeologischen Fehlinterpretation des Bohrprofils und somit zu einem falschen Ausbau der Messstelle führen kann.

– Günstig ist auch, dass das Bohrgut nicht in Klüfte hineingedrückt wird und die Bohrlochachse ebenso wie bei Freifall-Bohrverfahren am wenigsten von der Sollrichtung abweicht.

– Eine zu große Abweichung der Bohrlochachse, die in Lockersedimenten z.B. durch große Steine oder Baumstämme verursacht werden kann, wirkt sich negativ auf die Qualität der Bohrdaten wie z.B. der Bohrproben oder der physikalischen Bohrlochmessdiagramme aus. Es ergeben sich oft Probleme beim Einbau der Rohrtour, deren Standfestigkeit und der Dichtheit. Auch Einbau und Betrieb einer Unterwasserpumpe können erschwert sein.

Abb. 9.22. Abteufen eines Bohrlochs mittels des heute meist eingesetzten Lufthebeverfahrens als Beispiel für ein Drehbohrverfahren

Bei Messstellenbohrungen in *Festgesteinen* werden Drehbohrverfahren bevorzugt; dabei werden vor allem Rollenmeißel, aber auch Flügelmeißel und bei besonders hartem Gestein auch Hartmetall- oder Diamantkronen eingesetzt. Wie in Lockergesteinen hat das Lufthebeverfahren Vorteile.

In geklüfteten Festgesteinen, aus denen das Bohrgut mittels direkter Spülstromrichtung wegen Spülverlusten nicht zu Tage gebracht werden kann, lässt sich mit Luftheben meist eine stetige Bohrgutförderung bis zur Geländeoberfläche in Gang halten. Die wasserführenden Klüfte werden dabei nicht mit Bohrgut verschlossen, wenn

- eine genügend hohe Wassersäule im Bohrloch erhalten bleibt,
- der Bohrlochbereich oberhalb des Spülungsspiegels entweder standfest ist oder
- mit einer Schutzverrohrung ausgekleidet wird.

Als *Schlagbohrverfahren* werden das bereits angesprochene Seil-Freifallbohren sowie das Hammerbohren mit Druckluft betriebenem Bohrlochhammer (Im-Loch-Hammer) angewendet.

Das Hammerbohren eignet sich nur für harte Festgesteine. Die als Antrieb genutzte Druckluft dient auch zur stetigen Förderung von Bohrgut ohne Wechsel der Bohrwerkzeuge (Hartmetallbohrköpfe mit Einfach-, Kreuz- und X-Schneiden sowie mit Hartmetallstiften). Gleichzeitig wird das dem Bohrloch zufließende Grundwasser gefördert, so dass sich laufend Anhaltspunkte über die Wasserführung in den verschiedenen Teufen ergeben.

Ähnlich wie bei den Freifall-Bohrverfahren erfolgt auch beim Hammerbohren bei jedem Hub eine Umsetzung des Schlagkopfes. Somit ist der Bohrvorgang auch als *drehschlagend* anzusehen. Das Hammerbohren ist durch den Einsatz großdimensionierter und hochleistungsfähiger Kompressoren kostenintensiv. Es ist trotzdem wirtschaftlich, da in kurzer Zeit ein großer Bohrfortschritt erzielt wird, der sich mit anderen Verfahren nicht erreichen lässt.

Bohrlochtiefe und Bohrlochenddurchmesser. Bei der Bohrlochtiefe, festgelegt nach den hydrogeologischen Verhältnissen und dem Verhalten von Schadstoffen im Untergrund, müssen die erforderliche Unterschüttung und ein Sicherheitszuschlag für den hängenden Einbau der Verrohrung berücksichtigt werden.

Bei der Planung des *Bohrlochenddurchmessers* müssen folgende Aspekte gewährleistet sein:

- sicherer Messstellenausbau auf die geforderte Teufe
- teufengerechtes Einbringen von Schüttgütern, wie z.B. Filterkies oder abdichtende Suspensionen
- Zentrieren der Ausbauverrohrung
- Ein- und Ausbau der benötigten Geräte, wie Förderpumpe, Messsonden u.a., während der gesamten Betriebszeit einer Messstelle

Bohrlochenddurchmesser und Ausbaudurchmesser sind optimal aufeinander abzustimmen; denn im Ringraum einer Messstelle müssen Abdichtungen eingebaut und einwandfrei funktionieren, um geohydraulisch oder hydrochemisch unterschiedliche Grundwässer voneinander trennen zu können. Darüber hinaus hängt der Endbohrlochdurchmesser von der Art des Dichtungsmaterials und vom Bohrverfahren ab. So muss bei Tonformlingen (z.B. Tonkugeln, granulierter oder stranggepresster Bentonit (Pellets)) der Ringraum größer als bei Suspensionen sein.

Wird ein Spülbohrverfahren gewählt, beträgt der Bohrlochenddurchmesser beispielsweise bei einem Ausbaudurchmesser von DN 100 im Fall von Suspensionen mindestens 245 mm und bei Tonformlingen mindestens 305 mm (Deutscher Verein des Gas- und Wasserfaches 2002).

Bohrlochend- und somit auch Ausbaudurchmesser sollten aus geohydraulischen Gründen so klein wie möglich sein, da eine Grundwassermessstelle einen erheblichen künstlichen Eingriff in das System „Grundwasserleiter" darstellt. Andererseits werden mittlerweile leistungsfähige Unterwasserpumpen angeboten, die auch in kleinkalibrigen Messstellen (Ausbaudurchmesser DN 50, DN 65 oder DN 80) einsetzbar sind. Die kleinste U-Pumpe leistet bei 30 m Förderhöhe etwa 1,5 m³/h.

Spülungszusätze. Falls das Gestein an der Bohrlochwand streckenweise bei Anwendung von Bohrverfahren mit Wasserspülung stark zum Quellen oder zum Nachfallen neigt, müssen unverrohrte Bohrlochwände stabilisiert werden. Dazu werden dem Spülwasser Zusätze beigegeben, die Kolloidsuspensionen bilden. Daher muss ein Spülsäulendruck gewährleistet sein, der den vom Grundwasser und Gestein ausgehenden Druck um mindestens 20 kPa übersteigt (Deutscher Verein des Gas- und Wasserfaches 1997). Ist mit artesischem Überlauf des Grundwassers zu rechnen, muss die Spülung durch Zusätze (Kreidemehl, Schwerspat) beschwert werden. Gegebenenfalls ist zusätzlich der Einbau einer Schutzverrohrung über Geländeniveau erforderlich.

Diese Spülungszusätze fördern den Aufbau gut abdichtender Filterkuchen auf der Bohrlochwand bzw. verringern das Eindringen von Spülung und Bohrgut in den bohrlochnahen Bereich des Gebirges.

Sind aus bohrtechnischen Gründen Spülungszusätze nicht zu vermeiden, dürfen nur solche verwendet werden, die

– sich in möglichst dünnen Lagen als Filterkuchen auf der Bohrlochwand aufbauen,
– nur wenig tief in die dahinter liegenden Poren oder Klüfte eindringen,
– sich nach Beendigung der Bohrarbeiten wieder entfernen lassen und so die zeitweilig verschlossenen oder verengten Poren oder Klüfte freigeben,
– zu keinen mikrobiologischen Folgeproblemen führen.

Damit sollen ein bleibender Einfluss auf die Grundwasserbeschaffenheit verhindert und geophysikalische Messverfahren nicht gestört werden. Anorganische (mineralische) Spülungszusätze, wie insbesondere Bentonite (Handelsname u.a. Tixoton), entsprechen dieser Forderung eher als künstliche Polymere.

Zu diesen zählen:

Polymere	*Handelsname*
Carboxylmethylcellulose	Antisol oder Tylose u.a.
Polyacrylamide	Synamid u.a.

Daneben werden Schaummittel (anionaktive Tenside) eingesetzt, überwiegend bei der Druckluftspülung in Festgesteinen (Länderarbeitsgemeinschaft Wasser 1993). Weitere Details enthält das DVGW-Merkblatt W 116 (Deutscher Verein des Gas- und Wasserfaches 1997).

9.5.3 Generelles zum Ausbau einer Grundwassermessstelle

Die Anforderungen an den Ausbau einer Grundwassermessstelle wurden in den vorhergehenden Abschnitten teilweise schon eingehend behandelt. Zusammengefasst wird nochmals hervorgehoben:

- keine wesentliche Störung der natürlichen geohydraulischen Verhältnisse, auch nicht bei der Gewinnung von Grundwasserproben
- keine Beeinträchtigung der Beschaffenheit des Grundwassers
- keine unerwünschten Effekte wie hydraulischer Kurzschluss von Grundwasserleitern bzw. -stockwerken
- kein Zutritt von Oberflächenwasser, das ggf. kontaminiert sein kann
- Gewährleistung der Betriebssicherheit entsprechend der Aufgabenstellung der Messstelle
- Einplanung auch eines problemlosen Rückbaus

Es sind die technischen Vorschriften für den Ausbau eines Bohrlochs zu einer Grundwassermessstelle zu berücksichtigen:

- DIN 4021 (DIN 1990)
- DVGW-Merkblatt W 121 (Deutscher Verein des Gas- und Wasserfaches 2002)
- „Empfehlungen zu Konfiguration von Meßnetzen sowie zu Bau und Betrieb von Grundwassermeßstellen (qualitativ)" der LAWA (Länderarbeitsgemeinschaft Wasser 2000 a)

Ist der Ausbau einer Grundwassermessstelle auf eine bestimmte Beprobungstechnik ausgerichtet und wird das Überwachungskonzept danach wesentlich geändert, verringert sich ggf. die Aussagekraft der Messwerte. Besonders viele und schwerwiegende Fehler werden beim Ausbau der Messstelle bei der Festlegung von Position und Länge der Filterstrecke gemacht. Einige typische Beispiele sollen dies beleuchten:

- Besteht nach dem Bau einer auf voller Länge verfilterten oder im Ringraum durchgehend verkiesten Messstelle die Absicht, eine tiefendifferenzierte Grundwasserprobe zu gewinnen, bleibt auch der in diesem Fall häufig empfohlene Einsatz eines Einfach- oder Doppelpackers wirkungslos. Der Grund ist, dass der vertikale Zustrom von Grundwasser aus anderen Horizonten nicht unterbunden werden kann (Barczewski u. Marschall 1989, 1990; Barczewski et al. 1996; Deutscher Verband für Wasserwirtschaft und Kulturbau 1997; Toussaint 1989, 1991 a, b, 1995, 1997 a).

– Bei stärkeren vertikalen Gradienten im Grundwasserströmungsfeld ist der Standrohrspiegel in einer Messstelle nur dann mit der (freien) Grundwasseroberfläche identisch, wenn die Messstelle in diesem Bereich verfiltert ist. Für die Konstruktion von Grundwasserhöhengleichen sind die in tiefen Messstellen mit kurzen Filterstrecken am unteren Ende gemessenen Grundwasserstände häufig nicht oder nur eingeschränkt brauchbar.

– Aufschwimmende leichte organische Phase, z.B. aus undichten Leitungen austretendes Kerosin, bleibt unentdeckt, wenn die Filterstrecke einer Grundwassermessstelle zu tief positioniert ist, da das Vollwandrohr als Abscheider wirkt. Umgekehrt können schwere organische Phasen, wie beispielsweise leichtflüchtige halogenierte Kohlenwasserstoffe, die sich an der Sohle eines Grundwasserleiters ansammeln, und die schon durch das Grundwasser herausgelösten Kontaminanten nicht nachgewiesen werden, wenn die Messstellen nur flach verfiltert sind.

– Da die Durchlässigkeiten aufgrund der oberflächennahen Gesteinsauflockerung oder durch die geologische Schichtung in horizontaler Richtung erheblich größer sind als senkrecht dazu, werden im obersten Grundwasserleiter Kontaminanten bevorzugt in der Nähe der Grundwasseroberfläche verfrachtet (zweidimensional-ebener Stofftransport). Es wäre aber falsch, bei der Planung des Messstellenausbaus nur dies in Betracht zu ziehen und eine aus unterschiedlichen Gründen mögliche Stratifikation von Grundwasserinhaltsstoffen oder die im Strömungsfeld häufig vorliegenden Vertikalgradienten völlig außer acht zu lassen.

Alle *wirksamen Komponenten* einer Grundwassermessstelle müssen im Zusammenhang gesehen werden, damit eine Messstelle ihre Funktion erfüllt. Aus heutiger Sicht besteht eine Standard-Grundwassermessstelle aus

– einem Rohrstrang mit Bodenkappe, Filterrohr, Aufsatzrohr und verschließbarer Abschlusskappe sowie Abstandshaltern zur Zentrierung der Rohrtour,
– der Ringraumverfüllung aus Filterkies, hydraulisch wirksamem Abdichtungsmaterial („Tonsperre") im Bereich von Grundwasserleiter oder -stockwerke trennenden Schichten,
– einer Ton-/Zement-Suspension oberhalb der Ausfilterung (Abb. 9.23).

Im Gegensatz zu früher wird auf ein Sumpfrohr verzichtet, weil dort Kontaminanten an sedimentierte Feinstoffe adsorbiert werden können, insbesondere auch Schwermetalle, welche die Analyse der Grundwasserprobe verfälschen würden.

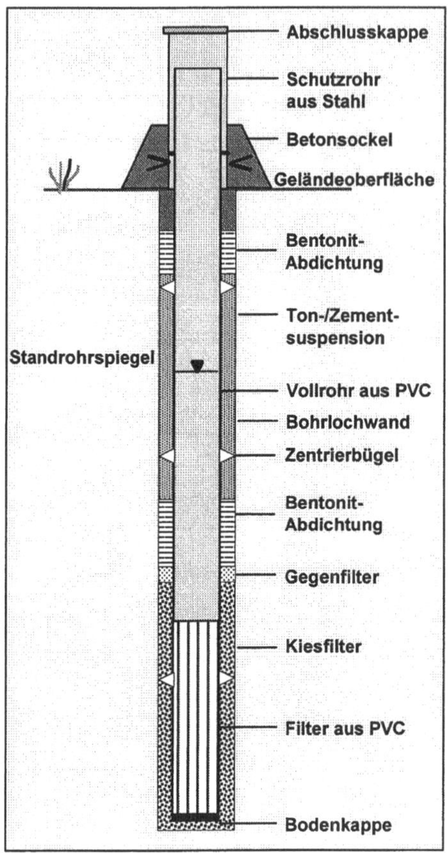

Abb. 9.23. Standardmessstelle für einen tieferen Grundwasserleiter mit den wichtigsten Ausbaukomponenten

9.5.4 Ausbaudurchmesser

Teil 3 der Grundwasserrichtlinie der LAWA (Länderarbeitsgemeinschaft Wasser 1993) empfiehlt für den Regelausbau einen Nenndurchmesser DN 125. Wie bereits angesprochen, ist generell ein kleinerer Ausbaudurchmesser anzustreben, um die mit dem Durchmesser wachsende Störung der natürlichen Grundwasserverhältnisse (Kurzschluss, vertikaler Draineffekt) zu minimieren.

Die Festlegung des Ausbaudurchmessers setzt ein sorgfältiges Abwägen aller Kriterien voraus.

Im DVGW-Arbeitsblatt W 121 (Deutscher Verein des Gas- und Wasserfaches 2002) werden Empfehlungen zum Mindestausbaudurchmesser in Abhängigkeit von Durchmesser und Einhängetiefe einer Pumpe gegeben:

- Bezogen auf eine Einhängetiefe von maximal 50 m ist bei einer 2''-Pumpe ein Durchmesser von DN 65 mm sinnvoll.
- Bei einer 3''-Pumpe von DN 80 mm und bei einer 4''-Pumpe von DN 115 mm, bei einer Einhängetiefe > 50 m sind die entsprechenden Abstufungen DN 65, DN 100 und DN 125.

Bei der Wahl des Ausbaudurchmessers ist auch zu berücksichtigen, dass die Kosten einer Messstelle mit zunehmendem Ausbau- bzw. Bohrdurchmesser besonders im Festgestein überproportional ansteigen. Ferner wird darauf hingewiesen, dass sich erheblich längere Abpumpzeiten zum Austausch des Standwassers bei größeren Bohrdurchmessern ergeben (s. Abschn. 9.6.2). Andererseits werden heute technisch ausgereifte Tauchpumpen angeboten, die auch für Messstellen mit einem geringen Durchmesser geeignet sind.

In Grundwassermessstellen, in denen vertikale Temperaturprofile im Grundwasserleiter gemessen werden sollen, ist der Innendurchmesser der Rohrtour maximal DN 100. Andernfalls können die Temperaturen im angrenzenden Grundwasser nicht erfasst werden, da bei größeren Durchmessern wegen Überschreitung von kritischen Temperaturgradienten Dichteströmungen auftreten, die das Temperaturfeld verfälschen (Länderarbeitsgemeinschaft Wasser 1987).

Größere Rohrdurchmesser wiederum bieten Vorteile, die sich vor allem auf den Betrieb einer Messstelle auswirken und deren Betriebsicherheit zugute kommt. Wenn eine Grundwassermessstelle häufig mittels Unterwasserpumpe beprobt wird und ggf. auch Pumpversuche durchgeführt werden sollen, ist es sinnvoll, einen größeren Durchmesser vorzusehen. Es wird auch argumentiert, dass im Fall einer horizontbezogenen Probennahme bei einem größeren Rohrdurchmesser die Entnahmeposition einer Pumpe einen geringeren Einfluss auf die Grundwasserbeschaffenheit hat (Barczewski u. Marschall 1989, 1990; Kaleris 1989, 1992; Valentin 1987).

Bei Wartungs- und Regenerierungsarbeiten erlauben größere Rohrdurchmesser den unkomplizierten Einsatz einer leistungsfähigen Farb-Videokamera, geophysikalischer Messgeräte sowie den Einsatz von Reinigungsgeräten, die Verwendung von Packern und Messsonden.

Grundwassermessstellen im Festgestein haben einen nennenswerten vertikalen Draineffekt; daher werden in Kluftgrundwasserleitern in der Regel kleinere Ausbaudurchmesser (DN 50 bis DN 100) empfohlen. Ein Durchmesser DN 50 sollte nicht unterschritten werden, weil bei kleinkalibrigen Messstellen sich die Einhängetiefe einer Pumpe signifikant auf die qualitativen Messwerte auswirkt (Barczewski et al. 1993; Kaleris 1992).

In ergiebigen Porengrundwasserleitern sind Nennweiten von DN $\geq$ 100 üblich; es können stärkere Pumpen für die Probennahme eingesetzt werden, weil sich die Störung des Strömungsfeldes in Grenzen hält. Bei tiefen Messstellen, die häufig nicht völlig senkrecht sind, wird generell eine größere Nennweite empfohlen, z.B. bei Porengrundwasserleitern DN 125. Dadurch werden technische Probleme vermieden, z.B. Verkanten einer Unterwasserpumpe bei der Gewinnung von Grundwasserproben.

9.5.5 Filter- und Aufsatzrohre

An das Ausbaumaterial von Messstellen, aus denen Grundwasserproben für Laboruntersuchungen gewonnen werden, müssen höhere Anforderungen gestellt werden als bei Grundwasserstandsmessstellen. Das Standardmaterial für Grundwassermessstellen ist PVC hart, das aufgrund bestimmter Eigenschaften (DIN 1999 a, b) weitgehend die an Messstellenrohre zu stellenden Anforderungen erfüllt:

– hohe Innen- und Außendruckfestigkeit; dies ist besonders wichtig bei Verpressung von Suspensionen, tief liegendem Grundwasserspiegel, hohen Differenzdrücken zwischen verschiedenen Grundwasserleitern und Nachfall im Bohrloch
– hohe Zugfestigkeit, besonders bei hängendem Einbau in tiefen Messstellen und Relativbewegungen zwischen Rohrtour und Ringraumfüllung, z.B. bei Sackungen
– günstige hydraulische Eigenschaften
– hohe Korrosionsbeständigkeit
– leichte und sichere Handhabung
– dichte Rohrverbindungen im Bereich der Vollwandrohre
– keine Veränderung der Grundwasserbeschaffenheit

Folgende Einschränkungen sind festzuhalten:

– Organische Stoffe können an PVC adsorbiert werden und bei höheren Konzentrationen im Wasser durch Kunststoffe permeieren.
– Umgekehrt können aus PVC-Rohren leichtflüchtige Halogenkohlenwasserstoffe in das Standwasser hinein migrieren (Konzentrationen maximal 1 µg/l, eher bei 0,1 µg/l).
– Es werden gelegentlich Bedenken gegenüber der Verwendung von weichmacherfreiem PVC (PVC U) als Material der Filter- und Vollwandrohre geäußert (Remmler 1990).
– In jedem Fall sollte von Kiesklebefiltern Abstand genommen werden, da im Laufe der Zeit Phenole in Lösung gehen können.
– Abzulehnen ist auch die Verwendung von (verzinktem) Stahl, da keine Untersuchung des Grundwassers auf Schwermetalle möglich wäre.
– Bei einer sachgemäßen Beprobung einer Messstelle, die u.a. ein mehrmaliges Abpumpen des Standwasservolumens vorsieht (Abschn. 9.6.2), sind im lowlevel-Bereich die verfälschenden Einflüsse durch PVC nicht signifikant. Eine Grundwasserprobe erfährt materialbedingt keine ins Gewicht fallenden Veränderungen durch Stoffaufnahme aus dem Grundwasser oder -abgabe in das Grundwasser.

– Die Verwendung von hochlegiertem Stahl in Sonderfällen, wenn PVC auflösende LHKW im Grundwasser in Konzentrationen in der Nähe der Sättigungsgrenze oder Chloridgehalte > 50 mg/l vorliegen, ist daher für den Messstellenausbau nicht erforderlich.
– Dies gilt auch für das noch kostspieligere Teflon (Polytetrafluorethen, PTFE). PVC hart ist völlig ausreichend.
– Ist jedoch mit Auswirkungen von Altlasten auf die Grundwasserbeschaffenheit mit organischen Kontaminanten in hohen Konzentrationen zu rechnen, wird zur Verwendung von Polyethylen (PEHD) geraten.
– Gelegentlich wird empfohlen, anstelle eines PVC-Filterrohres in Sonderfällen ein Wickeldrahtfilter aus Edelstahl zu verwenden. Dieser spezielle Filter weist einen sehr geringen hydraulischen Widerstand auf und gewährleistet somit eine sehr gute Durchströmung der Messstelle.

Bodenkappe und Abstandsbügel, welche die Aufgabe der Zentrierung des Rohrstrangs im Bohrloch haben, bestehen aus dem gleichen Material wie die Filter- und Vollwandrohre, im Allgemeinen ebenfalls aus PVC hart.

Nach DIN 4925 (DIN 1999 a, b) werden PVC-Rohre mit Abmessungen DN 50 bis DN 100 mit Whitworth-Gewinde, bei DN > 100 mit Trapezgewinde versehen. Außerdem sind die verschiedenen Wandstärken genormt. Trapezgewinde gewährleisten durch ihre leichte Verschraubbarkeit einen zügigen Einbau und aufgrund der guten Kraftübertragung und der Profildichtungen ein sicheres Abdichten der Rohrstöße.

Bei tiefen Messstellen sollten die aus PVC hart bestehenden Rohre eine Wandstärke von 7 bis 8 mm haben, um dem Gebirgsdruck standhalten zu können. Wenn sie außerdem mittels Trapezgewinde und Doppelmuffen mit Innendichtung miteinander verbunden werden, sind sie auch hinsichtlich undichter Rohrstöße unbedenklich.

Bei standfestem Gebirge ist ein vollständiger Ausbau verzichtbar, sofern kein anderer Grundwasserleiter bzw. kein anderes Grundwasserstockwerk kurzgeschlossen wird. Es wird nur der obere Teil verrohrt. Die Länge der Verrohrung wird durch den tiefsten möglichen Grundwasserstand bestimmt, um eine sichere Führung von Messeinrichtungen zu gewährleisten.

9.5.6 Position und Länge der Filterrohrstrecke

Bei der Planung des Ausbaus (Position und Länge des Filters) einer Grundwassermessstelle ist für die Erhebung qualitativer Grundwasserdaten entscheidend, ob Mischwasserproben über die gesamte Mächtigkeit des Grundwasserleiters oder horizontbezogene Einzelproben gewonnen werden sollen:

– Wird eine mehr oder weniger gleichmäßige Verteilung der Grundwasserinhaltsstoffe im Vertikalprofil eines Grundwasserleiters oder eine tiefenabhängige Verteilung vermutet, ist eine vollkommene Verfilterung zur Gewinnung von tiefenintegrierten, von den Durchlässigkeiten der Einzelschichten abhängigen und somit zuflussgewichteten Mischwasserproben sinnvoll. Dies gilt insbesondere für die großflächige Überwachung der Grundwasserbeschaffenheit.

– Wird eine unregelmäßige Verteilung der Grundwasserinhaltsstoffe erwartet, die vor allem bei heterogenem Aufbau eines Grundwasserleiters gegeben sein dürfte, sollte die Messstelle für die Entnahme tiefendifferenzierter Einzelproben ausgebaut werden.

– Typisch ist dies bei Grundwasserschadensfällen, die aus Punktquellen resultieren (Abb. 9.24). Die üblicherweise kurze Filterstrecke darf nicht im Bereich eines Schichtwechsels oder sonstiger erkennbarer Inhomogenitäten (z.B. Kluftzone) eines Grundwasserleiters angeordnet werden. Hier kommt es über Filterrohr oder Kiespackung im Ringraum zu einer hydraulischen Kurzschlussströmung in vertikaler Richtung (Barczewski et al. 1996; Deutscher Verband für Wasserwirtschaft und Kulturbau 1997).

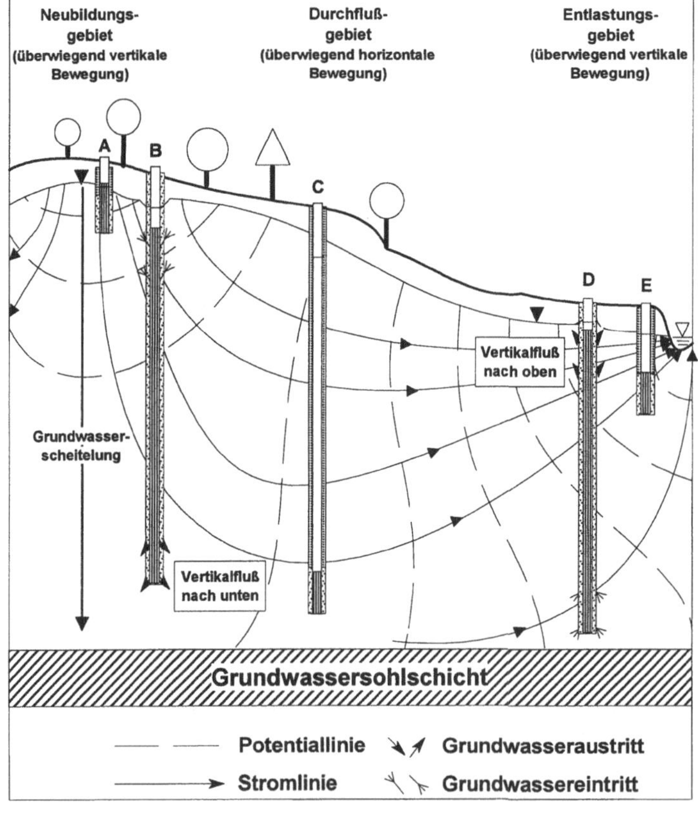

Abb. 9.24. Messstellen in einem Grundwasserströmungsfeld mit vertikalen hydraulischen Gradienten.

– Messstellen sind also den hydrodynamischen Verhältnissen anzupassen (Abb. 9.24): Messstellen A, C und E mit kurzen Filterstücken am unteren Ende sind optimal angepasst, nicht jedoch die durchgehend verfilterten Messstellen B und D. Entsprechend lassen sich aus den Messstellen A, C und E horizontbezogene Einzelproben gewinnen, dagegen in den Messstellen B und D nur Grundwassermischproben.

Bei Grundwassermessstellen im Festgestein müssen Lage und Länge der Filterrohrstrecke an den Wasserzuflüssen im Bohrloch orientiert werden. Dazu sind vor dem Ausbau die Zuflussbereiche mittels geophysikalischer Vermessung (z.B. Einsatz eines Flowmeters) zu bestimmen.

Verschiedene technische Varianten des Messstellenausbaus stehen zur Verfügung (Abb. 9.25), die alle Vor- und Nachteile, auch finanzieller Art, haben. Deshalb muss die Aufgabenstellung klar definiert sein, um eine optimale Lösung zu erreichen. Wesentlicher Gesichtspunkt ist dabei, tiefenintegrierte, in Abhängigkeit von der vertikalen Verteilung der Schichtdurchlässigkeiten zuflussgewichtete Mischproben oder tiefendifferenzierte, auf bestimmte Horizonte bezogene Einzelproben zu gewinnen. Bei numerischer Modellierung des Stofftransports in einem Grundwasserleiter sind tiefenintegrierte qualitative Messwerte für ein 2 D-Modell relevant, dagegen tiefendifferenzierte Daten für ein 3 D-Modell.

Werden Messstellen durchgehend verfiltert und im Ringraum verkiest (Abb. 9.25, Typ 1), kommt es zu Ausgleichsströmungen in der Messstelle (Barczewski u. Marschall 1989; Barczewski et al. 1993). Denn auch bei isotroper/homogener Verteilung der Durchlässigkeitsbeiwerte im Grundwasserleiter verlaufen die Potentiallinien meist nicht völlig horizontal.

Folgendes ist hervorzuheben:

– Vertikalströmungen sind bereits bei Potentialunterschieden von 10 cm innerhalb eines Grundwasserleiters möglich (Lerner u. Teutsch 1995).
– Insbesondere im Bereich starker Vertikalgradienten der Grundwasserströmung (z.B. Wasserscheiden, Absenktrichter, Vorfluternähe) wirkt sich der hydraulische Kurzschluss aus. Dabei können sowohl das oberflächennahe als auch das tiefere Grundwasser im Bereich der Messstelle in einer Wasserprobe überrepräsentiert sein (s. Abb. 9.24 Messstellen B und D).
– Wegen der Gefahr einer Verfälschung der Beschaffenheit von Grundwasserproben sollte der Bau voll verfilterter Messstellen zukünftig unterbleiben (Dehnert et al. 2001).
– Eine quasi-tiefenintegrierte Grundwassermischprobe kann auch gewonnen werden, wenn bei durchgehender Verkiesung des Ringraums aus Kostengründen nur die Horizonte mit höheren Durchlässigkeiten verfiltert werden. Hier strömt das meiste Grundwasser, und die Inhaltsstoffe werden am schnellsten transportiert.
– Eine tiefenintegrierte Probe erhält man auch, wenn eine Messstelle an der Basis eines geringmächtigen Grundwasserleiters verfiltert ist und über den Filterkies im Ringraum ein hydraulischer Ausgleich erfolgen kann.

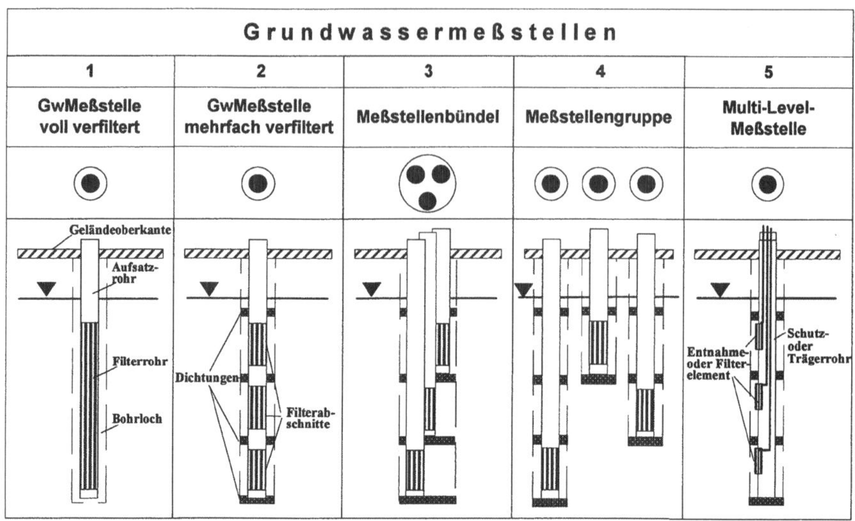

Abb. 9.25. Technische Varianten des Ausbaus von Grundwassermessstellen. Verändert nach Deutscher Verband für Wasserwirtschaft und Kulturbau (1997).

– In Verbindung mit dem Einsatz von Packern, die dauerhaft in einer Messstelle eingebaut sind, kann alternierende Verfilterung (Abb. 9.25, Typ 2) für die Gewinnung horizontbezogener Einzelproben durchaus sinnvoll sein. Dies setzt allerdings im Ringraum Tonabdichtungen in den hydrogeologisch relevanten Abschnitten voraus.

– Da eine dauernde Dichtigkeit von Packern jedoch nicht garantiert werden kann und der Aufwand für deren Einbau relativ hoch ist, sollte dieser Typ („Mehrfachmessstelle") nur für Sonderaufgaben, nicht aber in Messnetzen zur Überwachung der Grundwasserbeschaffenheit Verwendung finden (Landesanstalt für Umweltschutz Baden-Württemberg 1993).

– Muss mit vertikalen Strömungsgradienten gerechnet werden, sollte eine längere Filterstrecke auf verschiedene Messstellen aufgeteilt werden, vor allem bei größerer Mächtigkeit des Grundwasserleiters.

– Um auf bestimmte Horizonte bezogene Grundwasserproben entnehmen zu können, sind Messstellen mit kurzen Filterstrecken am ehesten geeignet.

– Zur getrennten Erfassung mehrerer Grundwasserleiter oder -stockwerke sind Messstellen mit jeweils nur einem Beobachtungsrohr in separaten Bohrungen zu empfehlen (Messstellengruppe, Abb. 9.25, Typ 4).

– Aus Kostengründen ist der Einbau mehrerer Messstellenrohre in ein größeres Bohrloch sehr häufig (Messstellenbündel; Abb. 9.25, Typ 3). Die Gefahr einer Umläufigkeit im Ringraum bei einem sorgfältigen Einbau von Abdichtungsmaterialien lässt sich nach Schenk (1983) ausschließen.

– Ein Messstellenbündel gilt als kritisch. Einerseits stellt das große Bohrloch einen deutlichen Eingriff in den Untergrund dar und beeinflusst somit das natürliche Grundwasserströmungsfeld. Andererseits bestehen Zweifel, ob sichere und funktionsfähige Dichtungen überhaupt eingebracht werden können (Barczewski et al. 1996; Deutscher Verband für Wasserwirtschaft und Kulturbau 1997). Daher werden solche Konstruktionen nicht mehr empfohlen (Deutscher Verein des Gas- und Wasserfaches 2002).

Auch Multi-Level-Messstellen in verschiedenen Arten stellen einen neuen Typ dar, die auch in vorhandene Rohre eingebaut werden (Abb. 9.25, Typ 5). Es handelt sich dabei um in unterschiedlichen Niveaus (levels) eingebaute und gleichzeitig betriebene Kleinstpumpen mit jeweils separaten Pumpleitungen. Optimal ist es, die Leistung der einzelnen Pumpen auf die Durchlässigkeit des jeweiligen Grundwasserhorizontes so abzustimmen, dass das Grundwasser aus dem Nahbereich der Pumpenposition praktisch nur horizontal zuströmt.

Im Rahmen von Sonderuntersuchungen, z.B. der tiefenabhängigen Nitratkonzentrationen unter landwirtschaftlich genutzten Flächen oder vertikaler Schadstoffverteilung im Nahbereich eines kontaminierten Altstandortes werden Multi-Level-Messstellen häufig eingesetzt, nicht aber bei der landesweiten Überwachung der Grundwasserbeschaffenheit. Denn dort ist aufgrund ihrer Bauweise z.B. keine Grundwasserstandsmessung möglich (Lerner u. Teutsch 1995; Leuchs u. Obermann 1991; Teutsch u. Ptak 1989).

9.5.7 Verfüllung des Ringraums

Im Bereich des Filterrohres wird zwischen Bohrlochwand und Ausbaurohr in den Ringraum Filtersand oder -kies eingefüllt. Im Vollrohrbereich wird dagegen meist Material mit hydraulischen Eigenschaften verwendet, das an die hydrogeologischen Verhältnisse angepasst ist bzw. diese nachträglich wieder herstellen soll. Dieses Material soll

– eine homogene Ausfüllung des Ringraums gewährleisten,
– gute Sinkeigenschaften haben,
– keine Brücken bilden,
– gut nachweisbar sein,
– neutrale Materialeigenschaften haben,
– beständig gegenüber aggressiven oder kontaminierten Wässern sein.

In den *Filterbereich* wird mit Hilfe eines Schüttrohres gewaschener Filtersand oder -kies eingebracht. Die entsprechende Körnung ist in DIN 4924 (DIN 1998) genormt. Der Schüttkorndurchmesser und die Filterschlitzweite sind an das anstehende Gebirge anzupassen.

Beispiele gemäß DVGW-Arbeitsblatt W 121 (Deutscher Verein des Gas- und Wasserfaches 2002):

Grundwasserleiter	Schüttkorndurchmesser (mm)	Filterschlitzweite (mm)
Mittelsand mit Feinsandanteil	0,71 bis 1,25	0,5
Grobsand	2,0 bis 3,15	1,5
Festgestein	2,0 bis 3,15	1,5

Mögliche Setzungen sind durch eine Überschüttung von mindestens 2 m auszugleichen. Erst nach Setzen des Filterkieses, durch Lotung kontrolliert, darf die weitere Ringraumverfüllung erfolgen.

Zwischen Filterkies und dem nach oben folgenden Abdichtungsmaterial wird ein Gegenfilter in einer Mächtigkeit von mindestens 1 m eingebaut, das in der Regel aus Filtersand mit einem Korndurchmesser von 0,71–1,25 mm besteht.

Der Ringraum im *Vollrohrbereich* wird unter Berücksichtigung der hydrogeologischen Verhältnisse mit unterschiedlichem Material verfüllt:

- Im unteren Abschnitt werden Tonformlinge oder plastische Suspensionen eingebracht. Damit soll die hydraulische Funktion der durchbohrten Hemmschichten oder Geringleiter wieder hergestellt werden. Tonformlinge werden dabei eher bei relativ flachen Messstellen verwendet, Suspensionen bevorzugt bei tiefer Lage der hydraulischen Absperrung.
- Die Abdichtungsstrecken müssen an der Mächtigkeit des Grundwasserhemmers oder Geringleiters orientiert sein, mindestens jedoch eine Länge von 5 m aufweisen.

Granulierter oder stranggepresster Bentonit („Pellets") wird am häufigsten als Dichtungsmaterial verwendet. Nicht zu empfehlen ist Stückton; Kugeln aus gebranntem Ton haben sich nicht bewährt. Zwecks Vermeidung von Brückenbildung sollen Tonlinge langsam und möglichst über Schüttrohre eingebracht werden. Die Schüttung ist durch Lotung zu kontrollieren.

Bei der Verfüllung eines ausreichend dimensionierten Ringraums können sich

- eine raue Bohrlochwand,
- eine zu starke Neigung der Bohrlochachse,
- Dickspülung und Filterkuchen,
- Abstandshalter und Rohrverbindungen und
- eine Entmischung beim Absinken des Schüttgutes
  negativ auf die Qualität der Abdichtung auswirken.

Es ist zu bedenken, dass schnell quellende Tonlinge nur für oberflächennahe Abdichtungen geeignet sind.

Für Abdichtungen in größeren Teufen sind Pellets zu verwenden, die ein gutes Sinkverhalten aufweisen, beschwert werden können oder deren Quellen künstlich verlangsamt wird.

Im Zusammenhang mit der Bauabnahme der Messstelle ist es daher angebracht, anhand einer geophysikalischen Vermessung des Bohrlochs zu überprüfen, ob die

Abdichtung den Anforderungen entspricht. Unter Umständen muss nachgedichtet werden (siehe Abschn. 9.4.2).

Einige Firmen bieten ferromagnetische oder strahlungsaktive Bentonit-Pellets an, denen u.a. schwach radioaktive Monazit-haltige Sande zugesetzt worden sind, um die künstliche hydraulische Sperre rasch und eindeutig sowie auch später identifizieren zu können. Denn aufgrund ihrer höheren Gamma-Strahlungsintensität als die der tonhaltigen Gesteine der Umgebung wird die Überprüfung der Funktionstüchtigkeit der Messstelle erheblich erleichtert.

Zuverlässiger als geschüttete Tonformlinge sind dauerplastische Ton-/Zement-Suspensionen, die speziell verpresst werden, nicht nur bei tiefer Lage der Abdichtungsstrecke im Ringraum. Am besten geeignet sind Suspensionen mit den folgenden Eigenschaften:

- hohe Volumenkonstanz
- Plastizitätsbeständigkeit
- gute Fließeigenschaften
- sichere Anbindung an die Ausbauverrohrung
- Verträglichkeit mit Ausbaumaterial und Grundwasser

Zementhaltiges Verpressmaterial ist problematisch, weil PVC-Rohre durch die hohe Abbindetemperatur Schaden nehmen können. Es ist auch nicht angebracht, Dämmer als Abdichtungsmaterial zu verwenden, wenn die Gefahr besteht, dass der karbonathaltige Anteil in sauren Grundwässern (z.B. im Granit oder Buntsandstein) sich nach und nach auflöst. Dieses Material würde somit nicht nur seine hydraulische Funktion verlieren, sondern sich zudem auch auf die Beschaffenheit einer Grundwasserprobe auswirken.

Die Suspension wird über ein Verpressgestänge in den Ringraum eingebracht; der Verpressvorgang hat zur Vermeidung von Inhomogenitäten ohne Unterbrechung von unten (ab der Basis der Abdichtung) nach oben zu erfolgen. Das Volumen der eingebrachten Suspension ist mit dem Volumen des abzudichtenden Ringraums zu vergleichen. Beim Verpressen wird die Bohrspülung durch die höhere Dichte der Suspension verdrängt.

Dieses Verfahren der Ringraumabdichtung ist normalerweise sicherer als der Einbau von Tonformlingen. Aber auch hier sollte das Ergebnis später mittels bohrlochgeophysikalischer Untersuchungen überprüft werden.

Der Ringraum soll oberhalb der Abdichtung, die Grundwasserleiter oder -stockwerke oder nur einzelne Horizonte innerhalb eines heterogenen Grundwasserleiters hydraulisch voneinander trennt, nicht mit Bohrgut verfüllt werden; dies ist in der Praxis oft üblich. Bohrgut ist sehr heterogen und neigt zu starken Setzungen; mit unerwünschten vertikalen Draineffekten ist daher zu rechnen. Das gilt generell für Messstellen im Festgestein und auch bei tiefen Messstellen im Lockergestein.

Bei einer flachen, in einem Porengrundwasserleiter stehenden Messstelle ist es auch möglich, den restlichen Ringraum mit gewaschenem Kies der Körnung 2 bis 8 mm aufzufüllen (Deutscher Verein des Gas- und Wasserfaches 2002).

9.5.8 Klarpumpen der Messstelle und Abschlussbauwerk

Klarpumpen

Nach Beendigung der Einbauarbeiten erfolgt das Klarpumpen („Entwickeln") der Grundwassermessstelle mit folgendem Zweck:

- Entfernen organischer Komponenten der Spülung, besonders wenn Spülungszusätze verwendet wurden
- Eliminieren von mineralischen Feinpartikeln, an die u.a. Schwermetalle adsorbiert sein können
- „Entwickeln" der Grundwassermessstelle: Entfernung des Filterkuchens von der Bohrlochwand oder des die Filterschlitze zusetzenden feinkörnigen Materials
- Wiederherstellung des hydraulischen Kontaktes zwischen Messstelle und dem Grundwasser im umgebenden Gebirge
- Sicherstellung der Entnahme von Grundwasserproben für die Laboranalyse

Das Klarpumpen einer Messstelle kann auch als (Kurz-)Pumpversuch ausgeführt werden. Es sollte aber nicht als „gute" Gelegenheit genutzt werden, um gleichzeitig repräsentative Grundwasserproben für chemische Untersuchungen zu entnehmen.

Auch Messstellen in Festgesteinen müssen entwickelt werden, da diese in der Regel ohnehin nur wenig ergiebig sind.

Es gibt mehrere Verfahren des Entwickelns. Besonders bekannt ist das Abpumpen nach dem Mammutpumpen-Prinzip. Folgendes ist zu beachten:

- Während des Klarpumpens sind in regelmäßigen Abständen die geförderten Feststoffe mittels eines sogenannten Imhoff-Trichters zu erfassen und zu protokollieren.
- Die notwendige Zeit für das Klarpumpen richtet sich nach den für die Spülung relevanten Parametern, der Ergiebigkeit der Messstelle und dem Erreichen einer für den späteren Betrieb ausreichenden Sandfreiheit.
- Das Klarpumpen kann dann beendet werden, wenn die Feststoffmenge auf die Grundwasserentnahme bezogen ein Volumen von 2 ml/m^3 unterschreitet.
- Organische Spülungszusätze sollten restlos entfernt werden; dies kann z.B. anhand des Summenparameters DOC (dissolved organic carbon) kontrolliert werden (Länderarbeitsgemeinschaft Wasser 2000 a).

Abschlussbauwerk

Falsche Wasserstände und falsche Beschaffenheit von Grundwasserproben können auch das Resultat einer fehlenden oder mangelhaften Abdichtung des Bohrlochs an der Geländeoberfläche sein; Regen- oder Oberflächenwasser oder auch schwebendes Grundwasser können in den Grundwasserraum übertreten.

Das Abschlussbauwerk der Messstelle ist so zu gestalten, dass ein Eintrag von Schadstoffen ausgeschlossen ist. Schutz vor mutwilliger oder unbeabsichtigter Beschädigung, Entfernen des Messstellenkopfes und von fest installierten Messgeräten sowie das leichte Auffinden der Messstelle im Gelände durch den Beobachter oder Probennehmer müssen gegeben sein.

In der Regel wird über einer ca. 50 cm starken Tonschicht gegen das Eindringen von Oberflächenwasser ein frostsicherer Sockel betoniert. Ein ca. 1,5 m langes verzinktes Stahlrohr DN 150 mit einem Sicherheitsverschluss wird als Messstellenkopf über das Messstellenrohr gestülpt, so dass es etwa 0,6–0,8 m übersteht. Zwischen Schutzrohr aus Stahl und innen liegendem PVC-Rohr wird eine Rollgummi-Dichtung eingelegt. Der Betonsockel selbst ragt ca. 10 cm über das Gelände heraus und erhält für die Höheneinmessung einen Fixpunkt, z.B. einen rostfreien Schraubenkopf.

In Wege- und Straßenbereichen schließt die Grundwassermessstelle bodengleich ab und wird gewöhnlich mit einer Straßenkappe abgedeckt, die aus Frostschutzgründen entwässerbar sein muss.

Diese Unterflur-Messstellenköpfe können keineswegs perfekt abgedichtet werden und sollten deshalb nur ausnahmsweise als Abschlussbauwerk gebaut, bzw. erneuert werden, wenn andere konstruktive Lösungen ausscheiden (Länderarbeitsgemeinschaft Wasser 2000 a).

Grundwassermessstellen mit artesischem Druck müssen einen druckfesten und frostsicheren Abschluss mit einem absperrbaren Seitenabgang erhalten, der für den Anschluss eines Druckmessgerätes und für die Entnahme von Wasserproben geeignet ist.

Ferner muss die genaue Höhen- und topographische Lage des Messpunkts ermittelt werden. Das ist erst nach etwa sechs bis acht Wochen nach Abschluss der Bauarbeiten sinnvoll, wenn die Bodensetzungen abgeklungen sind.

9.5.9 Qualitätssicherung und Messstellen-Dokumentation

Die fertig ausgebaute, klargepumpte und entwickelte sowie mit einem Messstellenkopf ausgestattete Bohrung wird bei der Bauabnahme auf Einhaltung der Ausbauvorgaben und korrekte technische Ausführung überprüft. Dazu wird ein Abnahmeprotokoll erstellt, zu dem auch die Ergebnisse einer optischen und geophysikalischen Ausbaukontrolle gehören.

Erst nach dieser vertraglich vorgesehenen Bauabnahme und Behebung eventueller Beanstandungen ist die Messstelle offiziell betriebsbereit.

Zur Qualitätskontrolle werden geophysikalische Verfahren eingesetzt. Unverzichtbar sind Verfahren, die zuverlässige Informationen zu folgenden Punkten liefern:

– Vorhandensein und Lage von Abdichtungen
– homogene Verteilung des abdichtenden Materials im gesamten Ringraum
– Korrespondenz der Ringraumverfüllung mit der geologischen Schichtenfolge
– Brückenbildung des Verfüllmaterials im Ringraum
– Lage der Filterstrecke

– Befahrbarkeit der Rohrtour
– Dichtheit der vollwandigen Aufsatzrohre, speziell der Muffenverbindungen

Dafür steht eine Vielzahl von bohrlochgeophysikalischen Messverfahren zur Verfügung. Insbesondere kommen in Betracht (Deutscher Verein des Gas- und Wasserfaches 1990):

– Gamma-Log (GR)
– Gamma-Gamma-Log (GG)
– Widerstands-Log (ES)
– fokussierter Elektrik-Log (FEL)
– Salinitäts-Log (SAL)

Die nachstehende Abb. 9.26 ist ein Beispiel umfangreicher, geophysikalischer Kontrollmessungen an einer neu gebauten Grundwassermessstelle.

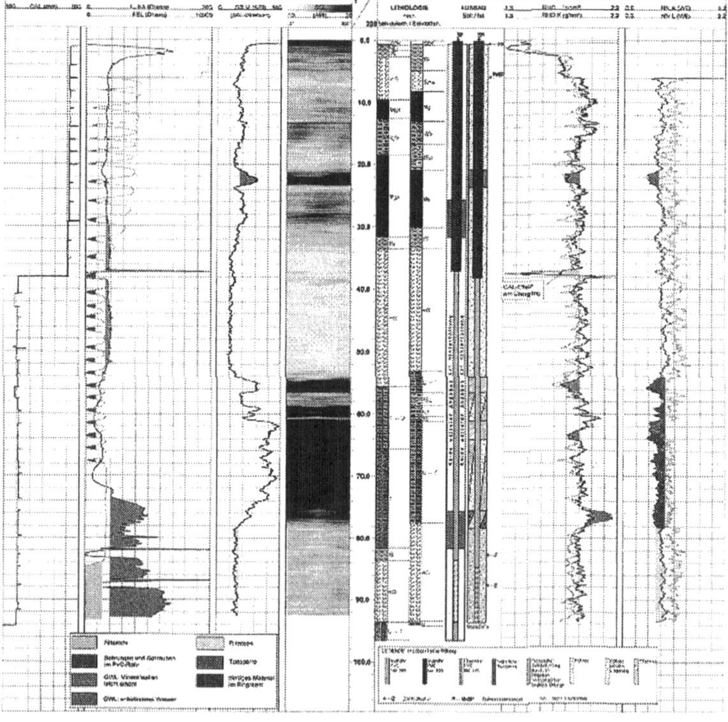

Abb. 9.26. Geophysikalische Kontrollmessungen in Brunnen bzw. Grundwassermessstellen. Von links nach rechts: CAL, RA, FEL; GR; SGL; Lithologie; Ausbau; RHO.L, RHO.K; NN.K, NN.L. Aus einem Prospekt (Jahr 2002) der Firma Bohrlochmessung – Storkow GmbH

Jede fertig gestellte Grundwassermessstelle erhält eine Stammakte mit mindestens den folgenden Unterlagen:

- Lageplan mit den Lagekoordinaten (in Deutschland: Gauß-Krüger-System)
- auf NN bezogene Höhe des Messpunktes
- Schichtenverzeichnis nach DIN 4022 (DIN 1981, 1982, 1987) sowie das Schichtenprofil nach DIN 4023 (DIN 1984)
- Ausbauzeichnung sowie Hinweise auf bauliche Veränderungen
- Ergebnis des Klarpumpens
- alle Verträge und das Abnahmeprotokoll

Ferner sind – falls durchgeführt – der Bildbericht einer Kamerabefahrung und die Messplots der geophysikalischen Bohrlochuntersuchungen beizufügen, ggf. auch die Dokumentation von hydraulischen Versuchen (z.B. Kurzpumpversuche). Im Laufe der Betriebszeit kommen noch chemische Wasseranalysen und eine Auflistung der Wasserstandsmessungen hinzu.

Abbildung 9.27 zeigt beispielhaft die Gegenüberstellung von Ausbauzeichnung und Schichtenprofil für die Messstelle 506034 Wiesbaden-Biebrich des hessischen Landesgrundwasserdienstes als Prototyp einer flachen Grundwassermessstelle.

9.6 Betrieb von Grundwassermessnetzen

Grundwassermessstellen werden mit z.T. hohen Kosten eingerichtet, um Informationen über den Zustand des Schutzgutes Grundwasser zu gewinnen. Diese Informationen werden mit dem Messbetrieb gewonnen, der die Registrierung des Grundwasserstands in Messrohren bzw. das Messen der Quellschüttung und die Gewinnung von Grundwasserproben und deren Untersuchung im chemischen Labor auf bestimmte Inhaltsstoffe umfasst. Damit die Grundwassermessstellen über lange Zeit ihre Funktion erfüllen können und ihren materiellen Wert behalten, müssen in zeitlichen Abständen Funktionskontrollen durchgeführt werden. Dazu gibt es Empfehlungen der LAWA (Länderarbeitsgemeinschaft Wasser 2000 a, c).

Die quantitativen und qualitativen Messwerte werden auf Plausibilität geprüft und dann in modernen (relationalen) Datenbanken gespeichert. Sie werden nach wissenschaftlichen, an der wasserwirtschaftlichen Praxis orientierten Gesichtspunkten und Verfahren ausgewertet und Entscheidungsträgern sowie interessierten Dritten zur Verfügung gestellt (Länderarbeitsgemeinschaft Wasser 2000 a, c).

Wegen der Beeinflussung der Grundwasserbeschaffenheit durch menschliche Tätigkeit (s. Kap. 7) liegt der Schwerpunkt des Monitoring auf der Gewinnung qualitativer Daten. Es wird im Folgenden beschrieben, was für die Gewinnung repräsentativer Grundwasserproben von Bedeutung ist.

Bezogen auf den qualitativen Grundwasserstatus bedeutet „repräsentativ", dass eine Grundwasserprobe die Beschaffenheit des Grundwassers widerspiegelt, wie sie am Ort der Entnahme ohne den störenden Einfluss der Messstelle und des Probennahmegerätes zu erwarten wäre (Barczewski u. Marschall 1989, 1990). Letzteres spielt bei der Beprobung von Quellen so gut wie keine Rolle.

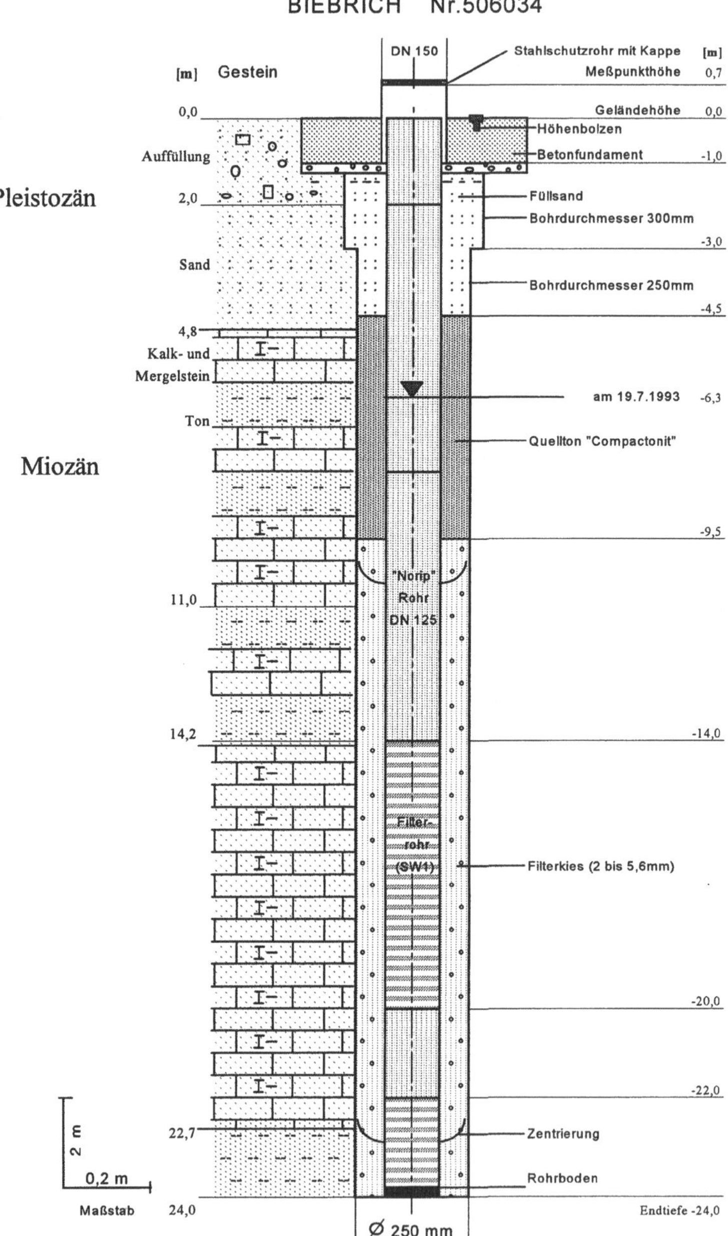

Abb. 9.27. Schichtenprofil und Ausbauzeichnung der staatlichen Messstelle 506034 Wiesbaden-Biebrich; Baujahr 1993

Um Fehler bei der Probennahme weitgehend zu vermeiden, bedarf es klarer Absprachen zwischen

- dem Auftraggeber, der die hydrogeologischen Verhältnisse und die Messstellencharakteristika im Beprobungsgebiet kennen muss,
- dem Probennehmer, der die entsprechenden Informationen haben muss, um problembezogen seine Proben nehmen zu können, und
- dem Analytiker.

Für die Aussagekraft der Messwerte kommt auch der richtigen Wahl des Messturnus (quantitative Daten) oder des Beprobungsturnus (qualitative Daten) eine entscheidende Bedeutung zu. Auch dazu werden im Folgenden Ausführungen gemacht mit der Absicht, Mess- oder Beprobungsturnus und damit die Informationsdichte zu optimieren.

9.6.1 Gewinnung von quantitativen Messwerten

An den meisten Grundwassermessstellen werden Grundwasserstand bzw. die Quellschüttung gemessen. Abgesehen von speziellen Fragestellungen wie z.B. Beweissicherungsverfahren bei Bauwerksgründungen, Abgrenzung von Trinkwasserschutzgebieten, Prognose von Grundwasserhoch- oder Tiefständen oder Grundwassermengenbilanzierung ist der finanzielle Aufwand im Vergleich zur Gewinnung von Grundwasserproben vergleichsweise gering. Für die Messung muss kein spezielles Fachwissen vorausgesetzt werden. Der Grundwasserstand wird daher in der Regel von angelernten Kräften gemessen. Quellschüttungsmessungen müssen dagegen teilweise von Spezialisten vorgenommen werden.

Messgeräte und Messgrößen. Der Grundwasserstand wird auch heute noch hauptsächlich mittels Handmessungen, meist Brunnenpfeife oder Kabellichtlot, gemessen. Vereinzelt sind auch konventionelle Schreibgeräte zur kontinuierlichen Messwerterfassung im Einsatz (Messwertgeber mit Schwimmer und Gegengewicht, seltener auch mit Drucksonde).

Immer häufiger werden Datensammler (data logger) verwendet. Ein solches Gerät enthält

- den Datensammler i.e.S., in dem die Wasserstände, in digitale Signale umgewandelt, gespeichert werden, sowie
- das Bedien- und Auslesegerät.

Messwertgeber ist hauptsächlich die Kombination Schwimmer/Schwimmerrad mit Winkelkodierer und Gegengewicht. Die Drehbewegung des Schwimmerrades wird durch optoelektrische Abtastung einer Code-Scheibe oder durch magnetische Abtastung (z.B. mittels Wiegand-Effekt) vom Winkelkodierer in ein digitales Signal übersetzt. Üblicherweise sollte bei einem Schwimmer-Messsystem die Grundwassermessstelle einen Innendurchmesser von mindestens 100 mm haben. Dagegen ist DN 50 oder DN 65 ausreichend, wenn der Grundwasserspiegel mittels Drucksonden gemessen wird, die allerdings störanfällig sind. Die Drucksonde als Datengeber ist mit einem Sensorelement gekoppelt. Das Sensorelement kann ein Dehnungsmessstreifen sein oder arbeitet auf piezoresitiver, induktiver oder kapazitiver Basis (Deutscher Verband für Wasserwirtschaft und Kulturbau 1994).

Der Datensammler kann in Rohren > DN 50 eingebaut werden; er wird im bestehenden Schutzrohr untergebracht oder in einem zusätzlichen Rohraufsatz.

Die digitalen Daten werden vor Ort in ein Laptop eingelesen und stehen für Auswertungen sofort zur Verfügung.

Der Messwert wird auf einen nivellierten Messpunkt bezogen (meistens Oberkante Schutzrohr bei aufgeklapptem Verschlussdeckel) und in NN+m als einheitliches Bezugsniveau umgerechnet.

Liegt die Grundwasseroberfläche unterhalb der Geländeoberfläche, wird vom Messpunkt aus mit der Sonde nach unten gemessen. Daher heißt die Differenz zwischen Messpunkt und Wasserspiegel im Aufsatzrohr auch „Abstich".

Ist das Grundwasser artesisch gespannt, wird entsprechend den technischen Gegebenheiten der Messstelle

- entweder der Druck gemessen und in Wasserstand umgerechnet,
- oder es wird der Wasserstand in einem Aufsatzrohr aus (Plexi-)Glas gemessen, solange der höchste Wasserspiegel < 1,5 m unter Gelände liegt (Länderarbeitsgemeinschaft Wasser 1984).

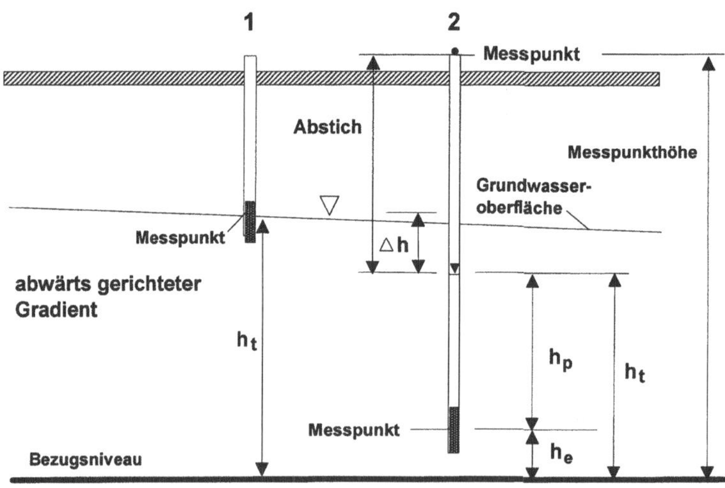

Abb. 9.28. Standrohrspiegelhöhen in Grundwassermessstellen. Abgeändert nach Nielsen (1991).

Der Wasserstand im Rohr entspricht der Höhe des Standrohrspiegels, die als Summe von geodätischer Höhe und Druckhöhe zu verstehen ist (Abb. 9.28). Wird der auf NN+m bezogene Standrohrspiegel an mehreren Messstellen in einem bestimmten Gebiet gemessen, lässt sich aus den Differenzbeträgen ableiten, ob im Grundwasserströmungsfeld fast horizontale oder signifikant abwärts bzw. aufwärts gerichtete Gradienten vorliegen.

Bei vertikalen Komponenten darf der Standrohrspiegel in einem Grundwasserströmungsfeld nicht mit der Grundwasseroberfläche gleichgesetzt werden. In den unterschiedlichen Tiefen des Aquifers gibt es entsprechend gleiche sowie kleinere oder größere Grundwasserstände (Abb. 9.29). Berücksichtigt man dies nicht, so können der tatsächliche bzw. resultierende Grundwasserstand, die Grundwasserfließrichtung und -geschwindigkeit falsch angegeben werden, selbst die Abgrenzung unterirdischer Einzugsgebiete.

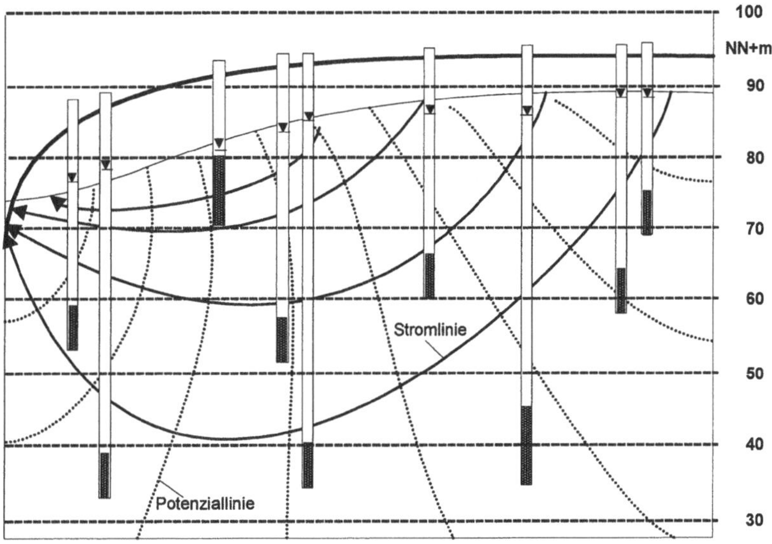

Abb. 9.29. Standrohrspiegel in einem ungespannten Grundwasserleiter mit Vertikalgradienten im Strömungsfeld

Bei Quellen wird die Schüttung überwiegend mittels geeichter Messbehälter und Stoppuhr gemessen. Bei Schüttungen > 5 l/s ist es sinnvoller, Messgerinne (Venturi-Gerinne, Überfall-Wehr) einzurichten. Bei gefassten und der Trinkwassergewinnung dienenden Quellen wird die Schüttung häufiger auch mittels Wasseruhren ermittelt (Länderarbeitsgemeinschaft Wasser 1995).

Messturnus. Der optimale Messturnus ist so zu wählen, dass bei möglichst sparsamem finanziellen und personellen Einsatz die typische *geohydrologische Charakteristik* eines Grundwasserleiters dokumentiert werden kann. Diese spiegelt sich in den Ganglinien des Grundwasserstands und der Quellschüttung durch Frequenz und Amplitude wider.

Aus hydrogeologischer Sicht ist der zu wählende Messturnus im Wesentlichen von der Charakteristik der natürlichen Schwankungen des Grundwasserspiegels bzw. der Quellschüttung, die beide durch klimatische, hydrogeologische und hydrologische Standortfaktoren geprägt werden, abhängig. Insbesondere spielen eine Rolle:

- Höhe, Art und jahreszeitliche Verteilung der Niederschläge
- Wasserhaushalt der ungesättigten Zone
- Lage im Einzugsgebiet (Bereich der Grundwasserscheitelung, Durchflussgebiete, Nähe zum Vorfluter)
- Ausbildung der Deckschichten
- Art der Grundwasseroberfläche (frei oder gespannt)
- Grundwasserflurabstand
- Ausbildung des Grundwasserleiters, insbesondere geohydraulische Kenngrößen wie Gesteinsdurchlässigkeit und nutzbares Hohlraumvolumen
- natürliches Grundwassergefälle
- Tiefenlage des maßgebenden Grundwasserleiters
- Grundwasserstockwerksgliederung

Der Gang des Grundwasserspiegels bzw. der Schüttung einer Quelle kann zusätzlich anthropogen beeinflusst sein.

Der Messturnus kann auch von bestimmten Aufgaben des Messnetzes und eventuell von betrieblichen Zwängen abhängig sein.

Rasch wechselnde Grundwasserstände, z.B. in Tidegebieten, oder starke Schwankungen der Schüttung von Karstquellen erfordern eine hohe zeitliche Dichte der Messungen. Auch bei neu eingerichteten Messstellen in hydrogeologisch noch nicht ausreichend erkundeten Gebieten ist anfangs eine kontinuierliche oder intensive Erfassung der Grundwasserstände bzw. der Quellschüttung gerechtfertigt.

Es ist also angebracht, den Messturnus stark an die hydrogeologischen Verhältnisse anzupassen:

- größere Messintervalle in Porengrundwasserleitern
- kürzere Zeitabstände bei Messstellen in Kluft- und insbesondere Karstgrundwasserleitern

Bei starken Schwankungen des Grundwasserstands und der Quellschüttung sind ggf. kontinuierliche Messungen erforderlich.

Die Messfrequenz ist auch bei flachen oder tiefen Grundwasserleitern unterschiedlich. Je oberflächennäher das Grundwasser ansteht, desto deutlicher zeichnen sich das saisonale (innerjährliche) Niederschlagsgeschehen und die entsprechende Grundwasserneubildung in entsprechenden Peaks ab. In den gemäßigten Breiten kommt es in der Regel wegen der hohen Verdunstung im hydrologischen Sommerhalbjahr (Mai bis Oktober) nur in den Monaten November bis April (hydrologisches Winterhalbjahr) zu nennenswerter Wiederauffüllung der Grundwasservorräte. Der Wiederanstieg der Grundwasserstände ist dann wegen des relativ geringen Speichervermögens bei Kluft- und Karstgrundwasserleitern größer als bei Porengrundwasserleitern. In allen Ganglinien der Abb. 9.30 spiegeln sich mit unterschiedlicher Ausprägung innerjährliche und längerperiodische Nass- und Trockenzeiträume wider.

Mit größer werdenden Grundwasserflurabständen zeichnen sich zeitlich versetzt nur noch mehrjährige Nass- oder Trockenperioden ab. Eine Ausnahme bilden die Karstgrundwasserleiter, weil dort in der ungesättigten Zone das Sickerwasser auf den erweiterten Klüften sehr rasch in größere Tiefen transportiert wird.

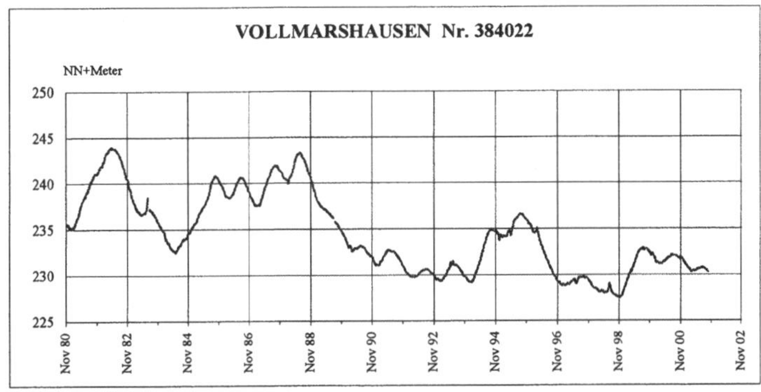

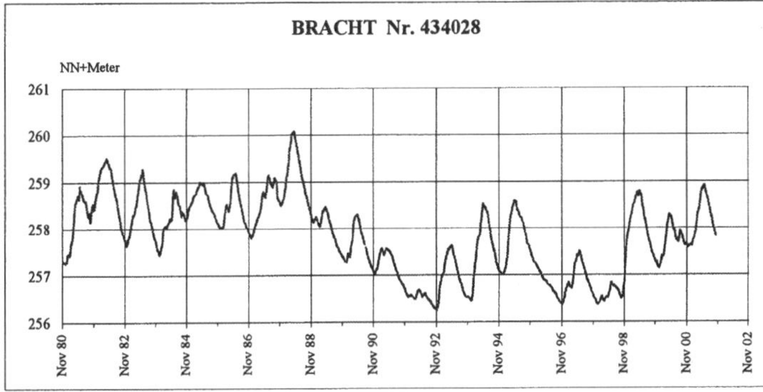

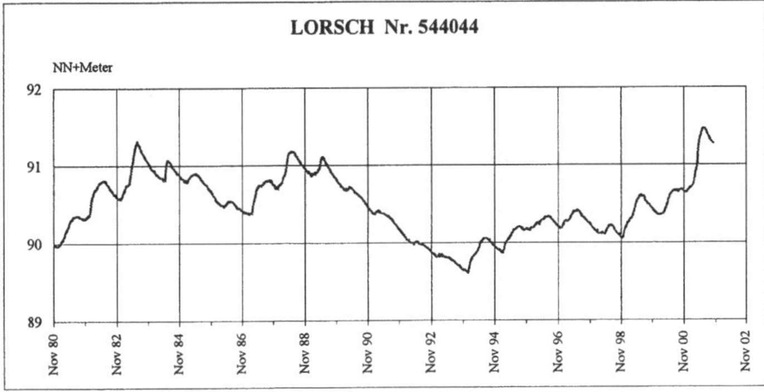

Abb. 9.30. Grundwasserstandsganglinien ausgewählter Messstellen in Nordhessen (384022 Vollmarshausen, Buntsandstein), Mittelhessen (434028 Bracht, Basalt) und Südhessen (544044 Lorsch, Sande und Kiese)

In Kenntnis dieser Gegebenheiten könnte auf der einen Seite der bisherige wöchentliche Regelturnus kostenreduzierend erheblich gestreckt werden (z.B. bei tieferen Grundwasserleitern ein oder zwei Messungen pro Jahr), ohne dass wesentliche Informationen verloren gehen, auf der anderen Seite sind bei starken Schwankungen insbesondere der Quellschüttung teilweise sogar kontinuierliche Messungen angebracht. Es ist daher erstaunlich, dass trotz unterschiedlicher Rahmenbedingungen in den meisten Bundesländern wöchentlich gemessen wird, obwohl sicher ist, dass dieser Messturnus häufig nicht zu einer ausreichenden Informationsdichte führt oder aber völlig unnötig ist.

Es sind aber noch andere Zielvorgaben an das Messnetz zu berücksichtigen, die sich auf die Festlegung des Messturnus auswirken. Wenn die langjährige Entwicklung der Grundwasserstände im Vordergrund steht, genügen Jahresmittelwerte, die auf monatlichen Messungen basieren können. Ein anderes Beispiel bezieht sich auf die Ermittlung von Extremwerten im Zusammenhang mit Baumaßnahmen; in diesem Fall ist ein relativ kurzer Messturnus notwendig, weil das Schwankungsverhalten erfasst werden muss. Wenn schließlich noch an die Erstellung von Grundwassergleichenkarten gedacht wird, würden dazu in der Regel Stichtagsmessungen genügen.

Nicht zuletzt spielen auch betriebliche Aspekte beim Messbetrieb eine entscheidende Rolle, die Konsequenzen für die Wahl des Messturnus haben, wie jährlich anfallende Pflege-, Beobachter-, Erfassungs- und Berichtskosten. Insbesondere die Wegekosten sind beachtlich, da viele Messstellen weit außerhalb von Ansiedlungen liegen.

Alles in allem erweisen sich vierzehntägliche oder monatliche Messungen im Vergleich zu den Messungen im Wochenturnus als kostengünstig, wobei sie den fachlichen Genauigkeitsanforderungen aber nicht immer gerecht werden (Länderarbeitsgemeinschaft 2000 c). Häufig genügen bei tieferen Grundwasserleitern ein oder zwei Messungen pro Jahr. Bei starken Schwankungen insbesondere der Quellschüttung sind andererseits möglichst kontinuierliche Messungen erforderlich. Sowohl in der einen als auch in der anderen Richtung besteht noch Optimierungsspielraum.

Es gibt in sehr vielen Fällen aus geohydrologischer Sicht gute Gründe, an der herkömmlichen Handmessung festzuhalten und somit auch am Wochen- oder Monatsturnus, da die in der Regel sehr langsam ablaufenden Grundwasserstandsänderungen mit ausreichender Genauigkeit dokumentiert werden können. Trotzdem werden in Zukunft Datensammler zunehmend eingesetzt werden, da die Datenerfassung preiswerter ist als mittels Brunnenpfeife oder Kabellichtlot und die Übernahme der digitalen Messwerte geringere Kosten verursacht und mittlerweile weitgehend fehlerfrei verläuft.

In Abhängigkeit von Frequenz und Amplitude der Schwankungen lässt sich nach statistischen Überlegungen für die Erfassung der zu bestimmenden Größen (z.B. Mittelwert, Extremwerte, Über-/Unterschreitungsdauer) ein angepasster Messturnus bestimmen (Mew et al. 1997).

9.6.2 Grundwasserbeprobung; Auswahl hydrochemischer Parameter

Die Gewinnung von Grundwasserproben ist ein wesentlicher, möglicherweise der wichtigste Bestandteil des Monitoring-Zyklus. Eine unsachgemäße Probennahme kann erheblich größere Fehler verursachen als die Fehler bei der Laboranalyse (Abb. 9.31). Der Bau der Grundwassermessstelle selbst würde damit eine teure Fehlinvestition bedeuten.

Ziel einer Grundwasserbeprobung ist, die physikalischen, chemischen und mikrobiologischen Eigenschaften des Grundwassers in situ zu erfassen. Die bereits beschriebenen hohen Anforderungen an die Messnetzkonfiguration und den fachgerechten Ausbau der Messstellen gelten demnach auch für die Methodik und Technik der Probengewinnung. Die Beschaffenheit der zu analysierenden Parameter darf sich bis zur Untersuchung im Labor nicht ändern. Daher sind bestimmte Anforderungen bei der Probennahme zu beachteten (Deutscher Verband für Wasserwirtschaft und Kulturbau 1992, 1997; Deutscher Verein des Gas- und Wasserfaches 2001 b; ISO 1993; Länderarbeitsgemeinschaft Wasser 1993, 1996).

Leitfaden ist dabei die Anpassung der spezifischen Rahmenbedingungen der Probennahme einschließlich des Beprobungsturnus einer jeden Messstelle an die geohydraulischen und hydrochemischen Prozesse im Grundwasserleiter.

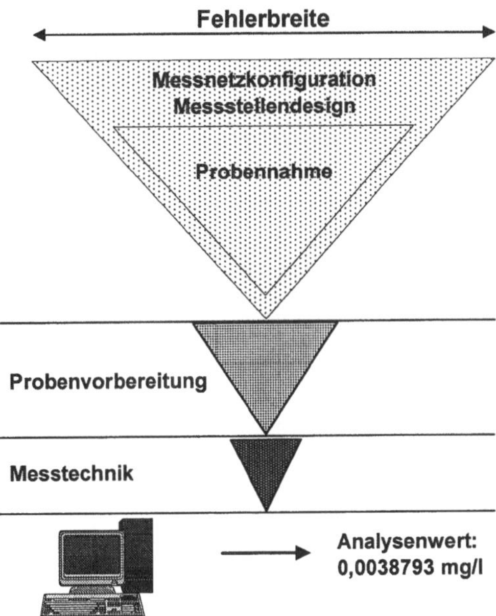

Abb. 9.31. Auswirkung von Fehlern bei Ausbau der Messstellen und Art der Probennahme auf das Analysenergebnis. Nach Niedersächsisches Landesamt für Ökologie u. Niedersächsisches Landesamt für Bodenforschung (1997).

Die Probennahme liegt zudem in einem Spannungsfeld („*Schnittstellenproblem*") zwischen Grundwasserexperten und Analytiker im Labor:

– Die Grundwasserexperten halten sich für die Standortwahl und den Ausbau der Grundwassermessstelle sowie für die Festlegung des Beprobungsturnus, die Bewertung der Messwerte hinsichtlich der gegebenen Geofaktoren und der anthropogenen Umwelteinflüsse für zuständig.

– Die Laborseite sieht dagegen mit guten Argumenten die Probennahme als Teil ihres Arbeitsbereichs an, weil die Beprobung für sie am Anfang einer langen Kette von Arbeitschritten steht, die im Labor endet:
  - Vorbereitung der Probennahme
  - Probennahme
  - Probenseparation, Probenstabilisierung und Probenkonservierung
  - Probentransport und Probenlagerung
  - Probenaufbereitung
  - Analyse der Probe

Abbildung 9.31 stellt dieses Spannungsfeld durch die Relation zwischen Probennahme und Messnetzkonfiguration/Messstellendesign dar.

Die Auffassung, einfach durch die Übernahme der „üblichen" Maßnahmen der „Analytischen Qualitätssicherung (AQS)" auf die Probennahme (Kreisel 1995; Länderarbeitsgemeinschaft Wasser 1996) repräsentative Grundwasserproben zu erhalten, ist von Grundwasserfachleuten mit Recht nicht geteilt worden. Die Masse der möglichen und vor allem der gravierenden Fehler liegt in den Arbeitsschritten davor.

Mittlerweile haben interdisziplinäre Arbeitskreise das Problem behandelt und auf die Bedeutung der Ermittlung der Messstellencharakteristik, der Berücksichtigung der hydrogeologischen Verhältnissen und der Anpassung von Vorbereitung und Entnahmetechnik der Probe hingewiesen wie z.B. im DVGW-Merkblatt W 112 (Deutscher Verein des Gas- und Wasserfaches 2001 b) oder in der ISO 5667-11 (1993).

Es werden in den folgenden Abschnitten wesentliche Gesichtspunkte behandelt, die es bei der Grundwasserbeprobung und der Auswahl der hydrochemischen Parameter zu beachten gilt:

– Qualitätssicherung bei der Grundwasserbeprobung als integraler Bestandteil der Analytik
– Beprobungsturnus
– Entscheidung zwischen geschöpften und gepumpten Grundwasserproben
– Messstellenhydraulische Einflussfaktoren auf die Grundwasserprobe
– Geohydraulischer Informationsgehalt einer gepumpten Grundwasserprobe
– Elimination des Standwassers und Zeitpunkt der Probennahme
– Gewinnung der eigentlichen Grundwasserprobe
– Einfluss der Entnahmetiefe auf die Inhaltsstoffe einer Grundwasserprobe
– Einsatz von Packern bei der Probennahme
– Auswahl hydrochemischer Parameter

9.6.3 Qualitätssicherung bei der Grundwasserbeprobung als integraler Bestandteil der Analytik

Außer den bereits mehrfach angesprochen Gründen für eine Verfälschung einer Grundwasserprobe entstehen noch reichlich andere Fehler bei der Probennahme, der Probenkonservierung, dem Probentransport u.a. und führen dazu, dass die Messwerte kaum noch auf die tatsächliche Grundwasserbeschaffenheit bezogen werden können. Diese z.T. trivialen Fehler lassen sich minimieren, wenn das Instrumentarium der analytischen Qualitätssicherung (AQS) – wie oben erwähnt – auch auf diese Arbeitschritte vor dem Labor übertragen wird (Tabelle 9.4).

Tabelle 9.4. Fehlerquellen bei der Probennahme. Nach Länderarbeitsgemeinschaft Wasser (1996).

Allgemein	- Gewinnung einer falschen Probe durch Verwechslung des Aufschlusses - Verwechslung von Proben durch schlechte Beschriftung oder unvollständig oder falsch ausgefülltes Protokoll

Kontamination durch Eintrag von Stoffen in die Probe	- Verschleppung von Substanzen durch unzureichendes Spülen bzw. Reinigen der Geräte und Probenentnahmegefäße
	- Kontamination der Probe durch Einsatz falscher oder verunreinigter Probenentnahmegeräte bzw. nicht geeigneter Hilfsmittel
	- Querkontamination durch Konservierungschemikalien
	- Verwechslung von Verschlüssen
	- Einsatz nicht ausreichend gereinigter Hilfsmittel vor Ort
	- Kontamination aus der Umgebungsluft, z.B. durch
	  - Abgase aus Verbrennungsmotoren
	  - Anwesenheit von flüchtigen Lösemitteln, z.B. in Filzstiften
	  - Lagern von Proben in schadstoffhaltiger Luft
	  - Aufnahme von Kohlendioxid oder Sauerstoff

Verluste durch Austrag von Stoffen aus der Probe	- Ausgasung leichtflüchtiger Inhaltsstoffe durch Aufbewahrung in nicht gasdichten oder vollständig befüllten Behältnissen - Verluste von flüchtigen Stoffen durch zu lange Dauer der Probenentnahme oder falsch angewandte Beprobungstechnik - Diffusion von Probeninhaltsstoffen in das Gefäßmaterial oder umgekehrt aus dem Gefäßmaterial in die Probe - Sorption von Probeninhaltsstoffen an Schlauch- und Gefäßwänden
Veränderung durch chemische oder biochemische Reaktionen	- Veränderung der Konzentration bestimmter Parameter durch oxidierende oder reduzierende Stoffe - Bildung von Niederschlägen - Veränderung der Konzentration oder des Verteilungsmusters von Inhaltsstoffen der Probe durch bakterielle Tätigkeit

Das Konzept der Qualitätssicherung (QS) der Probennahme wird differenziert in

- *vorbeugende QS-Maßnahmen*
  - Sicherstellung der personellen und apparativen Voraussetzungen
  - Eindeutigkeit bei der Auftragsformulierung der Probennahme
  - Auswahl der geeigneten Probennahmetechnik
  - Beachtung der einschlägigen Vorschriften, Richtlinien und Normen
  - Planung von Zeitpunkt, Dauer und Turnus der Probennahme
  - Vorbereitung und Bereitstellung der benötigten Geräte

- *kontrollierende QS-Maßnahmen*
  - Überprüfung der Funktionstüchtigkeit der Messstellen und der Probennahmetechnik
  - Durchführungen aller Handhabungen im Sinne von „analytisch sauber"
  - Überprüfung des Umfeldes auf mögliche Kontaminationsherde
  - Vermeiden von Verschleppungskontaminationen
  - Durchführung gezielter QS-Maßnahmen
  - Erstellung eines Probennahmeprotokolls
  - Dokumentation der hydrologischen und hydraulischen Randbedingungen der Entnahme der Proben (u.a. Grundwasserstand, Leistung der verwendeten Pumpe, Pumprate und -dauer)
  - Gewinnung, Transport und Lagerung der Proben mit Ausschluss einer Veränderung von Wasserinhaltsstoffen

9.6.4 Beprobungsturnus

Überlegungen zu Beprobungsturnus und Beprobungsdichte stehen am Anfang der Vor-Ort-Aktivitäten. Grundsatz ist, dass der Beprobungsturnus so zu wählen ist, dass an jedem Messstellenstandort die Charakteristik der Konzentrationsschwankungen der Wasserinhaltsstoffe über die Zeit möglichst genau erfasst werden kann:

- Bei raschem Grundwasserumsatz infolge hoher Durchlässigkeit, kleinem Durchflussquerschnitt und hoher Neubildungsrate ist eine große zeitliche und räumliche Variabilität des Konzentrationsmusters der Inhaltsstoffe zu erwarten. Ihr ist durch einen engen – vierteljährlichen oder ggf. monatlichen und sogar wöchentlichen – Probennahmeturnus Rechnung zu tragen.
- Alternativ dazu steht die ereignisbezogene Probennahme.
- Bei langsamem Grundwasserumsatz hingegen ist die Varianz der Konzentration der Grundwasserinhaltsstoffe wesentlich geringer. Sie wird mit einer halbjährlichen oder jährlichen Probennahme noch voll erfasst.
- In Neubildungsgebieten kann es sinnvoll sein, Probennahmen häufiger durchzuführen als in Grundwasserdurchfluss- und -entlastungsgebieten, weil im Inputbereich des Grundwasserströmungsfeldes insbesondere bei höherer Ver-

schmutzungsempfindlichkeit im Falle vorhandener Emissionsquellen bevorzugt Schadstoffe in den Untergrund eingetragen werden.

- Bei dem großräumigen Messnetzkonzept der Landesgrundwasserdienste werden in Neubildungsgebieten als einem Teilmessnetz bevorzugt Trendmessstellen eingerichtet. Dafür sollten höhere Beprobungsfrequenzen vorgesehen sein als für Messstellen des Basisnetzes (Länderarbeitsgemeinschaft Wasser 2000 a).
- Letzteres gilt auch prinzipiell für Emittenten- und Schadensfallmessstellen wegen des zeitlich rasch variierenden anthropogen bedingten Schadstoffeintrags in den Untergrund.
- Die Notwendigkeit einer häufigen Beprobung kann auch bei Grundwasserleitern mit einem sehr kleinen Speicherraum bestehen oder wenn oberirdische Gewässer in das Grundwasser einspeisen oder dieses eine Uferfiltratkomponente enthält.
- In vielen Grundwasserleitern ändert sich die natürliche Grundwasserbeschaffenheit praktisch kaum. Eine Beprobung kann dann im Abstand von mehreren Jahren erfolgen. Das trifft vor allem auf tiefere Grundwasserleiter zu oder bei einer mächtigen ungesättigten Zone mit eingelagerten wenig wasserdurchlässigen Schichten.
- Bei hoch anstehendem Grundwasser und insbesondere bei Kluft- und Karstgrundwasserleitern ist dagegen vor allem bei anthropogenen Einträgen mit größeren Variationen der Beschaffenheit zu rechnen. Dies verlangt eine spezielle Anpassung des Beprobungsturnus.
- Häufig lässt sich beobachten, dass es bei stärkerer Grundwasserneubildung durch Verdünnung zu einer Reduzierung der Konzentration der Inhaltsstoffe kommt. Andererseits kann es aber auch zu einem verstärkten Ausspülen von Schadstoffen aus dem belasteten Boden oder aus der ungesättigten Zone kommen.
- Am Ende einer Trockenperiode ist der Mineralisationsgrad oft höher, da durch längere Kontaktzeiten Wasser/Feststoff aus dem Gestein mehr Mineralien in Lösung gehen können. In diesem Fall empfiehlt sich eine Probennahme im Frühjahr und im Herbst.
- Viele Tätigkeiten des Menschen unterliegen einem bestimmten Turnus. Der Einsatz von Dünge-, Pflanzenschutz- und -behandlungsmitteln erfolgt meist im Frühjahr und Herbst mit entsprechender Auswirkung auf die Grundwasserbeschaffenheit. Auch hier ist der Beprobungsplan entsprechend anzupassen.

In vielen Messstellen führen extreme Grundwasserstandsänderungen zu auffallenden Änderungen in der Konzentration der Inhaltsstoffe und im Beschaffenheitsmuster.

Dennoch gilt dies nicht immer bei solchen Schwankungen des Grundwasserstands oder der Quellschüttung, vor allem bei Sandsteinen mit SiO_2-Zement und insbesondere Quarziten. Hier sind die gesteinsbildenden Mineralien nur sehr schwer wasserlöslich. Auch für Kalksteinaquifere oder Karstgrundwasserleiter trifft dies zu, wenn der Wasserumsatz so rasch erfolgt, dass keine nennenswerte Lösung, insbesondere bei niedrigen Temperaturen, erfolgt (Toussaint 1971).

Ein Beispiel ist die 96 m tiefe Messstelle 383020 Escheberg im nordhessischen Muschelkalkgebiet der Borgentreicher Mulde (Abb. 9.32, unten). Sie zeigt Schwankungen des Grundwasserstands von bis zu 27 m innerhalb weniger Monate:

- Bei Hochständen in den Jahren 1990 und 1991 ließ sich das Grundwasser dem *Ca-HCO$_3$-Typ* mit einer Ionenkonzentration von etwa 20 mmol(eq)/l zuordnen.
- Bei Tiefständen in den Sommerhalbjahren 1989, 1991 und 1992 lag ein *Na-Ca-SO$_4$-Typ* mit Ionenkonzentrationen bis zu 100 mmol(eq)/l vor (Abb. 9.32, oben).

Obwohl große Grundwasserstandsschwankungen bei verkarstetem Muschelkalk nicht überraschend sind, spielen bei dieser Messstelle noch andere Faktoren eine Rolle:

- Aufstau des nach starken Niederschlägen verstärkt anströmenden Grundwassers durch tektonisch verstellte, wenig permeable Schichten des Röts und des Mittleren Muschelkalks
- gleichzeitige deutliche Verdünnung der im unteren Filterbereich der Messstelle anzutreffenden Sole; die Messstelle steht 12 m im gipshaltigen Röt
- vermutlich Ionenaustausch, da der Na-Anteil kein entsprechendes Cl-Äquivalent hat; in der Bohrung wurden Tone und Mergel nachgewiesen

Es zeigt sich, dass im Einzelnen geprüft werden muss, um die richtige Entscheidung im Hinblick auf den Beprobungsturnus zu treffen.

Trotzdem wird in der Praxis ein halbjährlicher Beprobungsturnus für ausreichend gehalten; die Zeiträume März/Mai mit im langjährigen Durchschnitt hohen Grundwasserständen und die Herbstmonate mit üblicherweise niedrigen Grundwasserständen werden für eine Probennahme favorisiert.

Die kontinuierliche Erfassung hydrochemischer Leitparameter mittels Sonden kann bei der Planung des Beprobungsturnus hilfreich sein (ISO 1993). Es muss aber sichergestellt sein, dass das Wasser in der Messstelle hydrochemisch dem Insitu-Grundwasser entspricht. Wenn z.B. die elektrische Leitfähigkeit als Integral der Hauptinhaltsstoffe weitgehend konstant bleibt, kann nur einmal jährlich beprobt werden, ggf. noch weniger. Bei deutlichen Konzentrationsschwankungen ist der Beprobungsturnus entsprechend zu verkürzen. Messstellen, in deren Einzugsgebiet eine kurzzeitige Schwankung der Grundwasserbeschaffenheit festgestellt wird, sind nicht für eine Übernahme in ein Langzeit-Überwachungsprogramm geeignet.

Die LAWA schlägt vor, jeweils nach Auswertung von etwa zehn Analysen den gewählten Beprobungsturnus zu überprüfen (Länderarbeitsgemeinschaft Wasser 2000 a).

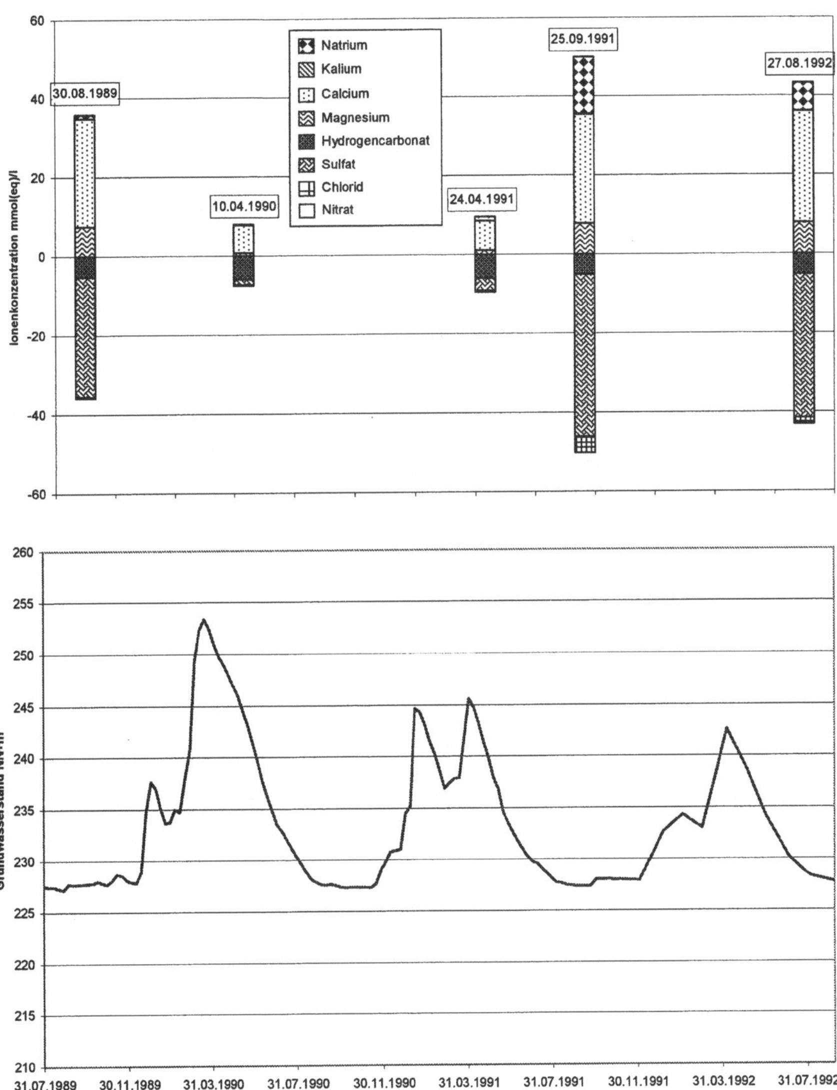

Abb. 9.32. Grundwasserbeschaffenheit und Grundwasserstandsganglinie der Messstelle 383020 Escheberg im Zeitraum 1989 bis 1992. Aus Toussaint (2001).

9.6.5 Entscheidung zwischen geschöpften und gepumpten Grundwasserproben

Schöpfproben

Schöpfproben sind nur bei ganz besonderen Fragestellungen sinnvoll. Sie erfolgen mit

- einseitig offenen Bechern mit Bügel, die mittels Seil in eine Messstelle hinab gelassen werden (einfachste Konstruktion); damit können Schöpfproben nur an der Grundwasseroberfläche entnommen werden (Deutscher Verein des Gas- und Wasserfaches 2001 b; Käss 1989; ISO 1993),
- Schöpfgeräten und Schöpfapparaten, die durch Klappen oder Ventile in genau definierten Tiefen mechanisch (durch Fallgewichte) oder elektrisch verschlossen werden können, z.B. der bekannte Ruttner-Schöpfer (Käss 1989). Vorteil ist, dass die Beprobungstiefe nicht limitiert ist und auch kleinkalibrige Messstellen beprobt werden können. Schöpfapparate bieten sich z.B. an, wenn Inhaltsstoffe im Messstellenrohr in unterschiedlichen Konzentrationen vorliegen,
- neu entwickelten Schöpfapparaten, bei denen die Entnahme von Grundwasserproben möglich ist, die unter Originaldruck und -Temperatur stehen.

Auch bei der Beprobung von Quellen sind einseitig offene Becher allgemein üblich. Von Nachteil ist das Ausgasen von flüchtigen Substanzen, begünstigt durch die Turbulenz des einströmenden Wassers beim Eintauchen der Behälter sowie der Kontakt der Wasserprobe mit der atmosphärischen Luft.

Schöpfgeräte können auch verwendet werden, wenn flüssige organische Phase nachgewiesen werden soll, die sich an der Basis eines Grundwasserleiters angesammelt hat oder aufschwimmt. Die Rohrtour einer Messstelle darf jedoch nicht – wie das häufig der Fall ist – als Leicht- bzw. Schwerflüssigkeitsabscheider wirken.

Bei Schöpfproben sind meist nur schlechte Erfahrungen gemacht worden (Deutscher Verband für Wasserwirtschaft und Kulturbau 1992; Deutscher Verein des Gas- und Wasserfaches 2001 b; ISO 1993; Käss 1989; Leuchs u. Obermann 1991; Toussaint 1991 a, b, 1995; Toussaint u. Bruns 1995). Vor allem in Kluft- und Karstgrundwasserleitern sollte auf sie generell verzichtet werden. Denn die Gewinnung von Schöpfproben setzt voraus:

- Ausschluss einer vertikalen Wasserbewegung innerhalb des Rohres bzw. Bohrlochs
- horizontale Durchströmung des Filters mit großer Intensität
- Probennahme ausschließlich im Bereich der Filterstrecke; das kann bei tiefen Messstellen sehr problematisch sein (ISO 1993; Käss 1989)
- Sicherstellung der Abwesenheit von Standwasser in der Messstelle; Standwasser ist vor allem bei kleinen Nennweiten und kurzen Filterstücken wahrscheinlich (Deutscher Verband für Wasserwirtschaft und Kulturbau 1992, 1997; Kritzner 1992). Abgestandenes Wasser ist durch Kontakt mit dem Messstellenausbaumaterial oder infolge Ausgasung hydrochemisch verfälscht

Pumpen

Bei den im Regelfall eingesetzten Pumpen handelt es sich um *Saugpumpen oder Tauchpumpen.*

Saugpumpen. Alle Saugpumpen werden an der Erdoberfläche eingesetzt. Es handelt sich durchweg um Kreiselpumpen mit Antrieb durch Elektro- oder Benzinmotor, vor allem dann, wenn Messstellen mit einem Innendurchmesser DN $\geq$ 50 beprobt werden sollen.

Daneben werden in der Praxis noch Tiefsauger, die nach dem Wasserstrahlpumpen-Prinzip arbeiten, und Kolbenprober verwendet (Deutscher Verband für Wasserwirtschaft und Kulturbau 1992; Käss 1989).

Für die Grundwasserbeprobung geeignete moderne Saugpumpen haben ein geringes Gewicht und fördern bei kleinen Flurabständen zwischen 1 und 2 l/s. Eine Entnahme bis zu einer Tiefenlage des Grundwasserspiegels von ca. 9 m kann ohne Weiteres erreicht werden. Es ist zu beachten:

– Beim Ansaugen von Grundwasser aus einer Teufe > 3 m ist ein Fußventil am Ende des Entnahmeschlauches unerlässlich.
– Vor dem Einlassen des Entnahmeschlauches in die Messstelle muss eine Zirkulation durch ein Wasservorratsgefäß erfolgen, bis die gesamte Luft aus dem System Ansaugeschlauch – Pumpe – Entnahmeschlauch ausgetrieben ist.
– Die Analysenergebnisse für gasförmige Inhaltsstoffe des Grundwassers können verfälscht sein, da Saugpumpen einen Unterdruck erzeugen.
– Wird während der Probennahme der Auslaufhahn gedrosselt, haben die Gase wieder Gelegenheit, sich im Wasser zu lösen, und die Gasverluste liegen dann innerhalb der Analysengenauigkeit (Käss 1989).

Tauchpumpen. Bei Tauchpumpen wird das Wasser durch eine Unterwasserpumpe nach oben gedrückt. Damit steht das Wasser bis zum Auslauf unter einem höheren Druck als der Atmosphärendruck. Dadurch wird eine Ausgasung weitgehend verhindert. In der Praxis werden daher Tauchpumpen den Saugpumpen vorgezogen. Folgende Pumpentypen lassen sich unterscheiden:

– Druckluft- oder Impulspumpen
– Schwingkolbenpumpen
– Hubkolbenpumpen
– Kleinst-Tauchmotorpumpen (Camping-Pumpe)
– Tauchmotorpumpen

Bei den *Druckluft- oder Impulspumpen,* die nach dem Verdrängungsprinzip arbeiten, erfolgt die Energiezufuhr durch Pressluft. Das geförderte Wasser kommt mit der Pressluft nicht in Berührung. Bei geringen Förderhöhen kann die Pressluftversorgung über Stahlflaschen erfolgen, sonst werden Kompressoren eingesetzt. Es werden drei Schläuche in die Messstelle eingeführt: Pressluft-, Abluft- und Förderleitung. Die Förderhöhe kann bei einer Förderung bis 30 l/min ca. 100 m betragen. Diese Pumpen sind geeignet für enge und tiefe Messstellen.

Konstruktives Kernstück der *Schwingkolbenpumpe* ist ein Linearkolben, der durch die Magnetkraft einer Spule im Wechselfeld hin und her bewegt wird. Die durchgehend axiale Anordnung aller Pumpenbauteile bewirkt eine sehr schlanke Bauform, z.T. unter 40 mm. Die Pumpen können somit bei kleinem Durchmesser eingesetzt werden. Maximale Förderhöhen von 65 m sind möglich. Bei einer Förderhöhe von 30 m erreichen sie noch eine Leistung von ca. 0,8 l/s. Die Stromversorgung erfolgt über Netz, einen Stromgenerator oder über Wandler, die an jede Autobatterie angeschlossen werden können. Vorteilhaft ist auch das Gewicht der Schwingkolbenpumpe mit lediglich 1 - 2 kg (ohne Schlauch und Kabel).

Eine *Hubkolbenpumpe* arbeitet nach dem Verdrängungsprinzip und besteht aus einem Hohlzylinder mit Ein- und Auslassventil, in dem sich ein Kolben bewegt. Der Antrieb des Kolbenhubs von ca. 40 cm erfolgt durch einen Elektro- oder Benzinmotor über ein Seil, das in einem Rohr läuft. Bei 30 m Flurabstand werden ungefähr 15 l/min gefördert. Bei der Beprobung von Grundwassermessstellen mit engen Rohren (DN ≤ 50) und tiefen Wasserständen haben sich Hubkolbenpumpen (Schenk 1983) bewährt; sie sind jedoch aufgrund konstruktionsbedingter Nachteile (Seil in starrem Kunststoffschlauch) unhandlich.

Kleinst-Tauchmotorpumpen sind preiswerte Kreiselpumpen, die ursprünglich für den Campingbedarf konstruiert wurden. Daher werden sie auch *Campingpumpen* genannt. Diese Pumpen werden vor allem bei Messstellen mit geringem Flurabstand und geringem Rohrdurchmesser eingesetzt. Größere Flurabstände können durch eine Kombination mehrerer Pumpen überwunden werden. Sie sind nicht selbstansaugend, sondern müssen vollständig geflutet werden. Sie werden mit 12 oder 24 Volt Gleichstrom betrieben und können daher an Autobatterien oder Akkus angeschlossen werden. Je nach Modell liegen maximale Förderhöhen zwischen 8 bis 55 m; die Förderleistung liegt bei ca. 2 l/min.

Tauchmotorpumpen sind Kreiselpumpen, die mit einem elektrischen Unterwassermotor betrieben werden. Das zum Antrieb erforderliche Stromaggregat muss eine gewisse Reserveleistung besitzen, da die Anlaufleistung der Pumpe bedeutend höher liegen kann als die Dauerleistung. Die z.Z. kleinsten Tauchmotorpumpen haben eine Leistungsaufnahme von 370 Watt. Je nach Hersteller und Modell gibt es für fast jeden Rohrdurchmesser, jede Förderhöhe und jede Förderleistung eine passende Pumpe. Die Pumpen bestehen aus zwei Teilen, einem unteren wasserdichten Elektromotor und einem darüber liegenden Pumpenteil, der mehrere Laufräder zur Steuerung der Förderhöhe (Druck) haben kann. Unterwassermotorpumpen sind für den dauernden Einsatz unter Wasser konzipiert. Ihre Fertigung aus hochwertigem Chrom-Nickel-Edelstahl gewährleistet eine sehr hohe Korrosionssicherheit.

Für Grundwasserbeprobungen werden heute überwiegend, auch bei kleinen Durchmessern, für den Routinebetrieb leistungsfähige Tauchmotorpumpen eingesetzt (Abb. 9.33). Von der Firma Grundfos wurde beispielsweise eine Unterwassermotorpumpe mit DN 45 mm speziell für Messstellen mit einem Durchmesser DN 50 mm konstruiert (Typ MP 1; Abb. 9.34). Ihre maximale Förderhöhe beträgt 98 m. Diese Pumpe wird über einen regelbaren Frequenzumrichter betrieben; der Förderstrom lässt sich dadurch stufenlos zwischen 0 und 2,5 m^3/h einstellen. Dadurch kann die Probennahme sehr genau an die hydrogeologischen Verhältnisse angepasst werden. Die im Grundwasserleiter herrschenden Druck-Temperatur-Verhältnisse werden dabei kaum verfälscht (LAWA 2000 a; Toussaint 1995, 1999).

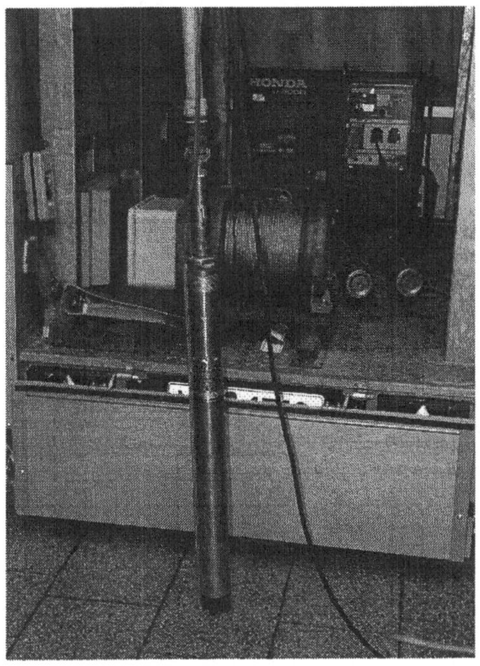

Abb. 9.33. Zur Probennahme ausgerüstetes Fahrzeug mit Stromgenerator und mehreren Unterwasserpumpen unterschiedlichen Durchmessers

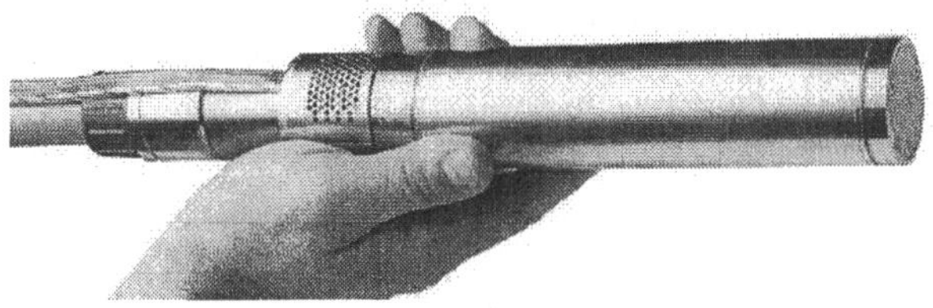

Abb. 9.34. Zweistufige Unterwassermotorpumpe der Baureihe MP 1 der Firma Grundfos.

Zusammenfassend soll noch festgehalten werden:

– Messreihen sollten immer auf der gleichen Beprobungstechnik beruhen, da die Entnahmebedingungen bei Schöpf- und Pumpproben sehr unterschiedlich sind.
– Wechsel zwischen Schöpfen und Pumpen ist dringend zu vermeiden.
– Bei Überwachungsmaßnahmen sollen Messstellen, die noch nie abgepumpt worden sind oder wegen ihres kleinen Durchmessers nicht mittels leistungsfähiger Pumpen entschlammt und entwickelt wurden, nicht berücksichtigt werden.

9.6.6 Hydraulische Einflussfaktoren auf die Grundwasserprobe

Für die sachgerechte Auswahl geeigneter Grundwassermessstellen und entsprechender Beprobungstechnik ist es erforderlich, die Durchlässigkeitsverteilung und die Strömungsvorgänge im Nahbereich einer Messstelle und speziell der Filterstrecke genau zu kennen (Barczewski et al. 1996).

Die Stromlinien und der dadurch beeinflusste Anstrombereich einer Messstelle werden durch folgende Faktoren beeinflusst:

– geohydraulische Verhältnisse des Untergrundes (Schichtenaufbau, Grad der Heterogenität, Anisotropie, Durchlässigkeit)
– Messstellenausbau (Position und Länge der Filterstrecke und der Ringraumabdichtung/Ringraumverfüllung)
– Position der Pumpe in der Messstelle
– Volumen des vor der Probennahme geförderten Standwassers
– Strategie der Probennahme

Der Grundwasserzustrom bei der Beprobung und somit die vertikale Ausdehnung des Abströmbereichs (Abb. 9.35) werden bestimmt durch die Relation zwischen

– der Durchlässigkeit des Förderbereichs (kf_F), der das Filterrohr und die Ringraumverfüllung im Filterbereich umfasst,
– der zu beprobenden Schicht (kf_S),
– der nach oben und unten angrenzenden Horizonte (kf_o bzw. kf_u) sowie
– der Dichtungen (kf_D).

Das Filterrohr und die Ringraumverfüllung im Filterbereich sind aus hoch durchlässigem Material und stellen den technisch definierten Fassungsbereich dar. Sie ermöglichen aber stets hydraulische Kurzschlussströmungen in vertikaler Richtung. Soll eine tiefendifferenzierte Probennahme erfolgen, muss der vertikale Anströmbereich durch Dichtungen technisch begrenzt werden (Deutscher Verband für Wasserwirtschaft und Kulturbau 1997).

Die meisten existierenden Messstellen sind entweder durchgehend oder alternierend (mehrfach) verfiltert, so dass Mischproben gewonnen werden.

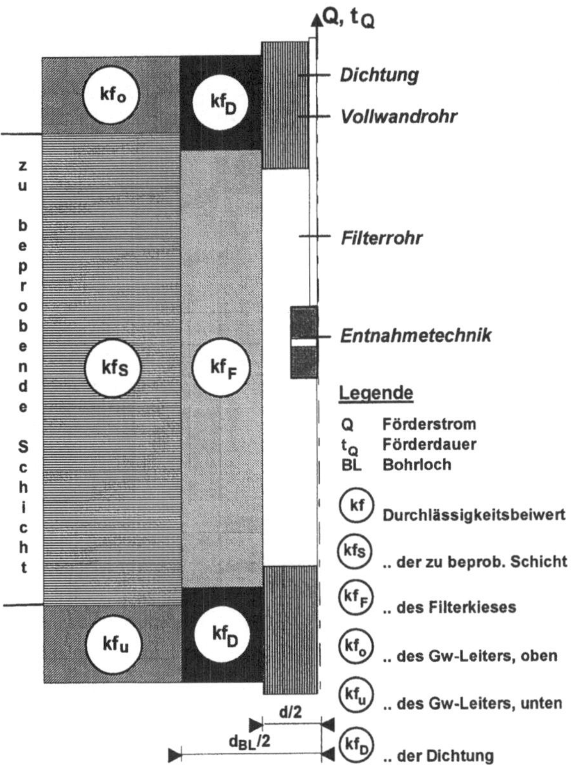

Abb. 9.35. Hydraulische Einflussfaktoren einer Grundwassermessstelle. Nach Deutscher Verband für Wasserwirtschaft und Kulturbau (1997).

Sofern der Strömungswiderstand in der Rohrtour gegenüber demjenigen im Grundwasserleiter vernachlässigt werden kann, ist die Repräsentativität der entnommenen Grundwasserprobe nicht vom Messstellenausbau und der angewandten Probennahmetechnik abhängig. Allerdings dürfen keine vertikalen Strömungen vorhanden sein.

Eine in Abhängigkeit von den hydrogeologischen Verhältnissen entnommene Probe ist repräsentativ, wenn der ermittelte Konzentrationswert in der *zuflussgewichtet* entnommenen Probe die *durchflussgemittelte* Mischkonzentration c_m liefert (Barczewski u. Marschall 1989):

$$c_m = \frac{1}{T} \int_0^M c(z) \cdot kf(z) \, dz \qquad (9.1)$$

mit
  c(z) = vertikales Konzentrationsprofil im Grundwasserleiter im Bereich der Grundwassermessstelle
  kf(z) = vertikales Durchlässigkeitsprofil im Grundwasserleiter im Bereich der Grundwassermessstelle
  T = Transmissivität des Grundwasserleiters
  M = grundwassererfüllte Mächtigkeit des Grundwasserleiters

Außerdem muss ein konstantes Verhältnis zwischen der natürlichen Fließgeschwindigkeit im Grundwasserleiter und der Geschwindigkeit des in die Messstelle zuströmenden Grundwassers bestehen. Unter dem Einfluss der vertikalen Strömung, die sich während der Probennahme in der Messstelle einstellt, kann diese Relation in der unmittelbaren Nähe der Messstelle tiefenabhängig variieren. Da das während der Probennahme abgepumpte Grundwasser aus dem Nahbereich der Messstelle stammt, wird die durchflussgewichtete Konzentration nicht mehr repräsentativ sein. Dies wird verstärkt beim Einsatz leistungsstarker Pumpen in Grundwasserleitern geringer Durchlässigkeit.

9.6.7 Geohydraulischer Informationsgehalt einer gepumpten Grundwasserprobe

Auf Grund der hydraulischen Verhältnisse in und außerhalb einer Messstelle ist nicht von vorn herein eindeutig, welchem Teilbereich eines Grundwasserleiters die festgestellte Grundwasserbeschaffenheit einer Wasserprobe zuzuordnen ist. Umstritten ist, wie groß das Einzugsgebiet einer nur sporadisch für Probennahme abgepumpten Messstelle ist. Auch wird die Reichweite des zugeordneten Absenktrichters meist überschätzt.

Eine überschlägige Berechnung mittels der sogenannten Zylinderformel macht dies deutlich. Es ergibt sich ein Absenkradius in der Größenordnung von 1 m, wenn

- 1 Stunde mit 1 bis 1,5 l/s gepumpt wird,
- der Austausch des Standwassers und der oberstromige Zufluss von Grundwasser nicht berücksichtigt wird,
- eine Wassersäule von 10 m sowie ein nutzbarer Hohlraumanteil von 20 % angenommen werden.

In einem heterogenen und anisotropen Grundwasserleiter entwickelt sich der Trichter stark asymmetrisch, da die Absenkung im Bereich höherer Durchlässigkeit weiter seitlich ausgreift als in den weniger durchlässigen Horizonten. Da die Messstelle aber im Ringraum eine Kiespackung mit hoher Durchlässigkeit hat, bildet sich ein vertikal gestreckter Entnahmebereich aus. Das Wasser fließt daher fast nur aus der unmittelbaren Nähe des Filters zu. Die für eine Grundwassermessstelle ermittelten Daten können somit letztlich nur als „Punktinformationen" angesehen werden. Daten aus wiederholten Messungen ergeben gewissermaßen „Linien-Informationen", da sich inzwischen der Grundwasserstrom durch den Bereich der Grundwassermessstelle fortbewegt hat.

Dies hat besonders Konsequenzen für die Überwachung von Grundwasserkontaminationen. Es müssten auf einem Messprofil unrealistisch viele Messstellen in engem Abstand eingerichtet werden, oder es müsste lange Zeit und/oder mit sehr hoher Entnahmeleistung abgepumpt werden, um die Kontamination in der Fläche und im Raum einzugrenzen. Schadstofffahnen können tatsächlich an Messstellen unentdeckt vorbeiströmen. Hohe Pumpraten sind andererseits selbst bei einem ergiebigen Grundwasserleiter bedenklich, da die Gefahr einer Zerstörung des Filters der Messstelle besteht.

9.6.8 Elimination des Standwassers und Zeitpunkt der Probennahme

Bei der Gewinnung von gepumpten Grundwasserproben spielt die Frage nach der optimalen Abpumprate eine bedeutende Rolle:

- Einerseits soll das Standwasser rasch abgepumpt bzw. das Einströmen von frischem Grundwasser schnell aktiviert werden. Dazu bedarf es der Verwendung einer leistungsstarken Pumpe.
- Andererseits muss die Pumprate an den hydrogeologischen Gegebenheiten orientiert sein, um das Grundwasserströmungsfeld möglichst wenig zu stören.
- Immobiles Grundwasser und feste Phase sollten nicht gefördert werden; auch turbulentes Strömen des Grundwassers im Nahbereich der Messstelle ist zu vermeiden.

In der Regel wird eine Förderleistung von 0,1 bis 5 l/s als günstig angesehen. Es wird daher empfohlen, den Standrohrspiegel nicht zu stark abzusenken. Dazu gibt es uneinheitliche Aussagen:

- nicht mehr als 10 % der Grundwassermächtigkeit absenken (Landesanstalt für Umweltschutz Baden-Württemberg 1993; Leuchs u. Obermann 1991)
- nicht mehr als 1/3 der Wassersäule im Rohr absenken (Deutscher Verein des Gas- und Wasserfaches 2001 b)
- die Pumpe nicht mehr als 2 m unter der vorgesehenen maximalen Absenkung des Standrohrspiegels platzieren (Deutscher Verband für Wasserwirtschaft und Kulturbau 1982; Länderarbeitsgemeinschaft Wasser 1996)

Für die Eliminierung des Standwassers gibt es unterschiedliche Empfehlungen. Die allgemeinste ist, das mehrfache Rohrvolumen (meistens dreimal) abzupumpen. Dies kann nur sehr pauschal sein, denn jede Messstelle reagiert hydraulisch unterschiedlich (Barczewski u. Marschall 1989; Dehnert et al. 1997; Länderarbeitsgemeinschaft Wasser 1993; Landesanstalt für Umweltschutz Baden-Württemberg 1993; Schreiber et al. 1986; Toussaint 1991 a, b, 1995).

Bei einem Abpumpen von mehr als 6 bis 8 Rohrvolumina gilt die Messstelle als ungeeignet (Landesanstalt für Umweltschutz Baden-Württemberg 1993).

Die Gl. 9.2 erlaubt, das im Filterbereich stehende, einmalig auszutauschende Wasservolumen V_F (m^3) zu berechnen (Barczewski et al. 1996).

$$V_F = \pi \cdot L_F \left[r^2_{FR} + (r^2_{BR} - r^2_{FR})\, n \right]$$

(9.2)

mit

L_F = Filterlänge (m)
r_{FR} = Filterrohrradius (m)
r_{BR} = Bohrlochradius (m)
n = Porosität der Kiespackung im Ringraum

Diese Gleichung berücksichtigt also das Volumen des Wassers in der Kiespackung.

Das Abpumpen des (mehrfachen) Rohrvolumens ist nur statthaft, wenn sich die Pumpe oberhalb des Filterbereichs befindet. Das ist insbesondere bei tiefen Messstellen aus praktischen Gründen die Regel (Abb. 9.36). In diesem Fall wird eine Einhängetiefe von 1 bis 3 m unterhalb des abgesenkten Grundwasserspiegels empfohlen (Länderarbeitsgemeinschaft Wasser 1993, 1996; Deutscher Verband für Wasserwirtschaft und Kulturbau 1997).

Bei einer Einhängeposition im Filterbereich, üblich bei flachen Messstellen, wird dagegen bereits unmittelbar nach der Inbetriebnahme der Pumpe zu einem hohen Prozentsatz Grundwasser gefördert (Dehnert et al. 1997). Denn es muss nur ein relativ kleiner Teil des Standwassers entfernt werden.

Beim Austausch des Standwassers in einer Grundwassermessstelle muss kontrolliert werden, ob das chemisch veränderte abgestandene Wasser im Rohr durch nachströmendes Grundwasser vollständig ersetzt worden ist. Diese Kontrolle ist auch sinnvoll, denn

– es verbleibt Standwasser, wenn zu kurz abgepumpt wird, insbesondere in Messstellen mit größerem Durchmesser;
– es besteht die Gefahr des Heranziehens von Grundwasser aus benachbarten Horizonten, wenn zu lange abgepumpt wird, speziell bei Messstellen mit kleinerem Durchmesser und ungenügender Ringraumabdichtung.

In der Praxis wird der Zeitpunkt der Probennahme von der quasi-Konstanz einiger Leitparameter der Grundwasserbeschaffenheit abhängig gemacht. Temperatur und pH-Wert haben sich als zu unsensibel erwiesen (Dehnert et al. 1997; Länderarbeitsgemeinschaft Wasser 1996). Daher wird die elektrische Leitfähigkeit bevorzugt. In bestimmten Fällen werden die unmittelbar interessierenden Inhaltsstoffe gemessen. Messwertkonstanz gilt als gegeben, wenn innerhalb von 5 min die Änderung der Leitfähigkeit max. 1 % des Endwertes beträgt. Eine kontinuierliche Aufzeichnung durch rechnergestützte Systeme ist von Vorteil (Deutscher Verband für Wasserwirtschaft und Kulturbau 1997). Die Leitkennwerte sollten bevorzugt mittels Sonden unmittelbar unterhalb der Pumpe gemessen werden.

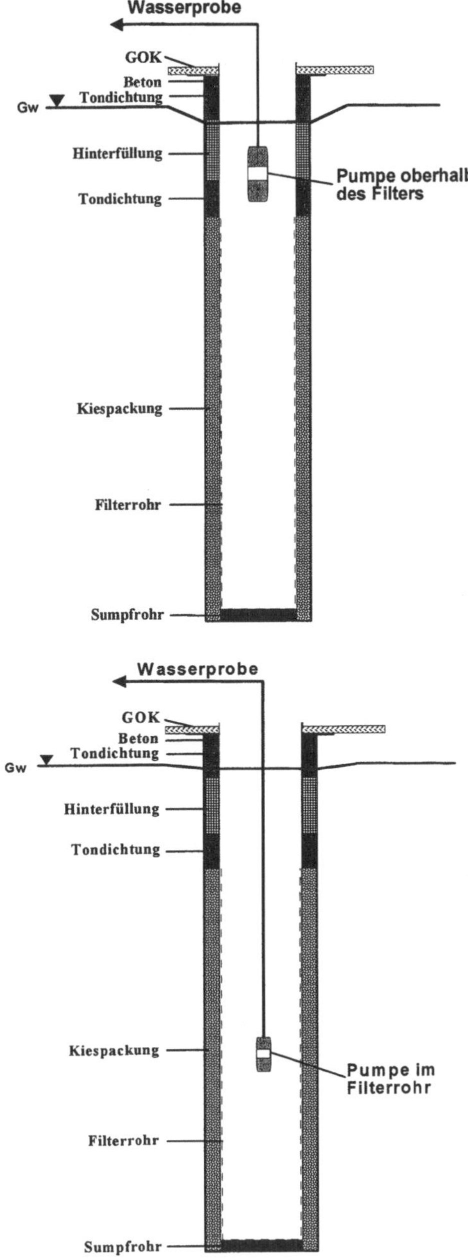

Abb. 9.36. Einbautiefe einer Pumpe oberhalb (oben) und innerhalb (unten) des Filterrohres einer Grundwassermessstelle

Neuere Untersuchungen haben gezeigt, dass die elektrische Leitfähigkeit vor dem Zeitpunkt für die Gewinnung einer repräsentativen Grundwasserprobe einen Plateauwert erreichen kann (Dehnert et al. 1997). Daher wird in speziellen Fällen die natürliche Radonaktivitätskonzentration des Grundwassers (Radon 222 mit 3,8 d Halbwertszeit, entstanden aus Radium 226, einem Zerfallsprodukt des Uran 238) genutzt. Dieses Messverfahren auf der Basis der Flüssigszintillationsspektrometrie ist allerdings aufwendig und nur praktikabel bei nicht durchgehend verfilterten Messstellen.

Der Zeitpunkt der Entnahme einer Grundwasserprobe ist im Prinzip bei jeder Messstelle unterschiedlich und sollte daher mittels Tests festgestellt werden. Eine gängige Methode ist z.B. der sogenannte „Gütepumpversuch", bei dem eine Probennahme nach dem Abpumpen jeweils nach 2, 4, 6 und 8 Rohrvolumina erfolgt und dann die Messwerte der elektrischen Leitfähigkeit oder anderer hydrochemischer Vor-Ort-Parameter verglichen werden.

Das sogenannte „Zwei-Proben-Verfahren" geht vom Vergleich der Konzentrationen ausgewählter Inhaltsstoffe in mindestens zwei Proben aus, die bei unterschiedlichen Abpumpraten genommen worden sind. Dies erlaubt festzulegen, wann die eigentliche Grundwasserprobe entnommen werden kann (Landesanstalt für Umweltschutz Baden-Württemberg 1993).

9.6.9 Gewinnung der eigentlichen Grundwasserprobe

Eine sehr kleine Teilmenge des durch das Filter in die Messstelle einströmenden Grundwassers ist so an die Erdoberfläche als Ort der Probennahme zu transportieren, dass sich seine in-situ-Eigenschaften möglichst wenig ändern.

Die Entnahme der Probe erfolgt

- bei gedrosselter Pumpleistung oder
- aus einem Nebenstrom bei konstant gehaltener Förderleistung.

In beiden Fällen soll ein langsames Strömen ermöglicht werden, um eine Belüftung der Wasserprobe bzw. ein Entweichen von gasförmigen Inhaltsstoffen beim Befüllen der Probenflaschen zu minimieren. Folgendes ist zu beachten:

- Eine Pumprate von 1 l/min bis maximal 5 l/min während der Probennahme wird als günstig angesehen (Deutscher Verband für Wasserwirtschaft und Kulturbau 1992; Deutscher Verein des Gas- und Wasserfaches 1998; Kritzner 1992; Länderarbeitsgemeinschaft Wasser 2000 a; Landesanstalt für Umweltschutz Baden-Württemberg 1993; Schreiber et al. 1986).
- Die Probennahme ist nicht unmittelbar nach Drosselung der Förderrate durchzuführen, sondern erst nach einer Überprüfung der Konstanz der vor Ort-Parameter.
- Da das Grundwasser aus seiner natürlichen Umgebung entnommen wird, ändern sich u.a. die physikalischen Bedingungen. Bei allen Entnahmetechniken wird das im Grundwasserleiter unter hydrostatischem Druck stehende Wasser bereits während der Förderung dem geringeren Luftdruck ausgesetzt.

- Schwankungen der Temperatur und des Drucks können die Parameter pH-Wert, elektrische Leitfähigkeit, Redoxpotential und die Konzentration der Gase CO_2 und O_2 erheblich beeinflussen.
- Bei Einsatz einer drückenden Pumpe bleiben die gasförmigen Inhaltsstoffe des Grundwassers weitgehend erhalten.
- Soll eine Ausgasung flüchtiger Inhaltsstoffe bis zum Ort der eigentlichen Probengewinnung vermieden werden, was besonders bei sehr großen Entnahmetiefen auftritt, muss die Pumpe mit einem druckerhaltenden Probenentnahmegefäß gekoppelt werden.
- Sollte sich infolge einer nicht kompensierbaren Druckabnahme im Probenentnahmegefäß ein Gaspolster gebildet haben, muss dieses entweder analysiert oder durch Druckerhöhung wieder in Lösung gebracht werden.
- Kontakt mit der Atmosphäre verstärkt die Ausgasung leichtflüchtiger Stoffe aus der Wasserprobe und begünstigt außerdem eine Oxidation von Inhaltsstoffen, vermehrtes Bakterienwachstum, Ausfällungen, Veränderung der organoleptischen Parameter wie Farbe u.a. Durch rasches Abfüllen und Kühlstellen (2 bis 5 °C) der Probenbehälter kann man aber diesen Verlusten entgegenwirken.
- In engen Messrohren, wo verschiedene Faktoren auf den Grundwasserzufluss einwirken, existieren unterschiedliche Mischungsweglängen.
- Durch laminares Fließens bei kleiner Pumprate und turbulentes Strömen bei hoher Pumprate kann ein sehr unterschiedliches Mischungsverhalten der Inhaltsstoffe in einer Grundwasserprobe auftreten. Deshalb sollte ein Volumen von mindestens 2 l entnommen werden (Barczewski u. Marschall 1990).
- Nicht konservierbare Parameter, wie z.B. Temperatur, pH-Wert, elektrische Leitfähigkeit, Sauerstoffgehalt u.a., müssen unter Verwendung von luftdichten Durchflusszellen mittels spezifischer Elektroden vor Ort gemessen werden.
- Die Probennahmegefäße müssen dicht sein und gegenüber Licht- und Hitzeeinfluss geschützt werden.
- Wenn die Wasserprobe nicht innerhalb von drei Tagen analysiert werden kann, muss sie stabilisiert oder konserviert werden.
- Bei einer kurzzeitigen Lagerung muss die Probe außerdem bei +4 °C gekühlt, bei einer längeren Lagerung muss sie bei -20 °C eingefroren werden (ISO 1993).

9.6.10 Einfluss der Entnahmetiefe auf die Inhaltsstoffe einer Grundwasserprobe

Folgende Punkte können zusammengefasst werden:

- Die Ansicht, dass es belanglos ist, aus welcher Tiefe eine tiefenintegrierte Grundwasserprobe genommen wird, trifft nur zu, wenn der Strömungswiderstand im Messstellenrohr gegenüber demjenigen im Grundwasserleiter vernachlässigbar klein ist. Nur in diesem Fall kann eine repräsentative Probe unabhängig vom Ort der Probennahme, der Art der Pumpe und der Förderrate gewonnen werden (Valentin 1987). Derartige Bedingungen werden durch den

Einsatz von Pumpen erfüllt, die den Wasserfluss im verbleibenden Querschnitt nicht wesentlich behindern.

– Bei Filterstrecken mit einer Länge > 10 m und gleichzeitig geringem Durchmesser (DN < 100) treten insbesondere bei hochdurchlässigen Grundwasserleitern (K = kf > $5 \cdot 10^{-3}$ m/s) und hoher Pumpleistung erhebliche Abweichungen von einer durchflussgemittelten Konzentration auf (Kaleris 1989, 1992). Strömungswiderstände und Eintrittsverluste im Messstellenrohr spielen hierbei eine Rolle. Mittels kleiner Pumpraten lässt sich dieser Fehler minimieren.

– Bei der Beurteilung einer Grundwasserbelastung in einem geschichteten Porengrundwasserleiter sind Abschnitte stärker kontaminiert als ein hochpermeabler Horizont. Dies kommt häufig wegen höherer Sorptions- oder Residualkapazität von bindigem Material in den schlechter durchlässigen Schichten vor. Hier kann die Position der Pumpe die Analysenwerte für die Schadstoffgehalte der Wasserprobe stark beeinflussen. Ist z.B. der obere Teil des Grundwasserleiters stärker belastet als der untere, führt die Probennahme im oberen Bereich der durchgehenden Filterstrecke zu einer Überschätzung der Konzentrationen. Es wird damit keine gemittelte Konzentration der Wasserinhaltsstoffe in der Probe erhalten.

– Die Abweichungen nehmen mit dem Grad der Heterogenität zu; die größten Differenzen treten auf, wenn in der Nähe von Schichten mit deutlich unterschiedlichen Durchlässigkeitswerten abgepumpt wird (Kaleris 1989, 1992).

Die Einhängetiefe der Pumpe und alle sonstigen Vorgaben für eine repräsentative Probennahme müssen eingehalten werden. Nur dann können die im Untersuchungszeitraum in den Wasserproben festgestellten Schwankungen, insbesondere die Schadstoff-Konzentrationen, eindeutig auf eine Änderung der in situ-Gehalte im Grundwasser zurückgeführt werden.

9.6.11 Einsatz von Packern bei der Probennahme

Zur Gewinnung horizontbezogener Grundwasserproben wird allgemein der Einsatz von Packern empfohlen. Aber dies trifft für die Praxis nur mit Einschränkungen zu. Messstellenausbau und Messstellenhydraulik sind zu überprüfen, ob der Einsatz von Packern der Aufgabenstellung entsprechend sinnvoll ist.

Nicht zuletzt sind auch die fallweise sehr hohen Kosten zu berücksichtigen.

– Ist im Ringraum einer Messstelle beim Ausbau die hydraulische Sperrfunktion der Schichten des Grundwasserleiters, z.B. durch Bentonit, wieder hergestellt worden, können eventuelle Vertikalströmungen im Messstellenrohr unterbunden werden, wenn das Abpackern niveaumäßig auf diese Abdichtungen abgestimmt wird. In diesem Falle ist der Einsatz eines üblichen Einfach- oder Mehrfachpackers, der einmalig oder halbstationär bis stationär eingebaut werden kann, durchaus sinnvoll.

– In vollverfilterten und/oder durchgehend verkiesten Grundwassermessstellen ist der alleinige Einsatz von Standardpackern zur tiefendifferenzierten Grundwasserbeprobung wirkungslos (Barczewski u. Marschall 1989, 1990; Kaleris 1992; Kritzner 1992; Schreiber et al. 1986). Denn der vertikale Zustrom von Grundwasser über den Ringraum auch aus nicht primär beprobten Schichten wird nicht unterbunden.

- Nur ein abschnittsweises Abpackern des Filterrohres mit separater Regelung der Entnahmeraten erzeugt bzw. erzwingt eine schichtparallele Anströmung in Abhängigkeit vom vertikalen Durchlässigkeitsprofil. Zusätzlich werden Proben ober- und unterhalb des zu beprobenden Horizontes („Schutzbeprobung") entnommen (Barczewski u. Marschall 1990; Deutscher Verband für Wasserwirtschaft und Kulturbau 1996).

- Da bei der Probennahme mit Multipacker-Systemen und Schutzbeprobung das Ergebnis stark von der Einstellung der „richtigen" Pumprate abhängig ist, sollte vorab der Zustrom zur Messstelle in einem Flowmeter-Versuch ermittelt werden.

Eine Verfälschung des Stoffinhalts der Grundwasserproben, die mit Packertechnik entnommen wurden, kann dennoch nicht ausgeschlossen werden, weil ein teilweises oder sogar völliges technisches Versagen der Dichtungselemente möglich ist.

Mittlerweile wurden völlig neue Technologien vorgeschlagen (Lerner u. Teutsch 1995; Nilsson et al. 1995). Hervorzuheben ist das sogenannte "separation pumping", das auch bei durchgehender Verfilterung nicht durch Kurzschlussströmungen beeinflusst wird. Zwischen einer oberen Pumpe und unteren Pumpe, die der Schutzbeprobung dienen, wird horizontale Grundwasserscheitelung erzeugt. Sie teilt den Zufluss zur Messstelle auf; ihre Lage ist von der Pumprate und den jeweiligen Durchlässigkeitswerten abhängig (Nilsson et al. 1995).

Im Bereich dieser Wasserscheide, die durch ein sensibles Flowmeter lokalisiert werden kann, wird die eigentliche Probennahme-Pumpe mit sehr kleiner Förderrate installiert (Abb. 9.37).

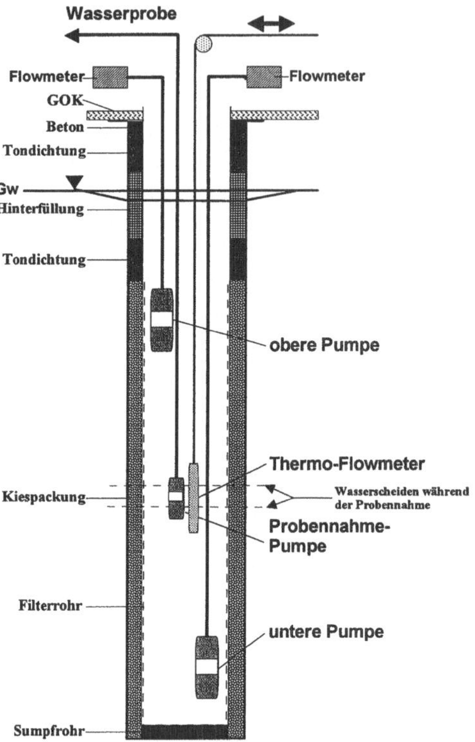

Abb. 9.37. Prinzipskizze der „Separation Pumping"-Technik. Leicht abgeändert nach Lerner u. Teutsch (1995) sowie Nielsen u. Yeates (1985).

9.6.12 Auswahl hydrochemischer Parameter

Wesentlicher Bestandteil eines Monitoring-Programms ist ein Konzept der zu erfassenden hydrochemischen Parameter. In der Praxis hat nicht der Analytiker, sondern der Grundwasserexperte dem chemischen Labor die zu analysierenden Inhaltsstoffe in den Grundwasserproben zu benennen.

Der Untersuchungsrahmen kann knapp, aber auch sehr umfangreich sein. Er kann sich beziehen:

- pauschal auf natürliche Wirkgrößen wie die Beschaffenheit eines bestimmten Grundwasservorkommens, abhängig von Bewuchs, pedologischen Verhältnissen, hydrogeologischen und geochemischen Gegebenheiten des jeweiligen Grundwasserleiter- und -speichergesteins
- auf anthropogene Beeinflussung durch flächenhaft-diffuse Emissionsquellen wie z.B. die allgemeine Luftverschmutzung, linienförmige Schadstoffeinträge

wie z.B. Straßen oder Eisenbahntrassen, aktuelle Schadensfälle bzw. Altlasten mit punktueller Schadstofffreisetzung
- Fehler im Zusammenhang mit dem Messstellenbau, z.B. Einschwemmen von Dieselkraftstoff in ein ungesichertes Bohrloch oder nicht restlos entfernte Bohrspülung

Die natürlichen Wirkgrößen und anthropogenen Einflüsse auf die Grundwasserbeschaffenheit sind analytisch nur durch Vollanalysen zu erfassen.

Aus Kostengründen werden in der Praxis in einem ersten Schritt gezielt *Parameter-Kataloge,* sogenannte Screening-Parameter, für die Grundwasseranalysen benutzt. Sie wurden für Grundwasserbelastungen entwickelt, die von Industriestandorten ausgehen. Ziel ist es, Hinweise auf bestimmte Emissionsquellen zu erhalten und sich über den qualitativen Zustand des Grundwassers und die Gründe für eine Abweichung zu informieren.

Screening-Parameter können Einzel-, Gruppen- oder Summenparameter sein. Die folgende Auflistung enthält Beispiele für Screening-Parameter, die auf bestimmte Branchen bezogen sind.

Industriebranche	*Screening-Parameter*
ehemalige Gaswerkstandorte	ausgewählte PAKs, Cyanide, Phenole und Ammonium
metallbe- und -verarbeitende Betriebe	LHKWs
Halden des Erzbergbaus	bestimmte Schwermetalle

In einem zweiten Schritt wird die Parameterpalette gezielt spezifiziert. Diese Vorgehensweise ist z.B. bei der Untersuchung von Altlasten üblich (Friege et al. 1989).

Im Prinzip gibt es für typische, an gewerbliche oder industrielle Aktivitäten gebundene Emissionen ein Set von ausgewählten Parametern.

Die Parameterpakete sind im Einzelnen für klare Untersuchungsziele zu definieren. Aus vorwiegend hydrogeologischer Sicht können solche Untersuchungsziele z.B. sein:

- Ermittlung der natürlichen Hauptinhaltsstoffe sowie Neben- und Spurenbestandteile zwecks hydrochemischer Typologisierung eines Grundwasservorkommens
- Definition des geogenen Backgrounds im Hinblick auf die Bewertung einer möglichen anthropogenen Veränderung der Grundwasserbeschaffenheit
- Zuordnung eines Grundwasservorkommens zu einem bestimmten Einzugsgebiet
- Klärung geohydraulischer Zusammenhänge zwischen Grundwasserleitern
- Quantifizierung der Anteile von Flusswasser und hangseitig zuströmendem Grundwasser im Förderwasser von Brunnen in alluvialen Terrassenablagerungen
- Altersdatierung von Grundwasservorkommen, u.a. auch mittels Isotopen

– Charakterisierung des geförderten Rohwassers im Hinblick auf eine optimale
Aufbereitungstechnik

Diese Auflistung ist nur eine Auswahl.

Untersuchungsziele ergeben sich auch aus gesetzlichen Vorgaben, z.B. insbesondere der Trinkwasserverordnung (Bundesregierung 2001). Sie bezieht sich
zwar auf Trinkwasser, gibt aber auch teilweise den Rahmen für Rohwasseruntersuchungen vor.

In den deutschen Bundesländern wird entweder auf freiwilliger Basis oder aufgrund von behördlichen Verordnungen das grundwasserbürtige Rohwasser von
Trinkwasserbrunnen chemisch untersucht, um dem Kooperationsprinzip des
Grundwasser-Monitoring Rechnung zu tragen (siehe Abschn. 9.1). Orientierungs-
hilfe für die Auswahl von Parametern geben:

– Grundwasserrichtlinie, Teil Beschaffenheit der LAWA (Länderarbeitsgemeinschaft Wasser 1993)
– DVWK-Regeln zur Wasserwirtschaft 128/1992 (Deutscher Verband für Wasserwirtschaft und Kulturbau 1992)
– DVGW-Merkblatt W 254 (Deutscher Verein des Gas- u. Wasserfaches 1988 a)

Leitschnur ist, bei einer guten Planung des hydrochemischen Untersuchungsprogramms die Anzahl der zu analysierenden Parameter in Grenzen zu halten und
dennoch ausreichend Informationen über den aktuellen Zustand des Grundwassers
zu erhalten.

Auch von der Europäischen Gemeinschaft wurden für jedes Mitgliedsland
durch die EU-Wasserrahmenrichtlinie (Europäische Gemeinschaft 2000) verbindliche Vorgaben zur chemischen Charakterisierung der Grundwasserkörper und ü-
berblicksweisen Überwachung (surveillance monitoring) gemacht.

Sie werden stark kritisiert und von den Grundwassernutzern abgelehnt. Die
LAWA-Vertreter in der Arbeitsgruppe CIS 2.7 Monitoring (CIS = Common
Implementation Strategy) haben daraufhin im Jahre 2002 einen Mindestumfang
an Analysen zur chemischen Charakterisierung der Grundwasserkörper vorgeschlagen. Es werden ein Standardprogramm (Tabelle 9.5) und Sonderprogramme
für die *überblicksweise* und *operationale Überwachung* (Tabelle 9.6) unterschieden. Die Sonderprogramme mit den jeweiligen Parametersets kommen nur im
konkreten Verdachtsfall bzw. bei nachgewiesenen Kontaminationen des Grundwassers zur Anwendung.

Entsprechend dem Artikel 17 der EU-Wasserrahmenrichtlinie (Europäische
Gemeinschaft 2000) ist eine Tochterrichtlinie Grundwasser geplant. In den Ent-
würfen, die bis Ende Dezember 2003 vorlagen, werden bestimmte Parameter als
verbindlich vorgeschlagen (Spurenmetalle, Tetrachlorethen und Trichlorethen).

Tabelle 9.5 Vorschlag der LAWA-Vertreter für den Parameterblock „Standardprogramm"
zur chemischen Charakterisierung der Grundwasserkörper nach der EU-Wasserrahmenrichtlinie

Programm	empfohlene Parameter
Standardprogramm Basisparameter	Ca, Mg, Na, K, NH_4; SO_4, NO_3, Cl Gw-Stand bzw. Quellschüttung pH-Wert, elektr. Leitfähigkeit, GwTemperatur, O_2, Redox- Potential, K_S 4,3 (HCO_3), K_B 8,2 (CO_2), SiO_2 (?), DOC (?)

Tabelle 9.6. Vorschlag der LAWA-Vertreter für die Parameterblöcke „Spezialprogramme"
zur chemischen Charakterisierung der Grundwasserkörper nach der EU-Wasserrahmenrichtlinie

Programm	empfohlene Parameter
Sonderprogramm 1 Luftverschmutzung nur in Gebieten mit Ca-armen oder Ca-freien Gesteinen	pH-Wert, Al, SO_4, NO_3, NH_4 (?) ausgewählte Schwermetalle Trichlormethan (?)
Sonderprogramm 2 Landwirtschaft	NO_3, NO_2 (?), NH_4 (?), SO_4, K (?) ausgewählte PBSM Tierarzneimittelrückstände
Sonderprogramm 3 Siedlungen/Verkehr	NO_3, B, Cl, Pb ausgewählte PBSM Humanarzneimittelrückstände LHKW Mineralöl-KW (z.B. Benzol, Phenole, Toluole, n-Octane) MTBE (Methyl Tertiary Butyl Ether)

Die vorgeschlagenen Parameter sind gezielt als Indikatoren für Grundwassergefährdung zu verstehen. Als weitere Sonderprogramme können z.B. militärische
Altlasten und - falls erforderlich - weitere Parameterlisten vorschlagen werden.

10 Brunnenbau

10.1 Einleitung

Einen Hochleistungsbrunnen zu bauen, verlangt auch heute noch besondere Fähig- und Fertigkeiten. Nicht ohne Grund wird in der Fachliteratur der Begriff „Brunnenbaukunst" gebraucht. Ein wesentliches Ziel ist es, die geplante Förderleistung im Dauerbetrieb ohne Sandführung zu garantieren.

Hydrogeologen und Ingenieuren obliegen Planungsaufgaben wie

- Festlegung des Bohransatzpunktes
- Bemessung des Brunnens und der Bohrung
- Wahl des geeigneten Bohrverfahrens
- Überwachung der Bohrarbeiten

und danach

- Festlegung und Positionierung von Sumpfrohr, Filter- und Vollrohrstrecken
- Art der Verkiesung (Abb. 10.1.a)

Maßgeblich für Erfolg beim Brunnenbau sind Erfahrung und Verantwortungsbewusstsein der beauftragten Bohrfirma, deren Bohrmeister und dessen Mannschaft. Die geeignete Bohrfirma wird in aller Regel nach einer Ausschreibung vom Auftraggeber ausgewählt. Der Hydrogeologe muss aber jederzeit in der Lage sein, die gesamten Arbeiten zu kontrollieren und zu bewerten.

Aufgabe dieses Kapitels ist es, den Hydrogeologen mit den hydrologischen Grundlagen des Brunnenbaus vertraut zu machen. In der letzten Zeit haben neue Forschungsergebnisse die Vorstellungen über Strömungsverhältnisse am und im Brunnen erheblich geändert. Wesentliche Aspekte des Brunnenbaus behandelt die folgende Literatur:

- *hydrogeologische Grundlagen*: Lehrbuch der Hydrogeologie Bd. 4 (Balke, Beims, Heers, Hölting, Homrighausen u. Mathess 2000)
- *technische Fragen*: Bieske (1970, 1983), Campbell u. Lehr (1973), Schneider (1988), Bieske, Rubbert u. Treskatis (1998)
- *Bauvorschriften, Vergabe- und Vertragsbedingungen*: DIN-Normen, DVGW-Merk- und Arbeitsblätter, Manual der amerikanischen Umweltschutzbehörde EPA (1976)

Mit 8 Auflagen gilt das Buch von Bieske, Rubbert u. Treskatis (1998) in der Brunnenbaupraxis inzwischen als Standardwerk. Dort sind die konstruktiven Eigenschaften, Bauabschnitte und grundlegenden Regeln und Vorschriften für Bohrbrunnen ausführlich dargelegt.

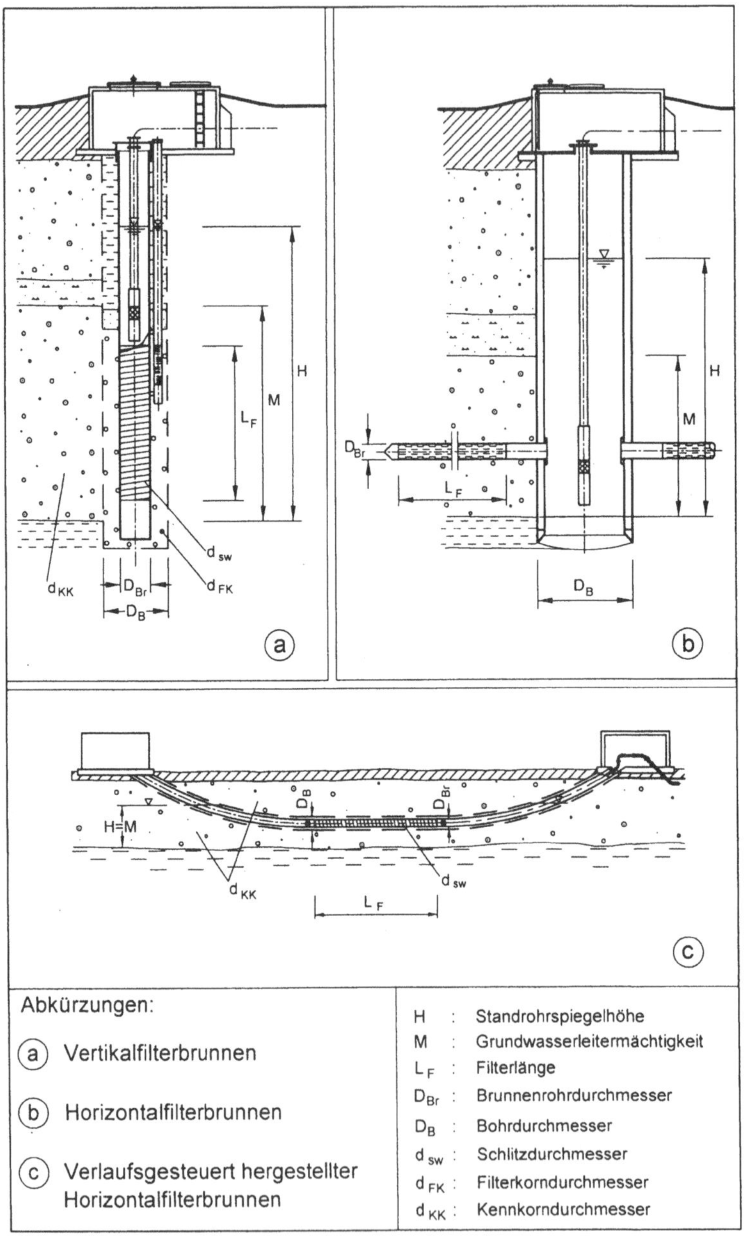

Abb. 10.1. Brunnentypen

Für den Einsatz im Gelände sind die vorzüglichen Brunnenfilterbücher der Firmen Nold (Bieske, Wandt u. Jourdan 1989) und Johnson (Driscoll 1989) geeignet.

Alle vorstehend genannten Werke enthalten umfangreiche Literaturangaben. Für Fragen des Baus von Horizontalbrunnen wird auf Fehlmann (1949), Offerhaus (1961), Falke (1965), Huisman (1972) und Schneider (1988) verwiesen.

Der Horizontalfilterbrunnen wurde vor mehr als 50 Jahren erstmals als zentrale Wasserfassung eingesetzt. Grundwasser oder Uferfiltrat werden über sternförmig von einem Zentralschacht in den Grundwasserleiter vorangetriebene Filterrohrstränge gefasst (Abb. 10.1.b).

Die Weiterentwicklung des Horizontalfilterbrunnens entstand aus der im Rohrleitungsbau eingesetzten *verlaufsgerichteten Horizontalbohrtechnik*. Herstellungsart sowie hydraulische und konstruktive Eigenschaften (Abb. 10.1.c) verlaufsgesteuerter Horizontalbrunnen beschreiben Sass u. Treskatis (2000 a; 2000 b). Ein derartiger Brunnen wurde erstmals für eine Wassergewinnungsanlage in Terrassensedimenten des Rheins bei Krefeld getestet und für die Trinkwassergewinnung ausgebaut (Sass u. Treskatis 2000 b; Licht, Treskatis u. Knopf 2001).

10.2 Bohrverfahren – ein Überblick

10.2.1 Vorbemerkungen

Die in der Grundwassererschließung eingesetzten Bohrverfahren werden einerseits nach ihrer physikalischen Arbeit, andererseits nach der Art des Abführens des Bohrkleins unterschieden (W 115, 2001). Im Wesentlichen wird dabei zwischen drehenden und schlagenden Verfahren sowie danach unterschieden, ob das Bohrklein mittels einer Spülung oder durch mechanische Methoden zutage gefördert wird.

Da es aber auch Mischformen gibt, so etwa drehendes Schlagbohren mit Luftspülung beim Hammerbohren, ist eine scharfe Unterscheidung kaum möglich. Vor allem erscheint es nicht mehr sinnvoll, die früher übliche strikte Unterscheidung in Trocken- und Nassbohrverfahren noch aufrechtzuerhalten (Langguth u. Voigt 1980). Diese Unterscheidung wird heute nur noch im Zusammenhang mit der Anwendung von Spülungszusätzen oder bei der Beschreibung der Art der Bohrgutförderung verwendet.

Eine sehr instruktive Übersicht der in der Grundwassererschließung für verschiedene Aufgaben eingesetzten Bohrverfahren bietet die dem DVGW-Merkblatt W 115 entnommene Übersicht der Tabelle 10.1.

Das aktuell gültige DVGW-Merkblatt W 115 teilt die Bohrverfahren nach der Art der Bohrwerkzeugbewegung und der Bohrgutförderung ein. In der Praxis ergeben sich nach der Art der Bohrwerkzeugbewegung bzw. dem Herauslösen des Bohrkleins folgende Bohrverfahren:

– drehendes Bohren
– schlagendes Bohren

– drehschlagendes Bohren

Nach der Art der Bohrgutförderung im Bohrloch ergeben sich Bohrungen mit

– stetiger Bohrgutförderung mittels Bohrsuspensionen
– unstetige Bohrgutförderung mittels Greifern, Schappen, Spiralbohrwerkzeugen etc.

In den folgenden Abschnitten werden die hauptsächlich in der Grundwasserer-schließung und für das Grundwassermonitoring eingesetzten Bohrverfahren kurz beschrieben. Bei der Einteilung der Bohrverfahren nach W 115 (2001) wird das Drehschlagbohrverfahren besonders berücksichtigt. Für Details wird auf Balke et al. (2000), Bieske et al. (1998), Campbell u. Lehr (1973), Mock (1989), Tengelmann (1991) und Wirth (1981) verwiesen.

10.2.2 Schlagbohrverfahren

Die Schlagbohrverfahren werden nach der Art der Gesteinslösung an der Bohr-lochsohle in die Verfahren

– schlagend
– drehend-schlagend und
– drehschlagend

jeweils *mit kontinuierlicher Bohrgutgewinnung* oder *ohne kontinuierliche Bohr-gutgewinnung* eingeteilt.

Beim klassischen Schlagbohren (Seilschlagbohren, Perkussionsbohren) erfolgt das Lösen des Gesteins mittels eines Blatt-, Backen- oder Kreuzmeißels, der samt Schwerstange an einem Stahlseil hängt und mit Schlagzahlen von 30 bis 60/min und Hüben von 0,3 bis 0,9 m unter gleichzeitigem Drehen angehoben und fallen gelassen wird. Bevor das Bohrgut mit der Ventilbüchse entfernt werden kann, muss oberhalb der Grundwasseroberfläche Wasser in das (trockene) Bohrloch ge-geben werden.

Der Bohrfortschritt ist zwar gering, doch hat dieses Verfahren insbesondere in verkarsteten Grundwasserleitern mit großen Hohlraumsystemen, die einen wirt-schaftlichen Einsatz von Drehbohrverfahren nicht zulassen, sowie in ariden Gebie-ten durchaus Anwendungsvorteile. Der technische Aufwand ist gering, und hohe Kosten für Spülungsfluide und Spülungszusätze wie bei anderen Bohrverfahren entfallen.

Rammbohr- und *Einspülverfahren* sind Verdrängungsbohrverfahren für geringe Bohrteufen und -durchmesser, die in der Baugrunderkundung und im Spezialtief-bau Verwendung finden, aber nur selten für das Niederbringen von Brunnen.

10.2.3 Drehbohrverfahren

Die Drehbohrverfahren werden nach DVGW-Merkblatt W 115 eingeteilt in Drehbohrungen mit und ohne Spülung (Bohrsuspension). Die Drehbewegung wird übertage über einen Kraftdrehkopf oder eine Mitnehmerstange (Kelly) erzeugt und über ein Bohrgestänge auf das Bohrwerkzeug (Rollen- oder Flügelmeißel) übertragen. Der Andruck an der Bohrlochsohle wird durch Schwerstangen und den hydraulischen Vorschub des Kraftdrehkopfes erzeugt.

Die meist vollständig unverrohrt abgeteuften Drehbohrungen (Druckspülbohrung, Saugbohrung und Lufthebebohrung) werden mit Bohrspülungen aus Wasser, Wasser mit Zusätzen, Druckluft oder Druckluft mit Wasser hergestellt. Das Spülungsmedium dient zur Kühlung und Schmierung der Bohrwerkzeuge, zur Bohrlochstabilisierung und zum Ausbringen des Bohrgutes. Zu den Drehbohrverfahren ohne Spülungseinsatz zählen die Trockenbohrverfahren mit Verrohrung wie z.B. die Greiferbohrungen.

Die Zutageförderung des Bohrgutes erfolgt bei den Drehbohrverfahren mit Spülungsunterstützung entweder im Ringraum zwischen Bohrgestänge und (verrohrter oder unverrohrter) Bohrlochwandung oder innerhalb des Bohrgestänges. Im ersten Fall spricht man von *direktem* oder *Rechtsspülen*, im zweiten von *indirektem (inversem)* oder *Linksspülen.*

Anhand einiger schematischer Abbildungen werden in den nachstehenden Abschnitten die Funktionsweisen der wesentlichen drehenden Spülbohrverfahren erläutert.

Als erstes wird das *direkte Spülbohrverfahren* oder *Standard-Rotary-Bohrverfahren* angeführt (Abb. 10.2). Eine oder mehrere Duplex- oder Triplex-Pumpen saugen aus einem Spülteich oder Spülcontainer die Spülflüssigkeit, d.h. mit Bentonit oder anderen Zusätzen angereichertes Wasser, an und pumpen diese durch den Bohrstrang hinunter zur Bohrlochsohle. Dort schmiert und kühlt sie die beweglichen Teile des Meißels, belädt sich mit dem gelösten Bohrklein und steigt mit diesem anschließend im Ringraum des Bohrlochs zur Geländeoberfläche auf.

Übertage fließt der Spülstrom über ein vibrierendes Sieb, das die gröberen Partikel des Bohrkleins zurückhält. Spülflüssigkeit und Feinbestandteile gelangen in den Spülteich oder -container, wo letztere sich absetzen können, bevor der Zyklus von neuem beginnt.

Limitierender Faktor des direkten Drehspülbohrverfahrens ist der Ringraumdurchmesser zwischen Gestänge und Bohrlochwand. In der Brunnenbaupraxis werden unter günstigen geologischen und technischen Randbedingungen Bohrdurchmesser von 100 bis 450 mm und Teufen von mehreren 1000 Metern erreicht.

Tabelle 10.1. Übersicht der Bohrverfahren für die Erkundung, Gewinnung und Beobachtung von Grundwasser. Nach DVGW-Arbeitsblatt W 115 (2001).

	Drehbohrverfahren			Schlagbohrverfahren		
Verfahrenstyp						
– Lösen des Bohrgutes	drehend			drehend oder schlagend	schlagend	schlagend, z.T. dreh-schlagend
– Bohrgutförderung	kontinuierlicher Bohrgutaustrag mit direkter Spülstromrichtung („Rechtsspülung")	kontinuierlicher Bohrgutaustrag mit indirekter Spülstromrichtung („Linksspülung")		diskontinuierlicher Bohrgutaustrag		kontinuierlicher Bohrgutaustrag mit direkter Spülstromrichtung („Rechtsspülung")
Bohrverfahren	Druckspülbohren	Saugbohren	Lufthebebohren	Trockenbohren	Seilschlagbohren	Hammerbohren
Haupteinsatzgebiete	Wassererschließung Wassergewinnung Solebohrungen Thermalsolebohrungen Mineralwasserbohrungen	Wassergewinnung	Wassererschließung Wassergewinnung Großlochbohrungen	Baugrunderkundung Altlasterkundung Wassererschließung Wassergewinnung	Wassererschließung Wassergewinnung Mineralwasserbohrung Solebohrung Thermalwasserbohrung	Wassererschließung Wassergewinnung
Bohrwerkzeuge	Rollenmeißel Hartmetallkronen Diamantkronen Flügelmeißel	Ein- und Mehrstufenmeißel mit Schneidmessern für Lockergestein Flügelmeißel für Lockergestein Rollenmeißel für Festgestein	Ein- und Mehrstufenmeißel mit Schneidmessern für Lockergestein Flügelmeißel für Lockergestein Rollenmeißel für Festgestein	Schappe Ventilbüchse Kiespumpe Schnecke Krätzer Greifer Meißel Hohlbohrschnecke	Ventilbüchse Blattmeißel Backenmeißel Kreuzmeißel Erweiterungsmeißel	Hartmetallbohrköpfe mit Einfach-, Kreuz- und x-Schneiden sowie Hartmetallstifte

Tabelle 10.1. (Fortsetzung)

	Drehbohrverfahren			Schlagbohrverfahren		
Spülungsmedium	Flüssigkeitsspülung	Flüssigkeitsspülung	Flüssigkeitsspülung			Luftspülung
Spülungsförderung	Kolben-, Kreiselpumpe	Kreiselpumpe	Verdichter			Verdichter
Sicherung der Bohrlochwand	Standrohre Sperrrohre sofern erf. Spülung	Standrohre Sperrrohre sofern erf. Spülung	Standrohre Sperrrohre sofern erf. Spülung	Bohrrohre Wasserüberdruck	Bohrrohre Wasserüberdruck	Standrohre Sperrrohre sofern erforderlich
Bohrstrang	Bohrgestänge mit Schraubverbindern	Bohrgestänge mit Flanschverbindern oder Schraubverbindern	Bohrgestänge mit Flanschverbindern oder Schraubverbindern mit eingehängter oder integrierter Luftleitung oder Doppelwandgestänge	Bohrgestänge mit Schnellverbinder, Stahlseil mit oder ohne Schwerstange	Stahlseil mit Schwerstange	Bohrgestänge mit Schraubverbindern
Bohrstrangantrieb und Antrieb für Hilfsfahrzeuge	Drehtisch, Kraftdrehkopf	Drehtisch, Kraftdrehkopf	Drehtisch, Kraftdrehkopf	Seilwinde mit Freifalleinrichtung, Schlämmtrommel hydraulischer Verrohrungsdrehtisch mit Kraftdrehkopf	Seilwinde mit Freifalleinrichtung, Schlämmtrommel	
Brunnenausbau	Sperrrohre, Aufsatzrohre, Filterrohre	Sperrrohre, Mantelrohre, Aufsatzrohre, Filterrohre	Sperrrohre, Mantelrohre, Aufsatzrohre, Filterrohre	Sperrrohre, Mantelrohre, Aufsatzrohre, Filterrohre	Sperrrohre, Mantelrohre, Aufsatzrohre, Filterrohre	Sperrrohre, Aufsatzrohre, Filterrohre

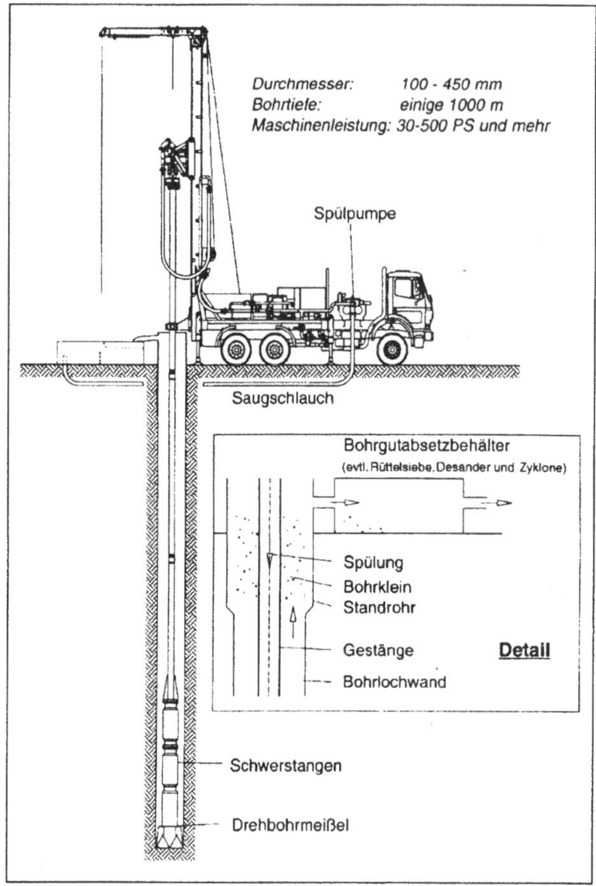

Abb. 10.2. Schema des Bohrverfahrens mit direkter Spülstromrichtung. Aus DVGW W 115 (2001). 1 PS entspricht 0.7354987 kW

Die Anforderungen an die physiko-chemischen Eigenschaften der Spülflüssigkeit sind hoch. In Abhängigkeit von den hydrochemischen und bohrlochphysikalischen Gegebenheiten muss sie die folgenden Aufgaben erfüllen (Driscoll 1989; DVGW-Merkblatt W 115, 1998):

- Entfernung des Bohrgutes aus dem Spülstrom
- Stabilisierung der Bohrlochwandung
- Kühlung und Schmierung der Bohrwerkzeuge
- Minimierung der Spülungsverluste
- Unterstützung der Sedimentation des Bohrgutes im Spülteich
- Erleichterung der Schichtenansprache
- Erhaltung der Suspension während eines Stillstandes des Spülungskreislaufs
- vollständige Entfernbarkeit bei der Brunnenentwicklung

– chemische und mikrobiologische Unbedenklichkeit

Spülungszusätze, oft miteinander kombiniert, ermöglichen die Erfüllung dieser Aufgaben mehr oder minder gut. Detailliert beschäftigen sich Driscoll (1989) und Grodde (1963) mit Eigenschaften und Funktionsweisen von Spülungen in der Grundwassererschließung. Der Einsatz und die fachgerechte Verwendung von Bohrspülungen im Brunnenbau sind im DVGW-Merkblatt W 116 (1998) umfassend erläutert.

Für das Abteufen von Förderbrunnen haben sich in den letzten Jahrzehnten *Drehbohrverfahren mit indirekter Spülung (Umkehrspülbohrverfahren* oder *Linksspülen)* durchgesetzt. Nach Art des Antriebs des Spülstroms unterscheidet man:

– Saugbohren
– Strahlsaugen
– Lufthebebohren

Diese werden im Folgenden vorgestellt.

Das ebenfalls in diese Kategorie gehörende Counterflush-Bohrverfahren wird nicht beschrieben. Es stellt besondere Anforderungen an die Dichtigkeit des Standrohrs und des über dem zu erschließenden Grundwasserleiters lagernden Deckgebirges. Es wird in Deutschland praktisch nicht mehr für die Herstellung von Brunnen eingesetzt.

Saugbohren

Das Prinzip des *Saugbohrens* ist schematisch in Abb. 10.3 dargestellt (Wirth 1981).

Eine übertage stehende Zentrifugalpumpe unterhält den Spülungskreislauf. Diese Pumpe, die ihrerseits mit einer Vakuumpumpe verbunden ist, saugt die mit Bohrgut beladene Spülung oberhalb des an der Geländeoberfläche stehenden Bohrlochwasserspiegels an. Zu Beginn der Bohrarbeiten muss die Pumpe daher mit Wasser gefüllt werden.

Die Förderstrecke erstreckt sich somit zwischen Bohrlochsohle und Kreiselpumpe nur auf deren Saugseite. Die Förderleistung variiert in Funktion der manometrischen Förderhöhe, die bei vollem Vakuum und klarem Wasser theoretisch 9,81 m betragen würde, sowie der Spülungsdichte. Unter idealen Bedingungen sind aber nur 6–7 m zu erreichen. Mit zunehmender Bohrteufe vermindern Undichtigkeiten im System und Reibungsverluste im Bohrstrang diesen Wert weiter.

Zu Bohrbeginn und nach jedem Gestängenachsetzen sind Bohrloch und Spülteich randvoll mit Wasser zu füllen. Spülungsverluste müssen durch eine permanente Wasserzufuhr ausgeglichen werden. Bei einem Absinken der Bohrlochwassersäule in der Größenordnung von 3–5 m kann die Spülung nicht mehr in Bewegung gesetzt werden, und das Bohren wird unmöglich (Wirth 1981).

Wie bei den anderen indirekten Spülbohrverfahren wird auch hier das unverrohrte Bohrloch durch den Potentialgradienten zwischen Bohrwassersäule und Standrohrspiegelhöhe des Aquifers stabilisiert.

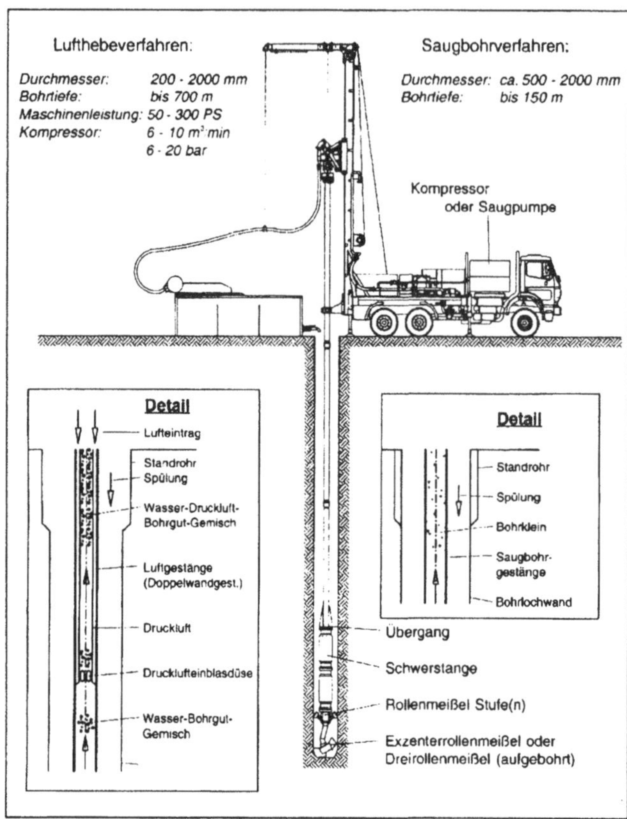

Abb. 10.3. Schema des Bohrverfahrens mit indirekter (inverser) Spülstromrichtung. Aus DVGW W 115 (2001). 1 PS entspricht 0.7354987 kW

Ein Nachteil des Saugbohrens ist der starke Pumpenverschleiß, da das Bohrgut durch die Pumpe hindurch gefördert werden muss. Realisierbare Bohrdurchmesser betragen zwischen 500 und 2000 mm bei Teufen bis 150 m unter Gelände. Für Teufen bis 100 m gilt dieses Verfahren aber als wirtschaftlichste Methode.

Strahlsaugbohren

Beim *Strahlsaugbohren* handelt es sich im Grunde nur um eine Variante des Saugbohrens (Abb. 10.4). Der Spülungsantrieb erfolgt nach dem Prinzip der Wasserstrahlpumpe durch einen Hochdruckwasserstrahl. Dieser kann sowohl oberhalb als auch unterhalb des Bohrlochwasserspiegels in den doppelwandig ausgebildeten Bohrstrang eingeleitet werden.

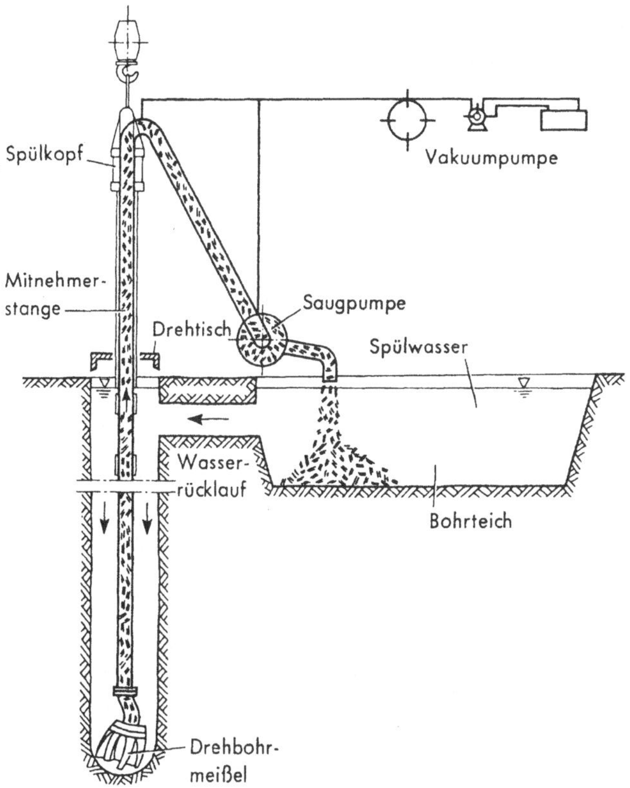

Abb. 10.4. Schema des Bohrverfahrens mit indirekter (inverser) Spülstromrichtung und Saugpumpe. Aus Bieske et al. (1998).

Bei gleichem Bohrdurchmesser erbringt die Wasserstrahlpumpe eine geringere Leistung als die Kreiselpumpe beim Saugbohren. Vor allem aus diesem Grund wird das Strahlsaugbohren hauptsächlich nur als Hilfsverfahren beim Lufthebebohren eingesetzt, um auf den ersten zehn Metern den Spülungsprozess in Gang zu bringen (Wirth 1981).

Lufthebebohrverfahren

Beim *Lufthebebohrverfahren* wird als Antrieb für den Spülungskreislauf Druckluft eingesetzt, die in das Innere des Bohrgestänges entweder durch ein spezielles Zuführungsrohr oder aber innerhalb eines Doppelwandbohrgestänges eingeblasen wird. Abbildung 10.5 zeigt das Prinzip, das seit langem unter dem Namen Löscher- oder Mammutpumpe bekannt ist.

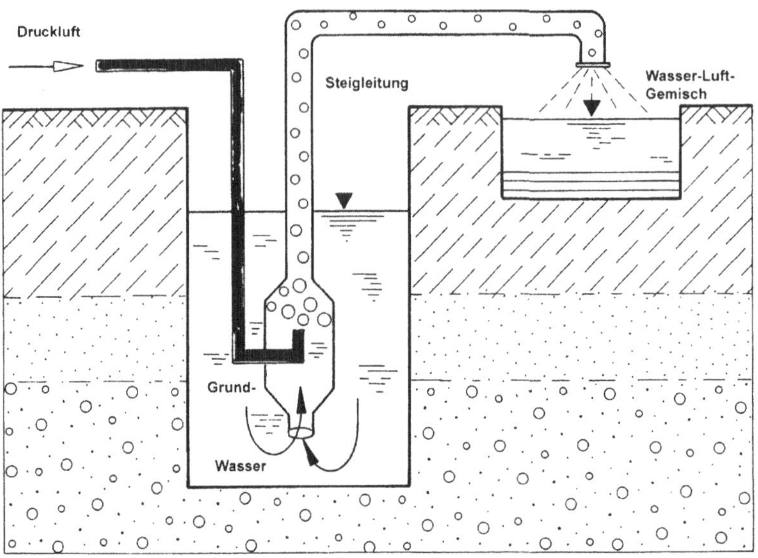

Abb. 10.5. Prinzip der Mammutpumpe

Das Einblasen von Druckluft durch Düsen erzeugt innerhalb des Bohrstrangs ein unter Auftrieb stehendes Wasser-Luft-Gemisch, dessen Aufstiegsgeschwindigkeit so groß wird, dass von der Bohrlochsohle das gelöste Bohrgut mitgerissen wird. Aus der Zweiphasenströmung Luft-Wasser wird somit eine Dreiphasenströmung Luft-Wasser-Bohrgut. Die Größe der mitgerissenen Gesteinsbrocken wird faktisch nur vom Durchmesser der Meißeleinlassöffnungen begrenzt.

Wie oben erwähnt, besteht bei entsprechender Ausrüstung des Bohrgerätes die Möglichkeit, die zu Bohrbeginn „statische Spülung" mittels einer Wasserstrahlpumpe zu beschleunigen.

Gegenüber anderen Verfahren weist das Lufthebebohrverfahren einige wesentliche Vorteile auf:

– die Verwendung von Bohrgestängen mit Externluftzufuhr lässt den vollen inneren Querschnitt des Rohrstrangs frei für den Spülstrom
– entlang des gesamten Förderwegs kommt der Spülstrom nicht mit beweglichen, somit störungsanfälligen Maschinenteilen zusammen
– entlang des gesamten Förderwegs ist der Druck immer höher als der Luftdruck, folglich sind Kavitationsschäden ausgeschlossen
– eine hohe Fördergeschwindigkeit in Verbindung mit einer meist möglichen Bohrspülung ohne künstliche Zusätze erlaubt eine material- und teufengenaue Probenansprache
– das Lufthebebohrverfahren ist im Gegensatz zu den Saugbohrverfahren frostsicher

Als Nachteil des Verfahrens ist der schlechte Wirkungsgrad zu nennen. In Anbetracht der mit Lufthebeanlagen aber zu erzielenden Bohrdurchmesser von 200 mm bis zu zwei Metern und Bohrteufen bis 700 m ist das Verfahren wirtschaftlich allen anderen Bohrverfahren überlegen.

Mit der optimalen Wirkungsweise von Lufthebebohrgeräten und der Erläuterung theoretisch und empirisch ermittelter Bemessungsgrößen beschäftigen sich Mock (1989) sowie Weber (1985, 1989).

– Es gibt eine optimale Tiefe für das Einblasen der Druckluft in das Bohrgestänge, in der bei gegebenem Rohrdurchmesser, konstanter Luftrate und gleichbleibender Unterrohrlänge (Distanz zwischen Einblasdüse und Meißel) eine maximale Förderrate möglich ist. Diese Tiefe liegt für die im Rheinischen Braunkohlenrevier mit DN 300-Flanschgestänge ausgerüsteten Bohranlagen zum Beispiel für den Bereich von 100 m bis 150 m mit einem Optimum bei 130 m.
– Die günstigste Aufstiegsgeschwindigkeit der Spülung unterhalb der Düse liegt bei diesen Geräten bei 3 bis 4 ms^{-1}, die beim DN 300-Gestänge mit einem Eintrag von 20 m^{3}min^{-1} erzielt werden. Ein höherer Lufteintrag führt nicht zu einer höheren Förderleistung, da mehr Luft im Bohrgestänge mehr Raum einnimmt, der dann unterhalb der Einblasstelle nicht mehr für Wasser und Bohrgut zur Verfügung steht.
– Durch Zunahme der Gestängelänge unterhalb der Einblasstelle bei tiefen Bohrungen wachsen die Reibungsverluste im Bohrgestänge allmählich an, so dass die Förderleistung entsprechend abnimmt. Die Reibungsverluste werden schließlich so groß, dass keine Förderung mehr möglich ist. Dies ist etwa bei Teufen ab 700 m der Fall (DVGW-Merkblatt W 115, 1998).

Eine Übersicht der im Rheinischen Braunkohlenrevier verwendeten Lufthebeanlagen und deren Leistungsdaten findet sich bei Emrich (1979).

Abbildung 10.6 zeigt exemplarisch den Einsatz der Einblasdüsen in einem ständig sich vertiefenden Bohrloch. Bei Bohrbeginn wird das Düsenrohrstück oberhalb des Meißels durch ein Zuführungsrohr mit Druckluft beaufschlagt. Nach Erreichen einer Teufe von hier 80 m wird das zweite Düsenrohrstück in den Rohrstrang eingebaut und mit dem zweiten Luftzuführungsrohr verbunden. Die Druckluft wird aber weiterhin nur über das erste Rohr der Düse zugeführt, während sie von 80 auf 160 m sinken kann. Nunmehr wird die Luftzuführung auf das zweite Rohr und die zweite Düse umgeschaltet, die inzwischen bei 80 m angelangt ist. Übertage wird das dritte Düsenrohrstück montiert und mit der ersten, stillgesetzten Zuführung verbunden. Diese Vorgehensweise wird bis zum Erreichen der Endteufe beibehalten.

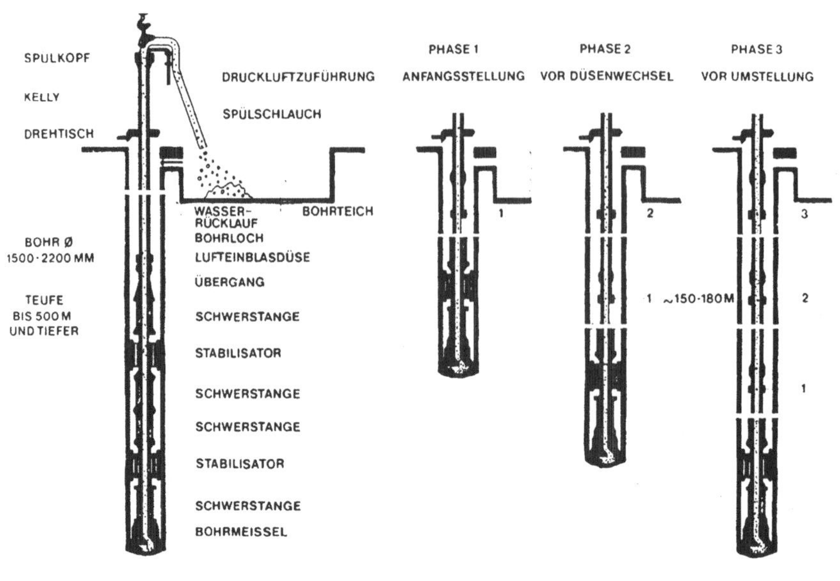

Abb. 10.6. Schematische Darstellung des Lufthebebohrverfahrens. Nach Blank (1976).

10.2.4 Drehschlagbohrverfahren

Vor allem im Festgestein werden Brunnen mit Verfahren abgeteuft, bei denen das Gestein überwiegend durch schlagendes Kerben, seltener zusätzlich durch drehendes Spanen, gelöst wird. Diese Kombination zweier unterschiedlicher Arbeitsvorgänge bietet den Vorteil eines nahezu gleichmäßigen Verschleißes des Bohrwerkzeugs, wie er sonst etwa beim Bohren durch eine Wechselfolge unterschiedlich fester Gesteine in geneigter Lagerung kaum möglich wäre.

Drehschlagbohrverfahren können mit allen Spülungsmedien sowohl mit direkter als auch indirekter Spülungsrichtung eingesetzt werden.

Am bekanntesten ist das *Hammerbohrverfahren*, bei dem ein von übertage beaufschlagter Druckluftzylinder einen Hammer auf- und abbewegt. Dieser treibt mit hoher Schlagzahl, aber relativ geringer Kraft einen drehenden und schlagenden Hartmetallbohrkopf mit Einfach-, Kreuz und X-Schneiden sowie Hartmetallstiften an (Abb. 10.7). Die über das Bohrgestänge zugeführte Druckluft dient gleichzeitig als Spülungsmedium. Wasser im Bohrloch stellt kein Problem dar, solange die Kapazität der eingesetzten Kompressoren ausreicht, auch dieses mit zutage zu fördern. Gegenwärtig lassen sich mit diesem Verfahren beim Einsatz exzentrisch arbeitender Meißel Bohrdurchmesser bis 450 mm erzielen. Die erreichbare Bohrtiefe hängt de facto nur von der Kompressorenkapazität und den hydrostatischen Randbedingungen im Bohrloch und dem daran angrenzenden Gebirge ab.

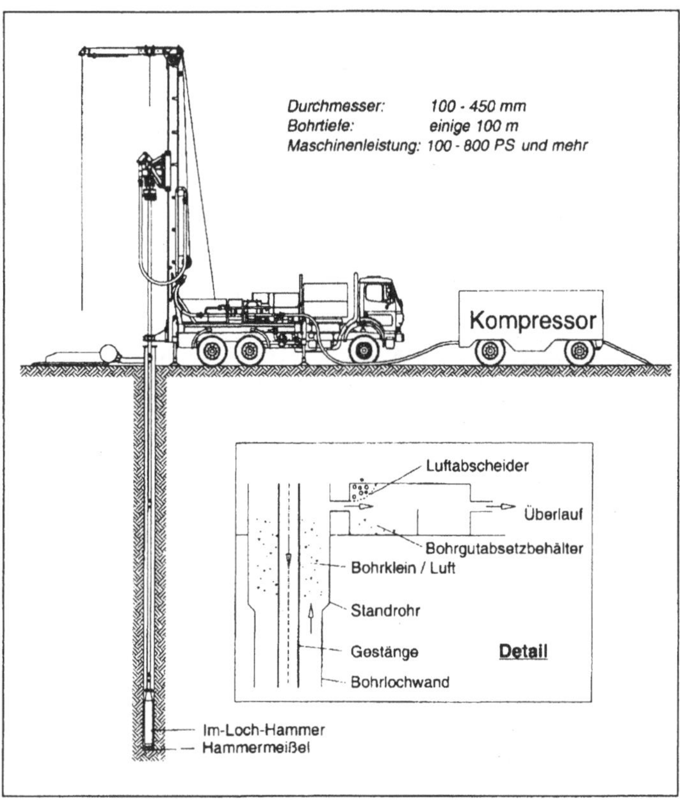

Abb. 10.7. Hammerbohrverfahrens (Imlochhammerbohrung). Aus DVGW W 115 (2001). 1 PS entspricht 0.7354987 kW

Der Hydrogeologe oder Ingenieur sollte auch die Einrichtung des Bohrplatzes beachten, da dies Hinweise auf die Arbeitsqualität der ausführenden Bohrfirma gibt.

Abbildung 10.8 zeigt einen Bohrplatz, wie er im Rheinischen Braunkohlenrevier Standard ist (Mock 1989). Größen wie der Sicherheitsabstand zum Spülteich oder der Radius der Sicherheitszone hängen dabei natürlich von der Höhe des aufgerichteten Bohrgerätes ab.

Abb. 10.8. Beispiel für einen mustergültigen Bohrplatz

10.2.5 Schräg- und Horizontalbohrungen in der Wassererschließung

Traditionsbedingt dominiert bei der Grundwassererschließung der Vertikalfilterbrunnen. Die Herstellung mittels der in den Abschnitten 10.2.2 bis 10.2.4 beschriebenen Verfahren ermöglicht die Erschließung von Grundwasserleitern sowohl in Locker- als auch in Festgesteinen bis in sehr große Tiefen. Der Bau horizontaler oder schräg bzw. geneigt angeordneter Grundwasserfassungen ist Einzelfällen vorbehalten, in denen z.B. Platzgründe oder geologische Strukturen die Gewinnung großer Wassermengen, z.B. bei der Uferfiltration, den Bau von Vertikalbrunnen bzw. von vertikalen Brunnenreihen nicht zulassen.

Die Herstellung der Horizontal- und Schrägfassungen erfordert besondere Bohr- und Antriebstechniken, die im Wesentlichen aus dem Tiefbau, dem Spezialtiefbau und dem grabenlosen Rohrleitungsbau weiterentwickelt wurden.

Herstellungsbedingt werden nach Bieske et al. (1998) und Sass u. Treskatis (2000 a) folgende Arten horizontaler oder schräger Grundwasserfassungen unterschieden (s. Abb. 10.1):

- *sternförmige Horizontalfilterbrunnen* (collector wells)
- *Schrägbrunnen* (veraltete Bauform, heute nicht mehr hergestellt)
- *verlaufsgesteuert hergestellte Horizontalbrunnen* (horizontal directed drilled wells)

Die *sternförmigen Horizontalfilterbrunnen* bestehen aus einem zentralen Schacht in kraftschlüssig verbundenen Einzelringen von 2,5 bis 5 m Durchmesser.

Dieser Schacht wird im Greiferbohrverfahren abgesenkt. Nach Betonierung und Rückverankerung (Auftriebssicherung) der Schachtsohle wird der Schacht leergepumpt („gelenzt") und auf Dichtheit an den Schachtringstößen untersucht. Danach werden horizontale Filterstränge aus dem gelenzten Schacht in den Grundwasserleiter vorgetrieben, teilweise auch in verschiedenen Ebenen. Dazu sind in dem untersten Schachtring (Rohrschuh) und ggf. höheren Schachtringen bewehrte und zunächst verschlossene Strangöffnungen (Stopfbüchsen) vorzusehen, die mit Hilfe eines Bohrkopfes durchstoßen werden. In der Regel werden in Abhängigkeit vom Schachtdurchmesser 6 bis 10 Stränge mit Längen bis zu 80 m je Ebene realisiert. Die Durchmesser der Fassungsstränge werden meist zwischen 150 und 300 mm ausgeführt.

Drei unterschiedliche Bohrverfahren erlauben es, Fassungsstränge horizontal in den Grundwasserleiter vorzutreiben (Abb. 10.9):

– *Ranney-Verfahren*: Dickwandige Filterrohre mit Schlitzlochung werden als Hilfsbohrrohre verwendet und durch Stopfbüchsen im Rohrschuh vorgepresst. Das Bohrgut wird mit dem austretenden Grundwasser ausgespült. Das Ranney-Verfahren ist nur für die Erschließung grobkörniger Lockergesteine geeignet.

– *Fehlmann-Verfahren*: Auch bei dieser Herstelltechnik werden Bohrrohre durch die Stopfbüchsen im Rohrschuh des Schachtes geführt. Die Bohrgutförderung erfolgt analog zum Ranney-Verfahren. Nach Erreichen des vorgesehenen Strang-Endes erfolgt der Einbau der Filter- und Vollwandrohre in Funktion zum Gesteinsaufbau. Die Schlitzweite der Filterrohre kann an die Kennkorngrößen des Lockergesteins angepasst werden (s. Abschn. 10.4.4). Nach Ausbau des Strangs werden die Bohrrohre gezogen, wobei die Bohraureole kollabiert. Die Entwicklung der autostabil aus dem Grundwasserleitersediment entstehenden Filterkies-Packung erfolgt wie beim Ranney-Verfahren mittels der auch im Vertikalbrunnenbau angewendeten Entsandungstechniken (s. Abschn. 10.7).

– *Preussag-(Kiesmantel-)Verfahren*: Als Weiterentwicklung des Fehlmann-Verfahrens kann bei größeren Bohrdurchmessern der Ringraum zwischen Bohrrohr und Filterrohr mit Filterkies ausgefüllt werden. Dadurch können in heterogen aufgebauten Grundwasserleitern die Fassungsstränge mit angepassten Filterkiespackungen erschlossen werden.

Schrägbohrungen für horizontale oder schräg angeordnete Grundwasserfassungen werden heute mit der *verlaufsgesteuerten Richtbohrtechnik* (HDD-Verfahren) hergestellt. Der Spülbohrkopf wird von einer Start- zu einer zuvor festgelegten Zielgrube gezielt vorgetrieben (vgl. Abb. 10.1.c). Die Steuerung erfolgt über den Spülstrom (Menge, Druck) und die elektromagnetische Ortung des Spülbohrkopfes. Dadurch werden präzise, z.B. schichtparallele Bohrungen mit definierter Richtung und Neigung der Bohrachse möglich.

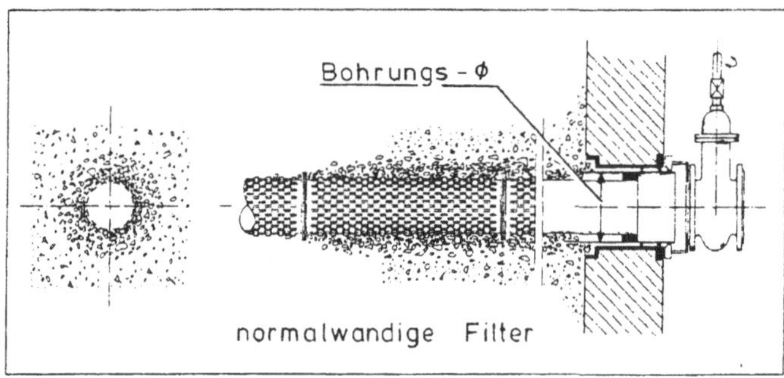

Fehlmann - Verfahren

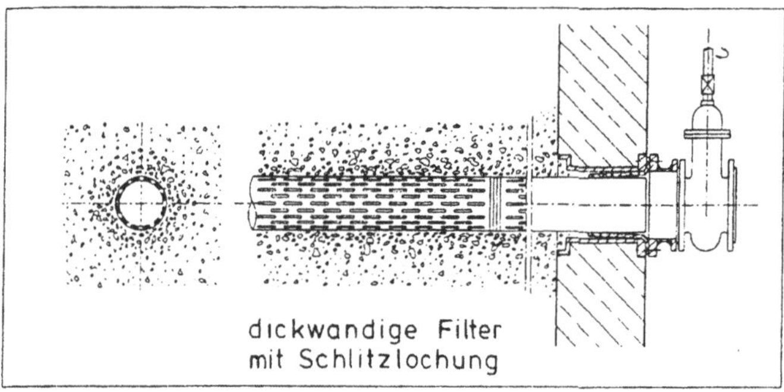

Ranney - Verfahren

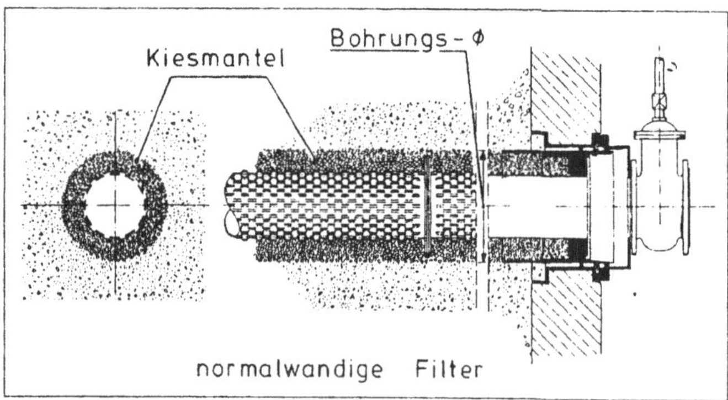

Kiesmantel - Brunnen

Abb. 10.9. Übersicht der Bautypen und Herstellverfahren der Filterstrecken von Horizontalfilterbrunnen. Aus Bieske et al. (1998).

Der Bauablauf für eine verlaufsgesteuerte Horizontalfassung, z.B. entlang einer Rinne im unteren Teil eines Grundwasserleiters, gliedert sich in die Schritte:

- Pilotbohrung
- Aufweitbohrung
- Einzug von Schutzrohr und Filterrohrstrang

Dazu werden zugfeste Brunnenrohre aus Stahl oder Kunststoff in Längen bis zu 350 m und bis zu 300 mm Durchmesser verwendet (Sass u. Treskatis 2000 a). Die Entwicklung der autostabilen Filterkiesschicht erfolgt mittels Packersystemen oder Druckluftspülungen.

10.3 Brunnenausbau

10.3.1 Vorbemerkungen

Ein moderner Bohrbrunnen soll bei niedrigen Gestehungskosten über eine möglichst lange Lebensdauer eine hohe Leistung erbringen. Um dieses Ziel zu erreichen, kann der Brunnenbauer beim Vertikalbrunnen fünf Parameter variieren:

- Bohrteufe
- Bohrdurchmesser
- Filterlänge
- gesamte offene Filterfläche
- prozentuale offene Filterfläche, bezogen auf einzelne Filterabschnitte

Die *Bohr- oder Brunnenteufe* hängt im Wesentlichen von der geforderten Brunnenleistung und der Transmissivität des Aquifers ab. Bei hoher Durchlässigkeit oder großer Mächtigkeit kann man sich mit *unvollkommenen Brunnen* zufrieden geben. Damit bezeichnet man Förderbrunnen, die mit ihrer Filterstrecke in den Aquifer nur „eintauchen".

Bei mittleren bis geringen Transmissivitäten empfiehlt sich grundsätzlich der Bau von vollkommenen Brunnen, die mit ihren Filterstrecken die gesamte wassererfüllte Mächtigkeit des Grundwasserleiters unter Berücksichtigung der zu erwartenden Spiegelabsenkung im Förderbetrieb erfassen. Sogenannte Hochleistungsbrunnen, die für die Wassergewinnung als Fassung mit hohen Fördervolumenströmen eingesetzt werden und wenn immer nur möglich auch Versuchsbrunnen zur Erkundung der Standortbedingungen, sollten grundsätzlich als vollkommene Brunnen gebaut werden. Abbildung 10.10 zeigt schematisiert Anströmung und Potentialverteilung bei diesen beiden Brunnentypen.

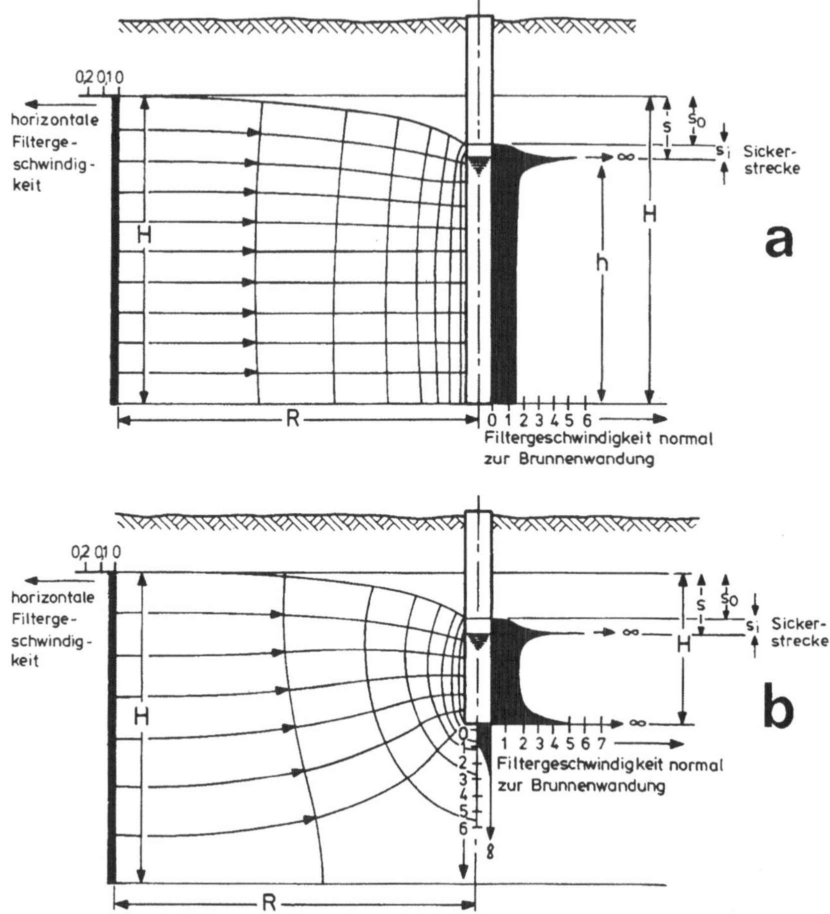

Abb. 10.10. Anströmung, Potentialverteilung (Standrohrspiegelhöhen) und Verteilung der Filtereintrittsgeschwindigkeiten. Nach Nahrgang (1954).

Aus diesen Darlegungen ergibt sich die Teufe eines vollkommenen Brunnens einfach aus der Lage der Sohlschicht des Grundwasserleiters unter Gelände, wozu man je nach Brunnentiefe und Einbautiefe der Unterwasserpumpe noch zusätzlich unterhalb der Filterstrecke zwei bis acht Meter für die Aufnahme eines Vollwandrohrs mit Bodenkappe (*Sumpfrohr*) hinzuzufügen hat. In diesem Zusammenhang sei der interessierte Leser auf das Standardwerk von Bieske, Rubbert u. Treskatis (1998) und das DVGW-Arbeitsblatt W 123 (2001), das den Bau und Ausbau von Vertikalfilterbrunnen normativ beschreibt, verwiesen.

10.3.2 Probenuntersuchung

Unabhängig von der Wahl des Bohrverfahrens und der Entscheidung für einen natürlich entwickelten oder einen Kiesschüttungsbrunnen in einem Lockergesteinsgrundwasserleiter muss die granulometrische Beschaffenheit der wasserführenden Sande und Kiese genau untersucht werden. Soll der Brunnen später maximal ergiebig sein und keinen Sand fördern, dann müssen Filter und Filterkies den Strömungsverhältnissen im Aquifer angepasst werden. Diese werden entscheidend von der Durchlässigkeit der Einzelschichten und damit von deren *Kornverteilung* bestimmt.

Probennahme und -untersuchung sind durch Normung vorgeschrieben (DIN 18123 Stand 11/1996; DIN 66165-1 Stand 4/1987; DIN 66165-2 Stand 4/1987; DIN ISO 3310-1 Stand 7/2000; W 113 Stand 2001 und W 123 Stand 2001). Allerdings hängt die Probengüte sehr vom Bohrverfahren ab. Proben, die mit diskontinuierlicher Bohrgutförderung (z.B. mittels Greifern, Schappen, Ventilbüchsen) gewonnen werden, ermöglichen die zuverlässigsten Korngrößenanalysen. Problematischer sind die Proben, die mit Eimer oder Sieb aus dem Spülstrom drehender Bohrverfahren gewonnen werden müssen. Beim Dekantieren der Spülflüssigkeit können die feineren Fraktionen des erbohrten Materials verloren gehen, oder es ist nicht möglich, zwischen Feinkorn des Aquifers und Spülungszusatz (Bentonit) zu unterscheiden. Oft führt auch Nachfall aus höheren, bereits durchbohrten Partien zu falschen Horizontierungen (Barlitt 1976). Von den Drehbohrverfahren mit Spülungseinsatz erlaubt das Lufthebebohren mit einer Bohrsuspension ohne künstliche Spülungsadditive (sogenannte Klarwasserspülung mit Beladung durch die natürlichen Bestandteile der durchteuften Schichten) die verlässlichste Probenansprache. Die hohe Aufstiegsgeschwindigkeit der Spülung im Bohrgestänge ermöglicht eine horizontgenaue Probennahme und -ansprache. Nach den Erfahrungen der Verfasser hat sich überdies gezeigt, dass ein Verlust von bis zu 5 % Feinkornanteil bei der Probengewinnung im Lockergestein zu keinem nennenswerten Fehler bei der Auswertung führt. Andererseits resultieren Feinkornanteile von mehr als 10 % im Lockergestein bei der Auswertung von Proben aus dem Spülstrom zu nicht mehr tolerierbaren Fehlern bei Korngrößenanalyse und Filterkornbestimmung gemäß DVGW-Merkblatt W 113 (2001).

Während die Proben aus dem Spülstrom im 1 m-Intervall (oder aber bei jedem Schichtwechsel) nassgesiebt werden, ist für Proben aus Bohrungen mit diskontinuierlicher Bohrgutförderung ohne Spülungsunterstützung eine erheblich detailliertere Ansprache möglich (Bieske, Wandt u. Jourdan 1989; Bieske et al. 1998). Neben der *granulometrischen Bohrgutansprache* dienen die im Verlauf der Bohrung gewonnenen Gesteinsproben der Bestimmung des *maßgeblichen Korndurchmessers* bzw. des *Kennkorndurchmessers* einer grundwasserführenden Lockergesteinsschicht und der Bestimmung des daraus nach DVGW-Merkblatt W 113 (2001) ableitbaren *Schüttkorndurchmessers* D_s nach DIN 4924 (1998) sowie der darauf abzustimmenden *Filterschlitzweite*.

Aus dem Probenentnahmegerät (Greifer, Kiespumpe) werden ein bis zwei Kilogramm des Bohrgutes vollständig in ein ausreichend großes Gefäß gegeben. Um auch etwaig vorhandene Feinbestandteile quantitativ erfassen zu können, darf das überstehende Wasser erst nach vollständiger Klärung langsam abgegossen werden. Danach ist das Material in der Sonne oder langsam in einem Trockenschrank zu trocknen. Die erforderliche Gewichtskonstanz muss durch mehrmaliges Abwiegen nachgewiesen werden. Anschließend wird die Probe sorgfältig gemischt. Dazu häufelt man einen Kegel an und teilt ihn wieder in vier möglichst gleichgroße Haufen auf (Abb. 10.11). Zwei diagonal zueinander liegende Teilhaufen sind nun zu verwerfen, die beiden verbleibenden zu einem neuen Kegel zu vereinigen. Anschließend wiederholt man das Verfahren so oft, bis eine Probe, die ungefähr das zum Sieben benötigte Gewicht erreicht hat, hergestellt ist.

Bei Fein- und Mittelsanden genügen ca. 250 g zur Siebung; bei gröberem Korn wählt man mindestens 500 g als Probengewicht. Proben mit vorher festgelegtem Gewicht, also etwa genau 250 g, sind zu vermeiden, da während der Feineinwaage eine Materialsonderung nicht ausgeschlossen werden kann.

Anschließend ist die Probe mit einem *Siebsatz* nach Korngrößen zu trennen. Ein handelsüblicher Siebsatz besteht aus einer Serie von Sieben mit genormten *Maschenweiten*, die aufeinander gesteckt werden können. Das Sieb mit der gröbsten Maschenweite befindet sich ganz oben, das mit der feinsten ganz unten. Oben wird nach Aufbringen der Probe ein Deckel aufgesetzt, unten eine Bodenschale angebracht.

Ein Siebsatz von vier bis fünf Sieben lässt sich noch durch kreisendes Schütteln von Hand bewegen. Doch ist es ratsam, sich einer ebenfalls im Handel erhältlichen Siebmaschine mit Schaltuhr zu bedienen, die bei der Verwendung von Aufsatzstangen den gleichzeitigen Einsatz von mindestens acht Sieben und Auffangboden erlaubt (Bieske, Wandt u. Jourdan 1989; W 113, 2001). Für Trocken- und Nasssiebungen werden Analysensiebe mit Gewebeböden aus rostfreiem Stahl nach DIN ISO 3310-1 in einem abgestuften Siebsatz eingesetzt. Im Routinebetrieb braucht man für die Bestimmung des maßgeblichen Korndurchmessers d_g mit Hilfe der Kornverteilungskurve nach W 113 (2001) gewöhnlich nicht alle genormten Siebgrößen. Gemeinhin kommt man mit den in Tabelle 10.2 angeführten Sieben aus. Bei enggestuften Lockergesteinen kann der Einsatz weiterer Siebe erforderlich werden.

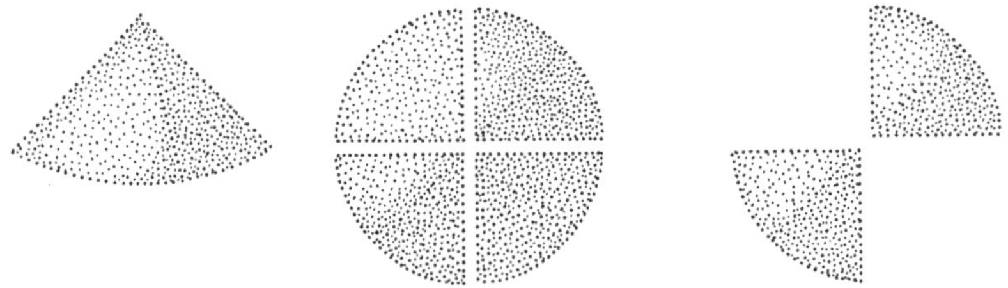

Abb. 10.11. Herstellung von Sand- und Kiesproben für Korngrößenanalysen durch Viertelung

Tabelle 10.2. Standardsiebgrößen im Brunnenbau nach DIN ISO 3310-1 (2000)

Maschenweite		
(mm)	(mm)	(mm)
0,063	0,5	8,0
0,125	1,0	16
0,25	2,0	31,5
	4,0	

Nach der Siebung (mindestens 10 Minuten je Siebvorgang; W 113, 2001) wird der Inhalt eines jeden Siebes in eine Waage mit abnehmbarer Schale gebracht und gewogen. Die Summe der Einzelgewichte muss dem zuvor registrierten Gesamtgewicht entsprechen. In einer Tabelle rechnet man die Summengewichte der *Siebrückstände* in Kumulativ-Gewichtsprozente um (Tabelle 10.3) und hält das Ergebnis in Form einer Summenkurve, der *Sieblinie* oder *Kornverteilungskurve* mit halblogarithmischem Maßstab, fest (Abb. 10.12). Auf dem Markt ist inzwischen Software erhältlich, welche die verschiedenen Rechengänge bis hin zum Plotten der Sieblinie automatisch ausführt.

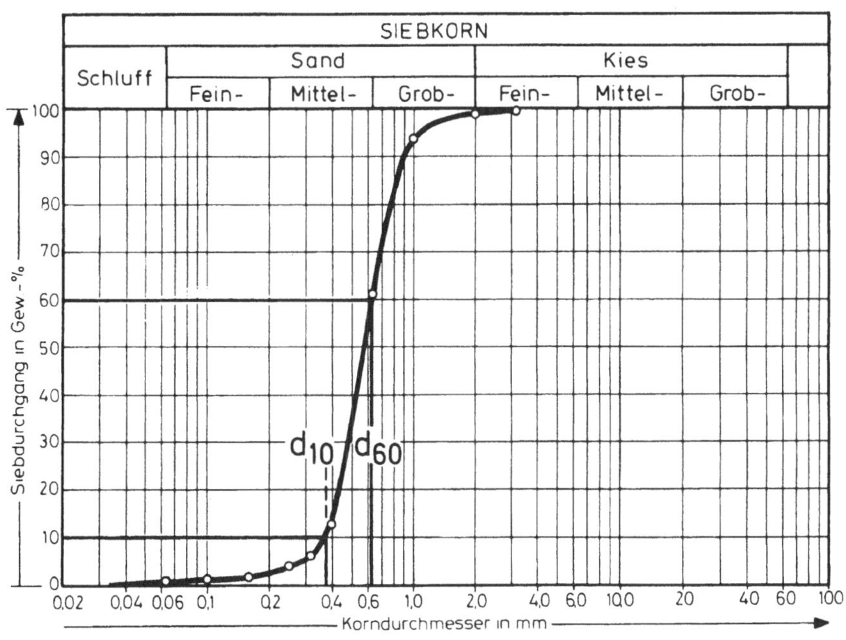

Abb. 10.12. Sieblinie Mittel- bis Grobsand (vgl. Tabelle 10.2)

Bei sehr ungleichförmigem, überwiegend feinkörnigem Material reicht die Siebung nicht aus, die Kornverteilung quantitativ zu erfassen. Dann müssen mittels kombinierter *Sieb- und Schlämmanalysen* zusätzlich zum Grobkorn auch die Schluff- und Tonfraktionen bestimmt werden. Im Brunnenbau wird man aber derart feinkörnige Sedimente immer mit Vollrohrstrecken überbrücken, so dass an dieser Stelle nicht auf Feinkornuntersuchungen eingegangen werden muss.

Natürliche Korngemische spiegeln in ihrer Kornverteilung die geologischen Bildungsbedingungen im marinen, limnischen, fluviatilen oder fluvioglazialen Milieu wider. Abbildung 10.13 zeigt als Beispiel die von S-förmigen Hüllkurven eingeschlossenen Lockergesteinsklassen des niederrheinischen Tertiärs und Quartärs, wie sie im Hydrogeologischen Kartenwerk von Nordrhein-Westfalen die verschiedenen lithostratigraphischen Einheiten repräsentieren (Breddin 1963).

Jede Kornverteilungskurve lässt sich durch drei Elemente beschreiben:

- die überwiegende Korngröße, z.B. Mittelsand
- die Steigung der Kurve, oft in logarithmischer Proportionalität, die sich durch den Ungleichförmigkeitsgrad U ausdrücken lässt:

$$U = \frac{d_{60}}{d_{10}}$$

- die Form der Kurve, meist S- oder Konkavform

Als allgemeingültig sei festgehalten, dass S-förmige Verteilungen mit geringer Ungleichförmigkeit Lockergesteine kennzeichnen, die besser porös und durchlässig sind als solche im Schluff-/Tonbereich oder auch im Kiesbereich mit konkaver Form, langgezogenem „Schwanz" und höherer Ungleichförmigkeit.

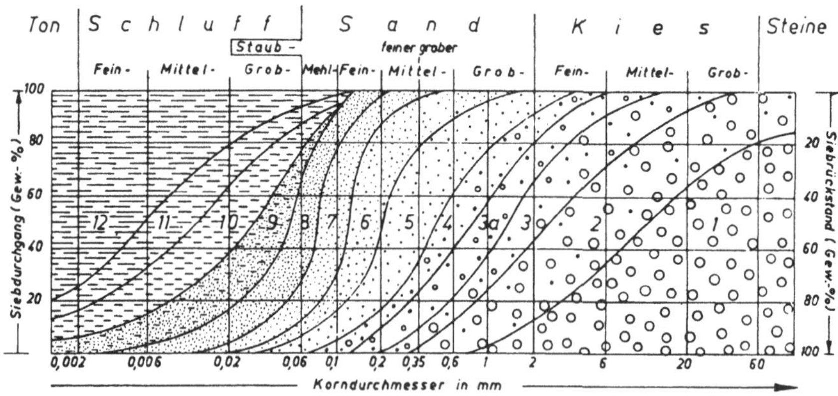

Abb. 10.13. Zwölf natürliche Lockergesteinsklassen im Tertiär und Quartär der Niederrheinischen Bucht. Nach Breddin (1963).

Tabelle 10.3. Korngrößenbestimmung einer Siebprobe

Siebgröße	Fraktionsgewicht	Siebdurchgang kumulativ	Siebdurchgang kumulativ
(mm)	(g)	(g)	(%)
20,0	0,5	856,5	99,94
10,0	31,9	856,0	96,22
6,3	22,3	824,1	93,61
4,0	23,3	801,8	90,89
3,15	10,0	778,5	89,73
2,0	26,5	768,5	86,63
1,0	81,9	742,0	77,07
0,71	118,1	660,1	63,28
0,63	58,8	542,0	56,42
0,4	207,9	483,2	32,14
0,315	53,0	275,3	25,95
0,25	63,5	222,3	18,54
0,2	40,8	158,8	13,78
0,1	87,4	118,0	3,57
0,063	17,6	30,6	1,52
Schale	13,0	13,0	0,00

Beispiel

Die Siebung einer Bohrprobe von 856,5 g erbrachte das in Tabelle 10.3 wiedergegebene Ergebnis.

Abbildung 10.12 zeigt die dazu gehörende Sieblinie in halblogarithmischem Format mit der Korngröße in logarithmischer Teilung entlang der Abszisse und linear geteiltem kumulativem Siebdurchgang (linke Ordinate) und kumulativem Siebrückstand (rechte Ordinate), beide in Gewichtsprozenten ausgedrückt.

Die Probe repräsentiert einen Mittelsand bis Grobsand, feinsandig, schwach feinkiesig. Der Ungleichförmigkeitsgrad bestimmt sich zu

$$U = \frac{d_{60}}{d_{10}} = \frac{0,67}{0,155} = 4,32$$

Die Probe ist automatisch gewogen und berechnet worden. Rundungsfehler sind dafür verantwortlich, dass prozentual der Siebdurchgang nicht genau 100 % ausmacht.

10.3.3 Anforderungen an Brunnenfilterrohre

Grundwasser strömt durch die *Filterrohre* der im Brunneninnenraum hängenden Pumpe zu. Die *Filterstrecke* innerhalb der *Brunnenrohrtour* ist somit der wichtigste nicht bewegliche Teil des Brunnens. Die grundsätzlichen Anforderungen an Brunnenfilterrohre im Vertikalbrunnen sind wie folgt zu definieren. Die Filterrohre sollen

- nach Abschluss des Entwicklungsprozesses den Zutritt von Sand in den Brunneninnenraum weitgehend verhindern
- derartig geformte Öffnungen in gleichmäßiger Verteilung über die Rohroberfläche besitzen, dass diese nicht verstopfen (kolmatieren) können
- eine maximale offene Filterfläche aufweisen
- hinreichend fest sein, um Zug- und Druckkräften während des Einbaus und danach widerstehen zu können
- dem Wassereinstrom in den Brunnen hinein einen möglichst geringen Eintrittswiderstand entgegensetzen
- unempfindlich gegen Korrosion und Inkrustation sein
- hygienisch unbedenklich sowie kostengünstig sein

Nach den Angaben der Hersteller genügen die derzeit auf dem Markt befindlichen Filter diesen grundlegenden Anforderungen. Die Wahl der Filterrohrbauart orientiert sich an dem Verwendungszweck und der erwarteten Standzeit des Brunnens (Trink- oder Betriebswasserbrunnen, Brunnen zur Bauwasserhaltung) und an den geohydraulischen Randbedingungen des gefassten Grundwasserleiters (z.B. hydrostatische Verhältnisse im Bohrloch, Teufe des Brunnens, Ergiebigkeit und Kornaufbau des Grundwasserleiters).

Sandfreie Wasserförderung

Ein Filter, ganz gleich welcher Bauart soll während der *Brunnenentwicklung* oder *-entsandung* das Fein- und Mittelkorn aus dem umgebenden, wasserführenden Gestein in den Brunneninnenraum gelangen lassen und im Dauerbetrieb die Sandfreiheit garantieren (vgl. Abschn. 10.7). Nach einer der obigen theoretischen Forderungen sollen die Filteröffnungen nicht verstopfen; in der Praxis muss man aber bis 50 % Verstopfung durch die Kornoberflächen der künstlichen Filterkiesschüttung und durch nicht entsandungsfähige Kornanteile (z.B. infolge einer zu gering bemessenen Filterschlitzweite) rechnen. Als Bemessungsparameter gilt die vom Hersteller in cm^2/lfd. Meter oder Prozent angegebene offene Filterfläche.

Eine möglichst große offene Filterfläche garantiert eine niedrige *Eintrittsgeschwindigkeit* des Wassers in den Brunnen. Diese Geschwindigkeit v_{krit} soll nach allgemeiner Ansicht (R.C. Smith 1963; Nuzman 1978) einen Wert von rund $3 \cdot 10^{-2}$ ms^{-1} nicht übersteigen. Nach Smith hat Wasser, das mit einer Geschwindigkeit von 3 bis $7{,}5 \cdot 10^{-2}$ ms^{-1} fließt, eine Schleppkraft, um Sandkörner von 0,25 bis 0,50 mm Durchmesser mitzureißen, während bei einer Geschwindigkeit von unter $2 \cdot 10^{-2}$ ms^{-1} kaum noch Schluff oder Ton bewegt werden.

Das Konzept der Eintrittsgeschwindigkeit wurde unter der Annahme einer über die Filterlänge nahezu gleichmäßigen Anströmung eines Brunnens entwickelt. Wie im Abschn. 10.5.3 aber dargelegt wird, gilt diese Annahme in ausreichender Annäherung nur im Aquifer. Schon im Kiesmantel eines Kiesschüttungsbrunnens treten Geschwindigkeitsspitzen auf, deren Lage von der Position der Pumpeneintrittsöffnungen abhängt. Die Eintrittsgeschwindigkeit v_{krit} sollte daher besser nur auf eine Einheitslänge, d.h. auf die offene Fläche F_{offen} pro lfd. Meter Filterrohr, bezogen werden

$$v_{krit.} = \frac{\Delta Q}{\Delta F_{offen}} \quad (\text{ms}^{-1}) \tag{10.1}$$

mit

ΔQ =   Anteil an der Gesamtförderrate Q, der sich auf eine definierte Teillänge des Filters bezieht (m^3s^{-1})

F_{offen} =   gesamte offene Filterfläche dieser Teillänge (m^2)

Filtereintrittsverluste und Altern von Filtern

Jedes Filterrohr setzt dem einströmenden Wasser einen Widerstand entgegen, der zu einem Energieverlust und damit zu unterschiedlichen Wasserspiegelhöhen außerhalb und innerhalb des Filterrohrs führt (Klotz 1969; Treskatis 1992).

Die Größe dieser Eintrittsverluste ist bauartbedingt und hängt im Wesentlichen von der offenen Filterfläche ab. Nach Williams (1981), der sich auf frühere Autoren beruft, nehmen die Filtereintrittsverluste bei 15 oder mehr Prozent offener Filterfläche stark ab und spielen bei (theoretischen) 60 % offener Fläche überhaupt keine Rolle mehr.

Altern von Filtern

Brunnenfilter unterliegen Alterungsprozessen, die überwiegend chemische Ursachen haben und die zu einer Reduzierung der offenen Filterfläche und somit zu einer Leistungsminderung führen (s. Kap. 13). Etwas vereinfachend lassen sie sich durch die Begriffe *Korrosion* und *Inkrustation* (oft in der Form der *Verockerung*) beschreiben (Bieske, Wandt u. Jourdan 1989; Blair 1970; Bieske et al. 1998; Houben und Treskatis 2003). Auch die *Kolmation*, die Verstopfung der Filterschlitze durch Sandkörner, kann als Alterungsvorgang aufgefasst werden, da bei diesem Prozess infolge der Brunnenanströmung Kornanteile aus dem Grundwasserleiter in die Kiesschüttung penetrieren, die aufgrund einer Fehlbemessung der Kornabstufung im Kiesmantel und den in diesem Fall nicht aufeinander abgestimmten Filterschlitzen nicht durch die Brunnenentwicklungsmaßnahmen entfernt werden können (DVGW 1982). Die auslösenden Bedingungen für diese Alterungsvorgänge sind maßgeblich:

- Ablagerung von Partikeln aufgrund der Änderung der hydrodynamischen Bedingungen am Brunnenrand, d.h. beim Übergang von laminarer in turbulente Strömung. Die Geschwindigkeitszunahme hat eine Erhöhung der Schleppkraft zur Folge, welche die Sandkörner in die Filteröffnungen mitreißt, wo sie verklemmen. Dadurch entsteht ein Druckabfall, der bei einer entsprechenden Grundwasserbeschaffenheit zu einem Entweichen von CO_2 aus dem Grundwasser führen kann, wodurch $CaCO_3$ ausfallen und inkrustieren kann.
- Ausfällung von Feststoffen infolge einer *Variation der hydrodynamischen Bedingungen*, wozu einerseits die vorstehend erwähnte Entgasung des Wassers, aber auch die Ausfällung von Eisen-III-Hydroxid nach Zutritt von Luftsauerstoff in ein Grundwasser mit gelöstem Eisen-II (z.B. über die Ringraumverfüllung oder Zutritte von Leakage-Wasser) gehören. Die damit verbundene Bildung von wasserhaltigen Eisenverbindungen (Eisenocker) wird zusätzlich durch die Aktivität von Eisenbakterien katalysiert und begünstigt.
- Ausscheidung *von Korrosionsprodukten*. In belüftetem Wasser wird metallisches Eisen von ungeschützten oder beschädigten Filterrohren in Eisenoxid überführt. Unter anderen hydrochemischen Bedingungen wandeln sulfatreduzierende Bakterien Eisenverbindungen in Eisensulfid um.

Elektrochemische Korrosion tritt vor allem an Filtern auf, durch die Wässer mit höheren Gesamtkonzentrationen fließen. Eine eingehende theoretische Behandlung dieser Problematik enthalten die Publikationen von Barnes u. Clarke (1972) und McLaughlan (2001).

Es ist schwierig, wenn nicht gar unmöglich, ein Filter so zu wählen, dass keinerlei Beeinträchtigung durch chemische Alterung eintritt. Ungeschützte Metallfilter, besonders solche aus Eisen oder Stahl, sind korrosionsgefährdet. Kunststoffrohre, bei denen dies weniger zutrifft, sind wegen ihrer begrenzten Festigkeit andererseits nicht universell einsetzbar. Kunststoff- oder gummibeschichtete Stahlfilter bieten eine Alternative, bedürfen aber größter Sorgfalt beim Einbau, damit speziell an den Rohrverbindungen die Beschichtung nicht beschädigt wird. Asbest-Zement-Filterrohre, die sich sowohl durch hohe Festigkeiten als auch durch geringe Korrosionsneigungen auszeichnen, dürfen seit 1994 nicht mehr hergestellt werden. An ihre Stelle treten neuerdings Rohre aus Faserzement für geringe Einbautiefen und Rohre aus glasfaserverstärktem Kunststoff für große Einbautiefen.

Grundsätzlich muss vor jeder Brunnenbemessung auch die Grundwasserqualität bekannt sein.

Filterrohrtypen

Eine zwar kurze, aber dennoch sehr instruktive Übersicht über Filterrohrtypen bringt Treskatis (1992). In seiner Arbeit sind zahlreiche Einzelangaben zu Materialfragen gemacht worden; ebenso werden die entsprechenden Normen genannt, auf die der Leser verwiesen sei.

Die Haupttypen der auf dem Markt befindlichen Filter sind:

- *Gewebefilter* bestehen aus einem gelochten Rohr, das von Metalldraht- oder Kunststoffgewebe umgeben ist, die das Sandkorn zurückhalten.

- *Schlitzfilter* enthalten längliche Lochungen, die entweder längs oder quer zur Rohrachse angeordnet sind. Sie werden aus Stahl oder Kunststoff gefertigt.

- *Schlitzbrückenfilter* stellen eine Weiterentwicklung der Schlitzfilter dar. Bei ihnen wird das Material am Ort der Schlitze nicht herausgestanzt, sondern nur herausgedrückt, wodurch sich einerseits die Festigkeit des Filterrohrs erhöht, andererseits ein besseres Rückhaltevermögen gegenüber der Kiesschüttung gegeben ist. Diese Filter sind in verschiedenen Materialausführungen erhältlich. Besonders erwähnt sei, dass auch kunststoffbeschichtete Rohre gefertigt werden, die die Korrosionsgefahr deutlich herabsetzen.

- *Gardeloch-* oder *Louvrefilter* sind Filter, bei denen rechteckige Stücke aus dem Rohrmantel markisenartig herausgedrückt sind.

- *Profil-Wickeldrahtfilter* bestehen aus einem endlos über Längsstege aufgewickelten und mit diesen verschweißten Draht, die demzufolge einen einzigen, spiralförmig über das Rohr verlaufenden Schlitz besitzen.

- *Kiesklebefilter* sind gelochte oder geschlitzte Rohre, die zusätzlich über einen kunststoffgebundenen Kiesmantel verfügen, der in unterschiedlichen Körnungen erhältlich ist. Diese Rohre gibt es in Metall- und Kunststoffausführung.

In der Praxis werden heute nur noch Schlitz(brücken)filter aus geschützten Stählen oder Kunststoffen sowie die Profil-Wickeldrahtfilter verwendet. Die übrigen Filterrohrbauarten werden entweder nicht mehr gefertigt oder besitzen ungünstige Materialeigenschaften für moderne Trinkwasser- oder Betriebswasserfassungen.

10.4 Brunnenhydraulik

10.4.1 Vorbemerkungen

Ein Brunnen ist ein hydraulischer „Fremdkörper" im natürlichen hydraulischen System eines Grundwasserleiters. Die Kennwerte des Grundwasserleiters bestimmen daher nicht allein die Brunnenleistung. Umgekehrt haben auch Brunnenbauart, Filteranordnung und Position der Pumpe im Brunnen sowie deren Betriebsweise einen größeren Einfluss auf die Strömungsverhältnisse im Brunnenraum als gemeinhin angenommen. Es besteht deshalb auch ein Missverhältnis zwischen den unzähligen Publikationen über die Strömung im Aquifer einerseits und denen über die Strömung im Brunnen andererseits.

Der Hauptgrund dafür ist sicherlich, dass die Beobachtung der Strömung in Kiesschüttung, Filter- und Vollrohr eines fertiggestellten Förderbrunnens technisch schwierig ist. Andererseits hat die Übertragung der an flachen Versuchs-

brunnen im Wasserbaulabor gefundenen Erkenntnisse auf einen beliebigen Tiefbrunnen ihre Grenzen. Dem Übergangsbereich Grundwasserleiter – Brunneninnenraum (Filterkiespackung, Filterrohr) kommt in der Wassergewinnungspraxis
eine besondere Bedeutung zu, da sich die Strömungsverhältnisse an diesen Grenzflächen entscheidend verändern.

Im Rahmen dieses Kapitels wird eine Übersicht der Strömungsverhältnisse am
und im Brunnen gegeben, die sich im Wesentlichen auf zum Teil seit langem bekannte, offenbar aber nicht immer gebührend beachtete Veröffentlichungen ab-
stützt. Es handelt sich dabei um Beiträge von Gross (1930), Nahrgang (1954,
1965), Petersen, Rohwer u. Albertson (1955, 1963), Sichardt (1928), Walde,
Franke u. Richter (1971). Aus jüngerer Zeit stammen von der Praxis inspirierte
Arbeiten von Spranger (1977, 1978) und vor allem Williams (1981). Besonders
der letztgenannte Autor hat den Einfluss der verschiedenen Brunnenbemessungs-
parameter quantifiziert und in ihrem Zusammenwirken abgeschätzt. Erneut sei
auch Treskatis (1992, 1996) genannt, der ebenfalls kurz auf die Strömung im
Brunnen eingeht.

Bevor in den nachfolgenden Abschnitten die einzelnen Bemessungsgrößen beschrieben werden, wird auf das Phänomen der *Sickerstrecke* eingegangen.

10.4.2 Sickerstrecke

Bekanntlich stimmt in einem Aquifer mit freier Oberfläche der wahre Wasserspiegel in unmittelbarer Brunnennähe nicht mit dem überein, der sich rechnerisch aus
dem Ansatz von Theis oder Dupuit-Thiem ergibt. Als Faustregel kann man festhalten, dass innerhalb eines radialen Abstandes von der Achse des vollkommenen
Brunnens, der etwa dem 1,5-fachen der wassererfüllten Mächtigkeit des Grundwasserleiters entspricht, der messbare Wasserspiegel über dem errechenbaren
liegt.

Am Brunnenrand bzw. dem wirksamen Brunnenradius liegt der Wasserspiegel
im Aquifer immer oberhalb des *Betriebswasserspiegels* des Brunnens. Die Differenz wird seit Ehrenberger (1928) als *Sickerstrecke* bezeichnet und ist geradezu
ein Merkmal der Absenkung im Aquifer mit freier Oberfläche. Nur bei Brunnen
ohne herstellungsbedingte Eintrittswiderstände an der Grenzfläche zwischen
Grundwasserleitergestein und Filterkiesschüttung ist sie mit der gesamten Spiegeldifferenz identisch. Gewöhnlich tragen auch Brunneneintrittsverluste im
Grenzbereich Filterrohr – Filterkiesschüttung sowie in den Filterschlitzen zu dieser Spiegeldifferenz bei (vgl. Abschn. 4.4).

Analytisch ergibt sich die Existenz der Sickerstrecke daraus, dass die Dupuit-
Annahmen für die unmittelbare Brunnenumgebung, d.h. den Bereich der starken
Krümmung des freien Wasserspiegels, nicht mehr zutreffen. Sie lauten bekannt-
lich:

$$- \ v \approx tg\,\frac{dh}{dr} \ \text{anstelle des richtigen} \ v \approx \sin\frac{dh}{dr}$$

- $v = const.$ über die gesamte wassererfüllte Mächtigkeit des Aquifers in einem beliebigen Abstand r von der Brunnenachse

Die Ursache dieser Abweichung ist die Vertikalkomponente der Grundwasserströmung, die in Richtung Förderbrunnen anwächst. Bei gegebener Durchflussbzw. Förderrate ist im Aquifer mit freier Oberfläche folglich ein größerer Strömungsquerschnitt erforderlich als im gespannten Aquifer mit rein horizontaler Strömung. Anders ausgedrückt: Der von der Pumpe gesteuerte Betriebswasserspiegel im Brunnenrohr liegt so tief, dass der Grundwasserleiter die abgeförderte Rate nur mittels eines Stücks zusätzlicher durchströmter Mächtigkeit nachliefern kann. Dieses zusätzliche Stück ist die Sickerstrecke s_i .

Beim natürlich entwickelten Brunnen befindet sich die Sickerstrecke am Brunnenrand zwischen freiem Wasserspiegel und Betriebswasserspiegel (Abb. 10.14.a). Entlang der Strecke s_i sickert Wasser durch das Filterrohr in den Brunnen. Beim Kiesschüttungsbrunnen wird s_i an der Bohrlochwandung, d.h. am Kontakt Filterkies – Grundwasserleiter definiert. Diese Annahme ist nicht sehr exakt, da mathematisch die Sickerstrecke eine Diskontinuität zwischen einem Wasserspiegel im porösen Medium und der Oberfläche eines unterstromig gelegenen freien Wasserkörpers darstellt. Als Konzept ist sie aber akzeptabel.

Abbildung 10.14.b lässt erkennen, dass beim unvollkommenen Brunnen ebenfalls eine Sickerstrecke auftritt, diesmal aber oberhalb des wahren Wasserspiegels.

Beim Wiederanstieg des Wasserspiegels im Brunnen kann logischerweise keine Sickerstrecke existieren, da ja kein Wasser aus dem Brunnenraum abfließt.

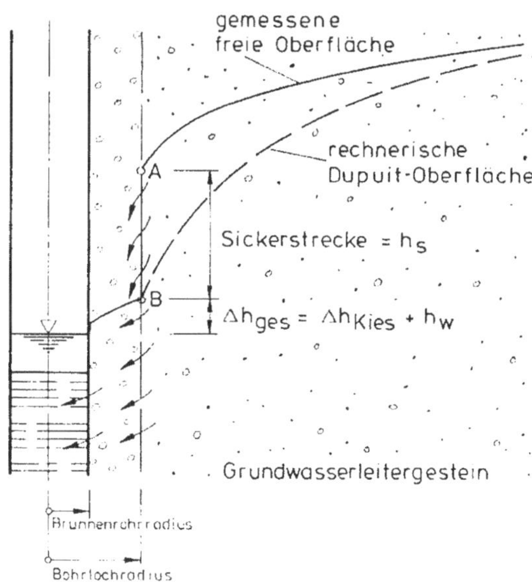

Abb. 10.14.a Sickerstrecke ($h_s = s_i$) und Filtereintrittswiderstand (h_w) als Summe der Brunneneintrittswiderstände. Aus Bieske et al. (1998).

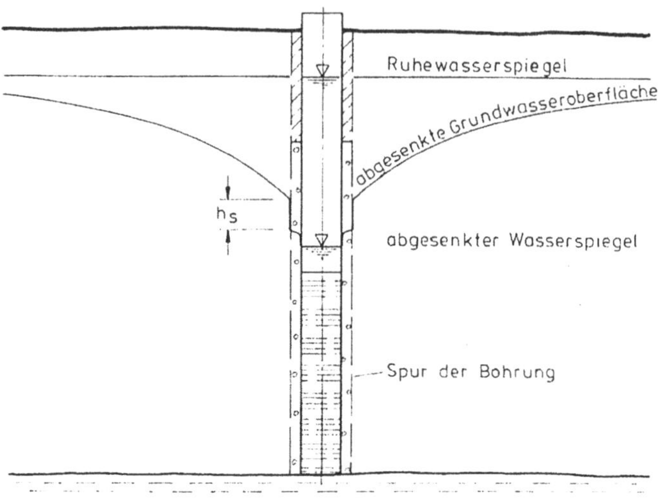

Abb. 10.14.b Sickerstrecke ($h_s = s_i$) an der Bohrlochwand (= Brunnenrand). Aus Bieske et al. (1998).

Eine ganze Reihe empirischer Formeln erlauben die Abschätzung der Höhe der Sickerstrecke. Als Beispiel sei das Bestimmungsverfahren von Nahrgang (1965) wiedergegeben. Dieser Autor konnte experimentell nachweisen, dass die Filtergeschwindigkeit (spezifischer Durchfluss) in der Umgebung eines vollkommenen Brunnens im Niveau der Sickerstrecke ein Maximum erreicht. Für das darunter folgende durchflossene Profil nahm Nahrgang eine gleichmäßige Geschwindigkeit, d.h. die Gültigkeit der Dupuit-Annahmen an (vgl. Abschn. 4.5.1). Beim unvollkommenen Brunnen tritt nach den Untersuchungen Nahrgangs an der Brunnensohle eine zweite Geschwindigkeitsspitze auf (Abb. 10.10).

Für einen homogenen und isotropen Aquifer lässt sich nach Nahrgang (1965; vgl. auch Boulton 1951) die Höhe der Sickerstrecke auf die folgende Weise ermitteln. Zunächst ist die von den genannten Autoren so bezeichnete reduzierte *Absenkung der freien Oberfläche* am Brunnenrand zu bestimmen, indem man die Absenkung der freien Oberfläche s_0 durch die Standrohrspiegelhöhe und weiter hin durch einen Faktor $(1 - \dfrac{h^2}{H^2})$ teilt. Dieser Faktor ergibt sich, wenn man mittels der Brunnenformel von Dupuit-Thiem für eine gleichbleibende Reichweite R ein beliebiges Q durch Q_{total}, das sich für eine völlige Absenkung im Brunnen errechnen lässt, teilt:

$$\frac{Q}{Q_{total}} = (\pi K \frac{H^2 - h^2}{\ln \frac{R}{r}}) \Big/ (\pi K \frac{H^2}{\ln \frac{R}{r}}) = 1 - \frac{h^2}{H^2} \qquad (10.2)$$

Man erhält folglich s_{0red} zu

$$s_{0red} = \frac{s_0}{H(1 - \frac{h^2}{H^2})} \quad \text{(dimensionslos)} \tag{10.3}$$

Im realen Aquifer wird $R \gg r$ sein, d.h. $R \to \infty$. Für $R = \infty$ wird $s = 0$, und die Absenkung der freien Oberfläche s_0 fällt mit der Absenkungsfläche nach Thiem-Dupuit zusammen. Es gilt daher für $R = \infty$

$$s_0 = s - H = H - h = 0 \tag{10.4}$$

Durch Einsetzen in Gl. 10.3 ergibt sich

$$s_0 = \frac{s}{H(1 - \frac{h^2}{H^2})}$$

$$s_0 = \frac{s}{H(1 - \frac{(H-s)^2}{H^2})}$$

$$s_0 = \frac{1}{2 - \frac{s}{H}}$$

Weil s = 0, wird

$$s_0 = \frac{1}{2} \tag{10.5}$$

Nahrgang postuliert nun, dass Gl. 10.5 auch für endliche Werte von R gilt, wenn nicht völlige Absenkung eintritt, s_0 also praktisch den Wert von H annimmt. Aus Abb. 10.10 ergibt sich die Länge der Sickerstrecke zu

$$s_i = H - h - \frac{H}{2}(1 - \frac{h^2}{H^2})$$

$$= \frac{H}{2} - h + \frac{h^2}{2H}$$

$$= \frac{H^2 - 2Hh + h^2}{2H}$$

$$= \frac{(H-h)^2}{2H}$$

Da $H - h = s$ ist, beträgt die Länge der Sickerstrecke im homogenen und isotropen Aquifer

$$s_i = \frac{s^2}{2H} \qquad (10.6)$$

Diese von Nahrgang aufgefundene Beziehung ist identisch mit der, die Ehrenberger (1928) experimentell entwickelt hat.

Boulton (1951) definiert die Sickerstrecke abweichend mit dem Ausdruck

$$s_i = \frac{s}{2} \qquad (10.7)$$

In beiden Fällen bedeutet s die Absenkung im Brunnen gegenüber dem Ruhewasserspiegel. Weitere empirische Formeln zur Berechnung der Sickerstrecke enthalten die Bücher von Busch, Luckner u. Tiemer (1993) sowie Herth u. Arndts (1994).

Der praktische Wert aller Sickerstreckenformeln ist nach Busch, Luckner u. Tiemer (1993) allerdings begrenzt, da

- die Sickerstrecke nicht zur Berechnung der Förderrate Q herangezogen wird
- bei Verwendung falscher s_i-Werte Abweichungen in der Lage der freien Oberfläche schon im geringen Abstand vom Brunnen bedeutungslos werden
- die freie Oberfläche tangential in die Sickerstrecke einmündet, so dass der Berührungspunkt durch die Kapillarität verschoben wird
- der Aquifer anisotrop ist ($K_r >> K_v$)
- Brunneneintrittsverluste in die Spiegeldifferenz innerhalb und außerhalb des Brunnens eingehen, die eine genaue Bestimmung der Sickerstrecke unmöglich machen

Beispiel

Für einen Vertikalbrunnen war für die zulässige Maximalförderung eine Absenkung des dynamischen Wasserspiegels von $s = 3{,}10$ m ermittelt worden. Wie groß ist nun die Sickerstrecke bzw. das Ausmaß der Absenkung der freien Oberfläche s_0 am Brunnenrand, d.h. am wirksamen Brunnenradius? Der Aquifer besitzt eine Mächtigkeit von $m = H = 8{,}20$ m.

Mit Gl. 10.6 errechnet sich die Sickerstrecke zu

$$s_i = \frac{3{,}10^2}{2 \cdot 8{,}20} = \frac{9{,}61}{16{,}40} = 0{,}59\,m$$

Somit beträgt die Absenkung der freien Oberfläche

$$s_0 = s - s_i$$
$$s_0 = 3{,}10 - 0{,}59 = 2{,}51\ \text{m}$$

10.4.3 Bemessung von Filterrohren und Filterkies

Natürlich entwickelte Brunnen werden im Prinzip so gebaut, dass die Filterrohre im Schutze von Bohr- oder Standrohren oder in ein spülungsstabilisiertes Bohrloch gegenüber den wasserdurchlässigen Partien des Grundwasserleiters eingebracht und die Bohrrohre anschließend gezogen werden bzw. die Spülung zuvor gegen eine unbeladene Klarwasserspülung ausgetauscht wurde. Im Verlauf des sich anschließenden *Entsandens* oder *Entwickelns* des Brunnens (vgl. Abschn. 10.7.1) wird das Feinkorn aus der Filterumgebung in das Brunnenrohr gespült und abgepumpt. Um die Filterstrecke herum baut sich in diesem Fall eine radial auf den Brunnen zu gröber werdende *natürliche, autostabile Filterschicht* aus dem anstehenden Grundwasserleitermaterial auf, die eine Schichtdicke von 0,25 bis 0,80 m besitzen sollte.

Mitunter baut man den Filterrohrstrang oben mit einem Packer versehen *verloren* ein; die Stand- oder Bohrrohre werden dann bis auf die Höhe des Packers gezogen und verbleiben als Vollwandrohre im Bohrloch.

Derartige Brunnen werden meist mittels Drehbohrverfahren in mächtigen gespannten Grundwasserleitern niedergebracht (Driscoll 1989). In Deutschland ist dieser Brunnentyp selten.

Bei *Kiesschüttungs-* oder *Kiesfilterbrunnen* wird zwischen Bohrlochwandung und Vollwand- und Filterrohrtour eine im Korn auf das Grundwasserleitergestein abgestimmte, abgestufte Filterkies- oder Filtersandschüttung eingebracht. Ist mit einem Bohrverfahren unter Verwendung von Hilfsrohrtouren gearbeitet worden, wird nach Spülungsaustausch die Vollwand- und Filterrohrtour im Schutz der Bohrrohre eingebaut. Während des Einfüllens des Filterkieses muss die Schutzverrohrung stufenweise gezogen werden. Bei Bohrungen ohne Hilfsrohrtouren wird der Filterkies nach dem Spülungsaustausch direkt in den Ringraum gepumpt.

Bei Bohrbrunnen sollen die Filterrohre die für die Wassergewinnung geeigneten Schichten möglichst vollständig erfassen. Im günstigsten Fall hieße das, den Grundwasserleiter zur Gänze zu verfiltern, das Ergebnis wäre ein *vollkommener Brunnen*. Für die Praxis genügt es durchaus, wenn man sich an die nachstehenden Regeln hält (Driscoll 1989). Voraussetzung dabei ist selbstverständlich eine genaue Kenntnis des lithologischen Aufbaus des Grundwasserleiters.

Homogene Grundwasserleiter mit freier Oberfläche sollen bei Mächtigkeiten von weniger als 50 m nur im unteren Drittel, höchstens in der unteren Hälfte verfiltert werden, damit nicht bei stärkerer Absenkung weiter oben angeordnete Filter trocken fallen können. Bei größeren Mächtigkeiten darf aber die Gesamtfilterlänge bis zu 80 % der wassererfüllten Mächtigkeit betragen.

Für einen Wasserversorgungsbrunnen sollen Filterlänge und -anordnung so beschaffen sein, dass dem *Fassungsvermögen* Rechnung getragen wird (Sichardt 1928; vgl. Abschn. 10.5.1). Dabei ist zu beachten, dass eine stärkere Absenkung zwar eine höhere Förderrate erlaubt, gleichzeitig dabei aber die *spezifische Ergiebigkeit* des Brunnens zurückgeht (vgl. Abschn. 4.4.2). Das bedeutet pro Kubikmeter gehobenen Wassers eine höhere Förderhöhe, also höhere Betriebskosten. Eine geringere Förderhöhe entspricht zwar einer kleineren Förderrate, aber einer größeren spezifischen Ergiebigkeit und damit einer günstigeren Kostenstruktur. Derartige, geradezu gegensätzliche Anforderungen an einen Brunnen sind folglich bei der Brunnenbemessung ins Kalkül zu ziehen.

Inhomogene Grundwasserleiter mit freier Oberfläche sind so zu verfiltern, dass im unteren Drittel bzw. in der unteren Hälfte die besser durchlässigen Schichten mit Filterrohren erschlossen werden. Insgesamt soll dabei die Filtergesamtlänge ein Drittel der wassererfüllten Mächtigkeit nicht unterschreiten.

Homogene gespannte Grundwasserleiter sollten zu 80 bis 90 % ihrer wassererfüllten Mächtigkeit verfiltert werden, wobei zu unterstellen ist, dass der Betriebswasserspiegel nicht unter die Oberkante der obersten Filterstrecke abgesenkt wird. Auf diese Weise lassen sich bis zu 95 % der Ergiebigkeit eines vollkommen verfilterten Brunnens erzielen.

Bei *inhomogenen gespannten Grundwasserleitern* sollen die Filterlagen 80 bis 90 % der besser durchlässigen Schichten erfassen (Driscoll 1989).

Bemessung von Filteröffnungsweiten. In der Fachliteratur werden zwar ganz verschiedene Methoden erläutert, welche Filteröffnungsweiten sowie Filterkies- oder Filtersandschüttungen einer bestimmten Kornverteilung des Grundwasserleiters am besten angepasst sind. Doch im Grunde ähneln sich alle diese Methoden.

Für *natürlich entwickelte Brunnen* in inhomogenen Lockergesteinen wählt man eine Filteröffnungsweite, durch die während des Entwicklungsprozesses 60 % des Aquiferkorns hindurchgehen und 40 % zurückgehalten werden (Driscoll 1989). Diese Grundregel kann vom Bearbeiter in Grenzen variiert werden. Ist beispielsweise das Grundwasser korrosiv oder bestehen Zweifel bezüglich der Genauigkeit der Sieblinie, fällt man besser auf 50 % Durchgang bzw. 50 % Rückhaltung zurück. Walton (1962) differenziert feiner und schlägt in Abhängigkeit von der Schichtung des Aquifers und dem Ungleichförmigkeitsgrad $U = d_{60} / d_{10}$ des Korngemisches vor:

- Bei inhomogenem Material mit $U > 6$ soll der Brunnenfilter 50 % des Aquiferkorns zurückhalten, wenn das Hangende der verfilterten Schicht locker ist und zum Nachfall neigt, dagegen nur 30 %, wenn das Hangende fest ist.
- Bei homogenem Material mit $U < 3$ soll der Brunnenfilter 60 % des Aquiferkorns bei lockerem, nachfallgefährdetem Hangenden zurückhalten und nur 40 % bei festem Hangenden.

Geschichtete Lockergesteinsaquifere verlangen somit Verwendung von Filtern mit unterschiedlichen Öffnungsweiten, die jeweils dem Kornaufbau einer jeden Einzelschicht anzupassen sind. Als „Schichten" sind Aquiferintervalle von nicht weniger als 1 m Mächtigkeit zusammenzufassen, da kürzere Längen an handelsüblichen Filterrohren nicht lieferbar bzw. unwirtschaftlich sind (Schneider 1953, 1988). Folgende Faustregel empfiehlt sich dabei zur Beachtung (Williams 1981):

„Ist die mittlere Korngröße d_{50} der gröbsten Schicht eines derartigen Intervalls weniger als viermal so groß wie d_{50} der feinsten Schicht dieses Intervalls, so wählt man eine der feinsten Schicht angepasste Filteröffnung. Im Zweifelsfall sollte man auf eine Verfilterung ganz verzichten und ein Vollrohr vorsehen".

Beim Einbau unterschiedlicher Filterrohre, die durch kein Vollwandrohr von-einander getrennt sind, ist die Beachtung zweier Grundregeln unbedingt erforder-lich (Abb. 10.15):

- Überlagert feineres Material gröberes, so soll der Filter mit der kleineren Öff-nungsweite wenigstens 0,5 m in die gröbere Schicht hineinreichen.
- In diesem Fall soll auch die Öffnungsweite des Filters in der gröberen Schicht nicht mehr als doppelt so groß sein als die des Filters in der feinkörnigen Schicht.

Die Einhaltung dieser Regeln gewährleistet, dass Setzungen in der Bohraureole und im angrenzenden Grundwasserleiter, die als Folge des Materialverlustes den Entwicklungsvorgang begleiten, ein zulässiges Maß nicht überschreiten und nicht dazu führen, dass feineres Korn in die Umgebung des Filters mit den größeren Öffnungen zu liegen kommt. Wäre dies der Fall, würde der Brunnen im Dauerbe-trieb Sand führen. Eine anhaltende Sandförderung aus dem Aquifer zerstört aber einerseits die Pumpe; andererseits führt sie zu intolerablen Setzungen, Pingenbil-dung an der Erdoberfläche und schließlich zum Zusammenbruch des Brunnens selbst.

Grundsätzlich sollten *natürlich entwickelte Brunnen* dann nicht gebaut werden, wenn das Aquifermaterial einen Ungleichförmigkeitsgrad $U < 3$ und die Sieblinie ein Korn $d_{10} < 0,25$ mm aufweisen.

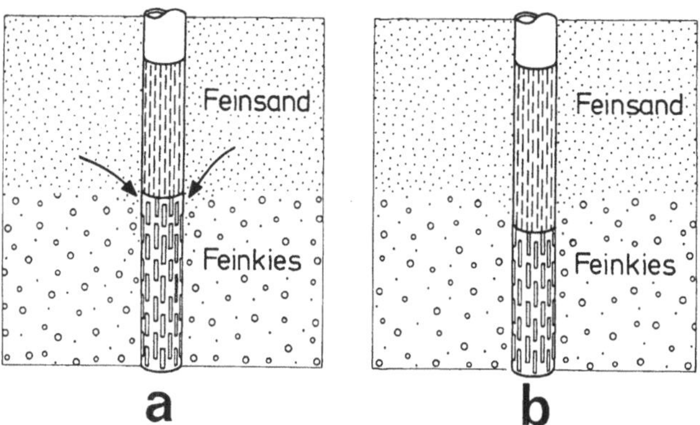

Abb. 10.15. Falsche (a) und richtige (b) Anordnung von Filterstrecken mit unterschiedli-cher Schlitzweite in einem geschichteten Aquifer. Umgezeichnet nach Johnson (1966).

Schüttkorngröße von Filterkiesen und -sanden. Beim Brunnenausbau stellt das Einbringen des Filterkieses (gemeinhin üblicher Ausdruck, auch wenn es sich um Filtersand handelt) ein besonderes Problem dar. Bieske (1963) und Schneider (1953) diskutieren diese Frage so detailliert, dass hier die Problematik nur gestreift werden soll.

Bei Brunnen geringer Tiefe mit *einfacher Kiesschüttung* genügt es offensichtlich, Kies der gewünschten Kornzusammensetzung mittels Schüttrohren in den Ringraum einzubringen.

In einigen Fällen werden in der Praxis aber auch horizontal abgestufte *zweifache*, seltener sogar *dreifache Kiesschüttungen* verlangt. Dabei müssen radial von innen nach außen Packungen von Filterkies bzw. -sand unterschiedlicher Korngrößen eingebaut werden, ohne dass diese sich mischen. Eine Möglichkeit bot zunächst die Verwendung von *Schüttkörben*, bei denen übertage ein Korb aus Tressengewebe vor dem Einbau um das Filterrohr montiert und mit der inneren Filterkiespackung gefüllt wurde. Nach erfolgtem Einbau dieser Anordnung konnte die äußere Kiespackung wie eine einfache Schüttung eingefüllt werden. Seit rund 30 Jahren bieten die meisten Hersteller aber maschinell hergestellte Kiesklebefilter an (Blank 1966; Lehmann 1968), bei denen die innere, gröberkörnige Kiespackung auf das Filterrohr aufgeklebt ist. Inzwischen werden Mehrfachkiesschüttungen in Gewebekörben oder Kiesklebebelagfilter nur noch selten eingebaut, da deren hydraulische Eigenschaften die Entwicklung und Entsandung sowie die Regenerierung der Brunnen nahezu unmöglich machen können (Bieske et al. 1998; Houben u. Treskatis 2003). Die heute lieferbaren Filterrohrbauarten erlauben in den meisten Fällen den Einbau einer einfachen Kiesschüttung ohne weitere horizontale Abstufung, da die Filterschlitzweiten z.B. bei den Profil-Wickeldrahtfiltern bis auf 0,3 mm in nahezu allen Abstufungen herstellbar sind und somit auch sehr feinkörnige Grundwasserleiter verfiltert werden können.

Während die Notwendigkeit einer horizontalen Filterabstufung nur noch für Ausnahmefälle heute besteht, ergeben sich dagegen weiter technische Schwierigkeiten beim Einbringen der äußeren Filterkiespackung in tiefere Brunnen, wo der Einsatz von Schüttrohren nicht möglich ist. In den folgenden Abschnitten werden die zu berücksichtigenden Punkte näher betrachtet.

Nach Bieske (1961) ist in einem Haufwerk gleichgroßer Kugeln bei lockerster Lagerung der Kugeldurchmesser um den Faktor 2,41 größer als der engste Durchgang zwischen den Kugeln, bei dichtester Lagerung hingegen um den Faktor 6,46. Für den Fall einer Kiesschüttung im Brunnenringraum ist es leicht vorstellbar, dass beim Einbau weder die lockerste noch die dichteste Lagerung erreicht werden können. Folglich wird der engste Durchgang zwischen den beiden genannten Grenzwerten liegen.

Dieser engste Durchgang der Kiesschüttung muss kleiner sein als das Korn des Aquifers, das noch zurückgehalten werden soll.

Mit Sichardt (1952) wird die Verhältniszahl zwischen engstem Durchgang und Schüttkorngröße als *Filterfaktor* bezeichnet. Gelegentlich findet auch der Terminus *Sperrfaktor* Verwendung. Nach zahlreichen Autoren (u.a. Terzaghi 1948; Paavel 1952; Weber 1963) liegt der Filterfaktor zwischen 4 und 5. Dagegen rechnet man in den USA (Driscoll 1989; A.J. Smith 1975) mit Filterfaktoren zwischen 4 und 9.

Wie schon im Abschnitt über natürlich entwickelte Brunnen erläutert, müssen auch bei einem Kiesschüttungsfilter die (Poren-)Öffnungsweiten, die man hier besser als *freien Durchlass* bezeichnet, so gewählt werden, dass beim Entsanden einerseits ein Anteil des Aquiferkorns durch die Kiesschüttung hindurch in den

Brunnen gelangen kann und andererseits sich eine stabile Filterschicht um den Brunnen herum aufbaut, die später im Dauerbetrieb eine sandfreie Förderung ohne Kolmationsgefahr garantiert. Obwohl der tatsächliche Durchgang beim Kiesschüttungsbrunnen kaum zu bestimmen ist, spricht man auch beim Kiesschüttungsfilter, d.h. bei der Festlegung einer geeigneten Schüttkorngröße, von der *Durchgangszahl*, die angibt, welcher Prozentsatz des natürlichen Kornspektrums des Aquifers durch den Schüttkörper hindurchtreten kann (Bieske, Wandt u. Jourdan 1989).

Empirisch ergibt sich folglich eine Beziehung zwischen einem noch festzulegenden „charakteristischen Korn" des Aquifers und dem geeigneten Schüttkorn:

Schüttkorngröße = „charakteristische" Korngröße
multipliziert mit einem Filterfaktor

Daraus leitet sich beinahe zwangsläufig die Überlegung ab, als Schüttkorn ein künstlich hergestelltes Sand-Kies-Gemisch zu verwenden, dessen Sieblinie um den Faktor 4 oder 5 gegenüber der des natürlichen Korngemisches nach rechts verschoben ist. In der Tat baut die unten beschriebene Amerikanische Methode auf der Herstellung einer derartigen Schüttkornlinie auf. Doch ist eine freihändige Anwendung dieser Methode nicht unproblematisch. Den Nachweis der damit verknüpften Gefahren führen Anacker u. Riempp (1968). Ihre Schlussfolgerungen werden hier kurz erläutert.

Ein in Luft oder einer (Spülungs-)Flüssigkeit fallendes Korn erreicht nach einiger Zeit eine *Endgeschwindigkeit*, die direkt proportional dem Korngewicht und umgekehrt proportional der größten Querschnittsfläche des Korns senkrecht zur Fallrichtung sowie zur Dichte der Luft bzw. der Flüssigkeit ist. Das heißt, dass ein größeres (Quarz-)Korn mit höherem Gewicht grundsätzlich eine höhere Fall- oder Sinkgeschwindigkeit entwickelt als ein kleineres.

Da sich bei tiefen Brunnen mit großem Flurabstand des Wasserspiegels das Einbringen des Filterkieses mittels Schüttrohren verbietet, muss dieser von übertage in den Ringraum geschüttet oder gepumpt werden. Ein Gemenge aus verschiedenen Korngrößen entmischt sich bereits beim freien Fall oberhalb des Wasserspiegels nach Korngrößen, verstärkt sich aber noch beim Absinken im Wasser. Ein auf die Kornverteilung im Aquifer abgestimmter Aufbau eines Kiesfilters mit einem Gemisch verschiedener Korngrößen ist also mit dem Schütten des Filterkiesmaterials von der Erdoberfläche aus so nicht zu erreichen.

Für reines Wasser gibt das aus der Aufbereitungstechnik bekannte *Gleichfälligkeitsgesetz* von Rittinger (zitiert bei Anacker u. Riempp 1968) die Endgeschwindigkeit v_{end} von Körnern ohne gegenseitige Behinderung an.

$$v_{end} = \alpha \sqrt{d(\gamma - 1)} \quad (\text{ms}^{-1}) \tag{10.8}$$

mit

d = Korndurchmesser (m)

γ = Wichte des Korns (für Quarzkörner wird dabei die Dichte $\rho = 2{,}7 \text{ g cm}^{-3}$ angesetzt)

$$\alpha = \sqrt{\frac{4g}{3\xi}} \quad (\mathrm{m}^{1/2}\,\mathrm{s}^{-1})$$

g = Erdbeschleunigung
ξ = Erfahrungswert (für Kugeln $\xi = 0,5 \rightarrow \alpha = 5,11$)

Die entsprechende Fallzeit beträgt somit praktisch

$$t = \frac{h}{v_{end}} \tag{10.9}$$

mit

h = Wasserstandshöhe im Brunnen über der jeweiligen Oberkante des eingebrachten Filterkieses

In Abb. 10.16 sind die mittels Gln. 10.8 und 10.9 ermittelten Sinkzeiten von
verschiedenen nach der alten DIN 4924 (1972) genormten Filterkieskörnungen in
einer Klarwasserspülung angegeben. Bei Anwesenheit von Spülungszusätzen, die
die Dichte der Flüssigkeit erhöhen, sind die Weg-Zeit-Funktionen keine Geraden
mehr, sondern parabelförmig nach oben gekrümmte Kurven. Für die Korngruppen
nach der neuen DIN 4924 (1998) gelten analoge Bedingungen.

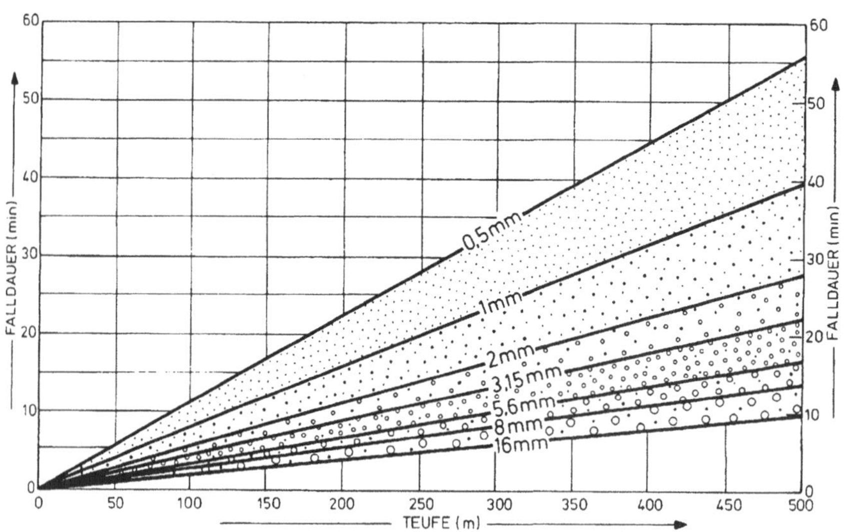

Abb. 10.16. Falldauer einiger Filterkiesfraktionen in einer Klarwasserspülung. Nach DIN
4924.

Nach Anacker u. Riempp (1968) ist die Entmischung umso stärker

- je tiefer der Brunnen
- je höher die Wassersäule
- je kleiner der Korndurchmesser
- je größer die Spanne zwischen kleinstem und größtem Korn
- je geringer der Anteil an Zwischenkorn
- je kleiner der Ringraumquerschnitt
- je größer die lagenweise eingebrachte Kiesmenge

Danach dürfte eine Filterkiesschüttung am besten nur aus einer Korngröße bestehen. Da in der Natur ein derartiges Einkorn nicht existiert bzw. nicht mit vertretbaren Kosten durch Siebung hergestellt werden kann, sind nach DIN 4924 für den Brunnenbau Filtersand- und -kiesfraktionen festgelegt (Tabelle 10.4).

Die zulässigen Kornklassen oder Körnungen werden dort in Spalte (1) angegeben. Spalte (2) zeigt die in der neuen DIN 4924 (1998) nicht mehr angegebenen, bei notwendiger (radialer) Abstufung zusammengehörigen Körnungen an, angezeigt durch die Punkte •. Zur äußeren Körnung von beispielsweise 0,5 bis 1 mm gehören eine mittlere von 2 bis 3,15 mm und eine innere von 8 bis 16 mm.

In der neuen DIN 4924 werden folgende Korngruppen für Wassergewinnungsbrunnen vorgegeben:

$$\textit{Korndurchmesser } d \qquad \textit{(mm)}$$

$$
\begin{array}{rcr}
0,4 & < d < & 0,8 \\
0,71 & < d < & 1,25 \\
1,0 & < d < & 2,0 \\
2,0 & < d < & 3,15 \\
3,15 & < d < & 5,6 \\
5,6 & < d < & 8,0 \\
8,0 & < d < & 16,0 \\
16,0 & < d < & 31,5
\end{array}
$$

Nach W 113 (2001) werden zur Wassergewinnung in der Regel nur Filtersande/-kiese der Körnungen > 0,71 mm bis < 16 mm verwendet. Die Korngröße 0,4 bis 0,8 mm eignet sich im Brunnenbau zur Abdeckung von nicht ausbauwürdigen Schluffschichten oder unter Abdichtungen als Gegenfilter.

Filterkieskörnungen > 16 mm weisen im Brunnenbetrieb keine günstigeren Durchflusseigenschaften aus als Körnungen geringeren Durchmessers.

Diese Ausführungen verdeutlichen, dass die nach DIN 4924 zulässigen Korngrößenspektren enger sind als die von Schüttungen, die sich aus der Amerikanischen Methode ergeben. Bei tiefen Brunnen ist trotzdem die Gefahr der Entmischung nicht ausgeschlossen.

Um einer Entmischung und damit der Gefahr einer falschen Platzierung des Schüttkorns zu begegnen, kann es sich empfehlen, ein Filterkies-Wasser-Gemisch durch Schüttrohre in den Brunnenringraum zu pumpen. Driscoll (1989) gibt dafür ein Mischungsverhältnis von 0,6–1,2 m^3 Wasser pro 1 m^3 Kies an.

Tabelle 10.4. Im Brunnenbau zulässige Filter-Sand- und –Kiesfraktionen. Nach DIN 4924 (1972).

	Körnungen d	zusammengehörige Körnungen bei mehrfacher Abstufung der Brunnenfilter	Unterkorn	Überkorn	Siebgutmenge für Probe
			zulässiger Höchstanteil		
Spalte	1	2	3		4
	(mm)		(Gew.-%)		(g)
Filter-Sand	$0{,}25 < d < 0{,}5$	●	15	15	500
	$0{,}5 < d < 1$		●			500
	$0{,}71 < d < 1{,}4$			●			1000
	$1 < d < 2$	●		●			1000
Filter-Kies	$2 < d < 3{,}15$		●		●	10	10	1000
	$3{,}15 < d < 5{,}6$			●					1000
	$5{,}6 < d < 8$	●		●				5000
	$8 < d < 16$	●		●			5000
	$16 < d < 31{,}5$	● ● ●			10000

In die großkalibrigen Entwässerungsbrunnen des Rheinischen Braunkohlenreviers, die bei Bohrlochdurchmessern von 1700 mm Ausbaudurchmesser um 1000 mm (Rohrkupplungen) aufweisen, wird der in Schwerlastsäcken (big bag) angelieferte Filterkies direkt in eine unter dem Bohrtisch installierte Schurre geschüttet. Die Schüttung in Schüben reduziert die Gefahr des Entmischens der unterschiedlichen Korngrößen.

Die alte DIN 4924 gibt weiterhin die radiale Mindestdicke von Filterkiesschüttungen vor. Bieske et al. (1998) schreiben allerdings, dass man in der Regel auch mit geringeren Schichtdicken auskommt. Tabelle 10.5 wird daher nur informativ dem Leser zur Lektüre empfohlen.

Ein Maximum von 200 mm radialer Dicke sollte nach allgemeiner Ansicht bei Wasserversorgungsbrunnen nicht überschritten werden, da sonst der Entwicklungs- oder Entsandungsprozess vor Inbetriebnahme dieser Brunnen zu aufwendig oder gar unmöglich würde. Doch steht diese Forderung in einem gewissen

Gegensatz zu neueren Erkenntnissen über das Auftreten unterschiedlich hoher Brunneneintrittsgeschwindigkeiten, auf die in Abschn. 10.5.3 eingegangen wird.

Tabelle 10.5. Radiale Dicken von Filterkiesschüttungen. Nach DIN 4924 (1972).

Körnungen d	Schichtdicke bzw. –stärke der Ringraumschüttung	
(mm)	(mm)	
	DIN 4924	Bieske et al. (1998)
0,25 - 2,00	> 50	> 40
2,00 - 8,00	> 80	> 50
8,00 - 31,50	> 100	> 70

Zur Berechnung der zur Verkiesung eines Brunnens notwendigen Massen seien die von Bieske, Wandt u. Jourdan (1989) angegebenen Schütt- oder Raumgewichte für in Deutschland gehandelte Kiese und Sande genannt (Angaben in Tonnen t pro m^3):

Bezeichnung	Sande trocken	Kiese trocken
reiner Quarz	$1,31 < t < 1,35$	1,49
Rheinschotter	$1,34 < t < 1,48$	1,49
Isarschotter	$1,44 < t < 1,57$	1,57

Ist das Schüttgut feucht, so weisen Sande eine Gewichtszunahme von 20–30 %, Kiese eine solche von 10–15 % auf. Unterstellt wird, dass das Raumgewicht der Filterkiesschüttung im Brunnenringraum überall gleiche Werte erreicht.

10.4.4 Methoden zur Bestimmung des geeigneten Filterkieses

Amerikanische Methode (Driscoll 1989; A.J. Smith 1975)

Für jede Einzelschicht eines sandig-kiesigen Aquifers wird zunächst anhand der Bohrproben die Kornverteilung festgestellt, wobei nur die Schicht mit dem feinsten Korn anschließend zur Ermittlung der Filterkiesschüttung dient. Schluff- oder Tonbänke werden natürlich nicht berücksichtigt. Sie sind durch Vollrohrstrecken zu überbrücken, die gegebenenfalls zusätzlich mit feinem Filtersand oder Abdichtungen abzusichern sind.

Bei einem Siebdurchgang von 30 Gew.-%, d.h. bei d_{30}, wird auf der Abszisse des Siebliniendiagramms die Korngröße abgelesen und mit einem zwischen vier und neun liegenden *Filterfaktor* multipliziert. Dabei wird nach folgender Faustregel verfahren:

Faktor 4:   Material ist feinkörnig und besitzt einen geringen Ungleichförmigkeitsgrad

Faktor 6:   Material ist mittel- bis grobkörnig und deutlich ungleichförmig

6 < Faktor < 9: Material ist sehr ungleichförmig und enthält Schluff

Bei einem Faktor von 10 oder sogar darüber besteht die Gefahr, dass der Brunnen selbst nach einer langen Entwicklungszeit im Dauerbetrieb Sand fördern würde.

Das Produkt der Multiplikation, in Abb. 10.17 durch ein (x) gekennzeichnet, stellt die erste Stützstelle für eine künstliche Kiesschüttung dar, deren Sieblinie vom Hydrogeologen freihändig so durch den Punkt d_{30} gezogen werden muss, dass ihr Ungleichförmigkeitsgrad $U < 2{,}5$ beträgt.

Mit Hilfe von etwa fünf Standardsieben, deren Maschenweiten auf der Sieblinie liegen müssen, wird nun ein Korngemisch mit eben dieser künstlichen Kornverteilung „nachgebaut". Dabei sind für jede dieser fünf Korngrößen jeweils 8 % *Über-* und *Unterkorn* zulässig. In Abhängigkeit von der nun gefundenen Kurve ist die Öffnungsweite des Brunnenfilters so zu wählen, dass 90 % der Filterkiesschüttung zurückgehalten werden.

Eine ähnliche Methode schlägt Stow (1962) vor, der eine künstliche Schüttkornkurve aus jeweils 5 mal d_{15}, d_{50} und d_{85} der Kornverteilungskurve des Aquifers herstellt. Über weitere Verfahren zur Herstellung einer geeigneten Kiesschüttung berichtet Blair (1970).

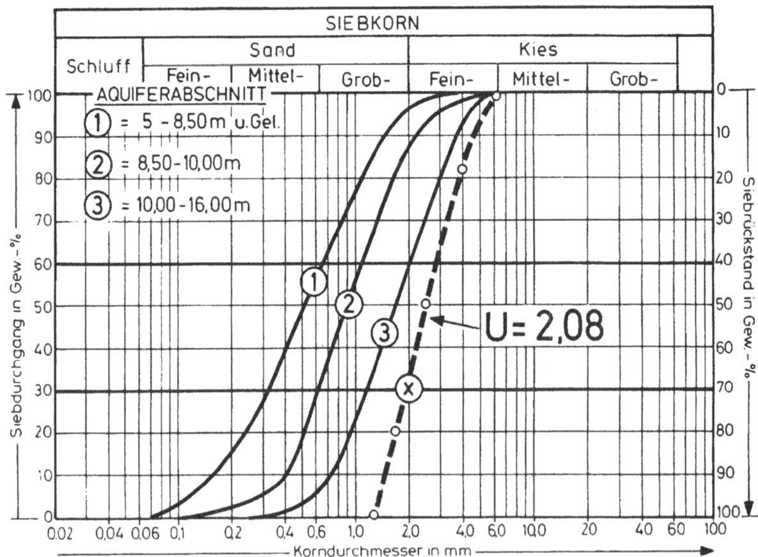

Abb. 10.17. Schüttkornbestimmung nach der Amerikanischen Methode. Nach Johnson (1966) und A.J. Smith (1975).

Ein derartiges, künstlich hergestelltes Korngemisch neigt beim Einbau mehr zur oben beschriebenen Entmischung als eine Schüttung mit einem engeren Kornspektrum. Für tiefe Brunnen mit großem Ringraum wird daher auch von seiner Herstellung abgeraten, sofern die Schüttgüter nicht über Pumpsysteme eingebracht werden können.

Beispiel

Ein flacher ungespannter Aquifer ist zwischen 5,00 und 16,00 m unter Flur zu verfiltern. Abbildung 10.17 zeigt die Kornverteilungen für die Bereiche von 5,00 bis 8,50 m, 8,50 bis 10,00 m und 10,00 bis 16,00 m. Zur Ermittlung des geeigneten Schüttkorns dient die Sieblinie der feinstkörnigen Schicht von 5,00 bis 8,50 m. Nun ist schrittweise wie folgt vorzugehen:

1. d_{30} der Kurve 1 wird mit dem Faktor 6 multipliziert: 0,32 mm · 6 = 1,92 mm.

   Mit 1,92 mm liegt der erste Punkt der Schüttkornkurve für d_{30} fest.

2. Durch diesen Punkt ist freihändig eine Kurve mit $U < 2,5$ zu legen. Für die gestrichelte Kurve der Abb. 10.17 ergibt sich

$$U = \frac{d_{60}}{d_{10}} = \frac{2,80}{1,35} = 2,08$$

3. Fünf Standardsiebe (vgl. nachstehende Zusammenstellung) werden ausgewählt. Mit jeweils 8 % an zulässigem Über- und Unterkorn pro Sieb lässt sich die Kurve gut abdecken. Für das oberste Sieb mit 6,3 mm Maschenweite gibt die Kurve 0 % Siebrückstand an; folglich sind maximal 8 % Gewichtsanteil der Korngröße 6,3 mm zulässig. Bei den anderen Sieben legt man Über- und Unterkornbereich entsprechend fest. Dabei bedient man sich zweckmäßigerweise einer Wertetabelle:

Siebgröße	zulässiger Anteil des Korndurchmessers der Siebgröße	zulässiger Siebrückstand
(mm)	(%)	(%)
6,3	8	0 bis 8
4	16	10 bis 25
2,5	16	42 bis 58
1,6	16	72 bis 88
1,25	8	92 bis 100

4. Zuletzt wählt man die Öffnungsweite des Brunnenfilters, die 90 % der Filterkiesschüttung zurückhält. Im gewählten Beispiel sind dies 1,5 mm.

Das Ergebnis der Filterkiesbemessung ist in Abb. 10.17 wiedergegeben.

Kennkornverfahren nach Bieske (1961)

Anhand der Sieblinien von sehr vielen Kornverteilungskurven teilte Bieske die in sandig-kiesigen Lockergesteins-Aquiferen immer wieder anzutreffenden Korngemische in „charakteristische" Sieblinien ein (Abb. 10.18). Die meisten der in dieser Abbildung wiedergegebenen Kornverteilungskurven lassen sich gliedern in

- einen gekrümmten Kurvenverlauf im unteren Teil
- eine Gerade mit annähernder Proportionalität im mittleren Teil
- einen gekrümmten Kurvenverlauf mit rasch abnehmender Steigung im oberen Teil

Bieske bezeichnet die Korngröße des Punktes, in dem die Kurve im oberen Teil ihre Steigung ändert, als *Kennkorn*. Oberhalb dieses Kennkorns liegen die gröberen Anteile des Aquifer-Korngemisches, die für die Schüttkornermittlung nicht mehr interessant sind. Die Verbindung der jeweiligen Kennkornpunkte auf den „charakteristischen" Siebkurven der Abb. 10.18 wird *Kennkornlinie* genannt. Bieske misst dem Kennkorn größere Bedeutung für die Filterhydraulik zu als einem schematisch aus einer beliebigen Sieblinie zu entnehmenden Wert d_{60}. Er schlägt deshalb vor, hier den Ungleichförmigkeitsgrad U neu zu definieren:

$$U = \frac{d_{Kennkorn}}{d_{10}} \tag{10.10}$$

In dieser Form berücksichtigt U die Form der Kornverteilungskurve (Abb. 10.18).

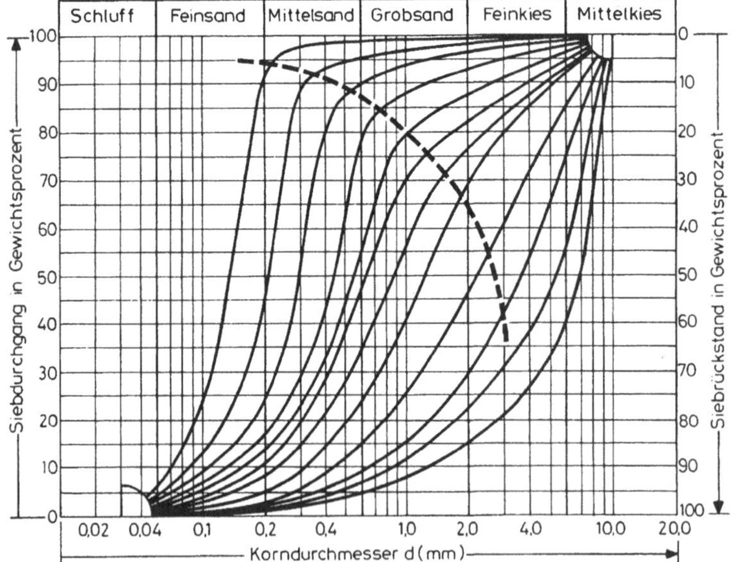

Abb. 10.18. Charakteristische Siebkurven mit Kennkornlinie. Nach Bieske (1961).

Bieske empfiehlt weiterhin, bei der Herstellung der Sieblinie für die Schüttkornermittlung alles Korn > 10 mm von vornherein abzusieben.

Die Schüttkornermittlung erfolgt schließlich anhand der Beziehung

$$\text{Schüttkorngröße} = \text{Kennkorngröße} * \text{Filterfaktor} \qquad (10.11)$$

Ist ein Aquifer geschichtet, d.h. baut er sich aus unterschiedlichen Sand- und Kiesgemischen auf, taucht immer die Frage auf, ob eine einheitliche Kiesschüttung gewählt werden soll, wie ursprünglich von Bieske bevorzugt, oder ob vertikal differenzierte, auf die Einzelschichten abgestimmte Kiesschüttungen vorteilhafter sind (Schneider 1953, 1988). Wenn eine vertikale Differenzierung vorgesehen wird, besteht bei nicht völlig einwandfreiem Arbeiten die Gefahr, dass beim Einbau des Filterkieses Pannen passieren. Es kann dann in einer gegebenen Teufe das Schüttkorn entweder nicht richtig auf das Aquiferkorn oder nicht auf die Öffnungsweite des Brunnenfilters oder gar auf beide nicht korrekt abgestimmt sein. Bei Flachbrunnen wie im nachstehenden Beispiel ist diese Gefahr jedoch gering.

Beispiel

Für den bereits beschriebenen Aquifer (vgl. Abb. 10.17) soll die geeignete Schüttkorngröße für den Teufenbereich zwischen 5,00 und 16,00 m nach dem Kennkornverfahren festgelegt werden. Zu diesem Zweck trägt man zunächst die drei Sieblinien auf ein logarithmisches Formblatt auf, das auch die Kennkornlinie nach Bieske enthält (Abb. 10.19).

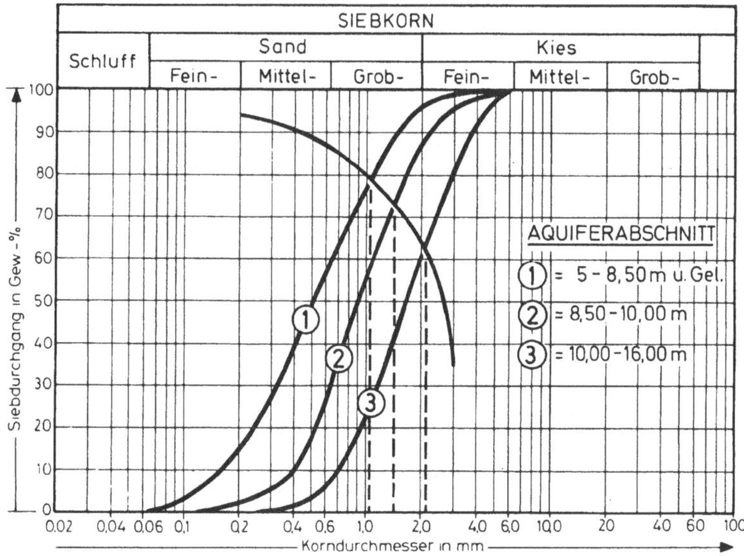

Abb. 10.19. Schüttkornbestimmung mit dem Kennkornverfahren. Nach Bieske (1961).

Für die drei Sieblinien bestimmt man das jeweilige Kennkorn im Schnittpunkt mit der Kennkornlinie und multipliziert den auf der Abszisse abgelesenen Wert mit dem Filterfaktor, um die Schüttkorngröße zu erhalten:

Teufe	Kennkorn (mm)	Filterfaktor	Schüttkorn (mm)
5,00 bis 8,50 m	1,05	5	~ 5,3
8,50 bis 10,00 m	1,42	5	~ 7,1
10,00 bis 16,00 m	2,1	5	~ 10,5

Eine konsequente Verwendung der in Tabelle 10.5 angeführten Korngrößen ergäbe folgende Kiesschüttungen:

für 5,00 bis 8,50 m die Fraktion $3,15 < d < 5,6$ mm
für 8,50 bis 10,00 m die Fraktion $5,6 < d < 8$ mm
für 10,00 bis 16,00 m die Fraktion $8   < d < 16$ mm

Es wäre wirtschaftlich ein Unding, für einen Flachbrunnen drei unterschiedliche Schüttkornfraktionen bereitzustellen. Eine einheitliche Schüttung von 5,00 bis 16,00 m ist aber auch nicht empfehlenswert, da die Korngrößenunterschiede zwischen der obersten und der untersten Schicht zu groß sind.

Wählt man hingegen für das Kennkorn 1,05 mm einen Filterfaktor von 5,5, ergibt das Produkt beider Werte eine geeignete Schüttkorngröße von ca. 5,8 mm, die im Bereich 5,6 bis 8 mm liegt. Demzufolge kann man nun zwei Schüttungen wählen:

für 5,00 bis 10,00 m die Fraktion 5,6 bis 8 mm
für 10,00 bis 16,00 m die Fraktion 8   bis 16 mm

Beim Entsanden des Brunnens (Abschn. 10.7) treten in dessen Umgebung Materialumlagerungen und Setzungen ein, denen bei der Festlegung der jeweiligen Einbauteufe der Kiesschüttung und der Filterrohre Rechnung zu tragen ist (Regel 1 im Abschn. 10.4.3). Die feinere Verkiesung wird deshalb bis unter die Basis der feinkörnigen Aquiferschicht geführt, hier etwa einen Meter. Es ergibt sich also folgendes Einbauschema:

Aquifereinheit   *Verkiesung*

5,00 bis 10,00 m $< 11,00$ m: 5,6 bis 8 mm
10,00 bis 16,00 m $> 11,00$ m: 8   bis 16 mm

Eine Darstellung des endgültigen Brunnenausbaus findet sich in Abb. 10.20 Dort sind auch der Bohr- und Ausbaudurchmesser ersichtlich.

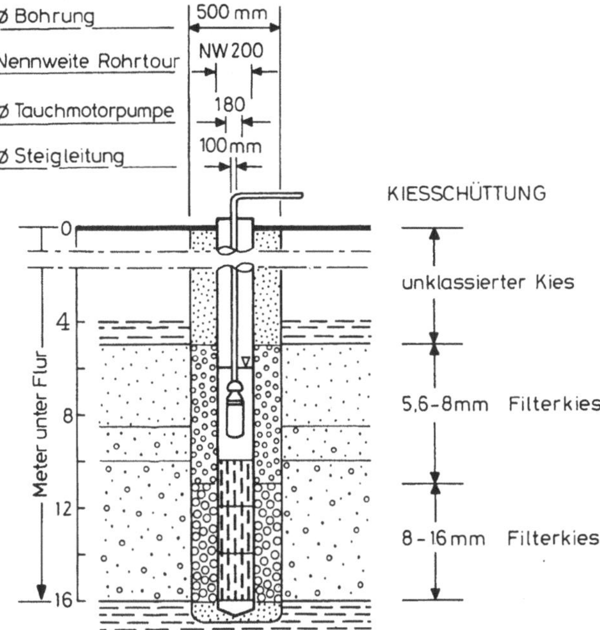

Abb. 10.20. Ausbau eines Kiesschüttungsbrunnens in einem geschichteten ungespannten Aquifer

Schüttkorndurchmesser d$_{50}$ nach Nahrgang und Schweizer (1983)

Während das Kennkornverfahren von Bieske auf halbempirische Weise entwickelt worden war, haben Nahrgang u. Schweizer (1980) mittels Laboruntersuchungen die funktionellen Zusammenhänge zwischen Kornverteilung im Grundwasserleiter und darauf abgestimmter Körnung der Filterkiesschüttung auch theoretisch ermitteln können. Die praktisch anwendbaren Ergebnisse sind im alten Merkblatt W 113 (1983) des DVGW-Regelwerks publiziert worden. Das neue Merkblatt W 113 (2001) zeigt gegenüber der Methode von Nahrgang u. Schweizer verschiedene praxisgerechtere Möglichkeiten zur Bestimmung des erforderlichen Schüttkorndurchmessers sowie der hydrogeologischen Parameter Durchlässigkeitsbeiwert und Hohlraumanteil der Filterkiesmaterialien auf. Dennoch soll das Verfahren von Nahrgang u. Schweizer nachfolgend vorgestellt werden, da es die Ergebnisse des DVGW-Forschungsvorhabens „Untersuchungen über die Stabilität und das Dichtfahren von Filtern aus Sanden und Kiesen bei Bohrbrunnen" (DVGW 1982) näher bringt.

Ganz allgemein lässt sich feststellen, dass bei einfachen S-förmigen Kornverteilungen, so wie auch in diesem Buch gezeigt, die Ergebnisse nach Bieske und nach Nahrgang u. Schweizer praktisch deckungsgleich sind. Seinen wahren Wert erweist das Verfahren der beiden Autoren für nicht S-förmige Kornverteilungskurven, beispielsweise solche mit mehr als einem Wendepunkt.

Es sei definiert

$$d_{50} = d_g \cdot F_g \qquad (10.12)$$

mit

d_{50} = Durchmesser des geeigneten Schüttkorns für 50 % Siebdurchgang

d_g = *maßgebender Korndurchmesser* des natürlichen Korngemisches des Aquifers

F_g = Filterfaktor

Der maßgebende Korndurchmesser d_g lässt sich aus der halblogarithmisch aufgetragenen Kornverteilungskurve durch graphische Differentation ermitteln, also durch

$$\frac{d(Durchgang)}{d(\log d)}$$

Damit lässt sich für die gekrümmte Kornverteilungskurve die Ableitungskurve konstruieren, die über dem Wendepunkt der Stammkurve durch ein Maximum geht. Der diesem Maximum entsprechende Korndurchmesser ist d_g. Bei lognormaler Verteilung entspricht d_g dem d_{50} des natürlichen Korngemisches.

Tritt kein Maximum auf, so ist nach Nahrgang u. Schweizer einfach $d_g = d_{30}$ zu setzen.

Bei Sieblinien mit zwei Wendepunkten treten zwei Maxima auf der Ableitungskurve auf, die als d_u für den kleineren und d_o für den größeren Durchgangsdurchmesser bezeichnet werden. In diesem Fall bildet man den Quotienten

$$F_{o,u} = \frac{d_o}{d_u} \qquad (10.13)$$

und es gilt:

$d_g = d_o$ für $F_{O,u} \leq 7$

$d_g > d_u$ für $F_{O,u} > 7$

Diese Unterscheidung sollte nur getroffen werden, wenn eindeutig feststeht, dass die Siebprobe nur einer Schicht entstammt und nicht durch Vermischung von Schichten unterschiedlicher Kornverteilung entstanden ist. Im Zweifelsfalle empfehlen die Autoren, $d_g = d_u$ zu wählen.

Die unabhängige Variable d besitzt im Wendepunkt der Stammfunktion denselben Wert wie im Maximum der ersten Ableitung. Folglich genügt es, bei allen

Sieblinien mit leicht ablesbaren Wendepunkten d_g direkt auf dem Kurvenblatt abzulesen.

Der Filterfaktor F_g nach Nahrgang u. Schweizer wird im Rahmen dieser Methode in einem vom üblichen Betrieb abweichenden Sinne verwendet. Für den intermittierenden Brunnenbetrieb errechnet er sich aus den Beziehungen

$$F_g = 6 + U \text{ wenn } 1 < U < 5$$

$$F_g = 11 \text{ wenn } U > 5 \tag{10.14}$$

Beispiel

Die graphische Ableitung einer halblogarithmischen Sieblinie ist einfach, da man nicht die Funktionswerte von Wendepunkt und Maximum benötigt, sondern lediglich den maßgebenden Korndurchmesser d_g auf der Abszisse als unabhängige Variable.

Abbildung 10.21 dient der Verdeutlichung des Verfahrens. Um den Koordinatenursprung wird ein Einheitskreis mit beliebigem Radius geschlagen. In der Ausgangszeichnung betrug dieser 6 cm. Nun legt man mit einem Winkelmesser die Tangente bei 45° an die Sieblinie: tg 45° = 1. Folglich besitzt der erste Wert der Ableitung den Wert 6 cm (Punkt 1 in Abb. 10.21).

Anschließend misst man an verschiedenen Stellen der Sieblinie den Steigungswinkel und berechnet den jeweiligen Funktionswert F_u der Ableitungskurve (Tabelle 10.6).

Tabelle 10.6. Berechnung der Funktionswerte bei der graphischen Differenzierung

| Tangentenwinkel | | Funktionswert | |
ϕ	tg ϕ	$F_u = \dfrac{r_{Einheitskreis} \cdot tg\phi}{(6cm/1cm)}$	
45,0°	1,000	F_{u1}	6,00 cm
23,8°	0,443	F_{u2}	2,66
61,7°	1,857	F_{u3}	11,14
66,8°	2,333	F_{u4}	14,00
62,5°	1,921	F_{u5}	11,53
41,0°	0,869	F_{u6}	5,22
17,5°	0,315	F_{u7}	1,89
2,0°	0,035	F_{u8}	0,21

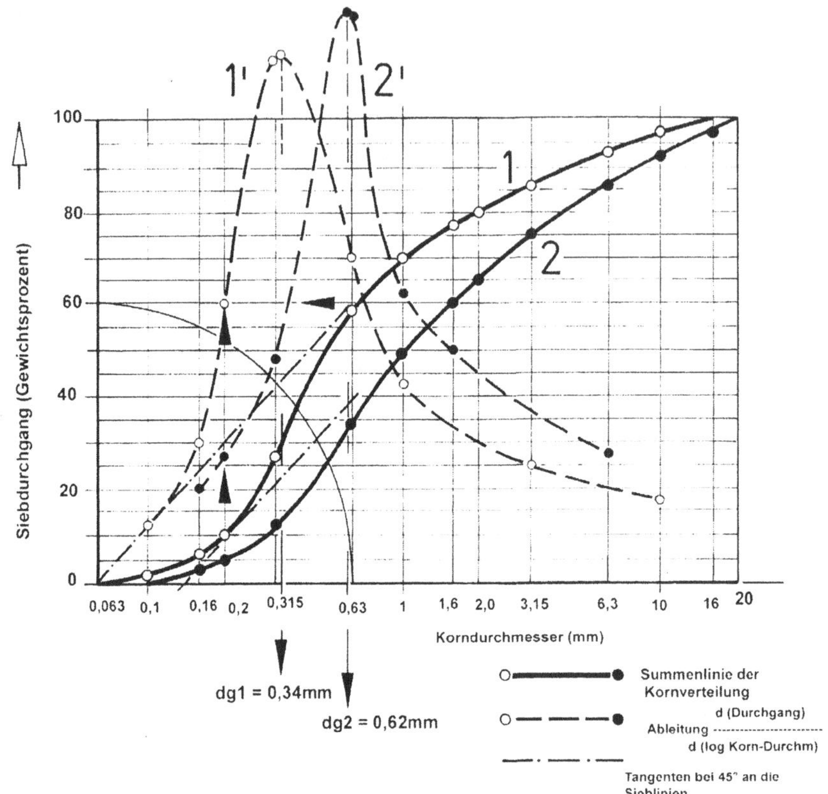

Abb. 10.21. Graphische Ableitung des maßgebenden Korndurchmessers d_g aus der halblogarithmischen Sieblinie. Aus W 113 (1983).

Die Verbindung all dieser Funktionswerte ergibt eine Ableitungskurve, deren Maximum bei $d_g = 0,6$ mm liegt.

Weiterhin

$$U = \frac{d_{60}}{d_{10}} = \frac{0,67}{0,17} = 4,2$$

Demzufolge gilt $F_g = 6 + 4,2 = 10,2$

und schließlich

$$d_{50} = 0,6 \cdot 10,2 = 6,12 \text{ mm}.$$

Diese Korngröße liegt im Bereich der Filterkiesfraktion 5,6 bis 8 mm, d.h. in der Fraktion, wie sie im vorstehenden Abschnitt nach dem Kennkornverfahren bei Wahl eines Filterfaktors von 5,5 gewählt worden ist.

Verfahren nach W 113 (2001)

Der erforderliche Schüttkorndurchmesser D_s für die Filterstrecke eines Bohrbrunnens wird nach der Formel 10.15 bestimmt (DVGW 1982):

$$D_s = d_g \cdot F_g \tag{10.15}$$

mit

d_g = maßgebender Korndurchmesser der Schicht (mm)

F_g = Filterfaktor (dimensionslos)

Der maßgebliche Korndurchmesser d_g wird bestimmt

– entweder durch die Wendepunktmethode aus der Kornsummenkurve
– oder aus der Kornverteilungskurve

Die meist S-förmige Kornsummenkurve eines Lockergesteins besitzt im Wendepunkt die größte Steigung. Graphisch wird dieser Wendepunkt durch Steigungsdreiecke ermittelt, die mit konstanten Ordinatenabschnitten im Wendepunkt die größte Steigung aufweisen (Abb. 10.22). Der maßgebliche Korndurchmesser d_g ist dann der dem Wendepunkt zugeordnete Korndurchmesser (s. Kurven 5 und 6 aus Abb. 10.22). Für „getreppte" Kornsummenlinien wird empfohlen, den maßgeblichen Korndurchmesser aus dem ersten Wendepunkt der Siebkurve mit dem entsprechend kleineren Korndurchmesser abzulesen (s. Kurve 7 in Abb. 10.22).

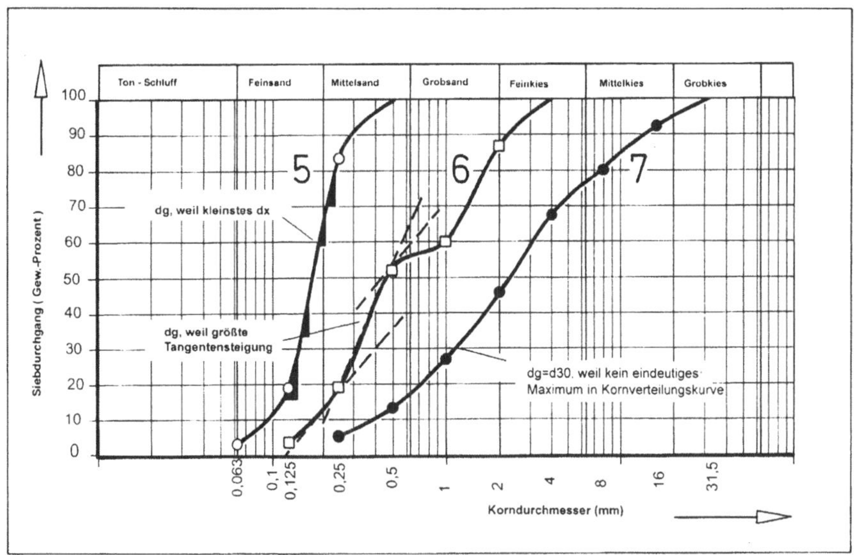

Abb. 10.22. Bestimmung des maßgeblichen Korndurchmessers nach dem Verfahren des Arbeitsblattes W 113 (2001)

Bei der Bestimmung von d_g aus der Verteilungskurve (Abb. 10.23) ergibt sich der gesuchte Wert aus dem Mittelwert des Maximums und des nächstgrößeren Korndurchmessers. Treten mehrere Maxima auf, entspricht in dieser Methode der kleinere Wert der ablesbaren Korngröße dem maßgeblichen Korndurchmesser.

In Anlehnung an DVGW (1982) ergibt sich der Filterfaktor F_g für den instationären Grundwasserzufluss beim Brunnenbetrieb zu

$$F_g = 5 + U \quad \text{für } 1 < U < 5$$

$$F_g = 10 \quad \text{für } U \geq 5$$

$$F_g = 5 \quad \text{bei intermittierendem Brunnenbetrieb}$$

Parameterbeispiele aus W 113 (2001) gemäß Abb. 10.22 und 10.23:

Parameter	Probe 5	Probe 6	Probe 7
d_{60} (mm)	0,19	0,99	3,15
d_{10} (mm)	0,091	0,18	0,38
U	2,1	5,5	8,3
d_g (mm)	0,1875	0,375	1,12
F_g	5 + U = 7,1	U > 5 = 10	U > 5 = 10
D_s (mm)	1,33	3,75	11,2
Korngruppe nach DIN 4924	1 bis 2 mm	3,15 bis 5,6 mm	8 bis 11 mm

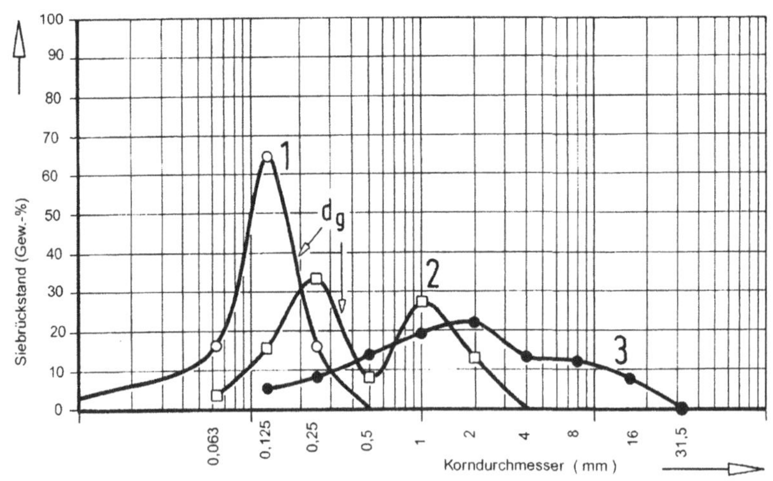

Abb. 10.23. Ermittlung von d_g aus der Kornverteilungskurve
Kurve 1: dg = (0,125 + 0,25) / 2 = 0,1875
Kurve 2: dg = (0,125 + 0,5) / 2 = 0,375
Kurve 3: dg = d30, entnommen aus der Kornsummenkurve, da kein eindeutiges Maximum

Andere Verfahren

Eine weitere Bemessungsmethode geht auf Terzaghi zurück (Williams 1981), der den Durchgang bei d_{15} des Aquifers in Beziehung setzt zum Durchgang bei d_{85} der Schüttung:

$$\frac{d_{15\,Kiesschüttung}}{d_{85\,Aquifer}} < 4 < \frac{d_{15\,Kiesschüttung}}{d_{15\,Aquifer}}$$

10.5 Andere hydraulische Bemessungskriterien

10.5.1 Einflussgrößen

Brunnen, die permanent überbeansprucht werden, d.h. deren Betriebswasserspiegel zu stark abgesenkt wird, sind trotz eines zeitweilig zur Verfügung stehenden höheren Wasserdargebotes langfristig unwirtschaftlich. Die stärkere Absenkung führt zu höheren Eintrittsgeschwindigkeiten, zu Sandförderung, Turbulenzen, d.h. zu höheren Brunneneintrittsverlusten. Letzten Endes führt dies zu mehr Förderkosten und vorzeitiger Brunnenalterung. Den praktischen Einfluss von Brunneneintrittswiderständen und Skineffekt (vgl. Abschn. 4.8.2) als förderinduzierten Druckverlust oder Druckaufbau im Brunneninnenraum auf die Förderkosten und den Brunnenbetrieb beschreibt Treskatis (2002).

Da Filterkieskörnung und Öffnungsweiten der Filterrohre wegen der erforderlichen Anpassung an die Grundwasserleitergesteine nur wenig zu variieren sind, stehen nur Filterrohrdurchmesser und -längen als Variablen zur Verfügung. Verschiedene, dabei zu beachtende Gesichtspunkte werden in den folgenden Abschnitten behandelt.

10.5.2 Grenzgeschwindigkeit und Fassungsvermögen

Der Begriff *Grenzgeschwindigkeit* wurde 1928 von Sichardt eingeführt, der mit ihm für den Brunnen mit freier Oberfläche die Filtergeschwindigkeit v_{max} bezeichnet, die unmittelbar am Brunnenrand dann anliegt, wenn dieser Brunnen seine maximal mögliche Förderleistung erbringt. Diese Grenzgeschwindigkeit kann nicht direkt gemessen werden. Sie verlangt ein *Grenzgefälle* I_{max}, das sich im Gegensatz dazu definieren lässt.

Anhand eigener Beobachtungen in Absenkungsbrunnen beim Berliner U-Bahn-Bau und Literaturwerten stellte er die in Abb. 10.24 wiedergegebene Beziehung zwischen Durchlässigkeitsbeiwerten und Grenzgefällen für verschiedene Grundwasserleiter fest.

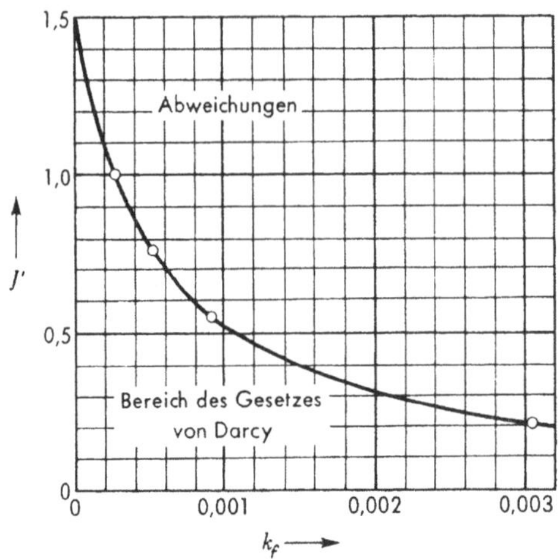

Abb. 10.24. Abhängigkeit der Durchlässigkeit vom Gradient I (= J') mit Gültigkeitsbereich des Darcyschen Gesetzes nach Sichardt. Aus Bieske et al. (1998).

Diese empirisch ermittelte Kurve gleicht einer Exponentialfunktion der Form

$$I_0 = \frac{1}{m}\left(\frac{1}{K}\right)^n \tag{10.16}$$

Für die Kurve der Abb. 10.24 bestimmte Sichardt die beste Übereinstimmung mit dieser Funktion, wenn m und n die Werte

m = 14,9, gerundet auf 15
n = 0,52, gerundet auf 0,5

annehmen.

Er hielt damit den bekannten Ausdruck für das Grenzgefälle

$$I_{max} = \frac{1}{15\sqrt{K}} \tag{10.17}$$

Nach diesem Ansatz ergibt sich die maximal mögliche Förderung aus einem Brunnen, sein sogenanntes *Fassungsvermögen*, zu

$$Q_{max} = 2\pi r_{br} h K I_{max}$$

bzw.

$$Q_{max} = 2\pi r_{Br} h \frac{\sqrt{K}}{15} \tag{10.18}$$

mit

r_{Br} = wirksamer Brunnenradius (m)

h = Wasserspiegelhöhe im Aquifer bei r_{Br} (m)

Es ist unbedingt zu beachten, dass I_{max} nicht dimensionsgerecht definiert ist, Der Ansatz von Sichardt sollte folglich nicht als analytisches Verfahren, sondern als Konzept gesehen werden, das sich allerdings in der Praxis bewährt hat (Treskatis 1996).

Für einen gegebenen Brunnen mit r_{Br} in einem freien Grundwasserleiter ist auf der rechten Seite von Gl. 10.17 nur h variabel. Die anderen Größen sind fix. Daher lässt sich ein linearer Fassungswert ϕ definieren

$$\phi = 2\pi r_{Br}\,\frac{\sqrt{K}}{15} \tag{10.19}$$

und

$$Q_{max} = \phi h_{min} \tag{10.20}$$

In Abb. 10.25 ist diese Beziehung mit einer Absenkungskurve nach der Brunnenformel von Thiem-Dupuit kombiniert. Man erkennt, dass der Schnittpunkt von Parabel und Gerade die Absenkung s_{max} bzw. die Restwasserstandshöhe h_{min} bezeichnet, denen die maximal mögliche Förderleistung des Brunnens, sein Fassungsvermögen entspricht. Nimmt die Absenkung zu, ist keine Steigerung der Förderung mehr möglich. Stattdessen nimmt die Brunnenleistung linear entlang der durch den Fassungswert ϕ charakterisierten Geraden ab, bis sie bei völliger Entleerung den Wert 0 erreicht.

Huisman (1972) empfiehlt, für Brunnen im Grundlastbetrieb die Grenzgeschwindigkeit auf die Hälfte zu verringern, um die Lebensdauer des Brunnens zu erhöhen und gebraucht somit einen zulässigen Wert von

$$v_{max} = \frac{\sqrt{K}}{30} \tag{10.21}$$

Q_{max} reduziert sich entsprechend.

In diesem Zusammenhang sei angemerkt, dass Huisman die Begriffe Grenzgeschwindigkeit und Fassungsvermögen in ihrer Bedeutung gegenüber den ursprünglichen Definitionen von Sichardt erweitert hat. Im Sinne von Huisman werden sie verwendet, um die Bedingungen für einen langfristig stabilen Brunnenbetrieb festzulegen.

Gleichzeitig mit Sichardt beschritt Gross (1928) einen anderen Weg, ein Maximum der Filtergeschwindigkeit zu definieren, das einerseits eine hohe Brunnenförderung ermöglicht, andererseits den Eintrag von Sand in den Brunnen ausschließt. Nach Gross liegt dieses Maximum bei

$$v_{max} = 2\,d_{40} \qquad\qquad (10.22)$$

worin d_{40} die Korngröße des natürlichen Korngemisches bei 40 % Siebdurchgang darstellt. Dimensional ist v_{max} inkorrekt in ms^{-1} angegeben, wenn d_{40} in Metern ausgedrückt wird. Der Vorteil des Verfahrens von Gross besteht darin, dass man direkt aus der Kornverteilung des Aquifers die zulässige Grenzgeschwindigkeit ermitteln kann. Allerdings setzt dies eine peinlich genaue Probennahme und -ansprache voraus.

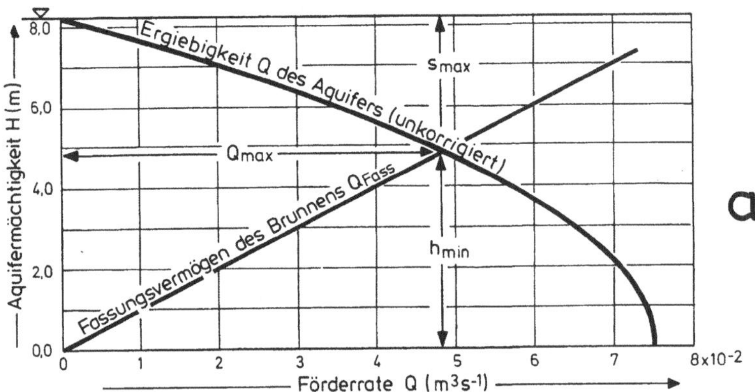

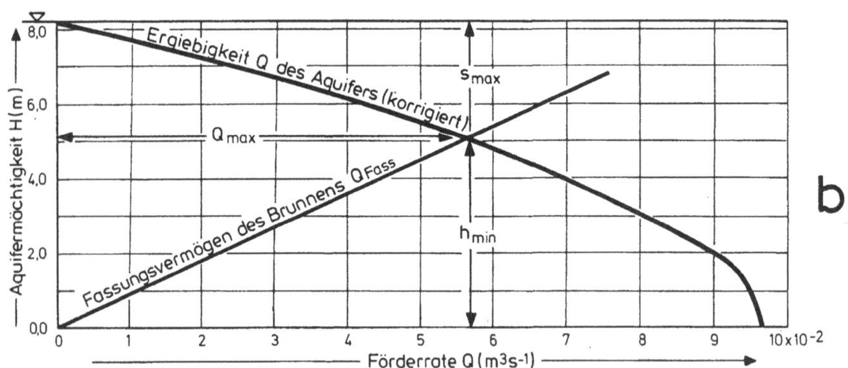

Abb. 10.25. Fassungsvermögen eines Bohrbrunnens und theoretische Ergiebigkeit eines Aquifers mit freier Oberfläche. Beispiel: Pumpversuch Wichita/Kansas.
Darstellung nach Tabelle 4.17
a) mit beobachteten Werten
b) mit korrigierten Werten

Williams (1981) benutzt das Konzept der Grenzgeschwindigkeit im gleichen Sinn wie Huisman (1974), gebraucht es aber überdies, um die Entfernung vom Brunnen abzuschätzen, bis zu der während des Entwickelns Feinpartikel aus dem Aquifer ausgespült werden. Entsprechend lässt sich auf diese Weise die Förderrate annähernd ermitteln, die nötig ist, den Aquifer bis zum gewünschten Abstand zu entwickeln.

$$\frac{Q_2}{Q_1} = \frac{v_{max} F_2}{v_{max} F_1} = \frac{r_2}{r_1} \qquad (10.23a)$$

und

$$Q_2 = \frac{Q_1 r_2}{r_1} \qquad (10.23b)$$

mit

Q_1 = Förderrate (Fassungsvermögen) bei v_{max} ($m^3 s^{-1}$)

Q_2 = Förderrate während des Entwickelns ($m^3 s^{-1}$)

r_1 = Brunnenradius (Bohrradius) (m)

r_2 = Radius, bis zu dem Feinkorn ausgespült wird (m)

Die Strömungsgeschwindigkeit v_{max}, obwohl sie in Gl. 10.23b nicht erscheint, ist erforderlich, um die Bemessungsförderrate Q_1 zu bestimmen. So sei angenommen, dass für einen Brunnen mit einem Bohrradius von 300 mm die Zone der Entwicklung wenigstens 100 mm in den Grundwasserleiter hineinreichen soll.

10.5.3 Reynolds-Zahl

Da die Strömungsgeschwindigkeit radial zum Brunnen hin zunimmt, wird die Strömung in Brunnennähe turbulent. Daraus resultiert ein zusätzlicher Verlust an Standrohrspiegelhöhe, der sich als eine weitere Absenkung des Betriebswasserspiegels im Brunnen manifestiert. Einerseits macht sich diese zusätzliche Absenkung in höheren Förderkosten bemerkbar. Andererseits kann der Druckverlust bei karbonatischen Wässern zur Ausgasung von Kohlendioxid führen, wobei deren Inkrustationstendenzen verstärkt werden.

Nach Autoren wie Rorabaugh (1953) ist die Turbulenz die wesentliche Ursache von *Brunneneintrittsverlusten* (vgl. Abschn. 4.4.3). Dieser Autor stellt auch fest, dass die Zone turbulenter Strömung mit Zunahme der Förderung radial nach außen wächst. Williams (1981) folgert daraus, dass auch Inkrustationsvorgänge („Verockerung") bei höherer Förderung zunehmend dickere Krusten schaffen, die für zusätzliche Eintrittsverluste verantwortlich sind.

Ob Grundwasser laminar oder turbulent fließt, wird durch die Reynolds-Zahl ausgedrückt (Reynolds 1883). Nach Hantush (1964) besitzt sie die Form

$$R_e = \frac{\rho \cdot v \cdot d_w}{\mu} = \frac{v \cdot d_w}{v} \qquad (10.24)$$

mit

v = spezifischer Durchfluss (Filtergeschwindigkeit) (ms^{-1})

ρ = Dichte der Flüssigkeit (kgm^{-3})

μ = dynamische Zähigkeit der Flüssigkeit ($kgm^{-1}s^{-1}$)

v = kinematische Zähigkeit der Flüssigkeit (m^2s^{-1})

d_w = wirksamer Korndurchmesser des Aquifermaterials (m)

Der wirksame Korndurchmesser d_w wird im Allgemeinen mit d_{10} gleichgesetzt, obwohl verschiedene Autoren auch d_{50} verwenden. In der Form der Gl. 10.24 gibt die Reynolds-Zahl das Verhältnis von Trägheits- zu Reibungskräften an.

Der Übergang von laminarer zu turbulenter Strömung in sandig-kiesigen Materialien ist von zahlreichen Autoren mittels Laborversuchen untersucht worden, wobei unterschiedliche Durchflussraten und Korngrößen Anwendung gefunden haben. Abbildung 10.26 zeigt den funktionellen Zusammenhang von laminarer bzw. turbulenter Strömung und einem *Reibungskoeffizienten*, dem *Fanning-Faktor* f (Rose 1945; Todd 1959)

$$f = \frac{\Delta h \cdot d_{50} \cdot g}{2\,l \cdot v^2} \qquad (10.25)$$

mit

Δh = Verlust an Standrohrspiegelhöhe entlang der Fließstrecke l (m)

d_{50} = durchschnittlicher Korngrößendurchmesser (m)

g = Beschleunigungskonstante (ms^{-2})

v = spezifischer Durchfluss (ms^{-1})

Fur Reynolds-Zahlen bis $R_e = 10$ existiert ein linearer Zusammenhang. Dieser charakterisiert den Bereich laminarer Strömung und einen Exponenten der Geschwindigkeit von 1 sowie das Vorherrschen von Reibungskräften. Für Werte $R_e > 10$ ist keine Linearität mehr gegeben. Es machen sich Trägheitskräfte bemerkbar, die etwa ab $R_e = 100$ bestimmend sind; der Exponent besitzt dann einen Wert von etwa 2.

Der Bereich zwischen $R_e = 10$ und $R_e = 100$ bezeichnet den Übergang von laminarer zu turbulenter Strömung und das Anwachsen des Exponenten von 1 auf 2.

Die verschiedenen Autoren äußern sich unterschiedlich zum „richtigen" Bemessungswert für R_e bei der Brunnenauslegung. Geht man von d_{50} als der entscheidenden Korngröße aus, dann sollte R_e nicht größer als 10 sein, um möglichst im laminaren Strömungsregime zu bleiben. Fasst man hingegen d_{10} als die wirksame Korngröße d_w auf, so wählt man $R_e = 2$ als Bemessungswert (Williams 1981).

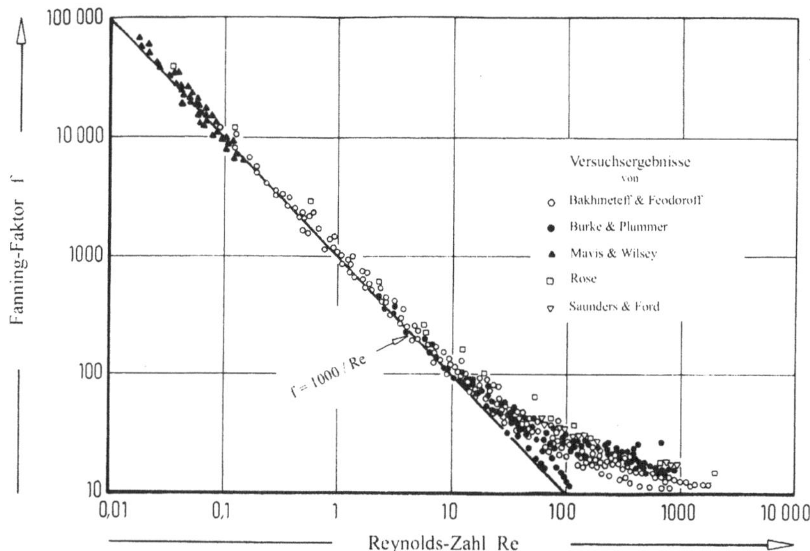

Abb. 10.26. Funktioneller Zusammenhang von laminarer bzw. turbulenter Strömung und dem Fanning-Faktor f

Nach Rose (1945) beeinflusst die Kornform den funktionellen Zusammenhang zwischen Reynolds-Zahl und Strömungswiderstand (vgl. auch Abschn. 10.4). Er definiert einen empirisch ermittelten Zusammenhang zwischen gut gerundeten und kantigen Körnern für den Reibungskoeffizienten

$$f_r = f_a \cdot (\frac{6}{n})^2 \tag{10.26}$$

mit

f_r = Reibungsformen für gut gerundete Kornformen

f_a = Reibungsformen für scharfkantige Kornformen

n = empirischer Zahlenwert aus nachstehender Aufstellung:

Material	Kornform	n -Wert
Kugeln	perfekt rund	6,00
Sand	gut gerundet	7,25
Sand	kantig	8,70
Kies	scharfkantig	11,00

Von Rose stammt auch die Beobachtung, dass für Reynolds-Zahlen größer oder gleich 10 der Zusammenhang zwischen R_e und f sich durch die Beziehung

$$f = \frac{1000}{R_e} \qquad (10.27)$$

ausdrücken lässt (Abb. 10.26).

Durch Verknüpfung der Gln. 10.26 und 10.27 ergibt sich

$$R_{e_a} = R_{e_r} \left(\frac{6}{n}\right)^2 \qquad (10.28)$$

wobei die Indizes wieder auf kantige und runde Kornformen zu beziehen sind.

Die Grenzen der Anwendbarkeit der Gln. 10.26 bis 10.28 erkennt man, wenn man mit Williams als höchste, noch zulässige Reynolds-Zahl $R_e = 10$ vorgibt, die auf Laborversuchen mit Kugeln beruht (R_{e_r}). Dann lässt sich für kantige und scharfkantige Sande und Kiese R_{e_a} berechnen, nämlich

$$n = \ 8,70 \ \text{ und } \ R_{e_a} = 4,8$$

$$n = 11,00 \ \text{ und } \ R_{e_a} = 3,0$$

Als Mittelwert ergibt sich also $R_{e_a} = 3,9$.

Daraus lässt sich der Schluss ziehen, dass nur für sehr gut gerundete Sande sowie Grundwasser mit geringer Tendenz zur Inkrustation ein R_e von 10 angebracht ist, während in allen anderen Fällen eine Reynolds-Zahl von 4 nicht überschritten werden sollte.

Hat man, ausgehend von $d_w = d_{10}$, $R_e = 2$ gewählt, bringt eine derartige Betrachtung nicht mehr viel. In diesem Fall würde das Ergebnis lauten: $R_{e_a} = 0,47$ bzw. $R_{e_a} = 30$. Festzuhalten ist, dass man R_{e_a} eben < 1 halten sollte.

Beim Durchströmen der Kiesschüttung bzw. beim Eintritt des Wassers durch die Filteröffnungen in den Brunneninnenraum machen sich nämlich andere Einflüsse stärker bemerkbar, die in den nächsten beiden Abschnitten beschrieben werden.

10.5.4 Filtereintrittsgeschwindigkeit

Das Konzept der maximalen Filtereintrittsgeschwindigkeit

$$v_{krit} = \frac{Q}{F_{offen}} \qquad (10.29)$$

mit

$Q \quad = \ $ Förderrate (m^3s^{-1})

$F_{offen} = \ $ gesamte offene Filterfläche (m^2)

geht davon aus, dass einerseits im Dauerbetrieb eine maximale Geschwindigkeit von v_{krit} = $3 \cdot 10^{-2}$ ms^{-1} nicht überschritten werden sollte (R.C. Smith 1963). Nach Smith reißt Wasser, das mit einer Geschwindigkeit von 3 bis $7,5 \cdot 10^{-2}$ ms^{-1} fließt, noch Sandkörner von 0,25 bis 0,50 mm mit, während bei einer Geschwindigkeit von unter $2 \cdot 10^{-2}$ ms^{-1} kaum noch Schluff oder Ton bewegt werden. Andererseits verursacht eine zu hohe Geschwindigkeit der Wasserstrahlen, die durch die Öffnungen des Filterrohrs ins Rohrinnere „schießen", einen Verlust an Spiegelhöhe, der sich durch die folgende Beziehung ausdrücken lässt (Williams 1981):

$$h_{verl} = (\frac{1}{c_v^{\,2}} - 1) \frac{v_{krit}^{\,2}}{2g} \qquad (10.30)$$

Es bedeuten

h_{verl} = Verlusthöhe (m)

c_v = Geschwindigkeitskoeffizient (dimensionslos)

v_{krit} = Filtereintrittsgeschwindigkeit (ms^{-1})

g = Erdbeschleunigungskonstante (ms^{-2})

Bei modernen und neuen, kommerziell hergestellten Filterrohren sind die Filtereintrittsverluste, d.h. die bauartbedingten Verlusthöhen, minimal. Williams (1981) zitiert Untersuchungen, nach denen bauartbedingte Verluste nach Gl. 10.30 bei mehr als 15 % offener Filterfläche stark abnehmen und jenseits (allerdings unüblicher) 60 % überhaupt keine Rolle mehr spielen. Nach Blair (1970) sind 25 % eine für alle erdenkliche Praxis ausreichende Obergrenze.

Da während der Lebensdauer eines Brunnens ein Teil der Öffnungen sowohl mechanisch verstopft (kolmatiert) oder durch chemische Inkrustation zuwächst, sollte das Konzept der Filtereintrittsgeschwindigkeit nicht als einziges Bemessungskriterium herangezogen werden, sondern nur im Zusammenhang mit den Kriterien der Grenzgeschwindigkeit und der Reynolds-Zahl. Das Geschwindigkeitskriterium ist aber nötig, um die Filterrohrabmessungen zu ermitteln. Die in den Herstellerkatalogen in der Regel angegebene offene Filterfläche pro lfd. Meter Filterrohr errechnet sich aus der Beziehung

$$\frac{F_{offen}}{1 \ m \ Filterrohr} = \frac{Q}{v_{krit} \cdot Filtergesamtlänge} \quad (\mathrm{m^2 m^{-1}}) \qquad (10.31)$$

mit

Q = Förderrate des Brunnens (m^{3}s^{-1})

Der Term links des Gleichheitszeichens in Gl. 10.31 bezieht sich auf Angaben des Herstellers, die für ein Rohr vor dem Einbau gelten. Nach dem Entwicklungsprozess wird jedoch ein Teil der Filteröffnungen durch eingeklemmte Filterkieskörner verstopft sein. Wie groß dieser Anteil ist, kann quantitativ nicht festgestellt werden. Doch befindet man sich in der Regel auf der sicheren Seite, wenn man mit 50 % rechnet. Bei der Filterbemessung sollte die offene Fläche somit einfach auf das Doppelte der berechneten erhöht werden.

Manche Autoren (EPA 1976) halten die Definition der kritischen Filtereintrittsgeschwindigkeit für nicht ausreichend und wählen stattdessen Werte, die sich an
den Durchlässigkeiten der Grundwasserleiter orientieren. Bei Kiesschüttungsbrunnen wird zusätzlich vorgeschlagen, dass

$$v_{krit} = \frac{v_{Aquifer} + v_{Filter}}{2} \qquad (10.32)$$

Diese Beziehung ist unter der Voraussetzung anzuwenden, dass die Durchlässigkeit der Schüttung drei- bis fünffach höher ist als die des Aquifers. Bei Grundwasser mit korrodierenden oder inkrustierenden Eigenschaften sollten nach Williams die Werte der Tabelle 10.7 etwa um 33 % bis ca. 50 % verringert werden.

Tabelle 10.7. Empfohlene kritische Filtereintrittsgeschwindigkeit (EPA 1976)

Durchlässigkeit des Aquifers	Eintrittsgeschwindigkeit
$m\ s^{-1}$	$m\ s^{-1}$
$> 2,8 \cdot 10^{-3}$	$3,0 \cdot 10^{-2}$
$2,8 \cdot 10^{-3}$	$3,0 \cdot 10^{-2}$
$2,4 \cdot 10^{-3}$	$3,0 \cdot 10^{-2}$
$1,9 \cdot 10^{-3}$	$3,0 \cdot 10^{-2}$
$1,4 \cdot 10^{-3}$	$3,0 \cdot 10^{-2}$
$1,2 \cdot 10^{-3}$	$2,5 \cdot 10^{-2}$
$9,4 \cdot 10^{-4}$	$2,5 \cdot 10^{-2}$
$7,1 \cdot 10^{-4}$	$2,0 \cdot 10^{-2}$
$4,7 \cdot 10^{-4}$	$2,0 \cdot 10^{-2}$
$2,3 \cdot 10^{-4}$	$1,5 \cdot 10^{-2}$
$< 2,3 \cdot 10^{-4}$	$< 1,0 \cdot 10^{-2}$

10.6 Variable Filteranströmgeschwindigkeit und Saugstromsteuerung

10.6.1 Theorie

Die nachstehenden Ausführungen gehen auf eine Publikation von Petersen, Rohwer u. Albertson (1955) zurück, die 1963 von Becksmann ins Deutsche übersetzt worden ist. Zunächst hatte diese Arbeit in der Fachwelt kaum Beachtung gefunden. Erst seit Beginn der achtziger Jahre ist eine Reihe von Beiträgen erschienen, die sich mit der Theorie der ungleichförmigen Anströmung von Brunnenfiltern und den daraus abgeleiteten Folgerungen für die betriebliche Praxis beschäftigen. Davon seien hier die Arbeiten von Albrecht u. Ehrhardt (1987), Bieske, Wandt u. Jourdan (1989), Pelzer u. Albrecht (1987) sowie Williams (1981) genannt.

Bei der Ableitung der funktionellen Zusammenhänge von Brunnenanströmung und Standrohrspiegelhöhenverlust Δh wird nunmehr eng der Darstellung von Petersen et al. (1955) gefolgt. Diese Autoren haben zunächst kommerziell hergestellte Filterrohre in Wassertanks gestellt. Beim Betrieb einer in das jeweilige Filterrohr gehängten Pumpe wurde eine in das Rohr gerichtete Strömung generiert. Abbildung 10.27 zeigt schematisiert den Versuchsaufbau.

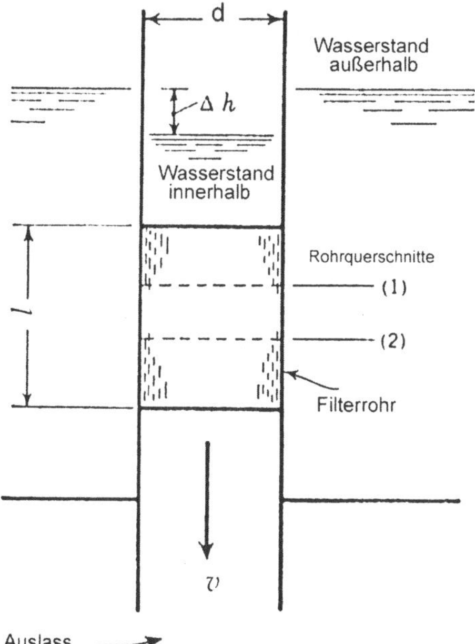

Abb. 10.27. Schematische Versuchsanordnung zur Bestimmung der Filterschlitzdurchlässigkeit und der Filterwiderstände. Aus Petersen et al. (1955).

Die Strömung untergliedert sich in zwei Komponenten:

- einerseits in das Rohr hinein durch Anordnung zahlreicher Filteröffnungen
- andererseits innerhalb des Rohres parallel zur Rohrachse hin zur Pumpe

Beim Durchgang durch die Filteröffnungen wandelt sich potentielle in kinetische Energie um, die die zahlreichen kleinen Wasserstrahlen beschleunigt. Diese Geschwindigkeit geht aber innerhalb des Rohres völlig verloren, was sich in einem Verlust Δh des Betriebswasserspiegels gegenüber dem Außenwasserspiegel äußert.

Innerhalb des Rohres ändert sich also das Momentum des Wassers als Folge der Beschleunigung zur Pumpe hin.

Die bestimmenden Variablen sind:

- Filterrohrlänge l
- Filterrohrdurchmesser d (DN)
- prozentuale Filterrohrfläche F_p
- Einschnürungskoeffizient der Filteröffnungen C_c
- innere Rauigkeit des Filterrohrs k
- Druckdifferenz zwischen Außen- und Innenseite des Filterrohrs Δp
- Strömungsgeschwindigkeit im Filterrohr v
- Dichte des Wassers σ
- kinematische Zähigkeit des Wassers μ

Die funktionelle Abhängigkeit der Variablen untereinander wird von den oben genannten Autoren beschrieben als

$$f_1(l, d, \Delta p, k, \sigma, \mu, v, F_p, C_c) = 0 \tag{10.33}$$

Wählt man d, σ und v als sich wiederholende Variablen, dann ergibt eine Dimensionsanalyse eine Funktion der Form

$$f_2(\frac{l}{d}, \frac{k}{d}, F_p, C_c, \frac{\Delta p}{\sigma v^2}, \frac{vd\sigma}{\mu}) = 0 \tag{10.34}$$

Durch Multiplikation von $\dfrac{\Delta p}{\sigma v^2}$ mit $\dfrac{\gamma}{\gamma}$ (γ = Flüssigkeitswichte) erhält man die

Form $\dfrac{\Delta h}{v^2/2g}$ mit Δh als Spiegelhöhendifferenz zwischen Außen- und Innenseite des Filterrohrs. Die Funktion lässt sich dann schreiben als

$$\frac{\Delta h}{v^2/2g} = f_3(C_c, F_p, \frac{l}{d}, \frac{k}{d}, \frac{vd\sigma}{\mu}) \tag{10.35}$$

Bei dieser Strömungskomponente spielen Viskosität der Flüssigkeit und Rohrreibung kaum eine Rolle. Folglich vereinfacht sich Gl. 10.35 weiter zu

$$\frac{\Delta h}{v^2 / 2g} = f_4(C_c, F_p, \frac{l}{d}) \qquad (10.36)$$

Mit diesem Ausdruck hat man die wesentlichen Bemessungsparameter von Filterrohren in einen funktionellen Zusammenhang gebracht, für den aber keine explizite Lösung existiert. Weitere Erschwernisse ergeben sich dadurch, wenn man das Filterrohr in einen mit Sand oder Kies gefüllten Versuchstank platziert, also reale Brunnenverhältnisse simuliert. Dann müssen weitere Bemessungsparameter berücksichtigt werden:

- Verhältnis von Filteröffnungsweiten zur Korngröße von Filterkies oder Aquifer
- Verhältnis von Filterkies- oder Aquiferkörnung zum Filterrohrdurchmesser
- Ungleichförmigkeitsgrad der Körnung

Filterrohrhersteller lösen diese Problematik traditionell durch Versuchsserien; doch weisen Petersen et al. nach, dass auch eine theoretische Behandlung unter folgenden Annahmen möglich ist:

- keine Beschleunigung senkrecht zur Fließrichtung
- keine Änderung der Fließgeschwindigkeit innerhalb der betrachteten Rohrquerschnitte
- keine Strömungswiderstände

Dann gilt:

$$Q = v_1 F_1 = v_2 F_2 \qquad (10.37)$$

$$\frac{v_1^2}{2g} + \frac{p_1}{\gamma} + z_1 = \frac{v_2^2}{2g} + \frac{p_2}{\gamma} + z_2 \qquad (10.38)$$

$$Fy = \rho(Q_1 v_1 - Q_2 v_2)y \qquad (10.39)$$

Bekannt sind diese Bezeichnungen als Gesetz von der Erhaltung der Masse, Gesetz von der Erhaltung der Energie und Gesetz von der Erhaltung des Kraftmoments.

Es bedeuten:

Q = Durchflussrate parallel zur Filterrohrachse ($m^3 s^{-1}$)

F = Querschnittsfläche des Filterrohres (m^2)

g = Erdbescheunigungskonstante (ms^{-2})

$\frac{p}{\gamma} = h$ = Standrohrspiegelhöhe (m)

ρ = Dichte (kgm^{-3})

z = geodätische Höhe über einem definierten Referenzniveau (m)

F_γ = Differenz des Kraftmoments zwischen den Schnittflächen

     F$_1$ und F$_2$ (kg m s^{-2})

Zwischen den Querschnittsflächen F$_1$ und F$_2$, d.h. auf einer Länge dl des Filterrohrs nimmt die Durchflussrate um den Betrag dQ zu.

$$dQ = C_c \cdot F_p \cdot \pi \cdot d \cdot \sqrt{2g\,\Delta h} \cdot dl \qquad (10.40)$$

Δh bedeutet hier die Spiegelhöhendifferenz zwischen Innen- und Außenseite des Rohres bezogen auf das Inkrement dl.

Der Gesamteinstrom in das Filterrohr über dessen Länge l ergibt sich durch Integration von Gl. 10.40 zu

$$Q = C_c \cdot F_p \cdot \pi \cdot d \cdot \sqrt{2g} \int \sqrt{\Delta h}\, dl \qquad (10.41)$$

Wendet man nun die Momentumsbeziehung auf die Strömung zwischen den Querschnitten F_1 und F_2 an, so erhält man die Beziehung

$$F\gamma(h_1 - h_2) = -\rho\,(Q_1 v_1 - Q_2 v_2) \qquad (10.42)$$

und in Differentialform

$$-F^2 g\, dh = d(Q^2) \qquad (10.43)$$

mit

h = Standrohrspiegelhöhe (besser Betriebswasserspiegel im Filterrohr)

Die Standrohrspiegelhöhe außerhalb des Filters bleibt konstant. Somit gilt

$$\Delta h = \text{Konstante} = -h \qquad (10.44a)$$

und

$$d(\Delta h) = -dh \qquad (10.44b)$$

Damit lässt sich Gl. 10.43 auch schreiben

$$d(Q^2) = F^2 g\, d(\Delta h) \qquad (10.45a)$$

und nach Integration

$$Q^2 = F^2 g\,\Delta h + C_1 \qquad (10.45b)$$

Wenn Q den Wert 0 annimmt, dann ist Δh gleich $d(\Delta h) = \Delta h'$ und es folgt

$$C_1 = -F^2 g\,\Delta h' \tag{10.46}$$

mit

$\Delta h'$ = Spiegeldifferenz zwischen Außen- und Innenseite des Filterrohrs an der Stelle $l = 0$, d.h. an der Oberkante der Filterstrecke

Gl. 10.45b kann dann geschrieben werden

$$Q^2 = F^2 g(\Delta h - \Delta h') \tag{10.47}$$

Nach l differenziert ergibt sich

$$\frac{dQ}{dl} = \frac{F^2 g}{2Q}\frac{d(\Delta h)}{dl} \tag{10.48}$$

Die Gln. 10.40, 10.46 und 10.48 lassen sich zu einer dimensionslosen Beziehung kombinieren

$$\frac{2C_c F_p \pi\, d\sqrt{2g}\,dl}{\sqrt{gF^2}} = \frac{d(\Delta h)}{\sqrt{(\Delta h)^2 - (\Delta h \cdot \Delta h')}} \tag{10.49a}$$

vereinfacht

$$\frac{C}{d}dl = \frac{d(\Delta h)}{\sqrt{(\Delta h)^2 - (\Delta h \cdot \Delta h')}} \tag{10.49b}$$

Nach Integration erhält man

$$C\frac{l}{d} = \cosh^{-1}\left(\frac{2\Delta h - \Delta h'}{\Delta h'}\right) + C_2 \tag{10.49c}$$

und

$$C = 11{,}31 \cdot C_c \cdot F_p \tag{10.49d}$$

Die Integrationskonstante C_2 nimmt den Wert 0 an, da im Fall von $l = 0$ der Ausdruck $\Delta h = \Delta h'$ wird. Ersetzt man in Gl. 10.49c die Größe $\Delta h'$ durch ihren Wert aus Gl. 10.47, lautet das Ergebnis

$$\frac{\Delta 2h}{Q^2 \big/ F^2 g} = \frac{\cosh(Cl/d)+1}{\cosh(Cl/d)-1} \tag{10.50}$$

oder als Geschwindigkeitsterm

$$\frac{\Delta h}{v^2 \big/ 2g} = \frac{\cosh Cl \big/ d + 1}{\cosh Cl \big/ d - 1} \qquad (10.51)$$

Mit Gl. 10.50 liegt nun eine Beziehung vor, die die eingangs aufgeführten dimensionslosen Parameter C_c, F_p und l/d zu einer einzigen Variablen zusammenfasst.

10.6.2 Schlussfolgerungen für die Praxis

Petersen et al. (1955) haben somit festgestellt, dass ein funktionaler Zusammenhang zwischen den beiden dimensionslosen Größen $\dfrac{\Delta h}{v^2 / 2g}$ und $\dfrac{C \cdot l}{d}$ besteht und dabei festgestellt, dass die erste einen nahezu konstanten Wert annimmt, wenn die hyperbolische Funktion $\dfrac{C \cdot l}{d}$ so groß wird, dass -1 und +1 vernachlässigt werden können.

$\dfrac{\Delta h}{v^2 / 2g}$ wird als *Filterwiderstandskoeffizient*, bzw. als *Verlustkoeffizient* bezeichnet. Er nimmt den Wert 1 an, sobald $\dfrac{C \cdot l}{d} > 6$ wird. Das heißt, dass die Verlusthöhe dann ein Minimum wird. Der Ausdruck $\dfrac{C \cdot l}{d}$ lässt sich vergrößern, indem man C_c, F_p oder l erhöht oder d reduziert (Abb. 10.28).

Daraus folgert:

Länge und Durchmesser eines Filterrohrs bestimmen die prozentuale offene Fläche, für die die Verlusthöhe einen Minimalwert annimmt. Allerdings darf nicht außer acht gelassen werden, dass mit abnehmender Filterlänge l auch die Filterfläche F abnimmt, Δh folglich wieder anwächst.

Die Fließrichtung im Filterrohr auf- oder abwärts zum Pumpeneinlauf spielt keine Rolle. Die Anwendung der Gl. 10.50, die nur für Rohre im Wassertank gilt, muss auch noch für natürlich entwickelte oder Kiesschüttungsbrunnen überprüft werden.

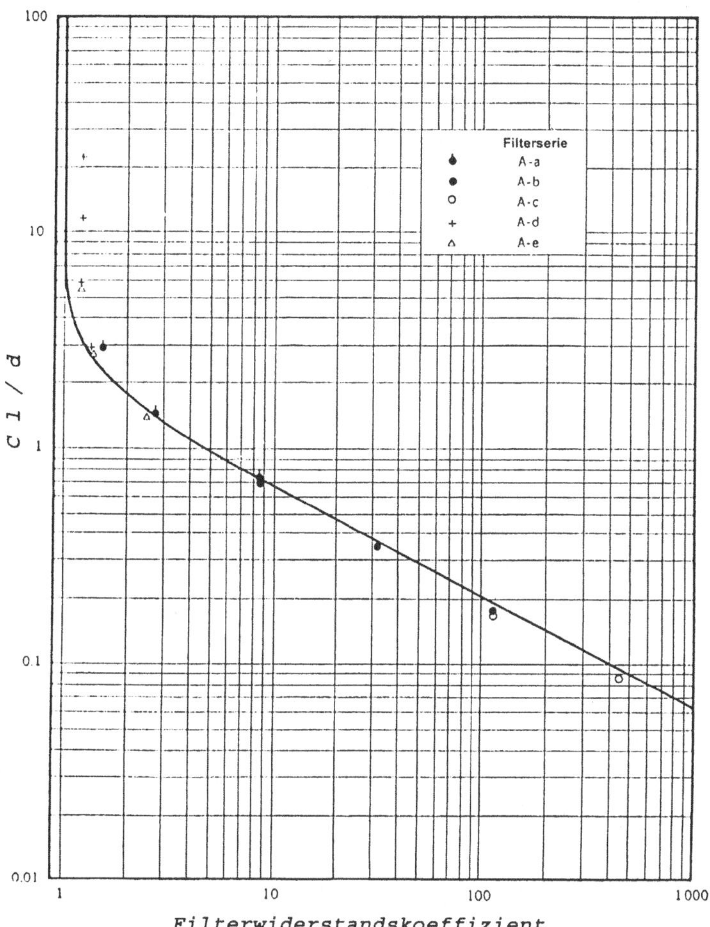

Abb. 10.28. Filterwiderstandskoeffizient für eine Filtertypenserie A als Funktion von $C{\cdot}l/d$. Nach Petersen et al. (1955).

So kann z.B. nicht direkt gemessen werden, wie sich die Ummantelung des Filters durch Sand und Kies auswirkt, welche die Koeffizienten C_c und die offene Filterfläche F_p beeinflusst. Petersen et al. (1955) ersetzen deshalb in Gl. 10.49d C_c durch einen *Filterkoeffizienten* C_s, der auch die Reduzierung der offenen Filterfläche F_p berücksichtigt.

$$C = 11{,}31 \cdot C_s \cdot F_p \tag{10.52}$$

Nach Williams (1981) nimmt der Einschnürungskoeffizient C_c Werte zwischen 0,6 und 0,9 an, während der Filterkoeffizient C_s zwischen 0,2 und 0,6 schwankt und ein Maximum bei 0,3 bis 0,4 aufweist.

Die Untersuchungen von Petersen et al. (1955) lassen sich daher unter Berücksichtigung der Vorschläge von Williams (1981) wie folgt zusammenfassen:

– Minimale Filterverluste ergeben sich dann, wenn der *Filterwiderstandskoeffizient* bzw. *Verlustkoeffizient* $\dfrac{\Delta h}{v^2\big/2g}$ für ein gegebenes Filterrohr mit Kiesschüttung den Wert 2,0 und für ein offenes Filter den Wert 1,0 annimmt.

– Bei $\dfrac{C \cdot l}{d} > 6$ hängen die Filterverluste nicht mehr von der Schüttkorngröße ab.

– Ist $\dfrac{C \cdot l}{d} > 6$, dann hängt die Verlusthöhe nur vom Filterrohrdurchmesser ab. Mittels Gl. 10.50 lässt sich der maximal erlaubte Wert für d bestimmen. Bei einer weiteren Zunahme von d würde $\dfrac{C \cdot l}{d}$ wieder abnehmen.

– Der größte Teil des Einstroms in den Brunnen vollzieht sich lediglich über den Teil des Filterrohrs, gerechnet vom Pumpeneinlauf an, der nötig ist, einen Wert von $\dfrac{C \cdot l}{d} > 6$ zu erreichen. Die Einstromrate über die übrige Filterlänge ist sehr gering.

Die vorstehenden Darlegungen verdeutlichen, dass die übliche Vorstellung einer gleichmäßigen Anströmung des Filterrohrs in einem (vollkommenen) Brunnen, wie sie Voraussetzung für die oben beschriebenen Bemessungsverfahren ist, nur bedingt zutrifft. In unmittelbarer Umgebung des Filterrohrs, sei es im Aquifer eines natürlich entwickelten Brunnens, sei es im Kiesfilter eines Kiesschüttungsbrunnens, tritt eine Geschwindigkeitsspitze auf, die Ursache einer permanenten Sandförderung auch eines ordnungsgemäß bemessenen und ausgebauten Brunnens sein kann.

10.6.3 Gestaltung von Saugstromsteuerungen

Im Brunnenrohr tritt infolge der großen Strömungsgeschwindigkeit ein starker Reibungs- und damit Potentialverlust auf, der naturgemäß nahe dem Einlaufseiher der Unterwasserpumpe am stärksten ausgeprägt ist. Der Filterrohrmantel als Systemgrenze zwischen einer (fast) laminaren Grundwasserströmung und einer turbulenten Rohrströmung verursacht somit eine Verzerrung des Strömungsfeldes, die ebenfalls in der Umgebung des Pumpeneinlaufs am stärksten ist (Michel u. Valentin 1992). Die Frage ist, wie weit sich diese Verzerrung nach außen erstreckt und welche Möglichkeiten bestehen, ihren Einfluss zu verringern, um somit zu einer Vergleichmäßigung der Brunnenanströmung zu gelangen. Dazu wird eine sogenannte *Saugstromsteuerung* in den Brunnen eingebaut.

Eine Saugstromsteuerung besteht aus einem oben und unten geschlossenen Filterrohr, das ähnlich einem Saugmantel die Pumpe umschließt und in das Brunnenfilterrohr hineinragt. Hängt die Pumpe unterhalb des Filterrohrs, wird die Saugstromsteuerung oberhalb des Aggregates eingebaut. Umgekehrt befindet sie sich unterhalb der Pumpe, wenn diese oberhalb des Brunnenfilterrohrs installiert ist. Die Filteröffnungen sind nicht gleichmäßig angebracht. In der Nähe der Pumpe befinden sich relativ wenige, am entfernten Ende hingegen relativ viele Filteröffnungen. Das bedeutet somit, dass sich die offene Filterfläche vom entfernten zum nahen Ende des Saugrohrs kontinuierlich verringert.

Mittels einer solchen Bauweise erreicht man eine Vergleichmäßigung des Anstroms und eine Reduzierung sowohl von Sandeintrag als auch von Inkrustationen. Ganz allgemein werden also der Verschleiß in Pumpe und Steigleitung ebenso wie die Brunnenalterungsprozesse verlangsamt. Nachteilig ist, dass eine Saugstromsteuerung als zusätzliches Sperrelement die Summe der Brunneneintrittsverluste erhöht. Die jeweiligen Vor- und Nachteile einer Saugstromsteuerung müssen vor Fertigstellung des Brunnens für den hydrogeologischen Standort geprüft werden, und zwar unter den folgenden Gesichtspunkten:

- die Strömung im Aquifer ist laminar
- im Filterkörper von Kiesschüttungsbrunnen machen sich Trägheitskräfte bemerkbar, die sich als nichtlineare Absenkungskomponenten äußern
- die Rohrströmung setzt beim Passieren der Filteröffnungen ein (Michel u. Valentin 1992)

Bereits 1981 hat Williams darauf hingewiesen, dass brunnenbautechnische Lösungen schwierig sind, wie das folgende Beispiel sehr eindeutig zeigt.

Ein kommerziell hergestellterBrunnenfilter DN 300 habe eine offene Filterfläche von 20 % und einen Filterkoeffizienten von $C_s = 0,4$. Aus Gl. 10.52 folgt

$$C = 11,31 \cdot 0,4 \cdot 0,20 = 0,905$$

und

$$l = \frac{6\,d}{C} = \frac{6 \cdot 0,3}{0,905} = 1,99\,m$$

Dieses Ergebnis besagt, dass bei Verwendung eines derartigen Filterrohrs rund 2 m Länge ausreichen würden, um einen (nicht näher definierten) Volumenstrom aufzunehmen. Sähe man im Vergleich ein Filterrohr DN 300 mit einer offenen Filterfläche von nur 5 % und einem Wert von $C_s = 0,3$ vor, dann ergäbe sich

$$C = 11,31 \cdot 0,3 \cdot 0,05 = 0,17$$

$$l = \frac{6 \cdot 0,3}{0,17} = 10,59\,m$$

Ein solches Filterrohr müsste somit fünfmal länger sein.

Williams weist auf die Folgen derartiger Rechnungen für die Bemessung eines Brunnens hin:

- Ein Brunnen mit nur 2 m Filterrohrlänge wäre in den meisten Fällen wohl unvollkommen. Das heißt, er hätte während des Betriebs bei stärkerer Absenkung eine geringere Leistung als ein vollkommener Brunnen.
- Der Brunnen mit dem längeren Filterrohr wäre unter Umständen für einen geringmächtigen Grundwasserleiter nicht herstellbar. Daraus ergäbe sich dann die Forderung nach einem größeren Durchmesser oder mehr Filterfläche.
- Ein weiteres Problem ergibt sich aus dem lithologischen Feinaufbau des Aquifers im Bereich der Filterstrecke. Trotz optimierter Anpassung von Kiesschüttung und Filteröffnungen ist die Anströmung immer etwas ungleichförmig, weil dort unterschiedlich durchlässige Schichten im Zentimeterbereich abwechseln.

Dies lässt deutlich werden, dass ein Filterrohr ungleichmäßig angeströmt wird. Die dadurch verursachte Geschwindigkeitsspitze kann die Ursache für einen permanenten Sandeintrag in den Brunnen sein, was schließlich zur vorzeitigen Zerstörung von Pumpe und Brunnen führt. Die Forderung nach einer Vergleichmäßigung des Anstroms ist also durchaus gerechtfertigt.

Bei den *Saugstromsteuerungen der 2. Generation* wird der Versuch unternommen, der Forderung nach Vergleichmäßigung weitgehend zu genügen (Albrecht u. Ehrhardt 1987; Pelzer u. Albrecht 1987; Ehrhardt u. Pelzer 1992). Bislang ist – wie aus der Literatur ersichtlich – bezüglich der universellen Einsatzfähigkeit derartiger Einrichtungen noch keine Einigkeit erzielt worden, obwohl diese unter bestimmten Voraussetzungen ihren Nutzen erwiesen haben.

In den folgenden Abschnitten wird anhand der Veröffentlichung von Albrecht u. Ehrhardt (1987) das Bauprinzip der Saugstromsteuerung der sogenannten 2. Generation erläutert.

Es wird von dem folgenden Konzeptmodell ausgegangen:

- ein gespannter Grundwasserleiter, der durch einen vollkommenen, d.h. zu 100 % verfilterten Kiesschüttungsbrunnen erschlossen ist
- die Unterwasserpumpe hängt im Vollrohrbereich kurz oberhalb der Filterstrecke
- der Betriebswasserspiegel befindet sich permanent deutlich oberhalb der Pumpe
- das Filterrohr sei über seine gesamte Länge l gleichmäßig perforiert
- der Anstrom aus dem Aquifer in die Kiesschüttung erfolgt horizontal mit einer über die gesamte Mächtigkeit konstanten Filtergeschwindigkeit v_2
- ferner wird – unzutreffend – postuliert, dass auch die Ringraumkiesschüttung horizontal durchströmt wird

Von diesem Konzeptmodell ausgehend wären die folgenden Verlusthöhen zu berücksichtigen:

- h_k in der Kiesschüttung
- h_s beim Durchgang durch die Filterschlitze (Druckdifferenz zwischen Außen- und Innendurchmesser des Filterrohres)
- $0 < h_b < l$ innerhalb des Brunnenrohrs mit der Länge l

Bezeichnet man mit v_s die Durchtrittsgeschwindigkeit in den Schlitzen, dann gilt für das Verhältnis von v_s bei $h = 0$ und v_s bei $h = l$:

$$\frac{v_s(h=l)}{v_s(h=0)} = \frac{h_k + h_s + h_b}{h_k + h_s} \tag{10.53}$$

Somit nimmt v_s von der Filterunterkante zur Filteroberkante deutlich zu, und in der Ringraumschüttung macht sich eine Aufwärtskomponente der Strömung bemerkbar. Es zeigt sich also, dass die oben postulierte horizontale Durchströmung der Ringraumschüttung nicht richtig sein kann. Wie aus der Abb. 10.29 ersichtlich, wird zwischen v_2 und v_1 ein Winkel α gebildet. Damit gilt:

$$v_1 = \frac{v_2}{\cos\alpha} \tag{10.54}$$

mit

α = Neigungswinkel zwischen der Horizontalgeschwindigkeit im Aquifer und der aufwärts gerichteten Geschwindigkeit im Kiesfilter

Weiterhin gilt:

$$tg\,\alpha = \frac{h_1 - h_2}{r_2 - r_1} \tag{10.55}$$

mit

h_2 = Höhe des beobachteten Stromfadens im Aquifer bei r_2

h_1 = Höhe dieses nunmehr ausgelenkten Stromfadens bei r_1

und entsprechend

$dh_{1,2}$ = Längendifferentiale

Das Grundwasser strömt also mit der Rate Q und der über die gesamte Durchflusshöhe konstanten Geschwindigkeit v_2 bei r_2 aus dem Aquifer in die Kiesschüttung ein, um innerhalb dieser mit über die Höhe variierender Geschwindigkeit v_1 bei r_1 ins Filterrohr einzutreten. Folglich ist

$$v_2 \cdot 2\pi\, r_2 \cdot h_2 = 2\pi \int_0^{h_1} v_1(h)\, r_1\, dh \tag{10.56}$$

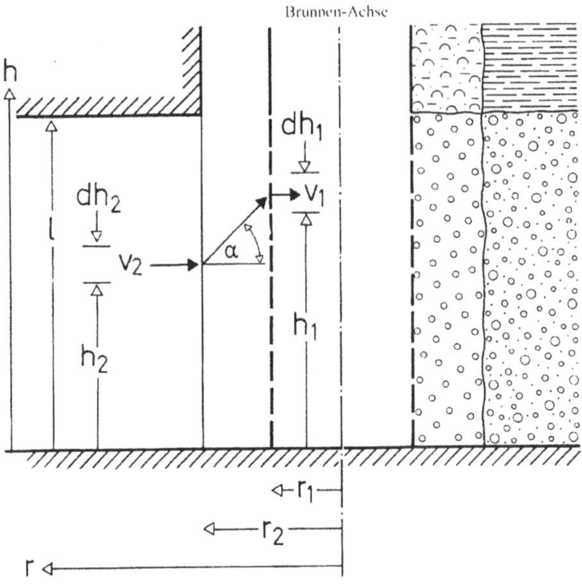

Abb. 10.29. Strömungsverhältnisse in einem Kiesschüttungsbrunnen ohne Saugstromsteuerung. Nach Albrecht u. Ehrhard (1987).

Definiert man eine Durchschnittsgeschwindigkeit $\overline{v}_1$ als die über die Rohrlänge l gemittelte Ringraumgeschwindigkeit und berücksichtigt, dass aus Kontinuitätsgründen $v_2 \cdot r_2 = \overline{v}_1 \cdot r_1$ ist, dann erhält man

$$h_2 = \int_0^h \frac{v_1(h)}{\overline{v}_1}\, dh \tag{10.57}$$

Der tatsächliche Verlauf von $\dfrac{v_1(h)}{\overline{v}_1}$ ist nicht linear, kann aber nach Albrecht u. Ehrhardt (1987) durch einen linearen Anstieg von v_1 zwischen den Grenzen $h = 0$ und $h = l$ approximiert werden, so dass die nachstehende vereinfachte Beziehung gilt:

$$v_1(h) = 2\,\overline{v}_1 \cdot \frac{h}{l} \tag{10.58}$$

mit

$$v_1(0) = 0,\ v_1\!\left(\frac{l}{2}\right) = \overline{v}_1 \ \text{und}\ v_1(l) = 2\overline{v}_1$$

Daraus folgt, dass

$$h_2 = \frac{h_1^2}{l} \qquad (10.59)$$

und

$$tg\,\alpha = \frac{h_1 - h_1^2/\,l}{r_2 - r_1} \qquad (10.60)$$

An den Grenzen $h_1 = 0$ (Unterkante Filter) und $h_1 = l$ (Oberkante Filter) nimmt α den Wert Null an und v_1 entspricht v_2. Bei $h_1 = \frac{h}{2}$ gehen sowohl der Winkel α als auch die Geschwindigkeit v_1 durch ein Maximum, das man durch Differenzieren von Gl. 10.60 ermitteln kann:

$$tg\,\alpha_{max} = \frac{1}{2} \cdot \frac{l}{(r_2 - r_1)} \qquad (10.61)$$

Vor allem bei Tiefbrunnen mit langen Filterstrecken kann α sehr große Werte annehmen, und man darf ansetzen

$$tg\,\alpha_{max} \approx \frac{1}{\cos \alpha_{max}} \qquad (10.62)$$

bzw.

$$tg\,\alpha_{max} \approx \frac{v_{1\,max}}{v_2} $$

und

$$v_{1\,max} \approx tg\,\alpha_{max} v_2 \qquad (10.63)$$

Diese Gleichung lässt deutlich erkennen, dass in der Kiesschüttung hohe Strömungsgeschwindigkeiten erreicht werden können. Sie liegen erheblich über den in Tabelle 10.7 genannten maximal erlaubten Brunneneintrittsgeschwindigkeiten. Wenn also ein ordnungsgemäß hergestellter Brunnen im Dauerbetrieb dennoch Sand führt, muss das nicht immer an Mängeln beim Brunnenausbau liegen, sondern kann durch zu hohe Strömungsgeschwindigkeit(en) im Förderbetrieb verursacht sein.

10.6.4 Folgerungen für den Brunnenbau

Mit der vorstehenden Argumentation gelangen Albrecht u. Ehrhardt (1987) zur gleichen Aussage wie Petersen et al. (1955, 1963) und Williams (1981). Das anströmende Wasser durchquert die Ringraumdistanz $(r_2 - r_1)$ nicht horizontal, sondern auf längeren und unterschiedlichen Strömungsbahnen. In Richtung Pumpe konvergieren die Stromlinien; in der entgegengesetzten Richtung divergieren sie. Dem obersten Teil des Filterrohrs fließt folglich der Hauptanteil des Wassers zu, während der längere Teil des Rohrs verhältnismäßig wenig Wasser aufnimmt. Dieser Effekt lässt sich bei tieferen Brunnen mit langen Filterstrecken durch geophysikalische Bohrlochmessverfahren (z.B. Flowmeter-Messungen) nachweisen.

Eine technische Maßnahme zur Vergleichmäßigung von Volumenstrom, Geschwindigkeit und damit zur Reduzierung des Sandeintrags stellt neben der Bemessung einer möglichst dicken Filterkiesschüttung eben der Einbau einer Saugstromsteuerung der 2. Generation dar (Abb. 10.30).

Sie besteht hier aus einem die Pumpe umschließenden, in das Brunnenfilterrohr hineinragenden perforierten Rohr mit geschlossenem Boden, dessen offene Filterfläche sich von einem Minimum nahe der Pumpe zu einem Maximum am anderen Ende entwickelt. Dieses Bauprinzip sorgt dafür, dass Geschwindigkeitsspitzen bei der Einströmung verringert und die Vertikalkomponenten der Strömung abgebaut werden sowie auf diese Weise die wünschenswerte Vergleichmäßigung des Wasserzutritts über die gesamte Filterlänge erzielt wird. Technische Auslegung und Bemessung des Steuerelements müssen vom Hersteller vorgenommen werden.

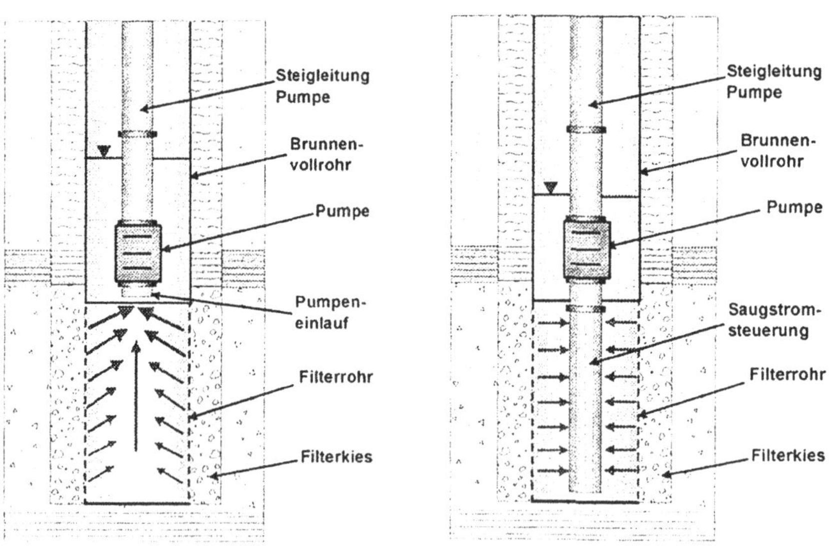

Abb. 10.30. Anströmung der Pumpe in einem Brunnen ohne (links) und mit (rechts) Saugstromsteuerung. Aus Houben und Treskatis (2003).

Das bisher Gesagte lässt erkennen, dass Saugstromsteuerungen optimal in tiefen Brunnen mit langen Filterstrecken in gespannten Grundwasserleitern eingesetzt werden können, während ihre Verwendung in Flachbrunnen offensichtlich nicht ratsam ist. In der Tat liegen positive Erfahrungsberichte überwiegend von tiefen Brunnen vor.

Salisko u. Sutter (1983) beschreiben die Wirkung einer Saugstromsteuerung in einem 70 m tiefen Brunnen mit Kiesschüttung, der mit durchgehend eingebauten Filterstrecken ohne zwischengeschaltete Vollrohre einen quartären Aquifer mit freier Oberfläche erfasst. Die gewählte Bauweise ohne genaue Anpassung von Filterkieskorn und Filteröffnungen an die unterschiedliche Kornverteilung der Aquifersande und -kiese hätte im Normalbetrieb lokal zu starker Sandführung geführt. Durch die Saugstromsteuerung oberhalb der Pumpe und innerhalb des Filterrohrs konnte eine sandfreie Dauerförderung erzielt werden.

10.7 Fertigstellung des Brunnens

10.7.1 Entsandung und Entwicklung

Nachdem die Filter- und Vollrohre in den Brunnen eingebaut sind, bei Kiesschüttungsbrunnen auch der Filterkies oder -sand in den Ringraum eingebracht ist, muss der Brunnen *entsandet* oder *entwickelt* werden. Beide Begriffe werden synonym gebraucht. Dabei werden drei Ziele verfolgt:

- die Störung des Gefüges im angrenzenden Lockergestein während des Bohrens und die Ablagerung von Fremdpartikeln in der Bohraureole werden behoben
- Porosität und Durchlässigkeit des unmittelbar an den Brunnen angrenzenden Gesteins werden erhöht
- das Korngefüge des Lockergesteins in der Umgebung des Brunnens wird so stabilisiert, dass der Brunnen im späteren Dauerbetrieb keinen Sand mehr fördert

Zum besseren Verständnis werden hier einige Erläuterungen hinzugefügt.

Bei den Schlagbohrverfahren mit diskontinuierlicher Bohrgutförderung tritt häufig eine Verschleppung von Ton- und Schluffschichten auf, die die Porosität und die Durchlässigkeit der Bohrlochwandung herabsetzt. Der Einsatz von Bohrsuspensionen, bei denen durch den Spülungsdruck ein Potentialgefälle aus dem Bohrloch in den Aquifer hinein unterhalten wird, hat häufig die Versiegelung der Bohrlochwandung durch einen *Filterkuchen* zur Folge. Die Verwendung von Spülungszusätzen, vor allem Bentonit, verstärkt die Tendenz der Filterkuchenbildung. Beim Entwickeln muss nun dieses Fremdmaterial wieder ausgebracht werden.

Gleichzeitig tritt Feinkorn aus dem umgebenden Aquifer in den Brunnen ein. Dabei werden einerseits vorhandene verdichtete Zonen aufgelockert; andererseits entwickelt sich um den Brunnen herum von außen nach innen ein Gefüge mit immer gröber werdendem Korn, d.h. eine *natürliche Filterpackung*. Diese mindert einerseits die Gefahr zu großer Strömungsgeschwindigkeiten in Brunnennähe, die für eine ständige Sandführung sorgen würden. Andererseits verringert es auch die Brunneneintrittsverluste und damit die Gefahr von Korrosions- und Inkrustationsvorgängen (vgl. Kap. 12).

Seit einigen Jahren werden in speziellen Fällen auch Chemikalien während der Brunnenentwicklung eingesetzt, um Spülungszusätze in harmlose, wasserlösliche Abbauprodukte zu überführen.

Zum Entwickeln finden verschiedene Verfahren Anwendung:

- *Einblasen* von Druckluft mittels eines Gestänges; dabei wird die Bohrtrübe aufgewirbelt und ausgetrieben.
- *Absaugen* mittels eines Entsandungskolbens, der im Filter abwechselnd Über- und Unterdruck erzeugt, wobei Druck- und Saugstöße auf die Umgebung des Filters einwirken und die Strömungsrichtung mehrmals umkehren.
- *Abpumpen* mittels einer Unterwassermotorpumpe, die eine verstärkte Sandförderung toleriert, wobei die Förderung stufenweise von etwa 25 % bis zu 150 % der vorgesehenen Dauerförderung gesteigert wird.
- *Abwechselndes Pumpen und Rückspülen*; nach einer Pumpphase fließt das Wasser aus der Steigleitung schlagartig durch die Pumpe ohne Rückschlagventil in Brunnen und Aquifer zurück, wodurch ebenfalls die erwünschte Strömungsumkehr erzielt wird.
- *Schocken*, d.h. die Entsandungspumpe wird in regelmäßigen Abständen abgeschaltet. Daraufhin füllt sich der Absenkungstrichter in Brunnennähe auf. Durch mehrmalige Wiederholung von Absenkung und Wiederauffüllung spült sich der Aquifer frei.
- *Strahldüse*: Bei Wickeldrahtfiltern mit kontinuierlicher Schlitzung kann zum Entsanden eine speziell entwickelte Strahldüse verwendet werden, die Wasserstrahlen mit hoher Geschwindigkeit aus dem Brunneninnenraum durch die Schlitzung nach außen richtet. Mittels Höhenänderung und langsamer Drehung erfasst man dabei das gesamte Umfeld des Filters. Durch gleichzeitiges Abpumpen unterhält man ein Strömungsgefälle zum Brunnen hin, so dass das mit Spülungsresten und Feinkorn beladene Wasser ober- und unterhalb der Düse in den Innenraum zurückfließen kann.

Das Ausspülen des Feinkorns aus der nächsten Umgebung des Brunnens ist unbedingt notwendig. Der dabei auftretende Materialverlust äußert sich in kontrollierten Setzungen entlang der Brunnenrohrtour und bei ungenügender Bemessung des Schüttkorns auch in Setzungen des Geländes am Brunnenkopf. Wird nicht ausreichend entwickelt, können nicht nur die Brunnenleistung geringer ausfallen, sondern auch die technischen Einrichtungen des Wasserwerks durch permanente Sandführung beschädigt werden.

Grundsätzlich werden sowohl natürlich entwickelte als auch Kiesschüttungsbrunnen entsandet. Bei Kiesschüttungsbrunnen ist dies schwieriger, weil bei ihnen keine direkte Kontrolle des Fortschritts der Entsandung im Aquifer möglich ist.

Das DVGW-Regelwerk gibt mit den Blättern W 117 (1975, inzwischen mit dem neuen W 119 verschmolzen) und W 119 (2002) Hinweise und Verfahrensregeln an, nach denen Bohrbrunnen fachgerecht entsandet und entwickelt werden.

Folgende Entsandungsmethoden haben sich in der Praxis bewährt:

- Klarpumpen
- Entsandung mittels eines Entsandungskolbens
- intensive Entsandung abschnittsweise

10.7.2 Klarpumpen und Bestimmung des Restsandgehalts

Das *Klarpumpen* erfolgt mit Hilfe von Unterwasserpumpen, die auch eine gewisse Sandförderung vertragen. Ein *Entsandungskolben* besteht aus Packerscheiben, die an einem Gestänge innerhalb der Filterstrecke aufwärts und abwärts bewegt werden. Durch die Abwärtsbewegung des Kolbens öffnet sich das Ventil im Gestänge und nur ein Teil des Wassers strömt durch die Kiesschüttung im Ringraum. Damit kann nur wenig Sand über dem Kolbenkörper eindringen und verhindert das schnelle Absinken des Kolbens. Bei der Aufwärtsbewegung verdrängt der Kolben das Wasser im Brunnenrohr oberhalb des Kolbenkörpers durch den Ringraum in die Kiesschüttung; der mitgeführte Sand wird unter dem Kolben angesaugt und sinkt in das Sumpfrohr ab. In der Praxis hat sich aber immer wieder gezeigt, dass trotz des Klarpumpens die Brunnenpumpen bei jedem Ein- und Ausschaltvorgang Sand förderten. Das Klarpumpen reicht für das im Normalbetrieb übliche stoßartige Anfahren der Brunnenpumpen nicht aus, um die Sandfreiheit des geförderten Rohwassers nach dem DVGW-Regelwerk zu gewährleisten.

Das DVGW-Merkblatt W 119 (2002) gibt folgende Restsandgehalte für Kiesschüttungsbrunnen an:

Anforderung an den Brunnen	Restsandgehalt (g/cm^3)
hoch (Trinkwasser ohne Aufbereitung)	$< 0,01$
mittel (Trinkwasser mit Aufbereitung)	$< 0,1$
niedrig (Betriebswasser)	$< 0,3$

Nach Bieske et al. (1998) empfiehlt sich für Bohrbrunnen eine Kombination von Klarpumpen und Schocken (abschnittsweise), das auch als Intensiventsandung bezeichnet wird.

Das *Intensiventsanden* soll die spezifische Entnahmemenge je Filterabschnitt derart erhöhen, dass auch schlechter durchlässige und verstopfte Bereiche im Filterkies erfasst und gereinigt werden können. Die Intensiventsandung wird entweder mit druckluftbetriebenen Entsandungsseihern oder Unterwasserpumpen zwischen Packermanschetten betrieben. Die Pump- bzw. Entsandungsleistung Q_E orientiert sich an der späteren Brunnenbetriebsleistung und sollte nach Bieske et al. (1998) und W 119 (2002) dem 5-fachen Volumenstrom je Meter Filterlänge entsprechen.

Beispiel:

Brunnenbetriebsleistung Q_B = 65   m³/h
Filterlänge l = 15   m
Manschettenabstand L = 1,5   m

$$Q_E = \frac{5 \cdot L \cdot Q_B}{l} \; (m^3 / h)$$

$$Q_E = \frac{5 \cdot 1,5 \cdot 65}{15} = 32,5 \; (m^3 / h)$$

Die Entsandung mit dem Klarpumpen des Brunnens mit ca. 1,5-facher Brunnenleistung dauert so lange, bis die Sandführung nicht mehr als 1 g pro m³ gefördertes Wasser beträgt. Dadurch werden die durchlässigeren Bereiche im Filterumfeld gereinigt und Reste der Bohrsuspension entfernt.

Dieser Vorgang wird mit stufenweise erhöhten Förderraten so lange wiederholt, bis praktisch keine weitere Abnahme im Sandgehalt mehr eintritt.

Um einerseits *Kornbrücken*, die sich im Aquifer und in der Kiesschüttung während der Entwicklung durch Kornverlagerung bilden können und unerwünschte Hohlräume schaffen, andererseits vertikale Strömungswege in der Kiesschüttung zu zerstören, muss jeder Abschnitt der Filterstrecke nach dem Klarpumpen mehrere Male geschockt und somit einer Intensiventsandung unterzogen werden.(Abb. 10.31).

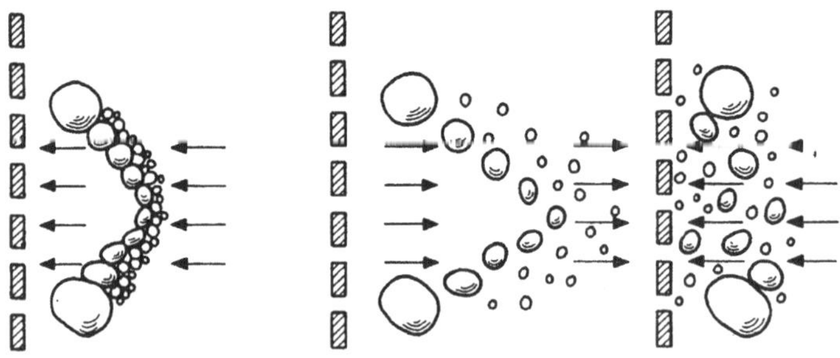

Abb. 10.31. Brückenbildung und Zerstörung der Brücken durch Gegenströmung

Eine Messeinrichtung zur Überwachung des Sandaustrags, ein sogenannter *Sandausscheider*, wird von Truelsen u. Ahorner (1960) und im alten W 117 (1975) beschrieben. Zur laufenden Kontrolle im Verlauf des Klarpumpens genügen aber auch einfache Trichtergläser. Die Intensiventsandung wird je Packerabschnitt solange durchgeführt, bis der Restsandgehalt nicht mehr weiter pro Zeiteinheit abnimmt. Als Kontrolle haben sich halblogarithmische Auftragungen der Sandgehaltsmessungen in Funktion der Zeit bewährt. Wird für die halblogarithmische Kurve eines Entsandungssabschnitts eine asymptotische Annäherung an die Zeitachse erreicht, kann der Entsandungsvorgang für diesen Abschnitt abgebrochen werden. Bei der abschließenden Abnahme des Brunnens muss der Restsandgehalt im Förderbetrieb den Anforderungen des DVGW-Merkblattes W 119 entsprechen.

Nach Abschluss der Entwicklung von Bohrbrunnen ist das im Sumpfrohr sedimentierte Material mit einer Mammut- oder Kiespumpe zu Tage zu bringen. Bei tiefen Brunnen dimensioniert man das Sumpfrohr von vornherein so lang, dass man sich diese Arbeit in der Regel ersparen kann. Bei ordnungsgemäßem Ablauf der Entsandung sollte das neu entstandene Korngefüge in der Umgebung des Filterrohrs bei den verschiedenen Brunnenbautypen, so wie in Abb. 10.32 gezeigt, aussehen.

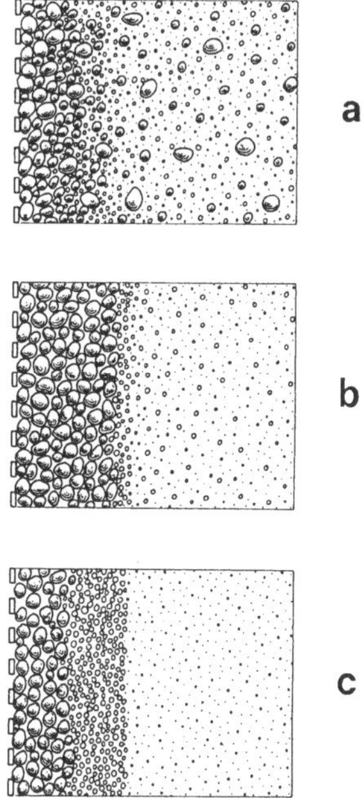

Abb. 10.32. Korngefüge als Ergebnis des Entsandungsvorgangs
a beim natürlich entwickelten Brunnen
b beim Kiesschüttungsbrunnen mit einfacher Schüttung
c beim Kiesschüttungsbrunnen mit doppelter Schüttung

11 Pumpen und Rohrleitungen

11.1 Pumpentypen

Pumpen sind nach Ostermann (1991) Arbeitsmaschinen, die einem flüssigen Medium Arbeit und Energie zuführen.

Beim Medium Wasser wird in der Regel eine Pumpe eingesetzt, einen Förderstrom Q (L^3T^{-1}) auf eine bestimmte Förderhöhe H (L) zu heben, falls dieser unter natürlichem Gefälle von selbst zum Verwendungsort fließen kann.

In der Pumpentechnik werden grundsätzlich zwei Hauptgruppen unterschieden:

- Verdrängerpumpen
- Kreiselpumpen

Verdrängerpumpen, im einfachsten Fall *Kolben-* oder *Ventilkolbenpumpen*, besitzen als Verdrängungselement einen Kolben, der im Verlauf eines Arbeitszyklus abwechselnd einen Arbeitsraum ausfüllt und freigibt. Ein Arbeitszyklus besteht aus zwei Hüben.

Während des Saughubs gibt der Kolben den Arbeitsraum frei und das Wasser gelangt über das geöffnete Saugventil in den Arbeitsraum (Abb.11.1). Mit Beginn des folgenden Druckhubs schließt sich das Saugventil, und der Kolben verdrängt das Wasser durch das nunmehr offene Druckventil aus dem Arbeitsraum. Dabei überträgt der Kolben auf das Wasser die zum Erreichen der erforderlichen Druckhöhe nötige Kraft. In dieser Zeit bleibt das Saugventil geschlossen. Der nächste Arbeitszyklus beginnt mit einem neuen Saughub bei geöffnetem Saugventil und geschlossenem Druckventil.

Außer dieser einfachen Form einer Verdrängerpumpe gibt es zahlreiche, an besondere Förderbedingungen angepasste Bautypen, über die Ostermann (1991) ausführlich informiert. Im Regelfall hat es aber der Grundwasserexperte mit Kreiselpumpen, speziell Unterwassermotorpumpen, zu tun. Aus diesem Grunde werden in den nachstehenden Abschnitten lediglich letztere detailliert behandelt.

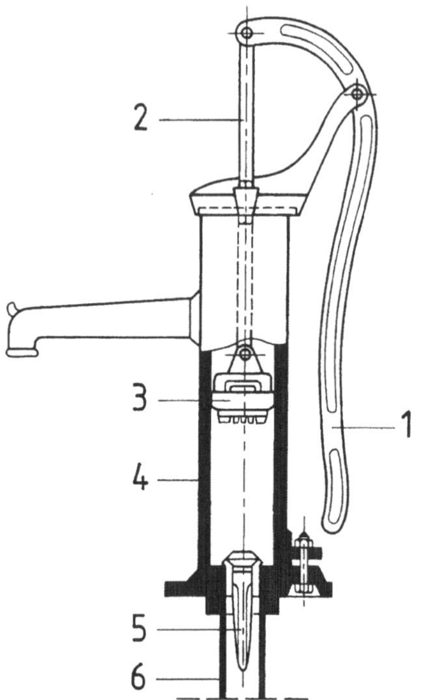

Abb. 11.1. Kolbenhandpumpe für flache Brunnen
1 = Schwengel 2 = Kolbenstange 3 = Ventilkolben mit Kolbenmanschette 4 = Zylinder
5 = Saugventil (Stechventil) 6 = Saugrohr

11.2 Wirkungsweise von Kreiselpumpen

11.2.1 Theoretische Grundlagen

Kreiselpumpen oder Zentrifugalpumpen sind Strömungsmaschinen, bei denen *Laufräder* auf einer rotierenden Welle eine Druck- und Geschwindigkeitserhöhung verursachen, wobei bedingt durch die Zentrifugalkraft das Wasser nach außen getrieben wird. Vom Motor, der die Welle antreibt, findet also ein Impulsaustausch mit dem Wasser statt.

Am Laufradeintritt, der Saugseite der Pumpe, macht sich ein Druckabfall bemerkbar, der ein Nachfließen des Wassers bewirkt. Dadurch, dass das aus den Laufrädern ausströmende Wasser durch nichtbewegliche, sich in Fließrichtung erweiternde Kanäle geführt wird, wandelt sich Geschwindigkeitsenergie in Druckenergie, die der Förderhöhe entspricht, um. Die Geschwindigkeitsabnahme wird

durch Zunahme des Strömungsdrucks kompensiert. Die fest mit dem Pumpenge-
häuse verbundenen Kanäle werden als *Leiträder* bezeichnet.

Die für den Impulsaustausch entscheidende Zentrifugalkraft variiert mit der
Umfangsgeschwindigkeit und, da der Laufraddurchmesser einer bestimmten Pumpe einen festen Wert besitzt, mit der Drehzahl der Antriebswelle. Die gegebene
Kombination eines Laufrades mit einem Leitrad wird als *Stufe* bezeichnet; die erzielbare maximale Förderhöhe H ist daher bauartbegrenzt. Höhere Förderhöhen
lassen sich durch zwei oder mehrere Stufen, die hintereinander geschaltet werden,
erreichen.

Die Förderrate Q verändert sich entlang der sogenannten *Pumpenkennlinie* kontinuierlich von H_{min} zu einem Maximalwert H_{max}, d.h. von $Q = Q_{max}$ bis $Q = Q_{min} =$
0 (vgl. Abb. 11.3.a).

Unter dem Begriff Förderstrom oder *Förderrate* Q einer Pumpe versteht man
das pro Zeiteinheit geförderte nutzbare Volumen an Wasser:

$$\dim(Q) = L^3 T^{-1}$$

Als Förderhöhe H bezeichnet man den Quotienten aus der von der Pumpe auf
das Wasser übertragenen nutzbaren Arbeit und der Gewichtskraft des Wassers.

$$\dim(H) = MLT^{-2} LT^2 M^{-1} L^{-1}$$

Im SI-System werden als übliche Einheiten Kilogramm, Meter und Sekunde
sowie die daraus abgeleiteten Einheiten verwendet (Kap. 1).

Die Pumpe überträgt auf das Wasser eine Strömungs- oder *Förderleistung* P_Q,
die das Produkt aus Förderstrom, Förderhöhe und Wichte $\gamma = \rho \cdot g$ darstellt:

$$P_Q = \rho g \, Q H \tag{11.1}$$

mit

P_Q = Förderleistung   (kg m^{2}s^{-3} bzw. kW)

ρ = Dichte des Wassers (kg m^{-3})

g = Erdbeschleunigung (ms^{-2})

Q = Förderstrom   (m^{3}s^{-1})

H = Förderhöhe   (m)

Die Förderleistung drückt somit die Größe der auf den Förderstrom übertragenen nutzbaren Leistung aus.

$$H = \frac{P_Q}{\rho g Q} \text{ (m)} \tag{11.2}$$

Die Summe der von der Pumpe aufgenommenen Leistungen ist genau so groß
wie die Summe der abgegebenen Leistungen (Holzenberger u. Jung 1989)

$$P + P_{Q,s} - P_{Q,d} - P_{v,i} - P_m = 0 \tag{11.3}$$

Darin bedeuten

P = *Leistungsbedarf* der Pumpe (Wellenleistung)

$P_{Q,s}$ = *Strömungsleistung* des Wassers, das am Pumpeneinlass (z.B. Ansaugstutzen) in die Pumpe gelangt

$P_{Q,d}$ = Strömungsleistung des Wassers, das an der Austrittsöffnung (z.B. Druckstutzen) die Pumpe verlässt

$P_{v,i}$ = *Verlustleistung* (Reibungsverluste), die innerhalb der Pumpe zwischen Eintritts- und Austrittsöffnung entsteht

P_m = *mechanische Verlustleistung*, die in den Pumpenlagern und Wellendichtungen entsteht.

Ist $P_{Q,d} - P_{Q,s}$ die eigentliche Strömungs- oder Nutzleistung der Pumpe, so ergibt sich

$$P_Q = P_{Q,d} - P_{Q,s}$$

und

$$P_Q = P - P_{v,i} - P_m \tag{11.4}$$

Verknüpft man Gl. 11.4 mit der allgemeinen Gleichung von Bernoulli in Abschn. 2.1.2

$$p + \frac{\rho}{2} + \rho g z = const. \tag{11.5}$$

so erhält man nach Holzenberger u. Jung (1989)

$$P_Q = \left[(p_d - p_s) + \frac{\rho}{2} \cdot (v_d^2 - v_s^2) + \rho g \cdot (z_d - z_s) \right] \cdot Q \tag{11.6}$$

mit

p_s = hydrostatischer Druck an der Einlassöffnung der Pumpe (z.B. Saugstutzen s)

p_d = hydrostatischer Druck an der Austrittsöffnung der Pumpe (z.B. Druckstutzen d)

v_s = Strömungsgeschwindigkeit an der Einlassöffnung

v_d = Strömungsgeschwindigkeit an der Austrittsöffnung

z_s = geodätische Höhe an der Einlassöffnung

z_d = geodätische Höhe an der Austrittsöffnung

Durch Verknüpfung der Gln. 11.2 und 11.6 ergibt sich für die Förderhöhe der Kreiselpumpe die Beziehung

$$H = \frac{p_d - p_s}{\rho g} + \frac{v_d^2 - v_s^2}{2g} + z_d - z_s \quad (m) \tag{11.7}$$

Eine *Pumpenanlage* besteht nun nicht nur aus der Pumpe selbst, sondern auch aus Steigleitung, Krümmern, Übergangsstücken etc., in denen ebenfalls Reibungsverluste auftreten. Bei der Auslegung der *Förderhöhe der Pumpenanlage* sind diese Verluste mit zu berücksichtigen.

$$H_A = \frac{p_a - p_e}{\rho g} + \frac{v_d^2 - v_s^2}{2g} + z_a - z_s + H_{v,d,a} + H_{v,e,s} \tag{11.8}$$

mit (vgl. Abb. 11.2)

$H_{v,d,a}$ = Verlusthöhe in der Druckleitung der Anlage, vom Austrittsquerschnitt der Pumpe bei d bis zum Austrittsquerschnitt der Anlage bei Punkt a; entsprechend dazu p_a, v_a, z_a

$H_{v,e,s}$ = Verlusthöhe in der Ansaug- bzw. Zulaufleitung der Anlage, vom Eintrittsquerschnitt der Anlage bei e bis zum Eintrittsquerschnitt der Pumpe bei s; entsprechend dazu p_e, v_e, z_e

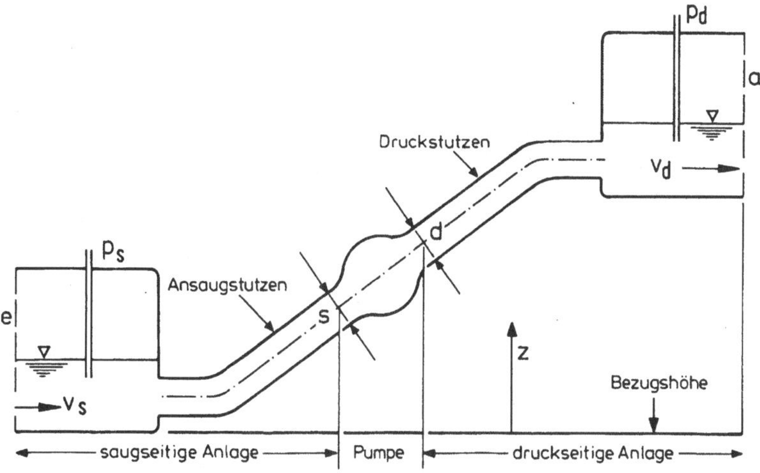

Abb. 11.2. Größen zur Ermittlung der Förderhöhe einer Anlage. Nach KSB (1974).

Eine in ihrer Bedeutung für einen möglichst ruhigen Pumpenbetrieb oft unterschätzte Größe ist die erforderliche *Haltedruckhöhe*. Diese ist durch die Abkürzung NPSH (net positive suction head) im Kennlinienblatt einer Pumpe kenntlich gemacht (Abb. 11.3.a). Der dort angezeigte Wert bezeichnet die Eintauchtiefe der Pumpe, die bei maximaler Absenkung im Brunnen nicht unterschritten werden darf und deshalb in der praktischen Anwendung von besonderer Bedeutung ist.

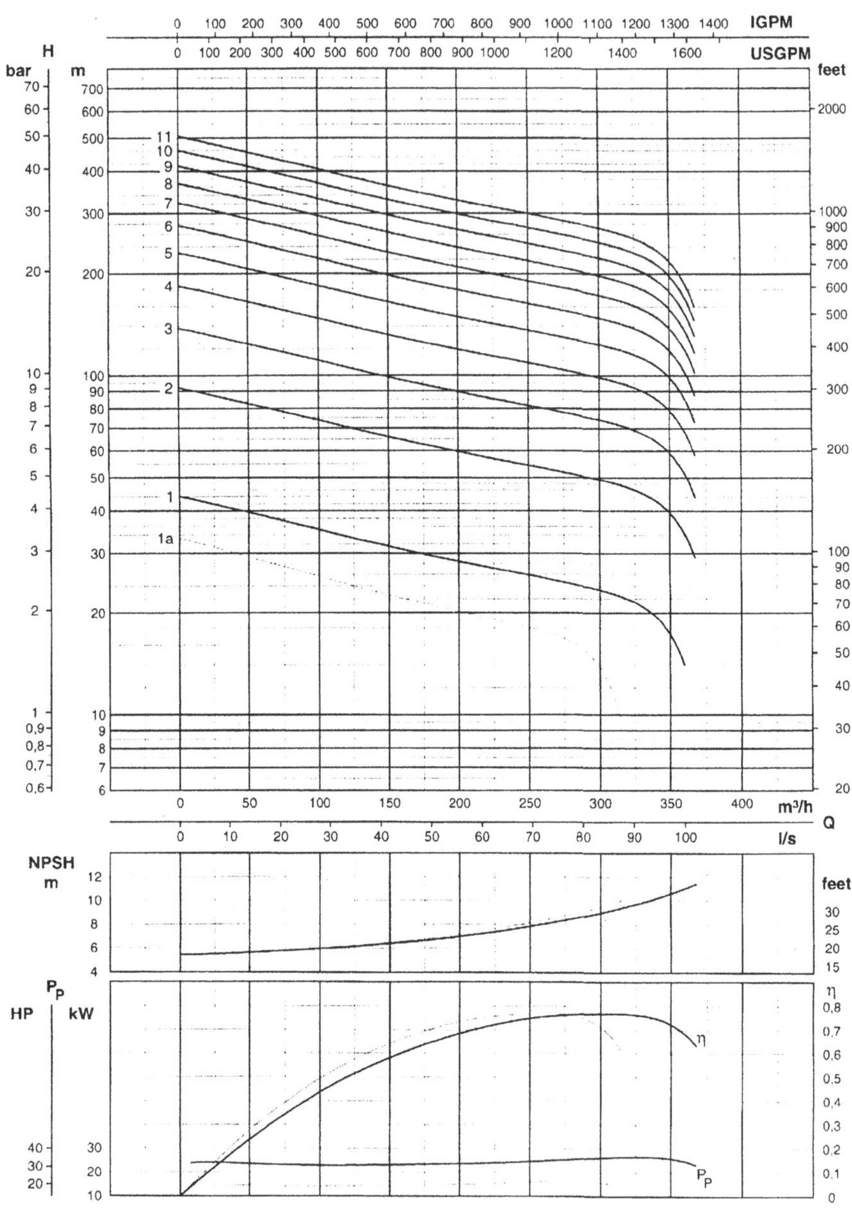

Abb. 11.3.a Kennblatt der Pumpe QN 102. Aus Pleuger Worthington (2001).

Vor dem Laufrad einer Stufe kommt es auf ihrer Saugseite zu einer Absenkung des statischen Drucks. Das Ausmaß der Absenkung wird bestimmt von Größen wie Drehzahl, Betriebspunkt, Geschwindigkeitsprofil der Strömung, Geometrie des Laufradeintritts sowie Dichte und Viskosität des Wassers (Holzenberger u. Jung 1989).

Wird diese Absenkung zu groß, so dass der verbleibende Druck den Dampfdruck des Wassers unterschreitet, kommt es zur *Kavitation*, einem plötzlichen Verdampfen des Wassers, und beim erneuten Anwachsen des Drucks entlang des Laufrades zu einer ebenso plötzlichen Rekondensation der entstandenen Dampfbläschen. Die mit diesem Vorgang verknüpfte mechanische Arbeit wirkt sich materialzerstörend und somit in vorzeitigem Verschleiß vor allem der Laufräder aus.

11.2.2 Wirkungsgrad und Leistungsbedarf

Der Pumpenwirkungsgrad η_p bezeichnet das Verhältnis der Förderleistung P_Q zum Leistungsbedarf P an der Pumpenwelle

$$\eta_p = \frac{P_Q}{P} \tag{11.9}$$

η_p ist immer < 1 und wird als Dezimale bzw. in % angegeben.

Der Leistungsbedarf P ergibt sich somit zu

$$P = \frac{P_Q}{\eta_P} \quad (\text{W; kW}) \tag{11.10}$$

P ist folglich immer größer als P_Q.

Der Leistungsbedarf kann auch ausgedrückt werden als Kombination der Gln. 11.1 und 11.10

$$P = \frac{QH\rho g}{\eta_P} \quad (\text{W}) \tag{11.11}$$

mit Q in m^3s^{-1}.

Mit $\rho g = 9810 \text{ kg m}^{-2}\text{s}^{-2}$ und Q in m^3h^{-1} ergibt sich

$$P = \frac{QH}{0{,}367\eta_P} \quad (\text{W}) \tag{11.12}$$

Diese Formel bietet die Möglichkeit, den Wirkungsgrad η_P einer Kreiselpumpe anhand des Stromverbrauchs anzugeben. Die elektrische Arbeit beträgt: 1 kWh = 1000 Wh. Folglich ist

$$\eta_P = \frac{QH}{0{,}367P} \quad (\text{m}^3 \cdot \text{m}) / (0{,}367 \cdot 1000 \text{ Wh}) \tag{11.13}$$

bzw.

$$\eta_P = \frac{\textit{Fördermenge } (m^3) \cdot \textit{Förderhöhe } (m)}{\textit{Stromverbrauch } (kWh) \cdot 367} \qquad (11.14)$$

Das bedeutet, dass theoretisch bei einer verlustfreien Förderung 1 m³ Wasser bei einem Stromverbrauch von 1 kWh genau um 367 m gehoben werden könnte.

Die größten heute auf dem Markt angebotenen Kreiselpumpenaggregate, d.h. Pumpen und Motoren, besitzen Wirkungsgrade von rund 75 %, so dass sich die maximale Förderhöhe auf ca. 275 m reduziert.

Beispiel

Es soll die Leistung eines Tauchmotorpumpenaggregates berechnet werden. Für die vierstufige Tauchmotorpumpe Q 102/4 der Fa. Pleuger sind aus dem Kennlinienblatt folgende Werte zu entnehmen bzw. *abzuleiten*:

- P_P = 24 kW Leistungsbedarf *einer* Pumpenstufe im Optimalpunkt

- P_P = 96 kW Aufnahmeleistung der Pumpe bei insgesamt vier Stufen

- P_M = 110 kW Leistung des dazugehörigen Elektromotors

- η_P = 0,77 Wirkungsgrad der Pumpe im Optimalpunkt

- η_M = 96/110 Wirkungsgrad des Motors im Optimalpunkt

- $\eta_{aggr.} = \eta_P \cdot \eta_M$ Gesamtwirkungsgrad des Aggregates

- $\eta_{aggr.} = 0{,}77 \cdot 0{,}87 = 0{,}67$ Gesamtwirkungsgrad

Die erforderliche Leistungsaufnahme des Pumpenmotors lässt sich somit nachprüfen, in dem man die Leistung im Optimalpunkt der Pumpe mit Gl. 11.11 berechnet.

Aus dem Kennlinienblatt (Abb. 11.3.a) lassen sich für den Optimalpunkt auch die Werte für Förderrate und Förderhöhe ablesen:

$$Q = 250 \; m^3 h^{-1} = 6{,}944 \cdot 10^{-1} \; m^3 s^{-1}$$
$$H = 105 \; m$$

Mittels Gl. 11.11 lässt sich nun unter Berücksichtigung des Gesamtwirkungsgrades von Pumpe und Motor nachprüfen, ob die oben angegebenen 110 kW des Motors tatsächlich der vierstufigen Pumpe angepasst sind.

$$P_M = \frac{Q \cdot H \cdot \rho \cdot g}{\eta_{aggr.}} = \frac{6{,}944 \cdot 10^{-2} \cdot 105 \cdot 1 \cdot 9{,}81}{0{,}67} = 106{,}7 \; kW \qquad (11.15)$$

Die Aufnahmeleistung des Motors der Pumpenleistung ist folglich voll angepasst.

11.3 Unterwassermotorpumpen

Bei der Förderung von Grundwasser werden weltweit zwei Typen von Kreiselpumpen eingesetzt. Bei der *Bohrlochwellenpumpe* treibt der übertage oder in einer Pumpenkammer installierte Motor über eine innerhalb der Steigleitung montierten Welle die im Wasser hängende Pumpe an. Dagegen sind bei der Unterwassermotorpumpe (oft auch als Tauchmotorpumpe bezeichnet) Motor und Pumpenteil fest miteinander verbunden, und das ganze *Aggregat* wird unterhalb des tiefsten zu erwartenden Betriebswasserspiegels eingebaut.

Gegenüber Bohrlochwellenpumpen besitzen Unterwassermotorpumpen in betrieblicher Hinsicht einige wesentliche Vorzüge:

- Sie werden an der Steigleitung hängend in den Brunnen eingebaut, können daher rasch installiert – auch von angelernten Kräften – und auch wieder gezogen werden.
- Die Kraftübertragung erfolgt über ein Unterwasserkabel, das an der Steigleitung befestigt wird. Es befindet sich also zwischen Brunnenkopf und Pumpe kein rotierendes Teil. Dadurch sind große Einbauteufen zu erreichen.
- Leichte Abweichungen von Bohrloch und Brunnenausbau von der Vertikalen sind tolerabel.

Aus diesem Grunde werden im Folgenden nur noch Unterwassermotorpumpen oder auch Brunnenpumpen behandelt. Über die Unterschiede im konstruktiven Aufbau dieser Pumpen in Abhängigkeit von ihren Einsatzbedingungen informieren Hauschild (1966), Holzenberger u. Jung (1989) sowie Kuntz (1977).

Auf Fragen der Installation, des elektrischen Anschlusses und der Fehlermöglichkeiten bei Inbetriebnahme kann hier nicht eingegangen werden. Es wird auf Water Systems Council (1986) oder Senczek (1991) hingewiesen.

Einige weitere Fachbegriffe sollen kurz erläutert werden:

- Die schlanke Bauweise von Unterwassermotorpumpen ermöglicht erst den Einbau in verhältnismäßig enge Brunnenrohre.
- Der relativ kleine Außendurchmesser erfordert aber wiederum eine *Mehrstufigkeit* der Pumpe.
- Die *Förderhöhe*, die von einer einstufigen Kreiselpumpe erzielt werden kann, hängt von Bauform und Umdrehungsgeschwindigkeit ihres Laufrades ab (Holzenberger u. Jung 1989). Daher sind Durchmesser und Drehzahl des Laufrades die entscheidenden Parameter. Beide sind aber nur in gewissem Maße variabel: Einerseits wachsen bei höherer Drehzahl die Reibungsverluste; andererseits ist der Ausbaudurchmesser des Brunnens begrenzt. Somit ist auch die Förderhöhe einer einstufigen Pumpe beschränkt.
- Diese Schwierigkeit wird bei der Unterwassermotorpumpe in der Weise umgangen, dass mehrere Laufräder und die dazugehörigen Leiträder hintereinander geschaltet werden; d.h. sie sind im Pumpenkörper übereinander angeordnet.
- Als Stufe bezeichnet man dabei die Kombination von beweglichem Laufrad und starrem Leitrad. Da alle Laufräder auf einer Antriebswelle sitzen, ändern

sich Drehzahl und Pumpendurchmesser nicht. Somit ändert sich auch der Förderstrom nicht. Hingegen wachsen mit steigender Stufenzahl Förderhöhe und Leistungsbedarf der Pumpe in direkter Proportionalität. Abbildung 11.4 zeigt dazu das Schnittbild einer achtstufigen Unterwassermotorpumpe.

- Pumpen für große Förderströme werden *zweiströmig* (zweiflutig) gebaut. Hierbei tritt das Wasser an ihrem oberen und unteren Ende in die Pumpe ein und die spiegelbildlich zueinander auf der Antriebswelle angeordneten Laufradpaare werden gegenströmig beaufschlagt. Bei dieser Bauweise wird zugleich der Axialschub ausgeglichen, der bei einströmigem Design für größere Förderströme konstruktiv nur mit hohem Aufwand zu beherrschen wäre. Entsprechende Pumpenkonstruktionen ermöglichen erst die Kombination von großen Förderhöhen und gleichfalls großen Förderströmen. Die Pumpe der Abb. 11.4 ist hingegen einströmig.

- Brunnenpumpen besitzen keinen Ansaugstutzen. Die Pumpenwelle ist direkt auf dem Antriebsteil des in der Regel unter der Pumpe befindlichen Motors angeflanscht.

Gleichung 11.8 für eine *Brunnenpumpenanlage* lautet in vereinfachter Schreibweise

$$H_A = H_{man} = H_{geo} + H_{verl.} \quad (m) \tag{11.16}$$

mit (vgl. Abb. 11.2)

H_{man} = Gesamthöhe, die von der Pumpe überwunden werden muss (*manometrische Förderhöhe*)

H_{geo} = Höhenunterschied zwischen Austrittsquerschnitt der Pumpe und Austrittsquerschnitt der Anlage (*statische Förderhöhe*)

$H_{verl.}$ = *Verlusthöhe* in der Druckleitung der Anlage zwischen Austrittsquerschnitt der Pumpe und dem Austrittsquerschnitt der Anlage

Gleichung 11.16 lässt erkennen, dass die entsprechenden Ausdrücke in Gln. 11.7 und 11.8 für Zulaufleitung bzw. Ansaugstutzen entfallen sowie der Term für die Geschwindigkeit vernachlässigt werden kann.

Im folgenden Abschn. 11.4 wird auf den Einfluss von Pumpe, Rohrleitung und Armaturen näher eingegangen.

11.4 Pumpenauswahl

Die Entscheidung, welche Unterwassermotorpumpe in einen Bohrbrunnen eingebaut werden soll, hängt vom Förderstrom Q und der Förderhöhe H ab. Voraussetzung ist, dass der Aquifer ergiebig genug ist, diese Rate Q zu liefern und dass der Brunnenausbau den Abmessungen der voraussichtlich zu wählenden Pumpe entspricht.

Für diese Entscheidung sucht der Hydrogeologe in einem Herstellerkatalog die *Kennlinie* bzw. *Charakteristik* einer oder mehrerer geeigneter Pumpen. Er vergleicht deren Kennlinien (z.B. Abb. 11.3b) und prüft, ob diese

- sowohl der erforderlichen Förderhöhe H als auch dem vorgegebenen Förderstrom Q sowie
- dem Leistungsbedarf P mit dem Gesamtwirkungsgrad $\eta_{aggr.}$

entsprechen.

Unterwassermotorpumpen werden mit konstanter Drehzahl betrieben, so dass der Wirkungsgrad des Motors nur unwesentlich über den gesamten Förderbereich variiert. Die Krümmung der Kurve $\eta_{aggr.}$ wird folglich im Wesentlichen durch die Variation des Pumpenwirkungsgrades η_P bestimmt.

Soll die Pumpe in einen Freispiegelbehälter fördern, sind Förderhöhe der Pumpe H und Förderhöhe der Anlage H_A identisch.

$$H = H_A = H_{man} \tag{11.17}$$

Dies bedeutet, dass man H unter Berücksichtigung der Reibungsverluste $H_{verl.}$ direkt aus dem Kennlinienblatt ablesen kann. Besteht weitgehend Sicherheit über die maximale zu erwartende Absenkung im Brunnen, sollte die Pumpe so gewählt werden, dass der optimale Q-H-Punkt gleichzeitig das Wirkungsgrad-Maximum erreicht. In der Kennlinie der Abb. 11.3.b liegt dieser Punkt bei etwa

$$
\begin{aligned}
Q &= 22{,}5 && \mathrm{m^3\,h^{-1}} \\
H &= 120 && \mathrm{m} \\
\eta_P &= 73 && \% \\
\eta_{aggr.} &= 61 && \%.
\end{aligned}
$$

Obwohl in diesem Buch durchweg die SI-Einheit $\mathrm{m^3 s^{-1}}$ verwendet wird, ist in diesem Abschnitt die übliche Einheit $\mathrm{m^3 h^{-1}}$ wie in den Herstellerkatalogen beibehalten worden.

Muss die Pumpe in eine Druckrohrleitung fördern, dann stellt sich der Förderstrom automatisch auf die vom *Vordruck* in dieser Leitung bestimmte manometrische Förderhöhe ein. Die zu überwindende Förderhöhe besteht aus einem konstant bleibenden Anteil H_{geo} und einem Verlustanteil H_{verl}, der mit zunehmendem Förderstrom quadratisch wächst und von Auslegung und Durchmesser der Rohrleitung abhängt. Das zeigt deutlich, dass die Rohrleitung ein integraler Bestandteil der *Pumpenanlage* ist (Strzodka 1975). Zur Anlage gehört folglich auch eine *Anlagenkennlinie*.

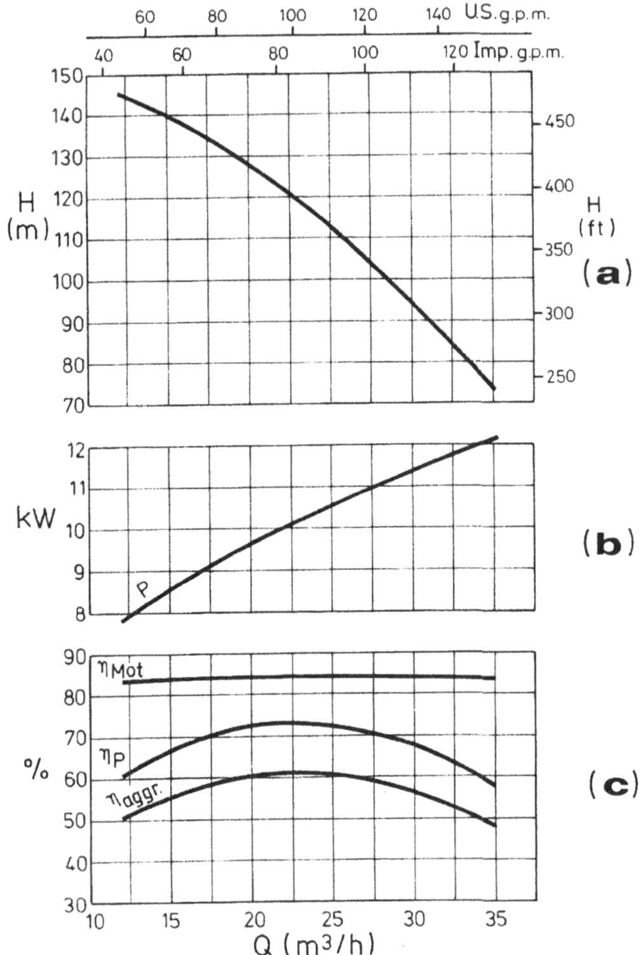

Abb. 11.3.b Kennlinienblatt der KSB-Tauchmotorpumpe UQH 233/8

a) Förderhöhe H gegen Förderstrom Q

b) Leistungsbedarf P der Pumpe im Förderbereich

c) Wirkungsgrad

- des Motors η_{Mot}

- der Pumpe η_P

- Gesamtwirkungsgrad der Anlage $\eta_{aggr.}$

Der Schnittpunkt beider Kennlinien ist der Betriebspunkt, auf den sich die Pumpe selbständig einstellt (Abb. 11.5). Während die Pumpenkennlinie bauartbedingt ist, somit für einen Pumpentyp innerhalb gewisser Toleranzgrenzen festliegt, variiert die Anlagenkennlinie

– einerseits mit den hydraulischen Eigenschaften von Aquifer und Brunnen, d.h. der spezifischen Ergiebigkeit des Brunnens,
– andererseits mit der Hydraulik des Rohrleitungssystems, also der eigentlichen Anlage (Driscoll 1986).

Ab Abschn. 11.6 wird ausführlich auf die Bestimmung von Anlagen- bzw. Rohrleitungskennlinien eingegangen.

Eine verhältnismäßig flache Anlagenkennlinie tritt dann auf, wenn die folgenden Faktoren zusammen auftreten:

– hohe spezifische Ergiebigkeit des Brunnens
– gleichbleibende Höhenlage des Wasseraustrittes der Anlage
– große *Nennweite* der Rohrleitung mit geringen Reibungsverlusten

Eine (relativ) steile Anlagenkennlinie wird folglich beim Zusammentreffen der folgenden Faktoren beobachtet:

– geringe spezifische Ergiebigkeit des Brunnens
– hohe Reibungsverluste in der Rohrleitung infolge zu geringen Durchmessers
– hohe Reibungsverluste infolge Alterns durch Inkrustierung

Im Folgenden werden natürliche und technische Gründe (Abb. 11.6 bis 11.8) dargestellt, die zu Veränderungen von Anlagenkennlinien führen und damit auch die Position des Betriebspunktes verschieben. Für weitergehende Ausführungen wird auf die zitierte Literatur verwiesen; in der Praxis sollte ein versierter Pumpen- und Rohrleitungsfachmann zu Rate gezogen werden.

Beispiel

Die in Abb. 11.4 durch ihre Kennlinie wiedergegebene Pumpe UQH 233/8 soll aus Vergleichsgründen installiert werden:

– erstens in einem Brunnen, dessen spezifische Ergiebigkeit C mittels eines Leistungspumpversuchs (Abschn. 4.4.3) zu $1{,}0{\cdot}10^{-3}$ $m^2\,s^{-1}$ bestimmt wurde und
– zweitens in einem Brunnen mit der spezifischen Ergiebigkeit von nur $6{,}0{\cdot}10^{-4}$ $m^2\,s^{-1}$.

In beiden Brunnen steht der Ruhewasserspiegel genau 75 m unter dem Brunnenkopf (= freier Auslass). Zu klären ist, welche Anlagenkennlinien für beide Fälle entstehen und wo die jeweiligen Betriebspunkte der Pumpe liegen, wenn keine natürlichen Schwankungen des Wasserspiegels und keine Brunneneintrittsverluste berücksichtigt werden müssen. Als Steigleitungen sollen neuwertige Graugussrohre Verwendung finden.

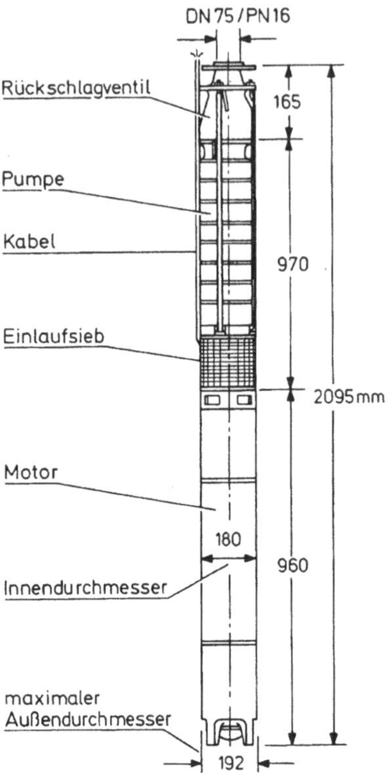

Abb. 11.4. Unmaßstäblicher Schnitt durch eine achtstufige Tauchmotorpumpe vom Typ UQH der Firma KSB (Klein, Schänzlin und Becker)

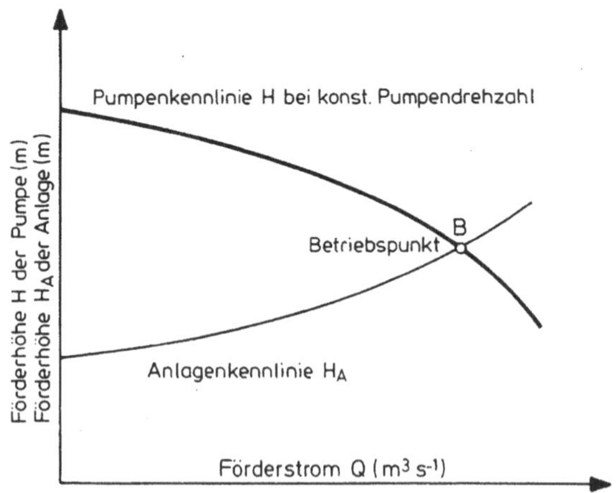

Abb. 11.5. Kennlinie einer Tauchmotorpumpe, Anlagenlinie und Betriebspunkt. Nach KSB (1974).

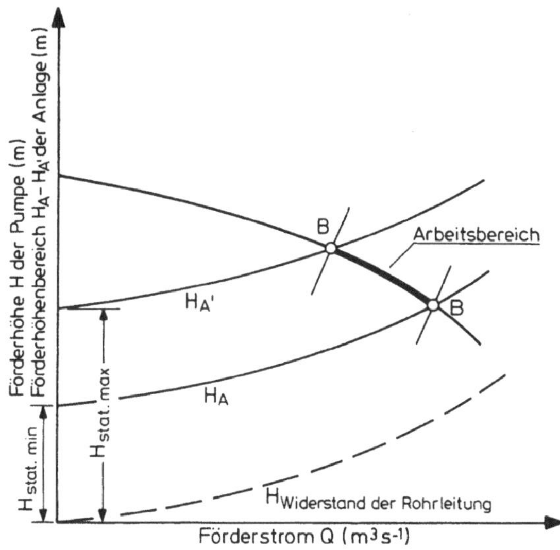

Abb. 11.6. Lageänderung des Betriebspunktes und resultierende Änderung von Förderstrom, Förderhöhe und Wirkungsgrad durch Änderung der geodätischen Förderhöhe, z.B. infolge natürlicher Spiegelschwankungen im Aquifer. Nach KSB-AMAG (1954).

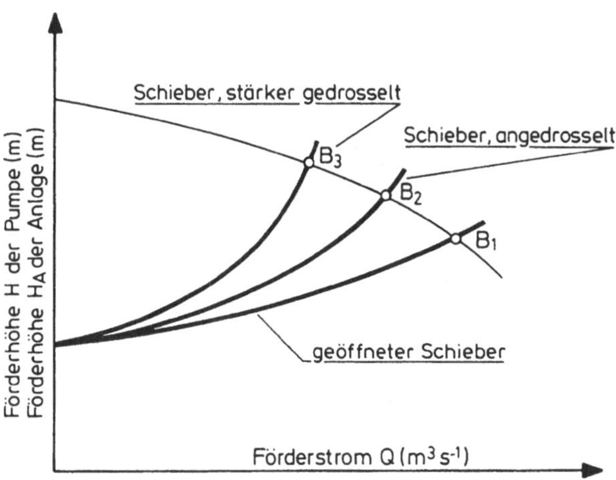

Abb. 11.7. Lageänderung des Betriebspunktes durch Drosselung (Änderung der Schieberstellung am Brunnenkopf). Nach KSB-AMAG (1954).

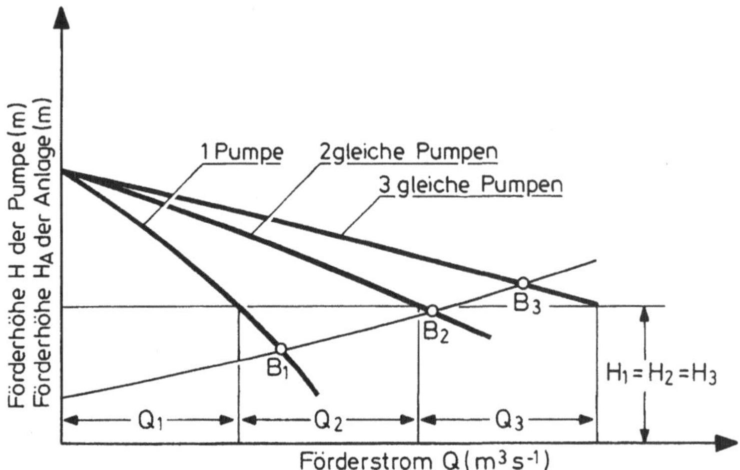

Abb. 11.8. Lageänderung des Betriebspunktes durch Zuschalten von gleichen parallel arbeitenden Pumpen. Nach KSB-AMAG (1954).

In Anlehnung an Driscoll (1986) stellt man sich zweckmäßigerweise eine Wertetabelle mit den folgenden Daten zusammen:

- Förderraten Q der Pumpe in $m^3\,h^{-1}$ bzw. $m^3\,s^{-1}$

- statische Förderhöhe H_{geo} (m) zwischen Ruhewasserspiegel im Brunnen und freiem Auslass

- Absenkung s im Brunnen, die man sich für verschiedene Förderraten der Pumpe aus den spezifischen Ergiebigkeiten $C = \dfrac{Q}{s}$ errechnet

- Verlusthöhe aus Reibungsverlusten H_{verl} in der Steigleitung, die man für das gegebene Material aus einem Diagramm entnimmt (hier Abb. 11.18) oder aber, wie im Abschn. 11.6 gezeigt wird, berechnet. Die Steigleitung sei 100 m lang.

- die Summe der für H_{geo} und H_{verl} berechneten Zahlenwerte ergibt dann für verschiedene Förderraten die dazugehörigen Förderhöhen nach der Formel

$$H_{man} = H_{geo} + H_{verl} \ (m) \qquad (11.16)$$

Alle Einzelpunkte lassen sich durch jeweils eine Kurve, die *Anlagenkennlinie*, miteinander verbinden. Deren Schnittpunkte mit der Pumpenkennlinie geben die Lage der Betriebspunkte für beide Fälle an. Tabelle 11.1 gibt die beiden Berechnungsbeispiele wieder; auf Abb. 11.9 sind die daraus ermittelten Anlagenkennlinien und Betriebspunkte dargestellt.

Da das Rohrende durch einen Krümmer gebildet wird, der, wie in Abschn. 11.6.4 erläutert, zusätzliche Druckhöhenverluste hervorruft, müsste man in Spalte 2 der Tabelle 11.1 auch noch dessen äquivalente Rohrlänge mit berücksichtigen. Bei einem DN 75-Steigleitungsdurchmesser macht dies nach Tabelle 11.4 nur 0,6 m aus, die bei 100 m Steigleitungslänge aber nicht ins Gewicht fallen.

Die Zahlenwerte in Spalte 5 von Tabelle 11.1 sind – wie in der Praxis – auf den Zentimeter genau angegeben.

Zur Berechnung von Rohrleitungen und -leitungsnetzen werden heute Computer-Programme benutzt.

Tabelle 11.1. Wertetabelle zur Berechnung von Anlagekennlinien und Betriebspunkten

Q		H_{geo}	s		H_{verl}	H_{man}	
1		2	3		4	5	
			C_1	C_2		C_1	C_2
			$1 \cdot 10^{-3}$	$6 \cdot 10^{-4}$		$1 \cdot 10^{-3}$	$6 \cdot 10^{-4}$
$m^3 h^{-1}$	$m^3 s^{-1}$	m	m	m	m	m	m
0	0	75	0,00	0,00	0,0	75,00	75,00
15	$4,167 \cdot 10^{-3}$	75	4,17	6,95	1,6	80,77	83,55
20	$5,556 \cdot 10^{-3}$	75	5,56	9,26	2,7	83,26	86,96
25	$6,944 \cdot 10^{-3}$	75	6,94	11,57	4,0	85,94	90,57
30	$8,333 \cdot 10^{-3}$	75	8,33	13,89	6,0	89,33	94,89
35	$9,722 \cdot 10^{-3}$	75	9,72	16,20	6,8	91,52	98,00

Erläuterungen zu den Spalten:
Sp. 1: Förderrate
Sp. 2: statische Förderhöhe
Sp. 3: Absenkung im Brunnen
Sp. 4: Druckhöhen-Verlust je 100 m Rohrlänge
Sp. 5: manometrische Förderhöhe

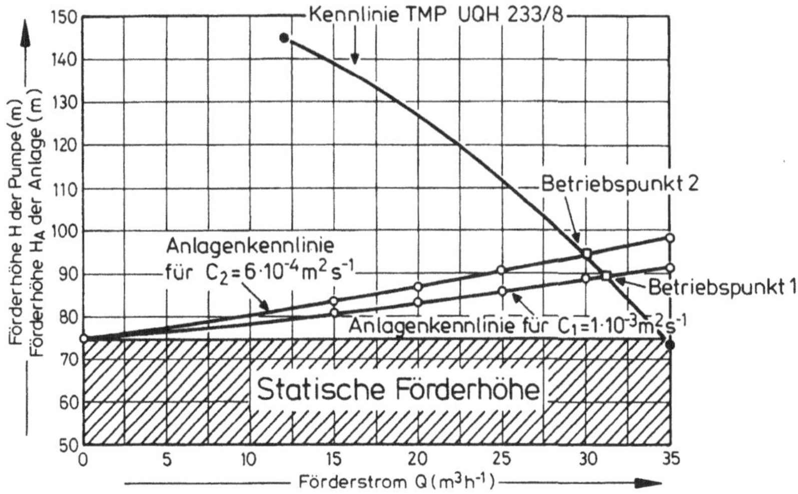

Abb. 11.9. Ermittlung von Anlagenkennlinien und Betriebspunkten in zwei Brunnen unterschiedlicher spezifischer Ergiebigkeit

Betriebspunkt	Q (m³ h⁻¹)	H (m)
1	31,25	89
2	29,75	95

11.5 Wirtschaftlicher Einsatz von Unterwassermotorpumpen

11.5.1 Vorbemerkungen

Die Behandlung wirtschaftlicher Fragen in einem naturwissenschaftlich-technischen Buch wie dem hier vorliegenden mag unüblich sein. Doch lassen sich gerade bei der Auswahl einer Pumpe für einen Förderbrunnen die Komplexe

- Aquifer-Hydraulik
- Brunnenauslegung
- Ermittlung der Kosten für den Betrieb dieses Brunnens

kaum gegeneinander abgrenzen. Ein Hydrogeologe sollte jedoch ausreichende Sachkenntnis haben, um bei der Entscheidung zum Kauf von Pumpen mitzuwirken. Die Verfasser haben sich daher entschlossen, in einem eigenen Abschnitt die mit dem Einsatz von Kreiselpumpen unter wirtschaftlichen Gesichtspunkten verbundenen Fragen zu behandeln und mit Beispielen zu erläutern.

Der folgende Text und die entsprechenden Abbildungen wurden bereits vor dem Jahre 2002 redigiert; daher wurde die Währungsbezeichnung Deutsche Mark (DM) beibehalten.

Das Kennlinienblatt der Abb. 11.3.b lässt erkennen, dass die Wirkungsgrade einer Pumpe bzw. eines Pumpenaggregates bezogen auf die gesamte Kennlinie beträchtlich variieren. Der Wirkungsgrad bezeichnet das Verhältnis von erzielter Leistung (Nutzleistung) zu eingesetzter Leistung. Folglich ist also die Pumpe in einem Einsatzbereich zu betreiben, der möglichst nahe am optimalen Wirkungsgrad liegt. Folkens (1979) zeigt auf, wie man Stromkosten als wesentlichen Anteil der Betriebskosten spart, wenn nicht nur die Pumpe im optimalen Einsatzbereich läuft, sondern auch die Anlagenkennlinie einen möglichst flachen Anstieg aufweist.

Dieser Forderung genügt man durch

- Verwendung „hydraulisch glatter" Steigleitungen und Sammelrohrleitungen
- Einsatz von ausreichend bemessenen Rohrleitungen
- Verhinderung bzw. Kontrolle von Inkrustationen, welche die Querschnitte der Rohrleitungen allmählich verringern

Doch wird der Einsatz einer Pumpe nicht nur von den Betriebskosten, sondern auch von den Investitionskosten bestimmt. Deren Einfluss auf den Betrieb von Kreiselpumpen ist unter wirtschaftlichen Gesichtspunkten von Holzenberger (1988) untersucht worden. Daran schließen sich die nachstehenden Ausführungen eng an.

11.5.2 Kapitalkosten

Unter *Investitionen* versteht man den langfristig wirksamen Einsatz von Vermögen, in der Regel Geld, um einen wirtschaftlichen Zweck zu erreichen, z.B. die Beschaffung von Pumpen bzw. Pumpenanlagen.

Als *Kosten* hingegen bezeichnet man den in Geldwert gemessenen Verbrauch betrieblicher Wirtschaftsgüter zur Erlangung kurzfristiger Wirtschaftsziele, z.B. *Betriebskosten* für Energie und Wartung, die jährlich wieder auftreten und abgerechnet werden (Holzenberger 1988).

Will man wissen, was die Bereitstellung eines Kubikmeters Wasser kostet, sind die Kosten für die einmalige Bereitstellung der Investition in DM und die jährlich anfallenden Betriebskosten in DM/Jahr zu berücksichtigen. Da die Investition für einen längeren, definierten Zeitraum geplant wird, lässt sich eine *Abschreibungsfrist* angeben. Ebenfalls in die jährliche Kostenrechnung gehen die *Kapitalkosten* in DM/Jahr ein. Diese bilden die Summe der Investitionen, geteilt durch die Abschreibungszeit in Jahren.

Für Neuinvestitionen kann man von folgenden Abschreibungszeiten ausgehen (Mutschmann u. Stimmelmayr 1983):

- Transportleitungen für die Wasserversorgung   > 40 Jahre
- Bohrbrunnen   > 20 Jahre
- Unterwassermotorpumpen   > 10 Jahre

Rationalisierungsmaßnahmen zur Erhöhung der Produktivität werden heute in der Regel innerhalb von 3–4 Jahren oder auch weniger abgeschrieben und hängen im Einzelnen von den jeweiligen Betriebsbedingungen ab.

Die Kosten für die Bereitstellung des Kubikmeters Wasser erhöhen sich aber weiter durch *Verzinsung* des nach jedem Abschreibungsjahr noch verbleibenden *Restkapitals*.

Abbildung 11.10 stellt den Verlauf von gleichbleibender Abschreibung und abnehmender Verzinsung des Restkapitals dar. Deren jährliche Summe ergibt die Kosten des *Kapitaldienstes* K_K, der im Laufe der Jahre linear abnimmt.

Eine andere Möglichkeit der Kostenermittlung für eine gleichgroße Investition besteht darin, die Kosten des jährlichen Kapitaldienstes K_K als konstant mit einem mittleren Betrag über die Abschreibungsfrist festzusetzen. Die Summe der Zinsbeträge verändert sich dadurch nicht, wie die gestrichelte Linie in Abb. 11.10 zeigt.

Diese Art der Abschreibungsmöglichkeit, die den Zinseszins vernachlässigt, hat den Vorteil, dass bei gleichem Gesamtaufwand über die Laufzeit immer ein konstanter Betrag pro Jahr aufzuwenden ist. Das Verhältnis des gleichbleibenden Betrages K_K zum aufgewendeten Kapital I in % wird als *Annuitätsfaktor* oder *Tilgungsfaktor* f_t bezeichnet.

Der Zinsfuß p des Investitionskapitals und die Dauer t der Abschreibungsfrist bestimmen die Größe dieses Faktors:

$$f_t = \frac{K_K \cdot 100}{I} = \frac{p}{1-(100/100+p)^{\,t}} \quad (\%\,/\,a) \tag{11.17}$$

Abbildung 11.11 gibt die funktionelle Abhängigkeit des Tilgungsfaktors f_t von Abschreibungsfrist t und Zinsfuß p wieder.

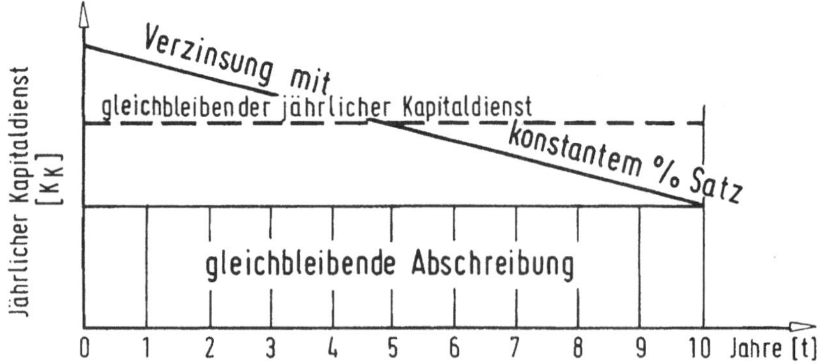

Abb. 11.10. Schematische Darstellung des jährlichen Kapitaldienstes

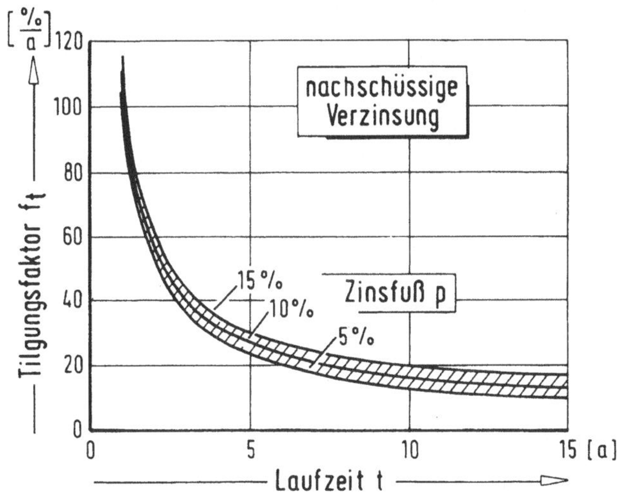

Abb. 11.11. Tilgungsfaktor f_t in Abhängigkeit vom Zinsfuß p und Abschreibungszeit t

Der Tilgungsfaktor gibt somit als Prozentanteil der ursprünglichen Investition I an, welcher jährlich konstante Betrag K_K an Kapitaldienstkosten aufzuwenden ist, damit am Ende der Abschreibungsfrist t die gesamte Investitionssumme „abgeschrieben" ist.

$$K_K = I \cdot \frac{f_t}{100} \qquad (11.18)$$

Auf diese Weise ist es nun möglich, die einmalige Investition in der Form jährlich wiederkehrender Kapitaldienstkosten für eine Wirtschaftlichkeitsbetrachtung aufzubereiten.

11.5.3 Betriebskosten

Betriebskosten setzen sich zusammen aus:

- Energiekosten
- Wartungs- und vergleichbare Kosten
- Personalkosten
- Versicherungs- und ähnlichen Kosten

Geht man davon aus, dass die beiden letzten Kostenarten unabhängig von der eingesetzten Pumpe in gleicher Größenordnung immer anfallen werden, dann bleiben für die optimale Wahl einer Pumpe nur die Energie- und Wartungskosten übrig.

Die jährlichen *Energiekosten* K_e einer Pumpe (Gl. 11.19) lassen sich im Voraus berechnen. Sie sind proportional zu

- der Antriebsleistung P der Pumpe,
- der jährlichen Betriebszeit z der Pumpe ($0 < z < 8760 h/a$)
- dem spezifischen Energiepreis e (DM/kWh)

$$K_e = P \cdot z \cdot e \quad (\text{DM/a}) \tag{11.19}$$

Die jährliche Betriebsstundenzahl wird in der Regel durch den Bedarf vorgegeben; der spezifische Energiepreis dürfte ebenfalls kaum verhandelbar sein, so dass als einzige Größe die Antriebsleistung P der Pumpe bezüglich ihrer Bedeutung für die Kosten zu untersuchen ist. Bei der Antriebsleistung sind Faktoren wie z.B. Pumpenwirkungsgrad und spezifische Drehzahl zu berücksichtigen, die im Folgenden erläutert werden.

11.5.4 Pumpenwirkungsgrad

Der Wirkungsgrad einer Pumpe bzw. eines aus Motor und Pumpenkörper bestehenden Pumpenaggregates ist in Abschn. 11.2.2 ausführlich behandelt worden. Es ist also immer der Wirkungsgrad η_{aggr} des Pumpenaggregates gemeint.

Da der Energiebedarf einer Pumpe einerseits umgekehrt proportional zu ihrem Wirkungsgrad η_{aggr} ist und andererseits die anderen Faktoren z und e (Gl. 11.19) unveränderlich sind, gilt diese Beziehung folglich auch für die Energiekosten:

$$K_e \propto \frac{1}{\eta_{aggr}} \tag{11.20}$$

Bei den Standardpumpen der meisten Hersteller ist der Pumpenwirkungsgrad weitgehend optimiert.

11.5.5 Spezifische Drehzahl

Da sowohl Förderrate Q als auch Förderhöhe H durch die Anforderungen an die Pumpe vorgegeben sind, verbleibt als einzige Variable nur die Drehzahl n, durch die sich die *spezifischeDrehzahl* n_q so beeinflussen lässt, dass sie in Nähe des Wirkungsgradscheitels liegt. Zum Verständnis dieses Begriffes bedarf es einiger Erläuterungen.

Die spezifische Drehzahl einer Kreiselpumpe ist eine charakteristische Größe, die wie folgt definiert ist (Ableitung bei Holzenberger u. Jung 1989)

$$\eta_q = n \, \frac{Q_{opt}^{0,5}}{H_{opt}^{0,75}} \qquad (11.21)$$

mit

Q_{opt} = Bestförderstrom $(m^3 s^{-1})$

H_{opt} = Bestförderhöhe   (m)

n = Drehzahl (min^{-1})

Der optimale Wirkungsgrad einer Pumpe ist von der Laufradform abhängig. Für verschiedene Laufradformen gelten nach Holzenberger u. Jung (1989) folgende Werte von n_q :

Radialrad $n_q \sim 60$ min^{-1}

Halbaxialrad $60 < n_q < 160$ min^{-1}

Axialrad $160 < n_q < 400$ min^{-1} und höher

In der Praxis erfolgt die optimale Wahl einer Pumpe für die gewünschte Leistung und die erforderliche Förderhöhe unter anderem durch Festlegung von

− Drehzahl
  - Schnell-Läufer mit 2900 min^{-1} bei 50 Hz
  - Langsamläufer mit 1450 min^{-1} bei 50 Hz

− Veränderung der Stufenzahl

− Mehrflutigkeit

Mehrstufige und mehrflutige Langsamläufer sind aber teurer, so dass bei Wahl einer solchen Pumpe die Investitionskosten steigen.

Variationen der Drehzahl sind möglich, in der Regel aber bei Brunnenpumpen nicht vorgesehen.

11.5.6 Vergleich von Energie- und Kapitaldienstkosten

Geht man davon aus, dass Personal-, Service- und Versicherungskosten praktisch Fixkosten darstellen, die unabhängig vom zu wählenden Pumpentyp in einem relativ engen und überschaubaren Rahmen liegen werden, sind es praktisch nur die Investitions- und Betriebskosten, die bei der Auswahl des optimalen Pumpentyps untersucht werden müssen.

Ziel einer jeden Wirtschaftlichkeitsbetrachtung ist, dass

$$K_{ges} = K_K + K_E \Rightarrow Minimum \quad (DM/a) \qquad (11.22)$$

darstellt.

Unter Anwendung der Beziehungen Gl. 11.17 und Gl. 11.19 lautet der Ausdruck K_{ges} dann

$$K_{ges} = I \cdot f_t / 100 + P \cdot z \cdot e \quad \text{(DM/a)} \tag{11.23}$$

Die Leistung ergibt sich aus Gl. 11.11:

$$P = \frac{Q \cdot H \cdot \rho \cdot g}{\eta}$$

Hat man aus mehreren Pumpen mit ähnlichen Leistungsdaten die entsprechende Wahl zu treffen, dann ist nach Holzenberger zweckmäßigerweise wie folgt zu verfahren:

Eine der angebotenen Pumpen wird als Bezugsmodell ausgewählt und mit dem Index $_0$ versehen, um sie mit den anderen zu vergleichen.

Gleichung 11.22 lautet somit

$$K_{0\,ges} - K_{ges} = K_{0K} - K_K + K_{0E} - K_E \quad \text{(DM/a)} \tag{11.24}$$

und

$$\Delta K_{ges} = (I_0 - I) \cdot \frac{f_t}{100} + (P_0 - P) \cdot z \cdot e \quad \text{(DM/a)} \tag{11.25}$$

Gegenüber Gl. 11.23 besteht der Vorteil von Gl. 11.25 darin, dass nur die jeweiligen Differenzen betrachtet werden müssen.

In analoger Weise sind die Differenzen der jeweiligen optimalen Wirkungsgrade zu vergleichen:

$$\Delta P = P_0 - P = \frac{P_0}{1 + \dfrac{\eta_0}{\eta - \eta_0}} \quad \text{(kW)} \tag{11.26}$$

Zwei Pumpenangebote sind folglich dann als gleichwertig anzusehen, wenn $\Delta K_{ges} = 0$ ist. Dann gilt

$$(I - I_0) \cdot \frac{f_t}{100} = (P_0 - P) \cdot z \cdot e = \frac{P_o \cdot z \cdot e}{1 + \dfrac{\eta_0}{\eta - \eta_0}} \quad \text{(DM/a)} \tag{11.27}$$

In dieser Gleichung kommt zum Ausdruck, dass im Vergleich zum Bezugsbeispiel mit dem Index $_0$ ein höherer Wirkungsgrad η, also ein geringerer Leistungsbedarf P, mit einem höheren Beschaffungspreis I einhergeht. Mit Gl. 11.27 kann folglich berechnet werden, wie viel teurer ein Pumpenaggregat sein darf, wenn dadurch der Wirkungsgrad steigt, bzw. der Energiebedarf vermindert wird.

Wie sich Anschaffungs- oder Investitionskosten zu Energie- bzw. Betriebskosten verhalten, kann aus Nomogrammen von Holzenberger (1988) entnommen werden:

- Abb. 11.12 für den rechten Teil der Gl. 11.27
- Abb. 11.13 entsprechend für den linken Teil der Gl. 11.27

Damit ist graphisch ein schneller Vergleich von zwei oder mehreren Angeboten für das gesuchte Pumpenaggregat möglich. Zugleich erlauben die beiden Abbildungen, Absolutbeträge der jährlichen Energiekosten K_E und der jährlichen Kapitaldienstkosten K_K nach Gl. 11.23 zu ermitteln.

Beispiel

Für den Einsatz einer Brunnenpumpe im optimalen Bereich von

- $Q = $ ca. $160 \, \mathrm{m^3 \, h^{-1}}$
- $H = $ ca. $210 \, \mathrm{m}$

liegen zwei Angebote vor.

Beim ersten Angebot handelt es sich um eine Pumpe mit einer Motorleistung von $P_0 = 140 \, \mathrm{kW}$ und einem optimalen Wirkungsgrad von $\eta_0 = 73\,\%$ sowie einem Beschaffungspreis I_0 von DM 21 000,-.

Das zweite teurere Angebot nennt eine Motorleistung von ebenfalls $P = 140 \, \mathrm{kW}$ mit einem optimalen Wirkungsgrad von $\eta = 78\,\%$ sowie einen Beschaffungspreis I von DM 26 400,-.

Die Preisdifferenz beträgt also $I - I_0 = $ DM 5400,-.

Folgende Werte gehen weiterhin in die Rechnung ein:

- geschätzte Betriebszeit jährlich z 3000 Stunden
- spezifischer Energiepreis e DM 0,12
- angenommene Amortisationszeit t 5 Jahre
- aktueller Zinsfuß p 8 %

Daraus errechnet sich mittels Gl. 11.26 eine Leistungsersparnis von

$$\Delta P = P_0 - P = \frac{P_0}{1 + \dfrac{\eta_0}{\eta - \eta_0}} = \frac{140}{1 + \dfrac{73}{78 - 73}} = \frac{140}{1 + \dfrac{73}{5}} = 9 \, kW$$

Der Tilgungsfaktor ergibt sich aus Gl. 11.17 zu

$$f_t = \frac{K_K \cdot 100}{I} = \frac{p}{1 - (100/100 + p)^t} = \frac{0,08}{1 - (100/1008)^5}$$

$$f_t = \frac{0,08}{1 - 0,68} = \frac{0,08}{0,32} = 25 \, \% \, \mathrm{a^{-1}}$$

Die Differenz der Gesamtkosten ergibt sich schließlich mit Gl. 11.25 zu

$$\Delta K_{ges} = K_{0\,ges} - K_{ges} = (I_0 - I) \cdot \frac{f_t}{100} + (P_0 - P) \cdot z \cdot e$$

$$\Delta K_{ges} = (-5400) \cdot 0{,}25 + 9 \cdot 3000 \cdot 0{,}12$$

$$\Delta K_{ges} = (-1350) + 3240 = 1890 \ \ \text{DM a}^{-1}$$

Die vorstehende Berechnung kann auch *schrittweise* graphisch durch Anwendung der Nomogramme der Abb. 11.12 und 11.13 erfolgen.

Schritt 1 nach Abb. 11.12:
- Im linken Teil der Abbildung fällt man mit der Wirkungsgrad-Differenz (hier 5 %) das Lot auf die Kurve des Wirkungsgrades $\eta_0 = 73\,\%$ und verbindet von dort auf die Skala (1) mit dem Wert für $\dfrac{\Delta P}{P_0}$ von 0,07.

- Der Punkt 0,07 auf der Skala (1) wird durch eine Gerade auf Skala (2) mit $P = 140 \ kW$ verbunden, die weiter bis auf die Skala (3) verlängert wird. Hier kann die Leistungsersparnis $\Delta P = 9{,}5 \ kW$ abgelesen werden. Sie ist um 0,5 kW höher als bei der obigen Berechnung.
- Den Punkt 9,5 auf Skala (3) verbindet man durch Verlängerung der Geraden mit der Zahl der jährlichen Betriebsstunden auf Skala (5), d.h. mit 3000 h a^{-1}.
- Im Schnittpunkt dieser Geraden mit Skala (4) kann man den jährlichen Energiebedarf mit ca. 27000kWh a^{-1} ablesen.
- Von dort aus wird die Skala (4) durch eine Gerade mit der Skala (7) bis zum Punkt von 0,12 DM für den spezifischen Energiepreis e verbunden. Auf Skala (6) ergibt sich damit ein Schnittpunkt für die jährlichen Energiekosten bei ca. DM 3500,-. Die obige Berechnung ergab DM 3240,-.

Schritt 2 nach Abb. 11.13 erlaubt die schnelle Bestimmung der Kapitaldienstkosten für die vorgesehene Abschreibungszeit.

- Auf der rechten Abszisse verbindet man die festgelegte Abschreibungszeit von 5 Jahren mit einer Vertikalen bis zum Schnittpunkt mit der Kurve des Zinsfußes bei $p = 8\,\%$
- Dann legt man eine Horizontale nach links, welche die Ordinate bei ca. 25,5 % für den Tilgungs-Faktor f_t schneidet (Berechnung: 25 %).
- Dort, wo die Verlängerung der horizontalen Geraden die schräg verlaufende Gerade der Differenz der Investitionssumme ΔI bei DM 5400,- schneidet, fällt man das Lot auf die Abszisse.
- Dort liest man die jährlichen Kapitaldienst-Kosten mit etwa DM 1300,- ab (Berechnung: DM 1350,-).

11.5.7 Ermittlung der Amortisationszeit

In Gl. 11.27 werden die Absolutbeträge der Differenzen von Kapitaldienstkosten und Energiekosten einander gleich gesetzt. Holzenberger löst diese Gleichung in Verbindung mit Gl. 11.17 nach der Amortisationszeit t auf:

$$f_t = \frac{(P_0 - P) \cdot z \cdot e}{I - I_0} \cdot 100 = \frac{P_0 \cdot z \cdot e \cdot 100}{(I - I_0) \cdot (1 + \dfrac{\eta_0}{\eta - \eta_0})} \quad \%/a \tag{11.28}$$

und

$$t = \left(\lg \frac{f_t}{f_t - p}\right) \bigg/ \left(\lg \frac{100 + p}{100}\right) \quad a \tag{11.29}$$

Die Anwendung der Gl. 11.29 erlaubt damit die Bestimmung der Zeit, zu der sich eine Mehrinvestition zugunsten einer energiesparenden, hier durch den besseren Wirkungsgrad ausgedrückten Energieeinsparungsmaßnahme amortisiert.

Es stehen also – wie im vorstehenden Beispiel gezeigt wurde – Energiekosten von DM 3240,-/a den Kapitaldienstkosten von DM 1350,-/a gegenüber.Es stellt sich also die Frage, nach welcher Zeit sich die Mehrausgaben von DM 5400,- amortisieren werden.

Mit Gl. 11.28 ergibt sich

$$f_t = \frac{(P_0 - P) \cdot z \cdot e}{I - I_0} \cdot 100 = \frac{9 \cdot 3000 \cdot 0,12}{5400} \cdot 100 = 60\% / a$$

und

$$t = \left(\lg \frac{f_t}{f_t - p}\right) \bigg/ \left(\lg \frac{100 + p}{100}\right) = \left(\lg \frac{60}{60 - 8}\right) \bigg/ \left(\lg \frac{108}{100}\right) = 1,86 \, a$$

Gesamtergebnis:

Die Mehrkosten von DM 5400,- der Pumpe mit dem höheren Wirkungsgrad sind nach 1,86 Jahren bzw. mehr als 22 Monaten durch geringere Energiekosten ausgeglichen. Der höhere Beschaffungspreis ist damit gerechtfertigt.

Bei Anwendung der Grafik rechts unten in Abb. 11.13 kann man die Verkürzung der Amortisationszeit für Abschreibungszeiten > 5 Jahre bei gleichmäßig steigenden Strompreisen grob abschätzen.

Grundsätzlich gilt für die Pumpenauswahl:

- die technische Lebensdauer eines Pumpenaggregates muss die Amortisationszeit überschreiten,
- je höher die Leistung des Pumpenaggregates und je länger die jährliche Betriebszeit sind, desto mehr ist der Wirkungsgrad für die Gesamtkosten des Pumpeneinsatzes entscheidend und nicht der jeweilige Kaufpreis.

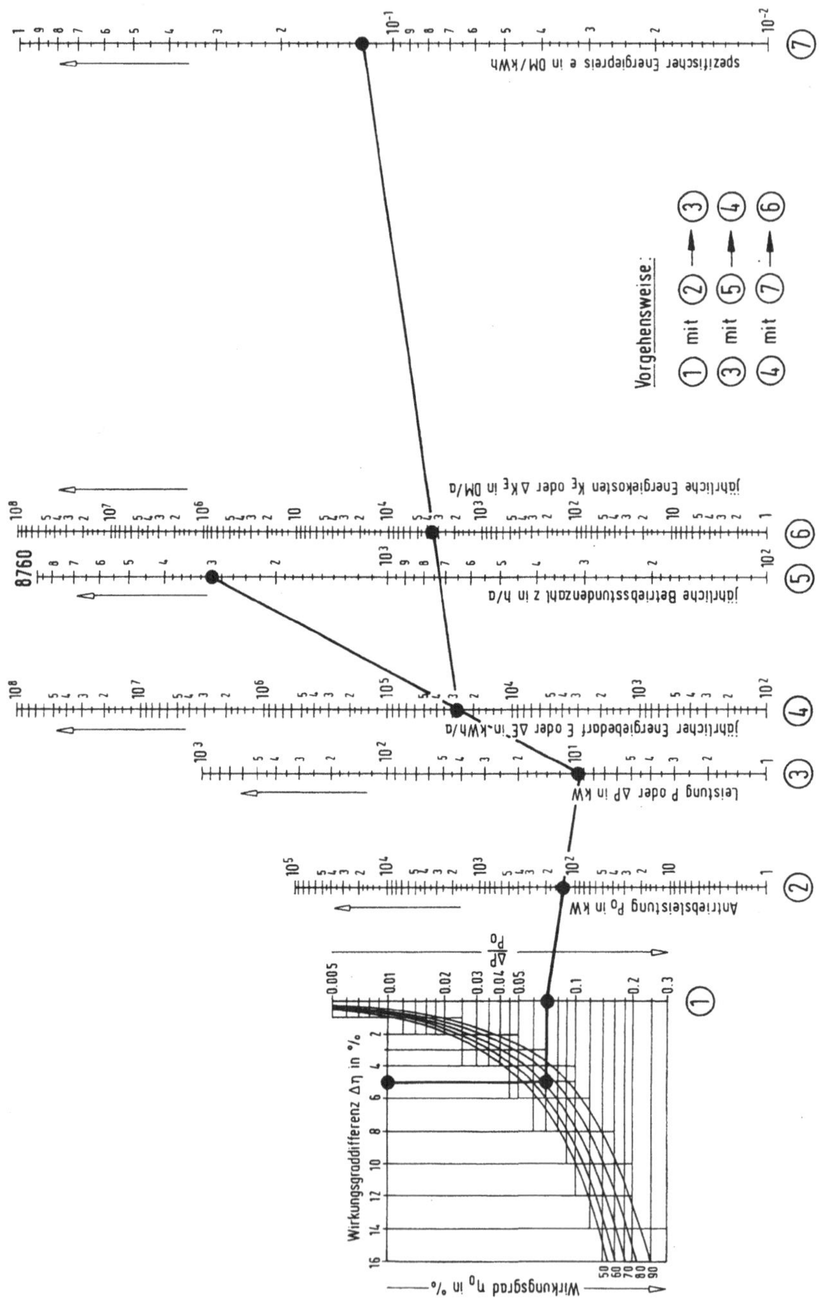

Abb. 11.12. Fluchtlinientafel zur Ermittlung der Energiekosten für eine Arbeitsmaschine, z.B. eine Kreiselpumpe

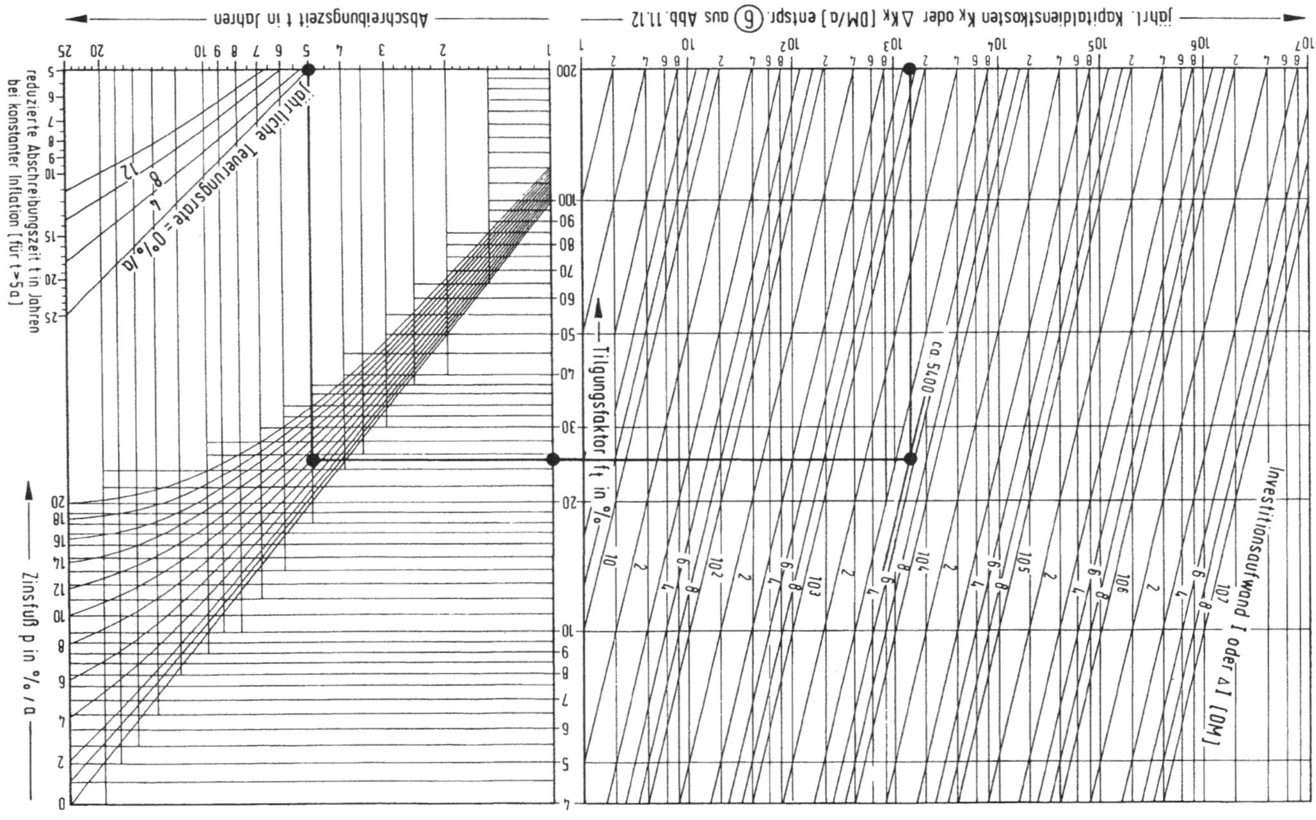

Abb. 11.13. Nomogramm über den Zusammenhang zwischen jährlichen Kapitaldienstkosten, Investition, Abschreibungszeit und Zinsfuß

11.6 Kurze Einführung in die Rohrleitungshydraulik

Die Grundlage einer jeden Berechnung der Förderleistung von Rohrleitungen für tropfbare, inkompressible Flüssigkeiten sind die *Kontinuitätsbedingung* und die Widerstandsformel von D'Aubuisson de Voisins und Weisbach. Bevor im nächsten Abschnitt näher auf diese Beziehungen eingegangen wird, sind jedoch einige Vorerläuterungen notwendig.

In der Hydraulik unterscheidet man zwischen *laminarem* und *turbulentem Fließen* einer Flüssigkeit (vgl. Abschn. 2.1.3). Bei einer laminaren Strömung fließt diese in geschichteten Bahnen, die im Falle einer Rohrströmung parallel zur Rohrachse verlaufen.

Dagegen kommen bei einer turbulenten Strömung zur rohr-parallelen Hauptströmung Querströmungen hinzu. Sie entstehen dadurch, dass Teile der Grenzschicht an der Rohrwandung losgerissen werden und in die Hauptströmung gelangen und die ursprüngliche Laminarströmung zerstören (Haimerl 1969). In einer derartigen Wirbelbewegung muss sich die Geschwindigkeit ständig ändern. Sie schwankt aber um einen Mittelwert, wodurch Trägheitskräfte hervorgerufen werden.

Der Übergang von der laminaren in die turbulente Strömung erfolgt bei der sogenannten *kritischen Geschwindigkeit*. Dieser lässt sich durch die kritische *Reynoldssche Zahl* R_e erfassen (Reynolds 1883). Sie gibt an, um wie viel mal größer die Trägheitskräfte gegenüber den Zähigkeitskräften sind (Haimerl 1969). Ist R_e klein, handelt es sich um eine hochviskose (zähe) und/oder widerstandsreiche Strömung. Ein großes R_e deutet auf schnelle Strömung mit geringen Zähigkeitskräften hin. $R_e = \infty$ wäre der Ausdruck einer idealen, reibungsfreien Strömung. Für die Rohrströmung lässt sich R_e wie folgt berechnen (vgl. auch Abschn. 2.1.3)

$$R_e = \frac{\bar{v} \cdot d}{\upsilon} \quad \text{(dimensionslos)} \qquad (11.32)$$

mit

$\bar{v}$ = mittlere Strömungsgeschwindigkeit, die sich aus der *Kontinuitätsbedingung* ergibt,

$$\bar{v} = \frac{Q}{F} \quad (\text{ms}^{-1}) \qquad (11.33)$$

sowie

Q = Durchflussrate (Volumenstrom) $(\text{m}^3\text{s}^{-1})$

$F = \dfrac{\pi \cdot d^2}{4}$ = Rohrquerschnitt (m^2)

d = innerer Rohrdurchmesser (m)

υ = kinematische Viskosität der Flüssigkeit $(\text{m}^2\text{s}^{-1})$

Eine Verknüpfung der vorstehenden Gleichungen ergibt

$$R_e = \frac{4 \cdot Q}{\pi \cdot d \cdot \upsilon} \tag{11.34}$$

Die Tabellen 1.7 und 2.4 sowie Abb. 1.2 geben Werte der kinematischen Zähigkeit von reinem Wasser für unterschiedliche Temperaturen an. Die in der Rohrleitungshydraulik üblichen Berechnungsnomogramme beziehen sich in der Regel auf 10 °C oder 20 °C warmes Wasser, so dass sich dann nach Gl. 11.34 ergibt

$$R_{e10°C} \cong 971900 \frac{Q}{d} \tag{11.35a}$$

$$R_{e20°C} \cong 1260000 \frac{Q}{d} \tag{11.35b}$$

Der Umschlag von laminarer in turbulente Rohrströmung erfolgt nach Haimerl (1969) bei

$$R_{e(krit)} = 2320$$

Das bedeutet, dass bis zu $R_e = 2320$ die Flüssigkeit laminar strömt; ab Werten $R_e > 2320$ folgt allmählich der Übergang zu turbulentem Fließen.

Abbildung 11.14 gibt schematisiert eine Rohrleitung des Durchmessers d wieder, die von einer Flüssigkeit mit einer mittleren Geschwindigkeit $\bar{v}$ durchströmt wird. Die drei Druckmessrohre, deren Öffnungen parallel zur Strömungsrichtung liegen, erlauben es, die jeweiligen *Druckhöhen h* abzulesen. Am gleichen Ort angebrachte *Staurohre (Pitotrohre*; Schleicher 1955), deren Öffnungen ebenfalls parallel zur Fließrichtung liegen, gestatten darüber hinaus die direkte Beobachtung auch der *Geschwindigkeitshöhen* $\frac{v^2}{2g}$ und damit auch der Gesamtenergie der Strömung. Die Verbindung der Druckhöhenablesungen wird *Druckhöhenlinie*, die der Staurohrablesungen *Energielinie* genannt.

Mit

z = geodätische Höhe (m)

$h = \dfrac{p}{\gamma}$ = Druckhöhe (m) mit p = Wasserdruck

$\dfrac{v^2}{2g}$ = Geschwindigkeitshöhe (m) mit $g = 9{,}81$ ms^{-2} = Erdbeschleunigung

gilt mit Bernouilli (vgl. Abschn. 2.1.2)

$$z_1 + h_1 + \frac{v_1^2}{2g} = z_2 + h_2 + \frac{v_2^2}{2g} + h_{v1-2}$$

$$z_1 + h_1 + \frac{v_1^2}{2g} = z_3 + h_3 + \frac{v_3^2}{2g} + h_{v1-3}$$

$$z_2 + h_2 + \frac{v_2^2}{2g} = z_3 + h_3 + \frac{v_3^2}{2g} + h_{v2-3}$$

Bei $v_1 = v_2 = v_3 = \bar{v}$ ergeben sich die *Druckhöhenverluste* h_v zu

$$h_{v1-2} = (z_1 + h_1) - (z_2 + h_2)$$
$$h_{v1-3} = (z_1 + h_1) - (z_3 + h_3) \tag{11.36}$$
$$h_{v2-3} = (z_2 + h_2) - (z_3 + h_3)$$

Bei horizontal liegendem Rohr vereinfachen sich diese Beziehungen, und die Druckhöhenverluste können direkt an den Druckmessrohren abgelesen werden:

$$h_{v1-2} = h_1 - h_2$$
$$h_{v1-3} = h_1 - h_3 \tag{11.37}$$
$$h_{v2-3} = h_2 - h_3$$

Analog zur Grundwasserhydrologie (Kap. 2) bezeichnet man mit dem Quotienten I den *Gradienten* oder das Gefälle

$$I = \frac{h_v}{l} \quad \text{(dimensionslos)} \tag{11.38}$$

In der Praxis wird meist auf 1000 m Rohrstrecke bezogen:

$$I_{km} = 1000\,I = \frac{h_v}{l} \quad \text{(m/1000 m)} \tag{11.39}$$

11.7 Laminare Rohrströmung

Das Zähigkeitsgesetz von Newton besagt, dass die dynamische Zähigkeit zweier Flüssigkeitsschichten, die mit der Geschwindigkeitsdifferenz dv aneinander vorbeidriften, eine Schubspannung τ hervorruft (Haimerl 1969)

$$\tau = \mu \frac{dv}{dy} \tag{11.40}$$

mit

τ = zähigkeitsbedingte Schubspannung $(\text{kg m}^{-1}\text{s}^{-2})$

μ = dynamische Zähigkeit (Viskosität) (kg m^{-1}s^{-1})

$\dfrac{dv}{dy}$ = Geschwindigkeitsgradient   (s^{-1})

Abbildung 2.14 gibt die parabolische Geschwindigkeitsverteilung in einem zylindrischen Rohr wieder. In der Mitte bewegt sich ein Flüssigkeitszylinder mit der Geschwindigkeit v_{max}. An der Rohrwandung hingegen haftet die Flüssigkeit mit der Geschwindigkeit $v = 0$. Somit lässt sich folgern

$$\bar{v} = f(r_0) = f(\frac{d}{2}) = \frac{v_{max}}{2} \quad (\text{m s}^{-1}) \tag{11.41}$$

Die weitere Ableitung, die in Abschn. 2.3.4 nachzulesen ist, ergibt

$$\bar{v} = -\frac{\gamma \cdot r_0^2}{8\mu}\frac{dh}{dx} \tag{11.42}$$

Nach Gl. 11.38 lässt sich $\dfrac{dh}{dx}$ durch $I = \dfrac{h_v}{l}$ ersetzen. Die Durchflussrate Q erhält man durch Verknüpfung der Gln. 11.33 und 11.42 zu

$$Q = F \cdot \bar{v} = \pi \cdot r_0^2 \cdot \frac{\gamma \cdot r_0^2}{8\mu} \cdot \frac{h_v}{l}$$

$$Q = \pi \cdot r_0^4 \cdot \frac{\gamma}{8\mu} \cdot \frac{h_v}{l} \quad (\text{m}^3 \text{ s}^{-1}) \tag{11.43}$$

In der Rohrhydraulik gebraucht man anstelle des Rohrradius r_0 den Halbmesser $\dfrac{d}{2}$. Das ergibt schließlich die gebräuchlichen Formeln für den Druckhöhen- (bzw. Energie-)Verlust bei laminarer Strömung

$$h_v = \frac{32}{g} \cdot l \cdot \upsilon \cdot \frac{\bar{v}}{d^2} \quad (\text{m}) \tag{11.44a}$$

$$h_v = \frac{128}{\pi \cdot g} \cdot l \cdot \upsilon \cdot \frac{Q}{d^4} \quad (\text{m}) \tag{11.44b}$$

mit

υ = kinematische Zähigkeit

Gleichungen 11.44a und 11.44b lassen erkennen, dass sich h_v proportional mit der (mittleren) Strömungsgeschwindigkeit $\bar{v}$ bzw. mit der Durchflussrate Q ändert. Die Grenzschicht an der Rohrwandung mit $v = 0$ bleibt bei laminarer Strömung erhalten. Deshalb hat hierbei die Beschaffenheit der Rohrwandung – glatt oder rau – keine Bedeutung (Haimerl 1969).

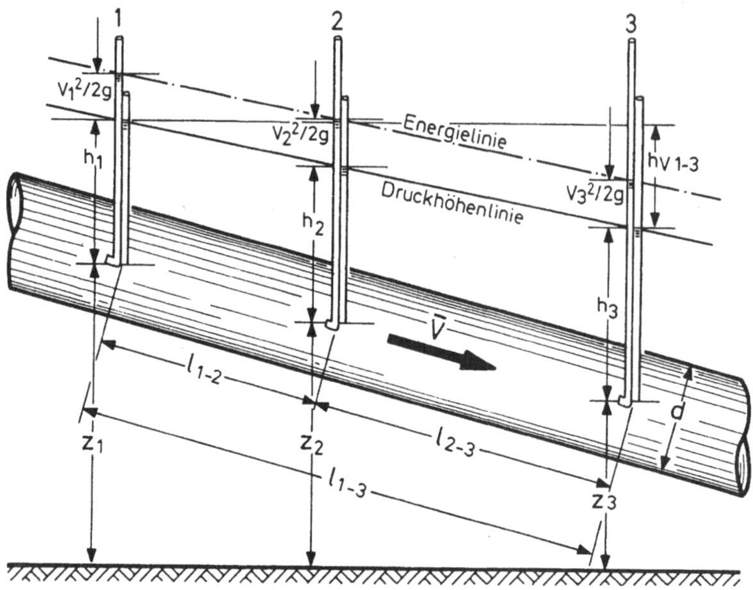

Abb. 11.14. Druckhöhen- und Energieverluste bei einer Rohrströmung. Nach Haimerl (1969). h = Druckhöhe

11.8 Turbulente Rohrströmung

In der Rohrleitungstechnik spielt jedoch die turbulente Strömung die entscheidende Rolle. Entlang der inneren Wandfläche eines turbulent durchströmten Rohres entwickelt sich eine Widerstandskraft W, die von einer Schubspannung τ abhängt. Für eine laminare Rohrströmung wurde diese aus dem Zähigkeitsgesetz von Newton erklärt (Abschn. 11.7). Dies bedeutet, dass die laminare Strömung lediglich von Zähigkeitskräften beeinflusst wird. Bei einer turbulenten Strömung treten dagegen Trägheitskräfte auf, die sich mit dem Quadrat der Geschwindigkeit ändern.

Mit Haimerl (1969) werden Schubspannung τ und Widerstandskraft W wie folgt definiert:

$$\tau = \psi \cdot \frac{\overline{v^2}}{2g} \cdot \gamma \quad (\mathrm{kg\ m^{-1}\ s^{-2}}) \tag{11.45}$$

$$W = \tau \cdot l \cdot U = \tau \cdot l \cdot \pi \cdot d \quad (\text{kg m s}^{-2}) \qquad (11.46)$$

mit

$\psi =$	dimensionsloser Koeffizient	
$l =$	durchströmte Rohrlänge	(m)
$U = \pi \cdot d =$	innerer Rohrumfang	(m)
$\bar{v} =$	mittlere Strömungsgeschwindigkeit	(ms^{-1})
$g =$	Erdbeschleunigung	$(9{,}81 \text{ ms}^{-2})$
$\gamma =$	Dichte der Flüssigkeit	$(\text{kg m}^{-2} \text{ s}^{-2})$

Für den in Abb. 11.15 gezeigten Strömungszustand entlang der Fließstrecke l lässt sich die nachstehende Gleichgewichts-Beziehung aufstellen. Es werden nur die Druckhöhen betrachtet, da bei gleichbleibendem Rohrdurchmesser und konstantem Gefälle Druckhöhen- und Energieverluste gleichsinnig sind:

$$p_1 F - W - p_2 F = 0$$

mit

Rohrquerschnitt $F = \dfrac{\pi \cdot d^2}{4}$ und

Wasserdruck $p = \gamma \cdot h$

Somit gilt:

$$\gamma \cdot h_1 \cdot \frac{\pi \cdot d^2}{4} - W - \gamma \cdot h_2 \cdot \frac{\pi \cdot d^2}{4} = 0$$

und

$$h_v = h_1 - h_2$$

Vereinfacht gilt:

$$\gamma \cdot h_v \cdot \frac{\pi \cdot d^2}{4} - W = 0$$

Eine Verknüpfung dieser Beziehung mit Gl. 11.46 ergibt Gl. 11.47:

$$h_v \cdot \frac{d}{4} = \psi \cdot \frac{\bar{v}^2}{2g} \cdot l$$

$$h_v = \psi \cdot \frac{\bar{v}^2}{2g} \cdot \frac{4l}{d} \qquad (11.47)$$

Es sei λ als Rohrreibungszahl (Widerstandszahl) definiert:

$$\lambda = 4\psi \qquad (11.48)$$

λ in Gl. 11.47 eingesetzt führt zu der Widerstandsformel von D'Aubuisson de Voisins und Weisbach, die den Druckhöhenverlust durch Rohrreibung angibt (Ueker 1972):

$$h_v = \lambda \cdot \frac{1}{d} \cdot \frac{\overline{v^2}}{2g} \quad (\text{m}) \tag{11.49}$$

Die Bedeutung der Rohrreibungszahl ergibt sich durch die folgenden Erläuterungen: Für ein völlig gefülltes Kreisrohr ist der *hydraulische Radius* definiert als

$$R = \frac{durchströmte\,Fläche}{benetzter\,Umfang} \frac{F}{U} = \frac{\pi \cdot d^2}{4\pi \cdot d} = \frac{d}{4} \quad (\text{m}) \tag{11.50}$$

Ersetzt man in Gl. 11.49 $\dfrac{h_v}{l}$ durch I sowie d durch $4R$, so erhält man

$$I = \frac{\lambda}{R} \cdot \frac{\overline{v^2}}{8g}$$

und weiter
$$\overline{v} = \sqrt{\frac{8g}{\lambda}} \cdot \sqrt{R \cdot I} = 8{,}86 \frac{1}{\sqrt{\lambda}} \cdot \sqrt{R \cdot I}$$

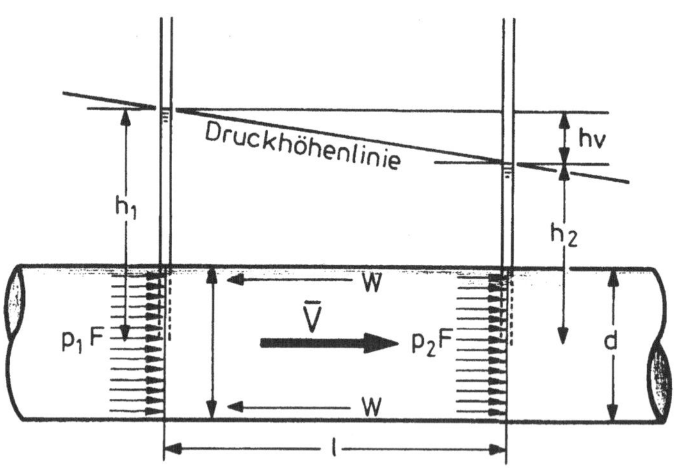

Abb. 11.15. Gleichgewicht bei Rohrreibungsverlusten. Nach Haimerl (1969).

Nach Einführung eines Koeffizienten C

$$C = 8{,}86 \cdot \frac{1}{\sqrt{\lambda}} \qquad (\text{m}^{1/2}\,\text{s}^{-1})$$

erhält man die Fließformel von De Chezy (Ueker 1972)

$$\overline{v} = C \cdot \sqrt{R \cdot I} \qquad (\text{m s}^{-1})$$

mit

C = Chezy-Koeffizient
R = hydraulischer Radius
I = Gefälle

Ersetzt man in Gl. 11.49 die allgemeine Rohrreibungszahl λ durch eine nur für den laminaren Bereich gültige Zahl λ_{lam}, lassen sich Gl. 11.49 und 11.44a gleichsetzen. Durch weitere Verknüpfung mit Gl. 11.34 ergibt sich dann λ_{lam} zu

$$\lambda_{lam} = \frac{64}{R_e} \tag{11.51}$$

Reibungszahl λ bzw. Chezy-Koeffizient hängen infolgedessen von zwei *Rauigkeitskomponenten* ab:

- der *Welligkeit*, die von Art und Form der Strömung im Rohr, d.h. von Turbulenz oder Laminarität abhängt,
- der fühlbaren oder *absoluten Rauigkeit k*, d.h. der mittleren Rauigkeitserhebung in mm, einem reinen Materialwert.

Wie oben bereits gezeigt, variiert die Welligkeit allein in Funktion der Reynoldsschen Zahl. Hingegen ändert sich die absolute Rauigkeit offensichtlich mit der Beschaffenheit der inneren Rohrwandung.

Zur Veranschaulichung der nachstehend nur funktionell erläuterten Abhängigkeiten werden bei der Rohrströmung zwei Bereiche unterschieden, in denen die Reibungsverluste, d.h. Druckhöhenverluste, entstehen (Ueker 1972):

- eine schmale, oft laminare Randströmung
- eine turbulente Kernströmung

Für unterschiedliche Rohre gilt dabei:

Hydraulisch glattes Rohr: Die Rauigkeitselemente (Unebenheiten) der Rohrwandung werden völlig von der laminaren Randströmung bedeckt, können sich daher nicht auswirken. Deshalb beeinflusst nur die Welligkeit, d.h. Laminarität oder Turbulenz der Kernströmung, ausgedrückt durch die Reynoldssche Zahl, die Reibungszahl λ

$$\lambda = f(R_e)$$

Hydraulisch raues Rohr: Die Rauigkeitselemente ragen durch die laminare Randströmung hindurch bis in die Kernströmung hinein.

In diesem Fall ist λ nur von der Materialrauigkeit, ausgedrückt als *relative Rauigkeit* $\dfrac{k}{d}$ abhängig, nicht jedoch von R_e.

$$\lambda = f(\frac{k}{d})$$

Rohr im Übergangsbereich: Es vermittelt zwischen den ersten beiden Rohrtypen. Deshalb

$$\lambda = f(R_e, \frac{k}{d})$$

Alle drei Fälle werden durch die Bestimmungsgleichungen für die Reibungszahl λ nach Prandtl (1933) und Colebrook (1939) (beide zitiert bei Ueker 1972) beschrieben:

hydraulisch glattes Rohr; Index 0 (Prandtl)

$$\frac{1}{\sqrt{\lambda_0}} = 2 \cdot \lg(\frac{R_e \sqrt{\lambda_0}}{2{,}51}) \tag{11.52}$$

hydraulisch raues Rohr (Prandtl)

$$\frac{1}{\sqrt{\lambda}} = 2 \cdot \lg(3{,}71\frac{d}{k}) \tag{11.53}$$

Rohr im Übergangsbereich (Colebrook)

$$\frac{1}{\sqrt{\lambda}} = -2 \cdot \lg(\frac{2{,}51}{R_e \sqrt{\lambda}} + \frac{1}{3{,}71}\frac{k}{d}) \tag{11.54}$$

Die in den Gln. 11.52 bis 11.54 ausgedrückten Beziehungen sind im sogenannten Moody-Diagramm der Abb. 11.16 dargestellt.
Durch Umformung von Gl. 11.49 ergibt sich

$$\frac{1}{\sqrt{\lambda}} = \frac{\bar{v}}{\sqrt{2g \cdot d \cdot I}} \tag{11.55}$$

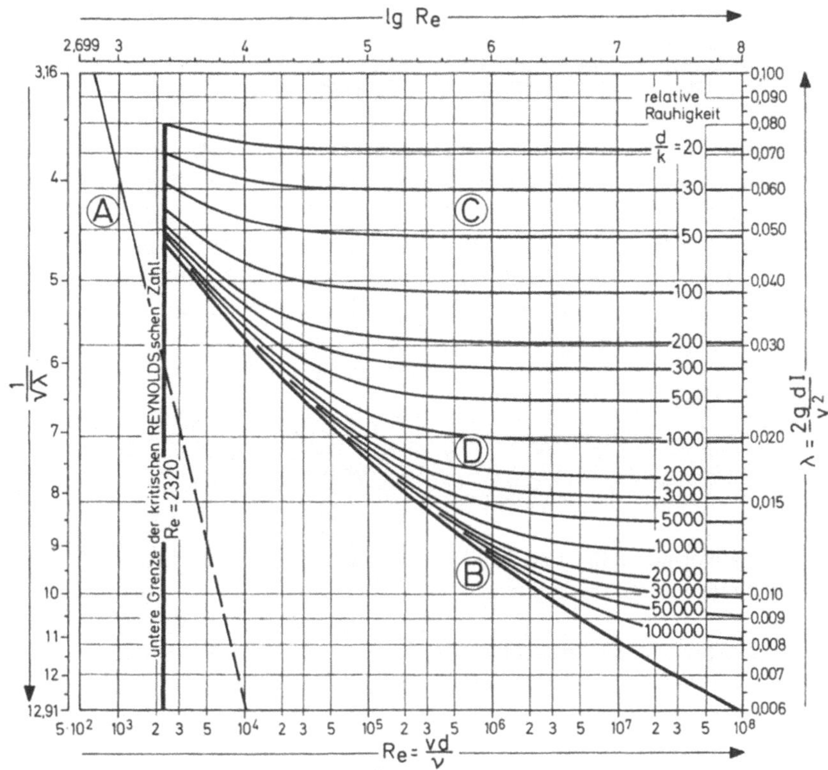

Abb. 11.16. Moody-Diagramm. – Reibungszahlen nach Prandtl, Colebrook und Hagen-Poiseuille. Nach Ueker (1972).

Setzt man diese Beziehung mit Gl. 11.54 gleich, substituiert R_e durch

$$\frac{\bar{v} \cdot 4R}{\upsilon}$$

aus Gl. 11.32 und löst nach $\bar{v}$ auf, so entsteht

$$\bar{v} = -2 \cdot \lg\left(\frac{2{,}51\upsilon}{d \cdot \sqrt{2g \cdot d \cdot I}} + \frac{1}{3{,}71}\frac{k}{d}\right) \cdot \sqrt{2g \cdot d \cdot I} \qquad (11.56)$$

Der Durchfluss in einem Kreisrohr ist

$$Q = F \cdot \bar{v} = \frac{\pi \cdot d^2}{4} \cdot \bar{v} \quad (\text{m}^3\,\text{s}^{-1}) \qquad (11.33)$$

folglich

$$Q = \frac{\pi \cdot d^2}{4} \left[-2 \cdot \lg \left(\frac{2{,}5\upsilon}{d \cdot \sqrt{2g \cdot d \cdot I}} + \frac{1}{3{,}71} \cdot \frac{k}{d} \right) \cdot \sqrt{2g \cdot d \cdot I} \right] \qquad (11.57)$$

Gleichungen 11.54 und 11.57 – Rohr im Übergangsbereich – beschreiben also den allgemeinen Fall einer Strömung in einem Druckrohr. Tabellen und Tafelwerte, wie sie einerseits für Rohre eines bestimmten Materials mit festliegender Rauigkeit k (z.B. Ueker 1972; DVGW Arbeitsblatt W 302, 1957), andererseits für Rohre mit unterschiedlicher Rauigkeit (Press u. Bretschneider 1974) vorliegen, erlauben eine rasche Bestimmung der Rauigkeit in einer vorhandenen oder noch zu dimensionierenden Wasserleitung. Andererseits verlangen die heute auf dem Markt befindlichen PC-Programme zur Berechnung von Rohrleitungen die Eingabe der entsprechenden k -Werte.

Tabelle 11.2 gibt für einige ausgewählte Rohrmaterialien die Rauigkeitswerte an. Als Anhaltswerte für zulässige Durchflussgeschwindigkeiten in Wasserleitungsrohren können die nachstehenden Werte der Tabelle 11.3 dienen (KSB 1974).

Die DIN-Normen 2401 und 2402 beschreiben die in Deutschland gebräuchlichen Durchmesser und die zulässigen Nenndrücke.

Tabelle 11.2. Mittlere Rauigkeitswerte für Rohre unterschiedlichen Materials und Zustands. Nach DVGW-W 302 (1957) und KSB (1974)

Material	Zustand der Rohre	absolute Rauigkeit k (mm)
gezogene Rohre aus Kupfer, Leichtmetallen, Kunststoffen	neu, technisch glatt	0 (glatt) bis etwa 0,0015
isoliertes Stahlrohr, gezogen	neu	0,05
geschweißtes Stahlrohr	neu, mäßig verrostet leicht verkrustet stärker verkrustet	0,05-0,100,15-0,20 bis 3
schmiedeeiserne Rohre	neu	0,05
isoliertes Asbest-Zementrohr	neu	0 (glatt)
unisoliertes Asbest-Zementrohr	neu	0,025
Betonrohr	neu, Stahlbeton mit sorgfältig geglättetem Verputz	0 (glatt) bis etwa 0,15
	Stahlbeton mit glattem Verputz, mehrere Jahre in Betrieb	0,2...0,3 und mehr

Tabelle 11.3. Anhaltswerte für zulässige Durchflussgeschwindigkeiten in Wasserleitungsrohren. Nach KSB (1974).

DN	25	40	65	100	150	200	300	500	(mm)
$\bar{v}$	1,4	1,6	1,8	2,0	2,2	2,4	2,6	2,9	$(m\,s^{-1})$
Q	2,5	7	21	56	140	270	660	2050	$(m^3 h^{-1})$

11.9 Einfluss von Armaturen auf die Rohrströmung

Druckhöhenverluste treten nicht nur in geraden Rohrleitungen auf, sondern auch und gerade in Formstücken und Armaturen. Die genaue Berechnung sollte der Hydrogeologe dem Rohrleitungs-Ingenieur überlassen. Für überschlägige Ermittlungen im Gelände genügt es aber, *äquivalente Rohrlängen* nach Strzodka (1975) anzusetzen, wie sie Tabelle 11.4 angibt.

Tabelle 11.4. Äquivalente Rohrlängen von Armaturen. Nach Strzodka (1975)

Rohrdurchmesser DN in mm	50	80	100	150	200	300	400	500
	äquivalente Länge in Metern Rohrlänge							
Durchgangsventil	13	23	30	50	75	125	190	260
Eckventil	7	11	15	25	35	60	85	125
Freiflussventil	2,1	3,2	4	5,5	7,5	11	14	17
Schieber	-	1,2	1,5	2,5	3,5	6	8,5	12
T-Stück	3,5	6	8	13	18	30	45	60
Krümmer	0,6	1	1,3	2	2,8	5	7,5	10

Beispiel

Aus einem Brunnen, dessen spezifische Ergiebigkeit mit $C = 1,0 \cdot 10^{-3}$ $m^2 s^{-1}$ bestimmt worden ist und dessen Ruhewasserspiegel 75 m unter Geländeoberfläche angetroffen wird, soll mit einer Tauchmotorpumpe der Baureihe UQH 233/8 in eine an der Erdoberfläche verlegte Rohrleitung gefördert werden. Vom Brunnen 100 m entfernt hat diese Rohrleitung einen Hochpunkt bei 5 m über dem Niveau des Brunnenkopfes und fällt von da über 150 m Länge um 10 m ab (Abb. 11.17).

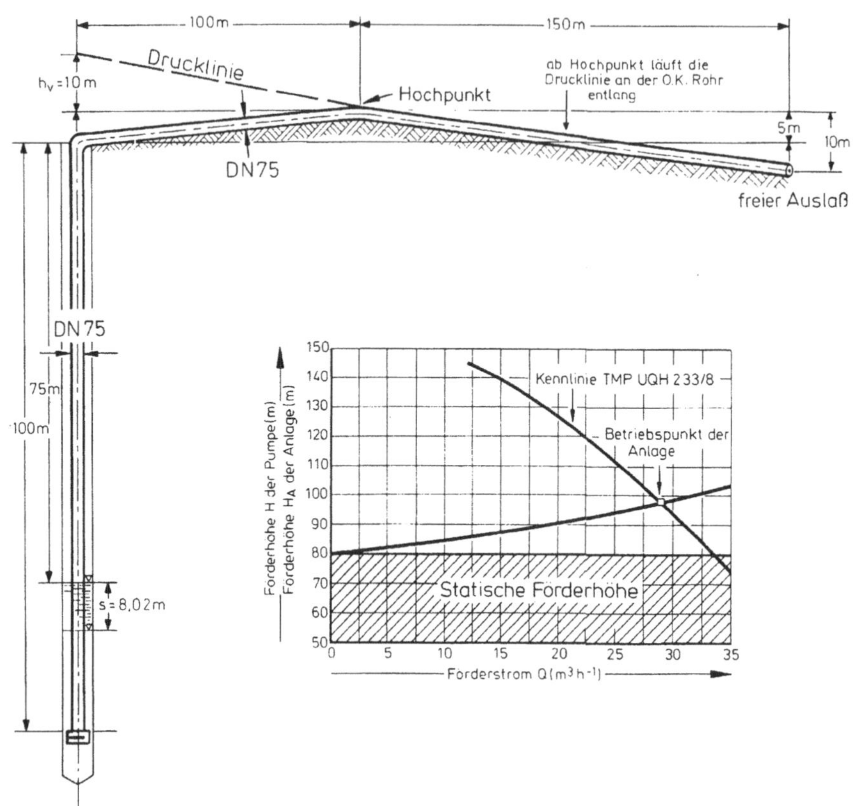

Abb. 11.17. Schemabild zur Berechnung von Rohrdurchmesser, Drucklinie und Betriebspunkt einer Pumpen-Rohrleitungsanlage

Zu ermitteln sind:

- der bestgeeignete Rohrdurchmesser
- der Verlauf der Drucklinie
- der Betriebspunkt der gesamten Anlage

Zunächst wird eine Wertetabelle zusammengestellt (Tabelle 11.5). Mit Hilfe von Druckabfall-Tafeln (Press u. Bretschneider 1974; Ueker 1972) oder von Nomogrammen (Abb. 11.18) berechnet man zunächst für die abgestuften Förderraten der Tauchmotorpumpe aus den Förderhöhen zwischen Ruhewasserspiegel und Hochpunkt (80 m) und den dazugehörigen Absenkungen s im Brunnen die geodätischen Förderhöhen H_{geo}. Unter Berücksichtigung der jeweiligen Verlusthöhen h_v werden die manometrischen Förderhöhen H_{man} ermittelt.

Abbildung 11.3b gibt den vom Hersteller für die Steigleitung der Tauchmotorpumpe (TMP) UQH 233/8 vorgesehenen Durchmesser mit 75 mm (DN 75) an. Da im gewählten Beispiel nicht in eine bereits unter Druck stehende Leitung gefördert werden soll, ist der Durchmesser der bis zum Hochpunkt verlegten Rohrleitung mit DN 75 zu wählen.

Die Förderhöhe zwischen Ruhewasserspiegel im Brunnen und dem Hochpunkt beträgt somit 75 m + 5 m = 80 m (Abb. 11.17 und Tabelle 11.5). Für die verschiedenen Förderstufen, die in der Pumpenkennlinie (Abb. 11.5) in m^3 h^{-1} angegeben werden, berechnet man die jeweiligen Absenkungswerte s in Funktion der spezifischen Ergiebigkeit des Brunnens $C = \dfrac{Q}{s}$ (vgl. Abschn. 4.4).

Das Nomogramm der Abb. 11.18 gilt für neuwertige Graugussrohre und 20 °C warmes Wasser aus Gl. 11.57 und erlaubt eine schnelle Bestimmung der Rohrleitungsverluste h_v/100 m und Rohrströmungsgeschwindigkeiten $\bar{v}$ in Funktion der Förderraten Q. Damit liegen dann auch die Gesamtverlusthöhen, also h_v/200 m fest. Ein Vergleich der in Tabelle 11.5 wiedergegebenen Geschwindigkeiten mit Tabelle 11.3 lässt deutlich werden, dass in der DN 75-Leitung keine unzulässig hohen Geschwindigkeiten auftreten.

Ein Blick in Tabelle 11.4 zeigt weiterhin, dass bei diesem Durchmesser der Druckverlust im Krümmer vernachlässigbar klein ist.

Das Ergebnis der Berechnung ist in Tabelle 11.5 durch die nicht eingeklammerten Zahlen wiedergegeben.

Der nächste Schritt besteht aus der Untersuchung der Rohrströmung auf der Gefällestrecke zwischen dem Hochpunkt und dem freien Auslass (Abb. 11.17). Das Gefälle I beträgt 10 m auf 150 m. Bis zu einem Gefälle bzw. einer Steigung von etwa 10 % wird in der Praxis die wahre Rohrlänge mit ihrer Projektion auf die Horizontale gleichgesetzt. Folglich

$$I = \frac{10}{150} = \frac{6{,}67}{100} = \frac{h_v}{100} \quad (\text{m/m})$$

Das Gefälle entspricht somit einem bei horizontaler oder ansteigender Rohrtrassierung zu überwindendem Druckverlust von $\dfrac{h_v}{100}$ m.

Im Nomogramm der Abb. 11.18 entsprechen dieser Verlusthöhe die folgenden, zum Teil interpolierten Wertepaare:

	$\bar{v}$ (m s^{-1})	Q (m^3 h^{-1})
DN 65	1,8	23
DN 75	1,9	32
DN 80	2,1	39

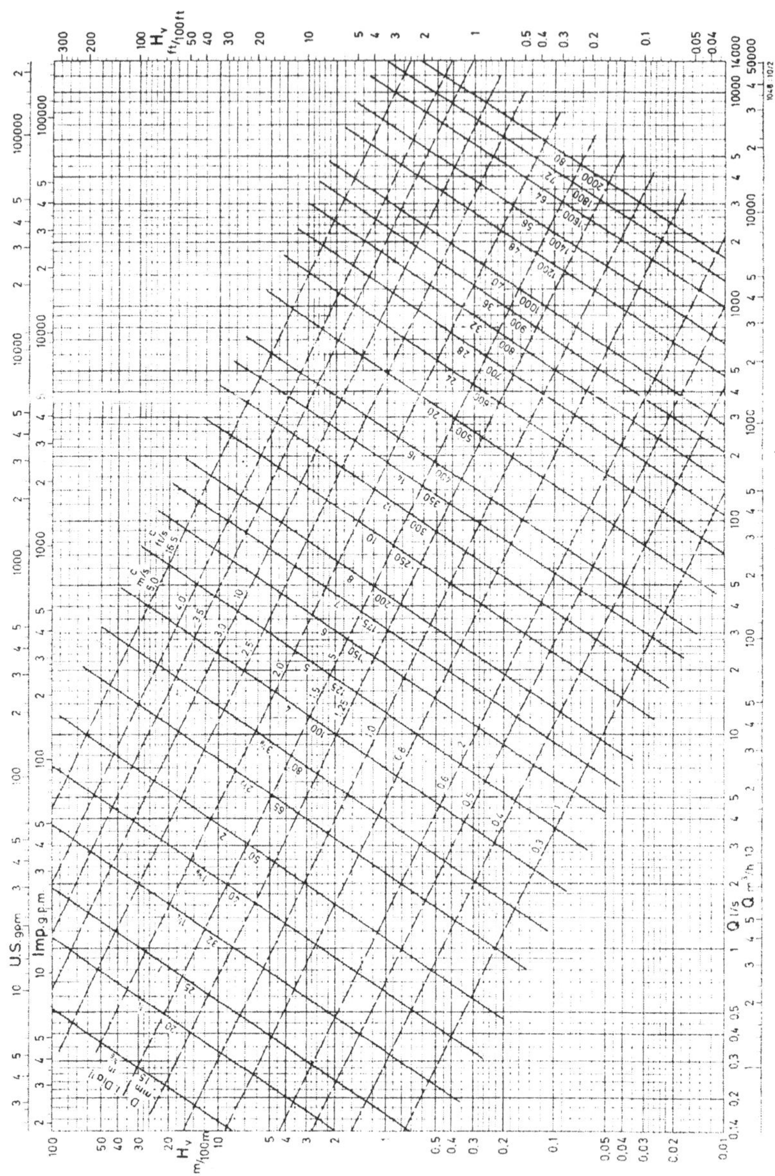

Abb. 11.18. Diagramm zur Ermittlung der Druckhöhenverluste h_v (in der Abbildung: H_v) in neuwertigen, geraden Graugussrohren für 20 °C warmes Wasser. Nach Unterlagen der Firma KSB.

Die Druckhöhenverluste sind zu multiplizieren mit

0,8   für neue gewalzte Stahlrohre
1,25   für ältere angerostete Stahlrohre
1,7   für inkrustierte Stahlrohre unter Berücksichtigung des verengten Querschnittes

Für die Förderraten Q können die Leitungsquerschnitte DN65 und DN75 eingesetzt werden. Das bedeutet, dass beide Rohrdurchmesser in Betracht kämen. Eine Förderrate $Q = 39$ m³h⁻¹ kann jedoch von der Tauchmotorpumpe UQH 233/8 nicht mehr gehoben werden. Für diese Pumpenleistung ist die Rohrleitung zu groß dimensioniert; das Wasser würde in ihr mit freiem Spiegel abfließen.

Welcher Rohrdurchmesser besser geeignet ist, ist über den Betriebspunkt der Pumpe, den Schnittpunkt zwischen Pumpen- und Anlagenkennlinie, zu finden. Dazu ist iterativ wie folgt vorzugehen:

- der Förderrate von $Q = 35$ m³ h⁻¹ entspricht in der Berechnungstabelle 11.5 ein $H_{man} = 103{,}32$ m. Aus der Pumpenkennlinie wird dagegen nur ein $H = H_{man} = 72$ m ermittelt. Die Pumpe kann also diese hohe Förderrate für das entworfene Leitungssystem nicht leisten.
- für $H = 103{,}22$ m ist laut Pumpenkennlinie eine Förderrate von $Q = 27{,}5$ m³h⁻¹ anzusetzen. Für diesen Wert ergibt sich eine neue Förderhöhe $H_{man} = 97{,}24$ m (obere, eingeklammerte Zahlenreihe in Tabelle 11.5).

Tabelle 11.5. Tabelle zur Ermittlung von Rohrleitungsverlusten und Betriebspunkt einer Anlage für das im Text behandelte Beispiel

Förderrate Q	Förderhöhe zw. Ruhewasserspiegel u. Hochpunkt	Strömungsgeschwindigkeit $\overline{v}$	Verlusthöhe bis zum Hochpunkt $h_v/200$ m	Absenkung im Brunnen s	$H_{geo} =$ Förderhöhe zw. Ruhewasserspiegel u. Hochpunkt $+ s$	$H_{man} = H_{geo} + h_v/200$
(m³ h⁻¹)	(m)	(m s⁻¹)	(m)	(m)	(m)	(m)
0	75+5	0	0	0	80	80
15	75+5	0,95	3,2	4,17	84,17	87,37
20	75+5	1,25	5,4	5,56	85,56	90,96
25	75+5	1,5	8,0	6,94	86,94	94,94
(27,5)	75+5	(1,7)	(9,6)	(7,64)	(87,64)	(97,24)
29,2)	75+5	1,75)	(10,0)	(8,11)	(88,11)	(98,11)
(29,0)	75+5	(1,8)	(10,0)	(8,02)	(88,02)	(98,00)
30	75+5	1,8	12,0	8,33	88,33	100,33
35	75+5	2,1	13,6	9,72	89,72	103,32

Für dieses H_{man} gibt das Pumpenkennlinienblatt eine Förderrate $Q = 29{,}2$ m³h⁻¹ an. Daraus ergibt sich die zugehörige Förderhöhe $H_{man} = 98{,}11$ m.

Für praktische Zwecke ist damit der Betriebspunkt ausreichend genau bestimmt.

Zur Absicherung wird noch ein weiterer Rechengang für das folgende Wertepaar ausgeführt:

$$Q = 29{,}0 \;\; \mathrm{m^3 h^{-1}} \;\; \text{und} \qquad H = 98{,}00 \;\; \mathrm{m}$$

(vgl. Tabelle 11.5 und Abb. 11.17).

Für das zuvor bestimmte Rohrleitungs-Gefälle von $I = 6{,}67$ m/100 m sucht man dazu durch Interpolation im Nomogramm (Abb. 11.18) den dafür am besten geeigneten Rohrdurchmesser; er liegt bei etwa 73 mm.

Für die Gefällestrecke kommen daher die handelsüblichen Rohrleitungsquerschnitte DN 75 und DN 65 in Frage:

– bei DN 75 würde man während des Förderbetriebs dann allerdings in Kauf nehmen müssen, dass der Rohrquerschnitt möglicherweise nicht völlig wassererfüllt wäre.
– bei DN 65 ergäbe sich ein Druckhöhenverlust bzw. das entsprechende Gefälle von $I = 11{,}5$ m/100 m. Die Differenz beträgt Δh_v /100 m = 4,83 m/100 m. Dieser Druck würde sich vom freien Auslass an als Vordruck aufbauen, gegen den die Pumpe arbeiten müsste. Für diesen Fall müsste die Wertetabelle 11.5 neu berechnet werden. Im vorliegenden Fall erübrigt sich dies, da die durch höheren Druck resultierenden erhöhten Betriebskosten die Mehrausgaben für die Anschaffung einer DN 75- gegenüber einer DN 65-Leitung rasch überschreiten werden.

Die Drucklinie verläuft wie in Abb. 11.17 angegeben. Die Energielinie liegt wegen **Fehler! Es ist nicht möglich, durch die Bearbeitung von Feldfunktionen Objekte zu erstellen.** = 1,8 m s⁻¹ um den Betrag $\dfrac{v^2}{2g} = 0{,}165$ m darüber.

12 Brunnenalterung und Brunnenregenerierung

12.1 Einleitung

In der Bundesrepublik Deutschland stammen ca. 80 % des Trinkwassers aus Grundwasser, angereichertem Grundwasser und Uferfiltrat. Zur Gewinnung sind Brunnen erforderlich, die überwiegend als Vertikalfilterbrunnen ausgeführt sind. Brunnen unterliegen einer Alterung, d.h. einem Nachlassen der Leistungsfähigkeit mit laufender Betriebszeit. Neben Versandung und Korrosion ist besonders die Bildung von Inkrustationen am Filterrohr, im Filterkies und im angrenzenden Sediment dafür verantwortlich. Eine besondere Form der Brunnenalterung tritt bei setzungsanfälligen Gesteinsschichten auf, besonders in Bergsenkungsgebieten. Die ungleichmäßige mechanische Beanspruchung von Boden und Brunnenbauwerk kann dort zum Bruch von Rohrverbindungen oder der Brunnenrohre führen.

12.2 Prozesse der Brunnenalterung

12.2.1 Versandung

Die Versandung eines Brunnens verursacht erhöhten Verschleiss der Pumpen und kann zu Auflandung, Kolmation, Setzungen und Verrutschen von Ringraumsperren führen. Versandung kann mehrere Ursachen haben. Zum einen kann das Problem beim Bau des Brunnens verursacht worden sein, indem die Bemessung der Filtereintrittsöffnungen und der Korngröße des Filterkieses nicht anhand der erprobten Bemessungsverfahren (z.B. DVGW W 113 oder Bieske 1998) auf das Korngrößenspektrum des Grundwasserleiters abgestimmt wurden. Andererseits kann auch der Filterkies selber das Problem sein, wenn nämlich solcher mit einem unzulässig hohen Anteil von Unterkorn verwendet wurde (DIN 4924). Auch eine mangelhafte Brunnenentwicklung nach dem Bau und hydraulische Überbeanspruchungen im Brunnenbetrieb können zu Versandungsproblemen führen. Die Versandung ist für 14 % aller von Alterung betroffenen Brunnen in Deutschland der hauptsächliche Alterungsprozess (Grossmann 2000).

12.2.2 Korrosion

Korrosion ist ein Prozess, der die Ausbaumaterialien des Brunnens schwächt und naturgemäß besonders ein Problem der metallischen Brunnenwerkstoffe. Sie tritt dann auf, wenn das Ausbaumaterial nicht auf die Grundwasserqualität abgestimmt ist, z.B. bei aggressiven Grundwässern. Vor Korrosion schützende Beschichtungen haben sich bewährt, jedoch können diese beim Einbau und bei Instandhaltungsarbeiten beschädigt werden und ihre Wirkung verlieren.

Korrodierte Rohrverbindungen oder Korrosionslöcher können zum Eintritt der Ringraumschüttgüter führen oder gar zum Vollaufen des Innenraums und somit zum Totalverlust des Brunnens.

Bei einer chemischen Regenerierung ist besonderes Augenmerk (Abschn. 12.3.2) auf die mögliche korrosive Wirkung der dabei eingesetzten Chemikalien zu richten. Edelstahl, Stahl und verzinkter Stahl leiden unter der Verwendung der dabei häufig eingesetzten Salzsäure.

12.2.3 Inkrustation

Inkrustationen (Ablagerungen) sind mit einem Anteil von fast 80 % die häufigste Ursache für Brunnenalterung in Deutschland (Grossmann 2000). Es können verschiedene Inkrustationstypen unterschieden werden:

1. Verockerung
2. Versinterung
3. Sulfidreiche Eisenoxidinkrustationen
4. Aluminiumhydroxidinkrustationen
5. Mikrobielle Beläge (Verschleimung)

Neben diesen Inkrustationstypen können unter besonderen hydrochemischen Randbedingungen, z.B. bei Mineral- und Thermal- und Geothermiewässern, noch andere Arten auftreten. Beobachtet wurden dort Sulfate wie Gips ($CaSO_4 \cdot 2H_2O$) oder Baryt ($BaSO_4$) und Eisensilikate (Gallup 1989).

Die Verockerung stellt mit 68 % die häufigste Inkrustationsform dar (Grossmann 2000). Unterschieden werden die meist rostroten Eisen- und die meist schwarzbraunen Manganinkrustationen. Verursacht werden sie durch die Oxidation der im Grundwasser gelösten reduzierten Spezies Fe^{2+} und Mn^{2+} durch Sauerstoff bzw. Nitrat zu den praktisch wasserunlöslichen Spezies Fe^{3+} und Mn^{3+}/Mn^{4+}. Die meisten Grundwasserleiter zeigen eine hydrochemische Schichtung, wobei eine obere, oxische Zone, die Sauerstoff und Nitrat enthält, von einer unteren, reduzierten Zone mit gelöstem Eisen und Mangan unterlagert wird. Ein Brunnen stellt einen hydraulischen Kurzschluss für dieses System dar, so dass es zur Mischung und infolge dessen zu Fällungsreaktionen kommt. Der zur Oxidation erforderliche Sauerstoff kann auch über das Luftvolumen im Brunnenrohr eindringen.

Aufgrund der zur Oxidation erforderlichen unterschiedlichen Redoxspannungen (Fe: ca. 0,0–0,5 V; Mn: ca. 0,6–1,2 V) treten Eisen- und Manganinkrustationen nur sehr selten gemeinsam in einem Brunnen auf. Beide Typen bestehen zu über 90 Gew.-% aus Eisen- bzw. Manganoxihydroxiden mit geringen bis sehr geringen Anteilen von Karbonaten und Sulfiden. Anhand der Mineralogie bzw. der Kristallinität lassen sich je zwei Subtypen unterscheiden. Bei der Fällung bilden sich zunächst nicht die thermodynamisch stabilsten Mineralphasen, sondern solche mit niedrigen Kristallisationsenergien. Im Fall des Eisens entsteht zunächst das früher als „amorphes Eisenhydroxid" bezeichnete Mineral Ferrihydrit ($Fe_5HO_8 \cdot 4H_2O$). Aufgrund seiner großen reaktiven Oberfläche kann es Spurenstoffe aus dem Grundwasser aufnehmen. Anreicherungen an Arsen von mehr als 1000 mg/kg und Phosphatgehalte von mehreren Gew.-% wurden beobachtet (Houben et al. 1999; Houben 2003 a). Ferrihydrit kristallisiert mit der Zeit in das thermodynamisch stabilere Mineral Goethit (α-FeOOH) um. Die Zeitspanne für den Umkristallisationsprozess dürfte im Bereich von Jahren liegen, wobei hohe Phosphatgehalte den Prozess verzögern. Mit der Umkristallisation ist eine Abnahme der reaktiven Oberflächen von 100–400 auf 10–80 m²/g und damit wiederum eine erhebliche Abnahme der Reaktivität und eine Aushärtung verbunden (Houben et al. 2000 a; Houben 2003 a, b). Dieser Prozess ist also dafür verantwortlich, dass alte Inkrustationen viel schwieriger zu lösen sind als junge. Bei den manganreichen Inkrustationen lässt sich eine ähnliche Kristallisationsfolge beobachten. Für die Praxis bedeutet dies, dass man der Alterung der Brunnen – und der Inkrustationen – nicht tatenlos zusehen darf und die Regenerierung frühzeitig ansetzen muss.

Die Oxidation von zweiwertigem Eisen und Mangan im neutralen pH-Bereich wird sehr stark durch Bakterien katalysiert, wobei meist mehrere Gattungen und Arten gemeinsam auftreten (Hässelbart und Lüdemann 1967). In Brunnen werden häufig die Gattungen *Gallionella* (bes. *G. ferruginea*) und *Leptothrix* (bes. *L. ochracea und discophorus*) gefunden. Für *Gallionella* wurde eine autotrophe (chemolithotrophe) Lebensweise nachgewiesen, d.h. der Organismus bezieht die zum Leben notwendige Energie aus der Oxidation von Fe(II) zu Fe(III) (Hanert 1973, 1974; Ehrlich 1990). Die Mikroorganismen in Böden und Grundwasserleitern sind im Wesentlichen unbeweglich und somit auf die Anlieferung ihrer Nährstoffe mit dem vorbeiströmenden Wasser angewiesen. Daher finden sie im Brunnen optimale Lebensbedingungen vor, da hier große Wassermengen mit einem kumulativ hohen Nährstoffdargebot auf engem Raum vorbeiströmen.

Versinterungen treten nur bei Grundwasserleitern mit hohen Karbonatgehalten bzw. harten Grundwässern auf. Um Karbonate in Lösung zu halten, sind ausreichende Konzentrationen von zugehöriger Kohlensäure im Grundwasser erforderlich. Bei erheblicher Beschleunigung der Strömungsgeschwindigkeit des Grundwassers, z.B. beim Eintritt in den Brunnen, kann diese Kohlensäure ausgetrieben werden. Dies führt zu einer Ausfällung von Karbonatmineralen. Besonders häufig sind die Minerale Kalzit bzw. Aragonit ($CaCO_3$) und Dolomit ($CaMg(CO_3)_2$). Unter reduzierendem Redoxmilieu kommen gelegentlich Ankerit ($CaFe(CO_3)_2$) und Siderit ($FeCO_3$) dazu. Versinterungen sind meist sehr fest; beim Beträufeln mit Säure kommt es zur charakteristischen Schaumbildung. Reiner Kalzit ist weiß, je nach Anteil an Eisen oder an eingeschlossenem Aquifermaterial sind auch graue, braune, rote und grüne Färbungen möglich.

Inkrustationen aus Aluminiumhydroxid sind sehr selten (Baudisch 1989). Ihre Bildung ist an das Auftreten von sehr sauren Sickerwässern (pH < 4,2) gebunden, die Aluminium aus dem Boden mobilisieren. Im Brunnen wird das gelöste Aluminium durch die Mischung mit weniger saurem Grundwasser und dem damit verbundenen Anstieg des pH-Wertes wieder ausgefällt. Durch ihre weißliche Färbung können Aluminumhydroxide optisch leicht mit Versinterungen verwechselt werden, sie reagieren aber beim Beträufeln mit Säure nicht mit Schaumbildung.

Mikrobielle Beläge (Verschleimungen) treten besonders bei nährstoffreichen Wässern auf, z.B. bei der Förderung von Uferfiltrat. Wichtige Einflussfaktoren sind die Konzentrationen an organischem Kohlenstoff, Stickstoff und Phosphat des Wassers. Untersuchungen von Hijnen und van der Kooij (1992) zeigten, dass schon bei Konzentrationen von 0,01 mg/l assimilierbarem organischem Kohlenstoff (AOC) eine biologische Kolmation einsetzt. Verschleimungen sind mit Hilfe von Kamerabefahrungen anhand ihrer mattigen bis fädigen Strukturen leicht zu erkennen. Sie treten öfters gemeinsam mit Verockerungen auf und zeigen dann rötliche Farben.

Das Vorkommen von reinen Eisensulfidinkrustationen scheint auf hochsalinare heiße Wässer beschränkt zu sein (Thomas et al. 1992). Bei normalen Grundwässern treten Eisensulfide gelegentlich als Nebengemengteil bei Eisenverockerungen auf. Sie entstehen als Produkte der mikrobiellen Reduktion von gelöstem Sulfat zu Sulfid und nachfolgender Fällung als Eisensulfid (van Beek u. van der Kooij 1982). Häufige auftretende Minerale sind Monosulfide wie „amorphes FeS", Mackinawit ($FeS_{0,9}$) und Greigit (Fe_3S_4), daneben elementarer Schwefel und Siderit ($FeCO_3$). Beim Beträufeln mit Säure sind bereits geringe Eisensulfidgehalte an ihrem charakteristischen Geruch nach „faulen Eiern" (H_2S) erkennbar.

Die Bildung von Inkrustationen setzt unmittelbar nach Errichtung des Brunnens ein. Hydraulisch macht sie sich jedoch erst dann bemerkbar, wenn die Inkrustationen in die hydraulisch wirksamen Porenräume hinein wachsen (Abb. 12.1). Sie bilden sich bevorzugt an Grenzflächen, an denen sich die Strömungsgeschwindigkeit des Wassers ändert. Dies können sein: die Bohrlochwand, Grenzflächen von differenzierten Kiesschüttungen, der Übergang vom Filterkies zum Filterrohr, die Filterschlitze und der Pumpeneinlauf. Werden Inkrustationen bei einer Regenerierung nicht vollständig entfernt, so dienen die verbleibenden als bevorzugte Ansatzpunkte für neue Ablagerungen.

Das Wachstum der Inkrustationen beginnt meistens im oberen Teil der Filterstrecke. Da dort der Zutritt des Sauerstoffs stattfindet sind viele Brunnen oben viel stärker verockert als unten. Mit der Zeit breitet die Inkrustation sich nach unten aus. Bei Uferfiltratbrunnen kann auch der umgekehrte Fall eintreten. Hier tritt das sauerstoffhaltige Oberflächenwasserfiltrat meist im unteren Filterbereich des Brunnens ein und mischt sich dort mit dem reduzierten landseitigen Grundwasser. Daher sind solche Brunnen oft unten stärker verockert als oben. Befindet sich die Pumpe im Bereich der Filterstrecke, so sind die Filterbereiche auf Höhe der Pumpe besonders von der Bildung von Inkrustationen betroffen.

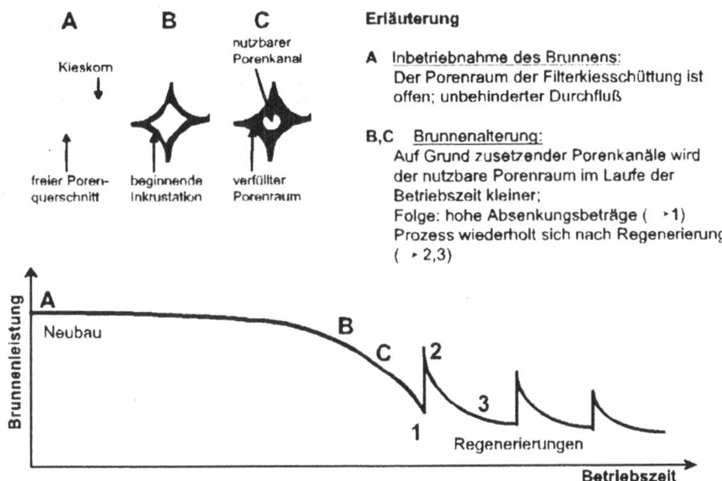

Abb. 12.1. Bildung von Inkrustationen im Porenraum des Filterkieses und daraus resultierende Leistungsminderung eines Brunnens (Houben u. Treskatis 2003)

12.3 Brunnenregenerierung

Im DVGW-Arbeitsblatt W 130 „Brunnenregenerierung" werden drei Maßnahmen zur Wiederherstellung der Leistungsfähigkeit eines gealterten Brunnens unterschieden:

1. Reinigung → Entfernung der Ablagerungen aus dem Sumpfrohr und von den Brunneninnenflächen, z.B. durch Absaugen und Ausbürsten
2. Regenerierung → Entfernung der Ablagerungen aus dem Brunnenringraum
3. Sanierung → Bautechnische Ertüchtigung zur Verbesserung bzw. Wiederherstellung der Funktionsfähigkeit eines Brunnens, z.B. durch Einschubverrohrung

Hinweis: Die im Folgenden beschriebenen Verfahren sind z.T. patentrechtlich geschützt!

12.3.1 Mechanische und hydromechanische Regenerierung

Die Anwendungstechniken der (hydro)mechanischen Regenerierung sind vielfältig. Die einfachsten mechanischen Verfahren umfassen das Ausbürsten des Brunneninnenraums bzw. das Auf- und Abbewegen eines Kolbens mit dem damit verbundenen Verdrängungseffekt. Ebenfalls verbreitet ist die abschnittsweise Intensiventnahme, besonders zum Entsanden (DVGW W 117).

Sehr verbreitet sind hydromechanische Verfahren, bei denen mit Hilfe von Kammern oder rotierenden Düsen die Filterstrecke mit Pressluft bzw. hohem oder niedrigem Wasserdruck abschnittsweise bearbeitet wird. Unterschieden werden Ein- bzw. Mehrkammersysteme.

Das Einspülen von Wasserhochdrucklanzen in den Filterkies von außen wird kaum noch verwendet, da es dabei zur Beschädigung von Ringraumabdichtungen und bei differenzierten Kiesschüttungen zu deren Vermischung kommen kann.

Häufig werden mechanische Impulse zur Auflockerung der Inkrustationen genutzt. Sie können dem Brunnen, z.B. durch schlagartiges Absenken des Wasserspiegels mittels Pressluft, durch Explosionen oder durch plötzliche Entspannung von komprimiertem Wasser oder Gas übertragen werden. Explosionen können durch Sprengladungen ausgelöst werden (Rübesame 1996). Der Sprengstoff wird in Form von Sprengschnüren mit Hilfe von Abstandshaltern zentriert in die Brunnenachse eingebaut. Verwendet werden meist Ladungen mit wenigen Gramm Sprengstoff pro Meter. Die durch die Explosion ausgelösten Erschütterungen lockern die Inkrustationen. Die aus den Explosionsprodukten entstehende Gasblase erzeugt durch undulierende Expansion und Kompression eine zusätzliche Spülwirkung. Zu beachten ist, dass für die Durchführung die Bestimmungen des Sprengstoffgesetzes Anwendung finden. Explosionsfähige Gasgemische können im Brunnen auch durch die elektrolytische Zersetzung von Wasser mittels elektrischen Gleichstroms in einer Gasglocke erzeugt werden. Das dabei entstehende Gemisch aus Sauerstoff und Wasserstoff kann dann gezündet werden. Das Ausbaumaterial und sein baulicher Zustand sind vor der Anwendung der Sprengverfahren auf ihre Eignung zu prüfen.

Mechanische Impulse können auch durch Ultraschallanregung übertragen werden (Berlitz u. Koegler 1997). Genutzt werden bewegliche piezoelektrische oder magnetostriktive Schallquellen. Die Schwingung der Wassermoleküle führt besonders an Grenzflächen, z.B. am Filterrohr, zur Ausbildung von Vakuumbläschen, deren Implosion (Kavitation) die dort anhaftenden Inkrustationen durch mechanische Beanspruchung ablöst.

Relativ neu in Deutschland ist die Anwendung von Kohlensäure zur Regenerierung. Dabei wird der Brunnen zunächst nach oben abgedichtet und das Wasservolumen im Brunneninnen- und -ringraum durch gasförmiges Kohlendioxid verdrängt. Anschließend wird das verdrängte Volumen mit tiefkaltem flüssigem Kohlendioxid aufgefüllt und dieses wieder durch Umwälzung verdampft. Die Kältezufuhr führt zum Ausfrieren des adsorptiv gebundenen Haftwassers und des in den Inkrustationen gespeicherten Hydratwassers. Aufgrund des Wirkprinzips, der mechanischen Desintegration (Frostsprengung) der Inkrustation, handelt es sich also um eine physikalische Methode. Eine wasserrechtliche Erlaubnis ist dennoch erforderlich. Positiv zu vermerken ist, dass das Kohlendioxid als nicht wassergefährdend eingestuft ist. Bedingt durch die Auflösung von Kalk aus dem Grundwasserleiter durch im Wasser gelöste Kohlensäure kann es jedoch zur Aufhärtung des Rohwassers kommen (Jüttner u. Ries 2001). Allerdings können nur solche Brunnen behandelt werden, deren Ausbaumaterialien durch die Kälte nicht geschädigt werden.

In den USA werden Brunnen auch durch Einleiten von Wasserdampf bzw. durch Auskochen (Geysir-Effekt) regeneriert. Der hohe Energieaufwand und die arbeitssicherheitstechnische Problematik haben eine Anwendung in Deutschland bisher verhindert.

12.3.2 Chemische Regenerierung

Bei der chemischen Regenerierung müssen die physikochemischen Milieubedingungen, die zur Abscheidung der Inkrustationen geführt haben, durch die Zugabe von Chemikalien kurzfristig umgekehrt werden. Da die Fällung im Wesentlichen durch Ungleichgewichte in den pH- und Redoxbedingungen verursacht wird, beruht die Auflösung der Inkrustationen auf Veränderungen des pH-Wertes und/oder der Redoxspannung (Houben 2003 b). Eine vollständige geochemisch-mineralogische Analyse der Inkrustationen ist empfehlenswert, um geeignete Chemikalien auszuwählen. Eine mechanische Regenerierung ist als Vorarbeit immer durchzuführen.

Standbehandlungen, d.h. das Eingeben von Chemikalien und anschließendes längeres Warten (z.B. 24 h) sind zu vermeiden, da die Lösungen aufgrund ihrer erhöhten Dichte meist in den Brunnensumpf absinken oder mit dem natürlichen Grundwasserstrom durch nicht verockerte Filterabschnitte in den Grundwasserleiter abdriften. Empfehlenswert sind abschnittsweise Behandlungen, bei denen ein Verdriften durch langsames Pumpen im Kreislauf vermieden wird. Gemäß dem z.B. anhand des pH-Wertes gemessenen Verbrauchs können die Chemikalien nachdosiert werden.

Nach der chemischen Regenerierung sind die Reste der Chemikalien und ihre Reaktionsprodukte durch Abpumpen vollständig zu entfernen und ordnungsgemäß zu entsorgen. Vor der Einleitung sind sie ggf. chemisch zu behandeln, z.B. durch Neutralisation bei Säuren oder Einblasen von Luft bei Reduktionsmitteln.

Grundsätzlich ist zu bedenken, dass das Einleiten von chemischen Substanzen in den Brunnen und damit in den Grundwasserleiter eine erlaubnispflichtige Benutzung nach §§ 2, 3, 7, 34 des Wasserhaushaltsgesetzes darstellt, die bei der unteren Wasserbehörde zu beantragen ist (Houben u. Treskatis 2003).

Säuren

Säuren werden bei der chemischen Regenerierung am häufigsten verwendet. Sie sind in der Lage, eine Vielzahl von inkrustierenden Mineralen zu lösen, sind meist recht kostengünstig und können bei Bedarf anhand es pH-Wertes leicht nachdosiert werden. Verwendet werden zumeist anorganische Mineralsäuren wie Salzsäure (HCl) oder Schwefelsäure (H_2SO_4). In den USA wird häufig die Sulfamidsäure ($H_2NSO_3H_2$, Amidoschwefelsäure) verwendet (Spon 1999). Organische Säuren wie die Ascorbinsäure (Vitamin C) oder die Zitronensäure werden weniger verwendet, da sie teurer sind und häufig zu Verkeimungen führen (Schoenen u. Eisert 1987). Aufgrund ihrer geringen Säurestärke können mit Zitronensäure maximal pH-Werte von ca. 2 erreicht werden, was die Leistungsfähigkeit begrenzt.

Die Löslichkeit der inkrustierenden Minerale nimmt mit abnehmendem pH-Wert stetig zu. Dennoch kann am Brunnen nicht mit beliebig niedrigen pH-Werten operiert werden, da die meisten Ausbaumaterialien bei pH-Werten < 1 durch Korrosion stark in Mitleidenschaft gezogen werden. Bei verzinkten Materialien, geringerwertigen Edelstählen und Kiesklebefiltern ist die Verwendung von Salzsäure gänzlich zu vermeiden. Zur Verbesserung der Materialverträglichkeit werden den Säuren häufig Inhibitoren, zumeist Polyphosphate, zugesetzt. Zur Leistungssteigerung werden auch Säuren gemischt, gelegentlich werden Tenside bzw. Benetzungsmittel beigegeben. Nach der Verwendung von Säuren muss der pH-Wert im abgepumpten Wasser wieder auf neutrale Werte von ca. pH 7, z.B. durch Zudosierung von Natronlauge (NaOH), eingestellt werden.

Bei karbonatischen Ablagerungen (Versinterungen) ist der Einsatz von anorganischen Mineralsäuren, z.B. der Salzsäure (Gl. 12.1), angezeigt. Sie resultiert in einer kräftigen Gasentwicklung, kann also im schlimmsten Fall zum Überschäumen und einem Austrag von Säure an die Oberfläche führen. Daher sollte die Säure unter kontinuierlicher Beobachtung eingegeben werden. Zudem kann sich das schwere, erstickend wirkende Kohlendioxidgas in Brunnenschächten sammeln (22,7 l Gas pro 100 g Kalzit !).

$$CaCO_3 + 2\ HCl \leftrightarrow Ca^{2+}_{(aq)} + CO_{2(g)}\uparrow + H_2O + 2\ Cl^-_{(aq)} \tag{12.1}$$

Die relativ selten vorkommenden Aluminiumhydroxidinkrustationen lassen sich ebenfalls mit Hilfe von anorganischen Mineralsäuren auflösen (Gl. 12.2).

$$Al(OH)_3 + 3\ H^+ \leftrightarrow Al^{3+} + 3\ H_2O \tag{12.2}$$

Auch die als Nebenbestandteil von manchen Inkrustationen auftretenden Monosulfide sind in anorganischen Säuren, z.B. Salzsäure, löslich, wobei sich giftiger Schwefelwasserstoff mit seinem typischen Geruch nach „faulen Eiern" bildet (Gl. 12.3).

$$FeS + 2\ HCl \leftrightarrow Fe^{2+} + H_2S\uparrow + 2\ Cl^- \tag{12.3}$$

Auch Eisen- und Manganverockerungen lassen sich durch Säuren bekämpfen (Gln. 12.4–12.6):

$$FeOOH + 3\ H^+ \leftrightarrow Fe^{3+} + 2\ H_2O \tag{12.4}$$

$$Mn^{(III)}OOH + 3\ H^+ \leftrightarrow Mn^{3+} + 2\ H_2O \tag{12.5}$$

$$Mn^{(IV)}O_2 + 4\ H^+ \leftrightarrow Mn^{4+} + 2\ H_2O \tag{12.6}$$

Oxidationsmittel

Mikrobiell gebildete organische Beläge, z.B. Schleime, werden meist durch Oxidationsmittel bekämpft („Desinfektion"). Eingesetzt werden Wasserstoffperoxid (H_2O_2) oder chlorhaltige Mittel (z.B. Chlorite wie NaClO). Sie führen durch Mineralisierung der Biomasse zum Absterben der Mikroorganismen (Gl. 12.7).

$$\text{„C(H}_2\text{O)"} + 2\,H_2O_2 \leftrightarrow CO_2 + 3\,H_2O \qquad (12.7)$$

Oxidationsmittel haben den Nachteil, dass sie zu einer chemischen Oxidation von reduziertem Eisen und Mangan führen können. Beim Einsatz chlorhaltiger Mittel ist bei Anwesenheit von gelöstem organischen Kohlenstoff die Bildung unerwünschter Chlorkohlenwasserstoffe möglich.

Eine Besonderheit stellen Manganinkrustationen dar, die überwiegend $Mn^{(III)}$, z.B. als MnOOH, enthalten. Bei Zugabe von starken Oxidationsmitteln, wie z.B. Wasserstoffperoxid (H_2O_2) werden $Mn^{(IV)}$-Phasen gebildet, die zwar ebenfalls fest sind, während ihrer Kristallisation jedoch den Verband der Inkrustation sprengen (Gl. 12.8). Daher wird bei der Bekämpfung von Manganinkrustationen häufig ein Kombinationsprodukt aus Säure und Wasserstoffperoxid benutzt.

$$2\,MnOOH + H_2O_2 \leftrightarrow 2\,MnO_2 + 2\,H_2O \qquad (12.8)$$

Reduktionsmittel und Ligandenbildner

Für die reduktive Auflösung werden Stoffe zugegeben, die in der Lage sind, durch Abgabe von Elektronen unlösliche oxidierte Spezies wie z.B. $Fe^{(III)}$ in sehr viel besser lösliche reduzierte Spezies wie z.B. $Fe^{(II)}$ umzuwandeln. Solche Reduktionsmittel genannten Stoffe können reduzierte Metallspezies, z.B. Ti^{3+}, aber auch anorganische und organische Substanzen sein. Die weiter oben erwähnten Ascorbin- und Zitronensäuren wirken neben ihrer Säurewirkung ebenfalls reduzierend.

Prinzipbedingt können Reduktionsmittel nur zur Bekämpfung der Verockerung, nicht jedoch zur Entfernung von Versinterungen, Aluminiumhydroxiden, Sulfiden und Verschleimungen angewendet werden. Die Wirksamkeit von Reduktionsmitteln ist nicht an niedrige pH-Werte gebunden, sie haben also große Vorteile bezüglich ihrer Materialverträglichkeit. Anorganische pH-neutrale Reduktionsmittel wie das anorganische Natriumdithionit (Gln. 12.9 u. 12.10) werden in der Praxis bereits erfolgreich angewendet (Houben et al. 2000 b).

$$2\,FeOOH + Na_2S_2O_4 + 4\,H^+ \leftrightarrow 2\,Fe^{2+} + 2\,Na^+ + 2\,HSO_3^- + 2\,H_2O \qquad (12.9)$$

$$MnO_2 + Na_2S_2O_4 + 2\,H^+ \leftrightarrow Mn^{2+} + 2\,Na^+ + 2\,HSO_3^- \qquad (12.10)$$

Bei der ligandengestützten Auflösung wirken Ionen oder Moleküle, die über ein oder mehrere Elektronenpaar(e) verfügen, mit dem sie sich an ein Metallion anlagern und dieses als Komplex aus dem ursprünglichen Verband herauslösen (Furrer und Stumm 1986). Wirksam sind organische, bidentate („zweizähnige") Liganden. Mögliche Liganden sind z.B. die Anionen der Carboxylsäuren, wie z.B. Oxalat, Citrat, Salicylat und Tartrat. Häufig werden Liganden als Hilfsstoffe genutzt um eine Rückfällung des durch Säureeinsatz oder Reduktion gelösten Eisens bzw. Mangans im Brunnen zu verhindern.

12.5 Nachweis von Regeneriererfolgen

Kamerabefahrungen vor und nach der Regenerierung geben Auskunft über den baulichen Zustand des Brunnens und darüber in welchen Abschnitten Inkrustationen verstärkt auftreten. Inkrustationstypen können anhand ihrer Färbung und Ausprägung zumindest grob bestimmt werden. Die Reichweite der Kamera ist naturgemäß auf den Brunneninnenraum beschränkt. Einsichten über das Filterrohr hinaus können verschiedene geophysikalische Methoden, insbesondere Dichtemessungen, geben (Berger et al. 1995). Die Freilegung und Verstärkung von Zuflusszonen kann durch Flowmeter-Untersuchungen quantifiziert werden. Leistungspumpversuche vor und nach den Regenerierschritten können quantifizierende Auskunft über den erreichten Leistungszuwachs geben (Abb. 12.2). Es hat sich als sinnvoll erwiesen, die Ergebnisse in Form der spezifischen Ergiebigkeit (Fördermenge pro Meter Absenkung [m³/h·m]) anzugeben und diese mit den Werten im Neubauzustand des Brunnens, die als 100 % genormt werden, zu vergleichen.

Die Masse der bei einer Regenerierung entfernten Inkrustation kann beim Abpumpen des Regenerats erfasst werden. Die Masse bzw. Konzentration des mechanisch bzw. chemisch gelösten Materials kann im Sedimentationstrichter bzw. analytisch bestimmt werden. Durch Multiplikation mit der Fördermenge kann die Masse errechnet werden. Die Aussagekraft dieser Berechnung ist jedoch begrenzt, da die Gesamtmenge der zuvor im Brunnen vorhandenen Inkrustation unbekannt ist.

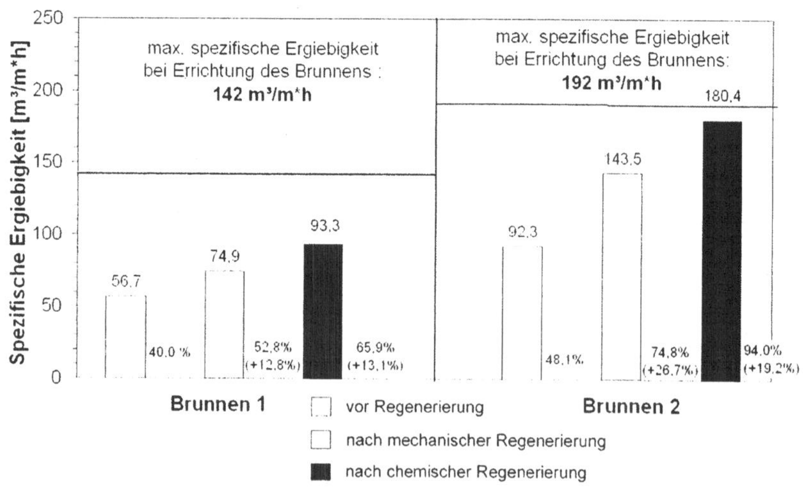

Abb. 12.2. Leistungszuwachs an zwei Vertikalfilterbrunnen nach kombinierter hydromechanischer und chemischer Regenerierung (Houben et al. 2000 b)

12.6 Prophylaktische Methoden zur Minimierung der Brunnenalterung

Jede Maßnahme, welche die Fließgeschwindigkeit im Brunnen reduziert, verlängert die Lebensdauer des Brunnens, da Inkrustationen verstärkt in Zonen mit hoher Fließgeschwindigkeit auftreten. Die erfolgreiche Prophylaxe beginnt also bereits vor dem Bau des Brunnens. Durch detaillierte geologische und hydrochemische Standorterkundungen können Gebiete mit besonders hohem Versandungs- oder Inkrustationspotential vermieden werden. Durch die Wahl geeigneter Materialien und ihre fachgerechte Dimensionierung können die Alterungsprozesse ebenfalls minimiert werden. Große Filtereintrittsflächen und möglichst grobe Filterkiesschüttungen vermindern die Fließgeschwindigkeiten. Wickeldrahtfilter sind z.B. durch ihre hohen freien Eintrittsflächen und die Profilierung des Drahtes besonders geeignet und gut regenerierbar, während Kiesbelagsfilter aufgrund ihres eingeschränkten Porenraums besonders schwierig zu regenerieren sind. Auch im Brunnenbetrieb sind Optimierungspotentiale vorhanden. Förderraten oberhalb des Bemessungsspektrums des Brunnens, verbunden mit hohen Fließgeschwindigkeiten und hohen Absenkraten, sind zu vermeiden.

Häufig wird versucht, die Entstehung von Verockerungen durch Unterbindung des Wachstums der Eisen- und Manganbakterien zu erreichen. Diese „Desinfektion" wird zumeist durch Zugabe von Oxidationsmitteln bewerkstelligt (vgl. Abschn. 12.3.2). Die Erfahrungen zeigen, dass die Erfolge einer Desinfektion aufgrund der sehr schnellen Wiederbesiedlung von kurzer Dauer sind und diese daher ständig wiederholt werden müssen (van Beek 1995). Untersuchungen aus den USA zeigten, dass die Desinfektion die Mikroorganismen dazu stimuliert, Schleim zu produzieren, der sie vor weiteren chemischen Angriffen schützt und ihre Entfernung schwieriger macht (Mehmert 1995).

In der damaligen DDR wurden an ca. 600 Brunnen eingekapselte γ-Strahler aus metallischem ^{60}Cobalt in spezielle Aufnahmerohre in der Kiesschüttung von Brunnen eingebaut. Die radioaktive Strahlung sollte eine mikrobielle Besiedelung verhindern (Wissel et al. 1985; Hübner 1994). Erfolge in Form von verlängerten Betriebszeiten waren zwar zu verzeichnen, jedoch nicht bei Brunnen mit überwiegend chemischer Ausfällung. Das Experiment wurde Ende der 80er Jahre abgebrochen. Der Aufwand für die Bergung und die Entsorgung der Sonden war z.T. erheblich (Jakisch 1995). Die hohen arbeitssicherheitstechnischen Anforderungen beim Umgang mit Strahlenquellen, die geringe Akzeptanz der Bestrahlung von Lebensmitteln in der Bevölkerung und die erforderliche Sicherung der Anlagen gegen kriminellen oder gar terroristischen Zugriff erschweren die derzeit wieder angebotene Neuauflage.

Eine Ausleuchtung des Brunnens mit ebenfalls mikrobizid wirkendem UV-Licht dürfte aufgrund der auf den Brunneninnenraum begrenzten Reichweite der Strahlung und der oftmals erhöhten Trübung des Rohwassers nur geringe Erfolge bringen.

In den USA wurden stark zur Verockerung neigende Entwässerungsbrunnen eines Braunkohlentagebaus mit einem System zur kontinuierlichen Zugabe von inhibierter Salzsäure ausgestattet (10 % HCl, ca. 5–20 ml/min), das den pH-Wert im Brunnen bei pH 3–4 hielt (Henke et al. 1991). Dadurch konnte die Gesamtlebensdauer der ansonsten recht kurzlebigen Entwässerungsbrunnen z.T. um 500 % verlängert werden. Dieser Ansatz ist für Trinkwasserbrunnen allerdings nicht geeignet.

13 Wasserbilanz

13.1 Allgemeines

Die Wasserbilanz beschreibt die Verknüpfung der Elemente des Wasserhaushaltes nach dem Prinzip der Massenerhaltung (Baumgartner u. Liebscher 1996).

Der Wasserhaushalt definiert das Zusammenwirken der Hauptkomponenten des Wasserkreislaufs: Niederschlag, Verdunstung und Abfluss. Der Wasserkreislauf wird dabei als ständige Folge von Zustands- und Ortsänderungen des Wassers in Form dieser Komponenten angesehen (DIN 4049-1 1996).

Für längere Zeiträume gilt Gl. 13.1.

$$N = V + Q \tag{13.1}$$

mit

N = Niederschlag
V = Verdunstung
Q = Abfluss

Diese drei Hauptkomponenten des Wasserhaushaltes werden weiter differenziert (Abb. 13.1). Es bedeuten:

Q_0 = Oberflächenabfluss
Q_I = Zwischenabfluss
Q_B = Basisabfluss

Der Niederschlag fällt auf die Boden- oder auf die Pflanzenoberflächen oder direkt in ein Gewässer. Auf der Pflanzenoberfläche kann das Wasser als Interzeption vorübergehend gespeichert werden und verdunsten bzw. zur Erdoberfläche gelangen (DIN 4049-3 1996). Auf der Erdoberfläche kann das Wasser Überstau bilden und dem gegebenen Gefälle folgend oberflächig abfließen oder in den Untergrund versickern.

Dabei ist eine kurzzeitige Speicherung in Mulden oder Senken möglich, die auch zu Verdunstung führt (Muldenverlust).

Infiltriertes Wasser wird von Pflanzen aufgenommen und über deren Spaltöffnungen durch Transpiration abgegeben. Inhomogenitäten der ungesättigten Bodenzone bewirken einen Zwischenabfluss des Sickerwassers, das der Schwerkraft folgend einem Vorfluter zufließt oder auch wieder an die Erdoberfläche gelangt.

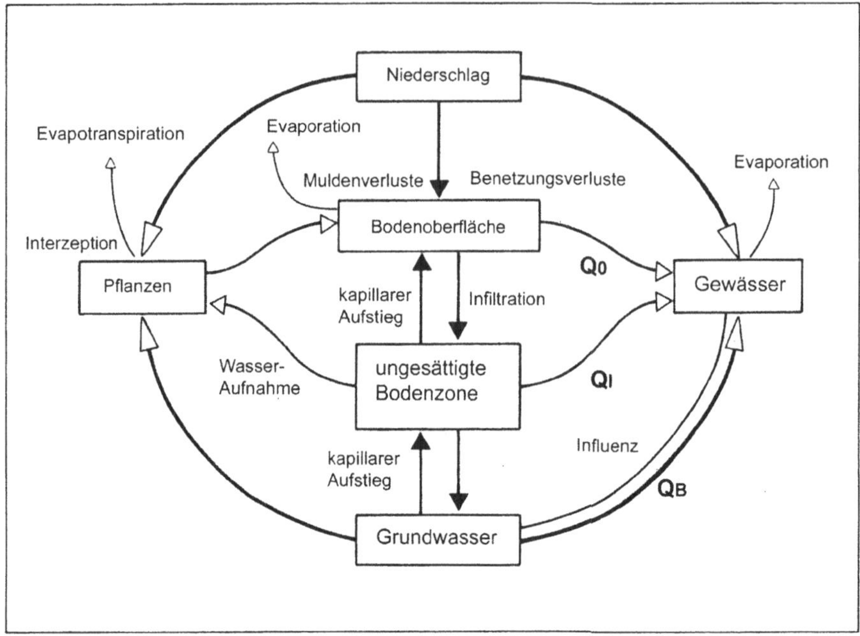

Abb. 13.1. Der Wasserhaushalt und seine Komponenten. Nach Meyer u. Tesmer (2000).

Der Zutritt von infiltriertem Wasser zum Grundwasser wird nach DIN 4049-3 (1996) als Grundwasserneubildung bezeichnet. Diese schließt die direkte Infiltration aus oberirdischen Gewässern zum Grundwasser (Influenz) bzw. als Seihwasser über den Sickerraum mit ein. Umgekehrt steigt Grundwasser kapillar auf, wird direkt von Pflanzen aufgenommen oder kann in ein Gewässer exfiltrieren.

Die folgenden Abschnitte geben einen Überblick über die einzelnen Komponenten des Wasserhaushaltes und deren Messung bzw. Bestimmung.

13.2 Niederschlag

Als Niederschlag (N) wird nach DIN 4049-3 (1996) das Wasser der Atmosphäre bezeichnet, welches sich infolge der Schwerkraft entweder

– zur Erdoberfläche hin bewegt (*fallender Niederschlag*) oder
– zur Erdoberfläche gelangt ist (*gefallener Niederschlag*).

Abgesetzter Niederschlag ist im Gegensatz dazu Wasser, welches sich an der Erdoberfläche durch Kondensation oder Sublimation direkt abgeschieden hat.

Die fallenden Niederschläge können

- in flüssige Formen (Regen, Sprühregen oder Nebelniederschlag)
- in feste Formen (Schnee, Graupel oder Hagel)

unterteilt werden.

Zu den abgesetzten Niederschlägen (DIN 4049-3 1996) gehören

- als flüssige Form Tau
- als feste Formen Reif und Nebelfrost

Für den Wasserhaushalt haben als fallende Niederschläge Regen und Schnee die größte Bedeutung (Dyck u. Peschke 1983).

Niederschlag wird

- punktuell als Stations- oder Punktniederschlag gemessen (Baumgartner u. Liebscher 1996),
- auf eine bestimmte Fläche bezogen als Gebietsniederschlag bezeichnet.

Bei der punktuellen Messung des Niederschlags treten systematische Fehler

- durch Benetzen des Auffangtrichters mit Niederschlag *(Benetzungsverluste)*,
- durch Verdunstung aus dem Sammelgefäß des Niederschlagsmessers *(Verdunstungsverluste)* und
- durch eine Deformation des Windfeldes am Niederschlagsmesser *(Windfehler)*, wobei durch eine Aufwärtskomponente weniger Niederschlag in das Messgerät gelangt (Richter 1995)

auf. Der Windfehler ist der größte Fehler.

Insgesamt führen diese Fehler zu einer Unterschätzung der Niederschlagshöhe (Wohlrab et al. 1992). Verschiedene Autoren machten Vorschläge, die Niederschlagshöhe pauschal zu korrigieren, wie z.B. nach Grunske (1975) um +10 %.

Solche Korrekturen sind durch ihren pauschalen Ansatz ungenau. Der Gesamtfehler unterliegt einem typischen Jahresgang, da er von der Form des Niederschlags und der Stärke des Windes abhängig ist.

Nach Richter (1995) wird der Niederschlag gemäß Gl. 13.2 korrigiert.

$$N_{korr} = N + \Delta N \qquad (13.2)$$

mit

N_{korr} = korrigierter Niederschlag [mm]
N = unkorrigierter Niederschlag [mm]
ΔN = Korrekturwert [mm]

Der Korrekturwert ergibt sich nach Richter (1995) aus

- der Exposition der Station (frei, leicht geschützt, mäßig geschützt, stark geschützt) und
- der Form des Niederschlags.

13.3 Evapotranspiration

Die Evapotranspiration (ET) ist die Summe aus Evaporation und Transpiration (DVWK 1996):

- Evaporation ist definiert als Verdunstung (Übergang von Wasser vom flüssigen oder festen Zustand in den gasförmigen Zustand bei Temperaturen unter dem Siedepunkt), und zwar
  - von der Erdoberfläche
  - von der Pflanzenoberfläche (Interzeptionsverdunstung)
  - von freien Wasserflächen (Seeverdunstung)

- Transpiration ist nach DIN 4049-3 (1996) die Verdunstung von Pflanzenoberflächen aufgrund biotischer Vorgänge.

Als potentielle Evapotranspiration (ETp) wird

- die Verdunstung einer natürlich bewachsenen Oberfläche bei gegebenen meteorologischen Bedingungen und unbegrenzt verfügbarem Wasservorrat definiert (DVWK 1996).

Im Gegensatz dazu wird die reelle (tatsächliche) Evapotranspiration (ETr) als

- Evapotranspiration bei gegebenen meteorologischen Bedingungen und begrenztem Wasservorrat definiert (DIN 4049-3 1996).

Verdunstung kann direkt gemessen oder indirekt bestimmt werden (Baumgartner u. Liebscher 1996).
Zu den direkten Messmethoden gehören:

- Evaporimeter und Atmometer zur Messung des Verdunstungsanspruchs
- Evaporimeter zur Messung der Verdunstungshöhe von Wasseroberflächen
- Lysimeter zur Messung der Verdunstung von festen Oberflächen

Verdunstungsmessungen sind teilweise sehr aufwändig; die Messwerte sind nicht ohne weiteres auf natürliche Landoberflächen übertragbar.
Häufiger als die direkten Methoden wird die Evapotranspiration durch empirische oder physikalisch abgeleitete Formeln bestimmt. Der folgende Abschnitt gibt einen Überblick über einige typische Berechnungsmethoden der potentiellen Evapotranspiration.
Auf die Bestimmung der reellen Evapotranspiration wird im Abschn. 13.6 eingegangen.

13.4 Verfahren zur Berechnung der potentiellen Evapotranspiration

In der Hydrogeologie dient die potentielle Evapotranspiration

- zur Erstellung klimatischer Wasserbilanzen und
- als Eingangsgröße zur Quantifizierung der reellen Evapotranspiration und der Grundwasserneubildung.

Zur Berechnung der potentiellen Evapotranspiration werden *empirische* und *physikalisch abgeleitete* Methoden benutzt.

- *Empirische Ansätze* gehen meist von mehreren Einflussgrößen wie Temperatur, Luftfeuchte oder Sonnenscheindauer aus. Beispiele hierfür sind die Verfahren nach Haude (1955), Thornthwaite (1957), Turc (1961) und Ivanov (Wendling u. Müller 1984). Diese Verfahren erfassen und verknüpfen die unterschiedlichen meteorologischen Eingangsgrößen nur ungenau und ergeben Orientierungswerte (DVWK 1996).
- *Physikalisch abgeleitete Methoden* beruhen auf komplexen Formeln. Beispiele dafür geben Penman (1965) und Priestley u. Taylor (1972). Da für ein betrachtetes Gebiet und den untersuchten Zeitraum nur selten alle Eingangsgrößen bereitgestellt werden können, existieren verschiedene Vereinfachungen (z.B. Makking 1957) und Vermischungen mit empirischen Ansätzen.

Im Folgenden werden die Verfahren nach Penman (DVWK 1996), Haude (1955) und Turc-Wendling (DVWK 1996) beschrieben, da sie häufig zur Erstellung von Wasserbilanzen genutzt werden.

13.4.1 Penman

Das Verfahren nach Penman (1956) beruht auf der Berechnung der Evaporation von Wasserflächen. Wendling et al. (1991) schlagen eine Vereinfachung dieses Verfahrens vor, da meist nur wenige Klimastationen eine ausreichende Datenbasis zur Verfügung stellen können.

Nach DVWK (1996) ergibt sich die Tagessumme der potentiellen Evapotranspiration nach Gl. 13.3.

$$ETp_{PENM} = g(T) \cdot \left(\frac{0,60 \cdot R_G}{L} + 0,66 \cdot (1 + 1,08 \cdot v_2) \cdot \left(1 - \frac{U}{100} \right) \cdot S_R \right) \tag{13.3}$$

mit

R_G = Globalstrahlung, Tagessumme [J/cm^2]
L = spezielle Verdunstungswärme [(J/cm^2)/mm]
v_2 = Windgeschwindigkeit in 2 m Höhe, Tagesmittel [m/s]
U = relative Luftfeuchte, Tagesmittel in 2 m Höhe [%]

S_R = Verhältnis der astronomisch möglichen Sonnenscheindauer zu der tatsächlichen bei Tag- und Nachtgleiche (= S_0/12 h) [dimensionslos]

T = Lufttemperatur als Tagesmittel in 2 m Höhe [°C]

g(T) = Korrekturfaktor für die Temperatur errechnet nach Gl. 13.4

Die Werte für $g(T)$ errechnen sich nach Gl. 13.4.

$$g(T) \approx 2{,}3 \cdot \frac{T + 22}{T + 123} \tag{13.4}$$

13.4.2 Haude

Das Verfahren nach Haude (1955) ist ein einfaches empirisches Verfahren zur Berechnung von Monatssummen der potentiellen Evapotranspiration.

Nach DIN 19685 (1999) und DVWK (1996) gilt dafür die Gl. 13.5.

$$ETp_{Haude} = f \cdot \left(e_S(T) - e\right)_{14} \tag{13.5}$$

mit

f = Haude-Faktoren nach Tabelle 13.1 für die einzelnen Monate [mm/hPa] (DIN 19685)

$(e_S(T)-e)_{14}$ = Sättigungsdefizit der Luft um 14h30 MEZ [hPa]

Tabelle 13.1. Haude-Faktoren f [mm/hPa] zur Berechnung von Monatssummen der potentiellen Verdunstung nach DIN 19685 (1999)

	Jan	Feb	Mrz	Apr	Mai	Jun	Jul	Aug	Sep	Okt	Nov	Dez
f	6,82	6,22	6,82	8,70	8,99	8,40	8,06	7,75	6,90	6,82	6,60	6,82

Das Haude-Verfahren ist vor allem für die Berechnung längerer Zeiträume geeignet. Für kürzere Zeiträume ergeben sich Fehler durch die Zufälligkeit des Sättigungsdefizits um 14.30 h, das für den betreffenden Zeitraum nicht zwingend repräsentativ ist (Wendling et al. 1991).

13.4.3 Turc-Wendling

Während das Verfahren nach Haude (1955) vor allem im Gebiet der westlichen Bundesländer Anwendung fand, wurden für den östlichen Teil Deutschlands abgeleitete Formeln auf der Basis von Turc (1961) bevorzugt (Wendling et al. 1991).

Die Berechnungsmethode nach Turc (1961) beruht auf der Bestimmung der potentiellen Evapotranspiration in Abhängigkeit

– von der Lufttemperatur,
– der relativen Luftfeuchte und
– der Globalstrahlung bzw. der Sonnenscheindauer.

Wendling modifizierte die Formel von Turc (1961) in der Weise, dass sie hohe Korrelationen mit gemessenen Werten ergibt (Wendling 1975; Wendling u. Schellin 1986). Nach DVWK (1996) ergibt sich die potentielle Evapotranspiration für einen Tag aus Gl. 13.6.

$$ETp_{T-W} = \frac{(R_G + 93 \cdot f_K) \cdot (T + 22)}{150 \cdot (T + 123)} \tag{13.6}$$

mit
R_G = Globalstrahlung, Tagessumme [J/cm^2]
f_K = Küstenfaktor. Küstenbereich f_K = 0,6 (50 km Breite), ansonsten
     f_K = 1,0 [dimensionslos]
T = Tagesmittel der Lufttemperatur [°C]

Die Gl. 13.6, die sogenannte „Turc-Wendling-Beziehung", gilt nur für positive Temperaturen (Wendling u. Schellin 1986; DVWK 1996).

Wendling u. Müller (1984) schlagen deshalb vor, für die Monate November bis Februar einen modifizierten Ivanov-Ansatz zu benutzen. Die Monatssummen der Verdunstung ergeben sich dann aus Gl. 13.7.

$$ETp_{Ivanov} = 0,0011 \cdot (T + 25)^2 \cdot (100 - U) \tag{13.7}$$

mit
T = Monatsmittel der Lufttemperatur [°C]
U = Monatsmittel der relativen Luftfeuchtigkeit [%]

13.5 Abfluss

Der Abfluss (Q) wird nach DIN 4049-1 (1996) allgemein als sich „unter dem Einfluss der Schwerkraft auf und unter der Landoberfläche bewegendes Wasser" definiert. Quantitativ wird der Abfluss als das Wasservolumen bezeichnet, welches einen bestimmten Querschnitt in der Zeiteinheit durchfließt und einem Einzugsgebiet zuzuordnen ist.

Der Abfluss wird von *Regimefaktoren* beeinflusst. Diese Faktoren werden nach DIN 4049-3 (1996) als klimatische Gegebenheiten und charakteristische Gebietsmerkmale eines Einzugsgebietes verstanden. Eine Klassifikation der auf den Abfluss wirkenden Regimefaktoren findet sich bei Dyck und Peschke (1983):

– *physio-geographische Parameter*: Morphologie, Boden, Landnutzung und Geometrie des Einzugsgebietes
– *hydroklimatische Parameter*: Niederschlag, Evapotranspiration und Interzeption

– *Flussbettparameter*

Diese Regimefaktoren stehen untereinander in Wechselwirkung (Baumgartner u. Liebscher 1996).

Der Abflussprozess wird von Baumgartner u. Liebscher in *Abflussbildung*, Abflusskonzentration und *Fließvorgang* im offenen Gerinne untergliedert (Abb. 13.2).

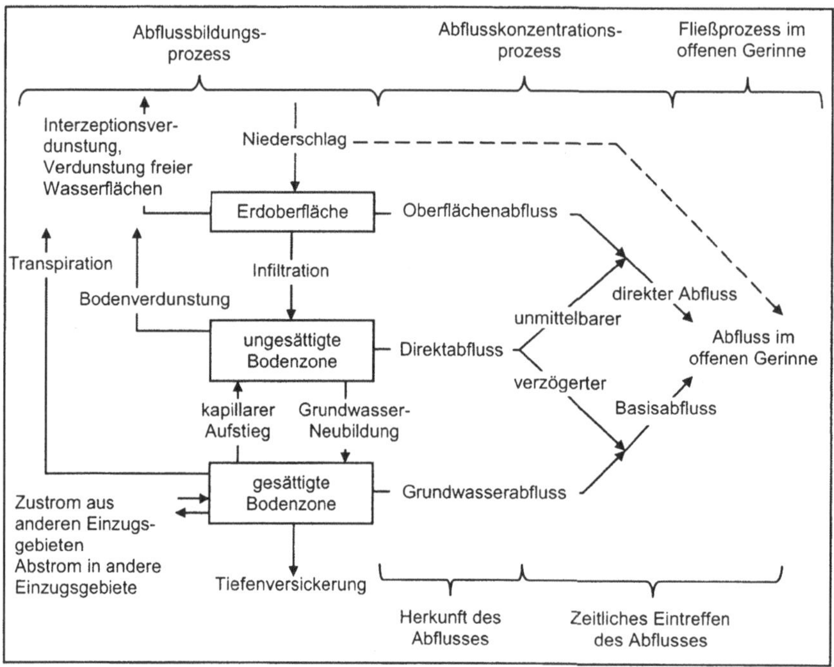

Abb. 13.2. Schematische Darstellung des Abflussprozesses. Nach Baumgartner u. Liebscher (1996).

13.5.1 Abflussbildung

Der Abflussbildungsprozess wird durch das Zusammenwirken von

– Infiltration
– Interzeption
– Evapotranspiration sowie
– Muldenverlusten

bestimmt (Baumgartner u. Liebscher 1996).

Im Folgenden wird der Prozess der Infiltration näher betrachtet.

Nach DIN 4049-3 (1996) wird die Infiltration „als Zugang von Wasser durch enge Hohlräume in die Lithosphäre" definiert. Das Wasser kann dabei aus dem Niederschlag, aus Beregnungen oder Überstauungen, aus Seihwasser oder Uferfiltrat stammen.

Infiltrationen aus Oberflächen- und oberflächennahen Gewässern, welche die DIN 4049-3 (1996) mit einschließt, werden hier nicht weiter berücksichtigt.

Als Infiltrationsrate wird der zeitliche Verlauf der Infiltration bezeichnet, während die kumulative Infiltration die zum Betrachtungszeitpunkt insgesamt versickerte Wassermenge angibt.

Die Infiltrationsrate wird durch die Wasserleitfähigkeit der Bodenoberfläche bestimmt (Scheffer u. Schachtschabel 1998). Baumgartner u. Liebscher (1996) unterscheiden die Infiltration durch Mikroporen (häufig auch als matrixdominierte Infiltration bezeichnet) und diejenige durch Makroporen.

Für die Mikroporeninfiltration gilt das Gesetz von Darcy, wobei als Durchlässigkeitsbeiwert die ungesättigte hydraulische Leitfähigkeit eingeht.

Es existieren verschiedene Modellansätze zu deren Beschreibung, z.B. von Green u. Ampt (1911), Kostiakow (1932), Philip (1957).

Der Ansatz von Philip (1957) kombiniert die Sorptivität als anfangs wirksame Infiltration mit der allgemeinen, von der Wasserleitfähigkeit abhängigen Infiltration (Gl. 13.8).

$$i = s \cdot t^{0,5} + k_u \cdot t \tag{13.8}$$

mit

i   =   aktuelle Infiltrationsrate [cm]
s   =   Sorptivität [cm/s$^{-1/2}$]
t   =   Zeit [s]
k_u =   ungesättigte hydraulische Leitfähigkeit [cm/s]

Im Verlauf der Infiltration geht die Sorptivität gegen Null, und die Mikroporeninfiltration wird allein durch die ungesättigte hydraulische Leitfähigkeit in Abhängigkeit vom Wassergehalt (Θ) bestimmt.

Die Infiltration in bestimmbare Makroporen (Durchmesser > 3 mm) wird nach Germann (1999) als Makroporeninfiltration bezeichnet. Makroporen ermöglichen die präferenzielle Sickerung, einen schnellen und nur kurzfristig auftretenden Fließvorgang. Nach Merz u. Plate (1997) setzt die Makroporeninfiltration – sofern Makroporen vorhanden sind – dann ein, wenn die Mikroporeninfiltration das Wasser nicht mehr abführen kann und ein Überstau eintritt.

Hierbei können 100- bis 200-fache Geschwindigkeiten gegenüber der Mikroporeninfiltration auftreten (Germann 1999). Das Wasser wird in den Makroporen in tiefere Bereiche weitergeleitet und dringt, sofern die Durchlässigkeit und das Potentialgefälle vorhanden ist, über die Porenwände in den Mikroporenraum ein (Baumgartner u. Liebscher 1996).

Modellansätze zur Beschreibung der Makroporeninfiltration und präferenziellen Sickerung sind vor allem durch P. Germann (1996, 1999) publiziert worden.

13.5.2 Abflusskonzentration

Der Prozess der Abflusskonzentration (Baumgartner u. Liebscher 1996) wird in

- Oberflächenabfluss Q_O
- Zwischenabfluss Q_I
- Basisabfluss Q_B

untergliedert.

Der *Oberflächenabfluss* ist nach DIN 4049-3 (1996) der Teil des Abflusses, der dem Vorfluter unmittelbar über die Bodenoberfläche zufließt. Er bildet sich nach Baumgarter u. Liebscher (1996) durch *Infiltrationsüberschuss, Sättigungsüberschuss und „return flow"*.

- *Infiltrationsüberschuss* tritt auf, wenn die Niederschlagsintensität die Infiltrationsrate übersteigt und der entstehende Wasserüberstau dem Gefälle folgend abfließen kann. Infiltrationsüberschuss ist typisch für vegetationsarme semiaride bis aride Gebiete. Hier treten extreme Regenereignisse auf, und die Bodenoberfläche weist durch Verdichtung, Verkrustung oder Verschlämmung oft eine geringe Infiltrationskapazität auf. Nach Horton (1939), der diesen Prozess erstmals beschrieb, wird der Oberflächenabfluss durch Infiltrationsüberschuss auch „Hortonscher Oberflächenabfluss" genannt.
- *Sättigungsüberschuss* tritt auf Flächen mit sehr geringer Infiltrationskapazität und gegebenem Relief auf. Hierzu gehören wassergesättigte, gefrorene und undurchlässige Flächen. Nach Dunne (1978) wird dieser Prozess „Dunnescher Oberflächenabfluss" genannt. Er ist für humide Klimate typisch.
- *„return flow"* ist Wiederaustritt von zuvor infiltriertem Wasser am Hang.

Als *Zwischenabfluss* (hypodermischer Abfluss) wird nach DIN 4049-3 (1996) der Teil des Abflusses bezeichnet, der dem Vorfluter aus den oberflächennahen Bodenschichten zugeflossen ist. Er ist gegenüber dem Oberflächenabfluss zeitlich verzögert.

Der Zwischenabfluss tritt durch Stau an Inhomogenitäten der ungesättigten Bodenzone und in lateralen Makroporen bei entsprechendem Gefälle auf (Baumgartner u. Liebscher 1996). Er erfolgt meist hangparallel und kann als „return flow" wieder aus dem Boden austreten.

Oberflächenabfluss und Zwischenabfluss werden nach DIN 4049-3 (1996) als *Direktabfluss* zusammengefasst. Dieser kann maßgeblich anthropogen beeinflusst werden. Zu beeinflussenden Faktoren gehören Flächenversiegelung, Drainagen, Bewässerung und Veränderung der Landnutzung (Baumgartner u. Liebscher 1996).

Der *Basisabfluss* ist der Teil des Abflusses, der nicht vom Direktabfluss gebildet wird (DIN 4049-3 1996). Den Hauptanteil des Basisabflusses bildet der *grundwasserbürtige* Abfluss (Baumgartner u. Liebscher 1996). Gegenüber dem Direktabfluss ist der Basisabfluss zeitlich deutlich verzögert.

Auf dem Basisabfluss beruht die Wasserführung der Fließgewässer in niederschlagsarmen Zeiten.

Der Basisabfluss kann schnell erfolgen, wenn bei hoher Sättigung des Infiltrationsraums Grundwasser aufgrund von Verdrängungsprozessen „impulsartig" mobilisiert wird.

Die anthropogenen Maßnahmen, die sich auf den Direkteinfluss auswirken, beeinflussen auch den Basisabfluss. Weiterer anthropogener Einfluss ist durch Grundwasserentnahmen gegeben.

13.5.3 Fließprozess im offenen Gerinne

Das Fließen im offenen Gerinne wird durch die Ansammlung des den Vorfluter erreichenden Wassers und ein vorhandenes Gefälle hervorgerufen. Entlang des Gerinnes kann es zu Zuflüssen aus anderen Vorflutern oder aus dem Grundwasser- bzw. Sickerraum kommen. Andererseits kann auch Wasser aus dem Gerinne in den Grundwasserraum oder die ungesättigte Bodenzone infiltrieren.

Der Abfluss im Gewässerbett kann in Form von Wasserentnahmen, Wassereinleitungen, Stauwerken, Flussbegradigungen und Eindeichungen anthropogen beeinflusst werden (Baumgartner u. Liebscher 1996).

Der Abfluss wird in der Regel mittels Abflussganglinien q = f(t) dargestellt. Es gibt zahlreiche Ansätze, daraus die Anteile des Oberflächenabflusses, des Zwischenabflusses und des Basisabflusses rechnerisch oder grafisch abzutrennen (Ganglinienseparation).

Eine eindeutige Trennung von Direkt- und Basisabfluss aus der Abflussganglinie eines Gewässers ist problematisch, da sich der Ablauf der Teilprozesse zeitlich überlagert (z.B. Jelinek et al. 1999). Hier gehen verschiedene Faktoren, z.B. räumlich und zeitlich heterogen verteilte Niederschläge und unterschiedliche Bodenwassergehalte im Einzugsgebiet, ein.

Zu den bekanntesten Methoden zur Trennung von Direkt- und Basisabfluss gehören

– das Au-Linienverfahren nach Natermann (1951)
– das Trockenwetterfalllinien-Verfahren (Hölting 1996)
– das MoMNQ-Verfahren (monatliche mittlere Niedrigwasserabflussspende) nach Wundt (1958)

Als Abflussspende eines Einzugsgebietes ist nach DIN 4049-3 (1996) „der Quotient aus Abfluss und Fläche des zugehörigen Einzugsgebietes" definiert.

Seine genaue Ermittlung ist schwierig. In der Regel ist das oberirdische, einfach aus der Topografie abzuleitende Einzugsgebiet nicht mit dem unterirdischen Einzugsgebiet gleichzusetzen.

Für das norddeutsche Tiefland z.B. wirkt sich dieser Effekt besonders stark aus (Dörhöfer u. Josopait 1997; Jelinek et al. 1999).

13.6 Grundwasserneubildung

Die Grundwasserneubildung wird nach DIN 4049-3 (1996) als Zugang von infiltriertem Wasser zum Grundwasser definiert.

Die Grundwasserneubildung kann angegeben werden (Baumgartner u. Liebscher 1996) als

- Grundwasserneubildungshöhe (mm) oder
- Grundwasserneubildungsrate (Wassermenge pro Zeiteinheit und Fläche; mm/a)

In die Wasserbilanzgleichung (Gl. 13.1) geht die Grundwasserneubildung als *Basisabfluss* ein.

Für lange Betrachtungszeiträume kann demnach die Grundwasserneubildungsrate aus den anderen Gliedern der Wasserhaushaltsgleichung abgeleitet oder direkt als grundwasserbürtiger Abfluss im Vorfluter bestimmt werden.

Einen Überblick über Verfahren zur Bestimmung von Grundwasserneubildungsraten gibt Tabelle 13.2.

Tabelle 13.2. Verfahren zur Bestimmung der Grundwasserneubildung in Anlehnung an Wohlrab et al. (1992)

Ansatz	Verfahren	Beispiele
Sickerraum	Lysimeterverfahren	Dyck u. Chardabellas (1963)
		Grunske (1975)
		Josopait u. Lillich (1975)
		Proksch (1990)
		Schroeder u. Wyrwich (1990)
	Bodenwasserbilanz	Renger u. Strebel (1980)
		Renger u. Wessolek (1990)
Grundwasserraum	Wasserwerksmethoden	Hölting (1996)
	hydrochemische Vergleiche Grundwasser-Niederschlagswasser	Moser u. Rauert (1980)
		Schulz (1972)
Gerinneabfluss	Bestimmung des grundwasserbürtigen Abflusses	Natermann (1951)
		Wundt (1958)

Der Einsatz der verschiedenen Verfahren ist vom Untersuchungsgebiet, der Datengrundlage und von der verfügbaren Zeit für die Untersuchung abhängig.

Im Folgenden werden drei Verfahren kurz vorgestellt, die es ermöglichen, die Grundwasserneubildungsrate über die Elemente des Wasserhaushaltes abzuleiten:

- einfaches Lysimeterverfahren nach Proksch (1990) (Grundwasserneubildung in direkter Ableitung von der Niederschlagsmenge)

- Verfahren auf der Basis von Auswertungen von Bodenwasserbilanzen nach Renger u. Wessolek (1990)
- Verfahren auf der Basis von empirischen Auswertungen von Lysimeterdaten unter Einbeziehung weiterer klimatischer Faktoren nach Bagrov u. Glugla (Grunske 1975)

Diese Verfahren ermitteln, wie oben definiert, die Grundwasserneubildung aus infiltrierten Niederschlägen, berücksichtigen also nicht Infiltration aus oberirdischen Gewässern und über den Sickerraum.

13.6.1 Verfahren nach Proksch

Das Verfahren nach Proksch (1990) basiert auf der Auswertung von Lysimeterdaten.

In Abhängigkeit von Bodenart und Bewuchs werden über empirische Formeln Sickerwassermengen aus unkorrigierten Niederschlagsdaten abgeleitet.

Die Sickerwassermenge kann in ebenen Gebieten der Grundwasserneubildungsrate gleichgesetzt werden. In grundwasserbeeinflussten Gebieten ergibt sich die Grundwasserneubildungsrate als Differenz aus Niederschlag und potentieller Seeverdunstung. Versiegelte Flächen werden über Reduzierungsfaktoren berücksichtigt.

Für das Verfahren nach Proksch (1990) werden die Bodenarten in die Substrattypen

- Sand
- lehmiger Sand
- Lehm

zusammengefasst.

Anhand von Lysimetergleichungen (Tabelle 13.3) wird die Sickerwassermenge für die Landnutzungstypen

- Acker
- Grünland (Gras)
- Laubwald
- Nadelwald

aus dem unkorrigierten mittleren Jahresniederschlag berechnet.

Der Vorteil der Methode nach Proksch (1990) liegt in ihrer einfachen Handhabung und den leicht zu beschaffenden Eingangsdaten.

Von Nachteil ist, dass nicht alle Kombinationen von Bodenarten und Landnutzung berücksichtigt werden. Der Direktabfluss bleibt unberücksichtigt. Als klimatischer Faktor geht bei Proksch (1990) lediglich die unkorrigierte Niederschlagshöhe ein.

Die Ermittlung der Grundwasserneubildungsrate allein aus Niederschlagsdaten wird von mehreren Autoren als hinreichend genau akzeptiert.

Tabelle 13.3. Lysimetergleichungen nach Proksch (1990)

Bodenart	Vegetation	Sickerwassermenge S_w
Sand	unbewachsen	$S_w = -59{,}20 + 0{,}852 \cdot N$
	Dünenvegetation	$-167{,}96 + 0{,}840 \cdot N$
	Acker	$-160{,}73 + 0{,}717 \cdot N$
	Gras	$-299{,}02 + 0{,}918 \cdot N$
	Laubwald	$-199{,}27 + 0{,}662 \cdot N$
	Nadelwald	$-289{,}66 + 0{,}578 \cdot N$
lehmiger Sand	unbewachsen	$-125{,}36 + 0{,}732 \cdot N$
	Acker	$-305{,}23 + 0{,}819 \cdot N$
	Gras	$-250{,}16 + 0{,}688 \cdot N$
Lehm	Acker	$-244{,}82 + 0{,}624 \cdot N$
	Gras	$-341{,}37 + 0{,}933 \cdot N$
		S_w Sickerwassermenge [mm]
		N unkorrigierter Jahresniederschlag [mm]

Grundsätzlich ist die Übertragung der punktförmig ermittelten Werte von Lysimetermessungen auf größere Gebiete problematisch. Deren Ergebnisse sollten nur als Näherungswerte gelten (Hölting 1996).

Josopait u. Lillich (1975) und Proksch (1990) weisen ferner auf systematische Fehler bei Lysimeterverfahren hin.

13.6.2 Verfahren nach Renger u. Wessolek

Das Verfahren von Renger u. Wessolek (1990) gilt für ebene Standorte in Lockergesteinsbereichen.

Über multiple Regressionsgleichungen, die aus Simulationsmodellen ermittelt wurden, werden Jahressummen der Grundwasserneubildung berechnet. Als maßgebliche Faktoren für die Grundwasserneubildung werden angegeben:

- Landnutzung
- Niederschlag
- pflanzenverfügbare Wassermenge
- potentielle Evapotranspiration

In Abhängigkeit von diesen Faktoren wird die reelle Evapotranspiration *ETr* nach Gl. 13.9 berechnet.

$$ETr = a \cdot N_{So} + b \cdot N_{Wi} + c \cdot \log Wpfl + d \cdot ETp_{HAUDE} + e \qquad (13.9)$$

mit:

N_{So} Sommerniederschlag [mm], Summe April bis September

N_{Wi} Winterniederschlag [mm], Summe Oktober bis März des Folgejahres

$Wpfl$ pflanzenverfügbare Wassermenge [mm]

ETp_{HAUDE} potentielle Evapotranspiration nach Haude (1955) [mm],
April bis März des Folgejahres

a, b, c, d, e Faktoren für unterschiedliche Landnutzungen [dimensionslos]

Die Faktoren für die Landnutzung Acker, Grünland und Nadelwald sind in Tabelle 13.4 dargestellt.

Tabelle 13.4. Faktoren a, b, c, d, e zur Berechnung der reellen Evapotranspiration nach Renger u. Wessolek (1990)

Landnutzung	a	b	c	d	e
Acker	0,39	0,08	153	0,12	-109
Grünland	0,48	0,10	286	0,10	-330
Nadelwald	0,33	0,29	166	0,19	-127

Die Niederschlagsdaten für das jeweilige hydrologische Jahr gehen unkorrigiert als Sommerniederschlag (April bis September) und Winterniederschlag (Oktober bis März des Folgejahres) ein. Dabei wird davon ausgegangen, dass im April der Porenraum des Bodens saturiert, d.h. maximal aufgefüllt ist (Bodenwasservorrat = 100 %; DVWK 1996).

Die pflanzenverfügbare Wassermenge ergibt sich als Summe aus nutzbarer Feldkapazität im effektiven Wurzelraum und dem kapillaren Aufstieg aus dem Grundwasser.

Die Grundwasserneubildungsrate für ein Jahr errechnet sich aus dem Jahresniederschlag abzüglich der berechneten reellen Evapotranspiration ETr. Die Genauigkeit dafür wird für Norddeutschland mit $\pm$ 20 bis $\pm$ 30 mm/a angegeben.

Der Vorteil der Methode liegt in der guten Handhabung, obwohl viele Gebietsparameter berücksichtigt werden. Die klimatischen Parameter Niederschlag und potentielle Evapotranspiration können vom Deutschen Wetterdienst (DWD) angefordert oder aus Meteorologischen Jahresbüchern abgeleitet werden.

Zur Bestimmung der Höhe der pflanzenverfügbaren Wassermenge wird auf moderne Bodenkarten verwiesen. Fehlen moderne Bodenkarten, so muss die pflanzenverfügbare Wassermenge aus geologischen, hydrogeologischen und topographischen Karten bestimmt, bzw. abgeschätzt werden und zwar aus Angaben betreffend Bodenart, Gehalt an organischer Substanz, Lagerungsdichte, Landnutzung und Flurabstand. Zugehörige Tabellenwerke finden sich beispielsweise in den bodenkundlichen Kartieranleitungen der Bundesanstalt für Geowissenschaften und Rohstoffe in Hannover (AG Boden 1996).

Von Nachteil ist:

- Es werden keine Faktoren für die Landnutzungsformen Laubwald und für grundwassernahe Böden, wie z.B. auch für Moor, angegeben.
- Die Handhabung versiegelter Flächen ist nicht definiert.
- Der Direktabfluss wird nicht berücksichtigt; die Übertragbarkeit auf Standorte mit ausgeprägtem Relief ist problematisch.

13.6.3 Verfahren nach Bagrov u. Glugla

Das Verfahren nach Bagrov und Glugla (Grunske 1975) basiert auf der Bagrov-Beziehung. Es setzt den Niederschlag ins Verhältnis zur reellen und potentiellen Evapotranspiration (Gl. 13.10).

$$N = \int\limits_{0}^{ETr} \frac{dETr}{1-\left(ETr/ETp\right)^{n}} \tag{13.10}$$

mit

n   =   Effektivitätsparameter [dimensionslos]

Aus Gl. 13.10 kann die Grundwasserneubildungsrate nicht direkt abgeleitet werden:

- Die Lösung erfolgt grafisch über die reelle Evapotranspiration mit Hilfe eines von Glugla u. Tiemer (1971) entwickelten Nomogramms oder mit Hilfe der von Meyer u. Tesmer (2000) abgeleiteten Polynome (Tab. 13.5).
- Als klimatische Gebietsparameter gehen die langjährigen Mittel der korrigierten Jahresniederschläge und der potentielle Evapotranspiration nach Turc (1961) oder Penman (1956) ein.
- Die Bodenart und die Landnutzung werden über den Effektivitätsparameter n (Abb. 13.4) berücksichtigt.
- Für grundwasserbeeinflusste Böden wird der Niederschlag um die kapillare Aufstiegsrate ergänzt.
- Für den Direktabfluss gibt Grunske (1975) Pauschalwerte für bestimmte Landschaftstypen an, die vom Niederschlag abgezogen werden.
- Die Grundwasserneubildungsrate unter versiegelten Flächen wird mit Reduzierungsfaktoren korrigiert.

Der Vorteil des Verfahrens liegt in der Berücksichtigung sowohl von klimatischen Faktoren als auch von Bodenart und Landnutzung. Über den Effektivitätsparameter n können Ertragszahlen für Ackerflächen und Baumalter für Waldflächen in die Bestimmung der Grundwasserneubildungsrate eingehen.

Von Nachteil ist die etwas umständliche Handhabung des Verfahrens, besonders durch die grafischen Ermittlungen des Effektivitätsparameters n aus dem Nomogramm der Abb. 13.4.

Das Verfahren nach Bagrov u. Glugla wurde von Grunske (1975), zum Teil modifiziert (Glugla u. König 1989), im Osten Deutschlands angewendet. Mittlerweile liegt es für den PC vor (Programm ABIMO = Abfluss-Bildungs-Modell; Herzog et al. 2001).

13.7 Berechnung von Beispielen

13.7.1 Verfahren nach Renger u. Wessolek

Die einzelnen Arbeitsschritte für das Verfahren von Renger u. Wessolek (1990) sind in Abb. 13.3 dargestellt.

Problematisch ist die Handhabung von Flächen, für die keine Berechnungsfaktoren existieren. Dazu gehören Moorflächen, versiegelte Flächen sowie Laub- und Mischwald. Hier kann auf Vorschläge in anderen Berechnungsverfahren zur Grundwasserneubildung zurückgegriffen werden.

Für Moorflächen sowie Flächen mit geringen Flurabständen (für Wald < 15 dm, für Acker/Grünland < 8 dm) kann nach Proksch (1990) die reelle Evapotranspiration der Seeverdunstung gleichgesetzt werden. Ist die Seeverdunstung nicht bekannt, bietet sich die potentielle Evapotranspiration nach Penman (DVWK 1996) an.

Versiegelte Flächen können nach Proksch (1990) wie Grünland berechnet und dann mit einem Versiegelungsfaktor multipliziert werden.

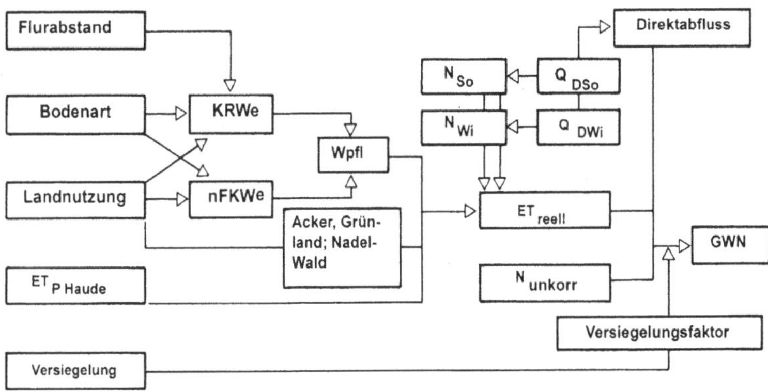

Abb. 13.3. Arbeitsschritte für die Berechnung der Grundwasserneubildungsrate. Nach Renger u. Wessolek (1990).

nFKWe	nutzbare Feldkapazität im effektiven Wurzelraum
KRWe	kapillare Aufstiegsrate
Q_{DSo}	Direktabfluss April bis September
Q_{DWi}	Direktabfluss September bis März des Folgejahres

übrige Abkürzungen siehe Gl. 13.9.

Für Laubwald und Mischwald existiert ein Vorschlag von Wessolek (1999; münd. Mitteilung in: Meyer u. Tesmer 2000). Danach erfolgt die Berechnung mit den Faktoren für Nadelwald. Die ermittelte reelle Evapotranspiration wird für Laubwald pauschal um 30 mm/a und für Mischwald um 15 mm/a verringert. Meyer u. Tesmer (2000) weisen aber darauf hin, dass diese vorgeschlagene Erniedrigung nicht ausreichend ist.

Soll bei dem Verfahren nach Renger u. Wessolek (1990) der Direktabfluss berücksichtigt werden, wird folgendermaßen vorgegangen: Das direkt abgeflossene Wasser wird in der Berechnung als nicht gefallener Niederschlag berücksichtigt. Dazu wird der Direktabfluss in Sommer- und Winterabfluss aufgeteilt, vom entsprechenden Niederschlag abgezogen und die reelle Evapotranspiration neu berechnet.

Im Folgenden soll am Beispiel einer Ackerfläche auf einem mittelsandigen Lehm die Grundwasserneubildung ohne und mit Berücksichtigung des Direktabflusses berechnet werden.

Ausgangswerte:

- unkorrigierter Jahresniederschlag 536 mm
- davon entfallen 300 mm auf April bis September und 236 mm auf Oktober bis März
- Verdunstung 464 mm/a, berechnet nach Haude

Berechnete, bzw. zu ermittelnde Werte:

- pflanzenverfügbare Wassermenge (Wpfl). Sie ergibt sich aus der nutzbaren Feldkapazität im effektiven Wurzelraum (nFKWe) zuzüglich der Menge des kapillaren Aufstiegs in den effektiven Wurzelraum (KRWe). Bei einem grundwasserfernen Standort entfällt die kapillare Aufstiegsrate. Die pflanzenverfügbare Wassermenge ergibt sich dann als Produkt aus nutzbarer Feldkapazität und effektivem Wurzelraum (Gl. 13.11). Diese Werte werden aus den Tabellen zu den bodenkundlichen Kartieranleitungen der Bundesanstalt für Geowissenschaften und Rohstoffe in Hannover (z.B. KA4; AG Boden 1996) entnommen.

$$Wpfl = nFKWe = nFK \cdot We = 15\,mm/dm \cdot 10\,dm = 150\,mm \qquad (13.11)$$

- $Wpfl$ = 150 mm
- Berechnung der Jahressumme der reellen Evapotranspiration ETr mittels Gl. 13.12 nach Gl. 13.10 und Tabelle 13.2:

$$ETr = 0,39 \cdot 300\,mm + 0,08 \cdot 236\,mm + 153 \cdot \lg(150\,mm) + 0,12 \cdot 464\,mm - 109\,mm$$
$$ETr = 416\,mm \qquad (13.12)$$

- ETr = 416 mm
- Berechnung der Grundwasserneubildung als Differenz aus Niederschlag und reeller Evapotranspiration (Gl. 13.13):

$$GWN = N - ETr = 536\,mm/a - 416\,mm/a = 120\,mm/a \qquad (13.13)$$

- Die durchschnittliche jährliche Grundwasserneubildung beträgt demnach 120 mm/a.
- Falls am Betrachtungsstandort Direktabfluss auftritt, so wird der Betrag in der Formel Gl. 13.10 vom Niederschlag abgezogen. Im vorliegenden Beispiel beträgt der jährliche Direktabfluss Q_D 100 mm. Dabei entfallen 40 mm auf April bis September und 60 mm Oktober bis März.
- Die Jahressumme der reellen Evapotranspiration ergibt sich nach Gl. 13.14:

$$ETr = 0,39 \cdot (300\,mm - 40\,mm) + 0,08 \cdot (236\,mm - 60\,mm)$$
$$+ 153 \cdot \log(150\,mm) + 0,12 \cdot 464\,mm - 109 \qquad (13.14)$$
$$ETr = 395\,mm$$

- ETr = 395 mm
- Die Grundwasserneubildung errechnet sich nach Gl. 13.15:

$$GWN = N - Q_D - ETr = 536\,mm/a - 100\,mm/a - 395\,mm/a = 41\,mm/a \qquad (13.15)$$

Die durchschnittliche jährliche Grundwasserneubildung unter Berücksichtigung des Direktabflusses beträgt demnach 41 mm/a.

13.7.2 Verfahren nach Bagrov u. Glugla

Die Bestimmung der Grundwasserneubildungsrate erfolgt nach dem Verfahren von Bagrov u. Glugla (Grunske 1975) mit Hilfe eines Nomogramms (Abb. 13.4) bzw. mit Hilfe der daraus von Meyer und Tesmer (2000) abgeleiteten Polynome (Tab. 13.5).

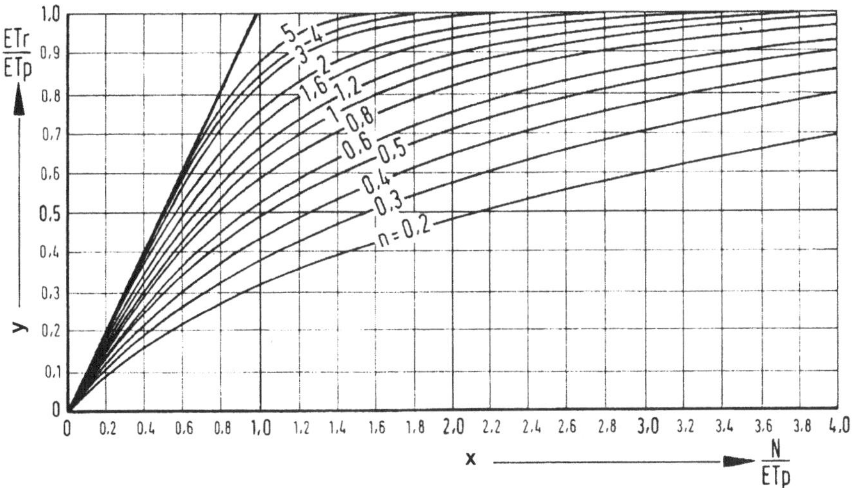

Abb. 13.4. Nomogramm zur Ermittlung des Faktors y aus dem Faktor x und dem Effektivitätsparameter n. Verändert nach Dyck u. Peschke (1983).

Dort ist

– auf der Abszisse x das Verhältnis von korrigiertem Niederschlag zu potentieller Evapotranspiration gegen
– das Verhältnis von reeller Evapotranspiration zu potentieller Evapotranspiration auf der Ordinate y

in Abhängigkeit von einem Effektivitätsparameter n aufgetragen.

Dieser Effektivitätsparameter wird nach Glugla u. König (1989) aus der nutzbaren Feldkapazität und der Landnutzung abgeleitet (Tabelle 13.5).

Tabelle 13.5. Polynome zur Ermittlung des Faktors y nach Bagrov u. Glugla (Grunske 1975) in Abhängigkeit vom Effektivitätsparameter n. Aus Meyer u. Tesmer 2000.

Effektivitätsparameter n	Faktor y
0	ETp
0,30	$-0{,}0367{\cdot}x^2 + 0{,}3051{\cdot}x + 0{,}1132$
0,35	$-0{,}0418{\cdot}x^2 + 0{,}3308{\cdot}x + 0{,}1216$
0,40	$-0{,}0454{\cdot}x^2 + 0{,}3483{\cdot}x + 0{,}1345$
0,50	$-0{,}0521{\cdot}x^2 + 0{,}3799{\cdot}x + 0{,}1544$
0,60	$-0{,}06{\cdot}x^2 + 0{,}4104{\cdot}x + 0{,}171$
0,70	$-0{,}0662{\cdot}x^2 + 0{,}4343{\cdot}x + 0{,}1834$
0,80	$-0{,}0729{\cdot}x^2 + 0{,}4578{\cdot}x + 0{,}194$
1,00	$-0{,}0818{\cdot}x^2 + 0{,}4869{\cdot}x + 0{,}2187$
1,20	$0{,}0294{\cdot}x^3 - 0{,}2595{\cdot}x^2 + 0{,}8087{\cdot}x + 0{,}0827$
1,40	$0{,}0354{\cdot}x^3 - 0{,}2992{\cdot}x^2 + 0{,}8802{\cdot}x + 0{,}0741$
1,50	$0{,}0402{\cdot}x^3 - 0{,}3289{\cdot}x^2 + 0{,}9335{\cdot}x + 0{,}0586$
1,60	$0{,}0449{\cdot}x^3 - 0{,}3586{\cdot}x^2 + 0{,}9867{\cdot}x + 0{,}0431$
1,70	$0{,}046{\cdot}x^3 - 0{,}3673{\cdot}x^2 + 1{,}0027{\cdot}x + 0{,}0444$
1,80	$0{,}0472{\cdot}x^3 - 0{,}376{\cdot}x^2 + 1{,}0186{\cdot}x + 0{,}0456$
2,00	$0{,}0531{\cdot}x^3 - 0{,}4102{\cdot}x^2 + 1{,}0727{\cdot}x + 0{,}038$
2,50	$0{,}0683{\cdot}x^3 - 0{,}4969{\cdot}x^2 + 1{,}2075{\cdot}x + 0{,}0086$
3,00	$0{,}0788{\cdot}x^3 - 0{,}5586{\cdot}x^2 + 1{,}3063{\cdot}x - 0{,}0139$
4,00	$0{,}0904{\cdot}x^3 - 0{,}6228{\cdot}x^2 + 1{,}3972{\cdot}x - 0{,}0204$
5,00	$-0{,}0691{\cdot}x^4 + 0{,}6239{\cdot}x^3 - 2{,}0744{\cdot}x^2 + 3{,}014{\cdot}x - 0{,}6188$
8,00	$-0{,}0794{\cdot}x^4 + 0{,}7101{\cdot}x^3 - 2{,}3261{\cdot}x^2 + 3{,}3042{\cdot}x - 0{,}7159$
10,00	$-0{,}0914{\cdot}x^4 + 0{,}8028{\cdot}x^3 - 2{,}5747{\cdot}x^2 + 3{,}5645{\cdot}x - 0{,}7943$

Der Effektivitätsparameter n wird nach Glugla u. König (1989) aus der nutzbaren Feldkapazität und der Landnutzung abgeleitet (Tabelle 13.6.).

Tabelle 13.6. Effektivitätsparameter n für die Landnutzungsformen Landwirtschaft (Acker, Grünland) und Wald in Abhängigkeit von der nutzbaren Feldkapazität [%]

nutzbare Feld-Kapazität nFK	n	
	Landwirtschaft	Wald (allgemein)
10,0	1,1	3,1
11,0	1,2	3,3
12,0	1,3	3,4
13,0	1,4	3,6
14,0	1,5	3,9
15,0	1,6	4,2
16,0	1,8	4,5
17,0	1,9	4,8
18,0	2,1	5,2
20,0	2,4	6,1
21,0	2,6	6,6
22,0	2,9	7,2
26,0	3,9	9,7

Mit Hilfe des Effektivitätsparameters n und dem Faktor x kann nun das Verhältnis von reeller Evapotranspiration zu potentieller Evapotranspiration (y) bestimmt werden. Mit der potentiellen Evapotranspiration multipliziert ergibt sich die reelle Evapotranspiration.

Aus der Differenz von Niederschlag und reeller Evapotranspiration kann die Grundwasserneubildungsrate abgeleitet werden.

Die einzelnen Schritte sind in Abb. 13.5 dargestellt.

Moorflächen, aber auch Flächen mit sehr geringem Flurabstand, können entsprechend der Vorgehensweise von Proksch (1990) bewertet werden. Solchen Flächen wird die maximal mögliche reelle Evapotranspiration zugeordnet. Das heißt, die reelle Evapotranspiration ist gleich der potentiellen Evapotranspiration, wie z.B. nach Penman (DVWK 1990).

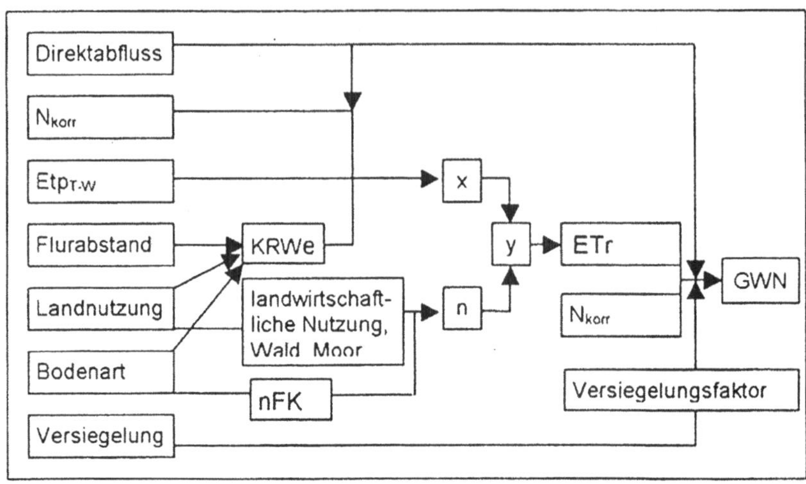

Abb. 13.5. Verfahrensgang für die Bestimmung der Grundwasserneubildungsrate nach Bagrov u. Glugla (Grunske 1975). Abkürzungen im Text.

Wie bei dem obigen Beispiel für das Verfahren nach Renger u. Wessolek (1990) wird hier nachstehend die Grundwasserneubildung für eine Ackerfläche auf einem mittelsandigem Lehm mit folgenden Ausgangswerten berechnet:

- korrigierter Jahresniederschlag 590 mm
- mittlere jährliche potentielle Evapotranspiration nach Turc-Wendling (DVWK 1996) 538 mm
- nutzbare Feldkapazität des mittelsandigen Lehms 15 mm/dm

Es ergeben sich folgende Arbeits- und Berechnungsschritte:

- Ermittlung des für die Anwendung des Nomogramms der Abb. 13.4. oder der Polynome in Tabelle 13.5 notwendigen Faktors x nach Gl. 13.16:

$$x = N/ETp = 590\ mm/538\ mm = 1{,}09 \tag{13.16}$$

- Aus der nutzbaren Feldkapazität und der Landnutzung ergibt sich nach Tabelle 13.6 ein Effektivitätsparameter von 1,6.
- Der Faktor y als Verhältnis von reeller zu potentieller Evapotranspiration ergibt sich aus Nomogramm oder Polynomen mit 0,753.
- Errechnung der reellen Evapotranspiration nach Gl. 13.17:

$$ETr = y \cdot ETp = 0{,}753 \cdot 538\ mm = 405\ mm \tag{13.17}$$

- ETr = 405 mm
- Errechnung der durchschnittlichen jährlichen Grundwasserneubildung (Differenz aus Niederschlag und reeller Evapotranspiration nach Gl. 13.18:

$$GWN = N - ETr = 590\ mm - 405\ mm = 185\ mm \qquad (13.18)$$

- Die durchschnittliche jährliche Grundwasserneubildung beträgt demnach 182 mm.
- Errechnung von x nach Gl. 13.19 unter Ansatz eines durchschnittlichen jährlichen Direktabflusses von 100 mm:

$$x = (N - Q_D)/ETp = (590\ mm - 100\ mm)/538\ mm = 0{,}911 \qquad (13.19)$$

- Bestimmung eines Wertes von 0,678 für den Faktor y aus dem Nomogramm der Abb. 13.4.
- Berechnung der reellen Evapotranspiration nach Gl. 13.20:

$$ETr = y \cdot ETp = 0{,}678 \cdot 538\ mm = 365\ mm \qquad (13.20)$$

- ETr = 365 mm
- Berücksichtigung des vorstehend angesetzten Direktabflusses zur Berechnung der jährlichen Grundwasserneubildung nach Gl. 13.21:

$$GWN = N - Q_D - ETr = 590\ mm - 100\ mm - 365\ mm = 152\ mm \qquad (13.21)$$

Die durchschnittliche jährliche Grundwasserneubildung unter Berücksichtigung des Direktabflusses beträgt 125 mm.

Literaturverzeichnis

Allgemeine Literatur

AG Boden (1996) Bodenkundliche Kartieranleitung 4. 392 S, Bundesanstalt für Geowissenschaften und Rohstoffe, Hannover

Agarwal RG, Al-Hussainy R, Ramey HJ (1970) An Investigation of Wellbore Storage and Skin Effect in Unsteady Liquid Flow: 1 Analytical Treatment Soc Petrol Engrs Journ AIME 249: 279–290, 2 Abb, 9 Tab

Allison JD, Brown DS, Novo-Gradac KJ (1991) MINTEQA2/PRODEFA2, a geochemical assessment model for environmental systems, version 3.0 user's manual. US EPA Report EPA/600/3-91/021

Anderson KE (1993) Ground Water Handbook. 401 S, Tabellenwerk, National Ground Water Association, Dublin, OH

Anderson LL, Sevel T (1974) Six Years' Environmental Tritium Profiles in the Unsaturated and Saturated Zones, Gronhoy; Denmark. Isotope Techniques in Groundwater Hydrology, Iaea Wien 1: 3–18

Anonym (1977) SI – Das Internationale Einheitensystem (SI). Übersetzung der vom Internationalen Büro für Maß und Gewicht herausgegebenen Schrift „Le Système International d' Unités (SI)". 3. Aufl, 58 S, 12 Tab, Friedrich Vieweg & Sohn, Braunschweig

Apello CAJ, Postma D (1999) Geochemistry, groundwater and pollution. 4. korrigierte Auflage, 536 S, AA Balkema, Rotterdam

Appelo CAJ, Postma D (1993) Geochemistry, Groundwater and Pollution. XVI+ 536 S, 275 Abb, 76 Tab, 3 Appendices

Appelo CAJ, Postma D (1996) Geochemistry, groundwater and pollution. Balkema, Rotterdam

Armbruster J, Bartel H, Essler H, Holdermann D, Lillich W, Mez C, Schnepf R, Strayle G, Uehlendahl AW (1977) Pumpversuche in Porengrundwasserleitern. 2. Aufl, 125 S, 40 S Tabellen im Text, Min Ernährung, Landwirtschaft und Umwelt, Stuttgart

ASTM (1961) Standard Definitions of Terms and Symbols Relating to Soil Mechanics. In: Book of ASTM Standards, Pt 4, 1402–1419

Autorenkollektiv (1971) Das Grundwissen des Ingenieurs. 8. Aufl, 1274 S, ca 1000 Abb, etwa 350 Tab, 3 Tafeln, VEB Fachbuchverlag, Leipzig

Baehr HD (1974) Physikalische Größen und ihre Einheiten. Studienbücher Naturwissenschaft und Technik 19, 115 S, 5 Abb, 11 Tab, Bertelsmann Universitätsverlag, Düsseldorf

Balke KD et al (2000) Grundwassererschließung – Grundlagen, Brunnenbau, Grundwasserschutz, Wasserrecht. Bd 4 Lehrbuch der Hydrogeologie 740 S, 398 Abb, 81 Tab, Borntraeger, Berlin

Ball JW, Nordstrom DK (1991) User's manual for WATEQ4F, with revised thermodynamic data base and test cases für calculating speciation of major, trace, and redox elements in natural waters. US Geol Survey Open File Report 91–183

Banfield JF, Nealson KH (Hrsg) (1999) Geomicrobiology: Interactions between microbes and minerals. Reviews Mineralogy 35: 448 S, Min Soc Am, Washington

Barenblatt GI, Zheltov IP, Kochina IN (1960) Basic Concepts in the Theory of Seepage of Homogeneous Liquids in Fissured Rocks (Strata). Journ Appl Math & Mech 24: 1286–1303, 2 Abb

Baumgartner A, Liebscher H (1996) Allgemeine Hydrologie. Lehrbuch der Hydrogeologie, Bd 1: Quantitative Hydrologie. 694 S, Borntraeger, Berlin Stuttgart

Bear J (1972) Dynamics of fluids in porous media. American Elseier Pub Co, New York

Bear J (1979) Hydraulics of Groundwater. 569 S, 215 Abb, 15 Abb, McGraw-Hill, New York etc

Bear J, Dagan G (1965) The Relationship between Solutions of Flow Problems in Isotropic and Anisotropic Soils. Journ of Hydrology 3: 88–96

Bender D, Pippig E (1973) Einheiten, Maßsysteme SI. Wissensch Taschenbücher WTB 97, 236 S, 13 Abb, 5 Tab, Friedrich Vieweg & Sohn, Braunschweig

Bennet RR (1962) Flow-Net Analysis. In: Ferris JG, Knowles DB, Brown RH, Stallman RW Theory of Aquifer Tests. Geol Survey Water Supply Paper 1536-I, 139–144, 1 Abb

Bentall R Comp (1963 a) Methods of Determining Permeability, Transmissibility and Drawdown. Geol Survey Water Supply Paper 1536-I, 243–341, 29 Abb, 9 Tab

Berkman DA (1989) Field Geologist's Manual Monograph. No 9, Australian Institute of Mining a. Metallurgy, 382 S, Victoria

Bertsch W (1978) Die Koeffizienten der longitudinalen und transversalen hydrodynamischen Dispersion – ein Literaturüberblick. Deutsche Gewässerkundl Mitt 22: 37–46, 5 Abb, 4 Tab

Bethke CM (1996) Geochemical Reaction Modeling. 397 S, Oxford University, New York, Oxford

Beyer W (1964 a) Die Erfassung von Grundwasserfließvorgängen mittels Farbstoffen in Verbindung mit Pumpversuchen. Z Angew Geologie 10: 295–300, 10 Abb, 3 Tab

Beyer W (1964 b) Zur Bestimmung der Wasserdurchlässigkeit von Kiesen und Sanden aus der Kornverteilungskurve. WWT 14: 165–168, 7 Abb, 3 Tab

Beyer W (1967) Zur Analyse der Grundwasserfließbewegung. Wiss Z TU Dresden 16: 1043–1048, 3 Abb, 4 Tab

Beyer W, Schweiger KH (1969) Zur Bestimmung des entwässerbaren Porenanteils der Grundwasserleiter. WWT 19: 57–60, 9 Abb

Bierschenk WH (1964) Determining Well Efficiency by Multiple Step-Drawdown Tests. Int Ass Scient Hydrol 64: 493–507, 8 Abb, 1 Tab

Bieske E (1961) Zur Schüttkornbestimmung bei Kiesschüttungsbrunnen. bbr: S 407–411, 4 Abb, Berlin

Bieske E (1963) Unverrohrte und verrohrte Bohrbrunnen im standfesten Speichergestein. bbr: S 197–200, 2 Abb, Berlin

Bieske E (1968) Schlitzfilter und Schlitzbrückenfilter, mit und ohne Kiesmantel: vergleichende strömungstechnische Untersuchung von Diplom-Physiker Dietmar Klotz, Institut für Radiohydrometrie, München. bbr: S 121–125, 8 Abb, 3 Tab, Berlin

Bieske E (1970) Leitfaden für den Brunnen-, Wasserwerks- und Rohrleitungsbau. (Ausbildung für Facharbeiter) Bd I: 200 S, 200 Abb,60 Tab, Köln

Bieske E (1973) Leitfaden für den Brunnen-, Wasserwerks- und Rohrleitungsbau. (Ausbildung für Facharbeiter) Bd II: 204 S, 280 Abb, 50 Tab, Köln

Bieske E (1983) Leitfaden für den Brunnen-, Wasserwerks- und Rohrleitungsbau. (Ausbildung für Facharbeiter) BdIII: 164 S, 224 Abb, 32 Tab, Köln

Bieske E, Jourdan HJ, Wandt K (1989) Nold-Brunnenfilterbuch. 6. Aufl, 336 S, 284 Abb, zahlreiche Tabellen und ein Normenanhang

Bieske E, Rubbert W, Treskatis C (1998) Bohrbrunnen. 8. Aufl, 455 S, 206 Abb, 35 Tab, 4 Anhänge, R Oldenbourg, München, Wien

Bieske E, Wandt K, Jourdan HJ (1989) Nold-Brunnenfilterbuch. 6. Aufl, 336 S, 284 Abb, zahlreiche Tabellen und ein Normenanhang

Birk F (1964) Die hydrogeologischen Verhältnisse der Wulfener Kreidemulde. Z Deutsche Geol Ges 116: 204–214, 7 Abb

Birsoy YK, Summers WK (1980) Determination of Aquifer Parameters from Step Tests and Intermittent Pumping. Ground Water 18: 137–146, 13 Abb, 2 Tab, 1 Appendix

Boehm B (1975) Beitrag zur indirekten Ermittlung von Parametern für Grundwasserströmungsmodelle. Dissertation TU Hannover, 129 S, 17 Abb, 12 Tab, 9 Anlagen

Boehm B, Schneider D (1991) Grundwassermodelle – Ein Planungsmittel für den Braunkohlenbergbau. Braunkohle 43: 27–33, 8 Abb

Bos MG, Editor (1976) Discharge Measurement Structures. Ilri Publ 20, 464 S, 193 Abb, 22 Fotos, 41 Tab, 5 Appendices mit 25 Abb, 2 Fotos, 4 Tab

Böttcher J, Strebel O, Duynisveld WHM (1989) Kinetik und Modellierung gekoppelter Stoffumsetzungen im Grundwasser eines Lockergesteinsaquifers. Geol Jb, Reihe C, 51: 3–40, Schweizerbart'sche, Hannover

Boulton NS (1954) Unsteady Radial Flow to a Pumped Well allowing for Delayed Yield from Storage. Int Ass Scient Hydrol, Assemblee Generale de Rome, II, 472–477, Gentbrügge

Boulton NS (1963) Analysis of Data from Non-Equilibrium Pumping Tests allowing for Delayed Yield from Storage. Proc Inst Civil Eng 26: 469–482, 3 Abb, 2 Tab

Bourdet D, Gringarten AC (1980) Determination of Fissure Volume and Block Size in Fractured Reservoirs by Type-Curve Analysis. Paper 9293, presented at 55 th Annual Fall Techn Conference, Soc Petrol Engrs Dallas, TX, 20 S, 21 Abb, 2 Tab

Bouwer H (1989) The Bouwer and Rice Slug Test – An Update. Ground Water 27: 304–309, 6 Abb

Bouwer H, Rice RC (1976) A Slug Test for Determining Hydraulic Conductivity of Unconfined Aquifers With Completely or Partially Penetrating Wells. Water Resources Research 12: 423–428, 4 Abb

Bowa (1972) Dienstanweisung für die Errichtung von Grundwassermeßstellen. 9 S, 1 Abb, Rheinbraun AG Köln

Breass D (1992) Finite-Elemente. 302 S, Springer, Berlin

Brechtel HM Hrsg (1983) Probleme beim Einsatz von Neutronensonden im Rahmen Hydrologischer Meßprogramme. DVWK-Schrift 50, 335 S, 86 Abb, 31 Tab

Breddin H (1955) Ein neuartiges hydrogeologisches Kartenwerk für die südliche niederrheinische Bucht. Z Deutsche Geol Ges 106: 94–112, 1 Tafel

Breddin H (1963) Die Grundrißkarten des Hydrogeologischen Kartenwerkes der Wasserwirtschaftsverwaltung von Nordrhein-Westfalen. Geol Mitt 2 (1961) 393–416, 5 Abb, 1 Tafel

Bredehoeft JD (1967) Response of Well-Aquifer Systems to Earth Tides. Journ Geophys Res 72: 3075–3087, 4 Abb, 1 Tab

Breeuwsma A, Wösten JHM, Vleeshouwer JJ, Slobbe AM van, Bouma J (1986) Derivation of land qualities to assess environmental problems from soil surveys. Soil Sci Soc Am J 50: S 186–190, Madison Soil Sci Soc Am

Bronstein IN, Semendjajew KA (1979) Taschenbuch der Mathematik, 18. Aufl, XIII+585 S, 430 Abb, 1 Tab, Harri Deutsch, Zürich, Frankfurt/Main, Thun

Brown RH, Konoplyantsev AA, Ineson J, Kovalevsky VS (1972 ff) Ground-Water Studies. An International Guide for Research and Practice. Supplement 1 (1973), Supplement 2 (1975), Supplement 3 (1977), Unesco, Paris

Brutsaert W, Corapcioglu Y (1976) Pumping of Aquifer with Viscoelastic Properties. Journ Hydraulics Div, Proc ASCE 102, HY 11, 1663–1675, 1 Abb

Bundesministerium für Umwelt, Naturschutz und Reaktorsicherheit (Hrsg) Hydrologischer Atlas von Deutschland (HAD), verschiedene Lieferungen

Busch KF, Luckner L (1967) Grundgesetze der modernen Grundwasserhydraulik. Bergbautechnik 17: 355–361, 4 Abb

Busch KF, Luckner L, Tiemer K (1967) Die wichtigsten analytischen Berechnungsverfahren der stationären, eindimensionalen Grundwasserströmungsvorgänge. Bergbautechnik 17: 361–368, 2 Abb

Busch KF, Luckner L, Tiemer K (1993) Geohydraulik. 3. Aufl, Lehrbuch der Hydrogeologie, Bd 3, 497 S, 238 Abb, 50 Tab, Bornträger, Berlin, Stuttgart

Busch KF, Tiemer K, Luckner L (1967) Die wichtigsten Lösungsmethoden für die partiellen Differentialgleichungen der Grundwasserhydraulik. Bergbautechnik 17: 656–662, 6 Abb

Canmet (1977) Pit Slope Manual, Chapter 4 – Groundwater. 12+241 S, 92 Abb, 7 Tab, mit 58 Abb und 3 Tab in 9 Appendices

Carslaw HS, Jaeger JC (1947) Conduction of Heat in Solids. 386 S, 48 Abb, 6 Appendices, Clarendon Press, Oxford

Casagrande A (1937) Seepage through Dams. Journ Ne England Water Works Assoc 51: 131–172, 21 Abb

Castany G (1967) Traité Pratique des Eaux Souterraines. 2. Aufl, 661 S, zahlreiche Abb und Tab, Dunod, Paris

Cazal A (1963) Le mouvement des eaux souterraines sous de faibles pressions. Thèse 3e cycle Université de Bourdeaux, 83 S, zahlreiche nichtnummerierte Abb und Tab

Cedergren HR (1977) Seepage, Drainage, and Flow Nets. 2. Aufl, 534 S, 232 Abb, 35 Tab, Wiley, New York etc

Chiang WH, Kinzelbach W (2003) 3D-Groundwater Modeling with PMWIN. 346 S, 150 Abb, 25 Tab, Springer, Heidelberg

Christen HR (1971) Grundlagen der allgemeinen und anorganischen Chemie. 3. Aufl, 576 S, 219 Abb, 95 Tab, Anhang, Verl Sauerländer, Salle Verlag, Aarau, Frankfurt

Clark I, Fritz P (1997) Environmental isotopes in hydrogeology. 328 S, Lewis, Boca Raton, New York

Clark L (1977) The Analysis and Planning of Step Drawdown Tests. Quart Journ Engng Geol 10: 125–143, 8 Abb, 2 Tab

Clark WE (1967) Computing the Barometric Efficiency of a Well. Proc Amer Soc Civ Engrs, HY 4: 93–98, 3 Abb, 1 Tab

Clarke FE (1980) Corrosion and Encrustation in Water Wells. FAO Irrigation and Drainage Paper 34, 95 S, 56 Abb, 9 Tab, Food and Agriculture Organisation of the UN, Rom

Coldewey WG, Geiersbach R, Paschmann Th (1987) Wabesy – Ein Meßsystem zur automatischen Registrierung von Pumpversuchsdaten. bbr 38: 208–209, 5 Abb

Colebrook CF (1939) Turbulent Flow in Pipes with Particular Reference to the Transient Region between the Smooth and Rough Pipes Laws. Journ Instn Civ Engrs 11: 133–156, 9 Abb, 1 Tab, 5 Tafeln

Cooper HH jr, Bredehoeft JD, Papadopulos IS (1967) Response of a Finite Diameter Well to an Instantaneous Charge of Water. Water Resources Research 3: 263–269, 6 Abb

Cooper HH, Jacob CE (1946) A generalized graphical Method for evaluating formation constants and summarizing Well-Field History. Trans Amer Geophys Union 27: 526–534, 5 Abb, 6 Tab

Cornell RM, Schwertmann U (1996) The iron oxides – Structure, properties, reactions, occurrence and uses. 573 S, VCH, Weinheim, New York

Dagan G (1989) Flow and Transport in Porous Formations. 461 S, Springer, Berlin, Heidelberg

Darcy H (1856) Les fontaines publiques de la ville de Dijon. vii+647 S, zahlreiche Tabellen und Atlas mit zahlreiche Abb auf 28 Tafeln, Victeur Dalmont, Paris

Davidson W, Seed G (1983) The kinetics of the oxidation of ferrous iron in synthetic and natural waters. Geochimica et Cosmochimica Acta 47: 67–79

De Marsily G (1986) Quantitative Hydrogeology – Groundwater Hydrology for Engineers. 440 S, 184 Abb, 13 Abb 13 Tab, 2 Appendices, Academic Press, London

De Vries JJ (1975) Some Calculation Methods for Determination of the Travel Time of Groundwater. AQUA-VU 5: 3–15, 1 Tab

De Wiest RJM (1965) Geohydrology. 366 S, 188 Abb, 25 Tab, Wiley, New York etc

De Wiest RJM (1966) On the Storage Coefficient and the Equations of Groundwater Flow. Journ Geophys Res 71: 1117–1122, 2 Abb

Dev (1998 ff) Deutsche Einheitsverfahren zur Wasser-, Abwasser- und Schlamm-Untersuchung. Loseblattsammlung, 5 Bände, 42. Lieferung

Dillon PJ (1989) An Analytical Model of Contaminant Transport from Diffuse Sources in Saturated Porous Media. Water Resources Research 25: 1208–1218

DIN (1997) Bestimmung des standörtlichen Verlagerungspotentials von nichtsorbierbaren Stoffen. DIN 19732, Juni 1997, 4 S, 4 Tab, Beuth, Berlin

DIN 1301 (2002) Einheiten – Teil 1, Einheitennamen, Einheitenzeichen

DIN 18123 (1996) Baugrund, Untersuchung von Bodenproben – Bestimmung der Korngrößenverteilung

DIN 19683 (1998) Bodenuntersuchungen im Landwirtschaftlichen Wasserbau – Physikalische Laboruntersuchungen

DIN 19685 (1999) Klimatologische Standortuntersuchung: Ermittlung der meteorologischen Größen. In: Deutsches Institut für Normung eV (Hrsg) DIN-Taschenbuch 187 (Boden 1) Bodenkundliche Standortbeurteilung, Bewässerung, Entwässerung. Beuth, Berlin u a

DIN 32625 (1989) Größen und Einheiten in der Chemie – Stoffmenge und davon abgeleitete Größen – Begriffe und Definitionen

DIN 38402-A13 Probenahme aus Grundwasserleitern. Beuth, Berlin

DIN 38402-A21 Normentwurf: Hinweise zur Konservierung und Handhabung von Wasserproben. Beuth, Berlin

DIN 38404-10 Calcitsättigung eines Wassers. Beuth, Berlin

DIN 4021 (1990) Baugrund; Aufschluß durch Schürfe und Bohrungen sowie Entnahme von Proben

DIN 4021 (1990) Aufschluß durch Schürfe, Bohrungen und Entnahmen von Proben. (Okt 1990) 27 S, 14 Abb, 6 Tab, Beuth, Berlin

DIN 4022-1 (1987) Baugrund und Grundwasser, Benennen und Beschreiben von Boden und Fels. Teil 1: Schichtenverzeichnis für Bohrungen ohne durchgehende Gewinnung von gekernten Proben in Boden und Fels. (September 1987) 20 S, 8 Abb, 6 Tab, Beuth, Berlin

DIN 4022-2 (1981) Baugrund und Grundwasser, Benennen und Beschreiben von Boden und Fels. Teil 2: Schichtenverzeichnis für Bohrungen im Fels (Festgestein). (März 1981) 10 S, Beuth, Berlin

DIN 4022-3 (1982) Baugrund und Grundwasser, Benennen und Beschreiben von Boden und Fels. Teil 3: Schichtenverzeichnis für Bohrungen mit durchgehender Gewinnung von gekernten Proben im Boden (Lockergestein). (Mai 1982) 10 S, Beuth, Berlin

DIN 4049 (1992) Hydrologie; Grundbegriffe

DIN 4049-1 (1996) Hydrologie (Grundbegriffe). In: Deutsches Institut für Normung eV (Hrsg) DIN-Taschenbuch 211, Wasserwesen: Begriffe und Normen: 210–217, Beuth, Berlin u a

DIN 4049-3 (1996) Hydrologie (Begriffe zur quantitativen Hydrologie). In: Deutsches Institut für Normung eV (Hrsg) DIN-Taschenbuch 211, Wasserwesen: Begriffe und Normen: 242–291, Beuth, Berlin u a

DIN 4049-3 (Okt 1994) Hydrologie, Teil 3 Begriffe zur quantitativen Hydrologie. 80 S, 20 Abb, 2 Tab, Berlin 1994

DIN 4924 (August 1998) Sande und Kiese für den Brunnenbau – Anforderungen und Prüfungen. 4 S, 1 Tab, Beuth, Berlin 1998

DIN 4925-1 (April 1999) Filter- und Vollwandrohre aus weichmacherfreiem Polyvinylchlorid (PVC-U) für Brunnen. Teil 1: DN 35 bis DN 100 mit Whitworth-Rohrgewinde; 6 S, 1 Abb, 3 Tab, Beuth, Berlin 1999 a

DIN 4925-2 (April 1999) Filter- und Vollwandrohre aus weichmacherfreiem Polyvinylchlorid (PVC-U) für Brunnen. Teil 2: DN 100 bis DN 200 mit Trapezgewinde; 7 S, 3 Abb, 5 Tab, Beuth, Berlin 1999 b

DIN 66165-1 (1987) Partikelgrößenanalyse; Siebanalyse; Durchführung

DIN 66165-1 (1987) Partikelgrößenanalyse; Siebanalyse; Grundlagen

DIN EN 4188 (1995) (Norm-Entwurf) Luft- und Raumfahrt – Rohrverschraubung 8°30′ aus Titanlegierung – Winkel-Schottverschraubungen 90°, zum Anschweißen, lange Ausführung

DIN EN 485-1 (1994) Aluminium und Aluminiumlegierungen; Bänder, Bleche und Platten

DIN ISO 3310-1 (2000) Analysensiebe; Anforderungen und Prüfungen; Analysensiebe mit Metalldrahtgewebe

Domenico PA (1972) Concepts and Models in Groundwater Hydrology. IX+405 S, 145 Abb, 10 Tab, McGraw-Hill Book Company, New York etc

Domenico PA, Mifflin MD (1965) Water from Low-Permeability Sediments and Land Subsidence. Water Resources Research 1: 563–576, 6 Abb

Dörhöfer G, Josopait V (1997) Grundwasserneubildung und ihre Ermittlung. Eine Anmerkung zum Beitrag von Hölting: Modellrechnungen zur Grundwasserneubildung. Grundwasser 2: 77–80, Berlin, Heidelberg

Driscoll FG (1986) Groundwater and Wells. Second Edition, xv+1089 S, 560 Abb, 149 Tab, 23 Appendices, 3 Anlagen, Johnson Division, St Paul, MN

Dunne T (1978) Field studies of hillslope flow processes. In: Kirkby MJ (ed) Hillslope Hydrology: 227–293, Wiley, Chichester

Dupuit J (1863) Etudes théoriques et pratique sur le mouvement des eaux dans les canaux découverts et à travers les terrains perméables. 2. Aufl, xxviii+304 S, 77 Abb auf 6 Tafelbeilagen, Dunod, Paris

Dürbaum HJ (1973) k_f-Wert-Bestimmungen aus Pumpversuchen unter nichtstationären Bedingungen. In: Schneider H (Hrsg) Die Wassererschließung, 693–711, 20 Abb, 4 Tab, Vulkan-Verlag, Essen

DVGW (Hrsg) (1982) Untersuchung über die Stabilität und das Dichtfahren von Filtern aus Sanden und Kiesen bei Bohrbrunnen – Stufe I und II. DVGW-Schriftenreihe Wasser 11, Eschborn

DVGW Arbeitsblatt W 108 Entwurf von Messnetzen zur Überwachung der Grundwasserbeschaffenheit in Einzugsgebieten von Trinkwassergewinnungsanlagen. Stand 12/02, DVGW, Bonn

DVGW Merkblatt W 121: Bau und Betrieb von Grundwasserbeschaffenheitsmessstellen. Stand 10/88, DVGW, Bonn

DVGW Merkblatt W 112: Entnahme von Wasserproben bei der Erschließung, Gewinnung und Überwachung von Grundwasser. Stand 7/01, DVGW, Bonn

DVWK (1988) Bedeutung biologischer Vorgänge für die Beschaffenheit des Grundwassers. DVWK-Schriften 80: 321 S, Parey, Hamburg

DVWK (1989) Stofftransport im Grundwasser I, Einsatzmöglichkeiten von Transportmodellen II, Untersuchungsmethoden und Meßstrategien bei Grundwasserkontaminationen. 1. Auflage, XIX + 296 S, Wirtschafts- und Verl Ges Gas und Wasser, Schriften, Bonn

DVWK (1992) Anwendung hydrogeochemischer Modelle. DVWK-Schriften 100: 344 S, Parey, Hamburg

DVWK (1996) Ermittlung der Verdunstung von Land- und Wasserflächen, Verdunstung. Merkblätter zur Wasserwirtschaft 238: 102 S, Parey, Hamburg Berlin

DVWK (1997) Regeln zur Wasserwirtschaft: Tiefenorientierte Probenahme aus Grundwassermessstellen. Merkblätter zur Wasserwirtschaft 245 – 14 S, 10 Abb, 3 Tab, Stuttgart

DVWK (1992) Regeln zur Wasserwirtschaft: Entnahme und Untersuchungsumfang von Grundwasserproben. 128, 36 S, 5 Abb, 6 Tab, 1 Anhang

Dyck S, Chardabellas P (1963) Wege zur Ermittlung der nutzbaren Grundwasser-reserven. Berichte der geologischen Gesellschaft in der DDR 8: 245–262, Berlin

Dyck S, Peschke G (1983) Grundlagen der Hydrologie. 388 S, Ernst, Berlin München

Earth Manual (1963) A Guide to the Use of Soils as Construction Materials for Hydraulic Structures. First Edition, Revised Reprint, 781 S, 112 Abb, 6 Tab, weitere 205 S und 10 Tabellen in 38 Appendices, Bureau of Reclamation, Denver, CO

Eckis R (1934) Geology and Ground Water Storage Capacity of Valley Fill. Calif Div Water Resources Bull 45: 91–246

Ehrlich HL (2002) Geomicrobiology. 4. Aufl, Dekker, New York, Basel

Engelhardt W v (1960) Der Porenraum der Sedimente. VII+207 S, 83 Abb, 39 Tab, Springer, Berlin, Göttingen, Heidelberg

Falke FK (1965) Beitrag zur Theorie der Grundwasserbewegung an Horizontalfilterbrunnen. In: Bieske E Handbuch des Brunnenbaus. Band 2

Fancher G (1956) Henri Darcy–Engineer and Benefactor of Mankind. Journ of Petrol Technol 8: 12–14, 1 Abb

Faure G (1986) Principles of Isotope Geology. 2 Aufl 589 S, Wiley, New York

Fehlmann H (1949) Horizontale Bohrungen in Lockergesteinen. Schweiz Bauz 23: 326–329 und 24: 333–335

Ferris JG (1950) A Quantitative Method for Determining Ground-Water Characteristics for Drainage Design. Agricultural Engng 31: 285–291, 7 Abb, 2 Tab

Ferris JG (1963) Cyclic Water-Level Fluctuations as a Basis for Determining Aquifer Transmissibility. In: Bentall R, Comp (1963 a) Methods of Determing Permeabity, Transmissibility and Drawdown. Geol Survey Water Supply Paper 1536-I, 305–316, 5 Abb 3 Tab

Ferris JG, Knowles DB (1963) The Slug-Injection Test for Estimating the Coefficient of Transmissibility of an Aquifer. Geol Survey Water Supply Paper 1536-I, 299–304, 2 Abb, 1 Tab

Ferris JG, Knowles DB, Brown RH, Stallman RW (1962) Theory of Aquifer Tests. Geol Survey Water Supply Paper 1536-E, 174 S, 45 Abb, 6 Tab

FH-DGG (1999) Hydrogeologische Modelle – ein Leitfaden für Auftraggeber, Ingenieurbüros und Fachbehörden. 36 S, Schriftenreihe der DGG, Heft 10, Hannover

FH-DGG (2002) Das Hydrogeologische Modell als Basis für die Bewertung von Monitored Natural Attenuation bei der Altlastenbearbeitung – ein Leitfaden für Auftraggeber, Ingenieurbüros und Fachbehörden. 29 S, Schriftenreihe der DGG, Heft 23, Hannover

FH-DGG (2002a) Hydrogeologische Modelle – ein Leitfaden mit Fallbeispielen. 120 S, Schriftenreihe der DGG, Heft 24, Hannover

Fick AE (1855) Über Diffusion. Poggendorf's Annalen der Physik und Chemie

Forchheimer P (1930) Hydraulik. 3. Aufl, 596 S, 393 Abb, 11 Tab, BG Teubner Verlag, Berlin und Leipzig

Freeze RA, Cherry JA (1979) Groundwater. 604 S, 213 Abb, 35 Tab, 10 Appendices, Prentice Hall Inc, Englewood Cliffs NJ

Freundlich H (1909) Kapillarchemie. 591 S Akademieverlag, Leipzig

Gambolati G, Gatto P, Freeze RA (1974) Mathematical Simulation of the Subsidence of Venice, 2. Results. Water Resources Research 10: 563–577, 22 Abb 6 Tab

Garrels RM, MacKenzie FT (1967) Origin of the chemical compositions of some springs and lakes. Adv Chem Ser 67: 222–242, Am Chem Soc, Washington

Gelhar LW, Axness CL (1983) Three-dimensional stochastic analysis of macrodispersion in aquifers. Water Resources Res, 19 (1), 161–180

Gelhar LW, Collins MA (1971) General analysis of longitudinal dispersion in nonuniform flow. Water Resour Res 7 (6), 1511–1521

Gelhar LW, Wilson JL (1974) Ground-Water Quality Modeling. Ground Water 12: 399–408, 6 Abb, 3 Tab

Germann P (1999) Makroporen und präferenzielle Sickerung. In: Blume HP, Felix-Henningsen P, Fischer WR, Frede HG, Horn R, Stahr K: Handbuch der Bodenkunde (6. Ergänzungslieferung). ecomed, Landsberg/Lech

Germann, P (1996) Rapid drainage response to precipitation. J of Hydrological Processes, 1: 3–13, Wiley, Chichester

Ghijben WB (1888), zusammen mit J Drabbe: Nota in Verband met de Voorgenomen Putboring nabij Amsterdam. Tijdsch van het Koninglijk Instituut van Ingenieurs 1888–1889, 8–22, 11 Abb, 2 Tafeln

Glover RE (1964) Ground Water Movement. Bureau of Reclamat Engng Monograph 31, 76 S, 22 Abb, 5 Tab

Glugla G, König B (1989) Der mikrorechnergestützte Arbeitsplatz Grundwasserdargebot. Wasserwirtschaft - Wassertechnik 39 (8): 178–181, Berlin

Glugla G, Thiemer K (1971) Ein verbessertes Verfahren zur Berechnung der Grundwasserneubildung. Wasserwirtschaft - Wassertechnik, 21 (10): 349–351, Berlin

Golf W (1966) Versickerungsmessungen in der Lausitz. Wiss Ztschr TU Dresden 15: 239–242, 4 Abb, 1 Tab

Graton LC, Fraser HJ (1935) Systematic Packing of Spheres with Particular Relation to Porosity and Permeability. Journ of Geol 43: 785–909, 37 Abb, 3 Tab

Green JH (1964) The Effect of Artesian-Pressure Decline on Confined Aquifer Systems and its Relation to Land Subsidence. Geol Survey Water-Supply Paper 1779-T, 11 S, 5 Tab

Green WH, Ampt GA (1911) Studies in soil physics, I, Flow of air and water through soils. J Agric Sci, 4: 1–24, Cambridge

Griebler C, Mösslacher F (2003) Grundwasser-Ökologie. 495 S, Facultas, Wien

Grunske KA (1975) Zur Methodik der Berechnung der Grundwasserneubildung bzw. des Grundwasserdargebotes. Wissenschaftlich-Technischer Informationsdienst WTI 16 (Sonderheft 5): 68 S, Berlin

Hackbusch W (1986) Theorie und Numerik elliptischer Differentialgleichungen. 276 S, Teubner, Stuttgart

Haeder W, Gaertner E (1971) Die gesetzlichen Einheiten in der Technik. 2. Aufl, 128 S, mit Umrechnungstabellen, Beuth, Berlin, Köln, Frankfurt/M

Hagen G (1839) Über die Bewegung des Wassers in engen cylindrischen Röhren. Poggendorffs Annalen der Physik und Chemie, Zweite Reihe 16: 423–442, 1 Tafel, Verlag v Johann Ambrosius Barth, Leipzig

Hagen G (1870) Über die Bewegung des Wassers in cylindrischen, nahezu horizontalen Leitungen (mit einem Anhang: Über die Bewegung des Wassers in vertical abwärts gerichteten Röhren). Mathem Abh Kgl Akad Wiss zu Berlin (1869), 1–29, Ferd Dümmler's Verlags-Buchhandlung, Berlin

Haimerl LA (1969) Druckhöhenverluste gerader Rohre. Erhard-Berichte Nr 7: 11–29, 22 Abb, Heidenheim/Brenz

Hamer K, Sieger R (1994) Anwendung des Modells CoTAM zur Simulation von Stofftransport und geochemischen Reaktionen. 186 S, Verlag v Ernst & Sohn, Berlin

Hanna TH (1973) Foundation Instrumentation. In: Series on Rock and Soil Mechanics, Vol 1, Nr 3, 372 S, 251 Abb, 6 Tab Trans Tech Publications, Clausthal

Hantush MS (1960) Modification of the Theory of Leaky Aquifers. Journ Geophys Research 65: 3713–3725, 9 Abb, 1 Tab

Hantush MS (1964) Hydraulics of Wells. In: Advances of Hydrosciences 1: 281–432, 31 Abb, 9 Tab, Academic Press, New York

Hantush MS, Jacob CE (1954) Plane Potential Flow of Ground Water with Linear Leakage. Trans Amer Geophys Union 36: 917–936, 1 Abb, 3 Tab

Harleman DRF, Mehlhorn PF, Rumer RR (1963) Dispersion-Permeability Correlation in Porous Media. Journ Hydraulics Div, ASCE 89, HY 2, 67–85, 8 Abb, 2 Tab

Haude W (1955) Zur Bestimmung der Verdunstung auf möglichst einfache Weise. Mitteilungen des Deutschen Wetterdienstes 11 (2): 3–23, Bad Kissingen

Hauschild A (1966) Wasserversorgungsanlagen. 2. Aufl, 500 S, 336 Abb, 84 Tafeln, Verlag Technik, Berlin

Hawkins MF (1956) A Note on the Skin Effect. Petrol Trans AIME 207, 356–357, 3 Abb

Hazen A (1892) Some Physical Properties of Sands and Gravels with Special Reference to their Use in Filtration. Twenty-fourth Annual Report of State Board of Health Mass 541–566, 4 Abb, 7 Tab

Heitfeld KH (1965) Hydro- und baugeologische Untersuchungen über die Durchlässigkeit des Untergrundes an Talsperren des Sauerlandes. Geol Mitt 5: 1–210, 71 Abb, 18 Tab, 4 Tafelbeilagen

Heitfeld KH (1991) Talsperren. Lehrbuch der Hydrogeologie, Bd 5, 468 S, 354 Abb, 37 Tab

Heitfeld KH, Heitfeld M (1992) Auswertung von WD-Tests in Gebirgsbereichen mit geringen Durchlässigkeiten. Mitt Ingenieur- und Hydrogeologie 48: 10 S, 4 Abb

Heitfeld KH, Koppelberg W (1981) Durchlässigkeitsuntersuchungen mittels WD-Versuchen. ZBL Geol Paläont Teil I, H 5/6, 11 Abb, 3 Tab

Hellekes R (1985) Analyse des Bodenwasserhaushaltes eines Lössstandortes im Bereich Mönchen-Gladbach bei Anwendung verschiedener Methoden. Besondere Mitteilungen zum Deutschen Gewässerkdl Jahrbuch 47: 155 S, 46 Abb, 24 Anl

Helm D (1975) One-Dimensional Simulation of Aquifer System Compaction Near Pixley, California, 1. Constant Parameters. Water Resources Research 11: 465–478, 8 Abb, 4 Tab

Helmbold F (1988) Funktioneller Zusammenhang von Durchlässigkeit und Entwässerbarem Porenraum in Sanden des Mitteldeutschen Braunkohlenreviers. Unveröffent Notiz, 2 S, 1 Abb

Helweg OH (1982) Economics of Improving Well and Pump Efficiency. Ground Water 20: 556–562, 6 Abb, 4 Tab

Helweg OJ, Scott VH, Scalmanini JC (1983) Improving Well and Pump Efficiency. Amer Water Works Assoc, viii+158 S, 43 Abb, 37 Tab, 9 Computer Codes

Henry, W (1803) Experiments on the quantity of gases absorbed by water at different temperatures and under different pressures. - Phil Trans 29–49, S 274–276, London, Ann Phys (1805) 20, S 147–167, Halle-Leipzig

Herth W, Arndts E (1994) Theorie und Praxis der Grundwasserabsenkung. 357 S, 152 Abb, 13 Tab, Ernst & Sohn, Berlin

Herzberg A (1901) Die Wasserversorgung einiger Norseebäder. Journ f Gasbeleucht und Wasserversorg, XLIV, 815–819 und 842–844, 2 Abb

Herzog F, Kunze J, Weiland M, Volk M (2001) Modellierung der Grundwasserneubildung im Lockergesteinsbereich Mitteldeutschlands. Wasser & Boden 53 (3): 32–36, Berlin

Hilfer R (1996) Transport and Relaxation Phenomena in Porous Media. Adv Chem Phys, Vol 92

Hölting B (1996) Hydrogeologie. Einführung in die Allgemeine und Angewandte Hydrogeologie. 5. Aufl, 441 S, 114 Abb, 45 Tab, Enke, Stuttgart

Hölting B, Schraft A (1987) Geohydrologische Aspekte bei der Wassererschließung in Kluftgrundwasserleitern. Handbuch Wasserversorgungs- und Abwassertechnik Bd 2, Ausgabe A2, 110–118, 5 Abb, 3 Tab, Essen

Holzbecher E (1996) Modellierung dynamischer Prozesse in der Hydrologie. XVI + 211 S, 123 S Programmerläuterungen und Dateibeschreibungen, 1 Diskette, 88 Abb, 21 Tab, Springer, Berlin etc

Holzenberger K (1988) Kostengesichtspunkte bei der Auswahl von Kreiselpumpen. Unveröffentl Unterlagen zum Seminar „Kreiselpumpen im Kraftwerksbetrieb", 16 S, 9 Abb

Holzenberger K, Jung K (1989) Kreiselpumpen Lexikon. 399 S, zahlreiche Abb und Tab, KSB AG, Frankenthal/Pfalz

Horton RE (1939) Analyses of runoff plot experiments with varying infiltration capacity. Trans Am Geophys Union 20: 693–711, Washington, DC

Houben G, Bäßler N, Martiny A, Langguth HR, Plüger WL (2001 a) Modellansätze zur langfristigen Entwicklung der Grundwasserqualität im Bourtanger Moor (Emsland). Grundwasser 6 (3) 103–112, Springer, Berlin, Heidelberg

Houben G, Fritz U, Treskatis C, Langguth HR (1997) Mineralwasserneufunde in der rechtsrheinischen Kölner Scholle zwischen Monheim und Köln-Stammheim – Geologisches Umfeld, Zusammensetzung und Genese. Z angew Geol 43 (4) 190–198, BGR, Hannover

Houben G, Treskatis C (2003) Regenerierung und Sanierung von Brunnen. 280 S, Oldenbourg, München

Houben GJ, Martiny A, Bäßler N, Langguth HR, Plüger WL (2001 b) Assessing the reactive transport of inorganic pollutants in groundwater of the Bourtanger Moor area (NW Germany). Environmental Geology 41 (3/4) 480–488, Springer, Berlin, Heidelberg

Houben, G (2000) Modellansätze zu langfristigen Prognose der Entwicklung der Grundwasserbeschaffenheit – Fallbeispiel Bourtanger Moor (Emsland). Aachener Geowiss Beitr 36: 213 S, Mainz, Aachen

Houlsby AC (1976) Routine Interpretation of the Lugeon Water-Test. Quart Journ Engng Geol 9: 303–313, 2 Abb, 2 Tab

Hubbert M King (1940) The Theory of Ground-Water Motion. Journ of Geology XLVIII, 785–944, 48 Abb

Huisman L (1972) Groundwater Recovery. Winchester Press, New York

Hütter LA (1994) Wasser und Wasseruntersuchung. 6. Auflage: 515 S, Salle, Sauerländer, Frankfurt am Main

Hütter LA (1994) Wasser und Wasseruntersuchung. Laborbücher, 6. Aufl, 516 S, 58 Abb, 35 Tab, Salle Verlag, Verlag Sauerländer, Frankfurt etc

Hvorslev J (1951) Time Lag and Soil Permeability. In: Ground-Water Observations. Bulletin No 36, Waterways Experiment Station, 50 S, 18 Abb, Corps of Engrs, Vicksburg, MS

Ingersoll LR, Zobel OJ, Ingersoll AC (1948) Heat Conduction; with Engineering and Geological Applications. 278 S, McGraw-Hill Book Co, New York

Jacob CE (1939) Fluctuations in Artesian Pressure produced by passing Railroad-Trains as shown in a Well on Long Island, New York. Trans Amer Geoph Union 20: 666–674, 6 Abb, 3 Tab

Jacob CE (1940) On the Flow of Water in an Elastic Artesian Aquifer. Trans Amer Geophys Union 21: 574–586, 4 Abb, 2 Tab

Jacob CE (1947) Drawdown Test to Determine Effective Radius of Artesian Well. Trans Amer Soc Civil Engrs 112, Paper 2321, 1047–1064, 8 Abb

Jacob CE (1950) Flow of Ground Water. In: Rouse, H, Engineering Hydraulics. Kap 5, 321–386, 21 Abb, Wiley, New York

Jacob CE (1963 a) The Recovery Method for determining the Coefficient of Transmissibility. In: Bentall R, Comp (1963 a) Methods of Determining Permeability, Transmissibility and Drawdown. Geol Survey Water Supply Paper 1536-I, 283–292, 8 Abb, 5 Tab

Jacob CE (1963 b) Determining the Permeability of Water-Table Aquifers. In: Bentall, R, Comp (1963 a) Methods of Determining Permeability, Transmissibility and Drawdown. Geol Survey Water-Supply Paper 1536-I, 245–271, 8 Abb, 5 Tab

Jacob D (1970) Regionale Untersuchungen des nutzbaren Porenraumes mit Isotopensonden und seiner Bedeutung für wasserwirtschaftliche Fragen. Diss Univ Bonn, 160 S, 135 Abb, 53 Tab, 4 Tafeln

Jelinek S, Kluge W, Widmoser P (1999) Über das Abflußverhalten kleiner Einzugsgebiete in Norddeutschland am Beispiel der oberen Stör in Schleswig-Holstein. Hydrologie – Wasserwirtschaft 43 (1): 3–16, Bochum

Johnson AI (1967) Specific Yield – Compilation of Specific Yields for Various Materials. Geol Survey Water Supply Paper 1662-D, 74 S, 19 Abb, 29 Tab

Johnson AI, Prill RC, Morris DA (1963) Specific Yield – Column Drainage and Centrifuge Moisture Content. Geol Survey Water Supply Paper 1662-A, 60 S, 36 Abb, 9 Tab

Jonys CK (1972) Manual of SI Units of Measurement and Symbols and Abbreviations for Hydraulics and Fluid Mechanics. 61 S, 9 Tab, Centre for Inland Waters, Burlington, Ont

Jordan H, Weder HJ (1988) Hydrogeologie. 444 S, 209 Abb, 92 Tab, 18 Tafeln, VEB Deutscher Verlag f Grundstoffindustrie, Leipzig

Jorgensen DG (1980) Relationships between Basic-Soils-Engineering Equations and Basic Ground-Water Flow Equations. Geol Survey Water Supply Paper 2064, 40 S, 9 Abb, 1 Tab

Josopait V, Lillich W (1975) Die Ermittlung der Grundwasserneubildung sowie ihre Kartendarstellung im Maßstab 1:200 000 unter Verwendung von geologischen und bodenkundlichen Karten. Deutsche Gewässerkundliche Mitteilungen 19: 132–136, Koblenz

Jury WA, Roth K (1990) Transfer Funcktions and Solute Movement through Soils: Theory and Applications. Birkhäuser, Basel, Switzerland

Kappelmeyer O, Haenel R (1974) Geothermics with Special Reference to Application. Geoexploration Monographs, Series 1, 4, x+238 S, 123 Abb, zahlreiche Tab, Borntraeger, Stuttgart

Karpov IK, Chudnenko KV, Kulik DA, Avchenko OV, Bychinski VA (2001) Minimization of Gibbs free energy in geochemical systems by convex programming. Geochemistry International 39 (11) 1108–1119

Käss W (1992) Geohydrologische Markierungstechnik. Lehrbuch der Hydrogeologie, Bd 9, (mit Beiträgen v Behrens H, Hötzl H, Moser H u. Schulz HD), 519 S, 234 Abb, 30 Tab, 4 Farbtafeln, Borntraeger, Berlin, Stuttgart

Kazemi H, Seth MS, Thomas GW (1969) The Interpretation of Interference Tests in Naturally Fractured Reservoirs with Uniform Fracture Distribution. Soc Petrol Engrs Journ 9: 463–472

Kemblowski MW, Klein CL (1988) An Automated Numerical Evaluation of Slug Test Data. Ground Water 26: 435–438, 4 Abb, 1 Tab

Kharaka YK, Gunter WD, Aggarwal PK, Perkins EH, Debraal, JD (1988) SOLMINEQ.88: A computer program for geochemical modelling of water-rock interaction. USGS Water Resources Invest Report 88–4227

Kinzelbach W (1982) Analytische Lösungen der Schadstofftransportgleichung und ihre Anwendung auf Schadensfälle mit flüchtigen Chlorkohlenwasserstoffen. Mitt des Instituts f Wasserbau, Uni Stuttgart, 115–199, 32 Abb, 10 Tab

Kinzelbach W (1992) Numerische Methoden zur Modellierung des Transports von Schadstoffen im Grundwasser. 2. Aufl, 343 S, 188 Abb, 10 Tab, Oldenbourg, München, Wien

Kinzelbach W, Rausch R (1995) Grundwassermodellierung – Eine Einführung mit Übungen. 283 S, 223 Abb, 15 Tab, 2 Disketten, Borntraeger, Berlin, Stuttgart

Klein IE (1954) Nichtveröffentlichte Daten über den texturellen Aufbau und die hydrologischen Eigenschaften unverwitterter Sedimente der Friant-Kern Canal Service Area, Calif. Zitiert in: Johnson AI (1967) Specific Yield – Compilation of Specific Yields for Various Materials. Geol Survey water Supply Paper 1662-D, 74 S

Klotz D (1973) Untersuchungen zur Dispersion in porösen Medien. Z Deutsch Geol Ges 124: 523–533, 12 Abb, 1 Tab

Klotz D (1979) Longitudinale Dispersionskoeffizienten für Einkornmaterialien und natürliche Kies-Sande. Deutsche Gewässerkundl. Mitt 23: 35–39, 6 Abb, 1 Tab

Klotz D, Seiler KP (1980) Labor- und Geländeversuche zur Ausbreitung konservativer Tracer in flivoglazialen Kiesen von Oberbayern. GSF-Berichte, R 250: 74–89, München

Kobus H, Rinnert, B (1981) Hydraulische Möglichkeiten der Grundwassersanierung im Bereich von Altabalagerungen. Mitt des Instituts f Wasserbau, Uni Stuttgart, 1–114, 28 Abb, 2 Tab

Koehne W (1948) Grundwasserkunde. 2. Aufl, 314 S, 128 Abb, mehrere Tabellen, Schweizerbart'sche Verlagsbuchhandlung, Stuttgart

Köhler HP (1965) Ein kombiniertes Verfahren zur Bestimmung des Durchlässigkeitsbeiwertes von Sand- und Kiesgemischen für Wasser aus Siebproben. Bergbautechnik 15: 338–342, 4 Abb

Köhler W (1960) Erweiterte Anwendung der Mittelwertkurve auf nichtlineare Teilungen - Graphische Ermittlung der spezifischen Oberfläche von Körnungen. Bergakademie 12: 376–382, 6 Abb, 1 Tafel

Kollbrunner CF (1946) Fundation und Konsolidation. Bd 1, 476 S, 216 Abb, Schweizer Druck- und Verlagshaus, Zürich

Kölle W (2001) Wasseranalysen – richtig beurteilt. 357 S, Wiley-VCH, Weinheim

Kostiakow AN (1932) On the dynamics of the coefficient of water-percolation in soils and the necessity for studying it from a dynamic point of view for a purposes of amelioration. Trans 6th Comm Intern Soil Sci Soc Russian Part A: 17–21, Groningen

Kozeny J (1927) Über Grundwasserbewegung. Z des D.W.W.V. 7 / Die Wasserwirtschaft 22: 67–70, 86–88, 103–104, 120–122, 146–148, 9 Abb, 11 Tab

Krapp L (1979) Gebirgsdurchlässigkeiten im Linksrheinischen Schiefergebirge – Bestimmung nach verschiedenen Methoden. Mitt Ingenieur- und Hydrogeologie 9: 313–347, 18 Abb, 5 Tab

Krauss I (1974) Die Bestimmung der Transmissivität von Grundwasserleitern aus dem Einschwingverhalten des Brunnen-Grundwasserleitersystems. Z Geophys 40: 381–400, 6 Abb, 3 Tab

Krauss I (1978) Abschätzung der Transmissivität des Grundwasserleiters aus seismischen Reaktionen im Brunnen. Wasserwirtschaft 68: 5–9, 7 Abb, 1 Tab

Kruseman GP, De Ridder NA (1991) Analysis and Evaluation of Pumping Test Data. Ilri Public. 47, 2. Aufl, 377 S, 124 S, 24 Tab, 18 Annexe mit Tabellen, Wageningen

Ksb (1990) Auslegung von Kreiselpumpen. Techn Firmenschrift, 44 S, 51 Abb, 7 Tab, 7 Diagramme

Kuntz G (1977) Unterwasser-Motorpumpen für die Grundwassergewinnung und Grundwasserabsenkung. bbr 28: 419–422, 7 Abb

Landolt-Boernstein (1923 ff) Physikalisch-chemische Tabellen, 5. Aufl
    Bd 1 (1923) XV + 784 S, 133 Tab
    Bd 2 (1923) 785–1695, Tab 134–338
    1. Erg Bd (1927) IX + 919 S
    2. Erg Bd, erster Teil (1931) VII + 506 S, 133 Tab
    zweiter Teil (1931) XII + 507–1707, Tab 134–337
    3. Erg Bd erster Teil (1935) VIII + 734 S, 133 Tab
    zweiter Teil (1935) VIII + 735–1814, Tab 134–191
    dritter Teil (1936) XVI + 1815–3039, Tab 192–337
    Springer, Berlin

Landolt-Boernstein (1952 ff) Zahlenwerte und Funktionen aus Physik, Chemie, Astronomie, Geophysik und Technik. 6. Aufl
    II. Bd: Eigenschaften der Materie in ihren Aggregatzuständen
    1. Teil (1971) Mechanisch-thermische Zustandsgrößen. XV + 944 S, 210 Abb
    5. Teil, Bandteil a (1969) Transportphänomene I (Viskosität und Diffusion), XI + 729 S, 352 Abb
    5. Teil, Bandteil b (1968) Transportphänomene II (Kinetik, Homogene Gasgleichgewichte). XI + 397 S, 131 Abb
    III. Band (1952) Astronomie und Geophysik. XVIII + 795 S, 331 Abb, 8 Nomogr, Springer, Berlin, Heidelberg, New York

Lang HD, Messner B, Strauch H, Hrsg Arbeitskr Grundwasserneubildung (1977) Methoden zur Bestimmung der Grundwasserneubildungsrate. Geol Jahrbuch, Reihe C 19, 98 S, 30 Abb, 9 Tab, 1 Tafel mit Beispielen

Langguth HR (1963) Das Blatt Kaldenkirchen des Hydrogeologischen Kartenwerkes 1: 25 000 der Wasserwirtschaftsverwaltung von Nordrhein-Westfalen. Geol Mitt 2 (1961), 417–462, 1 Tab, 2 Tafeln

Langguth HR, Voigt R (1980) Hydrogeologische Methoden. 486 S, 156 Abb, 72 Tab, Springer, Berlin, Heidelberg, New York

Langmuir I (1918) The adsorbtion of gases on plane surfaces of glass, mica and platinum. J Amer Chem Soc 40: 1361–1403

Leet LD, Judson (1971) Physical Geology. 4. Aufl, 687 S, 560 Abb, 60 Tab, 6 Appendices, ein Glossary, Englewood Cliffs, NJ

Lennox DH (1966) Analysis and Application of Step-Drawdown Test. Journ Hydr Div, Proc Amer Soc Civil Engrs 92 (HY 6), 25–48, 10 Abb, 2 Tab

Leschonski K (1987) Partikelmeßtechnik, gegenwärtige und zukünftige Entwicklungen. Erzmetall 40: 83–90, 7 Abb

Licht F, Treskatis C, Knopf O (2001) Einsatz der gesteuerten Horizontalbohrtechnik im Brunnenbau. bbr 1/2001 27–32, 9 Abb, 1 Tab, Köln

Logan J (1964) Estimating Transmissibility from Routine Production Tests of Water Wells. Ground Water 2: 35–37, 2 Tab

Lohman SW (1972) Ground-Water Hydraulics. Geol Survey Profess Paper 708, VII+70 S, 47 Abb, 19 Tab, 8 Tafeln

Lohman SW et al (1972) Definitions of Selected Ground-Water Terms. A Report of the Committee on Redefinition of Ground-Water Terms – Bennett RR, Brown RH, Cooper HH, Drescher WJ, Ferris JG, Johnson AI, Lohman SW (Chairman beginning June 1968), McGuinness CL, Piper AM (Chairman from 1965 until Retirement in 1968), Rorabaugh MI, Stallman RW, and Theis CV, Geol Surv Water Supply Paper 1988, 21 S, 4 Tab

Luckner L, Nestler W, Nitsche C, Altmann HJ, Rohrbach L (1989) Teufengerechte Wasserdruckmessung und repräsentative Wasserprobennahme mit neuer Technik, bbr 40: 261–264, 6 Abb

Luckner L, Schestakow WM (1986) Migrationsprozesse im Boden- und Grundbereich. 372 S, 153 Abb, 29 Tab, 4 Anlagen, VEB Verlag f Grundstoffindustrie, Leipzig

Ludewig M (1965) Die Gültigkeitsgrenzen des Darcyschen Gesetzes bei Sanden und Kiesen. Wasserwirtschaft-Wassertechnik 15: 415–421, 8 Abb, 5 Tab

Lugeon M (1933) Barrages et Géologie – Méthodes de Recherches, Terrassement et Imperméabilisation. 138 S, 41 Abb, 63 Abb auf Tafeln, F Rouge & Cie, Lausanne

Maag E (1941) Methode zur feldmäßigen Bestimmung der Wasserdurchlässigkeit. Straße und Verkehr (La Route et la Circulation Routiere) 19: 335–338, 3 Abb; Solothurn, Zürich

Maeckelburg, D (1965) Entstehung, Ausbreitung und Reichweite des Senktrichters eines Vertikalbrunnens bei freiem Grundwasserspiegel. Die Wasserwirtschaft 55: 13–17, 1 Tab

Makkink GF (1957) Ekzameno de la formulo de Penman. Netherlands J Agr Sci 5

Marotz G (1968) Technische Grundlagen einer Wasserspeicherung im natürlichen Untergrund. Mitt Inst Wasserwirtsch, Grundbau und Wasserbau, 9, 228 S, 96 Tab, 1 Anl

Matthess G (1970) Beziehungen zwischen geologischem Bau und Grundwasserbewegung in Festgesteinen. Abh Hess L-Amt Bodenforsch 58, 105 S, 20 Abb, 18 Tab, 4 Tafeln

Matthess G, Pekdeger A (1982) Das Verhalten von pathogenen Bakterien und Viren im Grundwasser. Mitt Ing- u Hydrogeol 13: 111-130, Aachen

Matthess G (1990) Die Beschaffenheit des Grundwassers. 2. Auflage. Berlin, Stuttgart: Gebr. Bornträger. 498 S Lehrbuch der Hydrogeologie, Bd 2

McDonald MG, Harbaugh AW (1988) A Modular Three-Dimensional Finite-Difference Ground-Water Flow Model. Geol Survey Techn Water-Resources Invest Book 6, Chapter A1, IX+548 S, 55 Abb, zahlreiche Flußdiagramme

McKee JE, Wolf HW, Editors (1963) Water Quality Criteria. 2. Aufl, 548 S, 4 Abb, 33 Tab, 18 Appendices

McLaughlan RG (2002) Managing Water Well Deterioration. IAH-publication ICH, Vol 22: 128, Balkema, Lisse

Meinzer OE (1928) Compressibility and Elasticity of Artesian Aquifers. Economic Geology 23: 263–291, 8 Abb

Meinzer OE, Editor (1942) Hydrology. In: Physics of the Earth IX, XI+712 S, 165 Abb, McGraw-Hill, New York

Meinzer OE, Fishel VC (1934) Tests of Permeability with Low Hydraulic Gradients Trans Amer Geophys Union 15: 405–409, 3 Abb, 2 Tab

Meinzer OE, Hard HA (1925) The Artesian Water Supply of the Dakota Sandstone in North Dakota, with Special Reference to Edgeley Quadrangle. Geol Survey Water Supply Paper 520-E, 73–95, 2 Abb, 4 Tab, 2 Beilagen

Melchior P (1956) Sur l'effet des marées terrestres dans les variations de niveau observées dans les puits en particulier au sondage de Tournhout (Belgique). Comm de l'Observatoire Royal de Belgique 108: 7–28, 4 Abb, 4 Tab

Merz B, Plate EJ (1997) An analysis of the effects of spatial variability of soil and soil moisture on runoff. Water Resour Res 33 (12): 2909–2922, Washington, DC

Meyer T, Tesmer M (2000) Ermittlung der flächendifferenzierten Grundwasserneubildungsrate in Südost-Holstein nach verschiedenen Verfahren unter Verwendung eines Geoinformationssystems. 219 S, (dissertation.de), Berlin

Mock HP (1989) Erstellen von großkalibrigen Bohrbrunnen im Lockergestein des Rheinischen Braunkohlenreviers zur Entwässerung der Tieftagebaue. Dissertation, 207 S, 32 Abb, 1 Tab, RWTH Aachen

Moench AF (1984) Double-Porosity Models for a Fissured Groundwater Reservoir with Fracture Skin. Water Resources Res 20: 831–846, 14 Abb, 3 Tab, 2 Append

Mogg JL (1972) Practical Corrosion and Incrustation Guide Lines for Water Wells. Ground Water 10: 6–11, 1 Abb, 6 Tab

Moll HG (1980) Zur Charakterisierung von Korngemischen im Hinblick auf die Durchströmung mit Wasser. bbr 31: 517–520, 3 Abb, 3 Tab

Möller HW (1972) Durchlässigkeiten von Lockersedimenten. Schriftenreihe Ver für Wasser-, Boden- und Lufthygiene 36: 49 S, 18 Abb

Morel FMM, Hering JG (1993) Principles and applications of aquatic chemistry. Wiley, New York

Morris DA, Johnson AI (1967) Summary of Hydrologic and Physical Properties of Rock and Soil Materials, as Analyzed by the Hydrologic Laboratory of the US Geological Survey 1948–1960. Geol Surv Water Supply Paper 1839-D, 42 S, 13 Abb, 12 Tab

Mortimer CE (1987) Chemie – Das Basiswissen der Chemie. 5. Aufl, 660 S, Thieme, Stuttgart

Moser H, Rauert W (1980) Isotopenmethoden in der Hydrogeologie. Lehrbuch der Hydrogeologie Bd. 8: 400 S, Borntraeger, Stuttgart

Moser H, Rauert W (1980) Isotopenmethoden in der Hydrologie. Lehrbuch der Hydrogeologie, Bd 8, XX+400 S, 227 Abb, 32 Tab

Mügge R (1954) Das Grundwasser als geophysikalischer Indikator. Z f Geophysik 20: 65–74, 5 Abb

Mull R (1982) Grundwasserstandsabsenkungen und Bodensetzungen. DVWK-Schrift 58/2, 450–497, 25 Abb, 4 Tab

Mull R, Hrsg, Arbeitskreis „Grundwassernutzung" (1982) Ermittlung des nutzbaren Grundwasserdargebots. DVWK-Schriften 58/1 und 58/2, XXII+XVIII+670 S, 150 Abb, 73 Tab, 1 Tafel

Muskat, M (1946) Flow of Homogeneous Fluids through Porous Media. 2. Aufl, 763 S, 278 Abb, 18 Tab, Edwards, Ann Arbor, MI

Mutschmann J, Stimmelmayr (1991) Taschenbuch der Wasserversorgung. 10. Aufl, XXXVII + 810 S, 431 Abb, 281 Tab und ein Anhang

Nahrgang G (1965) Über die Bemessung von Schutzzonen bei Grundwasserfassungsanlagen. bbr 16: 102–107, 4 Abb

Natermann E (1951) Die Linie des langfristigen Grundwassers (AuL) und die Trockenwetterabflußlinie (TWL). Wasserwirtschaft, Sonderheft 41: 12–14, Stuttgart

Neuman SP (1972) Theory of Flow in Unconfined Aquifers Considering Delayed Response of the Water Table. Water Resources Res, 1031–1045, 12 Abb

Neuman SP (1973) Supplementary Comments on „Theory of Flow in Unconfined Aquifers Considering Delayed Response of the Water Table". Water Resources Res 9: 1102–1103

Neuman SP (1975) Analysis of Pumping Test Data from Anisotropic Unconfined Aquifers Considering Delayed Gravity Response. Water Resources Res 11: 329–342, 9 Abb, 2 Tab

Neuman SP (1990) Universal Scaling of Hydraulic Conductivities and Dispersivities in Geologic Media. Water Resources Res 26: 1749–1758, 3 Abb

Neuman SP, Witherspoon PA (1972) Field Determination of the Hydraulic Properties of Leaky Multiple Aquifer Systems. Water Resources Res 8: 1284–1298, 9 Abb, 4 Tab

Nielsen DM Editor (1991) Practical Handbook of Ground-Water Monitoring. 717 S, 175 Abb, 77 Tab, 1 Glossar, Lewis Publishers, Chelsea, MI

Nielsen DM, Schalla R (1991) Design and Installation of Ground-Water Monitoring Wells. In: Nielsen DM (Editor) Practical Handbook of Ground-Water Monitoring, 239–331, 24 Abb, 21 Tab

Obermann P (1981) Hydrochemisch/hydromechanische Untersuchungen zum Stoffgehalt von Grundwasser bei landwirtschaftlicher Nutzung. Studie des Lehrstuhls Geologie III-Geotechnik der Ruhr-Universität Bochum, 217 S, 64 Abb, 18 Tab

Obermann P (1981) Hydrochemische/hydromechanische Untersuchungen zum Stoffhaushalt von Grundwasser bei landwirtschaftlicher Nutzung. Bes Mitt z Dt Gew kdl Jb 42: 217 S, MELF-NRW, Düsseldorf

Obermann, P (1981): Hydrochemische/hydromechanische Untersuchungen zum Stoffhaushalt von Grundwasser bei landwirtschaftlicher Nutzung. Bes Mitt z Dt Gew kdl Jb, 42: 217 S, Düsseldorf (MELF-NRW)

Offerhaus J (1961) Die Horizontalfassungsbrunnen in der Theorie und in der Praxis. 65 S, 41 Abb, 40 Tab, 19 Anl, Dissertation Institut Hydromechanik, Stauanlagen und Wasserversorgung TH Karlsruhe

Ogata A (1970) Theory of Dispersion in Granular Medium. Geol Survey Profess Paper 411-I,

Ogata A, Banks RB (1961) A Solution of the Differential Equation of Longitudinal Dispersion in Porous Media. Geol Survey Profess Paper 411-A

Olsthoorn TN (1985) The Power of the Electronic Worksheet: Modeling without Special Programs. GW Computer Notes, Ground Water 23: 381–390, 11 Abb

Ostermann K (1991) Pumpentechnik in der Wasserversorgung. 112 S, 255 Abb, 10 Tab und Anhang, Rudolf Müller, Köln

Paavel V (1956) The Bielefeld Pumping Test. Mémoires Int Ass Scient Hydr, „Symp. Darcy", Tome 2, Eaux Souterraines, 243–254, 3 Abb, 7-2 Tab

Paces T (1983) Rate constants of dissolution derived from the measurements of mass balance in hydrological catchments. Geochim Cosmochim Acta 47: 1855–1863, Pergamon, Oxford

Papadopulos IS, Cooper HH (1967) Drawdown in a Well of Large Diameter. Water Resources Res 3: 241–244, 2 Abb, 1 Tab

Papadopulos JD, Bredehoeft JD, Cooper HH (1973) On the Analysis of Slug Test Data. Water Resources Res 9: 1087–1089, 1 Abb, 1 Tab

Parkhurst D, Appelo CAJ (1999) User's guide to PHREEQC (Version 2) – A computer program for speciation, reaction path, 1D-transport and inverse geochemical calculations. USGS Water Resources Invest 99–4259, USGS, Lakewood/CO

Pekdeger A, Schulz HD (1975) Ein Methodenvergleich des k_f-Wertes von Sanden. Meyniana 27: 35–40, 2 Abb

Penman H (1956) Estimating evaporation. Trans. Amer Geophys Union 37 (1): 43–50, Washington, DC

Perkins EH, Gunter WD (1999) SOLMINEQ.GW user's guide. Alberta Research Council, Edmonton

Peterson JS, Rohwer, Asce M, Albertson ML, Asce JM (1955) Effect of Well Screens on flow into wells. American Society Civil Eng. Trans Vol 120, pp 562–584

Peukert D, Helmbold F (1996) Einsatz eines Grundwassermodells zur Minimierung bergbaulicher Einflüsse in ökologisch sensiblen Gebieten. GeoCongress 2 – Freiberg, Grundwasser und Rohstoffgewinnung, 390–395, 5 Abb

Pfeiffer D (1962) Hydrologische Messungen in der Praxis des Geologen. bbr 13: 53–60, 96–104, 147–162, 60 Abb, 11 Tab

Philip JR (1957) The theory of infiltration: 4, Sorptivity and algebraic infiltration equations. Soil Sci 84: 257–264, Baltimore, Madison

Pickel HJ (1974) Der Grundwasserabfluß der Frankenberger Bucht (Ostrand Rheinisches Schiefergebirge). Abh Hess Landesamtes f Bodenforsch 70: 63–162, 15 Abb, 12 Tab

Pickens FJ, Grisak EG (1980) Scale-dependant dispersion in a stratified granular aquifer. Water Resour Res 17(4): 1191-1211

Pinder GF, Bredehoeft JD (1968) Application of the Digital Computer for Aquifer Evaluation. Water Resources Research 4: 1069–1093, 18 Abb

Piper AM (1933) Notes on the Relation between Moisture-Equivalent and the Specific Retention of Water-Bearing Materials. Trans Amer Geophys Union 14: 481–487, 2 Abb, 1 Tab

Pitsch H (1988) Korngrößenbestimmung. LABO-Kennziffer-Fachzeitschrift f Labortechnik, 6 S, 11 Abb

Plummer LN, Prestemon EC, Parkhurst D (1994) An interactive code (NETPATH) for modeling net geochemical reactions along a flow path, version 2.0. USGS Water Resources Invest. 94–4169: 130 S, USGS, Lakewood

Poland JF, Davis GH (1969) Land Subsidence due to Withdrawal of Fluids. Reviews in Engrg Geology II, Geol Soc of America, 187–269, 49 Abb, 7 Tafeln

Poland JF, Lofgren BE, Riley FS (1972) Glossary of Selected Terms Useful in Studies of the Mechanics of Aquifer Systems and Land Subsidence due to Fluid Withdrawal. Geol Survey Water Supply Paper 2025, 9 S

Pouchan P (1959) Etude des nappes à l'aide du régime transitiore. Thèse Univ de Bordeaux, 86 S, 18 Tafeln mit zahlreiche Abb und nichtnummerierte Tab, Bordeaux

Prandtl L (1933) Neuere Ergebnisse der Turbulenzforschung. Z d VDI 77: 105–114, 10 Abb

Press H, Bretschneider H (1974) Hilfstafeln zur Lösung wasserwirtschaftlicher und wasserbaulicher Aufgaben. 87 S, 43 Tafeln, Paul Parey, Hamburg

Press WH et al (1992) Numerical Recipes in FORTRAN (part II).The Art of Scientific Computing. Cambridge University Press, Cambridge

Press WH, Teukolsky SA, et al (1992) Numerical Recipes in FORTRAN (part I). The Art of Scientific Computing. Cambridge University Press, Cambridge

Prickett TA (1965) Type-Curve Solution to Aquifer Tests under Water-Table Conditions. Ground Water 3: 5–14, 7 Abb, 2 Tab, 1 Tafel

Prickett TA, Lonnquist CG (1971) Selected Digital Computer Techniques for Groundwater Resource Evaluation. Bulletin 55, Illinois State Water Survey, 62 Abb, 83 Abb, Urbana, IL

Prickett TA, Naymik TG, Lonnquist CG (1981) A „Random Walk" Solute Transport Model for Selected Groundwater Quality Evaluations. Bulletin 65, Illinois State Water Survey, 103 S, 68 Abb, 3 Tab, Urbana, IL

Priestley CHB, Taylor RJ (1972) On the assessment of surface heat flux and evaporation using large scale parameters. Monthly Weather Review 100 H 2: 81–92

Prill RC, Johnson AI, Morris DA (1965) Specific Yield – Laboratory Experioments Showing the Effects of Time on Column Drainage. Geol Survey Water Supply Paper 1662-D, 55 S, 31 Abb, 2 Tab

Prinz E (1923) Handbuch der Hydrologie. 2. Aufl, 422 S, 334 Abb, zahlreiche, nicht nummerierte Tab, Springer, Berlin

Proksch W (1990) Lysimeterauswertung zur flächendifferenzierten Ermittlung mittlerer Grundwasserneubildungsraten. Besondere Mitteilungen Deutsches Gewässerkundliches Jahrbuch 55: 74, Koblenz

Ramey HJ (1970) Short-Time Well Test Data Interpretation in the Presence of Skin Effect and Wellbore Storage. Journ Petrol Technol, 97–104, 8 Abb

Ramey HJ, Agarwal RG, Martin I (1975) Analysis of „Slug Test" or DST Flow Period Data. Journ Canad Petrol Technology, July-Sept, 37–47

Rausch R, Schäfer W, Wagner C (2002) Einführung in die Transportmodellierung im Grundwasser, Borntraeger, Stuttgart

Reible DD (1998) Fundamentals of Environmental Engineering. 526 S, 147 Abb, 53 Tab, 1 Appendix, Lewis Publishers/Springer, Boca Raton etc

Remson I, Hornberger GM, Molz FJ (1971) Numerical Methods in Subsurface Hydrology. XVI+389 S, 51 Abb, 2 Tab, 2 Appendices

Renger M, Strebel O (1980) Jährliche Grundwasserneubildung in Abhängigkeit von Bodennutzung und Bodeneigenschaften. Wasser & Boden 8: 362–366, Berlin Hamburg

Renger M, Wessolek G (1990) Auswirkungen von Grundwasserabsenkung auf die Grundwasserneubildung. Mitteilungen des Instituts für Wasserwesen 386: 295–307, Universität der Bundeswehr München

Reynolds O (1883) An Experimental Investigation of the Circumstances which determine whether the Motion of Water shall be direct or sinuous and of the Law of Resistance in Parallel Channels. Phil Trans Royal Society London 174, Series A, 935–982

Richter D (1995) Ergebnisse methodischer Untersuchungen zur Korrektur des systematischen Meßfehlers des Hellmann-Niederschlagsmessers. Berichte des DWD 194: 93 S, Offenbach

Richter W, Lillich W (1975) Abriß der Hydrogeologie. 281 S, 96 Abb, 18 Tab, Schweizerbart'sche Verlagsbuchhandlung Stuttgart

Rietzler J, Poss C (1986) Speichernutzbarer Hohlraumanteil von homogenen Mittel- bis Grobsanden. Wasserwirtschaft 76, 154–161, 10 Abb, 3 Tab

Robinson TW (1939) Earth-Tides shown by Fluctuations of Water-Levels in Wells in New Mexico and Iowa. Trans Amer Geophys Union 20: 656–666, 4 Abb, 3 Tab

Rorabaugh MI (1953) Graphical and Theoretical Analysis of Step-Drawdown Test of Artesian Well. Proc Amer Soc Civil Engrs 79, Hy4, 362, 23 S, 9 Abb, 2 Tab

Rösch A (1992) Bestimmung der hydraulischen Leitfähigkeit im Gelände – Entwicklung von Meßsystemen und Vergleich verschiedener Auswerteverfahren. Dissertation, 156 S, 59 Abb, 1 Anl, TU Braunschweig

Rösch A, Schaaf TH (1989) Die Anwendung von Slug-Tests zur Bestimmung der Gebirgsdurchlässigkeit. Mitt Inst Grundbau und Bodenmechanik TU Braunschweig 30: 221–242, 11 Abb

Rumer RR (1962) Longitudinal Dispersion in Steady and Unsteady Flow. Proc Amer Soc Civil Engrs 88, Hy4, 3202, 147–172

Ryznar JW (1944) A New Index for Determining Amount of Calcium Carbonate Scale Formed by a Water. Journ Amer Water Works Assoc 36: 472–486, 6 Abb, 4 Tab

Sass I, Treskatis C (2000 a) Verlaufsgesteuerte Trinkwasserbrunnen als neues Fassungsorgan für die Grundwassererschließung. Grundwasser 1/2000, 17–23, 1 Abb, 3 Tab, Heidelberg

Sass I, Treskatis C (2000 b) Herstellungs- und Bemessungsgrundlagen für einen verlaufsgesteuerten Trinkwasserbrunnen als Pilotversuch an einem Standort in Krefeld. Grundwasser 1/2000, 24–34, 11 Abb, 3 Tab, Heidelberg

Schädel K, Stober I (1984) Auswertung der Auffüllversuche in der Forschungsbohrung Urach. 3. Jb Geol Landesamt Baden-Württemberg 26, 4 Abb, 1 Tab

Scheffer F, Schachtschabel P (1998) Lehrbuch der Bodenkunde. 494 S, Enke, Stuttgart

Scheidegger AE (1961) General Theory of Dispersion in Porous Media. Journ Geophys Research 66: 3273–3278

Schenk E, Krauss I (1972) Hydroseismische Beobachtungen an Grundwasserbeobachtungsbrunnen im Festgestein und ihre hydrogeologische Bedeutung. Z Deutsche Geol Ges 123: 15–27, 6 Abb

Schlegel HG (1992) Allgemeine Mikrobiologie. 7. Aufl, 634 S, Thieme, Stuttgart

Schleicher F (1955) Taschenbuch für Bauingenieure. Bd 2, 1159 S, zahlreiche Abb und Tab im Text, Springer, Berlin, Göttingen, Heidelberg

Schneebeli G (1966) Hydraulique Souterraine. Collection du Centre de Recherches et d'Essais de Chatou 12, 362 S, 178 Abb, Eyrolles, Paris

Schneider H (1988) Die Wassererschließung. 3. Auflage 876 S, zahlr Abb, kapitelweise nummeriert, Vulkan-Verlag, Essen

Schoeller H (1962) Les Eaux Souterraines. 642 S, 187 Abb, zahlreiche Tabellen, Masson & Cie, Paris

Schraft A, Rambow D (1984) Vergleichende Untersuchungen zur Gebirgsdurchlässigkeit im Buntsandstein Osthessens. Geol Jahrb Hessen 112: 235–261, 18 Abb, 3 Tab

Schroeder M, Wyrwich D (1990) Eine in Nordrhein-Westfalen angewendete Methode zur flächendifferenzierten Ermittlung der Grundwasserneubildung. Deutsche Gewässerkundliche Mitteilungen 34 (1/2): 12–16, Koblenz

Schröter J (1984) Mikro- und Makrodispersivität poröser Grundwasserleiter. Meyniana 36: 1-34, Kiel

Schultze E, Muhs H (1967) Bodenuntersuchungen für Ingenieurbauten. 2. Aufl, 722 S, 782 Abb, 83 Tab, 1 Tafel, Springer, Berlin, Göttingen, Heidelberg, New York

Schulz HD (1972) Grundwasserneubildung berechnet aus der Chlorid-Bilanz. Geo Mitt 12: 53–60, Aachen

Schulz HD (1992) Auswertung von Markierungsversuchen. In: W Käss: Geohydrologische Markierungstechnik, Lehrbuch der Hydrogeologie, Bd -, 324–356, 27 Abb, 2 Tab

Segeberg H (1960) Moorsackungen durch Grundwasserabsenkung und deren Vorausberechnung mit Hilfe empirischer Formeln. Z f Kulturtechnik 1: 144–161, 7 Abb, 14 Tab

Seiler KP (1969) Kluft- und Porenwasser im Mittleren Buntsandstein des südlichen Saarlandes. Geol Mitt 9: 75–96, 14 Abb, 3 Tab

Seiler KP (1973) Nutzbares Hohlraumvolumen, auffüllbares Hohlraumvolumen und Speicherkoeffizient. bbr 24: 363–365, 5 Abb, 2 Tab

Senczek RW (1991) Einsatzbedingungen für Unterwassermotorpumpen. bbr 42: 275–278, 4 Abb

Sheahan NT (1971) Type-Curve Solution of Step-Drawdown Test. Ground Water 9: 25–29, 2 Abb

Simpson ES (1970) Aquifer Performance Mechanics. Vorlesung University of Arizona, Tucson, AZ

Šimůnek J, Šejna M, van Genuchten MTh (1998) The Hydrus-ID Software Package for Simulating the Movement of Water, Heat, and Multiple Solutes in Variably Saturated Media. Version 2.0, US Salinity Laboratory, USDA, ARS, Riverside, California

Skaballanowitsch IA (1954) Hydrogeologische Berechnungen über die Dynamik der Grundwässer (russsisch). Gosgortechisdat, Moskau

Skoog DA, Leary JJ (1996). Instrumentelle Analytik – Grundlagen, Geräte, Anwendungen. 898 S, Springer, Berlin

Slichter CS (1899) Theoretical Investigations of the Motion of Ground Water. US Geol Survey 19th Annual Report, Part II-C, 295–384, 36 Abb, 10 Tab, 1 Tafel

Smith GD (1974) Numerical Solutions of Partial Differential Equations. VIII + 179 S, 45 Abb, 35 Tab, Oxford Mathematical Handbooks, Oxford University Press, London etc

Sokol D (1963) Position and Fluctuations of Water Level in Wells Perforated in More Than One Aquifer. Journ Geophys Res 68: 1079–1080, 1 Abb

Stallman RW (1965) Effects of Water Table Conditions on Water Level Changes near Pumping Wells. Water Resources, Research 1: 295–312, 14 Abb, 1 Tab

Stallman RW (1971) Aquifer Test Design, Observation an Data Analysis. Geol Surv Techn of Water Resources Invest, Book 3, Chapter B 1, vi+6 S, 10 Abb, 1 Tab

Stobe, I (1986) Strömungsverhalten in Festgesteinsaquiferen mit Hilfe von Pump- und Injektionsversuchen. Geol Jahrbuch, Reihe C, Heft 42, 207 S, 57 Abb und 8 Tab im Text, 38 Abb und 14 Tab im Anhang, BGR, Hannover

Stober I (1992) Die Gezeiten der Erde in ihren Auswirkungen auf das Grundwasser. Deutsche Gewässerkundl Mitteil 36: 142–147, 4 Abb

Strahler AN, Strahler AH (1973) Einvironmental Geoscience: Interaction between Natural systems and Man. IX + 511 S, 567 Abb, 61 Tab, 3 Appendices, Hamilton Publish Company, Santa Barbara, CA

Strayle G (1983) Pumpversuche im Festgestein. DVGW-Schriftenreihe 34: 305–327, 8 Abb, 1 Tab, ZfGW-Verlag, Frankfurt/Main

Strzodka K, Hrsg (1977) Hydrotechnik im Bergbau und Bauwesen. 2. Aufl, 392 S, 154 Abb, 55 Tab, Deutscher Verlag f Grundstoffindustrie, Leipzig

Stumm W, Morgan JL (1996) Aquatic Chemistry. 1022 S, Wiley, New York

Sudicky E.A, (1986) A natural gradient experiment on solute transport in a sand aquifer: Spatial variability of hydraulic conductivity and its role in the dispersion process. Water Resour Res, 22: 2069–2082

Tengelmann F (1991) Bohren im Lockergestein bis 700 m Teufe mit kleinen Bohrloch-durchmessern – Analyse der eingesetzten Verfahren und Werkzeuge unter besonderer mit weiteren Abb und Tab, RWTH Aachen

Terzaghi K, Peck RB (1961) Die Bodenmechanik in der Baupraxis. 585 S, 218 Abb, 28 Tab, Springer, Berlin, Göttingen, Heidelberg

Theis CV (1935) Relation between the Lowering of the Piezometric Surface and the Rate and Duration of Discharge of a Well using Ground-Water Storage. Trans Amer Geophys Union 16: 519–524, 3 Abb

Theis CV (1940) The Source of Water derived from Wells. Civil Engng 10: 277–280, 5 Abb

Theis CV, Brown RH & the Transmissibility of Aquifers from the Specific Capacity of Wells. Geol Survey Water Supply Paper 1536-I, 331–340, 2 Abb

Theis VV (1939) Earth Tides expressed Fluctuations of Water Level in Artesian Wells in New Mexico. Geol Survey Open File Report, ohne Seitenangabe

Thiem A (1870) Die Ergiebigkeit artesischer Bohrlöcher, Schachtbrunnen und Filter galerien. Journ f Gasbeleuchtung und Wasserversorgung 14: 450–467, 12 Abb

Thiem G (1906) Hydrologische Methoden. 56 S, 8 Abb, JM Gebhardt's Verlag, Leipzig

Thomthwaite CW, Mather JR (1955) The water balance. Publications in climatology Vol. 8 (1): 1–104, Drexel Institute of Technology, Laboratory of Climatology, Centerton, New Jersey

Tillmans J, Heublein (1912) Über die kohlensauren Kalk angreifende Kohlensäure der natürlichen Wässer. Gesundh Ing 35: 669–677

Todd DK (1959) Ground Water Hydrology. 336 S, 156 Abb, 23 Tab, Wiley, New York

Toride N, Leij FJ (1996 a) Convective-dispersive stream tube model for field-scale solute transport: I Moment analysis. Soil Sci Soc Am J 60: 342–352

Toride N, Leij FJ (1996 b) Convective-dispersive stream tube model for field-scale solute transport: II Examples and calibration. Soil Sci Soc Am J 60: 352–361

Toride,N, Leij FJ, van Genuchten MTh (1999) The CXTFIT Code for Estimation Transport Parameters from Laboratory or Field Tracer Experiments. Version 2.1, Research Report No: 137, US Salinity Laboratory, USDA, ARS, Riverside, CA

Treskatis C (1995) Einflußfaktoren auf die mechanische Festigkeiten von Brunnenrohren aus Stahl. bbr 46: 18–22, 7 Abb, 1 Tab

Treskatis C (1996) Entwicklung eines planungstechnischen Leitfadens für die Dimensionierung von Vertikalfilterbrunnen im Lockergestein. bbr 47: 40–45, 6 Abb, 3 Tab, Köln

Treskatis C (1996) Entwicklung eines planungstechnischen Leitfadens für die Dimensionierung von Vertikalfilterbrunnen im Lockergestein. bbr 7: 40–45, 6 Abb, 3 Tab, Köln

Treskatis C (1997) Planung und Vorbereitung von Maßnahmen zur Sanierung und Rückbau von Bohrungen, Brunnen und Grundwassermeßstellen. Schriftenreihe WAR, 119–147, 8 Abb, 3 Tab, Darmstadt

Treskatis C (2002) Brunneneintrittswiderstände und Skin-Effekt als Ursachen für erhöhte Förderkosten. bbr 8/2002, 18–24, 4 Abb, 3 Tab, Köln

Truesdell AH, Jones BF (1974) WATEQ, a computer program for calculating chemical equilibria of natural waters. USGS J. Res. 2: 233–248

Trupin G (1968) Der Einsatz der Danaiden. bbr 19: 86–91, 10 Abb, 3 Tab

Trupin G, Margat J (1964) Manuel pratique d'essais de pompage précédé de notions générales sur l'hydraulique des puits. BRGM-Guides pratique d'hydrogéologie. DS.64.A60, 160 S, 16 Abb, 7 Annexes

Turc L (1961) Evaluation des besoins en eau d' irrigation, evapotranspiration potentielle. Ann Argon, 12: 13–49, Paris

Udluft H (1972) Bestimmung des entwässerbaren Kluftraumes mit Hilfe des Austrocknungskoeffizienten nach Maillet, dargestellt am Einzugsgebiet der Lohr (Nord-Ost-Spessart). Z Deutsche Geol Ges 123: 325–336, 9 Abb, 1 Tab

Ueker KJ (1972) Tabellen zur hydraulischen Berechnung von Steinzeugrohren nach Prandtl-Colebrook. 3. Aufl, 127 S, Fachverband Steinzeugindustrie, Frechen-Marsdorf

Van Der Kamp GSJP (1973) Periodic Flow of Groundwater. A Systematic Study of Wave Propagation under Confined and Unconfined Flow Conditions. 121 S, 15 Abb, 8 Tab, Editions Rodopi N V, Amsterdam

Van Everdingen, AF (1953) The Skin Effect and ist Influence on the Productive Capacity of a Well. Petrol Trans AIME 198: 171–176, 7 Abb, 2 Tab

Van Genuchten MTh (1981) Analytical solutions for chemical transport with simultaneous adsorption, zero-ofer production and first-order decay. J Hydrol 49: 213–233

Versluys J (1917) Die Kapillarität der Böden. Intern Mitt f Bodenkunde VII, H 3–4, 117–140, 11 Abb, 2 Tab

Voigt HD, Häfner F (1982) Interpretation instationärer Testergebnisse mit Störeffekten. Z Angew Geologie 28: 337–347, 13 Abb, 2 Tab

Voigt R (1973 a) Zum Problem der Bestimmung der Grundwasserfließgeschwindigkeit. bbr 24: 221–223, 2 Abb

Voigt R (1973 b) Das Raum-Zeit-Absenkungs-Nomogramm von Theis im Internationalen Einheitensystem. Geol Mitt 12: 327–334, 1 Tafel

Voigt R (1997) Mine Water Handling at the Proposed Thach Khe Iron Ore Mine, Vietnam Braunkohle – Surface Mining 49: 233–239, 10 Abb

Völtz H (1979) Das System hydrogeologischer und hydrochemischer Karten im Norden und Nordosten der Niederrheinischen Bucht. Mitt Ingenieur- und Hydrogeologie 10, 74 S, 16 Abb, 50 Tafeln

Vreedenburg GGJ (1936) On the Steady Flow of Water Percolating through Soils with Homogeneous-Anisotropic Permeability. Proc First Int Conf Soil Mech, vol 1: 222–225, Harvard, MA

W 101 (1995) Richtlinien für Trinkwasserschutzgebiete – I. Teil, Schutzgebiete für Grundwasser. Arbeitsblatt des DVGW-Regelwerks

W 111 (1997) Planung, Durchführung und Auswertung von Pumpversuchen bei der Wassererschließung. Arbeitsblatt des DVGW-Regelwerks

W 113 (2001) Bestimmung des Schüttkorndurchmessers und hydrogeologischer Parameter aus der Korngrößenverteilung für den Bau von Brunnen. Merkblatt des DVGW-Regelwerks

W 115 (2001) Bohrungen zur Erkundung, Gewinnung und Beobachtung von Grundwasser. Arbeitsblatt des DVGW-Regelwerks

W 117 (1975) Arbeitsblatt des DVGW-Regelwerks

W 119 (2002) Entwickeln von Brunnen durch Entsanden – Anforderungen, Verfahren, Restsandgehalte. Arbeitsblatt des DVGW-Regelwerks

W 121 (1988) Bau und Betrieb von Grundwasserbeschaffenheitsmeßstellen. Merkblatt des DVGW-Regelwerks

W 121 (Entwurf 2002) Bau und Ausbau von Grundwassermessstellen. Sonstiges

W 302 (1957) Druckabfalltafeln für Rohrdurchmesser von 40 – 2000 mm. Merkblatt des DVGW-Regelwerks

Wachernigg H (1987) Ein neues Laser-Partikelanalysensystem für Materialien von 0,1–600 μm. Verfahrenstechnik 21: 18–22, 6 Abb

Walton WC (1962) Selected Analytical Methods for Well and Aquifer Evaluation. Ill, State Water Surv Bulletin 49, 81 S, 76 Abb, 25 Tab im Text und 6 Tab im Annex, 4 Tafeln

Walton WC (1970) Groundwater Resource Evaluation. 664 S, 330 Abb, 92 Abb, McGraw-Hill Book Co, New York

Walton WC (1981) Lecture Notes, Workshop on Analytical Groundwater Modeling, Holcomb Research Institute, Butler University, Indianapolis, IN

Warren JE, Root PJ (1963) The Behavior of Naturally Fractured Aquifers. Soc Petrol Engrs Journ 3: 245–255, 9 Abb

Water Systems Council (1986) Large Submersible Water Pump Manual. 65 S, 15 Abb, 12 Tab, 1 Appendix, Chicago, Illinois

Weast RC, Editor (1978) Handbook of Chemistry and Physics. 59. Aufl, 2488 S, CRC Press, West Palm Beach, Florida

Wendling U (1975) Zur Messung und Schätzung der potentiellen Verdunstung. Z Meteor 25 (2): 103–111, Berlin

Wendling U, Müller J (1984) Entwicklung eines Verfahrens zur rechnerischen Abschätzung der Verdunstung im Winter. Z Meteor 34 (2): 82–85, Berlin

Wendling U, Schellin HG (1986) Neue Ergebnisse zur Berechnung der Evapotranspiration. Z Meteor 36 (3): 214–217, Berlin

Wendling U, Schellin HG, Thomä M (1991) Bereitstellung von täglichen Informationen zum Wasserhaushalt des Bodens für die Zwecke agrarmeteorologischer Betrachtungen. Z Meteor 41 (6): 468–475, Berlin

Wenzel LK (1936) The Thiem Method for Determining Permeability of Water-Bearing Materials and ist Application to the Determination of Specific Yield – Results of Investigations in the Platte River Valley, Nebr Geol Surv Water Supply Paper 679-A, 7 Abb, 17 Tab, 6 Tafeln

Wenzel LK (1942) Methods for Determining Permeability of Water-Bearing Materials, with Reference to Discharging Well Methods. Geol Survey Water Supply Paper 887, 192 S, 17 Abb, zahlreiche Tab, 6 Tafelbeilagen

Westall JC, Zachary JL, Morel FMM (1976) MINEQL, a computer program for the calculation of chemical equilibrium composition of aqueous systems. Technical Note 18, MIT, Cambridge

Weyer KU, Horwood-Brown WC (1982) Program HVRLV 1 – Interactive Determination of Horizontal Permeabilities within Uniform Soils from Field Tests, Using Hvorslev's Formulae. Ground Water 20: 289–297, 6 Abb, 5 Tab, 1 Programmlisting

Wiederhold W (1961) Die raumzeitlichen Verhältnisse des Senktrichters eines Brunnens im Grundwasser mit freier Oberfläche. 81 S, 40 Abb, 6 Tab, ZfGW-Verlag, Frankfurt/Main

Williams EB (1981) Fundamental Concepts of Well Design. Groundwater 19(5): 527-542, 7 Abb, 1 Tab

Wilson AM, Miller PJ (1978) Two-Dimensional Plume in Uniform Ground-Water Flow. Journ Hydraulics Division, Asce 104: 503–514, 6 Abb, 1 Tab

Wittke W, Jüngling H (1979) Sickerströmungen in klüftigem Fels. Mitt Ingenieur- und Hydrogeologie 9: 219–263, 20 Abb, 1 Tab

Wohlrab B, Ernstberger H, Meuser A, Sokollek V (1992) Landschaftswasserhaushalt. 352 S, Parey, Hamburg, Berlin

Wolery TJ (1992) EQ3/EQ6, a software package for geochemical modelling of aqueous systems. LLNL Report UCRL-MA-110662 (1/3)

Wood EF, Ferrara RA, Gray WG, Pinder GF (1984) Groundwater Contamination from Hazardous Wastes. IX+163 S, 68 Abb, 14 Tab, 1 Appendix

Wundt W (1958) Die Kleinstwasserführung der Flüsse als Maß für die verfügbaren Grundwassermengen. In: R Grahmann (Ed) Die Grundwässer der Bundesrepublik Deutschland und ihre Nutzung. 47–54, Remagen

Wyckoff RD, Botset HG, Muskat M, Reed DW (1934) Measurements of Permeability of Porous Media. Bull Amer Assoc Petrol Geol 18: 161–190, 7 Abb, 4 Tab

Yeh GT, Tripathi VS (1989) A critical evaluation of recent developments in hydrogeochemical transport models of reactive multichemical components. Water Resources Res. 25 (1) S. 93–108, Am Geophys Union, Washington

Zieschang J (1961) Zur zulässigen Höchstbelastung eines Brunnens. Z Angew Geol 7: 580–582, 1 Abb, 2 Tab

Zunker F (1930) Das Verhalten des Bodens zum Wasser. In: Blanck, E (Hrsg) Handbuch der Bodenlehre, Bd 6, 66–220, 56 Abb, zahlreiche Tab, Springer, Berlin

Literatur zu Kapitel 7

Abwassertechnische Vereinigung (ATV) (1994) Presseinformation 22/1994, Hennef

Abke W, Engel M, Post B (1997) Bor-Belastung von Grund- und Oberflächenwasser in Deutschland. Vom Wasser 88: 257–271, 9 Abb, 4 Tab, Weinheim

Al-Fahad K, Al-Senafy MN (2000) Impact of oil lakes and oil fires on groundwater contamination in Northern Kuwait. In: Bjerg PL, Engesgaard P, Krom TD (eds) Groundwater 2000, S 61–62, Balkema, Rotterdam Brookfield

Altmayer B (2002) Einträge von Pflanzenschutzmitteln in Gewässer durch den Weinbau wirksam reduzieren. Das deutsche Weinmagazin 7/2002: 23–27, 8 Abb, Mainz

Asbrand, M (1999) Folgen der Abwasserverrieselung in Grundwasserneubildungsgebieten pleistozäner Grundwasserleiter. Zentralbl Geol, Paläontol, Teil I 1999: 125–134, 6 Abb, 1 Tab, Stuttgart

Aurand K, Kerpen W, Matthess G, Wolter R, Zakosek H (1972) Gefährdung von Trinkwasservorkommen durch radioaktive Kontaminatoren. In: BMI (Hrsg) Radioaktive Stoffe und Trinkwasserversorgung bei nuklearen Katastrophen. Forsch Ber, 78 S, 6 Abb, 16 Tab, Anh, Bad Godesberg

Aust H, Kreysing K (1978) Geologische und geotechnische Grundlagen zur Tiefversenkung von flüssigen Abfällen und Abwässern. Geol Jb C 20: 1–224, 20 Abb, 11 Tab, Hannover

Balke KD (1974) Der thermische Einfluß besiedelter Gebiete auf das Grundwasser, dargestellt am Beispiel der Stadt Köln. gwf-Wasser/Abwasser 115: 117–124, 12 Abb, München

Balke KD, Kussmaul H, Siebert G (1973) Chemische und thermische Kontamination des Grundwassers durch Industriewässer. Z dt geol Ges 124: 447–460, 12 Abb, 2 Tab, Hannover

Baumann T, Niessner R (1995) Bilanzierung des Stoffaustrags aus einer nicht abgedichteten Hausmülldeponie. Z dt geol Ges 146: 226–234, 3 Abb, 4 Tab, Hannover

Baumann J, Wagner W (1995) Geogene Grundwasserbeschaffenheit als Bemessungsgrundlage für den Grundwasserschutz. Umweltbundesamt, Forschungsbericht 102 02 617, UBA-FB-94-127, Berlin

Bayerisches Landesamt für Wasserwirtschaft (Hrsg) (1992) Nitrateintrag in das Grundwasser unter Waldgebieten in Bayern. Informationsberichte des Bayer. Landesamtes für Wasserwirtschaft 6/92: 76 S, 30 Abb, 9 Tab, Anhang, München

Bayerisches Landesamt für Wasserwirtschaft (Hrsg) (1994) Auswirkungen des Sauren Regens und des Waldsterbens auf das Grundwasser. Dokumentation der Methoden und Meßdaten des Entwicklungsvorhabens 1988–1992. Materialien 40: 387 S, 52 Abb, 186 Tab, 3 Disk, München

Bayerisches Landesamt für Wasserwirtschaft (Hrsg) (1997) Grundwasserversauerung in Bayern. Informationsberichte 1/97: 179 S, 65 Abb, 45 Tab, München

Bayerisches Landesamt für Wasserwirtschaft (Hrsg) (1998 a) Grundwasser in Bayern – Wasserbeschaffenheit 1993/97. Informationsberichte 1/98: 132 S, 54 Abb, 1 Tab, München

Bayerisches Landesamt für Wasserwirtschaft (Hrsg) (1998 b) Monitoringprogramme für versauerte Gewässer durch Luftschadstoffe in der Bundesrepublik Deutschland im Rahmen der ECE–Bericht der Jahre 1995–1996. Materialien 76: 65 S, 39 Abb, 11 Tab, 2 Kten, 12 Anh, München

Bayerisches Landesamt für Wasserwirtschaft (Hrsg) (2001) Grundwasser – Der unsichtbare Schatz. SpektrumWasser 2: 98 S, München

Bayerisches Staatsministerium für Landesentwicklung und Umweltfragen, Oberste Baubehörde (Hrsg) (1994) Grundwasser – Menge und Beschaffenheit des Grundwassers in Bayern. Schriftenr Wasserwirtschaft in Bayern 28: 53 S, 4 Anh mit 16 Kten, München

Bayerisches Staatsministerium für Landesentwicklung und Umweltfragen (Hrsg) (2001) Wasserland Bayern. Nachhaltige Wasserwirtschaft in Bayern. 83 S, München

Becher HH (1985) Mögliche Auswirkungen einer schnellen Wasserbewegung in Böden mit Makroporen auf den Stofftransport. Z dt geol Ges 136: 303–309, 3 Abb, Hannover

Beichert J, Hahn HH, Fuchs S (Hrsg) (1996) Hydrologie bebauter Gebiete. DFG-Forschungsbericht Stoffaustrag aus Kanalisationen, 323 S, 150 Abb, 29 Tab, VCH Verlagsgesellschaft, Weinheim

Benecke P (1993) Prognose zur weiteren Entwicklung der Versauerung des Grundwassers. In: Ministerium für Landwirtschaft, Weinbau und Forsten Rheinland-Pfalz (Hrsg) Waldschäden, Boden- und Wasserversauerung durch Luftschadstoffe in Rheinland-Pfalz, S 96–111, 10 Abb, 1 Tab, Mainz

Benecke P (1995) Verlagerung von Versauerungsfronten und Auswirkungen auf das Grundwasser. Bayerisches Landesamt für Wasserwirtschaft, Informationsberichte 3/95: 153–168, 10 Abb, München

Berk W van (1987) Hydrochemische Stoffumsetzungen in einem Grundwasserleiter – beeinflußt durch eine Steinkohlenberghalde. Bes Mitt dt gewässerkdl Jb 49: 175 S, Düsseldorf

Berthold G, Toussaint B (1997 a) Pflanzenschutzmittel im Grund- und Rohwasser von Hessen. Umweltplanung, Arbeits- und Umweltschutz 236: 79–88, 2 Abb, 1 Tab, Wiesbaden

Berthold, G, Toussaint, B (1997 b) Pflanzenschutzmittel und Grundwasserschutz. Umweltplanung, Arbeits- und Umweltschutz 236: 79–88, 2 Abb, 1 Tab, Wiesbaden

Berthold G, Toussaint B (1998) Grundwasserbeschaffenheit in Hessen – Auswertung von Grund- und Rohwasseranalysen bis 1997. Umweltplanung, Arbeits- und Umweltschutz 250: 102 S, 62 Abb, 19 Tab, 3 Kten, Wiesbaden

Berthold G, Seel P, Rückert H, Toussaint B, Ternes T (1998) Beeinflussung des Grundwassers durch arzneimittelbelastete oberirdische Gewässer. Umweltplanung, Arbeits- und Umweltschutz 254: 37–52, 2 Abb, 1 Tab, Wiesbaden

Birk F, Geiersbach R, Müller W (1973) Die Auswirkungen der Verkippung und Lagerung von cyanidhaltigen Härtesalzen in Bochum-Gerthe auf das Grund- und Oberflächenwasser. Z dt geol Ges 124: 461–473, 5 Abb, 1 Tab, Hannover

Bittersohl J, Zahn MT, Rüdiger F, Krebs M, Sager H (1995) Faktoren der Grundwasserversauerung im granitischen Fichtelgebirge. Z dt geol Ges 146: S 108–113, 7 Abb, 1 Tab, Hannover

Bock P (1990) Untergrundsanierung mittels Bodenluftabsaugung und In-Situ-Strippen: Art und Umfang der CKW-Schadensfälle, Stand und Grenzen der Technik. Schr Angew Geol Karlsruhe 9: 5–26, 7 Abb, 7 Tab, Karlsruhe

Bodem M (1991) Auswirkungen saurer Depositionen auf das Grundwasser im Buntsandstein Nordhessens. Forschungsberichte Hess Forstl Versuchsanstalt 14: 118 S, 30 Abb, 17 Tab, Hann Münden

Bodem M, Ebhardt G (1995) Stoffbilanz und Auswirkungen saurer Depositionen auf das Grundwasser im Buntsandstein Nordhessens. Z dt geol Ges 146: 98–107, 8 Abb, Hannover

Böttcher J, Strebel O, Duynisveld WHM (1989) Kinetik und Modellierung gekoppelter Stoffumsetzungen im Grundwasser eines Lockergesteins-Aquifers. Geol Jb C 51: 3–40, 15 Abb, Hannover

Börger RM, Poll KG (1998) Pflanzenbehandlungs- und Schädlingsbekämpfungsmittel in Grund- und Quellwässern eines verkarsteten Kluftaquifers. Grundwasser 3: 14–21, 3 Abb, Hannover

Borneff M, Mannschott P, Erdinger L, Kirsch F, Okpara J, Sonntag HG (1996) Risikobewertung der Nutzung von Regen- und Dachablaufwasser (Literaturstudie). Veröffentlichungen Projekt Angew Ökologie der Landesanstalt für Umweltschutz Baden-Württemberg 13: 62 S, 15 Abb, 1 Tab, Karlsruhe

Brose F, Brühl H (1990) Zur Barrierewirkung des Geschiebemergels der Teltow-Hochfläche im Stadtgebiet von Berlin (West) gegenüber Schwermetallen und leichtflüchtigen Chlorkohlenwasserstoffen (LCKW). Z dt geol Ges 141: 239–247, 9 Abb, 1 Tab, Hannover

Bundesregierung (1990) Trinkwasserverordnung, BGBl I vom 5.12.1990, S 2612, Bonn

Bundesregierung (1994) Kreislaufwirtschafts- und Abfallgesetz, BGBl I vom 27.9.1994, S 2705, Bonn

Bundesregierung (1996) Gesetz zur Ordnung des Wasserhaushalts (Wasserhaushaltsgesetz), BGBl I vom 12.11.1996, S 1695, Bonn

Bundesregierung (1997 a) Pflanzenschutz-Anwendungsverordnung, BGBl I vom 24.1.1997, S 60, Bonn

Bundesregierung (1997 b) Verordnung zur Umsetzung der Richtlinie 80/68/EWG des Rates vom 17. Dezember 1979 über den Schutz des Grundwassers gegen Verschmutzung durch bestimmte Stoffe (Grundwasserverordnung), BGBl I vom 18.3.1997, S 542, Bonn

Bundesregierung (1998) Bundesbodenschutzgesetz (BBodSchG), BGBl I vom 17.3.1998, S 502, Berlin

Bundesregierung (1999 a) Bundesbodenschutzgesetz, Durchführungsverordnung dazu (BBodSchV), BGBl I vom 12.7.1999, S 1554, Berlin

Bundesregierung (1999 b) Verordnung über die Grundsätze der guten fachlichen Praxis beim Düngen (Düngerverordnung), BGBl I vom 26.1.1996, S 118, geändert durch Verordnung vom 16.7.1999, BGBl I S 1835, Bonn

Burdick B (1999) Welche Zukunft hat eine umweltverträgliche Wasserwirtschaft?- in: Beudt, J (Hrsg) Präventiver Grundwasser- und Bodenschutz. Europäische und nationale Vorgaben, S 65–83, 6 Abb, 3 Tab, Springer, Berlin, Heidelberg

Chilton J (ed) (1999) Groundwater in the urban environment. International Contributions to Hydrogeology 21: 342 S, 241 Abb, 64 Tab, Balkema, Rotterdam, Brookfield

Decker J, Menzenbach D (1995) Belastung von Boden, Grund- und Oberflächenwasser durch undichte Kanäle. Abwassertechnik 46/4: 46–54, 7 Abb, 1 Tab, Wiesbaden

Deuter C, Liebl K (1999) Luftschadstoffbelastung auf dem Flughafen Frankfurt Main. Umweltplanung, Arbeits- und Umweltschutz 261: 51 S, 11 Abb, 13 Tab, Wiesbaden

Deutsche Forschungsgemeinschaft (Hrsg) (1995) Schadstoffe im Grundwasser, Bd 2: Langzeitverhalten von Umweltchemikalien und Mikroorganismen aus Abfalldeponien im Grundwasser. 737 S, 360 Abb, 114 Tab, VCH, Weinheim

Deutscher Verband für Wasserwirtschaft und Kulturbau (Hrsg) (1994) Verringerung des Stickstoffaustrags aus landwirtschaftlich genutzten Flächen in das Grundwasser-Grundlagen und Fallbeispiele. DVWK-Schriften 106: 407 S, 101 Abb, 72 Tab, Bonn

Deutscher Verein des Gas- und Wasserfachs (DVGW) (1995) Richtlinien für Trinkwasserschutzgebiete, I. Teil: Schutzgebiete für Grundwasser. DVGW-Regelwerk, Technische Regel, Arbeitsblatt W 101 (Februar 1995) 23 S, Bonn

DIN (1997) Bestimmung des standörtlichen Verlagerungspotentials von nichtsorbierbaren Stoffen. DIN 19732, Juni 1997, 4 S, 4 Tab, Beuth, Berlin

Dörhöfer G (1996) Der großräumige Einfluß von Altablagerungen und Altstandorten auf die Trinkwasservorkommen. Grundwasser 1: 21–32, 9 Abb, 3 Tab, Hannover

Dohmann M (1995) Vergleich der Boden- und Grundwasserbelastung undichter Kanäle mit anderen Schmutzstoffeinträgen. Gewässerschutz Wasser Abwasser 152: 18/1–18/26, 7 Abb, 11 Tab, Aachen

Dohmann M, Haussmann, R (1996) Belastung von Boden und Grundwasser durch undichte Kanäle. gwf-Wasser/Abwasser 137/S 15: 2–6, 3 Abb, 4 Tab, München

Dorgarten HW (1991) Die Bewegung leichtflüchtiger organischer Stoffe im Boden – mathematische Modellierung und Parameterstudien. gwf-Wasser/Abwasser 132: 268–273, 5 Abb, München

Eden D, Röder R (1987) Lechinfiltration und Bodennutzung als Einflußfaktoren für den Nitratgehalt im Grundwasser südlich von Augsburg. Z dt geol Ges 138: 451–461, 7 Abb, 1 Tab, Hannover

Effenberger M, Löbel E, Noack T, Schirmer M (2001 a) Der Benzininhaltstoff Methyl-tertiär-butylether (MTBE) als Herausforderung für die Grundwassersanierung. altlasten spektrum 10: 177–184, 1 Tab, Berlin

Effenberger M, Weiss H, Popp P, Schirmer M (2001 b) Untersuchungen zum Benzininhaltstoff Methyl-tertiär-butylether (MTBE) in Grund- und Oberflächenwasser in Deutschland. Grundwasser 6: 51–60, 3 Abb, 5 Tab, Hannover

Egger F (1942) Grundwasserbeeinflussung durch industrielle Anlagen. Gesundh Ing 65: 124–126, München

Einsele G, Hinderer, M (1995) Säureeinträge und Stoffumsätze im Buntsandstein-Schwarzwald (Seebachgebiet, 8 Meßjahre). Z dt geol Ges 146: 51–62, 11 Abb, Hannover

Einsele G, Grathwohl P, Sanns M (1990) Verteilung und Ausbreitung verschiedener leichtflüchtiger chlorierter Kohlenwasserstoffe (LCKW) im System Feststoff – Bodenwasser – Bodenluft (mit Übergang ins Grundwasser). Schr Angew Geol Karlsruhe 9: 33–50, 8 Abb, 1 Tab, Karlsruhe

Eiswirth M (1998) Stellen Abwasserkanäle Gefährdungspotentiale für das Grundwasser dar? Schr Angew Geol Karlsruhe 50: 97–116, 13 Abb, 1 Tab, Karlsruhe

Eiswirth M, Ohlenbusch R, Schnell K (1998) Grundwasserbeeinträchtigung durch Weichgelinjektionen. Schr Angew Geol Karlsruhe 50: 117–134, 5 Abb, Karlsruhe

Ess R, Hahn T, Schweinsberg F, Botzenhart K (1988) Einfluß von infiltriertem Oberflächenwasser auf das Grundwasser. Chemische und bakteriologische Untersuchungen. Z dt geol Ges 139: 512–523, 6 Abb, Hannover

Europäische Gemeinschaft (1991) Richtlinie 91/676 EG des Rates vom 12. Dezember 1991 zum Schutz der Gewässer vor Verunreinigung durch Nitrat aus landwirtschaftlichen Quellen. Amtsblatt der Europäischen Gemeinschaften L 375 vom 31.12.1991, S 1, Brüssel

Europäische Gemeinschaft (2000) Richtlinie 2000/60/EG des Europäischen Parlaments und des Rates vom 23. Oktober 2000 zur Schaffung eines Ordnungsrahmens für Maßnahmen der Gemeinschaft im Bereich der Wasserpolitik. Amtsblatt der Europäischen Gemeinschaften L 327 vom 22.12.2000, 72 S, Luxemburg/Brüssel

Europäische Kommission (2000) Im Visier der EU: Abfallwirtschaft. 14 S, Luxemburg

European Environment Agency (2002) Environment signals 2002 – Benchmarking the millenium. Environmental assessment report, 9: 147 S, 115 Abb, 13 Tab, 12 Kten, Kopenhagen

Exler HJ (1972) Ausbreitung und Reichweite von Grundwasserverunreinigungen im Unterstrom einer Mülldeponie. gwf-Wasser/Abwasser 113: 101–148, 13 Abb, 4 Tab, München

Fehlau KP, Löhnert E (1973) Abfallbeseitigung und Grundwassergefährdung im Ballungsraum Hamburg. Z dt geol Ges 124: 475–489, 10 Abb, 1 Tab, Hannover

Filip Z, Geller A, Schiefer B, Schwefer HJ, Weirich G (Hrsg) (1988) Untersuchung und Bewertung von In situ-biotechnischen Verfahren zur Sanierung des Bodens und Untergrundes durch Abbau petrochemischer und anderer organischer Umweltchemikalien. Bericht F+E-Vorhaben: 1440456 PROBIOTEC/Bundesgesundheitamt-WaBoLu, 332 S, 22 Abb, 28 Tab, BMFT, Bonn

Frank H (1988) Trichloressigsäure im Boden: eine Ursache neuartiger Waldschäden. Nachr Chem Techn Lab 36: 889, 1 Tab, Weinheim

Frank H, Frank, W (1986) Photoaktivierung luftgetragener Chlorkohlenwasserstoffe. Nachr Chem Techn Lab 34: 15–20, 5 Abb, 2 Tab, Weinheim

Frank H, Vincon H, Reiss J (1990) Montane Baumschäden durch das Herbizid Trichloressigsäure. Z Umweltchem Ökotox 2: 208–214, 5 Abb, 1 Tab, Landsberg/Lech

Friesel P (1987) Vulnerability of groundwater in relation to subsurface behaviour of organic pollutants. Proceedings and Information/TNO Committee on Hydrogeological Research 38: 729–740, 6 Tab, Den Haag

Fritsche JG (2002) Die Erweiterung der Rückstandshalden der Kaliindustrie im Werra-Fulda-Kaligebiet – Maßnahmen zum Grundwasserschutz. Jahresbericht 2001 des Hessischen Landesamtes für Umwelt und Geologie, S 127–131, 3 Abb, Wiesbaden

Furtak H, Langguth, HR (1967) Zur hydrochemischen Kennzeichnung von Grundwässern und Grundwassertypen mittels Kennzahlen. Mem IAH-Congress, 1965 VII: S 86–96, 5 Abb, Hannover

Gabriel B, Ziegler, G Natürliche und anthropogen überprägte Grundwasserbeschaffenheit in Festgesteinsaquiferen. In: Matschullat J, Tobschall HJ, Voigt HJ (Hrsg) (1997) Geochemie und Umwelt. Relevante Prozesse in Atmo-, Pedo- und Hydrosphäre, S 343–357, 1 Abb, 8 Tab, Springer Berlin, Heidelberg

Geiger WF, Dierkes, C (1999) Stoffpfade bei verschiedenen Anlagen zur Regenwasserversickerung. Zentralbl Geol, Paläontol, Teil I 1999: 63–78, 3 Abb, 2 Tab, Stuttgart

Götzelmann R, Kerndorff H, Kuhn S, Struppe T (1996) Zur Bedeutung von Polycyclischen Aromatischen Kohlenwasserstoffen (PAK) als Grundwasserkontaminanten. Vom Wasser 87: 187–206, 4 Abb, 7 Tab, Weinheim

Golwer A (1973) Beeinflussung des Grundwassers durch Straßen. Z dt geol Ges 124: 435–446, 8 Abb, Hannover

Golwer A (1978) Die Auswirkungen von Straßenverkehr auf Grundwasser. Gewässerschutz – Wasser – Abwasser 29: 463–481, 5 Abb, 2 Tab, Aachen

Golwer A (1981) Versickerungsverhalten und Ausbreitung von Mineralölen und Chemikalien im Untergrund. Erdöl und Kohle – Erdgas-Petrochemie vereinigt mit Brennstoff-Chemie 34: 455, 1 Abb, Leinfelden-Echterdingen

Golwer A (1991) Belastung von Böden und Grundwasser durch Verkehrswege. Forum Städte-Hygiene 42: 266–275, 3 Abb, 8 Tab, Hannover, Berlin

Golwer A (1995) Langzeitwirkung örtlicher, anthropogener Stoffanreicherungen auf das Grundwasser. Z dt geol Ges 146: 191–200, 6 Abb, 2 Tab, Hannover

Golwer A, Matthess G (1972) Die Bedeutung des Gasaustausches in der Grundluft für die Selbstreinigungsvorgänge in verunreinigten Grundwässern. Z dt geol Ges 123: 29–38, 2 Abb, Hannover

Golwer A, Matthess G, Schneider W (1970) Selbstreinigungsvorgänge im aeroben und anaeroben Grundwasserbereich. Vom Wasser 36: 64–92, 7 Abb, 3 Tab, 2 Taf, Weinheim/Bergstraße

Golwer A, Knoll KH, Matthess G, Schneider W, Wallhäuser KH (1972) Mikroorganismen im Unterstrom eines Abfallplatzes. Gesundh Ing 93: 142–151, 4 Abb, 8 Tab, München

Golwer A, Knoll KH, Matthess G, Schneider W, Wallhäuser KH (1976) Belastung und Verunreinigung des Grundwassers durch feste Abfallstoffe. Abh Hess L Amt Bodenforsch 73: 131 S, 23 Abb, 34 Tab, 2 Taf, Wiesbaden

Grathwohl P (1989) Verteilung unpolarer organischer Verbindungen in der wasserungesättigten Bodenzone am Beispiel leichtflüchtiger aliphatischer Chlorkohlenwasserstoffe (Modellversuche). Tübinger Geowiss Arbeiten C 1: 102 S, 32 Abb, 22 Tab, Tübingen

Gröngröft A, Miehlich G (1995) Flächenhafter Stoffeintrag durch aufgehöhte Gebiete im Bereich der Hamburger Elbmarsch. Z dt geol Ges 146: 235–242, 5 Abb, 2 Tab, Hannover

Guderitz, I, Marxsen, J, Näveke, R, Nehrkorn, A, Preuss, G, Rumm, P, Schminke, HK, Toussaint, B (1997) Parameter und Methoden der biologischen Charakterisierung des Untergrundes – Feststoffe und Wasser. DVWK-Schriften 120: 260 S, 32 Abb, 19 Tab, Bonn

Härig F (1991) Auswirkungen des Grundwasseraustausches zwischen undichten Kanalisationssystemen und dem Aquifer auf das Grundwasser. Mitt Inst Wasserwirtsch, Hydrol, landwirtsch Wasserbau Univ Hannover 76: 153–271, 49 Abb, 34 Tab, Hannover

Härig F, Mull R (1992) Undichte Kanalisationssysteme – die Folgen für das Grundwasser. gwf-Wasser/Abwasser 133: 196–200, 7 Abb, 1 Tab, München

Hagendorf U (1988) Grundwassergefährdung durch Kanalisationsschäden. Gewässerschutz – Wasser – Abwasser 109: 581–604, 8 Abb, 4 Tab, Aachen

Hagendorf U (1989) Leichtflüchtige Halogenkohlenwasserstoffe im Abwasser – Erhebungsmessungen bei Abwasserableitung und -reinigung. 3 R international 28: 120–124, 5 Abb, 3 Tab, Essen

Hagendorf U, Krafft H (1996) Erfassung und Bewertung undichter Kanäle im Hinblick auf die Gefährdung des Untergrundes. UBA-Texte 9/96:104 S, 12 Abb, 14 Tab, Berlin

Hahn T, Flegr B, Tougianidou D, Herbold K, Flehmig B, Botzenhart K (1988) Vorkommen von Enterobakterien, Coliphagen und enteralen Viren in einem Kiesaquifer des Neckarraumes. Z dt geol Ges 139: 559–565, 2 Abb, 3 Tab, Hannover

Hannappel S, Voigt HJ, Lauterbach D (1995) Regionale Bezugseinheiten zur Interpretation des hydrochemischen Status der Porenaquifere im Lockergesteinsbereich – Beispiel Land Brandenburg. Z Angew Geol 41: 127–133, 4 Abb, 1 Tab, Hannover

Haupt H (1935) Schädlicher Einfluß von Ascheablagerungen auf Grundwasser. gwf-Wasser/Abwasser 78: 526–528, 1 Tab, München

Hessisches Landesamt für Umwelt und Geologie (Hrsg) (2001) Altlasten-annual 2001. 184 S, 92 Abb, 41 Tab, Wiesbaden

Hinderer M (1995) Simulation langfristiger Trends der Boden- und Grundwasserversauerung im Buntsandstein-Schwarzwald. Z dt geol Ges 146: 83–97, 8 Abb, 2 Tab, Hannover

Hinderer M, Einsele G (1998) Grundwasserversauerung in Baden-Württemberg. Landesanstalt für Umweltschutz Baden-Württemberg, Handbuch Wasser 4: 210 S, 102 Abb, 28 Tab, Karlsruhe

Hölscher J, Walther W (1987) Eine Übersicht zur Boden- und Gewässerversauerung in der Bundesrepublik Deutschland. gwf-Wasser/Abwasser 128: 635–641, 8 Abb, München

Hölting B (1991) Grundwasserbeschaffenheit und ihre regionale Verbreitung in der Bundesrepublik Deutschland. In: Rosenkranz D, Bachmann G, König W, Einsele G (Hrsg) Handbuch Bodenschutz. 6. Lfg, I/91: 1300, 36 S, 4 Abb, 5 Tab, E Schmidt, Berlin

Hölting B (1996) Hydrogeologie. Einführung in die Allgemeine und Angewandte Hydrogeologie, 5. Aufl 441 S, 114 Abb, 46 Tab, Enke Stuttgart

Hölting B, Haertlé T, Hohberger KH, Nachtigall KH, Villinger E, Weinzierl W, Wrobel JP (1995) Konzept zur Ermittlung der Schutzfunktion der Grundwasserüberdeckung. Geol Jb C 63: 24, 5 Tab, Hannover

Hötzl H (1989) Schadstoffausbreitung bei Überlagerung eines Karstaquifers mit einem Porengrundwasserleiter. Oberrhein geol Abh 35: 17- 35, 10 Abb, 1 Tab, Stuttgart

Hötzl H, Makurat A (1981) Veränderungen der Grundwassertemperatur unter dicht bebauten Flächen am Beispiel der Stadt Karlsruhe. Z dt geol Ges 132: 767–777, 7 Abb, Hannover

Hötzl H, Reichert B (Hrsg) (1996) Schadstoffe im Grundwasser 4: Schadstofftransport und Schadstoffabbau bei der Uferfiltration am Beispiel des Untersuchungsgebietes „Böckinger Wiesen" im Neckartal bei Heilbronn. 346 S, 207 Abb, 40 Tab, VCH Verlagsgesellschaft, Weinheim

Hötzl H, Witthüser K (1999) Methoden zur Beschreibung der Grundwasserbeschaffenheit. DVWK-Schriften 125: 113 S, 18 Abb, 10 Tab, 2 Anhänge mit 126 S, 29 Abb, 18 Tab, Bonn

Hötzl H, Nahold M, Wei X, Bock P (1990) CKW-Sanierung – Erfahrungen über einen Schadensfall in Festgesteinen. Schr Angew Geol Karlsruhe 9: 175–186, 7 Abb, Karlsruhe

Hütter U, Remmler F, Schöttler U (1999) Niederschlagsversickerung unter dem Aspekt des Grundwasserschutzes. Gewässerschutz – Wasser – Abwasser 172: 36/1–36/15, 2 Abb, 5 Tab, Aachen

Hurle, K, Giessl, H, Kirchhoff, J (1987) Über das Vorkommen einiger ausgewählter Pflanzenschutzmittel in Baden-Württemberg. Schr Reihe Verein WaBoLu 68: 169–190, 2 Abb, 9 Tab, Gustav Fischer, Stuttgart

Husmann S, Marxsen J, Näveke R, Nehrkorn A, Ritter R, Roch K, Schmidt K, Schmidt C, Schweisfurth R (1988) Bedeutung biologischer Vorgänge für die Beschaffenheit des Grundwassers. DVWK-Schriften 80: 322 S, 88 Abb, 36 Tab, Bonn

Jacobs M, Schmorak S (1960) Salt water enchroachement in the coastal plain of Israel. Intern Assoc Sci Hydrol 52: 408–423, 8 Abb, 1 Tab, Gentbrugge

Jedlitschka J (1997) Grundwasser und Grundwasserschutz im europäischen Zusammenhang. In: Beudt J (Hrsg) Grundwasser-Management. Schutz – Reinigung – Sanierung. S 1–15, Springer, Berlin, Heidelberg

Kämmerer D (1998) Hydrogeologische Untersuchungen zur Grundwasserversauerung im südlichen Taunus. Geol Abh Hessen 103: 3–125, 87 Abb, 27 Tab, Wiesbaden

Käss W (1969) Gefährdung des Grundwassers durch Mineralöle. Problematik und Experimente. Heilbad u. Kurort 21/2: 12–17, 2 Abb, Gütersloh

Kerndorff H, Milde G, Friesel P, Brill V, Schleyer R, Arneth JD (1987) Investigation and evaluation of the groundwater contamination potential of waste disposal sites. In: van Duijvenbooden W, van Waegeningh HG (eds) Vulnerability of soil and groundwater to pollutants. Proceedings and Information/TNO Committee on Hydrological Research 38: 225–263, 1 Abb, 3 Tab, The Hague

Kinzelbach W (1987) Numerische Methoden zur Modellierung des Transports von Schadstoffen im Grundwasser. Schriftenr gwf-Wasser/Abwasser 21: 317 S, 182 Abb, 9 Tab, München

Kinzelbach W, Marburger M, Chiang WH (1992) Bestimmung von Brunneneinzugsgebieten in zwei und drei räumlichen Dimensionen. Geol Jb C 61: 3–38, 24 Abb, Hannover

Knoblauch S (1996) Wasser- und Stofftransport über präferentielle Fließbahnen in Böden – eine Literaturübersicht. Wasserwirtschaft 86: 598–602, 2 Abb, Stuttgart

Knoll KH (1969) Hygienische Bedeutung natürlicher Selbstreinigungsvorgänge für die Grundwasserbeschaffenheit im Bereich von Abfalldeponien. Müll u. Abfall 1: 35–41, 1 Abb, 3 Tab, Berlin, Bielefeld, München

Koch ER (1985) Die Lage der Nation 85/86: Umwelt-Atlas der Bundesrepublik – Daten, Analysen, Konsequenzen, Trends, 1. Aufl Geo, 464 S, Gruner + Jahr, Hamburg

Kölle W (1982) Auswirkungen der Nitratbelastung in einem reduzierenden Grundwasserleiter. DVGW-Schriftenr Wasser 31: 109–129, 3 Abb, 5 Tab, Bonn

Kölle W, Sontheimer H (1969) Die Problematik der Grundwasserverschmutzung durch Mineralölsubstanzen,- Baustoff – Chemie 50: 123–129, 8 Abb, 4 Tab, Essen

Kölle W, Werner P, Strebel O, Böttcher J (1983) Denitrifikation in einem reduzierenden Grundwasserleiter. Vom Wasser 61: 125–147, 8 Abb, 6 Tab, Weinheim/Bergstraße

Krause I, Neumayr V (1989) Eintrag von leichtflüchtigen aliphatischen chlorierten Kohlenwasserstoffen in Böden unter besonderer Berücksichtigung edaphischer und meteorologischer Einflüsse – Literaturstudie. 81 S, 16 Abb, 18 Tab, Eigenverlag Landesanstalt für Umweltschutz Baden-Württemberg, Karlsruhe

Krieter M (1988) Gefährdung der Trinkwasserversorgung in der Bundesrepublik Deutschland durch „Saure Niederschläge". DVGW-Schriftenr Wasser 57: 64 S, 12 Abb, 5 Tab, Eschborn

Länderarbeitsgemeinschaft Wasser (1990) LAWA 2000. Forderungen der Wasserwirtschaft für eine fortschrittliche Gewässerschutzpolitik. 7 S, Selbstverlag, Erfurt

Länderarbeitsgemeinschaft Wasser (1995) Bericht zur Grundwasserbeschaffenheit: Nitrat. 104 S, 50 Abb, 15 Tab, 1 Kte, Geschäftsstelle der LAWA, Berlin, Stuttgart

Länderarbeitsgemeinschaft Wasser (1996) National Water Conservation Plan – Current Central Issues 19 S, Berlin

Länderarbeitsgemeinschaft Wasser (1997) Bericht zur Grundwasserbeschaffenheit: Pflanzenschutzmittel. 92 S, 34 Abb, 36 Tab, Kulturbuch-Verlag, Berlin

Länderarbeitsgemeinschaft Wasser (2000 a) Empfehlungen zu Konfiguration von Meßnetzen sowie zu Bau und Betrieb von Grundwassermeßstellen (qualitativ). LAWA-Publikation, 32 S, 10 Abb, 1 Tab, Selbstverlag, Schwerin

Länderarbeitsgemeinschaft Wasser (2000 b) Gewässerschützende Landbewirtschaftung in Wassergewinnungsgebieten, 1. Aufl 43 S, 8 Abb, 5 Tab, 3 Anlg, Kulturbuch-Verlag Berlin, Schwerin

Länderarbeitsgemeinschaft Wasser (2002) Arbeitshilfe zur Umsetzung der EG-Wasserrahmenrichtlinie, Teil 3 Vorarbeiten und Hinweise zur Aufstellung eines EG-Bewirtschaftungsplanes, Entwurf vom 06.02.2002, 122 S, Schwerin

Landesamt für Wasserhaushalt und Küsten Schleswig-Holstein (Hrsg) (1993) Pflanzenschutzmittel (PSM) im Rohwasser von ausgewählten Trinkwassergewinnungsanlagen in Schleswig-Holstein. 25 S, 1 Abb, 3 Tab, Kiel

Landesamt für Wasserwirtschaft Rheinland-Pfalz (Hrsg) (1997) Pflanzenschutzmittel im Grundwasser – Bewertung von Monitoringprogrammen aus den Jahren 1989 bis 1996. 26 S, 8 Abb, 6 Tab, 9 Anlg, Mainz

Landesanstalt für Umweltschutz Baden-Württemberg (Hrsg) (1997) Ermittlung atmosphärischer Stoffeinträge in den Boden. Handbuch Boden/Materialien zum Bodenschutz 5: 122 S, 32 Abb, 26 Tab, Karlsruhe

Landesanstalt für Umweltschutz Baden-Württemberg (Hrsg) (1999) Pilotprojekt Karlsruhe: Änderung der Grundwasserbeschaffenheit auf dem Fließweg unter der Stadt – Auswertung und Ergebnisse. Grundwasserschutz, 7: 83 S, 7 Abb, 10 Tab, Karlsruhe

Landesanstalt für Umweltschutz Baden-Württemberg (Hrsg) (2000 a) Arzneimittelrückstände und endokrin wirkende Stoffe in der aquatischen Umwelt – Literaturstudie. Grundwasserschutz 8: 99 S, 15 Abb, 10 Tab, Karlsruhe

Landesanstalt für Umweltschutz Baden-Württemberg (Hrsg) (2000 b) Grundwasserüberwachungsprogramm – Ergebnisse der Beprobung 1999. Grundwasserschutz 14: 69 S, 20 Abb, 7 Tab, Karlsruhe

Lang A, Bruns H (1940) Über die Verunreinigung des Grundwassers durch chemische Stoffe. gwf-Wasser/Abwasser 83: 6–9, München

Langguth HR, Toussaint B (1991) Avons-nous surestimé le pouvoir épurateur du sous-sol? Quelques exemples. Communications du colloque "Géologie et Santé", Toulouse, 14–17 mai 1991 (AGSO, BRGM, UPS), 141–154, 7 Abb, Toulouse

Lohaus J (1999) Zustandsbericht der Kanalisation in Deutschland. Gewässerschutz – Wasser – Abwasser 172: 30/1–30/10, 5 Abb, 4 Tab, Aachen

Magierea P (1999) Schadstoffe im Hydrologischen Kreislauf – Empfindlichkeit des Grundwassers. Zentralbl F Geol, Paläontol, Teil I 1999: 9–26, 5 Abb, 2 Tab, Stuttgart

Mathys W (1993) Pestizidbelastungen von Grund- und Trinkwässern durch die Prozesse der „künstlichen Grundwasseranreicherung" oder der Uferfiltration: unterschätzte Kontaminationsquellen. Zbl f Hygiene u. Umweltmedizin 712: 888–896, 13 Abb, 4 Tab, Mannheim

Matthess G (1994) Die Beschaffenheit des Grundwassers, 3. überarb Aufl Lehrbuch der Hydrogeologie 2: 499 S, 139 Abb, 116 Tab, Borntraeger, Berlin Stuttgart

Matthess G, Ubell K (1983) Lehrbuch der Hydrogeologie, Bd I: Hydrogeologie – Grundwasserhaushalt. 438 S, 214 Abb, 75 Tab, Borntraeger, Berlin Stuttgart

Merkel B, Freitag G, Grossmann J, Udluft P, Ullsperger I (1987) Auswirkungen urbaner Besiedlung auf oberflächennahe Grundwasserleiter. Z dt geol Ges 138: 237–286, 3 Abb, 6 Tab, Hannover

Milde G, Friesel P (1987) Grundwasserqualitätsbeeinflussungen durch Anwendungen von Pflanzenschutzmitteln. Schr Reihe Verein WaBoLu 68: 11–43, 6 Abb, 17 Tab, Gustav Fischer, Stuttgart

Ministerium für Ernährung, Landwirtschaft, Umwelt und Forsten Baden-Württemberg (Hrsg) (1985 a) Leitfaden für eine Beurteilung und Behandlung von Grundwasserverunreinigungen durch leichtflüchtige Chlorkohlenwasserstoffe, 2. erg Aufl Schriftenr Wasserwirtschaftsverwaltung, 13: 104 S, 71 Abb, 15 Tab, Stuttgart

Ministerium für Ernährung, Landwirtschaft, Umwelt und Forsten Baden-Württemberg (Hrsg) (1985 b) Leitfaden Umgang mit leichtflüchtigen chlorierten und aromatischen Kohlenwasserstoffen. Wasserwirtschaftsverwaltung 15: 148 S, Stuttgart

Ministerium für Umwelt und Naturschutz, Landwirtschaft und Verbraucherschutz NRW (Hrsg) (2002) Grundwasserbericht 2000 Nordrhein-Westfalen. 269 S, 121 Abb, 35 Tab, Düsseldorf

Mollweide HU (1971) Zur Frage der Beeinflussung des Grundwassers durch die Ablagerung fester Rückstandsstoffe. Z Ges Hyg, Grenzgeb 17:, 261–264, Berlin

Müller, J (1952) Bedeutsame Feststellungen bei Grundwasserverunreinigungen durch Benzin. gwf-Wasser/Abwasser 93: 205–209, 1 Abb, 1 Tab, München

Nerger M (1990) Leichtflüchtige Chlorkohlenwasserstoffe im Grundwasser pleistozäner Lockersedimente. Schr Reihe Verein WaBoLu 84: 174 S, 38 Abb, 18 Tab, 7 Abb, 22 Tab im Anh, Stuttgart

Niedersächsisches Landesamt für Ökologie (Hrsg) (2001) Anwenderhandbuch für die Zusatzberatung Wasserschutz. Grundwasserschutz-orientierte Bewirtschaftungsmaßnahmen in der Wasserwirtschaft und Methoden ihrer Erfolgskontrolle. 267 S, 120 Abb, 22 Tab, Hildesheim

Nöring F, Farkasdi G, Golwer A, Knoll KH, Matthess G, Schneider W (1968) Über die Abbauvorgänge von Grundwasserverunreinigungen im Unterstrom von Abfalldeponien. gwf-Wasser/Abwasser 109: 137–142, 4 Abb, 8 Tab, München

Nyer EK, Suarez G (2002) In situ biodegradation is better than monitored natural attenuation. Ground Water Monitoring and Remediation 22: 30–39, 2 Abb, 1 Tab, Westerville/Ohio

Obermann P (1988) Ursachen und Folgen der Nitratbelastung des Grundwassers. In: Rosenkranz D, Bachmann G, König W, Einsele G (Hrsg) Handbuch Bodenschutz. 1. Lfg, XI/88: 4380, 23 S, 11 Abb, E Schmidt, Berlin

Osterkamp G, Skala W (1987) Hydrochemische Veränderung eines Grundwassers durch Altablagerungen. Z dt geol Ges 138: 287–297, 10 Abb, Hannover

Ottens JJ, Arnold GE, Buzás Z, Chilton J, Enderlein R, Havas-Sziláyi E, Roučak P, Tarasova O, Timmerman JG, Toussaint B, Varela M (2000) Guidelines on Monitoring and Assessment of Transboundary Groundwaters. UN/ECE Task Force on Monitoring u. Assessment, 64 S, 8 Abb, 7 Tab, Lelystad/the Netherlands

Palys M (1987) Groundwater pollutions on the area of petrochemical factories. In: van Duijvenbooden W, van Waegeningh HG (eds) Vulnerability of soil and groundwater to pollutants. Proceedings and Information/TNO Committee on Hydrological Research 38: S 821–824, 1 Tab, The Hague

Pankow JF, Cherry JA (eds) (1996) Dense chlorinated solvents and other DNAPLS in groundwater: history, behaviour, and remediation. 522 S, 179 Abb, 53 Tab, Waterloo Press, Portland, Oregon

Pfingsten W, Mull R (1990) Transportprozesse in Kluftgrundwasserleitern. Dt gewässerkdl Mitt 34: 116–123, 9 Abb, 1 Tab, Koblenz

Preim A, Mull R (1995) Pyritverwitterung in Abbaukippen des Braunkohletagebaus – limitierende Einflüsse und resultierende Grundwasserkontamination. Z dt geol Ges 148: 146–151, 14 Abb, Hannover

Quadflieg A (1990) Zur Geohydrochemie der Kluftgrundwasserleiter des nord- und osthessischen Buntsandsteingebietes und deren Beeinflussung durch saure Depositionen. Geol Abh Hessen 90: 110 S, 26 Abb, 24 Tab, 8 Beil, Wiesbaden

Quentin KE, Weil L, Udluft P (1973) Grundwasserverunreinigungen durch organische Umweltchemikalien. Z dt geol Ges 124: 417–424, 4 Abb, 4 Tab, Hannover

Rat von Sachverständigen für Umweltfragen (1998) Flächendeckend wirksamer Grundwasserschutz. Ein Schritt zur dauerhaft umweltgerechten Entwicklung, Sondergutachten. 202 S, 37 Abb, 49 Tab, Metzler-Poeschelt, Stuttgart

Rehse W (1977) Elimination und Abbau von organischen Fremdstoffen, pathogenen Keimen und Viren in Lockergesteinen – Ein Beitrag zur Dimensionierung der Zone II (Engere Schutzzone) für Kies-Sand-Grundwasserleiter. Z dt geol Ges 128: 319–329, 3 Abb, 1 Tab, Hannover

Rietzler J (1990) Transport von stark belasteten Sickerwässern durch eine tonige Sohldichtung. Z dt geol Ges 141: 263–269, 7 Abb, 2 Tab, Hannover

Rohmann U (1987) Zukünftiger Grundwasserschutz – Landwirtschaft und Wasserwirtschaft in gemeinsamer Verantwortung. Beitr zur kommunalen Versorgungswirtschaft 68: 73–101, 17 Abb, Köln

Rössler B (1951) Beeinflussung des Grundwasers durch Müll und Schuttablagerungen. Vom Wasser 18: 43–60, 13 Abb, 6 Tab, Weinheim/Bergstraße

Schenk D, Kaupe M (1998) Grundwassererfassungssysteme in Deutschland, dargestellt auf der Basis hydrogeologischer Prozesse und geologischer Gegebenheiten. Materialien zur Umweltforschung 29: 220 S, 59 Abb, 43 Tab, Metzler-Poeschel, Stuttgart

Scheytt T, Grams S, Fell H (1998) Vorkommen und Verhalten eines Arzneimittels (Clofibrinsäure) im Grundwasser. Grundwasser 3: 67–77, 9 Abb, 5 Tab, Hannover

Schirmer M (1999) Das Verhalten des Benzininhaltsstoffes Methyltertiärbuthylether (MTBE) im Grundwasser. Grundwasser 4: 95–102, 1 Abb, 2 Tab, Hannover

Schleyer R (1993) Kartierung der Verschmutzungsempfindlichkeit von Grundwasser durch multivariate statistische Auswertung geologischer, geographischer und hydrogeochemischer Daten. WaBoLu-Hefte 4/1993: 140 S, 74 Abb, 8 Tab, Berlin

Schleyer R, Kerndorff H (1992) Die Grundwasserqualität westdeutscher Trinkwasserressourcen – Eine Bestandsaufnahme für den vorbeugenden Grundwasserschutz sowie zur Erkennung von Grundwasserverunreinigungen. 249 S, 187 Abb, 77 Tab, VCH, Weinheim

Schleyer R, Renner I, Mühlhausen D (1991) Beeinflussung der Grundwasserqualität durch luftgetragene Schadstoffe. WaBoLu-Hefte 5/1991: 96 S, 55 Abb, 15 Tab, Berlin

Schleyer R, Fillibeck J, Hammer J, Raffius B (1996) Beeinflussung der Grundwasserqualität durch Deposition anthropogener organischer Stoffe aus der Atmosphäre. WaBoLu-Hefte 10/96: 321 S, 148 Abb, 73 Tab, Berlin

Schoen R (1989) Deposition versauernder Luftschadstoffe in der Bundesrepublik Deutschland – eine Literaturauswertung. DVWK-Mitt 17: 93–103, 6 Abb, Bonn

Schössner H (1994) Injektionen in den Untergrund – Anforderungen und Prüfungen aus wasserhygienischer Sicht. Wasser und Boden 46/5: 62–64, 4 Abb, Hamburg

Schwarz A, Kaupenjohann, M (2001) Vorhersagbarkeit des Stofftransportes in Böden unter Berücksichtigung des schnellen Flusses (preferential flow). Wasserwirtschaft Abwasser Abfall 48: 48–53, 2 Abb, 1 Tab, Hennef

Schweigert P (2002) Abschätzung der Nitratauswaschung in Wasserschutzgebieten durch Analyse von N_{min}-Daten. Wasser und Boden 54: 33–36, 3 Abb, 3 Tab, Berlin

Schwille F (1969) Hohe Nitratgehalte in den Brunnenwässern der Moseltalaue zwischen Trier und Koblenz. gwf-Wasser/Abwasser 110: 35–44, 6 Abb, München

Schwille F, Vorreyer C (1969) Durch Mineralöl „reduzierte" Grundwässer. gwf-Wasser/Abwasser 110: 1225–1232, 8 Abb, 1 Tab, München

Schwille F (1981) Groundwater pollution in porous media by fluids immiscible with water. The Science of the Total Environment 21: 173–185, 9 Abb, 1 Tab, Amsterdam

Schwille F (1982) Die Ausbreitung von Chlorkohlenwasserstoffen im Untergrund, erläutert anhand von Modellversuchen. DVGW-Schriftenr Wasser 31: 203–232, 20 Abb, 2 Tab, Eschborn

Schwille F, Weber D (1991) Model experiments on gravity spreading of heavy organic vapors in the zone of aeration (Modellversuche zur Schwerkraftausbreitung schwerer organischer Dämpfe in der lufthaltigen Zone). Schr Angew Geol Karlsruhe 12: 153–211, 24 Abb, 6 Tab, Karlsruhe

Schwille F, Ubell K, Wehr R (1986) Vermaschte Kluftmodelle – Strömungsvorgänge und Stofftransport in klüftigen Medien. Bes Mitt dt gewässerkdl Jb 48: 73 S, 137 Abb, 5 Tab, 32 Taf, Koblenz

Schwille F, Bertsch W, Linke R, Reif W, Zauter S (1984) Leichtflüchtige Chlorkohlenwasserstoffe in porösen und klüftigen Medien – Modellversuche. Bes Mitt dt gewässerkdl Jb 46: 270 S, 42 Abb, 2 Tab, 12 Taf, Koblenz

Skark C (2001)Beeinflussung der Grundwasserqualität durch Wirtschaftsdünger und Sekundärrohstoffe. ATV – DVWK-Arbeitsbericht, 173 S, 8 Abb, 31 Tab, Hennef

Skark C, Leuchs W (1994) Vorkommen von Pflanzenschutzmitteln in Grund- und Oberflächenwasser – Strategien zur Vermeidung ihres Auftretens. Forum Städte – Hygiene 45: 11–19, 6 Abb, 6 Tab, Berlin

Skowronek F, Fritsche JG, Aragon U, Rambow D (1999) Die Versenkung und Ausbreitung von Salzabwasser im Untergrund des Werra-Kaligebietes. Geol Abh Hessen 105: 83 S, 23 Abb, 12 Tab, Wiesbaden

Straub J (1992) Ausbreitungsverhalten von leichtflüchtigen Chlorkohlenwasserstoffen in der ungesättigten Bodenzone. Hydrogeologie und Umwelt 4: 1–119, 48 Abb, 27 Tab, Würzburg

Ternes TA, Hirsch RW, Stumpf M, Eggert T, Schuppert BF, Haberer K (1999) Nachweis und Screening von Arzneimittelrückständen, Diagnostika und Antiseptika in der aquatischen Umwelt. Abschlußbericht des BMBF-Forschungsvorhabens 02WU9567/3, 234 S, 45 Abb, 80 Tab, Wiesbaden

Thom S, Hentschel B, Sommer von Jammerstedt C, Pekdeger A (1995) Die Grundwasserversalzung in der Werra-Talaue durch Uferfiltration. Z dt geol Ges 146: 114–121, 5 Abb, 2 Tab, Hannover

Toussaint, B (1988) Staatliche Überwachung der Grundwasserbeschaffenheit in der Bundesrepublik Deutschland – ein neues Aufgabenfeld für Hydrogeologen. Wissenschaft und Umwelt 3/1988: 163–175, 3 Abb, 4 Tab, Vieweg, Braunschweig, Wiesbaden

Toussaint, B (1990) Belastung von Boden und Grundwasser durch leichtflüchtige halogenierte Kohlenwasserstoffe bei Schadensfällen in Südhessen. Schr Reihe Verein WaBoLu 82: 139–169, 9 Abb, 1 Tab, Stuttgart

Toussaint B (1994) Umweltproblematik und Hydrogeologie der Erkundung von Boden- und Grundwasser-Kontaminationen durch leichtflüchtige halogenierte Kohlenwasserstoffe. Umweltplanung, Arbeits- und Umweltschutz 168: 327 S, 111 Abb, 31 Tab, Wiesbaden

Toussaint B (1995) Verpflichtung und Beitrag der Agrarwirtschaft zum Grundwasserschutz. Umweltplanung, Arbeits- und Umweltschutz 180: 91–105, 6 Abb, Wiesbaden

Toussaint B (1996) Meßnetzdesign, Meßstellenbau und Beprobungstechniken im Zusammenhang mit der staatlichen Grundwasserüberwachung. Institut für Grundwasserwirtschaft TU Dresden, Mitt 1: 21–44, 8 Abb, 1 Tab, Dresden

Toussaint B (2000 a) Überblick über die Grundwasserüberwachung in Deutschland/Groundwater monitoring in Germany – an overview. IHP/OHP-Jahrbuch der BR Deutschland, 1991–1995, Teil I Sammelband, 73–77, Koblenz

Toussaint B (2000 b) Das „Grundwasser" in der EU-Wasserahmenrichtlinie aus hydrogeologischer Sicht. Mitt Ing, Hydrogeol 76: 31–50, 2 Abb, 2 Tab, Aachen

Toussaint BB, Weyer KU (1992) Limitations of sampling subsurface contamination by volatile hydrocarbons in unconsolidated, fractured and karstic rocks: 2. Evaluation of three case histories. In Weyer KU (ed) Subsurface contamination by immiscible fluids (Proceedings of the Conference of the Intern Association of Hydrogeologists in Calgary, 18. – 20. april 1990), 287–295, 4 Abb, 4 Tab, Balkema, Rotterdam

Toussaint E (1989) Landwirtschaft und Trinkwasserqualität. Integrierter Pflanzenbau 5/88: 148S, 48 Abb, Bonn

Umweltbundesamt (Hrsg) (2000) Daten zur Umwelt. Der Zustand der Umwelt in Deutschland 2000. 380 S, 233 Abb, 199 Tab, 1 CD-Rom, E Schmidt, Berlin

Vierhuff H, Wagner W, Aust H (1981) Die Grundwasservorkommen in der Bundesrepublik Deutschland. Geol Jb C 30: 3–110, 20 Abb, 12 Tab, 4 Taf, Hannover

Villinger E (1987) Pflanzenschutzmittel und Grundwasserschutz in Baden-Württemberg. Ein Beitrag aus hydrogeologischer Sicht. gwf-Wasser/Abwasser 128: 629–635, 2 Abb, 1 Tab, München

Voigt, HJ (1975) Die Rolle des Kationenaustausches bei der Bildung der chemischen Zusammensetzung der Grundwässer. Z Angew Geologie 21: 420–423, 3 Abb, Berlin

Voigt HJ (1990) Hydrogeochemie. Eine Einführung in die Beschaffenheitsentwicklung des Grundwassers. 310 S, 107 Abb, 115 Tab, VEB Deutscher Verlag für Grundstoffindustrie, Leipzig

Werner J (1981) Die Ausbreitung von Halogenkohlenwasserstoffen im tieferen Untergrund in Abhängigkeit von den geologischen und hydrogeologischen Verhältnissen. DVGW-Schriftenr Wasser 29: 79–89, 7 Abb, Eschborn

Wurl J, Sommer von Jarmerstedt C, Pekdeger A (1995) Geogene und anthropogene Beeinträchtigungen der Grundwasservorkommen im südwestlichen Stadtgebiet von Berlin. Z dt geol Ges 146: 243–249, 6 Abb, 1 Tab, Hannover

Zimmermann U, Münnich KO, Roether W (1967) Messung der Abwärtsbewegung der Bodenfeuchte und der Evapotranspiration mit Hilfe von Wasserstoff-Isotopentracern. Mem Intern Assoc Hydrogeol 7: 14–15, 1 Abb, Hannover

Zullei-Seibert N (1996) Belastung von Gewässern mit Pflanzenschutzmitteln: Ergebnisse einer Bestandsaufnahme in Deutschland und der Europäischen Union. Mitt Inst f Grundwasserwirtschaft TU Dresden 1: 179–201, 8 Abb, 1 Tab, Dresden

Zwittnig L (1964) Die Beeinflussung des Grundwassers durch Mülldeponien. Steir Beitr Hydrogeol, NF 15/16: 91–106, 10 Abb, 4 Tab, Graz

Literatur zu Kapitel 8

Ackerer P, Battermann G, Blotenberg U, Gruhn A, Kinzelbach W, Schneider W, Voss A (1991) Sanierungsverfahren für Grundwasserschadensfälle und Altlasten – Anwendbarkeit und Beurteilung. DVWK-Schriftenreihe 98: 228 S, 77 Abb, 36 Tab, Bonn

Alesi EJ, Rehner G (1988) Bodenluftabsaugung über Doppelmantelfilter. Umwelt & Technik, 88/7–8: 40–42, 2 Abb, München

Battermann G (1988) Hydraulisch-geologische Voraussetzungen biologischer Reinigungsprozesse im Untergrund. Schriftenreihe Verein WaBoLu 80: 187–207, 9 Abb, Stuttgart

Battermann G, Werner P (1988) Feldexperimente zur mikrobiologischen Dekontamination. Abfallwirtschaft in Forschung und Praxis 22: 167–185, 8 Abb, Berlin

Bayer HJ (1991) Prinzipien des steuerbaren Horizontal-Spülbohrverfahrens. 3R international 30: 511–517, 11 Abb, 1 Tab, Essen

Bayer HJ, Donie C (1990) Neuartige Bohrtechnik zur Erleichterung der Sanierung kontaminierter Standorte. Schr Angew Geol 9: 113–122, 4 Abb, Karlsruhe

Bedient PB (1992) Pump-and-treat systems for groundwater contaminants. In: Charbeneau, RJ, Bedient PB, Loehr RC (eds) Groundwater remediation, Water quality management library. Vol 8: 83–116, 11 fig, 2 tables, Technomic Publication, Lancaster, Basel

Bedient PB, Johnson PC (1992) Soil vapor extraction systems. In: Charbeneau RJ, Bedient PB, Loehr RC (eds) Groundwater remediation. Water quality management library Vol 8: 143–160, 5 fig, 2 tables, Technomic Publication, Lancaster, Basel

Beitinger E, Bütow E (1997) Konstruktive und herstellungstechnische Anforderungen an unterirdische, durchströmte Reinigungswände zur in-situ-Dekontamination. IWS-Schriftenreihe 28: 342–356, 12 Abb, Berlin

Bertges WD (1996) Anforderungen an die Sachkunde von Gutachtern bei der Altlastenbearbeitung. In Kompa, R, Schreiber, B (Hrsg) Altlasten und kontaminierte Böden. '95/'96, Forum Umweltschutz '95/'96, Veranstaltung der TÜV-Akademie Rheinland und der TÜV Rheinland Sicherheit und Umweltschutz GmbH am 11 und 12 Oktober 1995 in Köln, 17–25, Köln

Bock P (1990) Untergrundsanierung mittels Bodenluftabsaugung und In-Situ-Strippen) Art und Umfang der CKW-Schadensfälle, Stand und Grenzen der Technik. Schr Angew Geol 9: 5–26, 7 Abb, 7 Tab, Karlsruhe

Böhler U, Brauns J, Hötzl H (1989) Bodenluftabsaugung und Drucklufteinblasung zur Sanierung von CKW-Schadensfällen: Systematische Untersuchungen zu einer Sanierungsmaßnahme im Lockergestein. Mitt Abt Erdbaudamm und Deponiebau, Inst Boden- u Felsmechanik, Univ Karlsruhe 2: 128 S, 77 Abb, 12 Tab, 17 Anlagen

Brauns J, Wehrle K (1990) Zur Dynamik der Bodenluftabsaugung in Lockergestein. Schr Angew Geol 9: 123–142, 13 Abb, Karlsruhe

Breh W (1998) Erkundung und Sanierung kontaminierter geringmächtiger Grundwasserleiter. Schr Angew Geol 52: 170 S, 64 Abb, 11 Tab, Karlsruhe

Bruckner F (1990) Kritisches Resumé aus Anwendersicht zur Untergrundsanierung mittels Bodenluftabsaugung und In-Situ-Strippen. Schr Angew Geol 9: 331–337, 4 Abb, Karlsruhe

Bruckner F, Harress H, Hiller D (1986) Die Absaugung der Bodenluft – ein Verfahren zur Sanierung von Bodenkontaminationen mit leichtflüchtigen chlorierten Kohlenwasserstoffen. bbr 37: 174–179, 6 Abb, Köln

Bürmann W (1991) Zur Zirkulationsströmung am Unterdruck-Verdampfer-Brunnen (UVB). Umweltplanung, Arbeits- u Umweltschutz 121) 64–80, 12 Abb, Wiesbaden

Bundesregierung (1991) Zweite Allgemeine Verwaltungsvorschrift zum Abfallgesetz (TA Abfall) vom 12 März 1991 GMBl I, S 139, Bonn

Bundesregierung (1993) Dritte Allgemeine Verwaltungsvorschrift zum Abfallgesetz (TA Siedlungsabfall) vom 14 Mai 1993 BAnz, S 4967 u Beilage, Bonn

Bundesregierung (1997) Gesetz zur Änderung des Baugesetzbuchs und zur Neuregelung des Rechts der Raumordnung (Bau- und Raumordnungsgesetz – ROG) vom 18 August 1997, BGBl I, S 2081, Bonn

Bundesregierung (1998) Gesetz zum Schutz vor schädlichen Bodenveränderungen und zur Sanierung von Altlasten (Bundes-Bodenschutzgesetz – BBodSchG) vom 17 März 1998, BGBl I S 502, Bonn

Bundesregierung (1999) Bundes-Bodenschutz- und Altlastenverordnung (BBodSchV) vom 22 Juli 1999, BGBl I, S 1554, Bonn

Bundesregierung (2002 a) Gesetz über Naturschutz und Landschaftspflege (Bundesnaturschutzgesetz – BNatSchG) in der Neufassung vom 21 September 1998, BGBl I, S 2994, zuletzt geändert mit Gesetz vom 2532002, BGBl I, S 1193, Bonn

Bundesregierung (2002 b) Gesetz zur Ordnung des Wasserhaushalts (Wasserhaushaltsgesetz – WHG) in der Neufassung vom 12 November 1996, BGBl I, S 1695, zuletzt geändert mit Gesetz vom 1982002, BGBl I, S 3245, Bonn

Bundesregierung (2002 c) Gesetz zur Förderung der Kreislaufwirtschaft und Sicherung der umweltverträglichen Beseitigung von Abfällen (Kreislaufwirtschafts- und Abfallgesetz – KrW-/AbfG) vom 27 September 1994, BGBl I, S 2705, zuletzt geändert mit Gesetz vom 2182002, BGBl I, S 3322, Bonn

Bundesregierung (2002 d) Gesetz zum Schutz vor schädlichen Umwelteinwirkungen durch Luftverunreinigungen, Geräusche, Erschütterungen und ähnliche Vorgänge (Bundes-Immissionsschutzgesetz – BImSchG) in der Neufassung vom 14 Mai 1990, BGBl I, S 880, zuletzt geändert mit Gesetz vom 2692002, BGBl I, S 3830, Bonn

Burkhardt G, Egloffstein T (1996) Oberflächenabdichtungssysteme für Deponien und Altlasten Eine Standortbestimmung In: Kompa, R, Schreiber, B (Hrsg) Altlasten und kontaminierte Böden '95/'96, Forum Umweltschutz '95/'96, Veranstaltung der TÜV-Akademie Rheinland und der TÜV Rheinland Sicherheit und Umweltschutz GmbH am 11 und 12 Oktober 1995 in Köln, 173–197, 3 Abb, 2 Tab, Köln

Burmeier H, Dahme A, Teutsch G, Birke V (2003) Reinigungswände in Deutschland und in der Welt) Entwicklungen und Potentiale einer neuen Sanierungstechnik. Grundwasser 8: 137–139, Hannover

Charbeneau RJ (1992) Multiphase contamination and free product recovery. In: Charbeneau RJ, Bedient PB, Loehr RC (eds) Groundwater remediation, Water quality management library. Vol 8, p 161–183, 12 fig, 52 tables, Technomic Publication Lancaster, Basel

Cherry JA, Feenstra S, Mackay DM (1996) Concepts for the remediation of sites contaminated with dense non-aqueous phase liquids (DNAPLs). In: Pankow JF, Chery JA (eds) Dense chlorinated solvents and other DNAPLs in groundwater. History, behaviour, and remediation, p 475–506, 17 fig, 1 table, Waterloo Press Portland/Oregon

Croisé J, Kinzelbach W, Schmolke J (1990) Luftströmungen in der ungesättigten Bodenzone bei in-situ-Sanierungsmaßnahmen. Wasser u Boden 42: 151–170, 13 Abb, 1 Tab, Hamburg

Dahmke A, Bremstahler F, Schlicker O, Wüst W (1997) Grundwasserrelevante Inhibierungsprozesse der LHKW-Dehalogenierung in Fe^0-Reaktionswänden. IWS-Schriftenr 28:324–341, 8 Abb, 2 Tab, Berlin

Edel HG, Voigt T (2001) Passive Grundwassersanierung – ein Verfahrens- und Kostenvergleich. TerraTech 10/1: 40–44, 6 Abb, 7 Tab, Mainz

Edel HG, Weber, W, Hutschenreuter, O (1997) Das BioAirlift-Verfahren – in-situ-Sanierung des Militärstandortes Wallsbüll. IWS-Schriftenreihe 28: 195–205, 5 Abb, 6 Tab, Berlin

Eikmann T, Kloke A (1993) Nutzungs- und schutzgutbezogene Orientierungswerte für (Schad-)Stoffe in Böden – Eikmann – Kloke-Werte. In: Rosenkranz D, Bachmann G, König W, Einsele G (Hrsg) Bodenschutz, Ergänzbares Handbuch der Maßnahmen und Empfehlungen für Schutz, Pflege und Sanierung von Böden, Landschaft und Grundwasser, 2 Bd, BoS 14 Lfg X/93, 3590: 1–26, 2 Abb, 6 Tab, E Schmid, Berlin

Europäische Gemeinschaft (2000) Richtlinie 2000/60/EG des Europäischen Parlaments und des Rates vom 23 Oktober 2000 zur Schaffung eines Ordnungsrahmens für Maßnahmen der Gemeinschaft im Bereich der Wasserpolitik. Amtsblatt der Europäischen Gemeinschaften L 327 vom 22.12.2000, 72 S, Luxemburg/Brüssel

Fachsektion Hydrogeologie in der Deutschen Geologischen Gesellschaft (Hrsg) (1999) Hydrogeologische Modelle) ein Leitfaden für Auftraggeber, Ingenieurbüros und Fachbehörden. Schriftenr Dt Geol Ges 10: 36 S, 5 Abb, 2 Tab, Hannover

Fachsektion Hydrogeologie in der Deutschen Geologischen Gesellschaft (Hrsg) (2002) Das Hydrogeologische Modell als Basis für die Bewertung von Monitored Natural Attenuation bei der Altlastenbewertung – Ein Leitfaden für Auftraggeber, Ingenieurbüros und Fachbehörden. Schriftenr Dt Geol Ges 23: 29 S, 3 Abb, 5 Tab, Hannover

Fröhlich H, Gidarakos E (2000) Untersuchung der Wirksamkeit von Abbaubeschleunigern zur Erhöhung der Abbauleistung des Bioventing-Verfahrens. TerraTech 9/3: 32–34, 4 Abb, 3 Tab, Mainz

Guderitz I, Marxsen J, Nävecke R, Nehrkorn A, Preuß G, Rumm P, Schminke HK, Toussaint B (1997) Parameter und Methoden der biologischen Charakterisierung des Wassers im Untergrund – Feststoffe und Wasser. DVWK-Schriften 120: 260 S, 32 Abb, 19 Tab, Bonn

Haglauer-Ruppel B, Hoffmann EW, Hoffmann U (2000) Bilanzierung des Verbleibs der kontaminierten Böden aus der Altlastensanierung – Bestandsaufnahme und Schwachstellenanalyse. TerraTech 9/3: 57–58, 2 Abb, 2 Tab, Mainz

Hanert HH, Harborth P, Lehmann M, Windt E, Rinkel U, Scheibel HJ, Hoppenheidt K, Rose H (1988) Technische In-situ-Maßnahmen und ihre umweltverträgliche Überwachung bei der biologischen Reinigung von halogenorganisch-organisch belasteten Böden und Gewässern. Schr-Reihe Verein WaBoLu 80: 231–245, 7 Abb, Stuttgart

Haus R (2002) Elektrokinetische Bodensanierung. Schr Angew Geol 65: 214 S, 110 Abb, 31 Tab, Karlsruhe

Haus R, Zorn R (1998) Elektrokinetische In-situ-Sanierung kontaminierter Industriestandorte. Schr Angew Geol 54: 93–118, 11 Abb, 5 Tab, Karlsruhe

Held T (1998) Mikrobiologische In-Situ-Verfahren. Kontakt & Studium 563: 81–1000, 12 Abb, 3 Tab, expert verlag, Renningen-Malsheim

Held T (2000) Natural Attenuation bei CKW-Kontaminationen. In: Kreysa G, Track T, Michels J, Wiesner J (Hrsg) Natural Attenuation – Möglichkeiten und Grenzen naturnaher Sanierungsstrategien. Resümee und Beiträge zum 1 Symposium Natural Attenuation vom 27 bis 28 Oktober 1999 bei der DECHEMA eV, Frankfurt am Main, 149–166, 2 Abb, 3 Tab, DECHEMA, Frankfurt am Main

Held T, Rippen G, Bohlen D (1996) Konzept und Ergebnisse der in-situ-Sanierung des Schadensfalles Pintsch, Hanau. In: Kreysa, & Wiesener (Hrsg) 11 DECHEMA-Fachgespräch Umweltschutz "In-situ-Sanierung von Böden" am 17/18 April 1996, Frankfurt, DECHEMA, Frankfurt am Main

Henning P, Harpering H, Poll KG, Voigt G (1993) In-situ-Bodensanierung mit Schallenergie. TerraTech, 2/4: 62–65, 9 Abb, Mainz

Herbert M, Starke U (1992) Verfahren zur Sanierung von PAK-kontaminierten Böden. In: Rosenkranz D, Bachmann G, König W, Einsele G (Hrsg) Bodenschutz, Ergänzbares Handbuch der Maßnahmen und Empfehlungen für Schutz, Pflege und Sanierung von Böden, Landschaft und Grundwasser. 2 Bd, BoS 12 Lfg X/92, 6500) 1–18, E Schmid, Berlin

Herrling B, Bürmann W (1990) UVB-Verfahren – Grundprinzip und Messungen. Schr Angew Geol 9: 275–290, 13 Abb, Karlsruhe

Herzig R, Guadagnini M, Erismann KH (1997) Chancen der Phytoextraktion. TerraTech 6/2: 49–52, 5 Abb, Mainz

Hötzl H, Nahold M, Wei X, Bock P (1990) CKW-Sanierung – Erfahrungen über einen Schadensfall in Festgesteinen. Schr Angew Geol 9: 175–186, 7 Abb, Karlsruhe

Holzwerth W (1990) Anordnung und Ausführung von Bodenluft-Absaugbrunnen. Schr Angew Geol 9: 159–173, 7 Abb, 2 Tab, Karlsruhe

Hoppenheidt K, Kästner M, Hanert HH (1989) Aktivierung des biologischen Abbaus persistenter organischer Umweltchemikalien in einem kontaminierten Grundwasser. gwf-Wasser/Abwasser 130: 697–705, 4 Abb, 8 Tab, München

Hugo A, Koch M, Lindemann H, Robrecht H (1999) Altlastensanierung und Bodenschutz Planung und Durchführung von Sanierungsmaßnahmen – Ein Leitfaden. 373 S, 52 Abb, 52 Tab, Springer, Berlin, Heidelberg

Huttenloch P (2002) Neue Sorptionsmedien für die Grundwassersanierung mit Reaktiven Wänden. Schr Angew Geol 69: 201 S, 66 Abb, 52 Tab, Karlsruhe

Jütterschenke F (1994) Thermische In-situ-Bodensanierung mit Hochfrequenzenergie. TerraTech 3/2: 57–59, 4 Abb, Mainz

Kinzelbach W (1987) Numerische Methoden zur Modellierung des Transports von Schadstoffen im Grundwasser. Schriftenreihe gwf-Wasser/Abwasser 21: 317 S, 182 Abb, 9 Tab, München

Kinzelbach W, Kauffmann G (1987) Hydraulische Maßnahmen zur Bewirtschaftung von teilweise verschmutzten Grundwasserleitern. Z dt geol Ges 138: 341–351, 10 Abb, Hannover

Kniebusch MM (1997) Grundwasserreinigung eines kontaminierten Kokereigeländes – Abbau von PAK mittels Membran-Biofilm-Reaktor. IWS-Schriftenreihe 28: 258–270, 11 Abb, Berlin

Köber R, Ebert M, Schäfer D, Dahmke A (2001) Kombination von Fe^0 und Aktivkohle in Reaktionswänden zur Sanierung komplexer Mischkontaminationen im Grundwasser. altlasten spektrum 10: 91–95, 7 Abb, 1 Tab, Berlin

Kobus H (1981) Strömungsmechanische Grundlagen des Transports der Halogenkohlenwasserstoffe in Grundwasserleitern – Maßnahmen zur Erfassung des verunreinigten Wassers. DVGW-Schriftenreihe Wasser 29: 91–104, 7 Abb, Eschhborn

Kreysa G, Track T, Michels J, Wiesner J (Hrsg) 2000) Natural Attenuation – Möglichkeiten und Grenzen naturnaher Sanierungsstrategien. Resümee und Beiträge zum 1 Symposium Natural Attenuation vom 27 bis 28 Oktober 1999 bei der DECHEMA eV, Frankfurt am Main, 265 S, 56 Abb, 25 Tab

Länderarbeitsgemeinschaft Wasser (LAWA) (1998) Geringfügigkeitsschwellen (Prüfwerte) zur Beurteilung von Grundwasserschäden und ihre Begründung. Stand 21.12.1998 31 S, 3 Tab, Eigenverlag LAWA, Berlin

Leins, C (1994) Hydrogeologische Untersuchungen zur Sanierung eines LCKW-Schadensfalles mit Koaxialer Grundwasserbelüftung. Mitt Ing Hydrogeol 56: 106 S, 32 Abb, 9 Tab, Aachen

Leins C, Alesi EJ, Rehner G (1994) Zirkulationsströmungen im Aquifer infolge koaxialer Grundwasserbelüftung zur Entfernung von LHKW. TerraTech 4/5: 54–56, 3 Abb, Mainz

Luber M, Brauns J, Wehrle K (2001) Luftinjektionsbrunnen (LIB) – Stand der Technik. altlasten spektrum 10) 70–76, 7 Abb, Berlin

MNA-Arbeitshilfe Hessen (2003) Arbeitshilfe zu überwachten natürlichen Abbau- und Rückhalteprozessen im Grundwasser (Monitored Natural Attenuation MNA). Unveröff Manuskript Stand August 2003, 19 S, Wiesbaden

Martus P, Püttmann W (2000) Anforderungen bei der Anwendung von „Natural Attenuation" zur Sanierung von Grundwasserschadensfällen. altlasten spektrum, 9: 87–106, 11 Abb, 4 Tab, Berlin

Meier-Löhr,M, Battermann G (2000) Sanierung durch überwachte Selbstreinigung am Beispiel einer Kerosinverunreinigung. TerraTech 9/1: 39–44, 6 Abb, 1 Tab, Mainz

Michaelsen M (1999) Biologische Bodensanierungsverfahren – Stand, Praxis und Möglichkeiten. In: Heiden S, Erb R, Warrelmann J, Dierstein R (Hrsg) Biotechnologie im Umweltschutz, 132–138, Erich Schmidt, Berlin

Mohrlock U, Weber O, Jirka GH, Scholz M (2003) Grundwasser-Zirkulations-Brunnen (GZB) zur In-situ-Grundwassersanierung. Grundwasser 8: 13–22, 7 Abb, 2 Tab, Hannover

Mutschmann J, Stimmelmayr F (2002) Taschenbuch der Wasserversorgung, 13 Aufl 812 S, 456 Abb, 286 Tab, Braunschweig, Vieweg, Wiesbaden

Nahold ME (1996) Zur Sanierung von CKW-Kontaminationen in komplexen Grundwasserleitern. Schr Angew Geol 32: 300 S, 123 Abb, 23 Tab, Karlsruhe

Neumaier H, Weber HH (Hrsg) (1996) Altlasten – Erkennen, Bewerten, Sanieren, 3 Aufl 519 S, 144 Abb, 32 Tab, Springer, Berlin, Heidelberg

Odensaß M (2001) Beurteilung von „Natural Attenuation"-Prozessen im Grundwasser. Altlasten-Aktuell 8: 52–73, 3 Abb, 1 Tab, Dresden

Odensaß M, Schroers S (2002) Durchströmte Reinigungswände – aktueller Kenntnisstand. LUA-Fortbildungsveranstaltung „Gefährdungsabschätzung und Sanierung von Altlasten", 2 bis 3 Juli 2002, Essen, S 1–15, 3 Abb, 5 Tab, Essen

Pankow JF, Cherry JA (1996) Dense chlorinated solvents and other DNAPLs in groundwater 522 pp, 179 fig, 52 tables, Waterloo Press, Portland, Oregon

Pawlak S (1996) Ökobilanzielle Betrachtungen zur Grundwassersanierung – Beispiel eines CKW-Schadensfalles. In: Kompa, R, Schreiber, B (Hrsg) Altlasten und kontaminierte Böden '95/'96, Forum Umweltschutz '95/'96, Veranstaltung der TÜV-Akademie Rheinland und der TÜV Rheinland Sicherheit und Umweltschutz GmbH am 11 und 12 Oktober 1995 in Köln, 251–266, 4 Abb, 2 Tab, Köln

Püttmann W (1990) Kriterien zur Beurteilung von Sanierungsverfahren auf mikrobiologischer Basis. In: Rosenkranz, D, Bachmann, G, König, W, Einsele, G (Hrsg) Bodenschutz, Ergänzbares Handbuch der Maßnahmen und Empfehlungen für Schutz, Pflege und Sanierung von Böden, Landschaft und Grundwasser, 2 Bd, BoS 5 Lfg V/90, 6440:1–25, 6 Abb, 1 Tab, E Schmid, Berlin

Püttmann W, Martus P, Schmitt R (2000) Natural Attenuation von MKW im Grundwasser. In: Kreysa G, Track T, Michels J, Wiesner J (Hrsg) Natural Attenuation – Möglichkeiten und Grenzen naturnaher Sanierungsstrategien. Resümee und Beiträge zum 1 Symposium Natural Attenuation vom 27 bis 28 Oktober 1999 bei der DECHEMA eV, Frankfurt am Main, 79–93, 7 Abb

Rakel K, Illias HJ (2000) Grundwassersanierung eines ehemaligen Gaswerkstandortes mit Hilfe von makro-porösem Polymer. TerraTech 9/3: 35–38, 5 Abb, 2 Tab, Mainz

Rehner G (1998) Überblick über Sanierungsverfahren. Kontakt & Studium 563) 57–79, 14 Abb, expert verlag, Renningen-Malsheim

Rietzler J (1990) In-Situ-Strippen: Kritische Analysen an Fallstudien. Schr Angew Geol 9: 305–327, 12 Abb, Karlsruhe

Russel DL (1992) Remediation Manual for Petroleum contaminated sites. 175 S, 47 Abb, 23 Tab, Technomic Publishing, Lancaster, Basel

Sass I (1995) Brunnen und Filter für die Sanierung von Untergrundkontaminationen. Schr Angew Geol 33: 162 S, 69 Abb, 29 Tab, Karlsruhe

Sass I (1996 a) Frei verlaufsgesteuerte Horizontalbohrtechnik zur Sicherung von Altdeponien. In: Kompa R, Schreiber B (Hrsg) Altlasten und kontaminierte Böden '95/'96, Forum Umweltschutz '95/'96, Veranstaltung der TÜV-Akademie Rheinland und der TÜV Rheinland Sicherheit und Umweltschutz GmbH am 11 und 12 Oktober 1995 in Köln, 199–215, 11 Abb, 2 Tab, Köln

Sass I (1996 b) Nachträgliche Sohlabdichtung von Deponien und Altlasten. Schr Angew Geol 41: 14-1–14-25, 11 Abb, 2 Tab, Karlsruhe

Schad H, Klein R, Stiehl M, Schüth C (2003) Katalytische Hydrodechlorierung von LCKW im Rahmen der Abstromsicherung mittels „Drain-and-Gate" am Standort Denkendorf. Grundwasser 8: 140–145, 6 Abb, Hannover

Schlosser D, Günther K, Fritsche W, Schmauder HP, Rausch U (1994) Biologische Sanierung von mit KW-Mischkontaminationen belasteten Grundwässern. TerraTech 4/4: 54–57, 2 Abb, Mainz

Schloz W (1996) UVB-Verfahren aus Sicht des Hydrogeologen. Schr Angew Geol 9: 329–330, Karlsruhe

Schulz-Berendt V (1999) Biologische Bodensanierung – Praxis und Defizite. In: Koehler H, Mathes K, Breckling B (Hrsg) Bodenökologie – interdisziplinär, 151–160, Springer, Berlin, Heidelberg

Siebenlist W, Gidarakos E, Thomas J (2002) Rückgewinnung einer aufschwimmenden Kraftstoffphase an einem Raffineriestandort mit dem Bioslurping-Verfahren. TerraTech 9/2: 26–29, 8 Abb, Mainz

Stupp HD (2000) Grundwassersanierung von LCKW-Schäden durch Pump and Treat oder Reaktive Wände? TerraTech 9/2: 34–38, 6 Abb, 3 Tab, Mainz

Stupp HD, Paus L (1999) Migrationsverhalten organischer Grundwasser-Inhaltsstoffe und Ansätze zur Beurteilung von MNA. TerraTech 8/5: 32–37, 4 Abb, 4 Tab, Mainz

Suthersan SS (2001) Natural and enhanced remediation systems. 419 pp, 135 fig, 21 tables, annexes A, B, Lewis Publishers, Boca Raton/Florida

Teutsch G, Grathwohl P, Schad H, Werner P (1996) In-situ-Reaktionswände – ein neuer Ansatz zur passiven Sanierung von Boden- und Grundwasserverunreinigungen. Grundwasser 1: 12–20, 5 Abb, Hannover

Toussaint B (1994) Umweltproblematik und Hydrogeologie der Erkundung von Boden- und Grundwasser-Kontaminationen durch leichtflüchtige halogenierte Kohlenwasserstoffe. Umweltplanung, Arbeits- und Umweltschutz 169: XI, 327 S, 111 Abb, 31 Tab, Wiesbaden

Toussaint B, Bruns J (1995) Erkundung von Grundwasserschadensfällen und Altlasten – Schwachpunkt der Sanierung? Dt gewässerkdl Mitt 39: 96–102, 5 Abb, Koblenz

Udell KS, Stewart LD (1992) Combined steam injection and vacuum extraction for aquifer cleanup. In: Weyer, KU (ed) Subsurface contamination by immiscible fluids Proceedings of the Conference of the Intern Association of Hydrogeologists in Calgary, 18 bis 20 April 1990, 287–296, 4 Abb, 4 Tab, Balkema, Rotterdam

Umweltbundesamt (Hrsg) (2001) Daten zur Umwelt. Der Zustand der Umwelt in Deutschland 2000, 380 S, 233 Abb, 199 Tab, 1 CD-Rom, Erich Schmidt, Berlin

Upmeier M (1996) Optimierung mineralischer Deponieabdichtungen durch natürliche Zeolithe und Aktivkohle. Schr Angew Geol 42: 162 S, 64 Abb, 30 Tab, Karlsruhe

US Department of Energy, Office of Environment Management (1995) Dynamic Underground Stripping. Internet-Adresse) http://wwwemdoegov/plumesfa/intech/dus/sumhtml, Washington DC

US EPA (1999) Use of Monitored Natural Attenuation at Superfund, RCRA Corrective Action, and Underground Storage Tank Sites, April 21, 1999. United States environmental Protection Agency, OSWER Directive 92004–17P, III, 32 S, Washington, DC

Van der Meer AB, Rakel K (1997) Technical and economical evaluation of ground water remediation via extraction liquid filled macro porous polymer particles. IWS-Schriftenreihe 28: 216–246, 4 Abb, 8 Tab, Berlin

Weinmann A (1998) Herstellung senkrechter Dichtwände für Altlastsicherungen bis 25 m Tiefe – Verfahren, Anwendungsbereiche, Kosten. Schr Angew Geol 54: 177–188, 6 Abb, 4 Tab, Karlsruhe

Werner P, Brauch HJ (1988) Sanierung kontaminierter Böden und Grundwasserleiter durch mikrobiologische und physikalisch-chemische Verfahren. Schr-Reihe Verein WaBoLu 80: 247–260, 6 Abb, 1 Tab, Stuttgart

Wiedenbeck GM, Götte M, Nagel M (1994) Entfernung leichtflüchtiger Kohlenwasserstoffe bei niedrigsten Grundwasserflurabständen. TerraTech 4/3: 42–43, 2 Abb, Mainz

Literatur zu Kapitel 9

Assmann W, Pickel HP, Schelkes K Vierhuff H (1983) Tiefe Grundwassermessstellen im Lockergestein. Erfahrungen und Weiterentwicklung. Brunnenbau, Bau von Wasserwerken, Rohrleitungsbau (bbr) 34/2: 45–50, 10 Abb, 1 Tab, Köln

Barczewski B, Marschall P (1989) The influence of sampling methods on the results of groundwater quality measurements. IAHR Proceedings 3: 33–39, 10 Abb, Jackema, Rotterdam

Barczewski B, Marschall P (1990) Untersuchungen zur Probennahme aus Grundwassermeßstellen. Wasserwirtschaft 80: 506–513, 8 Abb, Stuttgart

Barczewski B, Grimm-Strele J, Bisch G (1993) Überprüfung und Eignung von Grundwassermessstellen. Wasserwirtschaft 83: 72–78, 5 Abb, Stuttgart

Barczewski B, Kritzner W, Nitsche C (1996) Tiefenorientierte Grundwasserprobennahme zur Messung der Grundwasserbeschaffenheit. Wasserwirtschaft 86: 446–451, 6 Abb, 1 Tab, Stuttgart

Baumann K, Tholen M (2002) Mängel an Brunnen und GW-Messstellen. Brunnenbau, Bau von Wasserwerken, Rohrleitungsbau (bbr) 53/1: 24–34, 10 Abb, Köln

Baumann K, Lewin HG, Nolte LP (2002) Nachträgliche Herstellung von Ringraumabdichtungen als Sanierungsmaßnahme für Brunnen und Grundwassermessstellen. Brunnenbau, Bau von Wasserwerken, Rohrleitungsbau (bbr) 53/3: 27–34, 11 Abb, Köln

Bohrlochmessung – Storkow GmbH (2002) Firmenprospekt, Storkow

Bucher B (1994) Optimierung von Grundwasser-Meßnetzen mit Kriging-Verfahren. Freiburger Schr Hydrologie 3: 116 S, 63 Abb, 7 Tab, Freiburg/Brsg

Bundesregierung (1996) Wasserhaushaltsgesetz, BGBl I vom 12.11.1996, S. 1695; Bonn

Bundesregierung (2001) Verordnung über die Qualität von Wasser für den menschlichen Gebrauch (Trinkwasserverordnung – TrinkwV 2001) vom 21.05.2001, BGBl I S. 959; Berlin

Demuth S, Destruelle M (1997) Optimierung eines Grundwassermeßnetzes mit dem Kriging-Verfahren - Fallstudie Böhringer Kiesfeld (Singen/Bodensee). Dtsch gewässerkdl Mitt 41: 2–8, 8 Abb, Koblenz

Dehnert J, Kuhn K, Grischek T, Landkau R, Nestler W (2001) Eine Untersuchung zum Einfluss voll verfilterter Messstellen auf die Grundwasserbeschaffenheit. Grundwasser 6: 174–182, 6 Abb, 1 Tab, Hannover

Dehnert J, Nestler W, Freyer K, Treutler HC, Neitzel P, Walther W (1997) Radon-222 – ein neuer Leitkennwert zur Bestimmung optimaler Abpumpzeiten von Grundwassermeßstellen. Grundwasser 2: 25–33, 6 Abb, 1 Tab, Berlin

Deutscher Verband für Wasserwirtschaft und Kulturbau (1992) Entnahme und Untersuchungsumfang von Grundwasserproben. DVWK-Regeln zur Wasserwirtschaft, 128/1992 (November 1992) 36 S, 5 Abb, 6 Tab, 1 Anlg, Hamburg

Deutscher Verband für Wasserwirtschaft und Kulturbau (1994) Grundwassermeßgeräte. DVWK-Schriften 107: 241 S, 51 Abb, 6 Tab, Hamburg, Berlin

Deutscher Verband für Wasserwirtschaft und Kulturbau: (1997) Tiefenorientierte Probennahme aus Grundwassermeßstellen. DVWK-Regeln zur Wasserwirtschaft 245/1997 (Januar 1996). 14 S, 10 Abb, 3 Tab, Bonn

Deutscher Verein des Gas- und Wasserfaches (1988 a) Grundsätze für Rohwasseruntersuchungen. DVGW-Merkblatt W 254 (April 1988): 16 S, 5 Tab, Eschborn

Deutscher Verein des Gas- und Wasserfaches (1988 b) Bau und Betrieb von Grundwasserbeschaffenheitsmeßstellen. DVGW-Arbeitsblatt W 121 (Oktober 1988), 19 S, 4 Abb, Eschborn

Deutscher Verein des Gas- und Wasserfaches (1989) Gewinnung und Entnahme von Gesteinsproben bei Bohrarbeiten zur Grundwassererschließung. DVGW-Merkblatt W 114 (Juni 1989): 8 S, Bonn

Deutscher Verein des Gas- und Wasserfaches (1990) Geophysikalische Untersuchungen in Bohrlöchern und Brunnen zur Erschließung von Grundwasser – Zusammenstellung von Methoden. DVGW-Merkblatt W 110 (Juni 1990): 50 S, 14 Abb, 3 Tab, Bonn

Deutscher Verein des Gas- und Wasserfaches (1997) Verwendung von Spülungszusätzen in Bohrspülungen bei Bohrarbeiten im Grundwasser. DVGW-Merkblatt W 116 (August 1997): 14 S, 6 Anlg, Bonn

Deutscher Verein des Gas- und Wasserfaches (1998) Sanierung und Rückbau von Bohrungen, Grundwassermeßstellen und Brunnen. DVWG-Arbeitsblatt W 135 (November 1998), 76 S, 18 Anlg, Bonn

Deutscher Verein des Gas- und Wasserfaches (2001 a) Bohrungen zur Erkundung, Gewinnung und Beobachtung von Grundwasser. DVGW-Arbeitsblatt W 115 (März 2001): 27 S, 6 Abb, 1 Tab, Bonn

Deutscher Verein des Gas- und Wasserfaches (2001 b) Entnahme von Wasserproben bei der Erschließung, Gewinnung und Überwachung von Grundwasser. DVWG-Merkblatt W 112 (Juli 2001): 14 S, 1 Abb, Bonn

Deutscher Verein des Gas- und Wasserfaches (2002) Bau und Ausbau von Grundwassermessstellen. DVGW-Arbeitsblatt W 121 (E Juli 2002), 25 S, 2 Abb, 5 Tab, Bonn

DIN 4021 (Okt. 1990): Aufschluß durch Schürfe, Bohrungen und Entnahmen von Proben. 27 S, 14 Abb, 6 Tab, Beuth, Berlin 1990

DIN 4022-1 (September 1987): Baugrund und Grundwasser, Benennen und Beschreiben von Boden und Fels. Teil 1: Schichtenverzeichnis für Bohrungen ohne durchgehende Gewinnung von gekernten Proben in Boden und Fels. 20 S, 8 Abb, 6 Tab, Beuth, Berlin 1987

DIN 4022-2 (März 1981): Baugrund und Grundwasser, Benennen und Beschreiben von Boden und Fels. Teil 2: Schichtenverzeichnis für Bohrungen im Fels (Festgestein). 10 S, Beuth, Berlin 1981

DIN 4022-3 (Mai 1982): Baugrund und Grundwasser, Benennen und Beschreiben von Boden und Fels. Teil 3: Schichtenverzeichnis für Bohrungen mit durchgehender Gewinnung von gekernten Proben im Boden (Lockergestein). 10 S, Beuth, Berlin 1982

DIN 4023 (März 1984): Baugrund- und Wasserbohrungen; Zeichnerische Darstellung der Ergebnisse. 11 S, 3 Abb, 5 Tab, Beuth, Berlin 1984

DIN 4924 (August 1998): Sande und Kiese für den Brunnenbau – Anforderungen und Prüfungen. 4 S, 1 Tab, Beuth, Berlin 1998

DIN 4925-1 (April 1999): Filter- und Vollwandrohre aus weichmacherfreiem Polyvinylchlorid (PVC-U) für Brunnen. Teil 1: DN 35 bis DN 100 mit Whitworth-Rohrgewinde; 6 S, 1 Abb, 3 Tab, Beuth, Berlin 1999 a

DIN 4925-2 (April 1999): Filter- und Vollwandrohre aus weichmacherfreiem Polyvinylchlorid (PVC-U) für Brunnen. Teil 2: DN 100 bis DN 200 mit Trapezgewinde; 7 S, 3 Abb, 5 Tab, Beuth, Berlin 1999 b

DIN 4049-3 (Okt. 1994): Hydrologie, Teil 3 Begriffe zur quantitativen Hydrologie. 80 S, 20 Abb, 2 Tab, Berlin 1994

Dörhöfer G (1995) Planungskriterien für „Grundwasserbeschaffenheitsmeßstellen", Teil 1: Begriffsdefinitionen und Einsatzbereiche. Brunnenbau, Bau von Wasserwerken, Rohrleitungsbau (bbr) 46/11: 18–24, 3 Abb, 4 Tab, Köln

Dörhöfer G (1996) Planungskriterien für „Grundwasserbeschaffenheitsmeßstellen", Teil 2: Überwachung von Deponien und Altlasten. Brunnenbau, Bau von Wasserwerken, Rohrleitungsbau (bbr) 47/1: 24–30, 4 Abb 1 Tab, Köln

Ebhardt G, Harres HP, Iven H, Pöschl W, Toussaint B, Vogel H (2001) Hydrogeologie, Wasserwirtschaft und Ökologie im Hessischen Ried. Jber. Mitt. Oberrhein. Geol Ver N.F. 83: 185–210, 11 Abb, Stuttgart

Europäische Gemeinschaft (2000) Richtlinie 2000/60/EG des Europäischen Parlaments und des Rates vom 23. Oktober 2000 zur Schaffung eines Ordnungsrahmens für Maßnahmen der Gemeinschaft im Bereich der Wasserpolitik. Amtsblatt der Europäischen Gemeinschaften L 327 vom 22.12.2000, 72 S, Luxemburg/Brüssel

Fachsektion Hydrogeologie in der Geologischen Gesellschaft (Hrsg.) (1999) Hydrogeologische Modelle: ein Leitfaden für Auftraggeber, Ingenieurbüros und Fachbehörden. Schriftenr. Dt Geol Ges 10: 36 S, 5 Abb, 2 Tab, Hannover

Fachsektion Hydrogeologie in der Geologischen Gesellschaft (Hrsg.) (2002) Das Hydrogeologische Modell als Basis für die Bewertung von monitored Natural Attenuation bei der Altlastenbewertung – Ein Leitfaden für Auftraggeber, Ingenieurbüros und Fachbehörden. Schriftenr. Dt Geol Ges 23: 29 S, 3 Abb, 5 Tab, Hannover

Fank J, Fuchs K (1996) Ein Verfahren zur Optimierung bestehender Grundwasserstandsmeßstellennetze erarbeitet am Beispiel des Leibnitzer Feldes (Steiermark, Österreich). Beiträge zur Hydrogeologie, 47: 7–54, 17 Abb 5 Tab, Graz

Friege H, Berk van W, Niessner M, Bachhausen P, Baiersdorf U, Pagel I, Knie J, Leuchs W, Fehlau KP, Hoffman M, Randschus M, Hein D (1989) Leitfaden zur Grundwasseruntersuchung bei Altablagerungen und Altstandorten. LWA-Materialien, 7/89: 92 S, 6 Abb, 4 Tab, 4 Anh, Düsseldorf

Homrighausen R, Lüdecke U ( ) Ausbau von Grundwassermeßstellen: Dichtigkeit von Ausbaumaterialien und Wirksamkeit von hydraulischen Barrieren im Ringraum. Brunnenbau, Bau von Wasserwerken, Rohrleitungsbau (bbr) 41/7: 376–383, 7 Abb, Köln 1990

Homrighausen R, Lüdecke U (2002) Rotary-Spülbohrverfahren im Vergleich und ihre Durchführung. Celler Brunnenbau Handbuch 2002, 99–111, 9 Abb, Ströher Verlag, Celle

ISO 5667-11 (1993) Water quality – Sampling, Part 11: Guidance on sampling of groundwaters (1993-03-15). 10 S, Genf

Käss W (1989) Grundwasser-Entnahmegeräte – Zusammenstellung von Geräten für die Grundwasserentnahme zum Zweck der qualitativen Untersuchung. DVWK-Schriften 84: 119–172, 21 Abb, Hamburg, Berlin

Kaleris V (1989) Inflow into monitoring wells with long screens. IAHR Proceedings 3: 41–50, 11 Abb, 1 Tab, Jackema Rotterdam

Kaleris V (1992) Strömungen zu Grundwassermeßstellen mit langen Filterstrecken bei der Gewinnung durchflußgewichteter Mischproben. Wasserwirtschaft 82: 5–11, 11 Abb, Stuttgart

Kreisel W (1995) Probennahme, Stiefkind der Analytik? Qualitätssicherungsmaßnahmen bei der Probennahme. Umweltplanung, Arbeits- Umweltschutz 185: 53–61, 2 Tab, Wiesbaden

Kritzner W (1992) Verfahren und Techniken zur Entnahme repräsentativer teufenorientierter Grundwasserproben. Wasserwirtschaft 82: 13–17, 6 Abb, 1 Tab, Stuttgart

Länderarbeitsgemeinschaft Wasser (1983) Rahmenkonzept zur Erfassung und Überwachung der Grundwasserbeschaffenheit. 30 S, München

Länderarbeitsgemeinschaft Wasser (1984) Grundwasser, Richtlinien für Beobachtung und Auswertung, Teil 1 Grundwasserstand. 43 S, 15 Abb, Woeste-Druck, Essen

Länderarbeitsgemeinschaft Wasser (1987) Grundwasser, Richtlinien für Beobachtung und Auswertung, Teil 2 Grundwassertemperatur. 35 S, 13 Abb, 1 Tab, Woeste-Druck, Essen

Länderarbeitsgemeinschaft Wasser (1993) Grundwasser-Richtlinien für Beobachtung und Auswertung, Teil 3 Grundwasserbeschaffenheit. 59 S, 17 Abb, 3 Tab, Woeste-Druck, Essen

Länderarbeitsgemeinschaft Wasser (1995) Grundwasser, Richtlinien für Beobachtung und Auswertung, Teil 4 Quellen. 56 S, 22 Abb, 4 Tab, Stuttgart

Länderarbeitsgemeinschaft Wasser (1996) AQS-Merkblatt P-8/2 (Mai 1995): Probennahme von Grundwasser. 7 S, E Schmidt, Berlin

Länderarbeitsgemeinschaft Wasser (2000 a) Empfehlungen zu Konfiguration von Meßnetzen sowie zu Bau und Betrieb von Grundwassermeßstellen (qualitativ). 32 S, 10 Abb, 1 Tab, Selbstverlag, Schwerin

Länderarbeitsgemeinschaft Wasser (2000 c) Empfehlungen zur Optimierung des Grundwasserdienstes (quantitativ). 36 S, 4 Abb, 1 Tab, Selbstverlag, Schwerin

Länderarbeitsgemeinschaft Wasser (2002) Arbeitshilfe zur Umsetzung der EG-Wasserrahmenrichtlinie, Teil 3 Vorarbeiten und Hinweise zur Aufstellung eines EG-Bewirtschaftungsplanes, Entwurf vom 06.02.2002, 122 S, Schwerin

Landesanstalt für Umweltschutz Baden-Württemberg (1993) Grundwasserüberwachungsprogramm: Beprobung von Grundwasser – Literaturstudie. 66 S, 2 Abb, 10 Tab, Karlsruhe

Langguth HR, Voigt R (1980) Hydrogeologische Methoden. 486 S, 156 Abb, 72 Tab, Springer Berlin, Heidelberg

Lerner DN, Teutsch G (1995) Recommendations for level-determined sampling in wells. Journal of Hydrology 171: 355–377, 8 Abb, 4 Tab, Amsterdam

Leuchs W, Obermann P (1991) Grundsätzliche Überlegungen zur Probennahme von Grundwasser insbesondere bei tiefenspezifischer Probennahme. LWA-Materialien 1/91: 47 3, 18 Abb, Düsseldorf

Meiners HG (2001) Maßgeschneiderte Monitoringprogramme. ahu texte 2001: 7-1-7-4, 1 Abb, Aachen

Mew jr HE, Medina jr MA, Heath RC, Reckhow KH, Jacobs TL (1997) Cost-effective monitoring strategies to estimate mean water table depth. Ground Water 35: 1089–1096, 3 Abb, 3 Tab, Dublin, Ohio

Niedersächsisches Landesamt für Ökologie und Niedersächsisches Landesamt für Bodenforschung (Hrsg.) (1997) Altlastenhandbuch des Landes Niedersachsen, Teil II Wissenschaftlich-technische Grundlagen der Erkundung. 557 S, 184 Abb, 51 Tab, Springer, Berlin

Niehues B (2002) Anforderungen und Problematiken von Abdichtungen in Bohrungen, Messstellen und Brunnen. Brunnenbau, Bau von Wasserwerken, Rohrleitungsbau (bbr) 53/3: 22–25, 1 Abb, 3 Tab, Köln

Nielsen DM (ed) (1991) Practical Handbook of Ground-Water Monitoring. 717 p, 174 fig, 80 tab, Lewis Publishers, Chelsea, Michigan

Nielsen DM, Yeates G.L (1985) A comparison of sampling mechanisms available for small-diameter ground water monitoring wells. Ground Water Monitoring Review 5: 83–99, 8 Abb, 13 Tab, Dublin/Ohio

Nilsson B, Jakobson R, Andersen LJ (1995) Development and testing of active groundwater samplers. Journal of Hydrology 171: 223–238, 6 Abb, 1 Tab, Amsterdam

Ottens JJ, Arnold GE, Buzás Z, Chilton J, Enderlein R, Havas-Siláyi E, Roučak P, Tarasova O, Timmerman JG, Toussaint B, Varela M (2000) Guidelines on Monitoring and Assessment of Transboundary Groundwaters. UN/ECE Task Force on Monitoring & Assessment, 64 p, 8 fig, 7 tab, Lelystad/the Netherlands

Pape von WP (1990) Sanierung von Grundwassermeßstellen. Umweltplanung, Arbeits-Umweltschutz, 109: 110–112, 2 Abb, Wiesbaden

Pape von WP (1991) Sanierung von Grundwassermeßstellen. Umweltplanung, Arbeits-Umweltschutz, 121: 111–117, 4 Abb, Wiesbaden

Remmler F (1990) Einflüsse von Meßstellenausbau und Pumpenmaterialien auf die Beschaffenheit einer Wasserprobe. DVWK-Mitt. 20: 141 S, 17 Abb, 2 Tab, Bonn

Rogge R (1996) Rückbau von Grundwassermeßstellen mit kleinen Ausbaudurchmessern. Fachliche Berichte HWW 15: 21–25, 6 Abb, Hamburg

Schenk V (1983) Erfahrung beim Bau tiefer Grundwassermeßstellen und bei der Bestimmung des Probennahmezeitpunktes. Brunnenbau, Bau von Wasserwerken, Rohrleitungsbau (bbr) 34/2: 51–56, 6 Abb, Köln

Schreiber G, Müller G, Herrmann L (1986) Zur Entnahme repräsentativer Proben aus dem Grundwasser. Wasserwirtschaft-Wassertechnik 36: 189–191, 2 Abb, 1 Tab, Berlin

Schreiner M, Kreysing K (1998) Geotechnik Hydrogeologie. Handbuch zur Erkundung des Untergrundes von Deponien und Altlasten Bd. 4, 577 S, 217 Abb, 37 Tab, Springer, Berlin

Teutsch G, Ptak T (1989) The In-Line-Packer-System: A modular multi-level sampler for collecting undisturbed groundwater samples. IAHR Proceedings 3: 455–456, 1 Abb, Jackcma, Rotterdam

Toussaint B (1971) Hydrogeologie und Karstgenese des Tennengebirges (Salzburger Kalkalpen). Steir. Beitr. Z. Hydrogeologie 23: 5–115, 17 Abb, 6 Tab, 14 Taf, Graz

Toussaint B (1987) Erfahrungen mit Eignungsprüfungen von Meßstellen zur Überwachung der Grundwasserbeschaffenheit. Dt gewässerkdl Mitt 31: 1–11, 11 Abb, 1 Tab, Koblenz

Toussaint B (1988) Staatliche Überwachung der Grundwasserbeschaffenheit in der Bundesrepublik Deutschland – ein neues Aufgabenfeld für Hydrogeologen. Wissenschaft und Umwelt 3/1988: 163–175, 3 Abb, 4 Tab, Braunschweig

Toussaint B (1989) Anforderungen an den Bau von Grundwassermeßstellen aus hydrogeologischer Sicht. Oberrhein. geol. Abh. 35: 111–128, 3 Abb, Stuttgart

Toussaint B (1990) Grundwasserüberwachung im Einzugsgebiet von Wassergewinnungsanlagen. Neue DELIWA-Zeitschr 41: 104–112, 4 Abb, 1 Tab, Hannover

Toussaint B (1991 a) Probleme mit der Grundwasserbeprobung von Meßstellen. Dt gewässerkdl Mitt 35: 189–190; Koblenz

Toussaint B (1991 b) Einfluß der Probennahmetechnik auf die Ergebnisse qualitativer Grundwasseruntersuchungen unter besonderer Berücksichtigung von Grundwasserschadensfällen durch leichtflüchtige halogenorganische Verbindungen. Umweltplanung, Arbeits- Umweltschutz 121: 158–180, 2 Abb, Wiesbaden

Toussaint B (1995) Technik der Grundwasserbeprobung aus Sicht eines Hydrogeologen. Umweltplanung, Arbeits- Umweltschutz 185: 38–52, 7 Abb, Wiesbaden

Toussaint B (1996) Meßnetzdesign, Meßstellenbau und Beprobungstechniken im Zusammenhang mit der staatlichen Grundwasserüberwachung. Institut für Grundwasserwirtschaft TU Dresden, Mitt 1: 21–44, 8 Abb, 1 Tab, Dresden

Toussaint B (1997 a) Probennahme von Grundwasser im Rahmen der Qualitätssicherung. in: Beudt, J. (Hrsg): Grundwasser-Management, 53–74, 8 Abb, Springer Berlin Heidelberg

Toussaint B (1997 b) Anforderungen an die Einrichtung von Grundwassermeßstellen und an die Gewinnung von Grundwasserproben. Tagungsband, Seminar „Analytische Qualitätssicherung im Umweltbereich" des Bayer Landesamtes für Umweltschutz am 12.11.1997 in Wackersdorf, 49–61, 5 Abb, München

Toussaint B (1999) Konzeption und Betrieb von GW-Meßnetzen sowie Bau von GW-Meßstellen aus hydrogeologischer Sicht. Proceedings des DGFZ eV, 17 (Fachtagung Grundwasser-Monitoring 1999: Anforderungen, Probleme und Lösungen, 67–86, 4 Abb, Dresden

Toussaint B (2000) Groundwater monitoring in Germany – an overview. IHP/OHP-Jahrbuch der BR Deutschland, 1991–1995, Teil I Sammelband, 73–77; Koblenz

Toussaint B (2002) Groundwater monitoring.– E/ESCWA/ENR/2002/WG.1/2 – 02-0166 „ESCWA/BGR Regional Training Workshop on the Application of Groundwater Rehabilitation Techniques to different Hydrogeological Environments in the ESCWA Region", Beirut 18 - 22 March 2002, 35 S, 15 Abb, 5 Tab, Beirut

Toussaint B, Bruns J (1995) Erkundung von Grundwasserschadensfällen und Altlasten – Schwachpunkt der Sanierung?. Dt. gewässerkdl Mitt 39: 96–102, 5 Abb, Koblenz

Toussaint B, Göbel K (1995) Wasserwirtschaftlicher Landesdienst (Hydrologie) – Ein staatliches Instrumentarium für Daseinsvorsorge und Zukunftsbewältigung. – Umweltplanung, Arbeits- und Umweltschutz 180: 66–74, 5 Abb, Wiesbaden

Valentin F (1987) Strömung in Vertikalbrunnen. gwf-Wasser/Abwasser 128: 275–280, 2 Abb, 1 Tab, München

Vorreyer C (1999) Anforderungen und Realisierungsmöglichkeiten des Grundwassermonitoring in der EU und in der Bundesrepublik Deutschland. Proceedings des DGFZ eV, 17 (Fachtagung Grundwasser-Monitoring 1999: Anforderungen, Probleme und Lösungen, 35–45, Dresden

Wingering M (1999) Die Anwendung der Clusteranalyse bei der Auswahl repräsentativer Grundwassermessstellen in Baden-Württemberg. Hydrologie u. Wasserbewirtschaftung 43: 174–183, 8 Abb, 2 Tab, Koblenz

Wolter R, Voigt HJ, Lühr HP (1999) Erfassung und Auswertung von Grundwasserdaten in Deutschland als Berichterstattungsbasis gegenüber der EU. Proceedings des DGFZ e.V, 17 (Fachtagung Grundwasser-Monitoring 1999 Anforderungen, Probleme und Lösungen) 47–55, 3 Abb, 2 Tab, Dresden

Zenner MA (2000) Zur Funktionsprüfung von Grundwassermessstellen: Bestimmung von Brunneneintrittsverlusten mittels Slug-Interferenztests. Grundwasser 5: 67–78, 9 Abb, 2 Tab, Hannover

Literatur zu Kapitel 12

Baudisch, R (1989) Verstopfung von Brunnenfiltern und Unterwasserpumpen durch Aluminiumoxide. bbr 40 (5): 270–274

Beek CGEM van, van der Kooij D (1982) Sulfate-reducing bacteria in ground water from clogging and non-clogging wells in the Netherlands river region. Ground Water 20 (3): 298–302

Beek CGEM van (1995) Brunnenalterung und Brunnenregenerierung in den Niederlanden. gwf Wasser/Abwasser 136 (3): 128–137 Oldenbourg, München

Berger H, Drews M, Lux KN (1995) Nachweis von Regeneriereffekten bei Brunnen der Stadtwerke Wiesbaden AG. bbr 46 (1): 24–31

Berlitz B, Koegler H (1997) Brunnenregenerierung mit Ultraschall. bbr 48 (2): 19–23

DIN 4924 (1998) Sande und Kiese für den Brunnenbau, Anforderungen und Prüfungen. Berlin

DVGW Merkblatt W 113 (1983) Ermittlung, Darstellung und Auswertung der Korngrößenverteilung wasserleitender Lockergesteine für geohydrologische Untersuchungen und für den Bau von Brunnen. Frankfurt M

DVGW Merkblatt W 117 (1975) Entsanden und Entschlammen von Bohrbrunnen (Vertikalbrunnen) im Lockergestein und Verfahren zur Feststellung überhöhten Eintrittswiderstandes. Frankfurt M

DVGW Merkblatt W 130 (2001) Brunnenregenerierung. Bonn

Ehrlich HL (1990) Geomicrobiology. Marcel Dekker, New York

Gallup DL (1989) Iron silicate scale formation and inhibition at the Salton Sea geothermal field. Geothermics 18 (1/2): 97–103

Grossmann J (2000) Regeneration von Trinkwasserbrunnen – Literaturstudie. gwf Wasser / Abwasser 141 (9): 586–593

Hanert H (1973) Quantifizierung der Massenentwicklung des Eisenbakteriums *Gallionella ferruginea* unter natürlichen Bedingungen. Arch Mikrobiol 88: 225–243

Hanert H (1974) In-situ Untersuchungen zur Analyse und Intensität der Eisen(III)-Fällung in Dränungen. Z Kulturtechn Flurbereinigung 15: 80–90

Hässelbarth U, Lüdemann D (1967) Die biologische Verockerung von Brunnen durch Massenentwicklung von Eisen- und Manganbakterien. bbr 18 (10/11): 363-368, 401–406

Henke R, Norris M, Hall, WD (1991) Iron encrustation of dewatering wells: Causes and remedies. Transact Soc Mining Engin AIME 290: 1935–1941

Hijnen WAM, van der Kooij D (1992) Biologische Kolmation von Schluckbrunnen unter dem Einfluß des AOC-Gehaltes des Wassers. gwf Wasser / Abwasser 133(3): 148–153

Houben G (2003 a) Iron Oxide incrustations in Wells – Part 1: Genesis, Mineralogy and Geochemistry. Applied Geochemistry 18 (6): 927–939

Houben G (2003 b) Iron Oxide incrustations in Wells – Part 2: Chemical dissolution and modeling. Applied Geochemistry 18 (6): 941–954

Houben G, Merten S, Treskatis C (1999) Entstehung, Aufbau und Alterung von Brunneninkrustationen. bbr 50 (10): 29–35

Houben G, Merten S, Treskatis C (2000 a) Laborversuche zur Wirksamkeit von chemischen Mitteln zur Brunnenregenerierung. bbr 51 (2): 41–46

Houben G, Schröder C, Treskatis C (2000 b) Erfahrungen bei der chemischen Brunnenregenerierung mit einem neu entwickelten pH-neutralen Regeneriermittel. bbr 51 (12): 42–47

Houben G, Treskatis C (2003) Regenerierung und Sanierung von Brunnen: 280 S, zahlr Abb u Tab, kapitelweise beziffert. Oldenbourg, München

Hübner G (1994) Irradiation prevents biological encrustation of wells. Water Management Europe 1994/1995: 177–180

Jakisch N (1995) Altlasten aus der technischen Anwendung von Strahlenquellen: Die ^{60}Co-Strahlenquellen in Brunnen der DDR. Strahlenschutzpraxis 1 (3): 9–10, Köln

Jüttner R, Ries T (2001) Umweltgerechte Brunnensanierung mit Kohlendioxid. bbr 52 (7): 38-42

Mehmert M (1995) How bacteria complicate well rehabilitation. Water Well J 49(7): 65-68

Rübesame K (1996) Schonender Einsatz von Sprengstoffen zur Brunnenregenerierung. bbr 47 (3): 18–24

Schoenen D, Eisert KJ (1987) Eintrag von organischem Nährstoffsubstrat für Mikroorganismen in den Untergrund bei der Brunnenregeneration. bbr 38 (3): 109–113

Spon R (1999) Using well rehabilitation chemicals. Water Well J 53 (6): 26–30

Thomas D, McKibben MA, Corona Ruiz M (1992) Sulfide scaling in Cerro Prieto geothermal wells. Geothermal Resources Council Trans 16: 371–376

Wissel D, Leonhardt JW, Beise E (1985) The application of gamma radiation to combat ochre deposition in drilled waterwells. Radiat Phys Chem 25 (1/3): 57–61

Sachverzeichnis